L. C. Junqueira · J. Carneiro · R. O. Kelley

Histologie

Herausgegeben von
Manfred Gratzl

Fünfte, neu übersetzte,
überarbeitete und
aktualisierte Auflage

Mit 500 überwiegend
farbigen Abbildungen
in 71 Einzeldarstellungen
und 14 Tabellen

Springer

Professor
Dr. med. Manfred Gratzl
Anatomisches Institut
Universität München
Biedersteiner Str. 29

80802 München

Titel der Originalausgabe: Histologia Basica – L.C. Junqueira, J. Carneiro*,*
© 1995 by Editora Guanabara Koogan S.A., Rio de Janeiro, Brasilien

Titel der amerikanischen Ausgabe: Basic Histology – L.C. Junqueira, J. Carneiro*,*
© 1986 Appleton & Lange, Stamford/Conneticut, USA

* Universität São Paulo, Brasilien.

ISBN 3-540-41858-X Springer Verlag Berlin Heidelberg New York

ISBN 3-540-60404-9 4. Auflage Springer Verlag Berlin Heidelberg New York

Die Deutsche Bibliothek – CIP-Einheitsaufnahme

Junqueira, Luiz Carlos Uchôa:
Histologie / Luiz C. Junqueira ; Jose Carneiro ; Robert O. Kelley. Hrsg.:
Manfred Gratzl. - 5., neu übers. und aktualisierte Aufl.. - Berlin ;
Heidelberg ; New York ; Barcelona ; Hongkong ; London ; Mailand ; Paris ;
Tokio : Springer, 2002
4. Aufl. u.d.T.: Schiebler, Theodor Heinrich: Histologie
ISBN 3-540-41858-X

Springer-Verlag ist ein Unternehmen der
BertelsmannSpringer Science+Business Media GmbH
http://www.springer.de

Umschlaggestaltung: de'blik, Berlin
Zeichnungen: BITmap, Mannheim und O. Nehren, Mannheim
Herstellung: M. Uhing, Heidelberg
Satz, Druck und Binden: Appl, Wemding

Vorwort zur fünften Auflage

Das Buch Basic Histology, verfasst von Luiz Carlos Junqueira, José Carneiro und Robert O. Kelley, das bereits in zahlreiche Sprachen übersetzt wurde, führt Studenten in aller Welt hervorragend in Struktur und Funktion von Zellen, Geweben und Organen von Säugetieren und Menschen ein. Das Buch hat in bislang neun Auflagen eine ständige Verbesserung erfahren. Es hat sich als Standardwerk und als Grundlage vieler anderer Fachgebiete erwiesen.

Zwei Ziele waren bei der neuen deutschen Fassung des erfolgreichen Lehrbuchs vorrangig:

1. Eine noch stärkere Verknüpfung von Struktur und Funktion und 2. die Einfügung von zahlreichen Hinweisen auf Krankheiten, die die Verbindung der Histologie zu anderen Fächern der Medizin verdeutlichen.

Die Autoren der meisten Kapitel dieses Lehrbuchs lehren und forschen innerhalb eines Instituts der Universität München. Die räumliche Nähe sowie die in jahrelanger gemeinsamer Lehrtätigkeit gewachsene Überzeugung darüber, welche histologischen Fakten für Medizinstudenten besonders wichtig sind, haben ein kompaktes Lehrbuch entstehen lassen, das aus einem Guss besteht. Besonders dankbar für ihre kompetente Mitarbeit, auch als Kritiker und Diskutanten über die verschiedenen Kapitel, bin ich meinen Kollegen Laurenz J. Wurzinger und Artur Mayerhofer. Mein Dank gilt auch den beiden auswärtigen Autoren Wiltrud Richter, Heidelberg, und Karl Schilling, Bonn, mit denen die Zusammenarbeit, nach der früheren gemeinsamen Tätigkeit an der Universität Ulm, problemlos und erfolgreich war.

Studentinnen und Studenten haben viele Kapitel dieses Buches gelesen und wertvolle Verbesserungsvorschläge gemacht. Tutoren und wissenschaftliche Mitarbeiter haben gleichermaßen ihr Wissen eingebracht. Gäste und Kollegen aus anderen Disziplinen haben Texte und Abbildungen überprüft und Anregungen gegeben, wie die Grundlagen und die Verbindungen zu anderen Fächern am besten gelegt werden. Wir danken allen (s. unten), die mit Rat und Tat zum Gelingen dieses Lehrbuches beigetragen haben.

Die große Sachkenntnis von Herrn Andreas Mauermayer und Frau Karin Metzrath habe ich bei der Zusammenstellung der Abbildungen und der Texte besonders schätzen gelernt. Wie bereits in einem früheren Projekt hat die unermüdliche Tätigkeit von Frau Ellen Blasig, Frau Margot Uhing und Frau Anne Repnow (Springer Verlag) sehr zum Erfolg dieses Werkes beigetragen.

In der folgenden Aufstellung sind die Personen genannt, für deren Beiträge bei der Abfassung der Kapitel ich mich besonders bedanke.

Kapitel 1 ***Zelle***: Herbert Zimmermann (Frankfurt), Mathias Montenarh (Homburg), Christoph Peters (Freiburg), Martin Biel, Helmuth Adelsberger, Florian Castrop, Stephanie Fritz, Jerzy Adamski (alle München)

Kapitel 2 ***Kern***: Herbert Zimmermann (Frankfurt), Mathias Montenarh (Homburg), Rolf Knippers (Konstanz), Horst Hameister (Ulm), Stephanie Fritz, Martina Haasemann, Ulrich Heinzmann, Georg Häcker (alle München)

Kapitel 3 ***Epithel***: Doris Wedlich (Ulm)

Kapitel 5 ***Fettgewebe***: Maria Schilling (Bonn), Jo Herz (Dallas)

Kapitel 6 ***Knorpel***: Robert Zanner (München)

Kapitel 7 ***Knochen***: Robert Zanner, Beate Lanske, Michael Atkinson (alle München)

Kapitel 8 ***Nervensystem***: Wladimir Ovtscharoff (Sofia), Otmar Gratzl (Basel), Jürgen Engele (Ulm), Achim Berthele (München), Andreas Bulling (München)

Kapitel 9 ***Muskulatur***: Robert Zanner (München), Bernhard Brenner (Hannover), Wladimir Ovtscharoff (Sofia), Karl Föhr (Ulm), Peter Ruth, Franz Hofmann (München)

Kapitel 11 ***Blut***: Robert Zanner (München)

Kapitel 12 ***Hämatopoese***: Christian Peschl (München)

Kapitel 14 ***Verdauungstrakt***: Ulrich Keller (Ulm), Matthias Bergmann (Fribourg), Dietrich Grube (Hannover), Wladimir Ovtscharoff (Sofia), Reinhard Pabst (Hannover), Alexander M. Schmidt (Münster), Wolfgang Schepp, Christian Prinz, Hans-Dieter Allescher, Robert Zanner, Florian Castrop (alle München)

Kapitel 15 ***Drüsen des Verdauungstrakts***: Dietrich Grube (Hannover), Harald Teutsch (Ulm), Wladimir Ovtscharoff (Sofia), Barbara Höhne-Zell, Axel W. Reinhardt (alle München)

Kapitel 17 ***Haut***: Karin Metzrath, Heidelore Hofmann, Markus Ollert, Johannes Ring, Florian Castrop (alle München)

Kapitel 18 ***Niere und ableitende Organe***: Florian Lang (Tübingen)

Kapitel 19 ***Hypothalamus und Hypophyse***: Christof Pilgrim (Ulm), Dietrich Grube (Hannover), Wladimir Ovtscharoff (Sofia), Otmar Gratzl (Basel), Heike Jung (Hannover), Johannes Große (München)

Kapitel 20 ***Endokrine Organe***: Dietrich Grube (Hannover), Wladimir Ovtscharoff (Sofia), Ulrich Loos (Ulm), Werner Scherbaum (Düsseldorf), Volker Herzog, Klaudia Brix (Bonn), Jörg Stehle (Frankfurt), Robert Zanner, Florian Castrop, Johannes Große (alle München)

Kapitel 21 ***Reproduktion (Mann)***: Hermann-J. Vogt, Robert Zanner (beide München)

Kapitel 22 ***Reproduktion (Frau)***: Christoph Heiss (Göppingen), Wladimir Ovtscharoff (Sofia)

Kapitel 23 ***Sinnesorgane***: Wolfgang Arnold (München), Manfred Mertz (München), Mathias Bergmann (Fribourg), Hanns Hatt (Bochum), Bernd Lindemann (Homburg), Wladimir Ovtscharoff (Sofia), Jutta Engel (Tübingen), Florian Castrop, Robert Zanner, Johannes Große, Geoff Manley (alle München)

Kapitel 24 ***Methoden***: Barbara Höhne-Zell, Helmuth Adelsberger, Ulrich Heinzmann (alle München)

Außerdem danke ich unseren Studentinnen und Studenten, die uns aus ihrer Sicht spezifische Hinweise zur Verbesserung von Abbildungen und Texten gegeben haben:

Annika Braun, Caroline Nothdurfter, Gisela Liebhaber, Jürgen Ellwanger, Thomas Kuntzen, Erwin Lankes, Christian Pawlu, Holger Seidl

München, im Dezember 2000 MANFRED GRATZL

Vorwort zur neunten englischen Auflage

In der neunten Auflage von Basic Histology werden die grundlegenden Fakten der mikroskopischen Anatomie und deren Interpretationen prägnant und gut illustriert dargestellt.

Die Autoren dieses Buches wissen, dass Studenten, die sich mit dem Aufbau von biologischen Strukturen befassen, die Funktion von Molekülen, Zellen, Geweben und Organen eines lebenden Organismus verstehen wollen. Histologie ist der Wissenschaftszweig, der sich mit der Biologie von Zellen und Geweben eines Organismus befasst und bildet daher das Fundament für die Pathologie und Pathophysiologie. In diesem Lehrbuch liegt der Schwerpunkt weiterhin auf der Darstellung der Konzepte, die Zell- und Gewebestrukturen mit ihren Funktionen verbinden. Bei der Überarbeitung von Basic Histology haben wir darauf geachtet, unseren Lesern aktuelle und geeignete Texte zur Verfügung zu stellen. Wir beschreiben neue wissenschaftliche Erkenntnisse, die der Histologie zugrunde liegen und berücksichtigen zugleich, dass unsere Leser immer mehr Fakten in kürzestmöglicher Zeit lernen müssen. Daher werden die Informationen so präzise wie möglich dargestellt und sind so strukturiert, dass das Lernen erleichtert wird.

Für wen ist das Lehrbuch gedacht?

Dieses Lehrbuch wendet sich an Studierende der Humanmedizin, Tiermedizin und Zahnheilkunde, weiterhin an Schüler von Krankenpflegeschulen und ähnlichen Einrichtungen. Es eignet sich auch als schnelles Nachschlagewerk für Studenten, die gerade einen Kurs in mikroskopischer Anatomie belegt haben oder sich mit Histologie innerhalb anderer naturwissenschaftlicher Gebiete befassen.

Aufbau

Das Studium der Histologie setzt eine solide Basis in Zellbiologie voraus. Deshalb beginnt Basic Histology mit einer genauen, aktuellen Beschreibung der Struktur und Funktion von Zellen und ihren Produkten. Es folgt eine kurze Einführung in die molekulare Zellbiologie. Anschließend werden die vier grundlegenden Körpergewebe beschrieben. Hier liegt ein besonderes Schwergewicht auf der Spezialisierung der Zellen und ihrer daraus resultierenden Aufgaben innerhalb der Gewebe.

Kapitel über die Organe und Organsysteme des Körpers folgen, wobei der Schwerpunkt auf der räumlichen Anordnung der grundlegenden Gewebe liegt. Auch hier dient die Zellbiologie als wesentliche Grundlage für das Studium von Struktur und Funktion.

Wir haben zahlreiche neue licht- und elektronenmikroskopische Abbildungen in den Text eingefügt. Sie ergänzen den Text und zeigen dem Leser, dass das Studium der Histologie mit der Tätigkeit im Labor eng verzahnt ist. Außerdem wird Wert auf Diagramme, dreidimensionale Illustrationen und Tabellen gelegt, die morphologische und funktionelle Merkmale von Zellen, Geweben und Organen zusammenfassen.

Was ist neu in dieser Ausgabe?

Alle Kapitel wurden überarbeitet und geben den neuesten Stand der Wissenschaft wieder. Wir haben dabei besonders die Histologie des Menschen berücksichtigt.

Das Kapitel über Mikroskopiertechniken enthält neue Informationen über Methoden, die zur Analyse von Molekülen, Zellen und Geweben herangezogen werden.

Neue molekularbiologische Erkenntnisse über das Genom und seine Anordnung sind im Kapitel über den Zellkern enthalten.

Neue Informationen über den Aufbau und die molekulare Zusammensetzung der extrazellulären Matrix wurden in das Kapitel über das Bindegewebe aufgenommen.

Neue Abbildungen von in Kunststoff eingebetteten Präparaten liefern detaillierte Einsichten in die Organisation von Zellen und Geweben.

In das Kapitel über die Zelle wurde eine Darstellung der Mechanismen der Signalübertragung bei der interzellulären Kommunikation eingefügt. Sie erleichtert dem Lernenden das Verständnis für den Gewebeaufbau.

Das Kapitel über das Nervengewebe und das Nervensystem wurde fast vollständig neu geschrieben. Aktuelle Konzepte und Informationen über Neurone und Gliazellen und ihre Wechselbeziehungen wurden aufgenommen.

Auch das Kapitel über das Immunsystem wurde aktualisiert und so strukturiert, dass die darin enthaltenen Fakten leicht gelernt werden können.

Bereits vorhandene Diagramme wurden überarbeitet und mit verschiedenen neuen Diagrammen und Abbildungen ergänzt, die das Verständnis der Texte fördern.

Die wichtigsten Tatsachen und Illustrationen wurden farbig hervorgehoben.

In jedem Kapitel werden klinische Zusammenhänge geschildert, welche die direkte Anwendung von grundlegendem histologischem Wissen bei der Diagnose, Prognose, in der Pathobiologie und bei klinischen Aspekten von Krankheiten veranschaulichen. Sie sind ebenfalls farbig hervorgehoben.

Danksagung

Wir danken allen Wissenschaftlern und Lehrenden der Biomedizin, die geeignete Informationen und Abbildungen für diese Ausgabe zur Verfügung gestellt haben. Unser besonderer Dank gilt Herrn Professor Juan Mota (Immunsystem) und Professor Cesar Timo-Jaria (Nervengewebe). Wir danken auch den Mitarbeitern von Appleton & Lange – John Butler, Amanda Suver, Maggie Darrow, Jeanmarie Roche und Mary McKenney für ihre redaktionelle Unterstützung und Betreuung.

Wir freuen uns darüber, dass Basic Histology nun auch auf Italienisch, Spanisch, Niederländisch, Indonesisch, Japanisch, Türkisch, Koreanisch, Deutsch, Serbo-Kroatisch, Französisch, Portugiesisch und Griechisch erhältlich ist.

Juni 1998

Luiz Carlos Junqueira, MD
José Carneiro, MD
Robert O. Kelley, PhD

Inhaltsverzeichnis

1 **Zellaufbau** 1
MANFRED GRATZL

1.1 Plasmamembran 3
1.1.1 Transportvorgänge 3
1.1.2 Rezeptoren und Signalverarbeitung 5
1.1.3 Kanäle 6
1.2 Endoplasmatisches Retikulum 9
1.3 Golgi-Apparat 10
1.4 Lysosomen 13
1.5 Peroxisomen 17
1.6 Mitochondrien 17
1.7 Weitere Strukturen des Zytoplasmas 19

2 **Zellkern** 21
MANFRED GRATZL

2.1 Chromatin 22
2.2 Nukleolus 25
2.3 Kernhülle 25
2.4 Zellteilung 27
2.5 Apoptose 32

3 **Epithelgewebe** 35
MANFRED GRATZL

3.1 Basallamina 36
3.2 Zellverbindungen 38
3.3 Zellskelett 41
3.3.1 Mikrofilamente 41
3.3.2 Intermediäre Filamente 43
3.3.3 Mikrotubuli 44
3.4 Epithelarten 47
3.4.1 Oberflächen bildende Epithelien 47
3.4.2 Epitheliale Drüsen 49

4 Bindegewebe 57
Manfred Gratzl und Laurenz J.Wurzinger

4.1 Kollagen 58
4.2 Elastische Fasern 63
4.3 Grundsubstanz 65
4.4 Zellen des Bindegewebes 65
4.4.1 Fibroblasten 66
4.4.2 Makrophagen 66
4.4.3 Mastzellen 69
4.5 Entzündung 70
4.6 Die häufigsten Bindegewebsarten und deren Vorkommen . . 73

5 Fettgewebe 77
Manfred Gratzl

5.1 Univakuoläres Fettgewebe 78
5.2 Multivakuoläres Fettgewebe 81

6 Knorpelgewebe 83
Manfred Gratzl

6.1 Hyaliner Knorpel 84
6.2 Elastischer Knorpel 89
6.3 Faserknorpel 89

7 Knochen 91
Manfred Gratzl

7.1 Knochenzellen 93
7.2 Knochenmatrix 94
7.3 Periost und Endost 95
7.4 Knochenarten 97
7.4.1 Geflechtknochen 97
7.4.2 Lamellenknochen 97
7.5 Knochenentwicklung 99
7.6 Knochenwachstum und -umbau 103
7.7 Frakturheilung 104
7.8 Funktionen des Knochens 104
7.8.1 Stütz- und Schutzfunktion 104
7.8.2 Kalziumspeicher 105

8 Nervengewebe und Nervensystem 107
Karl Schilling

8.1 Entwicklung. 109
8.2 Nervenzellen (Neurone) 109
8.2.1 Nervenzellkörper (Perikaryon)112 112
8.2.2 Dendriten und Axone 112
8.2.3 Signalübertragung an Synapsen. 114
8.2.4 Membranpotenzial 116
8.2.5 Molekulare Grundlagen der synaptischen Signalübertragung 117
8.3 Gliazellen 119
8.3.1 Oligodendrozyten und Schwann-Zellen 119
8.3.2 Astrozyten. 121
8.3.3 Ependymzellen 123
8.3.4 Mikroglia 127
8.4 Zentralnervensystem. 127
8.4.1 Kleinhirn 128
8.4.2 Großhirn 128
8.4.3 Rückenmark 131
8.4.4 Hirnhäute 133
8.4.5 Plexus choroideus und Zerebrospinalflüssigkeit. . . . 134
8.5 Peripheres Nervensystem 135
8.5.1 Periphere Nerven 135
8.5.2 Ganglien. 136
8.6 Autonomes Nervensystem 137
8.6.1 Sympathisches Nervensystem 139
8.6.2 Parasympathisches Nervensystem 139
8.7 Enterisches Nervensystem 139
8.8 Degeneration und Regeneration von Nervengewebe 139
8.9 Tumoren des Nervensystems 141

9 Muskelgewebe 143
Manfred Gratzl

9.1 Skelettmuskulatur 144
9.2 Herzmuskulatur 155
9.3 Glatte Muskulatur 158
9.4 Regeneration, Hyperplasie und Hypertrophie von Muskelgewebe 161

10 Kreislaufsystem 163
LAURENZ J. WURZINGER

10.1 Wandbau der größeren Blutgefäße 165
10.2 Arterien 167
10.2.1 Arterien vom elastischen Typ 167
10.2.2 Arterien vom muskulären Typ 168
10.2.3 Arteriolen 170
10.3 Arteriovenöse Anastomosen. 172
10.4 Venen 173
10.5 Herz 174
10.6 Kapillaren 177
10.7 Lymphgefäße 185

11 Blut 189
LAURENZ J. WURZINGER

11.1 Blutplasma 191
11.2 Erythrozyten 192
11.3 Leukozyten 194
11.3.1 Neutrophile Granulozyten 195
11.3.2 Eosinophile Granulozyten 199
11.3.3 Basophile Granulozyten 201
11.3.4 Lymphozyten 201
11.3.5 Monozyten 203
11.4 Blutplättchen 205

12 Blutbildung 211
LAURENZ J. WURZINGER

12.1 Intrauterine Blutbildung 212
12.2 Knochenmark. 213
12.3 Stammzellen und Wachstumsfaktoren 214
12.4 Erythropoese 217
12.5 Granulopoese 218
12.6 Lymphopoese 222
12.7 Monopoese 222
12.8 Thrombopoese 222

13 **Immunsystem und lymphatische Organe** 225
WILTRUD RICHTER

13.1 Angeborene Immunabwehr 226
13.2 Adaptive Immunabwehr 227
13.2.1 B-Lymphozyten. 227
13.2.2 T-Lymphozyten. 230
13.2.3 Antigen Präsentation. 231
13.3 Kommunikation im Immunsystem 232
13.4 Thymus 233
13.5 Lymphknoten. 237
13.6 Milz 240
13.7 Lymphfollikel 245
13.8 Tonsillen. 245

14 **Verdauungstrakt** 247
MANFRED GRATZL

14.1 Mundhöhle 248
14.2 Zunge 248
14.3 Zähne 249
14.3.1 Aufbau der Zähne. 249
14.3.2 Halteapparat der Zähne 251
14.3.3 Entwicklung der Zähne 252
14.4 Rachen. 253
14.5 Speiseröhre 253
14.6 Magen 254
14.7 Dünndarm 259
14.8 Dickdarm 263
14.9 Allgemeiner Aufbau des Verdauungstrakts. 266
14.10 Regeneration der Schleimhaut 268
14.11 Mukosales Immunsystem 269
14.12 Enterisches Nervensystem 269
14.13 Enteroendokrines System 272

15 **Drüsen des Verdauungstrakts** 273
MANFRED GRATZL

15.1 Speicheldrüsen 274
15.2 Bauchspeicheldrüse 276
15.3 Leber 278
15.4 Extrahepatische Gallenwege. 284
15.5 Gallenblase 285

16 Atmungsorgane 289
LAURENZ J. WURZINGER

16.1 Wandbau der luftleitenden Atemwege 290
16.2 Nase und Nasennebenhöhlen 295
16.3 Larynx 297
16.4 Trachea 297
16.5 Bronchien 298
16.6 Alveolen 303
16.7 Blutgefäße der Lunge 309
16.8 Lymphgefäße der Lunge 309
16.9 Pleura 309

17 Haut 311
MANFRED GRATZL

17.1 Epidermis (Oberhaut) 312
17.1.1 Keratinozyten – Schichtung 313
17.1.2 Melanozyten – Pigment 316
17.1.3 Langerhans-Zellen – Immunabwehr 318
17.1.4 Merkel-Zellen – Mechanosensoren 318
17.2 Dermis 318
17.3 Hypodermis 319
17.4 Anhangsgebilde der Haut 320
17.4.1 Haare 320
17.4.2 Nägel 322
17.4.3 Drüsen 322
17.5 Gefäße und Nerven der Haut 323

18 Harnorgane 325
LAURENZ J. WURZINGER

18.1 Niere 326
18.1.1 Glomerulus – Filtration 327
18.1.2 Tubulussystem – Resorption und Exkretion 331
18.1.3 Sammelrohre 339
18.1.4 Die Niere als endokrines Organ 340
18.1.5 Blutgefäßsystem der Niere 341
18.2 Ableitende Harnwege 343
18.2.1 Nierenbecken, Ureter, Harnblase 343
18.2.2 Urethra 346

19 **Hypothalamus und Hypophyse** 347
MANFRED GRATZL

19.1 Neurohypophyse 350
19.2 Adenohypophyse 351
19.2.1 Hormone der azidophilen Zellen 352
19.2.2 Hormone der basophilen Zellen 354

20 **Schilddrüse, Nebenschilddrüse, Pankreasinseln, Nebenniere und Epiphyse** . . 357
MANFRED GRATZL

20.1 Schilddrüse 358
20.2 Nebenschilddrüsen 362
20.3 Pankreasinseln 364
20.4 Nebennieren 366
20.4.1 Nebennierenrinde 367
20.4.2 Nebennierenmark 372
20.5 Epiphyse 373

21 **Männliche Geschlechtsorgane** 375
ARTUR MAYERHOFER

21.1 Hoden 376
21.1.1 Spermatogenese 379
21.1.2 Androgensynthese 386
21.1.3 Regulation der Hodenfunktion 386
21.2 Samenwege 387
21.3 Akzessorische Geschlechtsdrüsen 388
21.3.1 Prostata 388
21.3.2 Vesiculae seminales 389
21.3.3 Glandulae bulbourethrales 390
21.4 Penis 390

22 **Weibliche Geschlechtsorgane** 393
ARTUR MAYERHOFER

22.1 Ovar (Eierstock) 395
22.1.1 Follikelbildung 396
22.1.2 Follikelatresie 400
22.1.3 Ovulation 401
22.1.4 Bildung des Corpus luteum (Gelbkörper) 402
22.2 Tuba uterina (Eileiter) 403
22.3 Uterus (Gebärmutter) 404
22.3.1 Menstruationszyklus – ovarieller Zyklus 407
22.4 Vagina (Scheide) 408
22.5 Äußeres Genitale 409
22.6 Schwangerschaft 410
22.7 Glandula mammaria (Brustdrüse) 415

23 **Sinnesorgane** 421
MANFRED GRATZL

23.1 Mechanosensoren 422
23.2 Schmerz und Temperatur 425
23.3 Chemosensoren für Sauerstoff, Kohlendioxid und Protonen 426
23.4 Geschmack 426
23.5 Geruch 428
23.6 Sehen 428
23.7 Gehör und Gleichgewicht 440

24 **Methoden** 447
ARMIN REININGER und MANFRED GRATZL

24.1 Lichtmikroskopie 448
24.2 Elektronenmikroskopie 452
24.3 Vorbereitung von Geweben und Zellen für mikroskopische Untersuchungen 454
24.4 Histochemie und Zytochemie 456
24.5 Spezielle Verfahren 460

Zellaufbau 1

1.1	**Plasmamembran**	**3**
1.1.1	Transportvorgänge	3
1.1.2	Rezeptoren und Signalverarbeitung	5
1.1.3	Kanäle	6
1.2	**Endoplasmatisches Retikulum**	**9**
1.3	**Golgi-Apparat**	**10**
1.4	**Lysosomen**	**13**
1.5	**Peroxisomen**	**17**
1.6	**Mitochondrien**	**17**
1.7	**Weitere Strukturen des Zytoplasmas**	**19**

Einleitung

Zellen sind die kleinsten lebensfähigen Einheiten des menschlichen Körpers. Trotz unterschiedlicher Formen und Größen (Durchmesser meist zwischen 10 und 50 μm) sind die Zellen aus gleichen Komponenten aufgebaut. Der ***Zellkern*** (Kap. 2), den man bereits im Lichtmikroskop beurteilen kann, ist von ***Zytoplasma*** umgeben. Dazu gehören die ***Zellorganellen***, die im Elektonenmikroskop sichtbar sind und die löslichen Komponenten ***(Zytosol)*** (Abb. 1.1). ***Biologische Membranen*** umhüllen die Zellen und grenzen den Zellkern und die Zellorganellen gegenüber dem restlichen Zytoplasma ab. Dadurch entstehen ***Kompartimente***, d. h. Räume in denen unterschiedliche Stoffwechselvorgänge stattfinden können.

Biologische Membranen bestehen aus Lipiden und Proteinen. Bei den Lipiden handelt es sich hauptsächlich um Phospholipide und Cholesterin. Phospholipide haben die bemerkenswerte Eigenschaft, sich in einer wässrigen Umgebung entweder in Form von ***Liposomen*** oder ***Mizellen*** zusammenzulagern (Abb. 1.2). In den Liposomen grenzen ***Lipidmembranen***, d. h. Doppelschichten aus Phospholipiden einen kleinen wässrigen Raum von der gleichfalls wässrigen Umgebung ab. Die Doppelschichten (englisch: ***bilayer***) sind aus Lipi-

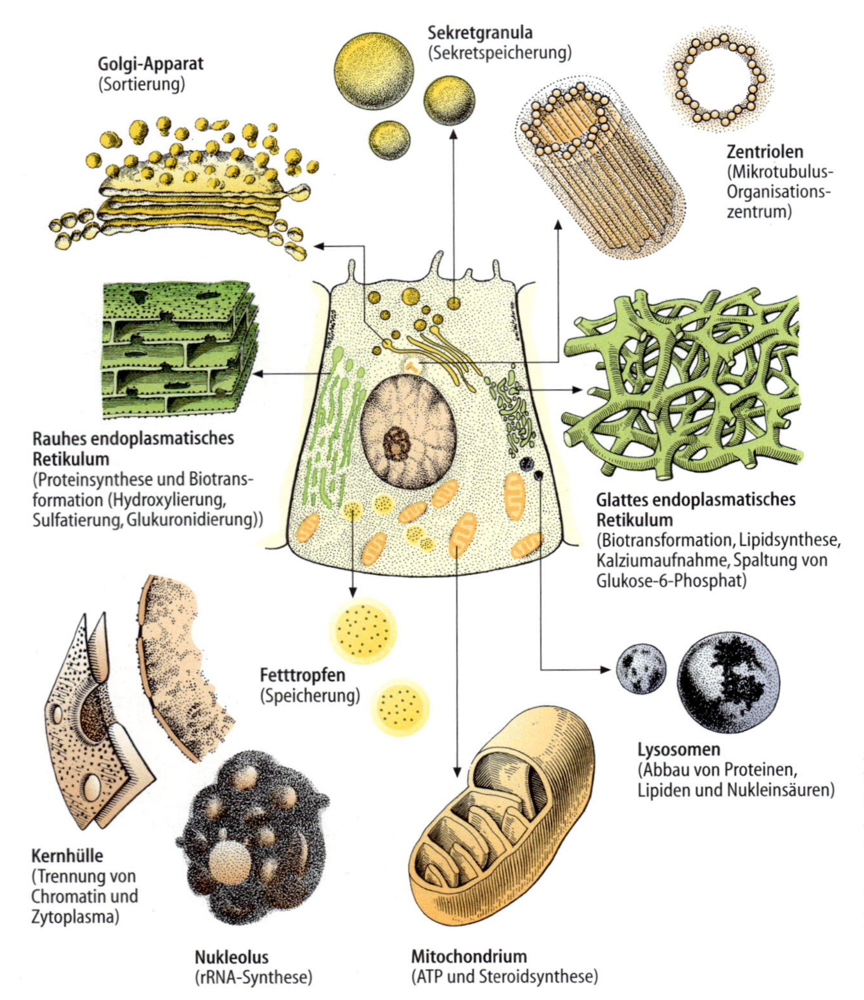

Abb. 1.1. Die Strukturen der Zellen. Im Zentrum der in der Mitte gezeichneten Modellzelle steht der bereits im Lichtmikroskop sichtbare Zellkern. Er ist vom Zytoplasma umgeben, welches aus den löslichen Komponenten (Zytosol) und den Zellorganellen besteht. Diese sind vergrößert, wie sie im Elektronenmikroskop sichtbar sind, dargestellt und ihre wichtigsten Funktionen sind benannt. Das Zellinnere wird durch die Plasmamembran begrenzt. (Nach Junqueira 1996)

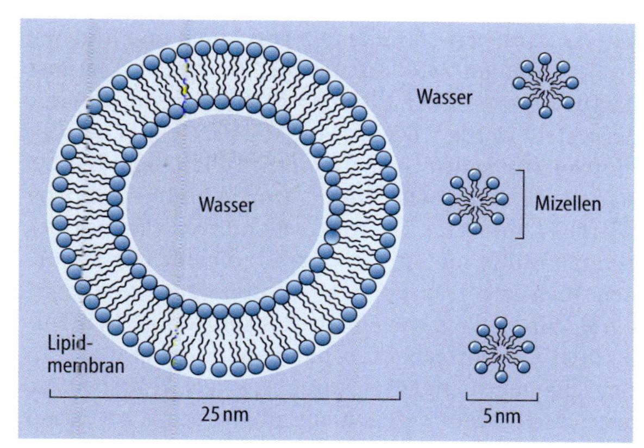

Abb. 1.2. Aufbau von Mizellen und Lipidmembranen (Liposomen)

den so regelmäßig aufgebaut, dass sie eine konstante Dicke von 5 nm besitzen. Phospholipide sind aus hydrophoben, d.h. Wasser abweisenden, Anteilen (langkettige Fettsäuren) und hydrophilen (wasserbindenden) Kopfgruppen aufgebaut. Letztere bestehen aus Glyzerin, Phosphorsäure und dem Aminoalkohol Cholin, der durch Ethanolamin oder die Aminosäure Serin ersetzt sein kann. In Liposomen und Mizellen sind die hydrophilen Kopfgruppen der Phospholipide dem Wasser zugewandt, während deren hydrophobe Anteile das Innere der Doppelschicht bzw. der Mizellen bilden.

Aus Phospholipiden und Cholesterin aufgebaute ***Lipidmembranen*** besitzen folgende ***Eigenschaften,*** die für die Funktion der Zelle und ihrer Organellen von großer Bedeutung sind: Kleine unpolare Moleküle wie Sauerstoff und Kohlendioxid können sehr schnell durch diese Membranen hindurchtreten. Diese Eigenschaften bieten günstige Voraussetzungen für den Gasaustausch. Auch kleine ungeladene polare Moleküle wie Wasser und Harnstoff diffundieren durch den Bilayer, die etwas größere Glukose jedoch kaum. Für Ionen wie Na^+, K^+ und Ca^{2+}, aber auch für Aminosäuren, wirken die Lipidmembranen als Barriere. Sie verhindern den Verlust von Ionen, Glukose, Aminosäuren und deren Metaboliten aus den verschiedenen Kompartimenten der Zelle.

1.1 Plasmamembran

Die Plasmamembran begrenzt nicht nur das Zellinnere mit seiner, im Vergleich zum Extrazellulärraum ganz unterschiedlichen Zusammensetzung. Sie enthält auch Transportsysteme, Kanäle und eine Vielzahl von Rezeptoren, die Signale aufnehmen und umsetzen. Schließlich kann sie Strukturen ausbilden, mit deren Hilfe Zellen untereinander und mit der extrazellulären Matrix Verbindungen eingehen. Dadurch können Verbände von Zellen und damit Gewebe aufgebaut werden (s. Kap. 3.2).

1.1.1 Transportvorgänge

Es bestehen große Unterschiede in der ionalen Zusammensetzung des Zytoplasmas im Vergleich zur extrazellulären Flüssigkeit (s. Tabelle 1.1). Man bezeichnet diese Unterschiede als Ionengradienten. Zu deren Aufbau benötigen Enzyme, die auch als Pumpen bezeichnet werden, Stoffwechselenergie (ATP). Dieser Transport wird daher aktiv genannt. Andere Systeme der Plasmamembran (Transporter = Carrier) nutzen entweder die Ionengradienten als Energiequelle oder sie transportieren wie Kanäle Stoffe nur in der Richtung, die von den Gradienten vorgegeben werden.

Ionengradienten▸ Die intra- bzw extrazellulären Konzentrationen an Na^+ und K^+ sind entgegengesetzt und unterscheiden sich jeweils um etwa den Faktor 10. Auch bei den Anionen und dem für biologische Steuerprozesse sehr wichtigen Ca^{2+} bestehen sehr große Unterschiede zu beiden Seiten der Zellmembran. Ionengradienten können von Lipidmembranen, dank ihrer Eigenschaften, für eine gewisse Zeit aufrechterhalten werden (s. oben). Zum Aufbau und Erhalt der Ionengradienten und zum Transport von geladenen und hydrophilen Stoffen werden zusätzliche Komponenten benötigt. ***Membranproteine***, eingebettet in die oben beschriebene Lipidmembran, können diese Aufgaben erfüllen. Durch den Einbau von Proteinen entsteht eine so genannte ***biologische Membran***, die aus Lipiden und Proteinen besteht. Im Mittel besteht eine biologische Membran je zur Hälfte (des Gewichts) aus Protein und Lipid.

Na^+-K^+-ATPase▸ Die entgegengesetzten Gradienten von Natrium und Kalium über die Plasmamembran sind ein Werk der ***Na^+-K^+-ATPase***, die bis zu 100 mal pro Sekun-

Tabelle 1.1. Intra- und extrazelluläre Konzentrationen ungebundener Ionen (mM)

Ion	Intrazellulär	Extrazellulär
Na^+	10	145
K^+	140	5
Ca^{2+}	0,0001	2
Cl^-	4	110

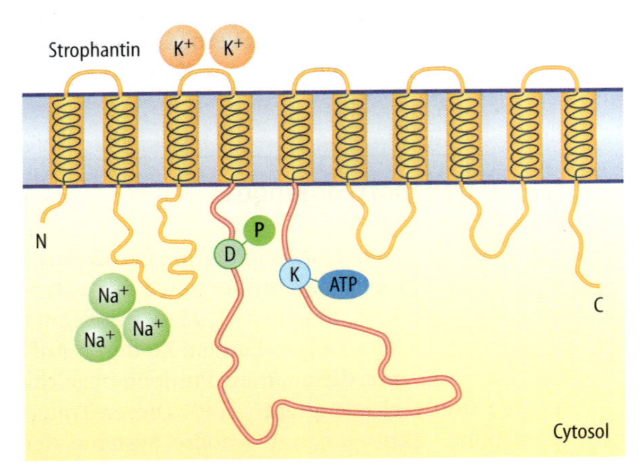

Abb. 1.3. Modell der Na^+-K^+-ATPase. Die katalytische Untereinheit der Na^+-K^+-ATPase enthält zehn Transmembranendomänen. Auf der extrazellulären Seite ist die Strophantinbindungsstelle dargestellt. Im mittleren Anteil des Proteins sind in einem zytosolischen Bereich der phosphorylierbare Aspartylrest (*D*) und der Lysylrest (*K*) gekennzeichnet, die beide an der ATP-Bindung beteiligt sind. (Aus Löffler u. Petrides 1998)

de unter Verbrauch von je einem Molekül ATP als Energiequelle drei Moleküle Na^+ nach außen und zwei Moleküle K^+ in das Zellinnere transportiert. Dieses Enzym, das in der Plasmamembran aller Zellen vorkommt, enthält zehn Transmembrandomänen (Abb. 1.3). Jede dieser Domänen besteht aus einer α-Helix, die aus etwa 20 Aminosäuren aufgebaut ist. Deren hydrophobe Seitenketten bilden hydrophobe Bindungen mit den Fettsäureresten im Inneren der Lipiddoppelschicht der Membran (s. Lehrbücher der Biochemie). Der größte hydrophile Anteil der Na^+-K^+-ATPase, zwischen Transmembrandomäne IV und V, befindet sich auf der zytoplasmatischen Seite der Zellmembran. Hier findet die Bindung und Spaltung von ATP statt. Die extrazelluläre Domäne zwischen der Transmembrandomäne I und II bindet Strophantin (Ouabain).

Klinik

Strophantin gehört zu einer Gruppe von Glykosiden, die bei der Therapie der Herzinsuffizienz eingesetzt werden. Sie hemmen die Na^+-K^+-ATPase, erniedrigen dadurch den Natriumgradienten und verringern den Kalziumtransport aus der Herzmuskelzelle durch den Na^+/Ca^{2+}-Antiporter (s. nächster Absatz und Abb. 1.4). Die Zunahme des intrazellulären Kalziumspiegels bewirkt den gewünschten kontraktionssteigernden (inotropen) Effekt von Strophantin und verwandten Stoffen (s. Kap. 9 und 10).

Aktiver Transport► Gradienten von Ionen und anderen Stoffen können, wie am Beispiel der Na^+-K^+-ATPase dargestellt (Abb. 1.4), unter Verbrauch von Energie hergestellt werden. Diesen Vorgang bezeichnet man als ***aktiven Transport***. In den meisten Fällen dient hierbei ATP als Energiequelle. Durch Kanäle und Transporter (Carrier), die keine Energiequelle nutzen (Uniporter), können Stoffe nur in der vom Gradienten vorgegebenen Richtung transportiert werden ***(passiver Transport)***. Wird jedoch von einem Transporter (als Symporter oder Antiporter) ein vorhandener Ionengradient als Energiequelle genutzt ***(sekundär aktiver Transport***, so bezeichnet, weil der Ionengradient zunächst unter ATP-Verbrauch aufgebaut wurde), dann ist ein Transport gegen den Gradienten des zu transportierenden Stoffes möglich. Beispiele dafür sind die Aufnahme hydrophiler Substanzen wie Aminosäuren und Glukose

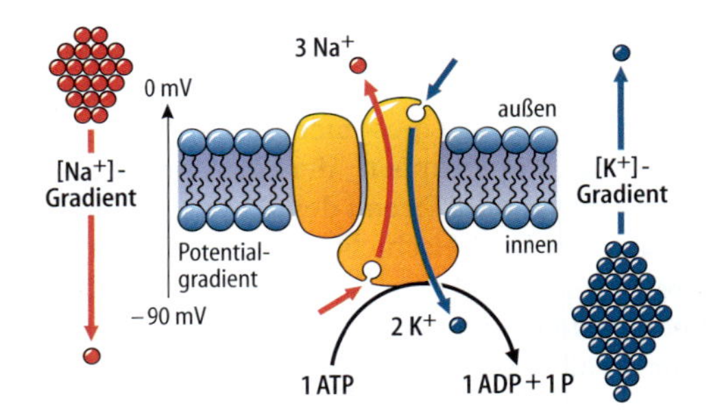

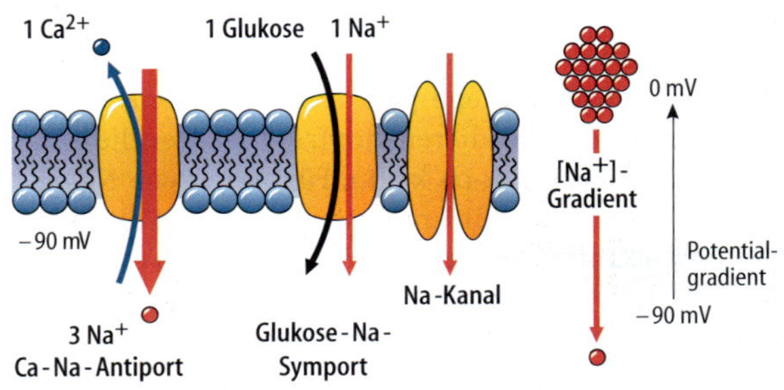

Abb. 1.4. Na^+-K^+-ATPase, Transporter und Kanäle der Plasmamembran. Die Na^+-K^+-ATPase (*oben*) der Plasmamembran besteht aus zwei Untereinheiten. Die katalytische Untereinheit spaltet ein Molekül ATP und transportiert dabei 3 Na^+ aus der Zelle und zwei K^+ in die Zelle. Das Enzym ist ein Beispiel für einen aktiven Transport, bei dem Ionen gegen einen Konzentrations- und Potenzialgradienten transportiert werden können. Transporter (*unten*) wie der dargestellte Kalzium-Natrium-Antiporter können durch den Natriumgradienten an der Plasmamembran ebenfalls gegen einen Konstellationsgradienten transportieren. Ähnliches gilt für den Glukose-Natrium-Symport. Durch Transporter, die keine Energiequelle nutzen (Uniporter) und Kanäle können Stoffe nur in der vom Gradienten vorgegebenen Richtung transportiert werden (passiver Transport). (Aus Schmidt et al. 2000)

in Zellen (Symport) oder der Transport von Ca^{2+} aus den Zellen (Antiport). Hier ist jeweils der Na^{+}-Gradient die Energiequelle (Abb. 1.4). Durch geöffnete ***Kanäle*** (s. Kap. 1.1.3) können die Ionen Na^{+}, K^{+} und Ca^{2+} im Millisekundenbereich entlang eines Gradienten durch die Plasmamembran hindurchtreten.

Ultrastruktur▸ Membranproteine, wie die Kanäle und Transporter der Plasmamembran, besitzen, wie die Na^{+}-K^{+}-ATPase, hydrophobe helikale Transmembrandomänen. Außer den Membranproteinen (häufig auch integrale Proteine genannt) befinden sich unterschiedlich mit der Membran assoziierte so genannte periphere Proteine in biologischen Membranen. Die intramembranären Anteile der Membranproteine können mit Hilfe des ***Gefrierbruchverfahrens*** (s. Kap. 24) sichtbar gemacht werden (Abb. 1.5). Für ***elektronenmikroskopische Dünnschnitte*** werden die Membranen von Zellen zuerst fixiert und dann mit Schwermetallen kontrastiert (s. Kap. 24). Jene lagern sich bevorzugt im Bereich der hydrophilen Kopfgruppen der Phospholipide und der assoziierten Proteine an. Daher erscheint im elektronenmikroskopischen Dünnschnitt eine Membran als heller Streifen flankiert von zwei dunklen Streifen (Abb. 1.5).

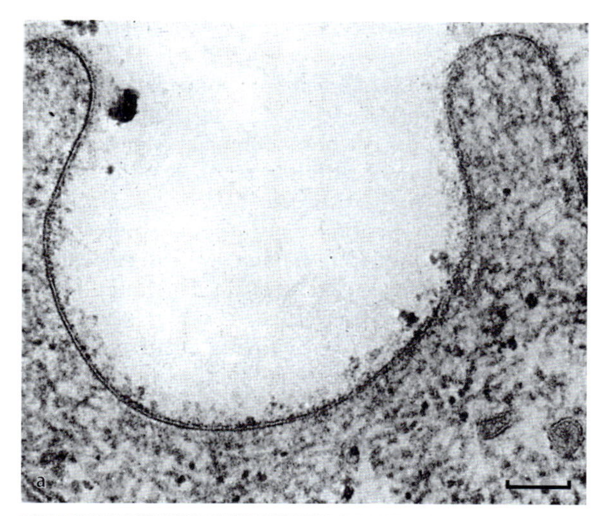

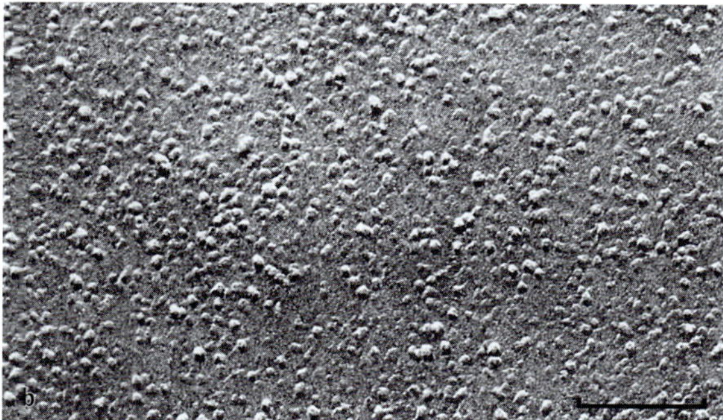

Abb. 1.5 a, b. Die Plasmamembran einer Zelle im Elektronenmikroskop. **a** Elektronenmikroskopischer Schnitt der Plasmamembran einer Epithelzelle, in der die Membran als heller Streifen, flankiert von zwei dünnen schwarzen Streifen erscheint. Das Material auf der Oberfläche der Plasmamembran ist die Glykokalix. (Aus Junqueira et al. 1998); **b** Mit dem Gefrierbruchverfahren können Membranproteine dargestellt werden. Hier ist das Innere der Plasmamembran einer endokrinen Zelle des Pankreas dargestellt. Balken **a/b** = 0,1 µm. (Aus Orci und Perrelet 1975)

1.1.2 Rezeptoren und Signalverarbeitung

Neben Ionen transportierenden ATPasen und Transportern trägt die Plasmamembran eine Vielzahl von ***Rezeptoren*** und Kanälen. Die so ausgestatteten Zellen können ***Liganden*** binden und damit Signale aus ihrer Umgebung aufnehmen und entsprechend darauf reagieren. Liganden von Rezeptoren sind extrazelluläre Signalstoffe wie z. B. Hormone, die in der Regel an extrazelluläre Domänen der Rezeptoren binden (Abb. 1.6). Der zytoplasmatische Anteil des Rezeptors kann mit Kopplungsproteinen interagieren, die von den Rezeptoren aufgenommene Signale an nachgeschaltete Enzyme weitergeben, welche ***intrazelluläre Signalstoffe (second messenger)*** wie ***cAMP*** (engl. 3´,5´-cyclo-AMP) bilden. Die für die Kopplung zuständigen Proteine werden ***G-Proteine*** genannt, da sie GTP binden können und GTP selbst für die Kopplung eine wichtige Rolle spielt. Es gibt

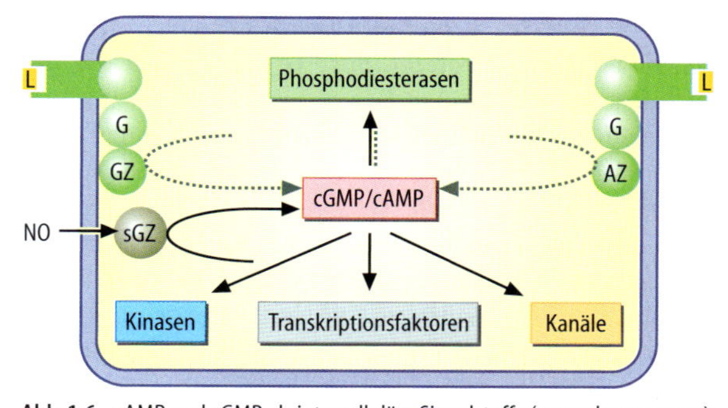

Abb. 1.6. cAMP und cGMP als intrazelluläre Signalstoffe (second messenger). Bindet ein Ligand (*L*) an einen Rezeptor, der über ein G-Protein (*G*) mit der Adenylatzyklase (*AZ*) gekoppelt ist, dann wird cAMP gebildet. cGMP kann von der löslichen (*sGZ*) oder membrangebundenen Guanylatzyclase (*GZ*) gebildet werden. Der Abbau der zyklischen Nukleotide erfolgt durch Phosphodiesterasen, die selbst durch zyklische Nukelotide reguliert werden. Die zyklischen Nukleotide können außerdem Transkriptionsfaktoren, Proteinkinasen und Ionenkanäle aktivieren

verschiedene G-Proteine, die entweder an aktivierenden oder hemmenden Vorgängen beteiligt sind.

Der intrazelluläre Botenstoff cAMP wird aus ATP durch die ***Adenylatzyklase*** synthetisiert und durch eine spezifische ***Phosphodiesterase*** abgebaut. Die Synthese von cAMP wird, wie oben beschrieben, über Rezeptoren und G-Proteine gesteuert (Beispiele s. Kap. 20.4.2). Steigt der intrazelluläre cAMP-Spiegel, dann werden nachgeschaltete Prozesse verstärkt. Ganz ähnlich wie für cAMP beschrieben, wird auch der Spiegel an ***cGMP*** (engl. 3´,5´-cyclo-GMP) in Zellen gesteuert, jedoch existieren für cGMP zwei verschiedene Zyklasen, eine, die wie die Adenylatzyklase auf der Innenseite der Plasmamembran lokalisiert ist und eine zweite Form, die löslich im Zytoplasma vorkommt. Die lösliche Guanylatzyklase wird durch das membrangängige Stickstoffmonoxid (NO) stimuliert. Auf diese Weise wird die glatte Muskulatur von Gefäßen und Darm beeinflusst (s. Kap 9.3 und Kap. 14.12). Die intrazellulären Signalstoffe cGMP und cAMP steuern viele intrazelluläre Vorgänge. Dazu binden sie an ***intrazelluläre Rezeptoren***. Für zyklische Nukleotide sind dies ***Phosphodiesterasen, Transkriptionsfaktoren, Proteinkinasen*** und ***Ionenkanäle*** (Abb. 1.6). Phosphodiesterasen werden durch zyklische Nukleotide reguliert. Sie spalten cAMP und cGMP und beeinflussen dadurch deren intrazelluläre Konzentration. Über Transkriptionsfaktoren (z. B. CREB = cAMP response element binding protein) wird die Genexpression gesteuert. Proteinkinasen phosphorylieren viele Enzyme, verändern deren Eigenschaften und regeln damit Stoffwechselvorgänge. Umgekehrt können Proteinphosphatasen Enzyme streng geregelt dephosphorylieren und so die Wirkung der Kinasen wieder rückgängig machen. Die cAMP-aktivierte ***Proteinkinase A*** (PKA) und die cGMP-aktivierte ***Proteinkinase G*** (PKG) sind die bekanntesten Proteinkinasen.

Neben Nukleotiden wie ATP und GTP können auch Phospholipide der Plasmamembran als Vorstufe für ***intrazelluläre Signalstoffe*** (second messenger) dienen. Falls ein geeignetes Signal auf einen Rezeptor der Zelloberfläche trifft, kann, vermittelt über ein G-Protein, die so genannte ***Phospholipase C*** aktiviert werden. Sie spaltet ein Lipid der Plasmamembran, Phosphatidylinositol (PI), in Diazylglyzerin und Inositoltrisphosphat(IP3). Diazylglyzerin aktiviert in Zellen die ***Proteinkinase C*** (PKC) und damit nachgeschaltete Stoffwechselvorgänge. IP3 setzt aus intrazellulären Speichern Ca^{2+} frei, welches wiederum an der Kontrolle wichtiger Vorgänge beteiligt ist, wie z. B. der Freisetzung von Neurotransmittern und Hormonen (s. Kap. 8.2.5) oder der Kontraktion der glatten Muskulatur (Kap. 9.3). Dabei wird durch Ca^{2+}, gebunden an Calmodulin, die Myosin-leichte-Kette Kinase (MLCK) aktiviert. Sie gehört zur Gruppe der ***Ca^{2+}/Calmodulin-aktivierten Kinasen (CaMK)***, die ausgelöst durch Ca^{2+}, Stoffwechselvorgänge durch Phosphorylierung regulieren.

Ca^{2+} kann auch die ***Phospholipase A2*** aktivieren, die aus Phospholipiden Arachidonsäure abspalten kann. Daraus können oxidativ Leukotriene, Prostaglandine und ähnliche Stoffe gebildet werden, die autokrin oder parakrin wirken können. Sie spielen bei der Entzündung (s. Kap. 4) und der Blutgerinnung (s. Kap. 11) eine wichtige Rolle.

1.1.3 Kanäle

Die Proteine der Plasmamembran können direkt durch zyklische Nukleotide wie cAMP und cGMP, durch G-Proteine, durch das Membranpotenzial oder durch Liganden (z. B. Neurotransmitter) reguliert werden.

Die ***spannungsgesteuerten Natrium- und Kalziumkanäle*** bestehen aus einer Kette von etwa 2000 Aminosäuren, die vier homologe Anteile enthält (Abb. 1.7). Jeder Anteil besteht aus 6 helicalen Transmembrandomänen. Die Helices 5 und 6 sind durch kurze Peptiddomänen verbunden, die zusammen die Porenregion des Kanals bilden. Der Spannungssensor des Kanals wird durch positiv geladene Aminosäuren in der Transmembranhelix 4 gebildet.

Klinik

Die Bindungsstellen von klinisch eingesetzten Kanalblockern (z. B. von Dihydropyridinen und Benzodiazepinen an Helix 5 und 6 der Kalziumkanäle) sind bekannt.

Spannungsgesteuerte Kaliumkanäle bestehen wie die Natrium- und Kalziumkanäle aus vier homologen Anteilen, die jedoch nicht durch Peptidbindungen verknüpft sind (Abb. 1.7). Die durch ***zyklische Nukleotide gesteuerten Kanäle*** sind ähnlich wie die Kaliumkanäle aufgebaut. Auch hier ist der funktionelle Kanal ein Tetramer der Grundstruktur. Jede Untereinheit besitzt nach der Transmembranhelix 6 eine zytoplasmatische Domäne, die das zyklische Nukleotid binden kann. Durch zyklische Nukleotide gesteuerte Kanäle spielen beim Sehvorgang und beim Riechen eine wichtige Rolle. Dort wird durch Licht über die Phophodi-

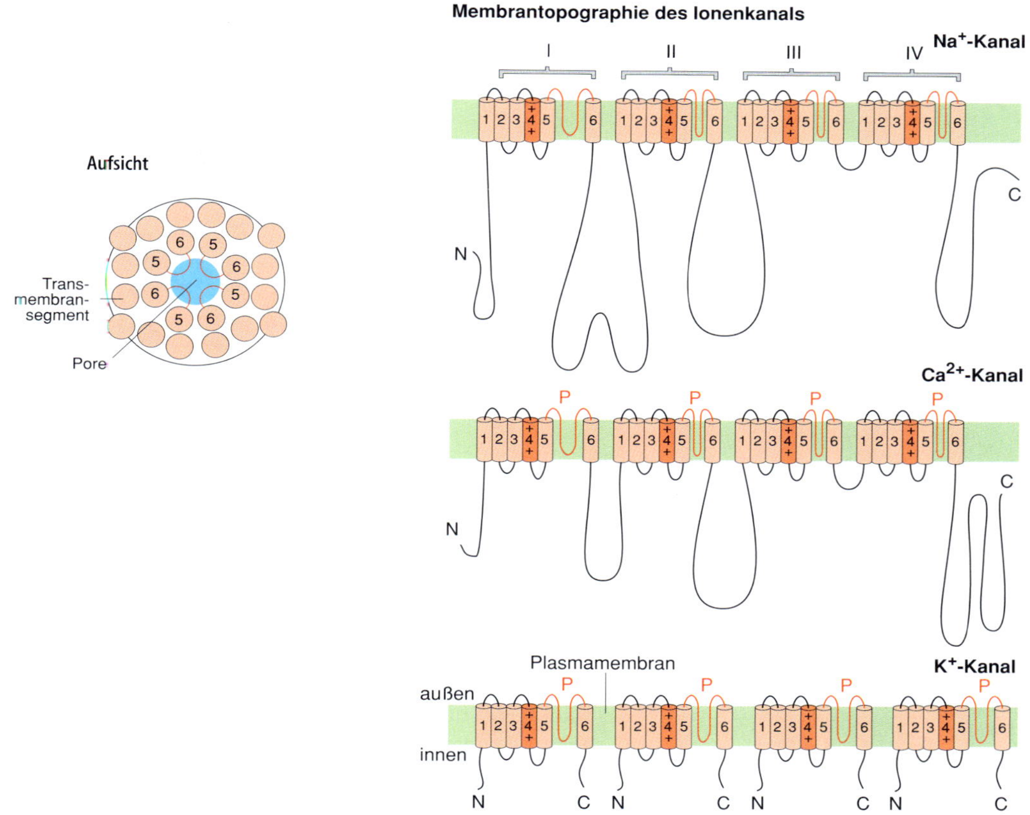

Abb. 1.7. Aufbau der spannungsgesteuerten Ionenkanäle. Die Natrium-, Kalzium- und Kaliumkanäle bestehen jeweils aus vier homologen Anteilen (*I–IV*), die jedoch beim Kaliumkanal nicht miteinander verbunden sind. Die Transmembrandomäne 4 fungiert als Spannungssensor, die Transmembrandomänen 5 und 6 bilden zusammen mit der Domäne P die Porenregion (s. *oben links*). (Aus Dudel et al. 2001)

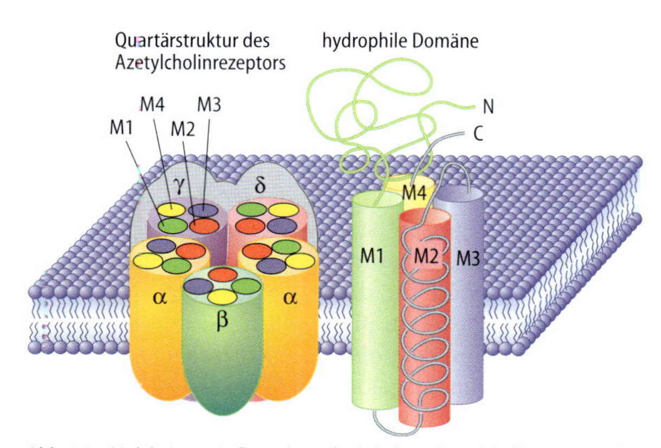

Abb. 1.8. Molekularer Aufbau des nikotinischen Azetylcholinrezeptors der neuromuskulären Endplatte. Der Rezeptor besteht aus fünf Untereinheiten, die jeweils vier Transmembrandomänen (M1–M4) enthalten. Die beiden α Untereinheiten binden Azetylcholin (Abb. 1.9). Der Ionenkanal wird durch die fünf M2 Domänen der Untereinheiten gebildet. (Aus Löffler u. Petrides 1998)

esterase die Menge an cGMP erniedrigt bzw. durch Duftstoffe, vermittelt durch G-Proteine, vermehrt cAMP gebildet. Auf diese Weise wird die Aktivität der Kanäle reguliert (s. Kap. 23).

Liganden gesteuerte Kanäle sind für alle Neurotransmitter mit Ausnahme von Noradrenalin und Dopamin bekannt. Besonders gut untersucht ist der (nikotinische) Azetylcholinrezeptor der neuromuskulären Endplatte (Abb. 1.8). Jede Untereinheit dieses Rezeptors besitzt eine extrazelluläre Domäne am N-Terminus gefolgt von vier helicalen Transmembrandomänen (M1, M2, M3 und M4). Zwischen der Domäne M3 und M4 (am C-Terminus) befindet sich eine zytoplasmatische Schleife. Der gesamte Kanal ist ein Heteropentamer der beschriebenen Untereinheiten, wobei die fünf M2-Domänen die Pore bilden. Nur die beiden Untereinheiten α1 und α2 besitzen Bindungsstellen für Azetylcholin und den Antagonisten α-Bungarotoxin.

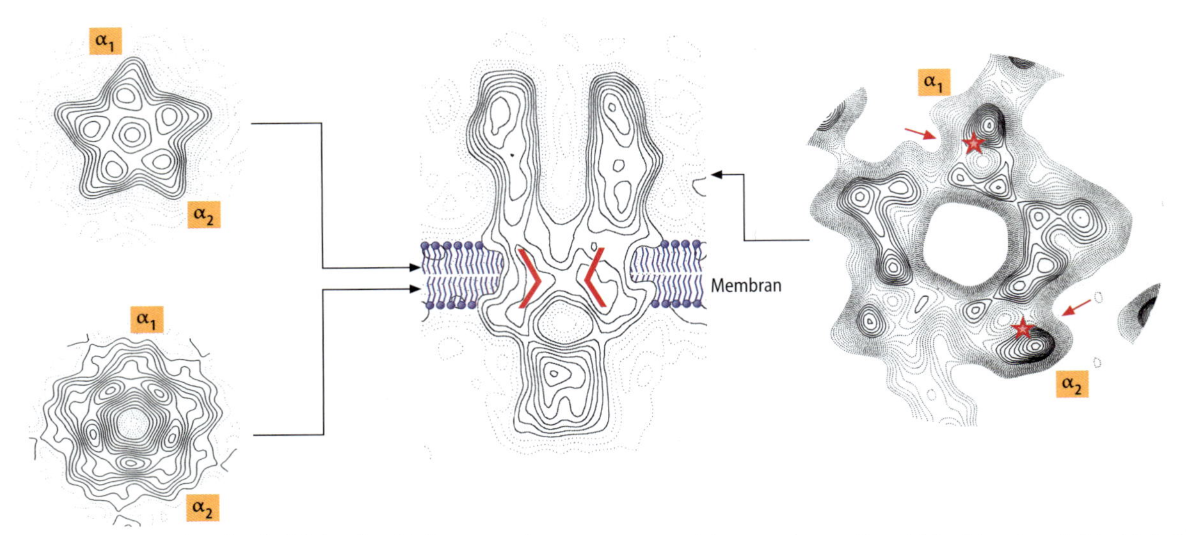

Abb. 1.9. Röntgenstruktur des nikotinischen Azetylcholinrezeptors der neuromuskulären Endplatte. Der Rezeptor ist im Längsschnitt und in drei Querschnitten dargestellt. Rechts ist mit einem *Pfeil* die Bindungsstelle für Azetylcholin und mit einem *Stern* die Bindungstelle für Bungarotoxin auf den Untereinheiten α_1 und α_2 markiert. Auf den linken Querschnitten ist die Porenregion, etwa in der Mitte der Membran und etwas näher der intrazellulären Seite dargestellt. (Aus Unwin 1993)

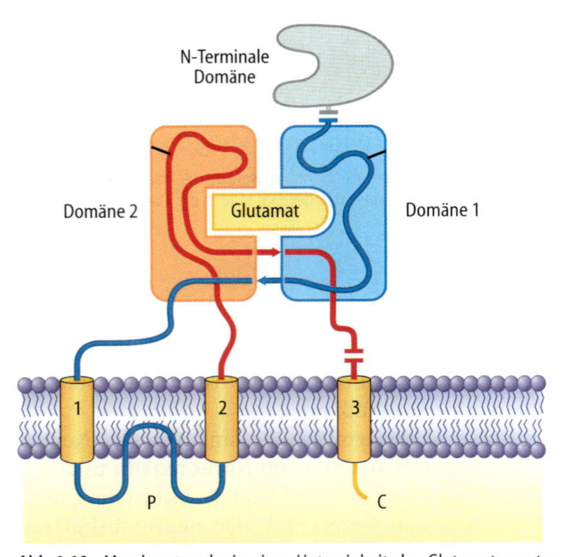

Abb. 1.10. Membrantopologie einer Untereinheit des Glutamatrezeptors in der Plasmamembran (*PM*). Der Rezeptor besteht aus vier oder fünf der dargestellten Untereinheiten, die zusammen einen Kationenkanal bilden. Die Porenregion (*P*) wird durch eine Schleife zwischen den Transmembrandomänen 1 und 2 gebildet, die Glutamatbindungsstelle gemeinsam von Domänen, die auf der extrazellulären Seite an die Transmembrandomänen 1, 2 und 3 angeheftet sind. (Neali Alyssa Armstrong, New York)

Ein genaues Bild des Azetylcholinrezeptors lieferte die Röntgenstruktur (Abb. 1.9). Der Aufbau eines weiteren Liganden gesteuerten Kationenkanals, des Serotoninrezeptors, und der Liganden gesteuerten Anionenkanäle ist sehr ähnlich. Liganden sind in diesem Fall die hemmenden Neurotransmitter Glycin oder GABA, welche Chloridkanäle öffnen. Die Struktur der für Kationen durchlässigen Glutamatrezeptoren ist jedoch anders: Die Untereinheiten der Glutamatrezeptoren sind aus drei Transmembrandomänen aufgebaut, die Schleife zwischen den Transmembrandomänen 1 und 2 bildet mit den anderen (vier oder fünf) Untereinheiten den Kationenkanal. Am Aufbau der Glutamatbindungsstelle sind der extrazelluläre N-Terminus (D1) und die extrazelluläre Domäne (D2) zwischen Transmembrandomäne 2 und 3 beteiligt (Abb. 1.10).

Nicht zu vergessen ist, dass es neben den oben beschriebenen durch Liganden gesteuerten Kanälen (sog. ***ionotrope Kanäle***) für dieselben Liganden zusätzlich Rezeptoren gibt, die zur Bildung von intrazellulären Signalstoffen führen ***(metabotrope Rezeptoren).*** Die über diese Rezeptoren ausgelösten Effekte treten langsamer ein als die der ionotropen Rezeptoren. Ihr Wirkungsmechanismus ist den oben beschriebenen Rezeptoren für Peptidhormone sehr ähnlich (auch Abb. 1.6). Beispiele sind muskarinische Azetylcholinrezeptoren, die über ein G-Protein mit der Phospholipase C gekoppelt sind (s. Kap. 8) und die Adrenorezeptoren (s. Kap. 20.4.2).

Zusammenfassend wird aus den oben geschilderten Vorgängen klar, dass eine wichtige Funktion der Plasmamembran die Aufnahme und Weiterverarbeitung von Signalen ist. Über diese Schaltstelle an der Oberfläche kann der Stoffwechsel von Zellen den Bedürfnissen des gesamten Organismus angepasst werden. In diesem Absatz sind nur einige der gut bekannten Signalwege kurz erläutert. Für ein vertiefendes Studium sei auf Lehrbücher der Physiologie und der Biochemie verwiesen.

1.2 Endoplasmatisches Retikulum

Aufbau▸ Das endoplasmatische Retikulum (ER) ist ein geschlossenes Membransystem, das in sezernierenden Zellen große Anteile des Zellkörpers einnimmt (Abb. 1.1, 1.11, 15.22). Die Ribosomen tragenden Anteile des endoplasmatischen Retikulums werden als ***rauhes endoplasmatisches Retikulum (RER)*** bezeichnet, der Rest als ***glattes endoplasmatisches Retikulum***.

Proteinbiosynthese▸ Die im Zellkern gebildete Botenribonukleinsäure (mRNA) gelangt wie die Untereinheiten der ***Ribosomen*** über die Kernporen in das Zytoplasma (s. Kap. 2). Dort dient die mRNA als Matrize für die Proteinbiosynthese *(Translation)*. Da jeweils mehrere Ribosomen nebeneinander den gleichen mRNA-Strang ablesen, sind die Ribosomen im Zytoplasma meist in Gruppen (Polysomen) angeordnet. Diese freien Ribosomen synthetisieren lösliche zytoplasmatische Proteine. Wenn die neugebildete Kette von Aminosäuren in ihrer Sequenz das Signal für ein Membranprotein oder ein sezernierbares Protein enthält ***(Signalsequenz)***, dann bindet daran das SRP (signal recognition particle), das die Ribosomen mit Hilfe eines Rezeptors am endoplasmatischen Retikulum (ER) anheftet (Abb. 1.12).

Beim Fortgang der Proteinbiosynthese an membrangebundenen Ribosomen wird das neugebildete Protein kontinuierlich in die ***Zisternen*** des endoplasmatischen Retikulums abgegeben. Noch vor der Fertigstellung des Proteins wird die Signalsequenz durch ein spezielles Enzym, die ***Signalpeptidase***, abgespalten (Abb. 1.12). Bei der Biosynthese von Glykoproteinen werden noch während der Translation bereits die ersten Zuckerreste angeheftet ***(Glykosylierung)***. Der geschilderte Vorgang der Proteinbiosynthese am rauhen endoplasmatischen Retikulum wurde im Jahr 1971 als Signalhypothese formuliert und in den folgenden Jahren experimentell bestätigt. Günter Blobel erhielt für die Aufklärung der Vorgänge im Jahr 1999 den Nobelpreis.

Weitere Funktionen▸ Außer der Biosynthese von Proteinen und Glykoproteinen findet im gesamten endoplasmatischen Retikulum die ***Synthese der Phospholipide*** statt, die ***Hydroxylierung*** von zelleigenen Produkten und von Fremdstoffen durch Hydroxylasen, und die häufig anschließende ***Glukuronidierung*** oder ***Sulfatierung*** der Produkte. Beispiele für diese Biotransformation sind die Modifikation von Arzneimitteln der Phenobarbitalgruppe, Antibiotika wie Chloramphenicol und Abbauprodukten des Hämoglobins (Bilirubin). Die ***Aufnahme und Freisetzung von Kalzium*** ist eine weitere wichtige Funktion des ER. Diese Vorgänge werden am Beispiel des speziellen ER der Muskelzellen, dem sarkoplasmatischen Retikulum, erläutert (Kap. 9). Im ER befindet sich auch ein Enzym, das für die Aufrechterhaltung eines konstanten Blutzuckerspiegels verantwortlich ist. Die ***Freisetzung von Glukose*** aus der Leber setzt die Spaltung des Endprodukts des Glykogenabbaus (Glukose-6-Phosphat) durch die Glukose-6-Phosphatase des endoplasmatischen Retikulums voraus.

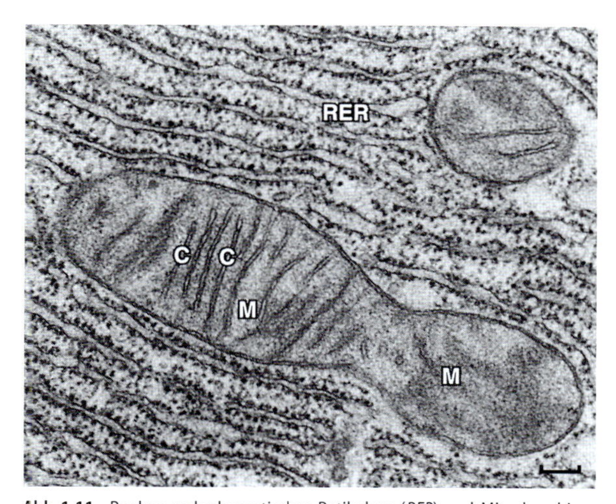

Abb. 1.11. Rauhes endoplasmatisches Retikulum (*RER*) und Mitochondrium einer exokrinen Zelle der Bauchspeicheldrüse. In der elektronenmikroskopischen Aufnahme sind die Cristae (*C*) und die Matrix (*M*) des Mitochondriums markiert. (Aus Junqueira et al. 1998). Balken = 0,1 µm

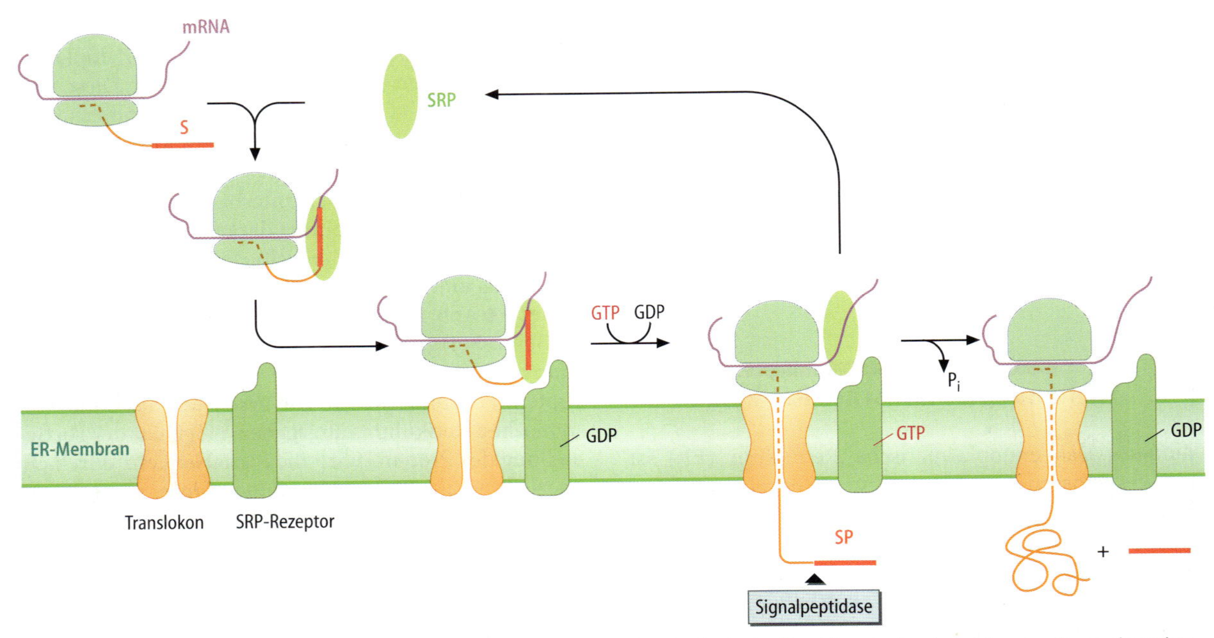

Abb. 1.12. Proteinbiosynthese am endoplasmatischen Retikulum. Nach der Biosynthese der Signalsequenz (*S*) an freien Ribosomen bindet das Ribosom mit dem SRP (signal recognition particle) an die Membran des endoplasmatischen Retikulums. Bei Fortschreiten der Biosynthese wird das neu gebildete Protein durch das Translokon in den intrazisternalen Raum abgegeben. Schließlich wird die Signalsequenz mit Hilfe der Signalpeptidase abgespalten. (Aus Löffler u. Petrides 1998)

Klinik Ist die Glukose-6-Phosphatase mutiert und damit defekt, entsteht die so genannte ***von Gierke-Glykogenspeicherkrankheit***, die mit einer Häufigkeit von etwa 1 : 200 000 auftritt. Schon im ersten Lebensjahr werden dabei schwere Hypoglykämie und Hepatomegalie als Folge der Anhäufung von Glykogen beobachtet.

1.3 Golgi-Apparat

Aufbau▸ Der Golgi-Apparat ist eine zentrale Verteilungs- und ***Sortierstation*** innerhalb der Zelle (Abb. 1.13, 1.14, 1.15, 3.21). Er besteht aus einer Vielzahl von ***Transportvesikeln*** und geschlossenen Membranstapeln ***(Diktyosomen)***. Transportvesikel schnüren sich vom glatten endoplasmatischen Retikulum ab und fusionieren mit dem cis-Kompartiment des Golgi-Apparats, das dem ER benachbart ist. Nachfolgend werden die Membranen und deren Inhalt durch eine Abfolge von Abschnürungen und Membranfusionen zum trans-Kompartiment (= trans-Netzwerk) weitertransportiert (Abb. 1.13). In jedem Stapel können die so durch den Golgi-Apparat transportierten Proteine durch spezielle Enzyme modifiziert werden. Neben der ***Glykosylierung*** spielt dabei auch die ***Abspaltung von Kohlenhydraten, Phosphorylierung, Sulfatierung*** und ***Proteolyse*** eine wesentliche Rolle.

Zum vesikulären Transport vom endoplasmatischen Retikulum zum Golgi-Apparat und zwischen den einzelnen Membranstapeln des Golgi-Apparats sind zwei ubiquitär vorhandene lösliche Proteine notwendig. Sie werden als ***NEM-sensitiver Faktor (NSF)*** und ***SNAP (soluble NSF acceptor protein)*** bezeichnet. NSF ist ein ATP spaltendes Enzym, das, zusammen mit SNAP, an der Fusion von Vesikeln im Golgi-Apparat beteiligt ist. Die Präzision der vesikulären Transportvorgänge lässt die Einschaltung von Erkennungsproteinen vermuten, die als v-SNAREs bezeichnet werden, wenn sie auf den Vesikeln angeordnet sind und als t-SNAREs, wenn sie hauptsächlich auf der Zielmembran (target) angeordnet sind. ***SNAREs*** sind SNAP-Rezeptoren, weil sie mit Hilfe des oben genannten SNAP die lösliche AT-

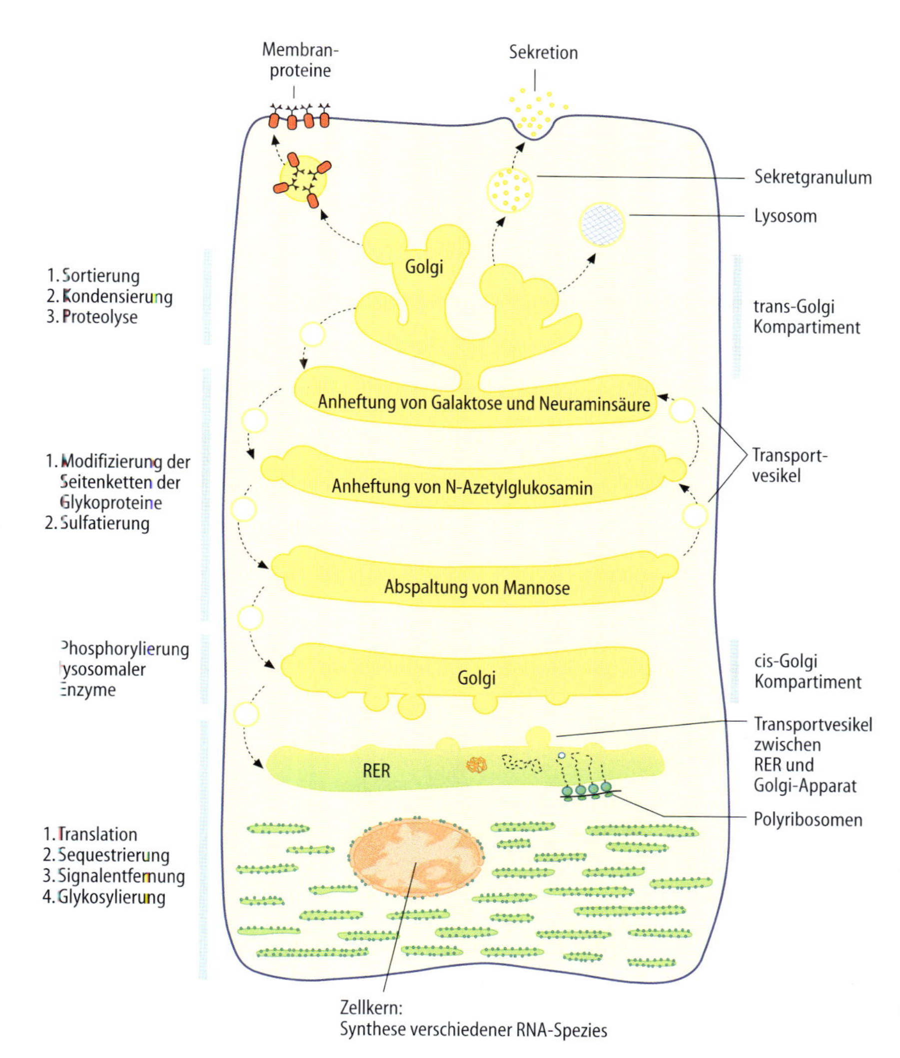

Abb. 1.13. Die Vorgänge in den verschiedenen Anteilen des Golgi-Apparats. Die im rauhen endoplasmatischen Retikulum synthetisierten Proteine werden mit Hilfe von Transportvesikeln zu den verschiedenen Kompartimenten des Golgi-Apparats transportiert. Dort werden die Seitenketten der Glykoproteine verändert und Phosphat- und Sulfatreste übertragen. Im Transkompartiment erfolgt die Sortierung der Produkte in verschiedene Organellen. (Aus Junqueira et al. 1998)

Pase des NSF binden können. NSF, SNAP und SNAREs sind auch bei der Membranfusion während der Exozytose wirksam (Kap. 8).

Sortierung▸ Die am trans-Kompartiment des Golgi-Apparats gebildeten Vesikel können mit der ***Plasmamembran*** fusionieren und so ihre Membranproteine zur Plasmamembran transportieren. Andere Vesikel bilden die Grundlage für die Biogenese von Sekretgranula und Lysosomen (Abb. 1.13).

Membranproteine der Zellmembran gelangen so an die Zelloberfläche. Da dieser Einbau der Membranporteine ständig abläuft, wird er als ***konstitutiv*** bezeichnet. Sekretgranula (Abb. 1.14, 1.15), die für die Freisetzung bestimmte Inhaltsstoffe enthalten (z. B. Verdauungsenzyme, Hormone), werden häufig im Zytoplasma gespeichert. Sie fusionieren nur auf einen entsprechenden Reiz hin mit der Plasmamembran, um ihren Inhalt freizugeben. Dieser Vorgang wird als ***regulierte Exozytose*** bezeichnet. Das Ausmaß der Sortierung von Bestandteilen in verschiedene andere zelluläre Kompartimente hängt von den Aufgaben der Zelle ab (Abb. 1.16). Beispielsweise werden in den Vorstufen der Erythrozyten, den Erythroblasten des Knochenmarks, im Golgi-Apparat nur wenige Vesikel gebildet, die hauptsächlich zur Biogenese der Plasmamembran genutzt werden. Außer dem Zellkern und den Mitochondrien werden im Erythroblasten hauptsächlich freie Ribosomen angetroffen, die zur Biosynthese des Hämoglobins benötigt werden. Plasmazellen sind gefüllt

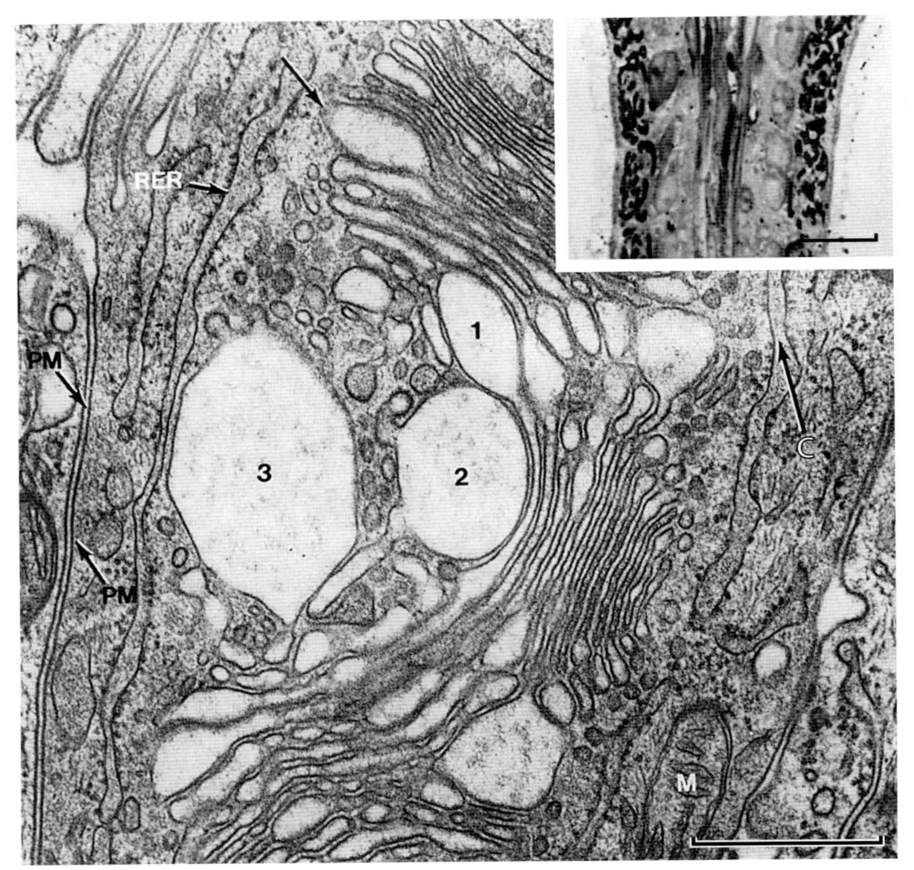

Abb. 1.14. Elektronenmikroskopische Aufnahme des Golgi-Felds einer schleimproduzierenden Zelle. *Rechts* ist eine Zisterne (*C*) des rauhen endoplasmatischen Retikulums markiert, in der sich bereits Sekretprodukt angehäuft hat. *Links* daneben sind Vesikel, die das Material zum cis-Bereich des Golgi-Apparats transportieren. Dann folgen die Membranstapel (Dictyosomen) des Golgi-Apparats und das Transkompartiment. Hier schnüren sich Vesikel ab, die fusionieren und dadurch größere Sekretgranula bilden (mit *1*, *2* und *3* bezeichnet). Ebenfalls markiert auf dem Bild ist *links* die Plasmamembran (*PM*), rauhes endoplasmatisches Retikulum (*RER*) und *rechts unten* ein Mitochondrium (*M*). Balken = 1 μm. Der Ausschnitt zeigt Golgi-Komplexe in Zellen des Nebenhodens, dargestellt durch Versilberung. Balken = 10 μm. (Aus Junqueira et al. 1996)

mit rauhem endoplasmatischem Retikulum. Dort werden Immunglobuline synthetisiert. Nach Sortierung im Golgi-Apparat erfolgt die Freisetzung durch Exozytose. Immunglobuline werden in Plasmazellen nicht gespeichert und sofort konstitutiv sezerniert. Anders liegen die Verhältnisse bei exokrinen und endokrinen Zellen sowie in Nervenzellen, wo die mit Sekretionsprodukten gefüllten Vesikel nach der Bildung im Golgi-Apparat intrazellulär zunächst in großer Anzahl gespeichert und nur bei Bedarf durch regulierte Exozytose freigesetzt werden.

Die während der Exozytose in die Plasmamembran eingebaute Vesikelmembran wird von der Zelle durch ***Endozytose*** wieder internalisiert. Endozytose dient auch zur Aufnahme von Flüssigkeit und darin gelösten Stoffen ***(Pinozytose)***. Die pinozytotischen Vesikel schnüren sich von der Plasmamembran ab und haben einen Durchmesser von etwa 80 nm. Sie können mit Lysosomen fusionieren. In Endothelzellen (z. B. von Kapillaren) können die pinozytotischen Vesikel mit der gegenüberliegenden Oberfläche derselben Zelle fusionieren und ihren Inhalt freisetzen (s. Kap. 10). Dadurch können Stoffe durch Zellen transportiert werden. Dieser Vorgang wird auch als ***Transzytose*** bezeichnet. ***Phagozytose*** dient der Aufnahme von Partikeln. Makrophagen und neutrophile Granulozyten sind darauf spezialisiert auf diese Weise Bakterien, Protozoen, Pilze, Zelltrümmer und extrazelluläre Komponenten aufzunehmen (s. Kap. 4). Der Inhalt des bei der Phagozytose entstehenden Phagosoms wird mit Hilfe der Lysosomen

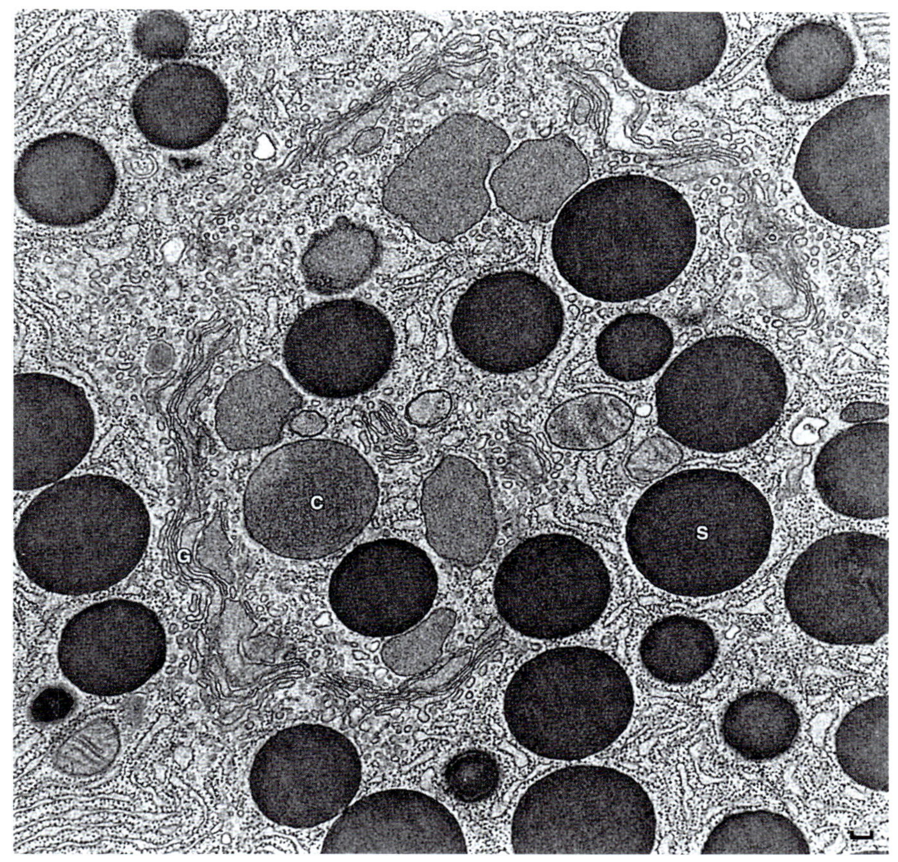

Abb. 1.15. Golgikomplex (*G*) einer exokrinen Pankreaszelle, umgeben von intrazellulären Organellen wie Sekretgranula (*S*) und deren Vorstufen (*C*, condensing vacuoles). Balken = 0,1 μm. (Aus Junqueira et al. 1998)

abgebaut (s. unten). Durch Rezeptor-vermittelte Endozytose können spezifisch Substanzen aus dem Extrazellulärraum aufgenommen werden. Beispiel dafür ist die Aufnahme von Lipoproteinen (s. Kap. 5).

1.4 Lysosomen

Lysosomen wurden in den 50er Jahren als vesikuläre intrazelluläre Strukturen von der Arbeitsgruppe um C. de Duve entdeckt. Sie enthalten ***hydrolytische Enzyme*** zum Abbau von Proteinen, Lipiden und Nukleinsäuren. Die hydrolytischen Enzyme werden nach der Biosynthese am endoplasmatischen Retikulum im Golgi-Apparat modifiziert und erscheinen danach in den Vorstufen der Lysosomen, den ***Endosomen***. Man hat festgestellt, dass das Signal für den Transport zu den Lysosomen die Anheftung von Mannose-6-Phosphat an die neugebildeten lysosomalen Enzyme ist. Sie können damit an *den* ***Mannose-6-Phosphat-Rezeptor*** binden mit dem sie zu den Lysosomen transportiert werden. Dort erniedrigt eine ***protonenpumpende V-ATPase*** den intravesikulären ***pH*** auf einen Wert von etwa ***5-6***. Unter diesen Bedingungen dissoziieren die lysosomalen Enzyme vom Mannose-6-Phosphat-Rezeptor, der nun zum Golgi-Apparat rücktransportiert wird und dort neugebildete lysosomale Enzyme aufnehmen kann. In den (späten) Endosomen und den daraus entstehenden ***primären Lysosomen*** (Abb. 1.17, 1.18, 1.19, 1.20, 4.16) mit ihrem sauren Millieu entstehen optimale Bedingungen für die Funktion der hydrolytischen Enzyme. Sie werden zu ihren reifen Formen prozessiert und sind dann katalytisch aktiv.

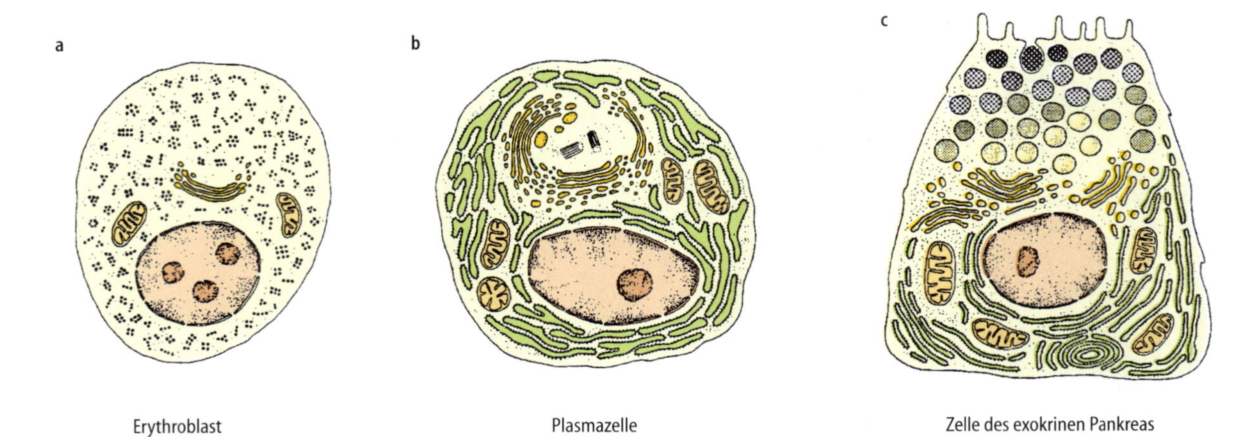

Abb. 1.16 a–c. Ultrastrukturen von Zellen mit verschiedenen Aufgaben. **a** Erythroblast, der hauptsächlich Hämoglobin synthetisiert. Die wenigen im Golgi-Apparat gebildeten Vesikel dienen hauptsächlich dem Aufbau der Plasmamembran. **b** Plasmazelle mit reichlich rauhem endoplasmatischen Retikulum an dem Immunglobuline gebildet werden, die im Golgi-Apparat verpackt und sofort freigesetzt werden. **c** Exokrine Drüsenzelle des Pankreas, in der Sekretionsprodukte (Verdauungsenzyme) nach der Synthese gespeichert werden und erst bei Bedarf durch Exozytose abgegeben werden. (Aus Junqueira et al. 1998)

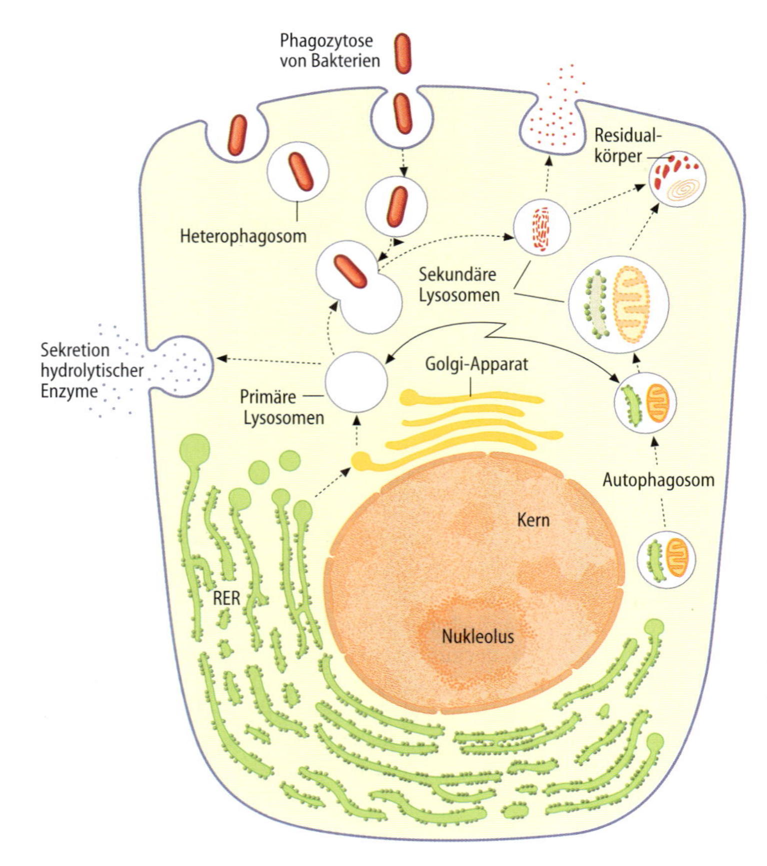

Abb. 1.17. Die Funktionen der Lysosomen. Nach der Biogenese der primären Lysosomen kann deren Inhalt sezerniert werden (z. B. bei Osteoklasten). Wenn primäre Lysosomen mit Hetero- oder Autophagosomen fusionieren, dann können innerhalb der entstehenden sekundären Lysosomen die Inhaltsstoffe der Phagosomen abgebaut werden. Unverdauliches Material befindet sich in den Residualkörpern, deren Inhalt ebenfalls sezerniert werden kann. (Aus Junqueira et al. 1998)

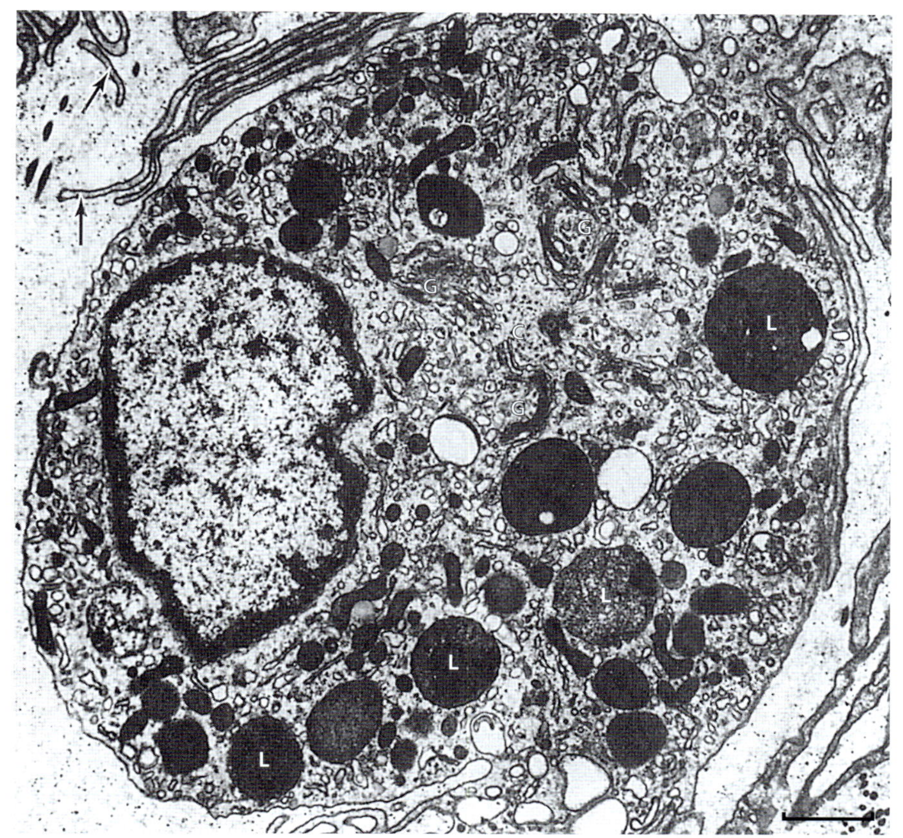

Abb. 1.18. Elektronenmikroskopische Aufnahme eines Makrophagen des Mesenteriums. Auffallend sind die zahlreichen Sekundärlysosomen (*L*), umgeben von den kleineren primären Lysosomen. Im Zentrum der Zelle befindet sich ein Zentriol (*C*), umgeben von mehreren Golgi-Apparaten (*G*). Mit *Pfeilen* sind Fortsätze der Makrophagen markiert. Balken = 1 µm. (Aus Junqueira et al. 1998)

Klinik Ist die Anheftung des Mannosephosphatrestes gestört, z. B. bei einer Mutation des Enzyms, das die Anheftung des Erkennungsmarkers katalysiert, können die lysosomalen Enzyme nicht zu den Lysosomen transportiert werden. Unter diesen Bedingungen setzt die Zelle die lysosomalen Enzyme durch Exozytose frei. Dramatisch erhöhte Serumspiegel lysosomaler Enzyme sind die Folge. Diese und verwandte Krankheiten, bei denen z. B. ein einzelnes lysosomales Enzym funktionsunfähig ist, werden als ***lysosomale Speicherkrankheiten*** bezeichnet, da sich das Substrat des Enzyms in den Zellen anhäuft.

Lysosomen haben bei Makrophagen und neutrophilen Granulozyten eine große Bedeutung, da sie durch Phagozytose aufgenommene Mikroorganismen abbauen können (Abb. 1.17 bis 1.21). Das bei dieser speziellen Form der Endozytose gebildete ***Phagosom***, welches den Erreger enthält, wird durch Fusion mit primären Lysosomen zum so genannten ***Phagolysosom*** (= sekundäres Lysosom), in welchem der Abbau der Mikroorganismen durchgeführt wird. Zurückgebliebene Reste finden sich häufig in so genannten Residualkörpern. Auf noch unbekannte Weise können Zellen auch ***Autophagosomen***, für den Abbau bestimmter zelleigener Komponenten, wie z. B. Mitochondrien, enthalten (Abb. 1.17, 1.21). Hier sei erwähnt, dass Zellen zum Proteinabbau neben den Lysosomen eine weiteres System besitzen, das nicht membranumschlossen ist. Es wird als ***Proteasom*** bezeichnet (s. Kap. 1.7).

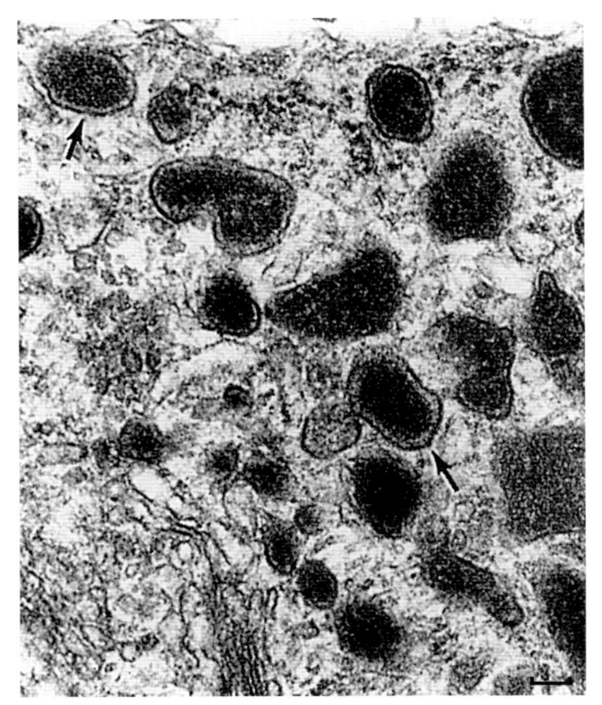

Abb. 1.19. Primäre Lysosomen eines Makrophagen bei stärkerer Vergrößerung. Die *Pfeile* deuten auf die die Organellen umgebende Membran. Balken = 0,1 μm. (Aus Junqueira et al. 1998)

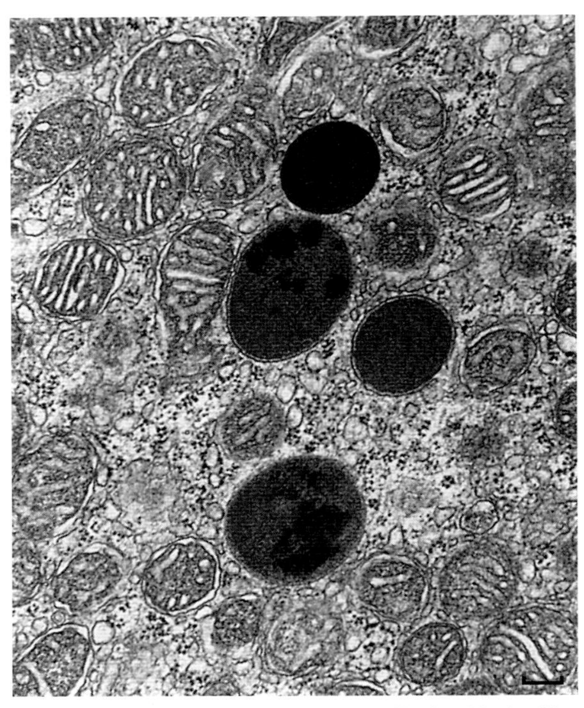

Abb. 1.20. Sekundäre Lysosomen, umgeben von zahlreichen Mitochondrien. Balken = 0,1 μm. (Aus Junqueira et al. 1998)

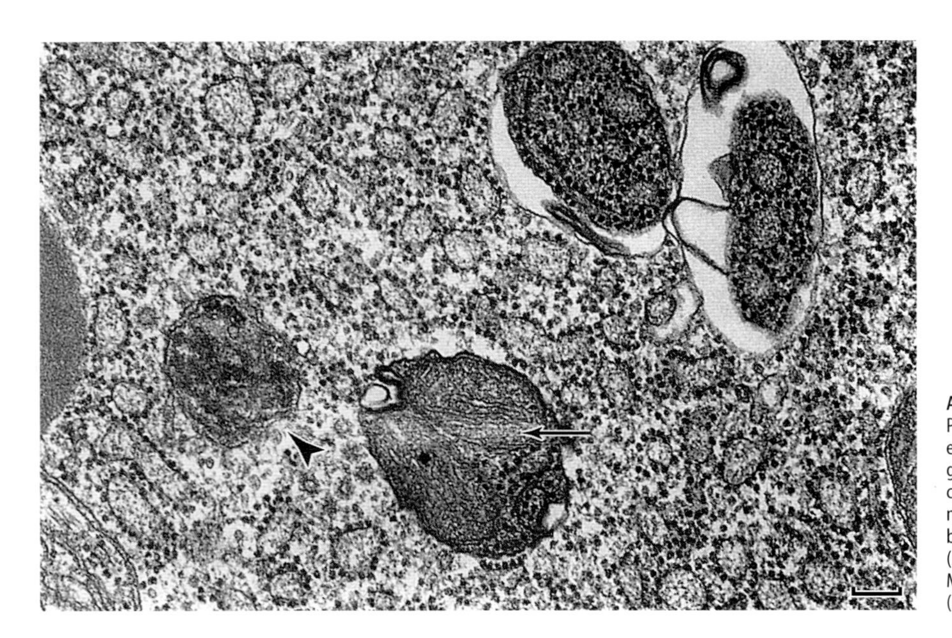

Abb. 1.21. Autophagosomen einer Pankreaszelle. *Oben rechts* ist rauhes endoplasmatisches Retikulum eingeschlossen, in der Mitte ein Mitochondrium (*Pfeil*) und endoplasmatisches Retikulum. *Links* davon befindet sich ein Residualkörper (*Pfeilkopf*), der unverdaubares Material enthält. Balken = 0,1 μm. (Aus Junqueira et al. 1998)

1.5 Peroxisomen

Die Peroxisomen sind den Lysosomen strukturell sehr ähnlich (Abb. 1.22). Sie haben einen Durchmesser von 0,1 bis 1 µm und in der Regel erscheint ihre Matrix im Elektronenmikroskop homogener und weniger elektronendicht als die der Lysosomen. Alle Proteine der Matrix werden an freien zytoplasmatischen Ribosomen synthetisiert und anschließend in die Peroxisomen transportiert. Spezielle Erkennungssignale in der Aminosäuresequenz dieser Proteine, so genannte peroxisomale Targetingsequenzen, werden von entsprechenden Rezeptoren auf der Peroxisomenmembran erkannt und bewirken den Import. Die peroxisomalen Vorläufer entstehen durch Abschnürung vom endoplasmatischen Retikulum und durch Teilung. Sie reifen anschließend durch den Import von Matrixenzymen zu funktionsfähigen Organellen heran.

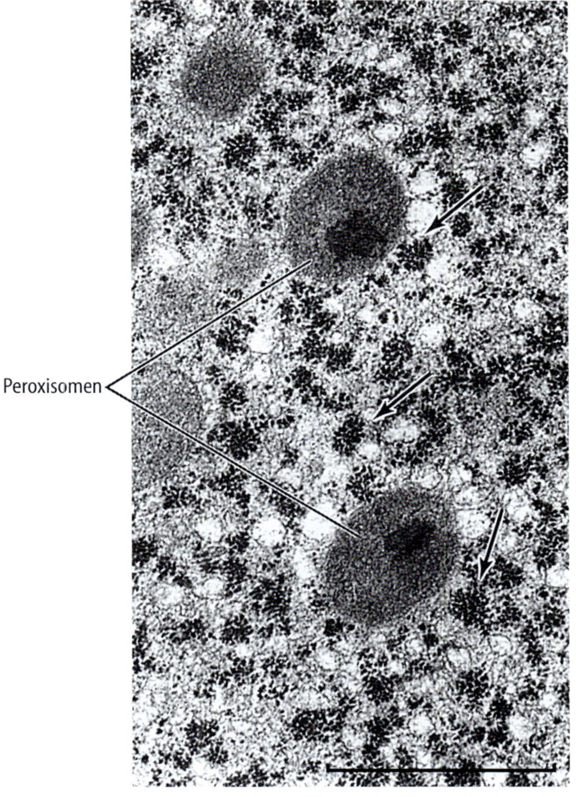

Abb. 1.22. Peroxisomen einer Leberzelle. In der elektronenmikroskopischen Aufnahme sind auch Glykogenpartikel (*Pfeile*) erkennbar. Balken = 1 µm. (Aus Junqueira et al. 1998)

In menschlichen und tierischen Zellen sind die Peroxisomen auf den Abbau von langkettigen (>C24) und verzweigten Fettsäuren spezialisiert. Ein Enzym des Fettsäureabbaus unterscheidet sich von dem der mitochondrialen β-Oxidation: Die peroxisomale Azyl-CoA-Dehydrogenase überträgt Elektronen direkt auf molekularen Sauerstoff. Das dabei entstehende H_2O_2 wird durch die peroxisomale Katalase abgebaut. Die weiteren Reaktionsschritte entsprechen denen der mitochondrialen β-Oxidation. Auch bei der Oxidation von D-Aminosäuren, Alkohol und Purinen in den Peroxisomen entsteht H_2O_2.

Klinik

Störungen der Funktionen der Peroxisomen führen zu schweren Erkrankungen. Sie sind entweder auf einen gestörten Import peroxisomaler Enzyme oder auf einzelne funktionsunfähige Enzyme zurückzuführen. Beim ***Zellweger-Syndrom*** sind Rezeptoren für die peroxisomale Targetingsequenz inaktiv. Fast alle peroxisomalen Enzyme können nicht importiert werden und werden stattdessen im Zytoplasma abgebaut. Das Zellweger-Syndrom verursacht schwere Entwicklungsstörungen in Gehirn und Niere und führt schon nach wenigen Lebensmonaten zum Tode. Bei Mutationen und Inaktivierung einzelner peroxisomaler Enzyme sind nur einzelne Reaktionschritte von Stoffwechselwegen betroffen.

1.6 Mitochondrien

Aufbau▸ Mitochondrien besitzen zwei Membranen, wobei die innere Mitochondrienmembran zur Oberflächenvergrößerung Falten (Cristae) oder Röhren (Tubuli) bildet und den Matrixraum begrenzt (vgl. Abb. 1.12, 20.18). Die Bereitstellung von Energie für die Zelle in Form von ATP ist eine der Hauptaufgaben der Mitochondrien.

Funktion▸ Die innere Mitochondrienmembran besitzt Transportsysteme, die dazu dienen, abbaubare Stoffwechselprodukte in die Mitochondrien zu transportieren. Daraus hergestellter Koenzym gebundener Wasserstoff wird dazu benutzt, über verschiedene Zwischenstufen (Redoxreaktionen an Zytochromen, Protonentransport) ATP zu synthetisieren (Abb. 1.23, 1.24).

Pyruvat aus dem Glukoseabbau und Fettsäuren werden zuerst über Carrier in die Mitochondrien impor-

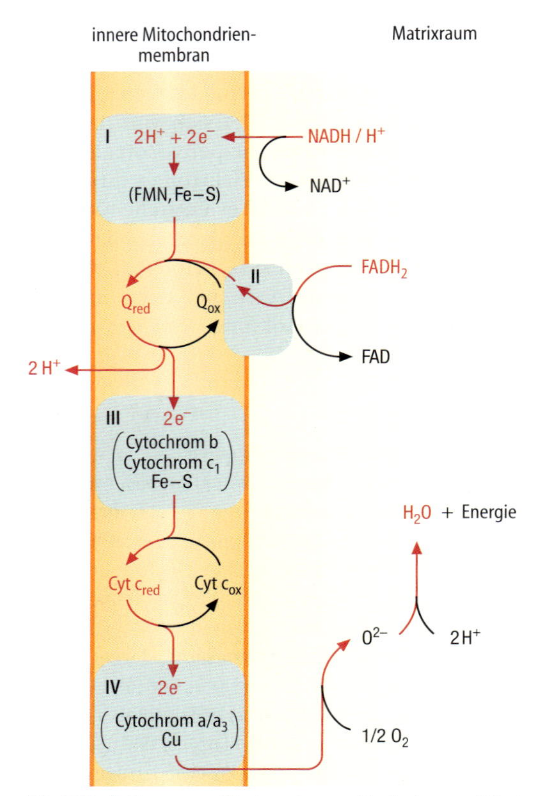

Abb. 1.23. Elektronen- und Protonentransport in der inneren Mitochondrienmembran. Aus Azetyl-CoA und anderen Substraten wird im Matrixraum der Mitochondrien Koenzym gebundener Wasserstoff ($NADH^+H^+$ bzw. FADH2) gebildet. Elektronen werden durch die Zytochrome der inneren Mitochondrienmembran auf Sauerstoff übertragen und Protonen werden gleichzeitig aus dem Matrixraum transportiert. Die Multienzymkomplexe sind mit *I-IV* bezeichnet. (Aus Löffler u. Petrides 1998)

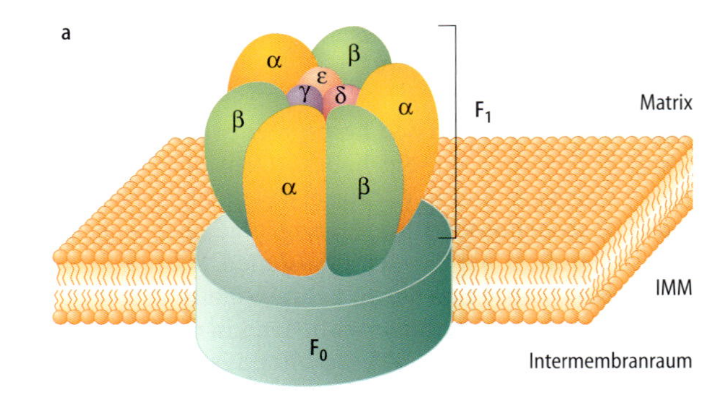

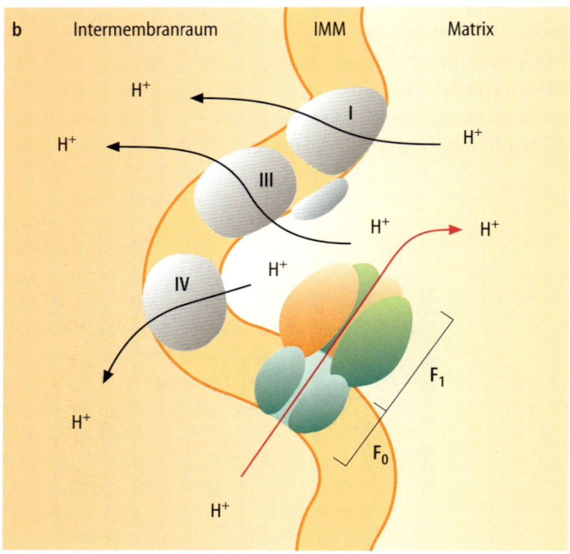

Abb. 1.24 a, b. Der Protonengradient der inneren Mitochondrienmembran wird zur Synthese von ATP genutzt. **a** Aufbau der F0/F1-ATPase der inneren Mitochondrienmembran (*IMM*). **b** Bildung des Protonengradienten und Synthese von ATP an der inneren Mitochondrienmembran. Die Multienzymkomplexe sind mit *I*, *III* und *IV* bezeichnet. (Aus Löffler u. Petrides 1998)

tiert und in Koenzym gebundenes Azetat ***(Azetyl-CoA)*** umgewandelt. Dieser Prozess wird bei Fettsäuren als β-Oxidation bezeichnet. Aus Azetyl-CoA wird im Matrixraum der Mitochondrien durch eine Reihe von biochemischen Reaktionen (Zitronensäurezyklus) Koenzym gebundener Wasserstoff (***NADH+H⁺ bzw. FADH₂***) gebildet. Dieser dient der sequenziellen Reduktion von eisenhaltigen Farbstoffen in der inneren Mitochondrienmembran, die als ***Zytochrome*** bezeichnet werden. Im Laufe dieser Vorgänge werden pro reduziertem Koenzym $NADH+H^+$ etwa drei, und pro $FADH_2$ etwa 2 Protonen aus dem Matrixraum transportiert und Elektronen schließlich auf Sauerstoff übertragen. Bei dieser ‚kontrollierten Knallgasreaktion' wird also die bei der Reaktion freiwerdende Energie in Form eines ***Protonengradienten*** gespeichert (Abb. 1.23, 1.24). Die nun folgende Aufgabe der Mitochondrien besteht darin, aus diesem Gradienten ***ATP*** zu gewinnen. Dazu besitzen die Mitochondrien in ihrer inneren Membran ein System, das aus einem Protonenkanal (F_0 Einheit) und einer ATP-Synthase (F_1 Einheit) besteht. Dieser Komplex, häufig auch als F_0/F1-ATPase bezeichnet, kann die Energie des Protonengradienten unter Rückführung der Protonen zur Synthese von ATP aus ADP und Phosphat ausnutzen. Den Transport von ADP und Phosphat in die Mitochondrien und von hergestelltem ATP aus den Mitochondrien in das Zytoplasma besorgen entsprechende Carrier in der inneren Mitochondrienmembran. Für die Aufklärung der hier kurz geschilderten Reaktionen bekamen Peter Mitchell 1978 und Paul D. Boyer und John E. Walker 1997 den Nobelpreis. Die genaue Schilderung der Reaktionen, die in den Mitochondrien ablaufen, bleibt Lehrbüchern der Physiologie und Biochemie vorbehalten.

1.7 Weitere Strukturen des Zytoplasmas

Im Zytoplasma findet sich auch eine ganze Reihe von Multienzymkomplexen, die spezielle biochemische Reaktionen katalysieren. Dazu gehören das **SRP (signal recognition particle)**, das zusammen mit **Ribosomen** an der Biosynthese von Proteinen am ER beteiligt ist (s. Kap. 1.2).

Das ***Proteasom*** (Abb. 1.25) ist für den Abbau der zytoplasmatischen Proteine zuständig. Lysosomen (s. Kap. 1.4) bauen dagegen überwiegend Proteine und andere Stoffe der Zellen ab, die durch Phagozytose aus dem extrazellulären Raum aufgenommen wurden. Die zum Abbau im Proteasom bestimmten Proteine werden durch Anheftung eines weiteren Proteins von 75 Aminosäuren Länge, das wegen seiner weiten Verbreitung 'Ubiquitin' genannt wird, markiert. Proteasomen erkennen und binden nun diese Proteine, entfalten sie und schleusen sie in das Innere des zentralen Anteils des Proteasoms ein. Hier befinden sich die proteolytischen Zentren, die das Protein in Peptide aus 7 bis 9 Aminosäuren spalten. Von besonderer Bedeutung ist der Abbau von zelleigenen Proteinen im Proteasom bei der zellulären Immunantwort (s. Kap. 13). Antigen präsentierende Zellen nehmen die von den Proteasomen hergestellten Peptide in das endoplasmatische Retikulum auf. Dort binden sie an MHC Proteine, die die Peptide an der Zelloberfläche präsentieren können.

Glukose wird im Körper in polymerer Form als ***Glykogen*** gespeichert. Es erscheint in Muskel- und in Leberzellen elektronenmikroskopisch als Ansammlung von Körnchen mit einem Druchmesser von ca. 20 nm (Abb. 1.22, 9.5). Glykogen dient in Leber und Muskel als Kohlenhydratspeicher, der zur Energieversorgung

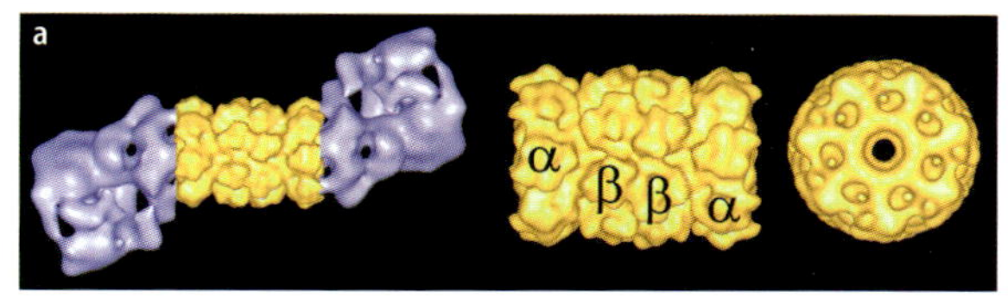

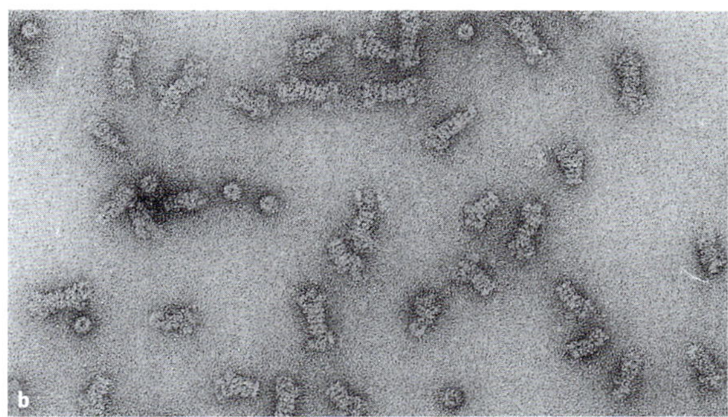

Abb. 1.25. a Proteasomen bestehen aus einem zylinderförmigen zentralen Anteil (*gelb*), der an beiden Seiten von den Kappenkomplexen (*blau*) flankiert wird. In der Seitenansicht des zentralen Anteils (*Mitte*) sind die vier gegeneinander versetzten Ringe erkennbar, die jeweils aus sieben α- oder β- Untereinheiten gebildet werden. *Rechts* ist die Aufsicht der zentralen Pore zu sehen, in der, katalysiert durch die β-Untereinheiten, der Proteinabbau stattfindet. Die obere Abbildung basiert auf Daten der Kristallstrukturanalyse. (Rekonstruktionen und elektonenmikroskopische Aufnahme wurden von der Arbeitsgruppe um Wolfgang Baumeister, Max-Planck-Institut für Biochemie in Martinsried bereitgestellt). **b** Seitenansichten der Proteasomen sowie Aufsichten können in elektronenmikroskopischen Aufnahmen von gereinigten Proteasomen erkannt werden. Die Proteasomen wurden mit Uranylacetat negativ kontrastiert. Sie besitzen eine Länge von etwa 45 nm und einen Durchmesser von 19 nm. (Aus Löffler u. Petrides 1998)

beim Menschen etwa für einen Tag reicht. Danach muss durch Nahrungsaufnahme der Speicher wieder aufgefüllt werden oder Fett abgebaut werden. Fett reicht beim Menschen, je nach Ernährungszustand, ein bis drei Monate als Energiequelle. ***Fetttröpfchen*** verschiedener Größe kommen in Fettzellen vor (s. Kap. 5). Außerdem finden sie sich in Zellen der Nebennierenrinde, wo sie hauptsächlich Cholesterin enthalten (s. Kap. 20, Abb. 20.18).

Ein weiterer charakteristischer Bestandteil des Zytoplasmas ist das ***Zellskelett*** zu dem die Mikrotubuli, Mikrofilamente (Aktinfilamente) und die intermediären Filamente gehören. Das Zellskelett wird in Kapitel 3 eingehend besprochen.

Zellkern

2.1	Chromatin	22
2.2	Nukleolus	25
2.3	Kernhülle	25
2.4	Zellteilung	27
2.5	Apoptose	32

Einleitung

Im Gegensatz zu Bakterien (Prokaryoten) befindet sich die DNA in pflanzlichen und tierischen Zellen (Eukaryoten), mit Ausnahme der DNA der Mitochondrien und Chloroplasten, in einem besonderen Kompartiment, dem Zellkern. Er ist durch die *Kernhülle* vom Zytoplasma abgegrenzt. Die DNA liegt im Zellkern als Komplex mit basischen Proteinen vor, der infolge seiner leichten Anfärbbarkeit als *Chromatin* bezeichnet wird. Chromatin ist zusammen mit dem *Nukleolus* in die *Kernmatrix* eingebettet (Abb. 2.1, 2.2). Zellkerne haben Durchmesser zwischen 5 μm (Lymphozyten und Körnerzellen des Kleinhirns) und 20 μm (Eizellen), sie können rund, oval oder gelappt wie in den Granulozyten sein. Das typische Aussehen von Geweben im Mikroskop wird ganz wesentlich vom Größenverhältnis zwischen Zellkern und Zelle, der so genannten *Kern-Plasma-Relation* bestimmt. Einen besonders großen Anteil haben die Zellkerne z. B. in den Lymphozyten (s. Kap. 13), einen niedrigen dagegen in quer gestreiften Muskelfasern (s. Kap. 9). Größe und Morphologie der Zellkerne innerhalb eines Gewebes sind ähnlich.

Klinik

Veränderungen von Größe und Struktur des Kerns sowie der Kern-Plasma-Relation sind wichtige morphologische Kennzeichen für den Grad der Malignität eines Tumors.

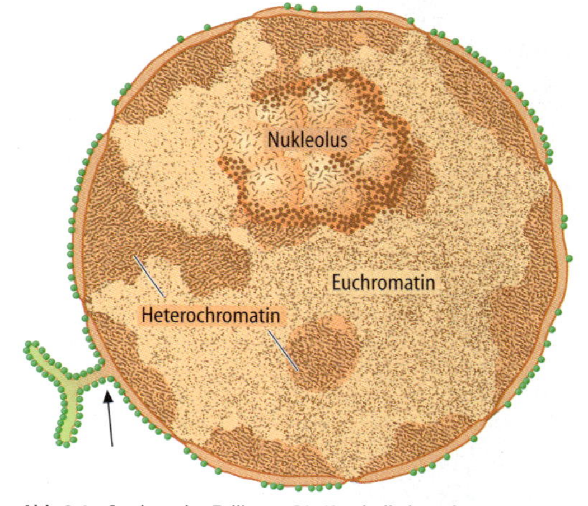

Abb. 2.1. Struktur des Zellkerns. Die Kernhülle besteht aus zwei Membranen. Die äußere Membran kann Ribosomen tragen und kann in das rauhe endoplasmatische Retikulum übergehen (*Pfeil*). Heterochromatin und Euchromatin sind im Zellkern charakteristisch verteilt. Heterochromatin ist über Lamin mit der inneren Membran der Kernhülle verbunden und spart die Bereiche der Kernporen aus. Heterochromatin findet sich auch in Bereichen im Zentrum des Zellkerns sowie assoziiert mit dem Nukleolus. (Aus Junqueira et al. 1998)

2.1 Chromatin

Desoxyribonukleinsäure▸ Der Träger der genetischen Information ist die ***Desoxyribonukleinsäure*** (DNS, oft DNA, für engl. desoxyribonucleic acid). Grundbausteine der DNA sind ***Nukleotide***, die jeweils aus einer Purin- bzw. Pyrimidinbase, dem Zucker Desoxyribose und Phosphorsäure bestehen. In der DNA bilden Desoxyribose und Phosphorsäure alternierend einen über Phosphodiesterbindungen verknüpften Strang. Jede Desoxyribose trägt am Kohlenstoffatom 1 eine Base als Seitenkette. Die Purinbase Adenin kann mit der Pyrimidinbase Thymin, und die Purinbase Guanin kann mit der Pyrimidinbase Zytosin besonders starke Wasserstoffbrückenbindungen eingehen (Abb. 2.3). Zwei DNA-Stränge bilden einen über solche Bindungen verbundenen Doppelstrang, wenn die Basenfolge in den Strängen komplementär ist, d. h. wenn die Basen in einer Reihenfolge vorkommen, die die vorgenannten starken Bindungen erlauben. Die Doppelstränge verdrillen sich zur ***DNA-Doppelhelix***, die 10 Basenpaare pro Windung enthält (Abb. 2.4). Zum Aufbau von DNA siehe Lehrbücher der Biochemie und Molekularbiologie.

Transkription▸ Um die genetische Information für den Bau eines Proteins an den Ort der Synthese im Zytoplasma (s. Kap. 1) zu bringen, muss erst eine transportable „Abschrift" der genetischen Information, die dieses Protein kodiert, die ***Boten-RNA (messenger RNA, mRNA)***, angefertigt werden. Dieser Vorgang, katalysiert durch eine RNA-Polymerase, wird als Transkription bezeichnet (s. Lehrbücher der Biochemie). Die zunächst im Zellkern gebildete RNA wird als prä-RNA bezeichnet. Diese enthält nicht nur Information für die Biosynthese eines Proteins ***(Exons)***, sondern auch weitere Sequenzen ***(Introns)***, die noch im Zellkern herausgeschnitten werden. Durch diesen Vorgang (Spleißen), entsteht die mRNA, die in das Zytoplasma transportiert wird, wo sie als Matrize für die Biosynthese eines

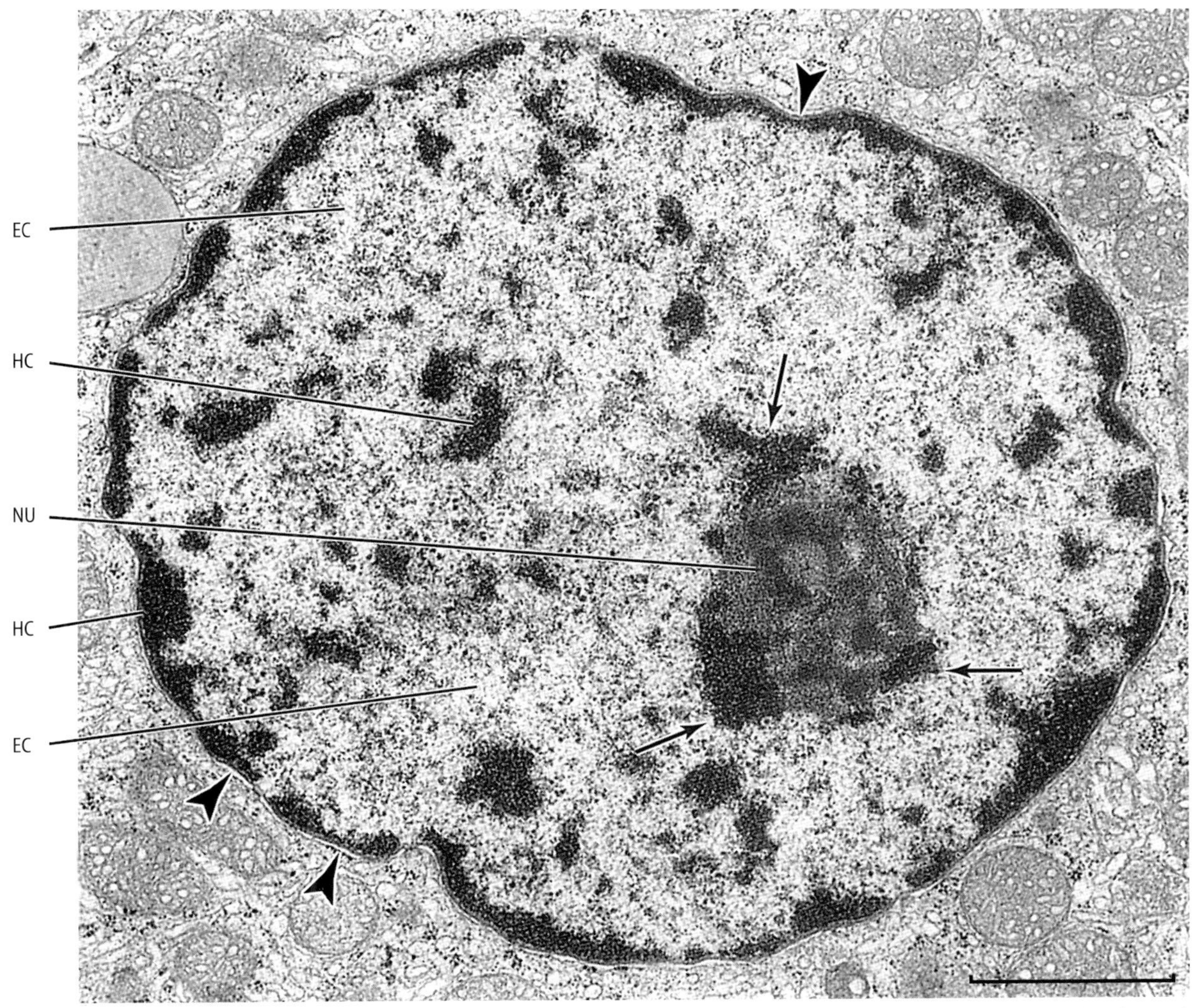

Abb. 2.2. Elektronenmikroskopische Aufnahme eines Zellkerns, die die Verteilung von Heterochromatin (*HC*) und Euchromatin (*EC*) deutlich macht. Mit dem Nukleolus (*NU*) assoziiertes Heterochromatin ist mit *Pfeilen* markiert. Die Pfeilspitzen zeigen auf die beiden Membranen der Kernhülle, zwischen denen sich die perinukleäre Zisterne befindet. Balken = 1 μm. (Aus Junqueira et al. 1998)

Proteins dient (s. Lehrbücher der Biochemie). Die Abfolge von 3 Basen (= Triplett), das so genannte ***Codon***, enthält in der mRNA die Information für eine Aminosäure. Diese Information führt während der Biosynthese der Proteine (Translation, siehe Kap. 1.2) zum Einbau einer bestimmten Aminosäure in die neugebildete Kette eines Proteins.

Gene▸ Ein DNA-Abschnitt, der für ein Protein (einschließlich der Introns und regulatorischer Sequenzen) oder für eine RNA (rRNA, tRNA) codiert wird als ***Gen*** (= ***Transkriptionseinheit***) bezeichnet. Die Summe aller Gene des Menschen (etwa 60 000) wird als ***Genom*** bezeichnet. Bei Eukaryoten liegen zwischen den Genen lange nichtcodierende DNA-Sequenzen. Daher ist die DNA in den Zellkernen etwa dreimal so lang wie die Summe aller Gene. Die Basenfolge (Sequenz) in der DNA kann mit molekularbiologischen Methoden schnell und zuverlässig bestimmt werden. Das Genom einiger Organismen und die Sequenz der Chromosomen 21 und 22 des Menschen sind bereits bekannt. Etwa 97 % des menschlichen Genoms wurden bis zum Jahr 2000 sequenziert. Die DNA im Zellkern des Menschen besteht aus ungefähr 6×10^9 Nukleotidpaaren

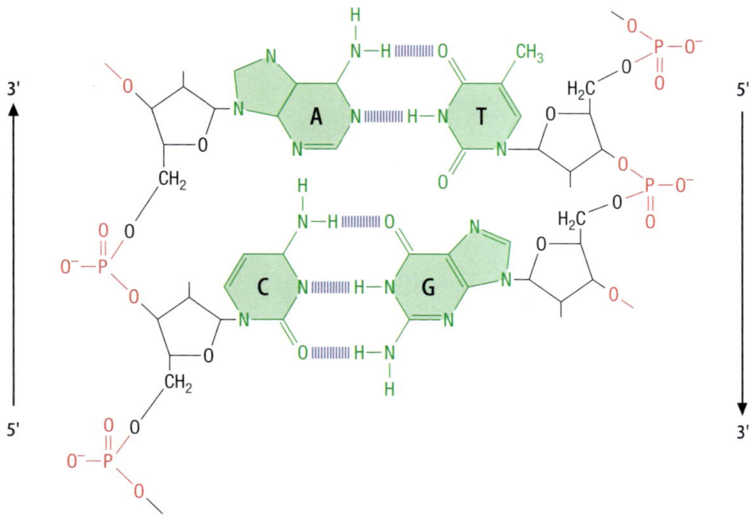

Abb. 2.3. Aufbau der DNA. Ausbildung von Wasserstoffbrücken zwischen Adenin und Thymin bzw Cytosin und Guanin. Die beiden Stränge („sense" und „antisense") der DNA-Doppelhelix verlaufen antiparallel, d. h. die nebeneinander liegenden Enden der beiden Stränge, gebildet von der Desoxyribose, tragen entweder eine freie OH-Gruppe am C-Atom 3 oder am C-Atom 5 (so genanntes 3´- oder 5´-Ende). (Aus Löffler u. Petrides 1998)

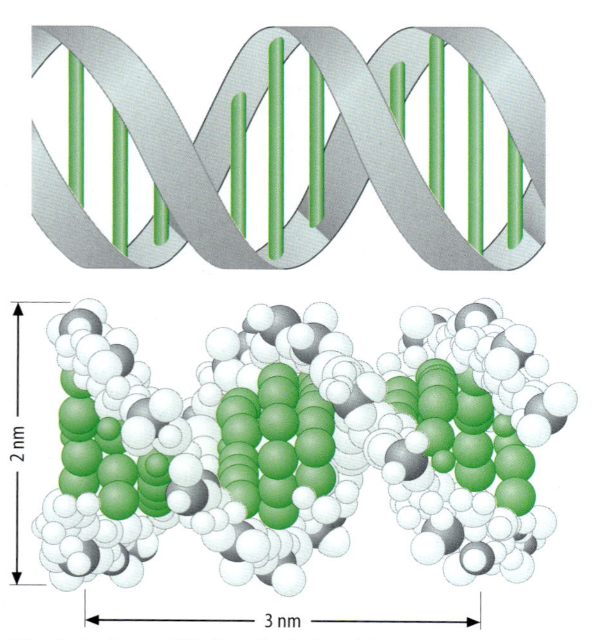

Abb. 2.4. Struktur der DNA-Doppelhelix. *Oben* als Schema; *unten* als Atommodell. (Aus Löffler u. Petrides 1998)

(= Basenpaaren). Sie liegt in Form von 2 × 23 DNA-Doppelsträngen von unterschiedlicher Länge vor. Jeder Strang wäre in gestreckter Form zwischen 2 und 8 cm lang, die gesamte DNA des Zellkerns hätte somit eine Länge von etwa 1 m. In den meisten Zellen kommt die DNA und damit das Genom in zweifacher Ausfertigung vor, die Zellen sind diploid. Bei der Mitose ‚kondensieren' die DNA/Histon-Komplexe weiter und werden in Form der 46 Chromosomen mikroskopisch sichtbar (s. unten).

Histone► Die mit der DNA assoziierten basischen Proteine nennt man ***Histone.*** Im ***Chromatin*** der Zellkerne sind die DNA-Moleküle mit Hilfe der Histone wie folgt kondensiert (Abb. 2.5): Die DNA-Doppelhelix windet sich etwa zweimal um einen Komplex, der aus den Histonen H2 a, H2 b, H3 und H4 besteht, und wird an Ein- und Austrittsstelle durch das Histon H1 stabilisiert. Dieser Komplex wird als Nukleosom bezeichnet. Die Nukleosomen sind durch doppelsträngige DNA perlschnurartig miteinander verbunden. Diese ***Nukleosomenkette*** bildet wiederum eine Helix, wobei eine Windung etwa 6 Nukleosomen enthält. In der entstehenden Faser, die einen Durchmesser von 30 nm besitzt, sind die DNA-Moleküle im Zellkern noch etwa 0,1 cm lang. Durch Wechselwirkungen der 30-nm-Faser mit Proteinen der Kernmatrix werden Schleifen gebildet, wodurch die DNA so verpackt wird, dass sie im Kern untergebracht werden kann. Man kann zwei Arten von Chromatin unterscheiden. Das ***Heterochromatin*** ist im Elektronenmikroskop und im Lichtmikroskop leicht erkennbar, da es sich mit Schwermetallen und basophilen Farbstoffen gut anfärben lässt (Abb. 2.1, 2.2). Das inaktive Heterochromatin ist mit der Kernlamina (s. unten) verbunden oder bildet Aggregate im Zellkern, während das dazwischen liegende, hellere ***Euchromatin***, aktiv und reich an Transkrip-

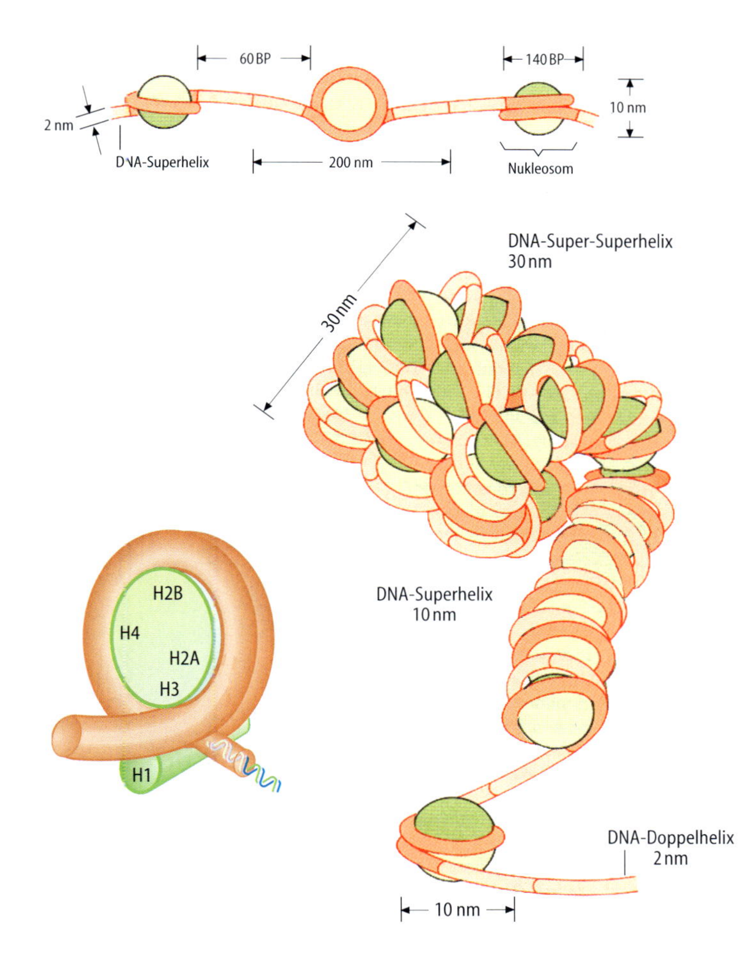

Abb. 2.5. Darstellung des DNA-Histonkomplexes im Chromatin. Die DNA bildet einen charakteristischen Komplex mit den Histonen H2A, H2B, H3 und H4, der durch das Histon H1 stabilisiert wird (Nukleosom). Die durch DNA verbundenen Nukleosomen werden als Nukleosomenkette bezeichnet. Sie ordnet sich helixartig als 30 nm Faser an. (Aus Löffler u. Petrides 1998)

tionseinheiten/Genen ist. Die am stärksten kondensierte Form des Chromatins sind die ***Chromosomen***, die sich während der Mitose (s. Kap. 2.4) bilden. Dabei werden aus der 30-nm-Faser Schleifen (etwa 50 bis 100 Kbp DNA enthaltend) gebildet, die an zentrale Achsenproteine der Chromosomen (Topoisomerase 2, Cohesine und Condensine) gebunden sind.

2.2 Nukleolus

Der basophile Nukleolus (das Kernkörperchen) ist in Zellen, die viel Protein synthetisieren (z. B. Drüsenzellen und Nervenzellen), besonders deutlich zu erkennen. Er hat einen Durchmesser von 0,5 bis 1 μm (Abb. 2.1, 2.2). Im Nukleolus wird die ribosomale RNA (rRNA) hergestellt und mit aus dem Zytoplasma importierten ribosomalen Proteine zu Vorstufen der Ribosomen vereinigt. Dazu erfolgt zunächst in der Pars fibrosa des Nukleolus die Transkription der rRNA. In der Pars granulosa des Nukleolus (Körnchen mit einem Durchmesser von 15-20 nm) werden aus rRNA und Proteinen Vorstufen der Ribosomen hergestellt, die anschließend durch die Kernporen in das Zytoplasma exportiert werden, wo sie fertig gestellt werden.

2.3 Kernhülle

Die Kernhülle besteht aus zwei Membranen, die einen Abstand von 40-70 nm zueinander haben. Der Raum zwischen der äußeren und der inneren Kernmembran wird als ***perinukleäre Zisterne*** bezeichnet (Abb. 2.1, 2.2). Unter der inneren Kernmembran befindet sich die ***Kernlamina,*** ein Netzwerk aus intermediären Filamenten (Lamine, s. auch Kap. 3.3.2). Ein Teil des stark kon-

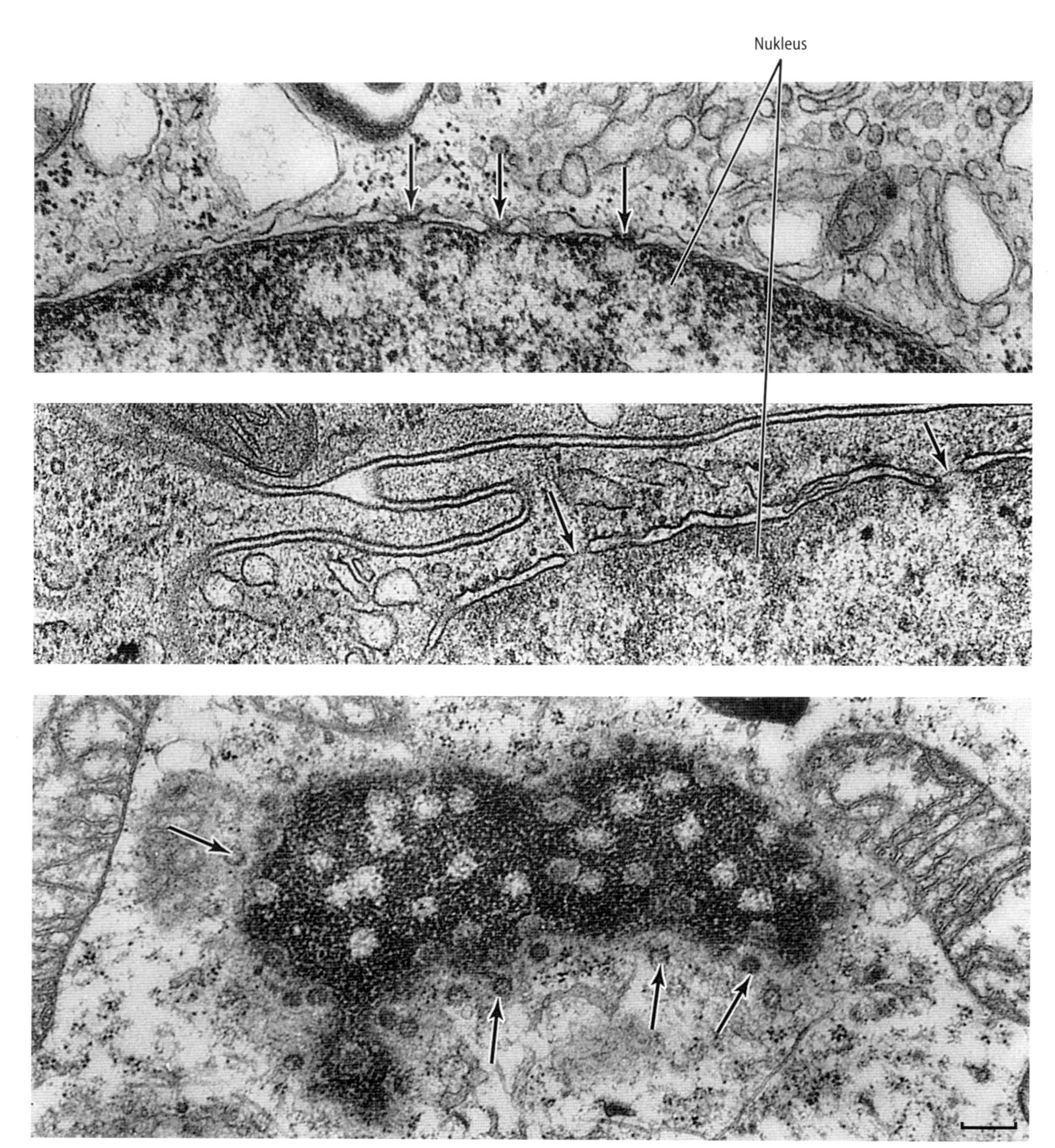

Abb. 2.6. Aufbau der Kernhülle. Die elektronenmikroskopischen Aufnahmen zeigen die beiden Membranen der Kernhülle und die Kernporen (*Pfeile*). Im Tangentialschnitt (*unten*) sind die Kernporen als ringförmige Strukturen zu erkennen. Im Bereich des angeschnittenen Heterochromatins sind runde Aussparungen sichtbar, die zeigen, dass der Porenbereich frei von Heterochromatin ist. Balken = 0,1 μm (Aus Junqueira et al. 1998)

densierten Heterochromatins (s. oben) ist an die Kernlamina gebunden. Die äußere Kernmembran trägt häufig Polyribosomen und kann in das rauhe endoplasmatische Retikulum übergehen (Abb. 2.1). Durch die Kernporen (Abb. 2.1, 2.2, 2.6, 2.7) können Produkte des Zellkerns in das Zytoplasma transportiert werden und umgekehrt. Die ***Kernporen*** haben einen Durchmesser von etwa 100 nm. Sie sind fast vollständig durch Proteine, die den Porenkomplex bilden, verschlossen (Abb. 2.8). Die Porenkomplexe sind im Elektronenmikroskop als so genanntes Diaphragma sichtbar (Abb. 2.6). Moleküle bis zu einem Molekulargewicht von etwa 10 000 Da können die Kernporen ungehindert passieren, größere Moleküle hingegen (wie z. B. mRNA) werden selektiv und unter Verbrauch von ATP durch die Kernporen geschleust. Vom Zellkern ins Zytoplasma werden mRNA und halbfertige Ribosomen transportiert. Histone, ribosomale Proteine, Transkriptionsfaktoren und Rezeptoren von Steroidhormonen nehmen den umgekehrten Weg.

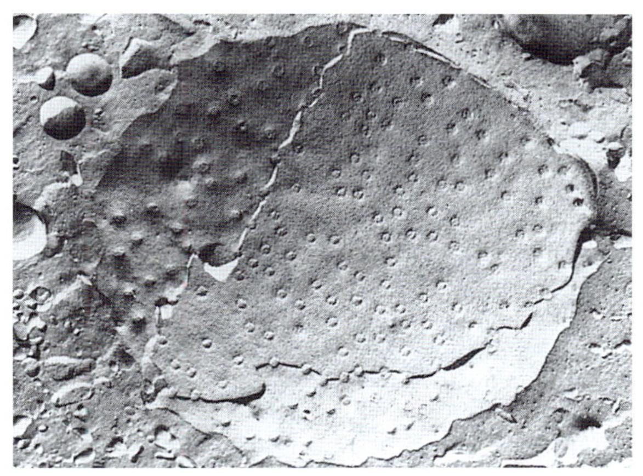

Abb. 2.7. Die Kernhülle, dargestellt im Gefrierbruchverfahren. Die beiden Membranen und die Poren des Zellkerns sind deutlich sichtbar. (Aus Junqueira et al. 1998)

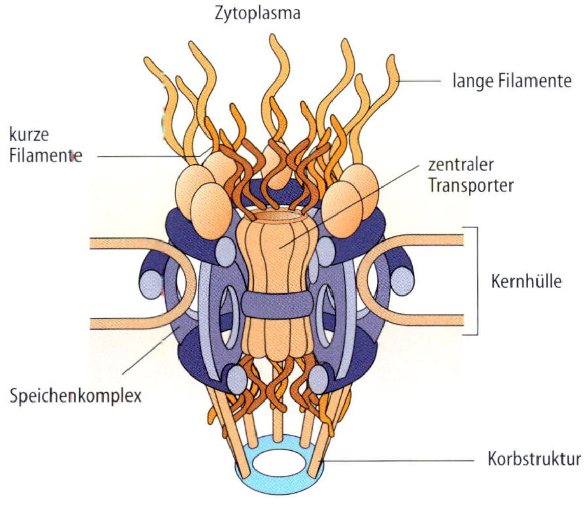

Abb. 2.8. Der Aufbau der Kernpore. Die Kernpore ist ringförmig aus verschiedenen Untereinheiten aufgebaut. Die Grundstruktur wird aus dem zytoplasmatischen und dem nukleären Ring sowie dem Speichenkomplex gebildet. Auf der zytosolischen und nukleären Seite finden sich Filamente, die auf der nukleären Seite korbartig durch den terminalen Ring verbunden sind. Im Zentrum der Pore findet sich der zentrale Transporter. (Michael Rout, New York)

2.4 Zellteilung

Bei der Entwicklung der Gewebe und Organe und zum Ersatz abgestorbener Zellen im Erwachsenen müssen sich Zellen vervielfältigen. Diese ***Proliferation*** geschieht im Zuge des ***Zellzyklus*** (Abb. 2.9). Dabei verdoppeln Zellen zuerst ihren Inhalt und replizieren ihre DNA in der ***Interphase.*** In der anschließenden ***Mitose*** (= ***M-Phase***) zweiteilen sich die Zellen, wobei die DNA in Form der Chromosomen auf die Tochterzellen weitergegeben wird.

Interphase▸ Folgende im Lichtmikroskop nicht sichtbare Vorgänge laufen im Rahmen der Interphase regelmäßig ab: Während der ***G_1-Phase*** erfolgt die Neubildung von Zellbestandteilen, v. a. durch RNA-, Lipid- und Proteinsynthese, sowie die Vergrößerung des Zellvolu-

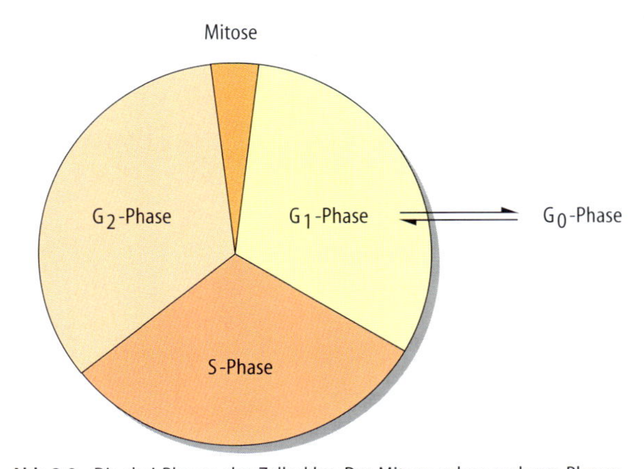

Abb. 2.9. Die drei Phasen des Zellzyklus. Der Mitose gehen mehrere Phasen voraus, die zusammen als Interphase bezeichnet werden. In der G_1-Phase (sie kann zwischen 2 und 20 Stunden dauern) werden Zellbestandteile neu gebildet werden und in der S-Phase (5-10 Stunden) findet die Synthese von DNA statt. Nach der G_2-Phase (2-4 Stunden) beginnt die Mitose, die 3-4 Stunden dauert (auch Abb. 2.10 und 2.11). In ruhenden Geweben befinden sich die Zellen in der G_0–Phase. (Aus Löffler u. Petrides 1998)

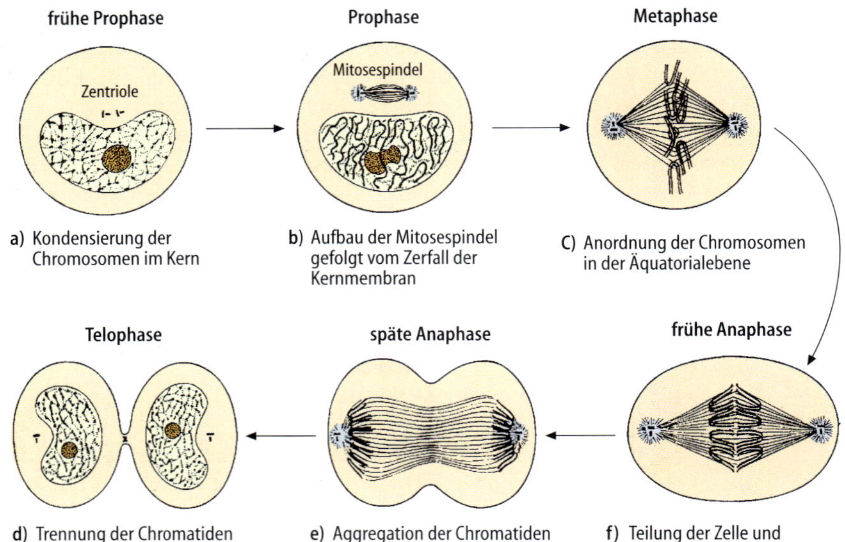

Abb. 2.10. Die Phasen der Mitose. (Aus Junqueira et al. 1998)

mens. Die nachfolgende ***S-Phase*** ist durch die *S*ynthese von DNA (= Replikation) charakterisiert. Sie kann durch Bestimmung des Einbaus markierter Basen in die neugebildete DNA verfolgt werden. In der ***G_2-Phase*** kontrolliert die Zelle den Abschluss der Replikation und bereitet sich auf die Mitose vor. Der DNA-Gehalt der Zellkerne in den beiden G-Phasen (engl. *gap*, Lücke zwischen Mitose und S-Phase) unterscheidet sich durch die DNA-Replikation um den Faktor 2. Zellen, die sich nicht ständig teilen, können für eine gewisse Zeit (Parenchymzellen von Leber und Niere) oder dauernd (Neurone und Herzmuskelzellen) in die so genannte ***G_0-Phase*** eintreten, in der sie nicht proliferieren.

Mitose▸ Folgende Phasen kann man bei der ***Mitose***, die etwa 3-4 Stunden dauert, unterscheiden (Abb. 2.10, 2.11): Während der ***Prophase*** werden die DNA/Histon-Komplexe weiter kondensiert (s. oben) bis schließlich die 46 Chromosomen der Metaphase (s. unten) entstehen. Nach der Ausbildung der ***Zentriolen***, den Organisationszentren für die aus Mikrotubuli bestehende Mitosespindel (Abb. 2.10, 2.11, 2.12, 2.13), lösen sich während der ***Prometaphase*** sowohl Kernhülle als auch Nukleolus auf. Dabei werden die Lamine der Kernlamina zuerst phosphoryliert, gefolgt von dem Zerfall der Kernmembranen in Vesikel. In der ***Metaphase*** ordnen sich die nun entstandenen Chromosomen in der Äquatorialebene an. Ein solches ***Chromosom*** besteht aus zwei ***Schwesterchromatiden***, die jeweils einem der 46 DNA Moleküle der menschlichen Zelle und dessen identischem Replikationsprodukt entsprechen. Man kann im Mikroskop deutlich die kurzen und langen Abschnitte (Arme) der Chromosomen erkennen (Abb. 2.14). Im Bereich der ***Zentromere***, d.h. der Verbindungsstelle zweier Chromatiden, setzen die Mikrotubuli an den so genannten ***Kinetochoren*** an (Abb. 2.12, 2.13). Die Chromosomen teilen sich in in die 46 Schwesterchromatiden und wandern während der ***Anaphase*** auf die beiden Zentriolen zu. Dabei werden sie mit Hilfe von Motorproteinen entlang der Mikrotubuli auseinander gezogen (s. Kap. 3). Während der ***Telophase*** werden die Zellkerne wieder gebildet, wozu die Lamine dephosphoryliert werden. Sie binden das während der Dekondensation entstehende Heterochromatin einerseits und Kernhüllenvesikel andererseits, die schließlich fusionieren. Bei weiblichen Individuen entpackt sich eines der beiden X-Chromosomen nicht vollständig.

Klinik

Im Interphasekern ist bei weiblichen Individuen ein größerer heterochromatischer Bereich (Barr-Körperchen) sichtbar, der dem nicht entpackten zweiten X-Chromosom entspricht. Er kann (z. B. in Epithelzellen oder Leukozyten) zur Geschlechtsbestimmung herangezogen werden (s. Kap. 11.3). Zur genaueren Abklärung ist jedoch eine Chromosomenanalyse (s. unten) oder der Nachweis des geschlechtsbestimmenden SRY Gens auf dem Y-Chromosom notwendig.

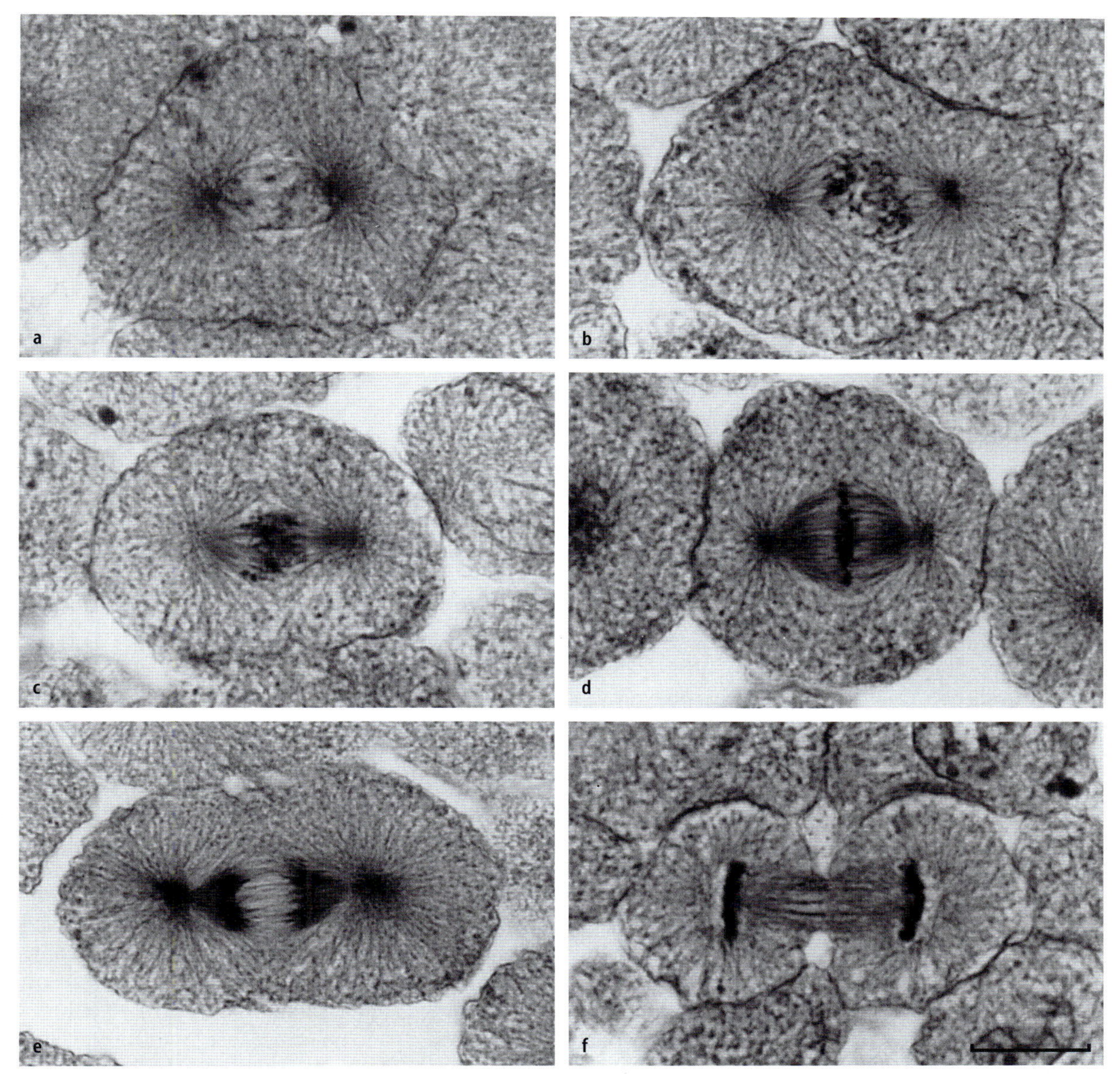

Abb. 2.11 a–f. Mitosephasen tierischer Zellen. **a** Die frühe Prophase, **b** späte Prophase, **c** Prometaphase, **d** Metaphase, **e** Anaphase, **f** frühe Telophase. Blastula vom Fisch. Balken = 10 μm. (Präparat von Mitsogushi H, aus Junqueira et al. 1996)

Die Zellteilung wird durch die Bildung eines ***kontraktilen Ringes*** aus Aktinfilamenten und Myosin II beendet, der die Zelle in der Mitte einschnürt und sie so zweiteilt. Dieser Vorgang beginnt bereits während der Anaphase und wird ***Zytokinese*** genannt. Auf diese Weise erhält in der Regel jede Tochterzelle einen der neugebildeten Kerne, die Hälfte des Zytoplasmas und dessen Organellen.

Jeweils zwei der bei der Metaphase sichtbaren Chromosomen (Abb. 2.14) bilden ein Chromosomenpaar. Nach ihrer Länge werden diese Paare von 1 bis 22 nummeriert. Sie werden als ***Autosomen*** bezeichnet. Das 23. Paar sind die ***Geschlechtschromosomen (Gonosomen),*** die das das Geschlecht des Individuums (XX = weiblich, XY = männlich) bestimmen (Abb. 2.14). Die meisten Zellen des Körpers (Aus-

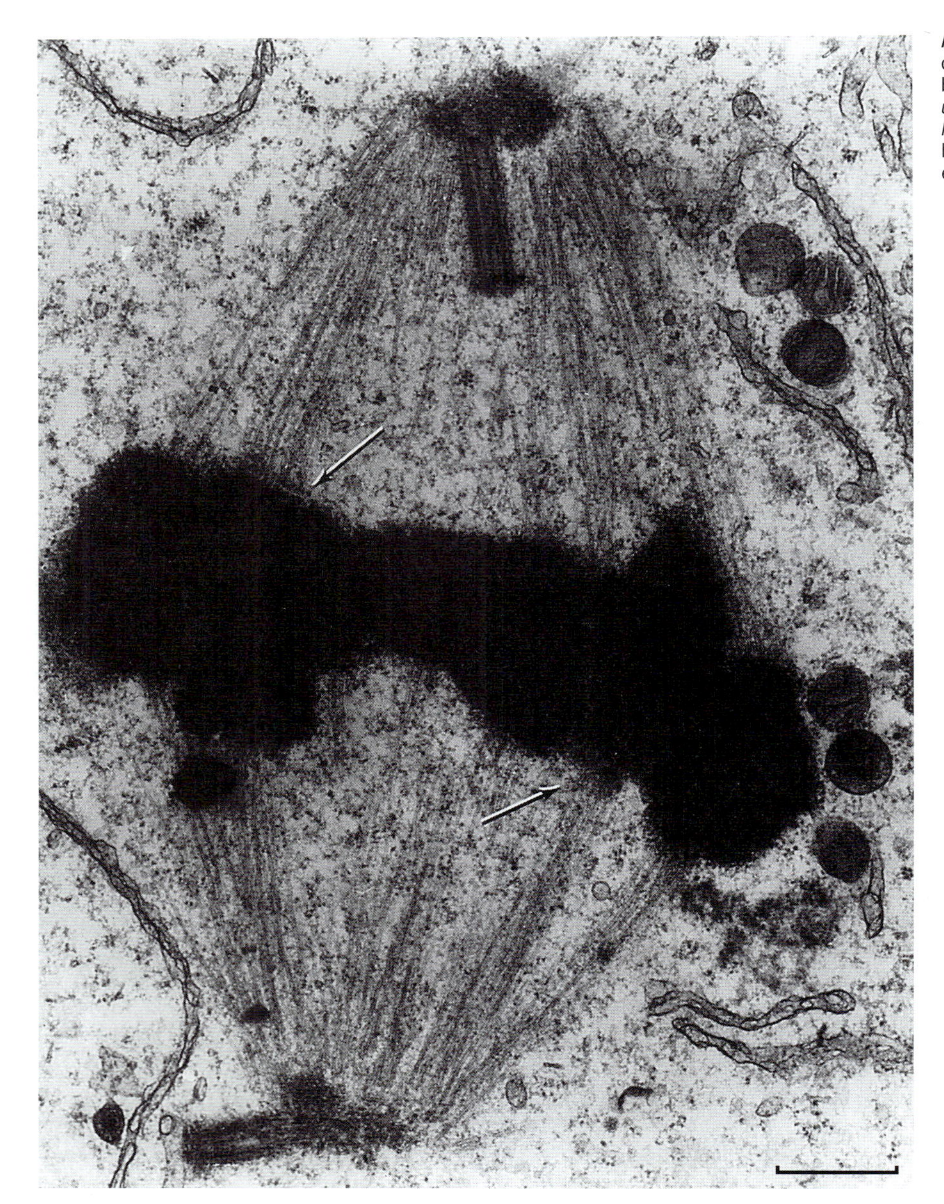

Abb. 2.12. Die Mitosespindel in der Metaphase. Mikrotubuli verbinden die Zentriolen (*oben* und *unten*) mit den Chromosomen. *Pfeile* weisen auf die Kinetochoren hin. Balken = 1 μm. (Aus Junqueira et al. 1998)

nahmen s. Kap. 21 und 22) besitzen den doppelten DNA-Gehalt, das doppelte Genom und damit einen ***diploiden*** (= zweifachen) Chromosomensatz. Von den 46 Chromosomen stammt jeweils die Hälfte von Vater und Mutter.

Klinik

Will man Zahl und Struktur der Chromosomen im Mikroskop untersuchen, behandelt man die Zellen mit ***Colchicin*** (einem Hemmstoff der Mikrotubuli, Kap. 3) und bringt damit die Mitose in der Metaphase zum Stillstand. Nach Anfärbung mit geeigneten Farbstoffen lassen sich die charakteristischen Banden, die kurzen und langen Arme sowie die Zentromeren erkennen, über die die Chromatiden verbunden sind (Abb. 2.14). Anomalien, wie das dreifache Vorkommen (= Trisomie) des Chromosoms 21 beim **Down-Syndrom** (Häufigkeit 1 : 600, früher Mongolismus genannt) sind leicht erkennbar. Bei Kindern älterer Elternpaare treten diese und ähnliche Anomalien der Chromosomen gehäuft auf (s. Kap. 21 und 22). Daher ist eine Chromosomenanalyse ein wichtiger Bestandteil der pränatalen Diagnostik.

Regulation der Proliferation▸ Ihrer Teilungsrate nach kann man folgende Gewebearten unterscheiden: ***labile*** Gewebe, wie die sich ständig erneuernden Epithelien der Haut und der Schleimhäute, sowie die sich dauernd teilenden Stammzellen im Knochenmark. ***Stabile*** Gewebe bestehen aus ruhenden differenzierten Zellen. Diese sind in der G_0-Phase, können jedoch, wie z. B. in Leber, Pankreas und Nieren wieder in den Zellzyklus eintreten. In ***permanenten*** Geweben teilen sich die Zellen nicht mehr. Beispiele dafür sind die Nervenzellen und Herzmuskelzellen Erwachsener.

Wachstumsfaktoren *(growth factors)* steigern die Proliferation der Zellen. Wichtige Beispiele sind die Wachstumsfaktoren der Blutplättchen (PDGF), der Epidermis (EGF), der Fibroblasten (FGF), und der Nervenzellen (NGF) sowie die insulinähnlichen Wachstumsfaktoren (IGF1 und 2), Interleukine und Erythropoetin. Wachstumsfaktoren binden an Rezeptoren auf der Zelloberfläche und beeinflussen über intrazelluläre Signalwege, die Proteinkinasen, GTP-bindende Proteine und Transkriptionsfaktoren einschließen, die Proliferation. Einige dieser Proteine, die in normalen Zellen die Proliferation steigern, werden als ***Onkoproteine*** (***Onkogene***, von gr. *Onkos*, Tumor) bezeichnet. Mutationen in den Onkogenen wurden in vielen menschlichen Tumoren gefunden. Sie führen in der Regel zu einer Zunahme der Zellteilung.

Cycline sind Proteine die den Ablauf der Mitose steuern. Sie binden an Kinasen, die dadurch aktiviert werden. Außerdem gibt es in der Zelle Proteine, die die cyclinabhängigen Proteinkinasen hemmen. Der transformierende Wachstumsfaktor Beta (TGF-β) bewirkt die Bereitstellung eines solchen Hemmstoffes und verhindert so den Eintritt in die S-Phase und damit die Proliferation. Die Expression eines andereren Hemmstoffs einer cyclinabhängigen Proteinkinase wird durch das Protein p53 gesteigert. Proteine, die wie p53 die Proliferation hemmen, werden auch als ***Wachstumssuppressoren*** oder ***Tumorsupressoren*** bezeichnet. In Zellen vieler Tumoren sind deren Gene durch Mutationen geschädigt. Bei den Wachstumssuppressoren bedeutet eine Mutation oder ein homozygoter Allelverlust dass die Wachstumshemmung verloren geht. Auch viele

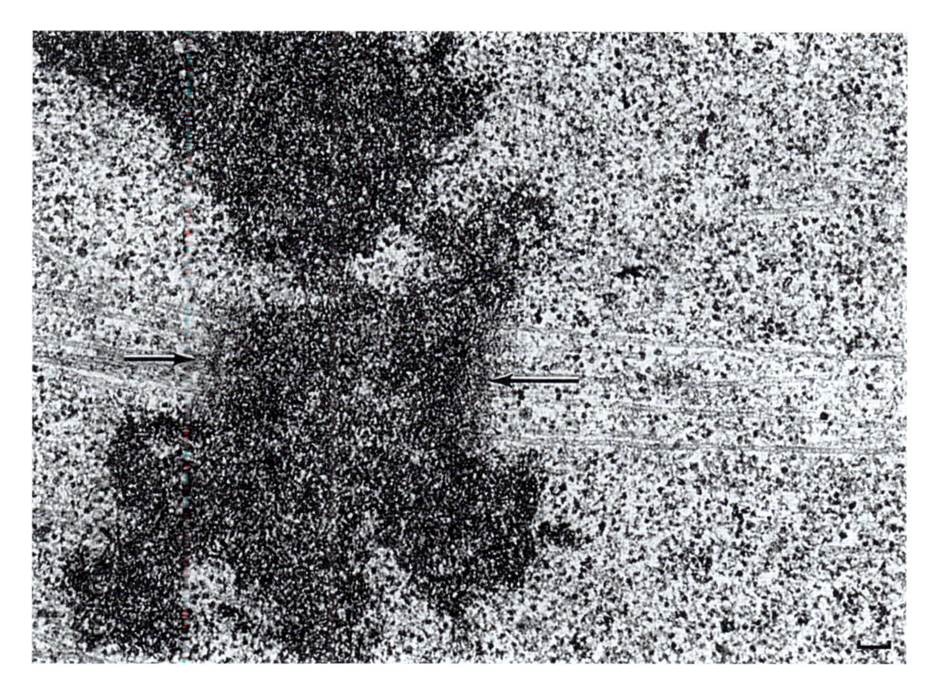

Abb. 2.13. Die Verbindung der Zentromeren und der Mikrotubuli über Kinetochore (*Pfeile*) während der Mitose. Balken = 0,5 μm. (Aus Junqueira et al. 1998)

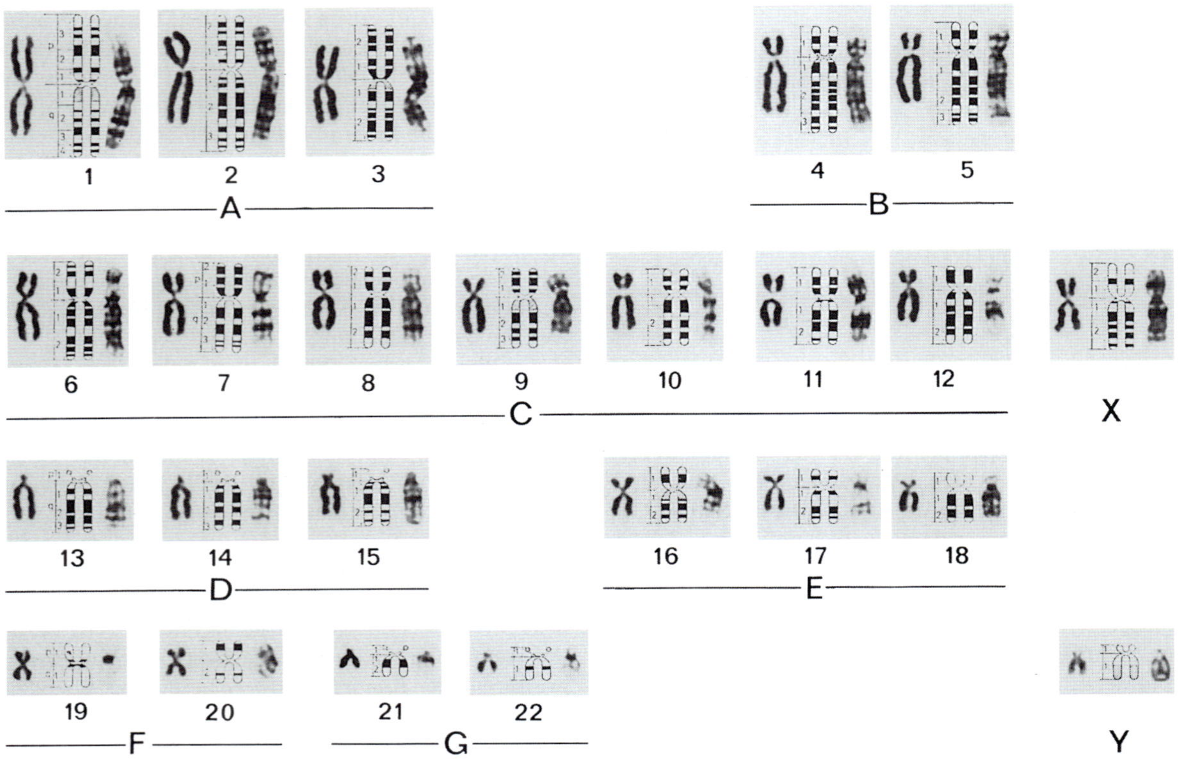

Abb. 2.14. Menschliche Chromosomen in der Metaphase. Die Abbildung zeigt die Chromosomen des Menschen, geordnet nach ihrer Grösse. *Links* jeweils nach konventioneller Färbung, *rechts* die charakteristischen Querbandenmuster nach Anfärbung mit Giemsa, *dazwischen* Zeichnungen des Bandenmusters. Die Chromosomen sind nach ihrer Form zu Gruppen (Buchstaben *A–G*) zusammengefasst. Mit Hilfe der Bänderung ist eine Identifizierung der einzelnen Chromosomen auch innerhalb einer Gruppe möglich. (Aus Czihak et al. 1996)

Chemikalien und Viren können die Kontrolle der Proliferation stören und zur Bildung von Tumoren führen. Sie werden deshalb als *Kanzerogene* bezeichnet.

Klinik Der Ausdruck *Tumor* beschreibt eine Schwellung, die auf eine Entzündung oder eine erhöhte Proliferation zurückzuführen sein kann. Häufig wird jedoch Tumor mit einem *Neoplasma* gleichgesetzt, in dem sich Zellen unkontrolliert teilen. Neoplasmen oder Tumoren werden ihrem Verhalten nach entweder als gut- oder bösartig bezeichnet. Gutartige (benigne) Tumoren wachsen langsam und nicht invasiv, während schnelles Wachstum, Invasion in andere Gewebe oder Organe und deren Destruktion sowie die Bildung von Metastasen einen bösartigen (malignen) Tumor kennzeichnen. Zwischen diesen beiden Extremen gibt es Tumoren mit dazwischen liegenden Eigenschaften. Krebs ist der Ausdruck für alle malignen Tumoren.

2.5 Apoptose

In den meisten Geweben besteht ein Gleichgewicht zwischen der Neubildung von Zellen durch Mitose (Proliferation) und dem kontrollierten physiologischen Zelltod (Apoptose).

Beispiele▸ Folgende Beispiele sollen die Bedeutung der Apoptose erläutern. Die T-Lymphozyten stammen aus dem Thymus. Sie unterscheiden körpereigene von körperfremden Zellen, die sie zerstören. Man schätzt, dass nur etwa 1/50 aller im Thymus entstehenden T-Lymphozyten das Organ als funktionsfähige reife Zellen verlassen (s. Kap. 13). Die nicht benötigten T-Lymphozyten sterben im Thymus durch Apoptose und werden dort abgebaut. Auch die neutrophilen Granulozyten werden andauernd im Knochenmark produziert, die meisten davon sterben jedoch innerhalb weniger Tage durch Apoptose, ohne je ihre Funktion ausgeübt zu haben. Außer im erwachsenen Organismus spielt

Apoptose auch bei der Entwicklung des Menschen eine große Rolle. Beispielsweise werden viele Nervenzellen, die sich während der Entwicklung gebildet haben, in späteren Stadien durch Apoptose abgebaut. Die Apoptose der Zellen des Blasenknorpels spielt beim Körperwachstum eine wichtige Rolle (s. Kap. 6) und bei der schnellen Regeneration von Epithelien der Haut (s. Kap. 17) und Darmschleimhaut (s. Kap. 14). Zusammenfassend kann man also feststellen, dass Apoptose beim Aufbau und der Erhaltung von Geweben und Organen eine große Bedeutung besitzt.

Klinik Störungen der Apoptose können zu verschiedenen Krankheiten beitragen: So kann etwa eine Reduktion der physiologischen Apoptose die Balance zwischen Neubildung und Verschwinden von Zellen stören und so zur Tumorentstehung beitragen. Überschießende Apoptose mit vermehrtem Zelluntergang wird als eine Ursache des Nervenzelluntergangs etwa beim Morbus Alzheimer angesehen. Es ist also ein Ziel, Arzneimittel zu finden, die solche Störungen der Apoptose selektiv in veränderten Zellen beheben können, ohne die Apoptose normaler Zellen zu verändern. Umgekehrt werden Reagenzien gesucht, die speziell die Apoptose in Tumorzellen fördern.

Ablauf▸ Bei der Apoptose läuft ein intrazelluläres Programm ab, das die Zellen kontrolliert in einem Zeitraum von 30 Minuten bis wenigen Stunden absterben lässt und für eine geordnete Beseitigung der toten Zelle sorgt. Dabei wird die genomische DNA fragmentiert, und das Chromatin kondensiert (Abb. 22.11). Die Zellen schrumpfen, es entstehen Protrusionen der Zellmembran (Blebbing), die sich im weiteren Verlauf abschnüren und schließlich wird die ganze Zelle in von der Zellmembran umgebene Fragmente (Apoptosekörperchen) umgewandelt, die schnell von benachbarten Zellen phagozytiert werden (Abb. 2.15). Im Gegensatz dazu kommt es beim Zelluntergang durch ***Nekrose*** zu einer Freisetzung intrazellulärer Stoffe. Dabei schwellen die Zellen unkontrolliert und platzen anschließend. Die so freigesetzten Überreste der Zellen lösen dann einen Entzündungsvorgang aus (s. Kap. 4.5).

Steuerung▸ Obwohl der Ablauf der Apoptose zellintern gesteuert wird, erhält eine Zelle den ***Stimulus*** zur Apoptose von außen. Apoptose kann also in gewisser Weise als Selbstmord der Zelle – nach Anstiftung von außen – angesehen werden. Ein apoptotischer Stimulus kann je nach Situation und Zellart entweder der Entzug von Wachstums- bzw. Überlebensfaktoren oder das Hinzutreten eines Apoptose induzierenden Stimulus

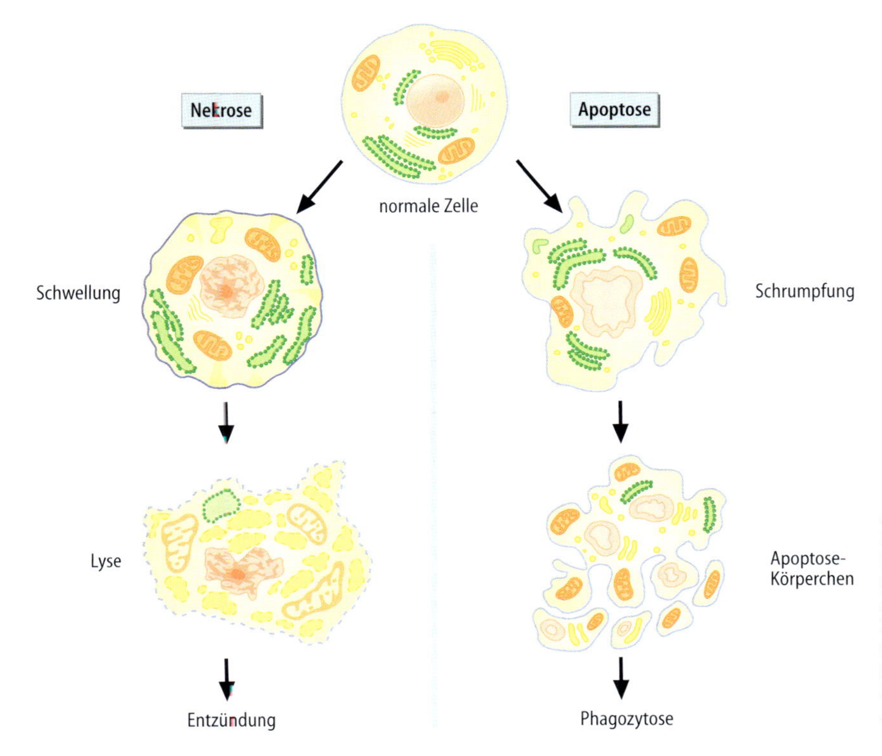

Abb. 2.15. Nekrose und Apoptose. Beim Zelluntergang durch Nekrose kommt es in der Regel zur Schwellung von Zellen und zur Lyse, gefolgt von einer Entzündung (*links*). Bei der Apoptose schrumpft dagegen die Zelle, die Zellmembran schnürt sich durch ‚blebbing' ab, bevor sich die ganze Zelle in die Apoptosekörperchen umwandelt, die von benachbarten Zellen phagozytiert werden. (Nach Junqueira et al. 1996)

sein, wie etwa über einen so genannten „Todesrezeptor“ (Mitglieder der Familie der Rezeptoren für Tumornekrosefaktor). Weitere Reize, die Apoptose induzieren können, sind Infektionen durch Viren und Schäden an der genomischen DNA.

Klinik Die Apoptose beschädigter Zellen dient wohl als ein Schutzmechanismus, so dass Zellen, die infiziert sind oder die durch DNA-Schäden das Potenzial tragen, zu Tumoren zu entarten, sich selbst töten, bevor sie zu einer Gefahr für den Organismus werden. Viele Tumoren tragen Veränderungen an Genen, die normalerweise für diesen Schutz zuständig sind, so dass in ihren Zellen dieser Mechanismus nicht mehr funktioniert.

Die intrazelluläre Signalweitergabe der Apoptose erfolgt durch eine Familie von Proteasen, die so genannten ***Caspasen***. Ihr Name leitet sich her von den Kennzeichen, dass sie ein Cystein in ihrem aktiven Zentrum besitzen und dass sie ihre Substrate grundsätzlich nach der Aminosäure Asparaginsäure spalten. Diese Enzyme sind in Zellen als inaktive Zymogene vorhanden und werden auf einen apoptotischen Stimulus hin aktiviert. Caspasen spalten viele Proteine während der Apoptose, darunter verschiedene Enzyme, strukturelle Komponenten der Kernlamina wie verschiedene Lamine und weitere Bestandteile des Zytoskeletts. Die wichtigere Rolle der Caspasen scheint allerdings nicht die Zerstörung von Zellbestandteilen zu sein, sondern der Eingriff in intrazelluläre Signalwege; am besten bekannt ist dies für eine zelluläre DNAse, die durch Caspasen aktiviert wird (ein Inhibitor wird abgespalten) und daraufhin die genomische DNA zwischen den Nukleosomen schneidet. Wahrscheinlich gehen alle morphologisch zu beobachtenden Veränderungen der Apoptose auf Proteinspaltungen durch Caspasen zurück, wenn auch nicht alle molekularen Vorgänge bekannt sind. Auch die Expression von Molekülen auf der Zelloberfläche, die Phagozyten signalisieren, die apoptotische Zelle aufzunehmen, ist höchstwahrscheinlich das Ergebnis von Caspasenaktivität. Hierzu gehört auch das normalerweise hauptsächlich auf der zytoplasmatischen Seite der Zellmembran lokalisierte Phosphatidylserin, das während der Apoptose nach außen gelangt.

Epithelgewebe 3

3.1	**Basallamina**	**36**
3.2	**Zellverbindungen**	**38**
3.3	**Zellskelett**	**41**
3.3.1	Mikrofilamente	41
3.3.2	Intermediäre Filamente	43
3.3.3	Mikrotubuli	44
3.4	**Epithelarten**	**47**
3.4.1	Oberflächen bildende Epithelien	47
3.4.2	Epitheliale Drüsen	49

Einleitung

Die Organe des menschlichen Körpers sind zwar kompliziert aufgebaut, sie setzen sich jedoch nur aus vier verschiedenen Grundgeweben zusammen. Diese Gewebe sind Ansammlungen von meist gleichartigen Zellen, die im Verband eine gemeinsame Funktion ausüben.

- **Epithelgewebe** wird in diesem Kapitel ausführlich dargestellt. Es bildet die inneren und äußeren Oberflächen des Menschen. Typische Funktionen dieses Gewebes sind folglich den Körper oder Organe von ihrer Umgebung abzugrenzen, Substanzen aus der Umgebung aufzunehmen (Absorption) oder freizusetzen (Sekretion).
- **Bindegewebe** dient dem strukturellen Aufbau des menschlichen Körpers (Sehnen, Knochen und Knorpel) und der Ernährung (Fettgewebe). Außerdem ist das Bindegewebe, zumindest teilweise und zeitweise von Zellen der körpereigenen Abwehr besiedelt (s. Kap. 4.5). Die spezialisierten Bindegewebsformen sind in Kap. 4.7 beschrieben.
- **Muskelgewebe** erzeugt die Kraft für die Ausführung von Bewegung (s. Kap. 9). In der quer gestreiften Skelett- und Herzmuskulatur ist der dazu notwendige kontraktile Apparat so regelmäßig aufgebaut, dass er zu der bekannten Querstreifung führt. In der glatten Muskulatur ist dagegen der kontraktile Apparat im Lichtmikroskop nicht zu erkennen.
- **Nervengewebe** gilt als das am stärksten spezialisierte Gewebe (s. Kap. 8). Die schnelle elektrische Weiterleitung von Signalen innerhalb der Nervenzellen und die Weitergabe von chemischen Signalen zwischen den Nervenzellen dienen der Steuerung und Kontrolle von Systemen des gesamten menschlichen Körpers.

Jedes der hier genannten Grundgewebe enthält Zellen mit ähnlicher, jedoch nicht gleicher Funktion. Daher ist es nicht verwunderlich, dass man insgesamt im menschlichen Körper mehr als 200 verschiedene Zellarten unterscheiden kann. Diese Vielfalt entsteht durch ***Differenzierung*** von Zellen. Beispielsweise kann sich eine Epithelzelle zu einer Zelle entwickeln, die hauptsächlich dem Schutz eines Organs dient, der Absorption von Stoffen oder der Sekretion von zellulären Produkten.

Klinik

Von den verschieden differenzierten Epithelzellen oder deren Zwischenstufen, können sich die verschiedenartigsten Tumoren ableiten. Beim Erwachsenen über 45 sind mehr als 90 % aller Tumoren epithelialen Ursprungs. Kinder unter 10 Jahren haben dagegen am häufigsten Tumoren der Hämatopoese (s. Kap. 12), gefolgt von Nervengewebe, Bindegewebe und Epithelgewebe.

Epithelien leiten sich von allen drei Keimblättern ab. Das Epithel der Haut (die Epidermis, s. Kap. 17) ist von ektodermalem Ursprung. Die Epithelien des Respirationstrakts, des Verdauungstrakts und dessen Drüsen (wie Pankreas und Leber) leiten sich vom Entoderm ab. Andere Epithelien (wie die der Blut- und Lymphgefäße) sind mesodermalen Ursprungs.

3.1 Basallamina

Alle Epithelien besitzen an ihrer Grenze zu den darunter liegenden Geweben eine Basallamina (Abb. 3.1 und 3.2). Diese besteht hauptsächlich aus einem Geflecht aus Kollagen IV und weiteren Proteinen wie Laminin und Proteoglykanen (s. Kap. 4.1 und 4.3). Zwischen der Zellmembran der Epithelzellen und der Basallamina befindet sich ein 25-50 nm breiter Raum, die ***Lamina lucida***, der Ankerfilamente, Adhäsionsmoleküle und andere Proteine enthält. Dazu gehören auch die extrazellulären Anteile der Hemidesmosomen (s. unten), die die Zellen des Epithels mit der Basallamina verbinden. Die Dicke der ***Basallamina (Lamina densa)*** variiert zwischen 20 und 100 nm, d. h. sie ist im Elektronenmikroskop, nicht jedoch im Lichtmikroskop erkennbar (Abb. 3.1, 10.18, 10.19). Darunter befindet sich die ***Lamina reticularis,*** die die Basallamina mit dem darunter liegenden Bindegewebe durch Ankerfibrillen (aus Kollagen VII) und elastische Fasern verbindet (Abb. 3.1, 3.2 und 17.8). Störungen im Aufbau der Basallamina und benachbarter Schichten führen zu

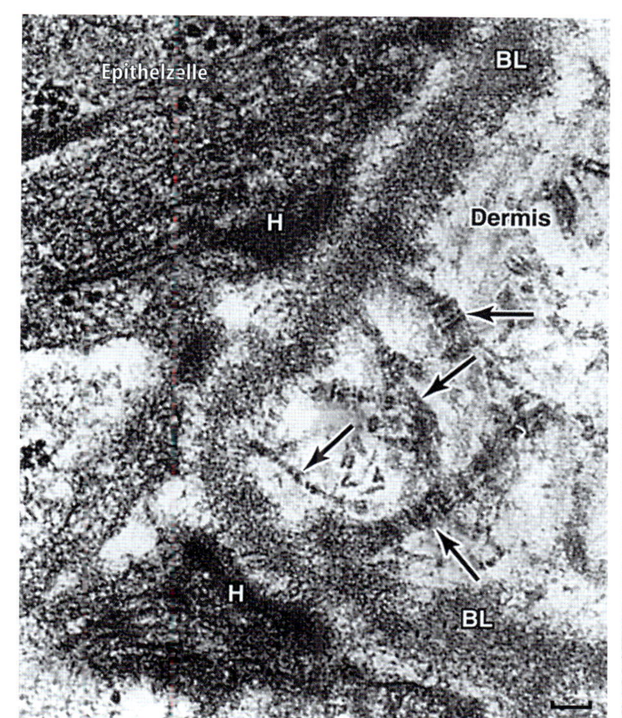

Retikulinfibrillen

BL

Abb. 3.1 Die Basallamina ist mit Epithelzellen und dem darunter liegenden Bindegewebe verbunden. Diese elektronenmikroskopischen Aufnahmen zeigen *links* Hemidesmosomen (*H*) in welche intermediäre Filamente der Epithelzelle einstrahlen (*Pfeile im rechten Bild*). Der schmale Raum zwischen Basallamina (*BL*) und Epithelzelle wird als Lamina lucida bezeichnet. Verbindungen zwischen Basallamina und darunter liegendem Bindegewebe werden durch Ankerfibrillen hergestellt (*Pfeile im linken Bild*). Querschnitte der Retikulinfibrillen, im Bindegewebe der Lamina propria der Haut (*Dermis*), sind im rechten Drittel des rechten Bildes zu erkennen. Balken = 0,1 μm. (Aus Junqueira et al. 1998)

Hauterkrankungen (s. Kap. 17). Eine Basallamina begrenzt nicht nur Epithelgewebe, sie ist auch auf anderen Zellen vorhanden, die in Kontakt mit Bindegewebe stehen. Beispiele dafür sind Muskel-, Fett-, und Schwann-Zellen. Wo die basalen Oberflächen zweier Epithelien aneinander stoßen, wie in den Alveolen der Lunge und den Glomeruli der Niere, entsteht durch Verschmelzung eine etwas dickere gemeinsame Basallamina (Abb. 16.13 und 18.6). Dort bildet sie, zusammen mit den angrenzenden Epithelien, eine selektive Barriere. Auch an der Grenze zwischen Epithel und Bindegewebe besitzt die Basallamina eine Funktion als Barriere.

Klinik Bei der Invasion von Tumorzellen ist das Überschreiten der Basallamina ein Zeichen der Malignität eines Tumors. Bei der Einteilung des Tumorstadiums und der daraus resultierenden Therapie ist die Feststellung, ob eine Durchdringung der Basallamina bereits stattgefunden hat, von besonderer Bedeutung.

Eine anfärbbare (PAS-positive) Schicht, die mit dem Lichtmikroskop unter Epithelien erkennbar ist (Abb. 16.1), wird als ***Basalmembran*** bezeichnet. Diese ist folglich dicker als die elektronenmikroskopisch sichtbare Basallamina. Sie kann durch Aufeinanderlagerung zweier Basallaminae und zusätzliche Schichten von retikulärem Bindegewebe unterhalb der Basallamina zustande kommen (Abb. 3.1 und 3.2).

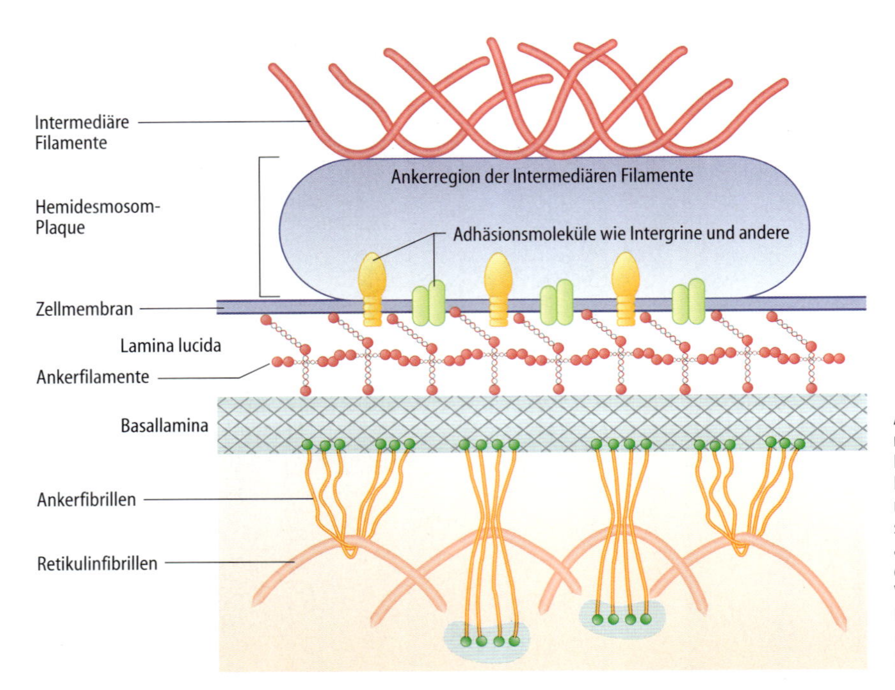

Abb. 3.2. Verbindung einer Epithelzelle mit der extrazellulären Matrix. Intermediäre Filamente sind im Bereich des Plaque des Hemidesmosoms mit verschiedenen Proteinen an Adhäsionsmolekülen verankert. Diese überbrücken die Zellmembran und interagieren im Bereich der Lamina lucida mit den Ankerfilamenten, die wiederum die Verbindung zur Basallamina herstellen. Die Retikulinfibrillen der Lamina propria sind mit Ankerfibrillen an die Basallamina angeheftet. (Aus Fritsch 1998)

3.2 Zellverbindungen

Epithelien bieten mechanischen Schutz und verhindern das Eindringen von unbelebten Stoffen und Mikroorganismen (Barrierefunktion). Epithelzellen besitzen auch Strukturen und Mechanismen, die den Transport von Stoffen durch das Epithel erlauben. Epithelzellen sind polarisiert, d. h. verschiedene Aufgaben werden von den apikalen und den basolateralen Bereichen der Zellen wahrgenommen.

Die ***apikale*** Oberfläche steht mit einem Hohlraum oder der Luft in Kontakt, die ***basolaterale*** Oberfläche verbindet Zellen untereinander und mit der extrazellulären Matrix (Abb. 3.3). Die Zusammensetzung der beiden Oberflächen einer Epithelzelle ist sehr unterschiedlich. Bei den Enterozyten des Darmepithels sind diese Unterschiede offensichtlich. Die apikale Oberfläche trägt Ausstülpungen (Mikrovilli) in denen sich eine Vielzahl von Transportern befindet, die die Resorption erleichtern (Näheres hierzu s. Kap. 14). Die basolaterale Oberfläche besitzt Transporter mit anderen Eigenschaften, die von den Zellen aufgenommene Stoffe zum Gewebe transportieren können, die N^+-K^+-ATPase, die den Aufbau von Ionengradienten ermöglicht, Kanäle und andere Membranproteine (s. Kap. 1).

Tight Junctions▸ Die apikale Oberfläche der Epithelzellen wird von der basolateralen durch die ***Tight Junctions (Zonulae occludentes)*** abgegrenzt (Abb. 3.3 und 3.4). Sie verhindern die Lateraldiffusion von Membranproteinen, so dass die Zusammensetzung der verschiedenen Domänen der Plasmamembran erhalten bleibt. Im Bereich der Tight Junctions kommen sich die Membranen der benachbarten Zellen sehr nahe. Sie bestehen aus Membranproteinen und zusätzlichen Proteinen auf der intrazellulären und extrazellulären Seite der Plasmamembran (Occludine, Claudine, ZO-1, ZO-2 u. a.). Die Tight Junctions besitzen eine Verbindung zum Aktin des Zellskeletts (s. Tabelle 3.1). Die Membranproteine der Tight Junctions fallen im Gefrierbruch als Reihen von Partikeln in den Membranen benachbarter Zellen auf (Abb. 3.5).

Die Tight Junctions verbinden benachbarte Epithelzellen so eng, dass wasserlösliche Substanzen, mit wenigen Ausnahmen, nicht zwischen ihnen durchtreten können. Sollen Stoffe durch Epithelien aufgenommen werden, dann müssen sie zuerst auf der basalen oder apikalen Seite aufgenommen und dann durch die Zelle transportiert werden. Der Transport steht damit unter der Kontrolle zellulärer Mechanismen. Stoffe können von Epithelzellen auch an einer Oberfläche durch Endozytose aufgenommen und auf der anderen durch

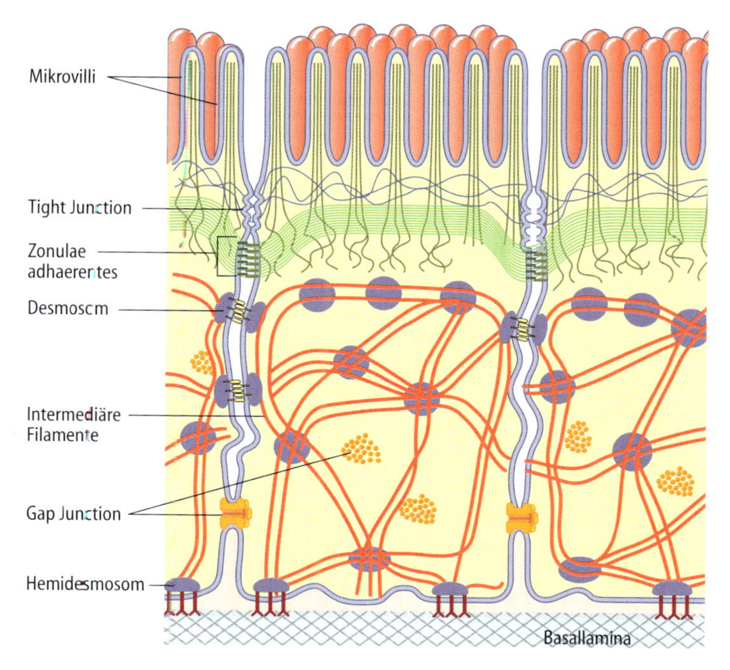

Abb. 3.3. Zellskelett und Zellverbindungen von Epithelzellen. Die apikale Oberfläche der dargestellten Enterozyten tragen Mikrovilli, die der Resorption dienen. Mikrovilli sind mit Aktinfilamenten gefüllt, die in das apikale Netzwerk aus Mikrofilamenten einstrahlen. Apikale und basolaterale Anteile der Plasmamembran der Zelle sind durch Zonulae occludentes (Tight Junctions) getrennt. Darunter befinden sich die gürtelförmigen Zonulae adhaerentes, die mit dem Aktinnetzwerk in Verbindung stehen. Die intermediären Filamente benachbarter Zellen sind über Desmosomen verbunden. Hemidesmosomen stellen die Verbindung zwischen den intermediären Filamenten und der Basallamina her. Gap Junctions koppeln die benachbarten Epithelzellen. (Nach Alberts et al. 1995)

Exozytose abgegeben werden. Dieser Vorgang wird insgesamt als Transzytose bezeichnet. Sekretionsprodukte der Zellen von Oberflächen bildenden Epithelien können durch Exozytose auf deren basalen oder apikalen Oberflächen freigesetzt werden. Beispiele dafür sind die endokrinen und exokrinen Zellen. Deren Funktionen werden am Ende dieses Kapitels zusammen mit den exokrinen und endokrinen Drüsen geschildert.

Gap Junctions▸ Eine weitere häufige Art von Zellverbindungen, die zwischen Epithelzellen vorkommen, sind die ***Gap Junctions (Nexus)*** (Abb. 3.6 und 3.7). Im Bereich der Gap Junctions kommen sich gegenüberliegende Zellmembranen so nahe, dass nur noch ein Abstand (engl. gap) von 2 nm zwischen den Membranen vorhanden ist. Hier bilden Membranproteine (Connexine) beider Membranen Poren, die die intrazellulären Räume benachbarter Zellen verbinden. Die

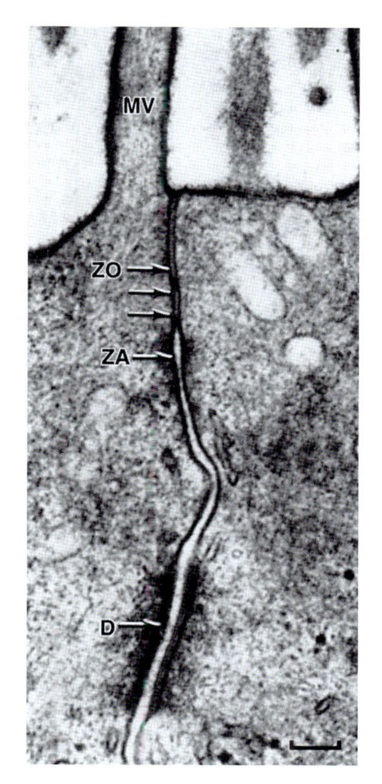

Abb. 3.4. Zellverbindungen zwischen benachbarten Enterozyten. Die apikale Oberfläche, gekennzeichnet durch die Mikrovilli (*MV*), wird durch die Zonulae occludentes (*ZO*) von der basolateralen Oberfläche abgegrenzt. Darunter befinden sich die Zonulae adhaerentes (*ZA*), die mit den Aktinfilamenten in Verbindung stehen, gefolgt von den Desmosomen (*D*), in die die intermediären Filamente einstrahlen. Balken = 0,1 μm. (Aus Junqueira et al. 1998)

Tabelle 3.1. Beziehungen zwischen Zellskelett und Adhäsionsmolekülen

Struktur	Adhäsions-/ Brückenproteine	Zellskelett
Desmosom	Desmosomale Cadherine: Desmoglein, Desmocollin/ Desmoplakin, Plakoglobin	Intermediärfilamente
Zonula occludens	Occludin, Claudin/ ZO-1, ZO-2 und andere	Aktinfilamente
Zonula adhaerens	Cadherine/Catenine	Aktinfilamente
Fokaler Kontakt	Integrine/Talin, α Actinin und andere	Aktinfilamente

Poren sind so groß, dass Moleküle bis zu einem Molekulargewicht von etwa 1000 Dalton durchtreten können, so dass neben Anionen und Kationen auch Glukose, Botenstoffe (second messenger) und mehr von Zelle zu Zelle gelangen können. Diese Verbindungen führen also dazu, dass benachbarte Epithelzellen sowohl metabolisch als auch elektrisch gekoppelt sind und somit ihre Aufgaben gemeinsam erfüllen können. Gap Junctions kommen auch in anderen Zellarten vor. Besonders deutlich wird die Rolle der Gap Junctions bei der elektrischen Kopplung benachbarter Herzmuskelzellen (s. Kap. 9). Auch in der glatten Muskulatur des Uterus spielen die Gap Junctions eine große Rolle bei der Steuerung der Wehen (s. Kap. 9). Derzeit sind 16 verschiedene Connexine, aus denen die Gap Junctions aufgebaut sind, bekannt. Sie werden gewebespezifisch exprimiert.

Adhäsionsmoleküle▸ Untereinander können Zellen auch durch ***Zelladhäsionsmoleküle*** und mit der extrazellulären Matrix durch ***Matrixadhäsionsmoleküle*** verbunden sein. Es gibt verschieden Klassen von Adhäsionsmolekülen. Die ***Integrine***, die ***Cadherine*** (deren

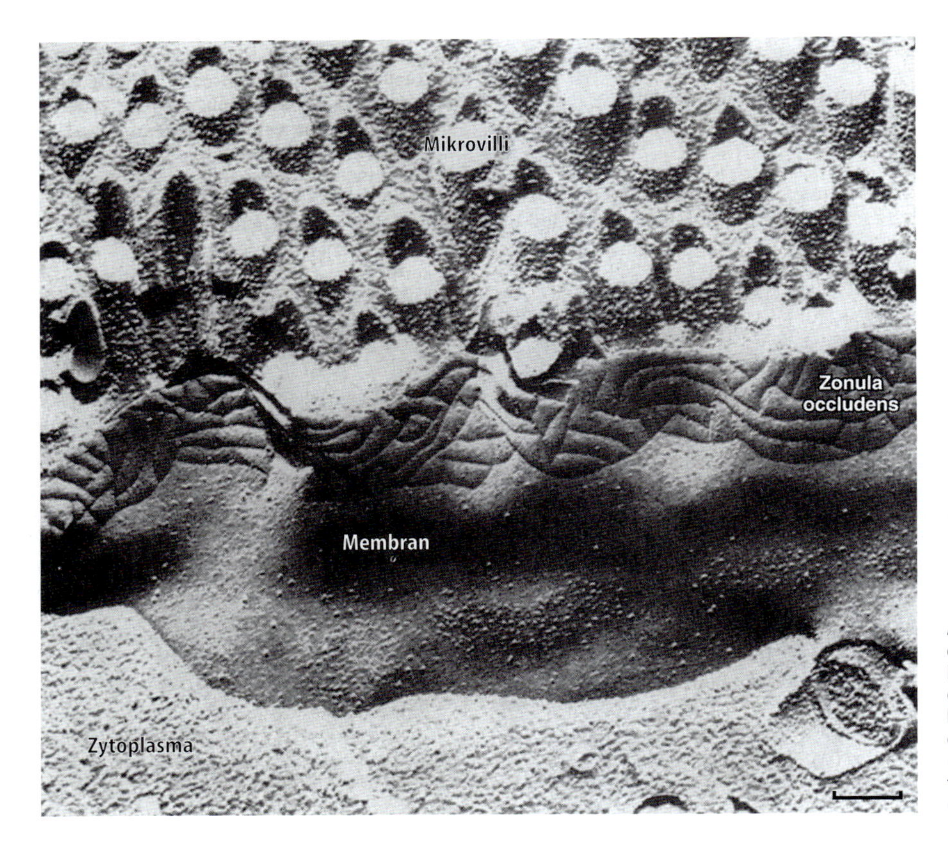

Abb. 3.5. Die Membranproteine der Zonulae occludentes können mit Hilfe des Gefrierbruchverfahrens dargestellt werden. Sie trennen die apikale Oberfläche eines Enterozyten, charakterisiert durch die Mikrovilli (*oben*), von der basolateralen Oberfläche (*unten*). Balken = 0,1 μm. (Aus Junqueira et al. 1998)

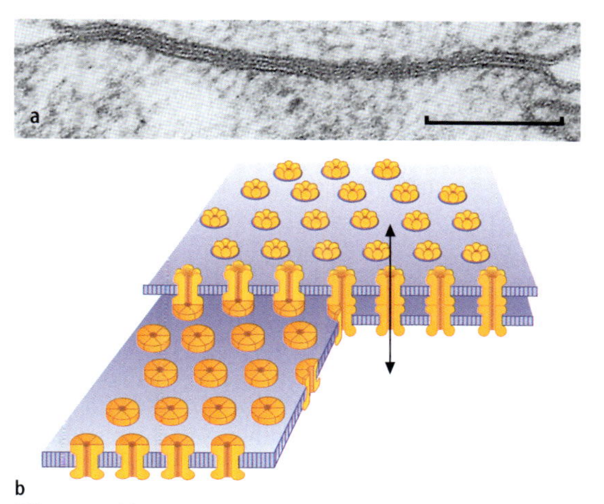

Abb. 3.6. **a** Elektronenmikroskopisches Schnittbild und **b** Schema einer Gap Junction. Im Bereich einer Gap Junction kommen sich die Plasmamembranen benachbarter Zellen bis auf einen ca. 5 nm messenden Spalt sehr nahe. Dieser wird überbrückt von Membranproteinen, die als Hexamere Poren zwischen den Zellen bilden. Balken = 0,1 µm. (Aus Junqueira et al. 1996, Löffler u. Petrides 1998)

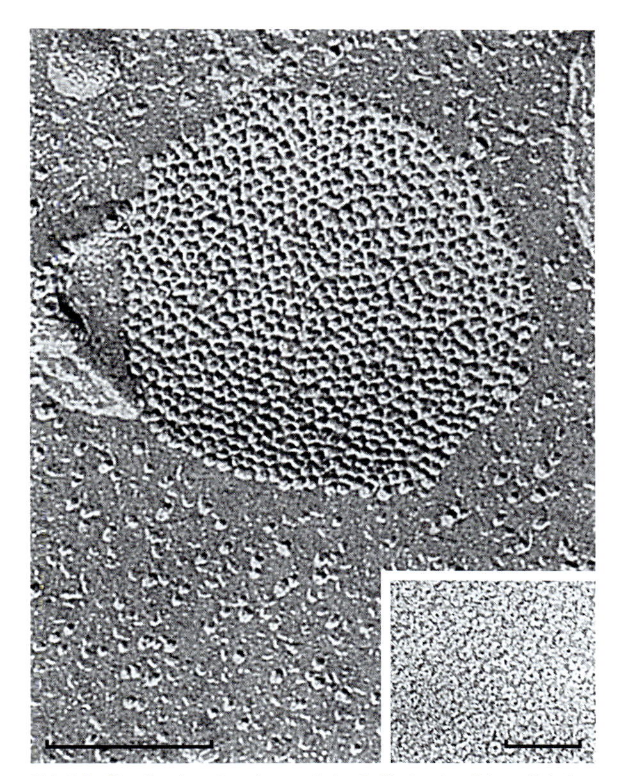

Abb. 3.7. Eine Gap Junction, dargestellt im Gefrierbruchverfahren. Bei einer stärkeren Vergrößerung sind auch die zentralen Poren der Kanäle zu erkennen. Balken = 0,1 µm (Im Ausschnitt unten rechts, Balken = 0,01 µm). (Aus Junqueira et al. 1996)

Wirkung Kalzium benötigt), die ***Immunglobulin-ähnlichen*** (NCAM, ICAM u. a.), und die ***Selectine***. Integrine sind mit ihren beiden Untereinheiten (α und β) über Komponenten der extrazellulären Matrix (wie Fibronektin, s. Kap. 4.3) verbunden. Bei Cadherinen und Integrinen ist bekannt, dass sie direkt oder über Brückenproteine auf der intrazellulären Seite mit Aktinfilamenten und intermediären Filamenten des Zytoskeletts (s. unten und Tabelle 3.1) verknüpft sein können. Die mit Cadherinen assoziierten Brückenproteine werden als Catenine bezeichnet. Verbindungen zwischen zellulären Filamenten, den Adhäsionsmolekülen und benachbarten Zellen sind in einigen Fällen auch im Elektronenmikroskop sichtbar (bei Zonulae adhaerentes und Desmosomen). Sie werden im Zusammenhang mit dem Zellskelett erläutert (s. unten).

3.3 Zellskelett

Oberflächendifferenzierungen, wie die Mikrovilli und Stereozilien des Zylinderepithels und die Kinozilien des respiratorischen Epithels (s. Kap. 3.4.1) sind ohne ein Zellskelett nicht denkbar. Das Zellskelett besteht aus folgenden Strukturen: ***Mikrofilamente (= Aktinfilamente)*** mit einem Durchmesser von 7 nm, ***intermediäre Filamente*** mit einem Durchmesser von 10 nm und die ***Mikrotubuli*** mit einem Durchmesser von 25 nm. Komponenten des Zellskeletts kommen in allen Zellen des Körpers vor. Da die Funktion des Zellskeletts in Epithelzellen besonders gut bekannt ist, werden die Komponenten des Zellskeletts in diesem Kapitel beschrieben.

3.3.1 Mikrofilamente

Die Kontraktion der Muskulatur beruht auf Interaktion zweier Proteine, dem Aktin und dem Myosin (s. Kap. 9). In der Muskulatur befindet sich ***Aktin*** in Form von dünnen Filamenten, zwischen den dicken Myosinfilamenten. In den ***Aktinfilamenten*** bildet Aktin, ein Protein mit einem Molekulargewicht von 42 kDa einen Doppelstrang aus, der eine Helix mit 13,5 Aktinmolekülen pro Windung bildet (Abb. 3.8). Zur Bildung der Aktinfilamente (F-Aktin) wird ATP benötigt. Es bindet an das globulären Aktin (G-Aktin) und wird bei der Polymerisation zu F-Aktin gespalten. Wie die Mikrotubuli (s. Kap. 3.3.3), so sind auch die Aktinfilamente polare

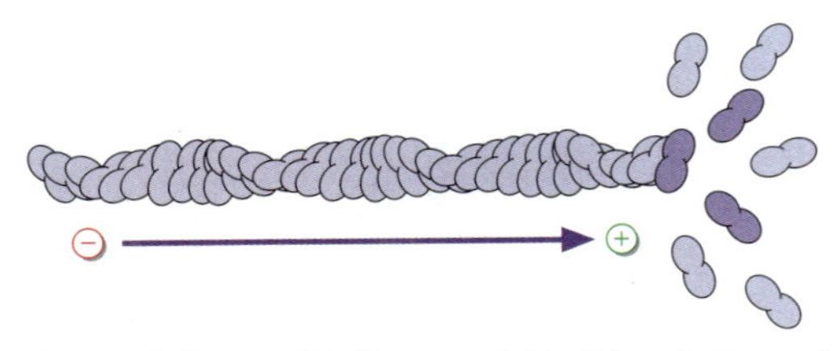

Abb. 3.8. Aufbau von Aktinfilamenten. Bei der Polymerisation von G-Aktin zu einem Doppelstrang aus F-Aktin entsteht eine Helix, die pro Windung etwa 13,5 Moleküle Aktin enthält. Die Längenzunahme eines Aktinfilaments erfolgt am Plusende. (Aus Junqueira et al. 1998)

Gebilde, deren Enden unterschiedliche Strukturen haben – ein relativ langsam wachsendes Minusende und ein schneller wachsendes Plusende (Abb. 3.8). An die Aktinhelix sind weitere Proteine gebunden, die der Funktion der Mikrofilamente dienen.

Zusätzliche assoziierte Proteine stellen eine Verbindung zwischen den Mikrofilamenten und Strukturen der Zellverbindungen her. Diese verbinden ***gürtelförmig*** als ***Zonulae adhaerentes (adhering junctions)*** die Zellen des Epithels untereinander (Abb. 3.4) oder ***punktförmig*** mit der extrazellulären Matrix (fokale Kontakte). Das Netzwerk der aus Aktin aufgebauten Mikrofilamente ist unter der Plasmamembran meist besonders dicht und wird daher als ***apikales*** oder ***kortikales Netzwerk (terminal web)*** bezeichnet (Abb. 3.3, 3.9). In diesem Bereich (wie auch in der Synapse, s. Kap. 8) dient Myosin V, ein unkonventionelles Myosin, das keine Filamente bildet, als Motor für Organellen zum Transport entlang der Aktinfilamente. ***Phalloidin***, das im giftigsten Pilz Mitteleuropas, dem Knollenblätterpilz, vorkommt, stabilisiert die Mikrofilamente. ***Zytochalasine*** binden ebenfalls an die Mikrofilamente und verhindern deren Verlängerung.

Vom apikalen Netz aus erstrecken sich die Mikrofilamente auch in die ***Mikrovilli*** (Abb. 3.9 und 3.10), fingerartige Ausstülpungen von 1-2 μm Länge mit einem Durchmesser von 0,1 μm. Etwa 40 Aktinfilamente befinden sich in einem Mikrovillus. Außerdem sind die Mikrovilli reich an Myosin I, dessen Bedeutung an diesem Ort noch unverstanden ist. Die den Dünndarm auskleidenden Enterozyten (s. Kap. 14.7) besitzen an ihrer luminalen Oberfläche mehrere Tausend dieser Mikrovilli (auch ***Bürstensaum*** genannt). Dadurch wird die Zelloberfläche ca. 25-fach vergrößert. Dies erleichtert die Resorption von Nahrungsstoffen.

Stereozilien sind im Aufbau den Mikrovilli sehr ähnlich. Die Bezeichnung Stereozilien ist irreführend, da sie wie Mikrovilli zentral gelegene Aktinfilamente besitzen und nicht Mikrotubuli wie die beweglichen Kinozilien (s. Kap. 3.3.3). Stereozilien sind länger als die

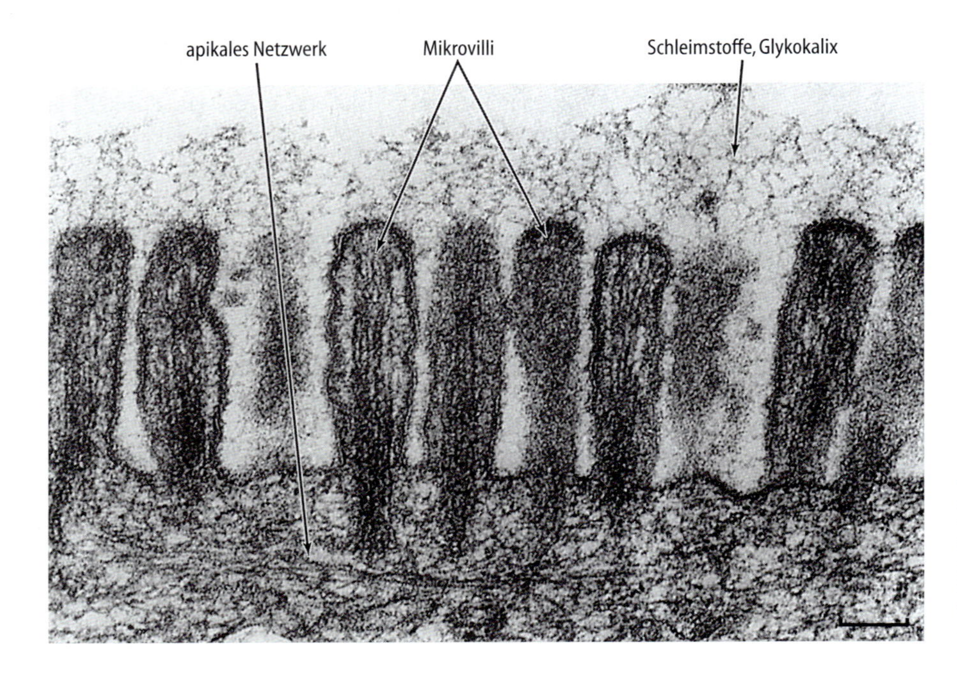

Abb. 3.9. Mikrovilli sind mit Aktinfilamenten angefüllt, die in das apikale Netzwerk von Aktinfilamenten einstrahlen. Schleimstoffe und die Glykokalix sind als Schicht über den Mikrovilli zu erkennen. Balken = 0,1 μm. (Aus Junqueira et al. 1998)

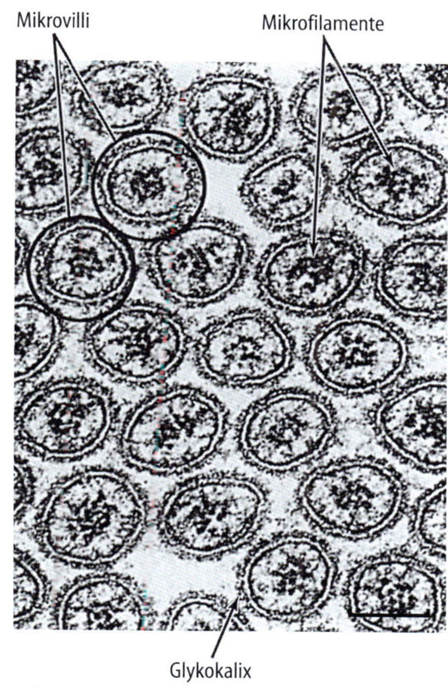

Abb 3.10. Querschnitt der Mikrovilli, in denen die Bündel von Aktinfilamenten im Zentrum deutlich sichtbar sind. Die Mikrovilli sind von der Glykokalix umgeben. Balken = 0,1 µm. (Aus Junqueira et al. 1998)

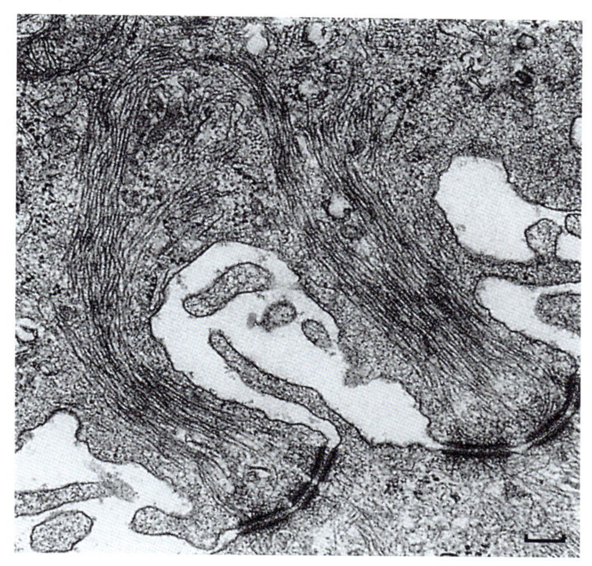
Abb. 3.11. Verbindung von zwei benachbarten Keratinozyten der Epidermis. In die Desmosomen strahlen intermediäre Filamente ein. Balken = 0,1 µm. (Aus Junqueira et al. 1998)

Mikrovilli und erheben sich büschelartig an der apikalen Oberfläche von Zylinderepithelien (s. Kap. 3.4.1). Stereozilien kommen im Epithel des Nebenhodens (s. Kap. 21.2) und im Sinnesepithel des Innenohres vor (s. Kap. 23.7).

3.3.2 Intermediäre Filamente

Intermediäre Filamente (intermediate filaments) besitzen einen Durchmesser von etwa 10 nm. Intermediäre Filamente sind die stabilsten Komponenten des Zytoskeletts und stehen mit Strukturen der Zelloberfläche, den ***Desmosomen*** (Abb. 3.4, 3.11, 3.12 und 17.3) bzw. den ***Hemidesmosomen*** (Abb. 3.1 und 3.2), in Verbindung. Die Desmosomen befinden sich besonders häufig in der Epidermis der Haut und sorgen dort für den Zusammenhalt der Zellen (s. Kap. 17.1). Hemidesmosomen dienen der Verbindung von intermediären Filamenten mit der Basallamina (Abb. 3.1). Proteine der Desmosomen sind desmosomale Cadherine (Desmocollin und Desmogleine), die in den Plaques über Brückenproteine (Desmoplakin und Plakoglobin) die

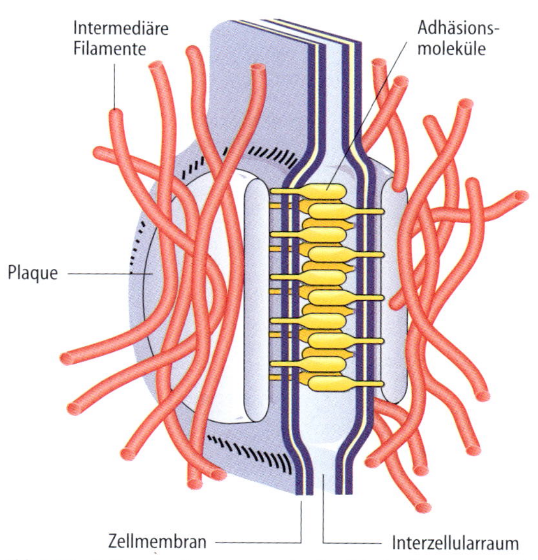

Abb. 3.12. Aufbau der Desmosomen. Im Bereich der Desmosomen sind benachbarte Zellen durch Zelladhäsionsmoleküle verbunden. Auf der zytoplasmatischen Seite bilden Proteinkomplexe (Plaques) eine Brücke zu den intermediären Filamenten. (Aus Fritsch 1998)

Verbindungen der intermediären Filamente benachbarter Zellen herstellen (Abb. 3.4, 3.11, 3.12, 17.4 und Tabelle 3.1). Bei Blasenbildungen in der Haut (Pemphigus) ist die Funktion der Desmosomen gestört

(s. Kap. 17.1). Intermediäre Filamente sind weit verbreitet. Beispiele dafür sind die ***Filamente der Glia*** (aufgebaut aus dem GFAP, glial fibrillary acidic protein) und die ***Neurofilamente*** in den Neuronen (s. Kap. 8). In der Epidermis bestehen intermediäre Filamente aus ***Zytokeratinen*** (s. Kap. 17).

Klinik
Zur zytochemischen Charakterisierung von epithelialen Tumoren und Gliomen werden Antikörper gegen Proteine der intermediären Filamente eingesetzt.

3.3.3 Mikrotubuli

Aufbau und Funktion▸ Mikrotubuli mit einem Durchmesser von 25 nm sind aus ***Heterodimeren*** aus ***α- und β-Tubulin*** mit einem Molekulargewicht von je etwa 50 000 aufgebaut. Die Heterodimere bilden durch Polymerisation eine ***Röhre*** (Abb. 3.13). In den Mikrotubuli sind jeweils α-und β-Tubulin nebeneinander aber versetzt angeordnet, so daß eine spiralige Anordnung entsteht mit einer Ganghöhe von fünf und 13 Tubulinmolekülen pro Windung. Ausgehend von speziellen Zentren (Zentriolen oder Basalkörperchen), die eben-

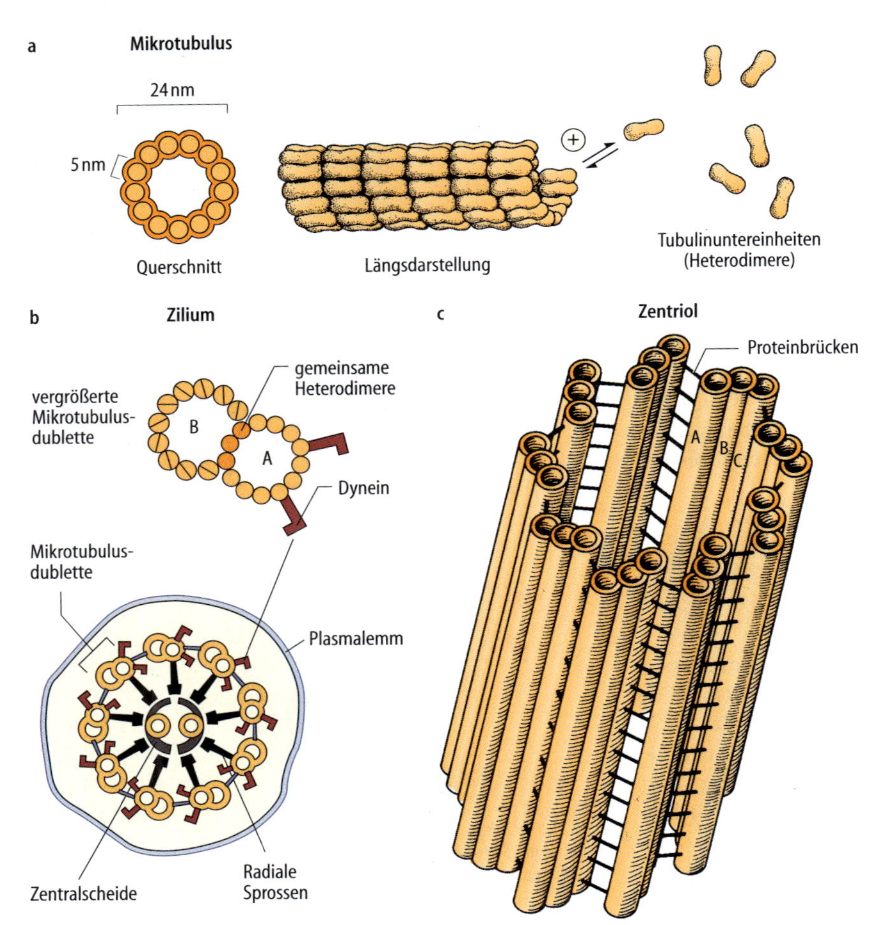

Abb. 3.13 a–c. Aufbau der Mikrotubuli, Zilien und Zentriolen. **a** In den Mikrotubuli sind Dimere aus α- und β-Tubulin so polymerisiert, dass ein Hohlzylinder von etwa 24 nm Durchmesser entsteht. Die Mikrotubuli wachsen am Plusende. **b** In Zilien sind zwei zentrale Mikrotubuli von 9 Dubletten von Mikrotubuli umgeben. Vergrößert dargestellt ist erkennbar, dass die beiden Ringe A und B der Dubletten so aufgebaut sind, dass sie eine gemeinsame Wand besitzen. Am Ring A sind zwei Dyneinarme angeheftet, die zusammen mit Nexin die Dubletten untereinander verbinden. Die Bewegung der Zilien erfolgt durch Verschiebung der Dubletten gegeneinander mit Hilfe der ATPase Dynein. **c** In Zentriolen sind Tripletts von Mikrotubuli, die ganz ähnlich aufgebaut sind wie die Dubletten, über spezielle Proteine miteinander verbunden. (Aus Junqueira et al. 1996)

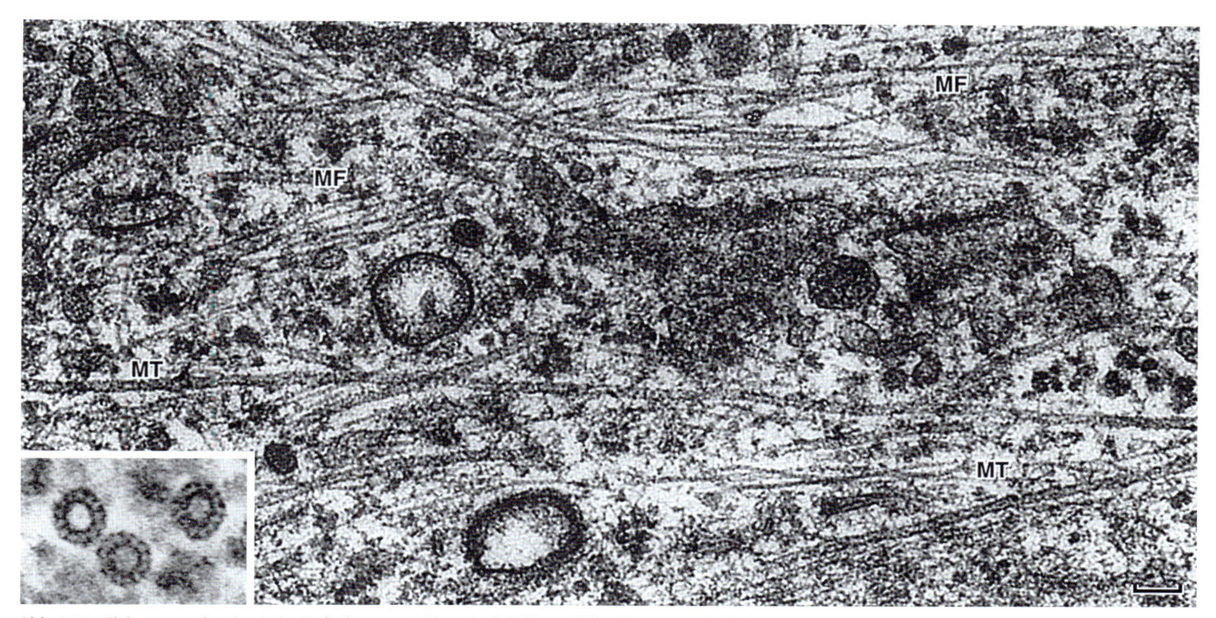

Abb. 3.14. Elektronenmikroskopische Aufnahme von Mikrotubuli (*MT*) und Mikrofilamenten (*MF*). (Aus Junqueira et al. 1998). (Ausschnitt: Quergeschnittene Mikrotubuli mit einem Durchmesser von 24 nm). Balken = 0,1 µm

falls aus Tubulin und verschiedenen zusätzlichen Proteinen aufgebaut sind, können durch Polymerisation Mikrotubuli gebildet werden. Dabei werden die Untereinheiten jeweils nur an einem Ende der Mikrotubuli angeheftet, das als Plusende bezeichnet wird. So fertig gestellte Mikrotubuli (Abb. 3.14) assoziieren mit ***Motorproteinen*** (ATPasen) mit Hilfe derer (wie in Kinozilien, s. unten) entweder benachbarte, parallel angeordnete Mikrotubuli gegeneinander verschoben werden können ***(gleiten, sliding filament theory)*** oder Zellorganellen entlang einzelner Mikrotubuli transportiert werden können. Zu den ***transportierten Organellen*** gehören Vesikel, Mitochondrien, Lysosomen und Chromosomen. Die Polarität der Mikrotubuli und die Spezialisierung der Motorproteine (sie können ihre Ladung entweder zum Plus- oder zum Minusende transportieren) führt zu einer präzisen Verteilung von Organellen in den Zellen. Besonders wichtig sind diese Transportvorgänge in Nervenzellen (s. Kap. 8), wo sich das Minusende der Mikrotubuli im Perikaryon befindet, das Plusende in der Synapse (s. Kap 8.2.2). Die neu gebildeten synaptischen Vesikel werden entlang der Mikrotubuli zur Synapse und die verbrauchten Vesikel von der Synapse zum Perikaryon von verschiedenen Motoren ***(Kinesine bzw Dyneine)*** transportiert.

Klinik

Colchicin aus der Herbstzeitlose ist ein Hemmstoff der Mikrotubuli, der bei der Chromosomenanalyse (siehe Kap. 2.4) und beim akuten Gichtanfall eingesetzt wird. Ähnlich wirken Vinblastin und Vincristin aus dem Immergrün, die als Zytostatika dienen.

Zentriolen► Diese Strukturen sind Organisationszentren der Mikrotubuli, die Zellorganellen oder Chromosomen transportieren. Zentriolen sind zylindrisch und besitzen einen Durchmesser von etwa 0,15 µm mit einer Länge von etwa 0,4 µm. Sie sind selbst zum großen Teil aus Mikrotubuli aufgebaut, wobei neun Triplets von Mikrotubuli einen hohlen Zylinder bilden (Abb. 3.13). In den Triplets sind die Untereinheiten der Tubulinheterodimere so angeordnet, dass sie jeweils eine gemeinsame Wand bilden. Pro Zelle gibt es zwei Zentriolen, die sich normalerweise in der Nähe des Zellkerns bzw. des Golgifeldes befinden. Während der Mitose (s. Kap. 2) teilt sich jedes Zentriol. Die beiden Paare bewegen sich zu den gegenüberliegenden Polen der Zelle und werden die Organisationszentren für die sich entwickelnde Mitosespindel (s. Kap. 2).

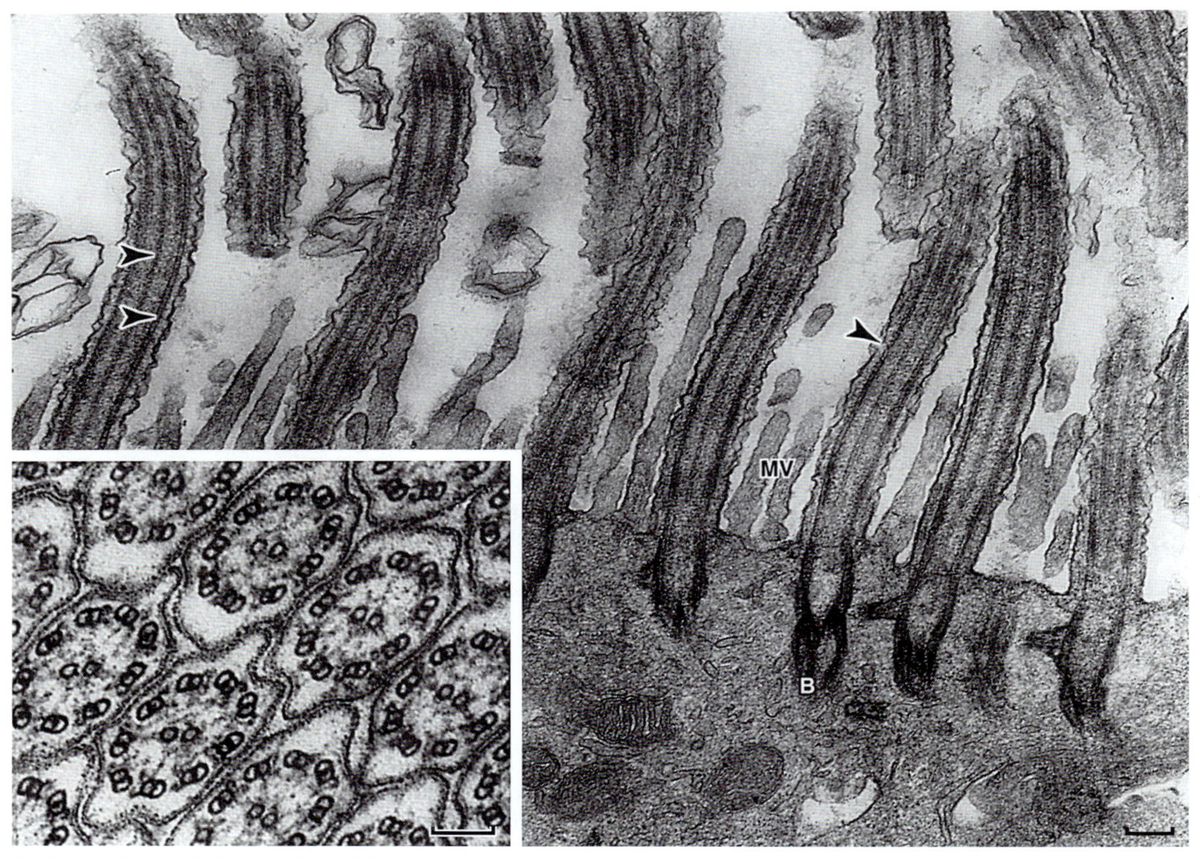

Abb. 3.15. Apikale Anteile der Oberfläche von Zellen des Flimmerepithels. Die Zelloberfläche enthält Mikrovilli (*MV*) und Kinozilien, die in ihrem Inneren Mikrotubuli (*Pfeilspitze*) in der charakteristischen 9 + 2 Anordnung (s. Querschnitt unten links) besitzen. Die Mikrotubuli der Kinozilien enden in den Basalkörperchen (*B*) im apikalen Anteil des Zellkörpers. (Aus Junqueira et al. 1998). Balken = 0,1 μm; im Ausschnitt 0,1 μm

Kinozilien und Geißeln▸ Spezielle Anordnungen von Mikrotubuli bilden auch die Grundlage für die beweglichen Fortsätze von Zellen, den ***Kinozilien und Geißeln.*** In der Regel ist die apikale Oberfläche von zilientragenden Zellen dicht mit Zilien mit einer Länge von 2-10 μm besetzt. Zilientragende Zellen werden als Flimmerzellen bezeichnet und kommen im Atmungstrakt und im Eileiter vor (s. Kap. 3.4.1, 16.1 und 22.2). Die Zilien bewegen in den Atmungswegen durch ihren Schlag Schleim und Partikel. Geißeln dagegen kommen nur einzeln auf Zellen vor. Sie besitzen eine Länge von 100–200 μm. Der Schlag der Geißeln dient der Fortbewegung von Zellen, z. B. der Spermien (s. Kap. 21).

Der Aufbau von Kinozilien und Geißeln ist im Inneren gleich. ***Neun Tubuluspaare (Dubletten)*** umgeben ***zwei zentrale Tubuli*** (Abb. 3.13, 3.15 und 16.2). Diese Anordnung wird als ***9 + 2-Muster*** bezeichnet. Die beiden zentralen Mikrotubuli besitzen keinen direkten Kontakt, sie sind jedoch umhüllt. Die neun peripheren Paare der Mikrotubuli bilden jeweils eine gemeinsame Wand. Benachbarte Dubletten sind untereinander durch ***Brücken (Nexine)*** verbunden und mit dem Zentrum des Ziliums durch radiale Speichen. Nur eine der beiden Tubulusuntereinheiten der Dubletten (A) besitzt zwei Arme, die aus dem Motorprotein ***Dynein*** aufgebaut sind und mit dem Tubulus B der benachbarten Dublette in Verbindung stehen. Mit Hilfe von Energie, die durch Spaltung von ATP entsteht, können benachbarte Dubletten gegeneinander verschoben werden (gleiten) und so die Bewegung von Zilien und Geißeln ausführen. Voraussetzung dafür ist eine Verknüpfung der Mikrotubuli eines Ziliums im apikalen Teil des Zytoplasmas durch ein ***Basalkörperchen (Kinetosom).*** Diese sind sehr ähnlich wie die oben beschriebenen Zentriolen aufgebaut (Abb. 3.13, 3.14 und 16.2).

Klinik Mutationen der Proteine in Zilien und Geißeln können deren Funktionen beeinträchtigen. Bei einer dieser Mutationen, dem so genannten ***Karthagener-Syndrom***, sind beide Strukturen unbeweglich, da sie keine Dyneinarme besitzen. Folglich können sich die Spermien nicht bewegen, ein Grund für die männliche Infertiliät (s. Kap. 21.1.1). Außerdem treten chronische Infektionen des Atmungstraktes auf (s. Kap. 16.1), weil die Zilien ihrer Funktion beim Transport von Schleim und Partikeln nicht nachkommen können.

3.4 Epithelarten

Epithelien werden in Oberflächen bildende und Drüsenepithelien eingeteilt, wobei letztere durch Proliferation und Einstülpung in das darunter liegende Bindegewebe aus einem Oberflächen bildenden Epithel entstehen (s. Kap. 3.4.2). Die Epithelzellen sind mit der Basallamina (s. Kap. 3.1) verbunden. Unter der Basallamina befindet sich meist eine Schicht lockeren Bindegewebes (Lamina propria).

3.4.1 Oberflächen bildende Epithelien

Es können ***einschichtige*** und ***mehrschichtige*** Epithelien unterschieden werden. Die Bezeichnung eines Epithels richtet sich nach der Form der Zellen, bei mehrschichtigen nach der Form der obersten Zellage. Da die Zellgrenzen im Lichtmikroskop nicht immer sichtbar sind, wird zur Beurteilung der Zellform die der Zellkerne herangezogen, die bei kubischen Zellen rund, bei platten oder zylindrischen Zellen in der Regel oval sind (Abb. 3.16 und 3.17).

Einschichtige Epithelien ▸

- Beim ***einschichtigen Plattenepithel*** sitzen abgeflachte Zellen der Basallamina auf (Abb. 3.16). Lateral sind diese Zellen durch spezielle Verbindungen aneinandergeheftet, die sowohl der mechanischen Stabilität als auch der Abdichtung dienen. Beispiele für Plattenepithelien sind die Auskleidungen von Gefäßen und Körperhöhlen sowie die Oberfläche von Organen (Abb. 10.10, 10.18, 10.19, 16.13).
- Beim ***kubischen (oder isoprismatischen) Epithel*** sitzen die Zellen, die einen runden Zellkern besitzen, pflastersteinartig der Basallamina auf. Beispiele dafür sind das Epithel, das die Follikel der Schild-

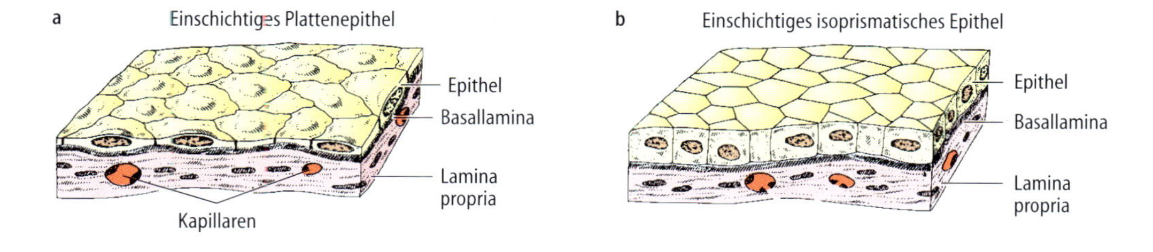

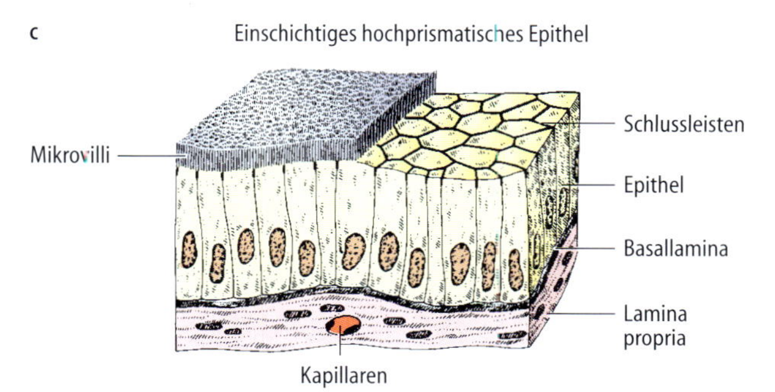

Abb. 3.16 a–c. Aufbau der einschichtigen Epithelien. **a** Platte, **b** isoprismatische oder **c** hochprismatische Zellen sind mit der Basallamina, die nur selten im Lichtmikroskop sichtbar ist, verbunden. Unter der Basallamina befindet sich das lockere Bindegewebe der Lamina propria. Das hochprismatische Epithel trägt Mikrovilli. Bei geeigneten Schnitten können am Übergang zwischen apikalen und basolateralen Anteilen der Zellen Schlussleisten beobachtet werden. Sie stellen die Summe aller Zellverbindungen zwischen apikalen und basalen Anteilen der Epithelzellen dar. (Aus Junqueira et al. 1996)

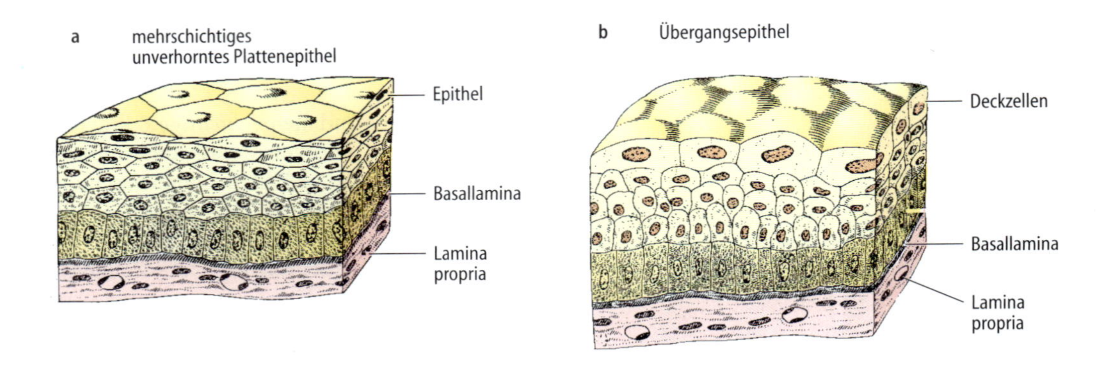

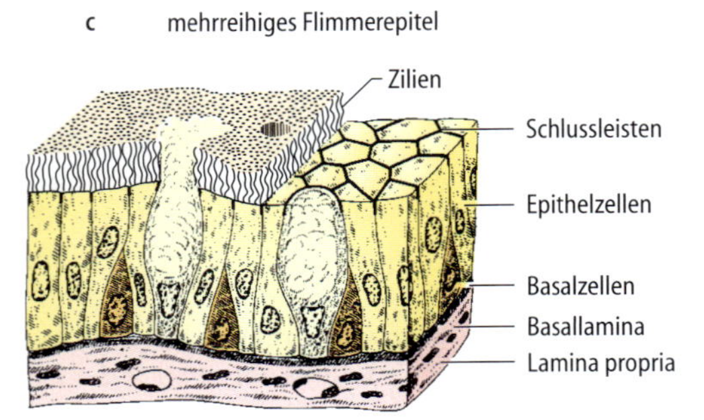

Abb. 3.17 a–c. Aufbau von mehrschichtigen Epithelien und einem mehrreihigen Flimmerepithel. Die Definition eines Epithels richtet sich nach der Form der obersten Zellschicht. Daher wird das in **a** gezeigte mehrschichtige Epithel als Plattenepithel bezeichnet. **b** Die oberste Zellschicht im Übergangsepithel bedeckt in der Regel mehrere, darunter liegende Zellen und enthält ein Membranreservoir, das dazu dient, das Epithel den wechselnden Volumenverhältnissen im ableitenden Harnsystem anzupassen. **c** Im mehrreihigen Flimmerepithel befinden sich die Zellkerne der Epithelzellen in verschiedenem Abstand von der Basallamina, da nicht alle Zellen die Oberfläche erreichen. Im Epithel befinden sich Becherzellen, die Schleim produzieren, neben kinozilientragenden Zellen. Schlussleisten befinden sich am Übergang von apikalen zu basalen Anteilen der Zellen. (Aus Junqueira et al. 1996)

drüse auskleidet (Abb. 20.4, 20.5), das Epithel der Sammelrohre der Nierentubuli (Abb. 18.10, 18.15) oder des Plexus choroideus der Ventrikel.

- In ***hochprismatischen (zylindrischen) Epithelien*** (Abb. 3.16) sind die Zellen höher als breit, besitzen einen länglichen Kern, der sich der Längsachse der Zelle angepasst hat. Häufig besitzen die Zellen auf der der Basalmembran abgewandten (apikalen) Seite unbewegliche (***Mikrovilli*** oder ***Stereozilien***) oder bewegliche ***(Kinozilien)*** Fortsätze (s. Kap. 3.3.1 und 3.3.3). Beispiele für Zylinderepithelien sind das ***einreihige*** resorbierende Epithel des Darmes und der Gallenblase (Abb. 15.16, 15.17). Im Zylinderephithel, das zum großen Teil die Atemwege auskleidet, sitzen alle Zellen der Basallamina auf, jedoch erreichen nicht alle die Oberfläche (Abb. 16.1). Infolgedessen sind die ovalen Zellkerne nicht mehr in einer Reihe, sondern in zwei oder mehr Reihen angeordnet. Ein solches Epithel wird als ***zwei- oder mehrreihig*** bezeichnet. Als Oberflächendifferenzierung besitzen diese Zellen Kinozilien, die Schleim oder Partikel bewegen können (Abb. 3.15 und 16.2).

Mehrschichtige Epithelien▸ In mehrschichtigen Epithelien (Abb. 3.17) ist nur die unterste Schicht mit der Basallamina verbunden. Darüber befinden sich mehrere Lagen von Zellen, die sich zur Oberfläche hin immer mehr abflachen. Die Bezeichnung richtet sich nach der Form der oberflächlichen Zellen. Am häufigsten ist das mehrschichtige Plattenepithel. Als ***mehrschichtiges, unverhorntes Plattenepithel*** bildet es die Oberflächen der feuchten Schleimhäute von Mund, Ösophagus (Abb. 14.8), Vagina und Analkanal. ***Mehrschichtiges verhorntes Plattenepithel*** bildet die Epidermis der Haut (Abb. 17.1, 17.2, 17.3), deren Hornschichten laufend abgestoßen und neu gebildet werden (s. Kap. 17). Das ***Übergangsepithel*** kleidet Nierenbecken, Harnleiter, Harnblase und den oberen Teil der Harnröhre aus (Abb. 18.18, 18.19, 18.20). Es ist ein mehrschichtiges Epithel, das sich den wechselnden Dehnungsverhältnissen rasch anpassen kann. Es kann rasch von einer vielschichtigen in eine weniger schichtige Form übergehen. Dabei kommt es auch zu drastischen Änderungen der Gestalt der Deckzellen des Übergangsepithels. Bei der Dehnung wird der Bedarf an zusätzlicher Zelloberfläche durch raschen Einbau von Vesikeln in die apikale Oberfläche der Deckzellen gedeckt. Die Schicht unter der apikalen Oberfläche, die die Reservemembranen enthält, färbt sich mit den herkömmlichen Farbstoffen meist stärker an und wird als ‚***Crusta***' bezeichnet (Abb. 18.20).

3.4.2 Epitheliale Drüsen

Zwischen den Zellen von Oberflächen bildenden Epithelien befinden sich häufig, alleine oder in Gruppen, Zellen, die ihre Produkte an der apikalen oder basolateralen Oberfläche abgeben. Die gerichtete Sekretion und Freisetzung der Produkte auf eine innere oder äußere Oberfläche wird als ***exokrine Sekretion*** bezeichnet, die Freisetzung in das Gewebe unter dem Epithel als ***endokrine Sekretion***. Die Produkte von endokrinen Zellen, die Hormone, werden anschließend mit dem Blutstrom zu ihren Zielzellen transportiert. Beispiele für einzelne oder Gruppen von exokrinen Zellen in Oberflächen bildenden Epithelien sind die Becherzellen des Gastrointestinaltrakts und für endokrine Zellen die enteroendokrinen und die enterochromaffinen Zellen des Gastrointestinaltrakts (s. Kap. 14). Außerdem sind endokrine und exokrine Zellen in Form von Drüsen organisiert. Deren Entwicklung wird im Folgenden beschrieben.

Entwicklung▸ Endokrine und exokrine Zellen entstehen durch Proliferation und Differenzierung von Vorläuferzellen in Oberflächen bildenden Epithelien (Abb. 3.18). Dabei stülpen sich die Zellen mit der Basallamina in das darunter liegende Bindegewebe ein. In exokrinen Drüsen behalten die Zellen durch Gänge ihre Verbindung zum Epithel der Oberfläche. Durch

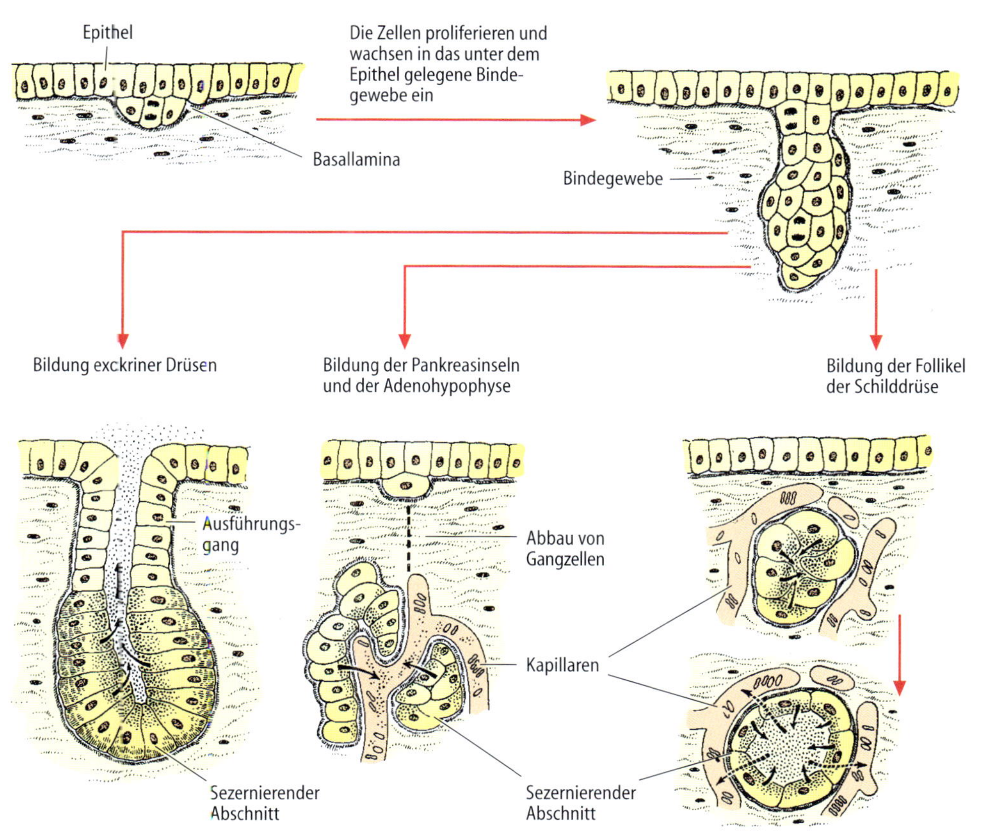

Abb. 3.18. Die Entwicklung von endokrinen und exokrinen Drüsen aus einem Oberflächen bildenden Epithel. (Aus Junqueira et al. 1996)

diese mit einem Epithel ausgekleideten Gänge kann das Sekret die Oberfläche erreichen. Typische ***exokrine Drüsen***, die wie oben beschrieben entstanden sind, sind die Speicheldrüsen und das Pankreas (s. Kap. 15). In endokrinen Drüsen verlieren die Zellen ihre Verbindung mit dem Oberflächen bildenden Epithel und gewinnen Anschluss an Kapillaren, über die ihre Produkte (Hormone) in den Blutstrom gelangen. So entstandene ***endokrine Drüsen*** sind beispielsweise die Nebenschilddrüse und die Adenohypophyse (s. Kap. 20). Im Pankreas haben sich die endokrinen Pankreasinseln auf ähnliche Art aus dem Epithel des Gangsystems des exokrinen Pankreas entwickelt (s. Kap. 15 und 20). Die Schilddrüse steht zwischen exokrinen und endokrinen Drüsen. Sie gibt ihr Produkt nach Art einer exokrinen Drüse in einen Hohlraum ab, der jedoch über kein Gangsystem mit dem Epithel der Oberfläche in Verbindung steht. Aus diesem Raum, den Follikeln der Schilddrüse, wird das Sekretionsprodukt, eine Vorstufe der Schilddrüsenhormone von den umgebenden Zellen durch Endozytose wieder aufgenommen, in Schilddrüsenhormone umgewandelt und dann in die Kapillaren, die die Follikel umgeben, abgegeben (s. Kap. 20).

Exokrine Drüsen▸ Die Zellen der exokrinen Drüsen sind wie die des Oberflächen bildenden Epithels polarisiert. D.h. basale und apikale Anteile erfüllen unterschiedliche Aufgaben. Die verschiedenen Oberflächen sind durch Tight Junctions abgegrenzt (Abb. 3.4, 3.5, 3.19, 3.20). Exokrine Zellen des Pankreas nehmen Aminosäuren an der basolateralen Oberfläche auf. Im basalen Bereich der Zelle werden am rauhen endoplasmatischen Retikulum Verdauungsenzyme synthetisiert. Nach deren Fertigstellung und Modifikation im

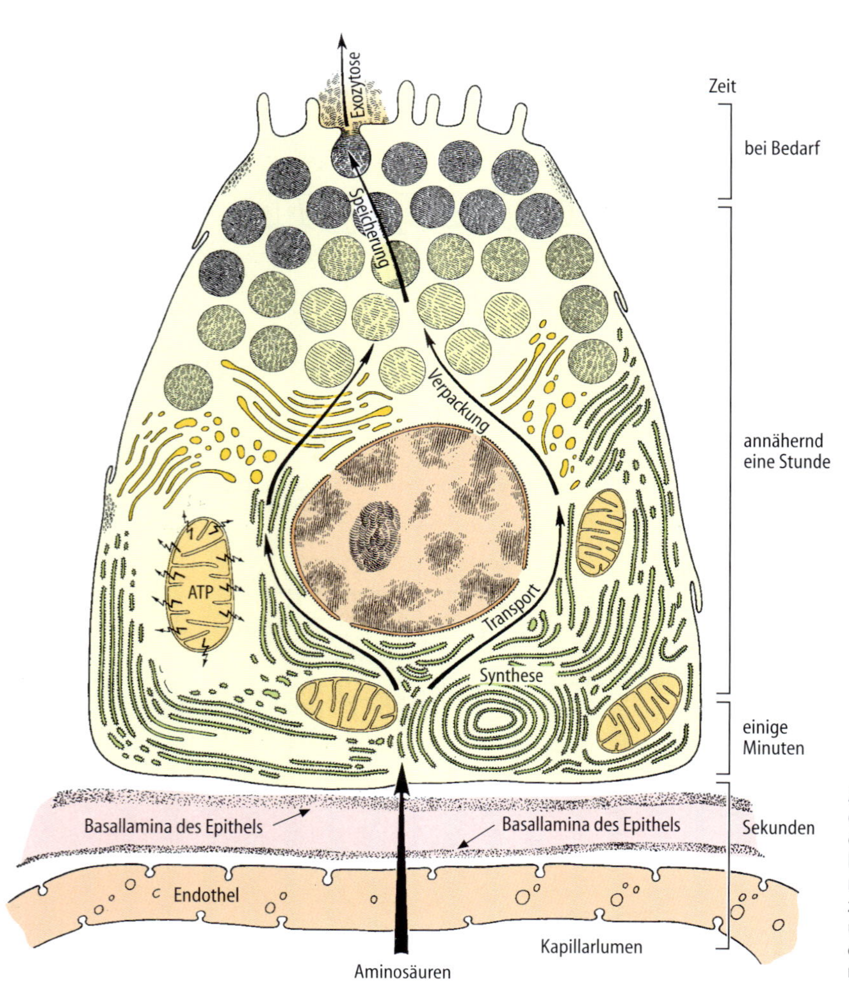

Abb. 3.19. Zeichnung einer exokrinen Zelle des Pankreas. Basal werden Aminosäuren aufgenommen und im endoplasmatischen Retikulum zur Biosynthese von Verdauungsenzymen verwendet. Nach der Verpackung der Enzyme und Kondensierung werden die Verdauungsenzyme in Sekretgranula apikal gespeichert. Die Sekretion durch Exozytose erfolgt reguliert. (Aus Junqueira et al. 1996)

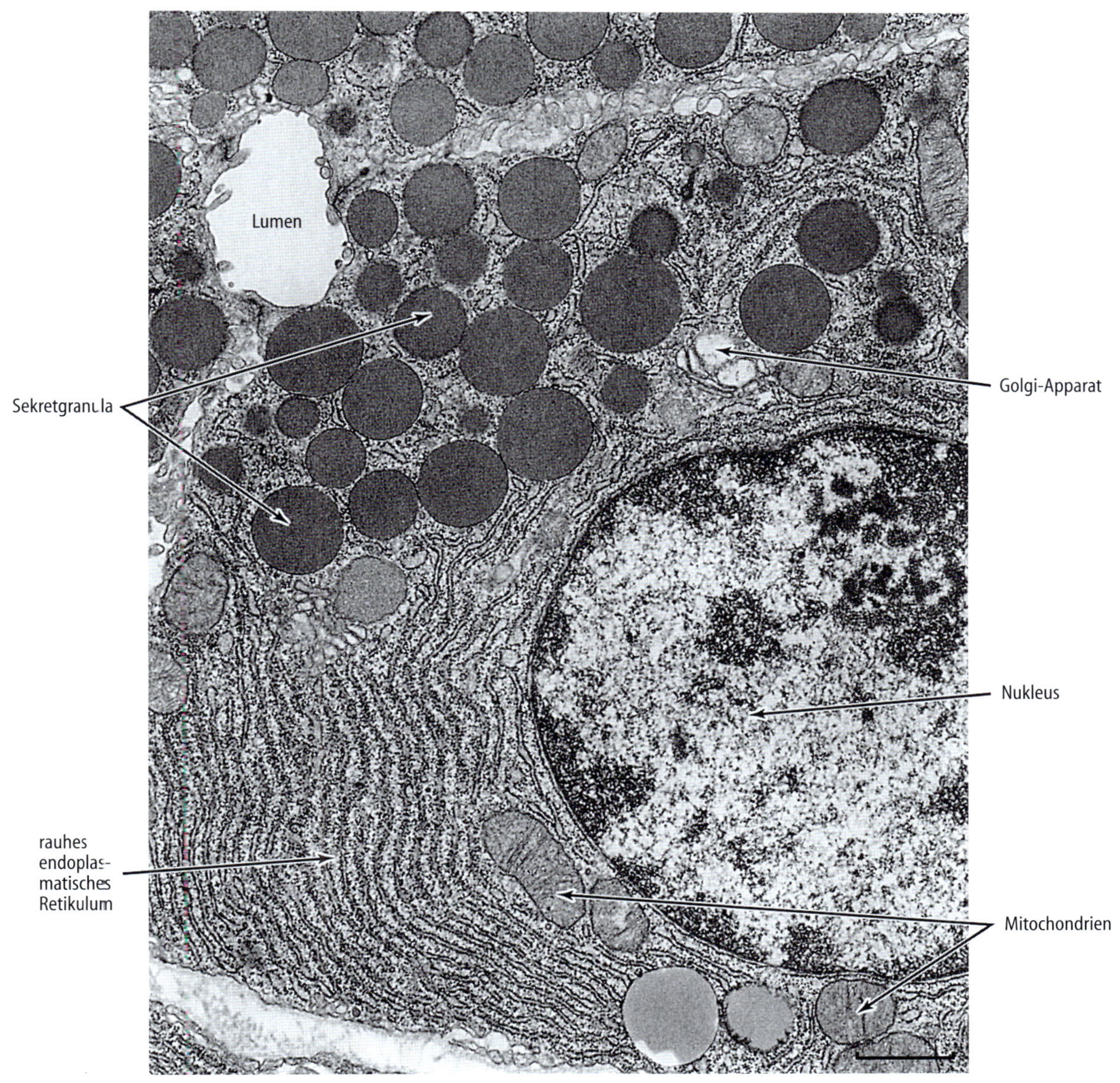

Abb. 3.20. Exokrine Pankreaszelle. Im basalen Bereich der abgebildeten Azinuszelle des exokrinen Pankreas befinden sich neben dem Zellkern hauptsächlich rauhes endoplasmatisches Retikulum und Mitochondrien. Der Inhalt der apikalen Sekretgranula kann bei Bedarf in das Lumen freigesetzt werden. Balken = 0,1 μm. (Aus Junqueira et al. 1998)

Golgi-Apparat werden die Verdauungsenzyme in den „condensing vacuoles" (Abb. 3.21) konzentriert und dann apikal in Sekretgranula gespeichert. Diese fusionieren nur nach Bedarf (reguliert) mit der apikalen Membran und setzen die Verdauungsenzyme in die Ausführungsgänge frei. Auch beim Aufbau der Becherzellen wird die Polarität exokriner Zellen deutlich. Die Biosynthese der Schleimstoffe erfolgt basal und die Speicherung apikal in Sekretgranula (Abb. 3.22, 3.23 und 24.16).

Der Aufbau der ***Endstücke*** von exokrinen Drüsen kann wertvolle Hinweise über die Herkunft und die Funktion der Drüse geben. In den Endstücken sind häufig die sezernierenden Zellen so dicht gepackt, dass ein Lumen nicht mehr erkennbar ist. Eine solche ***azinöse (= beerenförmige)*** Anordnung der Endstücke

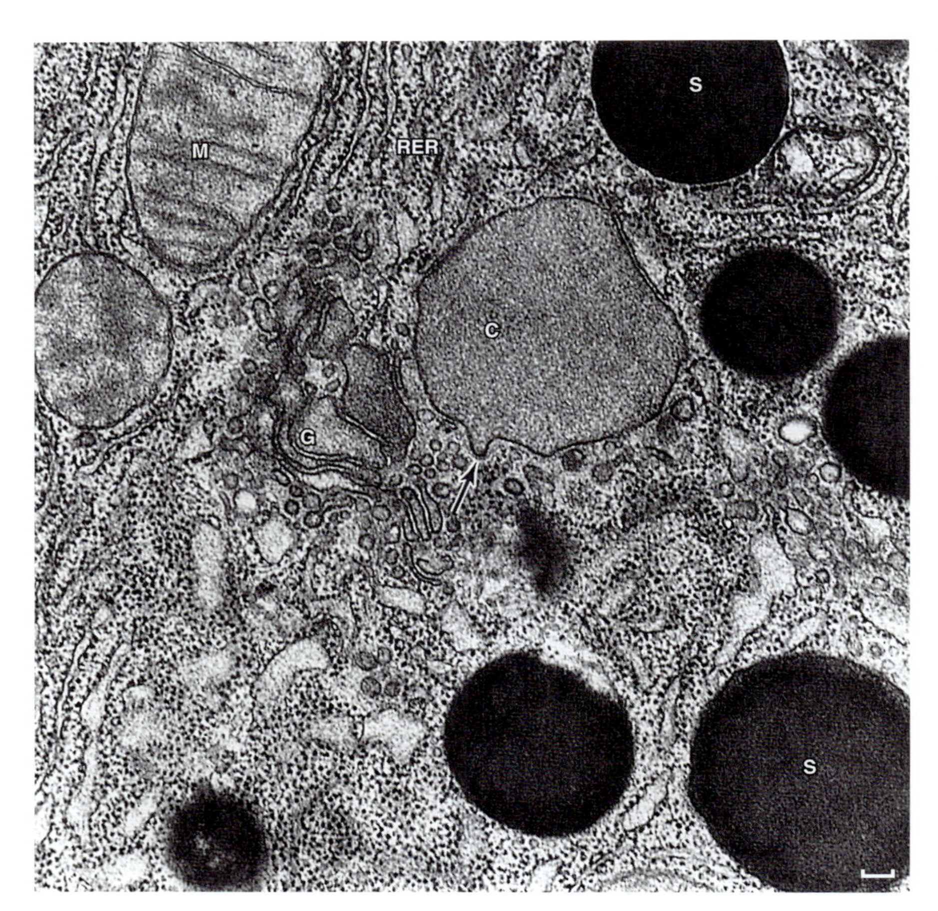

Abb. 3.21. Ausschnitt aus einer exokrinen Pankreaszelle. Vesikel, die sich aus dem Golgi-Apparat (*G*) abschnüren, fusionieren zunächst zu ‚Condensing Vakuolen' (*C*), aus denen die Sekretgranula (*S*) entstehen. Balken = 0,1 μm. (Aus Junqueira et al. 1998)

kommt im exokrinen Pankreas und in den Speicheldrüsen vor (s. Kap. 14 und 15). In einigen Drüsen sind die Azini von spindel- oder sternförmigen ***myoepithelialen Zellen*** umgeben (Abb. 3.24). Sie kommen auch in der Wand der Ausführungsgänge vor. Myoepitheliale Zellen sind untereinander und mit epithelialen Zellen durch Gap Junctions und Desmosomen verbunden. Im Zytoplasma befinden sich zahlreiche aus Aktin aufgebaute Mikrofilamente sowie Tropomyosin und Myosin. Außerdem enthalten myoepitheliale Zellen intermediäre Filamente der Zytokeratinfamilie, eine Tatsache, die den epithelialen Ursprung dieser Zellen belegt. Die Kontraktion der myoepithelialen Zellen erleichtert die Ausscheidung der Sekretionsprodukte der exokrinen Zellen (Abb. 3.24).

Oft ist es möglich, aus der Morphologie und dem färberischen Verhalten der Zellen in den Azini auf die Art des Sekretionsproduktes zu schließen. Beispiele dafür sind die ***serösen und mukösen Endstücke*** in Speicheldrüsen (s. Kap. 15). Wenn ein Lumen deutlich sichtbar ist, dann spricht man von einer ***alveolären*** Drüse. Diese kommen in der Brustdrüse und in den Duftdrüsen vor (s. Kap. 22 und Kap. 17). In diesen Drüsen tritt neben der ***Exozytose***, d. h. der Verschmelzung von Membranen der Speicherorganellen mit der Plasmamembran (früher als ***merokrine*** Sekretion bezeichnet) ein weiterer Sekretionsmechanismus auf. Dabei wird das Sekretprodukt apikal zusammen mit Teilen des Zytoplasmas abgeschnürt. Dieser Vorgang wird als ***apokrine*** Sekretion bezeichnet und kommt in den Duftdrüsen und in der Brustdrüse vor (Beispiele in Kap. 17.4.3 und 22.7). Bei der ***holokrinen*** Sekretion geht die gesamte Drüsenzelle zugrunde und wird selbst zum Sekret. Bekannt ist dieser Vorgang in den Talgdrüsen der Haut (s. Kap. 17.4.3).

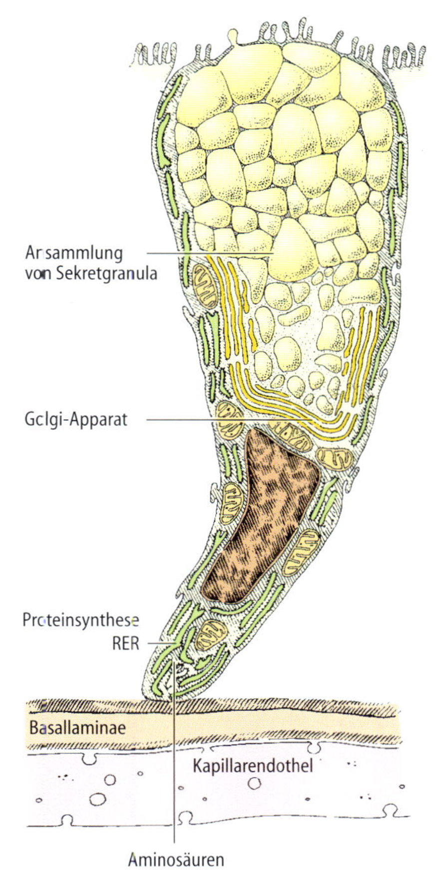

Abb. 3.22. Aufbau einer Becherzelle. In der Becherzelle werden basal Schleimsubstanzen im endoplasmatischen Retikulum synthetisiert und anschließend apikal gespeichert. (Aus Junqueira et al. 1996)

Epitheliale Zellen, die die ***Ausführungsgänge*** exokriner Drüsen auskleiden, können sich weiter differenzieren und dann das primäre Sekret der Endstücke der Drüsen verändern. Ein Beispiel dafür sind die so genannten ***Streifenstücke*** der Speicheldrüsen (s. Kapitel 15), in denen die basolateralen Anteile Einfaltungen der Plasmamembran und Mitochondrien enthalten. Dies ist eine Voraussetzung für den Transport von Natrium durch das Epithel. Beispielsweise wird so der Elektrolytgehalt des Speichels verändert. Auch im proximalen und distalen Tubulussystem der Niere (Abb. 18.10, 18.11, 18.12) werden ganz ähnlich Ionen von Zellen mit basalen Einfaltungen transportiert. In manchen Drüsen bilden sowohl die Endstücke als auch die Ausführungsgänge das Sekret. Beispiele dafür sind die tubulösen Drüsen des Magens (Abb. 14.10, 14.11) und die Schweißdrüsen der Haut (Abb. 17.14).

Endokrine Drüsen ▸ Endokrine Zellen haben eine Oberfläche, die in Kontakt zu Kapillaren steht. Mit Hormonen gefüllte Sekretgranula sind in diesem Bereich der Zelle häufig. Auch in den enteroendokrinen Zellen des Gastrointestinaltrakts ist diese Polarität deutlich, d.h. die Sekretgranula befinden sich hauptsächlich im basalen Bereich (Abb. 14.36) der Zelle. Infolge dieser Verteilung der Sekretgranula werden die endokrinen Zellen der Schleimhaut des Gastrointestinaltrakts zutreffenderweise auch als basal gekörnte Zellen bezeichnet.

Die Freisetzung von Hormonen durch endokrine Zellen und die Verteilung des Hormons im ganzen Körper mit dem Blut nennt man ***endokrine Sekretion***. Erreicht ein Hormon lediglich benachbarte Zellen, dann spricht man von ***parakriner Sekretion***. Ein Beispiel dafür ist die Wirkung von Histamin aus den enterochromaffinähnlichen Zellen in der Magenschleimhaut auf benachbarte Säure produzierende Zellen (s. Kap. 14.6). Ein weiteres Beispiel für parakrine Beeinflussung ist die Hemmung benachbarter endokriner Zellen durch das Hormon Somatostatin in den Pankreasinseln (s. Kap. 20.3) Schließlich können endokrine Zellen durch ihr Sekretionsprodukt auch sich selbst (= ***autokrin***) beeinflussen. Ein bekanntes Beispiel dafür ist die Hemmung der Insulinsekretion durch Insulin.

Die endokrinen Zellen des menschlichen Körpers, oft einzeln oder in Gruppen zwischen anderen Zellen angeordnet (enteroendokrines System des Gastrointestinaltrakts, Kap. 14 und der Atemwege, Kap. 16), werden auch als ***diffuses neuroendokrines System (DNES)*** zusammengefasst und den endokrinen Drüsen wie der Hypophyse oder den Pankreasinseln gegenübergestellt. Die Zellen des DNES und die der endokrinen Drüsen besitzen auch die Eigenschaft Vorstufen von Aminen aufzunehmen und zu dekarboxylieren. Daher werden sie auch als ***APUD-Zellen (amin precursor uptake and decarboxylation)*** bezeichnet. Außerdem können endokrine Zellen wie Nervenzellen gut mit Silbersalzen angefärbt werden und werden daher wie diese als argentophil und argyrophil bezeichnet. Neurone und endokrine Zellen lassen sich nicht nur mit ähnlichen Färbemethoden nachweisen, sie besitzen auch viele gleiche Proteine. Daher können endokrine Zellen auch mit Antikörpern, die gegen neuronale Proteine gerichtet sind, nachgewiesen (= markiert) werden. Diese Proteine werden als ***neuroendokrine Markerproteine*** bezeichnet.

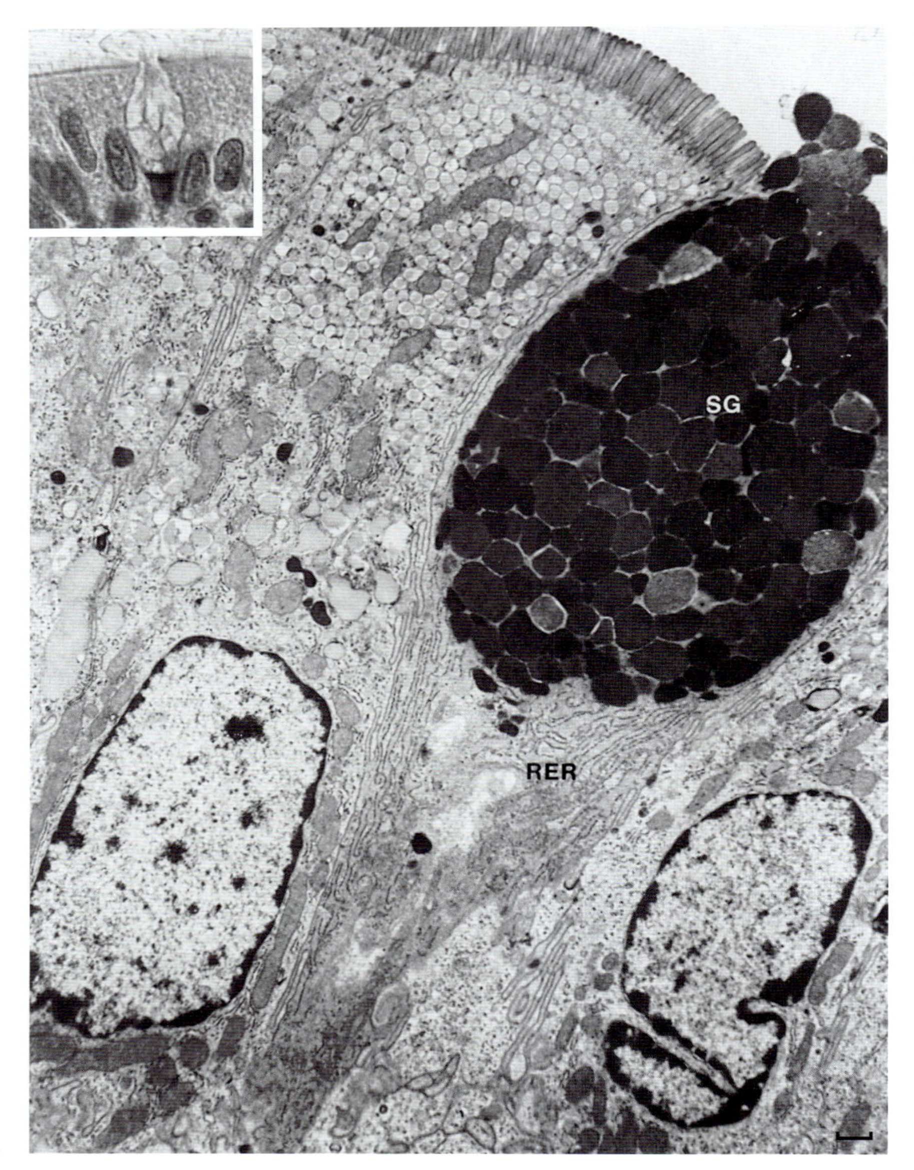

Abb. 3.23. Lichtmikroskopische (Ausschnitt) und elektronenmikroskopische Aufnahme von Becherzellen, die von resorbierenden Enterozyten mit Mikrovilli umgeben sind. Dargestellt sind hauptsächlich die apikal gelegenen Sekretgranula (*SG*) der Becherzellen, die Schleimsubstanzen enthalten. Weiter basal befindet sich rauhes endoplasmatisches Retikulum (*RER*). Balken = 1 μm. (Aus Junqueira et al. 1996)

Klinik Tumoren, die sich von endokrinen Zellen ableiten, besitzen die oben genannten typischen Eigenschaften der endokrinen Zellen. Sie werden daher auch als ***APUDOME*** bezeichnet und sind mit Antikörpern gegen neuroendokrine Markerproteine nachweisbar. Maligne epitheliale Tumoren, die sich von einem Oberflächen bildenden Epithel ableiten, werden als ***Karzinome*** bezeichnet, und die sich von epithelialen Drüsen ableiten, als ***Adenokarzinome***. Sie sind die häufigsten Tumore beim Erwachsenen. Diese verschiedenen Tumorarten können mit Hilfe von Antikörpern gegen ihre charakteristischen und unterschiedlichen Proteine (Markerproteine) mit Hilfe der Immunzytochemie unterschieden werden.

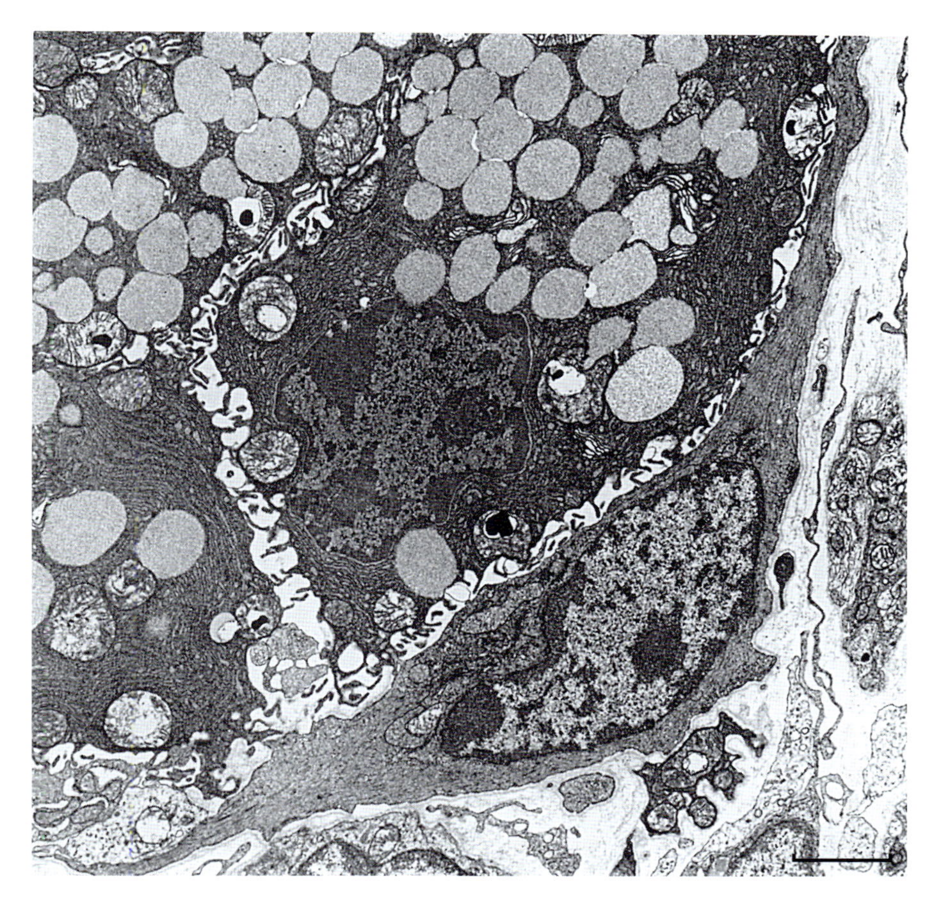

Abb. 3.24. Myoepitheliale Zellen. Sie umgeben korbartig Azini von exokrinen Zellen. Hier dargestellt ist eine myoepitheliale Zelle einer Speicheldrüse in unmittelbarer Nachbarschaft der exokrinen Zellen, die mit Sekretgranula angefüllt sind. Balken = 1 μm. (Aus Junqueira et al. 1998)

Steroide sezernierende Zellen▸ Steroide werden von spezialisierten Zellen der Nebennierenrinde, des Hodens und des Ovars sezerniert (s. Kap. 20.4.1, 21 und 22). Sie leiten sich, im Gegensatz zu den oben beschriebenen Amine und Peptidhormone sezernierenden endokrinen Zellen, nicht vom Ektoderm oder Entoderm, sondern vom Mesoderm ab. Weitere charakteristische Unterschiede sind:

- Das glatte endoplasmatische Retikulum und die innere Mitochondrienmembran, wo die Synthese der Hormone aus Cholesterin stattfindet, ist tubulös gestaltet (Abb. 20.18 und 21.11).
- Lipidtropfen innerhalb der Zelle sind häufig, sie stellen ein Reservoir an Cholesterin dar.
- Die neu synthetisierten Hormone werden sofort nach der Biosynthese freigesetzt und nicht wie bei anderen Drüsen in intrazellulären Vesikeln gespeichert.
- Die Steroide besitzen in der Regel intrazelluläre Rezeptoren, über die die Transkription in den Zielzellen gesteuert wird. Außerdem sind membranständige Steroidrezeptoren beschrieben worden.

Die Steroide sezernierenden endokrinen Zellen der Nebennierenrinde, des Hodens und des Ovars werden in den Kapiteln 20, 21 und 22 ausführlich beschrieben.

4 Bindegewebe

4.1	**Kollagen**	**58**
4.2	**Elastische Fasern**	**63**
4.3	**Grundsubstanz**	**65**
4.4	**Zellen des Bindegewebes**	**65**
4.4.1	Fibroblasten	66
4.4.2	Makrophagen	66
4.4.3	Mastzellen	69
4.5	**Entzündung**	**70**
4.6	**Die häufigsten Bindegewebsarten und deren Vorkommen**	**73**

Einleitung

Das Bindegewebe bildet in allen Organen das unspezifische Gefäße und Nerven führende Stroma, welches das Parenchym durchzieht und untergliedert. Außerdem stellt es die Matrix zur Verfügung, in die die Parenchymzellen eingebettet sind. Zum Bindegewebe gehören außerdem die verstärkten Oberflächen von Organen (Kapseln) und vom Bewegungsapparat Knorpel, Knochen, Sehnen und Bänder.

Im Gegensatz zu anderen Geweben, die hauptsächlich aus Zellen aufgebaut sind, ist im Bindegewebe die extrazelluläre Matrix, aufgebaut aus ***Fasern, Grundsubstanz*** und ***Gewebeflüssigkeit***, der Hauptbestandteil. Eingebettet in diese ***extrazelluläre Matrix*** sind die ***Zellen*** des Bindegewebes.

Neben der Funktion des Bindegewebes als Grundstruktur der Organe und im Bewegungsapparat (Stützgewebe, s. Kap. 6 und 7) stellt das Bindegewebe in seiner spezialisierten Form als Fettgewebe einen wichtigen Energiespeicher dar (s. Kapitel 5). Außerdem findet im Bindegewebe die Auseinandersetzung des Körpers mit eingedrungenen Mikroorganismen und Toxinen statt. Im Rahmen der Vorgänge, die insgesamt als Entzündung bezeichnet werden, setzen sich die Zellen der Abwehr mit den Krankheitserregern auseinander (s. Kap. 4.5).

Die meisten Bindegewebsarten entwickeln sich aus dem mittleren Keimblatt des Embryos, dem ***Mesoderm***. Im Kopf jedoch leitet sich Bindegewebe auch von der Neuralleiste ab, also vom Ektoderm. Mesodermale Zellen wandern in sich entwickelnde Organe ein und umgeben diese. Während der Entwicklung werden sie als mesenchymale Zellen bezeichnet. Sie sind von einer Grundsubstanz umgeben, die nur wenig Fasern enthält. Das Bindegewebe der Nabelschnur ist dem mesenchymalen Bindegewebe noch sehr ähnlich.

Man kann im Bindegewebe drei verschiedene Arten von Fasern, ***kollagene, retikuläre*** und ***elastische Fasern*** unterscheiden. Kollagen und retikuläre Fasern sind aus dem Faserprotein Kollagen aufgebaut und elastische Fasern hauptsächlich aus dem Protein Elastin. Die Verhältnisse und die Anordnung der drei Fasertypen verleihen den verschiedenen Arten von Bindegeweben ihre charakteristischen Eigenschaften.

4.1 Kollagen

Kollagen ist aus Untereinheiten, dem ***Tropokollagen***, aufgebaut, das bei einer Länge von 300 nm einen Durchmesser von nur 1,5 nm besitzt. Im Tropokollagen sind drei Proteinhelices, die aus je ca. 1400 Aminosäuren bestehen, miteinander durch Wasserstoffbrückenbindungen verbunden (Abb. 4.1). Diese spezielle Anordnung ist die Folge der Aminosäuresequenz des Kol-

a

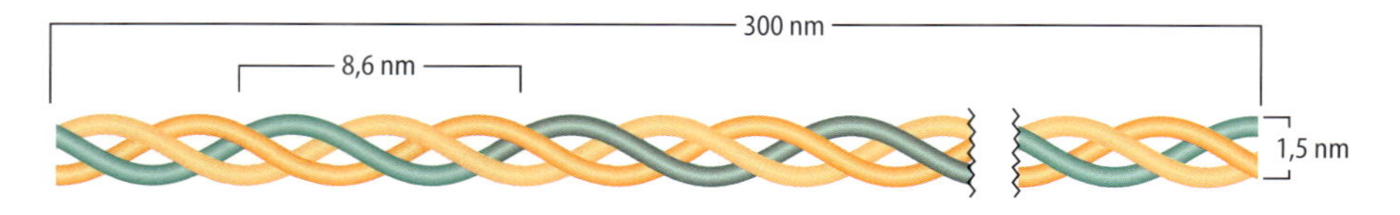

b

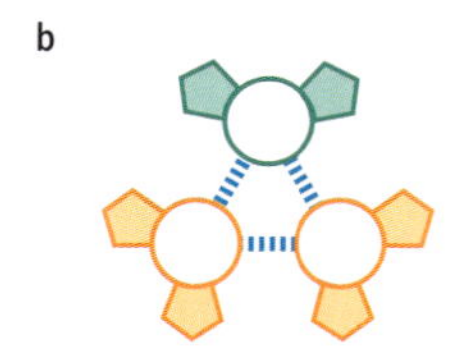

Abb. 4.1 a, b. Aufbau von Kollagen. **a** Kollagen I ist aus zwei α-1-Kollagenhelices und aus einer α-2-Helix (*türkis*) aufgebaut. Die Tripelhelix bildet die Grundstruktur des Tropokollagens mit einer Länge von 300 nm und einem Durchmesser von 1,5 nm. Die Kollagenhelices sind miteinander verdrillt, so dass eine Ganghöhe von 8,6 nm entsteht (aus Junqueira et al. 1996). **b** Im Querschnitt sind im Zentrum (*gestrichelt*) die Wasserstoffbrückenbindungen zwischen den Glyzinresten dargestellt, die die drei Kollagenhelices miteinander verbinden. Die Zyklopentanringe der Aminosäuren Prolin bzw. Hydroxyprolin bilden die Oberfläche der Tripelhelix. Hydroxyprolin sowie die in gleicher Position vorkommenden Lysinreste dienen der parallelen Verknüpfung mehrerer Tripelhelices zu den Kollagenfibrillen.

lagens, in der jede dritte Aminosäure Glyzin ist und die Aminosäure Prolin nahezu 60 % der sonstigen Aminosäuren des Kollagens ausmachen. Durch die sich wiederholende Sequenz der drei Aminosäuren (Glyzin-Prolin-Prolin) entstehen Helices in denen, im Gegensatz zur α-Helix (s. Kap. 1), drei Aminosäuren eine Windung bilden (Abb. 4.1). In dieser „Kollagenhelix" wird die Oberfläche einerseits vom Ringsystem des Prolins und andererseits vom Glyzin gebildet. Wasserstoffbrückenbindungen können in dieser Struktur nur von der Peptidbindung des Glyzins ausgehen. Diese werden mit zwei weiteren dieser Helices (also intermolekular) ausgebildet (Abb. 4.1). Die so entstandene ***Tripelhelix*** ist die Grundstruktur des Tropokollagens, in dem die Einzelhelices zusätzlich noch geringgradig miteinander verdrillt sind.

Kollagentypen► Kollagen ist das häufigste Protein im Säugetier (etwa 25 % des Gesamtproteins). Es gibt vier hauptsächliche Kollagentypen. Am häufigsten ist das ***Kollagen I***, das etwa 90 % des Körperkollagens ausmacht. Es besteht aus zwei α-1 Polypeptidketten und einer α-2 Polypeptidkette. Deren Gene sind in Abbildung 4.2 dargestellt. Sie bestehen aus mehr als 50 Exons, die jeweils aus vielfachen von neun Basenpaaren aufgebaut sind, die für die Aminosäuren einer Windung im Kollagenmolekül kodieren. Kollagen I findet sich hauptsächlich in Sehnen, Faszien, Organkapseln und Knochen sowie im Stroma aller Organe. ***Kollagen II*** findet sich in allen Knorpelarten (s. Kap. 6), ***Kollagen III*** bildet die charakteristischen Retikulinfasern (s. unten), welche die Parenchymzellen aller Organe umgeben. ***Kollagen IV*** baut die Basallamina auf und bildet im Gegensatz zu Kollagen I, II und III weder Fibrillen noch Fasern.

Biosynthese► Die Fibroblasten des Bindegewebes sind zusammen mit den Chondroblasten und den Osteoblasten (s. Kap. 6 und 7) die Hauptproduzenten von Kollagen. Andere Zellen, die sich an der Biosynthese dieses häufigen Faserproteins der extrazellulären Matrix beteiligen, sind Endothelzellen, glatte Muskelzellen und Fettzellen. In Fibroblasten wird die Biosynthese von Kollagen von membrangebundenen Ribosomen durchgeführt, wobei während der Biosynthese eine Polypeptidvorstufe in die Zisternen des rauhen endoplasmatischen Retikulums abgegeben wird (Abb. 4.3). Wie bei der Biosynthese anderer sezernierbarer Proteine (s. Kap. 1) wird zuerst das Signalpeptid abgespalten, wodurch das so genannte ***Prokollagen*** entsteht. Die Ketten des Prokollagens enthalten zusätzliche Sequenzen wie die ***Telopeptide***, die bei der extrazellulären Verknüpfung des Tropokollagens von Bedeutung sind, und die so genannten ***Registerpeptide***, die später teilweise wieder abgespalten werden. Die C-terminalen Registerpeptide sind an der Ausbildung der ***Tripelhelix*** entscheidend beteiligt. Sie sind der Ausgangspunkt der Bildung der Tripelhelix, die dann reißverschlussartig vom C-terminalen Ende zum N-terminalen fortschreitet.

Klinik

Wird die Ausbildung der Tripelhelix durch das Auftreten einer anderen Aminosäure an Stelle des Glyzins unterbrochen, dann wird der Vorgang verlangsamt oder ganz unmöglich. Bei der ***Osteogenesis imperfecta*** („Glasknochenkrankheit") sind verschiedene Mutationen von Glyzin im C-terminalen Bereich der Grund für multiple Frakturen und deren Folgeerscheinungen.

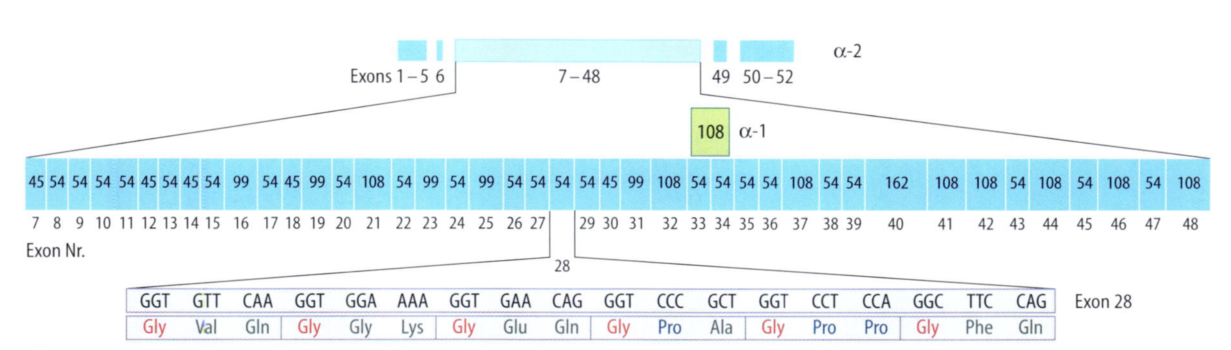

Abb. 4.2. Organisation der Gene für die α-1-und die α-2-Polypeptidketten des Kollagens vom Typ I. Alle Exons, die für helikale Anteile codieren, weisen 54 Bp auf oder ein Vielfaches von 9 Bp. Das Gen für die α-2-Ketten besteht aus 52 Exons. Beim α-1-Gen sind die Exons 33 und 34 zu einem Exon kondensiert, so dass das Gen nur 51 Exons besitzt. (Aus Löffler u. Petrides 1998)

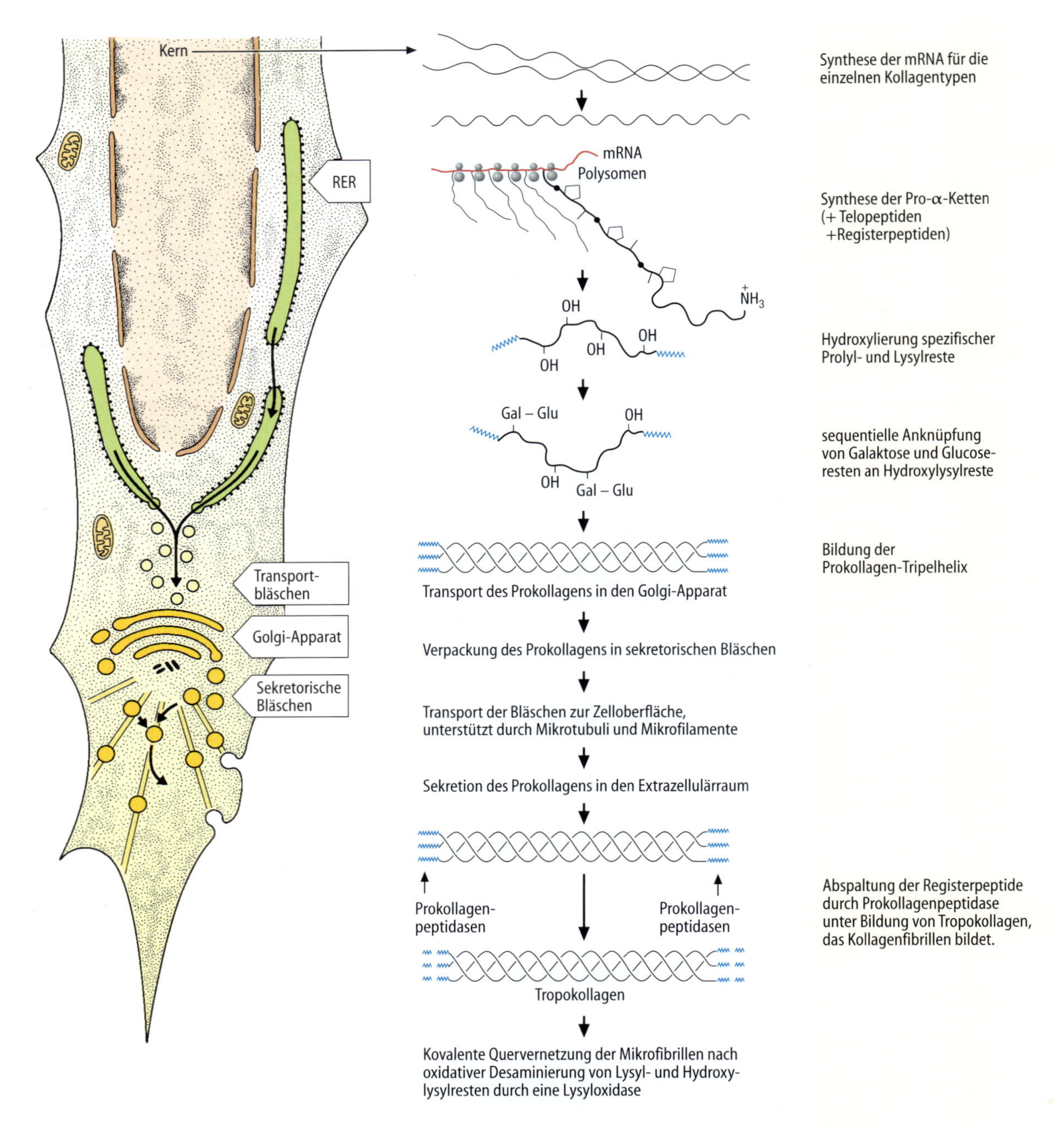

Abb. 4.3. Schema der molekularen Vorgänge bei der Kollagensynthese und der hier beteiligten Zellkompartimente (*RER* rauhes endoplasmatisches Retikulum). (Aus Junqueira et al. 1996)

Weitere Modifikationen, die während der Biosynthese stattfinden, sind die ***Hydroxylierung*** von etwa der Hälfte der Prolinreste und Teilen der Lysinreste. Bei dieser Reaktion ist Ascorbinsäure Kofaktor.

Klinik Bei Mangel an Ascorbinsäure (Vitamin C) wird nur ein wenig hydroxyliertes und damit funktionell eingeschränktes Kollagen gebildet. Zu den ersten Symptomen dieses Mangels gehört Zahnausfall (Kollagen ist ein wichtiger Bestandteil des Zahnhalteapparates, Kap. 14). Bei länger andauerndem Mangel, besonders während des Wachstums, kommt es zu Aufbaustörungen des Knochens. Die regelmäßige Aufnahme von Vitamin C mit frischem Obst und Gemüse in der normalen Nahrung und Zusatz in der Babynahrung hat die Mangelerscheinungen zum Verschwinden gebracht.

An die Hydroxylierung der Prolin- und Lysinreste des Prokollagens schließt die Anheftung von Zuckerresten an. Nach der Verpackung des Produktes und Sortierung im Golgi-Apparat wird Prokollagen in den Extrazellulärraum sezerniert (Abb. 4.3). Hier werden nun durch extrazelluläre Peptidasen nicht-helikale Anteile am C- und N-terminalen Ende des Prokollagens abgespalten, wodurch das ***Tropokollagen*** entsteht (Abb. 4.4). Dieses lagert sich zuerst zu pentameren Mikrofibrillen (Durchmesser 5 nm) zusammen. Nach Oxidation der freien Aminogruppe der Lysilreste im Bereich der Telopeptide zu Aldehydgruppen durch die Lysyloxidase können nichtenzymatisch benachbarte Tropokollagene vernetzen. So entstehen die ***Kollagenfibrillen***, die einen Durchmesser von etwa 75 nm haben (Abb. 4.5). Im Lichtmikroskop sind lediglich die wesentlich dickeren ***Kollagenfasern*** sichtbar, die sich wiederum zu den wesentlich dickeren ***Faserbündeln*** organisieren können (u. a. in Sehnen und Organkapseln) (Abb. 4.4).

Innerhalb der Kollagenfibrillen ist das Tropokollagen parallel, jedoch regelmäßig (um 67 nm) versetzt zueinander angeordnet. Nicht helikale N- und C-terminale Enden sind dabei hintereinander und mit einem Abstand von etwa 35 nm angeordnet (Abb. 4.4). Die im Elektronenmikroskop sichtbare ***Querstreifung*** der Kollagenfibrillen beruht auf einer Bindung von Schwermetallen an die nicht helikalen Anfangs- und Endstücke des Tropokollagens (Abb. 4.4 und 4.5). Die regelmäßige Anordnung der Kollagenfibrillen erlaubt auch ihre Darstellung im Polarisationsmikroskop (Abb. 24.3).

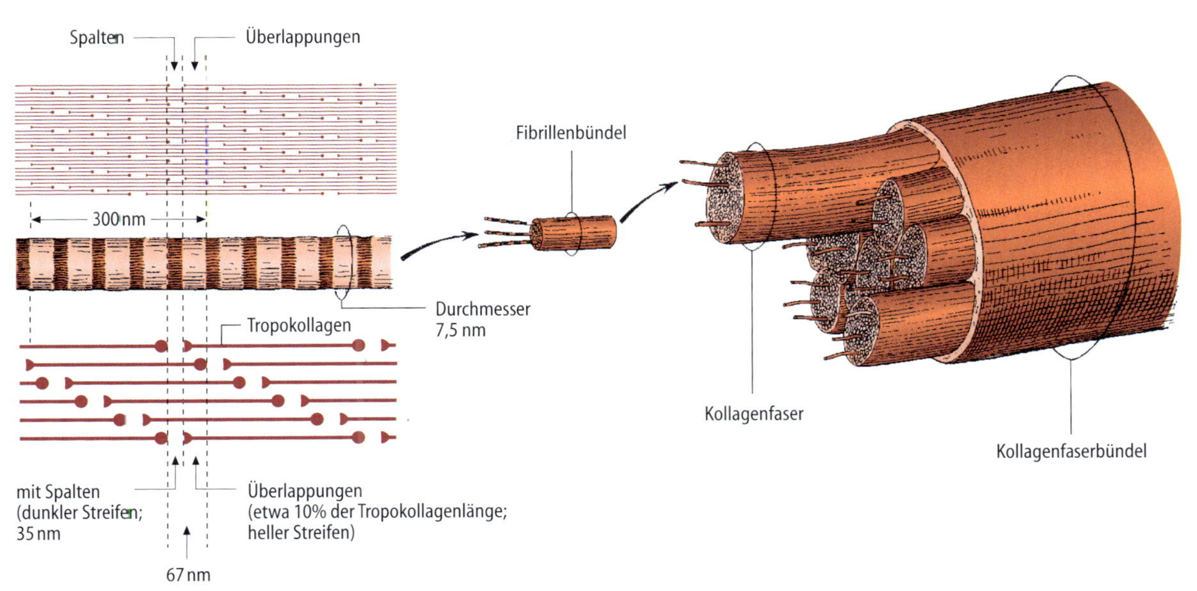

Abb. 4.4. Aufbau von Kollagenfasern und Kollagenfibrillen. Tropokollagenfibrillen sind aus parallel, jedoch versetzt zueinander angeordneten Tropokollagenmolekülen aufgebaut. Durch diese charakteristische Anordnung entstehen Bereiche, in denen Anfang und Ende der Tropokollagenanteile nebeneinander liegen. In diesen Bereichen können sich in der Elektronenmikroskopie eingesetzte Schwermetalle einlagern und so zur charakteristischen Streifung der Kollagenfibrillen führen. Kollagenfibrillen können sich zu im Lichtmikroskop sichtbaren Kollagenfasern bzw. zu den noch dickeren Kollagenfaserbündeln zusammenlagern. (Aus Junqueira et al. 1996)

Kollagen III▸ Dieses Kollagen kommt normalerweise zusammen mit anderen Kollagentypen im Gewebe vor und ist die Hauptkomponente der ***Retikulinfasern.*** Sie sind sehr dünn (Durchmesser ihrer Fasern ist 0,5–2 µm) und auch die Fibrillen aus Kollagen III sind dünner (Durchmesser 35 nm) als die aus Kollagen I (75 nm) (Abb. 4.6). Retikulinfasern sind in mit Hämatoxilin und Eosin gefärbten Schnitten nicht sichtbar, sie lassen sich jedoch durch Versilberung darstellen und werden daher als argyrophil bezeichnet (Abb. 4.7). Die Retikulinfasern bilden ein flexibles Netzwerk, in das die spezifischen Zellen eines Organs (die Parenchymzellen) eingelagert sind. Daher ist das ***retikuläre Bindegewebe*** im Körper sehr weit verbreitet und findet sich u. a. in den lymphatischen Organen, dem Knochenmark, der Leber, den endokrinen Drü-

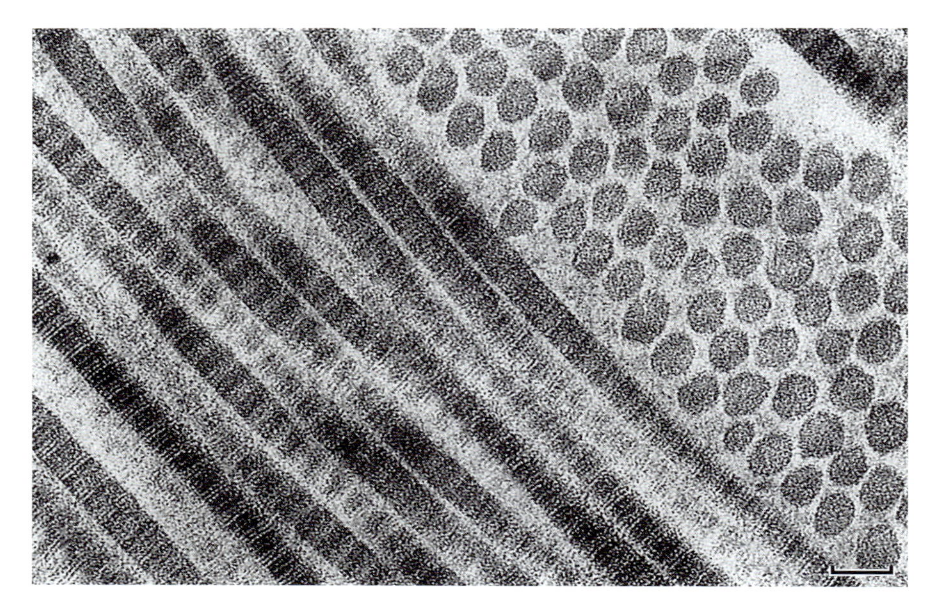

Abb. 4.5. Elektronenmikroskopische Aufnahme menschlicher Kollagenfibrillen im Längs- und im Querschnitt. Die Ursache der hier sichtbaren Querstreifungen ist in Abb. 4.4 erläutert. Grundsubstanz umgibt die Fibrillen. Balken = 0,1 µm. (Aus Junqueira et al. 1998)

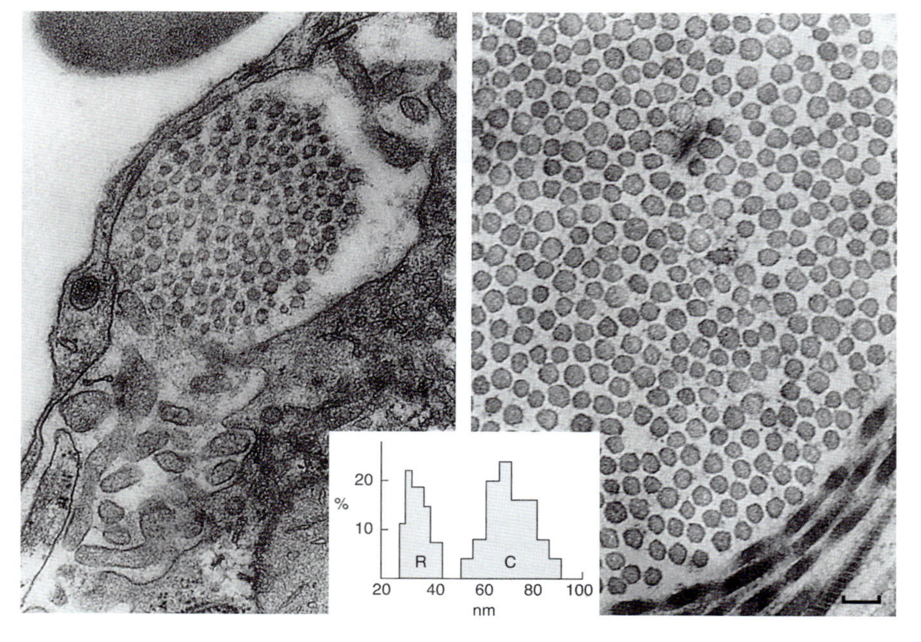

Abb. 4.6. Vergleich von Kollagenfibrillen und Retikulinfibrillen im Querschnitt. Der mittlere Durchmesser von Retikulinfibrillen (*links*) und von Kollagenfibrillen (*rechts*), gemessen im Elektronenmikroskop, unterscheidet sich etwa um den Faktor 2. Balken = 0,1 µm. (Aus Junqueira et al. 1998)

sen, in der glatten Muskulatur und im Endoneurium (s. Kap. 8.5.1).

Klinik

Das ***Ehlers-Danlos-Syndrom***, eine Gruppe von Erbkrankheiten mit ähnlichen Symptomen (‚überelastische Haut', abnorme Beweglichkeit der Gelenke, häufige Luxationen, Rupturen von Arterien etc.), kann auf Defekte verschiedener Schritte der Kollagenbildung zurückgeführt werden. Dazu gehören verminderte Bildung eines (veränderten) Kollagens III, fehlende Telopeptide beim Kollagen I und mangelhafte Lysyloxidase.

Kollagen IV▸ In diesem Kollagen ist die Tripelhelix in 26 Abschnitten unterbrochen. Außerdem sind die endständigen Domänen des Tropokollagens IV nicht abgetrennt. Die Unterbrechungen der Tripelhelix ermöglichen zahlreiche Biegungen und Aneinanderlagerungen und über die endständigen Domänen ergibt sich die Möglichkeit der Bildung von Kopf an Kopf Dimeren. Letztendlich entstehen durch diese Wechselwirkungen flächige und vielschichtige Geflechte. Durch Einlagerung von weiteren Komponenten, die die Verbindung zu weiteren Substanzen der extrazellulären Matrix und zu Zellen herstellen (wie Laminin, Fibronektin und andere, s. Kap 4.3) entsteht die Basallamina (s. Kap. 3.1).

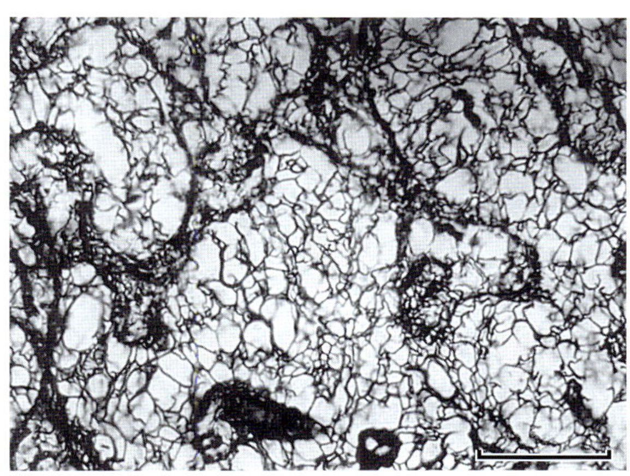

Abb. 4.7. Retikuläre Fasern, die im Lymphknoten ein ausgedehntes Netzwerk bilden, werden nach Versilberung sichtbar. Balken = 100 μm. (Aus Junqueira et al. 1998)

4.2 Elastische Fasern

Elastische Fasern sind aus zwei Anteilen aufgebaut. Im Zentrum befindet sich ein Polymer des globulären Moleküls ***Elastin*** (mit einem Molekulargewicht von 70 000). Es ist umgeben von elastischen Mikrofibrillen (Abb. 4.8), die u. a. aus ***Fibrillin*** und anderen Proteinen zusammengesetzt sind. Elastin enthält, ähnlich wie Kollagen, viel Glyzin und Prolin, jedoch bestimmt die Sequenz eine Anordnung des Proteins hauptsächlich als ‚random coil'. Die einzelnen Elastinmoleküle sind kovalent über jeweils vier Lysinseitenketten miteinander verbunden. Dieses Netzwerk besitzt gummiartige Eigenschaften, so dass es, beispielsweise durch glatte Muskelzellen, um 150 % der unbelasteten Länge gedehnt werden kann, und wenn die Kräfte wegfallen,

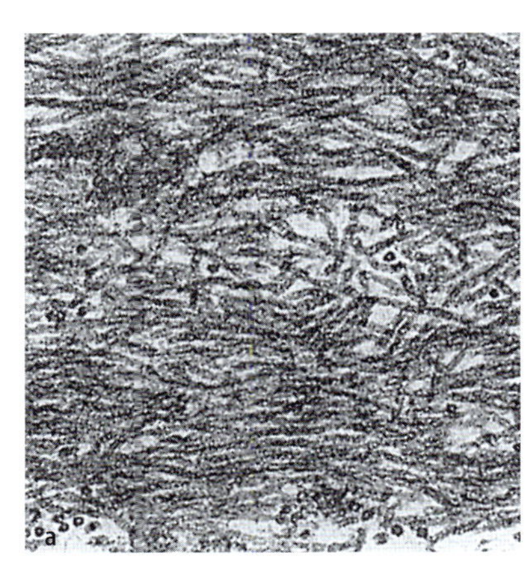

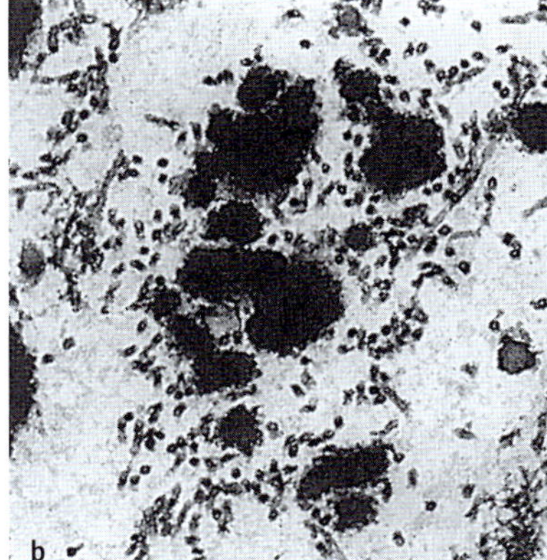

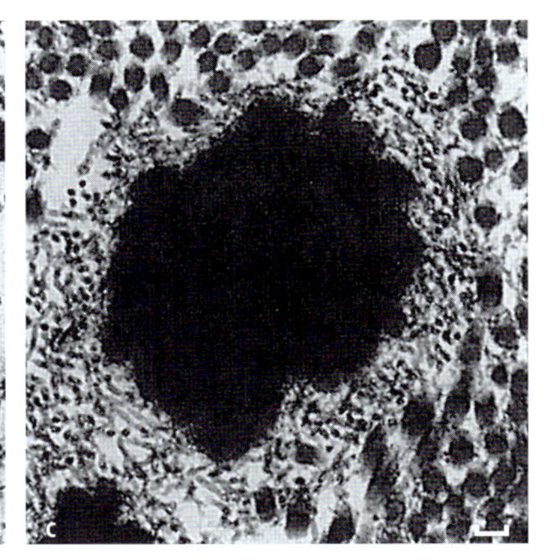

Abb. 4.8 a–c. Elektronenmikroskopische Aufnahmen von elastischen Fasern verschiedener Entwicklungszustände. **a** In frühen Stadien bestehen die elastischen Fasern hauptsächlich aus Mikrofibrillen. **b-c** In späteren Stadien befinden sich in den elastischen Fasern im Zentrum amorphe Aggregate von Elastin, die von Mikrofibrillen umgeben sind. In **c** sind außerdem quergeschnittene Kollagenfibrillen sichtbar. Balken = 0,1 μm. (Aus Junqueira et al. 1998)

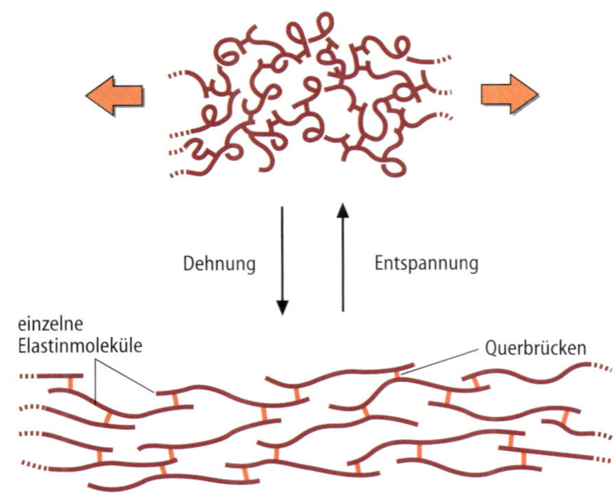

Abb. 4.9. Elastin besteht aus geknäuelten Elastinmolekülen, die kovalent miteinander verbunden sind. Das durch Querbrücken verknüpfte Netzwerk lässt sich dehnen und zieht sich wie ein Gummiband bei der Entspannung wieder zusammen. (Aus Junqueira et al. 1996)

wieder seine Ausgangslänge einnimmt (Abb. 4.9). Dünne elastische Fasern und sich entwickelnde elastische Fasern besitzen häufig einen größeren fibrillären Anteil als dicke elastische Fasern (Abb. 4.8 und 4.10). Ihr Nachweis im Lichtmikroskop erfordert spezielle Färbemethoden (Abb. 4.11, 6.8 und 17.8). Sind in einem Gewebe viele elastische Fasern vorhanden, dann nimmt es eine gelbliche Farbe an. Das gilt z. B. für das Ligamentum flavum der Wirbelsäule. Elastische Fasern sind weit verbreitet im menschlichen Körper und kommen dort gehäuft vor, wo elastische Eigenschaften funktionell von Bedeutung sind. Sie sind im elastischen Knorpel (s. Kap. 6.2), in der Haut (s. Kap. 17) und in der Wand von Blutgefäßen reichlich vorhanden (s. Kap. 10). Große Dehnbarkeit wird auch dem Lungengewebe (s. Kap. 16.6) und den Stimmbändern (s. Kap. 16.3) durch elastische Fasern verliehen.

Klinik

Beim ***Marfan-Syndrom*** ist infolge von Mutationen des Fibrillins die Funktion der elastischen Fasern eingeschränkt. Durch die weite Verbreitung der elastischen Fasern sind die Symptome dieser Krankheit vielfältig: Deformierung des Rückgrats, abnorme Beweglichkeit der Gelenke, Erweiterung der aszendierenden Aorta, Aortenaneurysma und anderes.

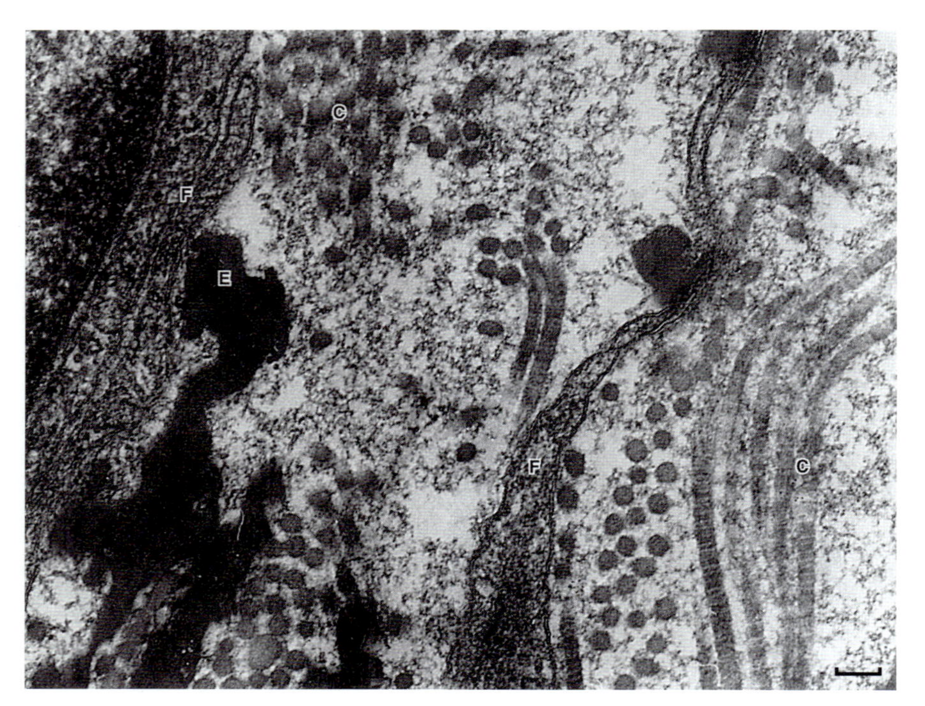

Abb. 4.10. Elektronenmikroskopische Aufnahme des Bindegewebes. In die Grundsubstanz sind Zellen (*F* Fibroblast), Kollagenfibrillen (*C*) und elastische Fasern (*E*) eingelagert. Die granulär dargestellte Grundsubstanz ist ein Artefakt, der durch die Fixation zustande kommt. Balken = 0,1 μm. (Aus Junqueira et al. 1998)

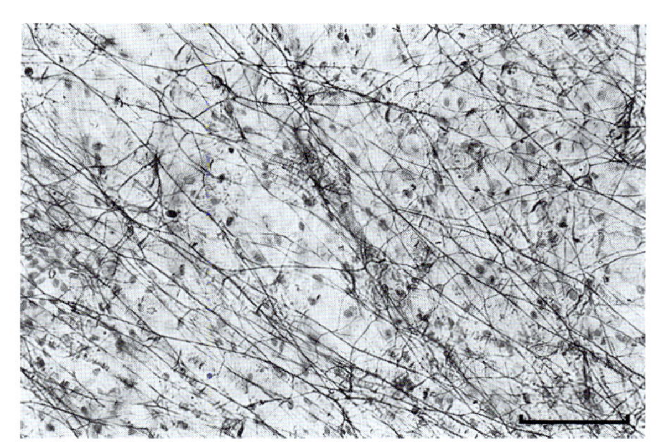

Abb. 4.11. Netzwerk von elastischen Fasern. Häutchen-Präparat vom Mesenterium, das mit Resorcinfuchsin angefärbt wurde. Balken = 100 μm. (Aus Junqueira et al. 1996)

4.3 Grundsubstanz

Die Zellen des Bindegewebes und die verschiedenen Fasertypen sind in die Grundsubstanz eingebettet (Abb. 4.10). ***Glykane*** (früher: saure Mucopolysaccharide) sind zusammen mit ***Glykoproteinen*** die wichtigsten Komponenten der Grundsubstanz. Die Glykane bestehen hauptsächlich aus einem Polymer aus Disacchariden. Von dieser Disaccharideinheit ist in der Regel jeweils ein Teil ein Aminozucker wie z. B. Glukosamin oder Galaktosamin und der andere Teil Glukuronsäure bzw. Iduronsäure (s. Lehrbücher der Biochemie). Glykane enthalten viele Carboxylgruppen und Sulfatgruppen, sie sind daher in der Lage, viel Wasser und Ionen zu binden. Sie rufen deshalb bereits in geringer Konzentration eine gelartige Struktur hervor. Glykane sind in der Regel an ein Zentralprotein angeheftet (Abb. 4.12). Solche Strukturen werden als ***Proteoglykane*** bezeichnet. Durch die Verbindung dieser Makromoleküle untereinander und mit Kollagenfibrillen (Abb. 6.4) entsteht eine solide Matrix, mit der andere Proteine und Zellen interagieren können. Zum Beispiel enthält die extrazelluläre Matrix Glykoproteine mit Bindungsstellen für andere Makromoleküle der Matrix und für Zellen. Damit tragen diese Proteine zur Organisation der Wechselwirkung zwischen Matrix und den Zellen des Bindegewebes bei. Eines dieser Glykoproteine ist das ***Fibronektin*** (Abb. 4.13). Es ist ein Dimer aus zwei Untereinheiten, die durch Disulfidbrücken verbunden sind. Fibronektin besitzt verschiedene Domänen, die mit Kollagen, Heparin und der Oberfläche verschiedener Zellen interagieren können. Fibronektin besitzt mit dem Motiv RGD (Arg-Glu-Asp) eine Erkennungssequenz für Zelladhäsionsmoleküle vom Integrintyp, die z. B. auf Epithelzellen vorkommen (s. Kap. 3). Auch ***Laminin*** (Abb. 4.13) ist ein großes Glykoprotein, das als Bestandteil der Basallamina an der Anheftung von Epithelzellen beteiligt ist. Auch dieses Molekül besitzt multiple Bindungsstellen für Komponenten der extrazellulären Matrix.

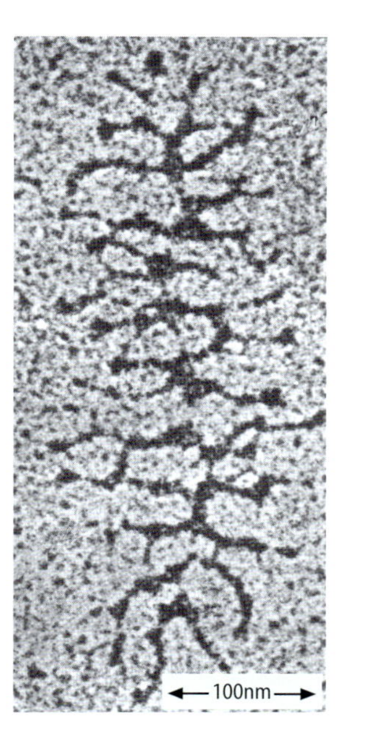

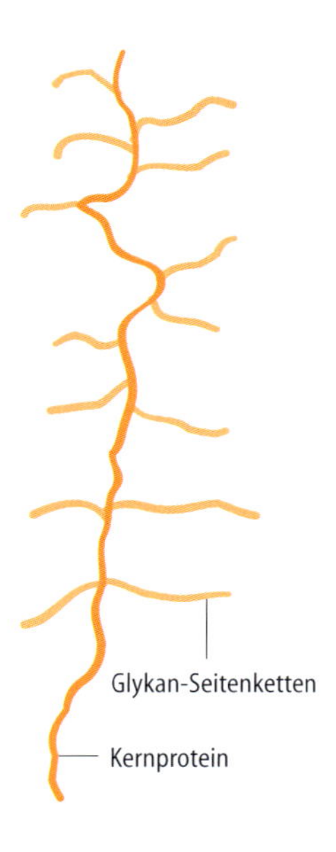

Abb. 4.12. Elektronenmikroskopische Aufnahme eines Proteoglykans aus Rinderknorpel (*links*). Der Aufbau des Proteoglykans ist *rechts* schematisch wiedergegeben. (Aus Löffler u. Petrides 1998)

4.4 Zellen des Bindegewebes

Übersicht▸ Neben den ***ortsständigen Zellen*** des Bindegewebes wie den Fibroblasten (s. unten), den Adipozyten (s. Kap. 5), den Chondroblasten (s. Kap. 6) und Osteoblasten (s. Kap. 7) gibt es Zellen, die bei Entzündungsvorgängen am Orte des Geschehens gehäuft auftreten und bei der körpereigenen Abwehr von Mikroorganismen eine herausragende Rolle spielen. Sie werden als **‚freie Zellen'** bezeichnet. Dazu gehören die Makrophagen, Mastzellen, Granulozyten und Plasmazellen (s. Kap. 11). Die ‚freien Zellen' des Bindegewebes stammen von hämatopoetischen Stammzellen ab (Abb. 4.14 und Kap. 12) während die ortsständigen

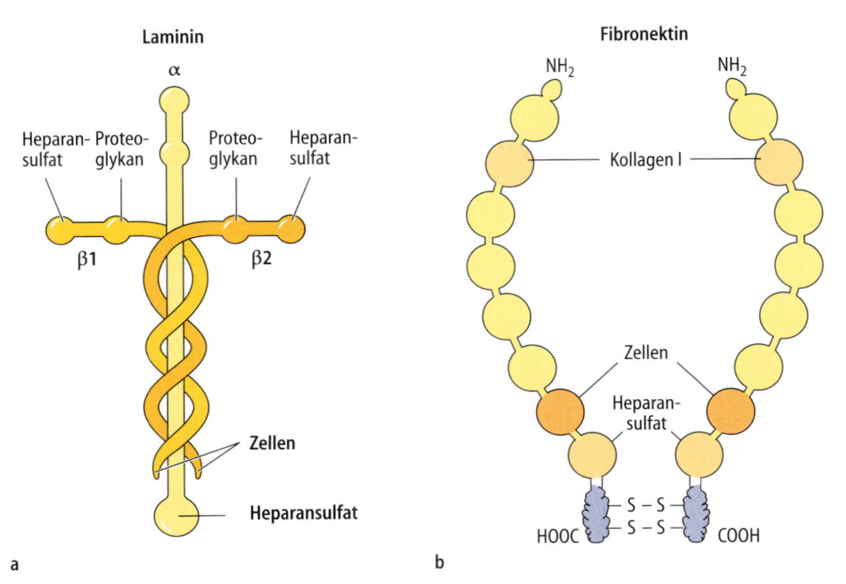

Abb. 4.13 a, b. Aufbau von Laminin und Fibronektin. **a** Laminin ist aus drei Polypeptidketten ($\alpha, \beta 1$ und $\beta 2$) aufgebaut. Es enthält Domänen, die eine hohe Affinität zu Bindungsstellen auf der Oberfläche von Zellen und zu Komponenten der Basallamina (wie Kollagen IV und Heparansulfat) besitzen. **b** Fibronektin ist ein Dimer verbunden durch Disulfidbrücken. Das Molekül enthält Domänen, an die Heparansulfat, Zellen und Kollagen I binden. (Aus Junqueira et al. 1998)

sich aus Stammzellen des embryonalen Bindegewebes (des Mesenchyms) entwickeln (Abb. 4.14).

4.4.1 Fibroblasten

Die ***Fibroblasten*** sind die häufigsten Zellen des Bindegewebes. Wie oben dargelegt, bilden sie in ihrer aktiven Phase die Fasern und die Grundsubstanz der extrazellulären Matrix. Nach dieser Aufbauphase verbleiben sie im Gewebe und werden dann häufig als ***Fibrozyten*** bezeichnet.

Die aktiven Fibroblasten besitzen einen lang gestreckten Zellkern, der reich an Euchromatin ist, einen lang gestreckten, verzweigten Zellkörper mit reichlich rauhem endoplasmatischen Retikulum und einem ausgeprägten Golgi-Apparat, wie es typisch für Proteine sezernierende Zellen ist (Abb. 4.15).

4.4.2 Makrophagen

Vorkommen▸ Die Makrophagen werden im Knochenmark gebildet (s. Kap. 12.6). Sie gelangen von dort ins Blut wo sie etwa 40 Stunden kreisen und Monozyten genannt werden (s. Kap. 11.3.5). Sie wandern dann in verschiedene Gewebe aus und differenzieren sich dort. Die Verteilung der Makrophagen in den verschiedenen Organen ist experimentell leicht festzustellen, da sie Kohlepartikel oder gefärbte Makromoleküle begierig durch Phagozytose aufnehmen. Im Bindegewebe werden ortsständige Makrophagen oft als Histiozyten bezeichnet, in der Leber als Kupffer-Zellen, in der Haut als Langerhans-Zellen, in der Lunge als Alveolarmakrophagen, im Knochenmark als Osteoklasten, im Knorpel als Chondroklasten und im Gehirn als Mikroglia. Besonders häufig sind die Makrophagen auch in Lymphknoten und Milz. Zur Abgrenzung gegenüber neutrophilen Granulozyten (= Mikrophagen) mit ihrem segmentierten Kern, die ebenfalls phagozytieren, werden die Makrophagen auch als mononukleäre Zellen bezeichnet. Die Makrophagen des gesamten Körpers werden als ***mononukleäres Phagozytensystem (MPS)*** zusammengefasst (s. Kap. 11.3.5). Frühere Bezeichnungen wie RHS (retikulohistiozytäres System) und RES (retikuloendotheliales System) sind nicht mehr im Gebrauch. Der Ausdruck RES bezieht sich auf die dem Gefäßendothel nahe Lage einger Makrophagen (in Milz, Leber und Knochenmark), die früher nach lichtmikroskopischen Beobachtungen dem Gefäßendothel zugerechnet wurden. Der Begriff Retikulumzelle sollte am besten nicht mehr benutzt werden, da mit ihm sowohl Fibroblasten als auch die Makrophagen des retikulären Bindegewebes belegt wurden.

Eigenschaften▸ Makrophagen besitzen Rezeptoren für bestimmte Stoffe, die bei einer Verletzung von Zellen oder bei Entzündungsvorgängen freigesetzt werden.

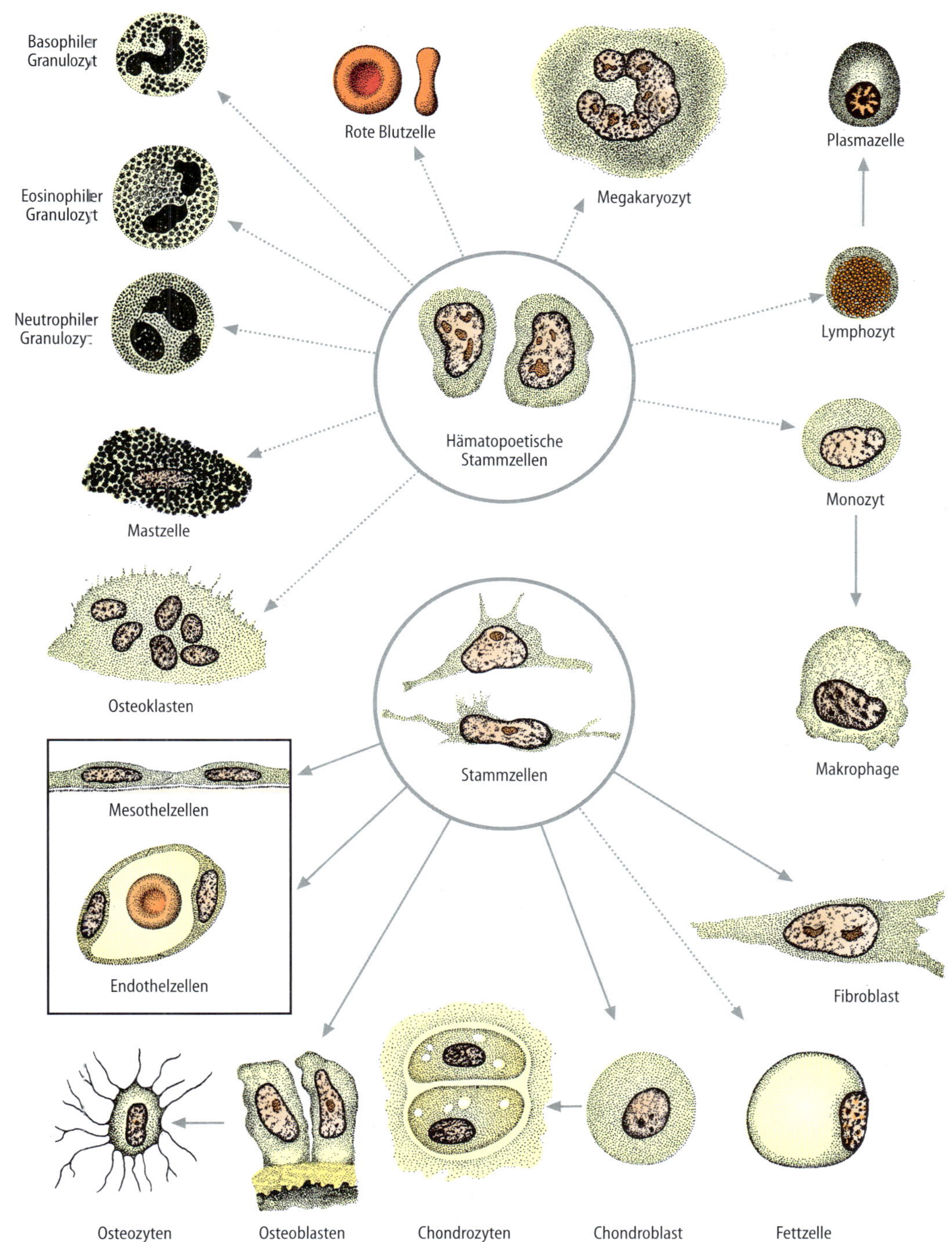

Abb. 4.14. Vereinfachte Übersicht über die Entstehung der ‚freien' Zellen des Bindegewebes und der ortsständigen Zellen des Bindegewebes aus den entsprechenden Stammzellen. Zu den mesenchymalen Abkömmlingen gehören auch die Endothel- und Mesothelzellen (*Insert*). Die Größenverhältnisse der Zellen sind nicht berücksichtigt, z. B. sind Fettzellen, Megakaryozyten und Osteoklasten relativ viel größer. (Aus Junqueira et al. 1996)

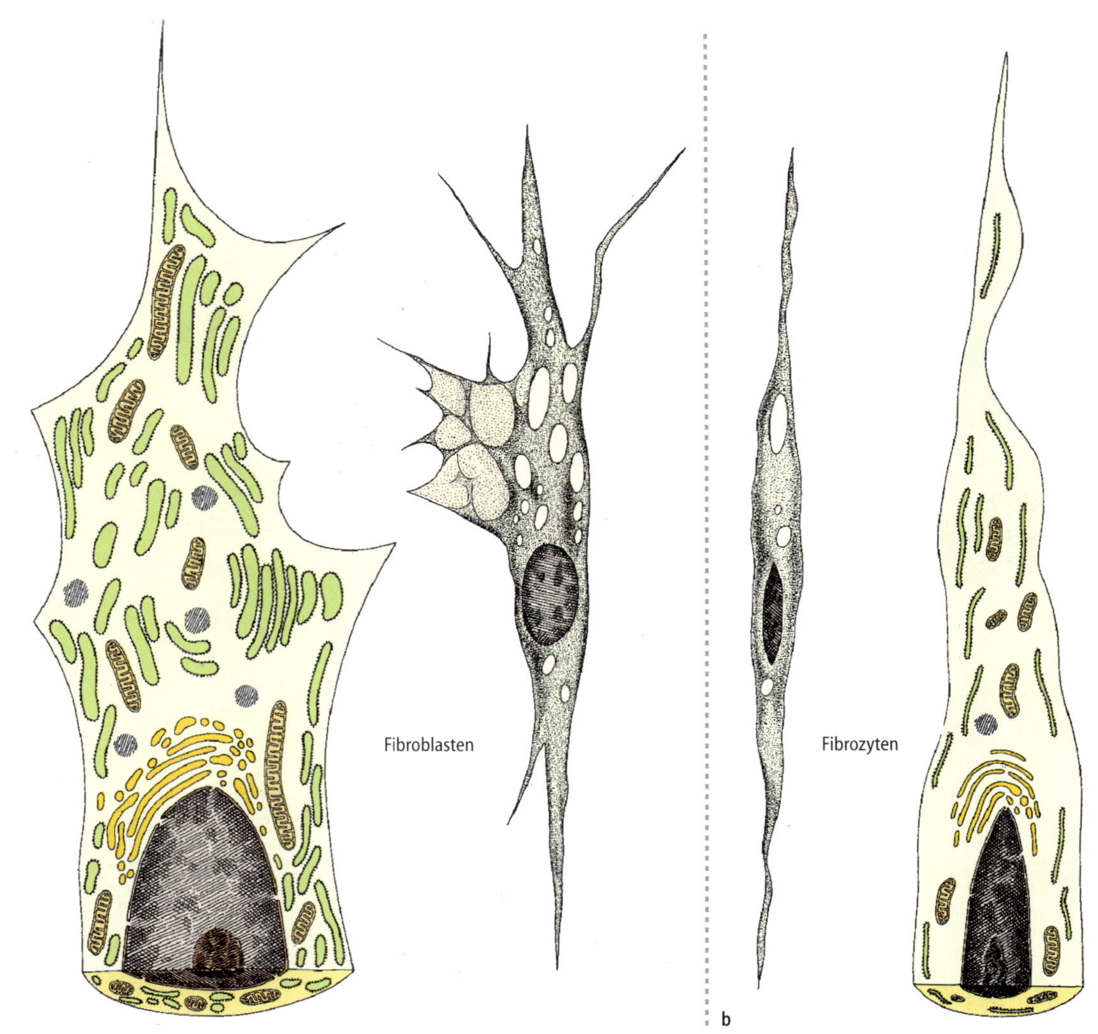

Abb. 4.15 a, b. Aufbau von Fibroblasten und Fibrozyten. **a** Fibroblasten synthetisieren die Substanzen der extrazellulären Matrix und besitzen daher mehr Mitochondrien, rauhes endoplasmatisches Retikulum und einen auffälligeren Golgi-Apparat als **b** die Fibrozyten. (Aus Junqueira et al. 1996)

Sie wandern auf die Quelle dieser Mediatoren zu ***(Chemotaxis)*** und nehmen körperfremdes Material wie Rußpartikel und Staub, begieriger jedoch Mikroorganismen, durch ***Phagozytose*** auf. Komplementkomplexe auf der Oberfläche von fremden oder gealterten Zellen oder die Bindung von Immunglobulinen, deren Fc-Teil an die Makrophagen bindet, beschleunigt die Aufnahme. Intrazellulär befinden sich in den Makrophagen eine Vielzahl von ***Lysosomen***, die die bekannte Ausstattung an hydrolytischen Enzymen für Proteine, Lipide, Kohlenhydrate und Nukleinsäuren besitzen (s. Kap. 1.4 und Abb. 4.16), zusätzlich jedoch spezielle Enzyme wie Lysozym, welches bakterielle Zellwände angreifen kann. Außerdem sind in den Makrophagen Peroxidasen vorhanden, mit Hilfe derer Sauerstoffradikale gebildet werden können, die wiederum aufgenommenes Material inaktivieren können. Das zunächst im ***Phagosom*** vorhandene Fremdmaterial wird durch Fusion mit Lysosomen nicht nur abgebaut, sondern es werden Fragmente von phagozytierten Proteinen gebildet, die den T-Zellen ***präsentiert*** werden können (s. Kap 13.2). Damit sind die Makrophagen auch Mittler zwischen der unspezifischen und der spezifischen körpereigenen Abwehr (s. Kap. 13).

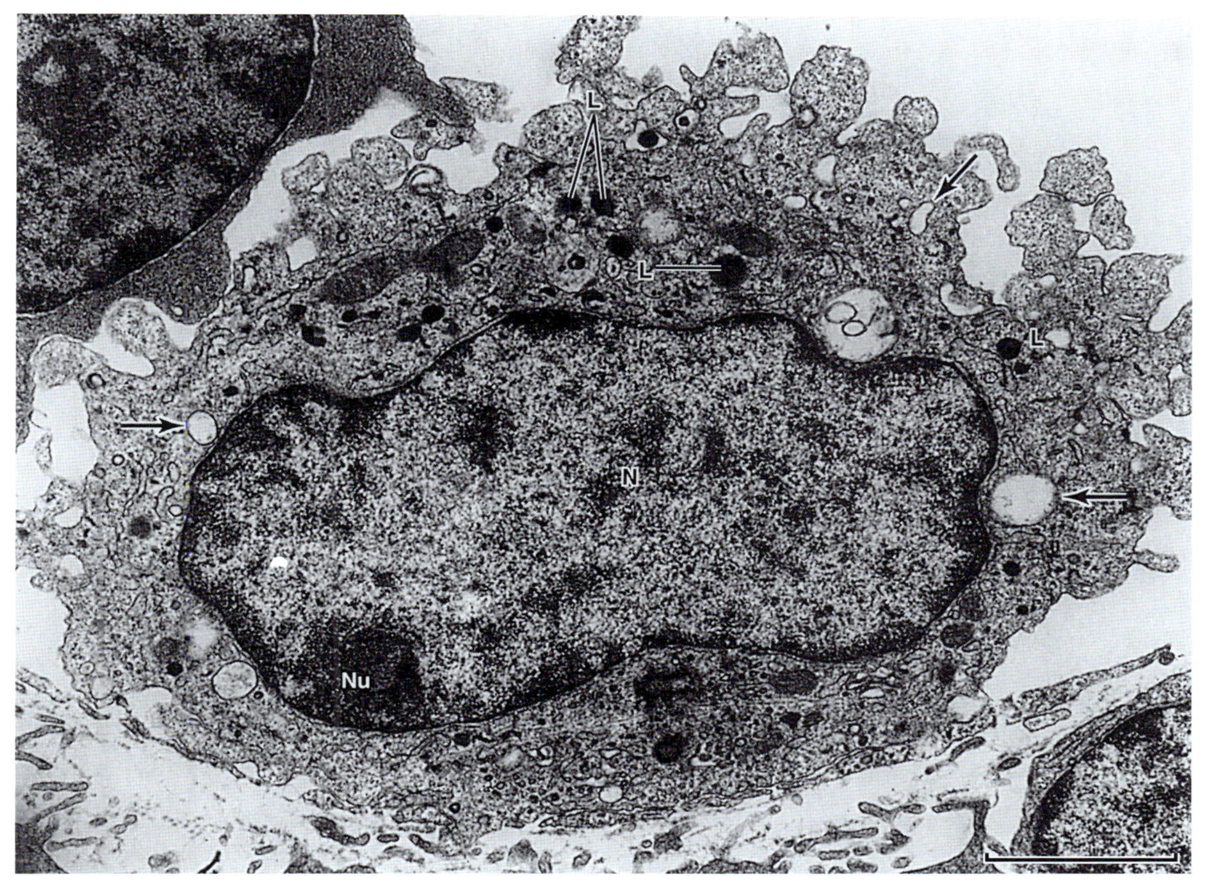

Abb. 4.16. Elektronenmikroskopische Aufnahme eines Makrophagen mit Lysomen (*L*) und Phagozytosevakuolen (*Pfeile*). Im Zellkern (*N*) ist auch ein Nukleolus (*Nu*) gekennzeichnet. Balken = 1 µm. (Aus Junqueira et al. 1998)

4.4.3 Mastzellen

Mastzellen kommen praktisch in allen Geweben vor, besonders häufig sind sie in der Lunge und der Haut, wo etwa 10 000 dieser Zellen pro mm³ gezählt wurden. Innerhalb der Gewebe sind Mastzellen bevorzugt in unmittelbarer Nähe kleiner Gefäße anzutreffen. Die zahlreichen basophilen Sekretgranula der Mastzellen enthalten hauptsächlich Histamin, neutrale Proteasen und Heparin. Mastzellen können über Immunglobuline der Klasse E (IgE, s. Kap. 13.1) mit einer Vielzahl anderer Substanzen stimuliert werden, den Inhalt ihrer Sekretgranula freizusetzen (Abb. 4.17). Wenn Plasmazellen IgE als Antwort auf die Exposition mit einem Antigen gebildet haben, dann können Mastzellen effektiv und hochspezifisch bei einer weiteren Exposition reagieren.

Klinik

Bei überschießenden Reaktionen der Mastzellen, z. B. bei Asthma oder allergischen Hautreaktionen, treten Symptome auf, die sich aus der Wirkung der von Mastzellen freigesetzten Substanzen ableiten lassen.

Histamin aus Mastzellen führt zur Erweiterung kleiner Gefäße und einer Erhöhung deren Permeabilität. Diese Wirkungen tragen unmittelbar zu den bei einer Entzündung zu beobachtenden Veränderungen (s. unten) bei. ***Heparin*** ist ein wirksamer Antikoagulator und die ***neutralen Proteasen*** (darunter Kollagenasen) können die extrazelluläre Matrix angreifen und Raum für weitere, bei einer Entzündung einwandernde Zellen schaffen. Die Protease Tryptase lockt außerdem Fibroblas-

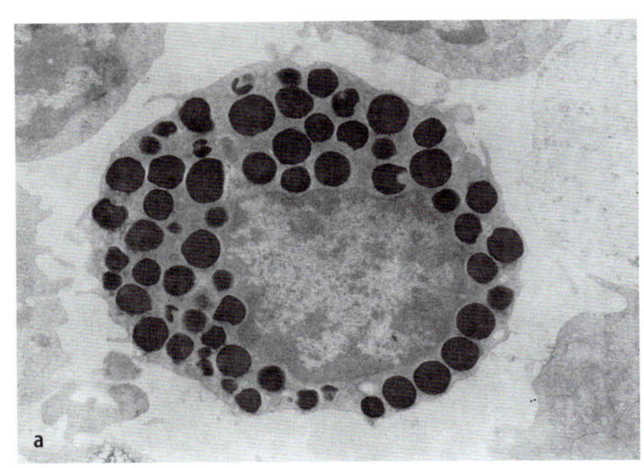

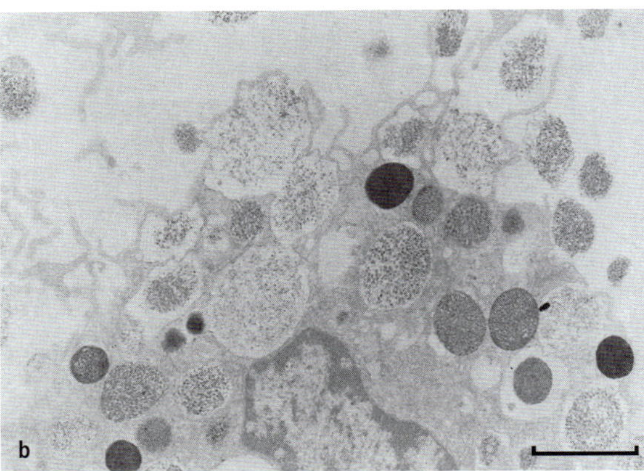

Abb. 4.17. a Elektronenmikroskopische Aufnahmen von einer ruhenden Mastzelle mit zahlreichen Sekretgranula und **b** einer Mastzelle, die stimuliert wurde und den Inhalt der Sekretgranula freisetzt. Balken = 1 μm. (Aus Junqueira et al. 1996)

ten an und stimuliert sie zu Proliferation und Kollagensynthese. Schließlich setzen Mastzellen Mediatoren wie ***Leukotriene*** frei, die weitere Entzündungszellen anlocken.

Die Rolle von weiteren freien Zellen des Bindegewebes, die normalerweise nur in geringer Menge vorkommen, wie die **neutrophilen** und **eosinophilen Granulozyten** (s. Kap. 11) sowie die von **Plasmazellen** wird im Zusammenhang mit der Beschreibung des Entzündungsvorganges dargelegt. Ihre Funktionen werden in Kap. 12 und 13 im Zusammenhang beschrieben.

4.5 Entzündung

Klinik

Unter Entzündung versteht man die Symptome, die bei Aktivierung der **körpereigenen Abwehr** beobachtet werden. Abwehrvorgänge werden ausgelöst z. B. durch Infektion eines Organismus mit Mikroorganismen (Bakterien, Pilze, Viren und Parasiten), aber auch durch Zellschädigung bzw. -nekrosen (nicht durch Apoptose, s. Kap. 2.5) durch Toxine oder Noxen wie Hitze, Druck und Sauerstoffmangel infolge von Gefäßverschlüssen (Infarkt). Daneben führt auch unbelebtes Fremdmaterial wie Ruß oder Staub und die neoplastische Entartung körpereigener Zellen zu Abwehrvorgängen.

Der Entzündungsvorgang findet im gefäßführenden lockeren Bindegewebe, dem **Stroma** der Organe (s. unten) statt. Die Kardinalsymptome der Entzündung wurden bereits 30 v. Chr. von Cornelius Celsus beschrieben: **calor, rubor, tumor** und **dolor**, d. h. **Wärme, Rötung, Schwellung** und **Schmerz**. Im Folgenden wird der Ablauf einer Entzündung exemplarisch an einer subkutanen Infektion z. B. durch Staphylokokken beschrieben (Abb. 4.18, 4.19, 4.20)

- Am Anfang jeder Entzündungsreaktion steht eine Zellschädigung, in unserem Beispiel durch Bakterientoxine hervorgerufen. Diese und die in geschädigten oder absterbenden Zellen entstehenden **Prostaglandine** und **Leukotriene**, wirken als **Entzündungsmediatoren**. Sie lösen an den Blutgefäßen sowie an benachbarten Mastzellen und ortsständigen Granulozyten und Makrophagen folgende Wirkungen aus.
- Durch eine Tonusminderung von **glatten Muskelzellen** kommt es durch Dilatation v. a. der Arteriolen zu einer vermehrten Durchblutung. Hierdurch erklären sich die beiden Kardinalsymptome der **Rötung (rubor)** und **Erwärmung (calor)**. Daneben bewirken Entzündungsmediatoren die Öffnung der Interzellulärenverbindungen der **Endothelzellen**, vor allem im Bereich der postkapillären Venolen. Dies führt zu einer Exsudation von Blutplasma ins Gewebe, welches als entzündliches **Ödem** bezeichnet wird und die **Schwellung (tumor)** in der Umgebung eines Infektionsherdes bedingt.
- Entzündungsmediatoren aus geschädigten Zellen bewirken, dass die bevorzugt in der Nähe von kleinen Gefäßen gelegenen zahlreichen **Mastzellen** ihrerseits Mediatoren freisetzen. Leukotriene und Prostaglandine, Histamin, Bradykinin und Substanz P wirken gleichfalls

"Neutrophile Kampfphase"

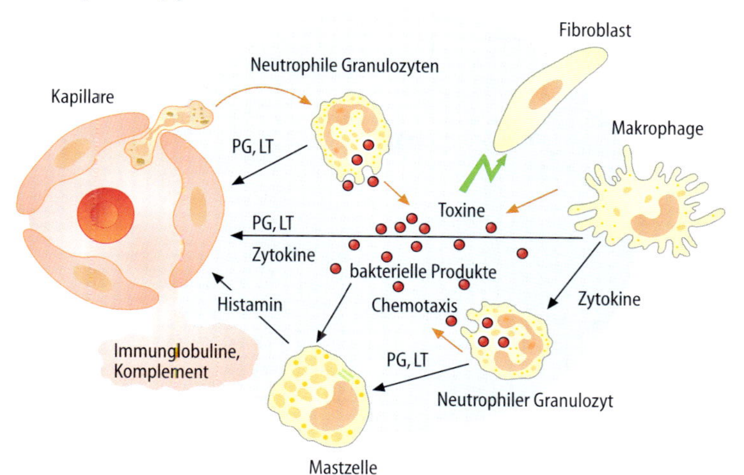

Abb. 4.18. Beginn einer Entzündung. Bakterien setzen Toxine frei, die Fibroblasten und andere Zellen schädigen. Weitere bakterielle Produkte wirken chemotaktisch auf ortsständige Makrophagen und einwandernde neutrophile Granulozyten. Sie stimulieren auch Mastzellen in der Umgebung von Blutgefässen. Deren Mediatoren (v. a. Histamin) führen zu einer erhöhtem Permeabilität der Kapillaren mit dem Austritt von Plasmaproteinen ins Gewebe, von denen z. B. Immunglobuline und Komplement die Abwehrreaktion unterstützen. Eine Vielzahl von Mediatoren aus Granulozyten und Makrophagen, die hier summarisch als Prostaglandine (*PG*), Leukotriene (*LT*) und Zytokine aufgeführt sind, führen zur Rekrutierung weiterer Abwehrzellen (v. a. neutrophiler Granulozyten) aus dem strömenden Blut in den Entzündungsherd, wo sie die Erreger phagozytieren

"Mononukleäre Überwindungs- und eosinophile Heilphase"

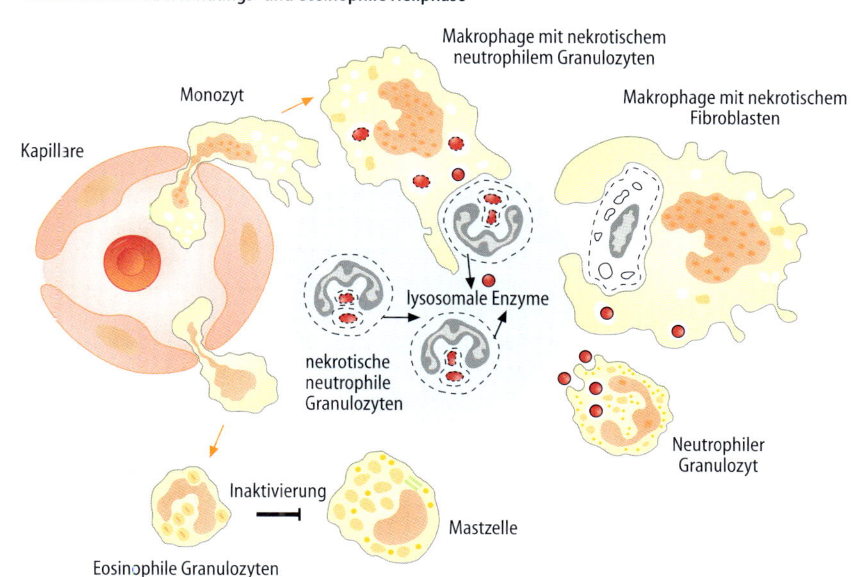

Abb. 4.19. Wirkung von Makrophagen und eosinophilen Granulozyten im Entzündungsherd. Bei der Phagozytose geht ein Großteil der Neutrophilen zugrunde. Der Austritt von lysosomalen Enzymen aus diesen führt zur Einschmelzung von Gewebe. Das Eiter genannte nekrotische Material (Zellen und extrazelluläre Matrix) wird nun überwiegend von ortsständigen Makrophagen, die durch die Einwanderung von Monozyten aus dem Blut verstärkt werden, beseitigt. Eosinophile Garnulozyten phagozytieren Antigen-Antikörperkomplexe, regeln anschließend die Abwehrreaktion herunter und leiten die Heilung ein

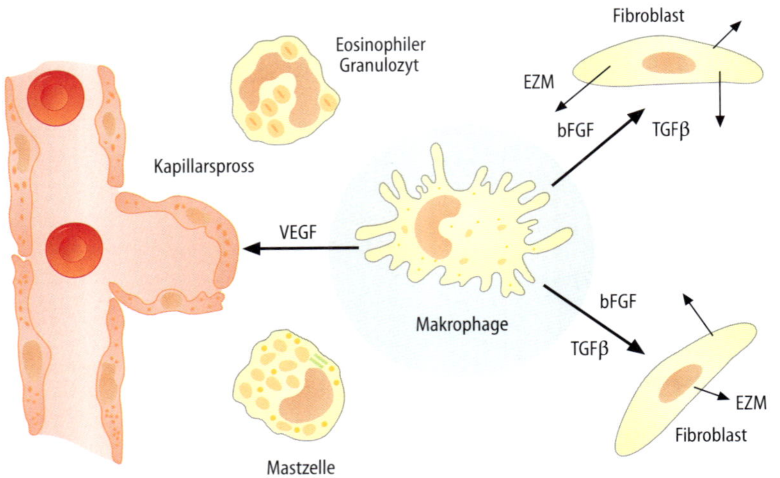

Abb. 4.20. Bildung von neuem Gewebe. Nach der Beseitigung der Erreger und der Gewebsreste wird der Defekt durch Granulationsgewebe ersetzt. Makrophagen sezernieren angiogenetische Faktoren (z. B. vascular endothelial growth factor, VEGF) sowie Faktoren (transforming growth factor β, TGFβ, basic fibroblast growth factor, bFGF), welche Fibroblasten anlocken und sie zur Proliferation bzw. Synthese von extrazellulärer Matrix (*EZM*) stimulieren

durchblutungs- und ödemfördernd. Ödembildung und im entzündeten Gewebe freigesetzte Stoffe führen zu **Schmerz (dolor)** (s. Kap. 23). Durch die Permeabilitätserhöhung der postkapillären Venolen gelangen im Bereich der Entzündung mit hochmolekularen Plasmaproteinen auch **Immunglobuline** und die Proteine des **Komplementsystems** an den Ort des Geschehens (s. Kap. 13).

- Durch die Bindung von Antikörpern und Komponenten des Komplementsystems an der Oberfläche von Bakterien wird deren **Phagozytose** durch **neutrophile Granulozyten** und **Makrophagen** wesentlich gesteigert (s. Kap. 11).
- Durch die Einwirkung von Entzündungsmediatoren kommt es an der Oberfläche der Endothelien der postkapillären Venolen zu einer gesteigerten Expression von Zelladhäsionsmolekülen. Zuerst haften am Endothel neutrophile Granulozyten, später zunehmend aber auch Monozyten. Die Zellen verlassen die Gefäße (**Emigration**) und bewegen sich auf die Quelle der Entzündungsmediatoren, also den Infektionsherd zu (**Chemotaxis**).
- Proteasen aus stimulierten Mastzellen bauen die Extrazellulärsubstanz ab und erleichtern so die Migration der Abwehrzellen. Dort angelangt **phagozytieren neutrophile Granulozyten** die bakteriellen Erreger und verdauen sie intrazellulär im Phagosom (Details s. Kap. 11).
- Die Ansammlung von neutrophilen Granulozyten während der akuten Phase der Abwehrreaktion ergibt ein charakteristisches histologisches Erscheinungsbild, welches als neutrophiles oder polymorphkerniges **Infiltrat** bezeichnet wird; man spricht auch von der ‚neutrophilen Kampfphase' einer Abwehrreaktion, bei der natürlich auch die vor Ort befindlichen Makrophagen beteiligt sind.
- Überschreitet der Entzündungsprozess ein gewisses Ausmaß, dann sezernieren Makrophagen Zytokine, die als **hämatopoetische Wachstumsfaktoren** (vor allem GM-CSF) wirken und die Proliferation und Differenzierung von Granulozyten und Monozyten im Knochenmark anregen (s. Kap. 12). Dadurch steuern Makrophagen den Nachschub an Abwehrzellen.
- Aus neutrophilen Granulozyten, die bei der Phagozytose und intrazellulären Verdauung von Bakterien zu Grunde gegangen sind, aber auch durch die Produktion und Freisetzung von toxischen Sauerstoffradikalen und proteolytischen Enzymen, resultiert im Bereich des Infektionsherdes eine Einschmelzung auch von Zellen und extrazellulärer Matrix, welches als **Abszess** (Verflüssigung einer Nekrose) bezeichnet wird.
- In dem Maße wie die entzündungsauslösenden Erreger unschädlich gemacht wurden und die Beseitigung zugrundegegangener Zellen erforderlich wird, treten die

neutrophilen Granulozyten in den Hintergrund und das histologische Bild wird zusehends von **Makrophagen** dominiert. Diese Phase der Abwehrreaktion wird als ‚mononukleäre Überwindungsphase' bezeichnet. Makrophagen sind weit mehr als reine ‚Fresszellen'. Sie setzen eine Vielzahl von Entzündungsmediatoren frei, darunter auch **Zytokine** (z. B. IL-1, TNF-alpha), die die Expression von Zelladhäsionsmolekülen auf den Endothelzellen weiter stimulieren. Makrophagen präsentieren durch intrazelluläre Proteolyse gewonnene Bruchstücke von Bakterien an ihrer Oberfläche den Zellen der adaptiven Abwehr, den **Lymphozyten**. Diese **Antigen präsentierende** Funktion der Makrophagen (s. Kap. 13.2) ermöglicht es den T-Lymphozyten Fremdantigene überhaupt als solche zu erkennen und löst deren Vermehrung und Differenzierung aus (s. Kap. 13). B-Lymphozyten werden durch Makrophagen zur Proliferation und Differenzierung zu **Plasmazellen**, und diese wiederum zur Produktion von Immunglobulinen angeregt (s. Kap. 13).

- Die mononukleäre Phase wird überlagert und ersetzt durch eine vermehrte Einwanderung von **eosinophilen Granulozyten**, deren Rolle wenig präzise definiert ist. Durch die endozytotische Beseitigung von Antigen-Antikörper Komplexen und die Sekretion von mastzellhemmenden Mediatoren, soll die Entzündungsreaktion begrenzt und herunterreguliert werden. Dies wird auch als ‚eosinophile Heilphase' bezeichnet.
- Wenn es, wie im vorliegenden Beispiel zu einer Abszedierung mit Einschmelzen von körpereigenem Gewebe gekommen ist, so muss im Anschluss an die Entzündungsreaktion der Gewebsdefekt ‚repariert' werden. Auch hierbei spielen die Makrophagen eine bedeutsame Rolle. Die Sekretion eines angiogenetischen Faktors löst in den Endothelien der benachbarten Kapillaren Proliferation und die Bildung von **Kapillarsprossen** aus, welche in den Gewebsdefekt einwachsen. Parallel dazu führt die Sekretion von Wachstumsfaktoren, vor allem von Fibroblasten stimulierenden Faktoren, zu einer Vermehrung und Aktivierung der Fibroblasten in der Umgebung und Einwanderung in den Gewebsdefekt sowie zur Bildung von Grundsubstanz und Fasern. Der Gewebsdefekt wird durch ein gefäß- und zellreiches Bindegewebe, dem so genannten **Granulationsgewebe**, ausgefüllt, welches neben Fibroblasten durch einen hohen Gehalt an Makrophagen, Lymphozyten und eosinophilen Granulozyten charakterisiert ist. Im Verlauf von Monaten bis zu einem Jahr bildet sich das Granulationsgewebe zurück. Am Ende des Reparationsprozesses steht eine **Narbe** aus gefäß- und zellarmem straffem Bindegewebe.

4.6 Die häufigsten Bindegewebsarten und deren Vorkommen

Es gibt verschiedene Arten von Bindegewebe, die sich anhand ihrer Eigenschaften, ihrer Zusammensetzung und ihrer hauptsächlichen Funktion unterscheiden lassen (s. Tabelle 4.1).

Tabelle 4.1. Eigenschaften und Vorkommen der wichtigsten Bindegewebsarten

Bindegewebsarten	Eigenschaften	Vorkommen
retikuläres Bindegewebe	spezielle Retikulinfasern	umgibt als feines Netz Parenchymzellen
lockeres Bindegewebe	viel Grundsubstanz wenig Fasern Ort von Entzündungsvorgängen	im Stroma von Organen in Gewebs lücken und Verschiebeschichten
straffes Bindegewebe	Fasern überwiegen Anordnung: geflechtartig parallelfaserig	Dermis, Sklera des Auges Organkapseln Sehnen
spezielles Bindegewebe	Fettspeicher (siehe Kap. 5) Stützgewebe (siehe Kap. 6 + 7)	Fettgewebe Knorpel u. Knochen

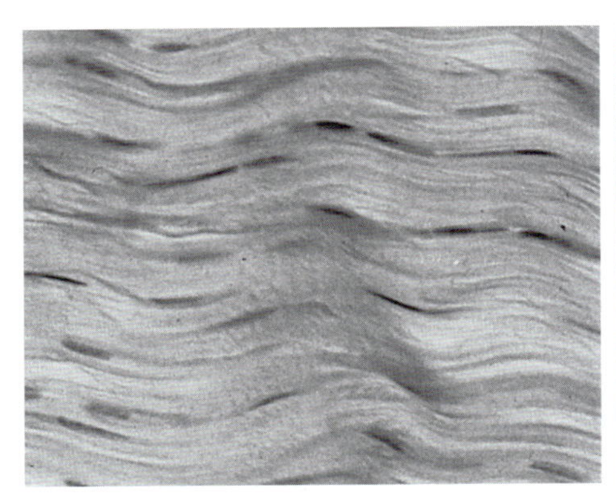
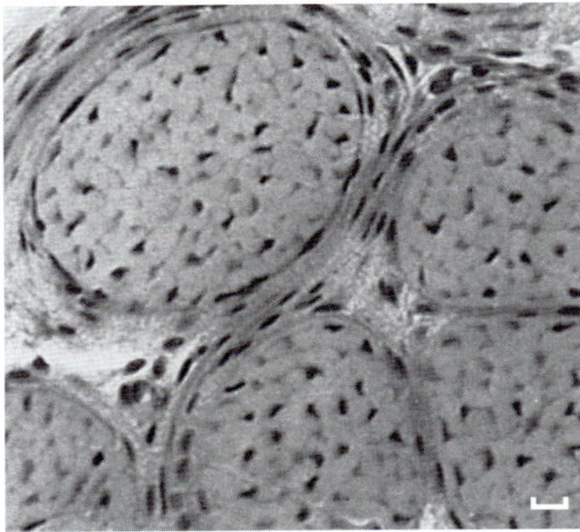

Abb. 4.21. Längsschnitt und Querschnitt einer Sehne, in der zwischen den Kollagenfaserbündeln die Zellkerne der Fibroblasten deutlich sichtbar sind. Balken = 10 μm. (Aus Junqueira et al. 1996)

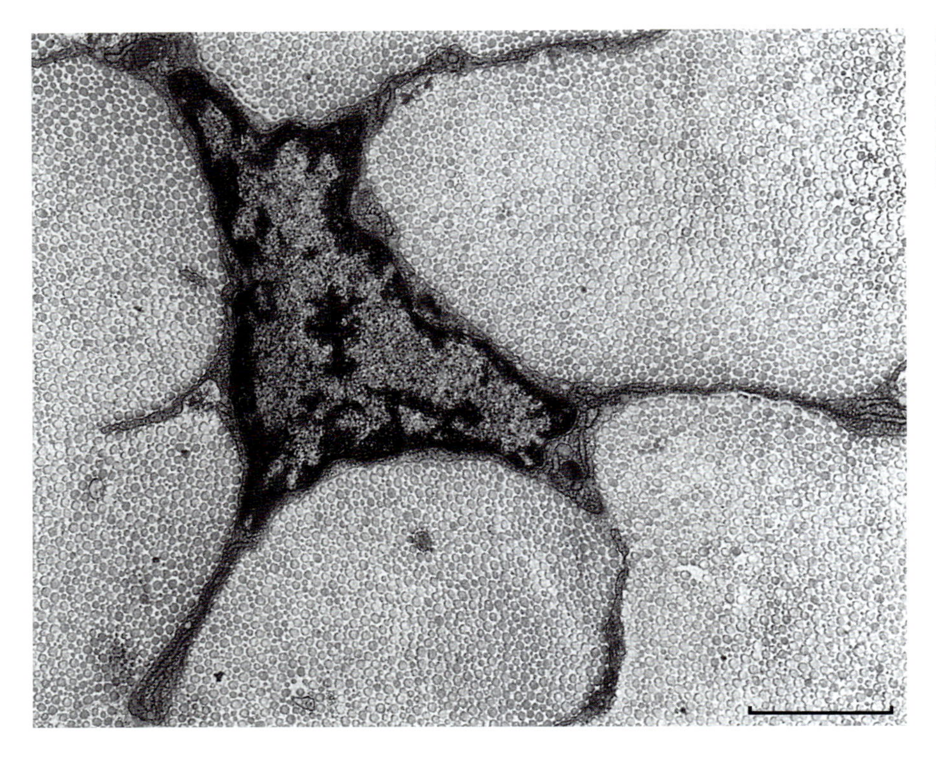

Abb. 4.22. Elektronenmikroskopische Aufnahme eines Fibrozyten im straffen Bindegewebe. Die Fortsätze des Fibroblasten befinden sich zwischen den Bündeln von parallel angeordneten Kollagenfibrillen. Balken = 1 μm. (Aus Junqueira et al. 1998)

- **Embryonales Bindegewebe (Mesenchym)** kommt nur während der Entwicklung vor. Es besteht aus verzweigten fortsatzreichen Fibroblasten zwischen denen reichlich Grundsubstanz und wenig Fasern zu finden sind. Das Bindegewebe der Nabelschnur ist dem embryonalen Bindegewebe noch sehr ähnlich. Dieses Gewebe wird auch häufig als gallertiges Bindegewebe bezeichnet. Das
- **retikuläre Bindegewebe** (Abb. 4.6 und 4.7) ist oben im Zusammenhang mit der Darstellung des Kollagens III besprochen (Seite 62). Deren Retikulinfasern bilden ein Netzwerk um die Parenchymzellen aller Organe. Im
- **lockeren Bindegewebe** (Abb. 4.10), dessen extrazelluläre Matrix aus vergleichsweise viel Grundsubstanz und wenig Fasern besteht, finden Entzündungsvorgänge statt. Dann finden sich hier neben Fibrozyten viele daran beteiligte freie Zellen des Bindegewebes. Lockeres Bindegewebe ist im Körper weit verbreitet. Es füllt Lücken zwischen Muskeln

und Muskelfasern, enthält Nerven, Lymph- und Blutgefäße, und bildet in zahlreichen Organen das gefäßführende Stroma. Es findet sich unter dem Epithelgewebe von Haut, Schleimhäuten und serösen Häuten. Im

- **straffen Bindegewebe** überwiegen die Kollagenfasern (Abb. 4.5). Nach deren Anordnung kann man unterscheiden zwischen ***geflechtartigem*** und ***parallelfaserigem*** straffem Bindegewebe (s. Tabelle 4.1). Straffes Bindegewebe erfüllt in erster Linie mechanische Aufgaben. Als geflechtartiges, straffes Bindegewebe ist es in den Kapseln vieler Organe, der Lederhaut, der Sklera des Auges zu finden. Parallelfaseriges Bindegewebe tritt typischerweise in Sehnen und Bändern auf. Sehnen bestehen aus parallelverlaufenden Kollagenfaserbündeln, zwischen denen Fibrozyten in Reihen angeordnet sind. Diese Zellen haben wenig Zytoplasma und passen sich in ihrer Form der Umgebung an (Abb. 4.21 und 4.22). Die schmal ausgezogenen Fortsätze der Fibrozyten umgeben dabei die Kollagenfaserbündel. Im geflechtartigen straffen Bindegewebe besitzen die verschiedenen Faserbündel keine parallele Anordnung und sind meist durch die Zellkörper der Fibrozyten getrennt (Abb. 4.23). Die speziellen Bindegewebe wie Fettgewebe und Stützgewebe werden in den folgenden Kapiteln ausführlich dargestellt

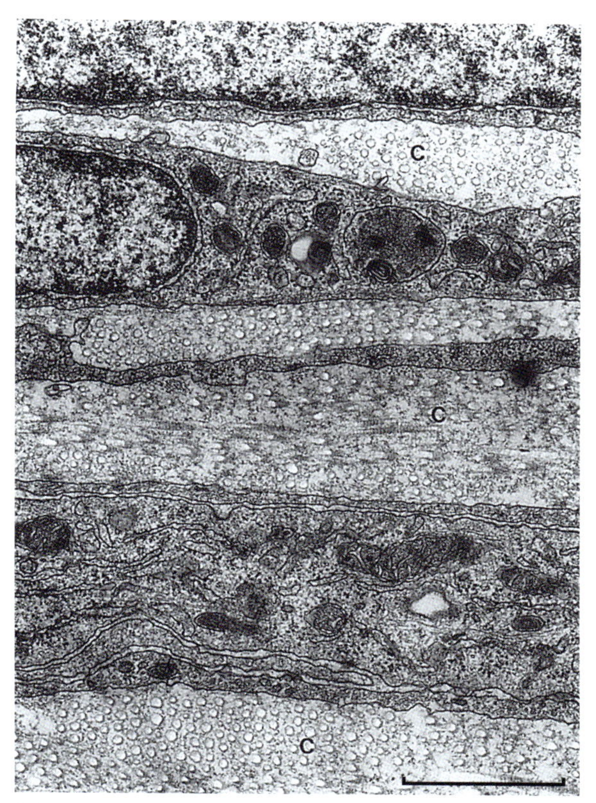

Abb. 4.23. Fibroblasten im straffen Bindegewebe. Eletronenmikroskopische Aufnahme von Anschnitten verschiedener Fibroblasten, die reichlich Mitochondrien und endoplasmatisches Retikulum enthalten. Schichten von Kollagenfibrillen (*C*) befinden sich zwischen den Fibroblasten. Balken = 1 µm. (Aus Junqueira et al. 1998)

Fettgewebe 5

5.1 Univakuoläres Fettgewebe 78
5.2 Multivakuoläres Fettgewebe 81

Einleitung

Fettgewebe ist eine spezielle Art von Bindegewebe, das überwiegend aus ***Fettzellen (Adipozyten)*** besteht (Lat. adeps, Fett). Fettzellen entwickeln sich wie Fibroblasten und andere Zellen des Bindegewebes aus mesenchymalen Stammzellen (Abb. 5.1 und 4.14). Fettzellen können einzeln oder in kleinen Gruppen im Bindegewebe gefunden werden; in Form von großen Ansammlungen bilden sie das Fettgewebe, das über den ganzen Körper verteilt ist. Das Fettgewebe macht bei normalgewichtigen Männern 15–20 % und bei normalgewichtigen Frauen 20–25 % des Körpergewichts aus. Die im Fettgewebe gespeicherten Triazylglyzerine (Triglyzerine) stellen den größten ***Energiespeicher*** des Körpers dar. Die beiden anderen Organe, die Energie (in Form von Glykogen) speichern, sind die Leber und die Skelettmuskulatur. Der Vorrat an Glykogen deckt den Energiebedarf des Menschen für etwa einen Tag. Dagegen reichen die im Fettgewebe gespeicherten Triazylglyzerine bei durchschnittlichem Energieverbrauch für mindestens einen Monat. Da Triazylglyzerine eine geringere Dichte und einen größeren Brennwert als Glykogen haben (Triazylglyzerine 39 kJ/g, Kohlenhydrate 17 kJ/g), ist das Fettgewebe ein sehr effizienter Energiespeicher. Auf- und Abbau von Triazylglyzerinen (Lipogenese und Lipolyse) werden nerval und hormonell reguliert. Das subkutane Fettgewebe ist auch an der Formgebung des Körpers beteiligt und dient als Baufett, vor allem an Fußsohlen und Handflächen dem mechanischen Schutz (Polster). Da Fett ein schlechter Wärmeleiter ist, trägt es zur ***Wärmeisolierung*** des Körpers bei. Fettgewebe füllt auch Räume zwischen anderen Geweben aus und hilft mit, bestimmte Organe in ihrer Lage zu halten.

Wir kennen zwei Arten von Fettgewebe. Beide Fettgewebsarten sind gut durchblutet, sie unterscheiden sich jedoch in Verteilung, Funktion, Struktur, Farbe und pathologischen Veränderungen.

- **Univakuoläres (oder weißes) Fettgewebe,** dessen Zellen einen großen, zentralen Fetttropfen und kleine randständige Fetttropfen enthalten, ist der wichtigste Energiespeicher des Körpers.
- **Multivakuoläres (oder braunes) Fettgewebe** ist aus Zellen aufgebaut, die zahlreiche Fetttröpfchen und reichlich Mitochondrien enthalten, deren Gehalt an Zytochromen zur „bräunlichen" Farbe des Gewebes beitragen. Es dient beim Menschen während der ersten Lebensmonate der Aufrechterhaltung einer konstanten Körpertemperatur.

5.1 Univakuoläres Fettgewebe

Verteilung▸ Die Farbe des univakuolären Fettgewebes variiert, je nach Ernährung, von weiß bis dunkelgelb; der Grad der Färbung hängt vom Gehalt an fettlöslichen Farbstoffen (wie Karotinoiden) ab. Fast das gesamte Fettgewebe des Erwachsenen ist univakuolär. Verteilung und Dichte von Fettablagerungen sind alters- und geschlechtsabhängig. Beim Neugeborenen ist das univakuoläre Fettgewebe am ganzen Körper gleich dick. Im Laufe der Entwicklung nimmt das Gewebe an manchen Stellen des Körpers ab und tritt an anderen vermehrt auf. Seine Verteilung wird teilweise durch Geschlechts- und Nebennierenrindenhormone reguliert, die die Ansammlung von Fett kontrollieren und somit für die männliche oder weibliche Körperform mitverantwortlich sind.

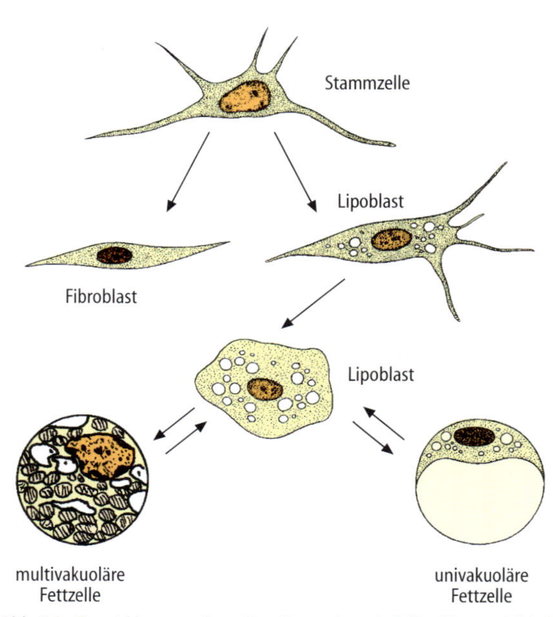

Abb. 5.1. Entwicklung von Fettzellen. Mesenchymale Zellen können sich in Fibroblasten oder Lipoblasten umwandeln, die sich zu univakuolären oder multivakuolären Fettzellen entwickeln können. (Aus Junqueira et al. 1998)

Aufbau▸ Univakuoläre Fettzellen sind rund, wenn sie einzeln liegen, aber polyedrisch im Fettgewebe, wo sie dicht gepackt sind. Jede Zelle misst zwischen 50 und 150 µm im Durchmesser und besteht hauptsächlich aus einem großen Fetttropfen. Folglich haben diese Zellen exzentrisch gelegene und abgeflachte Kerne. Da Fett durch Alkohol und Xylol, die routinemäßig beim Anfertigen von histologischen Präparaten verwendet werden, herausgelöst wird, erscheint eine Fettzelle in den mikroskopischen Standardpräparaten als dünner Zytoplasmaring, der die Vakuole, die nach Herauslösen des Fetttropfens zurückbleibt, umgibt. Es entsteht das Bild der ***Siegelringzelle*** (Abb. 5.2) mit einem exzentrisch gelegenen und abgeflachten Kern. Das den Kern umgebende Zytoplasma enthält einen Golgi-Apparat, kleine Fetttropfen, Mitochondrien, wenig rauhes endoplasmatisches Retikulum und freie Polyribosomen. Der Zytoplasmarand um den Lipidtropfen herum enthält glattes endoplasmatisches Retikulum, gelegentlich Mikrotubuli und zahlreiche Vesikel. Elektronenmikroskopische Untersuchungen zeigen, dass jede Fettzelle gewöhnlich winzige Lipidtröpfchen zusätzlich zu dem großen, im Lichtmikroskop sichtbaren Lipidtropfen besitzt, Vakuole und Lipidtröpfchen werden anscheinend nicht von einer Membran umschlossen, sondern durch spezielle Proteine, die Perilipine stabilisiert.

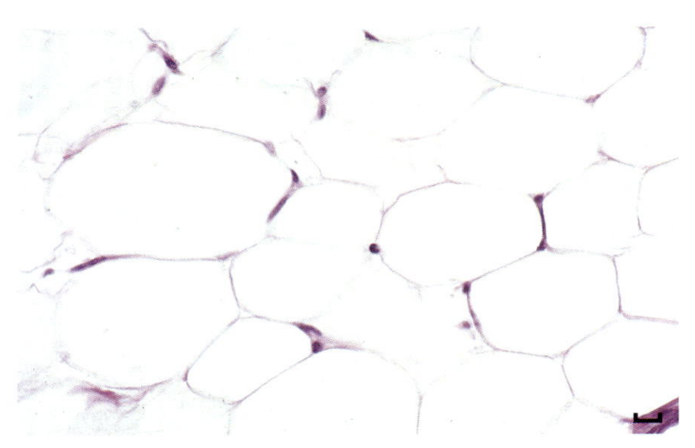

Abb. 5.2. Univakuoläres Fettgewebe (HE-Färbung). Balken = 10 µm. (Dietrich Grube, Hannover)

Univakuoläres Fettgewebe wird durch lockeres Bindegewebe, das reichlich Blutgefäße und Nerven enthält, unvollständig in Läppchen unterteilt. Retikuläre Fasern bilden ein feines Netzwerk, das die einzelnen Fettzellen umgibt. Obwohl die Blutgefäße nicht unbedingt auffallen, ist Fettgewebe reich vaskularisiert.

Funktion▸ Bei den in den Fettzellen gespeicherten Lipiden handelt es sich hauptsächlich um Triazylglyzerine, d.h. Ester aus Fettsäuren und Glyzerin. Sie werden in Form von Lipoproteinen, den ***Chylomikronen*** (Gr. *chylos*, Saft + *micros*, klein; gebildet in der Darmschleimhaut, s. Kap. 14) und ***Very low density Lipoproteinen*** (***VLDL***, gebildet in der Leber, s. Kap. 15.3), zum Fettgewebe transportiert (Abb. 5.3). Beide Lipopro-

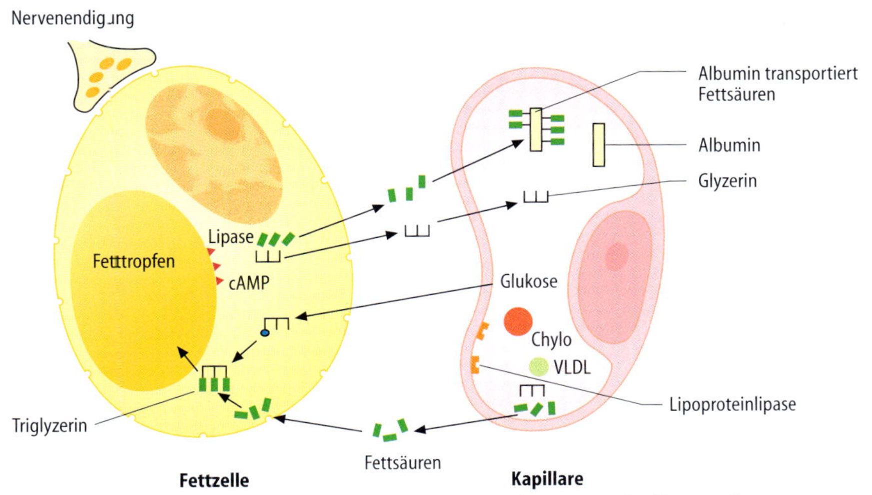

Abb. 5.3. Lipidspeicherung und -freisetzung durch Fettzellen. Triazylglyzerine werden im Blut in Form von Lipoproteinen (hauptsächlich als Chylomikronen (*Chylo*) und Very low density Lipoproteine (*VLDL*)) transportiert. In den Kapillaren des Fettgewebes werden die Triazylglyzerine von der Lipoproteinlipase in Fettsäuren und Glyzerin gespalten. Die Fettsäuren diffundieren von der Kapillare in die Fettzellen, wo sie mit Glyzerinphosphat wieder zu Triazylglyzerinen verestert und anschließend intrazellulär in Fetttropfen gespeichert werden. Aus Nervenendigungen stammendes Noradrenalin aktiviert die Adenylatzyklase (auch Abb. 1.7). Der erhöhte Spiegel an cAMP steigert die Aktivität der hormonsensitiven Lipase in den Fettzellen. Diese hydrolysiert gespeicherte Triazylglyzerine zu freien Fettsäuren und Glyzerin. Diese beiden Substanzen diffundieren in die Kapillaren, wo die Fettsäuren an Albumin gebunden im Körper verteilt werden. (Aus Junqueira et al. 1998)

teinarten bestehen außer aus Triazylglyzerinen, aus einer kleinen Menge Cholesterinestern und einer Hülle aus unterschiedlichen Apolipoproteinen. Chylomikronen sind größer als die VLDLs und besitzen einen Durchmesser von 0,1–1 μm. Sie werden von den Enterozyten des Dünndarms gebildet und über die Darmlymphe in das Blut transportiert. Sie verursachen die Trübung des ansonsten klaren Blutplasmas nach einer fettreichen Mahlzeit. Chylomikronen und VLDLs werden am Endothel der Kapillaren des Fettgewebes von der Lipoproteinlipase hydrolysiert (Abb. 5.3). Die dabei aus den Triazylglyzerinen freigesetzten Fettsäuren werden von den Fettzellen aufgenommen und dort zur Resynthese von Triglyzerinen verwendet. Das dazu benötigte Glyzerin-1-Phosphat stammt aus dem Abbau von Glukose, die von den Fettzellen durch einen spezifischen Glukosetransporter (Glut4) aufgenommen wird. Die neugebildeten Triazylglyzerine werden dann in Fetttropfen abgelagert. Insulin fördert die Aufnahme von Triazylglyzerinen in das Fettgewebe durch Induktion der Lipoproteinlipase und durch eine beschleunigte Aufnahme von Glukose über den Glukosetransporter. Die von den Chylomikronen übrig bleibenden Reste, sog. ***Remnants***, werden auf dem Blutweg zur Leber transportiert und dort abgebaut.

Außer den Chylomikronen und den VLDLs existieren im Blut die cholesterinreichen ***LDL (low density)*** und ***HDL (high density) Lipoproteine***. LDLs entstehen in der Zirkulation durch Einwirkung von Lipasen (Lipoproteinlipase und hepatische Lipase) aus den VLDLs. Daher besitzen LDLs viel Cholesterinester und wenig Triazylglyzerine. LDLs transportieren Cholesterinester hauptsächlich auf dem Blutweg zur Leber und zu extrahepatischen Geweben, wo sie mit Hilfe des LDL-Rezeptors aufgenommen werden. Der Transport von Cholesterinestern aus den extrahepatischen Geweben zur Leber wird auch von den HDLs durchgeführt. In der Leber werden die Cholesterinester gespalten, Cholesterin wird im Stoffwechsel weiter umgesetzt und kann in Form von Gallensäuren ausgeschieden werden.

Klinik

Ein erhöhter Blutspiegel an Cholesterin und Triglyzerinen, entweder in Form von Chylomikronen, VLDL, LDL, oder in Kombination, wird als Hyperlipidämie bezeichnet und geht oft mit einem erhöhten Risiko für Arteriosklerose und Herzinfarkt einher. Es gibt viele verschiedene Ursachen für das Auftreten einer Hyperlipoproteinämie. Einige davon sind erblich, wie die familiäre Hypercholesterinämie, die auf Defekten des LDL-Rezeptors und damit einer gestörten zellulären Aufnahme der mit LDL transportierten Cholesterinester beruht.

Die Mobilisierung der gespeicherten Triazylglyzerine wird hormonell und nerval reguliert. Dazu werden sie in den Fettzellen zuerst in Fettsäuren und Glyzerin gespalten. Die intrazelluläre Triglyzeridlipase wird durch die Katecholamine Noradrenalin und Adrenalin über β-Rezeptoren, einen Anstieg des intrazellulären cAMP-Spiegels, und die Proteinkinase A aktiviert. Noradrenalin wird aus den Endigungen der im Fettgewebe vorhandenen postganglionären sympathischen Nerven freigesetzt. Nach ihrer Abgabe werden die Fettsäuren im Blut an Serumalbumin gebunden zu anderen Geweben des Körpers transportiert, während das gebildete Glyzerin, das sowohl durch die Wirkung der intrazellulären Lipase als auch der Lipoproteinlipase entsteht, ungebunden zur Leber befördert wird. Die Lipolyse kann auch durch Insulin gehemmt und durch die Schilddrüsenhormone sowie durch Glukokortikoide beschleunigt werden.

Klinik

Die Mobilisierung von Triazylglyzerinen, die je nach den Bedürfnissen des Körpers stattfindet, geschieht nicht in allen Teilen des Körpers gleichmäßig. Subkutane, mesenteriale und retroperitoneale Fettdepots ***(„Speicherfett")*** werden zuerst mobilisiert, während Fettgewebe in den Händen und Füßen sowie retroorbitale Fettpolster ***(„Baufett")*** lange Hungerperioden überstehen. Im Endstadium von Krebserkrankungen zeigen tief liegende Augen, dass auch die letzten Reserven aufgebraucht sind. Dabei verliert das univakuoläre Fettgewebe fast sein ganzes Fett und enthält dann polyedrische oder spindelförmige Zellen mit sehr wenig Lipidtropfen.

Häufig kann Fettleibigkeit (Adipositas) auf ein Missverhältnis von Nahrungsaufnahme und Energieverbrauch zurückgeführt werden. Auch Störungen im Haushalt der oben genannten Hormone, die bei der Regulation von Lipogenese und Lipolyse beteiligt sind, können eine Ursache der Fettsucht sein. Ebenso ist ein von den Fettzellen sezerniertes Hormon, ***Leptin*** genannt, von Bedeutung, das über einen Rezeptor im Hypothalamus die Nahrungsaufnahme vermindert und außerdem in den Stoffwechsel von Lipiden und Kohlenhydraten eingreift. Im Hypothalamus verringert Leptin zuerst die Freisetzung des Neuropeptids Y (NPY). Die weiteren Stationen der Regulation der Nahrungsaufnahme sind noch unbekannt.

5.2 Multivakuoläres Fettgewebe

Verteilung▸ Die Zellen dieses Gewebes haben mehrere Fettvakuolen und viele Mitochondrien. Bei Bedarf wandeln sie gespeicherte chemische Energie in Wärme um (s. unten). Multivakuoläres Fettgewebe wird wegen seiner Farbe auch ***braunes Fett*** genannt. Die Farbe geht sowohl auf die große Zahl an Blutkapillaren in diesem Gewebe, als auch auf die Zytochrome der zahlreichen Mitochondrien der Fettzellen zurück. Im Gegensatz zum univakuolären Fettgewebe, das im ganzen Körper zu finden ist, ist braunes Fettgewebe nicht überall vorhanden. Bei winterschlafenden Tieren kommt es vermehrt vor. Bei Ratten und einigen anderen Säugetieren ist dieses Gewebe hauptsächlich über dem Schultergürtel lokalisiert. Beim menschlichen Embryo und Neugeborenen findet man multivakuoläres Fettgewebe an verschiedenen Stellen, auf die es auch postnatal beschränkt bleibt (Abb. 5.4).

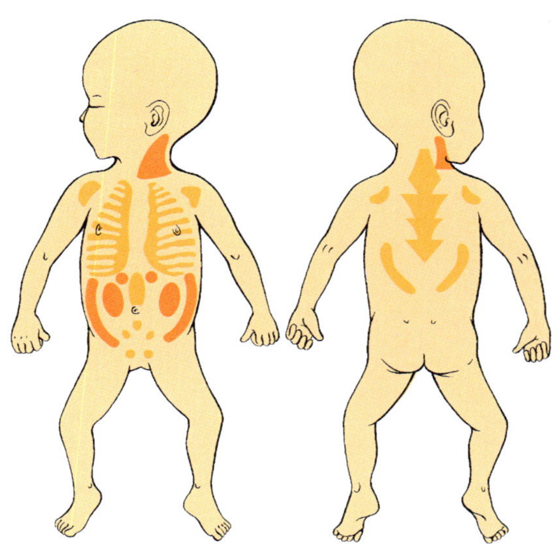

Abb. 5.4. Verteilung des Fettgewebes. Bei einem menschlichen Neugeborenen macht das multivakuoläre Fettgewebe 2–5 % des Körpergewichts aus und ist wie hier dargestellt verteilt. Multivakuoläres Fettgewebe ist rötlich dargestellt, gemischtes multivakuoläres und univakuoläres Fettgewebe ocker. (Aus Junqueira et al. 1998)

Klinik Das multivakuoläre Fettgewebe kann in den ersten Monaten nach der Geburt Wärme erzeugen und das Neugeborene so gegen Kälte schützen. Beim Erwachsenen findet sich nur wenig braunes Fettgewebe.

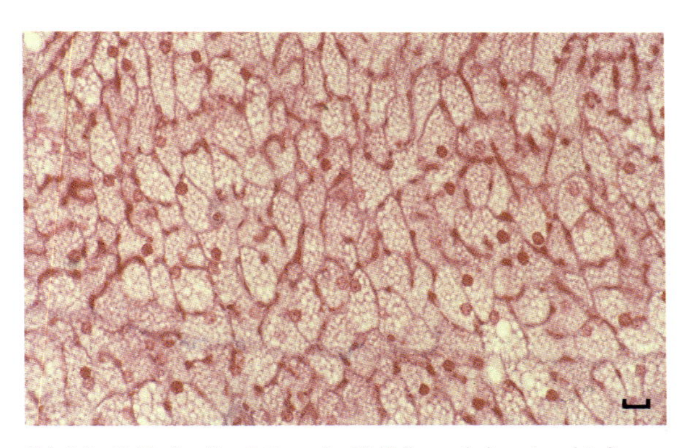

Abb. 5.5. Multivakuoläres Fettgewebe. Die Zellen enthalten einen häufig zentral liegenden, runden Kern und viele Lipidtröpfchen (Färbung Azan). Balken = 10 μm. (Dietrich Grube, Hannover)

Aufbau▸ Multivakuoläre Fettzellen sind polygonal und kleiner als univakuoläre Fettzellen. Ihr Zytoplasma enthält eine große Anzahl verschieden großer Lipidtröpfchen (Abb. 5.5 und 5.6), einen runden, zentral gelegenen Kern und zahlreiche Mitochondrien. Die Zellen dieses Gewebes werden sympathisch innerviert.

Funktion▸ Die Physiologie des multivakuolären Fettgewebes ist am besten bei winterschlafenden Tieren untersucht.

Bei Tieren, die ihren Winterschlaf beenden, oder bei neugeborenen Säugern (einschließlich des Menschen), die einer kalten Umgebung ausgesetzt sind, führt die Reizung von Nerven zur Freisetzung von Noradrenalin. Dieser Neurotransmitter aktiviert die in den Fettzellen vorhandene hormonsensitive Lipase und fördert so die

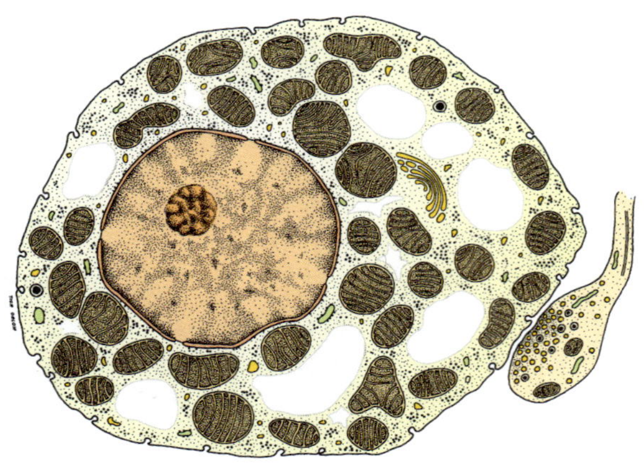

Abb. 5.6. Zeichnung einer multivakuolären Fettzelle. Zu beachten sind der zentrale Kern, die vielen Fetttröpfchen und die zahlreichen Mitochondrien. *Unten rechts* sieht man eine sympathische Nervenendigung. (Aus Junqueira et al. 1998)

intrazelluläre Hydrolyse von Triazylglyzerinen zu Fettsäuren und Glyzerin. Die Fettsäuren werden in den Mitochondrien abgebaut. Dabei wird zuerst ein Protonengradient über die innere Mitochondrienmembran aufgebaut, der mit Hilfe der F_0/F_1-ATPase zur Biosynthese von ATP herangezogen werden kann (s. Kap. 1.6). Die Wärmebildung in den Mitochondrien der Fettzellen geht auf die Anwesenheit eines Protonenkanals in der inneren Mitochondrienmembran zurück, der als ***Thermogenin*** (oder uncoupling protein 1 und 2) bezeichnet wird. Dieser Protonenkanal führt zum Ausgleich des über die innere Mitochondrienmembran aufgebauten Protonengradienten. Es kann kein ATP mehr gebildet werden und die Energie wird in Form von Wärme frei (Abb. 1.24). Sie wird über das Blut abgeführt, das durch den Körper zirkuliert und ihn erwärmt.

Klinik

Tumoren des Fettgewebes ▸ Univakuoläre Adipozyten können gutartige Tumoren bilden, die ***Lipome*** genannt werden und sehr häufig vorkommen. Bösartige Tumoren, die sich von den Adipozyten ableiten ***(Liposarkome)***, gehören ebenfalls zu den häufigeren Tumoren des Bindegewebes. Tumoren der multivakuolären Fettzellen ***(Hibernome)*** sind relativ selten.

Knorpelgewebe 6

6.1 Hyaliner Knorpel 84
6.2 Elastischer Knorpel 89
6.3 Faserknorpel 89

Knorpelgewebe

Einleitung

Knorpel ist eine spezialisierte Form von Bindegewebe, das mechanischen Belastungen standhalten kann, ohne dabei dauerhaft verformt zu werden. Knorpel besitzt eine Stützfunktion in Nase, Ohr, Kehlkopf, Luftröhre und Bronchien. Er ist auch bei der Entwicklung und dem Wachstum von Knochen unentbehrlich (s. Kap. 7). In den Gelenken überzieht Knorpel die Gelenkflächen. Auch Menisken und Zwischenwirbelscheiben bestehen aus Knorpel.

Knorpel besteht aus Zellen, den sog. ***Chondrozyten*** (gr. *chondros*, Knorpel + *kytos*, Zelle), und reichlich extrazellulärer Matrix aus Fasern und Grundsubstanz (Abb. 6.1 und 6.2). Die Chondrozyten sind in der von ihnen gebildeten extrazellulären Matrix eingebettet und befinden sich dort in kleinen Höhlen, sog. ***Lakunen***. Kollagen, Hyaluronsäure, Proteoglykane und kleine Mengen einiger Glykoproteine sind die wichtigsten Makromoleküle der Knorpelmatrix. Die Matrix des elastischen Knorpels, der durch eine ausgeprägte Biegsamkeit charakterisiert ist, enthält außerdem größere Mengen an Elastin. Der Knorpelabbau wird durch die den Osteoklasten (s. Kap. 7.1) homologen **Chondroklasten** durchgeführt. Beide Zellarten gehören zum mononukleären Phagozytensystem (MPS, s. Kap. 4.4.2, 4.5 und 11.3.5).

Auf Grund verschiedener funktioneller Anforderungen haben sich drei Formen von Knorpel entwickelt, die jeweils eine unterschiedliche Zusammensetzung der Matrix aufweisen. Im ***hyalinen Knorpel*** enthält die Matrix vor allem Kollagen II. Der biegsamere ***elastische Knorpel*** besitzt neben Kollagen II große Mengen elastischer Fasern (s. Kap. 4). ***Faserknorpel*** findet sich vor allem an Stellen, die neben Druck- auch Zugkräften ausgesetzt sind. Seine Matrix ist besonders reich an Kollagenfasern vom Typ I und enthält wenig Grundsubstanz. Alle drei Knorpelformen besitzen keine Gefäßversorgung und werden allein durch Diffusion von Kapillaren des umgebenden Bindegewebes (Perichondrium) oder über die Synovialflüssigkeit der Gelenkhöhlen ernährt. Wie man erwarten kann, zeigen die Chondrozyten nur eine geringe metabolische Aktivität (= bradytrophes Gewebe). Knorpelgewebe besitzt außerdem keinerlei Lymphgefäße und ist nicht innerviert.

Das ***Perichondrium*** (Abb. 6.1 und 6.2) ist eine kapselartige Hülle aus straffem Bindegewebe, dessem Fasern aus Kollagen I bestehen. Das Perichondrium beinhaltet auch die Gefäßversorgung für den Knorpel. Knorpel, der die Oberflächen der Gelenke bedeckt, besitzt kein Perichondrium. Er ist auf die Diffusion von Sauerstoff und Nährstoffen aus der Gelenkflüssigkeit bzw. dem subchondralen Knochen angewiesen.

6.1 Hyaliner Knorpel

Verteilung▸ Hyaliner Knorpel kommt im Körper am häufigsten vor (Abb. 6.1 und 6.2). Er ist durchsichtig und zeigt eine bläulich-weiße Farbe. Beim Embryo dient er als temporärer Baustoff des Skeletts, der während der Entwicklung schrittweise durch Knochen

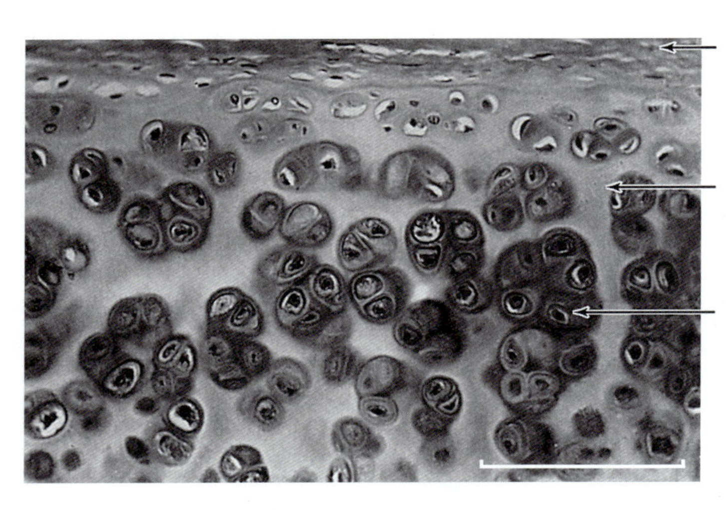

Abb. 6.1. Schnitt durch einen hyalinen Knorpel. Die meisten Chondrozyten bilden isogene Gruppen. Chondrozyten sind von extrazellulärer Matrix umgeben, die reich an Proteoglykanen ist und als territoriale Matrix bezeichnet wird. Zwischen den isogenen Gruppen befindet sich die interterritoriale Matrix, die weniger basophil ist. Im oberen Teil des Bildes befindet sich Perichondrium (HE-Färbung). Balken = 100 μm. (Aus Junqueira et al. 1998)

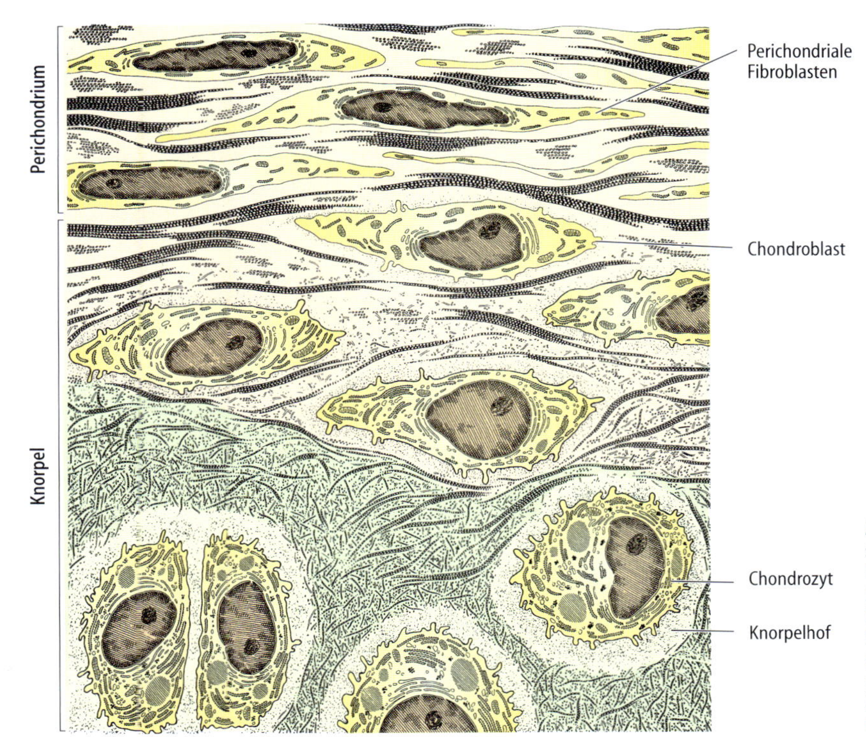

Abb. 6.2. Zeichnung der Übergangszone zwischen Periochondrium und hyalinem Knorpel. Bei der Umwandlung der Perichondriumzellen in Chondrozyten runden sich die Zellen ab und ihre Oberfläche wird unregelmäßig. Die Grundsubstanz enthält zahlreiche feine Kollagenfibrillen. Die Matrix, die die Chondrozyten unmittelbar umgibt, die Territorialsubstanz, ist reich an Proteoglykanen. (Aus Junqueira et al. 1996)

ersetzt wird (s. Kap. 7). Bei erwachsenen Säugern findet man hyalinen Knorpel in Gelenken auf den Knochenoberflächen, in den Wänden von Nase, Larynx, Trachea und Bronchien, in den ventralen Anteilen der Rippen, und solange Längenwachstum der Knochen stattfindet, in der Epiphysenfuge (s. Kap. 7).

Extrazelluläre Matrix▸ Hyaliner Knorpel enthält hauptsächlich ***Kollagen II*** (s. Kap. 4). Die Kollagenfibrillen, die in die Grundsubstanz eingebettet sind, machen etwa 40 % des Trockengewichts des hyalinen Knorpels aus. In histologischen Routinepräparaten kann man das Kollagen aus zwei Gründen mit dem Lichtmikroskop nicht sehen: Zum einen lagern sich die Kollagenfibrillen im hyalinen Knorpel nicht zu Fasern zusammen, zum anderen besitzt das Kollagen fast denselben Brechungsindex wie die sie umgebende Grundsubstanz. Auch im Elektronenmikroskop sind die Kollagenfibrillen meist nicht zu erkennen, da ihre charakteristische Querstreifung durch die Interaktion mit Proteoglykanen fast vollständig verdeckt wird (Abb. 6.3).

Proteoglykane des Knorpels bestehen aus Chondroitinsulfat und Keratansulfat, welche kovalent mit dem Zentralprotein verbunden sind. Bis zu 200 dieser Proteoglykane sind nicht-kovalent an lange Hyaluronsäuremoleküle gebunden und bilden somit bis zu 4 μm lange Proteoglykan-Aggregate, die mit Kollagen interagieren (Abb. 6.4). Wasser und Ionen binden an die negativ geladenen Seitenketten der Proteoglykane, die mit einem Zentralprotein (core protein) verbunden sind (s. Kap. 4). Der hohe Gehalt an Wasser, das an die negativen Ladungen der Seitenketten der Proteoglykane gebunden ist, wirkt als Stoßdämpfer oder biomechanische Feder, was vor allem beim Gelenkknorpel von Bedeutung ist (siehe unten). Die extrazelluläre Matrix, die die Chondrozyten unmittelbar umgibt, ist reich an Proteoglykanen und enthält nur wenig Kollagen. Diese Zone, genannt ***territoriale*** Matrix, zeigt eine intensive Basophilie sowie Metachromasie und ist in größerem Maße PAS-positiv als die restliche, ***interterritoriale*** Matrix (Abb. 6.1 und 6.2).

Neben Kollagen II und Proteoglykanen sind ***Glykoproteine*** ein wichtiger Bestandteil der Knorpelmatrix. ***Chondronektin*** fördert die Haftung von Chondrozyten an Kollagen.

Chondrozyten▸ Am Rand des hyalinen Knorpels weisen die Chondrozyten eine elliptische Form auf, wobei die Längsachse parallel zur Knorpeloberfläche verläuft. Im Inneren des Knorpels sind sie rund und kom-

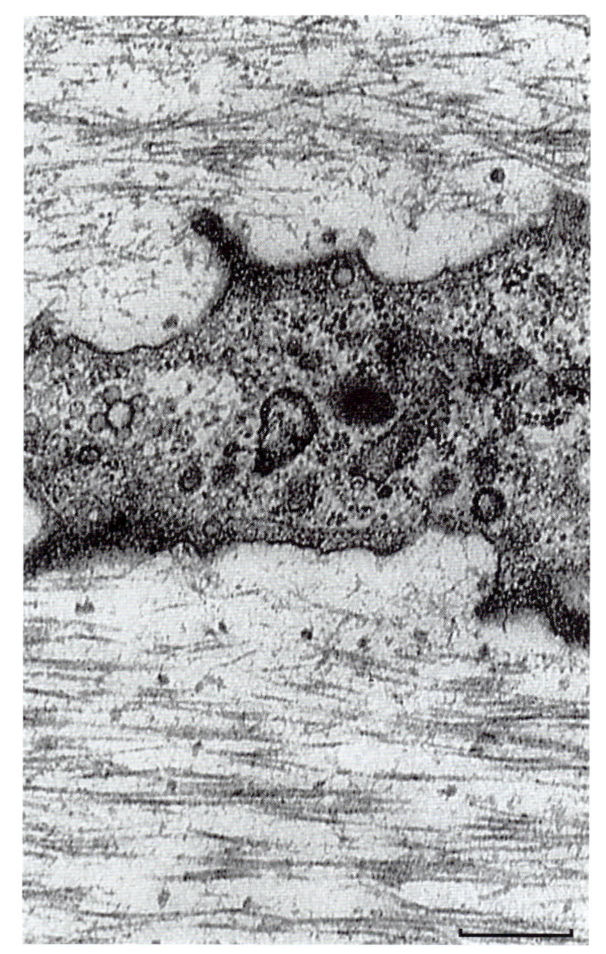

Abb. 6.3. Elektronenmikroskopische Aufnahme eines Teil eines Chondrozyten im hyalinen Knorpel. Die Zelle ist von dünnen Kollagenfibrillen (Typ II) und Grundsubstanz umgeben. Die Querstreifung der Fibrillen ist kaum sichtbar, da die Fibrillen von reichlich Chondroitinsulfat umgeben sind (Abb. 6.4). Balken = 1 μm. (Aus Junqueira et al. 1998)

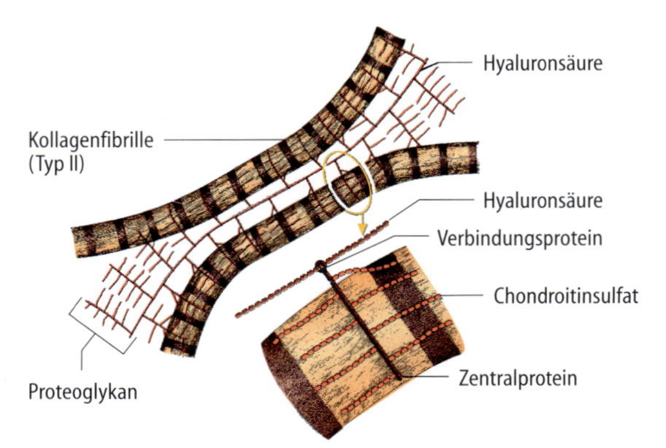

Abb. 6.4. Molekularer Aufbau der Knorpelmatrix. Hyaluronsäure ist über spezielle Verbindungsproteine mit dem Zentralprotein eines Proteoglykans verbunden, dessen Seitenketten hauptsächlich aus Chondroitinsulfat bestehen. Diese binden an die Kollagenfibrillen. Der ovale Bereich ist *unten* in stärkerer Vergrößerung dargestellt. (Aus Junqueira et al. 1998)

men in Gruppen von bis zu 8 Zellen vor (Abb. 6.1 und 6.2), die durch Teilungen aus einer einzigen Zelle entstanden sind. Diese Gruppen nennt man ***isogene*** (gr. *isos*, gleich + *genos*, Familie) Gruppen. Gruppen von Chondrozyten und die sie umgebende Matrix bezeichnet man als ***Chondrone***.

Zellen und Matrix des Knorpels schrumpfen während der Anfertigung von histologischen Schnitten. Deshalb haben die Chondrozyten eine irreguläre Form und füllen häufig die Lakunen nicht vollständig aus, wie es im lebenden Gewebe der Fall ist. Reife Chondrozyten weisen Organellen auf, wie sie für Protein sezernierende Zellen typisch sind: reichlich rauhes endoplasmatisches Retikulum, einen gut entwickelten Golgi-Apparat, dazu Fettvakuolen und Glykogen. Sie synthetisieren und sezernieren Kollagen II, Proteoglykane, Hyaluronsäure und Chondronektin.

Da Knorpel keine eigene Blutversorgung besitzt, finden in den Chondrozyten hauptsächlich anaerobe Stoffwechselvorgänge statt. Glukose wird vornehmlich zu Laktat abgebaut. Nährstoffe aus dem Blut diffundieren langsam durch das Perichondrium und gelangen so zu den tiefer im Knorpel gelegenen Knorpelzellen. Bei Beanspruchung des Knorpels können Wasser und darin gelöste Nährstoffe schneller transportiert werden, da durch die abwechselnde Kompression und Dekompression des Knorpels eine Pumpwirkung (Konvektion von Extrazellulärflüssigkeit) auftritt.

Die Funktion der Chondrozyten wird hormonell reguliert. Die Synthese von sulfatierten Seitenketten der Proteoglykane wird durch Wachstumshormon, Thyroxin und Testosteron beschleuningt, durch Cortison, Hydrocortison und Östradiol gebremst. Das Wachstum des Knorpels wird hauptsächlich durch ***Somatotropin*** aus der Adenohypophyse kontrolliert, welches über eine gesteigerte Produktion von ***IGF-1*** in der Leber das Knorpelwachstum fördert (s. Kap. 19.2.1).

Perichondrium▸ Mit Ausnahme des Gelenkknorpels ist jeder hyaline Knorpel vom Perichondrium bedeckt, einer Schicht aus straffem Bindegewebe, die für das Wachstum und die Erhaltung des Knorpels wichtig ist (Abb. 6.1 und 6.2). Es enthält viele Kollagenfasern vom Typ I und eine große Anzahl Fibroblasten. Obwohl die

Zellen in der inneren Schicht des Perichondriums den Fibroblasten ähneln handelt es sich um Chondroblasten, die sich zu Chondrozyten differenzieren können.

Klinik

Aus Knorpelzellen können benigne ***(Chondrome)*** und maligne Tumore ***(Chondrosarkome)*** entstehen.

Entwicklung▸ Knorpel leitet sich vom Mesenchym ab (Abb. 6.5 und 4.14). Zu Beginn der Entwicklung nehmen die mesenchymalen Zellen eine runde Form an, ziehen ihre Fortsätze ein, vervielfältigen sich und bilden mesenchymale Verdichtungen. Dabei differenzieren sie sich zu ***Chondroblasten***, die ein ribosomenreiches, basophiles Zytoplasma besitzen. Die Chondroblasten werden durch Synthese und Ablagerung der extrazellulären Matrix voneinander getrennt. Da die Differenzierung des Knorpelgewebes von innen nach außen fortschreitet, finden sich im Zentrum Zellen mit den Eigenschaften von Chondrozyten, während die peripheren Zellen typische Chondroblasten darstellen. Das oberflächliche Mesenchym differenziert sich zu den Chondroblasten und Fibroblasten des Perichondriums.

Wachstum▸ Das Wachstum von Knorpelgewebe beruht auf zwei Prozessen: ***Interstitiellem Wachstum***, das aus Teilungen von vorhandenen Chondrozyten resultiert, und ***appositionellem Wachstum***, als Folge der Differenzierung perichondraler Zellen. In beiden Fällen produzieren neu entstandene Chondrozyten Kollagenfibrillen und Grundsubstanz. Interstitielles Wachstum findet während der frühen Phasen der Knorpelbildung (s. oben), und bei der Bereitstellung eines Knorpelmodells des Skeletts statt. In den Epiphysenfugen sorgt das interstitielle Wachstum für den Längenzuwachs der Knochen (Ossifikation, s. Kap. 7). Im Gelenkknorpel müssen oberflächlich gelegene Zellen und Matrix, die im Laufe der Zeit abgerieben werden, von innen her ersetzt werden, da kein Perichondrium für diese Aufgabe zur Verfügung steht. In Knorpelgeweben an anderen Stellen des Körpers nimmt der Knorpelumfang nur noch durch Apposition zu. Chondroblasten des Perichondriums proliferieren und werden zu Chondrozyten, sobald sie von ihrer selbst produzierten Matrix umgeben und in bestehenden Knorpel eingebaut sind (Abb. 6.1 und 6.2).

Gelenkknorpel▸ An Gelenken haben Knochen einen Überzug aus hyalinem Knorpel. Gelenke sind von Bindegewebsstrukturen umgeben, die sie zusammenhalten und Art und Ausmaß der Bewegung zwischen ihnen festlegen. Man unterscheidet ***Diarthrosen***, die eine freie Bewegung zulassen, von ***Synarthrosen*** (gr. *syn*, zusammen, + *arthrosis*, Gelenk), bei denen Bewegung nur in sehr geringem Maße oder gar nicht möglich ist. Man unterteilt die Synarthrosen nach der Gewebeart, die die Knochenenden verbindet, in ***Synostosen*** (wie die Suturen des Schädels), ***Synchondrosen*** (Epiphysenfuge, Bandscheibe) und ***Syndesmosen***.

Diarthrosen sind Gelenke, die normalerweise lange Knochen miteinander verbinden und eine große Bewegungsfreiheit aufweisen, wie z. B. Ellbogen- und Knieglenk. Hier wird der Kontakt an den Enden des Knochens durch eine bindegewebige Kapsel aufrechterhalten. Die Kapsel umschließt eine abgeschlossene ***Gelenkhöhle***, die ***Synovialflüssigkeit***, eine farblose, transparente, zähe Flüssigkeit, enthält. Sie ist ein Dialysat des Blutplasmas mit einem hohen Gehalt an Hya-

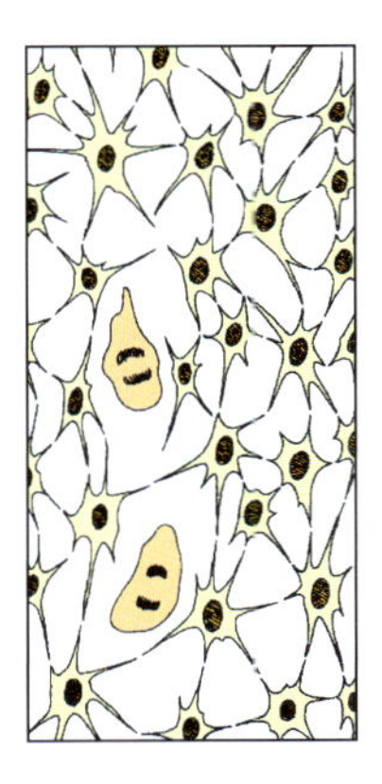
a

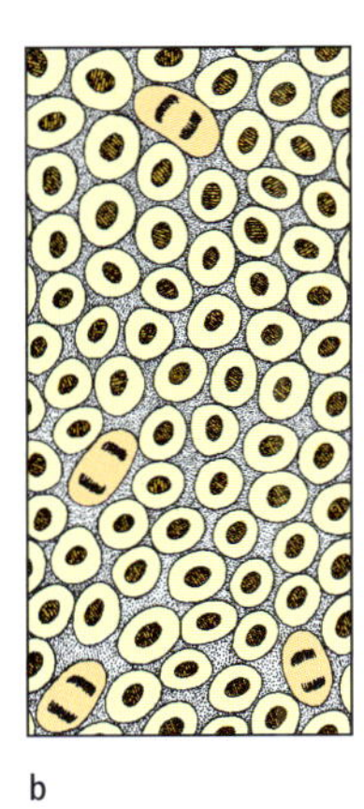
b

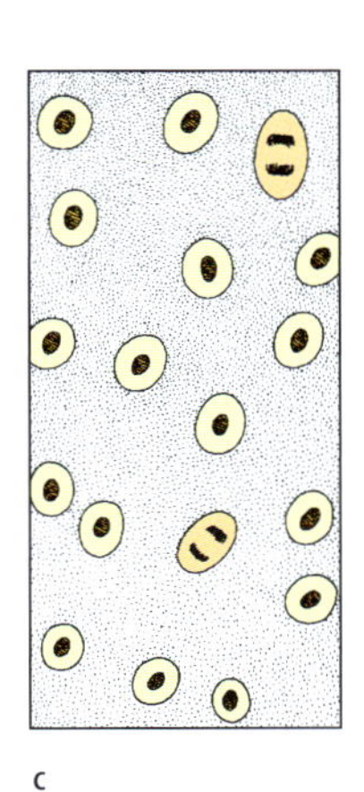
c

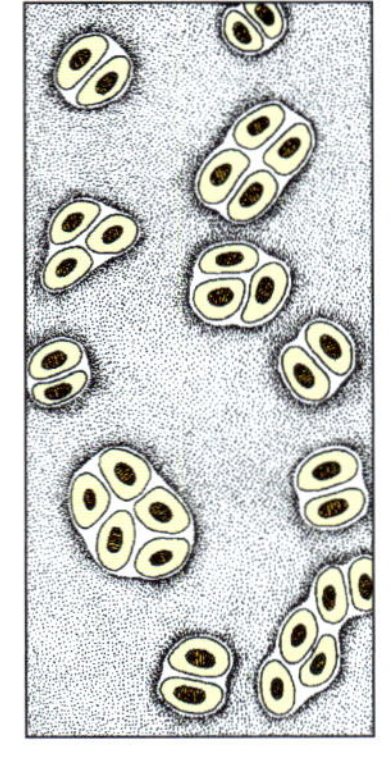
d

Abb. 6.5 a–d. Entwicklung des hyalinen Knorpels. **a** Mesenchymale Zellen differenzieren in Chondroblasten und proliferieren, **b** so dass ein zellreiches Gewebe entsteht. **c** Die Chondroblasten werden infolge der Bildung von großen Mengen an extrazellulärer Matrix voneinander getrennt. **d** Durch weitere Teilungen der Knorpelzellen entstehen die isogenen Gruppen, die von der territorialen Substanz umgeben sind. (Aus Junqueira et al. 1998)

luronsäure, bereitgestellt von Zellen der Membrana synovialis der Gelenkkapsel (s. unten). Das Gleiten der Gelenkflächen, die mit ***hyalinem Knorpel*** überzogen sind und kein Perichondrium besitzen, wird durch die schmierige Synovialflüssigkeit erleichtert, die auch Nährstoffe und Sauerstoff für das avaskuläre Knorpelgewebe zur Verfügung stellt (Abb. 6.6 und 6.7). Der Gelenkknorpel vermindert die mechanischen Belastungen, denen die Knochen ausgesetzt sind. Die Proteoglykane der Knorpelmatrix besitzen einen hohen Wassergehalt (s. Kap. 4) und fungieren als biomechanische Feder. Übt man Druck auf den Knorpel aus, wird ungebundenes Wasser aus der Matrix in die Synovia gepresst. Lässt der Druck nach, wird das Wasser wieder zurück in die Zwischenräume der Seitenketten der Proteoglykane gezogen. Zu diesen Wasserbewegungen kommt es durch den Gebrauch der Gelenke. Sie sind wichtig für die Ernährung des Knorpels, weil sie den Austausch von O_2, CO_2, Glukose und anderen Stoffen zwischen Synovia und Gelenkknorpel fördern.

Die **Kapseln** von Diarthrosen weisen je nach Gelenk strukturelle Unterschiede auf. Jede Kapsel besteht jedoch aus zwei Schichten, einer äußeren Membrana fibrosa und einer inneren Membrana synovialis (Abb. 6.6). Die ***Membrana synovialis*** wirft Falten auf, die oft bis tief in das Innere der Gelenkhöhle hineinreichen. Ihre innere Oberfläche wird normalerweise von einer Schicht plattenförmiger oder kubischer Zellen ausgekleidet, die sich vom Mesenchym ableiten. Unter diesen Zellen befindet sich eine Schicht von lockerem oder straffem Bindegewebe mit Anteilen von Fettgewebe (Abb. 6.6 und 6.7).

Elektronenmikroskopische Untersuchungen haben ergeben, dass zwei Zelltypen die Synovialmembran auskleiden (Abb. 6.7). Einige dieser Zellen zeigen hohe phagozytotische Aktivität. Sie sind morphologisch mit den Zellen des mononukleären Phagozytensystems vergleichbar und werden als ***A-Zellen*** bezeichnet. Sie haben eine großen Golgi-Apparat und viele Lysosomen, aber nur kleine Mengen an rauhem endoplasmatischen Retikulum. Der andere Zelltyp, die ***B-Zellen***, gleicht den Fibroblasten und bildet die Hyaluronsäure der Synovialflüssigkeit.

Die ***Membrana fibrosa*** besteht aus straffem Bindegewebe, das in Regionen, die größeren Belastungen ausgesetzt sind, besser entwickelt ist. Diese Schicht umschließt die Bänder des Gelenks und einige der Sehnen, die gelenknah in den Knochen einstrahlen.

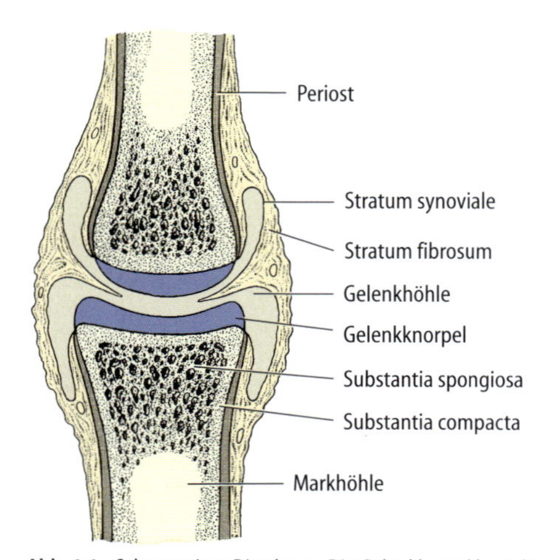

Abb. 6.6. Schema einer Diarthrose. Die Gelenkkapsel besteht aus zwei Schichten: dem äußeren Stratum fibrosum und dem inneren Stratum synovialis. Die beiden interagierenden Knochen sind mit hyalinem Knorpel bedeckt. (Aus Junqueira et al. 1996)

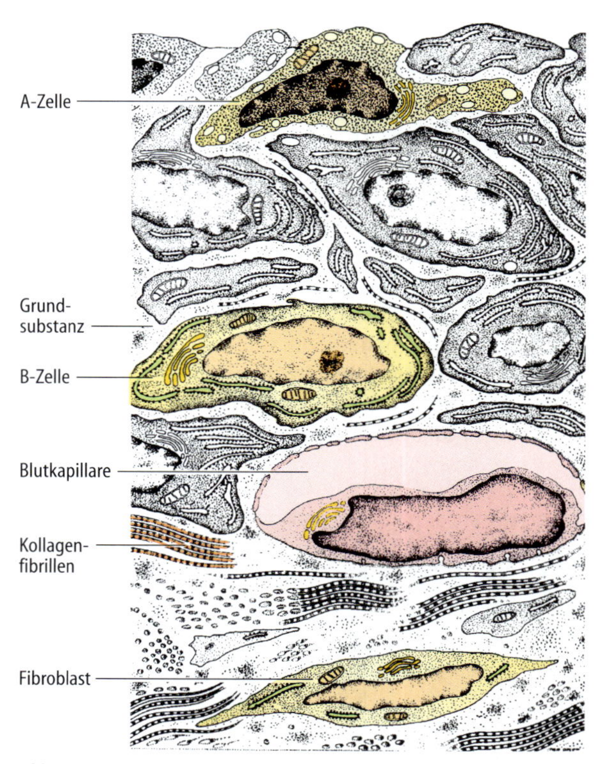

Abb. 6.7. Schnitt durch eine Gelenkkapsel. Zeichnung der Ultrastruktur des Stratum synovialis einer Gelenkkapsel. Man kann zwei Zellarten unterscheiden, die A-Zellen, die den Makrophagen ähneln und die fibroblastenähnlichen B-Zellen. Zwischen den Zellen liegen geringe Mengen an Interzellulärsubstanz. Eine Basalmembran über dem Bindegewebe fehlt. Die zahlreichen Blutkapillaren haben ein fenestriertes Endothel, das den Substanzaustausch erleichtert. (Aus Junqueira et al. 1998)

Klinik

Degeneration und Regeneration ▸
Knorpelgewe weist infolge der fehlenden Blutgefässe nur eine relativ geringe Stoffwechselintensität auf und wird daher als bradytrophes Gewebe bezeichnet. Dementsprechend gering ist seine Regenerationsfähigkeit und groß die Anfälligkeit für degenerative Veränderungen. Außer bei Kindern ist die Regeneration von beschädigtem Knorpel, die vom Perichondrium ausgeht unvollständig. Nach Verletzungen des Knorpels besiedeln perichondrale Chondroblasten das Gebiet und bilden neuen Knorpel. In großflächig beschädigten Gebieten – und manchmal auch in kleinen – kommt es zur Entstehung einer Narbe aus straffem Bindegewebe. 80–90 % der Menschen über 65 Jahre weisen massive degenerative Veränderungen in den Knorpelbelägen der Gelenkflächen, v. a. der stärker belasteten unteren Extremität auf. Dieser als ***Arthrose*** bezeichnete Zustand beinhaltet eine Abnahme der Proteoglykane in der Matrix mit einer Demaskierung und Aggregation von Kollagenfibrillen die lichtmikroskopisch als asbestiforme Degeneration sichtbar wird. Daneben werden matrixabbauende Enzyme aus Chondrozyten wirksam. Der so veränderte Knorpel hält der dauernden mechanischen Belastung nicht stand und wird buchstäblich bis auf den subchondralen Knochen abgerieben, welcher reaktiv verdickt wird.

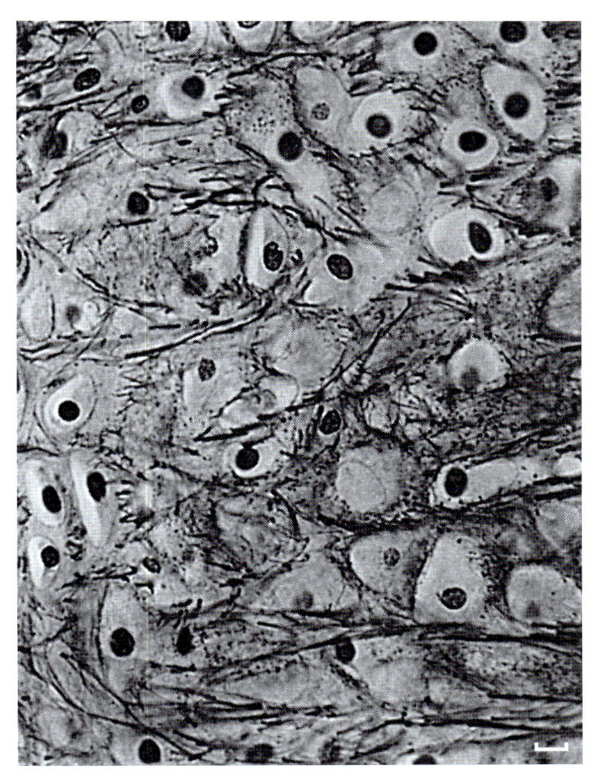

Abb. 6.8. Schnitt durch einen elastischen Knorpel. Die elastischen Fasern sind durch eine spezielle Färbung hervorgehoben. Balken = 10 μm. (Aus Junqueira et al. 1998)

6.2 Elastischer Knorpel

Elastischer Knorpel findet sich in der Ohrmuschel, den Wänden des äußeren Gehörgangs, der Eustachischen Röhre (Tuba auditiva), der Epiglottis und im Larynx. Er ist im Wesentlichen mit dem hyalinen Knorpel identisch, besitzt aber neben den Fibrillen aus Kollagen II ein reichhaltiges Netzwerk feiner elastischer Fasern. Frischer elastischer Knorpel besitzt eine gelbliche Farbe, die auf der Anwesenheit von Elastin in den elastischen Fasern beruht. Deren Verteilung kann mit speziellen Elastinfärbungen (z. B. Orcein, Abb. 6.8) nachgewiesen werden. Die Chondrozyten in elastischem und hyalinem Knorpel ähneln sich und häufig findet man einen schrittweisen Übergang dieser beiden Knorpelarten. Wie auch hyaliner Knorpel besitzt der elastische Knorpel ein Perichondrium.

6.3 Faserknorpel

Faserknorpel hat Eigenschaften, die zwischen denen von straffem Bindegewebe (s. Kap. 4.6) und hyalinem Knorpel liegen. Man findet ihn unter anderem in den Zwischenwirbelscheiben (Disci intervertebrales) und in der Schambeinfuge (Symphysis pubica). Er ist immer mit straffem Bindegewebe vergesellschaftet, in das er übergeht.

Die Chondrozyten des Faserknorpels ähneln denen des hyalinen Knorpels und sind entweder einzeln oder in isogenen Gruppen, welche häufig lange Reihen bilden, angeordnet (Abb. 6.9). Die Matrix des Faserknorpels ist azidophil. Sie enthält eine große Zahl Kollagenfibrillen vom Typ I (Abb. 6.10). Sie lagern sich zu Bündeln zusammen, die man als Fasern im Lichtmikroskop beobachten kann. Die zahlreichen Kollagenfasern bilden im Faserknorpel irreguläre Bündel, die man leicht mit dem Mikroskop erkennen kann.

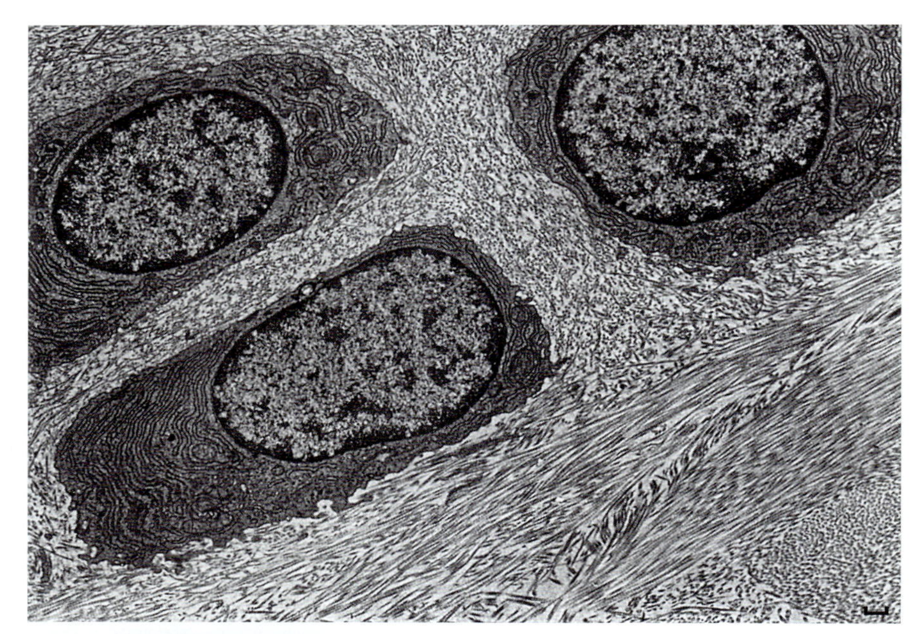

Abb. 6.10. Elektronenmikroskopische Aufnahme von Chondrozyten im Faserknorpel. Die Chondrozyten besitzen reichlich endoplasmatisches Retikulum und sind von einem dichten Netzwerk an Kollagenfibrillen umgeben. Balken = 1 μm. (Aus Junqueira et al. 1998)

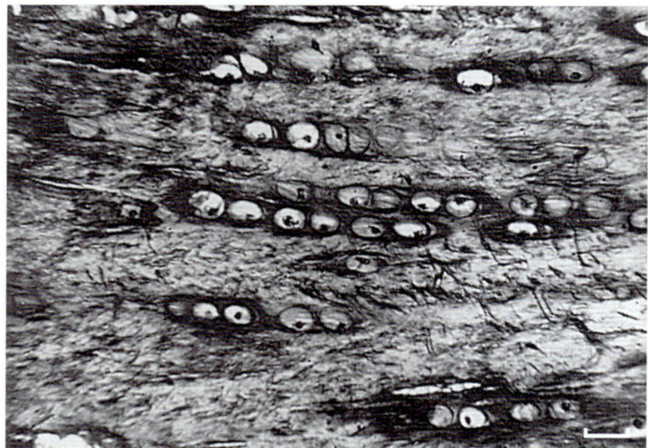

Abb. 6.9. Schnitt durch einen Faserknorpel. Die Chondrozyten sind in Reihen angeordnet und von Kollagenfasern umgeben. Balken = 10 μm. (Aus Junqueira et al. 1998)

Disci intervertebrales▶ Die Zwischenwirbelscheiben sitzen zwischen den Wirbelkörpern und sind an diesen mit Bändern befestigt (Bandscheibe). Die Disci haben zwei Bestandteile: den faserknorpeligen Anulus fibrosus und den gallertigen Nukleus pulposus. Die Zwischenwirbelscheibe dient ähnlich einem Wasserkissen dazu, Erschütterungen der Wirbeläule aufzufangen und begrenzen das Bewegungsausmaß. Der ***Anulus fibrosus*** besitzt eine äußere Schicht aus straffem Bindegewebe, besteht aber hauptsächlich aus überlappenden Lamellen von Faserknorpel. Da sich die Anordnung der Fasern benachbarter Lamellen um etwa 90° unterscheidet ist im Mikroskop ein charakteristisches Fischgrätenmuster sichbar. Der ***Nukleus pulposus*** findet sich im Zentrum des Discus intervertebralis. Er wird vom Anulus fibrosus umgeben und hält diesen unter Spannung. Der Nukleus pulposus besteht aus wenigen runden Zellen, die in eine zähflüssige, amorphe Masse, welche viel Hyaluronsäure und Fibrillen aus Kollagen II enthält, eingebettet sind. Bei Kindern ist der Nukleus pulposus groß, er schrumpft aber mit zunehmendem Alter und wird teilweise durch Faserknorpel ersetzt. Der Aufbau der Zwischenwirbelscheibe bewirkt eine außergewöhnliche Elastizität und Druckfestigkeit.

Klinik

Ein Riss des Anulus fibrosus, der am häufigsten dorsal auftritt, da hier weniger kollagene Bündel vorhanden sind, führt bei Belastung der Wirbelsäule zur einer Vorwölbung (= Protrusion) oder gar zum Herausquellen des Nukleus pulposus (= Prolaps) und einer daraus resultierenden Abflachung des Discus. Der Nukleus pulposus (Gallertkern) bewegt sich nach hinten zur Mitte (auf das Rückenmark zu) oder nach hinten seitlich. Der Druck auf die Spinalnerven verursacht starke Schmerzen sowie sensible und motorische Ausfälle. Diese Schmerzen werden in den Arealen wahrgenommen, die von den betreffenden Nerven versorgt werden; Discushernien kommen v. a. im unteren Lumbalbereich vor. Muskelschwäche oder Ausfall der Bein- oder Fußmuskulatur, Sensibilitätsstörungen und Schmerzen sind die Folge

Knochen 7

7.1	**Knochenzellen**	**93**
7.2	**Knochenmatrix**	**94**
7.3	**Periost und Endost**	**95**
7.4	**Knochenarten**	**97**
7.4.1	Geflechtknochen	97
7.4.2	Lamellenknochen	97
7.5	**Knochenentwicklung**	**99**
7.6	**Knochenwachstum und -umbau**	**103**
7.7	**Frakturheilung**	**104**
7.8	**Funktionen des Knochens**	**104**
7.8.1	Stütz- und Schutzfunktion	104
7.8.2	Kalziumspeicher	105

Einleitung

Knochen bilden zusammen mit Muskeln und Gelenken den Bewegungsapparat. Außerdem bietet Knochen dem Zentralnervensystem und den Thoraxorganen Schutz und beherbergt das Knochenmark, den Entstehungsort der Blutzellen. Des Weiteren dient Knochen als Speicher von Ionen wie Kalzium und Phosphat, deren Konzentrationen in den extrazellulären Flüssigkeiten streng geregelt werden.

Übersicht▸ Knochengewebe ist ein spezialisiertes Bindegewebe, das hauptsächlich aus einer kalziumreichen extrazellulären Substanz, der so genannten ***Knochenmatrix***, besteht. Die organischen Komponenten der Matrix werden von den ***Osteoblasten*** (gr. *Osteon*, Knochen + *blastos*, Keim) gebildet. Bei der ***Verkalkung (Mineralisierung)*** der organischen Matrix werden sie im Knochen eingeschlossen und dann als ***Osteozyten*** (gr. *osteon*, Knochen + *kytos*, Zelle) bezeichnet (Abb. 7.1). Osteozyten liegen im Knochen einzeln in kleinen Höhlen ***(Lakunen)*** und sind durch Fortsätze, die in feinsten Kanälen ***(Kanalikuli)*** liegen, miteinander verbunden (Abb. 7.2). Außerdem befinden sich im Knochen ***Osteoklasten*** (gr. *Osteon,* Knochen + *klastos*, gebrochen), vielkernige Riesenzellen die zum MPS gehören (s. Kap. 4.2 und Kap. 11.3.5), und die Matrix des Knochens abbauen können. Außen und innen (an der Grenze zum Mark) ist Knochen von Bindegewebe bedeckt, das als ***Endost*** (innen) und ***Periost*** (außen) bezeichnet wird. Es enhält an der Grenze zum Knochen Vorläufer von Osteoblasten (engl. lining cells), die bei der Bruchheilung von Bedeutung sind (s. Kap. 7.6).

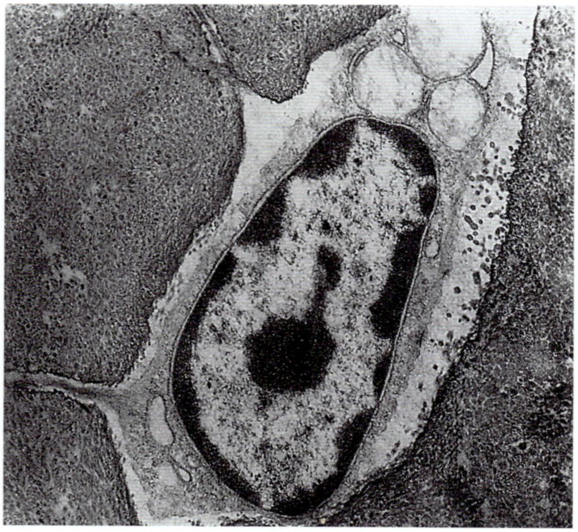

Wegen seiner Härte lässt sich Knochen schlecht mit dem Mikrotom schneiden. Daher werden zur mikroskopischen Untersuchung Knochenscheibchen so lange abgeschliffen, bis sie dünn und lichtdurchlässig sind. Bei einem anderen Verfahren wird Knochen zuerst durch verdünnte Säuren und/oder Kalzium bindende Chelatoren (z. B. EDTA) entkalkt.

Abb. 7.1. Elektronenmikroskopische Aufnahme eines Osteozyten umgeben von Knochenmatrix. Die Fortsätze des Osteozyten erstrecken sich in die Kanalikuli des Knochens. (Aus Junqueira et al. 1998)

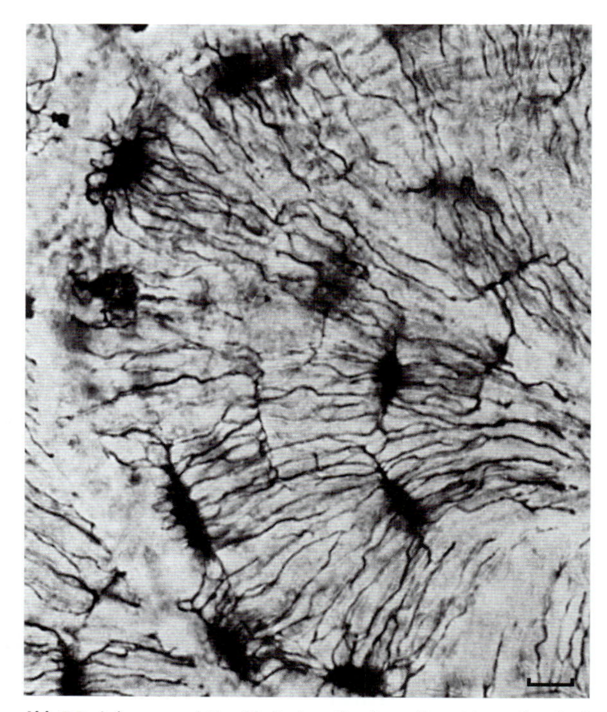

Abb. 7.2. Lakunen und Kanalikuli eines Knochens. Benachbarte Canaliculi stehen untereinander in Verbindung (Knochenschliff). Balken = 10 μm. (Aus Junqueira et al. 1996)

7.1 Knochenzellen

Osteoblasten▸ Diese Zellen ***synthetisieren und sezernieren*** die organischen Komponenten der ***Knochenmatrix*** (Kollagen I, Proteoglykane und Glykoproteine). Sie finden sich ausschließlich an der Knochenoberfläche (Abb. 7.3 und 7.4). In aktivem Zustand sind sie kubisch bis zylinderförmig, besitzen ein basophiles Zytoplasma und eine helle Golgi-Zone. Mit nachlassender Aktivität werden sie zunehmend flacher, die zytoplasmatische Basophilie lässt nach und sie bilden Fortsätze. Osteoblasten besitzen ein gut ausgeprägtes endoplasmatisches Retikulum. Hier werden die Matrixproteine (hauptsächlich Kollagen I) synthetisiert, im Golgi-Apparat modifiziert und verpackt und anschließend ohne vorherige Speicherung (konstitutiv) sezerniert. Die Freisetzung findet an der Zelloberfläche statt, die mit der Knochenmatrix in Kontakt steht. Die Schicht noch nicht verkalkter Matrix wird ***Osteoid*** genannt (Abb. 7.3). Dieser Prozess, die so genannte ***Apposition***, wird durch nachfolgende ***Einlagerung von Kalziumphosphat*** in die neu produzierte Matrix abgeschlossen.

Die Mechanismen *der **Verkalkung*** sind noch nicht genau bekannt. Sie beginnt mit der Ablagerung von Kalziumphosphat auf den Kollagenfibrillen. Dieser Vorgang wird von Proteoglykanen und verschiedenen von Osteoblasten gebildeten Proteinen wie ***Osteocalcin und Osteopontin*** unterstützt. Die Ablagerung von Kalziumsalzen und die Umwandlung in Kristalle aus Hydroxyapatit (s. Kap. 7.2) wird wahrscheinlich durch Matrixvesikel beschleunigt, die sich von Osteoblasten abschnüren. An der Verkalkung ist auf bislang unbekannte Weise ***alkalische Phosphatase*** beteiligt, die auf der äußeren Oberfläche von Osteoblasten verankert ist.

Klinik

Mutation oder Inaktivierung der alkalischen Phosphatase blockiert die Mineralisierung des Knochens. Alkalische Phosphatase kann bei vermehrter Knochenbildung (während der Entwicklung oder bei der Bruchheilung) in erhöhter Menge im Serum nachgewiesen werden.

Osteozyten▸ Im verkalkten Knochen befinden sich die Osteozyten in Lakunen und strecken ihre Fortsätze in die Kanalikuli aus (Abb. 7.1 und 7.2). Benachbarte Osteozyten sind an den Enden der Fortsätze über Gap Junctions (s. Kap. 3.2) gekoppelt. Dadurch wird Stoffaustausch (von Metaboliten und Signalstoffen) zwischen den Zellen ermöglicht. Ein Stoffaustausch zwischen Osteozyten, mineralisierter Matrix und Blutgefäßen findet auch über den Raum statt, der sich zwischen den Osteozyten (und ihren Fortsätzen) und der verkalkten Knochenmatrix befindet. Näheres dazu unten bei der Beschreibung der Knochenmatrix und der Kalziumspeicher (s. Kap. 7.7.2). Im Vergleich zu den Osteoblasten besitzen die flachen, mandelförmigen

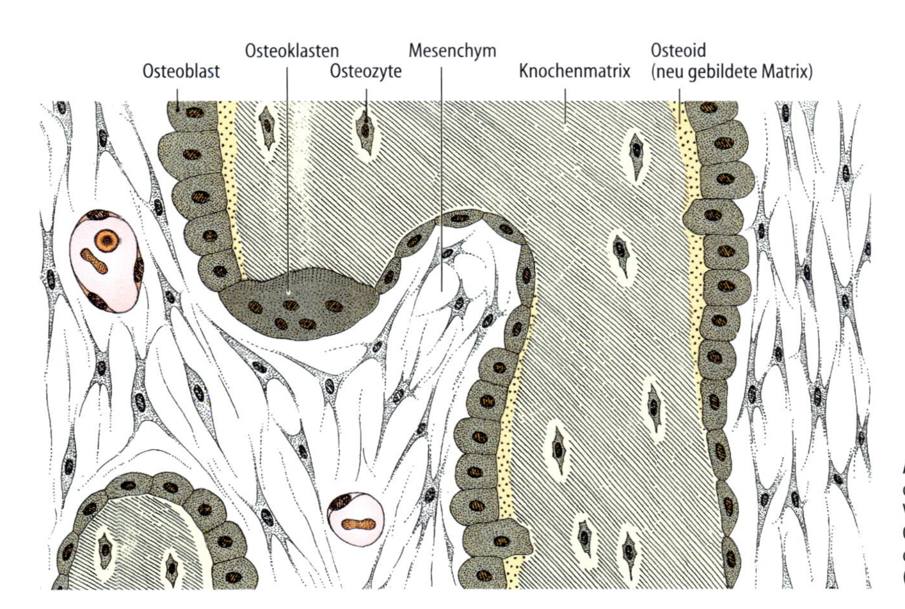

Abb. 7.3. Osteoblasten synthetisieren die Knochenmatrix (Osteoid). Bei der Verkalkung der Knochenmatrix werden Osteoblasten eingeschlossen und differenzieren dann zu Osteozyten. (Aus Junqueira et al. 1998)

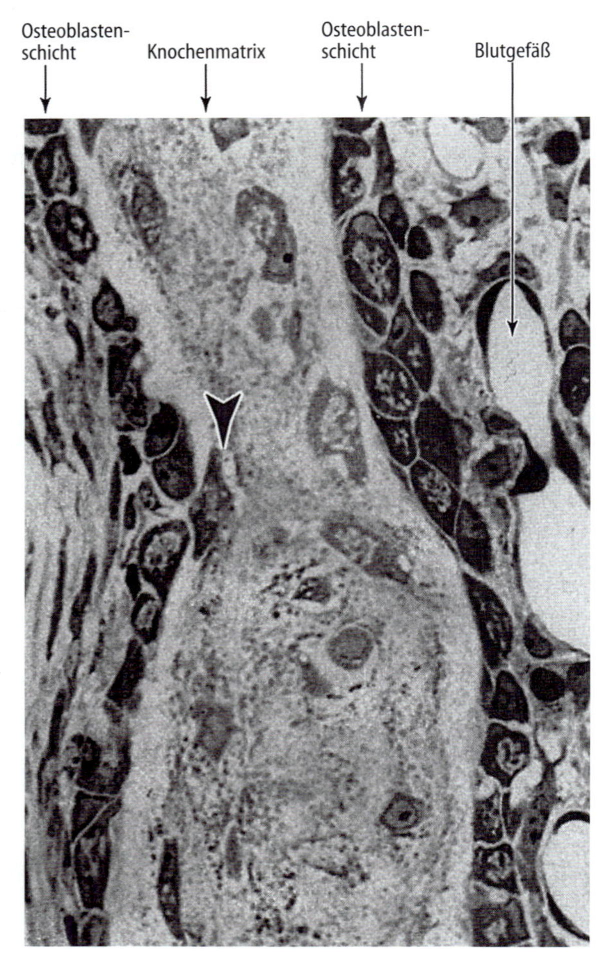

Abb. 7.4. Neubildung von Knochen des Schädels bei einer jungen Ratte. Das Knochengewebe ist von dunkel gefärbten (basophilen) Osteoblasten umgeben. Im neugebildeten Knochen befinden sich Osteozyten. Die *Pfeilspitze* zeigt einen Osteoblasten, der gerade durch die neugebildete Matrix eingeschlossen wird. (Aus Junqueira et al. 1998)

Osteozyten ein deutlich verringertes rauhes endoplasmatisches Retikulum, einen kleineren Golgi-Apparat und stärker kondensiertes Chromatin. Die Osteozyten reagieren auf mechanische Beanspruchung des Knochens und halten die extrazelluläre Matrix aufrecht. Nach dem Tod der Osteozyten wird die Matrix resorbiert. Im Gegensatz dazu bleibt das Dentin als mineralisiertes Gewebe bestehen, auch wenn die Odontoblasten zu Grunde gegangen sind (s. Kap. 14.3.1).

Osteoklasten▸ Osteoklasten ***resorbieren*** mineralisierten Knochen. Sie sind sehr große, bewegliche Zellen (Abb. 7.5), die 5 bis 50 (oder mehr) Kerne enthalten. Osteoklasten gehören zum mononukleären Phagozytensystem (MPS, s. Kap. 4.2 und 11.3.5). Deren Vorläuferzellen, die Monozyten, entwickeln sich im Knochenmark (s. Kap. 12), verschmelzen und differenzieren sich in Osteoklasten. Die reifen Osteoklasten haben gewöhnlich ein azidophiles Zytoplasma. Neben einer großen Zahl an Lysosomen finden sich rauhes endoplasmatisches Retikulum, zahlreiche Mitochondrien und ein gut enwickelter Golgi-Apparat in der Zelle. Ruhende Osteoklasten sind nicht polarisiert. Resorbierende Osteoklasten besitzen jedoch eine Oberfläche, die mit der Knochenmatrix in Kontakt steht und eine Vielzahl von Falten (engl. ***„ruffled border"***) besitzt. Dieser Bereich wird von einer Zone umgeben, die keine Organellen, jedoch viele Aktinfilamente (Mikrofilamente) enthält und als ***„clear zone"*** bezeichnet wird (Abb. 7.5 und 7.6). Sie verbindet den Osteoklasten mit dem Knochen und dichtet die ***Resorptionslakune*** ab, einen extrazellulären Raum der von „ruffled border" und Knochen begrenzt wird. Hier findet der Knochenabbau statt. Die Membran der „ruffled border" ist reich an einer V-ATPase. Dieses Enzym ist eine Protonenpunpe, die ebenfalls in der lysosomalen Membran vorhanden ist (s. Kap. 1.4). Die V-ATPase wird durch Fusion von Prälysosomen der Osteoklasten mit der Membran der „ruffled border" in die Zelloberfläche eingebaut. Gleichzeitig werden in die Resorptionslakune lysosomale Enzyme wie Kollagenasen und Kathepsine sezerniert. Durch die Aktivität der V-ATPase wird die Lakune azidifiziert. Dies bewirkt, dass sich zuerst die Hydroxyapatitkristalle auflösen und der Knochen demineralisiert. Die dann freiliegenden Kollagenfibrillen werden von den oben gennannten Proteasen, die optimal in saurem Milieu arbeiten, hydrolysiert.

7.2 Knochenmatrix

Etwa die Hälfte der Knochenmatrix besteht aus anorganischem Material. Kalzium und Phosphat in Form von ***Hydroxyapatitkristallen*** ($Ca_{10}(PO_4)_6(OH)_2$) bilden hierbei den Hauptanteil. Daneben kommen amorphes (nichtkristallines) Kalziumphosphat, Bikarbonat, Zitrat sowie Magnesium-, Kalium- und Natriumsalze vor. Die Apatitkristalle liegen entlang der Kollagenfibrillen und sind von Grundsubstanz umgeben. Um die oberflächlichen Kristalle von Hydroxyapatit findet sich eine Schicht aus Wasser und Ionen. Diese ***Hydratationshülle***

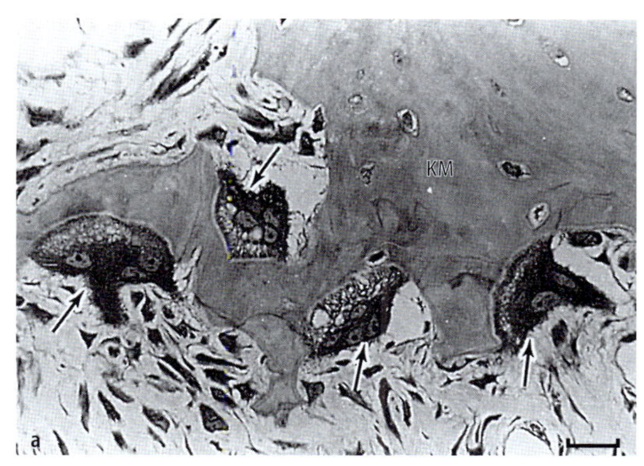

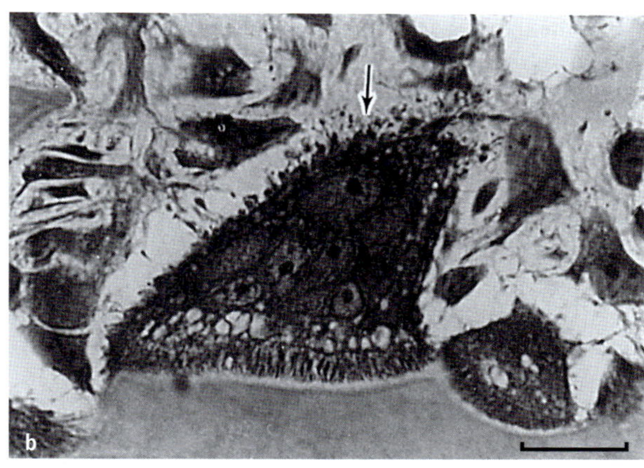

Abb. 7.5 a, b. Osteoklasten deren „ruffled border" Kontakt mit der Knochenmatrix (*KM*) hat. **a** Mehrere Osteoklasten (*Pfeile*) sind dargestellt. **b** Bei stärkerer Vergrößerung sind die „ruffled border" und mehrere Zellkerne der großen Osteoklasten deutlich sichtbar. Balken **a**/**b** = 10 μm. (Aus Junqueira et al. 1998)

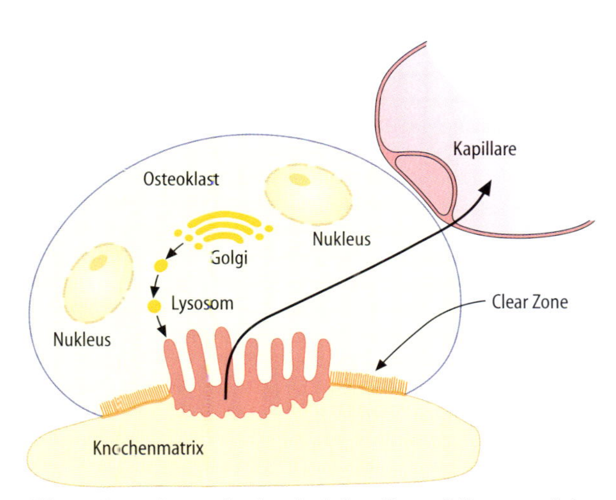

Abb. 7.6. Resorption von Knochen durch Osteoklasten. Prälysosomen fusionieren mit der Membran der „ruffled border", so dass eine vakuoläre V-ATPase in diese spezialisierte Membranoberfläche eingebaut wird. Hydrolytische Enzyme aus den Prälysosomen werden in die Lakune sezerniert, die mit Hilfe der „clear zone" abgedichtet wird. Durch die Ansäuerung der Lakune und die Wirkung der hydrolytischen Enzyme werden die anorganischen und organischen Bestandteile des Knochens aufgelöst, die Produkte werden von den Osteoklasten aufgenommen und in die Blutkapillaren abgegeben. (Aus Junqueira et al. 1998)

erleichtert den Ionenaustauch zwischen dem Kristall und den Körperflüssigkeiten.

Der organische Anteil der Matrix besteht zu 95% aus ***Kollagen I***, den Rest machen Proteoglykane und Glykoproteine aus. In die Grundsubstanz sind mehrere spezifische Glykoproteine (z. B. ***Osteocalcin***, ***Sialoprotein***) eingelagert, die die Bindung von Kalzium und somit wahrscheinlich die Verkalkung der Knochenmatrix fördern. Andere Gewebe, in denen sich Kollagen Typ I findet, verkalken normalerweise nicht und enthalten auch nicht diese Glykoproteine.

Die geschilderte Zusammensetzung der extrazellulären Matrix ist für die charakteristische Härte und Widerstandsfähigkeit des Knochens verantwortlich. Entkalkt man einen Knochen, dann behält er seine Form, wird aber biegsam. Entfernt man Kollagen, so behält er seine Form, wird aber sehr zerbrechlich und zerbröckelt leicht. Dies zeigt, dass die Zugkräfte hauptsächlich durch die Kollagenfasern, die Druckkräfte vor allem durch die Mineralisierung aufgefangen werden.

7.3 Periost und Endost

Äußere und innere Oberfläche des Knochens sind von Schichten aus knochenbildenen Zellen und Bindegewebe bedeckt, die man als Periost und Endost bezeichnet.

Das ***Periost*** (Abb. 7.7) besteht hauptsächlich aus Kollagenfasern und Fibroblasten. Bündel dieser Fasern, ***Sharpey-Fasern*** genannt, strahlen in die Knochenmatrix ein und verbinden das Periost mit dem Knochen. Die innere zellreichere Schicht des Periosts wird von abgeplatteten teilungsfähigen Zellen (***„lining cells"***) gebildet, die sich vermutlich in Osteoblasten differenzieren können. Diese ***Vorläuferzellen*** sind durch ihre Lokalisation, ihre spindelförmige Gestalt, einen geringen Gehalt an rauhem endoplasmatischen Retikulum und ihrem schwach entwickelten Golgi-Apparat gekennzeichnet. Sie spielen eine wichtige Rolle bei Knochenwachstum und -reparatur (s. Kap. 7.6).

Das ***Endost*** (Abb. 7.7) kleidet die Oberflächen von Hohlräumen innerhalb des Knochens aus. Es besteht aus einer Schicht von abgeplatteten Vorläuferzellen und nur wenig Bindegewebe. Deshalb ist es beträchtlich dünner als das Periost. Die Hauptaufgaben von Periost und Endost sind die Ernährung des Knochengewebes und die Sicherstellung eines kontinuierlichen Nachschubs von neuen Osteoblasten für Wachstum und Reparatur.

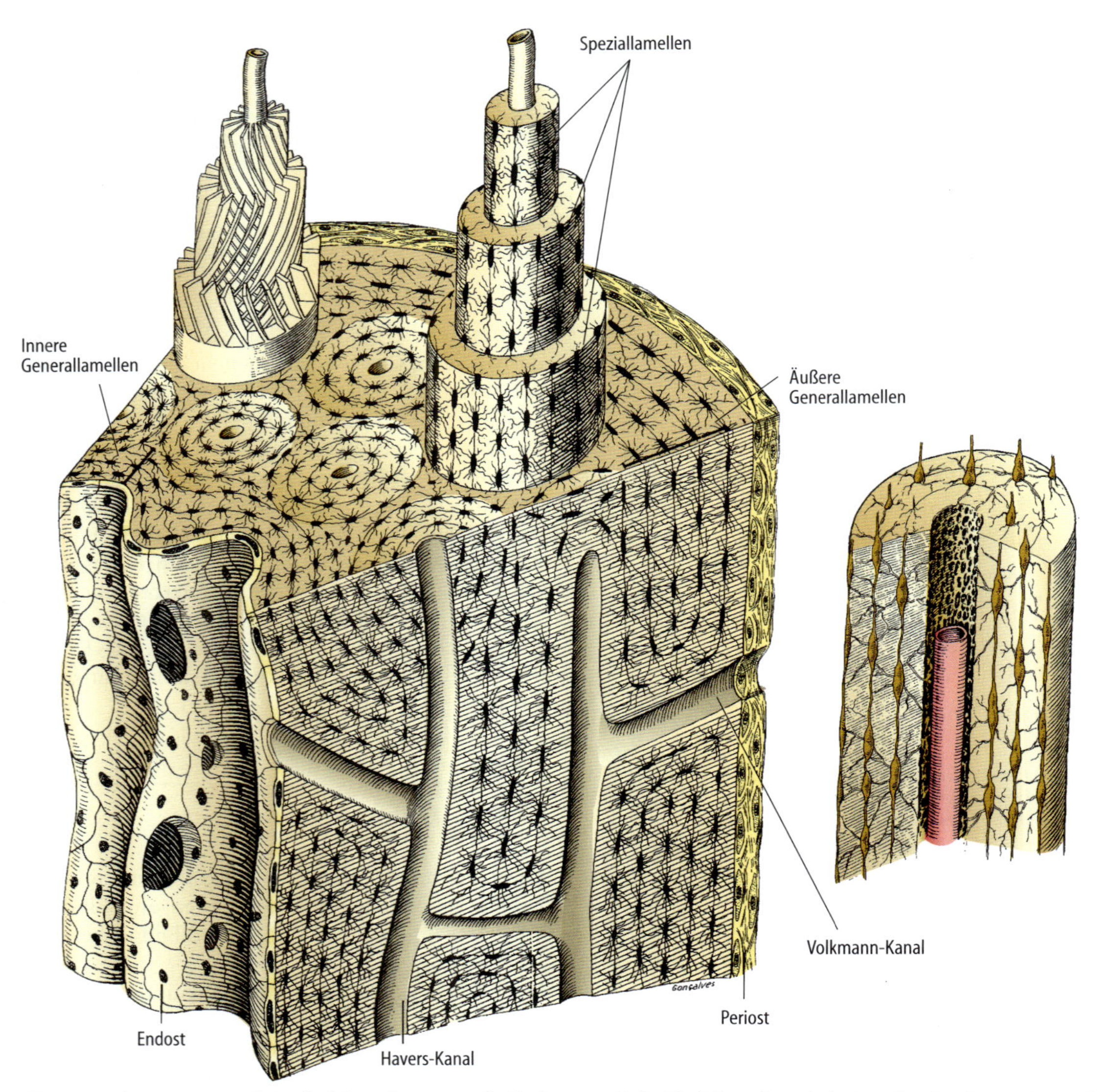

Abb. 7.7. Zeichnung eines Ausschnitts der Substantia compacta der Diaphyse eines Röhrenknochens. Die Osteone sind aus Speziallamellen aufgebaut, dazwischen befinden sich Schaltlamellen. Die äußeren Generallamellen grenzen an das Periost, die inneren an das Endost. *Oben links* ist der scherengitterartige Verlauf der Kollagenfasern in den Lamellen eines Osteons dargestellt. *Rechts* ist ein Osteon bei stärkerer Vergrößerung dargestellt, so dass die Osteozyten und das zentrale Blutgefäß deutlich werden. (Aus Junqueira et al. 1996)

7.4 Knochenarten

Vorkommen▸ Histologisch kann man ***Geflechtknochen*** und ***Lamellenknochen*** unterscheiden. Geflechtknochen tritt nur während der Knochenentwicklung sowie bei der Frakturheilung und anderen Reparaturprozessen auf. Das Skelett des Erwachsenen ist hauptsächlich aus Lamellenknochen aufgebaut.

7.4.1 Geflechtknochen

Geflechtknochen (auch Primärknochen genannt) tritt bei der Knochenneubildung auf. Er wird bei Erwachsenen fast überall durch Lamellenknochen (Sekundärknochen) ersetzt. Ausnahmen sind die Suturen der platten Schädelknochen, die Alveolen der Zähne (s. Kap. 14.3.2) und die Ansatzstellen mancher Sehnen. Der Geflechtknochen unterscheidet sich vom Lamellenknochen durch einen geringeren Mineralgehalt, weshalb er stärker durchlässig für Röntgenstrahlen ist. Außerdem ist er durch eine zufällige Anordnung der Kollagenfibrillen charakterisiert, ganz im Gegensatz zu deren regelmäßiger Anordnung im Lamellenknochen.

7.4.2 Lamellenknochen

Übersicht▸ Makroskopisch kann man auf einem Querschnitt durch einen Röhrenknochen eine äußere kompakte Schicht, die ***Substantia compacta***, von Gebieten mit zahlreichen untereinander verbundenen Höhlen, die ***Substantia spongiosa***, unterscheiden (👁 Abb. 7.8). Unter dem Mikroskop jedoch weisen Compacta und das schwammartige Balkenwerk der Spongiosa die Struktur des Lamellenknochens auf (👁 Abb. 7.7, 7.9, 7.10). Die verbreiterten Enden von langen Röhrenknochen, die sog. ***Epiphysen*** (gr. *epiphysis*, Auswuchs), bestehen hauptsächlich aus Spongiosa, die von einer dünnen Schicht aus Substantia compacta überzogen ist. Außerdem besitzen die Epiphysen auf den Gelenkflächen hyalinen Knorpel. Der Knochenschaft, die ***Diaphyse*** (gr. *diaphysis*, das, was dazwischen wächst) besteht fast vollständig aus Compacta und etwas Spongiosa an der inneren Oberfläche, die die Knochenmarkshöhle umgibt (👁 Abb. 7.13). Die Räume zwischen den Trabekeln der Spongiosa und die Markhöhlen in

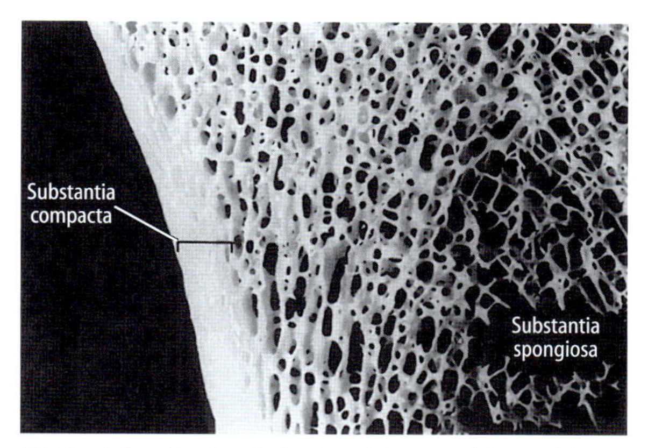

Abb. 7.8. Aufbau eines Lamellenknochens in Lupenvergrößerung. Außen ist die Substantia compacta und innen die Substantia spongiosa zu erkennen, zwischen deren schwammartigen Bälkchen sich normalerweise Knochenmark befindet. (Aus Junqueira et al. 1998)

den Diaphysen der Röhrenknochen enthalten das ***Knochenmark***, von dem es zwei Arten gibt: ***rotes Knochenmark***, in dem die Blutzellen gebildet werden (s. Kap. 12) und ***gelbes Knochenmark***, das hauptsächlich aus Fett besteht.

Osteone und Lamellen▸ Im Lamellenknochen des Erwachsenen bilden Kollagenfasern und Matrix 3-7 µm dicke ***Lamellen***, die in Schichten konzentrisch um einen zentralen Kanal angeordnet sind. Dieser wird als ***Havers-Kanal*** bezeichnet und zusammen mit den Lamellen als ***Havers-System*** oder ***Osteon*** (👁 Abb. 7.7, 7.9 und 7.10). Osteone sind also die Baueinheiten des Lamellenknochens. Die Osteozyten befinden sich zwischen und gelegentlich in den Lamellen. Innerhalb einer Lamelle verlaufen die Fasern parallel zueinander und winden sich um den Havers-Kanal. Die Verlaufsrichtung der Fasern wechselt von Lamelle zu Lamelle, so daß sich Fasern benachbarter Lamellen annähernd im rechten Winkel schneiden (👁 Abb. 7.7).

Jedes ***Osteon*** ist ein langer, sich oft aufgabelnder Zylinder, der entlang der Längsachse der Diaphyse verläuft. Jeder Kanal enthält nutritive Blutgefäße, Nerven und lockeres Bindegewebe. Jedes Osteon wird von mineralisierter Matrix umgeben, die aus wenig Kollagenfasern besteht und als ***Zement*** bezeichnet wird (👁 Abb. 7.9). Die Havers-Kanäle kommunizieren mit der Knochenmarkshöhle, dem Periost und untereinander mit Hilfe von meist schräg verlaufenden ***Volkmann-Kanälen*** (👁 Abb. 7.7). Diese haben keine konzentrischen Lamellen, sondern perforieren die der Osteone.

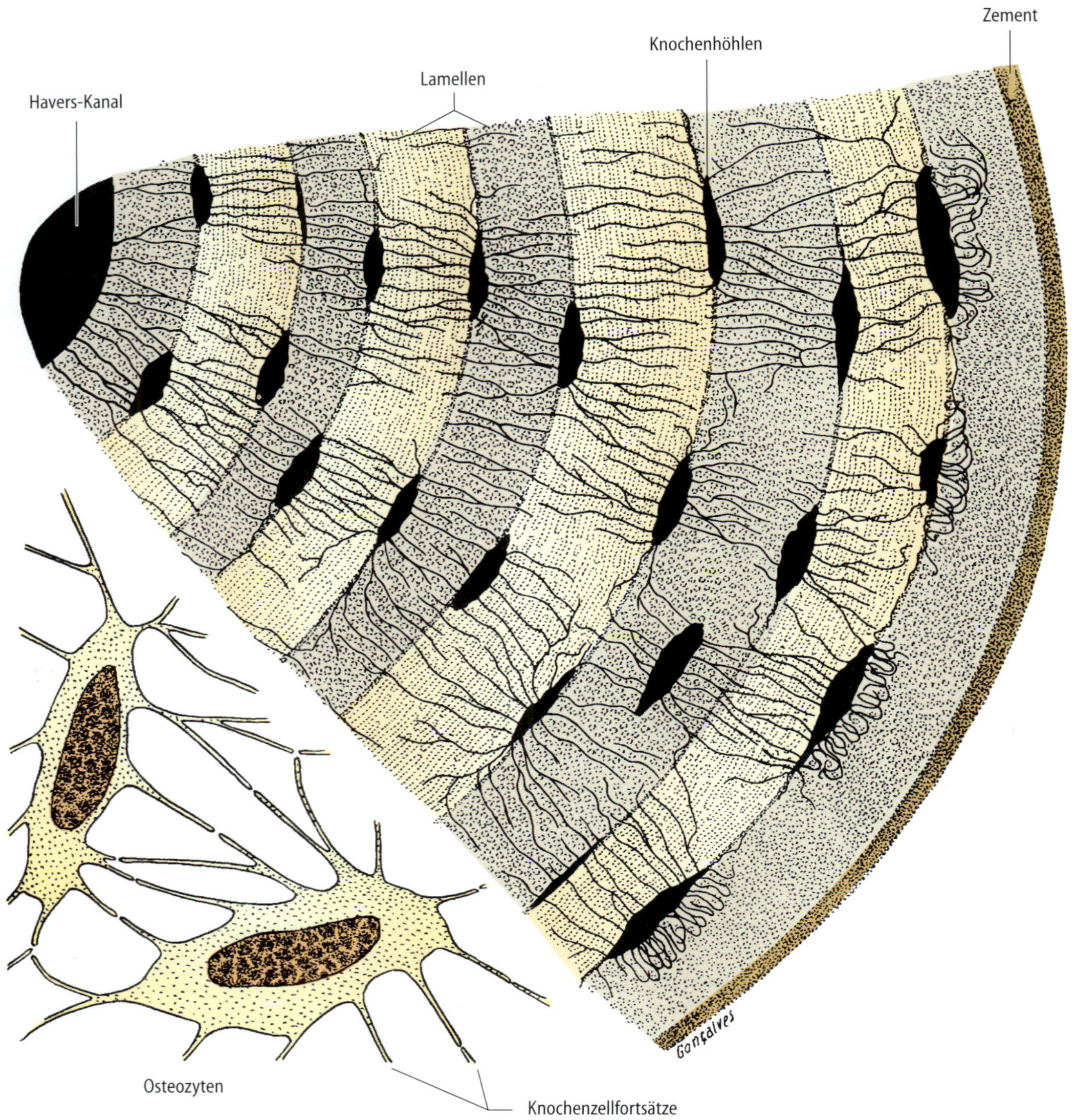

Abb. 7.9. Zeichnung von zwei Osteozyten (*links unten* mit ihren Fortsätzen) und einem Teil eines Osteons. In den Lakunen zwischen den Lamellen befinden sich die Zellkörper der Osteozyten, in den Kanalikuli deren Fortsätze. Die Lamellen umschließen konzentrisch den Havers-Kanal des Osteons. (Aus Junqueira et al. 1996)

In der Compacta zeigen die Lamellen eine typische Organisation bestehend aus ***Havers-Systemen, äußeren*** und ***inneren Generallamellen*** sowie ***Schaltlamellen*** (👁 Abb. 7.7). Während des Wachstums – und auch im erwachsenen Zustand – unterliegt der Knochen ständigen Um- und Abbauvorgängen, so dass man oft Osteone mit nur wenigen Lamellen und einem großen Zentralkanal sieht. Innere und äußere Generallamellen finden sich um die Markhöhle und unmittelbar unter dem Periost. Sie zeigen einen annähernd kreisförmigen Verlauf mit der Markhöhle als Mittelpunkt. Die Zahl der äußeren Generallamellen übersteigt die der inneren (👁 Abb. 7.7). Zwischen den inneren und äußeren Generallamellen finden sich zahlreiche Osteone und oft ir-

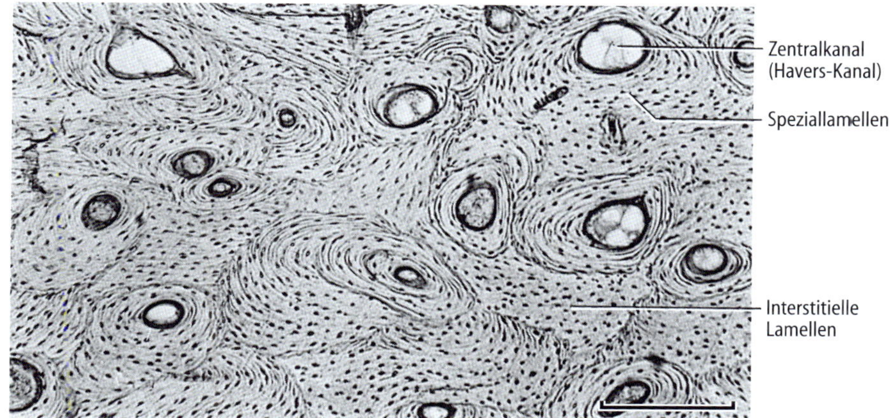

Abb. 7.10. Querschnitt durch die Substantia compacta eines Röhrenknochens. Es sind mehrere Osteone (mit Speziallamellen) sichtbar und dazwischen interstitielle Lamellen (Schaltlamellen). Balken = 100 μm. (Aus Junqueira et al. 1996)

regulär geformte Gruppen von Lamellen, die so genannten ***Schaltlamellen.*** Diese Strukturen stellen übrig gebliebene Lamellen eines Havers-Systems dar, das im Zuge von Umbauprozessen abgebaut worden ist (Abb. 7.10 und 7.11).

7.5 Knochenentwicklung

Übersicht▸ Knochen kann auf zwei Arten entstehen: durch ***Mineralisierung*** der von den Osteoblasten sezernierten Matrix (= ***desmale oder direkte Ossifikation***) oder durch den Ersatz von Knorpelmatrix (= ***enchondrale oder indirekte Ossifikation***). Bei beiden Prozessen tritt zunächst Geflechtknochen auf (s. Kap. 7.4.1), der jedoch bald durch Lamellenknochen (s. Kap. 7.4.2) ersetzt wird. Während der Wachstumsphase können

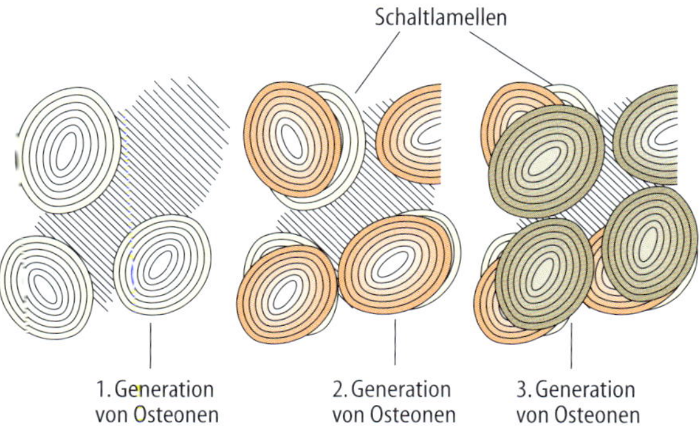

Abb. 7.11. Schema zur Neubildung von Knochen in der Substantia compacta einer Diaphyse. Es sind drei Generationen von Osteonen dargestellt. Schaltlamellen sind Überbleibsel früherer Generationen von Osteonen. (Aus Junqueira et al. 1996)

Geflechtknochen, Resorptionszonen und Lamellenknochen nebeneinander vorkommen. Diese Kombination von Knochenauf- und -abbau ***(Remodeling)*** findet das ganze Leben hindurch statt. Allerdings überwiegt der Aufbau während des Wachstums.

Desmale Ossifikation▸ Bei der desmalen Ossifkation kommt es zunächst zu Verdichtungen mesenchymalen Gewebes. Die parietalen und frontalen Schädelknochen entstehen auf diese Weise genauso wie Teile der okzipitalen und temporalen Knochen sowie Mandibula und Maxilla.

Der Startpunkt der Knochenneubildung in der mesenchymalen Verdichtungszone wird als ***primäres Ossifikationszentrum*** bezeichnet. Zu Beginn wandeln sich Gruppen von mesenchymalen Zellen in Osteoblasten um. Knochenmatrix wird produziert und verkalkt anschließend, was zur Einkapselung einiger Osteoblasten und damit zur Bildung von Bälkchen von Geflechtknochen führt (Abb. 7.12). Mehrere solcher Vorgänge finden fast gleichzeitig im Ossifikationszentrum statt. Zwischen die Bälkchen des Geflechtknochens wachsen Blutgefäße ein. Außerdem differenzieren sich hier Mesenchymzellen in Knochenmarkszellen.

Weitere Zellen der mesenchymalen Verdichtungszone teilen sich und differenzieren sich zu Osteoblasten, die für das fortlaufende Wachstum des Ossifikationszentrums verantwortlich sind. Die Ossifikationszentren eines Knochens verschmelzen schließlich, wodurch sie das ursprüngliche Bindegewebe ersetzen. Bei den Fontanellen von Neugeborenen handelt es sich um noch nicht verknöchertes Bindegewebe.

Bei platten Schädelknochen überwiegt vor allem nach der Geburt die Knochenneubildung den Knochenabbau sowohl an der inneren als auch an der äuße-

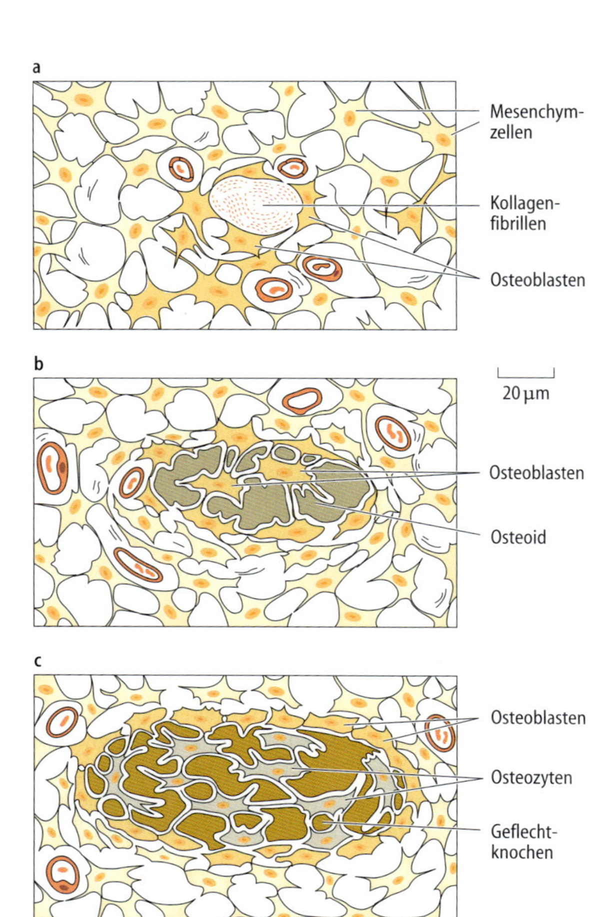

Abb. 7.12 a–c. Beginn der desmalen Knochenbildung. **a** Aus mesenchymalen Zellen differenzieren sich Osteoblasten, **b** die Kollagen und Osteoid produzieren. **c** Nach Mineralisation der extrazellulären Matrix entsteht Geflechtknochen. (Aus Junqueira et al. 1996)

ren Oberfläche. Dadurch entstehen zwei Compacta-Schichten (Lamina interna und Lamina externa), während dazwischen Spongiosa (Diploë) bestehen bleibt.

Enchondrale und desmale Ossifikation bei der Entwicklung von Röhrenknochen ▸ Ausgehend von einer Mesenchymverdichtung entsteht zunächst ein Modell des zu bildenden Knochens aus hyalinem Knorpel. Dieses verknöchert anschließend wie nachfolgend dargestellt. Diese Art der Knochenbildung findet man hauptsächlich bei kurzen und langen Röhrenknochen (Abb. 7.13).

- Bei der ***enchondralen Ossifikation*** kann man zwei Phasen unterscheiden: In der ersten Phase hypertrophieren die Chondrozyten des Modells, gehen anschließend zu Grunde und lassen Lakunen zurück. Die übrig gebliebene Knorpelmatrix wird von Osteoklasten abgebaut oder verkalkt. In der zweiten Phase dringen mit Blutkapillaren Stammzellen in die Räume ein, die von den Chondrozyten hinterlassen wurden. Aus den mesenchymalen Stammzellen entwickeln sich Osteoblasten, die die Knorpelreste mit Knochenmatrix überziehen (Abb. 7.13).
- Röhrenknochen entstehen aus Knorpelmodellen mit Auftreibungen ***(Epiphysen)*** an jedem Ende des zylinderförmigen Schafts ***(Diaphyse)***. Zuallererst bildet sich durch ***desmale Ossifikation*** Knochengewebe innerhalb des Perichondriums, das die Diaphyse umgibt (Abb. 7.13). Dadurch entsteht ein hohler Knochenzylinder, der den Knorpel umgibt, die ***Knochenmanschette***. Von diesem Zeitpunkt an wird das Perichondrium als ***Periost*** bezeichnet, da es den neu gebildeten Knochen bedeckt. Innerhalb der Knochenmanschette sterben die Chondrozyten ab und die übrig gebliebene Matrix ***verkalkt***.
- Blutgefäße dringen durch die Knochenmanschette in die verkalkte Knorpelmatrix ein. Mesenchymale Stammzellen lassen sich neben den Blutgefäßen nieder und differenzieren sich zu Osteoblasten. Diese besiedeln die verkalkte Knorpelmatrix und beginnen mit der Synthese von Knochenmatrix. Somit kommt es an den Überresten des verkalkten Knorpels zur Bildung von ***Geflechtknochen*** (Abb. 7.13).
- Mesenchymale Stammzellen gelangen über eingesprosste Blutgefäße in den sich aufbauenden Knochen. In histologischen Schnitten weist verkalkter Knorpel eine Basophilie auf, weshalb man ihn vom darübergelegenen azidophilen Knochengewebe unterscheiden kann. Mit fortlaufender Entwicklung der Knochenmatrix werden Reste des verkalkten Knorpels von vielkernigen Riesenzellen, den Osteoklasten, resorbiert.
- In der Diaphyse wächst die periostale Knochenmanschette in Richtung der Epiphysen. Gleichzeitig bauen Osteoklasten Material im Zentrum des Knochens ab, so dass die Knochenmarkshöhle entsteht. Diese dehnt sich in Richtung der Epiphysen aus, während die Verknöcherung im Diaphysenbereich des Modells fortschreitet und schließlich abgeschlossen wird.
- In späteren Stadien der Entwicklung entstehen durch ***enchondrale Ossifikation sekundäre Ossifikationszentren*** (Abb. 7.13) im Zentrum der Epiphysen. Diese entwickeln sich nicht gleichzeitig. Sie

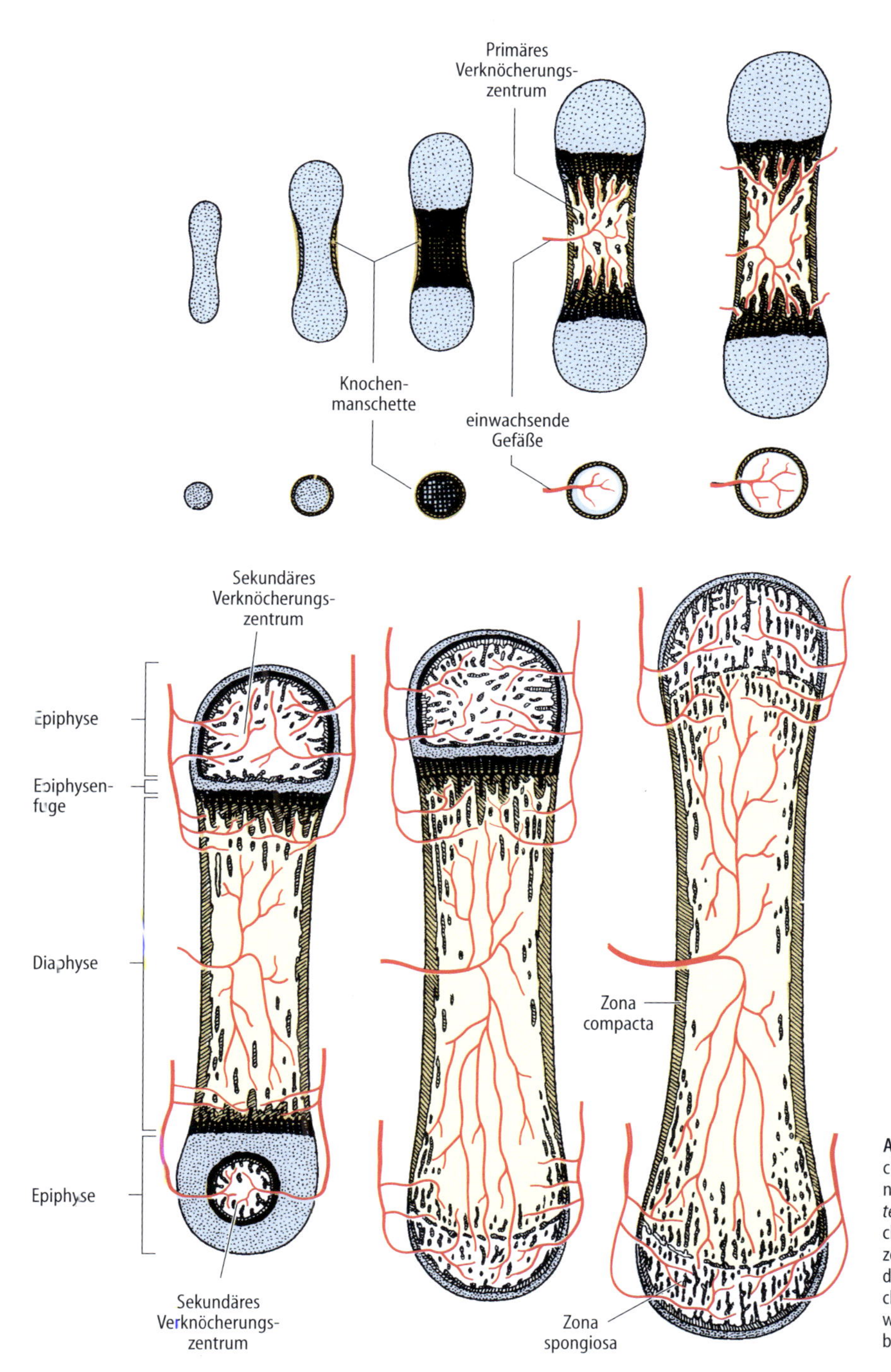

Abb. 7.13. Bildung eines Röhrenknochens aus einem Knorpelmodell. Der hyaline Knorpel des Knorpelmodells ist *gepunktet*, verkalkter Knorpel *schwarz* und Knochengewebe *schraffiert*. Die mittlere Reihe zeigt Querschnitte durch die Schaftmitte der in der oberen Reihe dargestellten Knochen. Die verschiedenen Stadien der Entwicklung sind im Text zusammenhängend beschrieben. (Aus Junqueira et al. 1996)

wachsen radiär. Anschließend bleibt im Röhrenknochen nur noch an zwei Stellen Knorpel übrig: ***Gelenkknorpel***, der das ganze Leben bestehen bleibt und nicht zur Knochenbildung beiträgt, da er nicht von Perichondrium umgeben ist, und ***Epiphysenknorpel***, auch ***Epiphysenfuge (oder -platte)*** genannt, der Epi- und Diaphyse miteinander verbindet (Abb. 7.13). Gegen Ende des Wachstums wird die Epiphysenfuge zunehmend durch neue Knochenmatrix ersetzt und damit geschlossen. Nach Verschluss der Epiphysenfugen findet kein Längenwachstum des Knochens mehr statt.

Aufbau der Epiphysenfuge▸ In der Epiphysenfuge kann man 5 Zonen unterscheiden (Abb. 7.14):

- Die ***Reservezone*** besteht aus hyalinem Knorpel ohne morphologische Veränderungen der Zellen.
- In der ***Proliferationszone*** teilen sich Chondrozyten sehr rasch und bilden Säulen (isogene Gruppen) von gestapelten Zellen, den so genannten ***Säulenknorpel***.
- Die ***hypertrophe Knorpelzone*** enthält große Chondrozyten, in deren Zytoplasma gehäuft Glykogen vorkommt (= ***Blasenknorpel***).
- In der ***verkalkten Knorpelzone*** gehen die Chondrozyten durch Apoptose (s. Kap. 2.5) zu Grunde und die Knorpelmatrix verkalkt.
- In der ***Verknöcherungszone*** findet enchondrale Ossifikation statt. Stammzellen wandern mit Blutkapillaren ein und besetzen die Lakunen, die von den Chondrozyten zurückgelassen worden sind. Sie differenzieren sich zu Osteoblasten und verteilen sich auf der Knorpelmatrix und bilden Knochenmatrix. Die Knochenmatrix verkalkt und einige Osteoblasten werden als Osteozyten eingemauert. Dadurch entstehen zunächst ***Knochenbälkchen*** mit einem Zentrum aus verkalktem Knorpel und einer oberflächlichen Schicht aus Geflechtknochen (Abb. 7.15).

Zusammenfassung▸ Das Längenwachstum eines Röhrenknochens beruht auf der Proliferation von Chondroblasten in der Epiphysenfuge. Diese werden, wie ihre extrazelluläre Matrix, fortwährend von beiden Seiten durch Knochengewebe ersetzt. Der Schluss der Epiphysenfuge und der Abschluss des Längenwachstums sind erreicht, wenn bei der Hormonumstellung während der Pubertät die Proliferation der Chondroblasten schwindet.

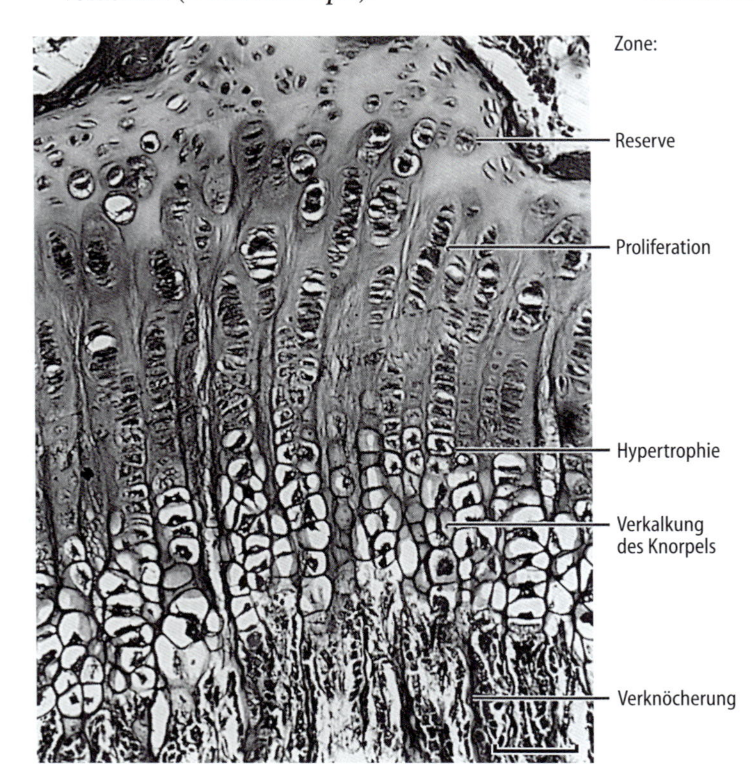

Abb. 7.14. Längsschnitt durch eine Epiphysenfuge in der die für das Wachstum wichtigen Zonen markiert sind (HE Färbung). Balken = 100 µm. (Aus Junqueira et al. 1998)

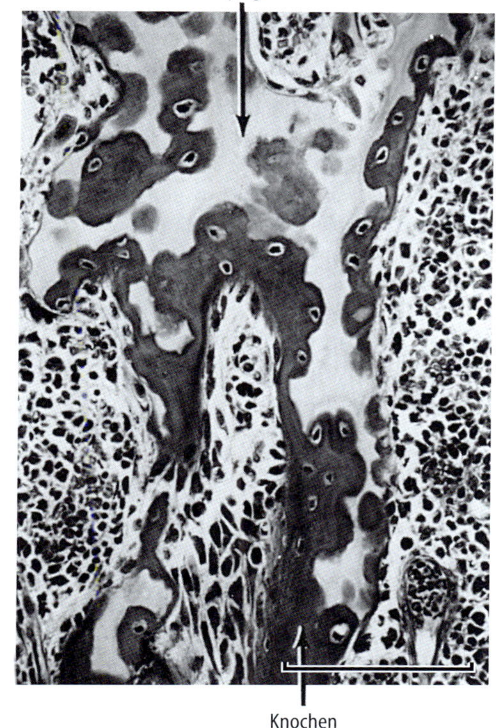

Abb. 7.15. Vergrößerung aus der Verknöcherungszone der Epiphysenfuge eines Fingerknochens eines menschlichen Fetus. Auf der Oberfläche vorhandener Knorpelreste wurde dunkel dargestellter Geflechtknochen abgelagert, der bereits Osteozyten enthält. Balken = 100 μm. (Aus Junqueira et al. 1996)

7.6 Knochenwachstum und -umbau

Beim Wachstum überwiegt der Aufbau den Abbau von Knochengewebe. Der Knochenumbau (sog. ***Turnover***) ist bei Kindern bis zu 200-mal schneller als bei Erwachsenen. Er wird durch verschiedene Faktoren wie Druck und Spannung durch Muskelkontraktion, Körperbewegungen, Hormone und Wachstumsfaktoren reguliert. Die Wirkung letzterer ist noch nicht vollständig geklärt. Sie werden teilweise lokal gebildet und wirken somit parakrin (s. unten).

Schädelknochen wachsen hauptsächlich dadurch, dass das Periost Knochengewebe zwischen den Suturen und auf der äußeren Knochenoberfläche bildet. Gleichzeitig findet auf der Innenseite Resorption statt. Dadurch passt sich der Knochen dem Wachstum des Gehirns an. Wenn sich das Gehirn nicht vollständig entwickelt, bleibt auch der Schädel klein.

Klinik

Beim Krankheitsbild des ***Hydrozephalus***, das durch eine übergroße Ansammlung von Liquor und Dilatation der Ventrikel gekennzeichnet ist, nimmt der knöcherne Schädel eine abnorm große Form an.

Das Wachstum der **Röhrenknochen** ist ein komplexer Vorgang (s. oben). Die Epiphysen werden auf Grund des radiären Wachstums des Knorpels größer, gefolgt von der enchondralen Ossifikation, wodurch der spongiöse Anteil der Epiphyse zunimmt. Die Diaphyse besteht anfangs aus einem Knochenzylinder. Der diaphysäre Schaft wächst hauptsächlich auf Grund der osteogenen Aktivität der Epiphysenfuge in die Länge und auf Grund der Knochenbildung des Periosts auf der äußeren Oberfläche der Knochenmanschette in die Breite. Gleichzeitig wird auf der Innenseite Knochengewebe entfernt, wodurch der Durchmesser der Knochenmarkshöhle größer wird (Abb. 7.13).

Vereinfacht gesagt, bewirken die Vorgänge in den Epiphysenfugen ein Längenwachstum der Röhrenknochen, und die Knochenbildung des Periosts ein Dickenwachstum. Sobald der Knorpel der Epiphysenfugen aufhört zu wachsen, wird er durch Knochen ersetzt. Der Schluss der Epiphysenfugen der einzelnen Knochen erfolgt in einer ganz bestimmten Reihenfolge und ist etwa mit dem 20. Lebensjahr abgeschlossen. Sind die Epiphysen verschlossen, dann ist kein Längenwachstum möglich, eine Zunahme an Dicke hingegen schon (s. unten, Wirkung von Wachstumshormon auf den Knochen und Kap. 19.2.1).

Klinik

Auf Röntgenaufnahmen kann man auf Grund des Zustandes der einzelnen Epiphysenfugen und des Auftretens der Ossifikationskerne in den Epiphysen und Handwurzelknochen auf das „Knochenalter" eines jungen Menschen schließen.

7.7 Frakturheilung

Klinik

Bei einem Knochenbruch wird Knochenmatrix zerstört und die Knochenzellen in diesem Bereich gehen zu Grunde. Aus den beschädigten Blutgefäßen tritt Blut aus, was zur Bildung von Blutgerinnseln führt. Diese, abgestorbene Knochenzellen und zerstörte Knochenmatrix werden zuerst von Makrophagen abgeräumt. Periost und Endost im Frakturareal reagieren mit intensiver Proliferation von Vorläuferzellen der Osteoblasten. Mit Blutgefäßen wandern mesenchymale Stammzellen ein. Neues Gewebe bildet sich, das die Bruchstelle umgibt, zwischen die Frakturenden der Knochen hineinwächst und Geflechtknochen durch desmale Ossifikation aufbaut (Abb. 7.16). In der Reparaturzone entwickeln sich auch einige Chondroblasten, deren enchondrale Ossifikation zur Bildung von Geflechtknochen führt. Deshalb treten bei Frakturen Knorpelgewebe, enchondrale und desmale Ossifikation gleichzeitig auf. Im weiteren Verlauf des Heilungsprozesses verbinden die unregelmäßig angeordneten Trabekel des Geflechtknochens die Frakturenden und bilden somit den so genannten ***Kallus*** (Abb. 7.16). Dieser wird anschließend infolge der Belastung des Knochens umgebaut und schrittweise durch Lamellenknochen ersetzt, wobei die ursprüngliche Struktur des Knochens weitgehend wiederhergestellt wird.

7.8 Funktionen des Knochens

7.8.1 Stütz- und Schutzfunktion

Knochen bauen das Skelett auf, das das Gewicht des Körpers trägt. Skelettmuskeln setzen über Sehnen an Knochen an, die als Hebelsystem dienen. Knochen schützen das Zentralnervensystem (das von Schädel und Rückenmarkskanal umgeben ist), das Knochenmark und die Thoraxorgane. Trotz ihrer Härte können sich Knochen in Struktur und Form den verschiedenen Belastungen anpassen. Diese Umbaufähigkeit ***(Plastizität)*** gilt für alle Knochen.

Klinik

Zum Beispiel kann die Lage der Zähne in den Kiefern durch Druckausübung von außen durch eine Zahnspange modifiziert werden: Knochen wird dort aufgebaut, wo er unter Zug steht, auf der Gegenseite, wo er unter Druck gesetzt wird, kommt es zum Abbau. Deshalb können Zähne im Kiefer durch den strukturellen Umbau der Alveolarknochen bewegt werden (s. Kap. 14.3.2).

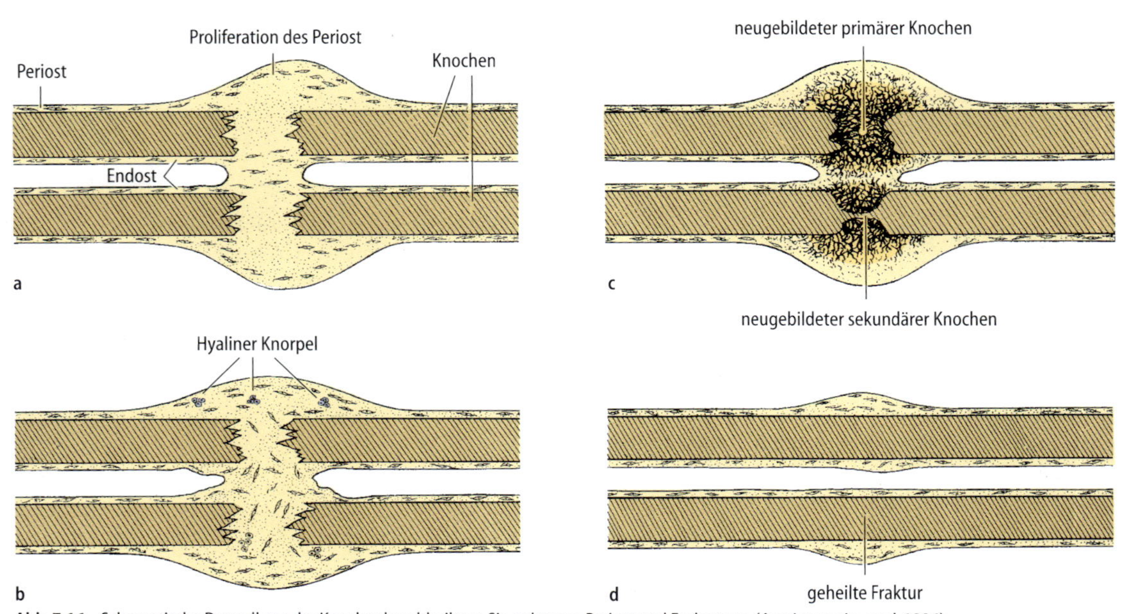

Abb. 7.16. Schematische Darstellung der Knochenbruchheilung. Sie geht vom Periost und Endost aus. (Aus Junqueira et al. 1996)

7.8.2 Kalziumspeicher

Mit der Nahrung aufgenommenes Kalzium wird entweder im Knochen gespeichert oder über Kot oder Urin ausgeschieden. Etwa 99 % des gesamten Kalziums des menschlichen Körpers sind im Skelett gespeichert. Die Kalziumspeicher in den Knochen werden dann mobilisiert, wenn die Kalziumkonzentration im Blut abfällt. Dadurch wird die Konzentration an freiem (ungebundenem) Kalzium im Blut und im Extrazellulärraum in etwa konstant gehalten (ca. 1,25 mM). Diese Homöostase wird kurzfristig durch Hormone reguliert.

Bei der **Freisetzung von Kalzium** wird es hauptsächlich aus der Substantia spongiosa (trabekulärer Knochen) aus Hydroxyapatitkristallen gelöst und dann aus dem Interstitium in das Blut abgegeben. Außer diesem physikalischen Vorgang bestimmen Hormone, die auf die Knochenzellen wirken, die Aufnahme und Freisetzung von Kalzium aus dem Knochen.

Rezeptoren für das ***Parathormon*** aus der Nebenschilddrüse, für ***Vitamin D3, Zytokine*** und ***Wachstumsfaktoren*** befinden sich auf den Osteoblasten. Diese wiederum produzieren Faktoren, die die Proliferation und Differenzierung von Osteoklasten steigern. Dabei handelt es sich um ***Zytokine*** wie Interleukin 1, 6 und 11 sowie TNF-α. Die Osteoklasten bauen dann den Knochen ab und setzen dabei Kalzium frei.

Klinik

Eine Entkalkung des Knochens kann auch durch exzessive Produktion von Parathormon (z. B. Hyperparathyreoidismus) verursacht werden, welches zu erhöhter Osteoklastenaktivität und damit zu starkem Knochenabbau, Erhöhung der Kalzium- und Phosphatspiegel im Blut und abnormaler Kalziumablagerung in verschiedenen Organen, v. a. Nieren und Arterienwänden, führt.

Das Hormon ***Kalzitonin***, das von den parafollikulären C-Zellen der Schilddrüse produziert wird, wirkt über einen Rezeptor hemmend auf die Osteoklastenaktivität und unterbindet somit den Knochenabbau und damit die Freisetzung von Kalzium.

Auch ***Östrogene*** wirken indirekt (ähnlich wie oben für Parathormon und Vitamin D3 geschildert), d. h. über die Osteoblasten, hemmend auf die Osteoklasten.

Klinik

Der Abfall des Östrogenspiegels bei Frauen nach der Menopause kann daher zu einer starken Verminderung der Knochendichte (Knochenmasse, -struktur und -funktion) führen. Dies wird als **Osteoporose** bezeichnet. Folgen sind häufige Frakturen (z. B. des Schenkelhalses oder von Wirbeln). Männer können mit zunehmendem Alter ebenfalls an Osteoporose erkranken. Auch im Rahmen von endokrinologischen Krankheiten, die die oben genannten Hormone betreffen oder bei der Therapie mit Hormonen, kann sich der Knochenabbau verstärken.

Vor allem während der Wachstumsphase ist der Knochen auf die Zufuhr genügender Mengen an Nährstoffen angewiesen. Unzureichende Proteinaufnahme bewirkt einen ***Mangel an Aminosäuren*** und führt zu einer geringeren Kollagensynthese der Osteoblasten. Ein ***Mangel an Kalzium*** zieht eine unvollständige Verkalkung der organischen Knochenmatrix nach sich. Er kann entweder durch mangelnde Zufuhr über die Nahrung, durch einen erhöhten Bedarf (in der Schwangerschaft) oder einen Mangel an ***Vitamin D*** hervorgerufen werden. Dieses Vitamin wird bei der Resorption von Kalzium und Phosphat im Dünndarm benötigt.

Klinik

Bei Mangel an Vitamin D entsteht bei Kindern **Rachitis,** eine Krankheit, bei der die Knochenmatrix der Wachstumsfuge nicht normal verkalkt, die Knochen langsamer wachsen und der normalen Belastung (Körpergewicht, Muskelaktivität) nicht standhalten. Ein weiteres Vitamin, das direkten Einfluss auf den Knochen hat, ist Vitamin C, das zur Hydroxylierung von Prolin bei der Kollagensynthese benötigt wird (s. Kap. 4). Mangel an Vitamin C stört das Knochenwachstum und behindert die Frakturheilung durch Ablagerung veränderten Kollagens. Glukokortikoide hemmen die Biosynthese von Kollagen und damit ebenfalls die Wund- und Frakturheilung.

Das von der Adenohypophyse produzierte ***Wachstumshormon*** stimuliert über IGF-1 aus der Leber unter anderem das Knochenwachstum (s. Kap. 19). Bei Mangel des Hormons während der Wachstumsjahre resultiert ***hypophysärer Zwergwuchs***, bei Überschuss so genannter ***Riesenwuchs***. Bei Erwachsenen mit geschlossenen Epiphysenfugen führt eine Überproduktion an Wachstumshormon (z. B. durch einen Hypophysentumor) zur **Akromegalie** (s. Kap. 19.2.1), bei der die langen Röhrenknochen sehr dick werden.

Sowohl männliche *(Androgene)* als auch weibliche *(Östrogene)* Geschlechtshormone haben vielfältige Effekte auf den Knochen. Im Allgemeinen stimulieren sie den Aufbau von Knochensubstanz, sie beeinflussen das Auftreten und die Entwicklung von Ossifikationszentren und beschleunigen den Schluss der Epiphysenfugen.

Klinik

Eine vorzeitige Geschlechtsreife, hervorgerufen durch Sexualhormon produzierende Tumoren oder durch die Verabreichung dieser Hormone, verlangsamt das Körperwachstum, da der Epiphysenknorpel schnell durch Knochen ersetzt wird (vorzeitiger Epiphysenschluss). Bei Hormonmangel durch Kastration oder abnormaler Entwicklung der Gonaden wird der Epiphysenschluss verzögert, was zu einer großen Statur führt. Mangel an Schilddrüsenhormonen in der Kindheit ***(Kretinismus)*** ist mit Zwergwuchs verbunden (s. Kap. 20).

Knochentumoren► Knochentumoren sind selten (0,5 % aller durch Krebs verursachten Todesfälle). Gutartige werden als Osteoblastom bzw. Osteoklastom, und bösartige als Osteosarkom bezeichnet. Neben den Tumoren, die sich von Knochenzellen ableiten, ist das Skelett oft der Sitz von Metastasen maligner Tumoren anderer Organe. Knochenmetastasen kommen am häufigsten bei Brust-, Lungen-, Prostata-, Nieren-, und Schilddrüsenkarzinomen vor.

Nervengewebe und Nervensystem

8.1	**Entwicklung**	**109**
8.2	**Nervenzellen (Neurone)**	**109**
8.2.1	Nervenzellkörper (Perikaryon)	112
8.2.2	Dendriten und Axone	112
8.2.3	Signalübertragung an Synapsen	114
8.2.4	Membranpotenzial	116
8.2.5	Molekulare Grundlagen der synaptischen Signalübertragung	117
8.3	**Gliazellen**	**119**
8.3.1	Oligodendrozyten und Schwann-Zellen	119
8.3.2	Astrozyten	121
8.3.3	Ependymzellen	123
8.3.4	Mikroglia	127
8.4	**Zentralnervensystem**	**127**
8.4.1	Kleinhirn	128
8.4.2	Großhirn	128
8.4.3	Rückenmark	131
8.4.4	Hirnhäute	133
8.4.5	Plexus choroideus und Zerebrospinalflüssigkeit	134
8.5	**Peripheres Nervensystem**	**135**
8.5.1	Periphere Nerven	135
8.5.2	Ganglien	136
8.6	**Autonomes Nervensystem**	**137**
8.6.1	Sympathisches Nervensystem	139
8.6.2	Parasympathisches Nervensystem	139
8.7	**Enterisches Nervensystem**	**139**
8.8	**Degeneration und Regeneration von Nervengewebe**	**139**
8.9	**Tumoren des Nervensystems**	**141**

Einleitung

Das Nervensystem gilt als das am kompliziertesten aufgebaute Organsystem des menschlichen Körpers. Allein die Großhirnrinde enthält mehr als 10 Milliarden *Nervenzellen (Neurone)*, die Rinde des menschlichen Kleinhirns etwa 50 Milliarden Nervenzellen. Die Funktion der Nervenzellen wird durch eine noch wesentlich größere Zahl von *Gliazellen* unterstützt. Die Körper der Nervenzellen haben typischerweise mehrere lange sich verzweigende Fortsätze, über die sie miteinander vernetzt sind. Eine Nervenzelle hat durchschnittlich mehr als 1000 Verbindungen zu anderen Nervenzellen, wodurch ein äußerst komplexes, über den gesamten Körper verteiltes Kommunikationssystem entsteht.

Nervenzellen ermöglichen die schnelle Übertragung von Informationen über große Entfernungen. Grundlage hierfür ist, dass Nervenzellen auf Reize aus ihrer Umwelt reagieren können: Sie gehören, wie z. B. auch Muskelzellen und Drüsenzellen, zur Gruppe der ***erregbaren Zellen***. Auf Reize antworten Nervenzellen mit schnellen Änderungen des elektrischen Potenzials, das zwischen der Innen- und der Außenseite ihrer Plasmamembran besteht. Diese Potenzialänderungen können lokal beschränkt bleiben, oder sie können sich über die gesamte Nervenzelle ausbreiten. Diese ***weitergeleitete Membranerregung*** nennt man ***Aktionspotenzial.*** Es kann entlang der Fortsätze über weite Strecken wandern und dient an ***Synapsen*** als Signal für die Freisetzung von ***Neurotransmittern***, die nachgeschaltete Nerven-, Muskel- oder Drüsenzellen erregen oder hemmen.

Neben Nervenzellen besteht das Nervensystem auch aus verschiedenen Typen von ***Gliazellen*** (Gr. *glia*, Kitt, Leim), die kurze Fortsätze haben. Gliazellen schützen Nervenzellen und unterstützen deren Funktion. Sie übernehmen im Zentralnervensystem auch wichtige Abwehrfunktionen.

Man kann das Nervensystem in das ***Zentralnervensystem*** und das ***periphere Nervensystem*** unterteilen. Das Zentralnervensystem besteht aus dem ***Gehirn*** und dem ***Rückenmark***; das periphere Nervensystem besteht aus ***Nervenfasern*** (d.h. Bündeln von Fortsätzen, die Neurone untereinander und mit ihren Zielzellen verbinden) und kleinen Gruppen von Nervenzellkörpern, die ***Ganglien*** genannt werden (Abb. 8.1).

Die vom Nervensystem wahrgenommene Aufnahme, Analyse und Integration von Informationen, dient zwei generellen Zielen: der Aufrechterhaltung des inneren Milieus des menschlichen Körpers (z. B. des Blutdrucks, des O_2- und CO_2-Gehalts, des pH, des Blutzuckerspiegels, und der Spiegel verschiedener Hormone) und der Steuerung des Verhaltens (z. B. Nahrungsaufnahme, Fortpflanzung, Verteidigung, soziale Interaktionen).

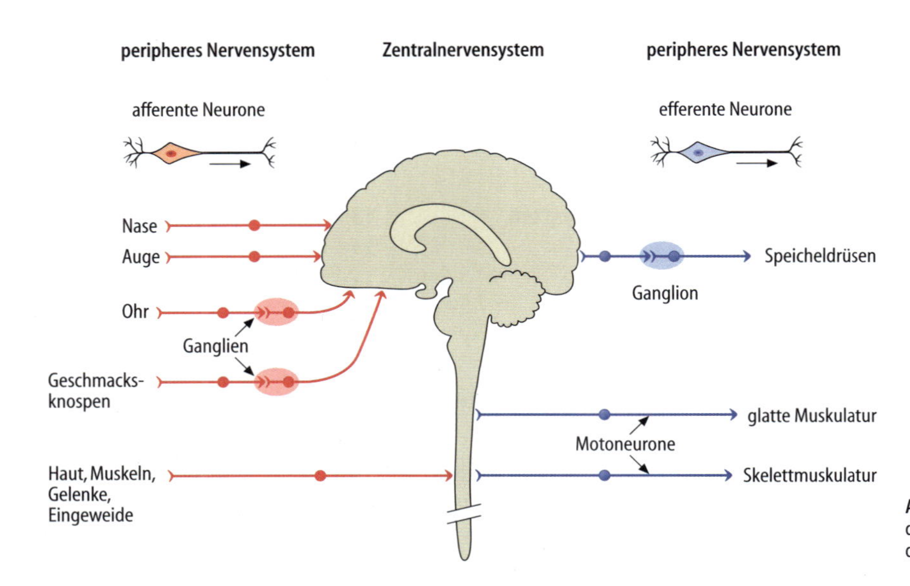

Abb. 8.1. Organisation des zentralen und des peripheren Nervensystems. (Aus Junqueira et al. 1998)

8.1 Entwicklung

Das Nervengewebe entwickelt sich aus dem embryonalen Ektoderm unter dem Einfluss des Notochords (einem in der zukünftigen Körperlängsachse entstehenden Strang des Mesoderms). Zunächst bildet sich aus dem über dem Notochord liegenden Ektoderm die ***Neuralplatte***, deren Ränder sich bald verdicken, auffalten, und so die ***Neuralrinne*** bilden. Die Ränder dieser Rinne bewegen sich aufeinander zu und verschmelzen letztendlich, wodurch das ***Neuralrohr*** entsteht. Aus dem Neuralrohr entsteht das gesamte ***Zentralnervensystem*** einschließlich aller Neurone, der Ependymzellen, der epithelialen Zellen des Plexus choroideus und der Gliazellen mit Ausnahme der Mikroglia.

Während der Bildung des Neuralrohres wandern einige Zellen aus diesem aus und kommen als ***Neuralleiste*** zunächst neben dem Neuralrohr zu liegen. Diese Neuralleistenzellen wandern dann in praktisch alle Bereiche des Körpers. Sie sind die Ausgangszellen für den größten Teil des ***peripheren Nervensystems*** sowie einer Reihe ***weiterer Strukturen***. Zu den Abkömmlingen der Neuralleistenzellen gehören die

- chromaffinen Zellen des Nebennierenmarks (s. Kap. 20.4.2)
- Melanozyten der Haut (s. Kap. 17.1)
- Odontoblasten (s. Kap. 14.3.3)
- Zellen der Pia mater und der Arachnoidea im Bereich des Vorderhirns (s. Kap. 8.4.4)
- sensiblen Nervenzellen der Hirnnerven und der sensiblen Ganglien der Spinalnerven (s. Kap. 8.5.2)
- postganglionären Nervenzellen der sympathischen und parasympathischen Ganglien (s. Kap. 8.5.2)
- Zellen des enterischen Nervensystems (s. Kap. 8.7)
- Schwann-Zellen, die periphere Axone myelinisieren (s. Kap.8.3.1)
- Satellitenzellen (Gliazellen) der peripheren Ganglien (s. Kap. 8.5.2).

8.2 Nervenzellen (Neurone)

Nervenzellen können als die kleinste unabhängige Funktionseinheit des Nervensystems verstanden werden. Ihre Aufgabe besteht in der Aufnahme, Weiterleitung und Verarbeitung von Reizen und Informationen. Die Informationsweiterleitung von Zelle zu Zelle geschieht durch die Freisetzung von Neurotransmittern an den Nervenendigungen (Synapsen). Dies führt letztendlich zur Regulation der Aktivität der nachgeschalteten (Ziel)zellen.

Aufbau▸ Morphologisch können die meisten Nervenzellen in drei Abschnitte unterteilt werden (Abb. 8.2): Vom Zellkörper gehen in der Regel ein oder mehrere

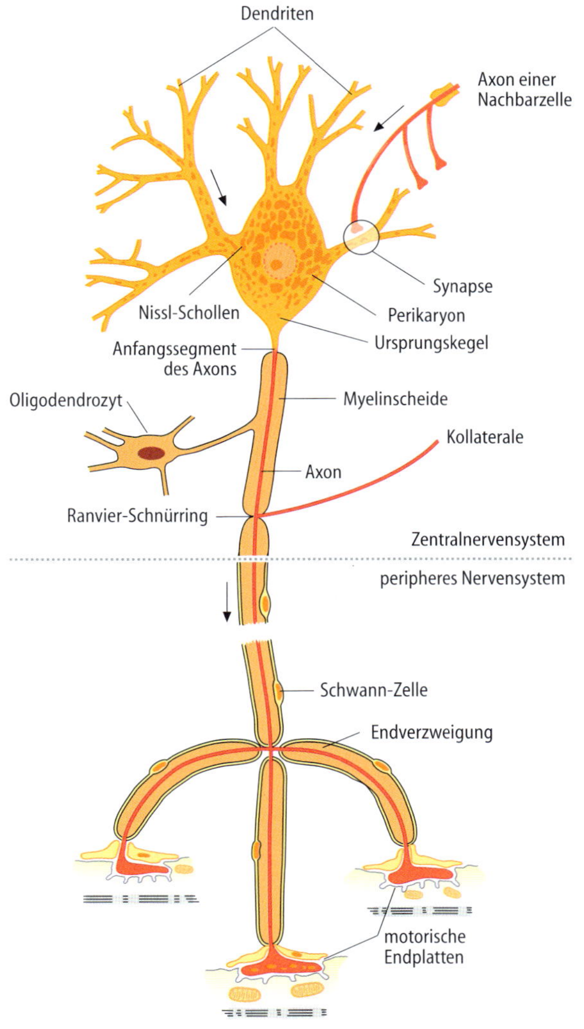

Abb. 8.2. Zeichnung einer motorischen Nervenzelle. Der Zellkörper des Neurons enthält einen außergewöhnlich großen, euchromatischen Kern mit einem gut ausgeprägten Nukleolus. Im Perikaryon und in den größeren Dendriten finden sich Nissl-Schollen (rauhes endoplasmatisches Retikulum). *Oben rechts* im Bild ist ein Axon einer anderen Nervenzelle gezeichnet, das eine Synapse an einem Dendriten bildet. Die Myelinscheide wird im Zentralnervensystem von Oligodendrozyten, im peripheren Nervensystem von Schwann-Zellen gebildet. Die *Pfeile* geben die Richtung der Impulsausbreitung im Neuron an. Beachten Sie auch die drei motorischen Endplatten an quer gestreiften Skelettmuskelfasern. (Aus Junqueira et al. 1996)

Dendriten aus. Dendriten sind lang gestreckte Fortsätze, die darauf spezialisiert sind, Reize aus der Umgebung, von Sinneszellen, oder von anderen Nervenzellen aufzunehmen. Der ***Zellkörper*** (Perikaryon, Gr. *peri*, um, herum + *karyon*, Kern) bildet das trophische Zentrum für die gesamte Zelle und dient, ebenso wie die Dendriten, der Reizaufnahme. Das ***Axon*** (Gr. *axon*, Achse) ist ein Fortsatz, über den Signale auf andere Nerven-, Muskel- oder Drüsenzellen weitergeleitet werden. Entlang des Axons werden die Signale elektrisch (in Form von Aktionspotenzialen) weitergeleitet. Der distale Anteil des Axons ist in der Regel verzweigt, was mit dem Begriff ***terminale Arborisation*** beschrieben wird. Jede dieser Aufzweigungen endet an der nachgeschalteten Zelle mit einer morphologisch erkennbaren Auftreibung, die als Bouton oder ***präsynaptisches Element*** bezeichnet wird. Es bildet zusammen mit den postsynaptischen Strukturen der Zielzelle die ***Synapse***. An Synapsen wird die Information von der Nervenzelle durch Neurotransmitter (also auf chemischem Weg) über den synaptischen Spalt hinweg auf die nachgeschalteten Zellen übertragen.

Der Zellkörper und die Fortsätze von Nervenzellen können sehr verschieden aufgebaut sein (Abb. 8.3). Der Zellkörper kann rund, oval oder mehreckig sein; einige sind sehr groß und messen bis zu 120 µm im Durchmesser – so groß, dass wir sie mit dem unbewaffneten Auge sehen können. Andere Nervenzellen wiederum gehören zu den kleinsten Zellen unseres Körpers. Die Zellkörper der so genannten Körnerzellen im Kleinhirn haben z. B. nur einen Durchmesser von 4–5 µm. Aufgrund ihrer Größe und der Form ihrer Fortsätze können die Nervenzellen einer der folgenden Kategorien zugeordnet werden (Abb. 8.3 und 8.4):

- **Multipolare Nervenzellen** sind in unserem Körper am häufigsten. Multipolare Nervenzellen haben mehr als zwei Fortsätze, von denen einer ein Axon ist, die übrigen sind Dendriten.
- **Bipolare Nervenzellen** haben nur einen Dendriten und ein Axon. Bipolare Neurone finden sich z. B. im Ganglion cochleare und vestibulare sowie in der Retina.
- **Pseudounipolare Nervenzellen** finden sich in den Spinalganglien (das sind die sensiblen Ganglien, die sich in der dorsalen Wurzel der Spinalnerven befinden). Auch in den meisten Ganglien der Hirnnerven finden sich pseudounipolare Nervenzellen. Bei pseudounipolaren Nervenzellen entspringt vom Zellkörper nur ein einziger Fortsatz, der sich dann T-förmig in zwei Äste aufzweigt. Einer dieser Fortsätze zieht in die Peripherie und dient der Reizaufnahme, der andere zieht zum Zentralnervensystem und dient der Reizweiterleitung. Sowohl der periphere als auch der zum ZNS ziehende Fortsatz pseudounipolarer Nervenzellen ist auf Grund seiner morphologischen und funktionellen Eigenschaften als Axon zu bezeichnen. Nur das distale Ende des peripheren Fortsatzes hat typisch dendritischen Charakter (s. Kap. 23.1).

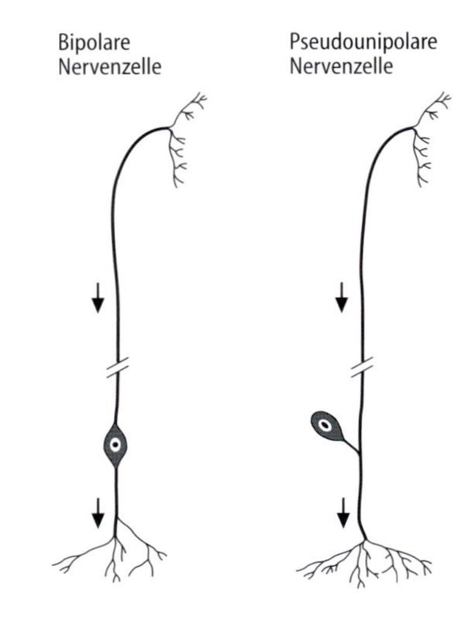

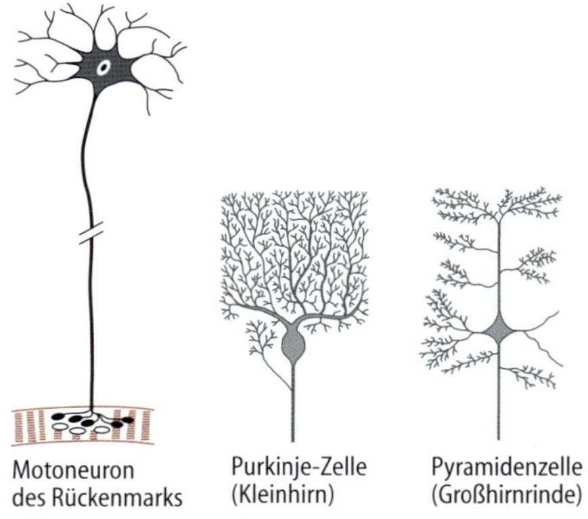

Abb. 8.3. Darstellung der drei morphologischen Grundtypen von Nervenzellen. *Oben* ist eine bipolare und eine pseudounipolare Nervenzelle gezeigt, *unten* Beispiele der wesentlich häufigeren multipolaren Nervenzellen. (Aus Junqueira et al. 1996)

Nervenzellen können auch nach ihrer Funktion klassifiziert werden: ***Motoneurone*** kontrollieren als ***efferente Nervenzellen*** z. B. Muskelfasern, exokrine und endokrine Drüsen. Die ***afferenten sensiblen Neurone*** sind

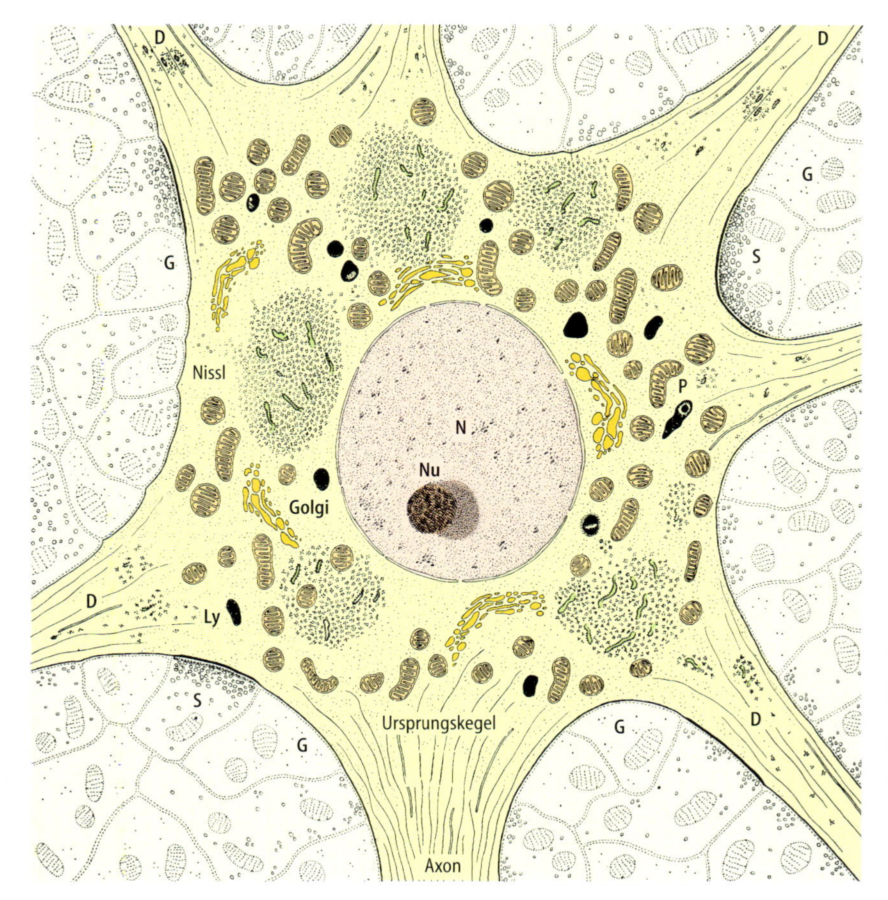

Abb. 8.4. Perikaryon einer Nervenzelle, das vollständig von Endigungen anderer Nervenzellen (*S*) oder von Gliazellfortsätzen (*G*) umgeben ist. Der im unteren Abschnitt der Skizze beginnende Fortsatz, in dem sich keine Ribosomen befinden, stellt den Axonhügel dar. Bei den anderen Fortsätzen handelt es sich um Dendriten (*D*). Im Perikaryon, befinden sich große Bereiche mit rauhem endoplasmatischem Retikulum (Nissl-Substanz), mehrere Golgi-Apparate, Mitochondrien und andere Organellen. (Aus Junqueira et al. 1996)

an der Aufnahme oder Weiterleitung der Reize aus der Umwelt und aus dem Körperinneren beteiligt (s. Kap. 23). Motoneurone und sensible Neurone leiten Informationen in der Regel über weite Entfernungen und werden deshalb zu den ***Projektionsneuronen*** gezählt. Im Gegensatz hierzu dienen ***Interneurone*** der Verschaltung anderer Nervenzellen innerhalb eines umschriebenen Gebietes des Nervensystems (z. B. der Kleinhirnrinde) und bilden dabei komplexe funktionelle Netzwerke. Während der Evolution der Säugetiere hat sich die Zahl und Struktur der Interneurone und der von ihnen gebildeten Schaltkreise sehr stark vermehrt. Ein präzises, koordiniertes und integriertes Zusammenwirken der einzelnen Neurone dieser Schaltkreise ist für die Funktion des Nervensystems unabdingbar.

Im Nervensystem liegen Zellkörper und ihre Fortsätze in unterschiedlichen anatomischen Bereichen. Im Zentralnervensystem bilden die zusammengelagerten Zellkörper und Dendriten die ***graue Substanz***. In der ***weißen Substanz*** finden sich keine Nervenzellkörper, sondern Axone mit ihren Hüllen (Nervenfasern, s. unten). Im peripheren Nervensystem liegen die Nervenzellkörper in Ganglien.

Nervenzellen sind wie Epithelzellen, denen sie entwicklungsgeschichtlich verwandt sind, in hohem Maße polarisiert, d. h. unterschiedliche Teile der Zelle dienen unterschiedlichen Teilfunktionen. Während bei zahlreichen Epithelzellen (z. B. im Darm oder in der Niere, s. auch Kap. 3) der gerichtete Transport von Substanzen Ausdruck und Folge dieser Polarisierung ist, haben sich Nervenzellen auf die Aufnahme, Weiterleitung und Verarbeitung von Informationen spezialisiert. Diese Spezialisierung findet ihren Ausdruck in der spezifischen Morphologie der Nervenzellen.

8.2.1 Nervenzellkörper (Perikaryon)

Als Perikaryon wird derjenige Teil einer Nervenzelle bezeichnet, der den Zellkern und das ihn umgebende Zytoplasma enthält (Abb. 8.4). Im Perikaryon laufen ständig für das Überleben und die Funktion eines Neurons unabdingbare Stoffwechselprozesse ab. Daneben erreichen zahlreiche präsynaptische Endigungen die Plasmamembran des Perikaryons, d. h. das Perikaryon dient auch der Aufnahme exzitatorischer und inhibitorischer Reize von anderen Nervenzellen.

Die meisten Nervenzellen besitzen einen runden, ungewöhnlich großen, euchromatischen (d. h. blass gefärbten) Kern mit einem deutlich sichtbaren ***Nukleolus***. Das fein verteilte Chromatin deutet auf die hohe Transkriptionsrate dieser Zellen hin. Im Zytoplasma findet sich reichlich ***rauhes endoplasmatisches Retikulum*** (s. Kap. 1.2) und ***freie Ribosomen*** (Abb. 8.4). Dies deutet darauf hin, dass im Perikaryon unentwegt lösliche und membrangebunde Proteine für den kernnahen Bereich und für Axon und Dendriten synthetisiert werden. Im Lichtmikroskop können diese Ansammlungen von rauhem endoplasmatischen Retikulum und freien Ribosomen nach geeigneter Anfärbung sichtbar gemacht werden, sie werden als ***Nissl-Schollen*** (Nissl-Substanz) bezeichnet. Besonders viel Nissl-Substanz findet sich in den großen Nervenzellen, wie z. B. den Motoneuronen (Abb. 8.5). Im Perikaryon – und nur dort – finden sich auch ***Golgi-Komplexe*** (s. Kap 1.3), die aus mehreren parallelen Stapeln von platten Zisternen bestehen und sich vor allem in der Nähe des Zellkerns befinden (Abb. 8.5). Im gesamten Perikaryon verteilt gibt es zahlreiche Mitochondrien. Im Perikaryon, wie auch in den Zellfortsätzen, finden sich auch zahlreiche Mikrotubuli (s. Kap. 3.3.3) und Neurofilamente (s. Kap. 3.3.2). Neuronale Mikrotubuli werden auch als ***Neurotubuli*** bezeichnet. ***Neurofilamente*** sind dagegen für Nervenzellen spezifische intermediäre Filamente (s. Kap. 3) mit einem Durchmesser von etwa 10 nm. Bestimmte Arten der Gewebefixierung führen dazu, dass sich Neurofilamente im histologischen Präparat zu ***Neurofibrillen*** zusammenlagern. Diese können nach Färbung mit Silbersalzen im Lichtmikroskop sichtbar gemacht werden, wodurch es zu einer typischen Anfärbung einzelner Neurone kommt.

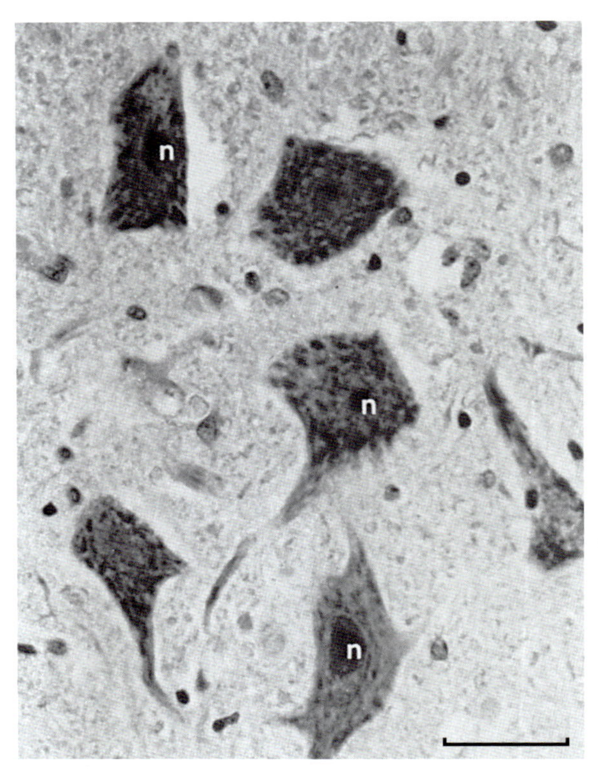

Abb. 8.5. Motoneurone aus dem Rückenmark des Menschen. Im Zytoplasma liegen zahlreiche Nissl-Schollen, die den Zellkern (*n*) teilweise verdecken. In der Umgebung der Nervenzellen sind die Kerne zahlreicher Glia- und Endothelzellen zu sehen, deren Zellgrenzen aber nicht erkannt werden können. Balken = 100 µm. (Aus Junqueira et al. 1995)

8.2.2 Dendriten und Axone

Dendriten▸ Die meisten Nervenzellen sind multipolar. Sie haben mehrere Dendriten (Abb. 8.2, 8.3), die in der Regel kurze und hochverzweigte Fortsätze bilden und in ihrem Aussehen an das Geäst eines Baumes erinnern (Gr. *dendron*, Baum). An einigen Stellen des Nervensystems gibt es auch bipolare Nervenzellen, die nur einen Dendriten haben. Die Zahl und die Form der Dendriten trägt ganz wesentlich zur Vergrößerung der rezeptiven, d. h. Reiz-aufnehmenden, Oberfläche einzelner Nervenzellen bei. So ist geschätzt worden, dass an den Dendriten einer einzelnen Purkinje-Zelle des Kleinhirns bis zu 200 000 Axone enden (Abb. 8.6).

Die Morphologie der Dendriten einer Nervenzelle ist eine wesentliche Voraussetzung für die Integration und Verarbeitung der von diesen Dendriten empfangenen afferenten Signale. Im Gegensatz zum Axon, das in

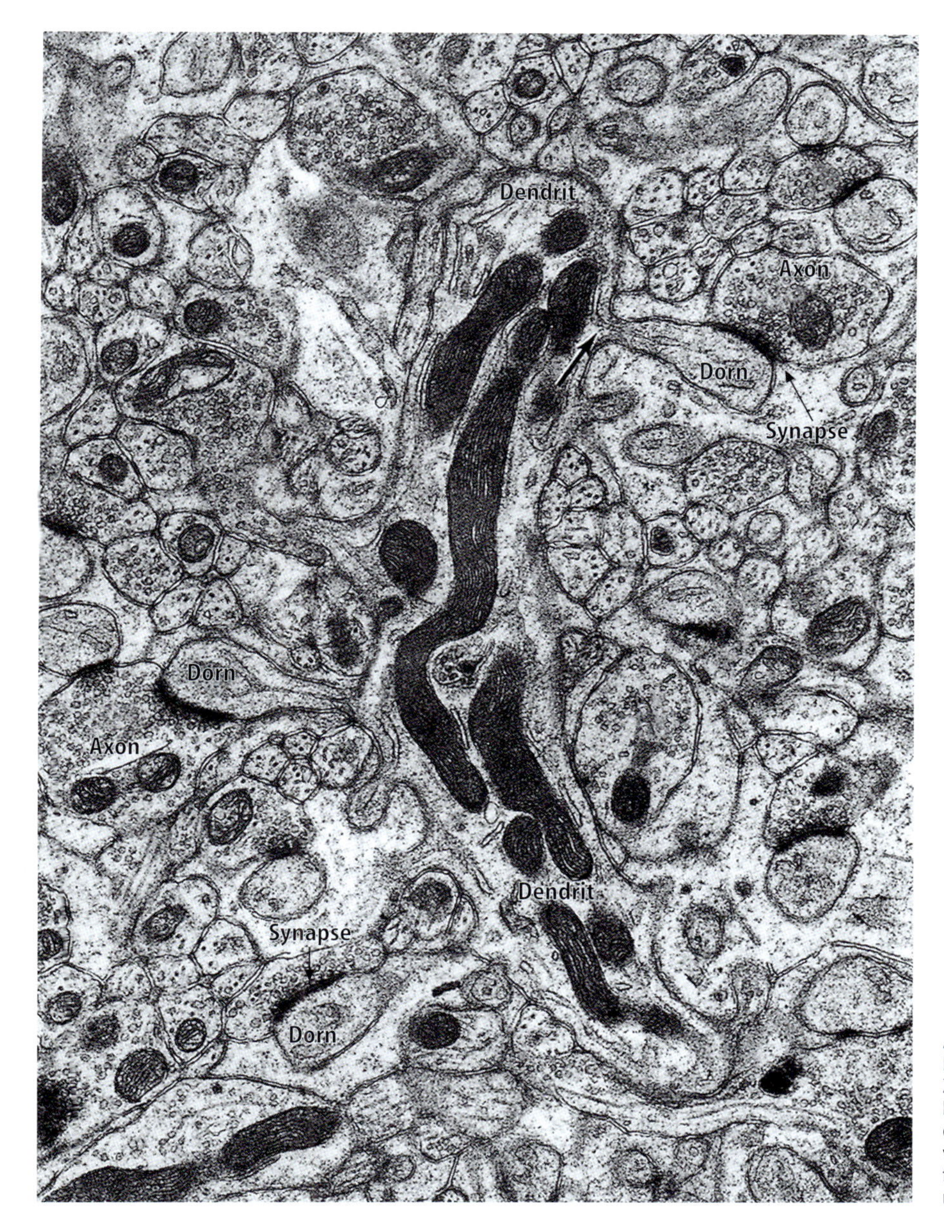

Abb. 8.6. Ausschnitt aus dem Zerebellum. Der Dendrit einer Purkinje-Zelle im Zentrum enthält mehrere lang gestreckte Mitochondrien. An dessen ‚Dornen' (Spines) finden sich von den Körnerzellaxonen (Parallelfasern) gebildete präsynaptische Elemente. (Aus Palay u. Palay 1974)

seinem gesamten Verlauf einen gleich bleibenden Durchmesser hat, werden Dendriten zunehmend dünner, besonders wenn sie sich verzweigen. Die Zusammensetzung des dendritischen Zytoplasmas entspricht im wesentlichen der des Perikaryons.

Axone▸ Die meisten Nervenzellen haben nur ein einziges Axon, es gibt aber auch einige wenige Nervenzellen (z. B. die amakrinen Zellen der Netzhaut), die überhaupt kein Axon besitzen. Das Axon ist ein zylinderförmiger Fortsatz, dessen Länge und Durchmesser in Abhängigkeit vom Nervenzelltyp variiert. Axone sind in der Regel sehr lange Fortsätze. So messen die Axone der im Rückenmark liegenden motorischen Nervenzellen, die die Fußmuskulatur innervieren, bis zu einem Meter Länge. Der pyramidenförmige Ursprung des Axons wird als ***Axonhügel*** bezeichnet (Abb. 8.4). Die Plasmamembran des Axons wird traditionell als ***Axo-***

lemma bezeichnet (Gr. *axon*, Achse + *eilema*, Tuch), das Zytoplasma als ***Axoplasma***.

Als ***Initialsegment*** bezeichnen wir denjenigen Abschnitt des Axons, der zwischen dem Axonhügel und der Stelle liegt, an der die Umhüllung durch Oligodendrozyten bzw. Schwann-Zellen (mit oder ohne Myelinisierung, Abb. 8.2 und 8.4) beginnt. In diesem Abschnitt des Axons werden verschiedene exzitatorische und inhibitorische Stimuli, die auf das Neuron einwirken, algebraisch summiert und die Entscheidung getroffen, ob ein Aktionspotenzial ausgelöst werden soll oder nicht. In der Plasmamembran des Initialsegments finden sich eine Reihe von Ionenkanälen, die bei dieser Summation und Signalverarbeitung eine zentrale Rolle spielen. Einige Axone geben kurz nach ihrem Ursprung vom Zellkörper einen Ast ab, der in der Regel zu dem Nervenzellkörper zurückkehrt. An ihrem Ende können sich Axone in mehrere ***Kollateralen*** aufzweigen. Man spricht dann von einer terminalen Arborisation (Abb. 8.2). Im Zytoplasma eines Axons finden sich Mitochondrien und Vesikel. Von ganz wenigen Ausnahmen abgesehen, gibt es im Axon weder Ribosomen noch rauhes endoplasmatisches Retikulum. Erhalt und Funktion des Axons sind deshalb vollständig von der Proteinsynthese im Perikaryon abhängig. Daher degeneriert der periphere Teil eines Axons und stirbt ab, wenn man das Axon durchschneidet. Wie Dendriten enthalten Axone ***Neurofilamente*** und Mikrotubuli. Die axonalen Mikrotubuli unterscheiden sich aber von den dendritischen durch die ihnen assoziierten Proteine und auf Grund ihrer Orientierung. Es ist eine Eigenheit axonaler Mikrotubuli, dass sie alle mit ihrem Plus-Ende (dem wachsenden Ende, s. Kap. 3.3.3) zum Axonende hin orientiert sind. In Dendriten kann das Plus-Ende einzelner Mikrotubuli sowohl zum Fortsatzende wie zum Zellkörper hin zu liegen kommen.

Transportvorgänge in Axonen und Dendriten▸ Axon und Dendriten ermöglichen es einzelnen Nervenzellen, über weite Entfernungen miteinander in Verbindung zu treten. Der Erhalt und die Funktion dieser sehr langen Ausläufer hängt davon ab, dass sie kontinuierlich mit Proteinen und Organellen versorgt werden, die im Perikaryon synthetisiert werden. Hierfür verfügen Neurone über spezifische Transportmechanismen, die sich besonders gut im Axon beobachten lassen: Proteine des Zytoskeletts und lösliche zytoplasmatische Proteine werden im Axon mittels eines langsamen Transports mit einer Geschwindigkeit von wenigen mm pro Tag transportiert. Membranumgebene Organellen können schnell (bis zu 400 mm pro Tag) in Richtung auf das Axonende ***(anterograd)*** oder umgekehrt ***(retrograd)*** befördert werden. Mitochondrien und synaptische Vesikel werden mittels dieses schnellen Transportes zu den Axonterminalen und zum Abbau wieder zum Perikaryon zurück gebracht. Mit Hilfe des schnellen retrograden Transportes werden auch Substanzen, die am Nervenende endozytotisch aufgenommen werden, zum Zellkörper hin transportiert. Hierzu können neurotrophe Faktoren gehören, die für das Überleben und die Funktion von Nervenzellen von großer Bedeutung sind. Auf diesem Weg können aber auch Viren und Toxine in Nervenzellen aufgenommen und in ihnen transportiert werden. In der experimentellen Neurologie und Neuroanatomie wird der retrograde Transport genutzt, um nach Gabe farbgebender Substanzen neuronale Verbindungen darzustellen.

Für die beiden Formen des schnellen axonalen Transports spielen Motorproteine und Mikrotubuli eine zentrale Rolle (s. Kap. 3.3.3). ***Dyneine*** sind in der Lage, an Mikrotubuli sich auf deren Minus-Ende hin zu bewegen, sie funktionieren als Motor für den retrograden axonalen Transport. ***Kinesine*** können an Mikrotubuli entlang zu deren Plus-Ende hin wandern und bewirken den schnellen anterograden Transport membranumgebener Organellen im Axon. Kinesine und Dyneine sind ATPasen, d. h. sie gewinnen die für die Bewegung benötigte Energie aus der Spaltung von ATP. Am axonalen Transport sind auch Motorproteine (z. B. ***Myosin I und V***) beteiligt, die dem in Muskelzellen vorliegenden Myosin II (s. Kap. 9.1) verwandt sind. Diese Motorproteine scheinen vor allem die Bewegung von Organellen im Perikaryon und im Axonterminal zu bewirken, wobei sie meist mit den ***Aktinfilamenten*** interagieren. Im Gegensatz zu den Mechanismen des schnellen axonalen Transports sind die Komponenten des langsamen Transports weniger gut erforscht.

8.2.3 Signalübertragung an Synapsen

Synapsen (Gr. *synapsis*, Verbindung, Verknüpfung) stellen die Kontaktstellen zwischen einzelnen Nervenzellen und zwischen Nervenzellen (Abb. 8.7, 8.8 und 8.9) und den von ihnen regulierten Effektorzellen (Muskel- und Drüsenzellen) dar. Sie sind die strukturelle Grundlage für die unidirektionale Signalübertragung von einer Zelle auf die andere. Unidirektional heißt, dass an einer Synapse Signale immer nur in eine Richtung übertragen werden, vom prä- zum postsynaptischen Element.

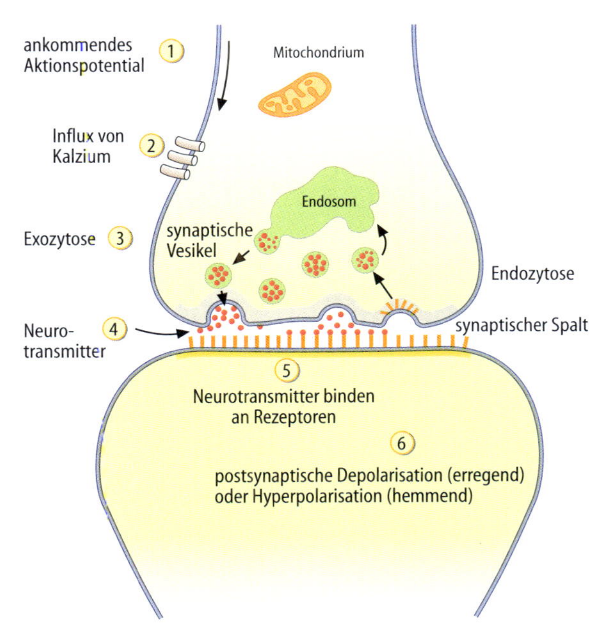

Abb. 8.7. In dieser Skizze sind die wesentlichen Funktionen des präsynaptischen Axonendes und des postsynaptischen Abschnitts der Zielzelle dargestellt. Die Nummerierung gibt die Reihenfolge des Ablaufs der für die synaptische Aktivität notwendigen Prozesse an. (Nach Junqueira et al. 1998)

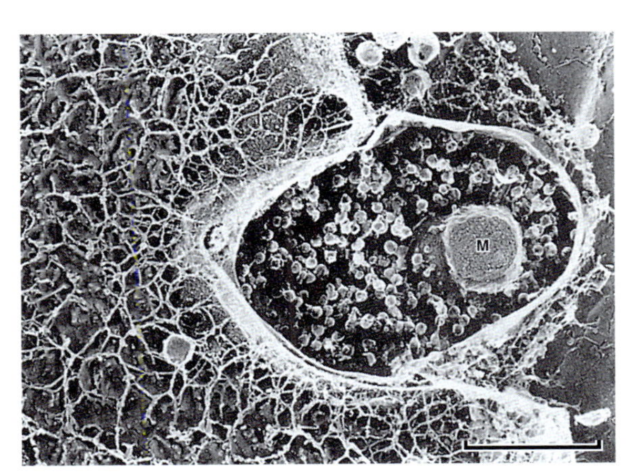

Abb. 8.8. Rasterelektronenmikroskopische Ansicht einer gefrier-geätzten Synapse. In dem Axonterminal ist ein Mitochondrium (*M*) zu erkennen, das von zahlreichen synaptischen Vesikeln umgeben ist. Balken = 1 μm. (Aus Junqueira et al. 1998)

An den meisten Synapsen erfolgt die Signalübertragung auf die postsynaptische Zelle durch ***Neurotransmitter*** die aus dem präsynaptischen Element freigesetzt werden, und die an der postsynaptischen Plasmamembran die Reizantwort der Zielzelle auslösen. Das ***präsynaptische Element*** wird vom Axonende gebildet, das ***postsynaptische Element*** stellt einen spezialisierten Anteil der Zielzelle dar. Der schmale, zwischen dem prä- und dem postsynaptischen Element liegende extrazelluläre Raum wird ***synaptischer Spalt*** genannt (Abb. 8.7). Findet sich ein präsynaptisches Axonende an einem Zellkörper, so sprechen wir von einer ***axosomatischen Synapse***, endet es an einem Dendriten, spricht man von einer ***axodendritischen Synapse*** (Abb. 8.9), endet es an einem anderen Axon, liegt der seltene Fall einer ***axo-axonalen Synapse*** vor (Abb. 8.10).

Die Plasmembranen des prä- und postsynaptischen Elements unterscheiden sich deutlich von der Plasmamembran in anderen Abschnitten von Nervenzellen. Sie erscheinen im Elektronenmikroskop dicker, da sie mit speziellen intrazellulären Proteinkomplexen und dem Zytoskelett verbunden sind (Abb. 8.6 und 8.9). In der postsynaptischen Zellmembran finden sich in hoher Konzentration ***Rezeptoren für Neurotransmitter***. Diese Rezeptoren bilden entweder selbst Ionenkanäle, deren Durchlässigkeit sie steuern, oder sie sind mit Proteinen und Enzymen vergesellschaftet, die der intrazellulären Signalverarbeitung dienen und die z. B. für die Synthese intrazellulärer Signalstoffe (‚second messenger') benötigt werden (s. Kap. 1.1.2). In der Plasmamembran des präsynaptischen Elements finden sich besonders viele Kalziumkanäle sowie zum Exozytoseapparat gehörige Proteine. An einigen Stellen sind die prä- und die postsynaptische Membran auch über spezielle Proteinkomplexe der extrazellulären Matrix miteinander verbunden.

In den präsynaptischen Elementen finden sich die im Elektronenmikrokop leer erscheinenden ***synaptischen Vesikel*** und Vesikel mit einem aus Proteinen und Neuropeptiden bestehenden elektronendichten Kern, die als ***Granula*** (‚dense core vesicles') bezeichnet werden, sowie zahlreiche Mitochondrien (Abb. 8.8, 8.9 und 8.11). Die Mitochondrien bilden ATP, das zur Aufrechterhaltung der Membranpotenzials und für die der Transmitterfreisetzung zu Grunde liegenden molekularen Reaktionen (s. unten) notwendig ist. In synaptischen Vesikeln werden ***Neurotransmitter*** gespeichert. Die am häufigsten vorkommenden Transmitter sind die Aminosäuren bzw. Aminosäure-derivate Glutamat, γ-amino-Buttersäure (GABA) und Glyzin, die Aminderivate Adrenalin, Noradrenalin, Dopamin und Serotonin, sowie Azetylcholin, das z. B. an der neuromuskulären Endplatte als Transmitter genutzt wird. Eine Reihe von ***Neuropeptiden***, die z. B. im Magen-Darm-Trakt als hormonelle Botenstoffe vorkommen (z. B. VIP,

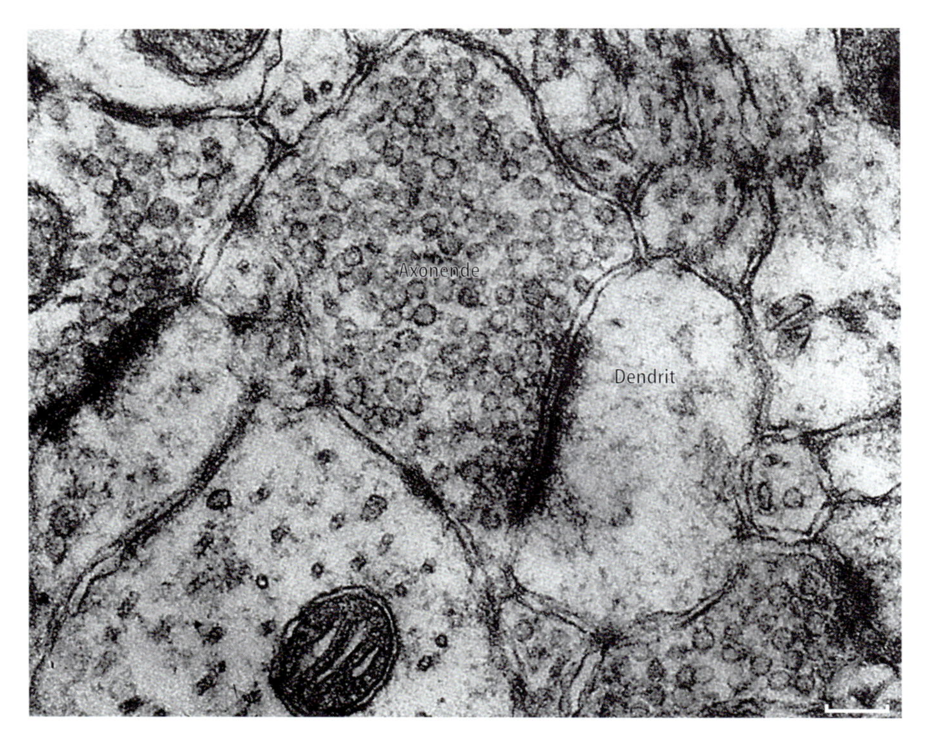

Abb. 8.9. Elektronenmikroskopische Aufnahme aus der Großhirnrinde. Im Zentrum dieses Bildes liegt eine axodendritische Synapse. An der postsynaptischen (dendritischen) Membran findet sich mehr elektronendichtes Material als an der präsynaptischen (axonalen) Membran. Man spricht deshalb von einer asymmetrischen Synapse. Das Axonterminal ist mit zahlreichen synaptischen Vesikeln gefüllt. Balken = 0,1 μm. (Aus Junqueira et al. 1998)

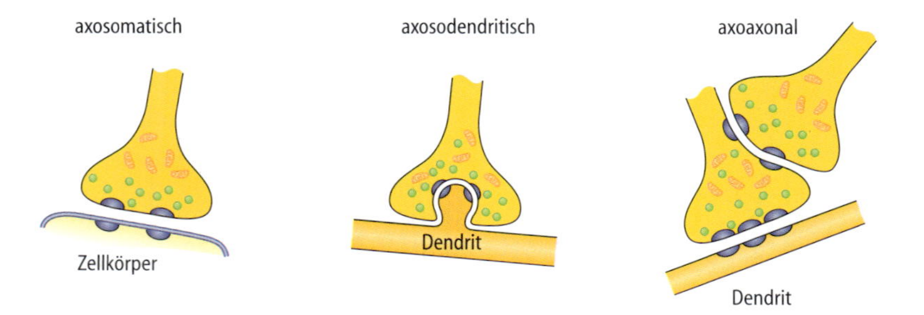

Abb. 8.10. Synapsen kommen in der Regel an Dendriten oder am Zellkörper und nur selten an einem anderen Axon vor. Axodendritische Synapsen befinden sich häufig an dendritischen Dornen („spines"). (Aus Junqueira et al. 1998)

CCK, Substanz P und andere, s. Kap. 14.6 und 14.7), werden auch im Nervensystem als Signalstoffe benutzt. Diese Neuropeptide (und Amine) kommen in Granula vor und spielen eine besondere Rolle bei der Regulation von Gefühlen und Trieben wie Schmerz, Freude, Hunger, Durst und bei der Regulation des Geschlechts- und Fortpflanzungsverhaltens.

8.2.4 Membranpotenzial

Die neuronale Aktivität spiegelt sich in Änderungen der Ionendurchlässigkeit der neuronalen Zellmembran wider. Die Zellmembranen von Nervenzellen enthalten wie alle anderen Zellen Enzyme, die ähnlich Pumpen unter Energieverbrauch Ionen in die Zellen hinein oder aus ihnen heraus transportieren. Ein wichtiges Beispiel hierfür ist die in Kap. 1.1.1 besprochene Na^+/K^+-ATPase. Sie sorgt für eine im Vergleich zum Extrazellulärraum niedrigere intrazelluläre Na^+-Konzentration und für einen Überschuss an K^+ in der Zelle. K^+ kann, im Gegensatz zu Na^+, leichter durch die Zell-

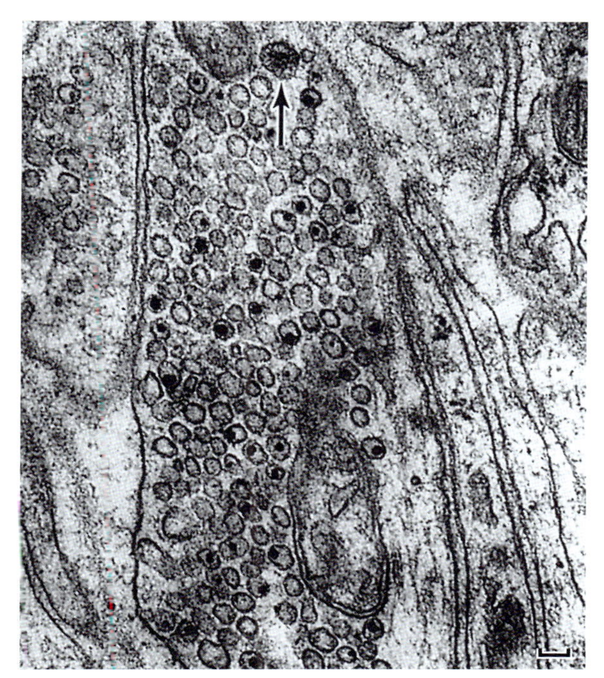

Abb. 8.11. In dieser adrenergen Nervenendigung sind zahlreiche, 50 nm große Vesikel mit elektronendichten Granula zu erkennen. (Aus Junqueira et al. 1998)

membran diffundieren und strömt deshalb dem Konzentrationsgefälle folgend aus der Zelle heraus. Die Anionen, meist Makromoleküle, können nicht durch die Membran diffundieren. Infolge dessen entsteht ein ***Membranpotenzial***, d. h. die elektrische Ladung auf den beiden Seiten der Zellmembran ist unterschiedlich. Wir sprechen deshalb von einer ***polarisierten Membran***. Im Ruhezustand beträgt das Membranpotenzial der Nervenzellen etwa –60 mV, d. h. das Zellinnere ist negativ geladen. Entsteht nun ein Nervenzellimpuls (ein ***Aktionspotenzial***), dann ändert sich die Ionendurchlässigkeit der Membran schlagartig. Eine kurzzeitige Öffnung der Na^+-Kanäle führt zum Einstrom von Na^+ in die Nervenzelle und damit zu einem Ausgleich der auf beiden Seiten der Membran vorliegenden Ladungen. Die über der Membran anliegende Spannung fällt auf Null zurück: Die Membran ist nun ***depolarisiert***. Sich öffnende K^+-Kanäle und der dadurch hervorgerufene Ausstrom von K^+ bringen das Membranpotenzial wieder auf seinen Ausgangswert (das Ruhepotenzial) zurück. Aktionspotenziale breiten sich sehr schnell (innerhalb von Millisekunden) entlang der Zellmembran aus. Für eine detailliertere Darstellung dieser Prozesse sei auf die Lehrbücher der Physiologie verwiesen.

8.2.5 Molekulare Grundlagen der synaptischen Signalübertragung

Am Axonterminal, d. h. dem präsynaptischen Element, finden sich in der Zellmembran spannungsabhängige Kalziumkanäle. Die durch ankommende Aktionspotenziale hervorgerufenen Membrandepolarisationen führen zur kurzzeitigen Öffnung dieser Kanäle und zum ***Einstrom von Kalziumionen*** aus dem Extrazellulärraum in das präsynaptische Element (Abb. 8.7). Diese Kalziumionen binden nun an Synaptotagmin, ein spezifisches Membranprotein synaptischer Vesikel und Granula. Dadurch wird eine ganze Kaskade von Wechselwirkungen zwischen einer Reihe von Proteinen der Vesikel- und der Zellmembran des präsynaptischen Elements ausgelöst (Abb. 8.7 und 8.12). Diese Vorgänge benötigen ATP und führen schließlich zur Fusion der

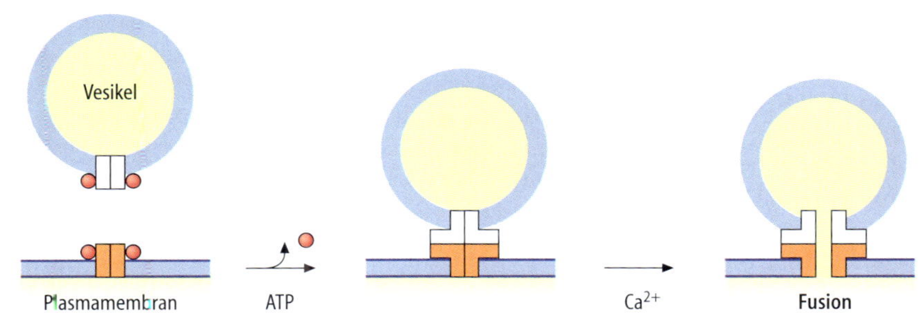

Abb. 8.12. Die regulierte Exozytose von Neurotransmittern ist ein mehrstufiger Vorgang. Synaptische Vesikel werden zuerst an der Plasmamembran angeheftet (angedockt). Eine ATPase (NSF = NEM sensitiver Faktor) bringt die beteiligten Membranproteine der interagierenden Membranen in eine geeignete Konformation. Dann wird durch Ca^{2+} die Membranfusion und die Freisetzung von Neurotransmittern ausgelöst. Synaptotagmin, ein Membranprotein der synaptischen Vesikel, gilt als Ca^{2+}-Sensor, der die Transmitterfreisetzung in Abhängigkeit von der Kalziumkonzentration steuert. Einige der beteiligten Membranproteine, wie das vesikuläre Protein Synaptobrevin und zwei weitere Proteine (Syntaxin und SNAP-25), können durch Botulinumtoxine und Tetanustoxin proteolytisch gespalten und damit unbrauchbar gemacht werden

Vesikelmembran mit der Zellmembran des präsynaptischen Elements und damit zur Transmitterausschüttung in den synaptischen Spalt. Diesen Vorgang nennt man ***regulierte Exozytose*** (siehe dazu auch Kap. 1.3).

Die während der Exozytose mit der Plasmamembran verschmolzenen Membranen synaptischer Vesikel und Granula werden anschließend wieder ***endozytotisch*** in das Zellinnere aufgenommen und im Axonterminal erneut mit Transmittern beladen, sie können dann wieder an der Exozytose teilnehmen (Abb. 8.7). Zur Aufnahme der Transmitter besitzen die synaptischen Vesikel in ihrer Membran spezifische Transportproteine. Die rezyklierten, leeren Granula müssen zur Beladung mit Proteinen und Neuropeptiden wieder in das Perikaryon transportiert werden, wo ihre Inhaltsstoffe am rauhen endoplasmatischen Retikulum synthetisiert werden.

Klinik

Die Klärung der molekularen Mechanismen, die der Exozytose zu Grunde liegen, erfolgte im Wesentlichen während der letzten 10 Jahre und ist Gegenstand anhaltender aktiver Forschung. Eine Reihe bekannter Krankheitsbilder kann auf molekular definierte Veränderungen der synaptischen Exozytosemaschinerie zurückgeführt werden. So führen z. B. Botulinumtoxine und auch das den Wundstarrkrampf verursachende Tetanustoxin zur proteolytischen Spaltung von Membranproteinen, die für die oben beschriebene Verschmelzung der Vesikel mit der präsynaptischen Membran verantwortlich sind (auch Abb. 8.12). Bei Aufnahme von Botulinumtoxin mit verdorbenen Speisen wird die Transmitterfreisetzung an den neuromuskulären Endplatten gehemmt, was zu den beobachteten Lähmungen führt. Beim Wundstarrkrampf verursacht der Abbau von Synaptobrevin in hemmenden Synapsen des Rückenmarks schwere Krämpfe.

Die vom präsynaptischen Element in den synaptischen Spalt freigesetzten Transmitter diffundieren zur postsynaptischen Membran und aktivieren dort spezifische ***Rezeptorproteine***. Einige dieser Rezeptoren reichen durch die gesamte Membran hindurch und bilden ***Ionenkanäle*** (s. Kap. 1.1.3), deren Öffnungszustand von der Bindung des Transmitters reguliert wird ***(ionotrope Rezeptoren)***. Die Aktivierung dieser Ionenkanäle führt zur kurzzeitigen Veränderung der Ionendurchlässigkeit der postsynaptischen Zellmembran. Abhängig davon, für welche Ionen die Membran durchlässig wird, kommt es entweder zu einer ***Depolarisation*** oder zu einer noch stärkeren Polarisation, also einer ***Hyperpolarisation***, der Membran. Im ersten Fall sprechen wir von einer ***exzitatorischen (erregenden) Synapse***, im zweiten von einer ***inhibitorischen (hemmenden) Synapse***. Andere Rezeptoren aktivieren nach der Bindung von Transmittern nachgeschaltete Effektorproteine. Letztere sind oft Enzyme, die die Bildung intrazellulärer Botenstoffe, so genannter ***‚second messenger‘*** (s. Kap. 1.1.2), katalysieren. Rezeptoren, die diese Art der Signaltransduktion (Weiterleitung) benutzen, werden als ***metabotrope Rezeptoren*** bezeichnet, da ihre Wirkung auf der Regulation einer Stoffwechselreaktion (Metabolismus) beruht. Deshalb ist die Signalübertragung durch metabotrope Rezeptoren verglichen mit der ionotroper Rezeptoren relativ langsam und träge. Letztendlich bewirken aber auch die von metabotropen Rezeptoren vermittelten Signale eine Änderung der neuronalen Erregbarkeit (z. B. durch Phosphorylierung von Ionenkanälen). Somit kann an Synapsen die Aktivität der nachgeschalteten Nervenzellen gefördert oder gehemmt werden (Abb. 8.7).

In den synaptischen Spalt abgegebene Neurotransmitter werden sehr schnell wieder aus diesem entfernt. Dazu werden sie entweder wieder in das präsynaptische Ende aufgenommen und dort wieder in Vesikel verpackt (z. B. Glutamat, GABA) oder enzymatisch abgebaut (z. B. Azetylcholin, Neuropeptide). Weiterhin ist es möglich dass sie aus dem synaptischen Spalt diffundieren und von Gliazellen aufgenommen werden. Eine unerwünschte anhaltende Reizung der postsynaptischen Zelle wird durch diese Mechanismen verhindert.

Klinik

Die an der synaptischen Signalübertragung beteiligten Rezeptoren, die an der Synthese der Neurotransmitter beteiligten Enzyme im präsynaptischen Element und die für die Entfernung von Transmittern aus dem synaptischen Spalt notwendigen Enzyme und Transportproteine bilden die direkten Angriffspunkte zahlreicher, in der klinischen Medizin täglich eingesetzter Medikamente. Hierzu gehören z. B. Psychopharmaka und schmerzstillende Medikamente, aber auch Medikamente zur Behandlung von Blutdruckstörungen. Bei verschiedenen bösartigen Tumoren und bei einigen Autoimmunerkrankungen kann die Bildung von Antikörpern beobachtet werden, die mit Proteinen des prä- oder postsynaptischen Elements reagieren und die synaptische Signalübertragung behindern (z. B. bei der Myasthenia gravis). Diese wenigen Beispiele mögen zeigen, dass das Verständnis der Struktur und Funktion von Synapsen für die tägliche ärztliche Praxis von zentraler Bedeutung ist.

Synapsen, an denen neuronale Signale mit Hilfe von Neurotransmittern übertragen werden – und das ist bei weitem die Mehrzahl aller Synapsen – werden ***chemische Synapsen*** genannt. Zwischen einigen wenigen Nervenzellen werden Impulse auch über ***Gap Junctions*** (s. Kap. 3.2) übertragen, die einen direkten Austausch zwischen dem Zytoplasma der beiden verbundenen Neurone erlauben. Über diese Gap Junctions können Ionen und Second Messenger frei diffundieren, und damit Information in beide Richtungen weitergeben. Gap Junctions zwischen Neuronen werden auch als ***elektrische Synapsen*** bezeichnet.

Letztendlich sei erwähnt, dass es Befunde gibt, die nahe legen, dass es auch an chemischen Synapsen nicht nur zur Signalübertragung vom prä- zum postsynaptischen Element, sondern auch zu einem Informationsfluss von der post- auf die präsynatische Zelle kommt. Dieses ***retrograde*** Signal spielt eine wichtige Rolle für langanhaltende plastische Veränderungen der synaptischen Übertragungen, die dem Lernen und Gedächtnisleistungen zu Grunde liegen. Woraus dieses retrograde Signal besteht, und wie es erzeugt wird, ist aber weitgehend ungeklärt.

8.3 Gliazellen

Übersicht▸ Die Nervenzellen werden zwar als wesentliche Zellen des Nervensystems angesehen, doch könnten sie ihre Funktion nicht ohne die Unterstützung der Gliazellen ausüben. Im Großhirn eines Säugers gibt es etwa 10-mal mehr Gliazellen als Nervenzellen. Im Nervensystem findet sich fast keine extrazelluläre Matrix. Vielmehr umgeben Gliazellen sowohl die Zellkörper als auch die Axone und Dendriten von Nervenzellen und füllen den zwischen den Nervenzellen freibleibenden Platz nahezu vollständig aus. Dieses dichte Geflecht aus Nervenzellfortsätzen und Gliazellen nennt man ***Neuropil*** (Abb. 8.6). Gliazellen kontrollieren auch die Zusammensetzung der wenigen Extrazellulärflüssigkeit und sie produzieren Wachstumsfaktoren und Zytokine. Sie sorgen damit für den Aufbau und die Aufrechterhaltung eines Mikromilieus, in dem Nervenzellen funktionieren können. Auf Grund ihres Aussehens, ihrer physiologischen Funktion und ihrer Herkunft können verschiedene Arten von Gliazellen unterschieden werden (Abb. 8.13, Tabelle 8.1).

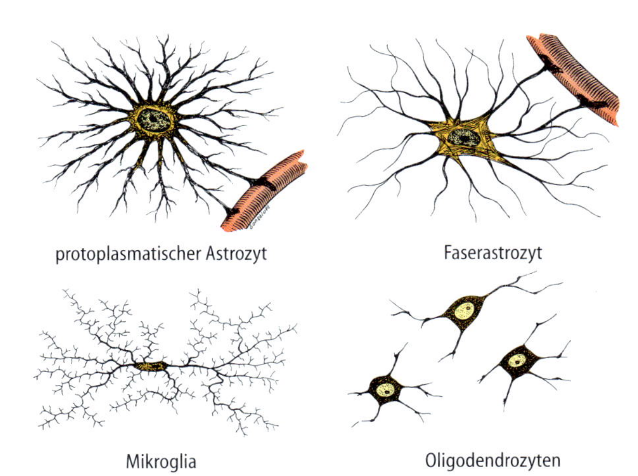

Abb. 8.13. Zeichnungen der verschiedenen Gliazellen, wie sie nach Metallimprägnationsfärbung zu erkennen sind. Beachten Sie, dass nur Astrozyten Endfüßchen an Kapillaren bilden. (Aus Junqueira 1996)

8.3.1 Oligodendrozyten und Schwann-Zellen

Myelin▸ ***Oligodendrozyten*** produzieren Myelin, das die elektrische Isolierung von Nervenzellen im Zentralnervensystem bewirkt (Abb. 8.13 und 8.14). Wie der Name sagt, haben diese Zellen wenige Fortsätze, mit denen sie Axone umhüllen und elektrisch isolieren können (Abb. 8.15). ***Schwann-Zellen*** finden sich im peripheren Nervensystem und haben dort die gleiche Funktion wie Oligodendrozyten im Zentralnervensystem. Wird ein Axon von der Plasmamembran des Ausläufers einer Schwann-Zelle bzw. eines Oligodendrozyten in mehreren Schichten umwickelt, so sprechen wir von ***myelinisierten Axonen*** (Abb. 8.16, 8.17 und 8.18). Die dabei entstehenden zahlreichen eng aneinandergelagerten Schichten der Plasmamembran nennt man Myelin. ***Myelin*** besteht aus Membranlipiden und Proteinen. Die häufigsten im Myelin vorkommenden Proteine sind bekannt. Zu ihnen gehören das basische Myelinprotein (BMP) sowie den Immunglobulinen strukturell ähnliche Zelladhäsionsmoleküle (s. Kap. 3).

Klinik

Mehrere demyelinisierende Erkrankungen – das sind Erkrankungen, bei denen die Myelinschicht nicht gebildet oder zerstört wird – sind mit dem Fehlen oder einer Funktionsschwäche dieser Proteine assoziiert. Hierzu gehört z. B. die multiple Sklerose, bei der es in Folge einer Autoimmunreaktion zu einem Abbau der Myelinschicht kommt.

Tabelle 8.1. Herkunft und hauptsächliche Funktionen neuroglialer Zellen

Zelltyp	Herkunft	Vorkommen	Wesentliche Funktionen
Oligodendrozyten	Neuralrohr	Zentralnervensystem	Produktion von Myelin, elektrische Isolierung
Schwann-Zellen	Neuralleiste	Periphere Nerven	Produktion von Myelin, elektrische Isolierung
Astrozyten	Neuralrohr	Zentralnervensystem	Mechanischer Schutz, Reparaturvorgänge, Blut-Hirnschranke, Regulation des extrazellulären Milieus, Bereitstellung von Metaboliten
Ependmzellen	Neuralrohr	Z entralnervensystem	Auskleiden der inneren Hohlräume des Zentralnervensystems
Mikrogliazellen	Knochenmark	Zentralnervensystem	fungieren als Makrophagen

Schnürringe▸ Im Gegensatz zu Oligodendrozyten (Abb. 8.15) umhüllen Schwann-Zellen (Abb. 8.19) grundsätzlich nur ein Axon. Eine einzelne Schwann-Zelle oder ein Oligodendrozyt bedeckt ein Axon auf einer Länge von etwa 1–2 mm. Zwischen den von einzelnen Zellen gebildeten Myelinabschnitten entlang eines Axons finden sich Lücken, die als ***Ranvier-Schnürringe*** bezeichnet werden (Abb. 8.16 und 8.20). Im Bereich der Ranvier-Schnürringe wird das Axon allerdings von eng ineinander greifenden (interdigitierenden) Fortsätzen der Schwann-Zellen (im peripheren Nervensystem) oder von Fortsätzen von Astrozyten (s. unten) bedeckt. Den Abschnitt zwischen zwei Ranvier-Schnürringen nennt man ***Internodium***. Die im Bereich eines Ranvier-Schnürrings liegenden Abschnitte eines Axons unterscheiden sich deutlich von den Axonabschnitten in den Internodien. Dies gilt sowohl für das axonale Zytoskelett aus Mikrotubuli und Neurofilamenten, als auch für den Aufbau der axonalen Zellmembran (Axolemma). Im Axolemma am Ranvier-Schnürring sind u. a. zahlreiche für ***Na^+ durchgängige Ionenkanäle*** vorhanden, die im internodalen Axolemma nur spärlich vorliegen. Neben der durch die Myelinschicht bewirkten Isolierung im Bereich des Internodiums ist diese unterschiedliche Verteilung von Ionenkanälen im Axolemma des Internodiums und des Ranvier-Schnürrings die wesentliche Voraussetzung für die funktionellen Unterschiede zwischen myelinisierten und unmyelinisierten Nervenzellen: Die Impulsausbreitung in myelinisierten Axonen erfolgt wesentlich schneller und energiesparender als in unmyelinisierten Axonen (s. unten).

Weder im zentralen noch im peripheren Nervensystem sind alle Axone von einer Myelinscheide umgeben. Im peripheren Nervensystem können einzelne Axone auch einfach in Ausbuchtungen von Schwann-Zellen liegen (Abb. 8.19 und 8.21). In diesem Fall kann eine Schwann-Zelle mehrere Axone versorgen, und wir sprechen von ***unmyelinisierten Axonen***. Unmyelinisierte Axone im zentralen Nervensystem sind im Gegensatz zu denen des peripheren Nervensystems nicht von einer speziellen Hülle umgeben, sondern verlaufen frei zwischen anderen neuronalen und glialen Zellfortsätzen. Unmyelinisierte Nervenfasern weisen keine Ranvier-Schnürringe auf.

Myelinisierte (markhaltige) und unmyelinisierte (marklose) Axone unterscheiden sich funktionell hinsichtlich der Geschwindigkeit, mit denen sie Aktionspotenziale weiterleiten. Ein vom Initialsegment des Axons (s. oben) ausgehendes Aktionspotenzial breitet sich in Form eines in Richtung auf das Axonende diffundierenden Ionengradienten aus. In unmyelinisierten Axonen führt dies zur kontinuierlichen Depolarisation der axonalen Zellmembran, wodurch der Ionengradient immer wieder erneuert wird. In myelinisierten Axonen verhindert die durch das Myelin bewirkte Isolierung des Axolemmas die Abschwächung und Verlangsamung des entlang dem Axon diffundierenden Ionengradienten, da Leckströme aus dem Axon heraus unterbunden werden. Deshalb genügt es in myelini-

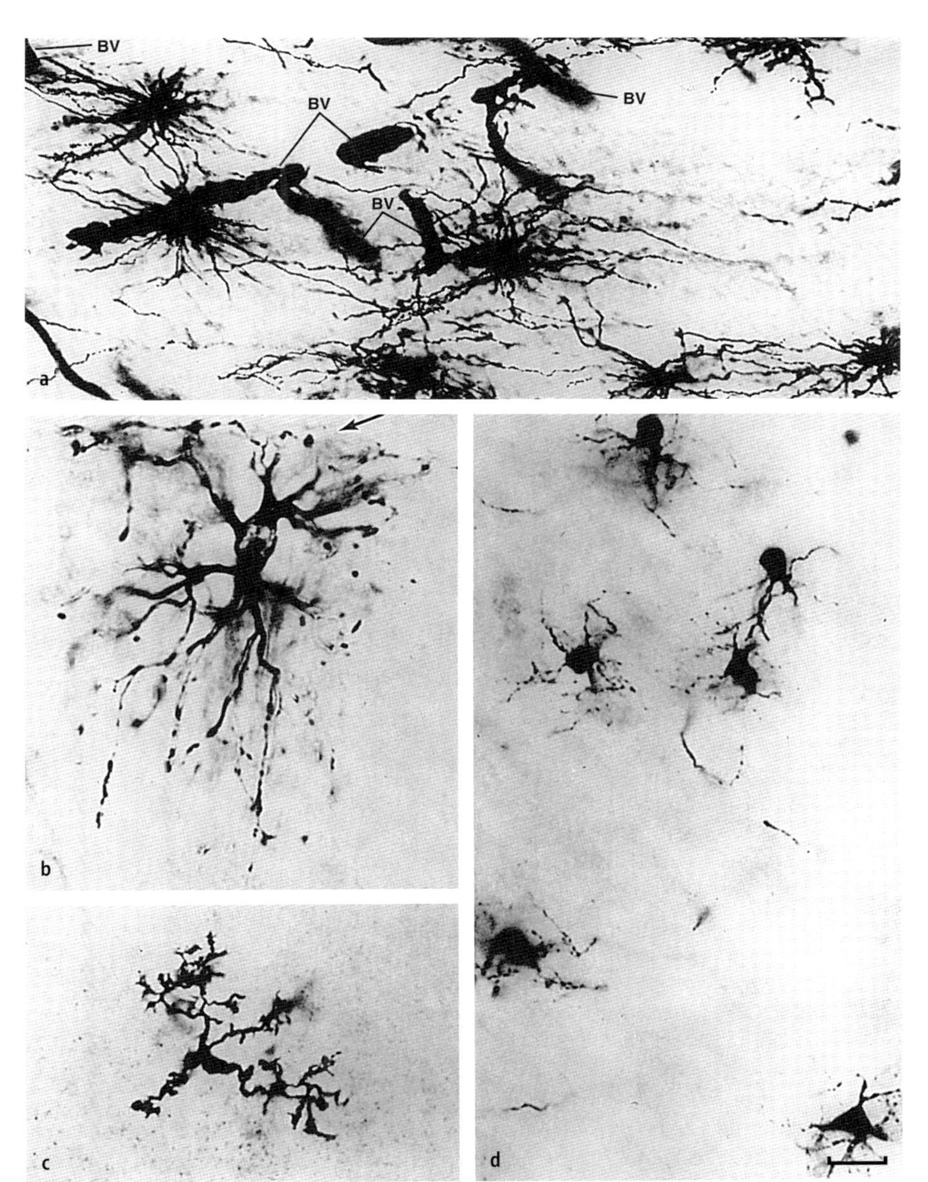

Abb. 8.14 a–d. Gliazellen, angefärbt mit dem Golgi Verfahren, aus der Großhirnrinde eines Affen. **a** Fibröse Astrozyten in der weißen Substanz. In diesem Bild sind auch Blutgefäße zu erkennen (*BV*). **b** Protoplasmatischer Astrozyt in der grauen Substanz, nahe der Gehirnoberfläche (*Pfeil*). **c** Mikrogliazelle **d** Oligodendrozyten . Balken = 10 μm. (Aus Junqueira et al. 1998)

sierten Axonen, den Ionengradienten nur durch Membrandepolarisationen in größeren Abständen zu verstärken. Dies geschieht an den Ranvier-Schnürringen, in deren Bereich im Axolemma die hierfür notwendigen Natriumkanäle angereichert sind. In myelinisierten Axonen ‚springt' also die Membrandepolarisation sehr schnell von einem Ranvier-Schnürring zum nächsten, was als ***saltatorische Erregungsausbreitung*** bezeichnet wird. Eine genaue Darstellung dieser Prozesse findet sich in Lehrbüchern der Physiologie.

8.3.2 Astrozyten

Astrozyten (Gr. *aster*, Stern) sind sternförmige Zellen mit mehreren Fortsätzen. Im Zytoplasma dieser Zellen finden sich zahlreiche Bündel von Intermediärfilamenten, die aus einem für Astroglia spezifischen Protein, dem ***sauren glialen fibrillären Protein*** (***GFAP*** vom englischen ‚glial fibrillary acid protein') gebildet werden. Diese Intermediärfilamente (s. Kap. 3) verlei-

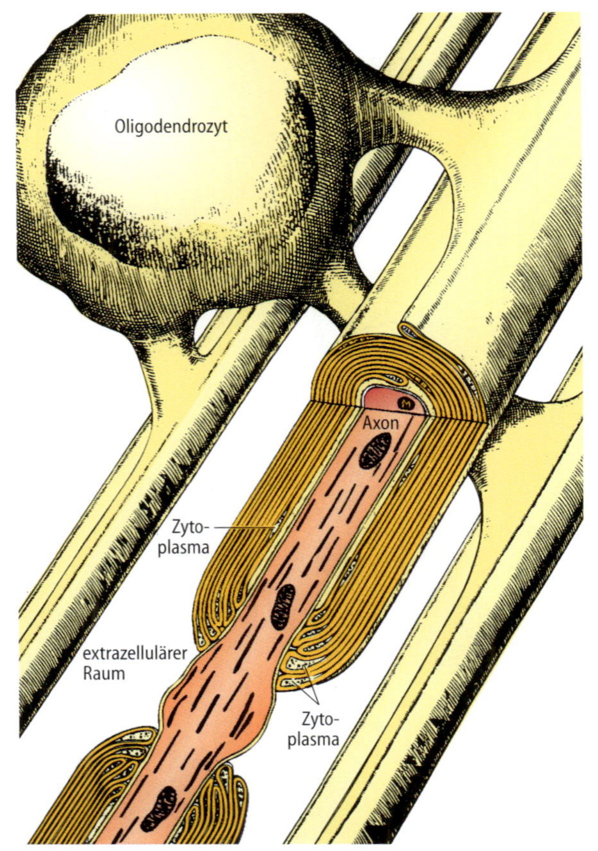

Abb. 8.15. Myelinscheiden im Zentralnervensystem. Ein Oligodendrozyt kann Myelinscheiden an mehreren (3–50) verschiedenen Axonen bilden. Im Zentralnervensystem sind die Ranvier-Schnürringe manchmal von den Fortsätzen anderer Zellen bedeckt, oder es finden sich an diesen Stellen relativ große extrazelluläre Räume. (Aus Junqueira et al. 1998)

Abb. 8.16 a, b. Dreidimensionale Darstellung **a** einer myelinisierten und **b** einer unmyelinisierten Nervenfaser. *1* Kern und Zytoplasma der Schwann-Zelle, *2* Axon, *3* Mikrotubuli, *4* Neurofilamente, *5* Myelinschicht, *6* Mesaxon, *7* Ranvier-Schnürring, *8* Interdigitierende (verzahnte) Fortsätze der Schwann-Zellen am Ranvier-Schnürring, *9* unmyelinisiertes Axon, *10* Basallamina (Aus Junqueira et al. 1998)

hen den Astrozyten eine gewisse strukturelle Festigkeit, so dass sie Nervenzellen mechanisch unterstützen können. Astrozyten isolieren Nervenzellen auch von den Hirnhäuten (s. unten) und den Blutgefäßen, die das Gehirn durchdringen. Wir unterscheiden zwei Arten von Astrozyten: Solche mit wenigen, langen Fortsätzen nennen wir ***fibröse Astrozyten***. Sie finden sich in der weißen Substanz (s. unten). ***Protoplasmatische Astrozyten*** haben viele kurze, verzweigte Fortsätze und finden sich in der grauen Substanz (Abb. 8.13 und 8.14).

Funktionen▸ Neben ihren mechanischen Funktionen haben Astrozyten für die Kontrolle und Aufrechterhaltung der ionischen und chemischen Zusammensetzung des Extrazellulärraums der Nervenzellen zentrale Bedeutung. So bedecken Astrozyten mit ihren Fortsätzen sämtliche Blutgefäße im Zentralnervensystem vollständig und bilden zusammen mit den Endothelzellen dieser Gefäße und der zwischen diesen beiden Zellen liegenden Basallamina eine vollständige Abgrenzung zwischen dem Zentralnervensystem und den Blutgefäßen, die ***Blut-Hirn-Schranke*** (s. Kap. 8.4.4). In ähnlicher Weise grenzen Astrozyten mit ihren Fortsätzen auch die Hirnhäute an der äußeren Oberfläche des Zentralnervensystems vom eigentlichen Gehirn ab (s. Kap. 8.4.4).

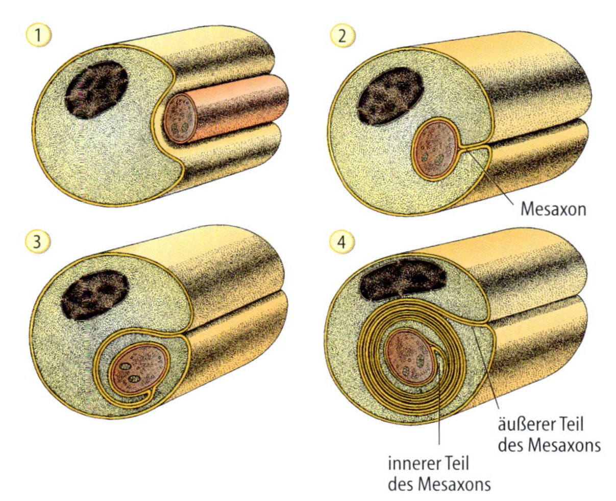

Abb. 8.17. Vier aufeinander folgende Phasen der Myelinisierung eines Axons im peripheren Nervensystem. (Aus Junqueira et al. 1996)

Klinik Wenn das Zentralnervensystem verletzt wird, kommt es zur Proliferation (mitotischen Teilung) von Astrogliazellen und zur Bildung einer astroglialen Narbe (s. Kap. 8.8).

Astrozyten beeinflussen das Überleben und die Aktivität von Nervenzellen nicht nur, indem sie die Zusammensetzung des extrazellulären Milieus regulieren. Sie spielen auch eine wichtige Rolle bei der Inaktivierung und Entsorgung von neuronal freigesetzten Transmittern, vor allem von Glutamat und GABA, und sie versorgen Nervenzellen auch mit Stoffwechselprodukten.

Klinik Die enge Kopplung neuronaler Aktivität an den Stoffwechsel und den Energie- und Sauerstoffverbrauch von Astrozyten, bildet die zelluläre Grundlage moderner, funktioneller bildgebender Verfahren (Positron Emissions Tomografie, PET) der Neuroradiologie. Dabei wird beispielweise ein Glukosederivat mit einem kurzlebigen Isotop markiert. Dessen Aufnahme in bestimmten Hirnregionen ist ein direktes Maß für den Energiebedarf in dieser Region und kann mit dem PET-Scanner verfolgt werden.

Astrozyten produzieren auch Proteine, sogenannte ***neurotrophe Faktoren***, die die Differenzierung und das Überleben von Nervenzellen fördern.

Klinik Als Beispiel für einen neurotrophen Faktor sei hier GDNF (glial cell line-derived neurotrophic factor) genannt, der unter experimentellen Bedingungen das Überleben der bei der Parkinson-Erkrankung (s. Kap. 8.8) zugrundegehenden dopaminergen Neurone im Mittelhirn fördert.

Astrozyten regulieren die Funktion des Zentralnervensystems auch mittels einer Reihe von von ihnen produzierten und freigesetzten Peptiden, darunter Zytokinen (s. Kap. 13), Mitgliedern der Angiotensinogen-Familie, vasoaktiven Endothelinen, Vorläufern für endogene Opioide (Enkephaline) und Somatostatin. Andererseits haben Astrozyten selbst eine Reihe von Rezeptoren, mit denen sie Reize aus ihrer Umgebung aufnehmen können. Auf kultivierten Astrozyten konnten Rezeptoren für Neurotransmitter und für verschiedene Neuropeptide nachgewiesen werden. Zumindest einige dieser Rezeptoren kommen auch auf Astrozyten im Gewebe (in vivo) vor. Hinzu kommen eine Reihe von Rezeptoren für Wachstumsfaktoren. Astrozyten sind somit offensichtlich in der Lage, auf die Liganden dieser Rezeptoren spezifisch zu antworten.

Letztendlich sei erwähnt, dass Astrozyten durch ***Gap Junctions*** (s. Kap. 3.2) miteinander in direkter Verbindung stehen und ein Netzwerk bilden, durch das Information (z. B. in Form von Kalziumwellen) über weite Strecken weitergeleitet werden kann. Dies ist eine wichtige Grundlage für die koordinierte Funktion der Astrozyten und deren regulatorischen Einfluss auf andere Zellen des Nervensystems. Zu letzterem gehört auch die Modulation des Myelinumsatzes in Oligodendrozyten, der unter physiologischen, ebenso wie unter pathologischen Bedingungen durch Zytokine beeinflusst wird, die von Astrozyten freigesetzt werden.

8.3.3 Ependymzellen

Ependymzellen bilden ein kubisches bis hochprismatisches Epithel, das die inneren Hohlräume des Zentralnervensystems auskleidet. Die meisten Ependymzellen tragen Kinozilien.

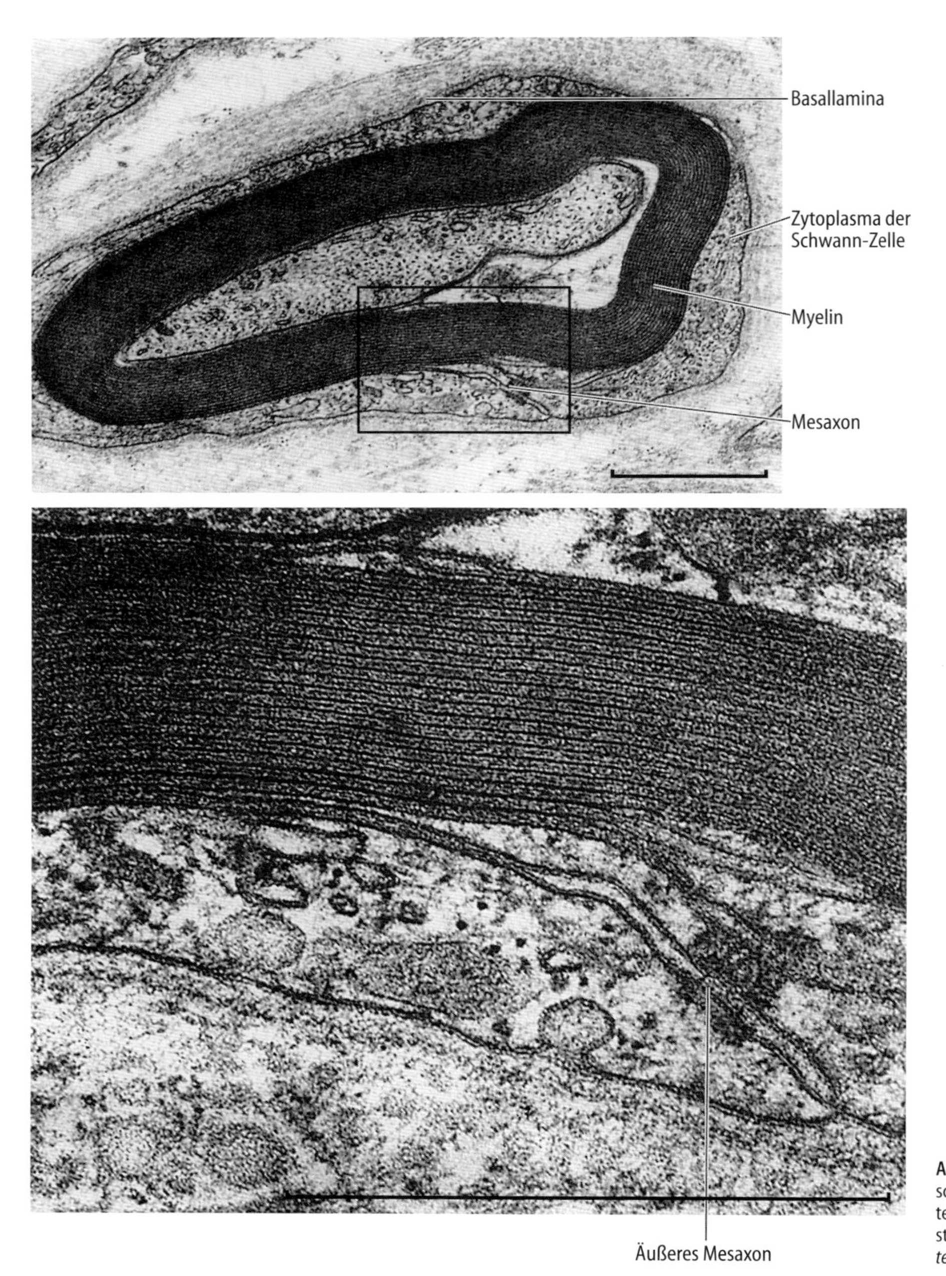

Abb. 8.18. Elektronenmikroskopische Aufnahmen eines myelinisierten Axons. Ein Ausschnitt ist unten stärker vergrößert. Balken *oben/unten*=1µm. (Aus Junqueira et al. 1998)

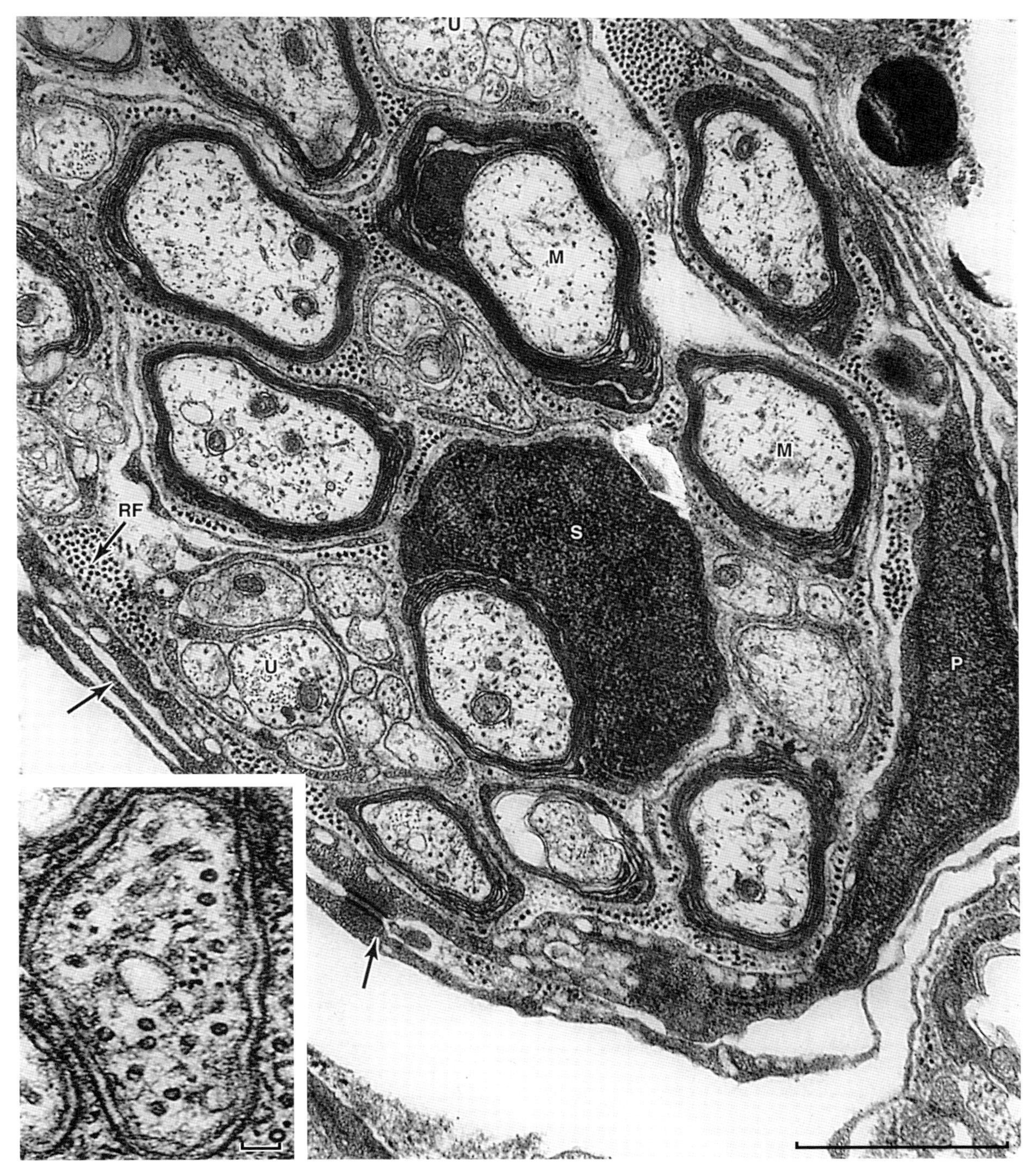

Abb. 8.19. Elektronenmikroskopisches Bild eines peripheren Nerven mit myelinisierten (*M*) und unmyelinisierten (*U*) Nervenfasern. Die quergeschnittenen retikulären Fasern (*RF*) gehören zum Endoneurium. Nahe der *Bildmitte* ist der Zellkern einer Schwann-Zelle zu erkennen. Die perineuralen Zellen (*P, Pfeile*) bilden eine Grenzschicht, die den Stoffaustausch zwischen dem Nerven und seiner Umgebung kontrolliert. Die Ausschnittsvergrößerung *links unten* zeigt ein Axon, in dem zahlreiche Neurofilamente und Mikrotubuli quer angeschnitten sind. Balken=1μm. (Aus Junqueira et al. 1996)

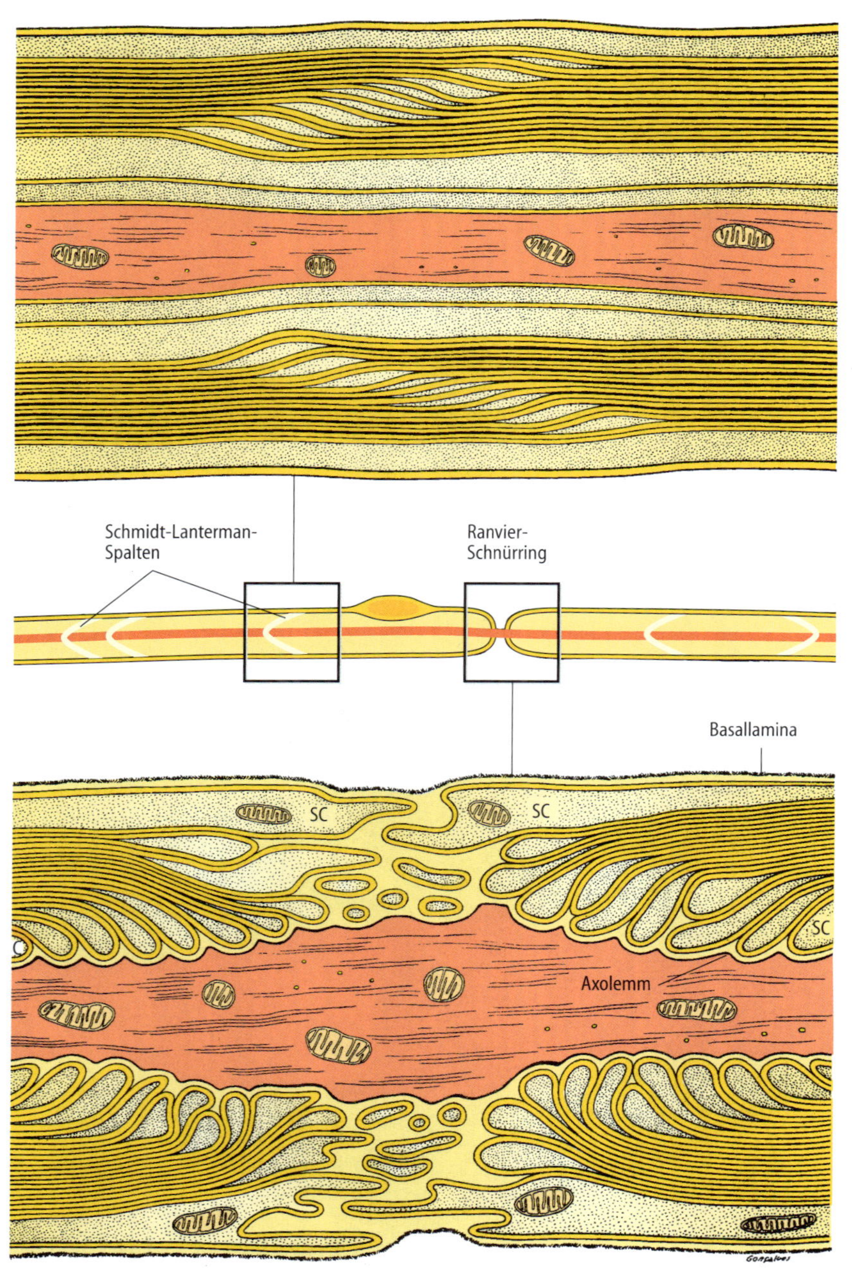

Abb. 8.20. Aufbau des Axons und dessen Hülle. Die Zeichnung in der *Mitte* zeigt eine myelinisierte Nervenfaser in lichtmikroskopischer Vergrößerung. Das Axon ist von der Myelinscheide (*gelb*) und vom Zytoplasma der Schwann-Zelle umhüllt. Der Kern einer Schwann-Zelle, Schmidt-Lanterman- Spalten und ein Ranvier-Schnürring sind eingezeichnet. Der *obere* Teil der Abbildung zeigt die Ultrastruktur einer Schmidt-Lanterman-Spalte: Hierbei handelt es sich um Ansammlungen von Zytoplasma zwischen den Zellmembranschichten der Schwann-Zelle. Der aus dem lichtmikroskopischen Bild abgeleitete Name dieser Struktur ist insofern irreführend, da kein wirklicher Spalt vorliegt. In der *unteren* Zeichnung ist die Ultrastruktur eines Ranvier-Schnürrings skizziert. Beachten Sie, dass die Fortsätze der Schwann-Zelle (*SC*) im Bereich des Schnürrings nur lose ineinander greifen, außerhalb jedoch engen Kontakt mit dem Axolemma (der Zellmembran des Axons) besitzen. Dadurch wird das Ein- und Austreten von Substanzen in bzw. aus dem periaxonalen Raum zwischen dem Axolemma und der Myelinscheide eingeschränkt. Die Schwann-Zelle wird von einer ununterbrochenen (kontinuierlichen) Basallamina umgeben. (Aus Junqueira et al. 1996)

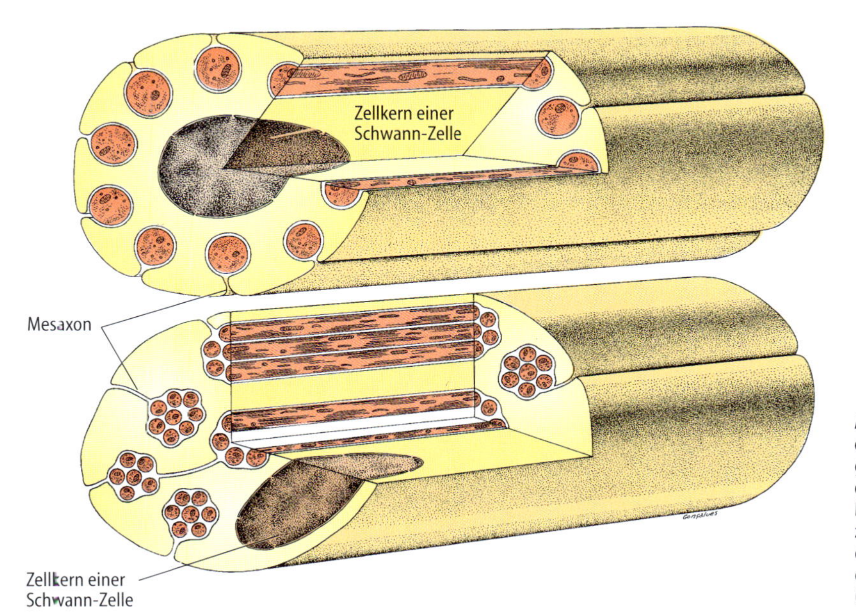

Abb. 8.21. Unmyelinisierte Nerven. Meist sind einzelne Axone (*rot*) so in Membraneinstülpungen einer Schwann-Zelle eingelagert, dass jedes Axon ein eigenes Mesaxon hat. *Unten* Manchmal liegen mehrere sehr dünne Axone zusammen in einer Einbuchtung der Membran einer Schwann-Zelle. In diesem Fall gibt es nur ein Mesaxon für mehrere Axone.
(Aus Junqueira et al. 1996)

8.3.4 Mikroglia

Die Mikroglia wird von kleinen, länglichen Zellen gebildet, die mehrere irregulär geformte Fortsätze tragen (Abb. 8.13 und 8.14). In mit Hämatoxylin und Eosin gefärbten Präparaten können Mikrogliazellen aufgrund ihres dichten, stark angefärbten, länglichen Kerns erkannt werden, der sich von dem runden Kern anderer Gliazellen abhebt. Mikrogliazellen sind ***phagozytierende Zellen***, die dem mononukleären Phagozytensystem (MPS) zuzurechnen sind (s. Kap. 4.4.2 und 11.3.5) und von Vorläuferzellen aus dem Knochenmark abstammen. Sie spielen eine wichtige Rolle bei entzündlichen Erkrankungen und Reparaturvorgängen im Zentralnervensystem. Wie andere Makrophagen können Mikrogliazellen neutrale Proteasen und Sauerstoffradikale freisetzen. Aktivierte Mikrogliazellen wirken auch als Antigen-präsentierende Zellen (s. Kap. 13.2.3), und sie sezernieren eine Reihe immunregulatorische Zytokine. Letztendlich nehmen Mikrogliazellen nach Verletzungen des Zentralnervensystems zelluläre Abbauprodukte auf und entsorgen sie.

Klinik

Bei Patienten mit multipler Sklerose phagozytieren Mikrogliazellen mit Hilfe eines Rezeptor vermittelten Prozesses Myelin und bauen es mittels lysosomaler Enzyme ab. Im Rahmen des erworbenen Immundefizienzsyndroms (AIDS) werden auch Mikrogliazellen vom HIV-1-Virus infiziert. Eine Reihe von Zytokinen, z. B. Interleukin 1 und der Tumor-Nekrose-Faktor, aktivieren und verstärken die HIV-Vermehrung in Mikrogliazellen. Der genaue Zusammenhang dieser glialen Reaktion mit dem klinischen Bild der bei AIDS auftretenden Enzephalopathie ist derzeit nicht vollständig verstanden.

8.4 Zentralnervensystem

Übersicht▸ Das Zentralnervensystem besteht aus dem ***Gehirn*** und dem ***Rückenmark***. Es enthält praktisch kein Bindegewebe, was die relativ weiche, gelartige Konsistenz dieses Organs erklärt.

Makroskopisch kann das Gehirn in das Großhirn, das Zwischenhirn, das Mittelhirn, das Rautenhirn und das Kleinhirn, und in den Hirnstamm (das verlängerte Mark) untergliedert werden.

Auf frischen Schnitten durch das Gehirn und das Rückenmark können Regionen unterschieden werden, die entweder weißlich oder leicht grau erscheinen, und die als ***weiße*** und ***graue Substanz*** bezeichnet werden. Diesen unterschiedlichen Farbtönen liegt die spezifische Anordnung neuronaler Zellkörper und myelinisierter Axone im Zentralnervensystem zu Grunde. In der weißen Substanz finden sich hauptsächlich myelinisierte Axone und Myelin produzierende Oligodendrozyten. Sie enthält keine Nervenzellkörper. In der grauen Substanz finden sich Nervenzellkörper, Dendriten und die proximalen, noch nicht myelinisierten Abschnitte von Axonen, sowie Gliazellen. In der grauen Substanz finden sich auch die Synapsen, durch die die Nervenzellen miteinander verbunden sind. Weiße Substanz findet sich eher in den zentralen Anteilen sowohl des Groß- wie des Kleinhirns. Eingebettet in die weiße Substanz liegen Gruppen neuronaler Zellkörper, die auf Schnitten wie Inseln aus grauer Substanz inmitten der weißen Substanz hervortreten. Wir sprechen von ***Kerngebieten***, zu denen z.B. die Basalganglien des Großhirns, der Thalamus im Zwischenhirn und die Substantia nigra im Mittelhirn gehören. Der zahlenmäßig bei weitem überwiegende Anteil aller Nervenzellen des Groß- und des Kleinhirns ist an der Oberfläche dieser Abschnitte des Nervensystems in einer dünnen, etwa 2–3 mm messenden Schicht angeordnet, die auf Grund ihrer oberflächlichen Lage und ihres Aufbaus in Schichten mit einer ***Rinde*** verglichen wurde (***cortex cerebri*** bzw. ***cerebelli***).

8.4.1 Kleinhirn

Aufbau▸ Die Rinde des Kleinhirns besteht aus drei Schichten (Abb. 8.22 und 8.23). Ganz an der Oberfläche findet sich eine ***Molekularschicht*** (d.h. eine Schicht, die hauptsächlich Zellfortsätze und Synapsen enthält). Dann folgen die großen ***Perikaryen der Purkinje-Zellen***, und daran anschließend die ***Körnerzellschicht***. Die Purkinje-Zellen haben nicht nur einen sehr auffälligen, großen Zellkörper, sondern auch einen sehr ausgeprägten Dendritenbaum (Abb. 8.3), der in die Molekularschicht hineinragt. Die Körnerzellschicht wird von sehr kleinen, dicht gepackten Nervenzellen gebildet, deren Axone ebenfalls in die Molekularschicht reichen und dort Synapsen an den Dendriten der Purkinje-Zellen bilden (Abb. 8.6).

Funktion▸ Das Kleinhirn erhält über die an den Körnerzellen synaptisch endenden ***Moosfasern*** und über die an den Purkinje-Zellen synaptisch endenden ***Kletterfasern*** sowohl ‚Kopien' von aus der Großhirnrinde stammenden motorischen Befehlen als auch über den ‚Ist-Zustand' der Körperperipherie (z.B. sensible Informationen über Muskelspannung, Gelenkstellung, s. Kap. 23.1). Moosfasern setzen ebenso wie Kletterfasern den erregenden Neurotransmitter Glutamat frei. Die Körnerzellen stehen über ihre Axone, die Parallelfasern genannt werden, sowohl mit den Purkinje-Zellen als auch mit Interneuronen in Verbindung, die wiederum hemmend auf die Purkinje-Zellen einwirken. Auch Körnerzellen benutzen den erregenden Neurotransmitter Glutamat, während die hemmenden Interneurone (Korb-, Stern- und Golgizellen) als Transmitter GABA einsetzen. Somit läuft alle in der Kleinhirnrinde verarbeitete Information letztendlich in den Purkinje-Zellen zusammen, deren Axone die einzige Verbindung aus der Kleinhirnrinde heraus bilden. Die Purkinje-Zellaxone enden zum größten Teil an den tiefen Kleinhirnkernen. Von dort verlässt die Information das Kleinhirn, um hauptsächlich über den Nukleus ruber andere Hirnteile zu erreichen. Das Kleinhirn greift glättend und koordinierend in die Regulation von Bewegungsabläufen ein.

Klinik

Funktionsausfälle des Kleinhirns bewirken u.a. einen typischen Intentionstremor, d.h. ein Zittern, das bei der Ausführung einer Bewegung zunimmt.

8.4.2 Großhirn

Übersicht▸ Die ***Rinde*** des Großhirns (***Cortex cerebri, Neokortex***) des Menschen hat eine Ausdehnung von etwa 1800 cm², ist 2–3 mm dick und besteht aus grauer Stubstanz. Sie ist, evolutionsbiologisch gesehen, der jüngste Anteil des Zentralnervensystems und dient der Verarbeitung afferenter (sensibler) Informationen und der Formulierung und Realisation geplanten (motorischen) Verhaltens. Die Großhirnrinde ist wahrscheinlich auch das biologische Substrat der Speicherung von Gedächtnisinhalten und des Bewusstseins. Einzelne Funktionen, wie z.B. die Verarbeitung visueller Information oder die Kodierung motorischer Bewegungsabläufe, können in umschriebenen Anteilen ***(Arealen)*** der Großhirnrinde lokalisiert werden. Die Zahl der so definierbaren funktionellen Areale, die erstmals von Broca kartiert wurden, liegt bei etwa 100. Diese Rin-

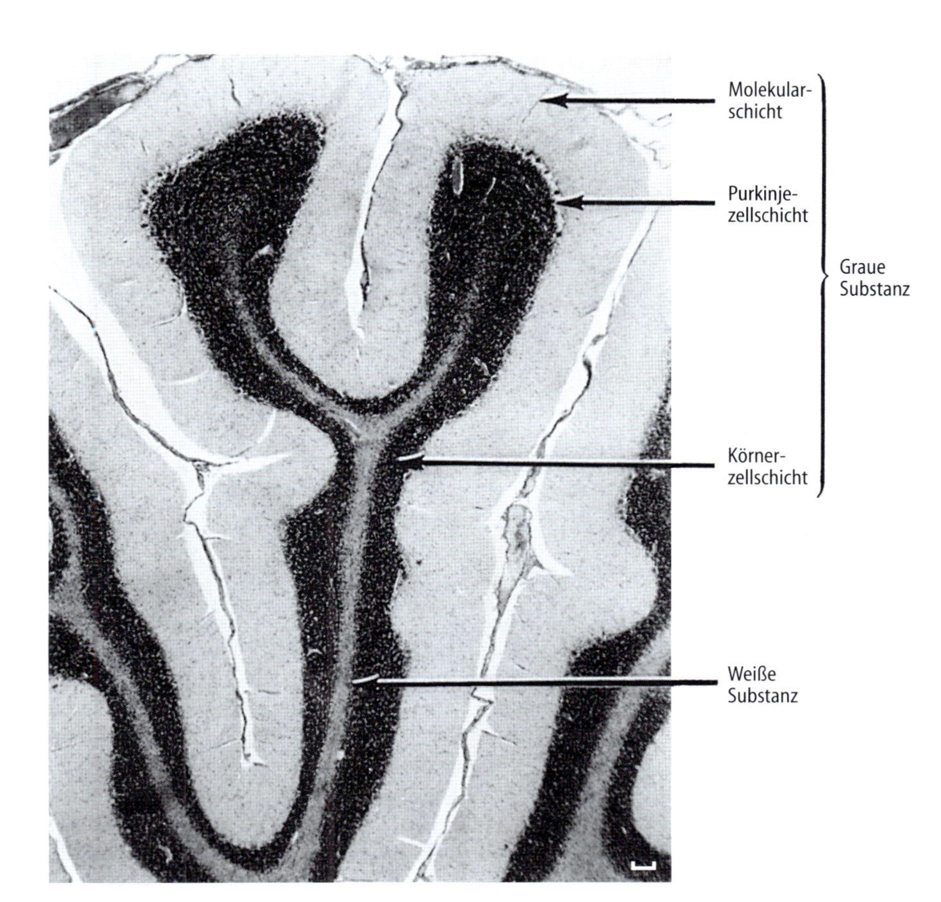

Abb. 8.22. Übersicht über den Aufbau des Kleinhirns. In jedem Lobus ist ein Kern aus weißer Substanz und darum die dreischichtige graue Substanz zu erkennen, die die Kleinhirnrinde bildet. Diese Schichten sind, von innen nach außen, die Körnerzellschicht, die Purkinje-Zellschicht und die Molekularschicht. Balken=100μm.
(Aus Junqueira et al. 1996)

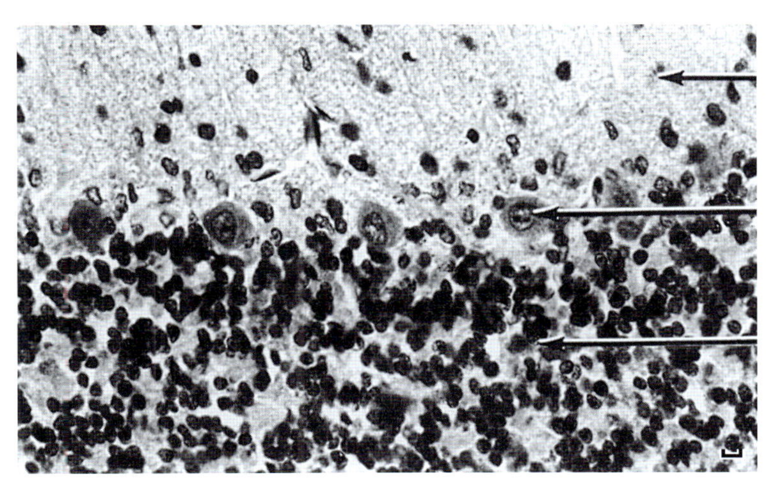

Abb. 8.23. Die Kleinhirnrinde bei stärkerer Vergrößerung. Die hier nicht sichtbaren ungewöhnlich großen und stark verzweigten Dendriten der Purkinje-Zellen (skizziert in Abb. 8.3), befinden sich in der Molekularschicht, deren Axone zwischen den Körnerzellen. Balken=10μm.
(Aus Junqueira et al. 1996)

denabschnitte unterscheiden sich auch hinsichtlich ihres feingeweblichen Aufbaus. Dennoch kann eine der gesamten Großhirnrinde gemeinsame Grundstruktur erkannt werden. Hierzu gehört die funktionelle Organisation von Nervenzellgruppen in senkrecht zur Hirnoberfläche stehende ***Säulen (Kolumnen)*** und ihre Anordnung in histologisch unterscheidbare ***Schichten*** parallel zur Hirnoberfläche.

Funktionseinheiten▸ Untersuchungen zur Verarbeitung spezifischer Reize in der Großhirnrinde haben zu dem Konzept geführt, dass der Neokortex funktionell in diskrete ***Säulen*** gegliedert werden kann. Diese sind senkrecht zur Hirnoberfläche orientiert, reichen von der Pia mater (Hirnhaut) bis zur weißen Substanz und haben einen Durchmesser von 0,1 bis 1,5 mm. Eine typische Säule mit ***0,3 mm Durchmesser*** enthält etwa ***10 000 Nervenzellen.*** Nervenzellen innerhalb einer Säule bilden eine funktionelle Einheit und können als Grundmodul (Baustein) des Neokortex verstanden werden. Um ein Beispiel zu nennen: Ein Modul im somatosensorischen Kortex (d. h. dem Teil der Hirnrinde, in dem Sinnesempfindungen von der Körperoberfläche primär verarbeitet werden) spricht nur auf eine einzige Reizmodalität an (z. B. Temperatur, Druck oder Berührung, s. Kap. 23.1 und 23.2). Alle in diesem Modul vereinigten Nervenzellen reagieren aber als Einheit auf solch einen Reiz. Die Berührung eines Fingers oder Kälteeinwirkung an diesem Finger führt also zur Antwort unterschiedlicher Gruppen kortikaler Säulen in dem für diesen Finger zuständigen Anteil des somatosensorischen Kortex. Obwohl auch die Anordnung intrakortikaler axonaler Verbindungen und die unterschiedliche Expression des Enzyms Zytochromoxidase auf die Organistation der Großhirnrinde in funktionelle Säulen (Module) hindeuten, ist doch festzuhalten, dass diese Säulen eher funktionell als anatomisch-histologisch definiert sind. Sie stellen ein fundamentales Prinzip der funktionellen Organisation der Großhirnrinde dar.

Histologischer Aufbau▸ Histologisch kann die Großhirnrinde nach der Lage der Nervenzellkörper in ***sechs Schichten*** untergliedert werden, die, von der Oberfläche des Gehirns beginnend, von 1 bis 6 nummeriert sind (Abb. 8.24). Dies darf aber nicht darüber hinwegtäuschen, dass die Dendriten und Axone der meisten Nervenzellen die Schichtgrenzen überschreiten. Nervenzellen in den einzelnen Schichten unterscheiden sich hinsichtlich ihrer Morphologie, ihrer synaptischen Eingänge (Afferenzen), ihrer Efferenzen und ih-

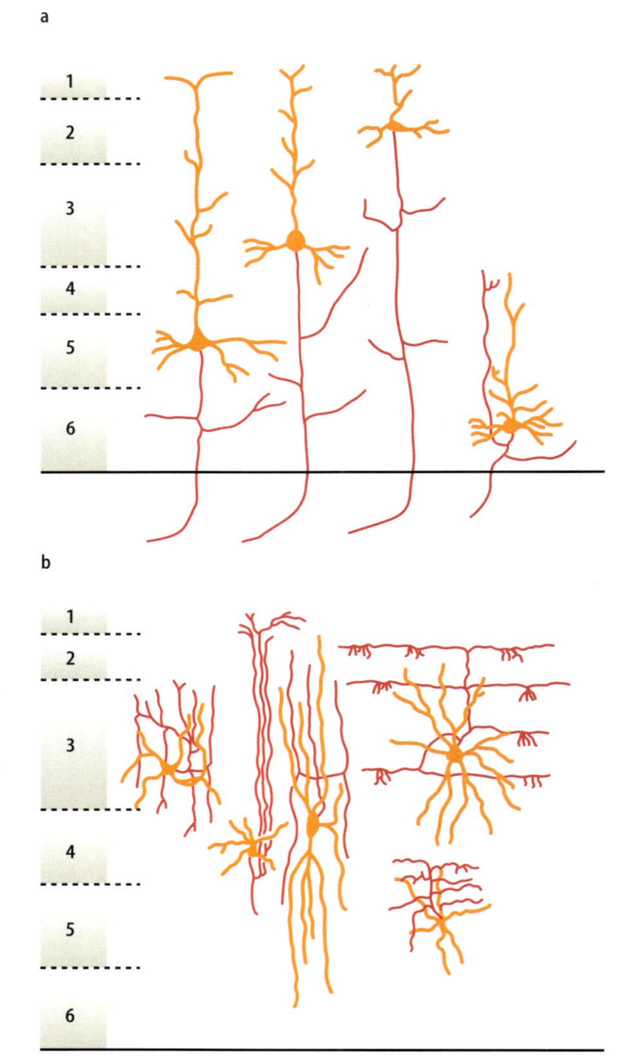

Abb. 8.24 a, b. Aufbau der Rinde des Grosshirns. **a** Schematische Darstellung der Morphologie der Projektionsneurone in den verschiedenen Schichten der Rinde. Die Dendriten überspannen mehrere Schichten und sind von zahlreichen dendritischen Dornen (spines) bedeckt. Die Axone geben, bevor sie die weiße Substanz (unterhalb von Schicht *6*) erreichen, mehrere rekurrente Kollateralen ab. **b** Charakteristisches Aussehen wichtiger Typen von Interneuronen aus der Großhirnrinde. Beachten Sie, dass die Anordnung der Axone drei Grundmustern folgt: Sie enden entweder in unmittelbarer Nähe des Perikaryons, oder sie verlaufen vertikal und übergreifen mehrere Schichten, oder aber sie verlaufen horizontal, bevorzugt in der Schicht, in der auch das Perikarion liegt, von dem sie ausgehen. (Aus Brodal 1997)

rer funktionellen Eigenschaften und Aufgaben. Das Verschaltungsmuster der Großhirnrinde kann wie folgt skizziert werden:

- Die ***Molekularschicht (Schicht 1)***, sie liegt direkt unter der Pia mater, enthält nur wenige Zellkörper. In ihr liegen überwiegend Denditen von Zellen, deren Perikaryen in tiefer gelegenen Schichten liegen sowie die Endigungen afferenter Axone.
- Die ***Schicht 2*** wird als ***äussere Körnerzellschicht*** und
- die ***Schicht 3*** als ***äussere Pyramidenzellschicht*** bezeichnet. In diesen Schichten liegen zahlreiche dichtgepackte Nervenzellen mit rundlichen bzw. pyramidenförmigen Zellkörpern. Die Pyramidenzellen haben zwei verschiedene Arten von Dendriten: kurze, die sich in der Nähe des Zellkörpers verzweigen und der apikale Dendrit, der gegen die Oberfläche der Hirnrinde aufsteigt. Die Zellen der Schichten 2 und 3 projezieren (d.h. ihre Axone ziehen durch die weiße Substanz) zu anderen Anteilen des Kortex und erhalten ihrerseits Afferenzen (‚Assoziations'-Fasern) von benachbarten und entfernter gelegenen Rindenabschnitten.
- An den Zellen der ***inneren Körnerzellschicht (Schicht 4)*** enden die Afferenzen aus dem Thalamus. Diese Schicht ist in primär sensiblen Rindenabschnitten am stärksten und im motorischen Kortex nur schwach ausgeprägt. Die Zellen dieser Schicht sind sehr klein und dicht angeordnet, was zu dem typischen ‚granulären' Aussehen dieser Schicht auf histologischen Schnitten führt. Die in Schicht 4 liegenden Nervenzellen sind Interneurone, die Verbindungen zu den in Schichten darüber und darunter liegenden Nervenzellen herstellen.
- ***Schicht 5*** wird auch als ***innere Pyramidenzellschicht*** bezeichnet. Die Axone der Nervenzellen dieser Schicht stellen die Verbindung zu Zentren außerhalb des Kortex her, die motorische Funktionen haben. Hierzu gehören z.B. die Basalganglien, das Mittelhirn, der Hirnstamm und das Rückenmark.
- ***Schicht 6 (lamina multiformis)*** enthält spindelförmige Nervenzellen, deren Axone zum Thalamus ziehen und dort diejenigen Gebiete innervieren, aus denen Schicht 4 ihre Afferenzen erhält.

Unterschiede im Aufbau und in der Verschaltung einzelner Abschnitte des Neokortex können als Variationen des eben skizzierten Grundmusters verstanden werden. Dabei ist auch zu bedenken, dass jede Schicht zahlreiche morphologisch und funktionell unterschiedliche Zelltypen enthält. Die (historische) Schichtbezeichnung bezieht sich nur auf die häufigsten oder auffälligsten Zellen in einer Schicht. Untersuchungen zur Evolution und Entwicklung der Großhirnrinde legen die Vermutung nahe, dass die Komplexität und die einzigartigen funktionellen Eigenschaften dieses Organs durch die Zunahme der Zahl und Modifikation eines allen Rindenabschnitten gleichen ‚Grundmoduls' erreicht wurde.

8.4.3 Rückenmark

Auf Querschnitten durch das ***Rückenmark*** ist die weiße Substanz außen zu erkennen. Die graue Substanz liegt zentral und nimmt in etwa die Form eines H an (Abb. 8.25). Im Querstrich dieses H findet sich eine Öffnung, der ***Zentralkanal***, der das Überbleibsel des embryonalen Lumens des Neuralrohrs darstellt. Der Zentralkanal ist von Ependymzellen ausgekleidet. In der grauen Substanz werden die beiden unteren Anteile des H, die ventral liegen, als ***Vorderhörner*** bezeichnet. Dort finden sich motorische Nervenzellen, deren Axone das Rückenmark über die ventrale (vordere) Wurzel verlassen (Abb. 8.5 und 8.25). In den ***Hinterhörnern*** der grauen Substanz (entsprechend den oberen, dorsal liegenden Abschnitten des H) enden die Axone der pseudounipolaren sensiblen Neuronen, deren Zellkörper sich in den Spinalganglien befinden. Diese Fasern erreichen das Rückenmark über die dorsale Wurzel (Abb. 8.26). Die ankommende Information wird entweder über Interneurone an die großen multipolaren Motoneurone im Vorderhorn weitergegeben (Abb. 8.26) oder mit oder ohne Umschaltung in aufsteigenden Bahnen an höhere Zentren weitergegeben. Aufsteigende und absteigende Bahnen (aus dem Gehirn) befinden sich in der weißen Substanz des Rückenmarks.

Klinik

Die segmentale Umschaltung von sensiblen auf motorische Fasern lässt sich klinisch durch die Auslösung der Muskeldehnungsreflexe überprüfen.

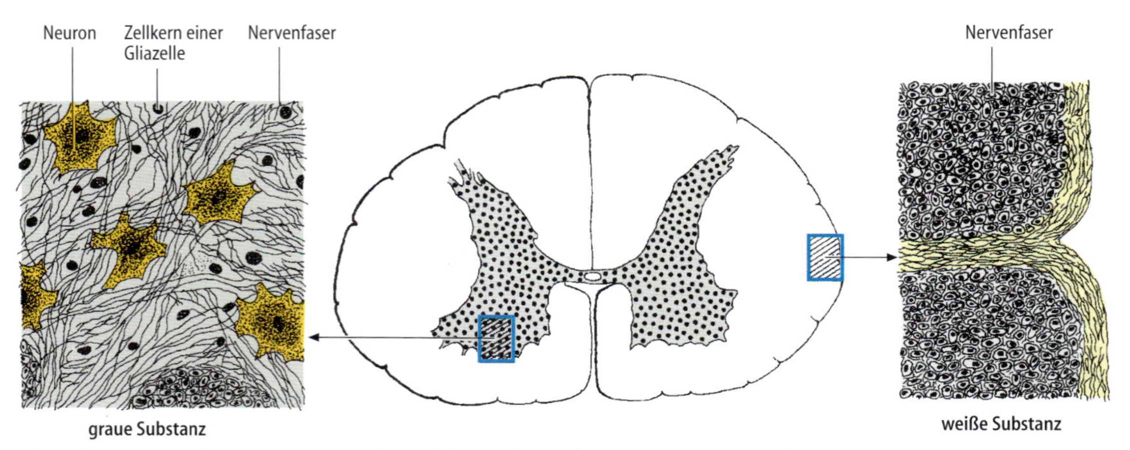

Abb. 8.25. Querschnitt durch das Rückenmark. *Links* der feingewebliche Aufbau der grauen Substanz, *rechts* die Leitungsbahnen der weißen Substanz (Vergleiche auch Abb. 8.5). (Aus Junqueira et al. 1998)

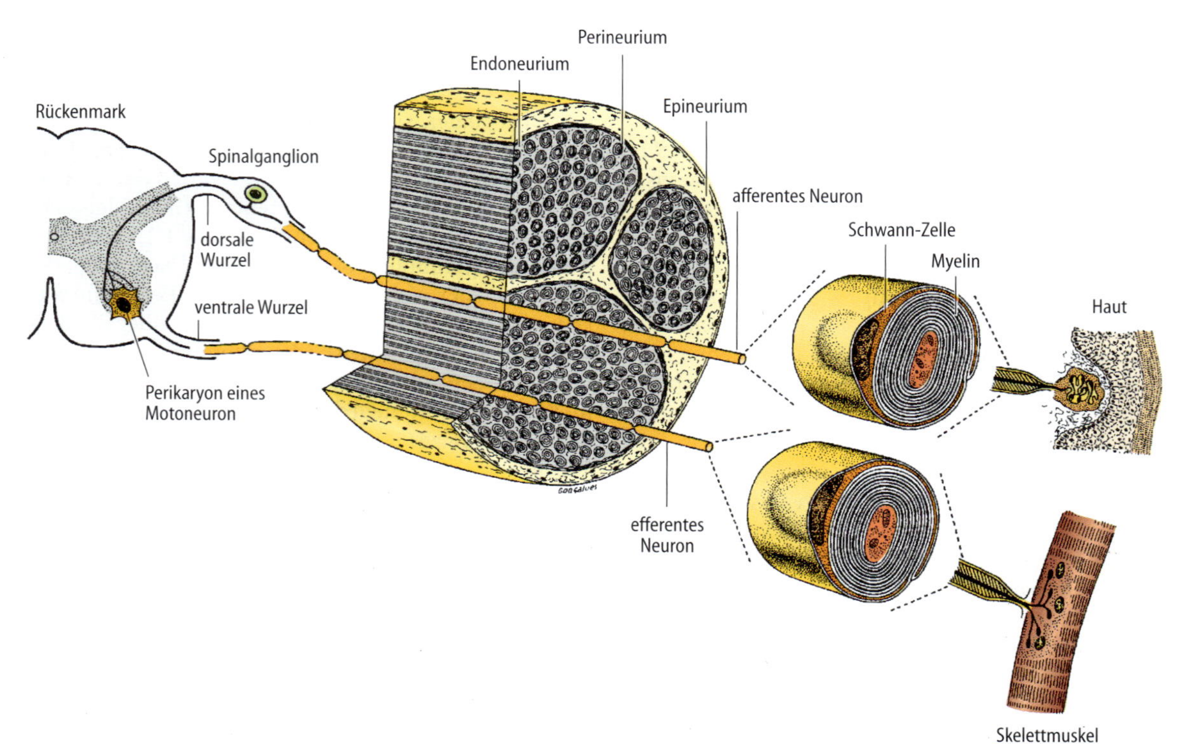

Abb. 8.26. Schematische Darstellung eines Nerven und eines Reflexbogens. In dem hier gezeigten Beispiel führt ein von der Haut kommender Reiz zur Aktivierung eines sensiblen Nerven, der das Rückenmark über die Hinterwurzel erreicht. Dieser Reiz führt zur Stimulation von Motoneuronen, die einen Skelettmuskel innervieren. Ein Reflexbogen wie der hier gezeigte könnte z. B. das reflektorische Zurückziehen eines Fingers von einer heißen Oberfläche vermitteln. (Aus Junqueira et al. 1996)

8.4.4 Hirnhäute

Das Zentralnervensystem wird durch den knöchernen Schädel und die Wirbelsäule geschützt. Es wird außerdem von drei bindegewebigen Hüllen, den ***Hirnhäuten (Meningen)*** umgeben (Abb. 8.27). Zuäußerst liegt die ***Dura mater***, gefolgt von der ***Arachnoidea*** (,Spinnengewebshaut'), und zuinnerst die ***Pia mater***. Die Arachnoidea und die Pia mater sind eng miteinander verbunden und werden oft als eine Gewebsschicht betrachtet, die ***Leptomeninx*** (,weiche Hirnhaut'). Entwicklungsgeschichtlich stammen die Hirnhäute von Mesenchymzellen und, im Bereich des Vorderhirns, von Neuralleistenzellen ab.

Dura mater▸ Die Dura mater bildet die äußerste Schicht der Meningen und besteht aus straffem Bindegewebe, das im Bereich des Schädels mit dem Periost verwachsen ist. Im Bereich der Wirbelsäule befindet sich zwischen Dura mater und Periost der Wirbel der ***epidurale Raum***, der dünnwandige Venen, lockeres Bindegewebe und Fettgewebe enthält. Die innere Oberfläche der gesamten Dura mater ist von einem einschichtigen Plattenepithel bedeckt.

Arachnoidea▸ Die Arachnoidea (Gr. *arachnoeides*, spinnwebenartig) ist auf der der Dura zugewandten Seite von einem Epithel bedeckt, das dem auf der Dura mater gleicht und das in seinem Verlauf der Dura mater folgt. Dazwischen befindet sich der schmale ***Subduralspalt***. Auf der der Dura abgewandten Seite folgt eine Schicht, die aus einem System von Streben und Fäden (Trabekel) besteht. Die Hohlräume zwischen diesen Trabekeln bilden den ***subarachnoidalen Raum***, der mit Zerebrospinalflüssigkeit gefüllt ist. Der Subarachnoidalraum bildet somit eine Art Wasserkissen, das das Zentralnervensystem vor Erschütterungen und Verletzungen schützt. Der Subarachnoidalraum steht in direkter Verbindung mit dem vierten Ventrikel und damit mit dem gesamten inneren Höhlensystem des Gehirns.

Klinik

Beim lebensbedrohlichen ***epiduralen Hämatom***, einer Blutung zwischen Schädelknochen und Dura mater, kommt es zur Bewusstseinstrübung infolge einer intrakraniellen Druckerhöhung. Meist liegt eine Blutung aus der Arteria meningea bei einer Schädelfraktur vor. ***Subdurale Hämatome*** breiten sich im Subduralspalt zwischen Dura mater und Arachnoidea aus. Abgerissene Brückenvenen sind die häufigste Ursache. ***Subarachnoidalblutungen*** gehen häufig auf ein rupturiertes Aneurysma einer Hirnarterie zurück.

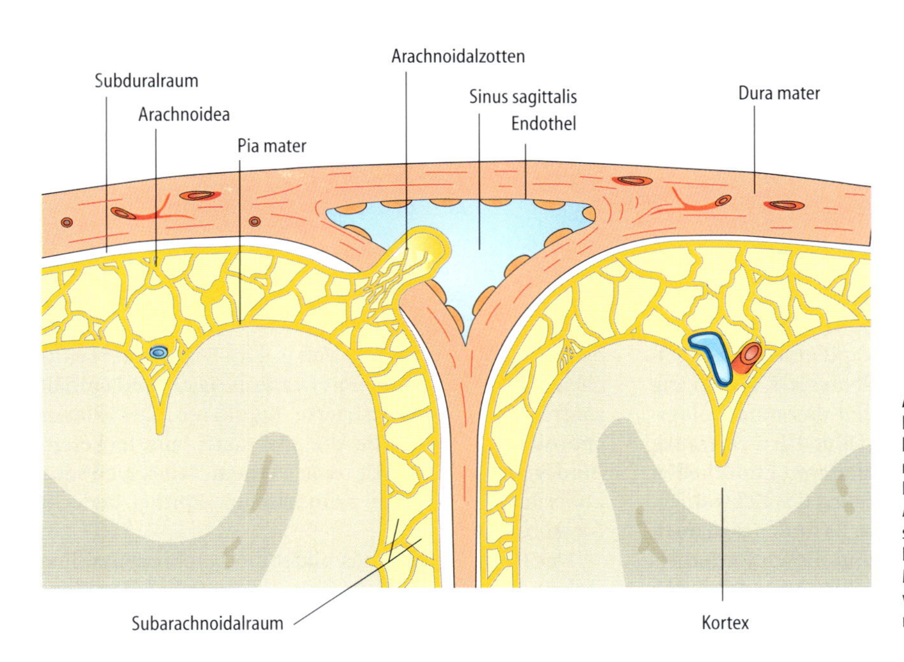

Abb. 8.27. Aufbau der bindegewebigen Hüllen des Gehirns. Unter der Dura mater befindet sich ein schmaler Spalt (,Subduralraum') an den die Arachnoidea angrenzt. Die Räume zwischen den Trabekeln der Arachnoidea enthalten Liquor cerebrospinalis. Die Arachnoidea durchbricht im Bereich der Arachnoidalzotten die Dura Mater. Über diese wird der Liquor in die venösen Blutleiter abgegeben (modifiziert nach Bloom-Fawcett 1994).

An einigen Stellen durchdringt die Arachnoidea die Dura und bildet Vorwölbungen, die in venösen Sinus auf der äußeren Seite der Dura mater enden. Diese Vorwölbungen, die von Endothelzellen der Venen bedeckt sind, nennt man ***Granulationes arachnoidales*** (Arachnoidalzotten, Pacchioni Granulationen). Sie gewährleisten die Absorption, und damit den Abfluss der Zerebrospinalflüssigkeit in das Blut der venösen Sinus.

Pia mater▸ Die Pia mater besteht aus lockerem Bindegewebe, das zahlreiche Blutgefäße enthält. Die Pia mater folgt in ihrem Verlauf genau der Oberfläche des Zentralnervensystems und dringt im Verlauf einiger Blutgefäße auch in dieses ein. Die cerebrale Oberfläche der Pia mater ist von platten Zellen bedeckt, die durch ***Desmosomen*** und ***Gap Junctions*** miteinander verbunden sind. Obwohl die Pia mater sich überall eng der Oberfläche des Zentralnervensystems anlegt, steht sie nicht in direktem Kontakt mit Nervenzellen oder deren Fortsätzen. Zwischen der Pia mater und der Nervenzellen findet sich eine dünne Schicht, die von Astrozytenfortsätzen gebildet wird, welche der Pia mater eng und fest anhaften. Sie bildet eine Grenzschicht an der Peripherie des zentralen Nervensystems und trennt dieses von der Zerebrospinalflüssigkeit (Abb. 8.14 b).

Blutgefäße dringen in das Zentralnervensystem durch Kanäle ein, die von Pia mater bedeckt sind. Diese bildet den ***perivaskulären Raum***. Die aus diesen Blutgefäßen entspringenden Kapillaren sind nicht mehr mit Pia mater bedeckt. Allerdings wird die Oberfläche dieser Kapillaren vollständig von Astrozytenfortsätzen bedeckt (Abb. 8.14 a).

Blut-Hirn-Schranke▸ Diese Schranke bildet eine funktionelle Grenzschicht, die den Übertritt von im Blut befindlichen Substanzen in das Zentralnervensystem kontrolliert. Für Antikörper, einige Toxine, aber auch für einige Medikamente, ist die Blut-Hirn-Schranke undurchgängig.

Die Blut-Hirn-Schranke resultiert aus der geringen Durchlässigkeit der Kapillaren des Zentralnervensystems. Die Endothelzellen dieser Kapillaren sind durch Tight Junctions (= Zonulae occludentes, s. Kap. 3.2) eng miteinander verbunden und stellen das morphologische Korrelat der funktionellen Blut-Hirn-Schranke dar. Im Gegensatz zu zahlreichen anderen Endothelien hat das Zytoplasma der Endothelzellen des Zentralnervensystems keine Fenestrierungen. Es finden sich auch nur wenige pinozytotische Vesikel in diesen Endothelzellen. Die Durchgängigkeit der Blut-Hirn-Schranke wird auch durch Fortsätze der Astrozyten, die die Kapillaren des Zentralnervensystems eng umschlingen und bedecken, sowie durch die zwischen den Endothelzellen und den Astrozytenfortsätzen liegende Basallamina kontrolliert.

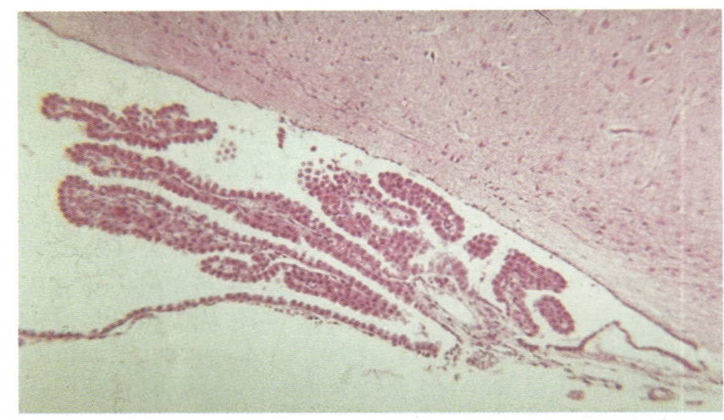

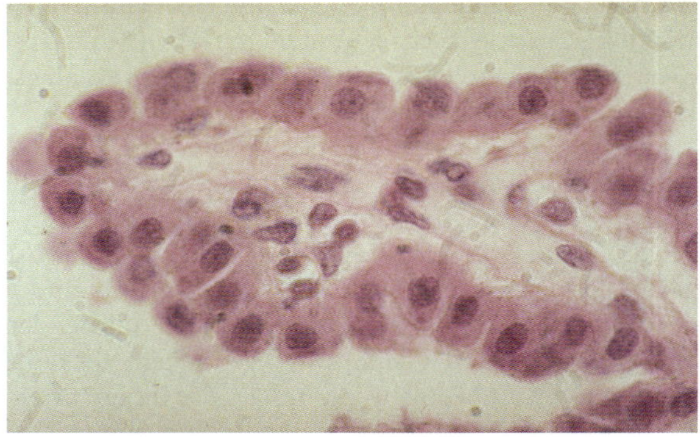

Abb. 8.28. Lichtmikroskopisches Bild des Plexus choroideus. Die Oberfläche der Arachnoidalzotten ist von einem einschichtigen kubischen Epithel bedeckt (siehe stärkere Vergrößerung *unten*)

8.4.5 Plexus choroideus und Zerebrospinalflüssigkeit

Der Plexus choroideus besteht aus Auffaltungen der Pia mater, die auch in die Ventrikel vordringen. Man findet ihn an Teilen der Wände der Seitenventrikel, am Dach des 3. Ventrikels und im 4. Vetrikel im Bereich der seitlichen Auslässe. Er ist sehr gut vaskularisiert und enthält zahlreiche weite, fenestrierte Kapillaren. Der Plexus choroideus besteht wie die Pia mater aus lockerem Bindegewebe und ist von einem einschichtigen kubischen bis niedrig zylindrischen Epithel bedeckt (Abb. 8.28).

Der Plexus choroideus bildet die Zerebrospinalflüssigkeit. Diese Flüssigkeit füllt die Ventrikel, den Zentralkanal des Rückenmarks, den Subarachnoidalraum und die perivaskulären Räume des Zentralnervensystems vollständig aus. Sie ist einerseits für die Ernährung, andererseits für den mechanischen Schutz des Zentralnervensystems wichtig.

Die Zerebrospinalflüssigkeit ist klar und hat eine geringe Dichte (1,004–1,008 g/ml). Sie enthält nur einige abgeschilferte Zellen, wenige Lymphozyten und im Vergleich zum Serum wenig Protein und Glukose. Die Zerebrospinalflüssigkeit zirkuliert durch die Ventrikel und tritt im vierten Ventrikel in den Subarachnoidalraum über. Dort wird sie vorwiegend an den Granulationes arachnoidales in das Venensystem absorbiert.

Klinik Eine verringerte Absorption der Zerebrospinalflüssigkeit oder eine Behinderung ihres Abflusses aus den Ventrikeln führt bei Kleinkindern zu dem Krankheitsbild des ***Hydrocephalus*** (Gr. *hydro*, Wasser + *kephale*, Kopf), der zu einer fortschreitenden Vergrößerung des Kopfs und zu einer Einschränkung der Leistungsfähigkeit des Zentralnervensystems führt.

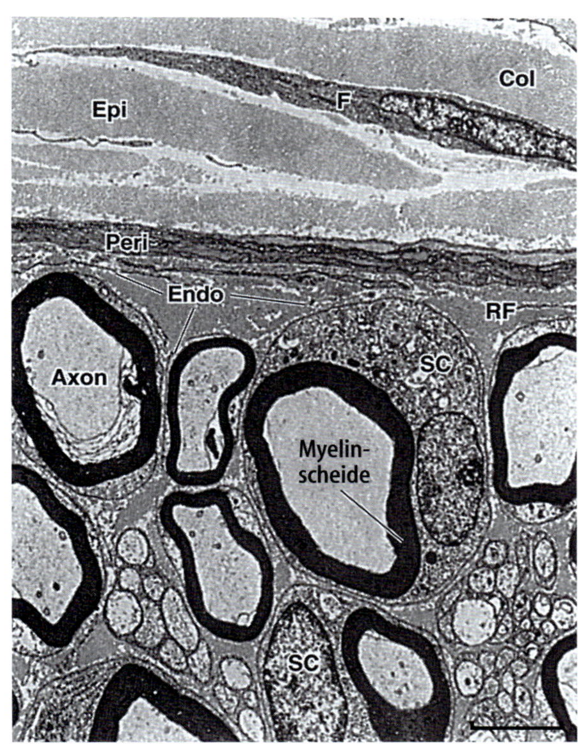

Abb. 8.29. Elektronenmikroskopische Aufnahme eines Schnitts durch einen Nerven mit Darstellung des Epineuriums (*EPI*), des Perineuriums (*PERI*) und des Endoneuriums (*ENDO*). Das Epineurium ist ein straffes, kollagenfaserreiches (*COL*) Bindegewebe, das auch zahlreiche Fibroblasten (*F*) enthält. Das Perineurium besteht aus mehreren Lagen flacher, eng miteinander verbundener Zellen, die eine Barriere für das Eintreten von Makromolekülen in den Nerven bilden. Das Endoneurium besteht hauptsächlich aus retikulären Fasern (*RF*). Balken=10 µm. (Aus Junqueira et al. 1998)

8.5 Peripheres Nervensystem

Das periphere Nervensystem besteht im Wesentlichen aus Bündeln von Nervenzellfortsätzen, die als ***Nerven*** (Abb. 8.26) bezeichnet werden, und aus ***Nervenzellkörpern***, die in ***Ganglien*** genannten Gruppen zusammenliegen. Periphere Nerven sind von mehreren Schichten von Bindegewebe eingehüllt.

8.5.1 Periphere Nerven

Mit Ausnahme der wenigen dünnen, unmyelinisierten Nervenfasern erscheinen periphere Nerven weißlich und glänzend, was auf ihren Myelin- und Kollagengehalt zurückzuführen ist. Sie sind von einer Schicht aus straffem Bindegewebe umgeben, die ***Epineurium*** (Abb. 8.26 und 8.29) genannt wird. Das Epineurium füllt auch die Räume zwischen einzelnen Nervenbündeln aus und verankert die Nerven im umgebenden Gewebe. Jedes einzelne Bündel wird von ***Perineurium*** eingehüllt, einer Gewebsschicht, die aus mehreren Schichten flacher, epithelartiger Zellen besteht (Abb. 8.26 und 8.29). Die Zellen jeder einzelnen dieser Schichten sind mit ***Tight Junctions*** (= Zonulae occludentes, s. Kap. 3.2) miteinander verbunden. Das Perineurium stellt eine Schranke für die meisten Makromoleküle dar und übernimmt eine wichtige Rolle beim Schutz der Nervenfasern. Innerhalb der vom Perineurium gebildeten Scheide verlaufen die von Schwann-Zellen umgebenen Axone und das sie umgebende Bindegewebe, das ***Endoneurium*** (Abb. 8.19, 8.26 und 8.29). Das Endoneurium besteht aus einer dünnen Schicht retikulären Bindegewebes.

Die Nerven (Abb. 8.26) stellen die Verbindung zwischen dem Gehirn und dem Rückenmark einerseits und den Sinnesorganen und Effektororganen (Muskeln, Drüsen, etc.) andererseits her. In ihnen verlaufen sowohl afferente als auch efferente Fasern. ***Afferente Fasern*** tragen die Informationen aus dem Inneren des Körpers und aus der Umwelt zum zentralen Nervensystem hin.

Efferente Fasern leiten Signale aus dem zentralen Nervensystem zu den Zielorganen. Nerven, in denen nur sensible Fasern verlaufen, werden als ***sensible Nerven*** bezeichnet. Wir sprechen von ***motorischen Nerven***, wenn nur efferente, motorische Fasern enthalten sind. Die meisten Nerven sind jedoch ***gemischte Nerven*** und enthalten sensible und motorische Nervenfasern. Typische periphere Nerven enthalten sowohl myelinisierte als auch unmyelinisierte Nervenfasern (Abb. 8.19).

8.5.2 Ganglien

Ganglien sind Ansammlungen neuronaler Zellkörper und glialer Zellen; sie enthalten auch Bindegewebe, das diese Zellen unterstützt. Wir trennen ***sensible*** von ***autonomen Ganglien***, die sich hinsichtlich der Charakteristika und der Richtung der in ihnen weitergeleiteten Signale unterscheiden.

Sensible Ganglien▸ Diese Ganglien dienen der Weiterleitung afferenter Signale von Sinneszellen in Sinnesorganen, in der Haut, der Wand innerer Organe und in Muskeln und Sehnen an das Zentralnervensystem (s. Kap. 23.1). Nach ihrer Lage im Körper können zwei Arten sensibler Ganglien unterschieden werden. Die einen finden sich im Verlauf von Hirnnerven (***kraniale Ganglien***). Beispiele dafür sind die Ganglien des Innenohrs (Gl. cochleare und vestibulare, s. Kap. 23). Die anderen liegen in der Hinterwurzel der Spinalnerven und werden ***Spinalganglien*** genannt (Abb. 8.26). In ihrem feingeweblichen Aufbau sind sich diese beiden Ganglientypen sehr ähnlich. In den Spinalganglien finden sich große Zellkörper pseudounipolarer Neurone mit auffallend feinen Nissl-Schollen und zahlreiche kleine Gliazellen, die diese Nervenzellen umgeben und ***Mantelzellen*** oder ***Satellitenzellen*** genannt werden (Abb. 8.30). Eine bindegewebige Kapsel umgibt das Ganglion und ein davon ausgehendes Gerüst von Bindegewebe und sorgt für seine innere Festigkeit. Die Nervenzellen dieser Ganglien sind pseudounipolar und leiten die Information von den Nervenendigungen in der Peripherie des Körpers zum Rückenmark, wo sie Synapsen mit Nervenzellen im Hinterhorn bilden.

Autonome Ganglien▸ Diese Ganglien treten als meist spindelförmige Auftreibungen im Verlauf autonomer Nerven hervor. Einige finden sich in spezifischen Organen. Liegen sie in der Wand dieser Organe, werden sie nach ihrer Lage als ***intramurale Ganglien*** bezeichnet. Diese Ganglien haben keine Bindegewebskapsel. Sie werden vielmehr von den Stromazellen der Organe gestützt, in denen sie liegen.

Autonome Ganglien enthalten in der Regel multipolare Neurone (Abb. 8.31). Wie die Nervenzellen sensibler Ganglien enthalten die der autonomen Ganglien feine Nissl-Schollen.

Die Körper der Nervenzellen autonomer Ganglien sind häufig von einer Schicht glialer Zellen umgeben, die auf Grund ihrer Lage um die Nervenzellen herum als Satellitenzellen bezeichnet werden. In intramuralen Ganglien finden sich nur wenige Satellitenzellen um jede Nervenzelle.

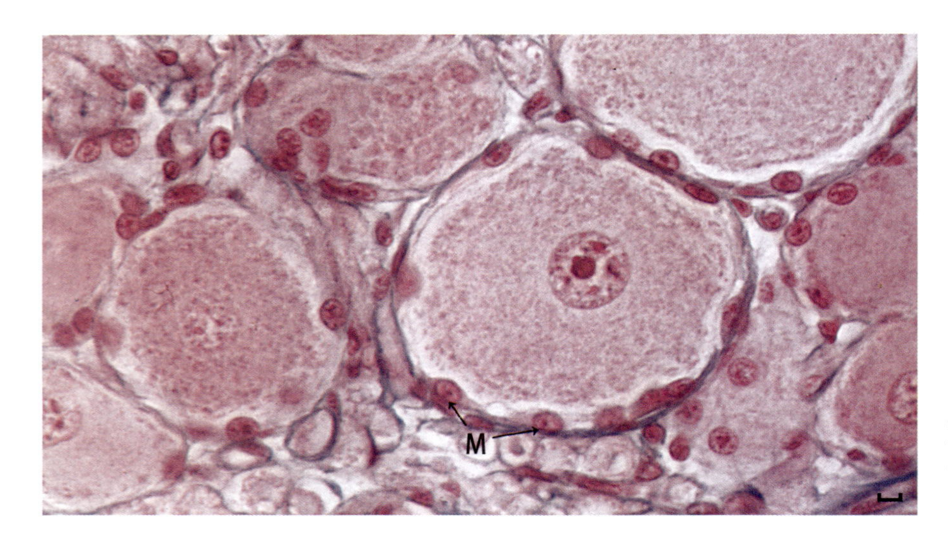

Abb. 8.30. Schnitt durch ein Spinalganglion, auf dem Neurone und Mantelzellen (*M*) deutlich zu erkennen sind. Balken=10 μm. (Aus Junqueira et al. 1996)

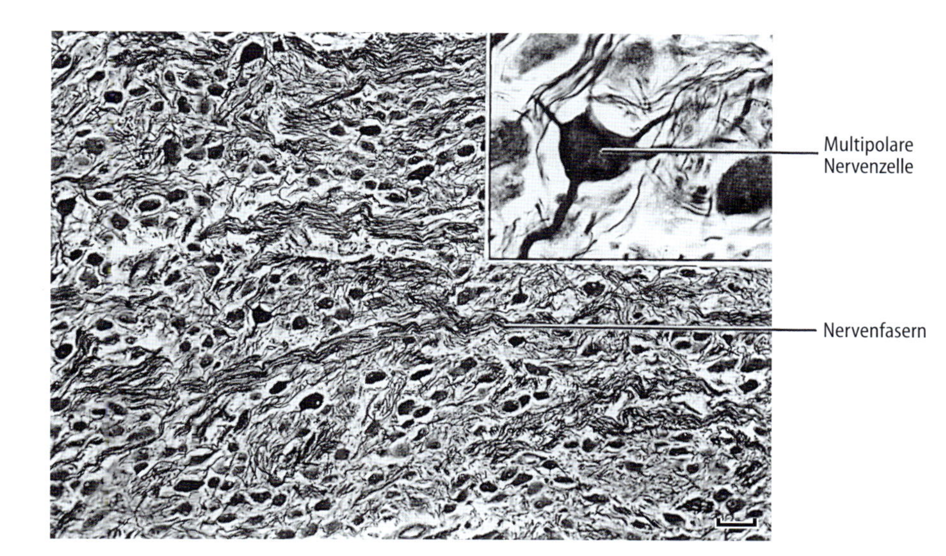

Abb. 8.31. Schnitt durch ein Ganglion des autonomen Nervensystems. Nervenzellkörper und Fortsätze erscheinen im Silber-gefärbten Präparat *schwarz*. Das Einsatzbild zeigt eine multipolare Nervenzelle. Balken=10 μm. (Aus Junqueira et al. 1996)

8.6 Autonomes Nervensystem

Das autonome (Gr. *autos*, selbst + *nomos*, Gesetz) Nervensystem ist an der Kontrolle der Funktion glatter Muskeln, der Sekretion einiger Drüsen und an der Modulation der Funktionen des Herzens und des Gastrointestinaltrakts beteiligt. Seine Aufgabe besteht in der Regulation derjenigen körperlichen Funktionen, die für die Aufrechterhaltung eines konstanten inneren Milieus, der ***Homöostase***, notwendig sind. Das autonome Nervensystem besteht aus Nervenzellgruppen in Gehirn und Rückenmark, und deren Fortsätzen, die das Zentralnervensystem über Hirn- oder Spinalnerven verlassen, sowie aus Ganglien, die sich im Verlauf dieser Nervenfasern finden.

Das autonome Nervensystem wird oft als efferentes (motorisches) System betrachtet; es darf jedoch nicht vergessen werden, dass sensible (afferente) Nervenfasern, welche Information aus dem Inneren des Organismus leiten, die efferenten Fasern des autonomen Nervensystems begleiten.

Der Ausdruck autonom, obwohl allgemein gebraucht, ist zumindest insofern irreführend, als die meisten Funktionen des autonomen Nervensystems keineswegs selbst-regulierend und unabhängig von anderen Einflüssen ablaufen. Sie werden vielmehr im Zentralnervensystem integriert und von ihm reguliert. Der Ausdruck autonom spiegelt in erster Linie unsere Sicht der Funktion dieses Systems wider: Zum autonomen Nervensystem werden all jene neuralen Elemente gezählt, die der Regulation innerer Organe dienen.

Der efferente Anteil des autonomen Nervensystems enthält zwei hintereinandergeschaltete Nervenzellen (Abb. 8.32). Das erste Neuron liegt im Zentralnervensystem. Sein Axon verlässt das Zentralnervensystem und zieht in ein peripheres Ganglion, wo es mit dem zweiten, multipolaren Neuron eine Synapse bildet. Das Axon des ersten Neurons ist meist myelinisiert und wird als ***präganglionäre Faser*** bezeichnet. Das Axon der zweiten Nervenzelle in dieser efferenten Signalkette, das letztendlich zu den Effektororganen (Muskeln oder Drüsen) führt, nennen wir ***postganglionäre Faser***. Sie ist unmyelinisiert. Alle präganglionären Fasern benutzen ***Azetylcholin*** als Neurotransmitter.

Das Nebennierenmark ist das einzige periphere Organ, das direkt von präganglionären Fasern innerviert wird. Dies ist leicht zu verstehen, wenn man bedenkt, dass das Nebennierenmark entwicklungsgeschichtlich postganglionären Nervenzellen des autonomen Nervensystems entspricht. Anstelle sich in Nervenzellen zu differenzieren, haben diese Zellen sich jedoch direkt zu endokrinen Drüsenzellen weiterentwickelt.

Das autonome Nervensystem besteht aus zwei Anteilen, die wir sowohl funktionell als auch anatomisch unterscheiden können: dem sympathischen und dem parasympathischen Nervensystem (Abb. 8.32).

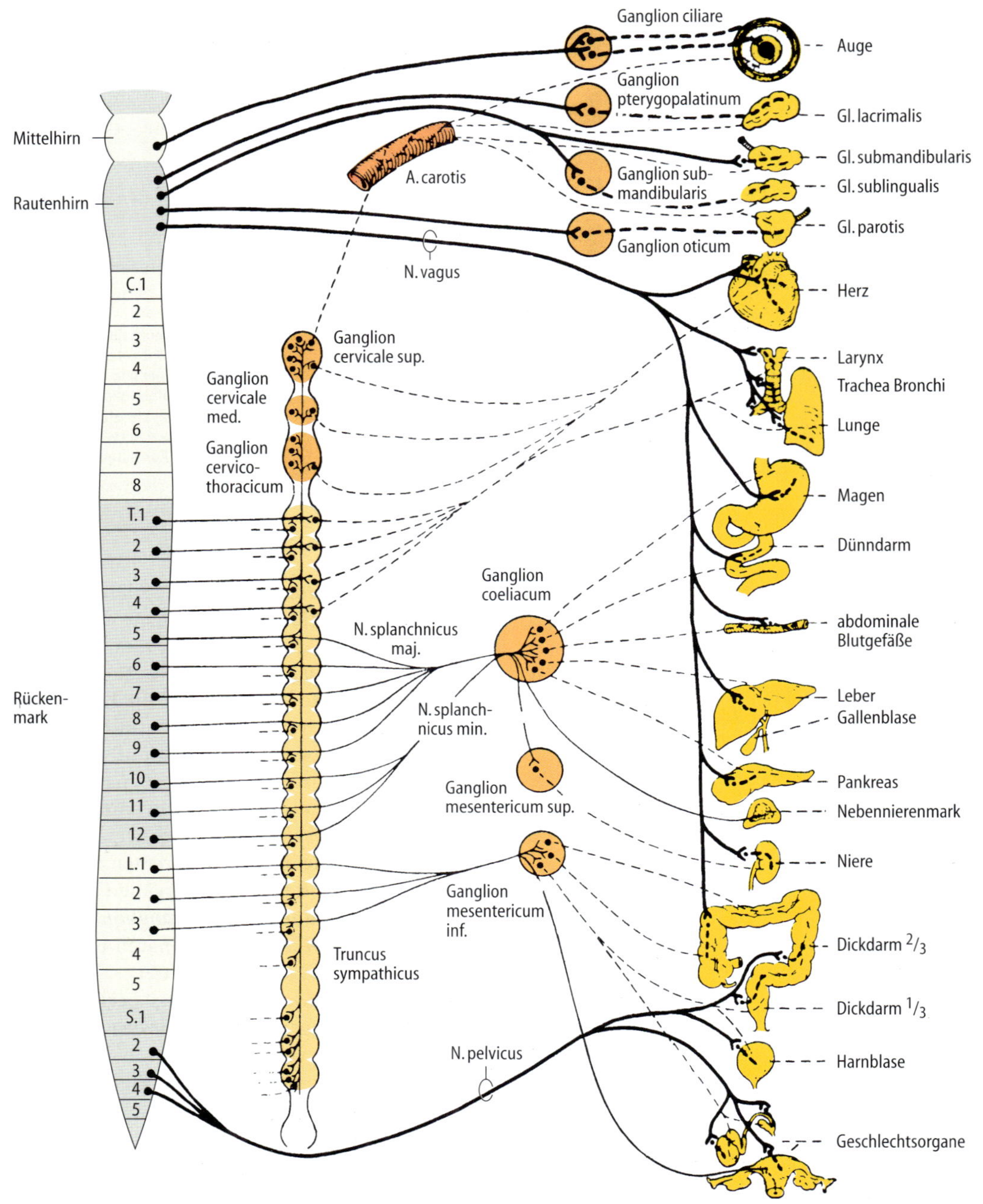

Abb. 8.32. Schematische Darstellung der efferenten Bahnen des autonomen Nervensystems. Die Axone der präganglionären Neurone sind als durchgezogene Linien, die der postganglionären Neurone gestrichelt dargestellt. Die dicken Linien deuten parasympathische Fasern an, die dünnen sympathische. (Aus Junqueira et al. 1996)

8.6.1 Sympathisches Nervensystem

Die im Zentralnervensystem gelegenen Kerngebiete des sympathischen Nervensystems finden sich im thorakalen und lumbalen Abschnitt des Rückenmarks (Abb. 8.32). Aus diesem Grund nennt man das sympathische Nervensystem auch den ***thorako-lumbalen*** Abschnitt des autonomen Nervensystems. Die Axone dieser Nervenzellen – die präganglionären Fasern – verlassen das Zentralnervensystem über die ventralen Wurzeln und die Rami communicantes albi der thorakalen und lumbalen Spinalnerven. Während diese präganglionären Nervenzellen, wie schon erwähnt, Azetylcholin als Transmitter benutzen, haben die postganglionären Nervenzellen des sympathischen Nervensystems ***Noradrenalin*** als Überträgerstoff. Noradrenalin wird, ebenso wie Adrenalin, auch von den Zellen des Nebennierenmarks als Hormon produziert.

8.6.2 Parasympathisches Nervensystem

Die zentralen Kerngebiete des parasympathischen Abschnitts des autonomen Nervensystems finden sich in der Medulla oblongata, im Mittelhirn und in den sakralen Abschnitten des Rückenmarks (Abb. 8.32). Die Axone dieser Nervenzellen verlassen das Zentralnervensystem im Verlauf von 4 Hirnnerven (III, VII, IX und X) sowie durch den zweiten, dritten und vierten sakralen Spinalnerv. Aus diesem Grund nennen wir das parasympathische Nervensystem auch den ***kranio-saralen*** Abschnitt des autonomen Nervensystems.

Das zweite Neuron des efferenten Schenkels des parasympathischen Nervensystems findet sich in peripheren Ganglien, die in der Regel kleiner sind als die des sympathischen Nervensystems. Ganglien des parasympathischen Nervensystems liegen außerdem immer nahe dem oder sogar im Zielorgan.

Im parasympathischen Abschnitt des autonomen Nervensystems benutzen die postganglionären ebenso wie die präganglionären Nervenfasern Azetylcholin als Überträgerstoff.

Die meisten Organe, die vom autonomen Nervensystem innerviert werden, werden sowohl vom sympathischen als auch vom parasympathischen Abschnitt versorgt (Abb. 8.32). In der Regel wirken die beiden Abschnitte am Zielorgan antagonistisch, das heißt, wenn der eine stimulierend wirkt, so hat der andere eine hemmende Wirkung.

8.7 Enterisches Nervensystem

Das enterische Nervensystem wird von einer großen Anzahl (etwa 100 Millionen) in der Wand des Gastrointestinaltrakts liegenden Nervenzellen gebildet. Es kann unabhängig vom Zentralnervensystem die Funktionen des Magen-Darmtraktes (z. B. Bewegungen, exokrine und endokrine Sekretion, Resorption) regulieren, wird aber vom Zentralnervensystem beeinflusst und kontrolliert. Das enterische Nervensystem steht mit dem Zentralnervensystem über das autonome Nervensystem in Verbindung. Die Nervenzellen des enterischen Nervensystems werden von postganglionären Fasern des sympathischen und von präganglionären Fasern des parasympathischen Nervensystems innerviert (weshalb das enterische Nervensystem früher gelegentlich als postganglionärer Anteil des parasympathischen Nervensystems angesehen wurde). Der genaue Aufbau und die Funktion des enterischen Nervensystems sind in Kapitel 14.12 beschrieben.

8.8 Degeneration und Regeneration von Nervengewebe

Nervenzellen teilen sich nicht. Da sich in der Regel im erwachsenen Nervensystem auch Nervenzellvorläufer nicht vermehren und differenzieren, führt das Absterben von Neuronen zu einem permanenten Verlust. Von dieser allgemeinen Regel gibt es jedoch wenige Ausnahmen: Hier sind die sensiblen Neurone in der Riechschleimhaut zu nennen. Sie werden ein ganzes Leben lang ständig durch neue Nervenzellen ersetzt, die sich aus in der Riechschleimhaut liegenden Vorläuferzellen entwickeln. Zumindest bei Affen und Nagern (Mäusen, Ratten) finden sich auch in erwachsenen Tieren im Vorderhirn ***proliferierende*** (d. h. sich mitotisch teilende) ***Nervenzellvorläufer***, durch die absterbende Neurone ersetzt werden.

Klinik Aus klinischer Sicht sind diese Ausnahmen von besonderem Interesse, und sie stehen im Mittelpunkt der aktuellen neurologischen Forschung. Wenn es gelänge, die Mechanismen zu verstehen, die die permanente Regeneration dieser Nervenzellen ermöglichen, so könnten davon eventuell therapeutische Strategien zum Ersatz derjenigen Nervenzellen abgeleitet werden, deren Absterben zu so bekannten und weitverbreiteten Erkrankungen wie dem Morbus Parkinson (der Schüttellähmung, die infolge des Absterbens von Nervenzellen in der Substantia nigra auftritt) und der Alzheimer-Erkrankung führen.

Stirbt eine Nervenzelle ab, dann wird das Überleben der mit ihr funktionell verbundenen Nervenzellen in der Regel nicht beeinträchtigt. Allerdings gibt es auch hiervon Ausnahmen, besonders dann, wenn durch den Tod der einen Zelle die andere ihrer einzigen neuronalen Verbindung beraubt wird. Das dann zu beobachtende Absterben dieser zweiten Zelle nennen wir ***transneuronale Degeneration***.

Im Gegensatz zu Nervenzellen können die ***Gliazellen*** des zentralen und des peripheren Nervensystems ***proliferieren***. Nach Verletzungen auftretende Wunden werden ebenso wie der von abgestorbenen Nervenzellen frei gemachte Raum von Gliazellen (Astrozyten) ausgefüllt.

Geschädigte oder zerstörte Nervenzellfortsätze können wieder auswachsen, wenn auch nur in beschränktem Umfang, und zwar sowohl im zentralen als auch im peripheren Nervensystem. Voraussetzung dafür ist, dass der zugehörige Nervenzellkörper nicht zerstört ist, da die Regeneration des Fortsatzes von dessen Syntheseleistung abhängt.

Da Nervenfasern fast überall im Körper vorkommen, werden sie auch häufig verletzt. Wird das ***Axon*** einer Nervenzelle durchtrennt, kommt es zunächst zu degenerativen Prozessen, bevor die ***Regeneration*** einsetzt. Dabei ist es wichtig, die Veränderungen im proximalen von denen im distalen axonalen Segment zu unterscheiden. Das proximale Segment ist weiterhin mit dem Perikaryon, dem metabolischen Zentrum der Nervenzelle, verbunden und kann deswegen oft regenerieren. Das distale Segment, nun ohne Verbindung zum Zellkörper, und damit vom Nachschub an Proteinen und Organellen getrennt, degeneriert (Abb. 8.33).

Verletzungen des Axons führen auch zu einer Reihe von Veränderungen im Perikaryon. Unter ***Chromatolyse*** versteht man hierbei, dass sich die Nisslsubstanz auflöst und die Basophilie des Zytoplasmas abnimmt. Dies spiegelt eine Verringerung der Zahl der Ribosomen wider. Es kommt auch zu einer Volumenzunahme des Perikaryons und zur Wanderung des Zellkerns an den Rand des Perikaryons. Nahe der Verletzungsstelle degeneriert auch ein kurzer Abschnitt des proximalen Anteils des Axons, er beginnt jedoch wieder auszuwachsen, sobald Makrophagen die Verletzungsstelle gereinigt haben.

Im distalen Anteil des durchtrennten Nerven degenerieren neben den Axonen auch die sie umgebenden Myelinscheiden. Ihre Überbleibsel werden von Makrophagen abgeräumt, so dass nur Bindegewebsreste und die perineurale Hülle bestehen bleiben. Noch während diese Abbauprozesse ablaufen, vermehren sich die Schwann-Zellen in der verbleibenden Bindegewebshülle des Nerven, was zur vollständigen Füllung dieser Bindegewebshülle mit in Reihen angeordneten Schwann-Zellen führt. Diese Schwann-Zellen dienen während der Regenerationsphase als Leitstrukturen für wieder auswachsende Axone.

Nach Abschluss der regressiven Abräumphase beginnt das proximale Axonende sich an der Spitze in mehrere dünne Äste zu teilen, die in Richtung auf die Schwann-Zellen auswachsen. Nur diejenigen Äste, denen es gelingt, in die von den Schwann-Zellen vorgegebenen Leitbahnen einzuwachsen, wachsen auch weiter (Abb. 8.33).

Klinik Wenn die Lücke zwischen dem proximalen und distalen Axonsegment zu groß ist, oder wenn das distale Segment völlig fehlt – wie z. B. nach der Amputation einer Extremität – kann es dazu kommen, dass das neu auswachsende Axon ein ***Neurom*** bildet, eine Anschwellung, die ein Knäuel von Axonästen enthält, welche die Quelle andauernder Schmerzen werden können.

Die Regeneration ist nur dann funktionell ausreichend, wenn die von den Schwann-Zellen gebildeten Leitstrukturen die auswachsenden Axone auch zu den richtigen Zielen leiten. Die Wahrscheinlichkeit hierfür ist im Allgemeinen groß, da jedes Axon mehrere auswachsende Äste bildet, und jede von den Schwann-Zellen gebildete Leitstruktur auswachsende Axone mehrerer Nervenzellen leiten kann. Bei Verletzungen gemischter Nerven kann es aber geschehen, dass z. B. regenerierende Axone sensibler Nerven zu motorischen Endplatten geleitet werden. In diesem Fall kommt es nicht zur Wiederherstellung der Funktion dieses Muskels.

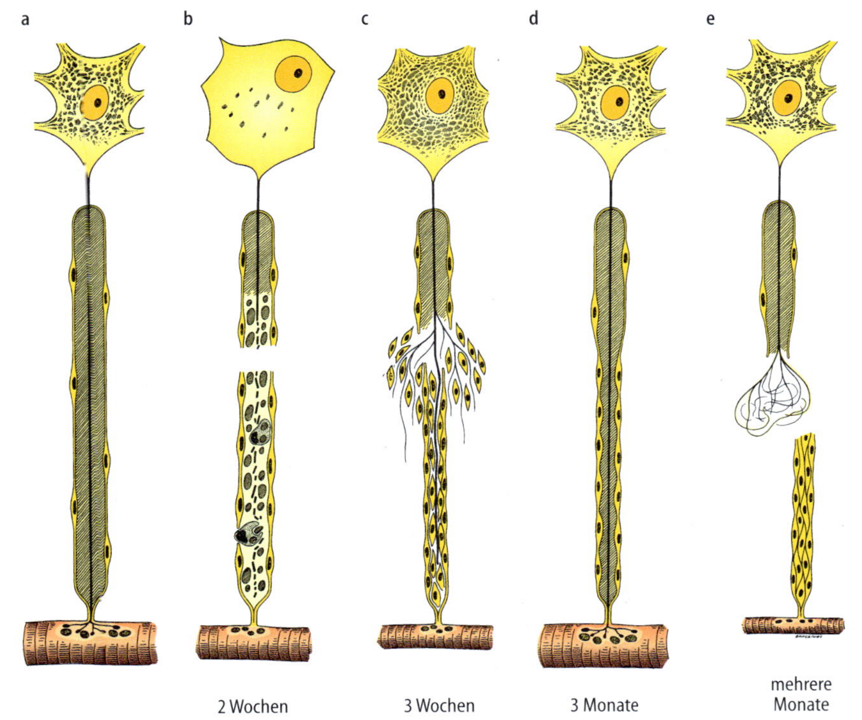

Abb. 8.33 a–e. Schematische Darstellung der wesentlichen Veränderungen, die nach Verletzung einer Nervenfaser auftreten. **a** Normale Nervenfaser mit dem zugehörigen Perikaryon und ihrer Zielzelle, einer Skelettmuskelfaser. **b** Wenn die Nervenfaser verletzt wird, wandert der Zellkern in die Peripherie des Perikaryons, und die Zahl der Nissl-Schollen nimmt drastisch ab. Der distal der Verletzungsstelle gelegene Axonabschnitt degeneriert, ebenso die ihn umgebende Myelinscheide. Zelltrümmer werden von Makrophagen phagozytiert und abgeräumt. **c** Die Muskelfaser zeigt eine deutliche Atrophie. Schwann-Zellen proliferieren und bilden einen kompakten Strang, in den das regenerierende Axon einwächst. Das Axon wächst etwa 0,5–3 mm pro Tag. **d** Diese Skizze zeigt den Zustand nach erfolgreicher Regeneration des Nerven. Beachten Sie, dass die Muskelfaser ebenfalls regeneriert ist, nachdem sie wieder innerviert wurde. **e** Wenn das auswachsende Axon nicht in den von Schwann-Zellen gebildeten distalen Strang einwachsen kann, kommt es zum ungeordneten Auswachsen von Axonästen. (Aus Junqueira et al. 1996)

8.9 Tumoren des Nervensystems

Tumoren des Nervensystems können aus Gliazellen und Vorläufern von Nervenzellen entstehen. Da sich ausdifferenzierte (adulte) Neurone nicht teilen, gehen von ihnen auch nur selten Tumore aus.

Klinik

Die von Gliazellen abstammenden Tumoren nennt man ***Gliome*** (Astrozytome bzw. Oligodendrogliome), von Schwann-Zellen abgeleitete Tumoren nennt man Schwannome, und von Vorläufern der Nervenzellen gebildete Tumoren werden als ***Medulloblastome*** bezeichnet

Muskelgewebe 9

9.1	Skelettmuskulatur	144
9.2	Herzmuskulatur	155
9.3	Glatte Muskulatur	158
9.4	Regeneration, Hyperplasie und Hypertrophie von Muskelgewebe	161

Muskelgewebe

Einleitung

Die Zellen der Muskelgewebe enthalten einen kontraktilen Apparat, der hauptsächlich aus Aktin und Myosin II besteht. In Herz- und Skelettmuskulatur sind diese Proteine so regelmäßig angeordnet, dass eine im Lichtmikroskop sichtbare charakteristische *Querstreifung* entsteht. In der glatten Muskulatur fehlt die Querstreifung. Die quer gestreifte Muskulatur dient der Bewegung des Körpers und dem Bluttransport. Glatte Muskulatur befindet sich in der Wand von Gefäßen, wo sie an der Regulation des Blutdrucks beteiligt ist. Sie ist außerdem in der Wand von Hohlorganen für die Funktion des Gastrointestinaltrakts, des Urogenitaltrakts sowie der Lunge von großer Bedeutung.

Die meisten Muskeln sind mesodermalen Ursprungs. Aus den Vorläuferzellen, den Myoblasten, entstehen während der Entwicklung drei verschiedene Arten von Muskelgewebe, die anhand morphologischer und funktioneller Eigenschaften unterschieden werden können (Abb. 9.1): Die ***Skelettmuskulatur*** besteht aus mehrere Zentimeter langen vielkernigen Muskelfasern. Ihre Kontraktion steht unter willentlicher Kontrolle. Die ***Herzmuskulatur*** setzt sich dagegen aus länglichen, teils verzweigten einkernigen Zellen zusammen. Diese sind untereinander durch die charakteristischen Glanzstreifen (Disci intercalares) verbunden, die der elektrischen und mechanischen Kopplung dienen. Die Kontraktion des Herzmuskels ist unwillkürlich und rhythmisch. Die ***glatte Muskulatur*** ist aus spindelförmigen Zellen aufgebaut, denen die Querstreifung der Skelett- und Herzmuskulatur fehlt. Die Kontraktion der glatten Muskulatur läuft langsam ab und ist der willentlichen Kontrolle entzogen.

Einige Strukturen der Muskelzelle werden von der sonst üblichen Nomenklatur abweichend benannt. So wird das endoplasmatische Retikulum als ***sarkoplasmatisches Retikulum*** und das Zytoplasma als ***Sarkoplasma*** bezeichnet (von gr. *sarkos*, Fleisch). Das Plasmalemm, das eine Muskelzelle umgibt, heißt ***Sarkolemm***.

9.1 Skelettmuskulatur

Die Skelettmuskulatur besteht aus vielkernigen, bis zu 30 cm langen ***Muskelfasern*** mit einem Durchmesser von 10–100 μm (Abb. 9.1 und 9.2). Die Vielkernigkeit resultiert aus der embryonalen Verschmelzung von mehreren hundert einkernigen Myoblasten zu einem Synzytium. In den Muskelfasern finden sich die ovalen Zellkerne direkt unter der Zellmembran. Dies erleichtert eine Unterscheidung von Skelettmuskulatur und Herz- bzw. glatter Muskulatur, deren Kerne zentral liegen.

Längsschnitte | Querschnitte | Kennzeichen

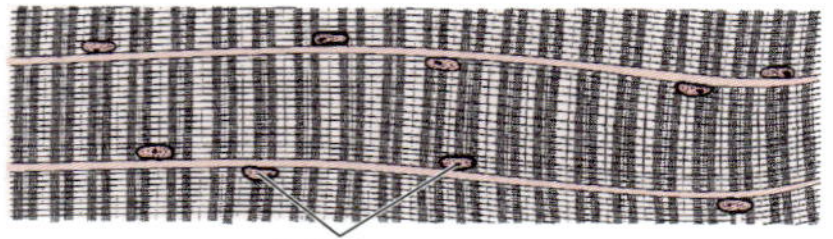

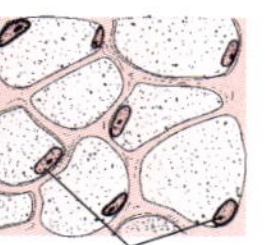

Skelettmuskulatur:
Querstreifung
vielkernige Fasern
randständige Kerne

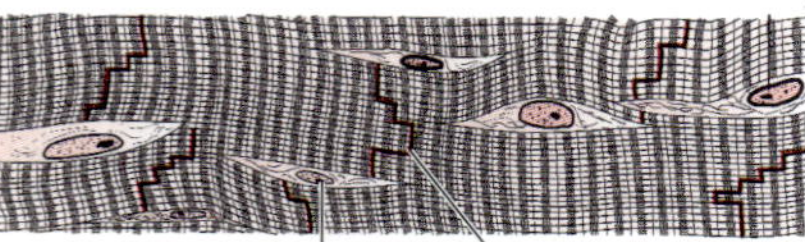

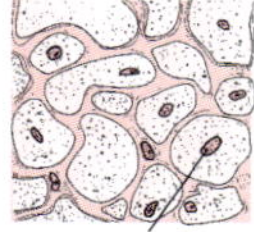

Herzmuskulatur:
Querstreifung
verzweigte Zellen
zentrale Kerne
Disci intercalares

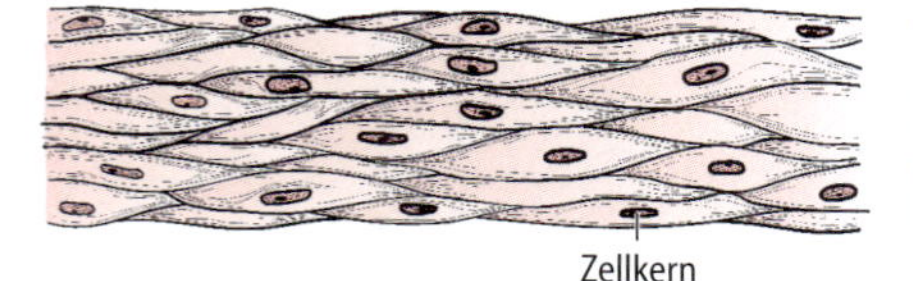

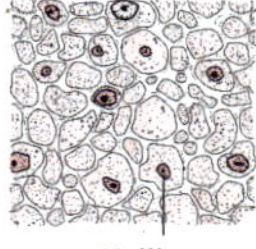

Glatte Muskulatur:
keine Querstreifung
spindelförmige Zellen
zentrale Kerne

Abb. 9.1. Schematische Darstellung der drei Muskeltypen in Längs- und Querschnitten. Skelettmuskulatur besteht aus langen, vielkernigen Muskelfasern. Herzmuskulatur setzt sich aus unregelmäßig verzweigten Zellen zusammen, die an ihren Enden durch Disci intercalares miteinander verbunden sind. Glatte Muskulatur ist ein Verband meist spindelförmiger Zellen. (Aus Junqueira et al. 1996)

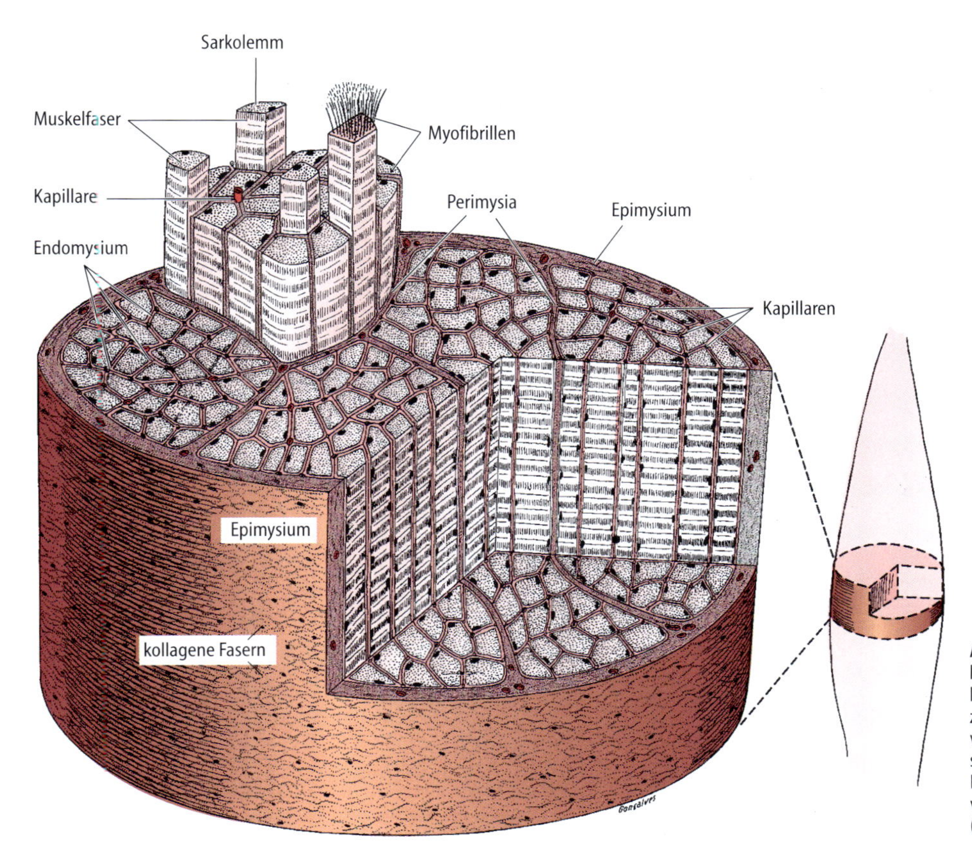

Abb. 9.2. Schematische Darstellung eines quer gestreiften Skelettmuskels. Die Skizze *rechts* zeigt den Muskel aus dem der vergrößert dargestellte Ausschnitt stammt. Peri-, Epi- und Endomysium sind farblich hervorgehoben. (Aus Junqueira et al. 1996)

Aufbau der Skelettmuskeln▸ Im Muskel werden die einzelnen Muskelfasern vom ***Endomysium*** (gr. *endo*, innen, + *mys*, Muskel) umsponnen (Abb. 9.2). Diese bindegewebige Schicht besteht aus einer Basallamina und aus retikulären Fasern. In den Bindegewebssepten zwischen den Muskelfasern findet sich ein dichtes Netzwerk aus Kapillaren, sowie Lymphgefäße und Nervenfasern. Hier befinden sich auch Dehnungsrezeptoren, ***Muskelspindeln*** *genannt*, die in Kapitel 23.1 beschrieben werden. Der Muskel als Ganzes wird vom ***Epimysium*** (gr. *epi*, auf), einer derben Bindegewebshülle, umgeben. Vom Epimysium aus erstrecken sich dünne Bindegewebssepten ins Innere des Muskels, die als ***Perimysium*** (gr. *peri*, um herum) Bündel von Muskelfasern umschließen.

Feinbau quer gestreifter Muskelfasern▸ Unter dem Mikroskop zeigen längs geschnittene Muskelfasern eine Streifung, die aus hellen und dunklen Banden besteht (Abb. 9.1 und 9.3). Die dunklen Banden werden ***A-Banden*** (von anisotrop = im polarisierten Licht doppelt brechend), die hellen ***I-Banden*** (von isotrop) genannt (Abb. 24.3). Im Elektronenmikroskop (Abb. 9.4) wird die dunkle ***Z-Linie*** sichtbar, die die I-Bande in der Mitte teilt. Zwischen zwei Z-Linien spannt sich die kleinste sich wiederholende Einheit des kontraktilen Apparats aus, das ***Sarkomer*** (Abb. 9.4 und 9.5), dessen Länge etwa 2,2–2,4 μm beträgt. Viele hintereinander geschaltete Sarkomere ergeben eine ***Myofibrille*** (Abb. 9.4 und 9.5), die einen Durchmesser von 1–2 μm hat und etwa 2000 dünne Aktin- und 1000 dicke Myosinfilamente enthält. Die Streifung entsteht dadurch, dass die Z-Linien aller Myofibrillen einer Muskelfaser in etwa auf gleicher Höhe liegen und die Sarkomeren gleich lang sind. Das Sarkoplasma der Muskelfaser ist fast vollständig von längs angeordneten Myofibrillen ausgefüllt, die wiederum von sarkoplasmatischem Retikulum umgeben sind (Abb. 9.4, 9.5, 9.13, 9.16 und 9.17). Die dicken Filamente sind 1,6 μm lang und nehmen die A-Bande im Zentrum des Sarkomers ein. Die etwa 1 μm langen dünnen Filamente verlaufen zwischen und parallel zu den dicken Filamenten (Abb. 9.4, 9.5 und 9.6). Die Aktinfilamente sind

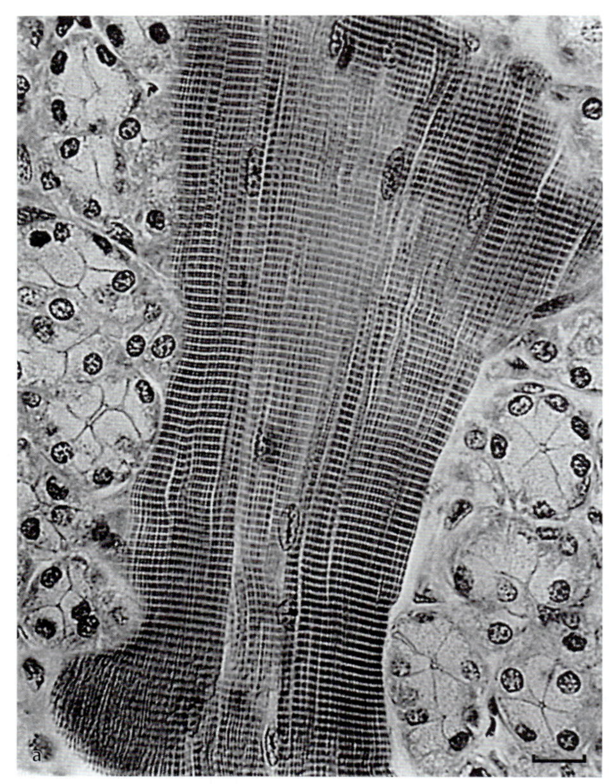

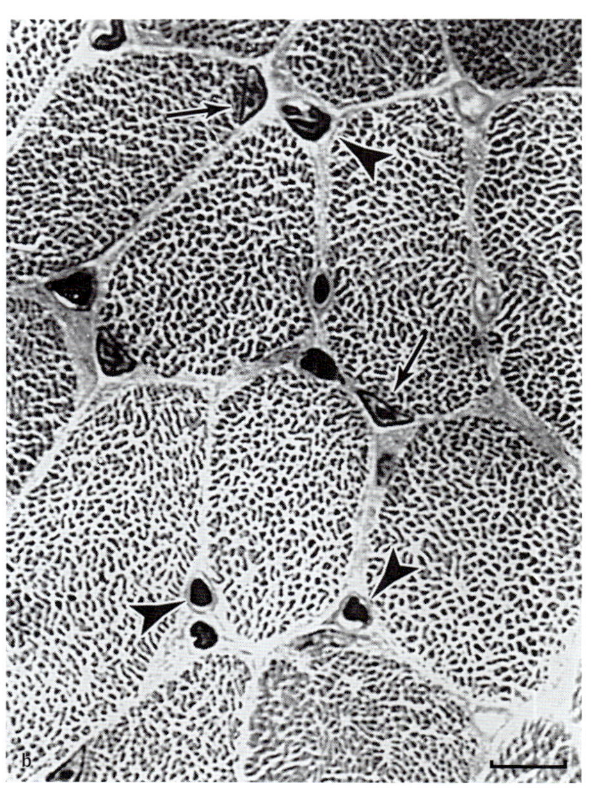

Abb. 9.3 a, b. Skelettmuskulatur im Schnitt. **a** Im Längsschnitt ist die Querstreifung der Muskelfasern deutlich erkennbar. **b** Im Querschnitt sieht man die Bündel von Myofibrillen, die Zellkerne liegen in der Faser peripher (*kleine Pfeile*). Zwischen den Muskelfasern, im Endomysium, finden sich Kapillaren (*Pfeilspitzen*). Balken **a**/**b** = 10 μm. (Aus Junqueira et al. 1998)

durch α-Aktinin mit der Z-Linie verbunden (Abb. 9.4 und 9.5). Sie bilden die I-Bande und reichen bis in die A-Bande, wo sie mit dicken Filamenten überlappen. Im Zentrum der A-Bande fällt ein hellerer Bezirk auf, der nur aus dicken Filamenten besteht und als ***H-Bande*** bezeichnet wird. Die H-Bande wird in der Mitte durch die ***M-Linie*** geteilt. Hier befindet sich in einem Komplex mit glykolytischen Enzymen das Enzym Kreatinkinase (CK), welches die Übertragung einer Phosphatgruppe von Kreatinphosphat auf ADP katalysiert und so bei der Muskelkontraktion verbrauchtes ATP regeneriert. Die dünnen Filamente setzen sich neben Aktin aus Tropomyosin, Troponin und Nebulin zusammen, während die dicken hauptsächlich aus Myosin II aufgebaut sind. Aktin und Myosin machen zusammen etwa 55 % des Proteins im Skelettmuskel aus.

Aktin▸ Das filamentöse Aktin (F-Aktin) besteht wie die Mikrofilamente des Skeletts aller anderen Zellen aus zwei zu einer Doppelhelix verdrillten Strängen von Aktin Monomeren (s. Kap. 3.3.1. sowie Abb. 9.5 und 9.7). Aktin weist eine strukturelle Asymmetrie auf, so dass bei Polymerisierung Filamente mit unterschiedlichen Enden entstehen. Das Minus-Ende der Aktinfilamente liegt zwischen den dicken Filamenten und das Plus-Ende ist an der Z-linie angeheftet. Jedes Aktin Monomer der Aktinhelix besitzt einen Bindungsbereich für Myosin II (Abb. 9.9). Dieser ist jedoch beiderseits teilweise durch das langestreckte ***Tropomyosin*** blockiert. Das Tropomyosinmolekül erstreckt sich über 7 Aktinmonomere und bindet zusätzlich ***Troponin***, das aus drei Untereinheiten besteht: Troponin T (TnT), das sich an Tropomyosin heftet, Troponin C (TnC), das Ca^{2+}-Ionen bindet, und Troponin I (TnI), das eine Interaktion zwischen Aktin und Myosin verhindert. Pro Tropomyosinmolekül findet sich jeweils ein Troponinkomplex (Abb. 9.7). Auf seiner gesamten Länge ist das Aktinfilament mit dem Protein ***Nebulin*** assoziiert, das aus vielen Wiederholungen eines Aktin bindenden Motivs aus 35 Aminosäuren besteht.

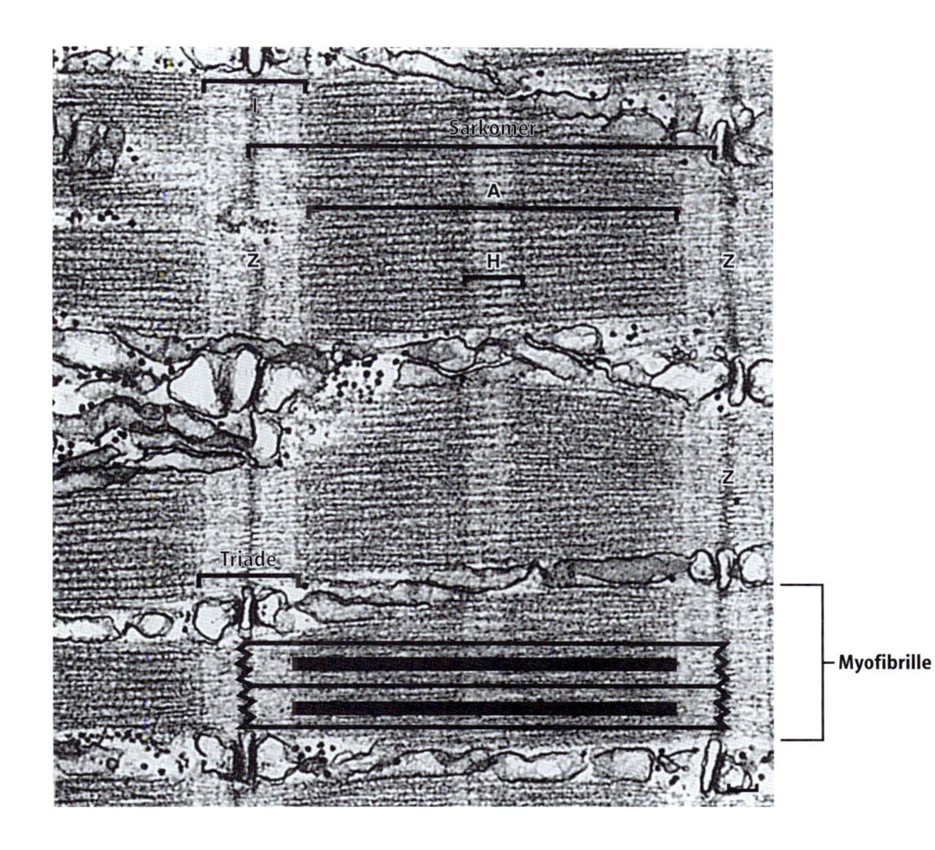

Abb. 9.4. Elektronenmikroskopische Aufnahme eines Skelettmuskels einer Kaulquappe. Sarkomere, *A*-, *I*- und *H*-Bande sowie *Z*-Streifen sind gekennzeichnet. Die Anordnung der dicken und dünnen Filamente in den Sarkomeren ist unten in eine Myofibrille eingezeichnet. Die *T*-Tubuli liegen hier in Höhe der Z-Linien im Gegensatz zum Menschen, wo sie sich an der Grenze zwischen A- und I-Bande befinden. Die T-Tubuli haben im Bereich der Triaden Kontakt mit dem sarkoplasmatischen Retikulum, welches die Myofibrillen umgibt. Bei den elektronendichten Granula in der Nähe des SR handelt es sich um Glykogen. Balken = 0,1 μm. (Aus Junqueira et al. 1998)

Myosin II▸ Dieses Protein besteht aus zwei identischen schweren Ketten und aus zwei Paaren leichter Ketten. Je zwei α-Helices der schweren Ketten bilden auf Grund einer sich wiederholenden Folge von hydrophoben Aminosäuren eine stabförmige Doppelhelix (Doppelwendel = coiled-coil, kommt auch bei intermediären Filamenten vor, s. Kap. 3), die an einem Ende einen lang gestreckten globulären Anteil aufweist (👁 Abb. 9.5). Hier sind die schweren Ketten mit den beiden verschiedenen leichten Ketten des Myosins verbunden. Das so gebildete Köpfchen kann ATP spalten sowie mit Aktin Querbrücken bilden. Etwa 300 Myosinmoleküle bilden zusammen ein dickes Filament, wobei sich die stabförmigen Anteile des Myosins überlappen und die Köpfchen aus dem Filament herausragen. Myosin ordnet sich im quer gestreiften Muskel so an, dass die beiden Hälften des dicken Filaments eine entgegengesetzte Polarität besitzen und im Zentrum (im Bereich der H-Bande) ein Bereich entsteht, der keine Köpfchen sondern nur stabförmige Anteile des Myosins enthält (👁 Abb. 9.5). Die Enden der Myosinfilamente sind am Z Streifen mit Hilfe von ***Titin*** verankert (👁 Abb. 9.10).

Der kontraktile Apparat der Skelettmuskelfaser ist über verschiedene Proteine mit dem Sarkolemm und darüber hinaus mit dem Endomysium verbunden (👁 Abb. 9.8). Dabei spielt Dystrophin eine wichtige Rolle. Es bildet auf der intrazellulären Seite mit Hilfe von Syntrophin eine Brücke zwischen den Aktinfilamenten und einem Komplex aus Membranproteinen des Sarkolemms (aufgebaut aus den Sarkoglykanen und den Dystroglykanen). Dieser ist auf der extrazellulären Seite mit dem Merosin (einer Isoform von Laminin) und damit mit der extrazellulären Matrix verknüpft (👁 Abb. 9.6).

Klinik

Mutationen von Dystrophin, Sarkoglykan oder Merosin führen zu Muskelkrankheiten, weil die veränderten Proteine ihre Rolle bei der Verankerung von Aktin mit dem Sarkolemm und der Basallamina nur ungenügend erfüllen können. Muskelschwäche und Degeneration der Muskelfasern (= Muskeldystrophie) mit erhöhter Serumkonzentration von Kreatinkinase ist die Folge.

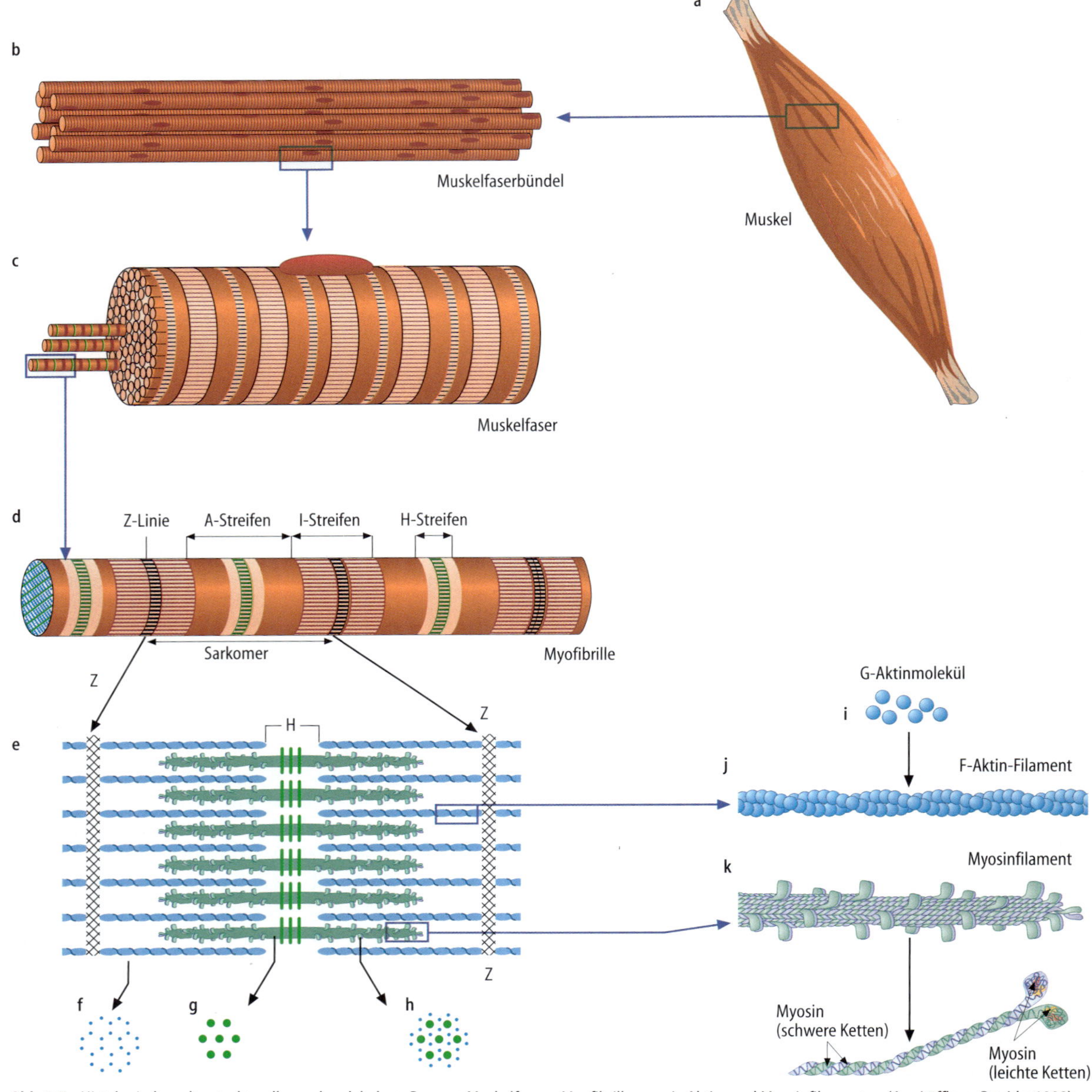

Abb. 9.5. Histologischer, ultrastruktureller und molekularer Bau von Muskelfasern, Myofibrillen sowie Aktin- und Myosinfilamenten. (Aus Löffler u. Petrides 1998)

Glykogen ist im Sarkoplasma in großen Mengen vorhanden und stellt sich im Elektronenmikroskop in Form kleiner, elektronendichter Granula dar (Abb. 9.4). Es dient als Depot für chemische Energie, die während einer Kontraktion mobilisiert werden kann (siehe unten). Für die dunkelrote Farbe einiger Muskeln ist ***Myoglobin***, ein Sauerstoff bindendes Protein ähnlich dem Hämoglobin des Blutes, verantwortlich. Myoglobin dient als Speicher für Sauerstoff, der zur oxidativen Phosphorylierung benötigt wird. Die verschieden ausgestatteten Muskeltypen sind unten erläutert. ***Ribosomen*** sind in der Skelettmuskulatur nur in geringen Mengen vorhanden. Sie werden zur Synthese zusätzlicher Myofibrillen beim Training und Wieder-

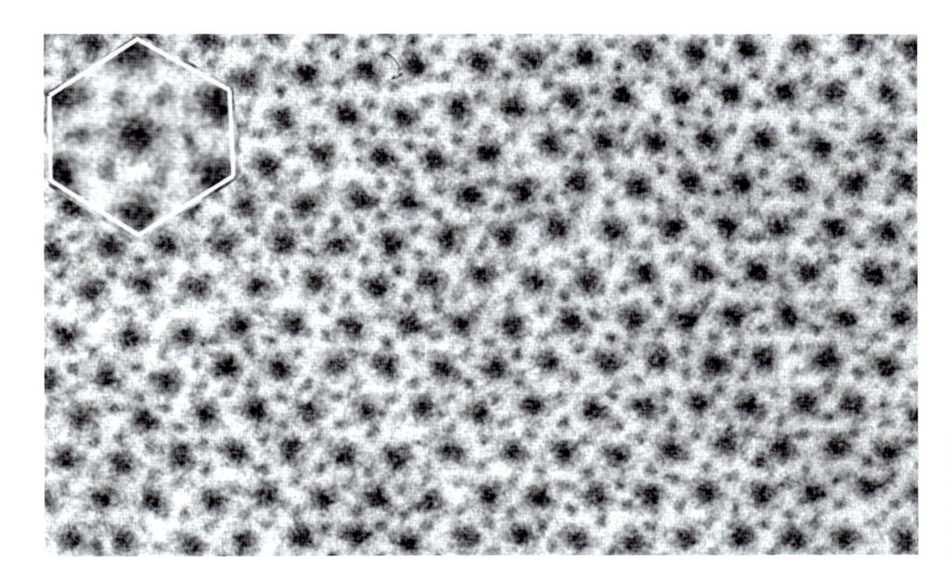

Abb. 9.6. Querschnitt durch die A-Bande bei starker Vergrößerung. Die dünnen Aktinfilamente umgeben in einer hexagonalen Anordnung die dicken Myosinfilamente (Ausschnitt *oben links*)

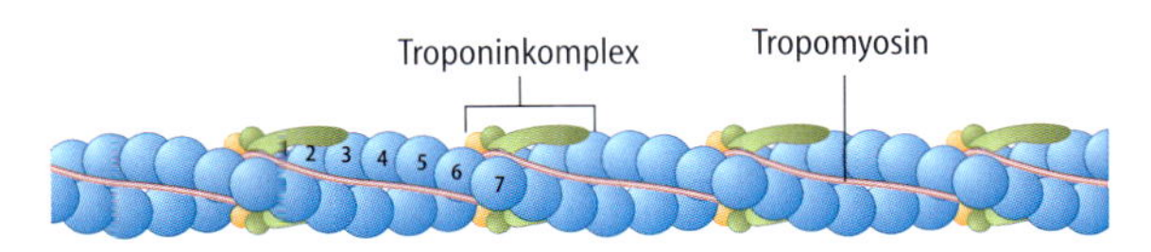

Abb. 9.7. Schema eines dünnen Filaments. Es zeigt die räumliche Anordnung der 3 wichtigsten Komponenten der dünnen Filamente: Aktin, Tropomyosin und Troponin (und deren Untereinheiten). Jedes Tropomyosinmolekül erstreckt sich über 7 Aktinmoleküle. (Aus Löffler u. Petrides 1998)

beginn der körperlichen Bewegung nach einer durch Krankheit erzwungenen Bettlägerigkeit benötigt.

Kontraktionsmechanismus▸ In ruhenden Sarkomeren überlappen sich dünne und dicke Filamente teilweise. Da die dicken Myosinfilamente während einer Kontraktion ihre Länge von 1,6 μm beibehalten, muss die Muskelverkürzung aus einer Vergrößerung der Überlappungszone resultieren, d.h. die Filamente gleiten aneinander vorbei (Sliding-filament-Mechanismus). Im Folgenden werden die Interaktionen zwischen den Filamenten während der Kontraktion beschrieben:

Im ruhenden Muskel wird die feste (hochaffine) Bindung zwischen Myosinköpfchen und Aktin durch Tropomyosin verhindert (Abb. 9.9). Ist jedoch genug Ca^{2+} vorhanden, dann bindet es an die TnC-Untereinheit des Troponins und führt zu einer Konformationsänderung des Komplexes. Tropomyosin gibt die Bindungsstellen für die hochaffine Wechselwirkung von Myosin und Aktin frei und es bildet sich eine Querbrücke aus (Abb. 9.9). Steht kein ATP zur Verfügung, bleibt der starke Aktin-Myosin-Komplex nach Abdissoziation des ADP-Moleküls bestehen, wie es bei der Totenstarre der Fall ist. Bei Anwesenheit von ATP wird der feste Aktin-Myosin-Komplex durch Bindung eines ATP-Moleküls gelöst. Dieses wird dann vom Myosinköpfchen gespalten, das sich dabei aufrichtet und mit dem benachbarten Aktinmonomer Kontakt aufnimmt. Anschließend knickt das Myosinköpfchen beim erneuten Übergang in einen festen Aktin-Myosin-Komplex unter Abgabe von anorganischem Phosphat wieder ab. Etwa 300 Myosinköpfchen, die aus einem dicken Filament herausragen, können dabei mit den umgebenden Aktinfilamenten interagieren und ziehen es so in die A-Bande hinein (Abb. 9.10). Der hier dargestellte Ablauf, der so genannte Querbrückenzyklus, kann sich in Anwesenheit von ATP 2–10 mal pro Sekunde wiederholen. Dabei nimmt die Überlappung der dünnen und dicken Filamente zu. Die I-Bande verliert an Breite und das Sarkomer verkürzt sich (Abb. 9.10). Die Kontraktion dauert solange an, bis Ca^{2+} entfernt und die Bindungsstellen für Myosin am Aktin wieder von Tropomyosin bedeckt werden.

Steuerung der Kontraktion▸ Wie oben erwähnt, wird die Muskelkontraktion durch Ca^{2+} kontrolliert. Eine rasche Aufeinanderfolge von Kontraktion und Entspannung macht eine präzise Regulation des Ca^{2+}-Spiegels in der Umgebung der Myofibrillen notwendig. Diese Aufgabe wird vom ***sarkoplasmatischen Retikulum*** übernommen, einem sich verzweigenden Netzwerk von Zisternen, das jede Myofibrille umgibt (Abb. 9.11

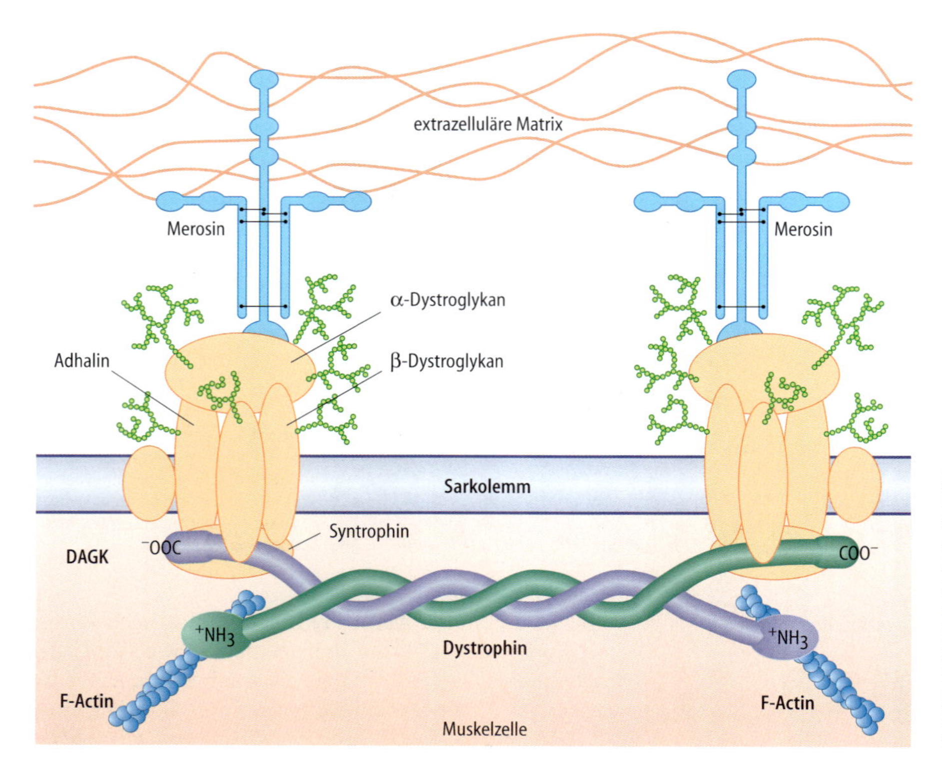

Abb. 9.8. Verknüpfung der Aktinfilamente mit dem Sarkolemm und der extrazellulären Matrix. Ein Komplex von Membranproteinen des Sarkolemms aufgebaut aus Sarkoglykanen und Dystroglykanen (*gelb* dargestellt) bindet einerseits über Merosin an die extrazelluläre Matrix, andererseits über Syntrophin, einem Glykoprotein (*DAGK*) und Dystrophin an die Aktinfilamente der Skelettmuskelfaser. (Aus Löffler u. Petrides 1998)

und 9.12). Wenn das sarkoplasmatische Retikulum Ca^{2+} entlässt, dann kommt es zur Brückenbildung zwischen Aktin und Myosin. Anschließend nimmt das sarkoplasmatische Retikulum Ca^{2+} mit Hilfe einer ATPase wieder auf. Azetylcholin freigesetzt an der neuromuskulären Endplatte löst an der Plasmamembran der Muskelfaser ein Aktionspotenzial aus (siehe unten). Diese Erregung pflanzt sich über Einstülpungen des Sarkolemms in die ***transversalen Tubuli*** fort. Die T-Tubuli, die in der Muskelfaser ein verzweigtes Netzwerk bilden, umgeben jede Myofibrille (Abb. 9.11, 9.12 und 9.13). Sie bilden mit den Zisternen des sarkoplasmatischen Retikulums einen speziellen Komplex, die so genannte ***Triade***. An der Triade bewirkt das Aktionspotenzial die Freisetzung von Ca^{2+} aus dem sarkoplasmatischen Retikulum. Spannungsgesteuerte Ca^{2+}-Kanäle der Tubulusmembran und der so genannte Ryanodinrezeptor des sarkoplasmatischen Retikulums sind an diesem Vorgang beteiligt. Durch die schnelle Weiterleitung des Aktionspotenzials in die T-Tubuli und die folgende Freisetzung von Ca^{2+} aus dem die Myofibrillen umgebenden sarkoplasmatischen Retikulum wird erreicht, dass sich zentral und peripher gelegene Myofibrillen einer Muskelfaser gleichzeitig kontrahieren.

Innervation▸ Myelinisierte Motoneurone verzweigen sich im Perimysium und treten an die einzelnen Muskelfasern heran. Bei Erreichen der Fasern verlieren die Axone ihre Myelinscheide. Nervenendigungen bilden mit den Muskelfasern Synapsen (s. Kap. 8.2.3) aus, die auch als ***neuromuskuläre Verbindungen*** oder ***motorische Endplatten*** bezeichnet werden (Abb. 9.14). Die Nervenendigungen enthalten zahlreiche Mitochondrien und ***Azetylcholin*** speichernde synaptische Vesikel (s. Kap. 8.2.5). Zwischen Neurolemm und Sarkolemm findet sich der ***synaptische Spalt***. Das Sarkolemm weist im Bereich der motorischen Endplatte tiefe Einfaltungen auf, unter denen sich vermehrt Zellkerne sowie zahlreiche Mitochondrien, Ribosomen und Glykogengranula finden. Erreicht ein Aktionspotenzial die motorische Endplatte, dann strömt durch spannungsabhängige Kanäle Ca^{2+} ein und löst die Exozytose von Azetylcholin aus (s. Kap. 8.2.5). Freigesetztes Azetylcholin diffundiert durch den synaptischen Spalt und bindet an (nikotinische) Azetylcholinrezeptoren (s. Kap. 1.1.2) im Sarkolemm der Falten. Dadurch öffnen ich die Rezeptorkanäle vermehrt für Kationen, es kommt zur Depolarisation und zur Ausbildung eines Aktionspotenzials (s. Kap. 8.2.4). Azetylcholin wird von

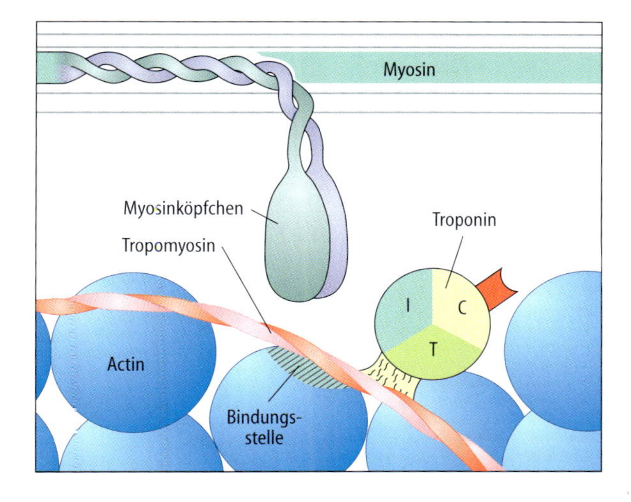

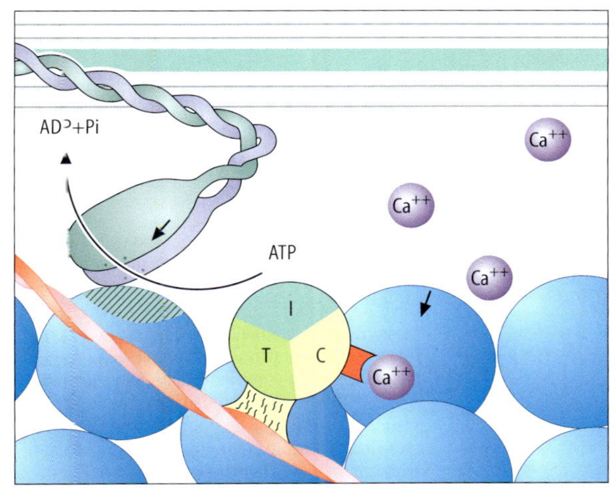

Abb. 9.9. Molekularer Mechanismus der Kontraktion. Die Ausbildung von Querbrücken zwischen Aktin und Myosinköpfen und deren Konformationsänderungen erlauben eine Verschiebung von dicken und dünnen Filamenten während der Muskelkontraktion. Die notwendige Energie wird dabei durch die Spaltung von ATP durch die Myosinköpfe geliefert. Ca^{2+} bindet an Toponin C. Dadurch ändert sich die Position des Tropomyosinkomplexes und die hochaffine Bindungsstelle am Aktin für Myosin wird frei. (Aus Junqueira et al. 1998)

der Azetylcholinesterase, die sich im synaptischen Spalt befindet, gespalten. Cholin wird über einen Carrier wieder in die Endigung aufgenommen, Azetylcholin wird resynthetisiert und erneut in Vesikeln gespeichert. Das Aktionspotenzial wird entlang der Oberfläche der Muskelfaser fortgeleitet, gelangt über das T-Tubulus-System in die Tiefe und bewirkt über den oben beschriebenen Mechanismus eine Muskelkontraktion.

Klinik

Das bei Lebensmittelvergiftungen gebildete Botulinumtoxin A greift bevorzugt die motorischen Endplatten an (s. Kap. 8.2.5). Betrifft dies die Atemmuskulatur, dann wird die Krankheit lebensbedrohlich.

Myasthenia gravis ist eine Autoimmunerkrankung, bei der sich zirkulierende Antikörper an Azetylcholinrezeptoren der motorischen Endplatten binden. Dadurch wird die Anzahl der aktivierbaren Rezeptoren verringert und eine normale Kommunikation zwischen Nerv und Muskel verhindert, was sich in fortschreitender Muskelschwäche äußert. Die Muskelfaser reagiert daraufhin mit Internalisierung und lysosomalem Abbau betroffener Membranabschnitte sowie dem Ersatz der Azetylcholinrezeptoren durch neu synthetisierte. Jedoch werden auch diese Rezeptoren von denselben Antikörpern blockiert, wodurch die Krankheit weiter fortschreitet.

Als **motorische Einheit** bezeichnet man ein Motoneuron und sämtliche von ihm innervierte Muskelfasern. Die Größe einer motorischen Einheit bestimmt die Feinheit der Bewegung, die von ihr ausgeführt werden kann. So werden z. B. bei den äußeren Augenmuskeln etwa 10 Muskelfasern von einem Motoneuron inner-

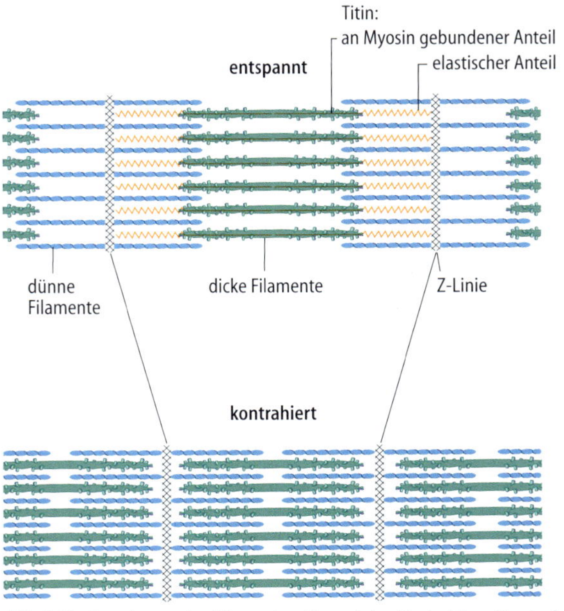

Abb. 9.10. Anordnung der Filamente während der Kontraktion. Durch die konzertierte Aktion der Myosinköpfe nimmt die Überlappung der dicken und dünnen Filamente zu und das Sarkomer verkürzt sich. (Modifiziert nach Löffler u. Petrides 1998)

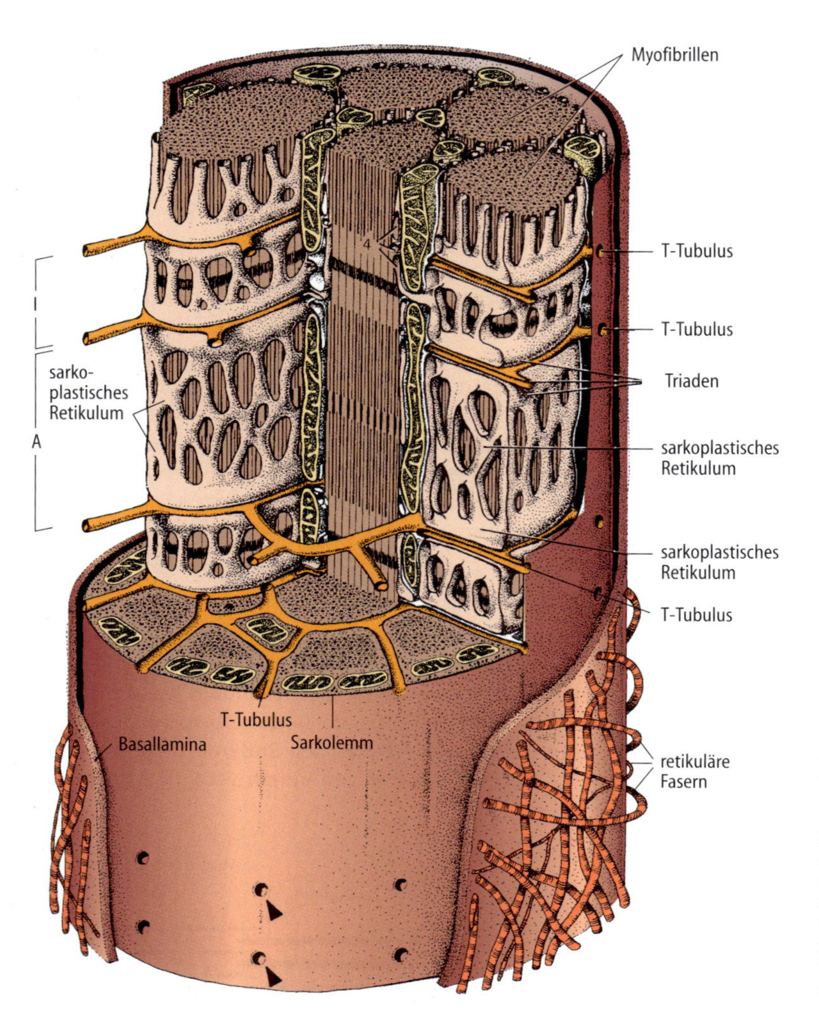

Abb. 9.11. Schematische Darstellung einer Faser des Skelettmuskels. Die T-Tubuli senken sich vom Sarkolemm in die Faser ein und umgeben die Myofibrillen. Die T-Tubuli (*ocker* dargestellt) umgeben (zwei pro Sarkomer) die Myofibrillen am Übergang von A- und I-Bande. Sie verbinden sich mit terminalen Zisternen des sarkoplasmatischen Retikulums und bilden Triaden. Zwischen den Myofibrillen liegen zahlreiche Mitochondrien. An den Schnittflächen kann man dünne und dicke Filamente unterscheiden. Das Sarkolemm wird von einer Basallamina und retikulären Fasern umgeben. (Aus Junqueira et al. 1998)

viert, während bei großen Muskeln bis zu 1000 Fasern versorgt werden können.

Muskelfasern kontrahieren sich nach dem Alles-oder-Nichts-Prinzip d. h. ein Aktionspotenzial löst immer eine etwa gleiche Einzelzuckung aus. Um die Kontraktionskraft eines Muskels variieren zu können, werden z. B. nicht alle motorischen Einheiten gleichzeitig erregt. Die Stärke einer Kontraktion wird dann durch Größe und Zahl der motorischen Einheiten, die zu einem Kontraktionsvorgang herangezogen werden, bestimmt. Ein zweiter Weg die Kontraktionskraft zu variieren ist die Überlagerung von Einzelzuckungen.

Energiegewinnung▸ Skelettmuskelfasern können mit ATP, bereitgestellt von verschiedenen Lieferanten, mechanische Arbeit leisten. Die Energiequelle ATP kann im Muskel durch Kreatinphosphat schnell regeneriert werden (siehe Lehrbücher der Physiologie und Biochemie). Chemische Energie ist auch in Form von Glykogen vorhanden (Abb. 9.4), welche etwa 0,5–1 % der Muskelmasse ausmachen können. Daraus kann im Muskel durch Glykolyse (schnell) und/oder oxidative Phosphorylierung (langsamer) Energie gewonnen werden, die als ATP und Kreatinphosphat gespeichert wird. Im ruhenden Muskel oder während der Erholungsphase nach einer Kontraktion werden vor allem Fettsäuren metabolisiert. Sie werden durch β-Oxidation in der mitochondrialen Matrix zu Azetyl-CoA abgebaut, woraus über den Zitratzyklus und die Atmungskette ATP gewonnen wird (s. Kap. 1.6).

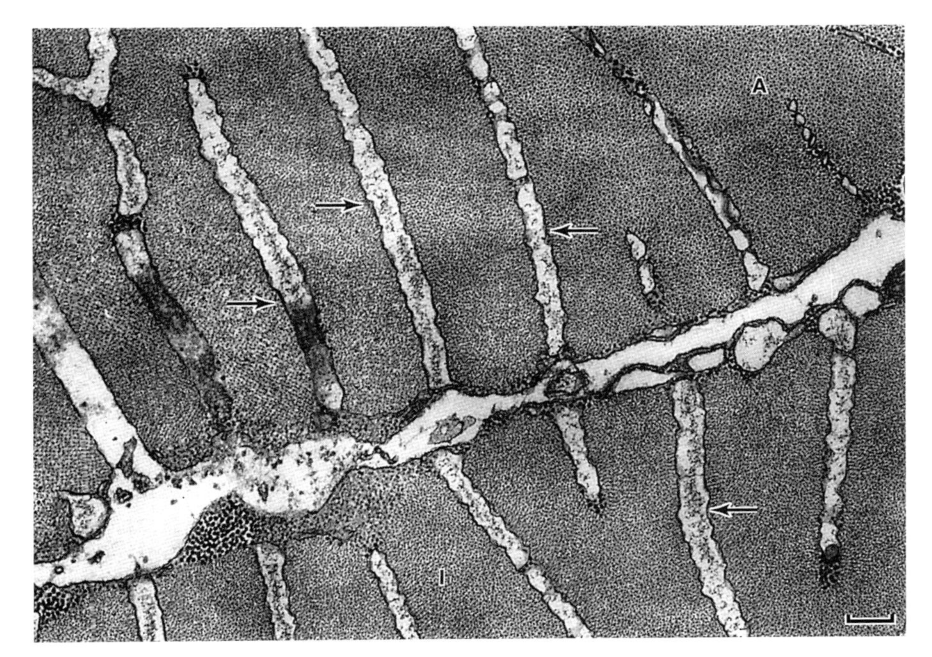

Abb. 9.12. Elektronenmikroskopische Aufnahme von zwei aneinander grenzenden Muskelfasern (Fisch) im Querschnitt. Zu sehen sind die Einfaltungen des Sarkolemms, die die T-Tubuli bilden (*Pfeile*). *Oben rechts* ist eine A-Bande (*A*) mit ihren dicken und dünnen Filamenten getroffen und *unten in der Mitte* eine I-Bande (*I*), die nur dünne Filamente zeigt. Balken = 0,1 μm. (Aus Junqueira et al. 1998)

Abb. 9.13. Elektronenmikroskopische Aufnahme eines Längsschnitts durch einen Skelettmuskel (Affe). Zwischen benachbarten Fibrillen finden sich Mitochondrien (*M*) und sarkoplasmatisches Retikulum. Die *Pfeile* deuten auf Triaden (in diesem Muskel zwei pro Sarkomer), die am Übergang von A- und I-Bande lokalisiert sind. Balken = 0,1 μm. (Aus Junqueira et al. 1996)

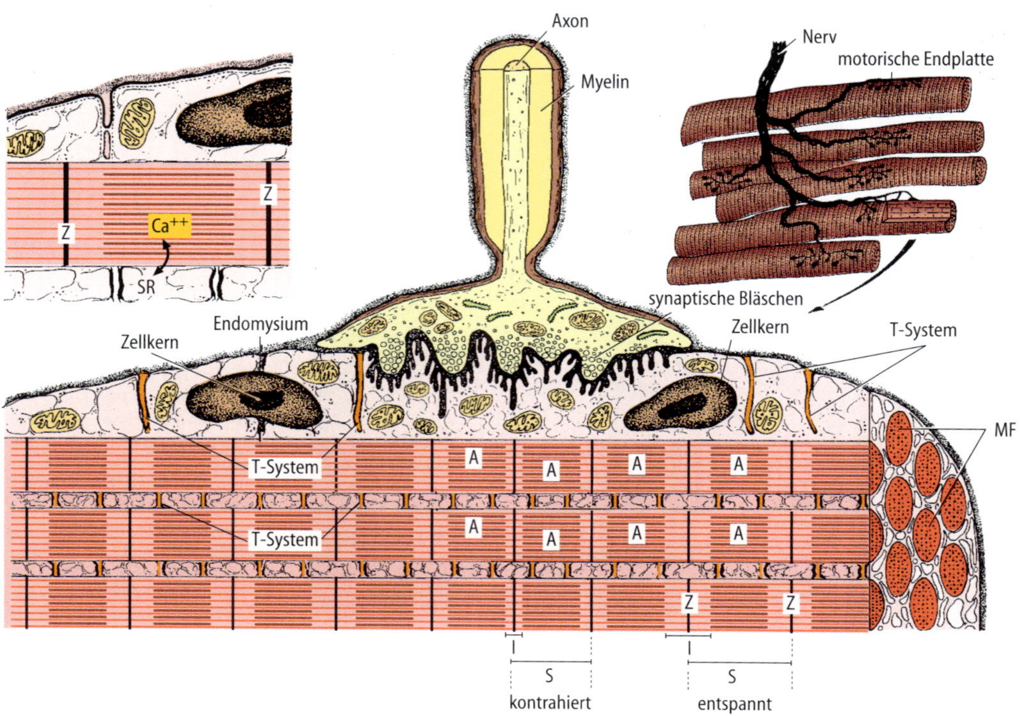

Abb. 9.14. Schematische Darstellung einer motorischen Endplatte und des Kontraktionsvorgangs im Skelettmuskel. *Oben rechts* sind Verzweigungen eines kleinen Nerven mit motorischen Endplatten an Muskelfasern dargestellt. *Mitte*: Feinbau einer solchen Endplatte. Man sieht, dass das Axon seine Myelinscheide verliert und das Axonende einen engen Kontakt mit der Muskelfaseroberfläche eingeht. Das Sarkolemm weist im Bereich der motorischen Endplatte starke Einfaltungen auf. In der Endigung finden sich synaptische Bläschen. Die Muskelkontraktion wird durch Freisetzung von Azetylcholin aus den synaptischen Bläschen der Endplatte eingeleitet. Der Transmitter bindet an seine Rezeptoren im Sarkolemm und bewirkt eine örtliche Depolarisation. Diese breitet sich über das gesamte Sarkolemm bis in die T-Tubuli aus. Dadurch wird Ca^{2+} aus dem sarkoplasmatischen Retikulum (*SR*) freigesetzt (*Links oben*). Ca^{2+} setzt die Muskelkontraktion in Gang. Dabei gleiten dünne Filamente zwischen die dicken und verkürzen den Abstand zwischen den Z-Streifen, der Muskel kontrahiert. Es verschmälern sich die *I*-Bande nicht die *A*-Bande. Durch Aufnahme von Ca^{2+} in das SR wird die Kontraktion beendet. *MF* Myofibrillen, *S* Sarkomere, *I* I-Streifen. (Aus Junqueira et al. 1996)

Klinik

Fettsäuren sind wichtige Energiequellen für Ausdauersportler wie z. B. Langstreckenläufer. Bei starker kurzzeitiger Belastung (z. B. beim Sprint) wird dagegen Glukose zur Gewinnung von ATP anaerob schnell zu Laktat metabolisiert. Azidose und Anhäufung von ADP und Phosphat lassen die Muskulatur jedoch schnell ermüden. Für den Muskelkater werden Mikrorisse der Muskelfasern verantwortlich gemacht. Diese treten besonders bei Dehnung eines kontrahierenden Muskels (Bremsbewegungen) auf.

Muskelfasertypen▸ Ihren Eigenschaften nach kann man Muskelfasern in langsame oder Typ-I- und schnelle oder Typ-II-Fasern einteilen. ***Typ-I-Fasern*** enthalten in ihrem Sarkoplasma zur Bereitstellung von Sauerstoff viel Myoglobin, das für ihre charakteristische dunkelrote Farbe verantwortlich ist. Außerdem enthalten sie andere Isoformen der schweren und leichten Myosinketten sowie von regulatorischen Proteinen. Sie sind für langsame und länger dauernde Kontraktionen zuständig und erhalten ihre Energie durch oxidative Phosphorylierung von Fettsäuren. ***Typ-II-Fasern***, auch schnelle Zuckungsfasern oder weiße Muskelfasern genannt, kontrahieren sich schnell und kräftig und enthalten weniger Myoglobin. Man kann sie anhand ihres Stoffwechsels und ihrer chemischen Eigenschaften weiter unterteilen, je nachdem ob sie ATP hauptsächlich durch Glykolyse oder oxidative

Phosphorylierung gewinnen. Beim Menschen bestehen Skelettmuskeln oft aus einer Mischung der verschiedenen Fasertypen, die auf Grund ihres Gehaltes an mitochondrialen Enzymen (Abb. 24.17) unterschieden werden können. Der Aufbau des Muskels wird von den sie versorgenden Nervenfasern vorgegeben. Vertauscht man experimentell die Nervenfaser einer weißen mit der einer roten Muskelfaser, so ändern die Fasern ihre Morphologie und Physiologie entsprechend der neuen Innervation. Denervierung führt hingegen zu Atrophie und Lähmung der Muskelfasern.

9.2 Herzmuskulatur

Übersicht▸ Während der Entwicklung ordnen sich die Myoblasten des primitiven Herzschlauchs kettenförmig an. Sie fusionieren jedoch nicht wie in der Skelettmuskulatur zu einem Synzytium, sondern bilden komplex aufgebaute Verbindungen (siehe unten) zwischen ihren Fortsätzen. Zellen in so einer Kette verzweigen sich oft und verbinden sich auch mit den benachbarten Zellsträngen. Ausgereifte Herzmuskelzellen haben einen Durchmesser von etwa 15 μm, sind zwischen 80 und 100 μm lang und besitzen einen oder zwei zentral gelegene, helle Kerne. Sie zeigen dieselbe Querstreifung wie Skelettmuskelfasern. Herzmuskelzellen werden von einem sehr dünnen Endomysium umgeben, das ein reichhaltiges Kapillargeflecht enthält. Das Reizbildungs- und Reizleitungssystem wird in Kapitel 10.5 beschrieben.

Zellverbindungen▸ Charakteristisch für Herzmuskelzellen sind dunkel erscheinende Zellverbindungen, die als ***Glanzstreifen*** (Disci intercalares) bezeichnet werden (Abb. 9.15, 9.16 und 9.18). Hier findet man drei verschiedene Zellverbindungen (s. auch Kap. 3): ***Zonulae adhaerentes***, die auffälligsten Membranspezialisierungen, verbinden Aktinfilamente der terminalen Sarkomere benachbarter Zellen. Außerdem sind ***Desmosomen*** und die damit assoziierten intermediären Filamente für den mechanischen Zusammenhalt der sich ständig kontrahierenden Zellen zuständig. ***Gap Junctions*** dienen der Synchronisation benachbarten Zellen (Abb. 9.17 und 9.18). Man spricht deshalb beim Herzmuskel auch von einem funktionellen Synzytium.

Kontraktiler Apparat▸ Struktur und Funktion der kontraktilen Proteine sind in Herz- und Skelettmuskelzellen gleich, T-Tubulus-System und sarkoplasmatisches Retikulum sind jedoch im Herzmuskel nicht so regelmäßig angeordnet. Im Muskelgewebe der Ventrikel sind die transversalen Tubuli größer und zahlreicher als im Skelettmuskel und finden sich eher in Höhe der Z-Linie als am Übergang zwischen A- und I-Bande. Das

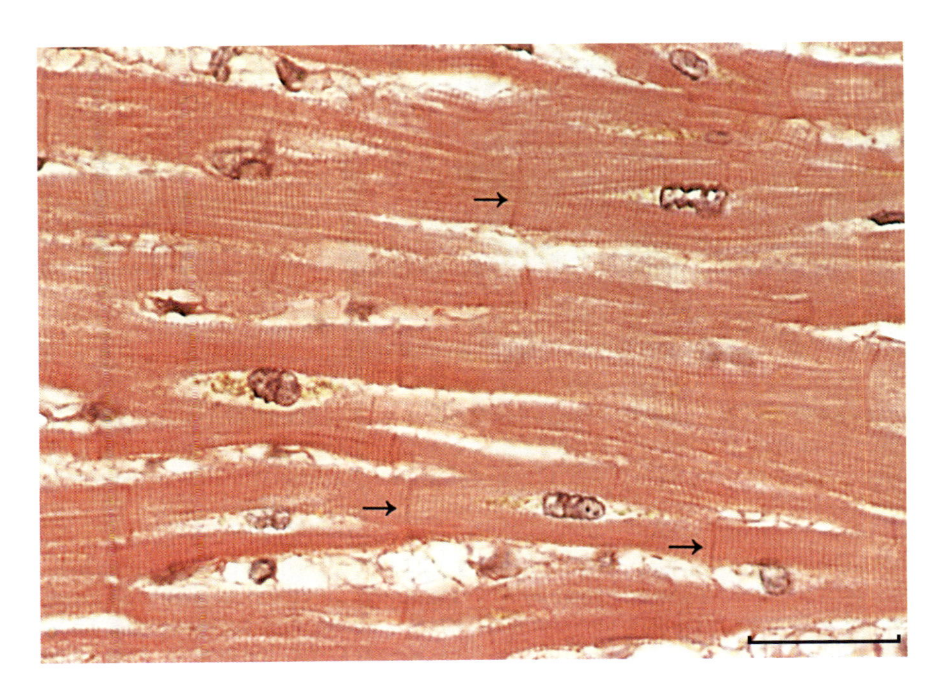

Abb. 9.15. Längsschnitt durch den Herzmuskel. Zu erkennen sind die Querstreifung, Glanzstreifen (*Pfeile*) sowie zentral liegende Zellkerne. Balken = 100 μm. (Aus Junqueira et al. 1996)

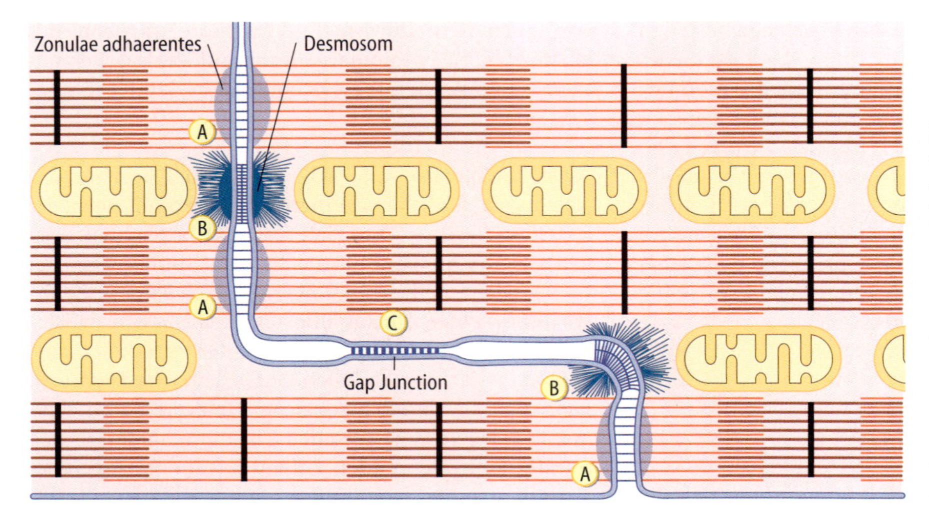

Abb. 9.16. Schematische Darstellung der Zusammensetzung der Zellverbindungen zwischen Herzmuskelzellen. Die Zonulae adhaerentes (*A*) in den transversalen Abschnitten verankern die Aktinfilamente der terminalen Sarkomere mit dem Sarkolemm. Die Desmosomen (*B*) verbinden die intermediären Filamente der benachbarten Muskelzellen und verhindern, dass Zellen während des Kontraktionszyklus voneinander getrennt werden. Gap Junctions (*C*) finden sich nur in den longitudinalen Abschnitten, die mechanisch am geringsten beansprucht werden. Sie dienen der elektrischen Kopplung der Zellen. (Aus Junqueira et al. 1998)

Abb. 9.17. Der kontraktile Apparat der Herzmuskelzelle im Längsschnitt. Zu beachten sind die Sarkomere, die die Myofibrillen aufbauen. Zahlreiche Mitochondrien befinden sich zwischen den Myofibrillen. *SR* sarkoplasmatisches Retikulum. Balken = 1 μm. (Aus Junqueira et al. 1996)

sarkoplasmatische Retikulum ist nicht so gut entwickelt und verläuft unregelmäßig zwischen den Filamenten. Da die T-Tubuli im Allgemeinen nur mit einem Ausläufer des sarkoplasmatischen Retikulums vergesellschaftet sind, werden diese Strukturen im Herzmuskel als ***Diaden*** bezeichnet. Die Anordnung der Myofibrillen in Vorhof- und Kammermyokard ist gleich. Allerdings sind die Zellen des Vorhofs kleiner und enthalten deutlich weniger T-Tubuli.

Energiebereitstellung▸ Die ständige Herztätigkeit erfordert eine kontinuierliche Bereitstellung von ATP, was sich in der großen Zahl an **Mitochondrien** widerspiegelt (Abb. 9.17 und 9.18). Diese können mehr als 40 % des Volumens der Herzmuskelzellen einnehmen, während sie im Skelettmuskel nur etwa 2 % für sich beanspruchen. Fettsäuren, die mit Hilfe von Lipoproteinen herangeschafft werden, sind der wichtigste Energielieferant des Herzens. Sie werden in Form von

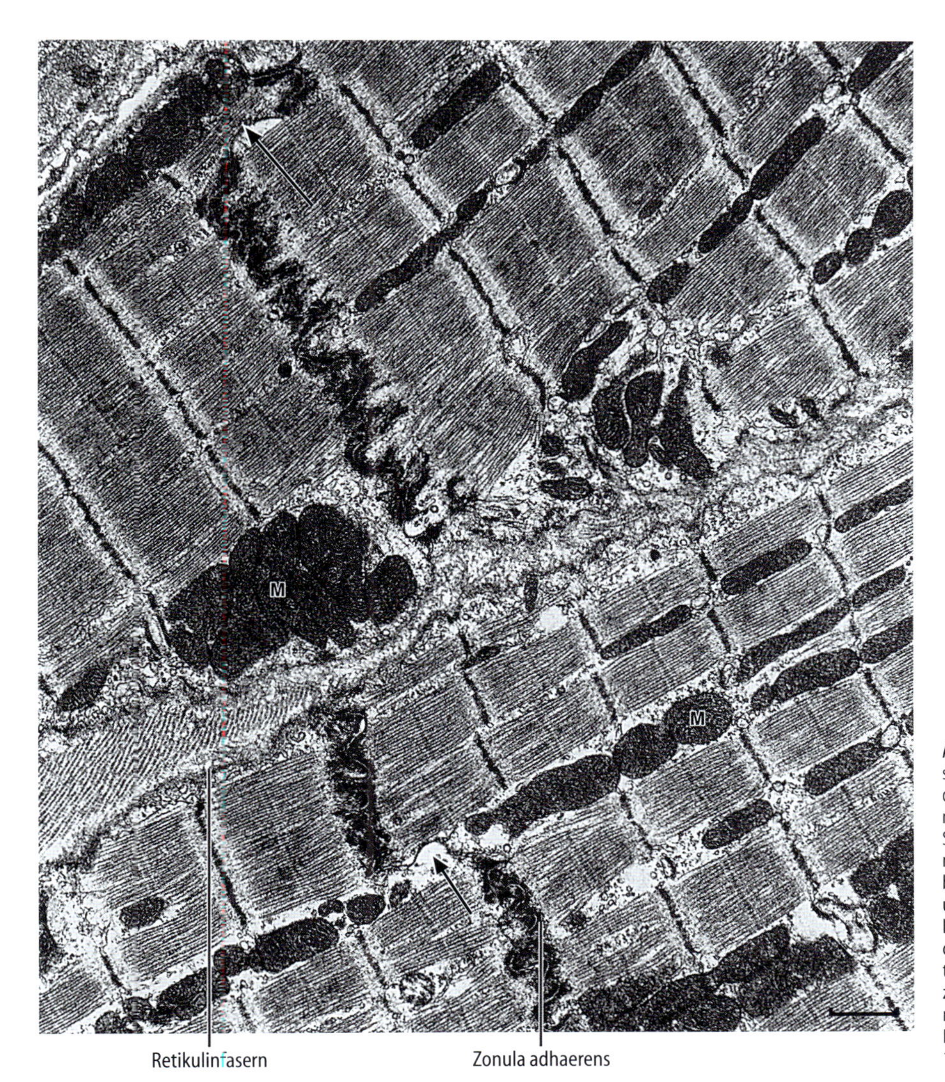

Abb. 9.18. Elektronenmikroskopisches Bild eines Längsschnittes durch den Herzmuskel, das Ausschnitte benachbarter Zellen zeigt (vergleiche Schema in Abb. 9.16). Die im Lichtmikroskop sichtbaren Glanzstreifen bestehen aus Zonulae adhaerentes und zahlreichen Desmosomen, die longitudinal ausgerichteten Anteile der Zellverbindungen aus Gap Junctions (*Pfeile*). Mitochondrien (*M*) sind zahlreich. Zwischen den Zellen kann man retikuläre Fasern entdecken. Balken = 1 µm. (Aus Junqueira et al. 1998)

Triglyzeriden in den zahlreichen Fetttröpfchen der Herzmuskelzellen gespeichert. Auch eine geringe Menge an Glykogen ist vorhanden, aus der bei erhöhtem Bedarf Energie gewonnen werden kann. Außerdem nimmt die Herzmuskelzelle wie auch die Skelettmuskelfaser und die Fettzelle Glukose mit Hilfe des Glukosetransporters Glut4 auf.

Endokrine Funktion▸ Lipofuszin (Alterspigment) enthaltende Granula, die man oft in langlebigen Zellen antrifft, finden sich an den Kernpolen der Herzmuskelzelle. Hier finden sich auch membranumschlossene Granula (Durchmesser etwa 0,2–0,3 µm). Sie sind im rechten Vorhof besonders häufig (etwa 600 pro Zelle), es gibt sie aber auch im linken Atrium und den Ventrikeln (👁 Abb. 9.19). Diese Granula enthalten ein Hormon, das als ***atrialer natriuretischer Faktor (ANF)*** bezeichnet wird. ANF wirkt blutdrucksenkend (s. Kap. 9.3) und fördert die Ausscheidung von Natrium (Natriurese) und Wasser (Diurese) in den Nieren. Es wirkt somit Aldosteron aus der Nebennierenrinde entgegen (s. Kap. 20.4.1), unter dessen Einfluss Natrium und Wasser in der Niere zurückgehalten werden.

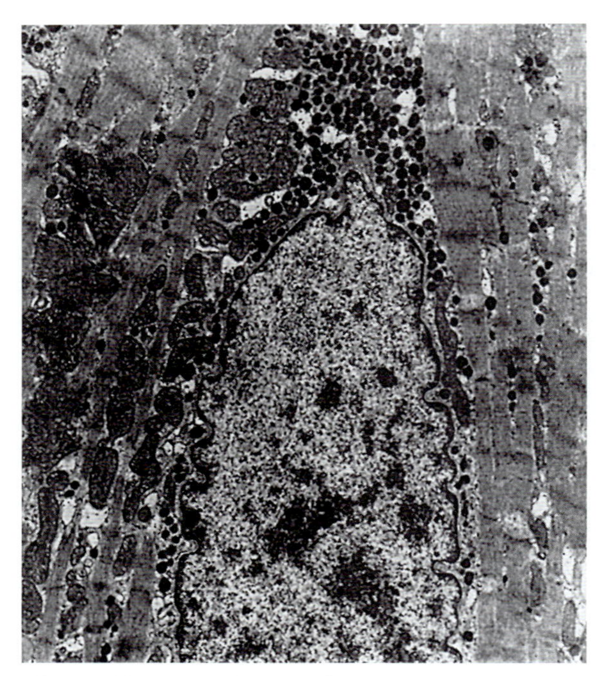

Abb. 9.19. Elektronenmikroskopische Aufnahme einer Zelle des Vorhofs. An den Polen des Zellkerns finden sich elektronendichte Granula, die atrialen natriuretischen Faktor enthalten. (Aus Junqueira et al. 1998)

9.3 Glatte Muskulatur

Aufgaben▸ Die glatten Muskelzellen bilden Schichten in den Wänden von Gastrointestinaltrakt, Gallen- und Harnblase, Harn- und Samenleiter, Uterus, Bronchien und Gefäßen. Der Transport des Speisebreis im Magen-Darm-Kanal (Peristaltik), die Entleerung von Hohlorganen und die Regulation des Blutdrucks sind wesentliche Aufgaben der glatten Muskulatur. Neben der Fähigkeit sich zu kontrahieren, können glatte Muskelzellen Kollagen, Elastin und Proteoglykane synthetisieren, also extrazelluläre Produkte, die normalerweise von Fibroblasten gebildet werden (s. Kap. 4).

Aufbau▸ Die glatte Muskulatur besteht aus spindelförmigen Zellen (Abb. 9.1 und 9.20), die keine Querstreifung aufweisen. Neben Aktin- und Myosinfilamenten enthalten glatte Muskelzellen Intermediärfilamente (s. Kap. 3.3.2). Weiter finden sich ***Dense bodies***, welche einerseits mit der Plasmamembran assoziiert sind, andererseits zytoplasmatisch sein können (Abb. 9.21). Sie enthalten α-Aktinin, was ihnen Ähnlichkeit mit den Z-Streifen der Skelettmuskulatur verleiht. Sowohl die dünnen Aktin- als auch Intermediärfilamente inserieren an den Dense bodies, über die das Zytoskelett sowohl mit dem kontraktilen Apparat innerhalb der Zellen als auch mit den die Zellen umgebenden retikulären Fasern (Endomysium) verbunden ist (Abb. 9.22). Dadurch werden in der glatten Muskulatur die von den einzelnen Muskelzellen ausgeübten Kräfte gebündelt. Glatte Muskelzellen werden sowohl von sympathischen als auch von parasympathischen Fasern des autonomen Nervensystems versorgt. Autonome Fasern bilden jedoch keine Synapsen auf den glatten Muskelzellen aus, sondern enden häufig in einer Serie von Anschwellungen (Varikositäten) im Endomysium. Die glatten Muskeln des Gastrointestinaltrakts sind vergleichsweise wenig ***innerviert*** (s. Kap. 14). Im Gegensatz dazu haben glatte Muskeln wie sie z. B. in der Iris vorkommen eine ausgeprägte nervale Versorgung und können sehr präzise Kontraktionen erzeugen.

Glatte Muskelzellen besitzen einen zentral gelegenen, länglichen Kern und weisen in kleinen Blutgefäßen eine Länge von 20 μm, im schwangeren Uterus von bis zu 500 μm auf. Bei der Kontraktion bekommen die Zellgrenzen Einbuchtungen und auch der Kern verformt sich. An den Kernpolen konzentrieren sich Mitochondrien, Polyribosomen, rauhes sarkoplasmatisches Retikulum und Golgi-Apparat. Außerdem besitzen glatte Muskelzellen ein mäßig ausgebildetes glattes sarkoplasmatisches Retikulum. Auffällig sind zahlreiche Einstülpungen der Plasmamembran (so genannte Caveolae), deren Funktion noch unbekannt ist (Abb. 9.21). Glatte Muskelzellen sind über zahlreiche ***Gap Junctions*** (s. Kap. 3.2) verbunden. Benachbarte Muskelzellen bilden infolge dieser elektrischen Kopplung und der oben beschriebenen mechanischen Kopplung eine Funktionseinheit. Das Ausmaß der Kopplung über Gap Junctions ist veränderbar.

Klinik

Durch die Wirkung von Geschlechtshormonen werden vermehrt Gap Junctions in die glatte Muskulatur des Uterus kurz vor der Geburt eingebaut, und so das Zusammenwirken der Zellen bei den Wehen ermöglicht.

Die ***Aktin- und Myosinfilamente*** der glatten Muskulatur sind nicht so regelmäßig wie in den Sarkomeren der Skelett- und Herzmuskulatur angeordnet, sondern bilden ein gitterförmiges Netzwerk. Die benachbarten

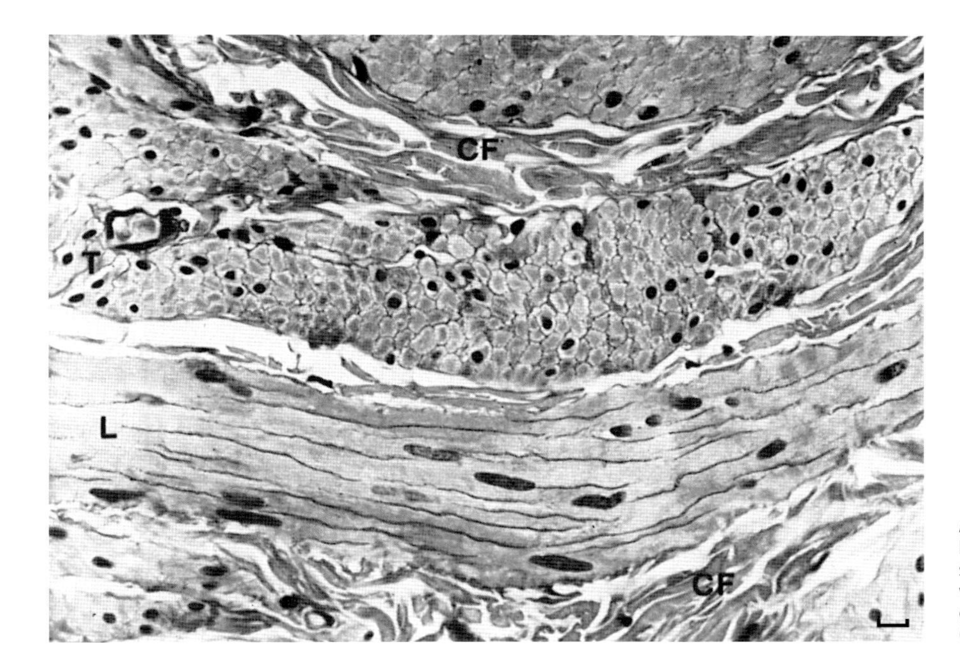

Abb. 9.20. Glatte Muskulatur der Harnblase in Längs- und Querschnitt. Bündel glatter Muskelzellen werden von retikulären Fasern umgeben. Balken = 10 μm. (Aus Junqueira et al. 1996)

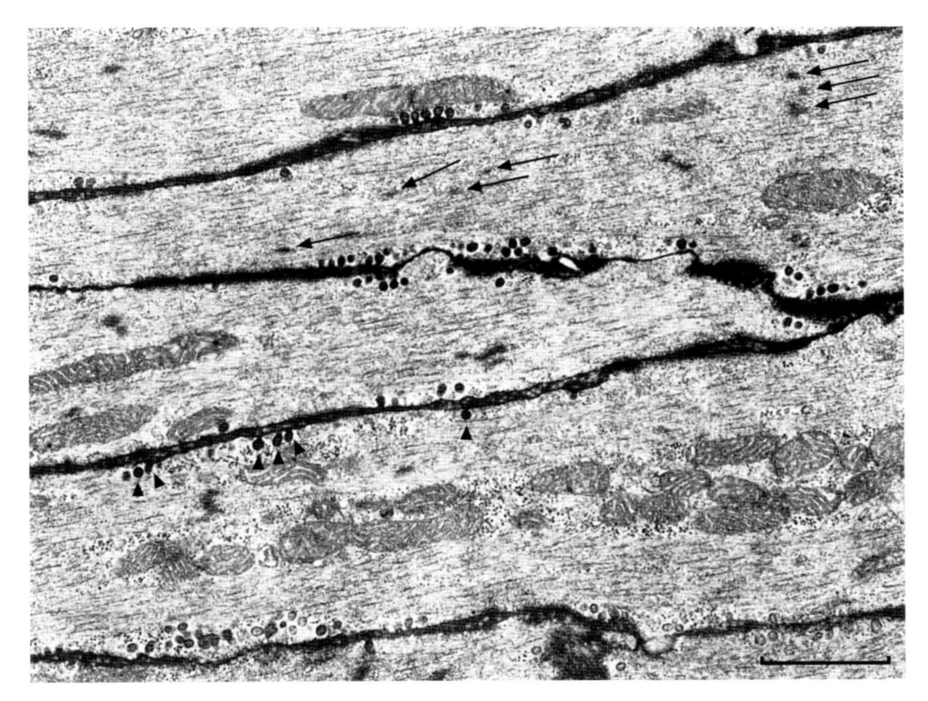

Abb. 9.21. Längsgeschnittene glatte Muskelzellen im elektronenmikroskopischen Bild. Dünne und dicke Filamente sind nicht in Myofibrillen angeordnet. Einige Mitochondrien und zahlreiche Caveolae (Einstülpungen des Sarkolemms) sind erkennbar. In einer Zelle sind dense bodies durch *Pfeile* und Caveolae durch *Pfeilköpfe* markiert. Balken = 1μm. (Aus Junqueira et al. 1996)

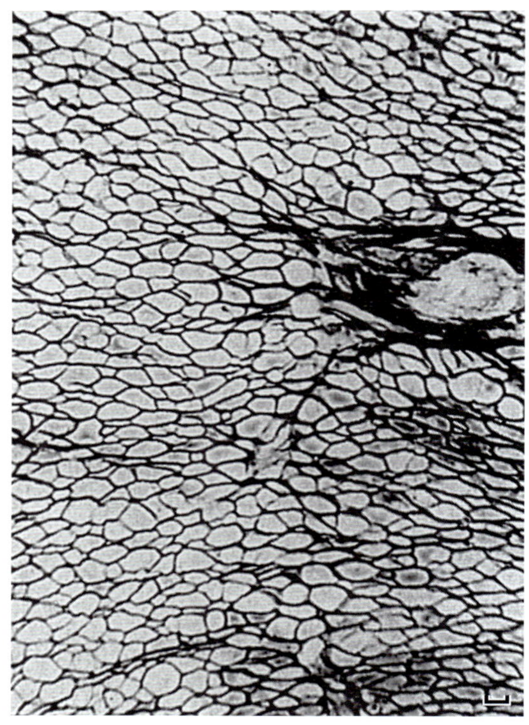

Abb. 9.22. Querschnitt durch glatte Muskulatur in Silberfärbung. Die dargestellten retikulären Fasern des Endomysiums bilden ein Netzwerk, das die hier ungefärbten Muskelzellen umgibt. *Rechts* kann man eine Arteriole erkennen, die in dickere Kollagenfasern eingehüllt ist. Balken = 10 μm. (Aus Junqueira et al. 1998)

Myosinuntereinheiten in den dicken Filamenten sind durchwegs antiparallel angeordnet, so dass die Filamente in zwei Richtungen Kraft ausüben können. Sie unterscheiden sich dadurch von dem bipolaren dicken Filament der quer gestreiften Muskulatur (s. Kap. 9.1). Auch die Aktinfilamente sind im Vergleich zur quer gestreiften Muskulatur anders aufgebaut: Sie besitzen kein Troponin.

Kontraktion und Relaxation▸ Die Kontraktion wird zwar auch bei der glatten Muskulatur durch Ca^{2+} gesteuert, jedoch bindet hier Ca^{2+} zuerst an Calmodulin, das insofern die Funktion von Troponin C in der Skelettmuskulatur übernimmt (Abb. 9.23). Der Komplex aus Ca^{2+} und ***Calmodulin*** aktiviert eine Kinase (die Myosin-Leichte-Ketten-Kinase, engl. MLCK), die eine der leichten Ketten des Myosins phosphoryliert. Anschließend kann Myosin mit Aktin in der vom Skelettmuskel bekannten Weise interagieren und die Filamente unter Verbrauch von ATP gegeneinander verschieben (Sliding-filament-Mechanismus). Dieser Vorgang und damit die Kontraktion der Zelle wird durch Dephosphorylierung der leichten Myosinkette durch eine Phosphatase wieder beendet.

Die Steuerung der ***Kontraktion*** (überwiegend über Myosin) unterscheidet sich also in der glatten Muskulatur grundlegend von der der Skelettmuskulatur (über dünnes Filament), obwohl jeweils eine Erhöhung des intrazellulären Ca^{2+}-Spiegels als Signal dient (Abb. 9.23). Ca^{2+} kann über spannungsgesteuerte Ca^{2+}-Kanäle vom L-Typ (L = länger geöffnet) aus dem Extrazellulärraum einfließen oder aus dem sarkoplasmatischen Retikulum freigesetzt werden. Letzteres wird durch den Second messenger Inositoltrisphosphat (IP3) ausgelöst. IP3 wird an der Plasmamembran durch die Phopholipase C gebildet, die über G-Proteine mit α1-Adrenorezeptoren, Angiotensin(II)rezeptoren oder Vasopressin(1)rezeptoren der Zelloberfläche gekoppelt sind (Abb. 9.23).

Die ***Relaxation*** der glatten Muskulatur wird durch cAMP und cGMP gesteuert. Diese second messenger verhindern die Erhöhung des intrazellulären Ca^{2+}-Spiegels, indem sie den Ca^{2+}-Einstrom und die Freisetzung aus dem sarkoplasmatischen Retikulum hemmen (Abb. 9.23). Außerdem aktiviert cGMP möglicherweise die Myosinphosphatase. Eine Erhöhung des intrazellulären Spiegels an cAMP kann über die mit β2-Adrenorezeptoren gekoppelte Adenylatzyklase erreicht werden. cGMP wird vermehrt gebildet, wenn atrialer natriuretischer Faktor (s. oben) an die Guanylatzyklase der Plasmamembran oder NO an die zytoplasmatische Guanylatzyklase gebunden ist. NO kann bei Gefäßen entweder aus dem Endothel oder, wie Noradrenalin, aus Nervenendigungen freigesetzt werden.

Klinik

Vasokonstriktion kann folglich durch Pharmaka vermieden werden, die eine Erhöhung des intrazellurären Kalziumspiegels in den glatten Muskelzellen verhindern. Daher werden α1-Antagonisten, Blocker der spannungsgesteuerten Ca^{2+}-Kanäle wie Nifedipin, und Captopril (es hemmt die Bildung von Angiotensin II am Endothel) bei der Therapie des Bluthochdrucks eingesetzt. NO freisetzende Medikamente wie Nitroglyzerin werden bei der Behandlung der Angina pectoris eingesetzt, da sie die Venen erweitern und damit die Vorlast des Herzens senken.

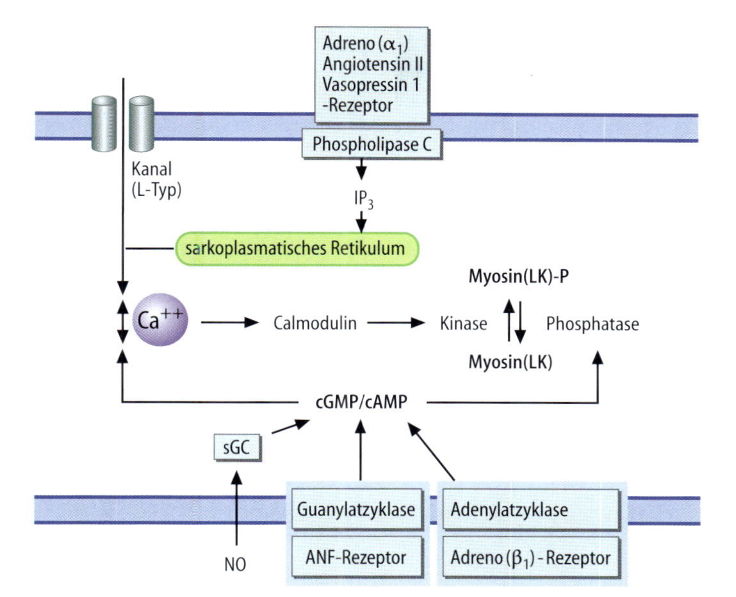

Abb. 9.23. Regulation von Kontraktion und Relaxation der glatten Muskulatur. Ca^{2+} steuert die Kontraktion der glatten Muskulatur über die Phosphorylierung der leichten Kette von Myosin. Es stammt entweder aus dem Extrazellulärraum (Influx über Kanäle vom L-Typ) oder dem SR (Freisetzung durch IP3, das Rezeptor und G-Protein abhängig am Sarkolemm gebildet wird). Die Relaxation wird über zyklische Nukleotide gesteuert, die Ca^{2+} Influx und Freisetzung aus dem SR vermindern sowie die Myosinphosphatase aktivieren

9.4 Regeneration, Hyperplasie und Hypertrophie von Muskelgewebe

Die drei Arten von Muskelgewebe zeigen nach einer Verletzung unterschiedliche Regenerationsfähigkeit.

Der Herzmuskel kann sich nach der frühen Kindheit nicht mehr regenerieren. Bei Gewebeschäden, wie z. B. beim Herzinfarkt, kommt es zur Defektheilung, d. h. zerstörtes Muskelgewebe wird durch eine bindegewebige Narbe ersetzt.

Klinik Bei der Diagnostik des Herzinfarkts werden heute neben der Kreatinkinase und Myoglobin auch die Plasmakonzentrationen der kardialen Isoformen von Troponin T und I ermittelt. Sie sind weitgehend spezifisch für den Herzmuskel und können über 10 Tage lang im Blut nachgewiesen werden.

Der Skelettmuskel ist nur bis zu einem gewissen Maß regenerationsfähig. Als Quelle für neue Zellen können einkernige, spindelförmige Zellen, die so genannten ***Satellitenzellen***, dienen, die vereinzelt innerhalb der Basallamina ausgewachsener Muskelfasern vorkommen. Sie stellen ruhende Myoblasten dar, die durch Verletzungsreize oder andere Stimuli zur Proliferation angeregt werden können. Anschließend verschmelzen sie zu neuen Skelettmuskelfasern. Nach größeren Traumen allerdings ist die Regenerationsfähigkeit der Skelettmuskulatur sehr beschränkt. Der Durchmesser einer Skelettmuskelfaser kann je nach Muskel, Alter und Geschlecht, Ernährungszustand und Training stark variieren.

Klinik Durch sportliche Betätigung aber auch durch Einnahme von Anabolika nimmt die Muskelmasse zu. Dabei werden neue Myofibrillen aufgebaut. Umgekehrt kommt es bei bettlägerigen Patienten durch Bewegungsmangel schon in kurzer Zeit zur Muskelatrophie.

In glatter Muskulatur ist eine Regeneration möglich. Nach einer Verletzung können sich beispielsweise glatte Muskelzellen von Blutgefäßen wieder teilen. Auch in der glatten Muskulatur des Uterus tritt während der Schwangerschaft Zellteilung auf. Diese Art von Gewebewachstum, die auf einer Zunahme der Zellzahl beruht, nennt man ***Hyperplasie***. Gleichzeitig vergrößern sich die glatten Muskelzellen in der Uteruswand durch vermehrten Aufbau von Myofibrillen, ein Vorgang der als ***Hypertrophie*** bezeichnet wird.

Kreislaufsystem 10

10.1	**Wandbau der größeren Blutgefäße**	**165**
10.2	**Arterien**	**167**
10.2.1	Arterien vom elastischen Typ	167
10.2.2	Arterien vom muskulären Typ	168
10.2.3	Arteriolen	170
10.3	**Arteriovenöse Anastomosen**	**172**
10.4	**Venen**	**173**
10.5	**Herz**	**174**
10.6	**Kapillaren**	**177**
10.7	**Lymphgefäße**	**185**

Kreislaufsystem

Einleitung

Das Kreislaufsystem verbindet durch die Zirkulation des Blutes die Organe des Körpers untereinander. Das ***Herz*** stellt durch seine Kontraktionsleistung die Energie für die Blutzirkulation zur Verfügung, dient also als Pumpe.

Die ***Arterien*** sind die vom Herzen wegführenden Gefäße, die sich fortlaufend verzweigen und mit ihrer Verzweigung enger werden. Sie transportieren das mit Sauerstoff und Nährstoffen angereicherte Blut zu den Organen (Abb. 10.1). Im Anschluss an den arteriellen Gefäßbaum bilden die ***Kapillaren*** ein Netzwerk untereinander anastomosierender Röhren, über deren dünne Wände die Versorgung der Gewebe mit Sauerstoff und Nährstoffen bzw. die Entsorgung von Endprodukten des Stoffwechsels stattfindet (Abb. 10.2 und Abb. 10.19). Sie sind die Blutgefäße mit dem kleinsten Durchmesser.

Die ***Venen*** sammeln das Blut der Kapillaren, die in sie münden, und bilden sich durch fortlaufende Vereinigung von kleinlumigeren Gefäßen zu großlumigeren. Die Situation ist also genau umgekehrt wie bei den Arterien.

Das ***Lymphgefäßsystem*** beginnt in den Lymphkapillaren, die sich fortlaufend zu größeren Lymphgefäßen vereinigen, die letztlich in große herznahe Venen münden. Analog zum Venensystem transportieren die Lymphgefäße Flüssigkeit und Abwehrzellen aus der Peripherie zum Herzen. Über die Lymphkapillaren nimmt das Lymphgefäßsystem überschüssige Flüssigkeit aus den Geweben auf und führt sie wieder dem Blutkreislauf zu. Dabei durchströmt diese Lymphe genannte Flüssigkeit mit den Lymphknoten wichtige Orte der Immunabwehr (s. Kap. 13.5).

Das Kreislaufsystem transportiert neben Zellen, Nährstoffen und Endprodukten des Stoffwechsels auch Hormone und steuert so gemeinsam mit dem Nervensystem den Gesamtorganismus.

Funktionelle Gliederung▸ Die Darstellung des Herzens als eine Pumpe für den großen, den Körperkreislauf, und den kleinen, den Lungenkreislauf, beinhaltet das Bild von einer Pumpe und zwei Kreisläufen. In Wirklichkeit handelt es sich um einen Blutkreislauf mit zwei Pumpen, dem rechten und dem linken Herzen, welche in einem Organ vereinigt sind (Abb. 10.3).

Klinik

Die funktionelle Trennung des Herzens in Links- bzw. Rechtsherz trägt auch klinischen Gegebenheiten Rechnung, man spricht z. B. von Rechtsherzversagen oder Linksherzinsuffizienz.

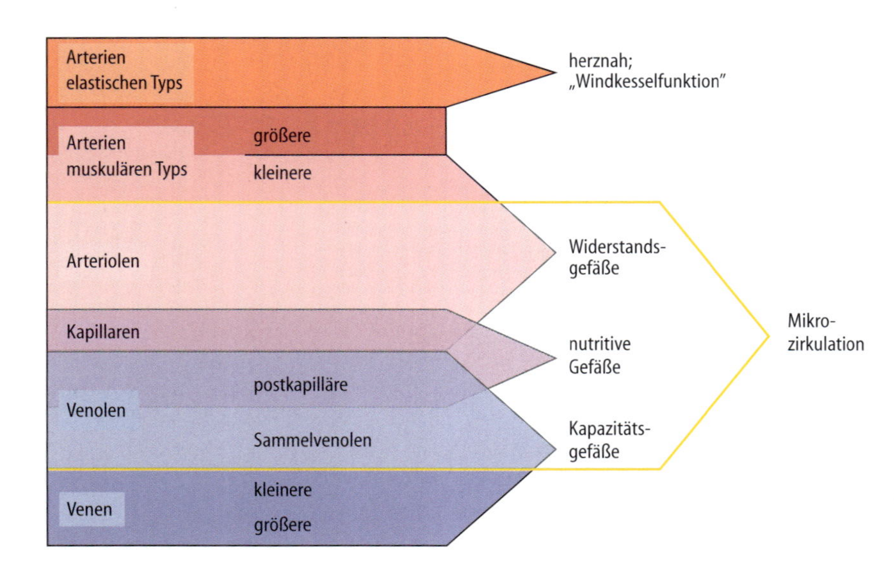

Abb. 10.1. Abfolge der Gefäße des Körperkreislaufs und Gruppierung nach funktionellen Gesichtspunkten

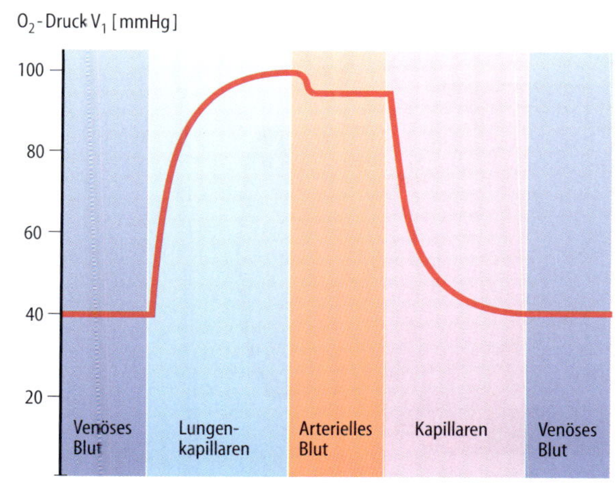

Abb. 10.2. Die Kurve gibt den Sauerstoffpartialdruck des Blutes in verschiedenen Abschnitten des Kreislaufs auf Meereshöhe an. Der Sauerstoffpartialdruck steigt in den Lungenkapillaren an und fällt in den Kapillaren des Körperkreislaufs. Der kleine Abfall zwischen dem venösen Ende der Lungenkapillaren und den Arterien des Körperkreislaufs ist auf geringe Beimengungen desoxigenierten Blutes aus den Vv. bronchiales in die Pulmonalvenen (s. Kap. 16) und den Vv. cardiacae minimae (Thebesii) in den linken Ventrikel zurückzuführen. (Aus Junqueira et al. 1996)

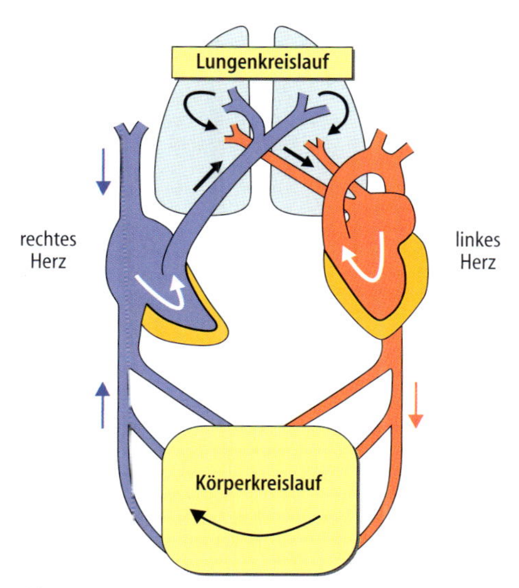

Abb. 10.3. Darstellung von Körper- und Lungenkreislauf als einem Kreislauf mit getrennt dargestellten rechtem und linkem Herzen als zwei Pumpen. (Aus Schmidt et al. 2000)

Innerhalb des Kreislaufs herrschen verschiedene Druckverhältnisse: Ein ***Niederdrucksystem***, welches die Kapillaren und Venen des großen (oder Körper-) Kreislaufs, das rechte Herz, den gesamten kleinen (oder Lungen-) Kreislauf, den linken Vorhof sowie die linke Kammer in der Diastole umfasst. Der linke Ventrikel in der Systole sowie der arterielle Gefäßbaum werden zum ***Hochdrucksystem*** gerechnet. Die Beschreibung der einzelnen Abschnitte des Blutgefäßsystems dieses Kap.s orientiert sich im Wesentlichen an den Gefäßen des Körperkreislaufs, die Besonderheiten der Gefäße des Lungenkreislaufs werden in Kapitel 16 dargelegt.

10.1 Wandbau der größeren Blutgefäße

Alle Blutgefäße mit Ausnahme der dünnwandigsten Gefäße (Kapillaren und Venolen) haben einen prinzipiell gleichartigen Wandbau. Dieser Wandbau ist in Abhängigkeit von der Zugehörigkeit des Gefäßes zum Arterien- oder Venensystem und vom Durchmesser entsprechend der Funktion modifiziert. Hinzu kommen noch organspezifische Ausprägungen im Aufbau der Gefäßwände. In diesem Zusammenhang muss darauf hingewiesen werden, dass sich die einzelnen Abschnitte des Gefäßsystems anhand ihres Wandbaus nicht scharf voneinander abgrenzen lassen (Abb. 10.1). Vielmehr gehen die einzelnen Gefäßtypen kontinuierlich in einander über.

Die Wand der Blutgefäße setzt sich in der Regel aus folgenden Schichten zusammen (Abb. 10.4, 10.5):

- Die ***Tunica intima*** besteht aus einem einschichtigen platten Epithel, dem ***Endothel***, das die innere Oberfläche der Blutgefäße auskleidet und somit die Grenzschicht zum Blut bildet (zu Details der Endothelzellen s. unten). In der Regel befindet sich unter dem Endothel das ***Stratum subendotheliale,*** welches ein lockeres Bindegewebe darstellt, das neben Fibroblasten und Abwehrzellen auch glatte Muskelzellen, die meist in der Längsachse des Gefäßes orientiert sind, enthalten kann. Die Grenze zur darunter liegenden Media wird von der ***Membrana elastica interna*** gebildet, die aus elastischen Fasern besteht, die zu einer gefensterten Schicht verdichtet sind. Besonders ausgeprägt ist sie bei Arterien des muskulären Typs. Infolge der Schrumpfung der Gefäßwand bei der Fixierung erscheint sie in histologischen Querschnitten durch Gefäße gewellt.
- Die ***Tunica media*** besteht aus meist ringförmig angeordneten glatten Muskelzellen, zwischen denen in unterschiedlicher Menge elastische sowie kollagene Fasern in einer Proteoglykanmatrix vorkommen. In

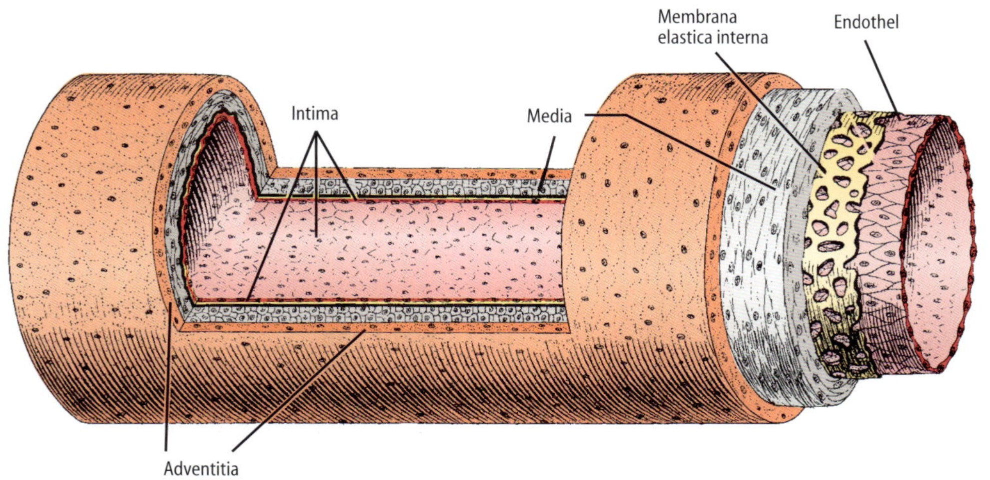

Abb. 10.4. Zeichnung einer mittelgroßen muskulären Arterie mit ihren Schichten, wie sie intravitalen Verhältnissen entsprechen. Nach dem Tod kontrahieren sich die Gefäße. Folglich sind die Schichten im histologischen Präparat dicker als auf der Zeichnung. (Aus Junqueira et al. 1996)

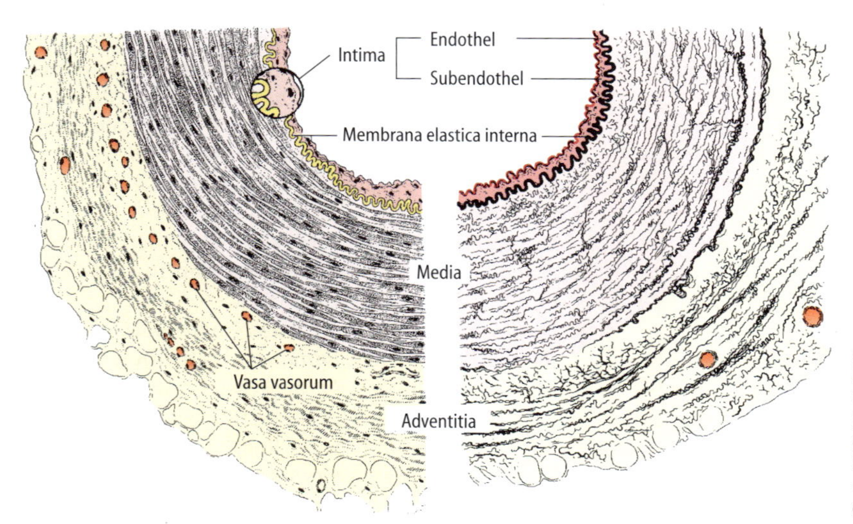

Abb. 10.5. In der Zeichnung werden eine mit HE (*links*) und eine mit der Elastikafärbung (*rechts*) gefärbte Arterie gegenübergestellt. Die Media besteht aus glatten Muskelzellen, Kollagen und elastischen Fasern. In der Adventitia befinden sich kleine Blutgefäße (Vasa vasorum), elastische und kollagene Fasern. (Aus Junqueira et al. 1996)

größeren Arterien findet man häufig eine Lamina elastica externa, welche auch die Grenze zur Tunica adventitia markiert.

- Die ***Tunica adventitia*** besteht aus lockerem Bindegewebe mit einem hohen Anteil an elastischen Fasern. Dabei liegt das Kollagen in der Adventitia überwiegend als Typ I Kollagen vor, während in der Media retikuläre Fasern vom Typ III vorherrschen. Das lockere Bindegewebe der Tunica adventitia geht übergangslos in das bindegewebige Stroma des Organs über, in dem das Gefäß liegt.

Vasa vasorum▸ Die Wände der größeren Gefäße sind zu dick (einige 100 μm bis zu 2 mm bei der Aorta, bzw. 1,5 mm bei den Hohlvenen), um sie vom Lumen her durch Diffusion mit Nährstoffen zu versorgen. Dies ist Aufgabe der Vasa vasorum, die in der Adventitia ein dichtes Kapillarnetz bilden und auch noch in die äußeren Schichten der Media eindringen. Dabei sind die Vasa vasorum in den Wänden der Venen stärker ausgeprägt; vermutlich wegen des niedrigeren Gehalts an Sauerstoff und Nährstoffen im venösen Blut. Daneben befinden sich Lymphkapillaren in der Adventitia der größeren Arterien und Venen.

Innervation▸ In der Adventitia befindet sich ein Plexus dünner markloser Nervenfasern, der in arteriellen Gefäßen stärker ausgeprägt ist als in venösen. Dabei bleiben die Kapillaren und postkapillären Venolen, also Gefäße, die keine Mediamuskulatur besitzen, im Allgemeinen ausgespart. Die zum vegetativen Nervensystem gehörenden marklosen Nervenfasern innervieren die glatten Muskelzellen der Media. Bei den als ‚Synapsen à distance' bezeichneten Strukturen handelt es sich um perlschnurartige Verdickungen der Axone (Varikositäten) in der Nähe der äußeren Schichten der Muskelzellen. Diese axonalen Varikositäten enthalten Vesikel mit Neurotransmittern, die beim Einlaufen eines Aktionspotenzials freigesetzt werden. Im Allgemeinen bleiben die marklosen Nervenfasern auf die Adventitia beschränkt, so dass die Neurotransmitter, um ihre Wirkung zu entfalten, in die Media diffundieren müssen. Die Ausbreitung der Wirkung dieser Neurotransmitter wird wesentlich durch Gap Junctions (s. Kap. 3.2) zwischen den glatten Muskelzellen der Media gefördert. Die meisten der marklosen Nervenfasern der Adventitia gehören zum sympathischen Teil des vegetativen Nervensystems und enthalten Noradrenalin als hauptsächlichen Neurotransmitter; daneben noch Neuropeptid Y als Co-Transmitter. Je nachdem, ob die glatten Muskelzellen der Media α- oder β-Rezeptoren für Noradrenalin tragen, wirken die Nerven gefäßverengend oder gefäßerweiternd (s. auch Kap. 9.3). Der Kontraktionszustand der Mediamuskulatur der Arterien und Arteriolen bestimmt über das Gefäßlumen den Durchblutungswiderstand des Kreislaufsystems und damit den arteriellen ***Blutdruck***. Über die vegetative Innervation der Media werden z. B. Blutdrucksteigerungen bei psychischem Stress oder Schmerz ausgelöst.

Klinik

Wenn auch in den meisten Fällen einer krankhaften Blutdrucksteigerung eine organische Ursache noch nicht zu ermitteln ist, also eine essenzielle, arterielle ***Hypertonie*** vorliegt, so ist doch davon auszugehen, dass die glatten Myozyten der Media das letzte Glied im Pathomechanismus dieser Erkrankung darstellen.

10.2 Arterien

Übersicht▸ Der dreischichtige Aufbau der Wand aller Gefäße mit Ausnahme der Kapillaren und postkapillären Venolen ist in Abhängigkeit vom Typ des Gefäßes (arteriell oder venös) und von seinem Durchmesser modifiziert. Dazu kommen noch organspezifische Unterschiede. Arterien transportieren das Blut zu den Organen und regulieren maßgeblich die Durchblutung von Organen, bzw. Organabschnitten. Nach ihrem Wandbau können Arterien grob in drei Klassen unterteilt werden:

- **Arterien vom elastischen Typ:** Große, herznahe Arterien mit hohem Anteil von Elastin in der Tunica media
- **Arterien vom muskulären Typ:** Im Allgemeinen organversorgende große Arterien, bzw. mittelgroße und kleine Arterien.
- **Arteriolen**

10.2.1 Arterien vom elastischen Typ

Hierzu gehören die Aorta und ihre Hauptäste (Abb. 10.6 und 10.7). Der hohe Gehalt an Elastin in der Media ist für deren gelbe Farbe verantwortlich. Die Intima dieser Gefäße ist im Allgemeinen dicker als die

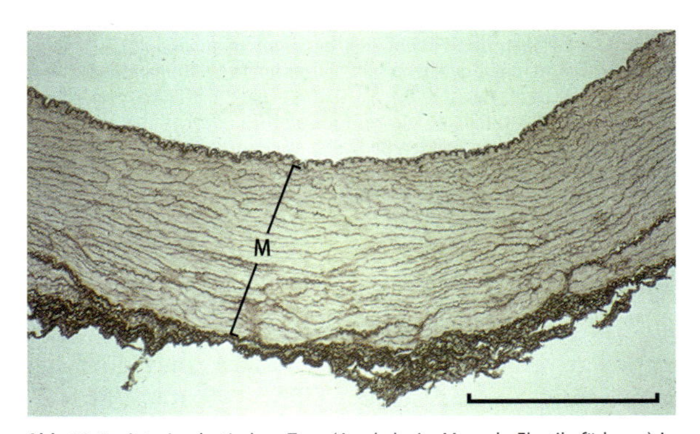

Abb. 10.6. Arterie elastischen Typs (A. subclavia, Mensch, Elastikafärbung) in der Übersicht. Die Klammer markiert die Tunica media, die durch die gleichmäßige Verteilung der dunkel angefärbten elastischen Lamellen charakterisiert ist. Dazwischen liegen (hier nicht erkennbar) glatte Muskelzellen und Fibroblasten (Abb. 10.7). Ein Vergleich mit der in Abb. 10.8 b abgebildeten Arterie muskulären Typs zeigt den höheren Gehalt an elastischem Material. Die durchgehende, gewellte Linie unter dem Lumen ist die Lamina elastica interna, über der (bei dieser Vergrößerung) die übrige Intima kaum sichtbar ist. Die Tunica adventitia zeichnet sich durch einen hohen Gehalt an elastischem Material aus. Sie ist in diesem Präparat größtenteils abgerissen. Balken = 1 mm

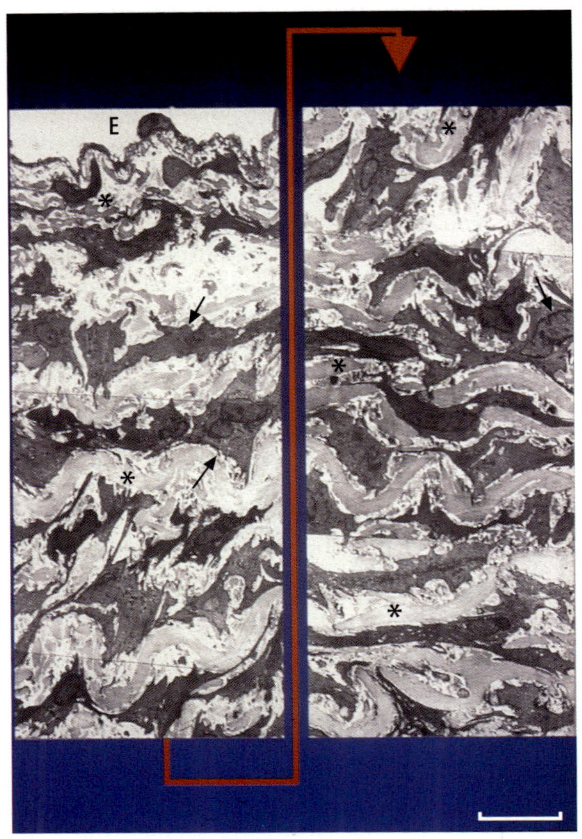

Abb. 10.7. Elektronenmikroskopisches Bild der inneren Wandschichten der Aorta einer Katze. In der linken Bildhälfte ist oben die Tunica intima mit der dünn ausgezogenen Endothelschicht zu erkennen; *E* bezeichnet den Kern einer Endothelzelle. Unmittelbar unter dem Endothel sind Fibrillen und Zellfortsätze, vermutlich Kollagen und Fibroblasten des Stratum subendotheliale angeschnitten. Das darunter gelegene, mit * bezeichnete helle, amorphe Material entspricht der Lamina elastica interna. Darunter liegt die Tunica media, deren abwechselnde Schichten von glatten Muskelzellen (*Pfeilen*) und elastischen Lamellen (*) sich in der rechten Bildhälfte, welche die sich nach außen anschließende Gefäßwand zeigt, fortsetzen. Die äußeren Schichten der Media und die Tunica adventitia sind nicht mehr erfasst. Balken = 10 μm

der Arterien vom muskulären Typ, was hauptsächlich auf die größere Dicke des Stratum subendotheliale zurückgeht. Seine retikulären Fasern sind überwiegend in die Längsachse des Gefäßes orientiert. Eine eigene Membrana elastica interna ist zwar vorhanden, aber oft schwer zu identifizieren, da sie den ausgeprägten elastischen Lamellen der darunter liegenden Media ähnelt.

Die Media besteht aus konzentrisch ums Gefäßlumen angeordneten gefensterten elastischen Lamellen analog der Membrana elastica interna. Typischerweise findet man dazwischen Schichten glatter Muskelzellen, die überwiegend quer zur Längsachse des Gefäßes angeordnet sind und mit elastischen Fasern in Verbindung stehen können. Die Aorta enthält beim Erwachsenen ca. 70 solcher Schichten von elastischen Membranen bzw. glatten Myozyten. Daneben findet man in der Media Fibroblasten und Kollagenfasern, vor allem vom Typ I.

Die Tunica adventitia, die keine ausgeprägte Lamina elastica externa enthält, ist vergleichsweise wenig entwickelt und enthält neben elastischen und Kollagenfasern (Typ I) Vasa vasorum und Nerven.

Funktion▶ Infolge des hohen Gehalts an elastischem Material sind die herznahen, großen, elastischen Arterien dazu befähigt, den von den Ventrikeln erzeugten diskontinuierlichen Blutfluss in einen zwar noch pulsierenden, aber kontinuierlichen Blutstrom umzuformen. Diese so genannte ‚***Windkessel-Funktion***‘ kommt dadurch zustande, dass ein Teil der vom Herzen stammenden Energie des Blutes während der systolischen Austreibungsphase dazu verwendet wird, die Wände der herznahen Arterien (vor allem der Aorta) zu dehnen. Der diastolische Blutstrom in den Arterien wird durch die passive Kontraktion der gedehnten elastischen Wände der herznahen Arterien aufrechterhalten. Die glatten Muskelzellen in der Media der Arterien vom elastischen Typ dienen weniger der Veränderung der Lumenweite, sondern sie beeinflussen durch ihr Ansetzen an den elastischen Lamellen deren passives Dehnungsverhalten.

10.2.2 Arterien vom muskulären Typ

Die Arterien vom muskulären Typ (Abb. 10.8) zeigen von allen Gefäßen am deutlichsten den dreischichtigen Wandbau. Typisch ist die ausgeprägte Media, die aus bis zu 40 Schichten konzentrisch um das Gefäßlumen herum gelagerter glatter Muskelzellen bestehen kann. Zwischen den glatten Muskelzellen findet man elastische Lamellen und Fasern, die mit abnehmendem Kaliber des Gefäßes zurücktreten und retikuläre Fasern sowie vereinzelt Fibroblasten. Die Media ist sowohl gegenüber der Intima als auch gegenüber der Adventitia durch eine deutliche Lamina elastica interna bzw. externa abgrenzbar. Tunica intima und Tunica adventitia unterscheiden sich bei den größeren Arterien muskulären Typs nur unwesentlich von den entsprechenden Schichten in Arterien elastischen Typs (Abb. 10.6). Kleinere Arterien des muskulären Typs sind dadurch gekennzeichnet, dass in der Tunica inti-

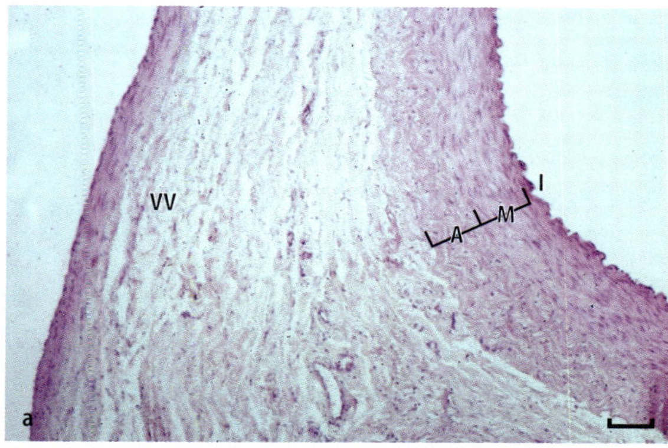

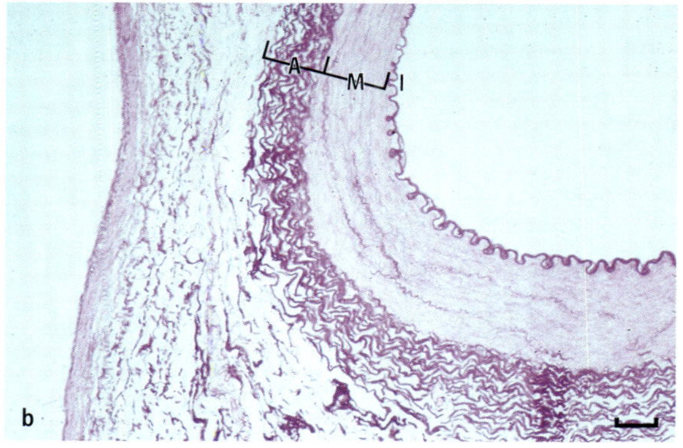

Abb. 10.8 a, b. A. und V. femoralis des Pavians. **a** *Rechts* die mit HE gefärbte Wand der Arterie, *links* die der Vene. Bei einer Arterie dieses Durchmessers sind Tunica media (*M*) und adventitia (*A*) annähernd gleich stark, von der Intima (*I*) sind bei dieser Vergrößerung lediglich die ins Lumen vorspringenden Endothelkerne sicher zu erkennen. Die Wand der Vene ist deutlich dünner, eine Dreischichtung ist praktisch nicht zu erkennen. *VV* markieren die in der Adventitia der Venen ausgeprägteren Vasa vasorum. **b** Die klare Gliederung der Arterienwand bedarf bei dieser Elastikafärbung keiner weiteren Beschriftung. Die Venenwand hat lediglich in der Tunika intima und der Adventitia etwas elastisches Material. Balken **a**/**b** = 100 μm

ma ein Stratum subendotheliale ebenso fehlt wie die Vasa vasorum der Adventitia (Abb. 10.9 und 10.10). Damit nähern sie sich strukturell den kleinsten arteriellen Gefäßen, den Arteriolen, an.

Funktion▸ Die großen Arterien des muskulären Typs steuern den Blutzufluss zu den Organen. Unter der Kontrolle des vegetativen Nervensystems kommt es zur Kontraktion oder Relaxation der glatten Muskelzellen in der Tunica media mit dem Resultat einer Erweiterung oder Verengung des Lumens dieser Arterien. Nachdem der Durchflusswiderstand eines Gefäßes mit der 4. Potenz des Radius des Lumens abnimmt, genügen bereits geringgradige Änderungen des Gefäßlumens, um ausgeprägte Änderungen des Blutflusses zu

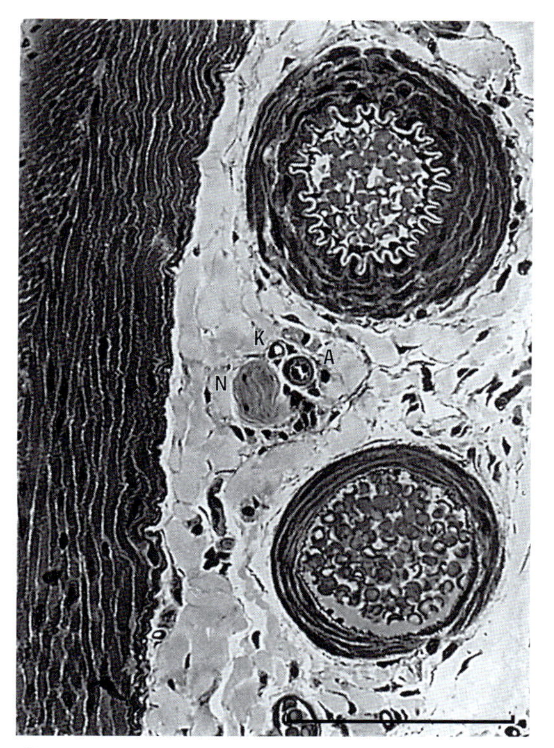

Abb. 10.9. Kleine Arterie (*oben*) mit begleitender Vene (*unten*). Das Präparat ist mit HE gefärbt. Das ungefärbte elastische Material fällt durch seine lichtbrechenden Eigenschaften auf. Dies wird bei dem leuchtenden gewellten Band der Lamina elastica interna der Arterie besonders deutlich. Bei einer Vene dieser Größe sind nur wenige elastische Fasern vorhanden. Zwischen den mit Erythrozyten gefüllten großen Gefäßlumina ist ein kleiner Nerv (*N*), eine Arteriole (*A*) und eine Kapillare (*K*) angeschnitten. Balken = 100 μm. (Aus Junqueira et al. 1998)

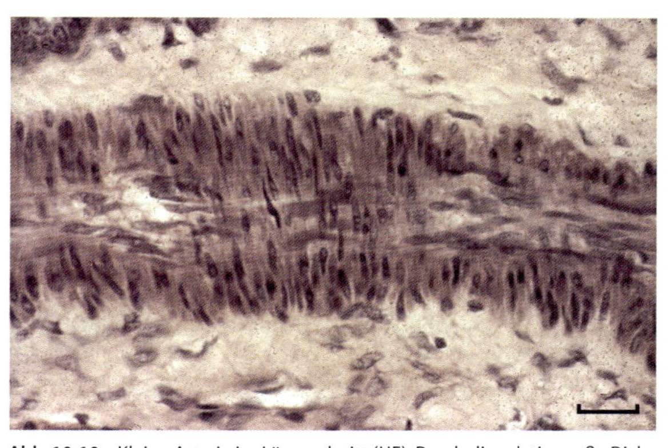

Abb. 10.10. Kleine Arterie im Längsschnitt (HE). Durch die relativ große Dicke (ca. 20 μm) dieses Paraffinschnittes sind in einem Schnitt sowohl die Endothelzellen als auch die glatten Muskelzellen der Tunica media enthalten. Die Zellkerne, die in der Längsachse des Gefäßes ausgerichtet sind, gehören zu den Endothelzellen, die quer dazu, zur Mediamuskulatur. Balken = 10 μm

den Organen zu bewirken. Die bei schwerer körperlicher Arbeit beobachtete Steigerung der Durchblutung der Skelettmuskulatur bis zum 20-fachen der Ruhedurchblutung wird zum einen durch eine bis zu 5-fache Steigerung des Herzzeitvolumens bewirkt, zum anderen aber durch eine Umverteilung der Organdurchblutung. Sie führt dazu, dass bis zu 80 % des Herzzeitvolumens durch die arbeitenden Muskeln fließen im Gegensatz zu 20 % unter Ruhebedingungen. Die Durchblutung der Bauchorgane, vor allem des Magen-Darm-Traktes, wird entsprechend heruntergeregelt.

10.2.3 Arteriolen

Diese letzten, den Kapillaren vorgeschalteten Gefäßabschnitte sind durch eine bis maximal zwei Schichten glatter Muskelzellen in ihrer Media definiert (Abb. 10.11, 10.12 und 10.13). Ein Stratum subendotheliale der Intima fehlt im Allgemeinen; eine Lamina elastica interna kann in Rudimenten ausgeprägt sein, die Lamina elastica externa fehlt. Dementsprechend gering ist ihr Durchmesser: typischerweise 30–40 μm Gesamtdurchmesser, wovon 5–15 μm auf das Lumen entfallen, das sich damit kaum von dem der Kapillaren unterscheidet. Ist die Mediamuskulatur lückenhaft, so werden die Gefäße als ***Metarteriolen*** bezeichnet, die man allerdings nicht in allen Körperregionen findet. Die Arteriolen besitzen von allen Gefäßen den größten Durchblutungswiderstand, was sich in einem Abfall des arteriellen Mitteldrucks von ca. 70 mmHg auf etwa 35 mmHg widerspiegelt.

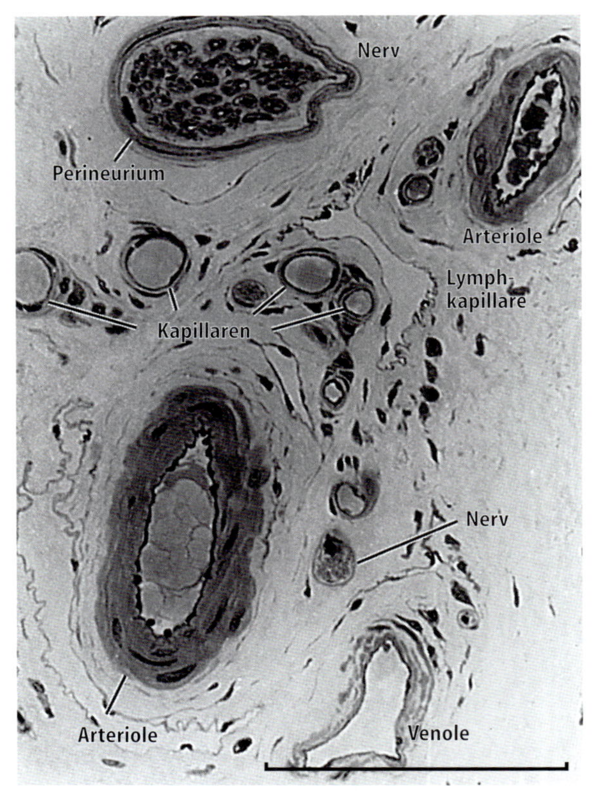

Abb. 10.11. Gefäße der Mikrozirkulation. In diesem HE-gefärbten Semidünnschnitt ist die (schräg angeschnittene) untere Arteriole wegen ihrer Größe, der deutlichen Lamina elastica interna und den zwei glatten Muskelzelllagen in ihrer Media gerade noch als solche einzustufen. Die rechts darunter liegende Venole hat bei vergleichbarem Kaliber eine wesentlich dünnere Wand mit einem diskontinuierlichen Besatz von glatten Muskelzellen und Perizyten. In der Wand der angeschnittenen Lymphgefäße vergleichbarer Größe ist lediglich Endothel zu erkennen. Bei den Kapillaren kann man deutlich zwischen Endothelzellen und Perizyten unterscheiden. Der größere Nerv (*oben*) weist ein ausgeprägtes Perineurium (s. Kap. 8) auf. Balken = 100 μm. (Aus Junqueira et al. 1998)

Klinik Die häufigste zum Tode führende Krankheit der westlichen Welt stellt die ***Atherosklerose*** mit ihren Folgen, dem ***Herz***- und dem ***Gehirninfarkt***, dar. Atherosklerotische Veränderungen beginnen im Allgemeinen im Stratum subendotheliale der Arterien und greifen unter Auflösung der klaren Abgrenzung der Lamina elastica interna auch auf die Media über. Phänomenologisch stellen die das Gefäßlumen einengenden atherosklerotischen Plaques Verdickungen des Stratum subendotheliale der Intima dar. Diese Verdickungen sind durch die Anwesenheit von fettbeladenen Makrophagen, so genannten Schaumzellen, sowie von modifizierten glatten Muskelzellen gekennzeichnet, die sich von den normalen Myozyten durch einen geringeren Gehalt an Myofibrillen und ausgeprägteren sekretorischen Zellorganellen unterscheiden. Man nimmt an, dass sie für die Massen an amorphem, basalmembranähnlichem Material verantwortlich sind, die neben den Lipideinlagerungen das Bild atherosklerotischer Gefäßwandveränderungen prägen. Daneben kommen auch Fibroblasten und Kollagen Typ I und III in atherosklerotischen Plaques vor. Die vorzugsweise Lokalisation atherosklerotischer Gefäßwandveränderungen im Bereich von Verzweigungen oder starken Gefäßkrümmungen deutet auf eine ursächliche Beteiligung der in diesen Bereichen gestörten Blutströmung hin. Daneben sind Fettstoffwechselstörungen als Risikofaktoren für die Atherosklerose gesichert. Die durch atherosklerotische Intimaverdickungen

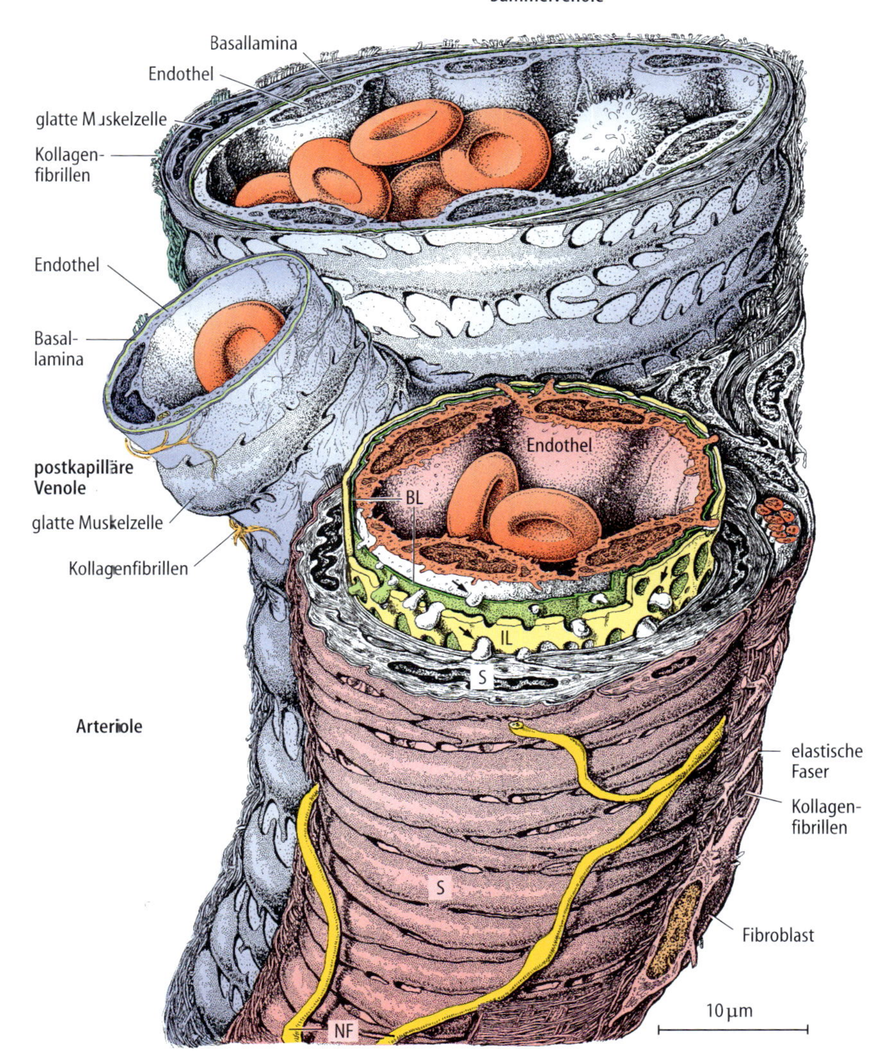

Abb. 10.12. Zeichnung einer Arteriole (*vorne*) und einer postkapillären Venole (*links*). Neben einer lückenlosen, einschichtigen Lage glatter Muskelzellen (*S*) in der Tunica media, besitzt die dargestellte Arteriole noch eine dünne Lamina elastica interna (*IL*), durch deren Fenestrationen die auf einer Basallamina (*BL*) sitzenden Endothelzellen Fortsätze (*Pfeile*) strecken und Kontakt mit den glatten Muskelzellen der Media aufnehmen. In der Tunica adventitia befinden sich neben kollagenen und vereinzelten elastischen Fasern und Fibroblasten Nervenfasern (*NF*), welche die Myozyten der Media innervieren. Die Wand der postkapillären Venolen besteht größtenteils nur aus Endothel, Basallamina und spärlichen kollagenen Fasern, weswegen diese Gefäße noch zu den nutritiven gerechnet werden. Nur gelegentlich finden sich glatte Muskelzellen in der Tunica media. Auch bei der dickeren Sammelvenole im Hintergrund ist die Muskelschicht nicht so dick wie bei der Arteriole. (Modifiziert nach Krstić 1997)

hervorgerufene Lumeneinengung von Arterien führt zu einer Verminderung der Blutversorgung der von ihnen versorgten Gewebe. Dies führt z. B. beim Herz- und Skelettmuskel zunächst bei größeren Belastungen zu Mangelzuständen mit der Symptomatik der Angina pectoris, bzw. von Muskelschmerzen oder -krämpfen. Kommt es zum Einreißen der dünnen Endothelschicht über einem atherosklerotischen Plaque, so kann sich auf dem freigelegten, subendothelialen Gewebe ein Thrombus bilden (s. Kap. 11) und das Restlumen des bereits vorgeschädigten Gefäßes verschließen. Tritt dieser Gefäßverschluss in einem Organ auf, das von einem Arterienmuster vom so genannten ***Endarterientyp*** versorgt wird, so kommt es zum Absterben der Gewebsbezirke, die von der verschlossenen Arterie versorgt wurden. Herzmuskel, Nieren und Gehirn werden von Endarterien versorgt. Endarterien sind Arterien, bei denen jede Arterie ein Kapillargebiet allein versorgt, wobei zwischen den Arterien kaum ***Kollateralen*** d. h. Querverbindungen bestehen. Ausgeprägte Kollateralen findet man bei den so genannten ***Netzarterien***, wo Kapillargebiete

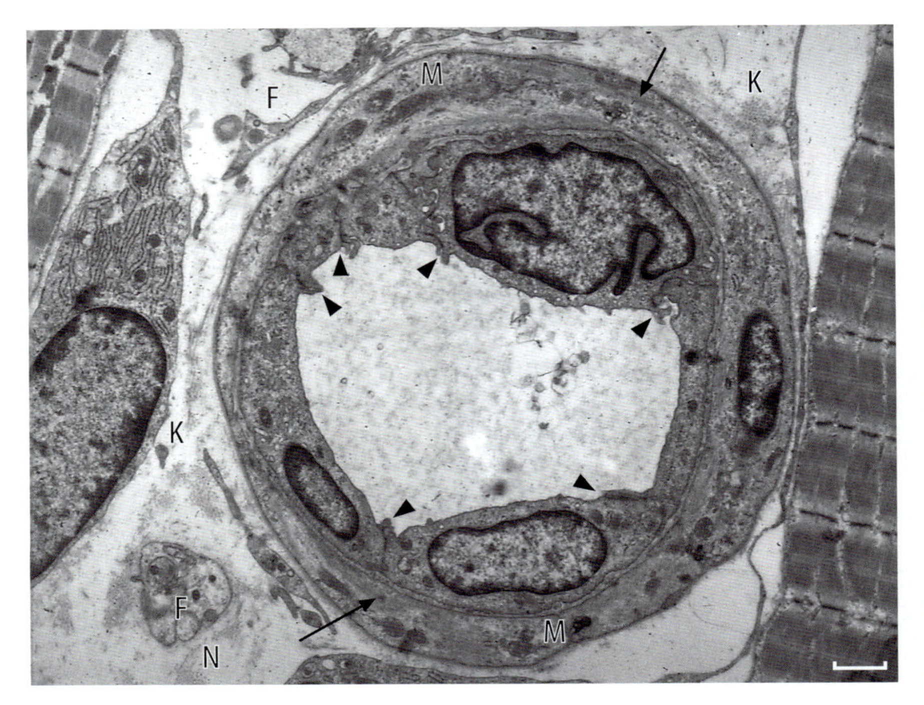

Abb. 10.13. Kleine Arteriole im Muskelgewebe im elektronenmikroskopisches Bild. Im Gegensatz zu den größeren Arteriolen in Abb. 10.11 und 10.12 ist unter der Basallamina des Endothels keine Lamina elastica interna zu sehen. Die Intima besteht lediglich aus durch Tight Junctions (*Pfeilspitzen*) verbundenen Endothelzellen. Im Zytoplasma der die Tunica media bildenden glatten Muskelzelle sind Mitochondrien (*M*) und Bündel von Myofilamenten (*Pfeile*) zu erkennen. In der Tunica adventitia sind Fortsätze von Fibroblasten (*F*), Kollagenfibrillen (*K*) und ein markloser Nerv (*N*) angeschnitten. Balken = 1 μm

aus mehreren untereinander durch Kollateralen vernetzten Arterien gespeist werden, wie sie z. B. in der Darmwand vorliegen. Dies erklärt unter anderem das häufigere Vorkommen von Herz- bzw. Hirninfarkten im Vergleich zu Mesenterialinfarkten. Atherosklerotische Prozesse können aber auch zu einer Schwächung der Wandstruktur, vor allem im Bereich der Tunica media führen, was letztendlich zu einer lokal begrenzten Aussackung der Arterienwand, einem so genannten ***Aneurysma***, führt. Aneurysmen sind rupturgefährdet bzw. können als Ursprungsorte von Blutgerinnseln zu Komplikationen führen.

10.3 Arteriovenöse Anastomosen

Diese direkten Verbindungen zwischen dem arteriellen und venösen Schenkel der Blutbahn ohne Zwischenschaltung eines Kapillarnetzes findet man ausschließlich im Bereich der Mikrozirkulation (Abb. 10.14 und 10.19). In Form so genannter ***Brückenanastomosen*** bilden sie Kurzschlüsse zwischen Arterien und Venen in vielen Geweben.

Die ***Glomusanastomosen*** dagegen finden sich vornehmlich in Fingerkuppen, Nagelbett, Ohren und an der Steissbeinspitze. Sie sind dadurch gekennzeichnet, dass die Lamina elastica interna der Arterie fehlt und der arterielle Schenkel der Anastomose eine lokal verdickte Media mit zahlreichen zirkulär verlaufenden glatten Muskelzellen sowie einigen längs verlaufenden aufweist, die in der Lage sind, den Blutstrom völlig zu unterbrechen.

Arteriovenöse Anastomosen verfügen über eine Innervation von sympathischen und parasympathischen Nervenfasern. Neben der genannten Lokalisation der Glomusanastomosen im Bereich der Akren, wo sie der Thermoregulation dienen, findet man arteriovenöse Anastomosen vor allem in den Genitalschwellkörpen und im Bereich der Schleimhaut von Nase und Uterus. Hier dienen sie der Erektion, der Abstoßung der Uterusmukosa während der Menstruation bzw. der kontrollierten Anwärmung der Atemluft.

Die damit nicht zu verwechselnden Glomusorgane der Karotisgabel und des Aortenbogens stellen extrem kapillarisierte und durchblutete Sinnesorgane zur Messung des arteriellen PO_2, PCO_2 bzw. pHs dar und werden bei den Sinnesorganen (s. Kap. 23.3) besprochen.

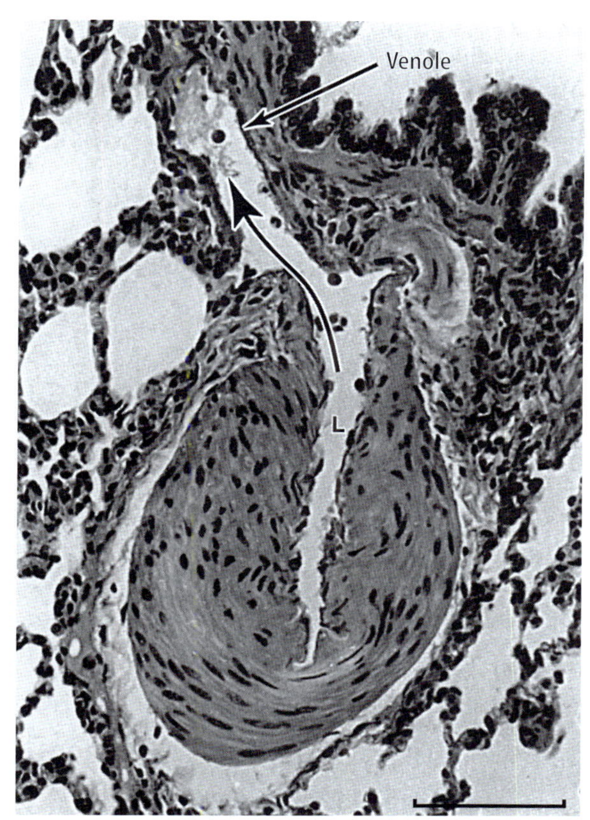

Abb. 10.14. Arteriovenöse Anastomose. Die Wand der kleinen Arterie hat in ihrer Tunica media mehrere konzentrisch geschichtete Lagen glatter Muskulatur, welche das Lumen (*L*) völlig verschließen können. Beim Übergang in die Venole (*Pfeil*) kommt es zu einer abrupten Reduktion der Mediamuskulatur auf eine Lage (HE-Färbung). Balken = 100 μm (Aus Junqueira et al. 1998)

10.4 Venen

Venen leiten das Blut aus dem Kapillargebiet zurück zum Herzen und stellen ein System von Röhren dar, bei denen sich kleinere Einheiten zu großlumigeren Einheiten vereinigen. Infolge ihres großen Gesamtquerschnitts enthalten sie ca. 80 % des gesamten Blutvolumens. Deshalb werden sie auch als ***Kapazitätsgefäße*** bezeichnet (Abb. 10.1). Wegen ihres großen Gesamtquerschnitts haben sie auch einen geringen Strömungswiderstand, so dass ein mittlerer Druck von 15 mmHg am venösen Ende der Kapillaren ausreicht, um das Blut zum Herzen zu fördern.

Venolen▸ Sie gehen unmittelbar aus den Kapillaren hervor und werden in postkapilläre Venolen und Sammelvenolen unterteilt. Die ***postkapillären Venolen*** haben einen Durchmesser von bis zu 50 μm und unterscheiden sich in ihrem Wandaufbau kaum von den Kapillaren (Abb. 10.11 und 10.12). Dementsprechend werden sie wie die Kapillaren auch zu den ***nutritiven Gefäßen*** gerechnet, in denen der Stoffaustausch zwischen den Geweben und dem Blut stattfindet. Die folgenden Abschnitte der ***Sammelvenolen*** haben einen Durchmesser bis zu einem halben mm und weisen zunehmend den dreischichtigen Wandbau der Blutgefäße auf. Die Media wird durch eine zunächst noch unvollständige Lage von glatten Muskelzellen aufgebaut, die von einer deutlichen Adventitia umgeben wird.

Kleine und mittelgroße Venen▸ Diese Gefäße haben einen Durchmesser von einem halben bis zu 9 mm (Abb. 10.8 und 10.9). Je nach Größe findet man in der Tunica intima bereits ein dünnes Stratum subendotheliale. Die glatten Muskelzellen der Tunica media liegen besonders in den größeren Gefäßen in mehreren Lagen vor. Im Vergleich zu Arterien ist die Mediamuskulatur weniger streng konzentrisch angeordnet. Häufig finden sich Bündel glatter Muskelzellen, die in Längsrichtung oder schräg zur Längsachse des Gefäßes angeordnet sind, umgeben von wenigen elastischen Fasern, aber reichlich Kollagenfasern. Wie bei den Venolen ist die Tunica adventitia ausgeprägt entwickelt.

Der Rückstrom des Blutes zum Herzen wird in den kleinen und mittelgroßen Venen noch durch die ***Venenklappen*** unterstützt. Bei den Venenklappen handelt es sich um gefäßfreie Intimaduplikaturen, die in ihrem Aufbau den Semilunarklappen des Herzens ähneln (Abb. 10.15). Im Gegensatz zu diesen bestehen sie jedoch nicht aus drei halbmondförmigen Klappentaschen, sondern immer aus zwei gegenüberliegenden. Sie sind besonders zahlreich in den Venen der Extremitäten. Die Klappen sind so eingebaut, dass sie bei einer Kompression der Venen durch die Kontraktion der umgebenden Muskeln geschlossen werden. Das Blut kann dann nicht rückwärts, sondern nur in Herzrichtung strömen (Muskelpumpe).

Klinik

Bei entzündlichen Veränderungen der Klappen kommt es zur so genannten venösen Insuffizienz mit einem Rückstau von Blut in die Peripherie der Extremitäten, die auf die Dauer eine Aufweitung der Venen in Form von Krampfadern *(Varizen)* zur Folge hat.

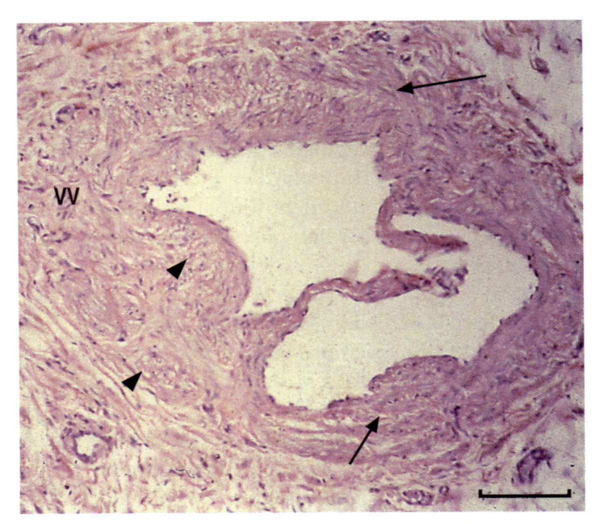

Abb. 10.15. Venenklappe aus dem Funiculus spermaticus (HE-Färbung). Man sieht, dass die zweiflügelige Klappe eine Aussackung der Tunica intima mit Endothel und subendothelialem Bindegewebe darstellt. Typisch für Venen der unteren Körperpartien sind die relativ dicke Tunica media mit Bündeln glatter Muskelzellen, die sowohl längs und schräg (*Pfeil*) als auch quer (*Pfeilspitze*) angeschnitten sind. *VV* markiert Vasa vasorum in der Tunica adventitia. Balken = 100 μm

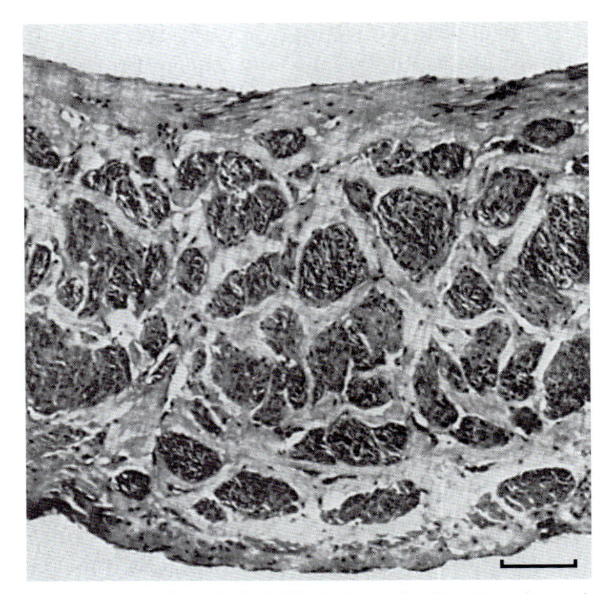

Abb. 10.16. Querschnitt durch die Wand einer großen Vene. Besonders stark ist die Adventitia entwickelt, welche charakteristische längsverlaufende Bündel von glatten Muskelzellen besitzt, die hier quer angeschnitten sind (HE-Färbung). Balken = 100 μm. (Aus Junqueira et al. 1996)

Große Venen▸ Die großen Venen haben eine gut entwickelte Tunica intima. Die Media ist vergleichsweise schmal mit wenigen Schichten glatter Muskelzellen und reichlich kollagenem Bindegewebe mit einigen elastischen Fasern (Abb. 10.16 und 10.8). Die Dicke und der Gehalt an glatten Muskelzellen in der Media der großen, aber auch der mittleren Venen, variiert sehr stark in Abhängigkeit vom hydrostatischen Druck in den Venen. So enthält die Wand der Sinus durae matris, in denen ein negativer hydrostatischer Druck herrscht, kaum glatte Muskelzellen, dagegen ist die Media der Venen des Unterschenkels in ihrer Dicke durchaus mit der von mittelgroßen Arterien vergleichbar. Allerdings zeigen auch muskelstarke Venen nie den strengen dreischichtigen Wandbau und die zirkuläre Ausrichtung der Mediamuskulatur, wie dies bei Arterien der Fall ist. Vielmehr findet man bei Venen zahlreiche glatte Längsmuskelbündel in der Media und bei größeren Venen auch in der Adventitia.

Auch wenn die Mediamuskulatur der Venen nicht so ausgeprägt innerviert ist wie die der Arterien, so ist sie doch von funktioneller Bedeutung. Dabei geht es weniger um die Verengung des Lumens durch die Kontraktion der Mediamuskulatur, sondern um die Regulierung der Dehnbarkeit der Venenwand durch die so genannte Tonisierung der Mediamuskeln.

Klinik

Ein plötzliches Absinken der sympathischen Innervierung und damit der Tonisierung der Mediamuskulatur der Venen, vor allem der unteren Extremität, führt bei aufrechter Körperhaltung zu einem ‚Versacken' des Blutes in den Beinen mit einer vorübergehenden Verminderung des Blutrückstromes zum Herzen. Die durch die verminderte Auswurfleistung bedingte vorübergehende Mangeldurchblutung des Gehirns kann zum ***orthostatischen Kollaps*** führen.

10.5 Herz

Übersicht▸ Das Herz ist ein muskuläres Hohlorgan, dessen rhythmische Kontraktionen das Blut durch den Kreislauf pumpen (Abb. 10.2). Darüber hinaus ist es auch ein endokrines Organ, das den atrialen natriuretischen Faktor (ANF) produziert (s. Kap 9.2). Analog zu den Blutgefäßen gilt auch für die Wand des Herzens ein dreischichtiger Aufbau, mit dem ***Endokard*** als der Innenschicht, in der Mitte dem ***Myokard*** und außen dem ***Epikard***. Daneben besitzt das Herz an der Grenze zwischen Vorhöfen und Kammern in der so genannten Ventilebene das ***Herzskelett***, welches überwiegend aus straffem kollagenem Bindegewebe und in einigen Bereichen aus Faserknorpel besteht. Das Herzskelett dient zum einem der Befestigung der zwei Atrioventrikularklappen und der zwei Taschenklappen an der Basis von Aorta bzw. Arteria pulmonaris und zum anderen der Anheftung für die Züge der Herzmuskelzellen.

Endokard▸ Das Endokard setzt sich kontinuierlich in die Intima der Blutgefäße fort und ähnelt dieser. Es besteht aus einschichtigen platten Endothelzellen, die auf einer subendothelialen Schicht aus lockerem kollagenem Bindegewebe liegen. Die darunter liegende Bindegewebsschicht, die die Verbindung zum Myokard herstellt, wird häufig als subendokardiales Bindegewebe bezeichnet und enthält außer Blutgefäßen und Nerven auch die Bündel des Reizleitungssystems.

Klappen▸ Obwohl sich die ***Atrioventrikularklappen*** von den ***Taschenklappen*** sowohl im makroskopischen Aufbau als auch in der Funktionsweise unterscheiden, ist ihr feingeweblicher Aufbau äußerst ähnlich. Sie stellen Endokardduplikaturen dar, die aus Endothel und straffem, überwiegend kollagenfaserigem Bindegewebe mit elastischen Anteilen bestehen. Mit Ausnahme der randständigen Zonen der Atrioventrikularklappen sind die Klappen völlig gefäßfrei. Die Sehnenfäden, die die freien Ränder der Atrioventrikularklappen mit den Papillarmuskeln verbinden, sind ebenfalls von Endokard überzogen und gefäßfrei.

Myokard▸ Das Myokard stellt den dicksten Wandabschnitt des Herzens dar und besteht aus Herzmuskelzellen, die durch End-zu-End-Verbindung an den Glanzstreifen zu komplexen Muskelzügen verbunden sind (s. Kap. 9). Dabei kann man im Bereich der linken Kammer drei Schichten, eine innere und äußere Längs- sowie eine mittlere Zirkulärschicht, unterscheiden. Das Myokard von Vorhöfen und Kammern ist durch das Herzskelett funktionell isoliert. Neben den Herzmuskelzellen, die das so genannte ***Arbeitsmyokard*** bilden, gibt es noch die Kardiomyozyten des ***Reizbildungs- und -leitungssystems*** (s. unten), die für die koordinierte Kontraktion der Zellen des Arbeitsmyokards unerlässlich sind.

Epikard▸ Das Epikard überzieht als seröse Haut analog zu Peritoneum viscerale und Pleura visceralis das Herz auf der Außenseite. Die durch die Herzaktion verursachte Reibung des Herzens zu den benachbarten Geweben wird durch die Lage des Herzens im ***Perikard***, dem Herzbeutel, der das parietale Blatt darstellt, gemindert. Epikard und Perikard bestehen aus einem einfachen Plattenepithel, einem Mesothel, das auf einer dünnen Schicht von Bindegewebe sitzt. Im subepikardialen lockeren Bindegewebe findet man neben den größeren Ästen der Koronararterien und -venen auch die Nerven und Ganglien des Plexus cardiacus sowie in Abhängigkeit vom Ernährungszustand Fettgewebe.

Klinik

Wie alle serösen Häute reagieren Epi- und Perikard auf Reizung mit einem entzündlichen Erguss. Kommt es infolge einer ***Perikarditis*** zur Bildung einer narbigen oder gar verkalkten Schwiele im Bereich des Epikards, so kann die Pumpleistung des Herzens beeinträchtigt werden.

Reizbildungs- und Reizleitungssystem▸ Im Gegensatz zur Skelettmuskulatur kann sich das Myokard ohne von außen herangetragene Impulse des Nervensystems kontrahieren. Diese Autonomie des Herzens beruht auf der spontanen Erregungsbildung im Reizleitungssystem, die durch das vegetative Nervensystem moduliert wird. Das Reizleitungssystem besteht aus Herzmuskelzellen, die sich morphologisch und funktionell deutlich vom Arbeitsmyokard unterscheiden (Abb. 10.17). Die Myozyten des Reizleitungssystems fallen durch einen geringeren Gehalt an Myofibrillen und Mitochondrien sowie einen erhöhten Gehalt an Glykogen und einen größeren Durchmesser auf. Subendokardial gelegene Bündel des Reizleitungssystems lassen sich bereits mit bloßem Auge an ihrer blassen Farbe gegenüber dem roten Arbeitsmyokard unterscheiden. In funktioneller Hinsicht unterscheiden sich Arbeitsmyokard und Reizleitungssystem darin, dass die Myozyten des Reizleitungssystems spontan Aktionspotenziale ausbilden und damit das Arbeitsmyokard, das ein stabiles Membranpotenzial besitzt, anregen. Von größter Bedeutung für die Pumpleistung des Herzens ist die zeitlich koordinierte Kontraktion der einzelnen Herzmuskelzellen und die zeitliche Abstimmung von Vorhof- und Kammerkontraktion. Dies wird durch die hierarchische Organisation des Reizleitungssystems erreicht (Abb. 10.18).

Jede Zelle des Reizleitungssystems ist in der Lage, selbstständig Aktionspotenziale zu bilden. Normalerweise fungiert jedoch der ***Sinusknoten*** (Nodus sinuatrialis), der ca. 2 ×6 mm misst und an der Einmündung der Vena cava superior in den rechten Vorhof subepikardial gelegen ist, als Schrittmacher für das ganze Herz. Seine Impulse erregen die Arbeitsmyozyten der

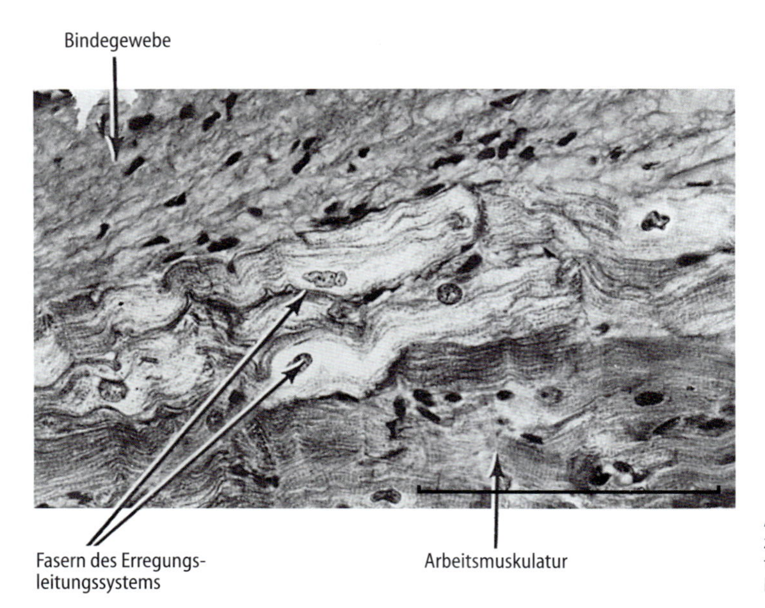

Abb. 10.17. Muskelzellen des Reizleitungssystems des Herzens zeigen wenige randständige Myofibrillen. Die ungefärbten Gebiete um die Zellkerne sind glykogenreich (HE-Färbung). Balken = 100 µm. (Aus Junqueira et al. 1996)

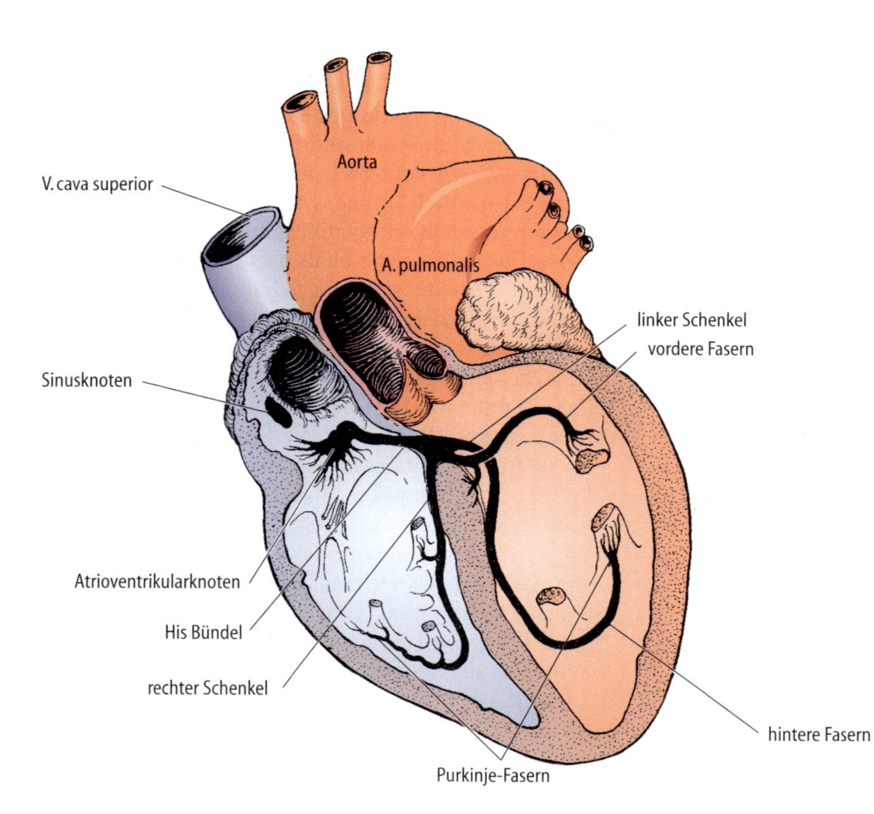

Abb. 10.18. Schema des Reizbildungs- und Reizleitungssystems des Herzens. (Aus Junqueira et al. 1996)

Vorhöfe, deren Erregung am ***Atrioventrikularknoten*** (Nodus atrioventricularis) konvergiert. Der AV-Knoten liegt im Bereich des Vorhofseptums auf der rechten Seite subendokardial dem Herzskelett auf. Das ***His-Bündel*** (Truncus fasciculi atrioventricularis) stellt die einzige elektrisch leitende Verbindung zwischen Vorhof- und Kammermyokard dar. Es durchbohrt das Trigonum fibrosum dextrum des Herzskeletts und verläuft über ca. 1 cm auf der rechten Seite der Pars membranacea des Ventrikelseptums, bis es sich an der Oberkante der Pars muscularis des Ventrikelseptums in den ***rechten*** und ***linken Schenkel*** (Crus dextrum und sinistrum) teilt. Die subendokardial gelegenen Kammerschenkel teilen sich weiter auf in die ***Purkinje-Fasern***, die zum Apex des Herzens und den Papillarmuskeln ziehen, wobei sie sich weiter verzweigen, in das Myokard eintreten und ihre Erregung auf die Zellen des Arbeitsmyokards über Gap Junctions übertragen. Der Sinusknoten besitzt die höchste Eigen-(Spontan-)frequenz; die nachfolgenden Abschnitte (AV-Knoten, His-Bündel etc.) entwickeln konsekutiv niedrigere Eigenfrequenzen. Dadurch ist gewährleistet, dass der Sinus-Knoten den nachgeschalteten Zellen des Reizleitungssystems seinen Rhythmus von etwa 60–80 Schlägen pro Minute aufprägt.

Klinik Bei Ausfall des Sinusknotens übernimmt der AV-Knoten die Schrittmacherfunktion für das Herz mit einer Eigenfrequenz von etwa 40 Schlägen pro Minute, wobei allerdings eine simultane Kontraktion von Vorhöfen und Kammern mit einer Minderung der Pumpleistung des Herzens resultiert, weil die Vorhöfe retrograd erregt werden. Daneben kennt man in der Klinik noch eine Vielzahl von ***Herzrhythmusstörungen***, die ihre Ursache in Fehlfunktionen von bestimmten Abschnitten des Reizleitungssystems haben.

Die Myozyten des Reizleitungssystems werden vom ***vegetativen Nervensystem*** sympathisch und parasympathisch (Nervus vagus) antagonistisch innerviert. Dabei führt sympathische Innervation sowohl zu einer Steigerung der Impulsfrequenz (Chronotropie) als auch der Leitungsgeschwindigkeit (Dromotropie) der Impulse. Die parasympathische Innervation führt demgemäß zu einer Minderung von beiden. Daneben bewirkt die sympathische Innervation des Arbeitsmyokards eine Steigerung der Kontraktionskraft (Inotropie). Eine parasympathische Innervation des Kammermyokards ist nicht beschrieben.

10.6 Kapillaren

Übersicht▸ Von großer funktioneller Bedeutung ist die Unterscheidung des Kreislaufsystems in die Makrozirkulation mit Gefäßen von mehr als 100 µm Durchmesser und in die ***Mikrozirkulation***, deren Gefäße (Arteriolen, Kapillaren und Venolen) im Allgemeinen nur mikroskopisch sichtbar sind (Abb. 10.1). Im Bereich der Mikrozirkulation spielt sich der für die Funktion des Gefäßsystems so wichtige Austausch von Metaboliten zwischen Gefäßinhalt und umgebendem Gewebe ab. Darüber hinaus sind die Gefäße der Mikrozirkulation wesentlich an Entzündungsreaktionen bei Abwehrvorgängen beteiligt (s. Kap. 4.5).

Die Kapillaren gehören mit den postkapillären Venolen (s. oben) zu den so genannten ***nutritiven Gefäßen***, in denen der Austausch von anabolen und katabolen Metaboliten sowie den Blutgasen zwischen dem Gefäßlumen und dem umgebenden Gewebe stattfindet (Abb. 10.2). In Abhängigkeit von der Funktion beobachtet man große Variationen im Wandbau der Kapillaren, die weiter unten detailliert besprochen werden. Ihr im Allgemeinen zylindrisches Lumen hat einen Durchmesser von 5–10 µm. Kapillaren mit einem Durchmesser von über 10 µm bis zu 50 µm, wie sie in Knochenmark, Milz und Leber vorkommen, bezeichnet man als ***sinusoide Kapillaren*** oder Sinus.

Architektur der Kapillarnetze▸ Die Länge der Kapillaren variiert von 0,25 mm bis zu 1 mm, jedoch gibt es im Nierenmark und der Nebennierenrinde auch Kapillaren mit Längen bis zu 5 mm. Die Gesamtlänge aller Kapillaren des menschlichen Körpers wird auf etwa 90–100 000 km geschätzt. Dabei ist allerdings zu berücksichtigen, dass nicht ständig alle Kapillaren des menschlichen Organismus tatsächlich mit Blut perfundiert werden (Abb. 10.19). Insbesondere in Muskeln und Haut können bei Belastung weitere Kapillaren rekrutiert werden. So schätzt man, dass die Zahl der 8–10 Mrd. unter Ruhebedingungen perfundierten Kapillaren unter Belastung bis auf das Dreifache gesteigert werden kann. Bei der Abschätzung der Austauschfläche sind (wegen ihres Wandbaues) auch die postkapillären Venolen zu berücksichtigen, wobei man von 300 m^2 Gesamtaustauschfläche unter Ruhebedingungen, bzw. 1000 m^2 Maximalaustauschfläche ausgeht.

Das Kapillarnetz weist gemäß den besonderen funktionellen Erfordernissen der einzelnen Gewebe große Variationen auf (Abb. 10.19). Besonders stark kapillarisiert sind Gewebe mit hoher Stoffwechselintensität,

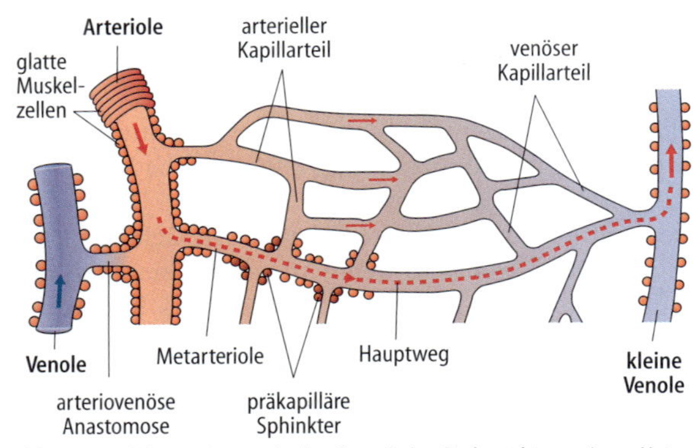

Abb. 10.19. Schema der terminalen Strombahn. Sie besteht aus einem Netzwerk von Kapillaren zwischen einer Arteriole (*oben*) und einer Venole (*unten*). In der Arteriolenwand bilden glatte Muskelzellen eine zusammenhängende Schicht, die in den Wänden der Metarteriolen diskontinuierlich wird. In arteriovenösen Anastomosen (*links oben*) geht Blut direkt aus dem arteriellen in den venösen Teil des Kreislaufs über. Öffnen sich die arteriovenösen Anastomosen, oder kontrahiert sich die Muskulatur der Metarteriolen, dann kann die Durchströmung der Kapillaren auf die gekennzeichneten Hauptwege (*Pfeile*) beschränkt werden. (Aus Junqueira et al. 1996)

wie z. B. Niere, Leber, endokrine Organe, Herz (👁Abb. 10.20) und Skelettmuskel. Glatte Muskulatur und straffes zellarmes Bindegewebe, wie z. B. in den Sehnen, ist weniger stark kapillarisiert. Kapillaren fehlen völlig im Knorpel, in der Hornhaut des Auges und in Herz- und Venenklappen. Die Architektur des Kapillarbettes variiert von den vergleichsweise langen, parallel zu den Muskelfasern orientierten Kapillaren des Skelett- und Herzmuskels (👁Abb. 10.20) mit nur wenig Querverbindungen bis zu den relativ kurzen, intensiv miteinander vernetzten Kapillaren z. B. der Leber. Die Regulation der Durchblutung der Kapillaren innerhalb eines Netzwerks ist ein sehr komplexer Vorgang. Unter anderem verhindern Leukozyten, die wegen ihrer im Vergleich zu Erythrozyten schlechteren Verformbarkeit eine bis zum Faktor 1000 längere Passagezeit benötigen, vorübergehend die Durchblutung. In erster Linie wird die Durchblutung der Kapillaren jedoch durch den Kontraktionszustand der glatten Muskelzellen in der Media der zuführenden Arteriolen bestimmt. Der Abschnitt von Metarteriolen oder Arteriolen, der die letzten glatten Muskelzellen besitzt, wird auch als ***präkapillärer Sphinkter*** bezeichnet. Diese präkapillären Sphinkter sind in der Lage, den Blutfluss in den nachgeschalteten Kapillaren zu unterbrechen. Auch durch Öffnen von direkten Verbindungen zwischen kleinen Arterien und Venen, den so genannten ***arteriovenösen Anastomosen*** (👁Abb. 10.13), können gleichfalls ganze Abschnitte von Kapillarnetzen ‚stillgelegt' werden.

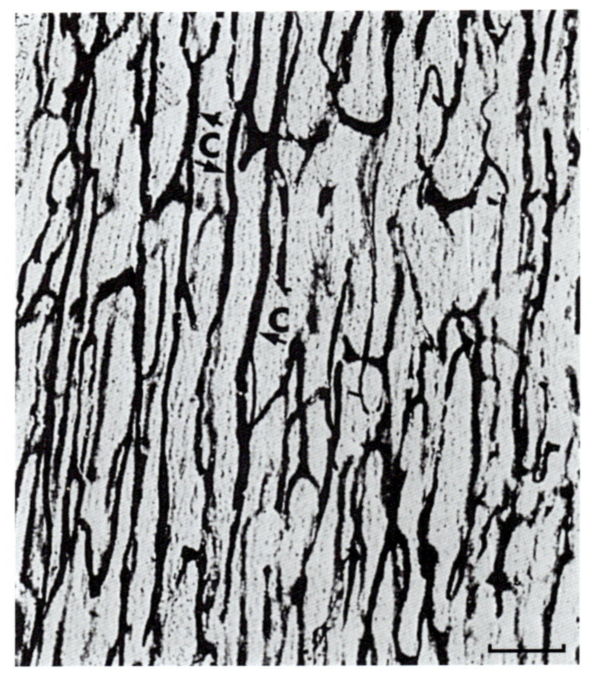

Abb. 10.20. Darstellung der Kapillaren (*C*) im Herzmuskel durch Tuscheinjektion. Die Kapillaren verlaufen zwischen den Zügen der Myozyten und sind dadurch parallel orientiert mit relativ wenigen, kurzen Querverbindungen. Im Querschnitt ist jede Muskelzelle (im Idealfall) von 4 Kapillaren umgeben. Balken = 100 μm. (Aus Junqueira et al. 1996)

Wandbau ▸ Die Wand der Kapillaren ist in drei Schichten gegliedert:

- innen das ***Endothel,***
- die ***Basallamina*** und
- außen die ***Perizyten*** (👁Abb. 10.21).

Das ***Endothel*** der Kapillaren ist ein Verband einschichtiger platter Epithelzellen, die um das Lumen zu Röhren gerollt sind. Die Umrisse der Endothelzellen sind oval bis polygonal mit einer Länge von 30 μm und einer Breite von etwa 10 μm. Die Längsachse der Endothelzellen verläuft in der Längsachse der Kapillare. Das Gleiche gilt für den länglichen Zellkern, in dessen Bereich sich die Endothelzelle ins Kapillarlumen vorwölbt. In der Peripherie kann die Endothelzelle außerordentlich dünn ausgezogen sein (Dicke weniger als 100 nm), während sie im Bereich des Zellkerns einige μm dick ist. Dort befinden sich auch die meisten Zellorganellen, wie Mitochondrien und etwas rauhes endoplasmatisches Retikulum sowie freie Ribosomen. Ebenfalls perinukleär findet man reichlich Interme-

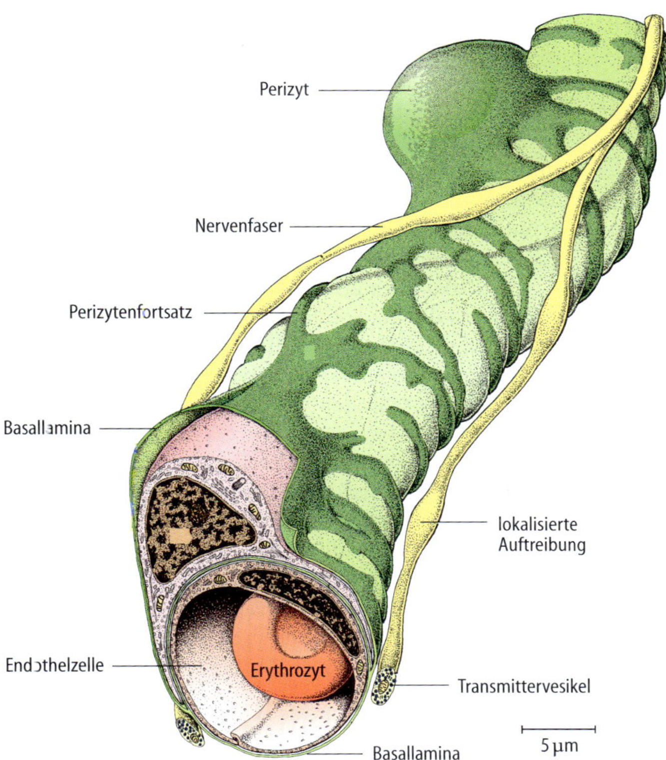

Abb. 10.21. Zeichnung einer Kapillare. Die das Lumen umgebende Endothelzelle ist im Kernbereich angeschnitten. Die Enge des Lumens wird durch den Erythrozyten deutlich. Die Perizyten mit ihren Fortsätzen sind von einer Duplikatur der kapillären Basallamina umgeben (*grün*). Die an die Kapillare herantretenden Nervenfasern zeigen lokalisierte Auftreibungen, die Transmittervesikel enthalten. (Aus Krstić 1997)

diärfilamente (s. Kap. 3.3.2) welche auch ‚stress fibers' genannt werden. Daneben befinden sich Aktinfilamente, welche für die postulierte Kontraktilität der Endothelzellen verantwortlich gemacht werden. Untereinander sind die Endothelzellen über Tight und Gap Junctions verbunden. Eine detaillierte Besprechung der funktionellen Morphologie von Endothelzellen folgt unten.

Auf der dem Lumen abgewandten Seite sitzen die Endothelzellen einer ***Basallamina*** auf, die auch von ihnen synthetisiert wird.

In der Regel verfügt die Wand von Kapillaren neben den Endothelzellen noch über eine weitere, wenn auch diskontinuierliche Schicht: die der ***Perizyten.*** Diese Zellen mesenchymalen Ursprungs besitzen einen annähernd kugeligen Zellleib, der den Zellkern mit den meisten Organellen enthält und relativ lange krakenarmartige, mitunter verzweigte Fortsätze. Sie umgeben mehr oder weniger dicht die Wand von Kapillaren und postkapillären Venolen. Perizyten haben eine eigene Basallamina, die auf der luminalen Seite mit der der Endothelzellen verschmolzen ist. Ihr Gehalt an Aktin, Myosin und anderen Proteinen des kontraktilen Apparats lässt eine Rolle bei der Veränderung des Kapillarlumens durch Kontraktion plausibel erscheinen. In der Tat ähneln die Perizyten in ihrer Morphologie sehr stark den verzweigten und glatten Myozyten, wie man sie in der Tunica media kleiner Venen findet. Von den Perizyten im engeren Sinne lassen sich noch Adventitialzellen abgrenzen, die zwar der Wand von Kapillaren, Venolen und kleinen Venen außen aufliegen, aber im Gegensatz zu den Perizyten keine Verbindung zur Basallamina des Endothelschlauchs haben. Bei den Perizyten handelt es sich um pluripotente Zellen mit ganz erheblichen Entwicklungsmöglichkeiten: Sie sollen sich in glatte Myozyten, Fettzellen, Osteoblasten und phagozytierende Zellen differenzieren können.

Kapillartypen▸ Je nach Ausprägung der drei Wandkomponenten Endothel, Basallamina und Perizyten lassen sich die Kapillaren je nach Gewebe in ***drei Haupttypen*** einteilen:

- Kapillaren mit zusammenhängendem (nicht fenestriertem) Endothel, so genannte ***kontinuierliche Kapillaren***

- Kapillaren mit Endothelzellen, die Fenestrationen (intrazelluläre Poren) aufweisen, so genannte ***fenestrierte Kapillaren***
- Kapillaren, deren Endothel interzelluläre Lücken enthält, so genannte ***diskontinuierliche Kapillaren.***

Kontinuierliche Kapillaren (Abb. 10.22 und 10.23) sind durch das Fehlen von inter- oder intrazellulären Lücken in ihrer Wand gekennzeichnet. Die Endothelzellen sind im Allgemeinen an ihren Grenzen überlappend und rundum über Tight Junctions dicht miteinander verfugt. Liegt ein annähernd lückenloser Besatz mit Perizyten oder perikapillären Zellen vor, so spricht man von Kapillaren des Gehirntyps, wie sie im Zentralnervensystem vorkommen. Bei diesen Kapillaren fällt noch die relative Armut an Transzytosevesikeln auf. Die Kapillaren des so genannten Muskeltyps, die man neben dem Muskelgewebe auch in den Bindegeweben und exokrinen Drüsen findet, zeichnen sich durch mehr oder weniger große Lücken zwischen den Fortsätzen der Perizyten aus und ihre Endothelzellen enthalten reichlich Vesikel. Das Endothel der übrigen Gefäße und das des Endokards des Herzens ist ebenfalls vom kontinuierlichen Typ.

Die ***fenestrierten Kapillaren*** (Abb. 10.24 und 10.25), auch als Kapillaren vom Viszeraltyp bekannt, sind dadurch gekennzeichnet, dass ihre Endothelien Fenestrationen mit Durchmessern zwischen 60 und 80 nm aufweisen. Man findet sie vor allem in Geweben, in denen ein besonders intensiver Austausch von Substanzen zwischen dem Gewebe und dem Blut stattfindet wie im Darm, den endokrinen Drüsen und der Niere. Im Gegensatz zu den Kapillaren des Nierenglomerulus sind die Fenestrationen der übrigen Endothelien dieses Kapillartyps von einem Diaphragma von etwa 4 nm Dicke verschlossen, über dessen Struktur und Funktion wenig bekannt ist.

Die ***diskontinuierlichen Kapillaren*** (Abb. 10.26 und 10.27), die man in Leber, Milz und Knochenmark vorfindet, gehören wegen ihres großen Durchmessers (10–50 μm) zum sinusoiden Typ. Ihre Wand ist durch große Lücken zwischen den Zellen und eine diskontinuierliche Basallamina gekennzeichnet. Daneben zeigen die Endothelzellen zahlreiche Fenestrationen. Diese strukturellen Merkmale bedingen, dass z. B. in der Leber die Kapillarwand völlig permeabel für die makromolekularen Proteine des Blutplasmas ist, von denen die meisten von Hepatozyten synthetisiert werden (s. Kap. 15). Die Wand der Kapillaren von Knochenmark und Milz ist noch durchlässiger, hier kommt es sogar zum Durchtritt von Blutzellen durch die Kapillarwand.

In den sinusoiden Kapillaren der roten Milzpulpa treten durch die Lücken zwischen den Endothelzellen und in der Basallamina Erythrozyten aus dem Interstitium in das Gefäßlumen über, wobei man annimmt,

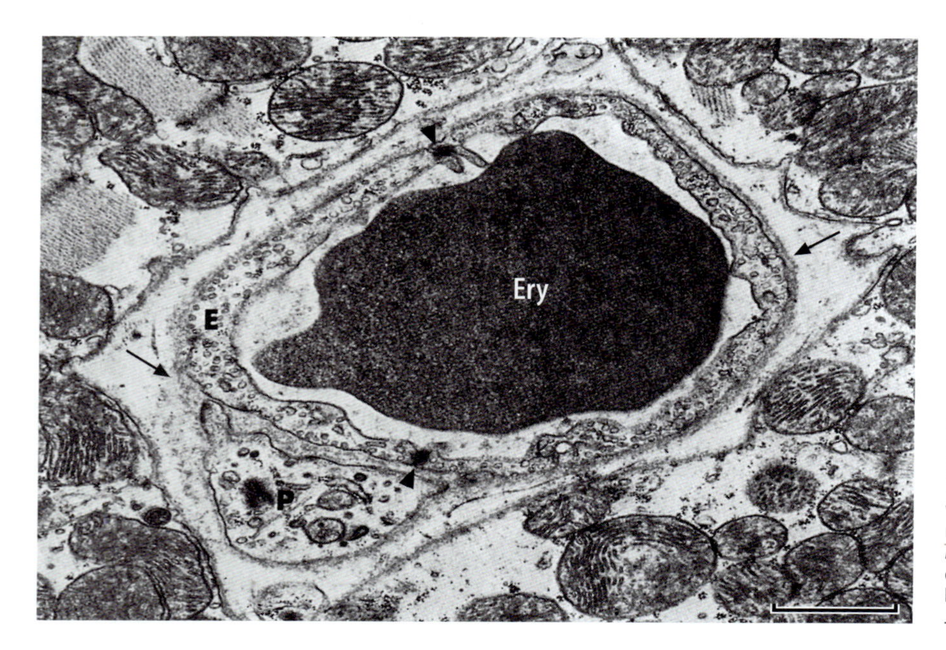

Abb. 10.22. Kapillare vom kontinuierlichen Typ aus dem Myokard. Im Lumen befindet sich ein Erythrozyt (*Ery*). Man beachte die Umhüllung von Endothelzelle (*E*) und Perizyt (*P*) mit einer Basallamina (*Pfeile*). Die *Pfeilspitzen* weisen auf Zellverbindungen zwischen den Endothelzellen. Balken = 1 μm. (Modifiziert nach Junqueira et al. 1996)

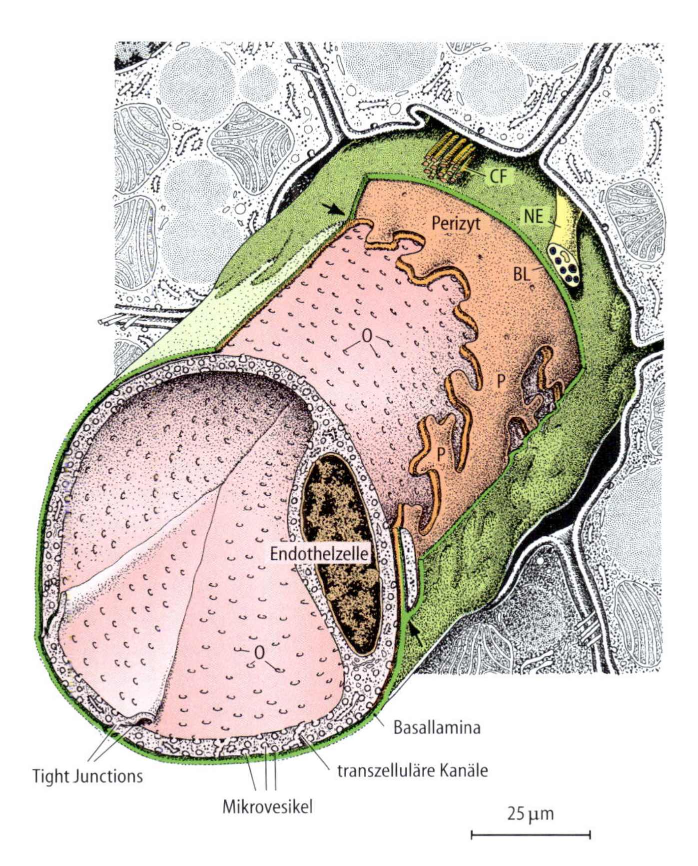

Abb. 10.23. Zeichnung einer kontinuierlichen Kapillare aus dem braunen Fettgewebe. Die Zellränder der Endothelzellen überlappen sich an den durch Tight Junctions abgedichteten Kontaktlinien. Mikrovesikel öffnen sich auf der luminalen und der abluminalen Seite (*O*), oder bilden vorübergehend transzelluläre Kanäle. Der das Endothelrohr teilweise umhüllende Perizyt liegt mit seinen Fortsätzen (*P*) in einer Duplikatur der endothelialen Basallamina (*BL*). In der unmittelbaren Umgebung der Kapillare liegen Kollagenfibrillen (*CF*) und Endigungen markloser Nerven (*NE*). (Modifiziert nach Krstić 1997)

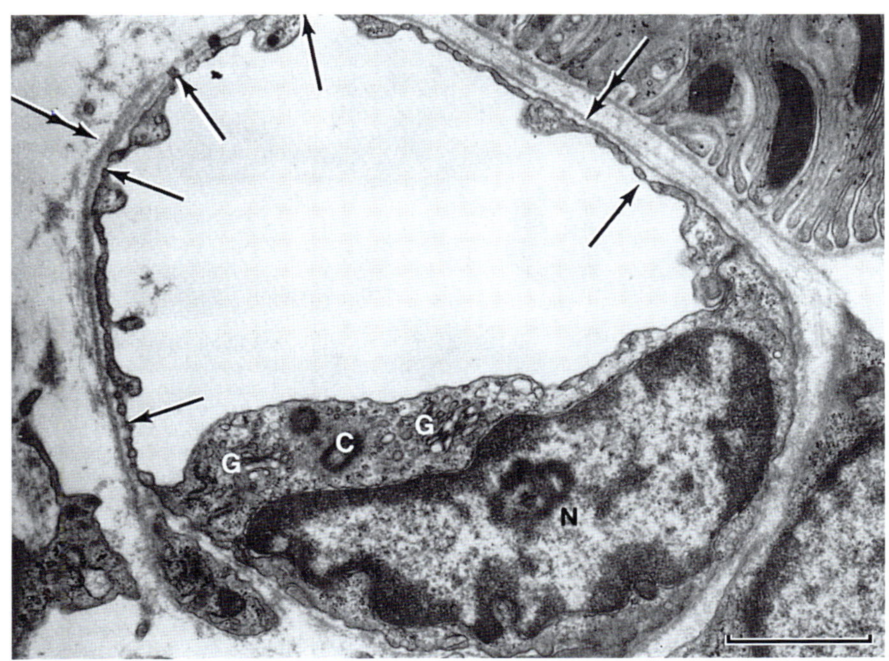

Abb. 10.24. Kapillare mit gefenstertem Endothel (Niere). Die *einfachen Pfeile* weisen auf intrazelluläre Poren mit Diaphragmen. Im unteren Teil sind Zellkern (*N*), Golgi-Apparat (*G*) und Zentriolen (*C*) einer Endothelzelle zu erkennen. Die *Doppelpfeile* weisen auf die zusammenhängende Basallamina hin. Balken = 1 µm. (Aus Junqueira et al. 1996)

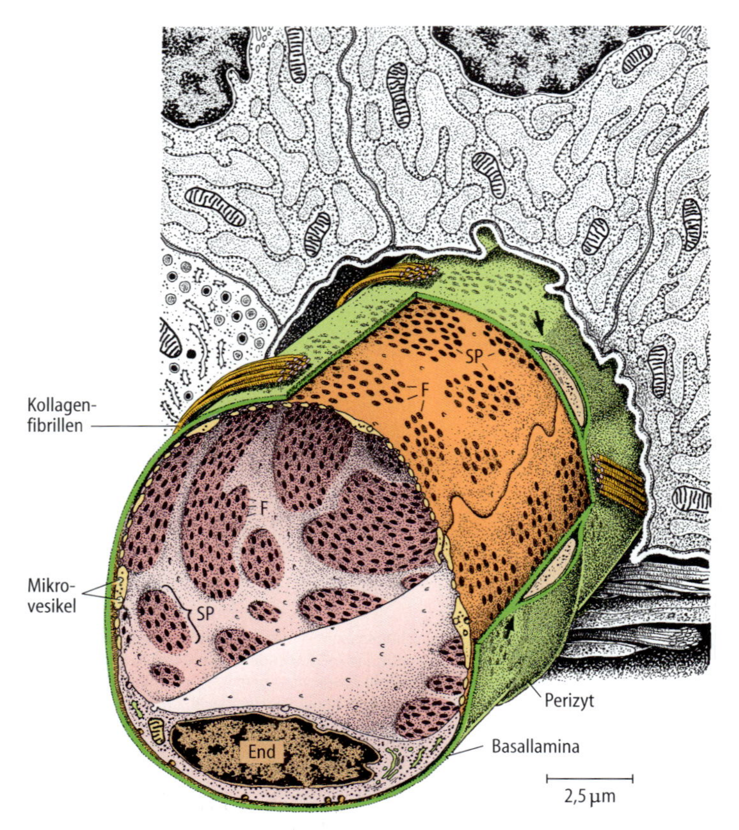

Abb. 10.25. Zeichnung einer fenestrierten Kapillare aus einer endokrinen Drüse (Gl. thyroidea). Der Kern der Endothelzellen (*End*) und das umgebende Zytoplasma, das die meisten Organellen enthält, sind in der Strömungsrichtung des Blutes orientiert. Die Fenestrationen (*F*) des Endothels sind typischerweise in „Siebplatten" (*SP*) gruppiert. Der Besatz mit Perizyten auf der Außenseite ist spärlicher als bei den kontinuierlichen Kapillaren. Die Basallamina ist in der Regel geschlossen. Modifiziert nach Krstić 1997)

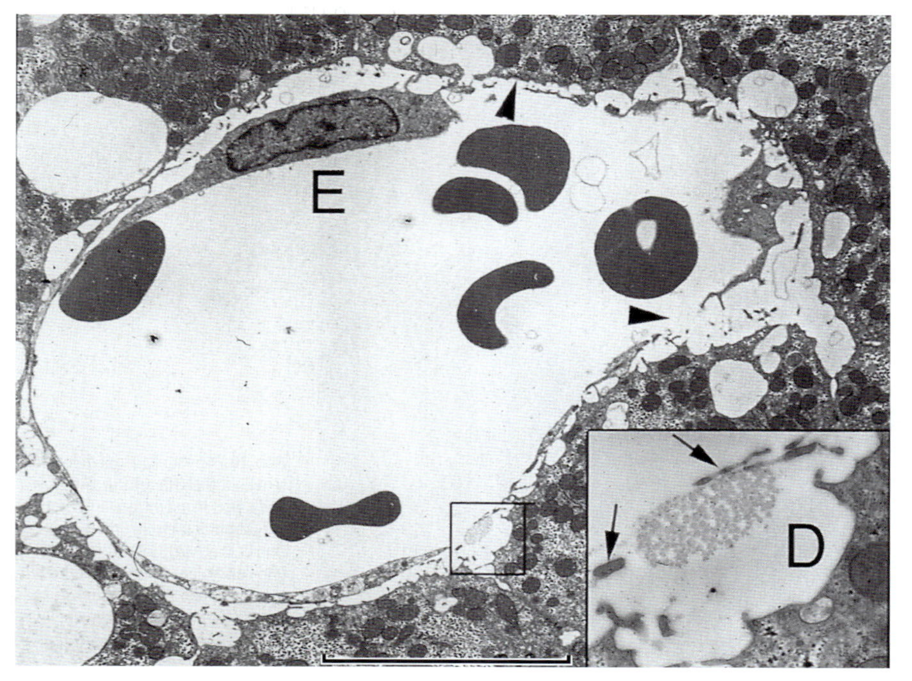

Abb. 10.26. Diskontinuierliche Kapillare aus der Leber. Das weite Lumen (s. Anschnitte von Erythrozyten) qualifiziert sie als Sinusoid. *E* bezeichnet den Zellkern und das perinukleäre Zytoplasma einer Endothelzelle; die *Pfeilspitzen* zwei große Lücken in der Endothelauskleidung. Der vergrößerte *Ausschnitt rechts unten* zeigt retikuläre Fasern. Man erkennt, dass unter den mit *Pfeilen* markierten Endothelanschnitten die Basallamina fehlt. *D* bezeichnet den Disse-Raum zwischen Endothel und Leberzellen (*rechts*, s. Kap. 15)

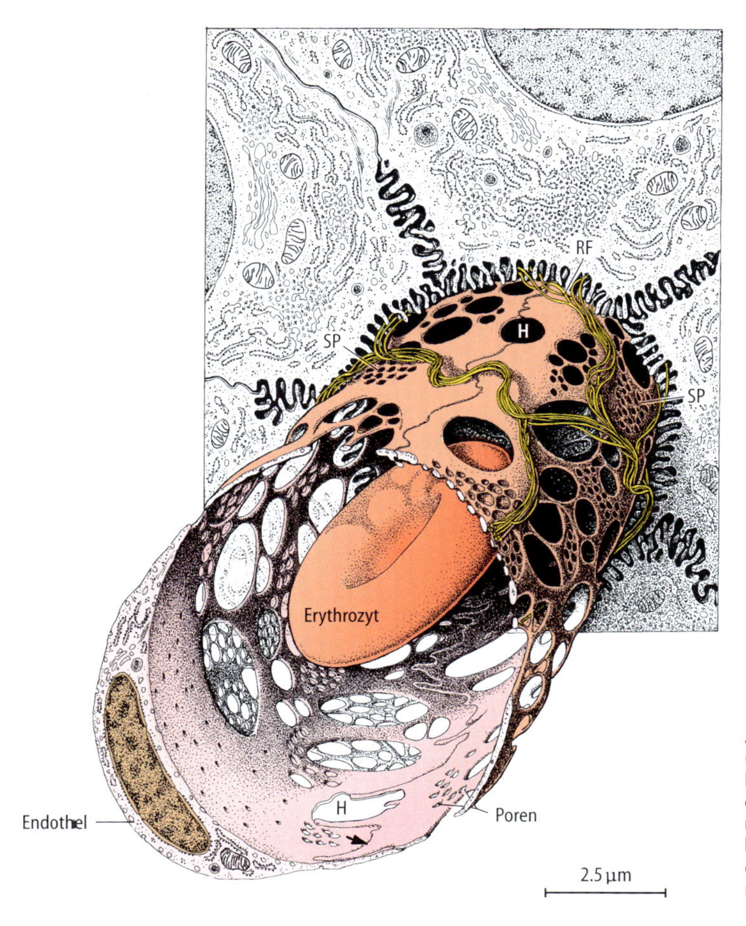

Abb. 10.27. Zeichnung einer diskontinuierlichen Kapillare (Leber). Neben Poren, die in Siebplatten (*SP*) angeordnet sind, besitzen die Endothelien, auch zahlreiche Fenestrationen größeren Durchmessers. Typisch für diskontinuierliche Kapillaren sind die Lücken (*H*) zwischen benachbarten Endothelzellen und das Fehlen einer durchgehenden Basallamina, die hier durch vereinzelte retikuläre Fasern (*RF*) ersetzt ist. (Modifiziert nach Krstić 1997)

dass alte, schlecht verformbare Erythrozyten in den Lücken der Kapillarwand stecken bleiben und von den außen aufsitzenden Makrophagen beseitigt werden. Im Bereich des Knochenmarks treten dagegen die ausgereiften Blutzellen durch die diskontinuierlichen Kapillarwände in die Zirkulation ein.

Funktion des Endothels in Kapillaren und größeren Gefäßen▸ Die Funktionen der Kapillaren sind aufs Engste mit denen der Endothelzellen verknüpft. Das Endothel wirkt als Barriere zwischen Blut und Extravasalraum, hat vielfältige metabolische Funktionen, reguliert (bei größeren Gefäßen) den Tonus der Mediamuskulatur und wirkt der Gerinnung des Blutes entgegen.

- **Barrierefunktion.** Die ***Permeabilität*** variiert bei Kapillaren und postkapillären Venolen sehr stark mit dem Wandbau. So ist davon auszugehen, dass die sinusoiden Kapillaren des Leberparenchyms, die zum diskontinuierlichen Kapillartyp zählen, völlig frei permeabel für das Blutplasma inklusive dessen Proteine und Lipoproteine sind. Dies ist z. B. für die Funktion der Leber (s. Kap. 15) von großer Bedeutung. Die diskontinuierlichen Kapillaren von Milz und Knochenmark sind darüber hinaus auch für Blutzellen durchlässig. Das andere Extrem repräsentieren die Kapillaren im zentralen Nervensystem, die selbst für kleine Moleküle impermeabel sind. Sie sind Teil der so genannten ***Blut-Hirn-Schranke*** (s. Kap. 8.4.4 und 8.3.2) und besitzen umlaufend mehrfache Tight Junctions zwischen den Endothelzellen. Kapillargebiete mit ähnlichen Schrankenfunktionen sind auch vom Thymus und dem Hodenparenchym bekannt. Für die meisten übrigen Kapillaren vom kontinuierlichen bzw. vom fenestrierten Typ gilt, dass der Stoffaustausch über ihre Wand teils diffusiver, teils konvektiver Natur ist. Kleine hydrophobe Moleküle wie Sauerstoff und

Kohlendioxid können frei über das Endothel diffundieren. Für Wasser und kleine hydrophile Moleküle bis zu einem Molekulargewicht von maximal 10 kD werden ‚kleine Poren' mit einem Durchmesser von 5–7 nm postuliert, die man in den interzellulären Fugen vermutet. Für den je nach Gewebe außerordentlich verschieden ausgeprägten Transport von makromolekularen Substanzen über das Endothel werden ‚große Poren' von einem Durchmesser von 50–70 nm angenommen. Sie sind in den Fenestrationen zu suchen bzw. beim kontinuierlichen Endothel in den Transzytosevesikeln. Dabei ist es noch ungeklärt, ob der Transport von Substanzen über das Endothel durch tatsächliche Bewegung von Vesikeln von der luminalen zur abluminalen Seite und umgekehrt stattfindet, oder ob es durch Fusion von mehreren Vesikeln zur vorübergehenden Bildung von tatsächlichen Poren kommt.

Klinik Bei Abwehrvorgängen im Rahmen von Entzündungsprozessen kommt es zu dramatischen Änderungen der Barrierefunktion der Endothelien (s. Kap. 4.5). Neben der Emigration von Leukozyten durch die interendothelialen Fugen (s. Kap. 11) wird das Endothel der Kapillaren und postkapillären Venolen durchlässig für Blutplasma. So können molekulare Komponenten des Abwehrsystems wie Antikörper und Komplementmoleküle aus dem Intravasalraum ins Interstitium, wo sie benötigt werden, gelangen. Der damit verbundene massive Flüssigkeitsausstrom führt zu einer Schwellung im umgebenden Gewebe, welche als ***entzündliches Ödem*** bezeichnet wird. Dieser plötzliche Permeabilitätsanstieg des Endothels wird durch eine Kontraktion der Endothelzellen mit Öffnung der Zwischenzellfugen verursacht. Als Auslöser hierfür kommen parakrin wirkende Entzündungsmediatoren aus Mastzellen und anderen freien Bindegewebszellen wie z. B. Histamin und Bradykinin in Frage.

- **Metabolische Funktionen.** Diese umfassen die Aktivierung und Inaktivierung von Hormonen und Mediatoren sowie die Teilnahme am Fettstoffwechsel. Die Endothelzellen der Lungenkapillaren ***aktivieren*** durch proteolytische Spaltung das ***Angiotensin I*** zum vasokonstriktorisch wirksamen Peptid Angiotensin II (s. Kap. 18 und 9.3). Dagegen werden Bradykinin, Serotonin, verschiedene Prostaglandine, Noradrenalin sowie Thrombin von Endothelzellen zu biologisch unwirksamen Verbindungen konvertiert bzw. abgebaut.
Die Kapillarendothelien im Skelettmuskel und im Fettgewebe besitzen an ihrer Oberfläche eine ***Lipoproteinlipase***, die die Fettsäuren aus ihrer Transportform abspaltet und so ihre Aufnahme ins Gewebe ermöglicht (s. Kap. 5.1).
Zu den synthetischen Fähigkeiten der Endothelzellen gehört die ***Produktion von Basallaminae*** (Kollagen IV, Laminin, Fibronektin etc.). Im Zytoplasma der meisten Endothelzellen findet man die so genannten ***Weibel-Palade-Körperchen***, die ein endothelspezifisches Organell darstellen. Es handelt sich dabei um stabförmige (3 × 0,1 µm) von einer Membran umgebene Granula, deren Inhalt aus parallel liegenden tubulären Strukturen in einer feingranulären Matrix besteht. Sie enthalten u. a. den für die Anhaftung von Blutplättchen an Gefäßwandverletzungen notwendigen ***von Willebrand-Faktor*** (s. Kap. 11), den die Endothelzellen an das Blutplasma abgeben. Außerdem ist in den Weibel-Palade-Körperchen ***P-Selektin*** enthalten, das bei Stimulation der Zelle mit Entzündungsmediatoren schnell an die Oberfläche transportiert wird und so die Anhaftung von Leukozyten bei der Entzündung vermittelt (s. Kap. 4.5 und 11.3.1).
- **Regulation des Tonus der Mediamuskulatur.** Außer der oben beschriebenen Innervation wird der Tonus der glatten Muskulatur der Media auch von endokrin, bzw. parakrin wirkenden Substanzen beeinflusst. Die Endothelzellen besitzen zum einen ***direkte Kontakte*** mit den glatten Muskelzellen der Media, indem sie Fortsätze durch die Basallamina, bzw. durch Fenestrationen der Lamina elastica interna zur Media hindurchstrecken. Dort bilden sie mit der Membran der glatten Muskelzellen Gap Junctions (s. Kap. 3.2). Daneben bilden Endothelzellen ***parakrin wirksame Substanzen***, die basal sezerniert werden und in die Media diffundieren wie Endothelin, Thromboxan A2. Sie führen zu einer Kontraktion der Mediamuskulatur. Stickstoffmonoxid (NO), das auch als ‚Endothelium-Derived Relaxing Factor' (EDRF) bezeichnet wird und Prostazyklin dagegen führen zu einer Erschlaffung der Mediamuskulatur mit einer Erweiterung der arteriellen Gefäße. Die Produktion dieser parakrinen Mediatoren kann durch eine Vielzahl von Substanzen ausgelöst werden, für die das Endothel Rezeptoren besitzt, wie z. B. Renin, Azetylcholin, Serotonin, ADP usw.. Einige dieser Substanzen wie Prostazyklin und NO sind auch mit dafür verantwortlich, dass das Blut in den Gefäßen nicht gerinnt, das heißt, dass die hämostatische Reaktion unterdrückt wird und auf Orte beschränkt bleibt, wo

das Endothel verletzt ist oder fehlt (s. Kap. 11). So wirken NO und Prostazyklin der Plättchenanhaftung und -verklumpung entgegen. Darüber hinaus katalysiert die luminale Endotheloberfläche Reaktionen, die hemmend in die Kaskade des plasmatischen Gerinnungssystems eingreifen.

Klinik Die Fähigkeit der Endothelzellen sich nach Stimulation mit angiogenetischen Faktoren zu teilen spielt bei der Neubildung von Gefäßen *(Angiogenese)* während der Wundheilung (s. Kap. 4.5), bei der Bildung des Gelbkörpers (s. Kap. 22.1.4), beim Tumorwachstum und im Endometrium des Uterus (s. Kap. 22.3) eine große Rolle.

10.7 Lymphgefäße

Übersicht▸ Zusätzlich zu den Blutgefäßen verfügt der Organismus auch über ein Lymphgefäßsystem, das Flüssigkeit von den Interstitien in das Venensystem des Körperkreislaufs leitet. Außerdem werden über das Lymphgefäßsystem Antikörper und Abwehrzellen dem Kreislaufsystem zugeführt. Funktionell gesehen sind die Lymphgefäße ein Drainagesystem der Gewebe, dessen Notwendigkeit u. a. in der Permeabilität der Kapillaren des Blutkreislaufs begründet liegt. Wie im vorhergehenden Abschnitt erläutert, kommt es über die Wand der Kapillaren zu einer Filtration von Flüssigkeit aus dem Blut ins umgebende interstitielle Gewebe. Diese Flüssigkeit variiert nach ihrer Menge und ihrer Zusammensetzung sehr stark in Abhängigkeit vom für das jeweilige Gewebe charakteristischen Kapillartyp. Für den Gesamtorganismus beträgt die Menge an filtrierter Flüssigkeit 20–40 Liter pro Tag. Da am venösen Ende der Kapillaren, bzw. in den postkapillären Venolen der hydrostatische Druck deutlich geringer ist als am arteriellen Ende (ca. 15 mmHg gegen 30 mmHg), kommt es in diesen Bereichen zum Wiedereinstrom von etwa 90 % der filtrierten Flüssigkeit im Rahmen des so genannten Starling-Mechanismus (s. Lehrbücher der Physiologie). Die in den Interstitien verbleibenden 2–3 Liter pro Tag müssen wieder dem Blutgefäßsystem zugeführt werden, was über das Lymphgefäßsystem geschieht. Die Einschaltung von Organen der Abwehr, nämlich den Lymphknoten in das Lymphgefäßsystem, garantiert eine ständige Überwachung der Extrazellulärflüssigkeit unseres Organismus durch immunkompetente Zellen (s. Kap. 13).

Lymphkapillaren▸ Sie stehen am Anfang des Lymphgefäßsystems und bestehen aus im Gewebe blind endenden Röhren, die den diskontinuierlichen Kapillaren stark ähneln (Abb. 10.28). Auf einer lückenhaften Basallamina sitzen (nicht fenestrierte) Endothelzellen, die sich zwar an ihren Grenzen überlappen, aber nicht durch Tight Junctions miteinander verbunden sind. Überschreitet nun der Flüssigkeitsdruck im umgebenden Gewebe den Druck in der Lymphkapillare, dann wird die Flüssigkeit zwischen den Endothelzellen hindurch in die Lymphkapillaren gepresst. Durch die Verankerung der Endothelien der Lymphgefäße über kollagene Filamente, die vom umgebenden Bindegewebe an fokale Adhäsionspunkte des basalen Plasmalemms ziehen, wird offenbar ein Kollaps der Lymphkapillaren bei erhöhtem Gewebsdruck verhindert. Fast alle durchbluteten Gewebe verfügen über Lymphkapillaren. Eine Ausnahme hiervon sind die Milzpulpa und das Knochenmark, in denen der Wandbau der sinusoiden Blutkapillaren den Flüssigkeitsübertritt in beide Richtungen fast uneingeschränkt ermöglicht. Im Nervensystem fehlen Lymphkapillaren wohl deshalb, weil die niedrige Permeabilität der dort vorkommenden Blutkapillaren kaum Flüssigkeit in das Interstitium übertreten lässt.

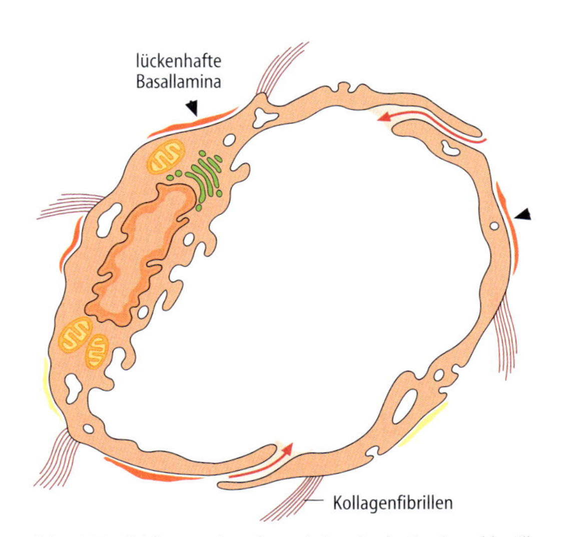

Abb. 10.28. Zeichnung eines Querschnitts durch eine Lymphkapillare nach elektronenmikroskopischen Aufnahmen. Charakteristisch sind die überlappenden Zellränder der nicht durch Haftkomplexe verbundenen Endothelzellen. Durch die so entstandenen Diskontinuitäten des Endothelrohrs kann Flüssigkeit aus dem Interstitium einströmen (*Pfeile*). Das Endothel sitzt auf einer lückenhaften Basallamina (*Pfeilspitzen*) und ist über Kollagenfibrillen (*AF*) im Gewebe verankert. (Modifiziert nach Junqueira et al. 1998)

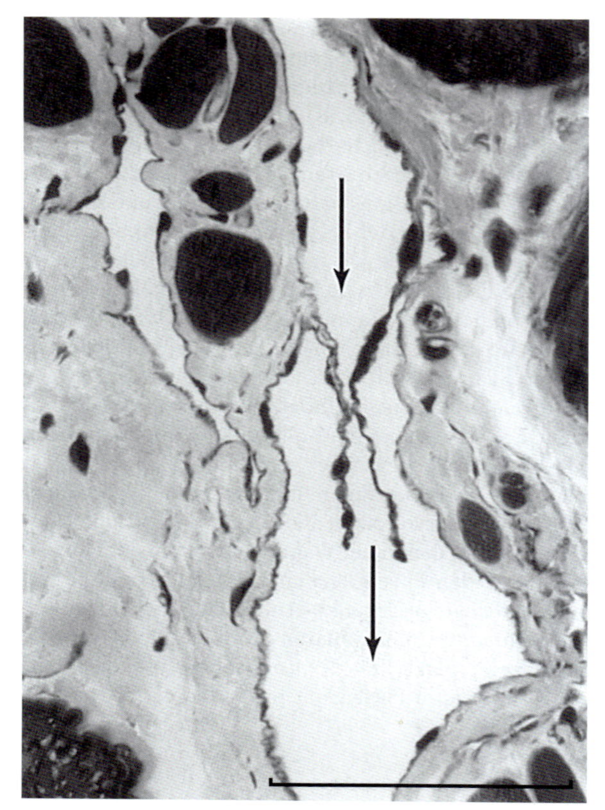

Abb. 10.29. Lymphgefäß mit Klappe im Längsschnitt. Die *Pfeile* geben die Richtung des Lymphstroms an. Man sieht, dass die Wand praktisch nur aus Endothel besteht. Das Gleiche gilt für die Klappen, die von zwei aufeinander liegenden Endothelschichten gebildet werden. *Links oben* ist ein weiteres Lymphgefäß angeschnitten. Balken = 100 μm. (Aus Junqueira et al. 1998)

Lymphgefäße▸ Die Lymphgefäße entstehen wie die Venen durch Vereinigung von Lymphkapillaren und ähneln diesen auch stark im Wandbau. Allerdings ist die Wand von Lymphgefäßen stets dünner als die von Venen gleichen Kalibers in der Nachbarschaft (Abb. 10.11). Ähnlich wie die Venen verfügen die Lymphgefäße über Klappen (Abb. 10.29), die dafür sorgen, dass es zu keinem Rückstrom von Lymphe in die Peripherie kommt. Die Lymphgefäßklappen sind allerdings wesentlich dichter gesät als die Klappen in den Venen. Wegen der im Bereich der Klappen üblichen Erweiterung haben die Lymphgefäße ein perlschnurartiges Aussehen.

Klinik

Das perlschnurartige Aussehen der Lymphgefäße stellt sich radiologisch bei Anfertigung einer Lymphografie dar. Hierbei wird ein Kontrastmittel ins subkutane Gewebe, z. B. des Fußrückens injiziert. Anschließend werden zu bestimmten Zeiten Röntgenaufnahmen des Beines bzw. des Abdomens angefertigt. Dabei lässt sich eine Hypoplasie oder ein völliges Fehlen der Lymphgefäße nachweisen, das einem chronischen Beinödem zugrundeliegen kann. Kommt es durch Parasiten zu einer Zerstörung des Lymphgefäßsystems, so kann daraus das prägnante Krankheitsbild der Elefantiasis resultieren, welches durch ein massives ***Lymphödem*** der unteren Extremität gekennzeichnet ist. Die häufigste Indikation für eine Lymphografie stellt jedoch die Abklärung von Lymphgefäß-, bzw. ***Lymphknotenmetastasen*** maligner Tumoren dar. Krebszellen, die mit der interstitiellen Flüssigkeit ins Lymphgefäß gelangt sind, finden bei den dort herrschenden minimalen Strömungskräften besonders günstige Möglichkeiten, an der Gefäßwand oder im Lymphknoten anzuwachsen und Tochtergeschwülste zu bilden.

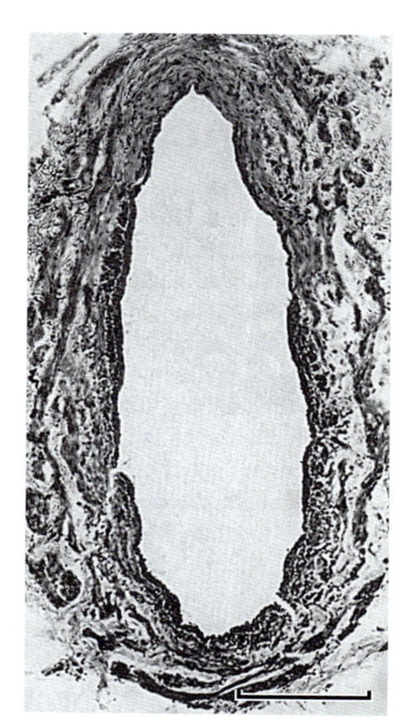

Abb. 10.30. Querschnitt durch ein klappenfreies Segment des Ductus thoracicus. Ein Vergleich mit Abb. 10.16. zeigt die Ähnlichkeit des Wandbaus mit dem großer Venen (HE-Färbung). Balken = 100 μm. (Aus Junqueira et al. 1996)

Nach der Passage von nacheinander geschalteten Lymphknoten konfluieren die Lymphgefäße des ganzen Körpers schließlich in zwei Hauptstämmen, nämlich dem Ductus thoracicus (Abb. 10.30) und dem Ductus lymphaticus dexter. Der Ductus thoracicus, der mit Ausnahme der rechten oberen Extremität, der rechten Halsseite und der rechten Thoraxhälfte die gesamte Lymphe des Körpers drainiert, mündet in den Winkel zwischen der linken Vena jugularis interna und der linken Vena subclavia, der Ductus lymphaticus dexter analog dazu in den so genannten rechten Venenwinkel.

11 Blut

11.1 Blutplasma 191
11.2 Erythrozyten 192
11.3 Leukozyten 194
11.3.1 Neutrophile Granulozyten 195
11.3.2 Eosinophile Granulozyten 199
11.3.3 Basophile Granulozyten 201
11.3.4 Lymphozyten 201
11.3.5 Monozyten 203
11.4 Blutplättchen 205

Einleitung

Blut kann als flüssiges Organ aufgefasst werden, das vom Herzen gepumpt in den Blutgefäßen zirkuliert. Etwa 8 % des Körpergewichts entfallen auf das Blut. Somit kann bei einem 70 kg schweren Erwachsenen von einem Blutvolumen von ca. 5,5 Litern ausgegangen werden. Wegen seiner leichten Zugänglichkeit spielt die Analyse von Blut eine herausragende Rolle in der Laboratoriumsdiagnostik.

Das rote undurchsichtige Blut stellt eine ***Suspension*** von ***Zellen*** in einer klaren gelblichen Flüssigkeit, dem ***Blutplasma***, dar. Dieses ist ein Teil der Extrazellulärflüssigkeit, die ca. 25 % des Körpergewichts ausmacht. Der Gehalt des Blutplasmas an Ionen und kleinmolekularen Substanzen (z. B. monomere Zucker, Aminosäuren) gleicht weitgehend dem der Extrazellulärflüssigkeit. Unterschiede zwischen beiden Flüssigkeiten bestehen vor allem im Gehalt an Proteinen, die im Blutplasma in wesentlich höherer Konzentration vorkommen.

Durch Zentrifugation einer kleinen Blutmenge in einer Glaskapillare, einem so genannten Hämatokritröhrchen, lässt sich der Volumenanteil der Blutzellen am Gesamtvolumen des Blutes ermitteln (Abb. 11.1). Dabei setzen sich die geformten Anteile des Blutes entsprechend ihrer spezifischen Dichte am Boden des Röhrchens ab. Mehr als 99 % der Zellsäule entfallen auf gepackte Erythrozyten. Sie werden von den leichteren Leukozyten und Blutplättchen überlagert, die eine feine, weißlich-graue Schicht, den ‚buffy coat' bilden. Der Anteil der Erythrozyten am Gesamtblutvolumen wird als ***Hämatokrit*** bezeichnet. Der Normbereich des Hämatokrits liegt bei erwachsenen Männern zwischen 41 und 50 %, bzw. zwischen 36 und 45 % bei erwachsenen Frauen. Die Trennung der Blutzellen vom Blutplasma geschieht, wenn auch unvollständig, auch im normalen Schwerefeld. Dabei ist die Geschwindigkeit, mit der die Erythrozyten absinken, wesentlich von der Zusammensetzung der Blutplasmaproteine abhängig.

Klinik

Eine erhöhte ***Blutsenkungsgeschwindigkeit*** wird als unspezifisches Zeichen bei Entzündungen und vielen Tumoren beobachtet. Ursache für dieses Phänomen ist häufig eine Erhöhung bestimmter Plasmaproteine, so genannter Akute-Phase-Proteine wie z. B. Fibrinogen und α2-Makroglobulin. Sie führen über eine gesteigerte und abnorme Verklumpung der Erythrozyten zu einer beschleunigten Absenkung.

Im Gegensatz zu Organen werden Blutzellen im Allgemeinen nicht in histologischen Schnitten untersucht, sondern in Blutausstrichen. Die Ausstriche werden zuerst an der Luft getrocknet und gefärbt. Analog zur üblichen Hämatoxylin-Eosin-Färbung wird eine Mischung aus Methylenblau und Eosin verwendet, die die Kerne blau, Granula je nach dem Überwiegen eines basischen oder sauren Inhalts rot oder blau färbt, bzw. bei neutraler Reaktion einen grauen Farbton liefert.

Funktionen des Blutes▸ Die ***Transportfunktion*** des Blutes dient der Verteilung von Substanzen zwischen den spezialisierten Organen und Organsystemen des Organismus. Dazu gehören:

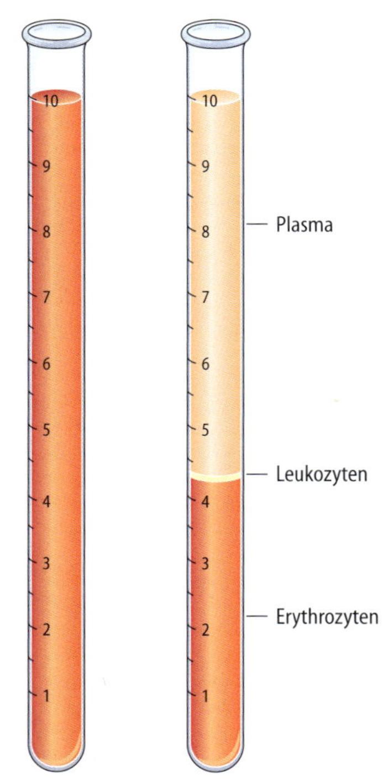

Abb. 11.1. Hämatokritröhrchen mit Blut. *Links* vor der Zentrifugation, *rechts* nach der Zentrifugation. Nach der Zentrifugation wird sichtbar, dass rote Blutzellen 43 % des Blutvolumens (Hämatokrit = 43) ausmachen. Über den sedimentierten roten Blutzellen befindet sich eine dünne Schicht aus Leukozyten. (Aus Junqueira et al. 1996)

- Die Versorgung der Zellen des Organismus mit Sauerstoff und die Entsorgung des Stoffwechselendproduktes Kohlendioxid im Zusammenwirken mit den Atmungsorganen.
- Der Transport von Nährstoffen wie Zucker, Aminosäuren und Fetten vom Ort ihrer Resorption, dem Magen-Darm-Trakt, oder ihrer Synthese zu Orten, wo sie entweder verbraucht oder gespeichert werden.
- Der Transport stickstoffhaltiger Stoffwechselendprodukte wie z. B. Harnstoff oder Harnsäure zu den Nieren als Ausscheidungsorganen.
- Der Transport von Hormonen als Steuer- und Regelsubstanzen zu ihren Zielzellen.
- Konstanthaltung der Körpertemperatur durch Transport von Wärme, die bei allen Stoffwechselprozessen anfällt, von den Orten ihrer Entstehung (vornehmlich Körperkern und Muskulatur) zur Haut, wo sie an die Umgebung abgegeben wird.

Letztlich ist es das Ziel dieser an die Zirkulation des Blutes gebundenen Transportprozesse, die Zusammensetzung der Extrazellulärflüssigkeit, welche die Zellen des Organismus umgibt, konstant zu halten. Diese ***Homöostase des inneren Milieus*** umfasst neben der Regulation der Konzentration von Nährstoffen bzw. Stoffwechselendprodukten auch die von Elektrolyten, des Säure-Basen-Gleichgewichts, des osmotischen Druckes und der Körpertemperatur.

Das im Organismus zirkulierende Blut bewahrt den Körper vor Schaden durch eindringende Mikroorganismen und körperfremde Stoffe. Dazu zählen auch eigene abgestorbene, infizierte und entartete Zellen. Träger dieser ***Abwehrfunktion (Immunabwehr)*** sind verschiedene Typen von Leukozyten. Unter ***angeborener Immunität*** versteht man die Abwehrfunktion, die generell gegen Mikroorganismen und virusinfizierte Zellen gerichtet ist und bereits beim Erstkontakt wirksam ist (s. Kap. 13.1). Ihre Träger sind v. a. Makrophagen, Granulozyten und natürliche Killerzellen. Die verschiedenen Lymphozyten vermitteln im Wesentlichen die ***adaptive (= erworbene) Immunität*** (s. Kap. 13.2), die erst wirksam wird, wenn der Organismus schon einmal Kontakt mit z. B. einem Bakterium hatte. Bei der Abwehr ist es erforderlich, dass dort, wo Mikroorganismen in den Organismus eingedrungen bzw. körpereigene Zellen abgestorben oder entartet sind, die Zellen und Moleküle des Abwehrsystems die Blutbahn im Rahmen einer ***Entzündungsreaktion*** (s. Kap. 4.5) verlassen.

11.1 Blutplasma

Ein Liter Blutplasma enthält etwa 910 g Wasser, 80 g Proteine, 8 g an anorganischen Substanzen, die größtenteils in ionisierter Form im Plasmawasser gelöst vorliegen oder zu einem geringeren Teil an Proteine gebunden zirkulieren sowie 2 g an niedermolekularen organischen Substanzen wie Zucker, Aminosäuren, Vitamine, Hormone, Lipoproteine und andere Stoffe. Im Allgemeinen spiegeln die Plasmakonzentrationen der niedermolekularen Substanzen und der Elektrolyte die Konzentration dieser Stoffe in der Extrazellulärflüssigkeit der Gewebe wieder.

Bei den ***Plasmaproteinen*** handelt es sich um große Moleküle mit Molekulargewichten zwischen 40 und 1500 kDa, die man nach ihrem Verhalten bei der elektrophoretischen Auftrennung in Albumin, α-, β- und γ-Globuline sowie Fibrinogen unterteilt. Mit einem Anteil von 60 % ist das ***Albumin*** quantitativ am Bedeutsamsten und für den kolloidosmotischen Druck des Blutplasmas verantwortlich. Dieser ist entscheidend für die Flüssigkeitsbalance zwischen dem intravasalen Kompartiment und der Extrazellulärflüssigkeit im Gewebe. Albumin wird wie die meisten Proteine des Blutplasmas (Ausnahmen sind u. a. die Immunglobuline) von der Leber produziert.

Klinik

Bei einer Erniedrigung des Plasmaalbumins in Folge von Verlust über die Nieren oder bei schweren Unterernährungszuständen findet man Ansammlungen von Wasser im Extrazellulärraum, so genannte ***Ödeme***.

Die restlichen 40 % der Plasmaproteine zählen zu den Globulinen bzw. sind Fibrinogen. ***Fibrinogen*** polymerisiert im Rahmen der plasmatischen Blutgerinnung zu Fibrin, das ein Fasernetz bildet (s. auch Kap. 11.4) Zu den γ-Globulinen gehören die Antikörper des Blutes, auch ***Immunglobuline*** genannt, die bei der Abwehr von Fremdorganismen eine wesentliche Rolle spielen (s. Kap. 13.2.1). α- und β-Globuline fungieren, wie auch das Albumin, als Transportproteine. Sie ermöglichen den Transport von wasserunlöslichen oder schwer löslichen Substanzen wie z. B. Fettsäuren und manchen Hormonen, aber auch von Eisen und Spurenelementen. Daneben enthält das Blutplasma noch Enzyme der Blutgerinnung, der Fibrinolyse und des Komplementsystems in inaktiver Form.

Bringt man Blut mit anderen Oberflächen als der normalen Endothelauskleidung der Blutgefäße in Kontakt, z. B. bei der Entnahme oder bei einer Blutung aus einem verletzten Gefäß, so kommt es durch die Aktivierung der Enzyme des plasmatischen Gerinnungssystems zur Gerinnung des Blutes. Die so gebildeten Blutgerinnsel bestehen in der Regel aus den zellulären Bestandteilen des Blutes, die in einem Netz aus Fibrin, dem Endprodukt der plasmatischen Blutgerinnung, enthalten sind. Die verbleibende Flüssigkeit, die mit Ausnahme des fehlenden Fibrinogens im Wesentlichen dem Blutplasma entspricht, bezeichnet man als ***Serum***.

11.2 Erythrozyten

Normalerweise befinden sich bei Männern 4,1–6,0 Mio/μl, bei Frauen 3,9–5,5 Mio/μl Erythrozyten im peripheren Blut.

Klinik

Eine verminderte Anzahl an Erythrozyten im Blut wird im Allgemeinen als ***Anämie***, eine erhöhte als ***Polyzythämie*** bezeichnet. Eine Polyzythämie kann auch durch gravierenden Wassermangel vorgetäuscht sein. Eine Erythrozytose findet man im Allgemeinen als Folge eines physiologischen Anpassungsmechanismus bei Bewohnern großer Höhenlagen (Anden, Nepal).

Die ***Morphologie*** der Erythrozyten ist Ausdruck einer extremen funktionellen Spezialisierung, die den Erythrozyten befähigt, Sauerstoff zu den Geweben zu transportieren und dort abzugeben (Abb. 11.2, 11.3 und 11.4). Zellkern und Organellen fehlen völlig; infolgedessen ist der Erythrozyt eine teilungsunfähige Zelle, der die Fähigkeit zur Proteinsynthese und oxidativen Energiegewinnung abhanden gekommen ist. Das Zytoplasma des Erythrozyten besteht im Wesentlichen aus einer hochkonzentrierten Lösung (300–360 g/l!) des Metalloproteins ***Hämoglobin (Hb)***, das in der Lage ist, reversibel Sauerstoff zu binden. Aufgrund des Fehlens von Zellkern, Organellen und zytoplasmatischem Zytoskelett sind Erythrozyten sehr leicht verformbar. Da Erythrozyten mehr als 99 % der Blutzellen ausmachen, bedingt diese Eigenschaft die niedrige ***Blutviskosität***, bzw. die extrem hohe Fließfähigkeit des Blutes. Erythrozyten setzen einer Verformung durch Strömungskräfte kaum Widerstand entgegen und können daher Blutkapillaren passieren, deren Lumen annähernd halb so groß ist wie ihr eigener Durchmesser (Abb. 11.5).

Im Blutausstrich imponieren die Erythrozyten als bikonkave Scheibchen mit einem Durchmesser von 7,5 μm, von dem im Normalfall nur minimale Abweichungen beobachtet werden (Abb. 11.2, 11.3 und 11.4). Im Randbereich hat der Erythrozyt eine Dicke von 2,5 μm, im Zentrum, das als heller Fleck erscheint, von 1 μm. Infolge der bikonkaven Form besitzt der Erythrozyt ein relativ hohes Verhältnis von Zelloberfläche zu Zellvolumen, welches die Voraussetzung für einen optimalen Gasaustausch und die Verformbarkeit in der Mikrozirkulation zu hütchenförmigen Paraboloiden ermöglicht (Abb. 11.5).

Klinik

Erythrozyten mit Durchmessern größer als 9 μm bezeichnet man als Makrozyten, solche mit Durchmessern kleiner als 6 μm als Mikrozyten. Bei Vorliegen eines großen Anteils von Erythrozyten mit stark variierendem Durchmesser spricht man von einer Anisozytose.

Die Kohlenhydratseitenketten der Glykolipide und -proteine an der äußeren Oberfläche des ***Plasmalemms*** sind u. a. die Träger der ***Blutgruppenantigene***. Die Plas-

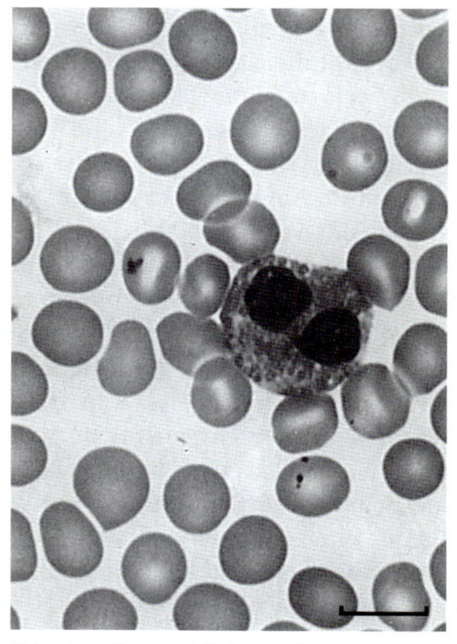

Abb. 11.2. Blutausstrich. Die Erythrozyten zeigen die typische zentrale Aufhellung. Die kernhaltige Zelle ist ein segmentkerniger eosinophiler Granulozyt. Balken = 10 μm. (Aus Junqueira et al. 1998)

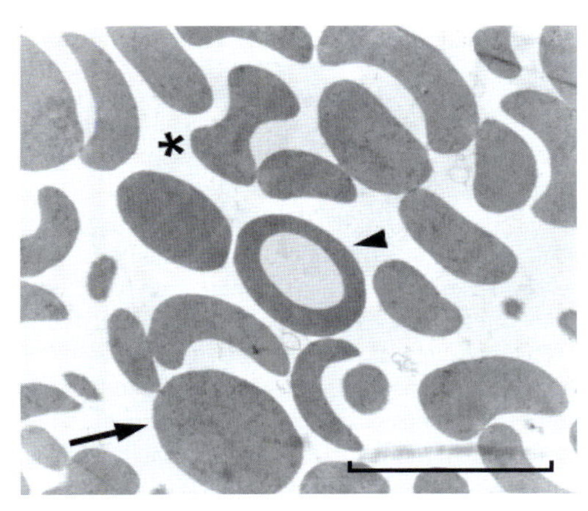

Abb. 11.3. Schnitt durch eine Suspension von Erythrozyten. Die unterschiedliche Orientierung und Lage der Erythrozyten zur Schnittebene bedingt die verschiedenen Schnittprofile. Ein Schnitt durch den größten Durchmesser ergibt eine annähernd kreisförmige Figur (*Pfeil*). Bei der mit *Pfeilspitze* markierten Struktur liegt die Schnittebene parallel dazu etwas höher oder tiefer; hantelförmige Profile (*) entstehen, wenn Erythrozyten senkrecht dazu geschnitten werden. Balken = 10 μm

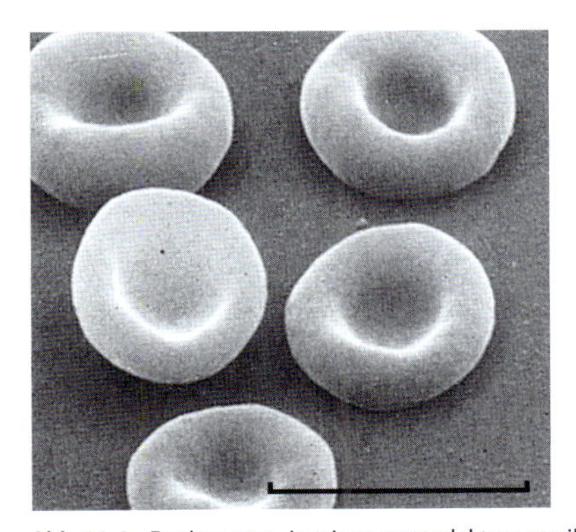

Abb. 11.4. Erythrozyten in einer rasterelektronenmikroskopischen Aufnahme. Balken = 10 μm. (Aus Junqueira et al. 1998)

mamembran der Erythrozyten ist wegen ihrer leichten Isolierbarkeit besonders gut untersucht. Zu den integralen Membranproteinen gehören unter anderem Ionenpumpen, wie die Na^+-K^+-ATPase. Auf der inneren, zytoplasmatischen Oberfläche der Membran bilden periphere Membranproteine ein zweidimensionales ***Membranskelett***, das für die Form und die mechanischen Eigenschaften der Erythrozytenmembran verantwortlich ist (Abb. 11.6). Eine besondere Bedeutung kommt hierbei dem ***Spektrin*** zu, einem filamentären Strukturprotein, das gemeinsam mit Aktin ein polygonales Netz bildet. Die Verbindung dieses Membranskeletts mit dem Plasmalemm geschieht über das Membranprotein 4.1, bzw. Ankyrin, welches an das Membranprotein 3 gekoppelt ist.

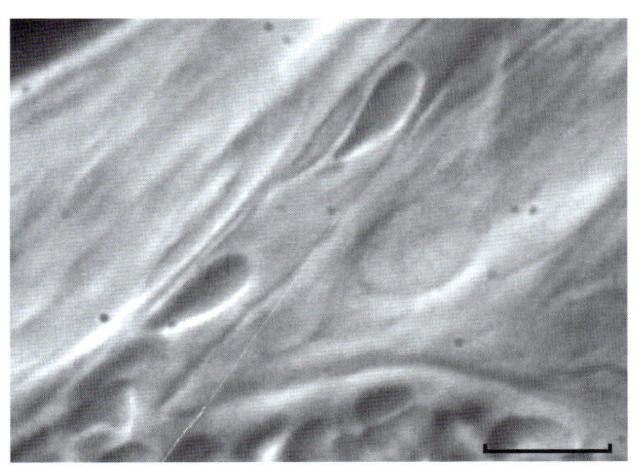

Abb. 11.5. Erythrozyten in Kapillaren des Rattenmesenteriums. Die intravitalmikroskopische Aufnahme zeigt ihre hütchen-, bzw. tropfenartige Verformung in Strömung in einem Gefäß mit einem Durchmesser unter 7.5 μm. Balken = 10 μm. (Aufnahme von Hannelore Heidtmann und Holger Schmid-Schönbein, Institut für Physiologie der RWTH Aachen)

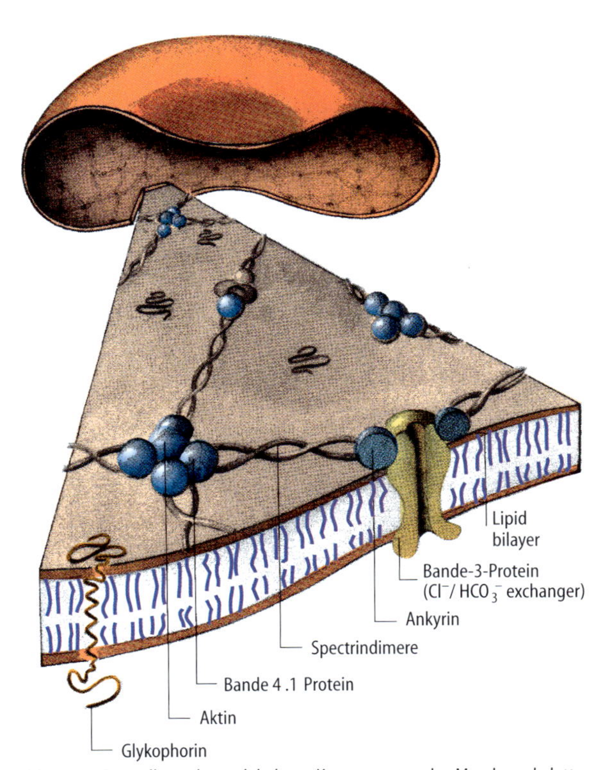

Abb. 11.6. Darstellung der molekularen Komponenten des Membranskeletts auf der zytoplasmatischen (Innen-) Seite der Erythrozytenmembran mit den molekularen Komponenten des Membranskeletts. Der *obere Teil* der Abbildung zeigt die Größenverhältnisse des Membranskeletts zum ganzen Erythrozyten. (Aus Bauer u. Wuillemin 1996)

Klinik Kommt es infolge einer angeborenen Abnormität membranassoziierender Strukturproteine (u. a. Spektrin) zu einem niedrigeren Verhältnis von Oberfläche zu Volumen, so resultiert eine kugelige Form der Erythrozyten, die als ***Sphärozytose*** bezeichnet wird. Trotz eines geringeren Durchmessers ist infolge des verminderten Oberflächen-Volumen-Verhältnisses die Verformbarkeit der Erythrozyten herabgesetzt, was eine verminderte Fließfähigkeit des Blutes bedingt. Daraus resultiert ein gesteigerter Abbau der Erythrozyten dieser Patienten in der Milz mit der Folge einer Anämie.

Neben dem Hämoglobin enthält das Zytoplasma der Erythrozyten Enzyme für die anaerobe, glykolytische Energiegewinnung und Enzymsysteme zur Produktion von Reduktionsäquivalenten (NADPH, NADH), die erforderlich sind, um der Bildung von Methämoglobin bzw. der Oxidation von Sulfhydrylgruppen der zytoplasmatischen Proteine entgegenzuwirken. Der durchschnittliche Hämoglobingehalt eines einzelnen Erythrozyten (MCH = mean corpuscular hemoglobin) beträgt 30 pg.

Klinik Wird ein Wert von 27 pg Hb pro Einzelerythrozyt unterschritten, spricht man von einer ***hypochromen Anämie.***

Das Hämoglobinmolekül, das ein Molekulargewicht von 64,5 kDa besitzt, ist aus vier Untereinheiten aufgebaut, welche dem Myoglobin, dem roten Farbstoff der Muskeln, ähneln. Jede dieser Untereinheiten besteht aus einer Polypeptidkette und einem Porphyrinderivat mit einem zweiwertigen Eisen-Zentralatom. Es gibt unterschiedliche Untereinheiten (α, β, γ, δ, ε), die geringfügig in der Aminosäuresequenz voneinander abweichen. Durch Kombination von jeweils zwei verschiedenen Untereinheiten resultieren verschiedene Hämoglobintypen, die sich in ihrem Sauerstoffbindungsverhalten unterscheiden: So haben Föten ein anderes Hämoglobin (Hb-F) als Erwachsene (Hb-A_1 bzw. Hb-A_2).

Klinik Bei Diabetikern kommt es während hyperglykämischer Phasen zu einer Glykosylierung des Hämoglobins, die auch nach Normalisierung des Blutzuckerspiegels über einige Wochen persistiert. Durch Bestimmung des ***glykosylierten Hämoglobins*** lässt sich unabhängig vom aktuellen Blutglukosegehalt die Stoffwechsellage der letzten 4 Wochen summarisch erfassen.
Kohlenmonoxid hat eine etwa 300-fach größere Affinität zu Hämoglobin als Sauerstoff. Dadurch führen bereits relativ niedrige Konzentrationen an CO zu einer Verdrängung des Sauerstoffs von Hämoglobin und damit zur schweren Sauerstoffmangelversorgung der Gewebe. Sind mehr als 50 % des Hämoglobins mit Kohlenmonoxid besetzt, so besteht akute Lebensgefahr.
Es sind zahlreiche Mutationen des Hämoglobins bekannt. Wird z. B. durch eine Punktmutation in der β-Kette des Hämoglobins Glutaminsäure durch Valin ersetzt, so resultiert daraus Sichelzellhämoglobin (Hb-S). Es hat die Eigenschaft, nach Deoxygenierung in den Kapillaren zu polymerisieren und die Erythrozyten in **Sichelzellen** (Abb. 11.7) umzuwandeln. Die so veränderten Erythrozyten sind schlecht verformbar und lyseanfällig. Das Sichelzellanämie genannte Krankheitsbild ist daher durch Blutgerinnsel, vor allem in den langen dünnen Kapillaren des Nierenmarks, sowie einen gesteigerten Abbau der veränderten Erythrozyten gekennzeichnet.

11.3 Leukozyten

Die Leukozyten sind eine heterogene Zellpopulation, die das Blut als Transport- oder Durchgangskompartiment zwischen ihren Entstehungsorten und dem Funktionsort nutzen. Stark vereinfacht ausgedrückt obliegt den Leukozyten im bindegewebigen Stroma der Organe die Abwehr lebenden und unbelebten Fremdmaterials. Dazu zählen auch körpereigene entartete und abgestorbene Zellen (s. Kap. 4.5 und Kap. 13).

Im Vergleich zu den Erythrozyten mit etwa 5 Millionen pro µl sind die Leukozyten im Blutausstrich deutlich seltener. Beim gesunden Erwachsenen finden sich nur etwa 7000 ± 2000 Leukozyten pro µl Blut. Dieser Normwert liegt beim Neugeborenen erheblich höher (ca. 20 000 pro µl), er fällt in den ersten vier Lebenstagen auf die Hälfte, um dann bis zum vierten Lebensjahr auf etwa 8000 ± 4000 pro µl abzusinken. Typischerweise kann sich die ***Leukozytenkonzentration*** im Blut in Zeiträumen von weniger als einer Stunde bis zu Ta-

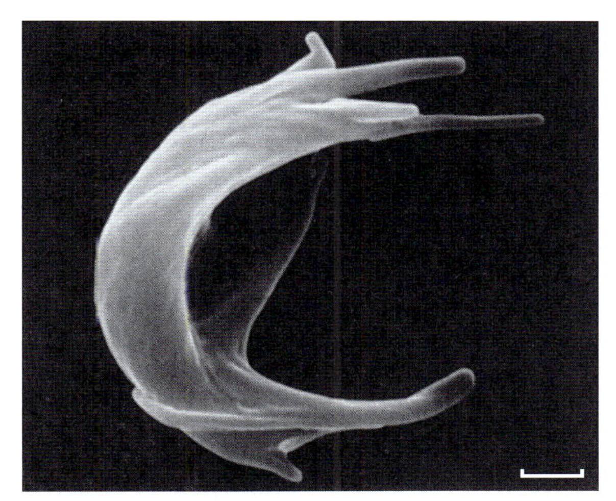

Abb. 11.7. Erythrozyt eines Patienten mit Sichelzellanämie im Rasterelektronenmikroskop. Bei der Desoxygenierung auskristallisiertes Hämoglobin hat zu einer Verzerrung der Zelle mit stark herabgesetzter Verformbarkeit geführt. Balken = ˉ µm. (Aus Junqueira et al. 1998)

gen bei Infekten, Gewebsnekrosen oder Stress ausgeprägt ändern. Für die klinische Diagnostik ist die Bestimmung des Anteils der einzelnen Leukozytentypen an der Gesamtzahl in einem so genannten Differenzialblutbild sehr bedeutsam.

Zur Beurteilung eines ***Differenzialblutbildes*** werden die nachfolgenden Kriterien in absteigender Relevanz herangezogen:

- Form und Struktur des Zellkerns,
- färberisches Verhalten und Größe von zytoplasmatischen Granula,
- die Kern-Plasma-Relation,
- die Zellgröße.

In Abhängigkeit vom Vorliegen lichtmikroskopisch differenzierbarer Granula in ihrem Zytoplasma können Leukozyten grob in zwei Gruppen unterteilt werden: Granulozyten und Agranulozyten. In der pathologischen Diagnostik ist jedoch die Einteilung in ***polymorphkernige*** (d.h. ***segmentkernige***) Leukozyten, die den Granulozyten entsprechen, und ***mononukleäre*** Leukozyten, die den Agranulozyten entsprechen, gebräuchlicher. Erstere haben einen irregulär geformten, segmentierten Kern, letztere einen regelmäßiger geformten, runden bis nierenförmigen Kern. Größen und Konzentrationen der einzelnen Blutzellen, wie sie für ein normales Differenzialblutbild typisch sind, zeigt Tabelle 11.1.

Tabelle 11.1. Größe und Anzahl von menschlichen Blutzellen

Zelltyp	Durchmesser	Anzahl
Erythrozyten	6,5–8 µm	Männer: $4{,}1–6 \times 10^6/\mu l$ Frauen: $3{,}9–5{,}5 \times 10^6/\mu l$
Leukozyten davon		6000–10 000/µl
Neutrophile	12–15 µm	60–70 %
Eosinophile	12–15 µm	2–4 %
Basophile	12–15 µm	0–1 %
Lymphozyten	6–18 µm	20–30 %
Monozyten	12–20 µm	3–8 %
Thrombozyten	2–4 µm	200 000–400 000/µl

Klinik

Seit über einem Jahrzehnt wird die Erstellung von Differenzialblutbildern mit der Hilfe von Analyseautomaten durchgeführt. Dabei erfolgt die Differenzierung in einem so genannten ***Leukogramm*** nach der Zellgröße sowie Basophilie und Peroxidaseaktivität der Granula.

11.3.1 Neutrophile Granulozyten

Die neutrophilen Granulozyten stellen 55–70 % der zirkulierenden Leukozyten und haben im Blutausstrich einen Durchmesser von 12–15 µm. Sie sind anhand ihres charakteristischen Zellkerns leicht zu identifizieren: Er besteht aus 2–5 (in der Regel 3) Segmenten, die durch schmale Brücken miteinander verbunden sind. Diese Kernform hat zu der Bezeichnung ‚segment- oder polymorphkernige' Granulozyten Anlass gegeben (Abb. 11.2, 11.8, und 11.9). In elektronenmikroskopischen Aufnahmen sind die die Kernsegmente verbindenden Brücken häufig nicht angeschnitten, so dass der Eindruck einer Zelle mit mehreren kleinen Zellkernen entsteht (Abb. 11.10 und 11.12). Das Chromatin liegt überwiegend als kondensiertes Heterochromatin vor. Bei weiblichen Individuen liegt das inaktive X-Chromosom bei vielen Neutrophilen in Form eines trommelschlägelförmigen Anhängsels (sog. ‚***drum stick***') eines der Kernsegmente vor (Abb. 11.8, s. auch Barr-Körperchen Kap. 2.4).

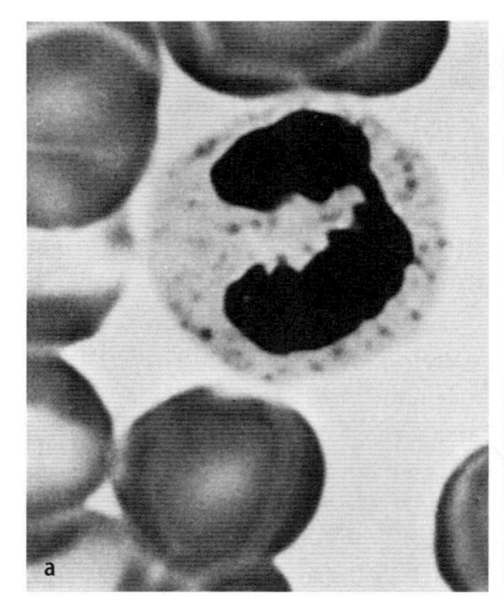

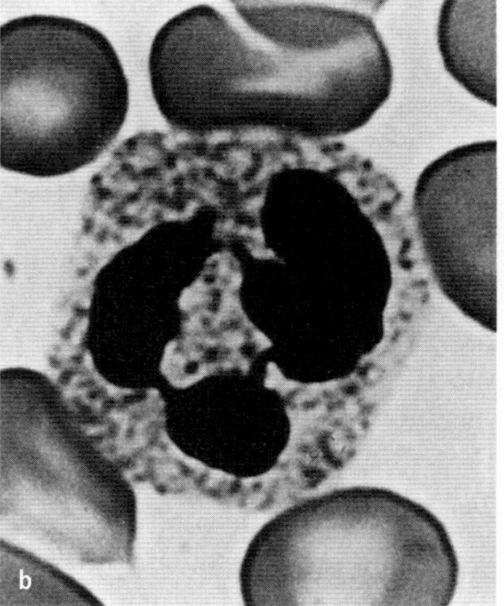

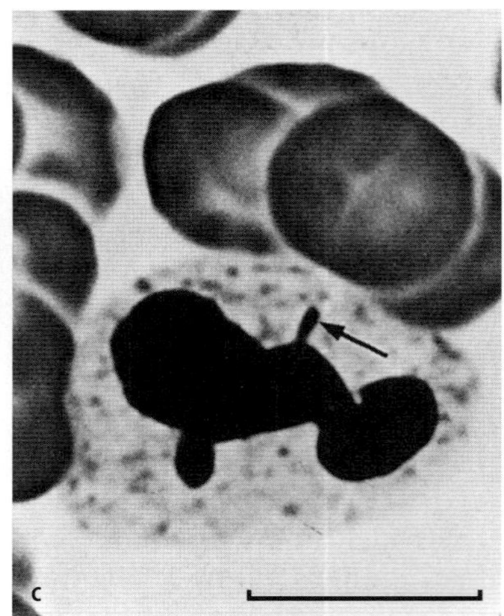

Abb. 11.8. Verschiedene Erscheinungsformen neutrophiler Leukozyten. Der Leukozyt in der *oberen Abbildung* dürfte jünger als der Leukozyt mit dem stark segmentierten Kern in der *mittleren Abbildung* sein. *Unten* Leukozyt mit drumstick (*Pfeil*). (Aus Junqueira et al. 1996)

Entsprechend dem Namen ‚neutrophile Granulozyten' enthält das Zytoplasma zahlreiche Granula, die sich gleichermaßen mit basischen wie sauren Farbstoffen anfärben und somit eine graue Mischfarbe haben. Wegen ihrer geringen Größe und dem schlechten Färbekontrast zum umgebenden Zytoplasma sind die Granula oft kaum zu sehen. Die meisten der insgesamt bis zu 400 Granula in einer Zelle gehören zu den so genannten ***spezifischen Granula***, die im Elektronenmikroskop durch einen etwas helleren Inhalt und Durchmesser um 0,4 µm gekennzeichnet sind. Sie enthalten unter anderem Lysozym, Laktoferrin und Myeloperoxidase. Daneben kommen etwas größere und elektronendichte Granula mit einem Inhalt an katabolen Enzymen vor, die ***primäre Lysosomen*** darstellen. Im Zytoplasma finden sich nur wenige freie Ribosomen, rauhes endoplasmatisches Retikulum und Golgi-Apparate, was auf eine geringe Proteinsynthese der Zelle schließen lässt. Dafür spricht auch der nicht erkennbare Nukleolus und der heterochromatinreiche Kern. Die wenigen Mitochondrien sowie die große Zahl an Glykogengranula zeigen, dass die Zellen den Energiebedarf zumindest teilweise durch anaerobe Glykolyse decken.

Die ***Verweildauer***, der neutrophilen Granulozyten im Blut ist nur kurz. Wie für alle Granulozyten stellt das Blut für sie nur einen vorübergehenden Aufenthaltsort auf dem Weg zwischen dem Ort ihrer Bildung im Knochenmark (s. Kap. 12.5) und dem ‚Einsatzort', meist dem bindegewebigen Stroma der Organe dar, wo sie zu den freien Bindegewebszellen zählen (s. Kap. 4.5). Ihre Halbwertzeit im Blut beträgt etwa 6–7 Stunden. Im Bindegewebe, wo wir neben dem Knochenmark die meisten neutrophilen Granulozyten finden, beträgt ihre ***Lebensdauer*** je nach funktioneller Beanspruchung bis zu vier Tage. Daher und im Gegensatz zu den mononukleären Leukozyten (Monozyten und Lymphozyten) bezeichnet man die segmentkernigen Granulozyten, wie auch die basophilen und eosinophilen, als Endzellen.

Funktion▶ Die Funktion der Neutrophilen besteht hauptsächlich in der Abwehr akuter bakterieller Infekte und dem Abbau abgestorbener körpereigener Gewebe, so genannter Nekrosen (s. Kap. 4.5). Die insgesamt ca. 20 Milliarden im Blut zirkulierenden neutrophilen Granulozyten, der so genannte ***zirkulierende Pool***, stellen nur etwa ein Viertel der fertig ausdifferenzierten Neutrophilen dar. Noch einmal dieselbe Anzahl von Neutrophilen haftet an den Gefäßwänden vor allem in Milz und Lunge und wird als ***marginaler Pool*** bezeichnet. Der ***Knochenmarkspool*** an reifen neutrophilen Granulozyten umfasst weitere 40 Milliarden. Marginaler und Knochenmarkspool stellen eine rasch mobilisierbare Zellreserve dar, die einen plötzlich gesteigerten Bedarf des Organismus an Neutrophilen bis zum Greifen von Proliferationsprozessen im Knochenmark zu überbrücken vermag. Die meisten Granulozyten werden durch Apoptose (s. Kap. 2.5) abgebaut, ohne je aktiv geworden zu sein.

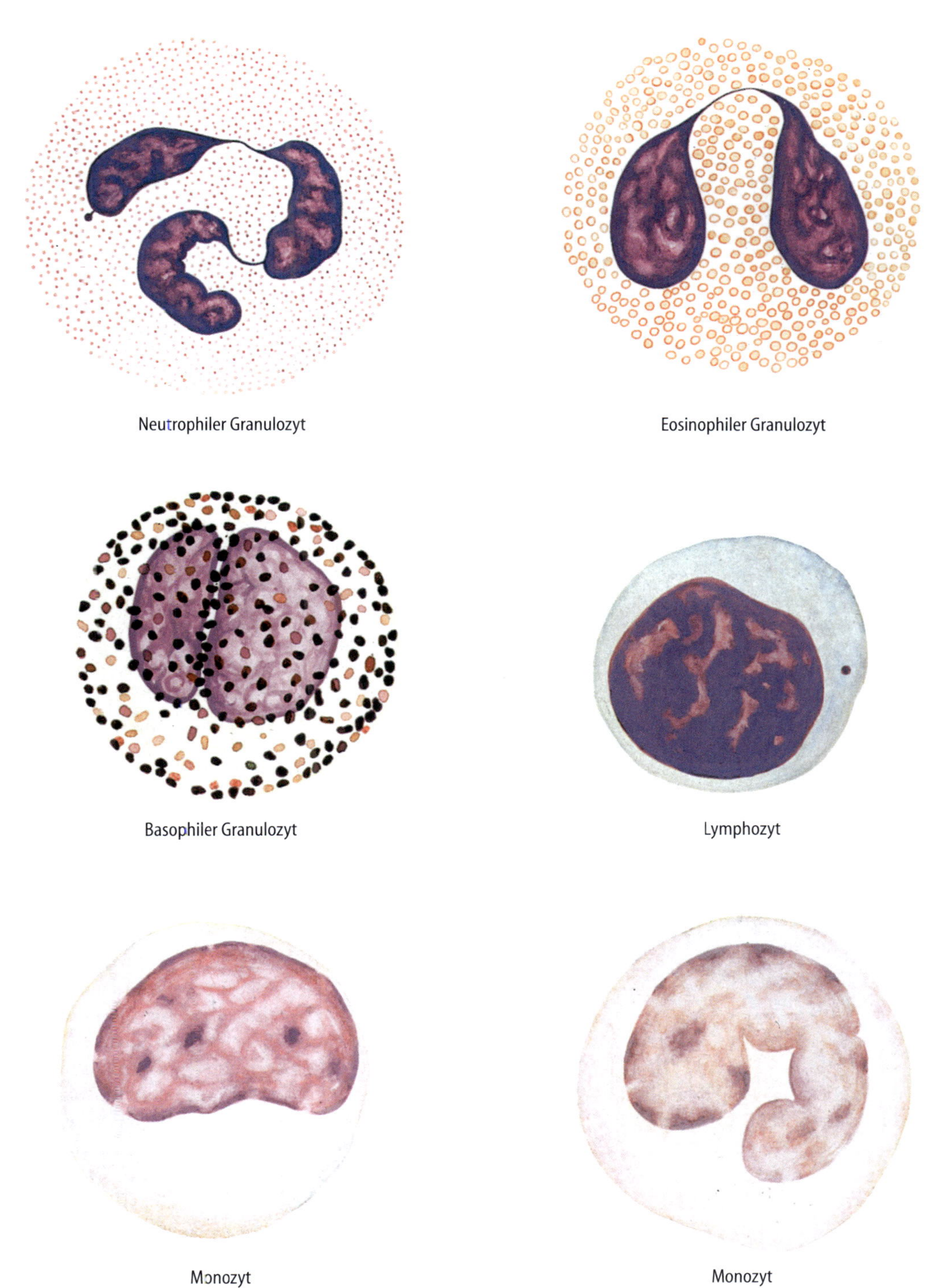

Abb. 11.9. Die fünf Typen von menschlichen Leukozyten. (Aus Junqueira et al. 1998)

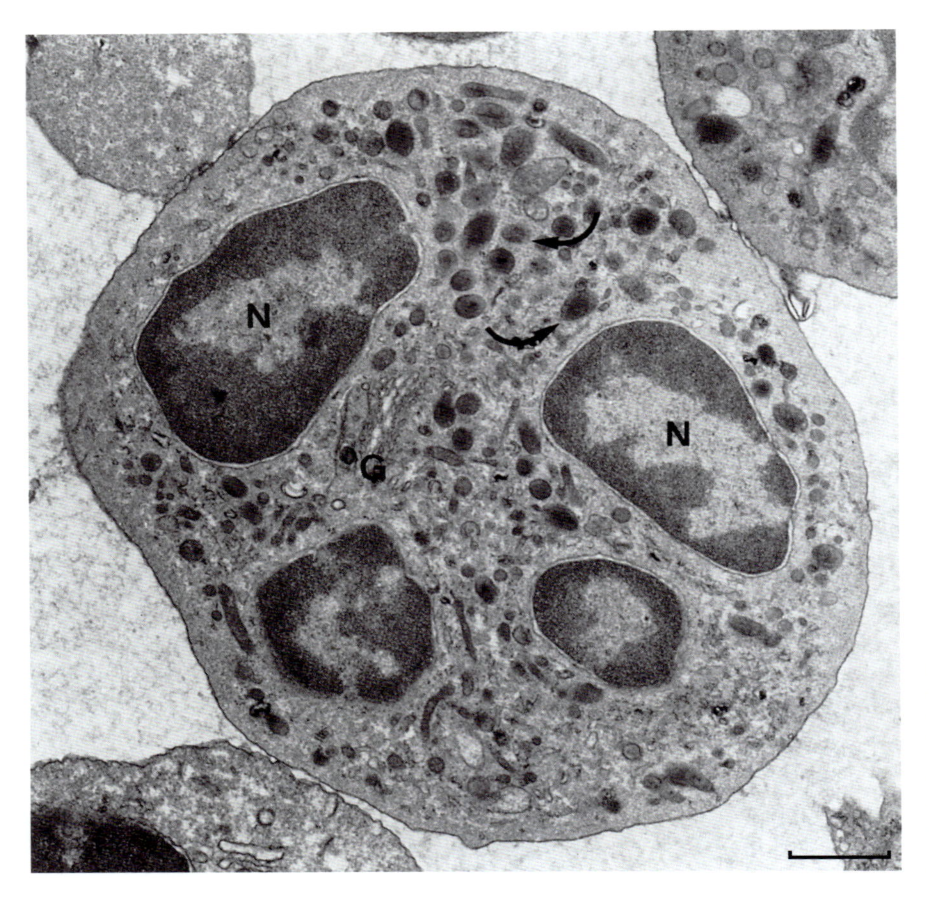

Abb. 11.10. Segmentkerniger neutrophiler Granulozyt im Elektronenmikroskop. Es sind vier Kernsegmente (*N*) angeschnitten, die Verbindungen und mögliche weitere Segmente liegen außerhalb der Schnittebene. Die *gebogenen Pfeile* weisen auf spezifische Granula, *G* auf den Golgi-Apparat. Balken = 1 μm. (Aus Junqueira et al. 1996)

Klinik Es kann, vor allem bei akuten bakteriellen Infekten wie z. B. bei einer Appendizitis, zu einem Anstieg der Konzentration der neutrophilen Granulozyten im Blut innerhalb von Stunden bis auf das Doppelte kommen.

Eigenschaften▸ Mit folgenden Fähigkeiten bewältigen die neutrophilen Granulozyten ihre Abwehraufgaben:

- ***Emigration,***
- ***Chemotaxis und amöboide Beweglichkeit,***
- ***Phagozytose und lysosomaler Abbau.***

Da bakterielle Infektionen in der Regel extravasal ablaufen, ist zu ihrer Abwehr eine Auswanderung ***(Emigration)*** der neutrophilen Granulozyten aus intakten Blutgefäßen erforderlich. An diesem auch als Leukodiapedese bezeichneten Prozess ist eine Reihe von ***Zelladhäsionsmolekülen (CAMs)*** (s. Kap. 3) an den Oberflächen von Granulozyten und Endothelzellen, vor allem der Kapillaren und postkapillären Venolen, beteiligt. Parakrin wirkende Mediatoren aus geschädigten Zellen oder aus Abwehrzellen im Entzündungsherd steigern die Expression von Selektinen an der Oberfläche der Endothelzellen benachbarter Kapillaren. ***Selektine*** sind eine Gruppe von Zelladhäsionsmolekülen, die ganz allgemein im Organismus die Haftung von Zellen an anderen Zellen oder an extrazellulären Strukturen vermitteln (s. Kap. 3). Oligosaccharide auf der Oberfläche der Granulozyten fungieren als Liganden für die Selektine an der Oberfläche der Endothelzellen. Die so vermittelte Bindung ist relativ schwach und kann von Strömungskräften überwunden werden, führt aber zum Abbremsen der Granulozyten gegenüber dem Blutstrom, was als ‚Rollen' am Endothel bezeichnet wird. Übersteigt die Stimulation des Endothels durch Entzündungsmediatoren einen bestimmten Grad, so kommt es zur Expression weiterer Rezeptoren aus der ***Immunglobulin-Gen-Superfamilie*** wie z. B. ICAM-1, deren Partner auf der Granulozytenmembran Zell-Adhäsionsmoleküle vom Integrintyp sind. ***Integrine*** vermitteln eine stabile Bindung der Granulozyten an die Endothelzellen. Sie lösen in den Endothelzellen intrazelluläre Prozesse aus, die eine Öffnung der Zellverbindungen zwischen benachbarten Endothelzellen bewirken. Die Granulozyten werden so in die Lage versetzt, zwischen den Endothelzellen hindurch unter vorübergehender Auflösung der Basallamina aus der Kapillare ins Gewebe auszuwandern. Neutrophile Granulozyten besitzen Rezeptoren für Entzündungsmediatoren wie z. B. Leukotriene und Prostaglandine, die u. a. aus geschädigten oder abgestorbenen Zellen freigesetzt werden.

Sie sind auch in der Lage, sich auf die Quelle dieser Mediatoren zuzubewegen, was als ***Chemotaxis*** bezeichnet wird (s. Kap. 4.5). Die amöboide Beweglichkeit ist letztlich eine Funktion kontraktiler Proteine (Aktin, Myosin) und erreicht Geschwindigkeiten von 20–40 μm/min. Die Energie für diesen Prozess stammt aus der Spaltung von ATP, das infolge der reichen Ausstattung der Zellen mit Glykogen durch anaerobe Glykolyse gewonnen werden kann. Dies ist vor allem in Anbetracht der schlechten Durchblutung und damit Sauerstoffversorgung in geschädigten Gewebsbezirken von Vorteil.

Sobald die neutrophilen Granulozyten die Erreger im Gewebe erreicht haben, umschließen sie diese mit zytoplasmatischen Fortsätzen, den Pseudopodien, die miteinander fusionieren und so die Erreger oder sonstiges Fremdmaterial in eine Vakuole, die auch als Phagosom bezeichnet wird, einschließen. Unmittelbar nach der ***Phagozytose*** (s. Kap. 4.5) fusionieren die Phagosomen mit den spezifischen Granula und den primären Lysosomen. Der pH des so entstandenen Phagolysosoms wird mit Hilfe der V-ATPase in den sauren Bereich abgesenkt, so dass die lysosomalen Enzyme das phagozytierte Material abbauen können. Daneben werden Sauerstoffradikale gebildet, die auf Mikroorganismen toxisch wirken. Lysozym löst speziell die Zellwände einiger gram-positiver Bakterien auf, Laktoferrin greift durch Bindung von Eisen hemmend in den Bakterienstoffwechsel ein. Die im Rahmen der Phagozytose aktivierten Enzyme und gebildeten toxischen Substanzen wirken jedoch nicht nur gegen Mikroorganismen, sondern letztlich auch gegen die neutrophilen Granulozyten, deren Tod und Lyse sie verursachen. Sie gelangen dann ins umgebende Gewebe, so dass es, falls der Abwehrprozess ein bestimmtes Ausmaß überschreitet, auch zur Einschmelzung von Zellen und Extrazellulärsubstanz kommt, wie z. B. bei der Bildung von Abszessen (s. Kap. 4.5).

Klinik

Die zähflüssige Masse aus abgestorbenen neutrophilen Granulozyten, abgetöteten und gegebenenfalls noch lebenden Bakterien sowie halbverdautem Gewebe wird als ***Eiter*** bezeichnet.

Bei einem Absinken der neutrophilen Granulozyten im Blut unter den Normbereich spricht man von einer ***Neutropenie***, bei einem Fehlen von einer ***Agranulozytose***. Dies kann im Rahmen einer allergischen Reaktion auf bestimmte Medikamente auftreten oder im Rahmen einer Tumortherapie mit Mitosehemmern bzw. mit ionisierenden Strahlen. Neutropenie und Agranulozytose sind durch eine abnorme Anfälligkeit gegenüber bakteriellen Infekten gekennzeichnet. Bei einer lebensbedrohlichen Agranulozytose sind eine schnelle Transfusion funktionsfähiger neutrophiler Granulozyten und andere Maßnahmen erforderlich.

Bei einem Mangel an neutrophilen Granulozyten werden Infektionen mit Keimen beobachtet, die normalerweise im menschlichen Organismus vorkommen und nicht pathogen sind. Dies macht deutlich, dass der ‚Normalzustand' ein Gleichgewicht zwischen dem menschlichen Organismus und seinen mikrobiellen Bewohnern darstellt, das nur durch eine ständige, effiziente Abwehr aufrechterhalten wird. Bei normalen Konzentrationen von neutrophilen Granulozyten im Blut kann Anfälligkeit gegenüber bakteriellen Infekten auf Dysfunktionen der Neutrophilen zurückgeführt werden wie z. B. fehlende Fähigkeit, Sauerstoffradikale zu bilden oder eingeschränkte amöboide Beweglichkeit.

11.3.2 Eosinophile Granulozyten

Etwa 2–3 % der Leukozyten eines Blutausstrichs sind Eosinophile. Ihr Durchmesser im Ausstrichpräparat beträgt 12–15 μm, ihr Kern besteht typischerweise aus zwei Segmenten. Wie bei den Neutrophilen sind endoplasmatisches Retikulum, Golgi-Apparat und Mitochondrien spärlich entwickelt, Glykogenpartikel dagegen reichlich vorhanden. Identifiziert werden sie anhand der zahlreichen, kräftig rot gefärbten (eosinophilen) Granula (Abb. 11.9). Elektronenmikroskopisch (Abb. 11.11) fällt an den 0,5–1,5 μm messenden ovalen Granula ein in der Längsachse angeordneter elektronendichter kris-

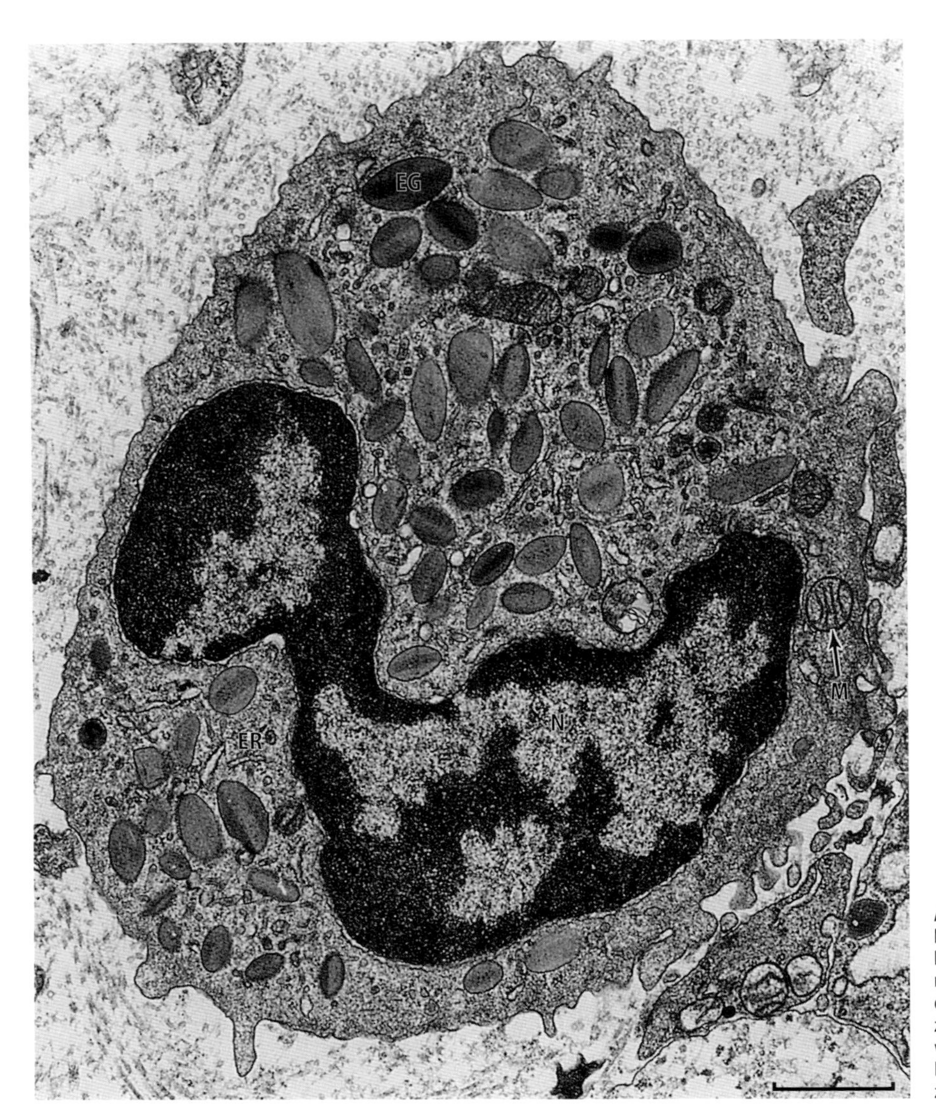

Abb. 11.11. Eosinophiler segmentkerniger Granulozyt im Elektronenmikroskop. Im Zytoplasma typische eosinophile Granula (*EG*) mit kristalloidem, elektronendichtem Kern, vereinzelte Mitochochondrien (*M*) und etwas rauhes endoplasmatisches Retikulum (*ER*). Balken = 1 μm. (Modifiziert nach Junqueira et al. 1998)

talloider Kern auf, der hauptsächlich aus dem major basic protein (MBP) besteht. Sein hoher Anteil an der basischen Aminosäure Arginin ist für die eosinophile Reaktion der Granula verantwortlich. Die amorphe, weniger elektronendichte Peripherie der Granula enthält hauptsächlich katabole Enzyme und qualifiziert sie somit als modifizierte Lysosomen.

Funktion▸ Dem major basic protein wird eine antihelmintische Wirkung zugeschrieben, dementsprechend findet man eine Erhöhung der Anzahl an Eosinophilen im Blut (Eosinophilie) bei Infektionen mit Parasiten. Eine weitere Funktion der eosinophilen Granulozyten liegt in der Phagozytose von Antigen-Antikörperkomplexen. Eosinophile Granulozyten sind ferner in der Lage, Substanzen zu produzieren, die die durch andere Abwehrzellen (vor allem Neutrophile, Basophile und Makrophagen) unterhaltene Entzündungsreaktion im Gewebe dämpfen und begrenzen (s. Kap. 4.5). Die Sekretion von Antagonisten des Entzündungsmediators Histamin spielt eine besondere Rolle bei allergischen Erkrankungen, bei denen gehäuft eine Eosinophilie zu beobachten ist. Analog den neutrophilen Granulozyten sind Eosinophile in der Lage, intakte Gefäße der Mikrozirkulation zu verlassen, zeigen chemotaktisch gelenkte amöboide Beweglichkeit und eine, wenn auch schwächer ausgeprägte Fähigkeit zur Phagozytose.

11.3.3 Basophile Granulozyten

Basophile Granulozyten machen lediglich 0,5–1% der Leukozyten im Blut aus. Sie messen etwa 10–14 μm im Durchmesser. Ihr Kern ist meist völlig von den auffälligen Granula verdeckt (Abb. 11.9). Für ihren Proteinsyntheseapparat und ihre Mitochondrien gilt Ähnliches wie für Neutrophile und Eosinophile. Die Granula der Basophilen sind deutlich größer als die der eosinophilen und neutrophilen Granulozyten (1–2 μm) und färben sich infolge ihres Gehaltes an Heparin intensiv blau (Abb. 11.12). Neben dem gerinnungshemmenden Wirkstoff Heparin enthalten die Granula den Entzündungsmediator Histamin und sind an der Bildung von Entzündungsmediatoren vom Typ der Leukotriene beteiligt.

Offenbar bestehen deutliche morphologische und funktionelle Ähnlichkeiten zwischen den Basophilen des Blutes und den im Gewebe ansässigen Mastzellen (s. Kap. 4.5). Darüber hinaus können basophile Granulozyten in die Gewebe auswandern und dort analog den Mastzellen bei der Förderung von Entzündungsreaktionen wirken. Trotz dieser Ähnlichkeiten sind nach unserem derzeitigen Kenntnisstand Basophile nicht die Vorläufer von Mastzellen.

11.3.4 Lymphozyten

Lymphozyten gehören zu den mononukleären Zellen und machen etwa 20–40% der Leukozyten im Differenzialblutbild aus. Es handelt sich bei ihnen um eine heterogene Zellgruppe, die über den immunzytochemischen Nachweis bestimmter Oberflächenmarker in verschiedene, auch funktionell unterschiedliche Subtypen unterteilt werden können. Im Blutausstrich kann man sie lediglich nach ihrem Durchmesser in kleine (6–8 μm), mittelgroße (bis 11 μm) und große (bis 16 μm) Lymphozyten unterteilen, wovon die kleinen Lymphozyten dominieren. Man nimmt an, dass die ***mittelgroßen*** und ***großen*** Lymphozyten durch Antigene aktivierte Formen darstellen.

Kleine Lymphozyten haben einen runden, chromatindichten Kern, ihre Kern-Plasma-Relation ist extrem zu Gunsten des Kerns verschoben, so dass man den schmalen Zytoplasmasaum um den Kern kaum erkennen kann (Abb. 11.9). Ihre mechanische Fragilität

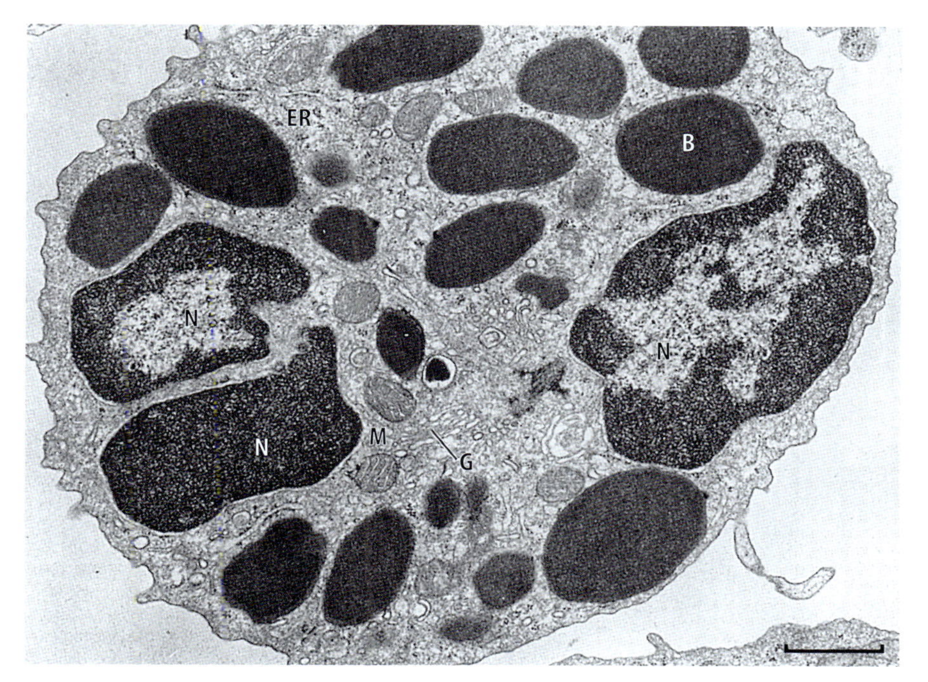

Abb. 11.12. Basophiler segmentkerniger Granulozyt im Elektronenmikroskop. Drei heterochromatinreiche Kernsegmente (*N*) sind angeschnitten. Das Zytoplasma wird dominiert von den typischen, großen, elektronendichten basophilen Granula (*B*), daneben einige Mitochondrien (*M*), etwas rauhes endoplasmatisches Retikulum (*ER*) und Golgi-Apparat (*G*). Balken = 1 μm. (Modifiziert nach Junqueira et al. 1998)

führt manchmal dazu, dass sie beim Anfertigen eines Ausstrichpräparates platzen und dann als sog. Gumprecht- Kernschatten vorliegen. Elektronenmikroskopisch kann man einen Nukleolus im Kern erkennen, im Zytoplasma spezifische Granula und Mitochondrien (Abb. 11.13). Endoplasmatisches Retikulum und Golgi-Apparat sind kaum entwickelt, dagegen enthalten die Zellen stets ein paar Zentriolen. Lymphozyten haben mit Granulozyten gemeinsam die Fähigkeit zur Emigration aus Blutgefäßen und die amöboide Beweglichkeit sowie die Herkunft von einer gemeinsamen Stammzelle, dem Hämozytoblasten (s. Kap. 12.3). Im Gegensatz zu Granulozyten sind Lymphozyten jedoch in der Lage, aus den Geweben über den Lymphstrom wieder ins Blut zurückzukehren. Ihre Lebensdauer kann teilweise (bei den memory cells) Jahrzehnte erreichen. Vor allem aber sind sie keine Endzellen: Auf einen antigenen Reiz hin können sie sich teilen und beispielsweise in Plasmazellen differenzieren (s. Kap. 4.5). Im Gegensatz zu den Granulozyten gehören sie zur ***adaptiven Immunabwehr***, die sich an ganz bestimmten Molekülstrukturen orientiert (s. Kap. 13.2.1).

Mit immunzytochemischen Methoden können grundsätzlich zwei verschiedene Klassen von Lymphozyten im Blut und den Geweben unterschieden werden: B- und T-Lymphozyten. ***B-Lymphozyten*** (s. Kap. 13.2.1) tragen an ihrer Zelloberfläche Immunglobuline, die hochspezifisch an distinkte Molekülstrukturen an der Oberfläche von belebtem oder unbelebtem körperfremdem Material, so genannten Antigenen, binden. Bindung des spezifischen Antigens an das Immunglobulin (Antikörper) auf der Oberfläche eines B-Lymphozyten stellt einen Reiz für diese Zellen dar, die ihre Proliferation und die Differenzierung zu Immunglobuline sezernierenden ***Plasmazellen*** auslöst (s. Kap. 13.2.1). Immunglobuline, die zur Fraktion der γ-Globuline der Plasmaproteine gehören, stellen als lösliche Makromoleküle den spezifischen Teil der ***humoralen Abwehr*** gegen Fremdmaterial dar.

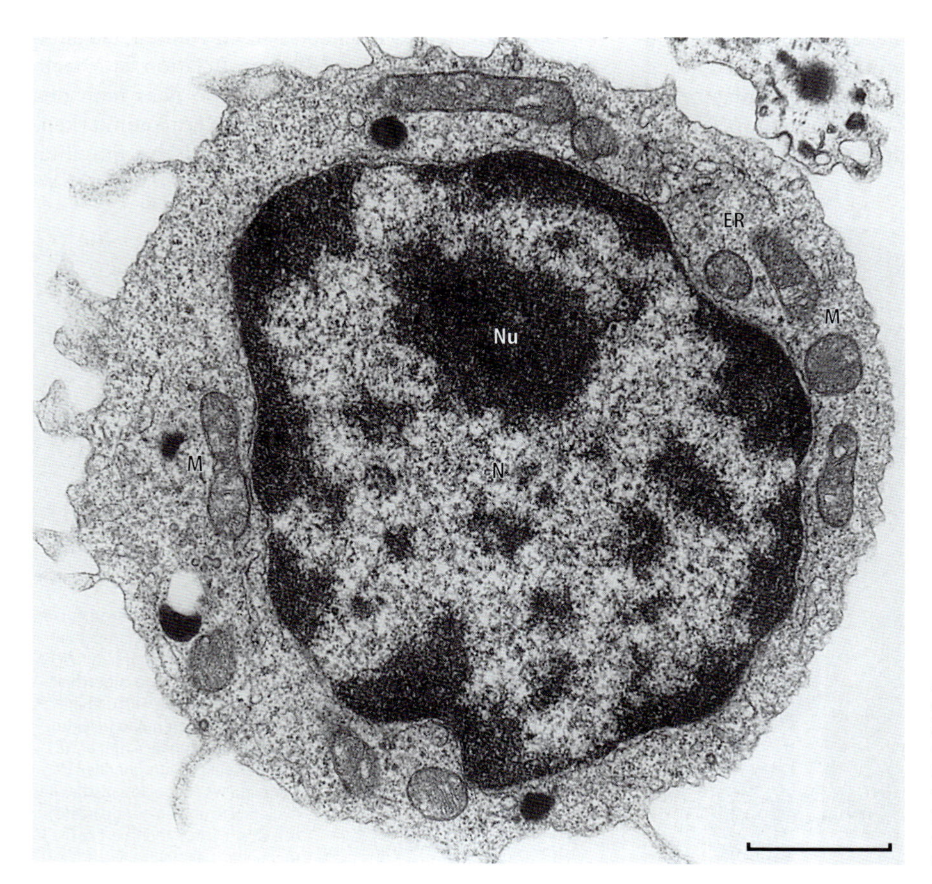

Abb. 11.13. Kleiner Lymphozyt im elektronenmikroskopischen Bild. Der Zellkern (*N*) enthält einen Nukleolus (*Nu*). Im Zytoplasma fallen neben einer relativ hohen Mitochondriendichte (*M*) zahlreiche Polyribosomen und rauhes endoplasmatisches Retikulum (*ER*) auf. Balken = 1 µm. (Modifiziert nach Junqueira et al. 1998)

T-Lymphozyten tragen an ihrer Oberfläche keine Immunglobuline, jedoch Rezeptoren, die mit präsentierten Fremdantigenfragmenten reagieren (s. Kap. 13.2.2). Anhand bestimmter Oberflächenmarker, die in einem System so genannter ‚clusters of differentiation' (CD) klassifiziert sind, lassen sie sich in vier Subgruppen unterteilen:

CD8-positive *zytotoxische T-Zellen* töten virusinfizierte oder maligne entartete Zellen des eigenen Körpers durch direkten Kontakt, indem sie in den angegriffenen Zellen Apoptose auslösen und/oder durch Insertion von Perforinen in die Membran Poren bilden, die zur Lyse der entsprechenden Zelle führen (s. Kap. 13.2.2).

CD4-positive *T-Helfer-Lymphozyten* (*T_H1-Zellen*), aktivieren Makrophagen, die Fragmente von Fremdantigenen präsentieren (s. Kap. 13.2.2).

Ebenfalls CD4-positive *T-Helfer-Lymphozyten* (*T_H2-Zellen*) stimulieren die Differenzierung von B-Lymphozyten und die Produktion von Antikörpern (s. Kap. 13.2.2).

Klinik Die Bedeutung dieser Zellen wird bei der erworbenen Immunschwäche (AIDS) deutlich, bei dem das HIV-Virus selektiv lediglich diese Lymphozytenpopulation befällt und zerstört.

Ungefähr 70–80 % der zirkulierenden Lymphozyten lassen sich aufgrund ihrer Oberflächenantigene den T-Zellen zuordnen, 15–20 % den B-Zellen. Ungefähr 10 % der Zellen, die morphologisch als Lymphozyten im Blutausstrich identifiziert werden, tragen weder B-noch T-typische Oberflächenmarker und werden als *Null-Zellen* bezeichnet. Es wird angenommen, dass es sich hierbei um eine heterogene Zellfraktion handelt, die unter anderem undifferenzierte hämatopoetische Stammzellen enthält.

Zu den Null-Zellen gehören auch die *natürlichen Killer-Zellen* (NK-Zellen), welche im Gegensatz zu den zytotoxischen T-Lymphozyten virusinfizierte Zellen und Tumorzellen ohne die Mitwirkung von antigenpräsentierenden Zellen und T-Helfer-Zellen abtöten können und wie Makrophagen und neutrophile Granulozyten ein Teil der angeborenen Immunität sind (s. Kap. 13.1).

11.3.5 Monozyten

Monozyten, die zweite Population mononukleärer Zellen, stellen 4–5 % der Leukozyten des Blutes und sind mit Durchmessern zwischen 12 und 25 μm die größten Zellen im Blutausstrich. Der ovale bis typischerweise nierenförmige Zellkern enthält Chromatin in relativ feindisperser Form und unterscheidet sich dadurch von dem der anderen Leukozyten (Abb. 11.9). Bei der Abgrenzung gegenüber den großen Lymphozyten hilft auch die Kern-Plasma-Relation, die beim Monozyten zwischen der der Granulozyten und der der Lymphozyten liegt. Das Zytoplasma färbt sich typischerweise graublau (schwach basophil). Im Elektronenmikroskop können viele typische Lysosomen beobachtet werden. Im Kern finden sich ein oder zwei Nukleolen, im Zytoplasma ein schwach entwickeltes rauhes endoplasmatisches Retikulum. Im Gegensatz zu den anderen Leukozyten ist der Golgi-Apparat ausgeprägt und Mitochondrien sind reichlich vorhanden (Abb. 11.14). Die Zellperipherie ist durch zahlreiche Mikrovilli und pinozytotische Bläschen charakterisiert.

Ähnlich wie die Granulozyten nutzen die Monozyten das Blut lediglich zum Transport vom Knochenmark zu den Geweben, in die sie über analoge Mechanismen wie die Granulozyten auswandern. Ihre Halbwertzeit im peripheren Blut schwankt zwischen 12 und 100 Stunden. Ihre Überlebensdauer im Gewebe hängt ab von ihrer funktionellen Belastung und kann Monate erreichen. Im Unterschied zu den Granulozyten sind die Monozyten, wie die Lymphozyten, keine Endzellen: in Abhängigkeit von den Geweben, in die sie emigrieren, differenzieren sie sich zu den verschiedenen Mitgliedern des *Systems der mononukleären Phagozyten* (*MPS*, s. Kap. 4.4.2). Dazu gehören die

- Makrophagen in Knochenmark und lymphatischen Organen (s.Kap. 13.2.3), im Peritoneum und im bindegewebigen Stroma der Organe,
- Zellen der Mikroglia des ZNS (s. Kap. 8.3.4),
- Kupffer-Zellen der Leber (s. Kap. 15.3),
- Alveolarmakrophagen der Lunge (s. Kap. 16.6),
- Langerhans-Zellen in der Haut (s. Kap. 17.1),
- mehrkernigen Chondro- und Osteoklasten (s. Kap. 6 und 7.1) des Stützgewebes.

Neben den auch als Mikrophagen bezeichneten neutrophilen Granulozyten übernehmen die Makrophagen die Bekämpfung mikrobieller Erreger in den Geweben sowie die Beseitigung von Fremdmaterial und abgestorbenen körpereigenen Zellen. Die Makropha-

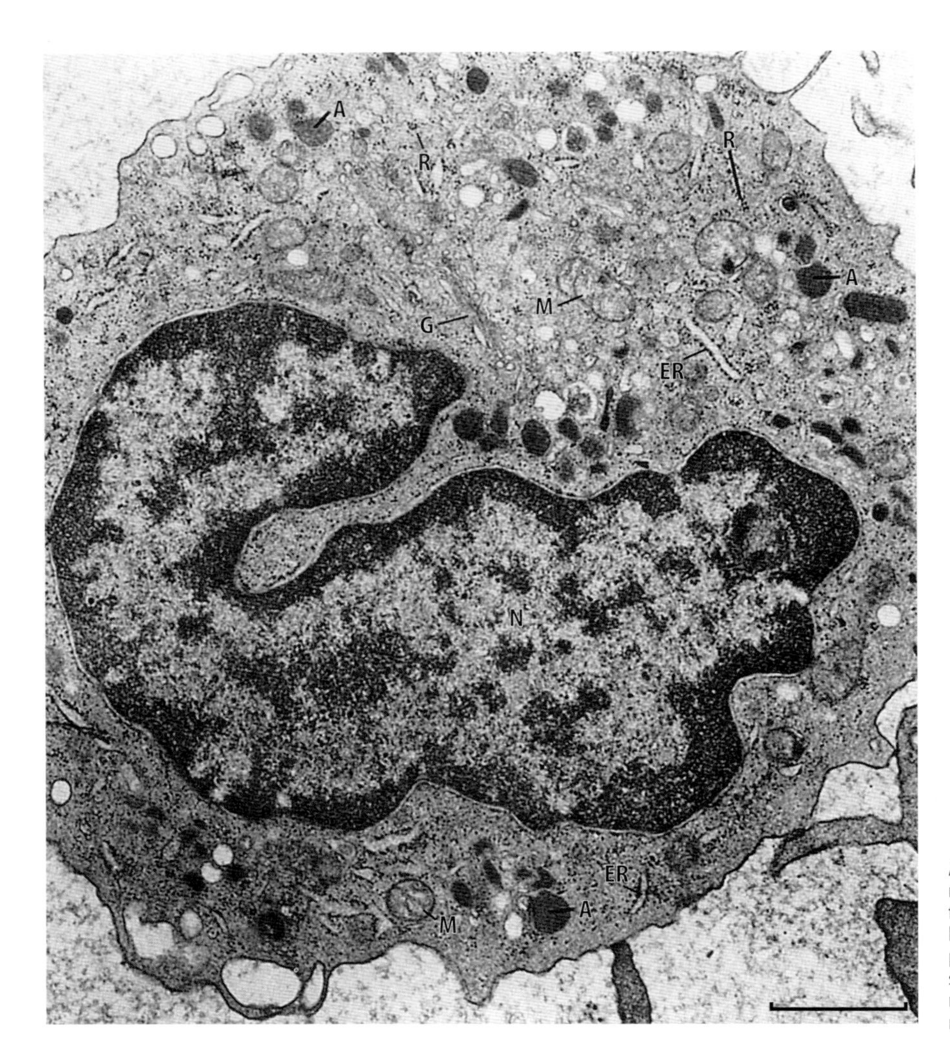

Abb. 11.14. Monozyt im elektronenmikroskopischen Bild. Im Zytoplasma findet man neben azurophilen Granula (*A*), Mitochondrien (*M*), Golgi-Apparat (*G*) und rauhem endoplasmatischen Retikulum (*RER*) freie Ribosomen (*R*). Balken = 1 μm. (Modifiziert nach Junqueira et al. 1998)

gen, neutrophilen Granulozyten und natürlichen Killerzellen richten sich gegen jegliches Fremdmaterial. Daher sind sie Zellen des ***angeborenen Abwehrsystems*** (s. Kap. 13.1). Wie neutrophile Granulozyten sind die Monozyten/Makrophagen in der Lage, aus intakten Blutgefäßen auszuwandern, sich chemotaktisch gelenkt auf einen Entzündungsherd zuzubewegen und Fremdmaterial zu ***phagozytieren***, bzw. lysosomal zu verdauen. Monozyten können über Rezeptoren an ihrer Oberfläche ein breites Spektrum an mikrobiellen Erregern anhand von bestimmten Strukturen auf der Oberfläche der Erreger erkennen. Außerdem besitzen Monozyten/Makrophagen wie neutrophile Granulozyten Fc-Rezeptoren an ihrer Oberfläche, die an das unspezifische Ende von Antikörpern binden (s. Kap. 13.2.1). Dadurch können Makrophagen und neutrophile Granulozyten mit Immunglobulinen markierte Strukturen auf körperfremdem Material und Mikroorganismen erkennen. Dies zeigt, dass die Zellen der angeborenen Abwehr zu ihrer optimalen Funktion Produkte der adaptiven Abwehr benötigen, hier der Immunglobuline als Produkte der Plasmazellen. Andererseits sind B- und T-Lymphozyten als Träger der spezifischen Immunität ohne die antigenpräsentierende Funktion von Makrophagen gar nicht in der Lage, Fremdantigene als solche zu erkennen (näheres s. Kap. 13). Über diese Schlüsselfunktion an der Schnittstelle zwischen adaptiver und angeborener Abwehr hinaus kommt dem System der mononukleären Phagozyten eine entscheidende Rolle bei der Beseitigung von

Zellen und Extrazellulärmaterial im Rahmen der Organentwicklung sowie bei reparativen Vorgängen im Anschluss an Entzündungsvorgänge (s. Kap. 4.5) zu.

11.4 Blutplättchen

Bei den Blutplättchen oder Thrombozyten handelt es sich um kernlose Gebilde, die durch Abschnürung aus dem Zytoplasma der Megakaryozyten im Knochenmark gebildet werden (s. Kap. 12). Ihre Lebensdauer im peripheren Blut beträgt etwa 10 Tage. Im Blutausstrich liegen die Plättchen meistens in Gruppen vor. Lichtmikroskopisch kann man einige dunkel gefärbte Granula in einem im übrigen blassrosa gefärbten Zytoplasma unterscheiden (Abb. 11.15).

Thrombozyten sind in ihrer Ruheform flache, linsenförmige Scheibchen mit einem Durchmesser von 2–4 µm und etwa 0,5 µm Dicke (Abb. 11.16). Im Inneren der Plättchen befinden sich zahlreiche Organellen (im Durchschnitt ca. 50 pro Plättchen, Abb. 11.17). Einige davon sind Mitochondrien für den intensiven oxidativen Energiestoffwechsel. Daneben kommen reichlich Glykogengranula im Zytoplasma vor. Die häufigsten Organellen stellen die ***α-Granula*** dar, die einen Durchmesser von 300–500 nm erreichen. Sie enthalten neben Fibrinogen verschiedene Gerinnungsfaktoren, Fibronektin, Plättchen-Faktor 4 (Antiheparinfaktor), platelet-derived-growth-factor (PDGF), chemotaktische Faktoren und andere. Außerdem finden sich ***primäre Lysosomen***. Daneben gibt es Granula von etwa 250–300 nm Durchmesser, die in ihrem Inneren einen elektronendichteren Kern besitzen, der von einem helleren Halo umgeben ist, die so genannten ***‚dense bodies'*** oder δ-Granula. Sie enthalten neben hohen Konzentrationen von Serotonin und Kalzium, ADP und ATP.

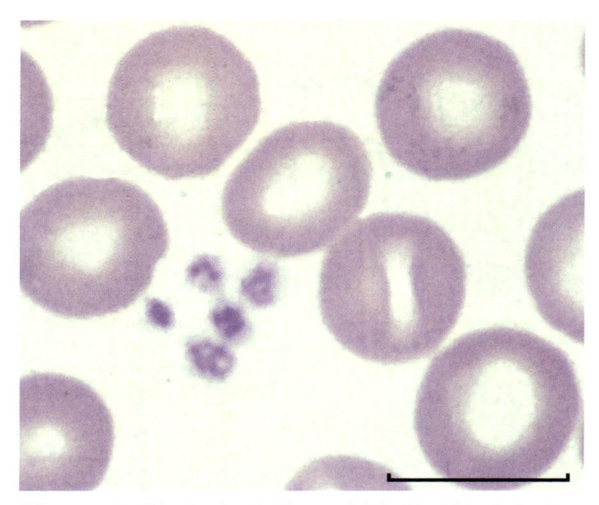

Abb. 11.15. Fünf Blutplättchen im Blutausstrich. Der Vergleich mit den daneben liegenden Erythrozyten zeigt ihre geringe Größe. Die Granula im kernlosen Inneren sind mit dem Lichtmikroskop gerade noch erkennbar. Balken = 10 µm

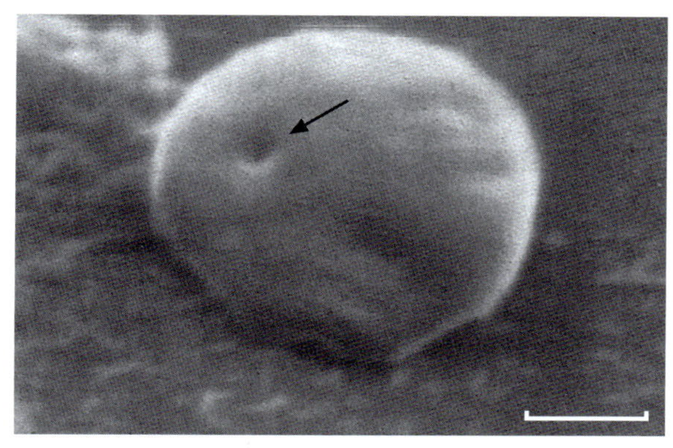

Abb. 11.16. Unstimuliertes Blutplättchen im Rasterelektronenmikroskop. Neben der typischen Linsenform fällt links auf der Oberfläche eine Öffnung des offenen kanalikulären Systems (*Pfeil*) ins Auge. Balken = 1 µm

Daneben besitzen die Plättchen zwei verschiedene Endomembransysteme: Das eine, das ***‚dense tubular system'***, zeigt gewisse Analogien zum sarkoplasmatischen Retikulum der Muskelzellen, es dient als Speicher für Kalzium, von dem man annimmt, dass es bei Aktivierung der Plättchen intrazellulär freigesetzt wird. Daneben gibt es das ***offene kanalikuläre System***, wobei es sich um Einsenkungen des Plasmalemms ins Plättcheninnere handelt, die als Membranreserve dienen (s. unten). Auf elektronenmikroskopischen Schnitten imponieren Anschnitte dieses offenen kanalikulären Systems als optisch leere Vesikel.

Auffallend ist auch das Zytoskelett der Thrombozyten: Neben Aktin, das 11.15% des Gesamtproteingehalts der Plättchen ausmacht, fällt vor allem *das **‚marginale Mikrotubulusbündel'*** ins Auge. Dabei handelt es sich um einen einzigen Mikrotubulus, der spiralig mehrfach (8- bis 20-mal) in der Peripherie um das Zytoplasma gewickelt erscheint.

Funktion▸ In der beschriebenen Form des glatten, linsenförmigen Scheibchens (‚smooth disc', Abb. 11.16) zirkuliert das Plättchen im Blut. Die physiologische Bedeutung der Thrombozyten liegt in der ***Blutstillung*** bei Gefäßdefekten (primäre Hämostase). Diese überlebenswichtige Funktion wird deutlich, wenn man sich

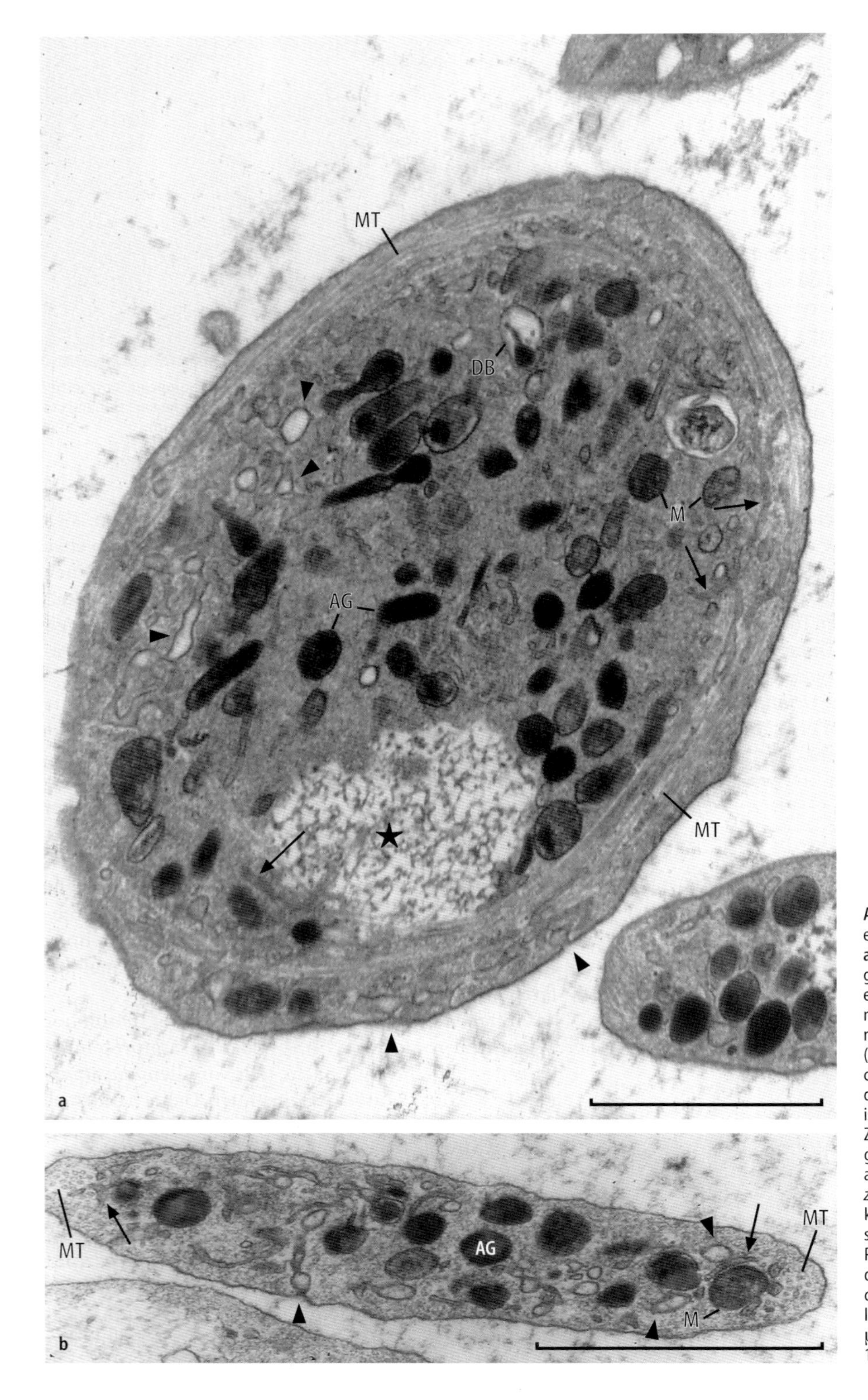

Abb. 11.17 a, b. Blutplättchen im elektronenmikroskopischen Bild. In **a** verläuft der Schnitt entlang des größten Durchmessers (Äquatorialebene) in **b** senkrecht dazu. Die meisten der angeschnittenen Organellen im Zytoplasma sind α-Granula (*AG*), daneben einige kleine Mitochondrien (*M*). Das Granulum mit dem hellen Hof um den dichten Kern ist ein ‚dense body' (*DB*). Die helle Zone (*) markiert ein Feld von Glykogengranula, die bei der Präparation ausgewaschen wurden, die *Pfeilspitzen* Anschnitte des offenen kanalikulären Systems. Das ‚dense tubular system' (*Pfeile*) findet sich v. a. in der Peripherie zwischen den Mikrotubuli des marginalen Bündels (*MT*), welches unmittelbar unter dem Plasmalemm liegt. Balken *oben/unten* = 1 μm. (Modifiziert nach Wurzinger 1990)

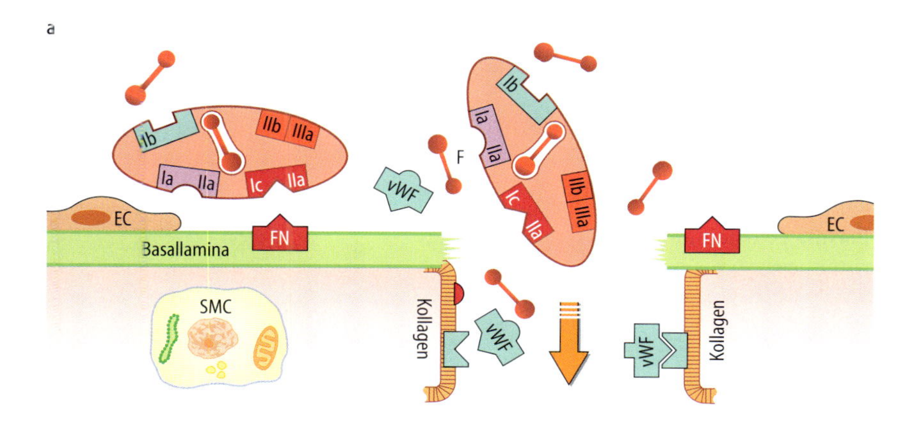

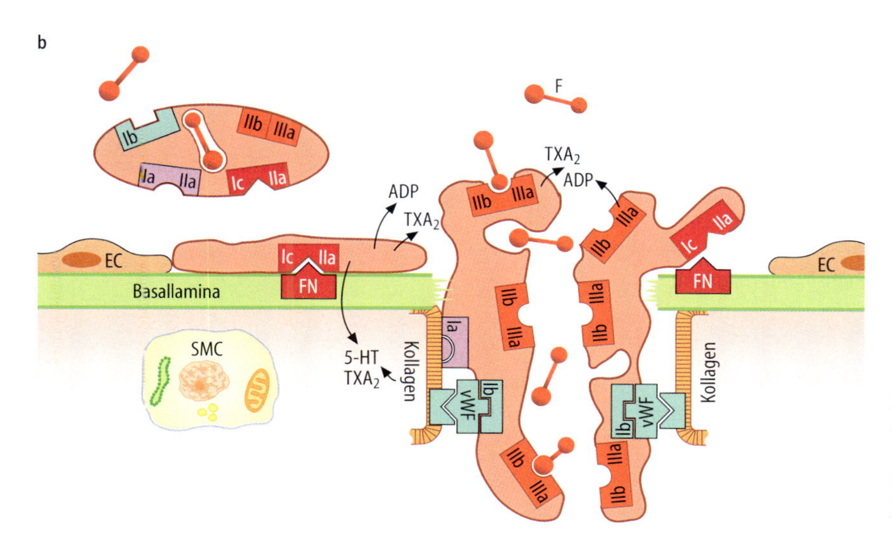

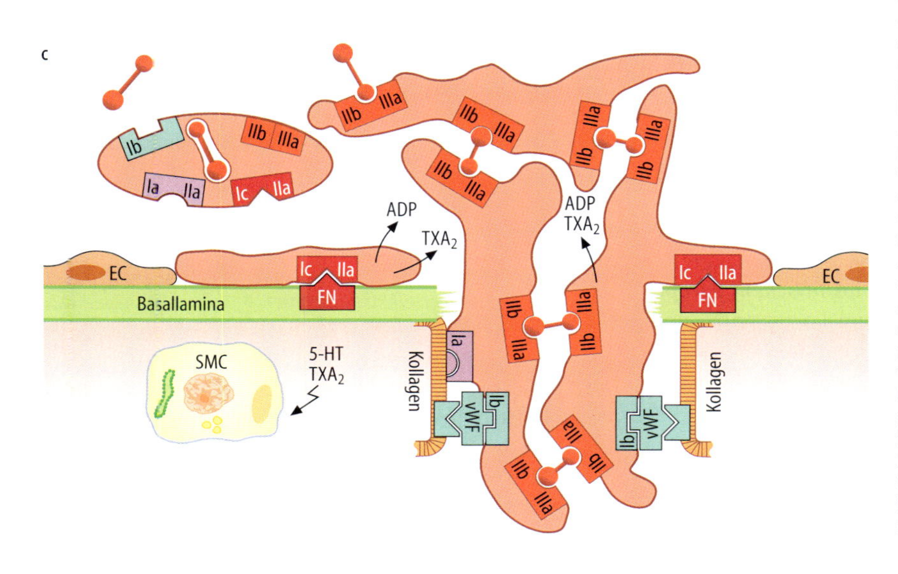

Abb. 11.18 a–c. Blutstillung bei Gefäßdefekten. **a** Ein Riss in der Wand eines Blutgefäßes legt die Basallamina und damit Fibronektin (*FN*) und Kollagen frei. Vom Blutstrom werden unstimulierte Blutplättchen angeschwemmt, die an ihrer Oberfläche Integrine besitzen, die an Fibronektin (GP Ic-IIa) und Kollagen (GP Ia-IIa) binden. Außerdem dient der von Willebrandfaktor (*vWF*), ein Plasmaprotein wie das ebenfalls dargestellte Fibrinogen (*F*), als ‚molekularer Kleber' zwischen Kollagen und einem Glykoprotein (GP Ib) der Plättchenmembran. *SMC* bezeichnet eine glatte Muskelzelle in der Media. **b** Die Bindung an Fibronektin und Kollagen sowie die Freisetzung von ADP aus verletzten Zellen der Gefässwand aktivieren die Plättchen, die nun Fortsätze ausbilden (Formwandel). Außerdem wird das Integrin GP IIb-IIIa an der Oberfläche der Plättchen aktiviert, das Fibrinogen (*F*) bindet. Dadurch werden benachbarte Plättchen stabil miteinander verbunden. Aktivierte Plättchen sezernieren neben Fibrinogen (aus α-Granula) ADP und Thromboxan A_2 (*TXA2*), welche weitere Plättchen aktivieren. **c** Der Gefäßdefekt ist durch das Plättchenaggregat verschlossen. Von aktivierten Plättchen freigesetztes Thromboxan A_2 (*TXA_2*) und Serotonin (*5-HT*) diffundieren in die Media, wo sie eine Kontraktion der glatten Muskulatur (*SMC*) auslösen, die ihrerseits zur Blutstillung beiträgt

vergegenwärtigt, dass es um Defekte in einem unter erheblichem Druck (bis über 100 mmHg) stehenden Kreislaufsystem geht. Um größere Blutverluste zu vermeiden, muss die Bildung des so genannten hämostatischen Pfropfs, der einen Wanddefekt verschließt, rasch geschehen. Dabei sind neben den Blutplättchen, als zellulärer Komponente, auch die im Plasma gelösten Moleküle der Enzymkaskade des Gerinnungssystems beteiligt. Deren Aktivierung führt letztlich dazu, dass das lösliche Fibrinogen zu einem unlöslichen, stabilen Fasernetz aus Fibrin polymerisiert.

Am Ort einer Gefäßwandverletzung treten die Basallamina und subendotheliales Bindegewebe zu Tage (s. Kap. 4). An nun freiliegendes Kollagen und Fibronektin binden nichtstimulierte Plättchen über Zelladhäsionsmoleküle vom Integrintyp (Abb. 11.18). Daneben vermittelt der im Blutplasma enthaltene ***von Willebrand-Faktor*** (vWF) die Bindung zwischen dem Glykoprotein GP Ib/IX der Thrombozytenmembran und Kollagen.

Klinik

Bei Mangel oder Vorliegen eines abnormen vWF kommt es zum Krankheitsbild der von-Willebrand-Krankheit mit Blutungsneigung (so genannte ***hämorrhagische Diathese***).

Substanzen (vor allem ADP) die aus geschädigten Zellen austreten, aber auch Kollagen und Katecholamine stimulieren die Plättchen. Dadurch führen sie innerhalb von wenigen Sekunden einen ***Formwandel*** (shape change, visköse Metamorphose) durch. Dabei entstehen aus den glatten, flachen Scheibchen der Plättchen kugelige Gebilde mit langen (mehrere μm) Fortsätzen (Abb. 24.7). Bei der Vergrößerung der Plättchenoberfläche dient das offene kanalikuläre System als Membranreserve, das ausgestülpt wird. Gleichzeitig wird das Integrin GPIIb/IIIa aktiviert, das ***Fibrinogen***, welches im Blutplasma reichlich vorhanden ist, bindet. Fibrinogenmoleküle bilden Brücken zwischen benachbarten aktivierten Plättchen. Durch Anlagerung weiterer Plättchen an das bereits vorhandene Plättchenaggregat entsteht eine Vorstufe des ***hämostatischen Pfropfs*** (Abb. 11.19). Gleichzeitig mit dem Formwandel und der Aggregation sezernieren die Plättchen den Inhalt der Granula, der wiederum die hämostatische Reaktion fördert. So bewirkt Serotonin aus den dense bodies eine Kontraktion der glatten Gefäßmuskulatur, während Gerinnungsfaktoren und Fibrinogen aus den α-Granula die ‚Klebrigkeit' der Plättchen erhöhen, bzw. die Blutgerinnung fördern. ADP aus den dense bodies wirkt autokrin plättchenstimulierend. Aus Arachidonsäure in der Membran (s. Kap. 1.1.2) wird Thromboxan A_2 synthetisiert, welches autokrin die Plättchen stimuliert und die Kontraktion der Gefäßmuskulatur fördert. Daneben wirkt die Plasmalemmoberfläche aktivierter Plättchen als Katalysator für alle Schritte der Enzymkaskade der ***plasmatischen Gerinnung***, die nun einsetzt.

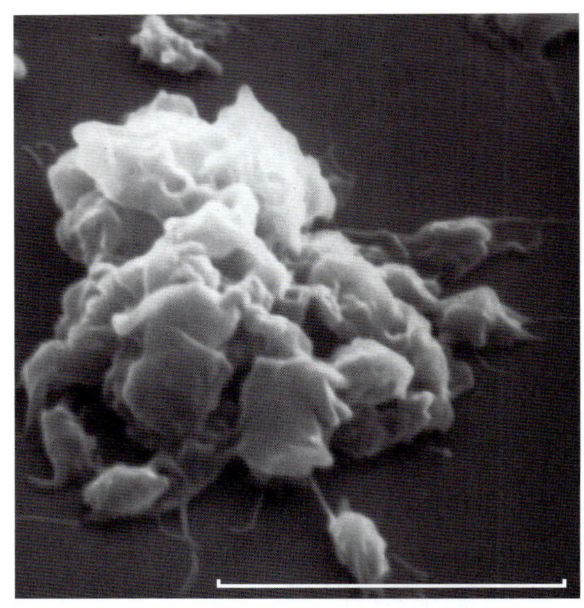

Abb. 11.19. Plättchenaggregat in einer rasterelektronenmikroskopischen Aufnahme. Man erkennt, dass im Vergleich zu Abb. 11.16, die miteinander verklebten Plättchen nach dem Formwandel lange Fortsätze besitzen. Balken = 10 μm

Das bedeutet, dass bei der Blutstillung, also der Bildung eines hämostatischen Pfropfs, ein autokatalytisch beschleunigtes System vorliegt, d. h. ein System, das einmal angestoßen sich selbst beschleunigt. Dadurch kann es sehr schnell auf Reize reagieren. Nachteilig wirkt sich diese explosionsartige Aktivierung dahingegen aus, dass ein solches System schwer zu kontrollieren ist, also zu Entgleisungen neigt.

Klinik

Eine unkontrollierte Aktivierung der Blutgerinnung liegt bei der Bildung von ***Thromben***, also pathologischen Gerinnseln im intakten Blutgefäßsystem vor. Es erscheint daher nicht zufällig, dass in westlichen Ländern die Folgen thrombotischer Gefäßverschlüsse zu den häufigsten Todesursachen zählen.

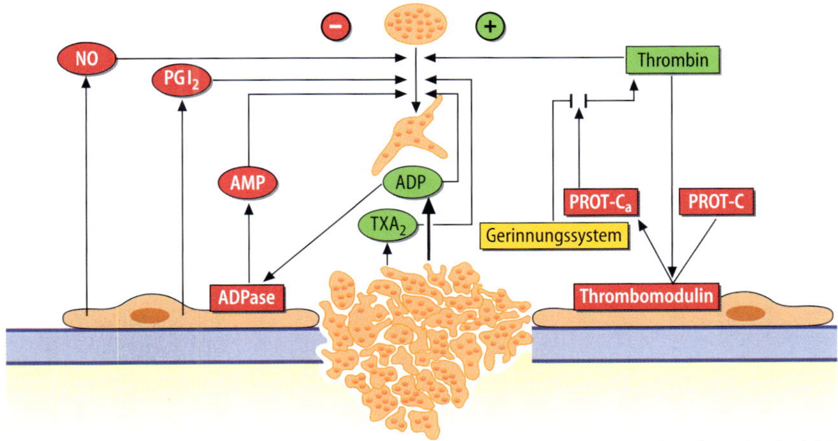

Abb. 11.20. Begrenzung der primären Hämostase. In der *Bildmitte* befindet sich ein durch einen hämostatischen Pfropf verschlossener Gefäßdefekt, der von intaktem Endothel flankiert wird. Es wird gezeigt, wie weitere Blutplättchen durch Substanzen (wie ADP und TXA_2 = Thromboxan A_2) aus dem hämostatischen Pfropf stimuliert werden. Thrombin, das entscheidende Enzym bei der Gerinnung des Blutplasmas wirkt auch als Plättchenstimulans. Es unterbricht selbst seine Produktion durch die Aktivierung von Protein C, das an der Oberfläche der Endothelzellen unter Mitwirkung von Thrombomodulin aktiviert wird. Endothelgebundene Prozesse hemmen die Aktivierung der Hämostase durch Synthese plättchenhemmender Substanzen wie NO (= Stickstoffmonoxid), PG_{I2} (= Prostazyklin) und AMP (Adenosinmonophosphat)

Die Gegenregulationsmechanismen, die es in einem gesunden Organismus gibt, gehen sinnvollerweise von intakten Endothelzellen in der Nachbarschaft von Gefäßverletzungen aus (Abb. 11.20):

- ***Prostazyklin***, ein hochwirksamer Plättchenfunktionshemmer, wird durch die Prostazyklinsynthetase von Endothelzellen sezerniert.
- ***Stickstoffmonoxid*** (NO), welches gleichfalls die Plättchen hemmt, wird aus der Aminosäure Arginin von Endothelzellen synthetisiert.
- Eine Ekto-***ADPase*** an der Oberfläche von Endothelzellen baut das selbststimulierend wirkende ADP ab.
- ***Protein C*** wird durch Thrombin, dem Endprodukt der plasmatischen Gerinnungskaskade aktiviert und baut seinerseits aktivierte Gerinnungsfaktoren ab. Diese Aktivierung wird durch Thrombomodulin an der Oberfläche von Endothelzellen katalysiert.

Blutbildung

12.1	Intrauterine Blutbildung	212
12.2	Knochenmark	213
12.3	Stammzellen und Wachstumsfaktoren	214
12.4	Erythropoese	217
12.5	Granulopoese	218
12.6	Lymphopoese	222
12.7	Monopoese	222
12.8	Thrombopoese	222

Einleitung

Reife Blutzellen haben im Allgemeinen nur eine begrenzte Lebenszeit und müssen deswegen laufend ersetzt und neu gebildet werden. Dies geschieht in den blutbildenden oder hämatopoetischen Organen. Nach der Geburt werden Blutzellen ausschließlich im Knochenmark und den lymphatischen Organen gebildet, in der Pränatalzeit aber auch an anderen Orten im Organismus.

12.1 Intrauterine Blutbildung

Die Bildung von Blutzellen beginnt bereits nach dem 14. Entwicklungstag zunächst im extra- und zwei Tage später auch im intraembryonalen Mesoderm (Abb. 12.1). Dabei entwickeln sich Blutzellen und Blutgefäße zunächst in enger Verbindung. In Mesenchymzellhaufen differenzieren sich die außen liegenden Zellen zu primitiven Endothelzellen. Dies beinhaltet eine Abflachung der polygonalen mit Fortsätzen behafteten Mesenchymzellen zu abgeplatteten Zellen, die an den Rändern großflächig miteinander Kontakt aufnehmen, also epithelähnliche Formationen bilden. Die innen liegenden Zellen differenzieren sich zu abgerundeten kernhaltigen Zellen von 16–18 μm Durchmesser, den ***Megaloblasten.*** Dabei handelt es sich um primitive Erythrozyten. Man spricht auch von der ***megaloblastischen Phase*** der Blutbildung. Ab dem zweiten Embryonalmonat beginnt die Hämatopoese auch im Bindegewebe der Leber, wobei zunehmend kernlose Erythrozyten beobachtet werden. Mit dem Ende des dritten embryonalen Monats verschwinden kernhaltige Megaloblasten aus dem Blut. Ab dem vierten Monat kommt es auch in der Milz zur Blutbildung, weshalb diese Phase auch als ***hepatolienale Phase*** bezeichnet wird. Dabei werden in der Leber neben Erythrozyten zunehmend auch Granulozyten, Megakaryozyten und Lymphozyten gebildet, was bis zur Geburt anhält. In der Milz werden bis zum Ende des siebten Monats vornehmlich Erythrozyten gebildet. Als lymphatisches Organ ist die Milz zeitlebens mit der Produktion von Lymphozyten befasst. Ab dem fünften Fetalmonat erfolgt die Besiedelung der lymphatischen Organe mit Lymphozyten, die dort proliferieren.

Ab dem fünften Monat beginnt auch mit der Produktion von Blutzellen im Knochenmark die ***medulläre*** Phase, die bis zum Ende des Lebens anhält, da das

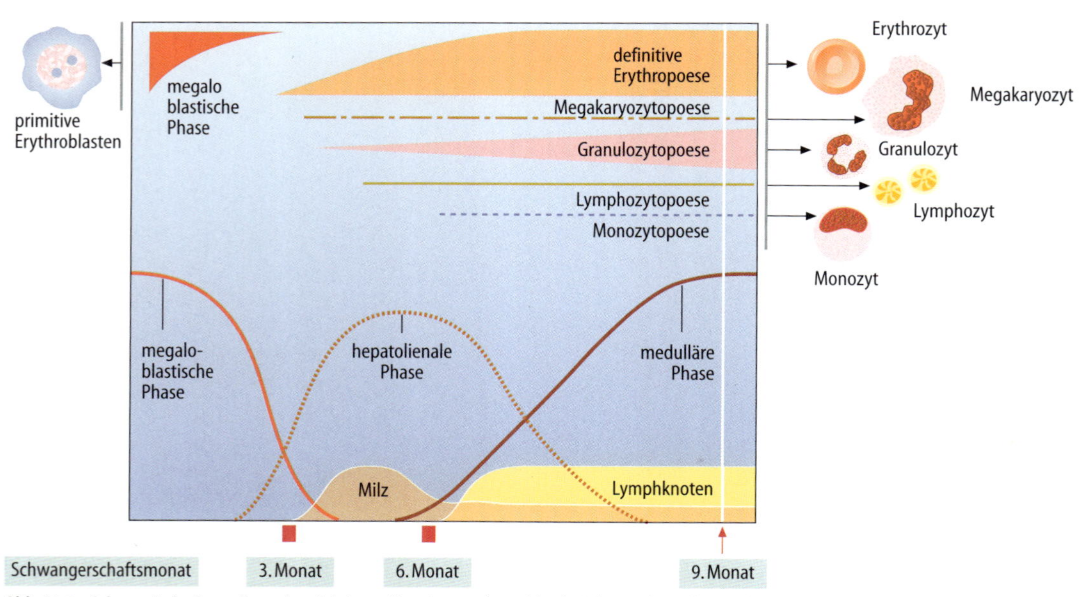

Abb. 12.1. Schematische Darstellung der wichtigsten Vorgänge während der drei Phasen der embryonalen, bzw. fetalen Blutbildung. (Modifiziert nach Junqueira et al. 1996)

Knochenmark der einzige Bildungsort der Blutzellen bzw. der lymphatischen Stammzellen ist.

12.2 Knochenmark

Das Knochenmark ist schon rein quantitativ gesehen ein bedeutsames Organ das etwa 4% des Körpergewichts beim Erwachsenen ausmacht. Jeweils die Hälfte entfällt auf das ***rote, blutbildende Knochenmark***, dessen Farbe von den roten Blutkörperchen und ihren Vorstufen herrührt, die andere Hälfte auf das ***gelbe ‚Fettmark'***, das seine Farbe der großen Zahl von Adipozyten verdankt. Beim Neugeborenen und Säugling ist noch das ganze Knochenmark rot, d.h. hämatopoetisch. Im Laufe von Kindheit und Jugend wird das rote Knochenmark im Bereich der Diaphysen der langen Röhrenknochen in gelbes Fettmark umgewandelt. Der Raum zwischen den Spongiosatrabekeln von kurzen, platten und irregulär geformten Knochen bleibt zeitlebens von rotem Knochenmark ausgefüllt (Abb. 12.2).

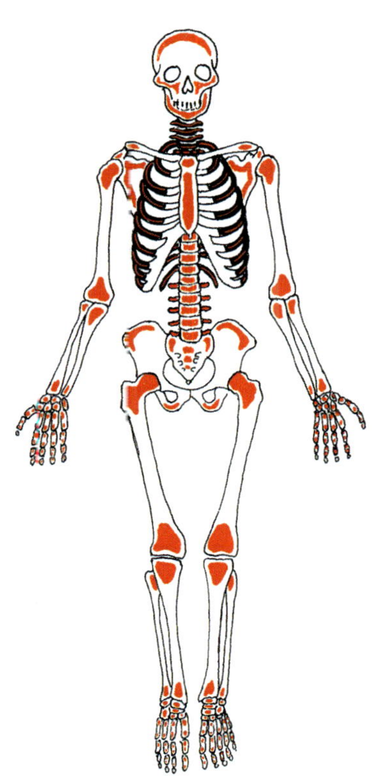

Abb. 12.2. Verteilung des roten, blutbildenden Knochenmarks beim Erwachsenen. (Modifiziert nach Krstić 1997)

Bei Bedarf, wie z. B. Hypoxie oder größeren Blutverlusten, kann das gelbe Knochenmark in rotes blutbildendes Mark umgewandelt werden.

Klinik

In der Klinik verschafft man sich Aufschluss über die Zusammensetzung des Knochenmarks durch Punktion des Markraums des unmittelbar subkutan gelegenen Sternums oder Beckenkamms. Dabei werden die Zellen des Knochenmarks aspiriert und auf einem Objektträger analog einem Blutausstrich gefärbt. Bei der ***Knochenmarksbiopsie*** durch Trepanation des Beckenkamms erhält man ein Präparat, bei dem sich auch die Struktur der Knochenbälkchen und die Zellen des Stromas beurteilen lassen.

Das rote Knochenmark besteht aus ***Stroma*** und den Zellen der ***Hämatopoese*** (Abb. 12.3). Ein wesentlicher Teil des Stromas wird von Zellen gebildet, die man ihrem Erscheinungsbild nach als ***‚Retikulumzellen'*** bezeichnet (s. Kap. 4.4.2). Gemeinsam mit Kollagenfasern der Typen I und III bilden sie ein lockeres retikuläres Bindegewebe, in dessen Maschen die hämatopoetischen Zellen eingebettet sind. Bei den ‚Retikulumzellen' des Knochenmarks handelt es sich sowohl um Fibroblasten als auch um Makrophagen. Ihre Rolle bei der Hämatopoese wird am besten mit dem Wort ‚trophisch' umschrieben. Außer bei der Erythropoese (s. unten) ist über die Wechselwirkung zwischen Stromazellen und hämatopoetischen Zellen wenig Genaues bekannt. Dabei spielen ein breites Spektrum von Zelladhäsionsmolekülen (Integrine, Selektine und Mitglieder der Immunglobulin-Superfamilie) auf den Zellen der Hämatopoese sowie von Liganden für diese Adhäsionsmoleküle auf den Stromazellen und in der extrazellulären Matrix (Fibronektin, Laminin, etc.) eine Rolle. Neben der Expression von Zelladhäsionsmolekülen ist die parakrine Sekretion von Wachstumsfaktoren (Tabelle 12.1) für das Mikromilieu der Hämatopoese unerlässlich.

Ebenfalls zum Stroma zählen Fettzellen, Osteoblasten und die Endothelzellen der Knochenmarkskapillaren. Letztere sind so genannte ***Sinus***, d. h. Kapillaren von einem Durchmesser über 10 μm, die auf Grund ihres Wandbaus zum diskontinuierlichen Typ (s. Kap. 10.6) gerechnet werden. Durch die relativ weiten Lücken zwischen den Endothelzellen treten die ausgereiften Blutzellen in die Zirkulation ein (Abb. 12.4).

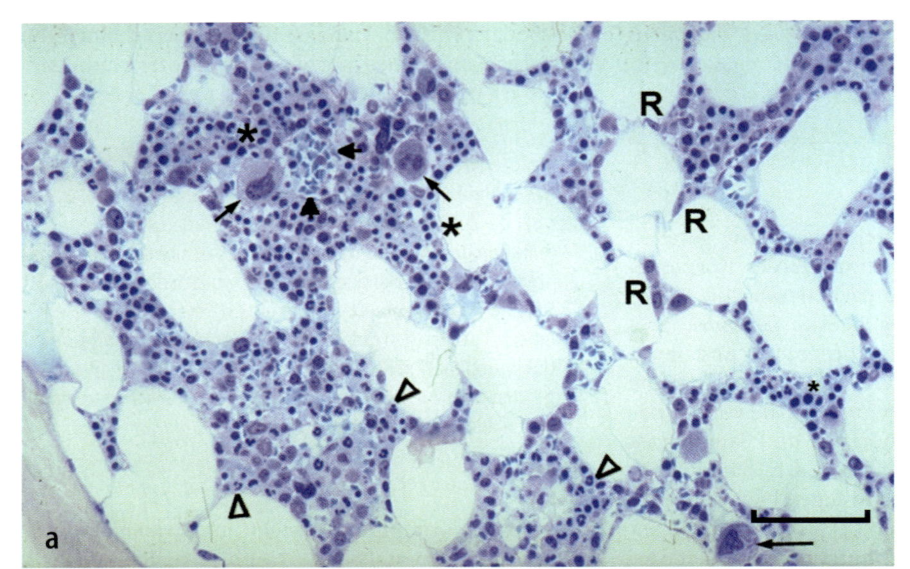

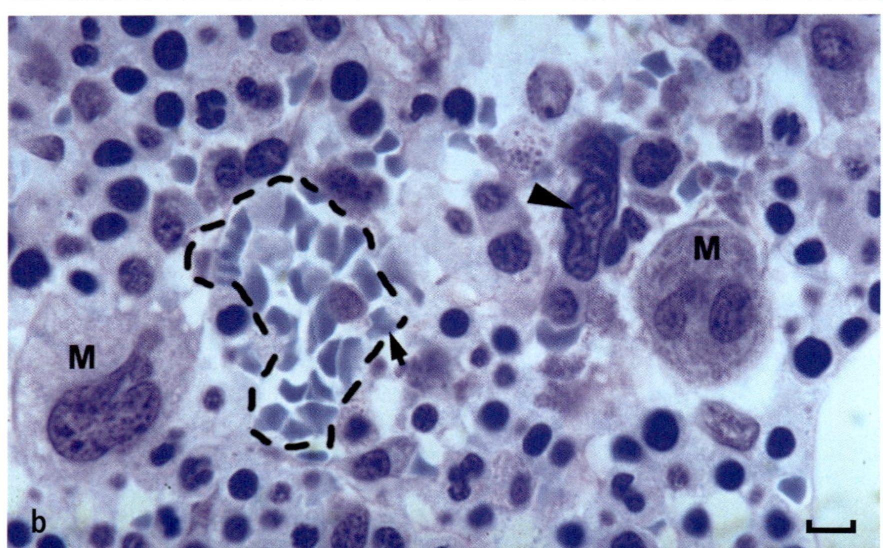

Abb. 12.3. **a** Knochenmark im Semidünnschnitt unter dem Lichtmikroskop. *Links unten* ist ein Knochentrabekel mit Endostüberzug zu sehen. Die großen, leeren, rundlichen Räume entsprechen Fettzellen. Die mit *Pfeilen* bezeichneten großen Zellen sind Megakaryozyten, die *Pfeilspitzen* markieren eine sinusoide Kapillare. Das gehäufte Vorkommen von runden, chromatindichten Zellkernen (*Sterne*) deutet auf Erythropoese-, das von segmentierten Kernen (*leere Dreiecke*) auf Myelopoeseareale hin. *R* bezeichnen ,Retikulumzellen' (s. Kap. 4). **b** Vergrößerter Ausschnitt des Knochenmarkpräparates. Es sind zwei Megakaryozyten (*M*) erkennbar, wovon der linke Fortsätze in Richtung des benachbarten Sinus vorschiebt (vergleiche Abb. 12.4). Das Lumen des durch *Striche* abgegrenzten Sinus ist mit zahlreichen, homogen gefärbten, kernlosen Anschnitten von Erythrozyten (*Pfeil*) angefüllt. Die meisten der runden, chromatindichten Zellkerne dürften Erythroblasten zuzurechnen sein. Der große, über 30 µm lange ,nackte' Kern (*Pfeilspitze*) ist vermutlich der Rest eines Megakaryozyten nach Abgabe der Thrombozyten. Balken **a** = 100 µm; **b** = 10 µm

12.3 Stammzellen und Wachstumsfaktoren

Der ***Stammzellpool*** besteht aus pluri- und multipotenten Stammzellen, sowie den in ihrer Entwicklung weitgehend festgelegten uni- bzw. bipotenten Stammzellen (Abb. 12.5). Nach gängiger Auffassung stammen alle Blutzellen von einem einzigen Stammzelltyp, dem Hämozytoblasten ab. Der ***pluripotente Hämozytoblast*** ist in der Lage, sich mitotisch zu vermehren, bzw. sich zu ***myeloischen*** oder ***lymphatischen Stammzellen*** zu differenzieren. Da diese Stammzellen im Vergleich zu den pluripotenten Stammzellen in ihren Entwicklungsmöglichkeiten etwas eingeschränkt sind, werden sie als multipotent bezeichnet. Die myeloischen Stammzellen entwickeln und vermehren sich im Knochenmark, die lymphatischen Stammzellen in den lymphatischen Organen (s. Kap. 13). Die ***multipotenten myeloischen Stammzellen*** besitzen wie die pluripotenten die Fähigkeit, sich zu teilen und zu ***uni- oder bipotenten Stammzellen*** weiter zu differenzieren, die auch als ***Progenitor-***

Tabelle 12.1. Übersicht über neun der wichtigsten hämatopoetischen Wachstumsfaktoren. *SCF* stem cell factor, *CSF* colony stimulating factor, *IL* Interleukin. (Bei den Zielzellen sind ausdifferenzierte Formen der jeweiligen Entwicklungsreihe angeführt)

Faktor	Sezernierende Zellen	Zielzellen
SCF, steel factor	Fibroblasten Makrophagen	Stammzellen Mastzellen
Flt 3-ligand	Fibroblasten Endothelzellen	Stammzellen
GM-CSF	T-Lymphozyten Makrophagen	Neutrophile Eosinophile Monozyten
G-CSF	Makrophagen Fibroblasten Endothelzellen	Neutrophile
M-CSF	Makrophagen Endothelzellen Hepatozyten	Monozyten
IL-1	Makrophagen Fibroblasten Endothelzellen	Stammzellen T-Lymphozyten thermoregulatorische Neurone Hepatozyten
IL-3	T-Lymphozyten	Neutrophile Eosinophile Monozyten Megakaryozyten Stammzellen Mastzellen
Erythropoetin (EPO)	Fibroblasten (Niere)	Erythroblasten
Thrombopoetin (TPO)	Fibroblasten Megakaryozyten	Megakaryozyten Stammzellen Thrombozyten Endothelzellen

zellen bezeichnet werden. Im Gegensatz zu pluri- und multipotenten Stammzellen bei denen im Prinzip von den bei einer Mitose entstehenden Tochterzellen sich nur eine weiter differenziert und die andere den Stammzellpool konstant hält, zieht die Mitose einer Progenitorzelle die Differenzierung zum Blasten in beiden Tochterzellen nach sich. Progenitorzellen sind in ihren Entwicklungsmöglichkeiten stark eingeschränkt; in ihrem weiteren Entwicklungsverlauf differenzieren sie sich im Allgemeinen nur zu einer einzigen Blutzellsorte. Progenitorzellen werden auch als *,colony forming units'* (CFU) gekennzeichnet, wobei ein Zusatz die Entwicklungsrichtung der Zelle kennzeichnet (z. B. CFU-E für die Progenitorzellen der Erythropoese). Lediglich Granulozyten und Monozyten verfügen über eine gemeinsame bipotente Progenitorzelle, die als CFU-GM bezeichnet wird und sich zu zwei unipotenten Progenitorzellen für Granulo- und Monopoese differenziert. Der Begriff ,colony forming unit' stammt aus der experimentellen Hämatologie und bedeutet, dass die Progenitorzellen in Kultur zu Kolonien heranwachsen, die sich zu reifen Blutzellen differenzieren können. Mit konventionellen morphologischen Techniken sind die Stammzellen nicht voneinander und von großen Lymphozyten zu unterscheiden. Immunzytochemisch sind sie durch das an der Zelloberfläche exprimierte Antigen CD34, ein Zelladhäsionsmolekül, charakterisiert, das während der weiteren Differenzierung und Ausreifung wieder verschwindet. Ca. 1–3 % aller im Knochenmark vorkommenden Zellen sind CD34 positiv; auch im peripheren Blut findet man unter den großen Lymphozyten CD34 positive Zellen.

Klinik

Die Gewinnung von CD34+ Stammzellen aus dem Blut stellt zunehmend eine Alternative zur Knochenmarkstransplantation bei Patienten dar, deren teilungsaktiver Stammzellpool, z. B. bei einer aggressiven Chemotherapie wegen eines Tumorleidens zu Grunde gegangen ist. Dabei lässt sich die Ausschwemmung von CD34 positiven Zellen ins periphere Blut durch die Gabe von Zytokinen (s. unten) erhöhen.

Die ***Blasten*** (Vorläuferzellen, ,precursor cells') stellen das erste Glied der verschiedenen Blutzellentwicklungsreihen dar und sind bereits mit konventionellen morphologischen Techniken unterscheidbar. Die Mitose eines Blasten zieht zwangsläufig einen Differenzierungsprozess in beiden Tochterzellen nach sich, weshalb die Blasten bereits zum ***Teilungs- und Reifungspool*** gerechnet werden.

Wachstumsfaktoren▸ Proliferation und Differenzierung von Stammzellen, aber auch von höher differenzierten Vorläuferzellen, stehen unter der Kontrolle von ***hämatopoetischen Wachstumsfaktoren***, die zu den ***Zytokinen*** gerechnet werden (Tabelle 12.1). Zum Teil werden diese parakrin von den Stromazellen des Knochenmarks sezerniert, zum Teil von Organen wie z. B. Leber und Niere. Die Funktionen der hämatopoetischen Wachstumsfaktoren können zusammengefasst wie folgt dargestellt werden:

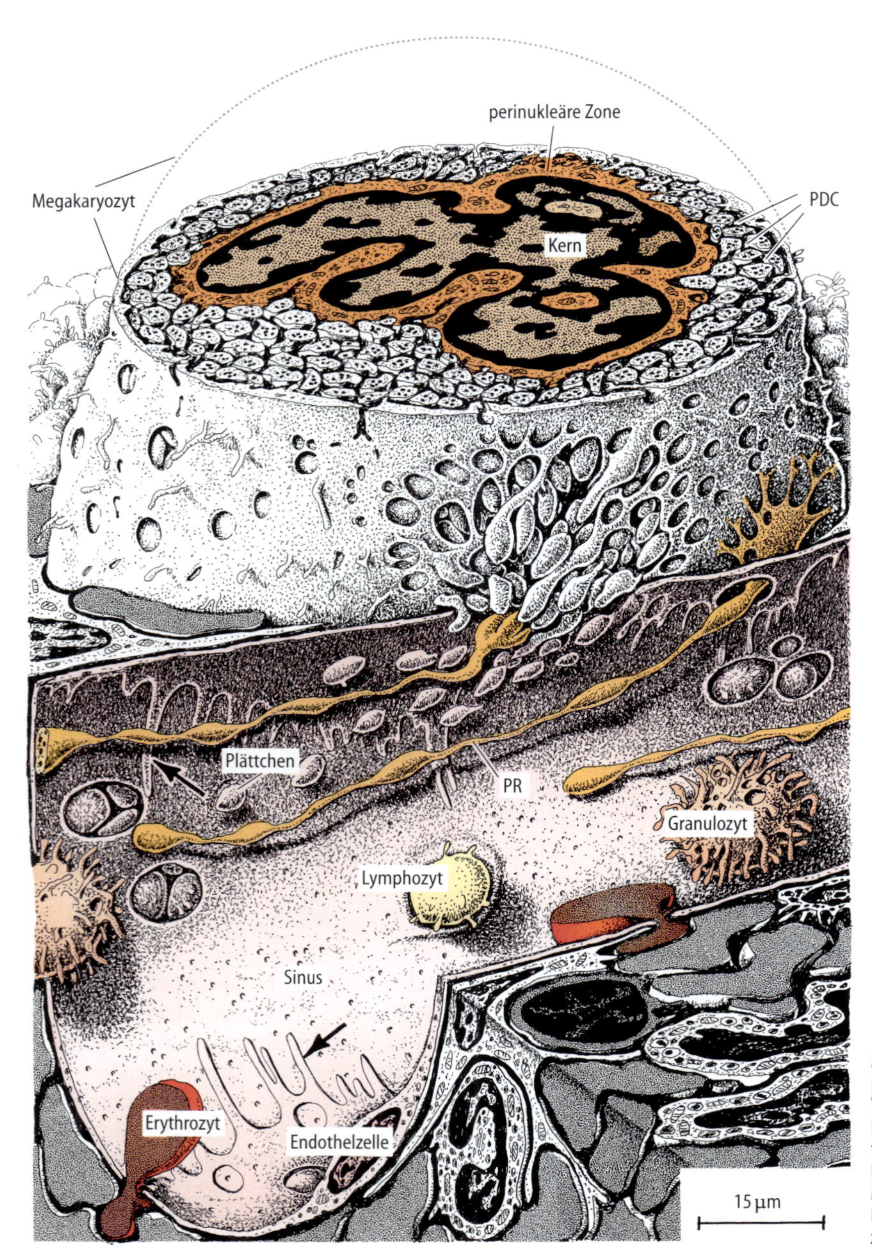

Abb. 12.4. Zeichnung einer sinusoiden Kapillare im Knochenmark. Durch Lücken in der Wand des Sinus treten reife Blutzellen ins Blut über. Fortsätze (*PR*) des Megakaryozyten flottieren im Blutstrom und fragmentieren zu Plättchen. *PDC* durch Endomembranen des Megakaryozyten gebildete Kanäle, die die Plättchenterritorien im Zytoplasma abgrenzen. (Modifiziert nach Krstić 1997)

Sie stimulieren

- die Teilungsrate von Zellen des Stammzellpools und von unreifen Vorläuferzellen,
- die Differenzierung von unreifen Vorläuferzellen,
- abwehrrelevante Funktionen ausgereifter Zellen im Blut und den Geweben, außerdem regeln sie ihr Zusammenspiel im Rahmen spezifischer und unspezifischer Abwehrreaktionen (s. Kap. 4.5 und Kap. 13.3).

Erythropoetin, das bei Sauerstoffmangel infolge von Blutverlust oder Höhenaufenthalt in der Niere vermehrt gebildet wird , bewirkt bei den Progenitorzellen (CFU-E) und den nachgeschalteten Vorläuferzellen der roten Blutkörperchen eine Steigerung der Mitoserate und die Differenzierung zu Erythroblasten. Bei Infektionen sezernieren die Makrophagen des betroffenen Bindegewebes über das konstitutiv gebildete

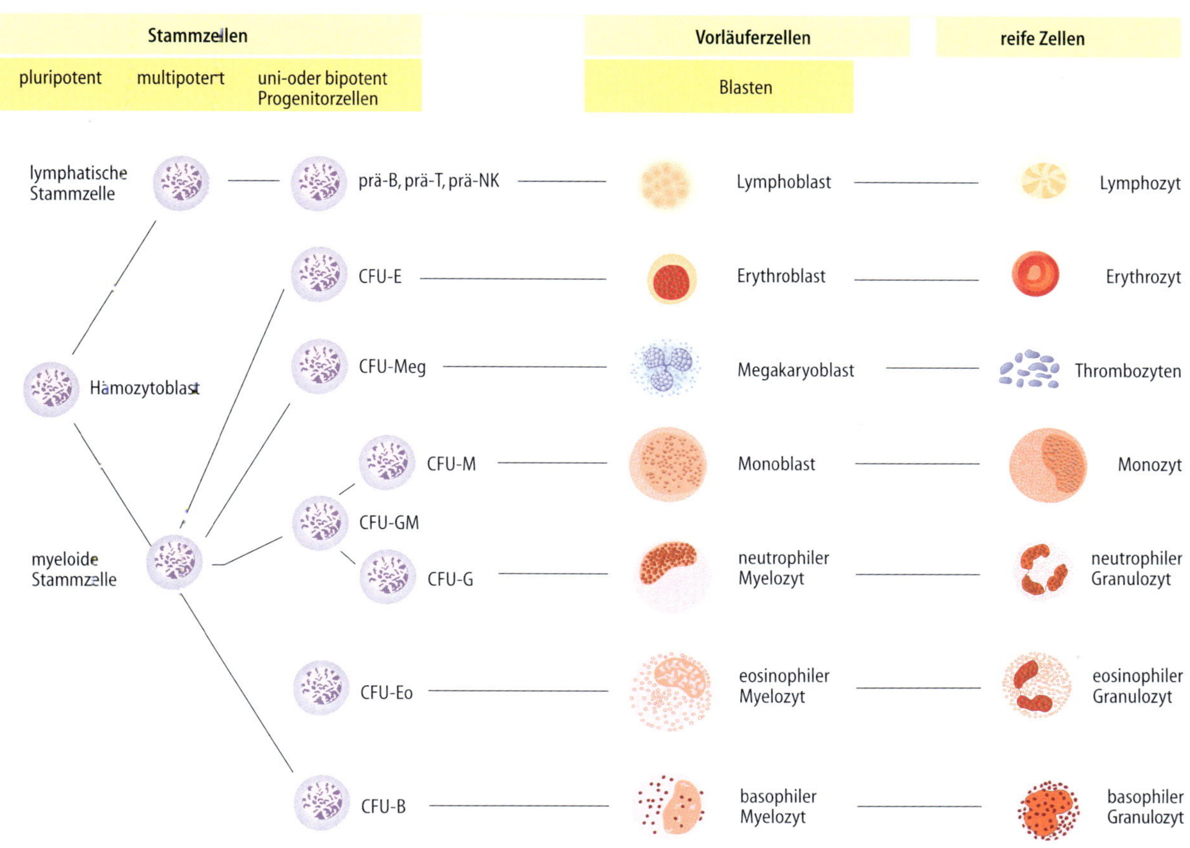

Abb. 12.5. Schema der Hämatopoese (s. auch Tabelle 12.1)

Maß hinaus Wachstumsfaktoren, die auf die Progenitorzellen von Granulozyten und Monozyten (CFU-GM, CFU-M, CFU-G) wirken und so den Nachschub von Zellen, die der Infektabwehr dienen, sichern (s. Kap. 4.5). Diese als ***koloniestimulierende Faktoren*** (GM-CSF, M-CSF G-CSF) bezeichneten Substanzen steigern daneben auch die Abwehrfunktion der ausgereiften Zellen in den Geweben (s. Tabelle 12.1 und Kap. 4.5). So steigern sie die Chemotaxis, die Produktion toxischer Sauerstoffradikale und die Synthese und Sekretion lysosomaler Enzyme. Die meisten hämatopoetischen Wachstumsfaktoren wirken auf mehrere Zelllinien gleichzeitig, bzw. entfalten ihre optimale Wirkung synergistisch mit anderen Zytokinen. ***Interleukin 1*** wirkt proliferationsaktivierend auf Stammzellen, stimuliert die Differenzierung und aktiviert T-Lymphozyten. Daneben wirkt es auf Nervenzellen im Hypothalamus mit dem Effekt eines Anstiegs der Körpertemperatur, der als Fieber ein Kardinalsymptom von Infektionen darstellt. ***Interleukin 3*** wirkt synergistisch zu vielen anderen Wachstumsfaktoren bei der Produktion sämtlicher myeloider Zellinien. ***Thrombopoetin*** stimuliert nicht nur die Produktion von Blutplättchen durch eine Wirkung auf die Zellen der Thrombopoese, sondern auch die Funktion der Blutplättchen selbst durch eine gesteigerte Expression von Zelladhäsionsmolekülen (s. Kap. 11.4).

12.4 Erythropoese

Mit der Differenzierung zum ***Proerythroblasten*** tritt die ‚colony forming unit-E' (CFU-E) vom Stammzellpool in den ***Teilungs- und Reifungspool*** über. Aus einem Proerythroblasten können maximal 32 reife Erythrozyten entstehen, was fünf aufeinander folgende mitotische Teilungen erfordert. Dieser unter der Kontrolle von Erythropoetin und anderen Wachstumsfaktoren stehende Prozess wird dem Bedarf angepasst, sodass im Mittel die Ausbeute an Erythrozyten geringer ist. Zum einen sind es im Mittel vier Mitoseschritte (manchmal auch drei), zum anderen können einige Zellen vor dem Ausreifen zu Grunde gehen.

Die morphologisch fassbare Differenzierung der Zellen der Erythropoese ist in Tabelle 12.2 übersichtlich dargestellt (👁 Abb. 12.6). Die auf den Proerythroblasten (E1) folgenden Zellen werden als ***basophile Erythroblasten*** (E2), ***polychromatische Erythroblasten*** (E3, E4) und ***azidophile Erythroblasten*** (E5) bezeichnet (👁 Abb. 12.7). (Die Benennung der Zellen der Erythropoese in E1 bis E5 bzw. E6 nimmt auf die jeweilige Teilungsgeneration Bezug und ist mit Ausnahme von E1 für den Proerythroblasten der morphologischen Klassifizierung nicht streng zuzuordnen). Der bei allen Stufen rundliche Kern erfährt im Laufe der Zelldifferenzierung eine Verkleinerung und Verdichtung, die Ausdruck einer Abnahme des Euchromatins und der Transkription von immer geringeren Abschnitten des Genoms ist. Parallel dazu kommt es zu einer relativen Zunahme des Zytoplasmas, welches sich anfangs stark basophil anfärbt. Dies ist durch den hohen Gehalt an Polyribosomen bedingt. Rauhes endoplasmatisches Retikulum ist nur gering ausgeprägt, da überwiegend Proteine für den Eigenbedarf der Zelle synthetisiert werden, wie z. B. die Enzyme für die Hämsynthese und die Globinketten des Hämoglobins. In dem Maße wie der Hämoglobingehalt des Zytoplasmas ansteigt, nimmt die Zahl an Polyribosomen ab, woraus eine zunächst polychromatische, später azidophile Färbung des Zytoplasmas resultiert. Die nicht mehr teilungsfähigen azidophilen Erythroblasten führen den entscheidenden Schritt der Erythropoese durch, nämlich die Extrusion des Zellkerns. Die Kernlosigkeit der Erythrozyten bedingt die für ihre Funktion so entscheidende hohe Verformbarkeit (s. Kap. 11.2). Das Zytoplasma der ins Gefäßsystem übertretenden kernlosen Zelle, die man als ***Retikulozyt*** bezeichnet, hat noch nicht den Hämoglobingehalt des reifen Erythrozyten und enthält noch Ribosomen und einige Zellorganellen. Im Verlauf von drei Tagen reifen die Retikulozyten im Blut zu voll ausdifferenzierten, organellenlosen ***roten Blutkörperchen*** heran, deren Lebensdauer dann noch 120 Tage beträgt. Die Erythropoese bis zur Stufe des Retikulozyten findet eingebettet ins Zytoplasma von Makrophagen des Knochenmarkstromas statt. Der auch als Ammenzelle bezeichnete Makrophage übernimmt einen Teil der Versorgung der Zellen der Erythropoese mit Eisen und anderen Substraten und ist für die Beseitigung des extrudierten Kerns zuständig. Daraus resultiert das typische Bild von ‚***Erythroblasteninseln***' im Knochenmark mit einem zentralen Makrophagen, von dem im Wesentlichen nur der Kern sichtbar ist und den um ihn herum gruppierten Erythroblasten (👁 Abb. 12.8).

12.5 Granulopoese

Der aus der ‚colony forming unit-G' hervorgegangene ***Myeloblast*** repräsentiert die erste Zelle der in den segmentkernigen Granulozyten mündenden ***myeloischen Reihe***. Er wird analog zum Proerythroblasten E1 auch als M1 bezeichnet. Während der durchschnittlich vier mitotischen Teilungen und der nachfolgenden Reifungsphase erfahren die Zellen der myeloischen Reihe charakteristische Veränderungen des Zytoplasmas, vor allem der Granula und des Kerns (Tabelle 12.3 und Abb. 12.6). Die auf den Myeloblasten folgende Zelle wird als ***Promyelozyt*** (M2) bezeichnet, der sich zu ***Myelozyten*** (M3, M4) entwickelt (👁 Abb. 12.9). Der folgende ***Metamyelozyt***

Tabelle 12.2. Morphologische und funktionelle Differenzierung der Erythropoese (rote Reihe)

Zelle	Durchm. (µm)	Lebensd. (Tage)	Chromatin	Nukleolen	Zytoplasma	Mitose	Prot.-synth	Hb(pg)
Proerythroblast E1	20–25	1	feindispers	1–2	starkbasophil	ja	+++	7
Basophile Erythroblasten E2, E3	14–18	1,5–2	grobschollig	1–2	basophil	ja	++	14,18
Polychromatischer Erythroblast E4	12–15	1	grobschollig	–	polychromatisch	ja	+	20
Azidophiler Erythroblast E5	10–12	1	pyknotisch	–	azidophil	nein	+	22
Retikulozyt	7,5	3	0	0	azidophil	nein	(+)	27
Erythrozyt	7,5	120	0	0	azidophil	nein	0	30

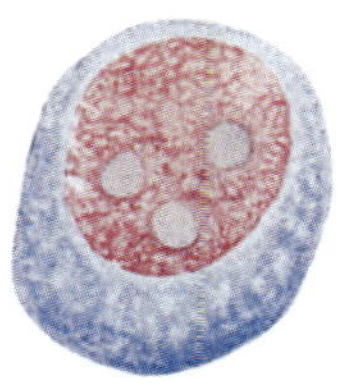

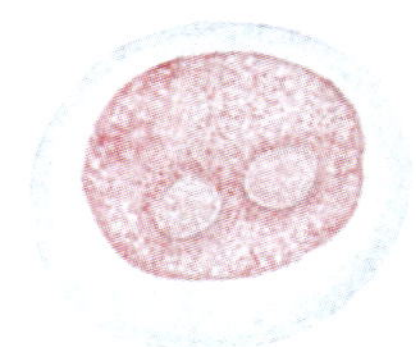

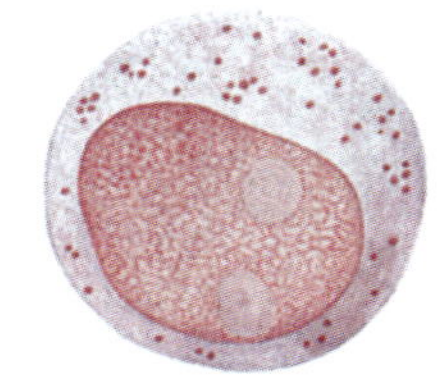

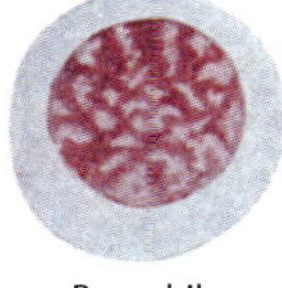

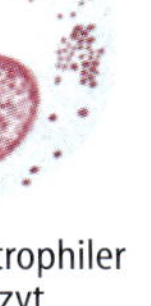

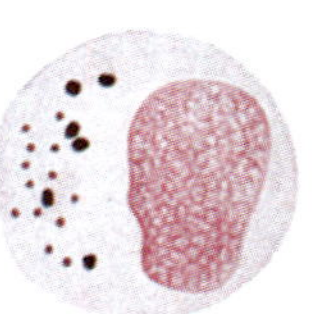

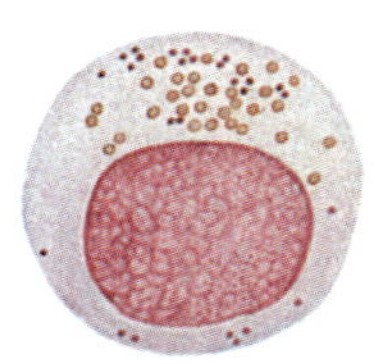

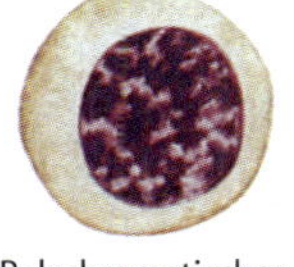

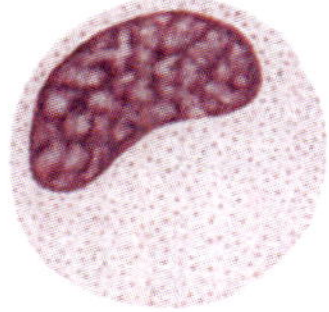

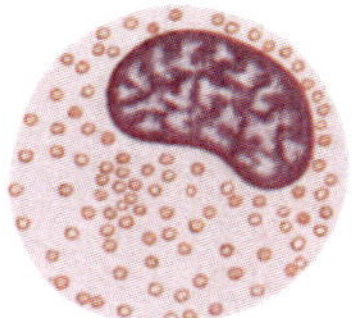

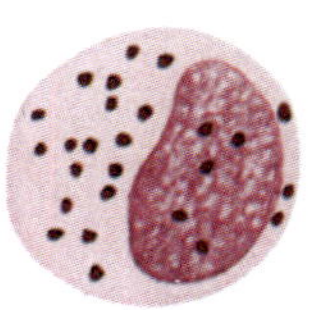

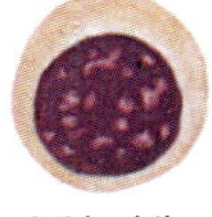

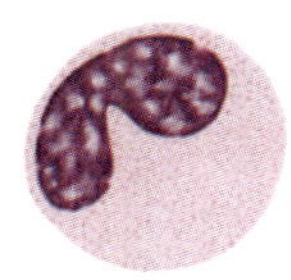

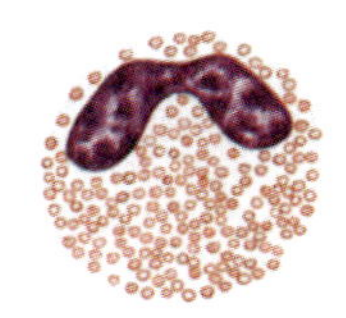

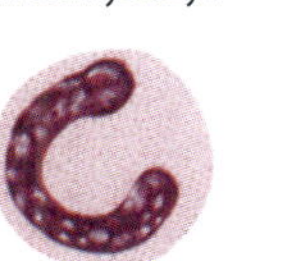

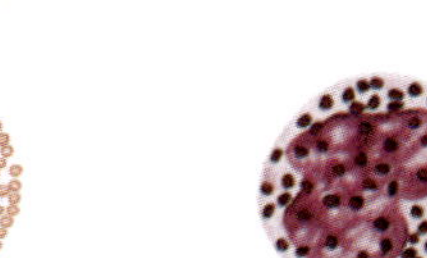

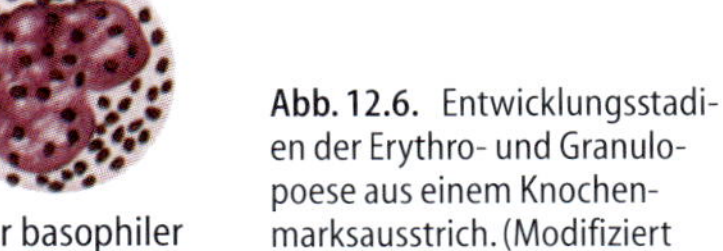

Abb. 12.6. Entwicklungsstadien der Erythro- und Granulopoese aus einem Knochenmarksausstrich. (Modifiziert nach Junqueira et al. 1998)

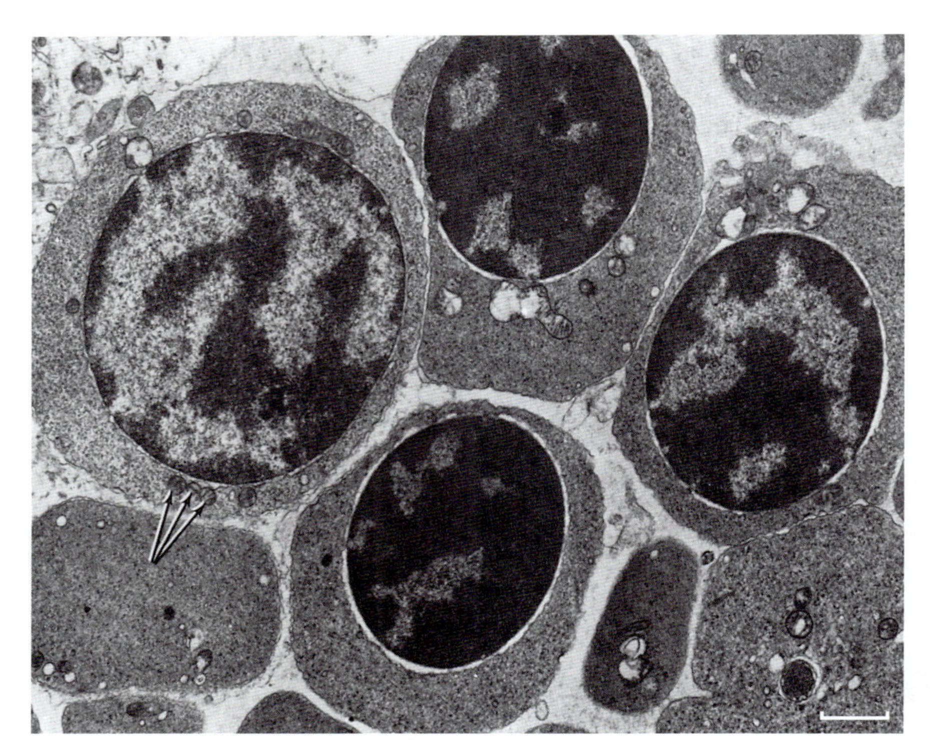

Abb. 12.7. Erythropoeseareal im Knochenmark im elektronenmikroskopischen Bild. Vier Erythroblasten in verschiedenen Reifungsstadien sind angeschnitten. Die *linke Zelle* könnte ein basophiler oder polychromatischer Erythroblast (E2 oder E3) sein, die drei übrigen sind vermutlich azidophile Erythroblasten E5. Im Zytoplasma der Zellen sind Mitochondrien (*Pfeile*) und Ribosomen (als feine Körner) erkennbar. Balken = 1 μm. (Modifiziert nach Junqueira et al. 1996)

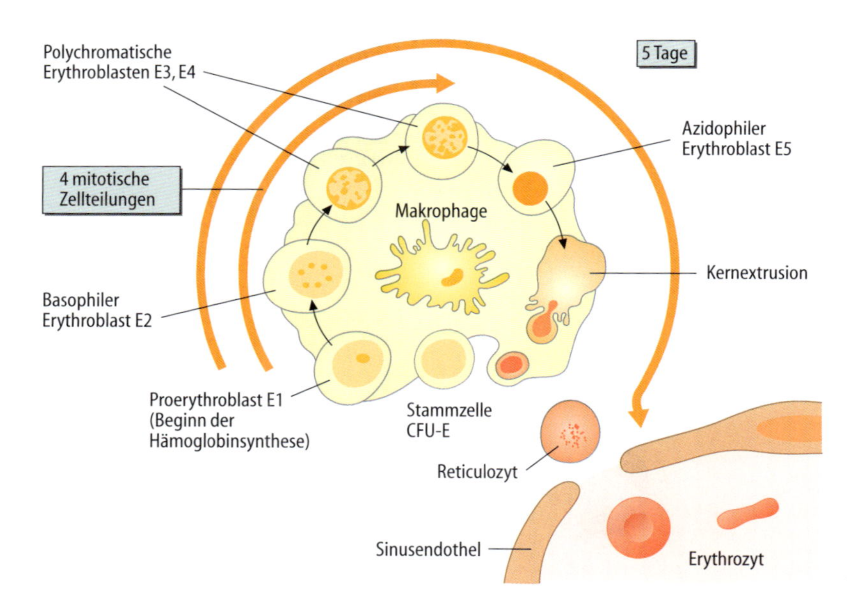

Abb. 12.8. Schema der Erythropoese. In einer ‚Erythroblasteninsel', deren Zentrum von einem Makrophagen gebildet wird, ist die Proliferation und Reifung von der erythropoetinsensitiven Progenitorzelle (CFU-E) bis zum reifen Erythrozyten im Uhrzeigersinn dargestellt. (Modifiziert nach Junqueira et al. 1998)

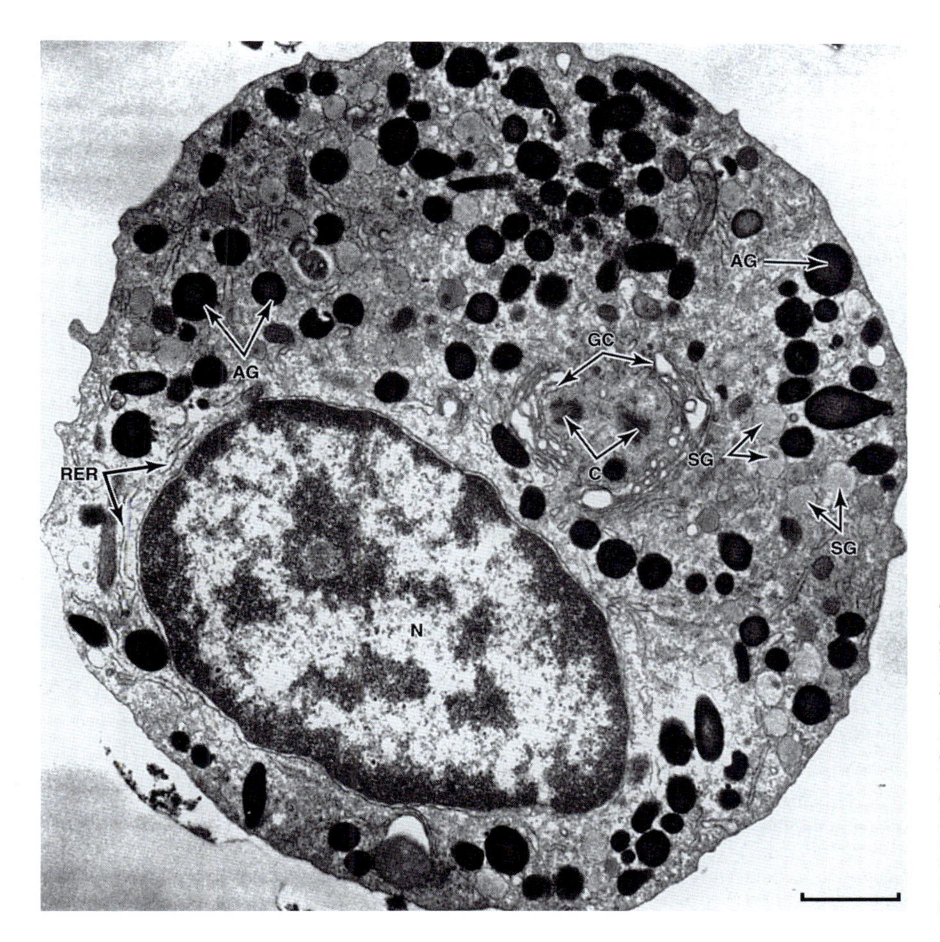

Abb. 12.9. Neutrophiler Myelozyt (M3 oder M4) im Elektronenmikroskop. Durch den zytochemischen Nachweis von Peroxidase lassen sich zwei Arten von Granula differenzieren: große peroxidasepositive, so genannte azurophile Granula (*AG*), die auf dieser Reifungsstufe noch in der Überzahl sind sowie kleinere, peroxidasenegative spezifische Granula (*SG*). Rauhes endoplasmatisches Retikulum (*RER*) und Golgizisternen (*GC*) sind peroxidasefrei. *C* Zentriolen, *N* Kern. Balken = 1 μm. (Aus Junqueira et al. 1998)

Tabelle 12.3. Morphologische und funktionelle Differenzierung der Granulopoese (myeloische Reihe)

Zelle	Durchm. (μm)	Lebensd. (Tage)	Kernform	Chromatin	Nukleolen	Zytoplasma	spez. Gran	Mitose	Prot.-synth	amöb. Bew.	Phagozytose
Myeloblast M1	12–18	1	rund bis oval	feindispers	2–3	basophil	o	ja	+++	o	o
Promyelozyt M2	15–20	2	oval, gel. eingedellt	feindispers	2–3	basophil	o	ja	++	o	o
Myelozyten M3, M4	10–16	4	oval bis nierenf.	zunehmend grobschollig	– –	polychromatisch	+	ja	+	o	o
Metamyelozyt M5	10–16	2	nierenförmig	grobschollig	–	schwach azidophil	+	nein	+	+	+
stabkerniger Granulozyt M6	10–16	2	wurstförmig	verdichtet	–	schwach azidophil	++	nein	(+)	++	++
Segmentkerniger Granulozyt M7	10–16	0,5–5	segmentiert	verdichtet	–	schwach azidophil	+++	nein	(+)	+++	+++

(M5) ist teilungsunfähig und reift in ca. vier Tagen über den stabkernigen ***Granulozyten*** (M6) zum ***segmentkernigen Granulozyten*** (M7) heran, die normalerweise in der Zirkulation vorkommen. Die morphologische Differenzierung als Ausdruck des Erwerbs zelltypischer Funktionen (s. Kap. 11.3) sind in Tabelle 12.3 dargestellt.

Im Gegensatz zur Erythropoese verbleibt ein wesentlicher Teil der ausgereiften Granulozyten als funktionelle Reserve im Knochenmark, welche bei Bedarf, z. B. Infekten, rasch mobilisiert werden kann (s. Kap. 4.5 und 11.3).

Klinik

Die vermehrte Ausschwemmung von nicht ganz ausgereiften stabkernigen Granulozyten und vereinzelt auch Metamyelozyten wird im Differenzialblutbild als so genannte Linksverschiebung erfasst. Findet man dagegen Myelozyten oder noch unreifere Vorläuferzellen der Granulozyten im Blut, so liegt eine maligne Entartung des hämatopoetischen Systems vor, die als myeloische ***Leukämie*** bezeichnet wird. Eine Leukämie kann im Übrigen von allen Entwicklungsreihen ausgehen. Dabei verdrängen die krebsartig wuchernden Blasten die Zellen der normalen Hämatopoese, sodass zu den Symptomen einer myeloischen Leukämie typischerweise Anämie und Blutungsneigung als Folge von reduzierter Erythropoese und Thrombopoese gehören. Die allgemein dabei beobachtete Infektneigung resultiert aus der funktionellen Inkompetenz der unreifen Vorstufen der segmentkernigen neutrophilen Granulozyten.

12.6 Lymphopoese

Die multipotenten lymphoiden Stammzellen differenzieren sich zu 15–20 μm großen ***Lymphoblasten***, deren Zellkern fein disperses Chromatin aufweist. Nach zwei oder drei Teilungen entstehen daraus die kleineren, mit einem chromatindichteren Kern ausgestatteten ***Prolymphozyten***, aus denen sich die Lymphozyten entwickeln. Weder Lymphoblasten noch Prolymphozyten exprimieren an ihrer Oberfläche die für die weitere funktionelle Differenzierung zu B- und T-Lymphozyten entscheidenden Marker. Der Differenzierungsprozess zu ***immunkompetenten B- oder T-Lymphozyten*** findet in den zentralen lymphatischen Organen, dem Knochenmark (für die B-Lymphozyten) und dem Thymus (für die T-Lymphozyten), statt (s. Kap. 13).

12.7 Monopoese

Die aus der ‚colony forming unit-M' hervorgehende Zelle wird als ***Monoblast*** bezeichnet und ist morphologisch vom Myeloblasten nicht zu unterscheiden. Die folgende Zwischenstufe, der ***Promonozyt***, weist analog dazu große Ähnlichkeiten zum Promyelozyten auf. Über zwei mitotische Teilungsschritte differenziert sich der Promonozyt zum Monozyten. Während dieses ca. drei Tage beanspruchenden Prozesses kommt es im Gegensatz zur Granulopoese zu keiner nennenswerten Reduktion des Proteinsyntheseapparats. Ausgereifte Monozyten besitzen neben dem rauhen endoplasmatischen Retikulum einen ausgeprägten Golgi-Apparat; desgleichen bleiben 1–2 Nukleoli nachweisbar (s. Kap. 11.3.5).

12.8 Thrombopoese

Aus der ‚colony forming unit-Meg' gehen ***Megakaryoblasten*** hervor. Dabei handelt es sich um Zellen mit einem Durchmesser von 15–50 μm, deren gleichfalls großer Zellkern oval bis nierenförmig ist und zahlreiche Nukleoli aufweist. Im Gegensatz zu den anderen hämatopoetischen Zelllinien ist die Proliferations- und Reifungsphase nicht durch eine Abfolge von mitotischen Teilungen gekennzeichnet, an deren Ende Zellen stehen, die kleiner sind als ihre Vorläufer. Beim Megakaryoblasten kommt es zu einer Vermehrung des Genoms durch Polyploidisierung, begleitet von einer fortschreitenden Vergrößerung von Zelle, Zellkern und Zytoplasmamasse. Die aus diesem Prozess resultierenden ***Megakaryozyten*** sind die größten Zellen des Knochenmarks mit Durchmessern zwischen 35 und 150 μm. Ihre unregelmäßig gelappten Zellkerne mit grobscholliger Chromatinstruktur verfügen im Mittel über den 16fachen Chromosomensatz (4N-64N). Das anfangs wegen des Ribosomenreichtums stark basophile Zytoplasma der Megakaryozyten enthält zahlreiche Mitochondrien und ausgeprägtes rauhes endoplasmatisches Retikulum und Golgi-Apparat. Während der Differenzierung der Megakaryozyten werden im Golgi-Apparat die lysosomalen und α-Granula der späteren Blutplättchen gebildet. Daneben tauchen im Zytoplasma der Megakaryozyten Membranen auf, die miteinander und mit dem oberflächlichen Plasmalemm des Megakaryozyten konfluieren und dabei Territorien des Zytoplasmas abgrenzen, die den späteren Blutplättchen ent-

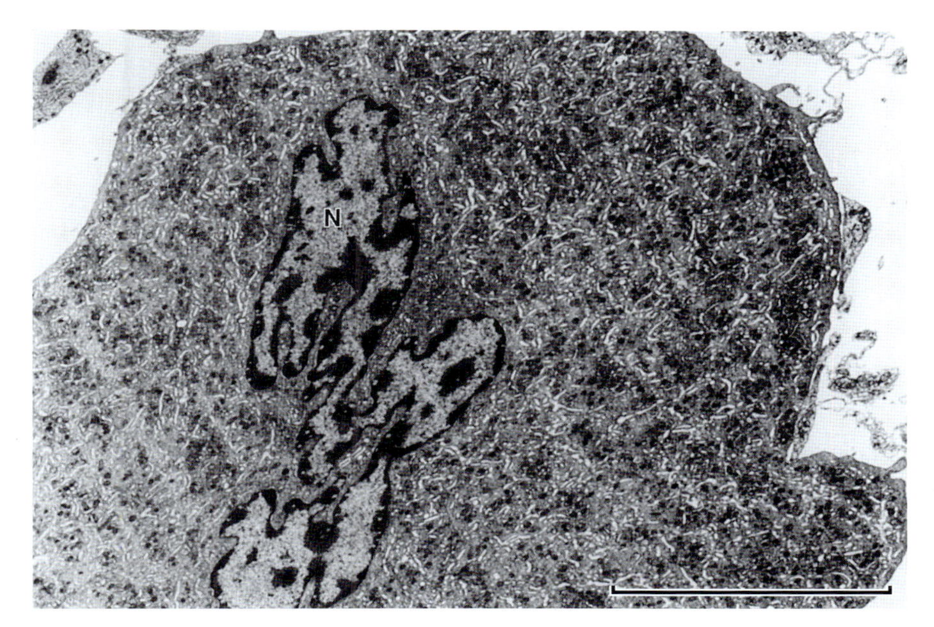

Abb. 12.10. Reifer Megakaryozyt in einer elektronenmikroskopischen Abbildung. Man erkennt den gelappten Kern (*N*) sowie zahlreiche zytoplasmatische Granula. Die Territorien der künftigen Plättchen sind durch Membranen voneinander abgegrenzt. Balken = 10 μm. (Aus Junqueira et al. 1998)

sprechen (Abb. 12.10). Diese werden dadurch gebildet, dass die Megakaryozyten lange Zytoplasmafortsätze ins Lumen der Knochenmarksinusuide vorstrecken (Abb. 12.4). Durch Verschmelzung der intrazellulären Membranen kommt es zur Abschnürung der Thrombozyten. Dabei können gelegentlich so genannte Megathrombozyten, die aus mehreren Plättchenterritorien eines Fortsatzes bestehen, persistieren. Je nach Ploidiegrad und Zellgröße setzt ein Megakaryozyt 500–5000 Plättchen frei. Der übrig bleibende Kern wird von Makrophagen beseitigt. Die Bildung der Plättchen unterliegt der Kontrolle durch Thrombopoetin (TPO) und anderen Wachstumsfaktoren und führt zu einer konstanten Plättchenkonzentration im Blut. Thrombopoetin wird konstitutiv in konstanter Menge von der Leber sezerniert und von den Blutplättchen über Rezeptor vermittelte Endozytose aufgenommen und abgebaut. Übersteigt die Konzentration der Blutplättchen den Sollwert, so entfernen sie vermehrt den Wachstumsfaktor Thrombopoetin. Dadurch wird die Megakaryozytenbildung und -differenzierung gebremst; andererseits findet man bei Patienten mit abnorm niedrigen Plättchenzahlen im Blut extrem hohe Thrombopoetinspiegel.

Immunsystem und lymphatische Organe

13.1	**Angeborene Immunabwehr**	**226**
13.2	**Adaptive Immunabwehr**	**227**
13.2.1	B-Lymphozyten	227
13.2.2	T-Lymphozyten.	230
13.2.3	Antigen Präsentation	232
13.3	**Kommunikation im Immunsystem**	**232**
13.4	**Thymus**	**233**
13.5	**Lymphknoten**	**237**
13.6	**Milz**	**240**
13.7	**Lymphfollikel**	**245**
13.8	**Tonsillen**	**245**

Immunsystem und lymphatische Organe

Einleitung

Das Immunsystem ist aus lymphatischem Gewebe und freien Immunzellen aufgebaut, die über den ganzen Körper verteilt sind. Seine Hauptfunktion ist es, den Körper vor Schaden durch eindringende Mikroorganismen und Fremdsubstanzen zu bewahren aber auch geschädigte und entartete körpereigene Zellen wie Tumorzellen zu beseitigen. Dazu haben die Zellen des Immunsystems die Fähigkeit erworben, körpereigene Moleküle von fremden zu unterscheiden und gezielt die Zerstörung oder Inaktivierung von gefährlichen Fremdsubstanzen einzuleiten. Entgleist dieses Erkennungssystem, so richtet sich das Immunsystem auch gegen Strukturen des eigenen Körpers. Dadurch können schwer wiegende *Autoimmunerkrankungen* ausgelöst werden, deren Verlauf tödlich sein kann.

Übersicht▸ Zum Immunsystem oder lymphatischen System gehören die ***lymphatischen Organe – Knochenmark, Thymus, Milz*** und ***Lymphknoten***, – sowie die ***Lymphfollikel*** und ***freie Immunzellen*** (Lymphozyten Makrophagen etc.), die im Blut, in der Lymphflüssigkeit und in verschiedenen Geweben vorkommen.

Die lymphatischen Gewebe bestehen aus einem dreidimensionalen Netzwerk von retikulärem Bindegewebe (s. Kap. 4.6), das von Zellen ausgefüllt ist, die an Immunreaktionen teilnehmen. Thymus und Knochenmark werden als ***zentrale lymphatische Organe*** zusammengefasst, weil in ihnen Lymphozyten entstehen und heranreifen (Abb. 13.1). Lymphfollikel sind kleinere Ansammlungen von lymphatischem Gewebe. Sie können isoliert vorkommen, treten häufig jedoch zu Aggregaten zusammen, die sich vor allem an den Haupteintrittspforten für Krankheitserreger, wie dem Verdauungstrakt, dem respiratorischen System und dem Urogenitalsystem befinden. Ansammlungen von Lymphfollikeln befinden sich im Verdauungstrakt vor allem in den Tonsillen (Kap. 13.8), Peyer-Plaques und in der Wand des Wurmfortsatzes des Blinddarms (s. Kap. 14.8). Zusammen mit der Milz und den Lymphknoten werden Lymphfollikel als die ***peripheren lymphatischen Organe*** bezeichnet (Abb. 13.1). Die Verteilung des lymphatischen Gewebes im ganzen Körper und die beständige Zirkulation von Immunzellen im Blut, in der Lymphflüssigkeit und im Gewebe sorgen im Körper für eine hoch entwickelte und wirksame Überwachung und Abwehr durch Immunzellen.

Während der Evolution haben sich zwei unterschiedliche Formen der Immunabwehr entwickelt, die angeborene Immunabwehr (Kap. 13.1) und die adaptive Immunabwehr (Kap. 13.2).

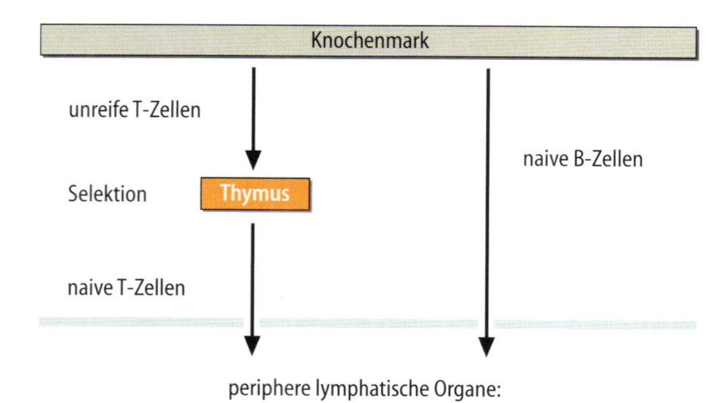

Abb. 13.1. Aufbau des Immunsystems. B-Lymphozyten und T-Lymphozyten werden im Knochenmark gebildet. Die unreifen T-Lymphozyten wandern zuerst zum Thymus, wo sie geschult werden, Fragmente von zelleigenen Proteinen nicht zu erkennen (Selbsttoleranz), jedoch mit Hilfe ihres T-Zell Rezeptors Fragmente von körperfremden Proteinen zu erkennen und darauf zu reagieren. T-Lymphozyten, die diesen Kriterien nicht entsprechen, gehen durch Apoptose zu Grunde. Dermaßen geschulte T-Lymphozyten, die noch keinen Kontakt mit Antigenen hatten (naive T-Lymphozyten) wandern in die peripheren lymphatischen Organe aus. Dort sammeln sich auch die naiven B-Zellen an, die vom Knochenmark über den Blutstrom in die peripheren lymphatischen Organe gelangen

13.1 Angeborene Immunabwehr

Die ***angeborene Immunabwehr*** ist bereits voll funktionsfähig, bevor infektiöse Erreger in den Körper eindringen. Sie wird vor allem von ***Makrophagen*** (s. Kap. 4.5 und Kap. 11.3.5), den ***neutrophilen Granulozyten*** (Kap. 11.3.1) und den ***natürlichen Killerzellen (NK-Zellen)*** ausgeführt und ist in einigen Fällen ausreichend, um die Immunabwehr zu sichern.

Den ***natürlichen Killerzellen*** fehlen die Antigen spezifischen Rezeptoren der B- und T-Lymphozyten (s. Kap. 11.3.4); sie tragen dafür NK-zellspezifische Adhäsionsmoleküle auf ihrer Oberfläche und stellen weniger als 10 % der Lymphozyten im peripheren Blut (s. Kap. 11.3.4). Ihre wichtigste Funktion ist die Zerstörung virusinfizierter Zellen. Da NK-Zellen ohne vorherige Aktivierung sofort aktiv sind, stellen sie die erste Abwehrlinie bis zur Funktionsfähigkeit der B- und T-Lymphozyten dar. Durch ihre Fähigkeit, maligne Zellen zu zerstören, sind sie auch an der immunologischen Abwehr von Krebs beteiligt.

13.2 Adaptive Immunabwehr

Die *adaptive Immunabwehr* (auch spezifische oder erworbene Immunabwehr genannt) wird insbesondere dann aktiviert, wenn in den Körper eingedrungene Erreger der Zerstörung durch das angeborene Immunsystem entkommen sind (Abb. 13.2). Die adaptive Immunabwehr, die vorwiegend von *B-Lymphozyten* und *T-Lymphozyten* vermittelt wird, zeichnet sich besonders durch ihre hohe Spezifität und die Ausbildung eines ‚immunologischen Gedächtnisses' aus. Oft wird sie in die *zelluläre Immunabwehr* und die *humorale Immunanwort* unterteilt. Bei der zellulären Immunabwehr spielen *T-Lymphozyten* eine wichtige Rolle, die sich mit ihrem *T-Zellrezeptor* auf die Erkennung von Fremdsubstanzen spezialisiert haben, die im Inneren von Zellen vorkommen (Viren, Tumorproteine). Das humorale Immunsystem basiert auf den von *B-Lymphozyten* produzierten *Antikörpern* die frei zirkulieren und fremde Substanzen wie Bakterien oder Toxine markieren und inaktivieren. Auch die angeborene Immunabwehr besitzt eine humorale Komponente, das Komplementsystem des Blutplasmas (Kap. 11.1).

13.2.1 B-Lymphozyten

Die B-Lymphozyten entstehen im Knochenmark aus Stammzellen und reifen dort zu *‚naiven' B-Zellen* heran (s. Kap. 12.6). Diese jungfräulichen B-Lymphozyten stellen 90 % aller B-Zellen. Sie sind bereits funktionstüchtig *(immunkompetent)* hatten aber noch keinen Kontakt mit Antigenen. Sie wandern in nichtthymische lymphatische Gewebe (Lymphknoten, Peyer-Plaques, Tonsillen und Milz) aus, wo sie sesshaft werden und nach Kontakt mit Antigen aktiviert werden (Abb. 13.2). Dann beginnen sie zu proliferieren *(Immunoblasten)* und entwickeln sich in Antikörper sezernierende *Plasmazellen* (Abb. 13.3). Einige aktivierte B-Zellen entwickeln sich nicht zu Plasmazellen, son-

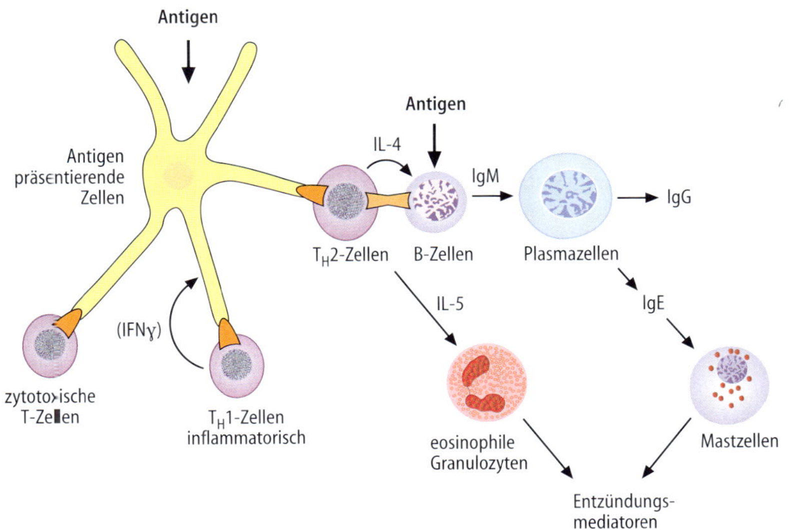

Abb. 13.2. Die adaptive Immunabwehr. Antigen präsentierende Zellen spalten Antigene in geeignete Fragmente und exponieren sie mit Hilfe der MHC-Moleküle an ihre Oberfläche. So präsentierte Fragmente werden von verschiedenen T-Lymphozyten mit Hilfe ihres T-Zell-Rezeptors erkannt. Dadurch werden sie aktiviert und greifen z. B. als zytotoxische T-Zellen körpereigene Zellen an und zerstören sie. Regulatorische T-Lymphozyten (T_H1- und T_H2-Zellen) beeinflussen mit Botenstoffen (Lymphokine bzw. Interleukine) und über Oberflächenmoleküle andere Zellen der Immunabwehr. Inflammatorische T_H1-Zellen sind dabei auf die Aktivierung von Makrophagen spezialisiert, die Pathogene enthalten oder aufgenommen haben und die Fragmente von diesen fremden Stoffen den T_H1-Zellen präsentieren. Interferon-γ (IFNγ) wirkt dabei als wichtiger aktivierender Botenstoff. T_H2-Helferzellen sind spezialisiert auf die Aktivierung von B-Lymphozyten, die ihr Antigen über den B-Zellrezeptor mit Hilfe von membranständigem IgM bzw. IgD direkt, ohne die Hilfe anderer Zellen, erkennen können. Nach Aufnahme des Antigens ins Innere der B-Zelle werden Antigenfragmente auf der Oberfläche der B-Zelle präsentiert. Erkennt eine T_H2-Zelle diese Antigenfragmente als fremd, dann wird die B-Zelle über die Wechselwirkung verschiedener Oberflächenmoleküle sowie durch Sekretion von Interleukin-4 (-5 und -6) von der T_H2-Zelle so aktiviert, dass sie proliferiert und schließlich zur Plasmazelle wird. Diese sezerniert dann die löslichen Immunglobuline der Klasse G, der Klasse A oder der Klasse E, die wiederum als Antigenrezeptoren auf Mastzellen dienen

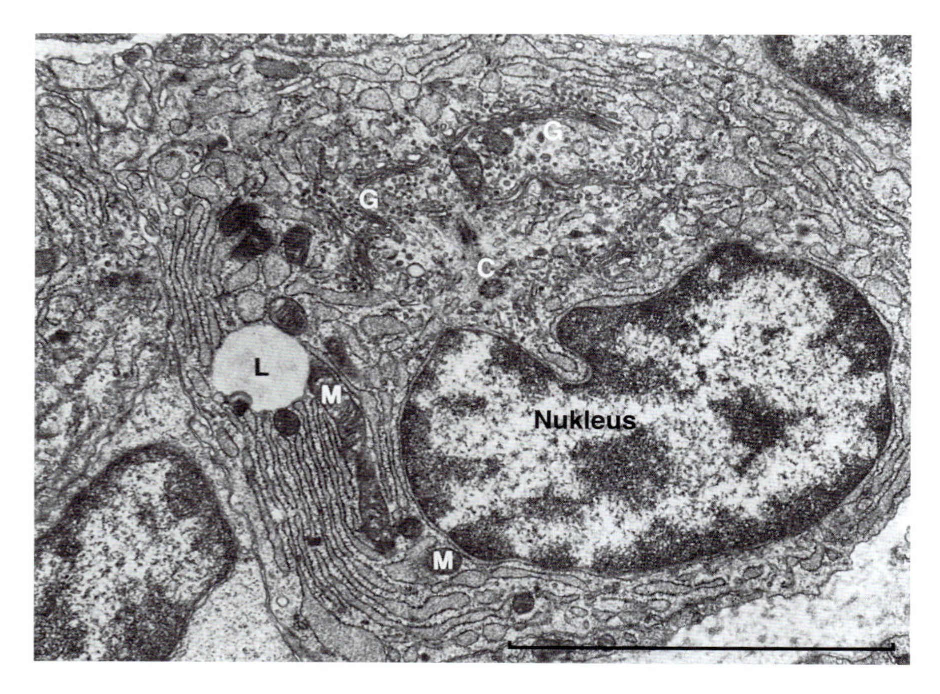

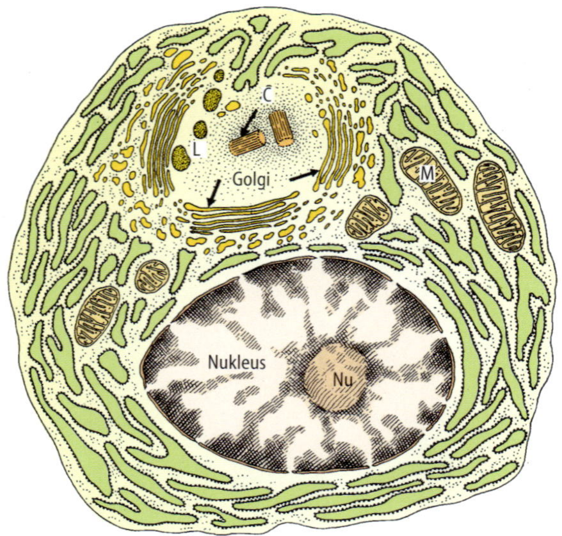

Abb. 13.3. Ultrastruktur der Plasmazellen. Der runde Zellkern der Plasmazellen (*Nukleus*) enthält Heterochromatin in typischer Anordnung (Radspeichenstruktur). Charakteristisch ist ein stark entwickeltes rauhes endoplasmatisches Retikulum mit erweiterten Zisternen, die Immunglobuline enthalten. Auffallend sind die Golgi-Apparate, in denen die Immunglobuline verpackt werden und anschließend ohne Speicherung (konstitutiv) sezerniert werden. *M* Mitochondrium, *G* Golgiapparat, *C* Zentriole, *L* Fetttropfen. Balken (oben) = 10 μm. (Aus Junqueira et al. 1996)

dern reifen zu ***Gedächtniszellen*** mit sehr langer Lebensdauer aus, die bei einem zweiten Kontakt mit demselben Antigen sehr schnell reaktiviert werden können. B-Zellen stellen 15–20 % und T-Zellen 70–80 % der zirkulierenden Lymphozyten.

Antigene▸ Fremde Substanzen, die vom Immunsystem wahrgenommen werden und eine Immunabwehr auslösen, heißen ***Antigene***. Diese Abwehr kann zellulär, humoral oder (wie meist) beides sein. Antigene sind Makromoleküle wie Proteine, Polysaccharide und Nukleoproteine, die frei oder auf Zellen wie Bakterien oder Tumorzellen vorkommen können. Die Immunabwehr richtet sich jedoch nur gegen relativ kleine molekulare Domänen des Antigens, die so genannten ***antigenen Determinanten***. Sie bestehen nur aus vier bis zwanzig Aminosäuren oder aus einigen Monosaccharideinheiten. Ein komplexes Antigen hat somit viele antigene Determinanten und wird daher ein breites Spektrum von humoralen und zellulären Reaktionen auslösen.

Antikörper▸ Zirkulierende Plasmaglykoproteine, die spezifisch mit den antigenen Determinanten eines Antigens reagieren, werden als Antikörper (Immunglobuline) bezeichnet. Sie werden von B-Lymphozyten und Plasmazellen produziert. Als membranständige Antikörper auf der Oberfläche von B-Zellen werden sie auch als ***B-Zellrezeptor*** bezeichnet.

Klinik Jeder B-Lymphozyt (und dessen Nachkommen) bildet stets nur eine Art von Antikörpern ganz definierter Spezifität. Durch Fusion eines einzelnen B-Lymphozyten mit einer Tumorzelle kann im Labor eine unbegrenzt wachsende Hybridomlinie gewonnen werden. Alle Nachkommen dieses B-Zellklons produzieren dann ***monoklonale Antikörper*** mit identischer Spezifität wie die ursprüngliche B-Zelle. Monoklonale Antikörper können für diagnostische und therapeutische Zwecke nutzbar gemacht werden.

Die Antikörper (Immunglobuline = Ig) des Menschen werden in fünf verschiedene Klassen (G,A,M,E und D) eingeteilt:

- ***IgG*** ist mit 75% das häufigste Immunglobulin. IgG kann als einziges Immunglobulin die Plazenta passieren. Somit kann es in die Zirkulation des Fötus eingeschleust werden und das Neugeborene vor Infektionen schützen. Als Modell für die anderen Klassen der Immunglobuline wird IgG hier ausführlicher beschrieben. IgG besteht aus zwei identischen ***leichten Ketten*** und zwei identischen ***schweren Ketten*** (Abb. 13.4), die durch Disulfidbrücken und nicht kovalente Bindungen zusammengehalten werden. Weil die beiden carboxyterminalen Fragmente der schweren Ketten leicht kristallisieren, werden sie ***Fc-Fragmente*** genannt. Den fünf Hauptklassen der Immunglobuline entsprechen fünf unterschiedliche Fc-Fragmente. Sie binden an ***Fc-Rezeptoren***, die auf den Zellen der angeborenen und adaptiven Immunabwehr vorkommen. Die aminoterminalen Anteile der beiden leichten und schweren Ketten bilden das ***Fab***-(Antigen bindende) ***Fragment*** der Immunglobuline. Die ***variablen Anteile*** der Fab-Fragmente binden Antigene mit hoher Spezifität. Um dies zu erreichen müssen die variablen Anteile den antigenen Determinanten der Fremdstoffe angepasst werden. Dies kommt durch verschiedene Mechanismen zustande: Die Gene der schweren und leichten Ketten bestehen aus bis zu 65 Genabschnitten, die für variable Anteile kodieren. Diese werden während der Entwicklung der B-Zellklone aus Stammzellen mit 5 Abschnitten (J) am Übergang zu den konstanten Regionen rekombiniert. Bei den schweren Ketten stehen zur ***Rekombination*** noch 27 weitere Abschnitte (D) zur Verfügung. Außerdem kann durch Einfügung oder Deletion von Basen am Übergang von variablen zu den restlichen Abschnitten der DNA der schweren und leichten Ketten die Variabilität erhöht werden. Ausgestattet mit mehreren hundert so hergestellter verschiedenen IgGs verlassen die naiven B-Zellen das Knochenmark. Nach Kontakt mit Antigenen werden die variablen Anteile durch ***somatische Hypermutation*** dem jeweiligen Antigen weiter angepasst (näheres s. Lehrbücher der Immunologie und Biochemie).

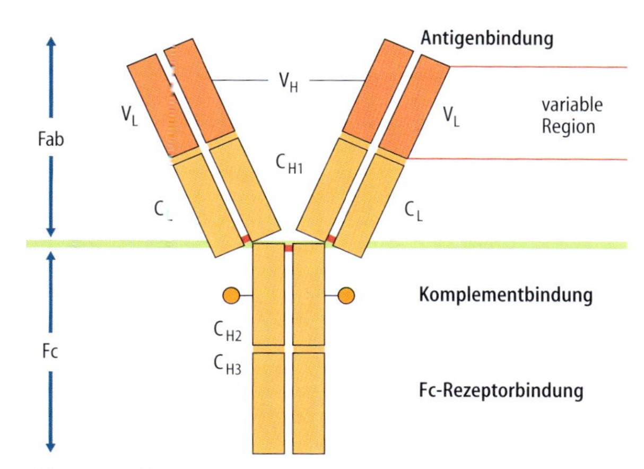

Abb. 13.4. Aufbau eines Immunglobulins (IgG). Das Antigen bindende Fab-Fragment besteht aus den leichten Ketten und einem Teil der schweren Ketten. Hier können die Antigen bindenden variablen Regionen von den konstanten Regionen unterschieden werden. Die fünf Hauptklassen der Immunglobuline besitzen unterschiedliche Fc-Fragmente. Die Fc-Regionen können an Komplement und an Rezeptoren verschiedener Zellen binden. (Aus Schmidt et al. 2000)

- ***IgA*** wird nur in geringen Mengen im Serum gefunden. Es ist das Hauptimmunglobulin von Tränenflüssigkeit (s. Kap. 23.6), Colostrum (s. Kap. 22.7) und Speichel, der Sekrete der Nase, des Bronchialtrakts, des Dünndarms (s. Kap. 14.11) und der Prostata und kommt auch in der Vaginalflüssigkeit vor. IgA wird von Plasmazellen sezerniert, die sich in der Schleimhaut des Verdauungsapparats, der Lunge und des Urogenitalsystems befinden. IgA bildet mit zusätzlichen Proteinen, bereitgestellt durch die Enterozyten, einen Komplex (s. Kap. 14.11). Dadurch wird es unempfindlich gegenüber proteolytischen Enzymen. Freigesetzt durch die Enterozyten kann IgA somit den Körper vor eindringenden fremden Molekülen bewahren.
- ***IgM*** existiert, wie alle anderen genannten Antikörper, in zwei Formen, entweder membrangebunden auf B-Lymphozyten oder löslich im Plasma. Dort stellt es 10% der Immunglobuline und liegt ge-

wöhnlich als Pentamer mit einem Molekulargewicht von 900 000 vor. Es ist das dominante Immunglobulin der frühen Immunabwehr und kommt, zusammen mit IgD, auf allen reifen B-Lymphozyten vor, die noch nicht mit Antigen reagiert haben. Membrangebundenes IgM und IgD dienen als Rezeptor für Antigene (Abb. 13.2). Nach deren Bindung wird der betroffene B-Lymphozyt zu Wachstum und weiterer Differenzierung in eine Antikörper produzierende Plasmazelle angeregt. Dabei stellt der B-Lymphozyt von der Produktion von IgM und IgD Antikörpern, je nach Erfordernis, auf die Produktion von IgG-, IgA- oder IgE- Antikörpern der gleichen Antigenspezifität um. IgM-Antigenkomplexe aktivieren das ***Komplementsystem*** (s. Kap 11), eine Gruppe von Plasmaproteinen, die die Fähigkeit haben Zellen, einschließlich Bakterien, zu lysieren.
- ***IgE*** kommt gewöhnlich als Monomer vor. Es hat eine hohe Affinität für Fc-Rezeptoren von Mastzellen und basophilen Granulozyten. Nach seiner Sekretion durch Plasmazellen wird IgE gewöhnlich an diese Zellen gebunden und verschwindet damit nahezu vollständig aus dem Blutplasma. Wenn das Antigen, das die Produktion bestimmter IgE-Antikörper induziert hat, erneut vom Körper aufgenommen wird, dann bindet es an der Oberfläche der Mastzellen oder der basophilen Leukozyten und löst dadurch die Freisetzung mehrerer biologisch aktiver Substanzen wie Histamin, Heparin, Leukotrien und chemotaktischer Faktoren aus (s. Kap. 4.5).
- ***IgD*** besitzt ein Molekulargewicht von 180 000 und seine Konzentration im Blutplasma liegt bei 0,2 % der gesamten Immunglobuline. Es wird stets zusammen mit IgM auf der Plasmamembran naiver B-Lymphozyten gefunden. Die Eigenschaften und biologische Rolle von IgD sind unbekannt.

13.2.2 T-Lymphozyten

Die T-Lymphozyten entstehen wie die B-Lymphzyten im Knochenmark (s. Kap. 12.6). Sie wandern zu ihrer Reifung in den Thymus aus (Abb. 13.1), wo sie weiterwachsen und zur Unterscheidung von körpereigenen und körperfremden Substanzen ausgebildet werden (s. Kap. 13.4). Analog zu den B-Lymphozyten wandern sie als reife (naive) Zellen in periphere lymphatische Gewebe aus. Dort werden die noch jungfräulichen naiven T-Zellen nach Kontakt mit Antigen als

- ***T-Helferzellen vom Typ 1 (T_H1-Zellen)***, als
- ***T-Helferzellen vom Typ 2 (T_H2-Zellen)*** oder als
- ***zytotoxische T-Zellen (Killerzellen)*** aktiv (Abb. 13.2).

Die T-Lymphozyten werden also nur zu einer Immunabwehr aktiviert, wenn sie neue, fremde Proteinbruchstücke gebunden an MHC-Molekülen präsentiert bekommen. Dazu binden T-Zellen über den **T-Zell-Rezeptor** an Zellen, die auf ihrer Oberfläche mit Peptiden beladene ***(MHC)-Moleküle*** *tragen* (= präsentieren) (Abb. 13.2 und Kap. 13.2.3). Auf diese Weise werden neben zellfremden Peptiden auch zelleigene Peptide präsentiert. Bei der Ausreifung im Thymus überleben jedoch nur T-Lymphozyten, die tolerant gegenüber körpereigenen ‚Selbst-‚ Peptiden sind (Kap. 13.4).

Antigen präsentierende Zellen stimulieren ***zytotoxische Killerzellen*** zur Produktion von lytischen Proteinen ***(Perforine)***, die Löcher in Zellmembranen reißen können und so die Zellen zerstören. Andere Sekretionsprodukte der zytotoxischen Killerzellen lösen die Apoptose (s. Kap. 2.5) anderer Zellen aus. Im Gegensatz zu natürlichen Killerzellen (NK-Zellen), die fremde Zellen zerstören können, greifen zytotoxische T-Zellen körpereigene Zellen an, die ihnen fremde Antigenfragmente präsentieren. T_H2-Zellen stimulieren die Antikörperproduktion von B-Lymphozyten und ihre Differenzierungen in Plasmazellen. ***T_H1-Zellen*** werden häufig als ***inflammatorische T-Zellen*** bezeichnet. Sie aktivieren hauptsächlich Makrophagen, die Fragmente von Fremdantigenen präsentieren. T_H1- und T_H2-Zellen werden daher auch als ***regulatorische T-Zellen*** bezeichnet. In Form von ***Gedächtnis-T-Zellen*** können sie schnell auf einen erneuten Kontakt mit demselben Antigen reagieren.

Klinik

T_H2-Helferzellen werden von dem Retrovirus zerstört, das die Immunschwächekrankheit AIDS auslöst. Die Immunabwehr infizierter Patienten wird durch das Verschwinden regulatorischer T-Zellen so geschwächt, dass Infektionen, die von gesunden Individuen problemlos in Schach gehalten werden können, nicht mehr ausreichend bekämpft werden können.

13.2.3 Antigen Präsentation

Während B-Lymphozyten Antigene direkt erkennen, nehmen T-Lymphozyten nur antigene Determinanten wahr, die ihnen über den ***T-Zellrezeptor*** von anderen Körperzellen präsentiert werden (Abb. 13.2 und 13.5).

In Antigen präsentierenden Zellen werden Antigene, die durch Phagozytose aufgenommen wurden in Lysosomen (s. Kap. 1.4) und zytoplasmatische Antigene von Proteasomen (s. Kap. 1.7) zu Peptidfragmenten (von 8–20 Aminosäuren Länge) abgebaut (s. Kap. 1.7). Nach dieser ***Antigenprozessierung*** werden die Fragmente an ***MHC-Moleküle*** gebunden. MHC- (engl. = major histocompatibility complex) Moleküle werden auch als ***HLA-Moleküle*** (deutsch = Humane Leukozytenantigene) bezeichnet, weil sie zunächst auf Leukozyten entdeckt wurden. Nach der Beladung von MHC-Molekülen mit Peptid werden Peptid-MHC-Komplexe an die Zelloberfläche transportiert. T-Lymphozyten binden an diese Komplexe und werden dadurch aktiviert (Abb. 13.5).

Klinik So präsentieren Makrophagen z. B. Bruchstücke von Bakterien, die sie durch Phagozytose aufgenommen haben und können dadurch eine T-Zellabwehr z. B. gegen intrazelluläre Mykobakterien auslösen, die Tuberkulose verursachen.

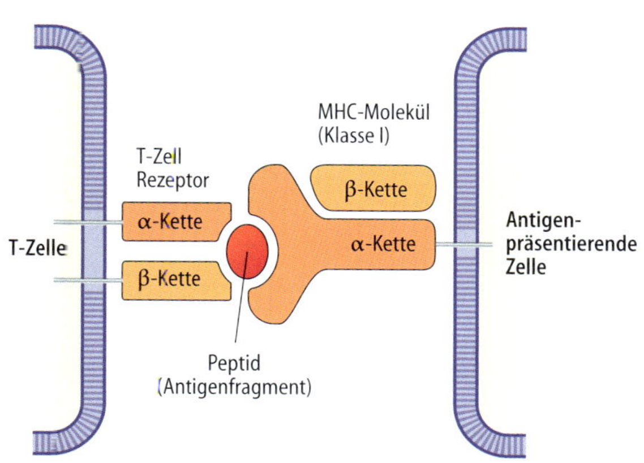

Abb. 13.5. Präsentation von Antigen-Fragmenten. Nach der Prozessierung von Antigenen werden deren Fragmente an MHC-Molekülen (aufgebaut aus α- und β-Untereinheiten) auf der Oberfläche von Antigen präsentierenden Zellen exponiert. T-Zellen binden mit Hilfe des T-Zell-Rezeptors (ebenfalls aufgebaut aus α- und β-Untereinheiten) an den Komplex aus MHC-Molekül und Antigen-Fragment und werden dabei aktiviert

Man unterscheidet ***MHC-Klasse-I*** und ***MHC-Klasse-II-Moleküle***, die strukturell sehr ähnlich sind, jedoch mit Proteinfragmenten unterschiedlicher Herkunft beladen werden. Klasse-I-Moleküle binden vornehmlich Fragmente von Proteinen, die von der Zelle selbst synthetisiert wurden ('Selbstpeptide'), Virus- oder Tumorproteine. Dagegen werden MHC-Klasse-II-Moleküle mit Peptiden beladen, die die Zelle von außen aufgenommen hat. Alle mit MHC-Klasse-I-Molekülen ausgestatteten Körperzellen (alle kernhaltigen Zellen außer Neurone) können Antigene präsentieren. Zellen, die neben MHC-Klasse-I-Molekülen noch MHC-Klasse-II-Moleküle tragen, werden als ***professionelle Antigen präsentierende Zellen*** bezeichnet, weil nur sie mit den regulatorischen T_H1- und T_H2-Zellen interagieren können. Professionelle Antigen präsentierende Zellen werden in den meisten Geweben gefunden. Sie haben die Fähigkeit Antigene regulatorischen T-Lymphozyten zu präsentieren, die dadurch aktiviert werden. Sie bestehen aus einer heterogenen Population von Zellen, die im Knochenmark entstehen und vorwiegend zum ***mononukleären Phagozytensystem*** (s. Kap. 4.4.2 und Kap. 11) gehören. Die wichtigsten professionellen Antigen präsentierenden Zellen sind:

- ***Makrophagen,***
- ***dendritische Zellen der lymphatischen Organe,***
- ***Epithelzellen des Thymus,***
- ***B-Lymphozyten,***
- ***Langerhans-Zellen der Haut.***

Anders als die meisten anderen Gene, zeigen die Gene des MHC-Komplexes einen ausgeprägten ***Polymorphismus***, d. h. die Ausprägung des Gens für ein bestimmtes MHC-Molekül unterscheidet sich bei verschiedenen Individuen geringfügig. Zusätzlich trägt ein normaler Mensch bis zu 15 verschiedene MHC-Moleküle auf seinen Zellen. Dieser Polymorphismus dient dazu Peptide verschiedenster Aminosäuresequenzen an MHC-Moleküle zu binden und so einen Schutz gegen eine große Vielfalt von Pathogenen zu erreichen. Die unterschiedliche Ausprägung von MHC-Molekülen zwischen verschiedenen Individuen einer Spezies bringt den Vorteil, dass jeweils nur ein Teil der Population besonders empfänglich für bestimmte Infektionen ist.

Klinik

Transplantationen zwischen genetisch identischen Individuen (eineiige Zwillingsgeschwister) heißen ***syngen*** (Syn- oder Isotransplantate), solche zwischen verschiedenen Individuen der gleichen Spezies ***allogen*** (Allo- oder Homotransplantate). Transplantate, die zwischen verschiedenen Spezies übertragen werden, sind ***xenogen*** (Xeno- oder Heterotransplantate). Bei der autologen und isologen Transplantation findet keine Abstoßung statt, weil die transplantierten Zellen genetisch identisch oder nahezu identisch sind und dieselben ***MHC-Moleküle (Histokompatibilitätsantigene = Transplantationsantigene)*** tragen. Homologe und heterologe Transplantate tragen andere Histokompatibilitätsantigene auf der Zelloberfläche als der Transplantatempfänger. Sie werden als fremd erkannt und damit abgestoßen. Stimmen die Zellen des Transplantats in den Haupthistokompatibilitätsantigenen (MHC) überein, dann kann es trotzdem zu einer langsamen Abstoßung kommen, wenn die Nebenhistokompatibilitätsantigene verschieden sind. Nebenhistokompatibilitätsantigene sind ausgesprochen vielfältig und verschiedensten Proteinfamilien zuzuordnen.

Je größer die Identität zwischen den MHC-Molekülen von Spender und Empfänger, desto eher werden allogene Transplantate akzeptiert. Eine allogene Transplantation zwischen genetisch verschiedenen Zwillingsgeschwistern gelingt dann, wenn diese im Mutterleib durch dieselbe Plazenta versorgt wurden. Nur Moleküle, die in den Körper eindringen, nachdem der Organismus immunkompetent wurde, werden als Fremdantigene erkannt und abgestoßen. Die Transplantatabstoßung wird dabei vorwiegend durch NK-Zellen und T-Lymphozyten vermittelt, die in das Transplantat eindringen und dort die Zerstörung der transplantierten Zellen vermitteln.

13.3 Kommunikation im Immunsystem

T-Lymphozyten, B-Lymphozyten und professionelle Antigen präsentierende Zellen interagieren beständig miteinander und mit anderen Komponenten des Organismus, um die hochwirksame Immunabwehr zu garantieren (Abb. 13.2). Neben der Antigenpräsentation erfolgt die Kommunikation über ***Zytokine***, hormonähnlichen Botenstoffen, die von Immunzellen gebildet werden oder auf sie wirken. Zytokine, die durch Lymphozyten produziert werden, werden oft auch ***Lymphokine*** genannt, solche die als Mediatoren zwischen Leukozyten dienen, werden als ***Interleukine*** bezeichnet. Achtzehn Interleukine wurden bisher beschrieben und ständig werden neue entdeckt. Eines von ihnen, Interleukin 4, wird von T_H1-Lymphozyten produziert und stimuliert die Differenzierung von B-Lymphozyten (Abb. 13.2). T_H2-Lymphozyten sezernieren Interferon-γ (INFγ) und aktivieren so Makrophagen. Die Kommunikation zwischen lymphatischen und hämatopoetischen Zellen wird oft durch ***koloniestimulierende Faktoren*** (s. Kap. 12) vermittelt. Andere Zytokine wie Tumornekrosefaktor (TNF α und β) und Transformations-Wachstumsfaktor (TGF β) spielen bei Entzündungen (s. Kap. 4.5), Tumorabwehr (s. Kap. 2.5), Zellwachstum (s. Kap. 2.5) und Wundheilung eine Rolle.

Klinik

Außer den Zytokinrezeptoren besitzen B- und T-Lymphozyten auch Rezeptoren für Peptidhormone und Neurotransmitter. Somit existiert ein bisher noch wenig verstandenes Kommunikationssystem zwischen Nervensystem, endokrinem System und Immunsystem. Beobachtungen, wonach der Verlauf mancher Erkrankungen durch den Gemütszustand der Patienten beeinflusst wird, machen diese Beziehung deutlich.

Verteilung der Lymphozyten im Körper▸ B- und T-Lymphozyten sind nicht gleichmäßig im lymphatischen System verteilt (Tabelle 13.1), sondern besetzen spezielle Regionen sowohl in Lymphknoten wie in der Milz (Kap. 13.5 und 13.6). Obwohl B- und T-Lymphozyten morphologisch nicht unterscheidbar sind, können sie anhand ihrer unterschiedlichen Oberflächenproteine (Marker) immunzytochemisch unterschieden werden. Nach Stimulation mit Antigen wachsen B- und T-Lymphozyten zu großen basophilen Lymphozyten, so genannten ***Immunoblasten***, heran, die sich schnell teilen und zu ***Effektorzellen*** wie Plasmazellen und den Subtypen der aktivierten T-Lymphozyten differenzieren.

Tabelle 13.1. Verteilung der Lymphozyten in den lymphatischen Organen. (Nach Junqueira et al. 1998)

Lymphatisches Organ	T-Lymphozyten %	B-Lymphozyten %
Thymus	100	0
Knochenmark	10	90
Milz	45	55
Lymphknoten	60	40
Blut	80	20

13.4 Thymus

Einleitung▸ Der Thymus wird kontinuierlich von T-Zellen durchwandert, die aus dem Knochenmark kommen, ihre Differenzierung durchlaufen und den Thymus als reife aber noch jungfräuliche (‚naive') T-Lymphozyten verlassen (Abb. 13.1). Diese Zellen wandern dann in periphere lymphatische Organe ein, wo sie sich in T-Zell-Regionen aufhalten. Diese finden sich in Lymphknoten vor allem im inneren Kortex (Kap. 13.5) und in der weißen Pulpa der Milz in der periarteriolären Lymphozytenscheide (Kap. 13.6).

Aufbau▸ Der Thymus liegt im oberen Mediastinum direkt über dem Herzen. Die maximale Ausdehnung im Vergleich zum Körpergewicht erreicht der Thymus nach der Geburt. Bereits im Alter von 3–4 Jahren beginnt er zu degenerieren und wird später zunehmend durch Fettgewebe ersetzt (Abb. 13.6). Der Thymus ist aus zwei ***Lappen (Lobi)*** aufgebaut. Jeder Lappen wird von einer bindegewebigen Kapsel umschlossen, von der zahlreiche Septen in das Innere abgehen. Dadurch wird der Thymus in eine Vielzahl von miteinander verbundenen ***Läppchen (Lobuli)*** untergeteilt. Jedes Läppchen hat eine periphere dunkle Zone, die als ***Rinde (Kortex)*** bezeichnet wird, und eine zentral gelegene hellere

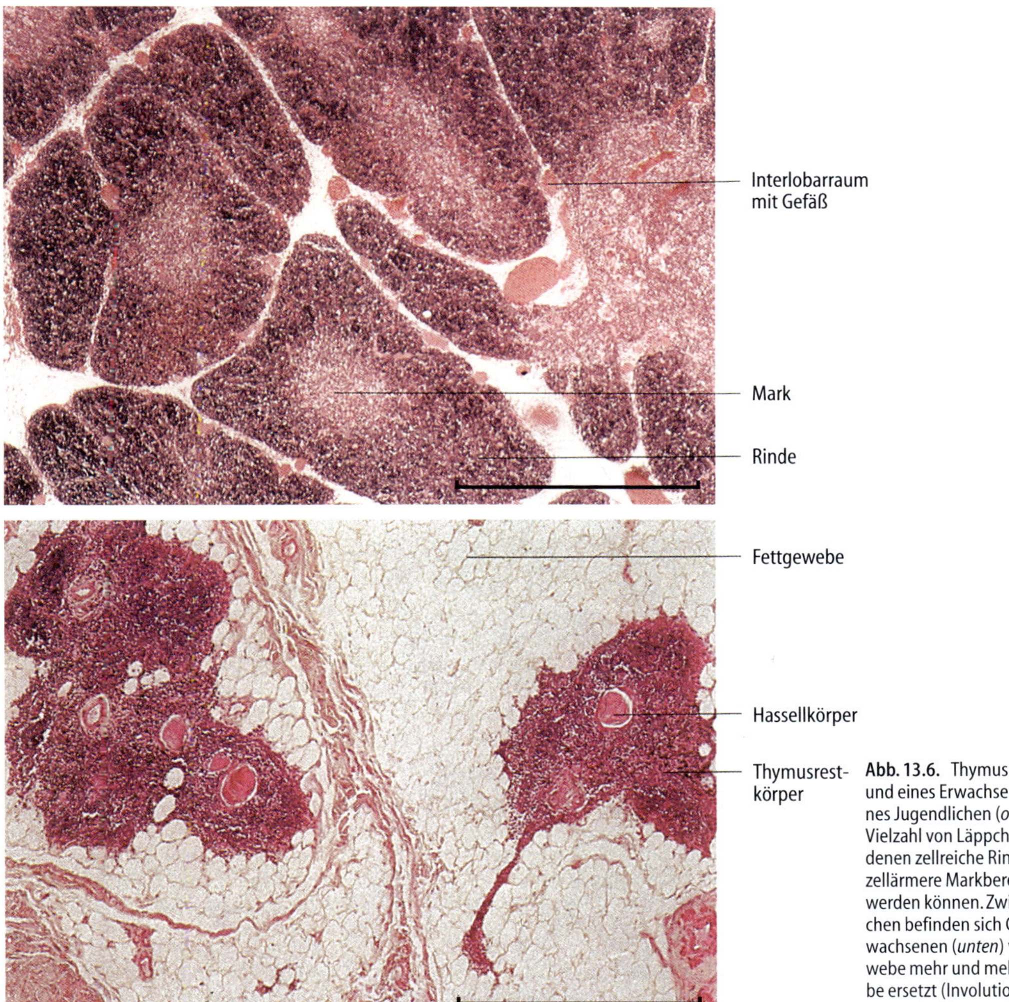

Abb. 13.6. Thymus eines Jugendlichen und eines Erwachsenen. Der Thymus eines Jugendlichen (*oben*) ist aus einer Vielzahl von Läppchen aufgebaut, bei denen zellreiche Rindenbereiche und zellärmere Markbereiche unterschieden werden können. Zwischen den Läppchen befinden sich Gefäße. Beim Erwachsenen (*unten*) wird das Thymusgewebe mehr und mehr durch Fettgewebe ersetzt (Involution). Balken = 1 mm. (Aus Schiebler 1996)

Zone, das ***Mark (Medulla)***. Die Rinde des Thymus besteht vorwiegend aus ***T-Lymphozyten***, die einen sehr engen Kontakt zu den ***epithelialen retikulären Zellen*** aufnehmen (Abb. 13.7 und 13.8). Im Mark finden sich zwischen den epithelialen retikulären Zellen T-Lymphozyten und zusätzlich ***dendritische Zellen*** und ***Makrophagen*** (Abb. 13.6, 13.7 und 13.9). Bündel von Zytokeratinfilamenten weisen auf den epithelialen Ursprung der retikulären Zellen hin (Abb. 13.10). Die für das Mark charakteristischen ***Hassall-Körperchen*** (Abb. 13.11) sind konzentrisch angeordnete, abgeflachte epitheliale retikuläre Zellen gefüllt mit ***Keratohyalingranula*** und ***Zytokeratinfilamenten***. Je nach Entwicklungsstadium variieren Hassall-Körperchen in ihrer Größe. Ihre Funktion ist bisher unbekannt, möglicherweise stellen sie Orte des Zellabbaus dar.

Entwicklung▸ Der Thymus entwickelt sich im Gegensatz zu allen anderen lymphatischen Organen, die ausschließlich aus dem Mesoderm entstehen, aus ***Mesoderm, Entoderm und Ektoderm***. Auf Grund dieser Entwicklung wird der Thymus auch als lympho-epitheliales Organ bezeichnet. Die den Thymus bevölkernden ***T-Lymphozyten*** sind ***mesodermalen Ursprungs***, die ***epithelialen*** Anteile des Thymus gehen aus ***Endoderm*** der ***3. und 4. embryonalen Schlundtasche*** und dem ***Ektoderm*** der ***3. und 4. Kiemenfurche*** hervor. Die entodermal abgeleiteten epithelialen Zellen bilden in der Rinde und die ektodermalen im Mark ein Maschenwerk aus epithelialen Retikulumzellen. Außerdem wandern aus dem Knochenmark ***dendritische Zellen*** und ***Makrophagen*** in die Thymusanlage ein, die sich vornehmlich im Bereich des Marks ansiedeln. Zwischen den Retikulumzellen befinden sich ***T-Lymphozyten*** verschiedener Entwicklungsstadien.

Differenzierung▸ Die unreifen T-Lymphozyten wandern nach ihrer Bildung im Knochenmark auf dem Blutweg zum Thymus und werden dort zuerst in der subkapsulären Region der Rinde gefunden. Während

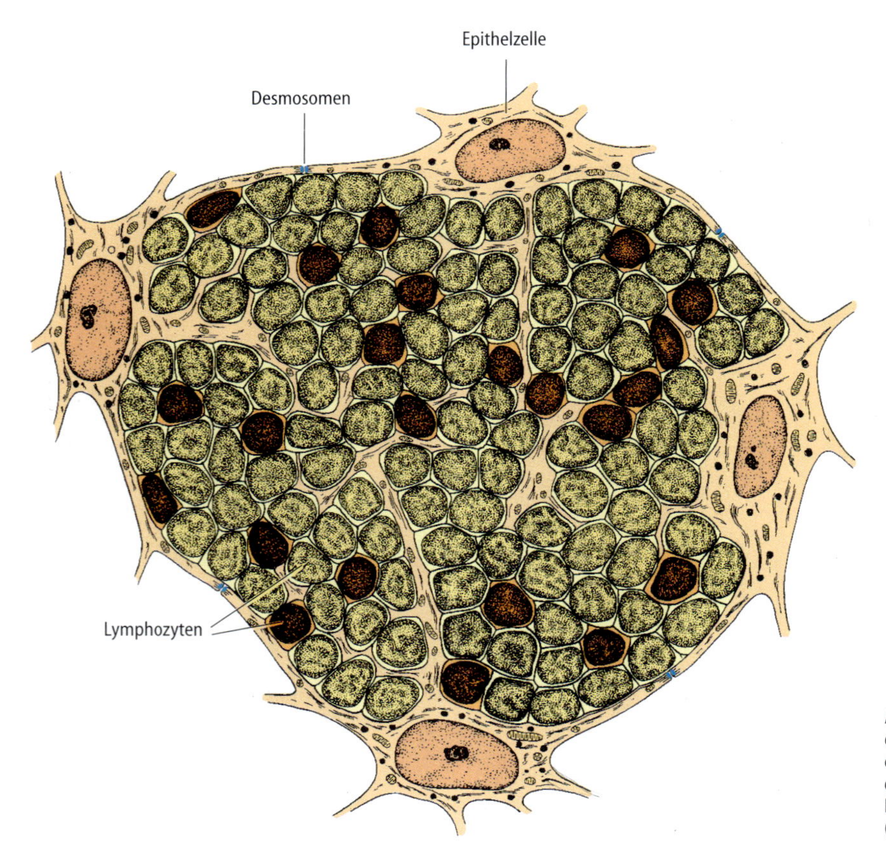

Abb. 13.7. Zellulärer Aufbau der Rinde des Thymus. Die sternförmig angeordneten epithelialen Zellen bilden ein Maschenwerk, das von T-Lymphozyten verschiedener Entwickungsstadien ausgefüllt ist. (Aus Schiebler 1996)

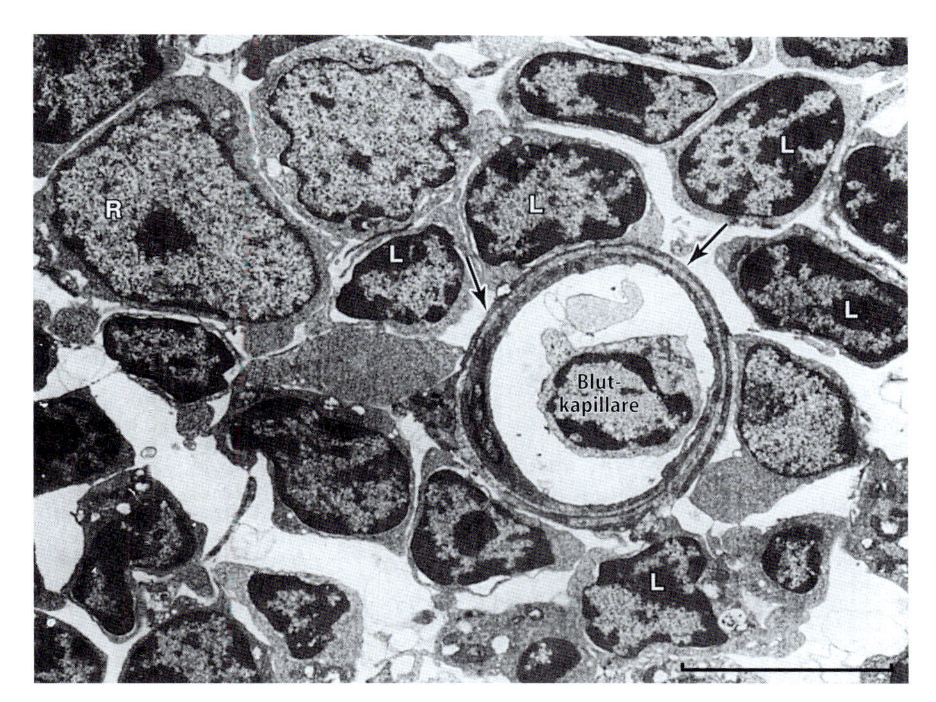

Abb. 13.8. Die Blut-Thymus-Schranke. In der Rinde des Thymus bilden die Retikulumzellen (*R*) ein Maschenwerk, das von T-Lymphozyten (*L*) bevölkert ist. Fortsätze der epithelialen Retikulumzellen (*Pfeile*) bilden zusammen mit dem Endothel der Kapillare und deren Basallamina die Blut-Thymus-Schranke. *Blood capillary* Blutkapillare. Balken = 10 µm. (Aus Junqueira et al. 1998)

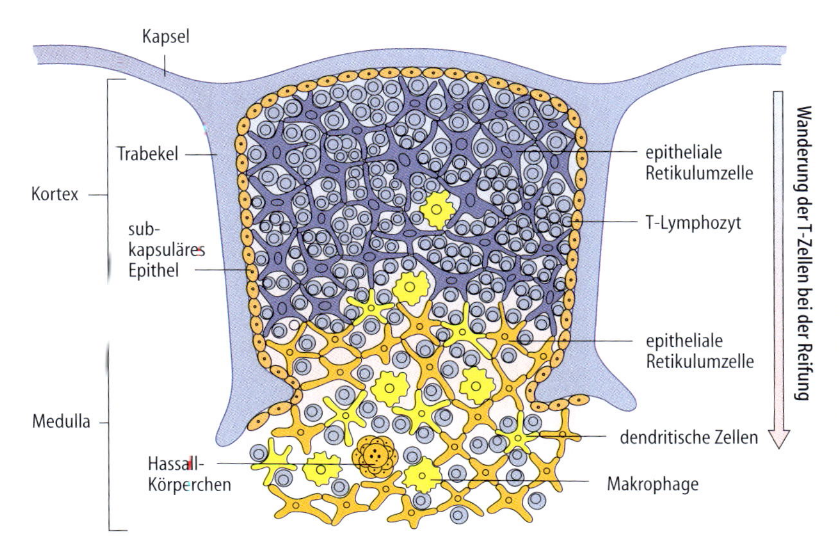

Abb. 13.9. Aufbau von Rinde und Mark des Thymus. Die Rinde des Thymus ist aus epithelialen Retikulumzellen und dazwischen gelagerten T-Lymphozyten aufgebaut. Auch im Mark sind die T-Lymphozyten in Kontakt mit epithelialen Zellen. Dazwischen finden sich zusätzlich dendritische Zellen und Makrophagen. Während der Reifung der T-Lymphozyten wandern sie von den Rindenbereichen in das Mark. Hassall-Körperchen sind charakteristische Strukturen des Marks. (Nach Janeway et al. 1999)

ihrer Proliferation und Reifung wandern sie tiefer in die Rinde ein, um schließlich das Mark zu erreichen (Abb. 13.9). Als Zeichen der ***Reifung und Differenzierung*** exprimieren die T-Lymphozyten die typischen ‚clusters of differentiation' Marker CD4 und CD8 (s. Kap. 11) und die Komponenten des T-Zellrezeptors. Die ***Selektion*** (s. unten) von für die Immunabwehr geeigneten T-Lymphozyten beginnt in der Rinde und wird im Mark fortgesetzt und intensiviert. Vom Mark aus können reife T-Lymphozyten den Thymus verlassen, in den Blutstrom eintreten und so zu den peripheren lymphatischen Organen gelangen.

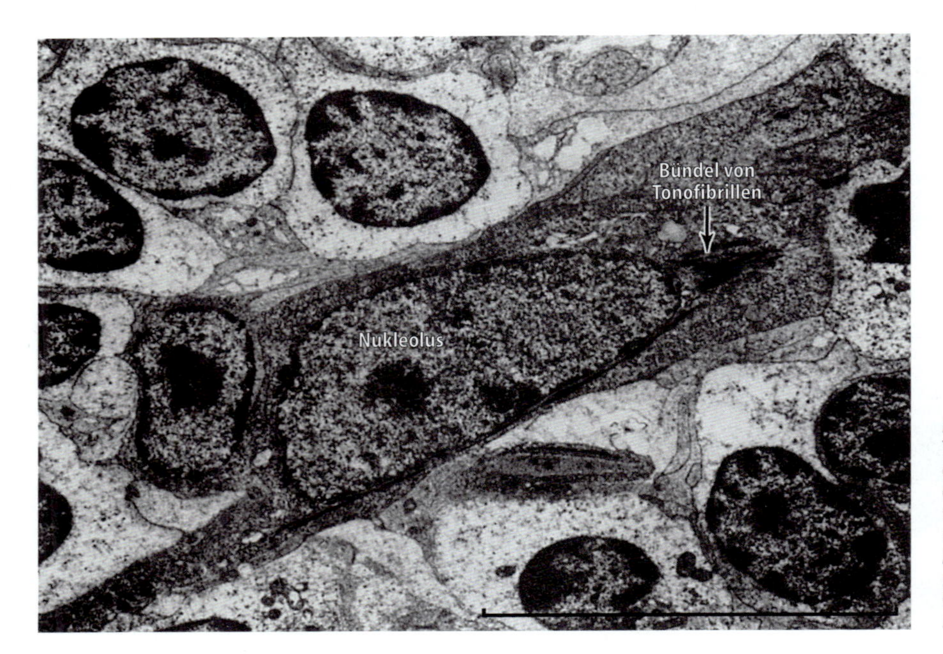

Abb. 13.10. Zellulärer Aufbau des Thymusmarks. Eine epitheliale Zelle des Marks des Thymus, kenntlich an den Bündeln von Zytokeratinen (Tonofibrillen) steht im engen Kontakt mit benachbarten T-Lymphozyten. *Bundles of tonofibrils* Bündel von Tonofibrillen, *Nucleus* Nukleolus. Balken = 10 µm. (Aus Junqueira et al. 1998)

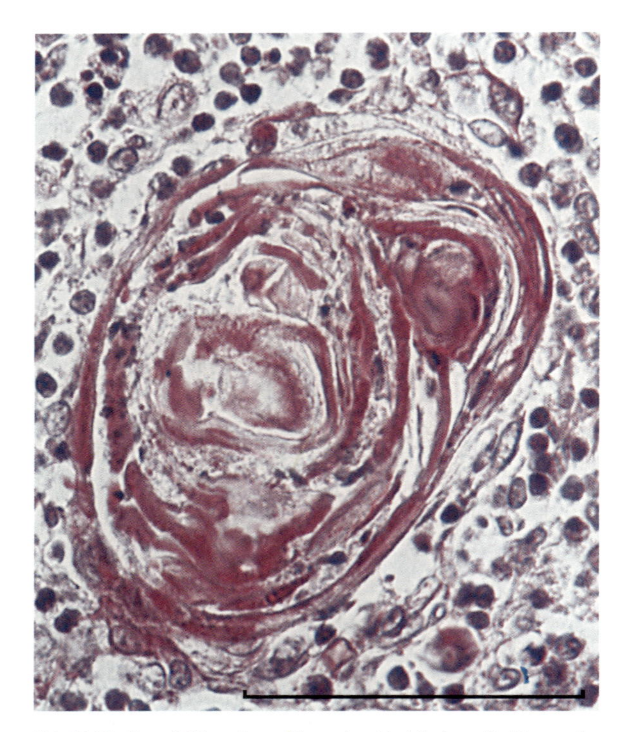

Abb. 13.11. Hassall-Körperchen. Diese charakteristischen Strukturen des Marks des Thymus bestehen aus konzentrisch angeordneten abgeflachten Zellen, die typische epitheliale Markerproteine enthalten. Balken = 100 µm. (Aus Junqueira et al. 1996)

Weil T-Lymphozyten fremde Antigene nur in Form von Peptidfragmenten erkennen können, die ihnen von MHC-Molekülen präsentiert werden, muss jede T-Zelle fähig sein mit ihrem T-Zellrezeptor mindestens eines der verschiedenen körpereigenen MHC-Moleküle zu erkennen. Zusätzlich dürfen T-Lymphozyten jedoch nicht von MHC-Molekülen aktiviert werden, die ihnen ‚Selbst'-Peptide anbieten. Sie müssen daher tolerant gegen körpereigene Peptidfragmente sein. Nur T-Lymphozyten, die diese doppelte Anforderung der ***MHC-Restriktion*** und der ***Selbsttoleranz*** während ihrer Reifung im Thymus erfüllen, können im Thymus überleben. Die starke Proliferation von unreifen T-Lymphozyten im Kortex geht daher mit der Apoptose vieler Lymphozyten einher, die diese Kriterien nicht erfüllen. Der Selektionsprozess, der die MHC-Restriktion der T-Lymphozyten garantiert, wird als ***positive Selektion*** bezeichnet; die ***negative Selektion*** garantiert die Elimination solcher Zellen, die mit Selbstpeptid tragenden MHC-Molekülen reagieren können. Den epithelialen retikulären Zellen sowie den dendritischen Zellen und Makrophagen des Thymus kommt dabei eine wichtige Rolle als ***professionelle Antigen präsentierende Zellen*** (Kap. 13.2.3) zu, die die notwendigen Signale für das Überleben oder für Apoptose (s. Kap. 2.5) einer sich entwickelnden T-Zelle liefern können. Man schätzt, dass nur etwa 1/50 aller im Thymus entstehenden T-Lymphozyten das Organ als funktionsfähige reife Zellen verlassen.

Der Thymus produziert mehrere ***Thymushormone***, die wahrscheinlich die Proliferation und Differenzierung von T-Lymphozyten stimulieren. Diese werden von den Thymusepithelzellen produziert und ins Blut abgegeben. Deshalb wirken sie auch in anderen Organen. Bisher wurden vier Familien solcher Faktoren beschrieben: Thymosine, Thymopoetine, Thymulin und thymischer humoraler Faktor. Der Thymus wird auch von mehreren anderen Hormonen beeinflusst. Hormone der Nebennierenrinde hemmen die Proliferation von T-Zellen in der Rinde, männliche und weibliche Geschlechtshormone beschleunigen die Involution des Thymus.

Vaskularisation▸ Arterien treten durch die Kapsel in den Thymus ein, verzweigen sich entlang der Bindegewebssepten, um an der Grenze zwischen Kortex und Medulla ins Parenchym einzutreten. Von diesen Arteriolen zweigen Kapillaren ab, die den Kortex durchdringen, die Medulla erreichen und dort in Venolen münden. Thymische Kapillaren haben ein ungefenstertes Endothel und eine sehr dicke Basallamina (Abb. 13.8). Die Endothelzellen haben dünne Fortsätze, die die Basallamina durchdringen können und so Kontakt mit den epithelialen retikulären Zellen aufnehmen. Die dünnen Gefäße des kortikalen Parenchyms sind von einer Scheide epithelialer retikulärer Zellen umgeben, die die ***Blut-Thymus-Schranke*** ausbilden. Diese verhindert, dass fremde Antigene über die Zirkulation den Kortex erreichen, wo T-Lymphozyten auf ihre Antigenerkennung hin selektioniert werden. In der Medulla besteht keine Blut-Thymus-Schranke.

Der Thymus besitzt keine afferenten lymphatischen Gefäße und stellt auch keinen Filter für die Lymphflüssigkeit dar, wie dies in Lymphknoten der Fall ist (Kap. 13.5). Die wenigen lymphatischen Gefäße im Thymus sind alle efferent und verlaufen mit den Blutgefäßen im Bindegewebe der Septen und der Kapsel.

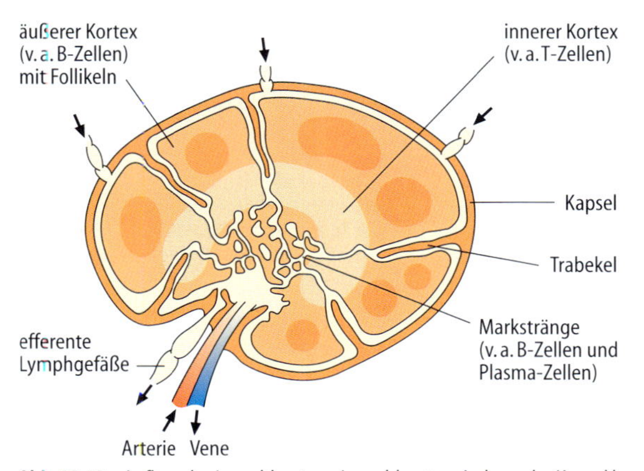

Abb. 13.12. Aufbau des Lymphknotens. Lymphknoten sind von der Kapsel her durch Septen aus Bindegewebe (Trabekel) unvollständig unterteilt. Zwei Zonen des Lymphknotens enthalten bevorzugt B-Lymphozyten. Dies sind der äußere Kortex, der auch Lymphfollikel enthält, und das Mark, in dem B-Zellen und Plasmazellen in Form von Marksträngen angeordnet sind. Afferente Lymphgefäße dringen durch die Kapsel ein und führen die Lymphflüssigkeit den verschiedenen Anteilen der Sinus zu. Über die Marksinus fließt die Lymphe zum efferenten Lymphgefäß am Hilus. T-Lymphozyten befinden sich im Lymphknoten im Bereich des inneren Kortex. (Nach Junqueira et al. 1996)

13.5 Lymphknoten

Übersicht▸ Lymphknoten sind runde oder nierenförmige lymphatische Organe, die von einer ***Kapsel*** umgeben sind. Man findet sie überall dort als Filter wo Lymphflüssigkeit zurück in die Blutbahn strömt (s. Kap. 10). Besonders große und viele Lymphknoten sind in den Achselhöhlen (axilläre Lymphknoten), den Leisten (inguinale Lymphknoten), vor der Aorta abdominalis, am Hals (zervikale Lymphknoten) und im Mesenterium (mesenteriale Lymphknoten). Die gesamte Lymphflüssigkeit wird mindestens durch einen, meist jedoch durch mehrere aufeinander folgende Lymphknoten gefiltert, bevor sie in die Blutzirkulation zurückkehrt. Lymphknoten haben eine konvexe Seite und eine konkave Einbuchtung, (***Hilus***), durch die Arterien und Nerven in das Organ eintreten und Venen und lymphatische Gefäße es verlassen (Abb. 13.12). Die Form und innere Struktur von Lymphknoten variiert stark, alle haben jedoch eine Grundstruktur, wie sie in Abb. 13.12 und 13.13 gezeigt ist. Von der dünnen ***Bindegewebskapsel***, die jeden Lymphknoten umgibt, ziehen Septen in das Innere des Knotens, die Trabekel genannt werden. Im Lymphknoten kann man ***Rinde (Kortex)*** und ***Mark (Medulla)*** unterscheiden (Abb. 13.12).

Rinde▸ Unter der Kapsel findet sich der ***subkapsuläre Sinus***, der aus einem losen Netzwerk von ***Makrophagen*** und ***Retikulumzellen*** sowie Fasern besteht. Der subkapsuläre Sinus steht über die ***intermediären Sinus*** (Abb. 13.12 und 13.13) die parallel zu den kapsulären Trabekeln verlaufen, mit dem ***medullären Sinus*** in Verbindung (Abb. 13.12). Der ***äußere Kortex*** wird von lymphatischem Gewebe gebildet, das aus einem Netzwerk retikulärer Zellen und Fasern besteht, deren Maschenwerk vorwiegend von ***B-Zellen*** bevölkert ist. In den Kortex sind ***Lymphfollikel*** eingestreut (s. unten). Der ***innere Kortex*** enthält keine oder nur wenige Lymphfollikel (Abb. 13.12) und wird vorwiegend von ***T-Lymphozyten*** bevölkert.

Mark▸ In der Medulla bildet das Parenchym die ***Markstränge***. Sie enthalten ***B-Lymphozyten*** und ***Plasmazellen***. Zwischen den Marksträngen befinden sich die ***Marksinus*** (Abb. 13.12 und 13.13). Sie sind wie die anderen Sinus der Lymphknoten von ***Makrophagen*** umgeben. Auch große, verzweigte ***dendritische Zellen*** werden in Lymphknoten gefunden, die als professionelle Antigen präsentierende Zellen fungieren.

Gefäße▸ Durch die Kapsel eines jeden Lymphknotens treten afferente lymphatische Gefäße, die die Lymphflüssigkeit in den subkapsulären Sinus ergießen (Abb. 13.12). Von dort fließt die Lymphflüssigkeit durch die intermediären Sinus ins Innere des Lymphknotens, wo sie die medullären Sinus erreicht. Die komplexe Architektur des subkapsulären und medullären Sinus verlangsamt den Fluss der Lymphe durch den Knoten und erleichtert damit die Aufnahme und den Abbau von Fremdmaterial durch Makrophagen. Lymphflüssigkeit fließt langsam vom Kortex zur Medulla, wo sie durch efferente lymphatische Gefäße am Hilum jedes Lymphknotens austritt. Ventile in den afferenten und efferenten Gefäßen erleichtern den unidirektionalen Fluss der Lymphe.

Jeder Lymphknoten wird von einer Arterie versorgt, die durch den Hilus hineingelangt und innerhalb der Trabekel verläuft. Beim Erreichen des Kortex teilt sie sich in ein kapilläres Netz um die Lymphfollikel auf. Die Kapillaren setzen sich dann in Venolen und Venen fort und treten am Hilus wieder aus.

Funktion▸ Die gesamte Lymphflüssigkeit, die die Gewebe des Körpers verlässt, fließt durch Lymphknoten, um dort auf Fremdstoffe untersucht zu werden, bevor die Lymphe ins Blutsystem zurückkehrt.

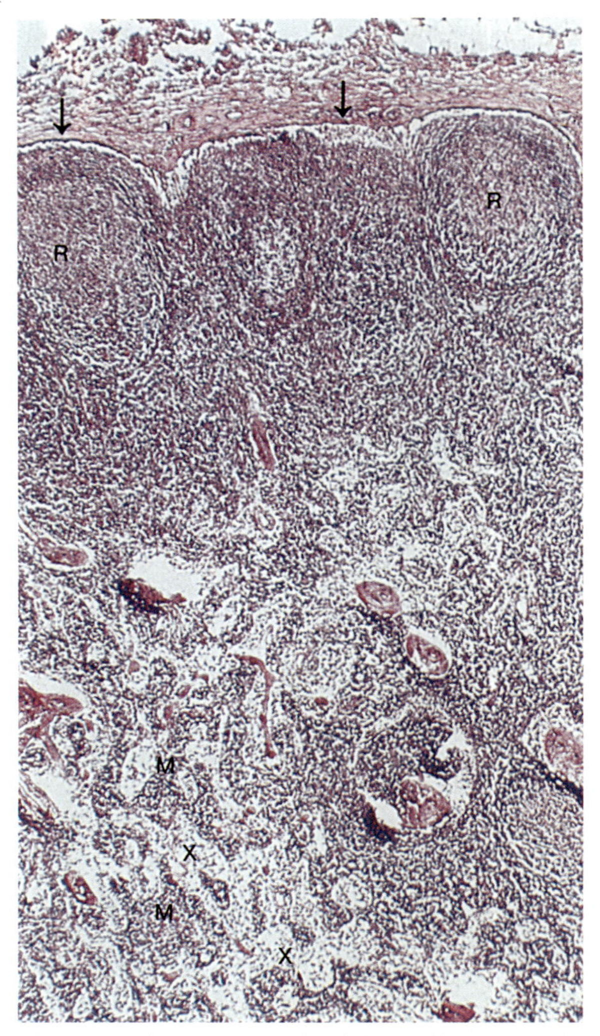

Abb. 13.13. Histologie von Rinde und Mark des Lymphknotens. Unter der Kapsel des Lymphknotens (*Pfeile*) befindet sich der Randsinus (subkapsulärer Sinus) gefolgt von äußerem Kortex (mit Lymphfollikeln *R*) und dem inneren Kortex. Markstränge und die Bereiche der Marksinus (*X*) sind im Mark deutlich zu unterscheiden. (Aus Junqueira et al. 1996)

Klinik

Da jeder Lymphknoten Lymphflüssigkeit einer bestimmten Region filtert, werden solche Knoten oft als regionale Lymphknoten bezeichnet. Tumoren metastasieren oft in die nächst benachbarten regionalen Lymphknoten (s. auch Kap. 10.7).

Beim Fluss der Lymphflüssigkeit durch den Lymphknoten werden mehr als 99 % der Antigene von phagozytierenden Makrophagen und dendritischen Zellen entfernt. Diese Zellen speichern und prozessieren die aufgenommenen Antigene, um sie dann naiven T-Lymphozyten in Form von MHC gebundenen Peptidfragmenten zu präsentieren. Naive T-Lymphozyten im Lymphknoten werden durch diese Antigenstimulation aktiviert und beginnen sich zu teilen. Der betroffene Lymphknoten vergrößert sich. Die Lymphfollikel bilden

Keimzentren aus, in denen Zellproliferation stattfindet (Abb. 13.14 und 13.15). Die aktivierten T-Lymphozyten regen ihrerseits B-Lymphozyten zur Proliferation ***(Immunoblasten)*** und Ausdifferenzierung in ***Plasmazellen*** an. Ein Keimzentrum besteht daher im Kern vorwiegend aus B-Immunoblasten und Plasmazellen und wird am Rande von T-Helferzellen umgeben.

Rezirkulation von Lymphozyten▸ Die zirkulierenden Lymphozyten überwachen den ganzen Körper und informieren das Immunsystem über die Anwesenheit fremder Antigene.

Nach der Reifung der Lymphozyten in den zentralen lymphatischen Organen besiedeln die naiven Lymphozyten die peripheren lymphatischen Organe wie z. B. die Lymphknoten ***(homing)***. Die Besiedelung erfolgt über spezialisierte Gefäße mit hohem Endothel (engl. ***high endothelial venule***, HEV, Abb. 13.16). Diese HE-Venolen sind sehr dünne Blutgefäße, die zwischen Kapillaren und Venen geschaltet sind und an Stelle eines flachen dünnen Endothels hohe, zylindrische Endothelzellen besitzen. In den peripheren lymphatischen Organen findet der erste Kontakt mit Antigenen statt (s. oben). Dabei entstehen Effektorzellen und langlebige Gedächtniszellen (memory cells). Diese rezirkulieren beständig im Körper mit der Lymphflüssigkeit. Lymphozyten verlassen den Knoten durch die efferenten lymphatischen Gefäße und erreichen so den Blutstrom. Sie können durch Verlassen der Blutgefässe wieder in Lymphknoten zurückkehren oder in das bindegewebige Stroma der Organe eindringen, wo sie in Lymphfollikeln oder einzeln vorliegen. Im Gegensatz zu den naiven Lymphozyten erfolgt das ‚homing' von Effektor- und Gedächtniszellen gezielt in Gewebe, wo die Wahrscheinlichkeit, dass sie auf ‚ihr' spezifisches Antigen treffen, relativ hoch ist. So gelangen IgA produzierende aktivierte B-Lymphozyten vorzugsweise in die submukösen Bindegewebe z. B. des Verdauungstrakts. Damit sind bei einem Zweitkontakt mit einem

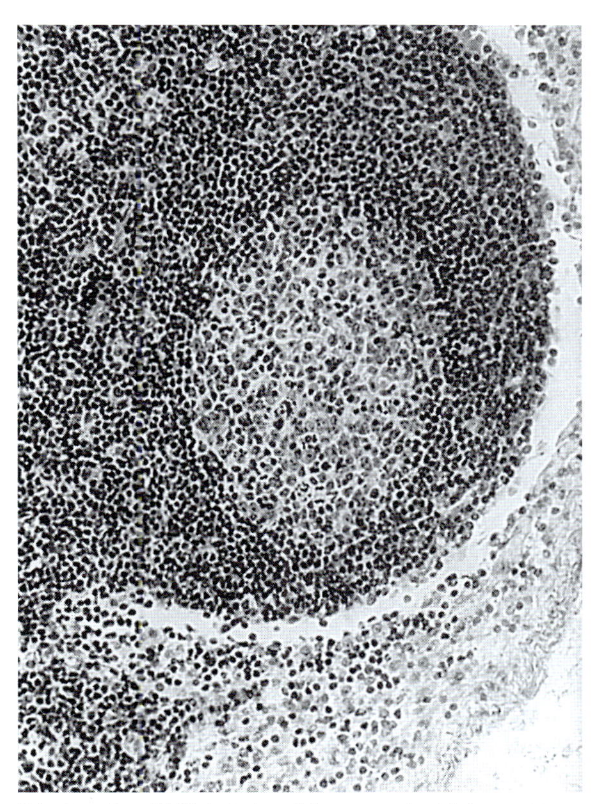

Abb. 13.14. Lymphfollikel mit einem Keimzentrum, das viele Immunoblasten enthält. (Aus Junqueira et al. 1998)

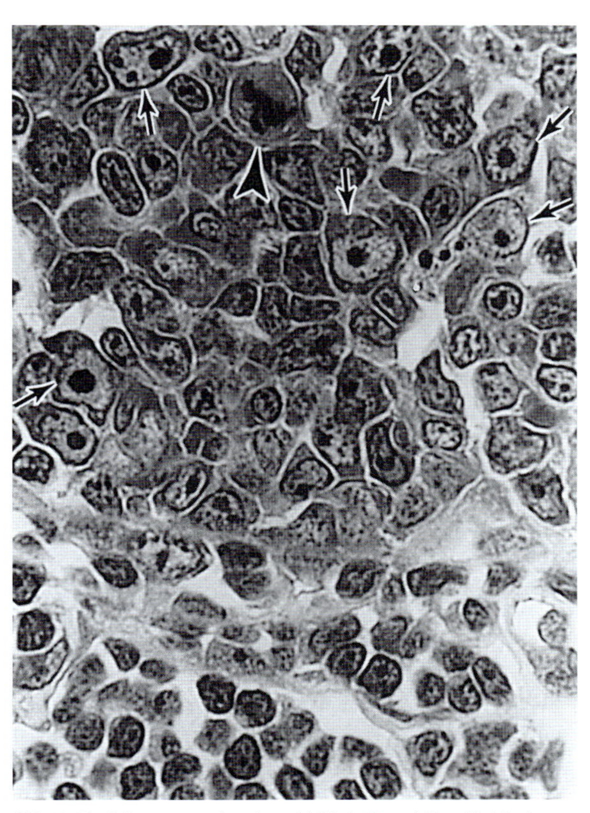

Abb. 13.15. Keimzentrum eines Lymphfollikels. Es enthält zahlreiche Immunoblasten (*Pfeile*). Diese Zellen sind im Vergleich zu den zahlreichen Lymphozyten (*unten*) groß, besitzen ein basophiles Zytoplasma und helle Zellkerne mit großen Nukleoli. Die *Pfeilspitze* zeigt auf eine Mitose. (Aus Junqueira et al. 1998)

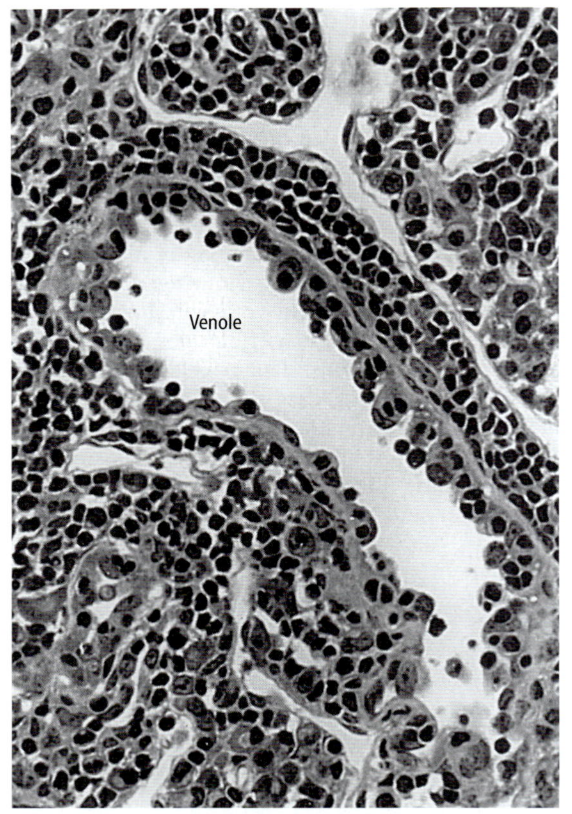

Abb. 13.16. Durch die spezialisierten postkapillaren Venolen des Lymphknotens (high endothelial venule HEV) können Lymphozyten wieder in Lymphknoten zurückkehren (homing). (Aus Junqueira et al. 1998)

Antigen die entsprechenden Effektorzellen bereits an der Eintrittspforte konzentriert.

13.6 Milz

Einleitung ▸ Die Milz ist das größte aller lymphatischen Organe. So wie die Lymphknoten in die Lymphzirkulation integriert sind, ist die Milz in den Blutkreislauf eingeschaltet. Die Milz sorgt für die Abwehr von Mikroorganismen, die in die Zirkulation eindringen, und baut Erythrozyten ab. Die Milz reagiert sofort auf vom Blut herbeigeführte Antigene, und ist ein wichtiger immunologischer Filter für das Blut. Wie in allen anderen lymphatischen Organen entstehen in der Milz aktivierte Lymphozyten, die ins Blut übertreten können. Außerdem stellt sie ein wichtiges Antikörper bildendes Organ dar.

Übersicht ▸ Die Milz wird von einer ***Kapsel*** aus straffem Bindegewebe umgeben, von der bindegewebige Septen ***(Trabekel)*** in das Parenchym des Organs einstrahlen (Abb. 13.17). Beim Menschen enthält das Gewebe der Kapsel und der Trabekel einige glatte Muskelzellen. Grundlage des Parenchyms bildet ein Netz aus ***retikulärem Bindegewebe*** (Abb. 13.17), in dessen Maschen hauptsächlich ***Lymphozyten, Makrophagen*** und ***Antigen präsentierende Zellen*** eingelagert sind. Am Hilus treten aus der Kapsel mehrere Trabekulae nach innen, die Nerven und Arterien in das Milzgewebe hineinbegleiten. Venen aus dem Parenchym und Lymphgefäße, die in den Trabekeln beginnen, verlassen die Milz am Hilus. Im Milzparenchym gibt es keine Lymphgefäße.

Man unterscheidet zwei Haupttypen des Milzgewebes: die ***rote Pulpa***, die hauptsächlich für den Abbau von verbrauchten Erythrozyten zuständig ist und die ***weiße Pulpa***, die das lymphatische Gewebe enthält (Abb. 13.17, 13.18 und 13.19). Bei niedriger Vergrößerung erkennt man, dass die rote Pulpa aus länglichen Strukturen, den ***Milzsträngen*** aufgebaut ist, die zwischen den Sinusoiden liegen. Das Endothel dieser Sinusoide wird durch gefensterte flache Zellen (Abb. 13.20, 13.21 und 13.22) gebildet, was einen regen Austausch zwischen Sinus und rotem Pulpagewebe erlaubt.

Blutzirkulation ▸ Die Milzarterie teilt sich beim Eintritt in das Hilum in vier bis zehn ***Trabekelarterien***. Diese folgen dem Bindegewebe der Trabekel. Dort, wo die ***Trabekelarterien*** diese wieder verlassen, werden sie von lymphatischem Gewebe umgeben, der ***periarteriolären lymphatischen Scheide (PALS)***. Da sie im Zentrum der PALS verlaufen, heißen sie ***Zentralarterien*** (Abb. 13.18). Die PALS enthalten fast ausschließlich ***T-Lymphozyten***. Die PALS wird häufig dicker und umgibt auch assoziierte Follikel. In dieser Zone (die so genannte periphere weiße Pulpa) befinden sich hauptsächlich ***B-Lymphozyten***. Die Zentralarterie teilt sich in ***Pinselarterien*** auf. Wenn sie an die Oberfläche der lymphatischen Scheide gelangen, verzweigen sie sich zu einem Kapillarnetz, das sich in die ***Sinusoide*** der roten Pulpa entleert. Diese Sinusoide liegen zwischen den Milzsträngen (Abb. 13.17). Der Fluss des Blutes von den Kapillaren der roten Pulpa ins Innere der Sinusoide ist noch nicht vollständig bekannt. Eine Hypothese besagt, dass die Kapillaren sich direkt in die Sinusoide öffnen, so dass nur sehr wenig Blut in das Gewebe außerhalb der Sinus gelangt und damit eine nahezu geschlossene Zirkulation vorliegt. Die gegen-

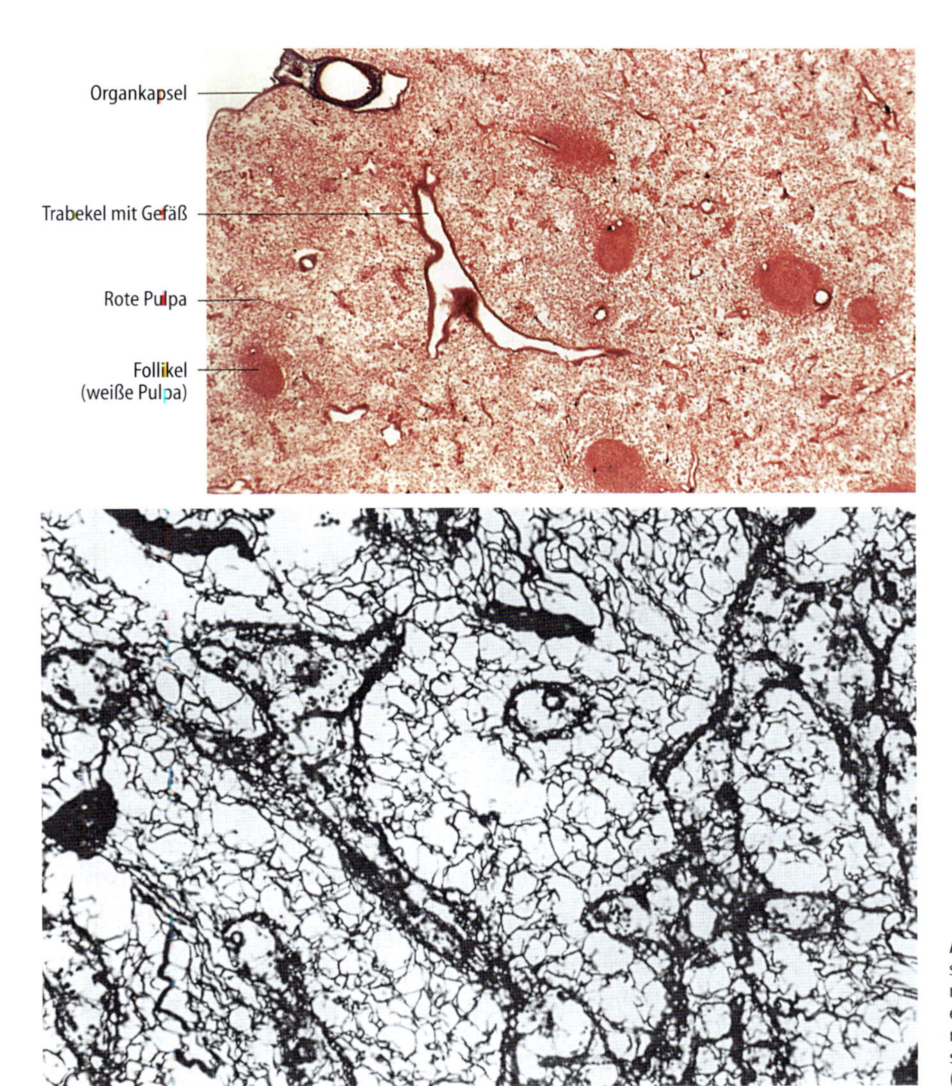

Abb. 13.17. Histologie der Milz. Diese Milz wurde gespült, so dass die rote Pulpa keine Erythrozyten mehr enthält und hell erscheint (*oben*). Die retikulären Fasern der Milz lassen sich nach Versilberung darstellen (*unten*). (Aus Junqueira et al. 1996)

wärtig bevorzugte Hypothese der offenen Zirkulation besagt, dass alle Kapillaren offen im retikulären Gewebe enden, sich also in das Parenchym der roten Pulpa ergießen. Das Blut müsste dann zwischen den Zellen hindurchfließen, um die Sinusoide zu erreichen. Aus den Sinusoiden fließt das Blut zu den ***Venen der roten Pulpa***, die zu den ***trabekulären Venen*** zusammentreten (Abb. 13.18). Die Milzvene, die aus diesen Gefäßen hervorgeht, verlässt die Milz am Hilum. Die trabekulären Venen haben keine Muskelschicht und können als Kanäle aufgefasst werden, die von Endothel ausgekleidet sind.

Weiße Pulpa▶ Die weiße Pulpa setzt sich aus lymphatischem Gewebe, das die Zentralarterien einhüllt, der peripheren weißen Pulpa und den ***Lymphfollikeln*** zusammen. Die Lymphozyten in der weißen Pulpa haben engen Kontakt mit verschiedenen anderen Zellen. Interdigitierende Zellen (dendritische Zellen) bilden ein Netzwerk in den T-Zellbereichen, die follikulären dendritischen Zellen in den Bereichen der B-Zellen. Antigene, die mit dem Blutstrom herangetragen werden, werden von den follikulären dendritischen Zellen in ihrer nativen Konformation gebunden und für lange Zeiträume gespeichert. Diese Zellen könnten daher an der Entstehung von Gedächtnis-B-Zellen beteiligt sein.

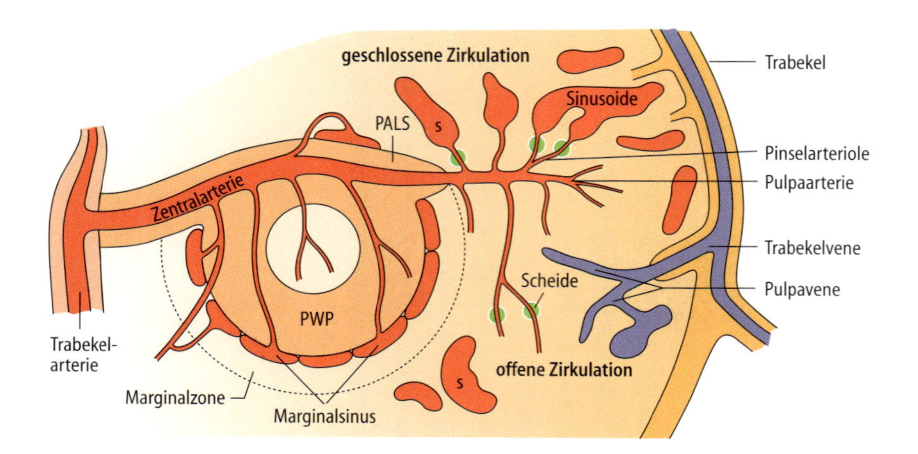

Abb. 13.18. Darstellung der Blutzirkulation in der Milz. *Rechts* sind die Verhältnisse bei geschlossenem bzw. offenem Kreislauf dargestellt. *S* Milzsinus, *PALS* periarterioläre lymphatische Scheide, *PWP* periphere weiße Pulpa in der Mantelzone eines Lymphfollikels. (Aus Junqueira et al. 1996)

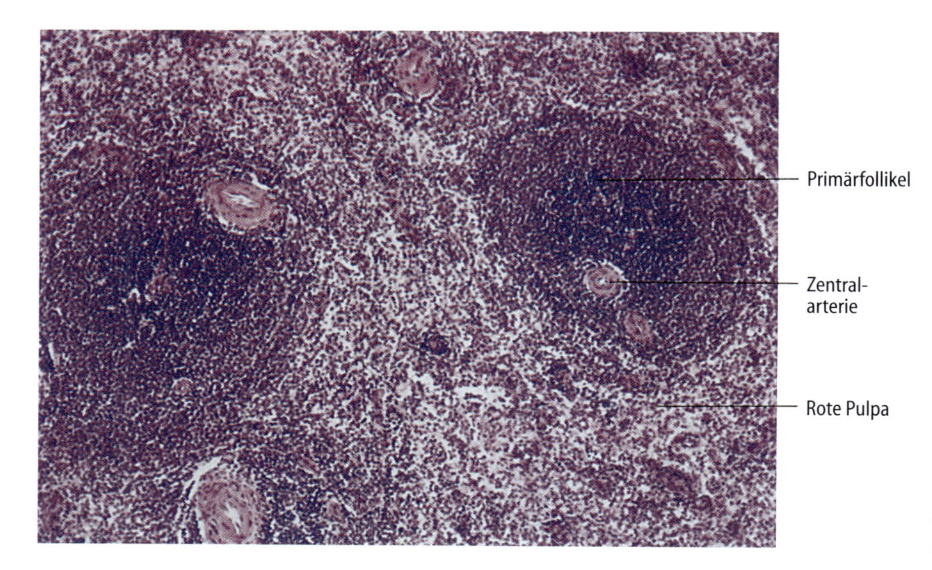

Abb. 13.19. Zwei Primärfollikel der Milz, die seitlich der periarteriolären Scheide (PALS) liegen, welche die Zentralarterie umgibt. (Aus Junqueira et al. 1996)

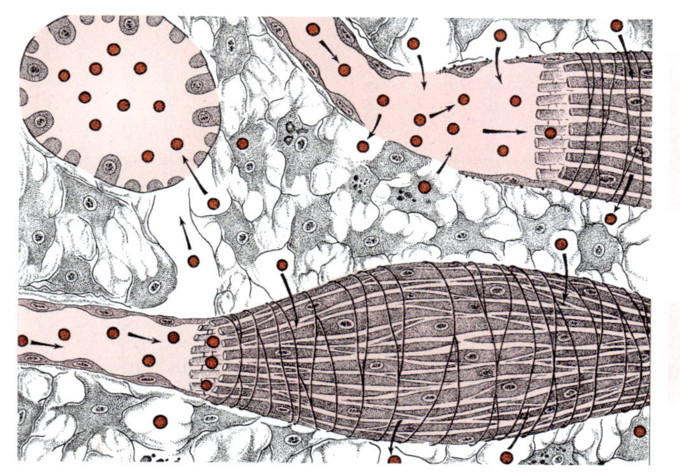

Abb. 13.20. Darstellung der roten Pulpa der Milz. Ein reger Austausch von Zellen und Flüssigkeit erfolgt zwischen den Sinusoiden, die *oben links* im Querschnitt dargestellt sind und der roten Pulpa. *Oben rechts* und *unten* sind die Verhältnisse bei offenem bzw. geschlossenem Kreislauf dargestellt. (Aus Junqueira et al. 1996)

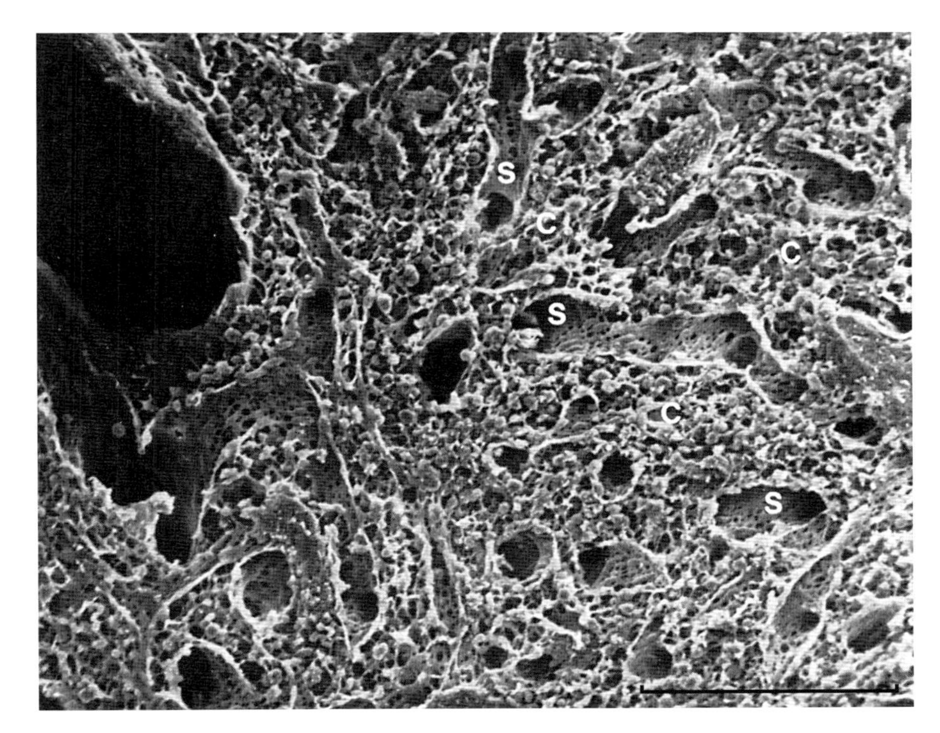

Abb. 13.21. Übersicht über die rote Pulpa der Milz dargestellt mit Hilfe des Rasterelektronenmikroskops. Die Sinusoide (*S*) sind von den Milzsträngen (*C*) umgeben. Balken = 100 µm. (Aus Junqueira et al. 1996)

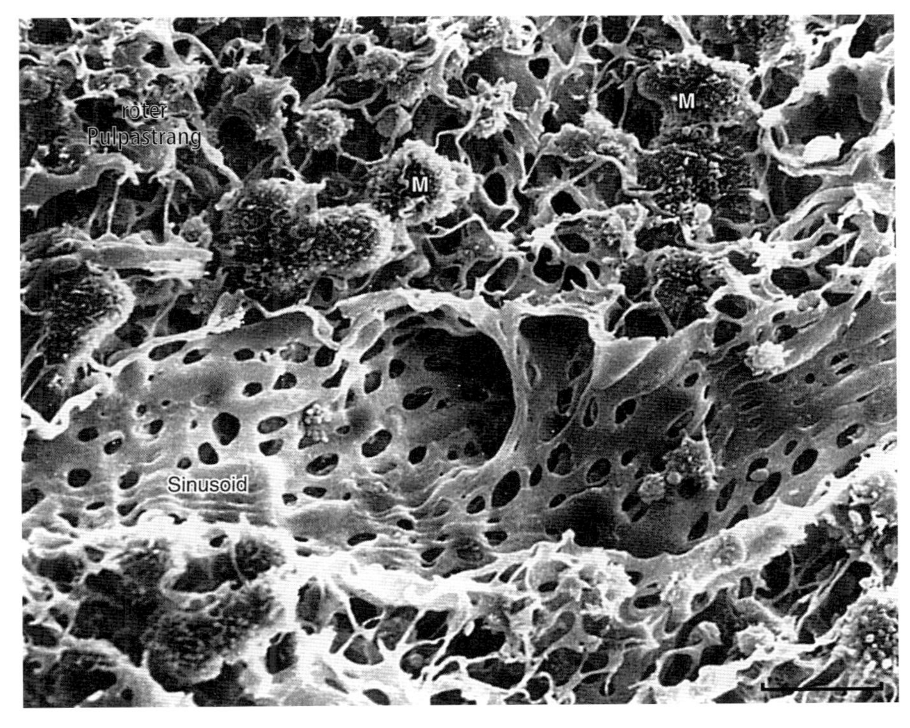

Abb. 13.22. Sinusoid der Milz umgeben von roter Pulpa. In der roten Pulpa befinden sich zahlreiche Makrophagen (*M*). Das Endothel der Sinusoide enthält zahlreiche Fensterungen, die den Austausch mit der roten Pulpa erleichtern. *Red pulp cord* roter Pulpstrang. Balken = 100 µm. (Aus Junqueira et al. 1998)

Zwischen der weißen Pulpa und der roten Pulpa liegt die ***Marginalzone*** (Abb. 13.18), die aus vielen Sinus und aus losem lymphatischem Gewebe besteht. Hier finden sich besondere ***Makrophagen***, die für die B-Zell-Abwehr von Bedeutung sein könnten und ebenfalls Antigene binden, um B-Zellen zu stimulieren. Viele Arteriolen der weißen Pulpa ergießen ihr Blut in den Sinus der Marginalzone, dem somit eine wichtige Rolle bei der Filtrierung des Blutes und der Auslösung einer Immunabwehr zukommt. Zusätzlich entfernen zahlreiche Makrophagen sich anhäufende Zellfragmente.

Die Marginalzone entfernt nicht nur Antigene aus dem Blut, hier verlassen auch T- und B-Lymphozyten das Gefäßsystem. Beim Verlassen der Gefäße kommen die B- und T-Zellen in engen Kontakt mit den ***dendritischen Zellen***. Sind Fremdantigene auf diesen Zellen vorhanden, die von den Lymphozyten erkannt werden, so wird eine Immunabwehr ausgelöst. Aktivierte B-Zellen wandern dann ins Zentrum der weißen Pulpa, wo sie Keimzentren ausbilden, in denen Plasmazellen und Gedächtnis-B-Zellen entstehen. Die Plasmazellen wandern in die Milzstränge und sezernieren Antikörper in das Blut der Sinus.

Rote Pulpa► Die rote Pulpa besteht aus retikulärem Bindegewebe und den Marksträngen, die von Sinusoiden durchzogen werden. Neben retikulären Zellen und Fasern enthalten die Milzstränge Makrophagen, Lymphozyten, Plasmazellen und viele Blutbestandteile (Erythrozyten, Blutplättchen und Granulozyten).

Die Sinusoide der Milz werden von länglichen Endothelzellen ausgekleidet, die parallel zur Achse der Sinusoide verlaufen. Diese Zellen werden von zirkulär verlaufenden retikulären Fasern eingehüllt, so dass sich eine fassähnliche Struktur ergibt (Abb. 13.20). Weil die Zwischenräume zwischen den Zellen der Milzsinusoiden nur 2–3 µm im Durchmesser sind, können nur flexible Zellen leicht aus den roten Pulpasträngen in das Lumen der Sinusoide wandern.

Funktionen► Die wichtigsten Funktionen der Milz sind die Bildung von Lymphozyten, die Zerstörung von Erythrozyten, die Abwehr von Mikroorganismen und Fremdstoffen, die in den Blutstrom eintreten, und die Speicherung von Blut.

Entstehung von Lymphozyten► In der weißen Pulpa der Milz teilen sich Lymphozyten, die zur roten Pulpa wandern und das Lumen der Sinusoide erreichen, wo sie ins Blut übertreten.

Klinik

Unter pathologischen Bedingungen (wie bei Leukämie) kann die Milz die Produktion von Granulozyten und Erythrozyten wieder aufnehmen, die während der Embryonalentwicklung in ihr stattfindet. Dieser Prozess wird als myeloide Metaplasie bezeichnet. Bei Leukämie findet sich Splenomegalie (Vergrößerung der Milz), Anämie und das Auftreten unreifer Granulozyten und kernhaltiger Erythrozyten in der Milz.

Zerstörung von Erythrozyten► Erythrozyten leben durchschnittlich 120 Tage. Danach werden sie vorwiegend in der Milz zerstört. Alternde Erythrozyten können jedoch auch im Knochenmark entfernt werden.

Makrophagen in den Marksträngen phagozytieren und verdauen Erythrozyten, die auf Grund ihrer abnehmenden Flexibilität die Fenster der Marksinus nicht mehr passieren können. Ihr Hämoglobin wird in mehrere Bestandteile abgebaut. Das Protein Globin wird in Aminosäuren hydrolysiert, Eisen wird aus der Hämgruppe freigesetzt, ins Blut transportiert und in Kombination mit Transferrin zum Knochenmark geleitet, wo es bei der Erythropoese wieder verwendet wird. Eisenfreies Häm wird zu Bilirubin abgebaut und von Leberzellen ausgeschieden (s. Kap. 15).

Immunabwehr► Da die Milz B- und T-Lymphozyten sowie Antigen präsentierende Zellen und Makrophagen enthält, ist sie ein wichtiger Bestandteil der Immunabwehr. Auf die gleiche Weise wie Lymphknoten, die die Lymphflüssigkeit filtrieren, stellt die Milz einen Filter für das Blut dar. Von allen phagozytischen Zellen im Körper zeigen die in der Milz die höchste Phagozytoseaktivität gegenüber lebenden und toten Partikeln, die im Blutstrom vorkommen.

Abb. 13.12 und 13.23 geben einen Überblick über die Verteilung von B- und T-Zellen in Lymphknoten und Milz.

13.7 Lymphfollikel

Lymphfollikel können isoliert oder als lose Aggregate im Gewebe mehrerer Organe vorkommen. Sie finden sich vorwiegend in der Lamina propria des Verdauungstrakts (s. Kap. 14), im respiratorischen Trakt (s. Kap. 16.5) und im Urogenitalsystem (s. Kap. 18). Sie ha-

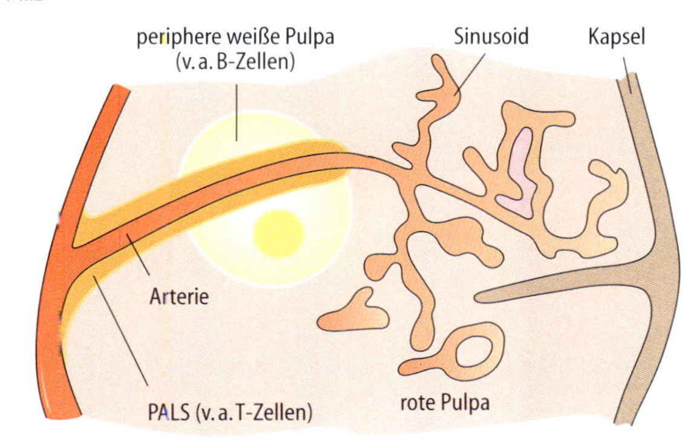

Abb. 13.23. Verteilung von B- und T-Lymphozyten in der Milz. *PALS* periarterioläre lymphatische Scheide. (Aus Junqueira et al. 1998)

ben den gleichen Aufbau wie die Follikel im Kortex eines Lymphknotens (Abb. 13.14 und 13.15). Sie sind aus dichtgepackten Lymphozyten (vorwiegend B-Lymphozyten) aufgebaut, die nach Antigenstimulation zu Plasmazellen differenzieren.

Primäre Lymphfollikel sind rund oder oval ohne eine deutliche Zentralregion, ***sekundäre Lymphfollikel*** enthalten ein Keimzentrum in ihrem Inneren (Abb. 13.14 und 13.15). Das Keimzentrum ist eine Ansammlung aktivierter zytoplasmareicher Lymphozyten (Lymphoblasten), die sich erst nach der Geburt als Antwort auf Antigenstimulation ausbilden.

Peyer-Plaques sind Aggregate von Lymphfollikeln, die wie andere Follikel in der Lamina propria des Gastrointestinaltrakts zum mukosalen Immunsystem gehören (s. Kap. 14.11).

13.8 Tonsillen

Tonsillen (Mandeln) sind lymphatische Organe, die aus Aggregaten von unvollständig umkapseltem lymphatischem Gewebe bestehen, das in engem Kontakt mit dem Epithel des oberen Verdauungstraktes steht. Entsprechend ihrer Lokalisierung werden die Tonsillen in Mund und Pharynx Tonsilla palatina (Gaumenmandel), Tonsilla pharyngealis (Rachenmandel) und Tonsilla lingualis (Zungenmandel)genannt.

Die ***Tonsillae palatinae*** (Abb. 13.24 und 13.25) sind mandelförmige Körper, die am weichen Gaumen sichtbar werden, wenn man den Mund weit öffnet. Sie sind gleichzeitig die Mandeln, die der Laie meint, wenn er von ihrer Entfernung spricht. Sie haben eine zerklüftete Oberfläche mit Spalten und Höhlen (Krypten), die sich tief in sie hinein ausbreiten. Die Krypten enthalten häufig abgestoßene Epithelzellen, lebende und tote Lymphozyten und Flüssigkeit, die ein hervorragendes Kulturmedium für Bakterien und Pilze ergibt. Das lymphatische Gewebe wird von darunter liegenden Strukturen durch straffes Bindegewebe, der Kapsel, getrennt. Die Kapsel fungiert gewöhnlich als Barriere gegen sich ausbreitende Infektionen.

Die einzeln vorkommende ***Tonsilla pharyngea*** befindet sich an der Hinterwand des Pharynx. Sie wird von respiratorischem Epithel bedeckt. Die Pharyngealtonsille besteht aus Schleimhaut und weist diffuses, lymphatisches Gewebe und Lymphfollikel aus. Sie bildet keine Krypten und ihre Kapsel ist dünner als die der Tonsilla palatina.

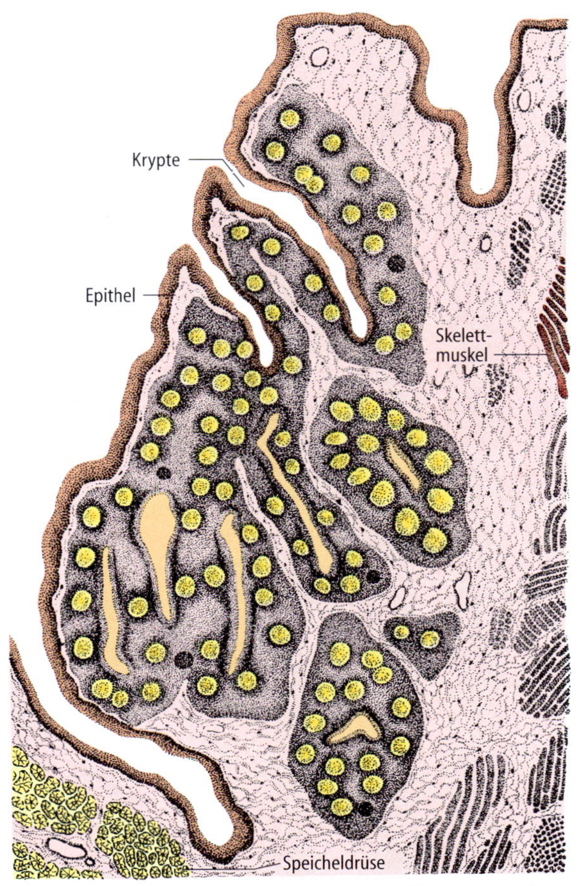

Abb. 13.24. Tonsilla palatina mit zahlreichen Lymphfollikeln. Das unverhornte Plattenepithel senkt sich in die Krypten ein. (Aus Junqueira et al. 1996)

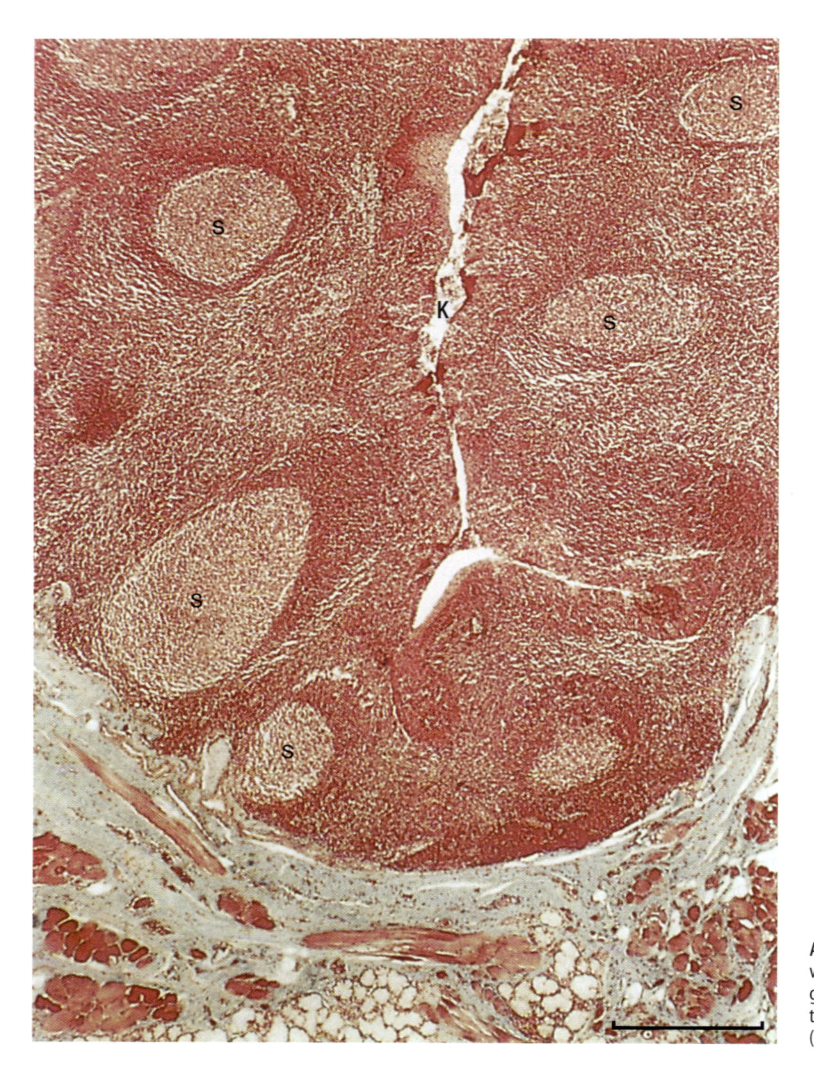

Abb. 13.25. Teil einer Tonsilla palatina. Die Krypte (*K*) wird von lymphatischem Gewebe umgeben. In der Umgebung der Tonsilla muköse Drüsen und quer gestreifte Muskulatur. *S* Sekundärfollikel. Balken = 100 μm. (Aus Junqueira et al. 1996)

Die ***Tonsilla lingualis*** sitzt an der Basis der Zunge (Abb. 14.1 und 14.2). Jede Einheit wird durch eine einzelne Krypte abgegrenzt. Da Drüsen in die Krypten münden, und ihre Exkrete alles angesammelte Material wegspülen, sind Entzündungen der Tonsilla lingualis selten.

14 Verdauungstrakt

14.1	**Mundhöhle**	**248**
14.2	**Zunge**	**248**
14.3	**Zähne**	**249**
14.3.1	Aufbau der Zähne	249
14.3.2	Halteapparat der Zähne	251
14.3.3	Entwicklung der Zähne	252
14.4	**Rachen**	**253**
14.5	**Speiseröhre**	**253**
14.6	**Magen**	**254**
14.7	**Dünndarm**	**259**
14.8	**Dickdarm**	**263**
14.9	**Allgemeiner Aufbau des Verdauungstrakts**	**266**
14.10	**Regeneration der Schleimhaut**	**268**
14.11	**Mukosales Immunsystem**	**269**
14.12	**Enterisches Nervensystem**	**269**
14.13	**Enteroendokrines System**	**272**

Einleitung

Das Verdauungssystem ist aufgebaut aus dem Verdauungskanal – Mundhöhle, Rachen, Speiseröhre, Magen, Dünndarm und Dickdarm – und den damit assoziierten Drüsen – Speicheldrüsen, Leber und Pankreas. Seine Aufgabe besteht darin, aus der Nahrung Moleküle für das Wachstum und den Energiebedarf des Körpers sowie die Aufrechterhaltung seiner Funktionen zu gewinnen. Fette, Proteine, Kohlenhydrate und Nukleinsäuren werden bei der Verdauung in ihre Bausteine zerlegt und dann zusammen mit Wasser, Vitaminen und Mineralsalzen resorbiert.

In der Mundhöhle wird die Nahrung mit Speichel durchfeuchtet und mit den Zähnen zerkleinert. Durch die im Speichel enthaltene Amylase wird die Kohlenhydratspaltung eingeleitet. Im Magen beginnt die Spaltung von Eiweiß. Die Verdauung wird im Dünndarm fortgesetzt, wo aus der Nahrung hydrolytisch freigesetzte Bestandteile wie Aminosäuren, Mono- und Disaccharide und Fettsäuren resorbiert werden. Im Dickdarm wird hauptsächlich Wasser resorbiert.

14.1 Mundhöhle

Aufbau▸ Die Mundhöhle ist mit meist unverhorntem, mehrschichtigem Plattenepithel ausgekleidet, das im Bereich der ***Lippen*** in ein verhorntes übergeht. Das Lippenrot kommt durch zahlreiche Kapillaren in den unter dem Epithel gelegenen Bindegewebspapillen zustande. Daher kann man an der Farbe der Lippen die Oxygenierung des Blutes gut beurteilen und z. B. eine Zyanose feststellen. Unter dem Epithel der Mundschleimhaut befinden sich viele kleine Speicheldrüsen. Außerdem münden die großen ***Speicheldrüsen*** in die Mundhöhle (s. Kap. 15.1). Im Speichel ist an Verdauungsenzymen lediglich Amylase in nennenswerten Mengen vorhanden, so dass der Abbau der Kohlenhydrate bereits im Mund beginnen kann. Das Dach der Mundhöhle wird vom harten und weichen ***Gaumen*** gebildet, die beide ebenfalls von mehrschichtigem, teilweise verhorntem Plattenepithel bedeckt sind. Am harten Gaumen sitzt die Schleimhaut direkt dem Knochen auf. Der weiche Gaumen und die Uvula bestehen hauptsächlich aus Skelettmuskulatur und besitzen zahlreiche Schleimdrüsen in der Submukosa.

14.2 Zunge

Die Zunge besteht hauptsächlich aus sich kreuzenden Bündeln von Skelettmuskulatur. Die Schleimhaut ist am Zungenrücken mit der Muskulatur durch Bindegewebe fest verbunden. Die Unterseite der Zunge besitzt eine glatte Oberfläche, während der Rücken von einer Vielzahl von ***Papillen*** (s. unten) bedeckt ist (Abb. 14.1). Durch die V-förmige Anordnung der makroskopisch sichtbaren Papillae vallatae wird der Zungenrücken vom Zungengrund abgegrenzt. Hinter den Papillae vallatae befinden sich Ansammlungen von Lymphfollikeln, die sich um Einstülpungen (Krypten) der Schleimhaut gruppieren (s. Kap. 13). Diese werden als ***Tonsillen*** der Zunge (Tonsillae linguales) bezeichnet (Abb. 14.1 und 14.2).

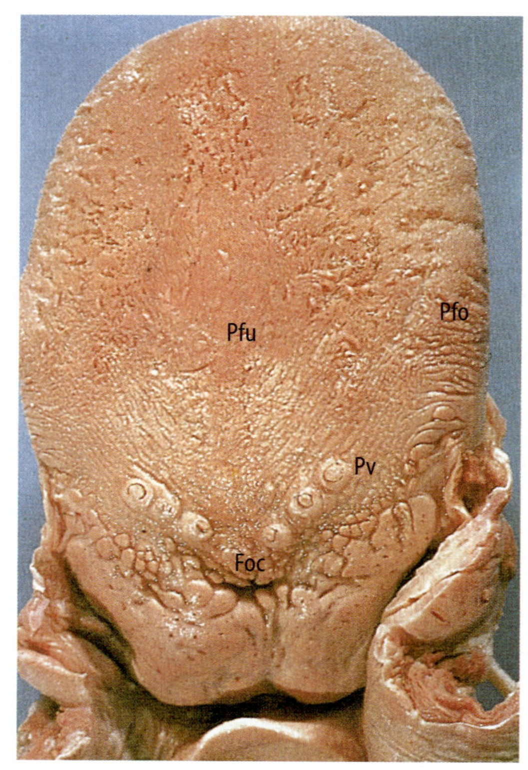

Abb. 14.1. Menschliche Zunge. Zu erkennen sind Papillae fungiformes (*Pfu*), Papillae foliatae (*Pfo*), Papillae vallatae (*Pv*) sowie am Zungengrund die Oberfläche der Zungentonsille; ferner das Foramen caecum (*Foc*), ein Relikt der Schilddrüsenentwicklung (s. Kap. 20.1). (Aus Junqueira et al. 1996)

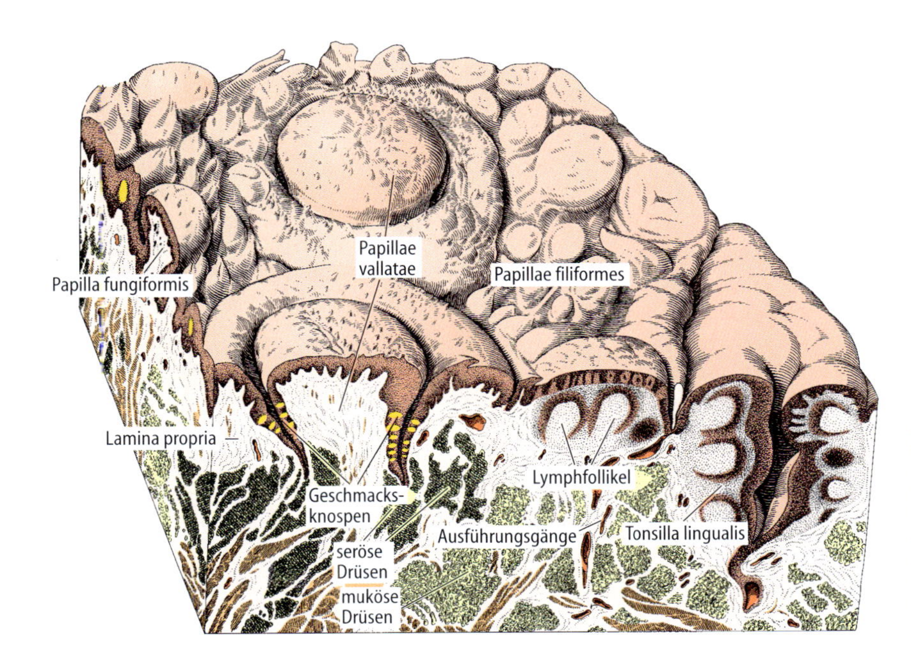

Abb. 14.2. Ausschnitt der Zungenoberfläche im Bereich der Papillae vallatae. *Links* davon Zungenrücken, *rechts* Zungengrund. Die verschiedenen Zungenpapillen, seröse Spüldrüsen, deren Ausführungsgänge in die Furchen der Papillae vallatae münden, die mukösen Drüsen des Zungengrundes sowie das lymphatische Gewebe der Tonsilla lingualis sind dargestellt. (Aus Junqueira et al. 1996)

Die ***Papillen*** der Zunge sind Erhebungen des Epithels und der Lamina propria der Schleimhaut, von denen anhand ihrer Gestalt vier Arten unterschieden werden (Abb. 14.1 und 14.2). Die ***Papillae filiformes*** (lat. fadenförmig) befinden sich auf der gesamten Zungenoberfläche und kommen am häufigsten vor. Ihre Epithelien sind teilweise verhornt und enthalten keine Geschmacksknospen. Die ***Papillae fungiformes*** (lat. pilzförmig) besitzen dagegen wie die unten beschriebenen Wallpapillen Geschmacksknospen. Sie sind unregelmäßig zwischen den filiformen Papillen angeordnet. Die ***Papillae foliatae*** (lat. blattartig) befinden sich beim Menschen als rudimentäre Falten an beiden hinteren Zungenseiten. Seröse Drüsen spülen die Falten. Die ***Papillae vallatae*** (lat. von einem Wall umgeben) sind V-förmig angeordnet (s. oben). 7–12 dieser ziemlich großen, runden Papillen mit abgeflachten Oberflächen (Durchmesser 2–3 mm) erheben sich über die anderen Papillen. Zahllose seröse (von Ebner-) Drüsen spülen die tiefen Furchen, die diese Papillen umgeben. Dadurch können Speisereste aus der direkten Umgebung der hier angeordneten Geschmacksknospen entfernt und so neue Geschmacksstoffe analysiert werden (zur Funktion der Geschmacksknospen s. Kap. 23.4).

14.3 Zähne

Der Erwachsene besitzt in der Regel 32 permanente Zähne. Sie sind in zwei symmetrischen Bögen (je zwei Quadrante) im Ober- und Unterkieferknochen verankert. Jeder Quadrant besitzt je zwei Schneidezähne, einen Eckzahn, zwei Prämolaren und drei Molaren (Mahlzähne). Insgesamt 20 Zähne, die Frontzähne und die Prämolaren, haben als Vorläufer Milchzähne (s. Schilderung der Zahnentwicklung, unten). Der Zahndurchbruch der Milchzähne beginnt in der Regel nach sechs Monaten. Ab dem 6. Lebensjahr werden die Milchzähne durch die bleibenden Zähne (Dentes permanentes) ersetzt.

14.3.1 Aufbau der Zähne

Übersicht▸ Die Zähne bestehen aus der ***Krone***, die aus der Gingiva (Zahnfleisch) herausragt, und einer oder mehreren ***Wurzeln***, mit deren Hilfe die Zähne in den Alveolen der Kieferknochen verankert sind (Abb. 14.3). Die Krone ist von dem sehr harten ***Schmelz*** bedeckt, die Wurzeln mit ***Zement***. Schmelz und Zement treffen am Zahnhals aufeinander. Unter dem Schmelz und dem Zement besteht der Zahn aus

Dentin, das auch die Pulpahöhle umgibt (Abb. 14.3). Die ***Pulpahöhle*** dehnt sich in Form von Wurzelkanälen bis zur Wurzelspitze (Apex) aus. Blutgefäße, Lymphgefäße und Nerven treten durch die apikalen Verzweigungen der Wurzelkanäle in die Pulpahöhle ein. Die Zähne sind mit Hilfe des Halteapparats (Kap. 14.3.2) fest mit dem Kiefer verbunden.

Dentin ist dem Knochen ähnlich, jedoch härter, da es einen höheren Gehalt an Kalziumsalzen besitzt (etwa 70% des Trockengewichts). Es besteht hauptsächlich aus Kollagen vom Typ I, Glykosaminoglykanen und Kalziumsalzen in Form von Hydroxylapatitkristallen. Die organische Matrix des Dentins wird während der Zahnentwicklung (Kap. 14.3.3) durch die ***Odontoblasten*** sezerniert. Im voll ausgebildeten Zahn kleiden sie die Pulpahöhle aus (Abb. 14.3 und 14.4). Die Odontoblasten haben verzweigte Fortsätze, die sich durch die gesamte Dentinschicht ziehen und als Tomes-Fasern bezeichnet werden. Diese Fortsätze befinden sich in den ***Dentinkanälchen***, die beim Dickenwachstum des Dentins länger werden und an der Grenze zwischen Dentin und Schmelz enden. Sie haben an

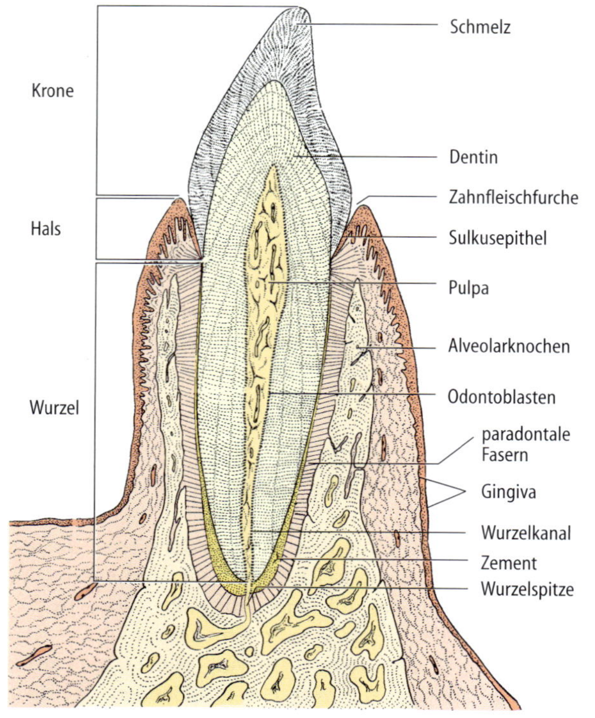

Abb. 14.3. Sagittalschnitt durch einen unteren Schneidezahn. (Nach Junqueira et al. 1996)

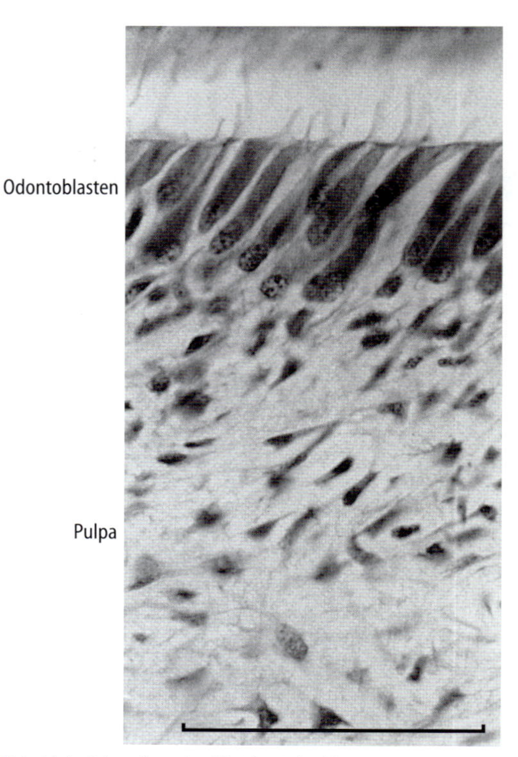

Abb. 14.4. Zahnpulpa mit zahlreichen Fibroblasten. Unter dem Dentin (*oberer Bildteil*) liegen Odontoblasten, von denen Fortsätze ausgehen (HE-Färbung). Balken = 100 µm. (Aus Junqueira et al. 1998)

ihrem Beginn einen Durchmesser von 3–4 µm und werden am Ende allmählich dünner (Abb. 14.5). Auch Nervenfasern dringen ein kurzes Stück in die Dentinkanälchen ein.

Klinik

Die Zerstörung des Schmelzes, z. B. infolge von ***Karies*** oder Abnutzung, löst die erneute Bildung von Dentin durch die Odontoblasten aus. Im Gegensatz zum Knochen bleibt das Dentin als mineralisiertes Gewebe bestehen, auch wenn die Odontoblasten zu Grunde gegangen sind. Daher kann ein Zahn, dessen Pulpa und Odontoblasten durch Infektion zerstört wurden, erhalten werden.

Der ***Schmelz (Enamelum)*** ist die härteste Substanz des menschlichen Körpers und weist den höchsten Kalziumanteil auf. Etwa 95% bestehen aus Kalziumsalzen (hauptsächlich Hydroxylapatit), etwa 0,5% aus organischem Material und der Rest aus Wasser. Der anorganische Anteil des Schmelzes besteht aus säulenartig auf-

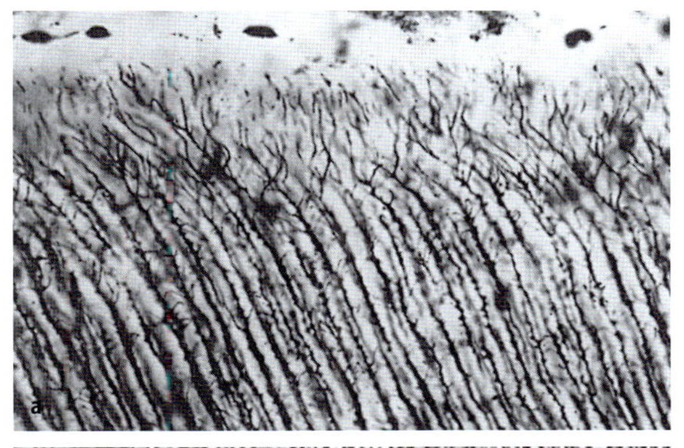

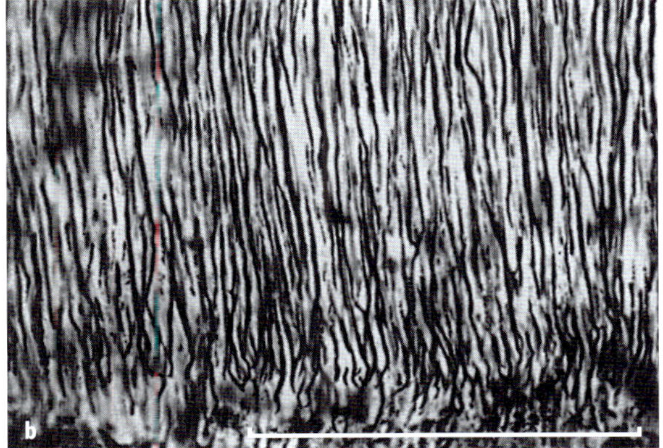

Abb. 14.5 a, b. Dentinkanälchen, die die Fortsätze der Odontoblasten enthalten a an der Grenze zwischen Dentin und Schmelz und b an deren Beginn. Balken = 100 µm. (Aus Junqueira et al. 1998)

gebauten langen Hydroxylapatitkristallen, den ***Schmelzprismen,*** die sich durch das ganze Schmelzorgan erstrecken und durch den interprismatischen Schmelz verbunden sind. Die organische Matrix des Schmelzes ist nicht aus Kollagen aufgebaut, sondern aus mindestens zwei verschiedenen Arten von Proteinen, den Amelogeninen und den Enamelinen. Schmelz wird von Zellen ektodermalen Ursprungs, den ***Adamantoblasten (= Ameloblasten)*** während der Zahnentwicklung produziert (Kap. 14.3.3).

Die ***Zahnpulpa*** besteht aus lockerem Bindegewebe und ist an der Grenze zum Dentin mit Odontoblasten ausgekleidet (Abb. 14.3 und 14.4). Die Pulpa ist ein reich innerviertes und vaskularisiertes Gewebe. Blutgefäße und myelinisierte Nervenfasern dringen am Foramen apicale des Wurzelkanals in die Pulpahöhle und verzweigen sich. Einige Nervenfasern verlieren ihre Myelinscheide und dringen auf kurze Strecken in die Dentinkanälchen ein. Sie leiten die Schmerzempfindung.

14.3.2 Halteapparat der Zähne

Der ***Halteapparat der Zähne*** (deutsch: ***Parodontium,*** engl. und lat. ***Periodontium***) besteht aus Zement, parodontalen Fasern (Ligament) (Abb. 14.3), Alveolarknochen und Gingiva (Zahnfleisch).

Klinik

Die Plastizität des Halteapparats, d. h. dessen andauernder Umbau, ist bei der Korrektur von Fehlstellungen der Zähne im Rahmen der Kieferorthopädie von Bedeutung.

Das ***Zement*** überzieht das Dentin der Zahnwurzel (Abb. 14.3). Es ist im Aufbau dem Geflechtknochen (s. Kap. 7) ähnlich. Die Zementschicht nimmt im apikalen Bereich der Wurzel an Dicke zu. Die Zementozyten gleichen den Osteozyten. Wie diese sind sie von Lakunen umgeben, die untereinander über Kanalikuli in Verbindung stehen. Havers-Systeme und Blutgefäße fehlen jedoch. Das Zement ist – wie auch der Knochen – einem dauernden Umbau unterworfen, so dass fortwährend das alte Zement resorbiert und neues gebildet wird. Die kontinuierliche Bildung von Zement sorgt für einen engen Kontakt zwischen Zahnwurzeln und Alveolen. Bei Zerstörung der parodontalen Fasern nekrotisiert jedoch das Zement und wird resorbiert.

Die ***parodontalen Fasern*** (parodontales Ligament) bestehen aus einem speziellen straffen Bindegewebe, dessen Fasern (Sharpey-Fasern) sowohl in das Zement als auch in den umgebenden Knochen einstrahlen (Abb. 14.3). Sie dienen der Verankerung des Zahnes mit dem Knochen. Dabei wird der Zahn durch die besondere Faseranordnung in der knöchernen Alveole so aufgehängt, dass beim Kauen kein direkter Kontakt mit der Zahnwurzel entsteht, der zur Resorption des Knochens führen würde. Das Kollagen der Fasern besitzt einen hohen Proteinumsatz.

Die parodontalen Fasern verbinden das Zement mit dem ***Alveolarknochen*** (Abb. 14.3). Die Alveolen sind mit einer dünnen Schicht unreifen Knochens (Geflechtknochen) ausgekleidet, der in Lamellenknochen übergeht.

Das ***Zahnfleisch (Gingiva)*** ist eine derbe Schleimhaut, die fest mit dem Periost der Alveolarfortsätze des Ober- und Unterkiefers verbunden ist (Abb. 14.3). Das mehrschichtige unverhornte Plattenepithel des Zahnfleisches ist durch zahlreiche Papillen mit dem darunter liegenden Bindegewebe verbunden. Das

Epithel kleidet auch die Zahnfleischfurchen (Sulci gingivales) aus, die den Zahnhals umgeben. Es ist an der Grenze von Schmelz und Dentin angeheftet.

Klinik

Eine Ansammlung von Speiseresten und Mikroorganismen sowie eine Entzündung im Bereich der Furchen *(Parodontitis)* können zur Ausbildung von Zahnfleischtaschen und Karies im Bereich des Zahnhalses, Ablösung des Sulkusepithels und Zerstörung des parodontalen Faserapparats führen. Als *Parodontose* bezeichnet man eine nichtentzündliche Rezession der Gingiva am Zahnhals, so dass dieser dann frei liegt.

14.3.3 Entwicklung der Zähne

In der 6. Schwangerschaftswoche proliferiert das Epithel der Mundhöhle und senkt sich in das darunter liegende Mesenchym ein. So entwickelt sich eine hufeisenförmige ***Zahnleiste*** in beiden Kiefern. Kurz darauf kann man in zehn umschriebenen Regionen der Zahnleiste mitotische Aktivität der Epithelzellen beobachten. Aus diesen ektodermalen Anteilen entstehen die ***Zahnknospen*** der ***Milchzähne.*** Die Zahnknospen entwickeln sich zu kappenförmigen Schmelzorganen (Abb. 14.6). Die ***Schmelzorgane*** werden glockenförmig und umschließen den mesenchymalen Anteil der Zahnanlage (Zahnpapille, die spätere Pulpa) in der Dentin bildende Odontoblasten heranwachsen (Abb. 14.7). Aus dem mesenchymalen Bindegewebe, das die Zahnanlage umgibt (‚Zahnsäckchen'), entwickelt sich der Halteapparat des Zahnes.

In der 8. Woche wachsen durch das äußere Schmelzepithel zahlreiche Kapillaren ein. Die der Zahnpapille anliegenden Zellen des Schmelzorgans nehmen eine zylindrische Form an und werden als ***inneres Schmelzepithel*** bezeichnet. Diese Zellen ektodermalen Ursprungs differenzieren sich in ***Adamantoblasten***, die die Schmelzmatrix bilden (Abb. 14.6 und Abb. 14.7). Dies sind lang gestreckte Zellen mit einer apikalen Verlängerung, dem Tomes-Fortsatz, der über zahlreiche Sekretgranula verfügt. Diese Granula enthalten die Proteine zur Bildung der Schmelzmatrix. ***Odontoblasten***, in der Zahnpapille hervorgegangen aus Zellen, die sich von der Neuralleiste ableiten, beginnen Prädentin zu sezernieren, das wiederum die Bildung von Schmelz durch Adamantoblasten stimuliert. Umgekehrt induzieren neugebildete Schmelzsubstanzen die Bereitstellung von Prädentin, so dass sich schließlich eine Krone bildet, die sich in Richtung Zahnhals ausdehnt.

a

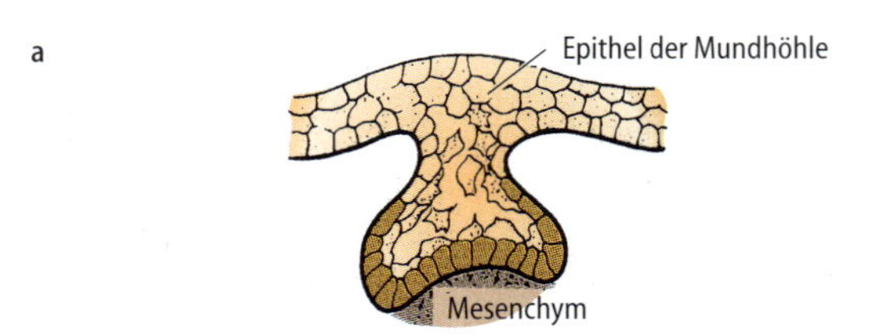

b

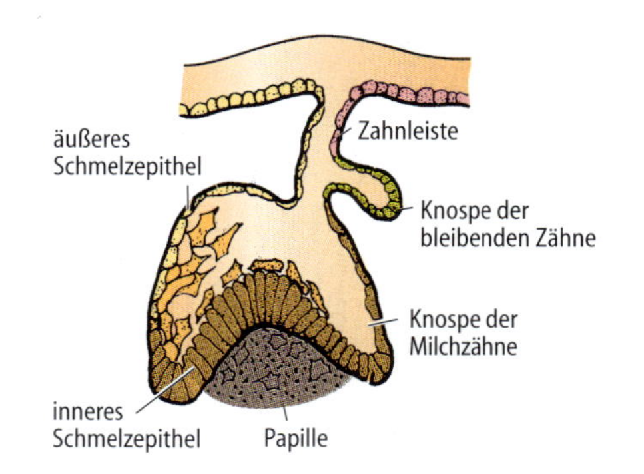

c

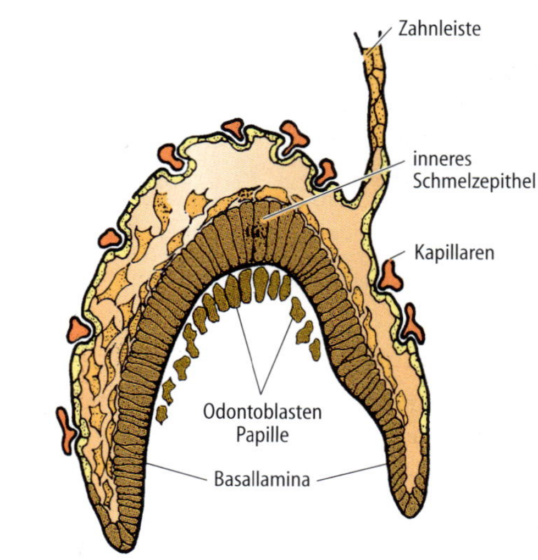

Abb. 14.6 a–c. Die Stadien der Zahnentwicklung. **a** Das Epithel der Mundhöhle *(ocker)* proliferiert und dringt in das darunter liegende Mesenchym ein, wobei es eine kappenähnliche Struktur bildet. **b** Im Kappenstadium differenziert sich das innere Schmelzepithel, aus dem sich die Adamantoblasten entwickeln. **c** Im Glockenstadium entstehen die Odontoblasten aus Zellen, die sich von der Neuralleiste ableiten. (Modifiziert nach Junqueira et al. 1998)

Odontoblasten sezernieren hauptsächlich Prokollagen, das sich zu Kollagenfibrillen des ***Prädentins*** zusammenlagert. Durch Mineralisierung entsteht daraus ***Dentin.*** Die Odontoblasten sind schlanke, polar organi-

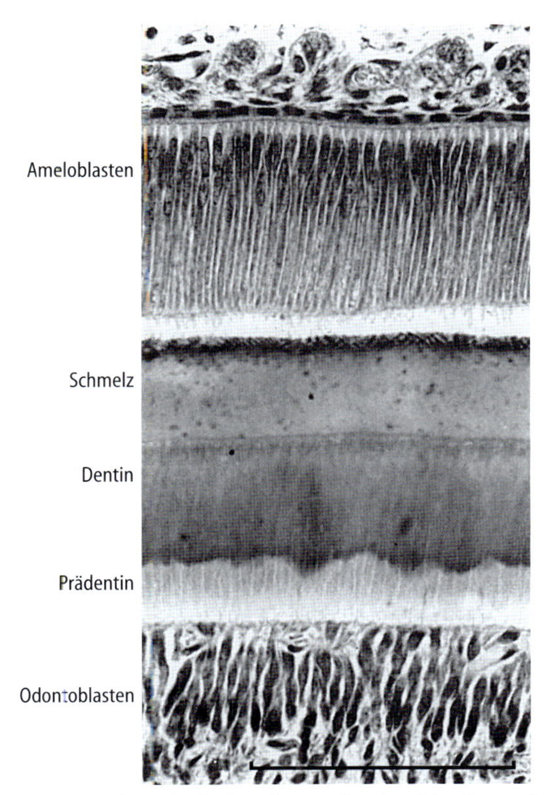

Abb. 14.7. Schnitt durch einen heranwachsenden Zahn. Dargestellt sind Schmelz und Dentin, Odontoblasten und Adamantoblasten sind palisadenförmig angeordnet (Masson-Färbung). Balken = 100 μm. (Aus Junqueira et al. 1998)

sierte Zellen, die organische Matrix nur auf der dem Dentin zugewandten Seite ablagern (Abb. 14.7). Die von den Odontoblasten gebildete Matrix ist zunächst unmineralisiert und wird als Prädentin bezeichnet. Die Mineralisierung geht mit der Bildung von Matrixvesikeln durch die Odontoblasten einher. Sie enthalten als Kristallisationszentren kleine Hydroxylapatitkristalle, die die Ablagerung von Kalziumsalzen an den Kollagenfibrillen beschleunigen. Die Zellkörper der Odontoblasten ziehen sich bei der Bildung des Dentins in die Pulpahöhle zurück, wobei ihre Fortsätze in den Dentinkanälchen durch das gesamte Dentin hindurch verbleiben (Abb. 14.5).

Adamantoblasten sind besondere Epithelzellen, deren basolaterale Seite zur sezernierenden Oberfläche wird. Wie in anderen Epithelien werden die verschiedenen Oberflächen der Adamantoblasten durch Tight Junctions begrenzt. Ultrastrukturell zeichnen sich die Zellen als sezernierende Zellen aus. Die Basallamina wird aufgelöst und Substanzen der Schmelzmatrix werden an den kurzen Fortsätzen der Adamantoblasten, Tomes-Fortsätze genannt, sezerniert und angelagert. Durch Mineralisierung der Matrix (Bildung von Hydroxylapatitkristallen) entsteht der ***Schmelz*** (Abb. 14.6).

Nach der Fertigstellung der Zahnkrone wachsen die Zellen der Schmelzepithelien in die Tiefe und werden als ***Hertwig-Wurzelscheide*** bezeichnet. Sie lösen auf der Pulpaseite die Differenzierung von Odontoblasten aus, die sofort mit der Produktion von Dentin für die Zahnwurzel beginnen. Das neugebildete Dentin induziert in den umgebenden mesenchymalen Zellen des Zahnsäckchens die Differenzierung von ***Zementoblasten***. Die Zementoblasten bilden schließlich das Zement, ein dem Geflechtknochen ähnliches Gewebe, das die Wurzeln der Zähne umgibt.

Auf der labialen Seite der Zahnleisten bildet sich eine weitere Zahnleiste mit Knospen für die ***permanenten Zähne*** (Abb. 14.6). Es gibt zwanzig Anlagen zum Ersatz der Milchzähne (Ersatzzähne) und zusätzliche Anlagen für die Molaren (Zusatzzähne). Die Keimzentren für den 2. und 3. Molaren entwickeln sich erst nach der Geburt.

14.4 Rachen

Im Rachen (Pharynx) überkreuzen sich Atem- und Speisewege. Der Rachen ist von einem mehrschichtigen, unverhornten Plattenepithel ausgekleidet. Nur die zum Respirationstrakt gehörenden Regionen sind mit Flimmerepithel (respiratorisches Epithel, Zylinderepithel mit Kinozilien, s. Kap. 3.4 und 16.1) bedeckt. Der Pharynx enthält auch die in Kap. 13.7 beschriebenen Tonsillen, die zur mukosalen Immunabwehr gehören (Kap. 14.11). Außerdem befinden sich in der Schleimhaut des Pharynx viele kleine Schleimdrüsen.

14.5 Speiseröhre

Die Speiseröhre ***(Ösophagus)*** ist ein muskulärer Schlauch, der dazu dient, die Nahrung vom Mund in den Magen zu transportieren. Sie ist mit unverhorntem, mehrschichtigem Plattenepithel ausgekleidet (Abb. 14.8). Der Wandaufbau entspricht dem in Kapitel 14.9 dargestellten Bauprinzip, das zum Verständnis der folgenden Regionen des Verdauungskanals wichtig ist. In der Submukosa fallen kleine muköse

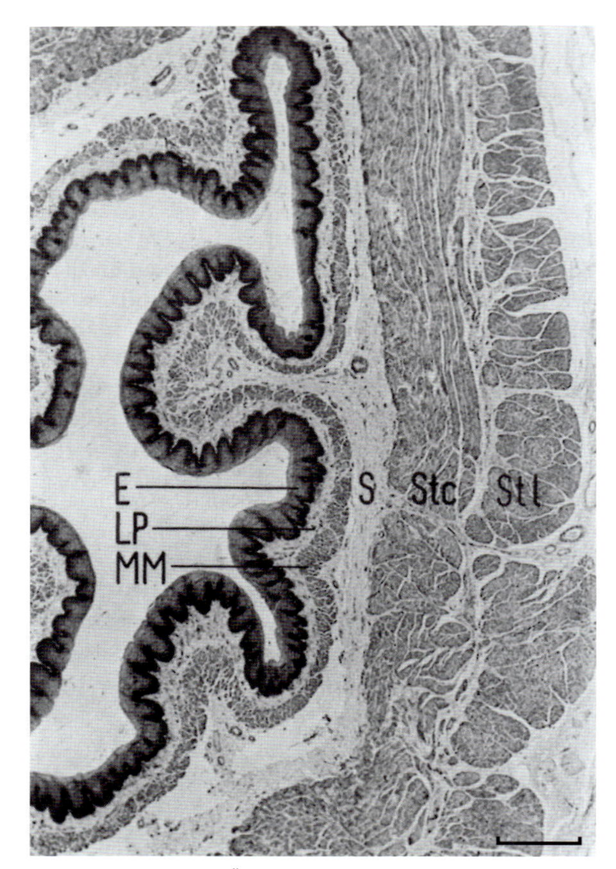

Abb. 14.8. Querschnitt des Ösophagus. Die Lamina epithelialis mucosae (*E*) besteht aus mehrschichtigem unverhorntem Plattenepithel. Darunter befinden sich die Lamina propria mucosae (*LP*), die Lamina muscularis mucosae (*MM*) und die Tela submucosa (*S*). In der Tunica muscularis können eine innere zirkuläre (*Stc* Stratum circulare) und eine äußere longitudinale (*Stl* Stratum longitudinale) Schicht unterschieden werden. Balken = 100 μm. (Junqueira et al. 1996)

Drüsen auf, die so genannten Ösophagusdrüsen. Kurz vor dem Übergang zum Magen befinden sich auch muköse Drüsen in der Lamina propria der Schleimhaut. In den kaudalen Bereichen des Ösophagus besteht die Muskularis nur aus glatter Muskulatur, während in den kranialen Anteilen Skelettmuskulatur vorherrscht. Die untere Ösophagusenge im Bereich des Zwerchfellschlitzes, als Verschluss des Ösophagus, besitzt keinen makroskopisch sichtbaren Schließmuskel (zu dessen Steuerung s. Kap. 14.12). Nur das kurze Stück des Ösophagus, das sich in der Peritonealhöhle befindet, ist von Serosa bedeckt. Ansonsten ist der Ösophagus mit Hilfe von lockerem Bindegewebe, der Adventitia, mit dem umgebenden Gewebe des Mediastinums (insbesondere der Trachea) verbunden.

14.6 Magen

Der Magen nimmt aus dem Ösophagus den Speisebrei auf. Er wird unter Zugabe von Salzsäure angesäuert und die Verdauung der Proteine wird mit Hilfe des Enzyms Pepsin eingeleitet.

Aufbau▸ Es werden vier Regionen des Magens unterschieden (Abb. 14.9): Die ***Pars cardiaca*** (Kardia), eine Übergangszone in der Nähe des Mageneingangs, der ***Fundus*** und der ***Korpus*** des Magens und die ***Pylorusregion***. Die Magenschleimhaut (Mukosa) und die Submukosa des leeren Magens bilden unregelmäßig ausgerichtete ***Falten*** (Plicae gastricae). Im Bereich der so genannten Magenstraße, die entlang der kleinen Kurvatur die Kardia mit der Pylorusregion verbindet, befinden sich kräftige parallel angeordnete Falten, die bei Füllung des Magens verstreichen. Die Submukosa der Magenwand enthält neben Blut- und Lymphgefäßen in der Regel diffus verteilte lymphatische Zellen und Mastzellen. In der Pylorusregion sind außerdem Lymphfollikel vorhanden. Die Tunica muscularis besteht aus einer äußeren longitudinalen Schicht, einer mittleren zirkulären und einer inneren schräg angeordneten Schicht (Fibrae obliquae) von glatten Muskelzellen. Die Serosa des Magens ist dünn und von Mesothel bedeckt.

Klinik

Am Übergang zwischen Magen und Duodenum ist die mittlere Muskelschicht verbreitert und bildet den Sphinkter des Pylorus (zu dessen Steuerung s. Kap. 14.12). Er ist bei der ***angeborenen Pylorusstenose*** verdickt. Dies ruft bei Kleinkindern häufiges Erbrechen hervor.

Magenschleimhaut▸ In Fundus und Korpus besteht die Magenschleimhaut aus einem ***schleimbildenden*** hochprismatischen ***Oberflächenepithel***, das sich in Form von ***Magengrübchen (Foveolae gastricae)*** in die Lamina propria einsenkt (Abb. 14.9 und 14.10). In die Magengrübchen münden verzweigte tubulöse ***Magendrüsen***, die neben etwas Schleim Salzsäure und die Vorstufe des eiweißspaltenden Enzyms Pepsin, Pepsinogen, produzieren. Der Schleim schützt das Epithel der Magenschleimhaut vor Schäden, hervorgerufen durch Salzsäure und Pepsin. Im lockeren Bindegewebe der Lamina propria befinden sich außerdem glatte Muskelzellen und Lymphozyten. Die Grenze der Mukosa zur

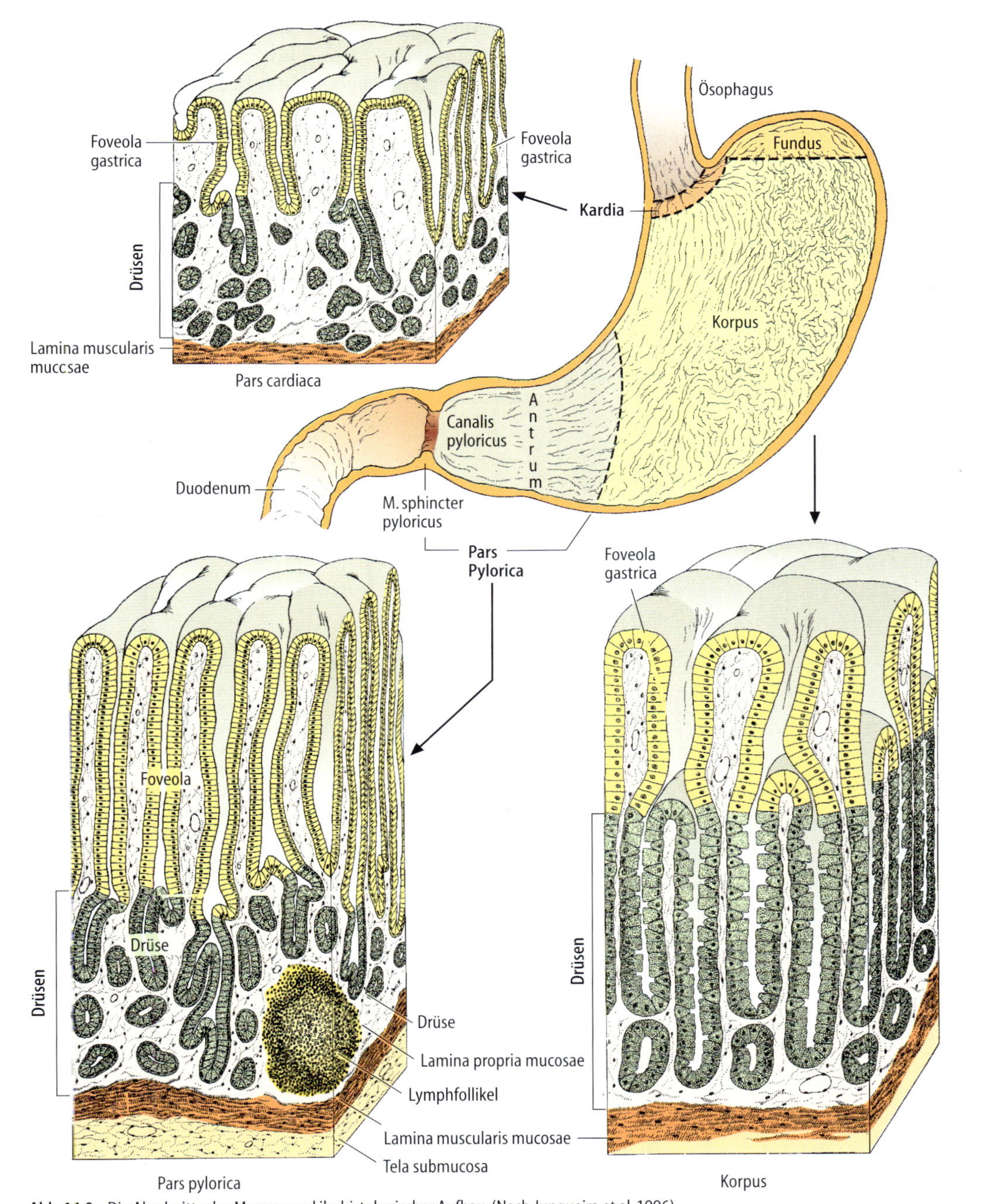

Abb. 14.9. Die Abschnitte des Magens und ihr histologischer Aufbau. (Nach Junqueira et al. 1996)

Submukosa bildet die Lamina muscularis mucosae aus glatter Muskulatur.

Die ***zelluläre Zusammensetzung der Magendrüsen*** in den verschiedenen Regionen des Magens zeigt charakteristische Unterschiede. Im Bereich der Kardia, einer etwa 1,5–3 cm breiten Zone am Mageneingang (Abb. 14.9), finden sich in den Drüsen hauptsächlich Schleim produzierende Zellen. In Fundus und Korpus herrschen im Drüsengrund die Pepsinogen bildenden Hauptzellen vor, während die Säure bildenden Belegzellen (Parietalzellen) vor allem im mittleren Bereich der Magendrüsen zu finden sind (Abb. 14.9, 14.10 und 14.11). Hier befinden sich auch die Histamin sezernierenden ‚enterochromaffin-like' Zellen (ECL-Zellen), die die Säuresekretion der Belegzellen steuern (s. unten). Außerdem enthalten die Magendrüsen, vorwiegend im Halsbereich, Stammzellen des Epithels (Kap. 14.10) und schleimproduzierende ***Nebenzellen.***

Die ***Belegzellen*** haben eine abgerundete Form, einen zentral gelegenen Zellkern und ein azidophiles Zytoplasma (Abb. 14.11, 14.12 und 14.13). Elektronenmikroskopisch zeichnen sie sich durch ein intrazelluläres Kanalsystem aus. Ruhende Belegzellen enthalten außerdem zahlreiche tubulovesikuläre Strukturen, de-

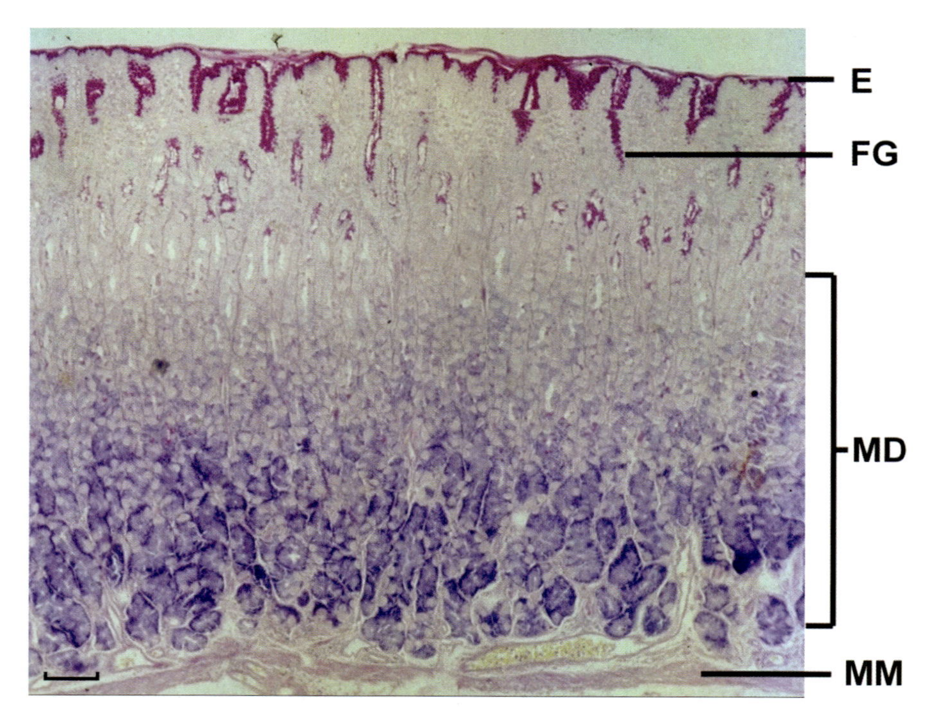

Abb. 14.10. Aufbau der Magenschleimhaut. Die Lamina epithelialis mucosae (*E*) senkt sich in Magengrübchen (Foveolae gastricae *FG*), in die Magendrüsen (*MD*) münden. Die basiphilen Hauptzellen im Drüsengrund sezernieren Pepsinogen, die azidophilen Belegzellen im mittleren Bereich der Drüsen Salzsäure. Unten ist die Lamina muscularis mucosae (*MM*) zu erkennen. Balken = 100 μm. (Kurspräparat Universität Ulm)

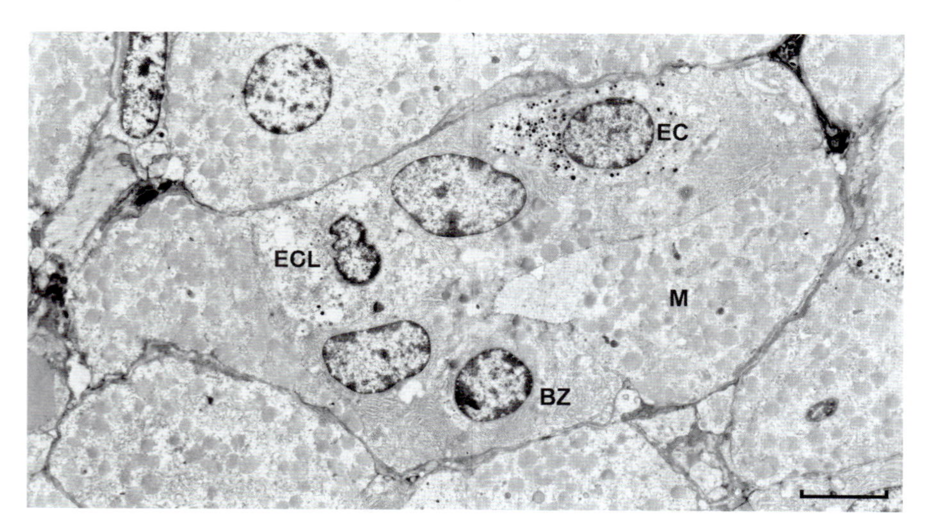

Abb. 14.11. Elektronenmikroskopische Aufnahme einer Magendrüse im Querschnitt. Zu erkennen sind eine ECL-Zelle (*ECL*), eine andere endokrine Zelle (*EC*), und mehrere Belegzellen (*BZ*) mit zahlreichen Mitochondrien (*M*). Balken = 10 μm

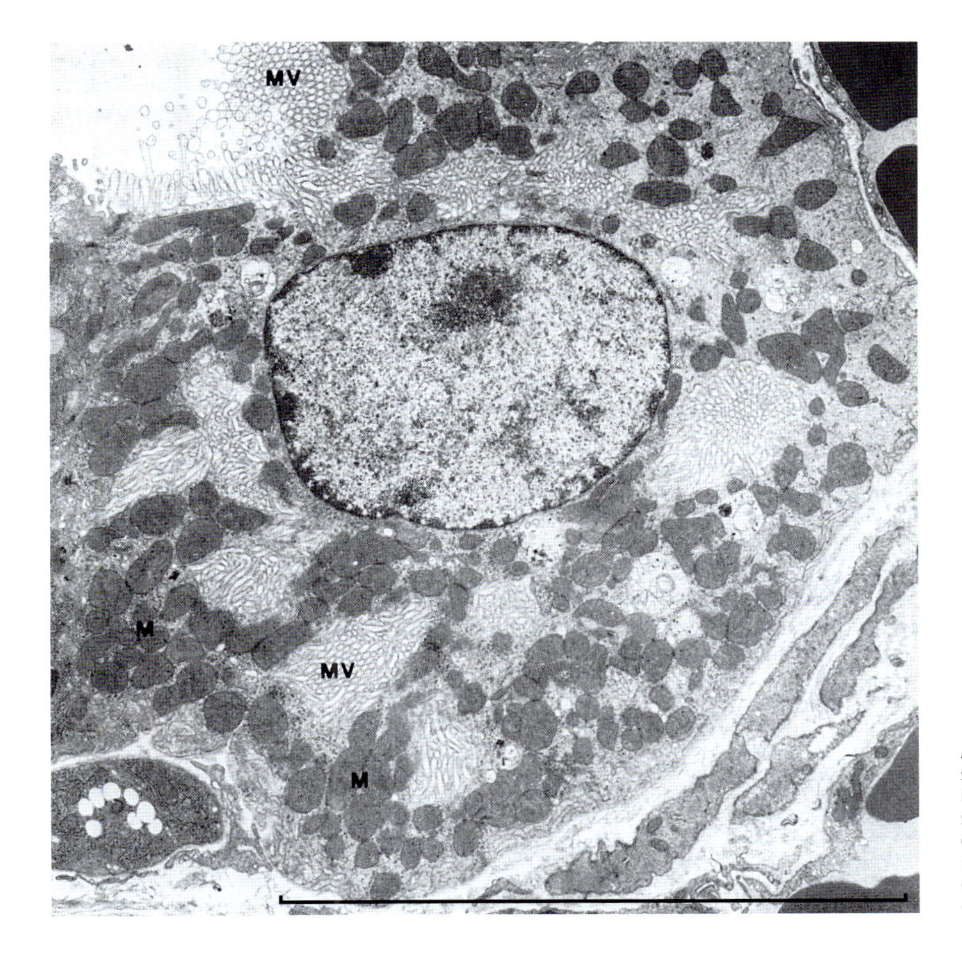

Abb. 14.12. Elektronenmikroskopisches Bild einer aktiven Belegzelle. Die Membran der Mikrovilli (*MV*) steht mit der das Lumen begrenzenden Plasmamembran in Verbindung (s. auch Abb. 14.13). *M* Mitochondrien. Balken = 10 μm. (Aus Junqueira et al. 1996)

ren Membranen bei der Stimulation der Zellen mit dem intrazellulären Kanalsystem fusionieren (Abb. 14.13).

Dadurch werden die in den tubulovesikulären Membranen vorhandenen H^+-K^+-ATPasen in die Plasmamembran eingebaut und anschließend ***Protonen*** (im Austausch gegen Kalium) in das Lumen der Magendrüsen ‚***gepumpt***'. Die dazu notwendige Energie in Form von ATP wird von den zahlreichen ***Mitochondrien*** (Abb. 14.11, 14.12 und 14.13) der Belegzellen bereitgestellt. Als Anion wird dem Sekret der Belegzellen Chlorid beigegeben.

Die ***Stimulation der Salzsäurefreisetzung*** erfolgt hauptsächlich parakrin durch ***Histamin*** aus den ECL-Zellen und neuronal (über ***Azetylcholin (ACH)*** aus dem N. vagus bzw. das enterische Nervensystem, s. Kap. 14.12) (Abb. 14.14). Für Histamin und Azetylcholin befinden sich auf der basolateralen Seite der Belegzellen Rezeptoren. Intrazelluläre Botenstoffe sind bei Stimulation mit Histamin cAMP und mit Azetylcholin Ca^{2+}. Die ECL-Zellen werden wiederum endokrin durch ***Gastrin*** aus den G-Zellen der Pylorusregion stimuliert (s. unten), so dass dadurch eine indirekte Wirkung auf die Belegzellen zustande kommt. Außer der Magensäure stellen die Belegzellen den ***intrinsischen Faktor*** her, ein Peptid, ohne das im Dünndarm die ***Aufnahme von Vitamin B12*** (= extrinsischer Faktor) nicht erfolgen kann. Vitamin B12 wiederum ist für die Erythropoese (s. Kap. 12) essenziell.

Klinik

Ohne parenterale Substitution von Vitamin B12 führt daher ein – z. B. durch Gastrektomie verursachter – Mangel an intrinsischem Faktor zum Krankheitsbild der perniziösen Anämie.

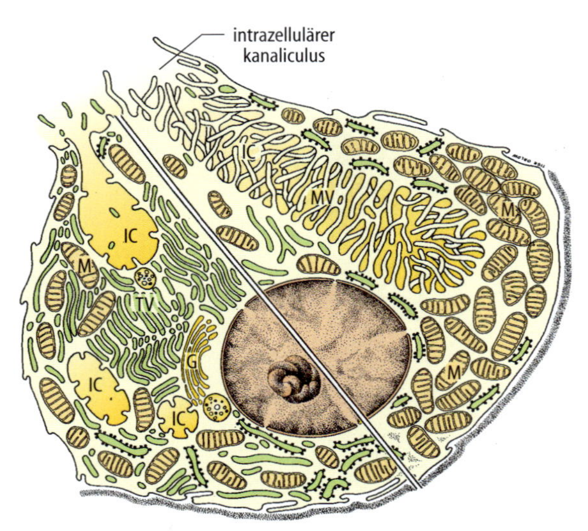

Abb. 14.13. Belegzelle in verschiedenen Funktionsstadien. Die tubulovesikulären Strukturen (*TV*) im Zytoplasma der ruhenden Zelle (*links*) fusionieren bei Aktivierung und bilden Mikrovilli (*MV*). Die intrazellulären Kanalikuli (*IC*) verschwinden dadurch fast vollständig. *G* Golgi-Apparat, *M* Mitochondrien. (Aus Junqueira et al. 1996)

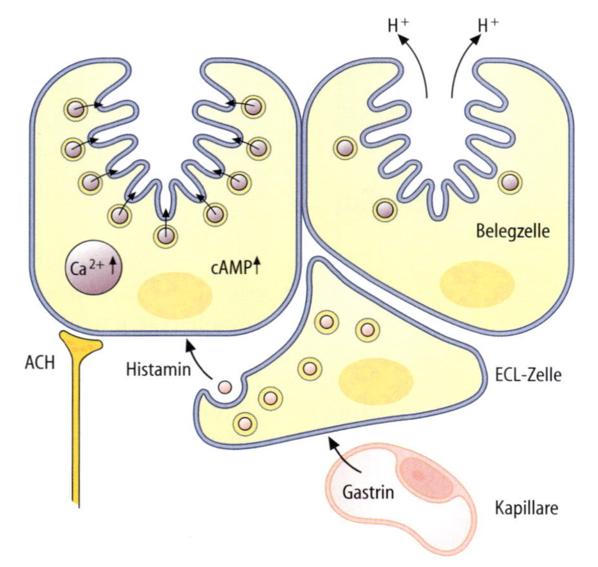

Abb. 14.14. Endokrine, parakrine und neuronale Stimulation der Salzsäuresekretion einer Belegzelle

Die basophilen ***Hauptzellen*** der Magendrüsen (Abb. 14.10) speichern Pepsinogen als inaktive Vorstufe der Protease Pepsin in Sekretgranula. Die ***Stimulation zur Pepsinogensekretion*** erfolgt beim Menschen hauptsächlich über den N. vagus und das enterische Nervensystem mit Azetylcholin. Außerdem regen enteroendokrine Zellen des Duodenums und Jejunums (mit Cholezystokinin = CCK) die Hauptzellen zur Freisetzung von Pepsinogen an, das nach der Sekretion autokatalytisch zu Pepsin aktiviert wird. Das Eiweiß spaltende Pepsin entfaltet seine optimale Wirkung nur im sauren Milieu, das durch die Säure produzierenden Belegzellen gewährleistet wird.

Die Pylorusregion (aufgebaut aus dem Pyloruskanal und dem Antrum) dient der portionsweisen Weitergabe des Speisebreis in das Duodenum und der Steuerung der Salzsäureproduktion. Die ***Pylorusdrüsen*** (Abb. 14.9) setzen hauptsächlich Schleim frei. Außerdem befinden sich in den Drüsen ***Gastrin*** speichernde G-Zellen und ***Somatostatin*** speichernde D-Zellen. Sie hemmen parakrin die Aktivität der G-Zellen. G-Zellen sind hochprismatische endokrine Zellen des ‚offenen Typs' (Abb. 14.18 und Kap. 14.13), die mechanisch oder über Abbauprodukte der Proteine (Aminosäuren) stimuliert werden können. Dann geben sie das Hormon Gastrin in das Blut ab, welches über die ECL-Zellen in Korpus und Fundus die Salzsäurefreisetzung steuert (s. oben).

Klinik

Eine der häufigsten Ursachen einer ***Gastritis*** (Magenschleimhautentzündung) ist die Besiedelung mit Helicobacter pylori. Daraus kann sich ein Magen- oder Zwölffingerdarmgeschwür entwickeln, zu dessen Heilung es notwendig ist, durch Antibiotika die Keime zu bekämpfen und/oder durch Hemmstoffe der Protonen pumpenden ATPase der Belegzellen die Säureproduktion zu verhindern. Zusätzlich kann durch Antazida die produzierte Salzsäure abgepuffert werden. Weitere Möglichkeiten bestehen darin, die Stimulation der Parietalzellen durch Histamin der ECL-Zellen mit Hilfe von H2-Rezeptorblocker zu hemmen. Auf Grund dieser effektiven pharmakotherapeutischen Möglichkeiten ist die chirurgische Durchtrennung der das Antrum versorgenden Vagusfasern (selektive proximale gastrale Vagotomie) weitgehend verlassen. Besonders häufig treten Magen- und Zwölffingerdarmgeschwüre beim Zollinger-Ellison-Syndrom auf, dem ein Tumor von gastrinproduzierenden Zellen zugrundeliegt. Selten treten Tumoren auf, die sich von den Histamin sezernierenden ECL-Zellen ableiten. Die Mehrzahl der Magenkarzinome (über 95 %) gehen von den schleimbildenden Zellen der Magenschleimhaut aus. Sie sind Adenokarzinome.

14.7 Dünndarm

Die Verdauung wird im Dünndarm fortgesetzt, und die Endprodukte des Abbaus der Nahrungsbestandteile werden resorbiert. Im Duodenum (Zwölffingerdarm) wird zunächst der saure Speisebrei aus dem Magen aufgenommen.

Übersicht▸ Die Schleimhaut (Mukosa) des Duodenums enthält im Vergleich zum Jejunum (Leerdarm) und Ileum (Krummdarm) weniger Becherzellen. Das Duodenum besitzt jedoch zusätzlich Drüsenpakete in der Submukosa. Die Duodenal- oder Brunner-Drüsen (Abb. 14.15), die charakteristisch für diese Region sind, bilden einen mukösen Schleim von alkalischem pH, der die Schleimhaut des Dünndarms besonders vor dem sauren Chymus aus dem Magen schützt.

Der Chymus erhält an der Einmündung von Gallen- und Pankreasgang emulgierende Stoffe (Gallensäuren) sowie neutralisierenden (bikarbonatreichen) Pankreassaft mit Verdauungsenzymen. Hier beginnen auch zirkulär angeordnete ***Falten*** (Plicae circulares oder Kerckring-Falten), die bis zu 1 cm in das Darmlumen vorspringen (Abb. 14.16). Die Falten sind aus Mukosa und Submukosa aufgebaut, beziehen die Tunica muscularis also nicht mit ein. Sie sind typisch für das Jejunum (das etwa zwei Fünftel der Länge des Dünndarms ausmacht) und sind im nachfolgenden Ileum weniger häufig.

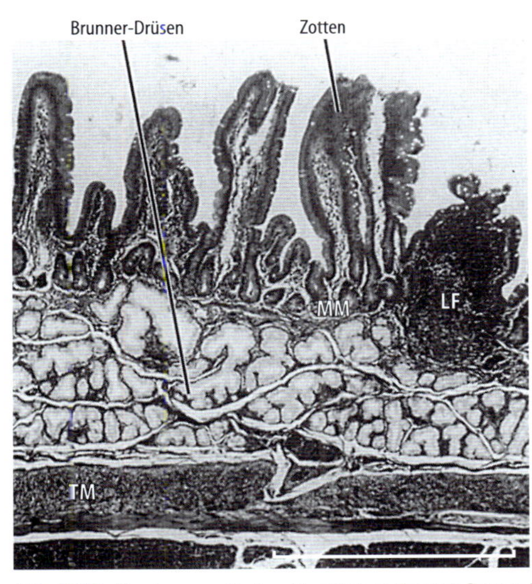

Abb. 14.15. Duodenum mit charakteristischen Brunner-Drüsen in der Submukosa. *LF* Lymphfollikel, *MM* Lamina muscularis mucosae (HE-Färbung) *TM* Tunica muscularis. Balken = 1 mm. (Aus Junqueira et al. 1998)

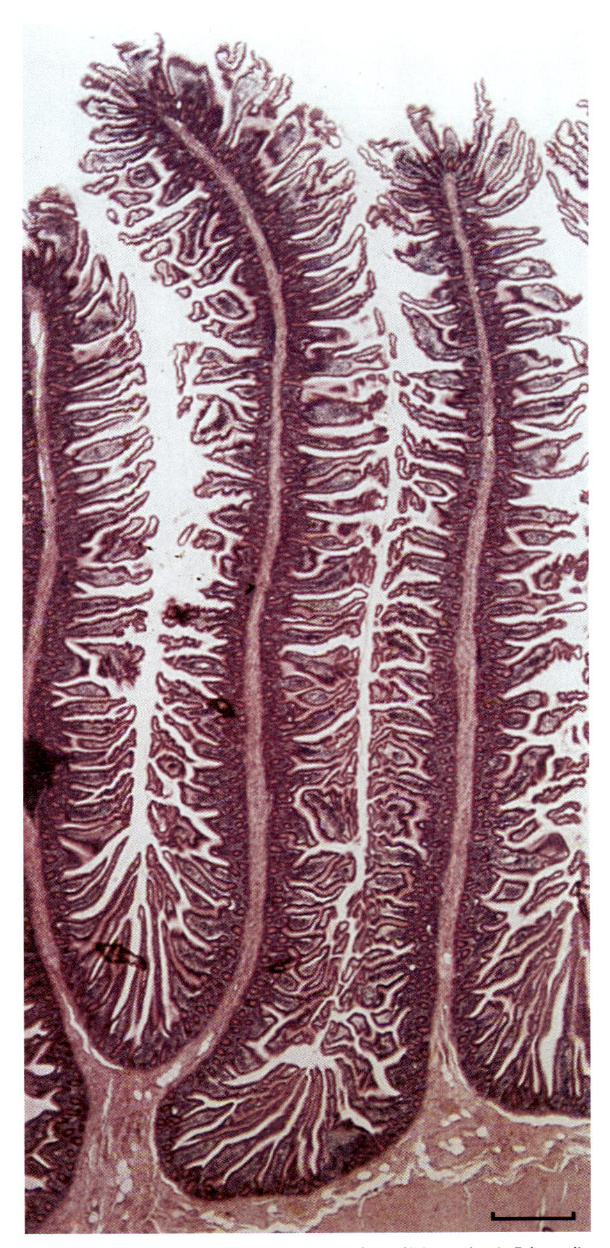

Abb. 14.16. Längsschnitt durch einen Dünndarm (Jejunum) mit Falten, die Zotten und Krypten tragen (HE-Färbung). Balken = 1 mm. (Aus Junqueira et al. 1996)

Dünndarmschleimhaut▸ Ein gemeinsames Merkmal der Schleimhaut im gesamten Dünndarm ist die Ausbildung von etwa 1 mm langen ***Zotten (Villi intestinales)***, Ausstülpungen von Lamina propria und Mukosaepithel in das Lumen des Dünndarms (Abb. 14.17, 14.18 und 14.21).

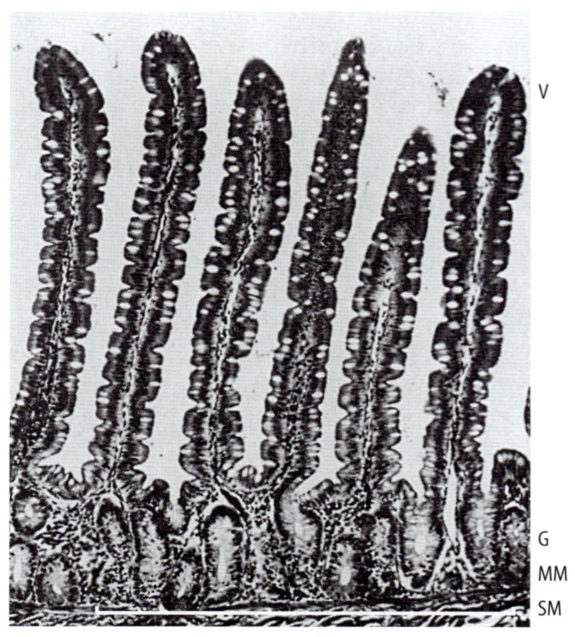

Abb. 14.17. Dünndarm bei stärkerer Vergrößerung. In die Zotten zieht die Muskularis mukosae nicht mit ein. *V* Zotten, *G* Krypten, *MM* Muskularis mukosae (HE-Färbung). Balken = 1 mm. (Aus Junqueira et al. 1996)

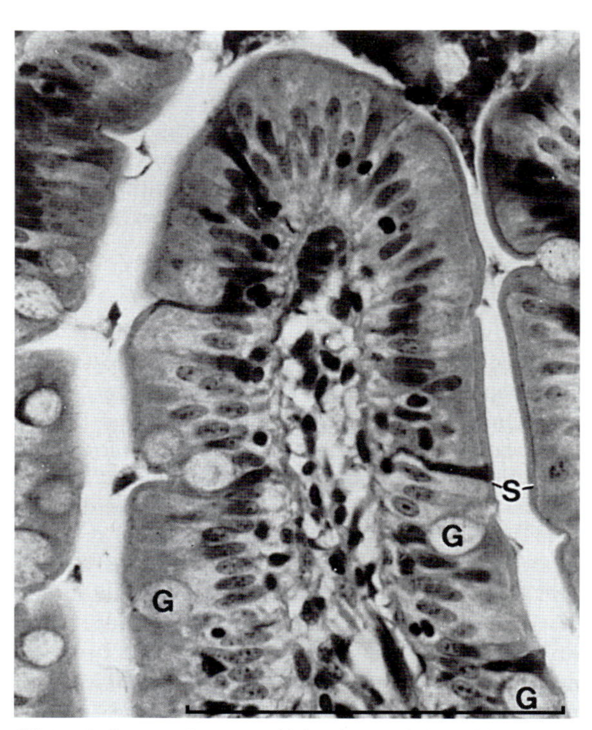

Abb. 14.18. Zotte aus einem menschlichen Ileum. Bedeckt wird die Zotte von einschichtigem hochprismatischem Epithel mit Becherzellen *(G)*. *S* Bürstensaum an der Epitheloberfläche. Das bindegewebige Innere (Lamina propria) der Zotte enthält Blut- und Lymphgefäße sowie glatte Muskelfasern. *S* Bürstensaum an der Epitheloberfläche (HE-Färbung). Balken = 100 μm. (Aus Junqueira et al. 1996)

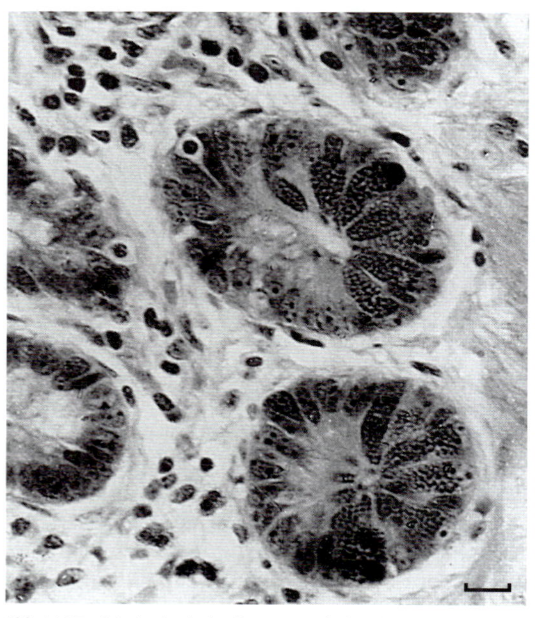

Abb. 14.19. Schnitt durch den Drüsengrund einer Krypte. Paneth- Körnerzellen sind infolge ihrer großen Sekretgranula (auch Abb. 14.21) dunkel angefärbt. Balken = 10 μm. (Aus Junqueira et al. 1998)

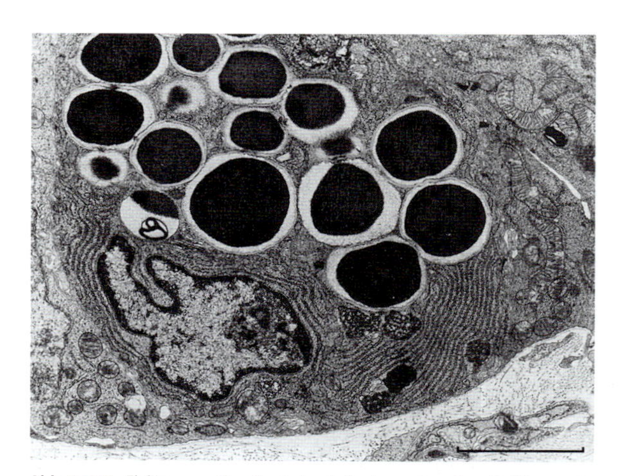

Abb. 14.20. Elektronenmikroskopische Aufnahme einer Paneth-Körnerzelle. Sie zeigt einen basal gelegenen Zellkern mit deutlichem Nukleolus, reichlich rauhes endoplasmatisches Retikulum und große Sekretgranula mit elektronendichtem Kern. Balken = 10 μm. (Aus Junqueira et al. 1998)

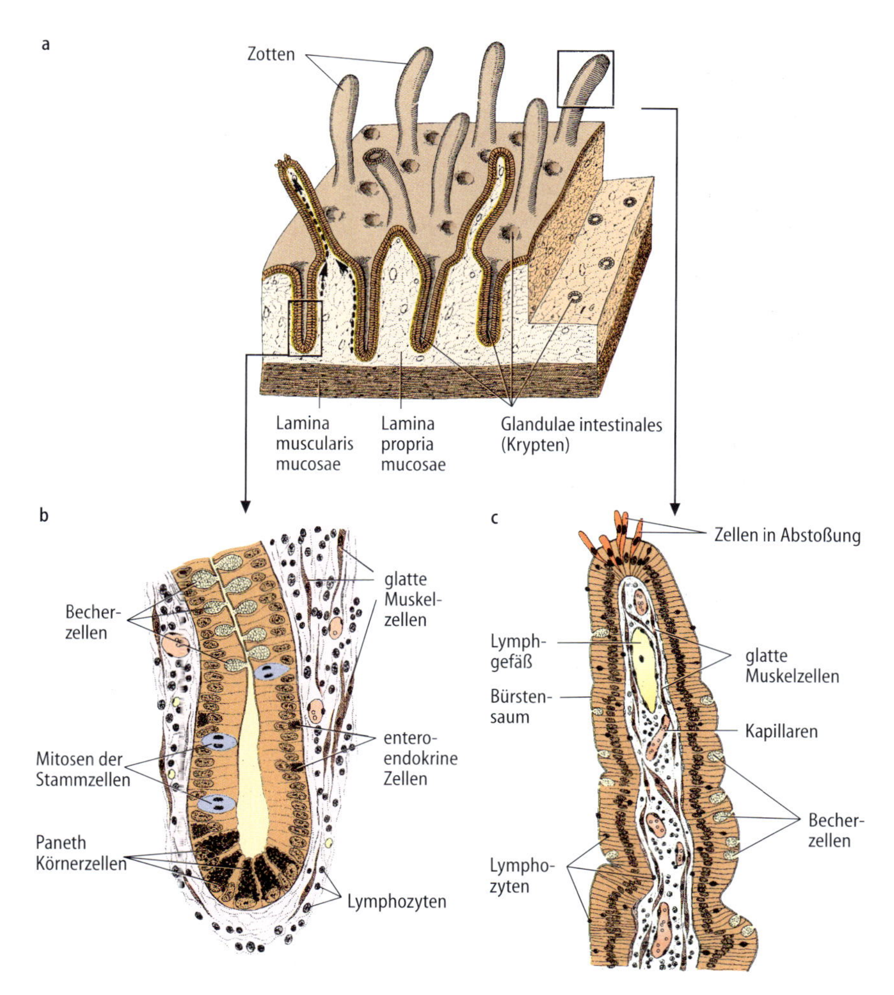

Abb. 14.21 a, b. Aufbau der Zotten und Krypten des Dünndarms. **a** Dünndarm bei schwacher Vergrößerung. In der Zotte *links* deuten die *Pfeile* die Wanderung von in der Kryptentiefe neugebildeten Epithelzellen zur Zottenspitze an, wo laufend Zellen abgestoßen werden. **b** Die Krypten enthalten Paneth-Körnerzellen, enteroendokrine Zellen und Becherzellen. Ferner kommen in den Krypten Stammzellen der Becherzellen und Enterozyten vor, die sich teilen und auf ihrer Wanderung zur Zottenspitze unter Ausbildung eines Bürstensaums differenzieren. **c** Zottenspitze. Das Epithel ist einschichtig hochprismatisch und besteht aus Enterozyten und relativ wenigen Becherzellen. Im Bindegewebe der Lamina propria liegen Kapillaren, Lymphgefäße, Lymphozyten, die ins Epithel gelangen können, und glatte Muskelzellen. (Aus Junqueira et al. 1996)

Zwischen den Zotten münden die ***Krypten (Glandulae intestinales*** oder Lieberkühn-Krypten), die sich als tubulöse Drüsen in die Lamina propria einsenken. Das Epithel der Krypten geht kontinuierlich in das der Zotten über (Abb. 14.17 und 14.21). In den Krypten befinden sich neben den ***Stammzellen*** und wandernden ***Ersatzzellen*** für das Zottenepithel (s. Abschnitt über die Regeneration am Ende des Kapitels) auch exokrine ***Paneth-Körnerzellen*** (Abb. 14.19 und 14.20). Sie setzen Lysozym in das Lumen frei, welches die Wand von Bakterien zerstört. Außerdem befinden sich in den Krypten verschiedene ***enteroendokrine Zellen*** (Gastrin, Sekretin oder Cholezystokinin enthaltend). Letztere sind besonders häufig im Duodenum anzutreffen. Daher kommt dem Duodenum eine besondere Rolle bei der Steuerung der Funktion von Magen, Pankreas und Gallenblase zu (näheres s. Kap. 14.6, 15.2 und 15.4). Die ebenfalls vorhandenen Serotonin freisetzenden enteroendokrinen Zellen werden auch als enterochromaffine Zellen bezeichnet. Sie sind an der Steuerung der Motilität des Darmes beteiligt. Eine zusammenfassende Darstellung des enteroendokrinen Systems findet sich in Kapitel 14.13.

Das die Zotten überziehende einschichtige hochprismatische Epithel des Dünndarms besteht hauptsächlich aus ***Enterozyten***, die auf der apikalen Oberfläche einen Bürstensaum besitzen. Dieser ist aus ***Mikrovilli*** von etwa 1 μm Länge aufgebaut (pro Zelle etwa 3000) (Abb. 14.22, 14.23 und 24.9). Durch die Mikrovilli wird die apikale Oberfläche der Enterozyten vergrößert. Im Inneren der Mikrovilli befinden sich Aktinfilamente, die mit dem terminalen Netzwerk (terminal web) im Apex der Zellen verbunden sind. Durch die ***Falten, Zotten und Mikrovilli*** kommt es zu einer

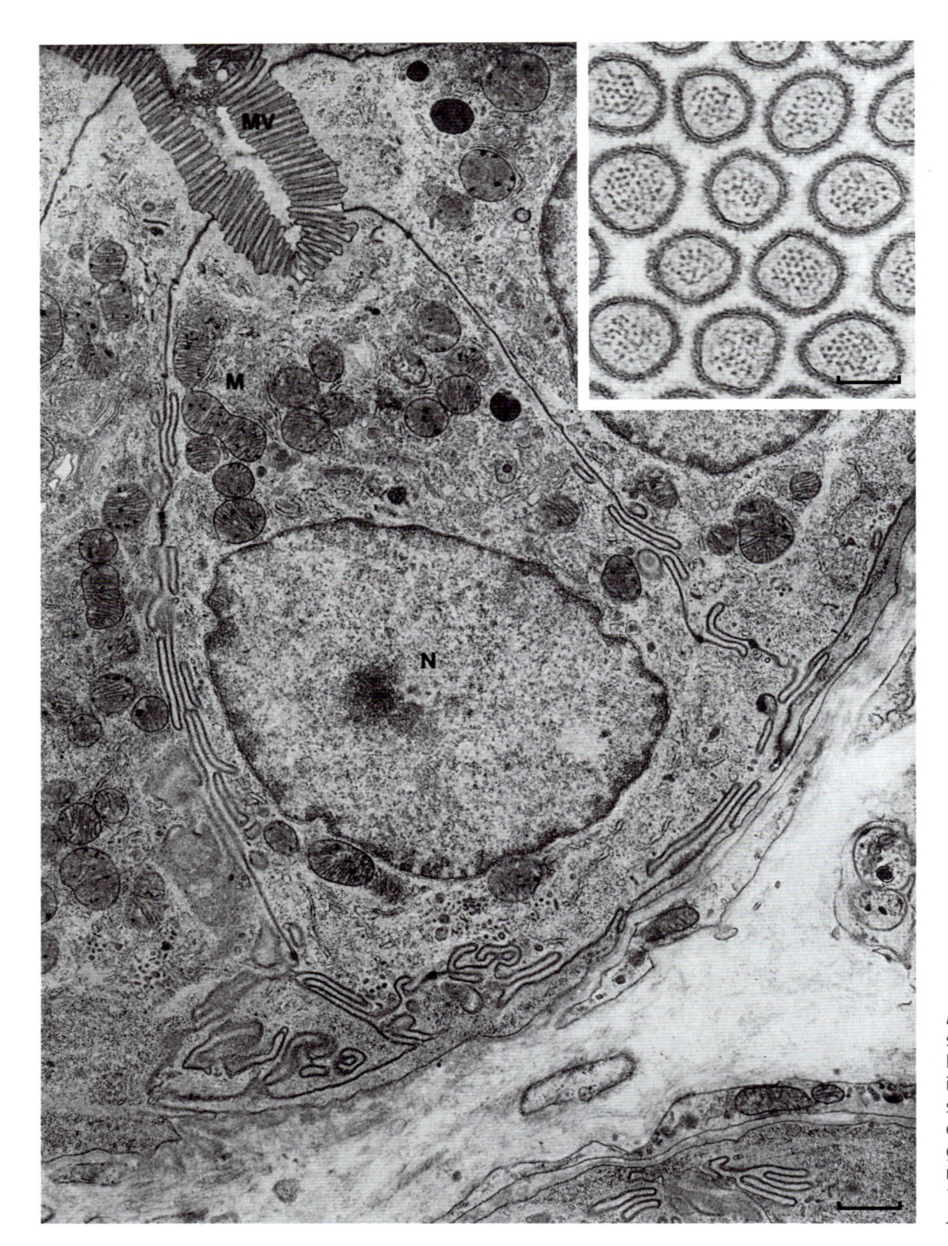

Abb. 14.22. Elektronenmikroskopisches Bild eines Enterozyten des Dünndarms. Die luminale Oberfläche ist von Mikrovilli (*MV*) bedeckt, apikal sind zahlreiche Mitochondrien (*M*) zu erkennen. Der *Ausschnitt* zeigt quergeschnittene Mikrovilli mit charakteristischen Aktin-Filamenten. Balken = 10 μm; im Ausschnitt 0,1 μm. (Aus Junqueira et al. 1996)

Vergrößerung der luminalen Oberfläche des Dünndarms. Man kann berechnen, dass die Oberfläche durch die Falten etwa 3-fach, die Zotten (Villi) etwa 10-fach und durch die Mikrovilli etwa 20-fach vergrößert wird. Insgesamt wird die Oberfläche etwa 600-fach vergrößert, was einer Gesamtoberfläche von etwa 200 m^2 entspricht. Die Membran der Mikrovilli trägt hydrolytische Enzyme für Peptide und Oligosaccharide sowie eine Vielzahl von Transportsystemen für die Resorption von Aminosäuren und Zucker. Lipide werden vor der Resorption hydrolysiert. In den Enterozyten werden die Triazylglyzerine und Phospholipide resynthetisiert und anschließend in Form von Chylomikronen basolateral abgegeben (Abb. 14.23 und 14.24). Ein reger transzellulärer Transport findet auch bei der Aufnahme von Antigenen aus dem Darmlumen und

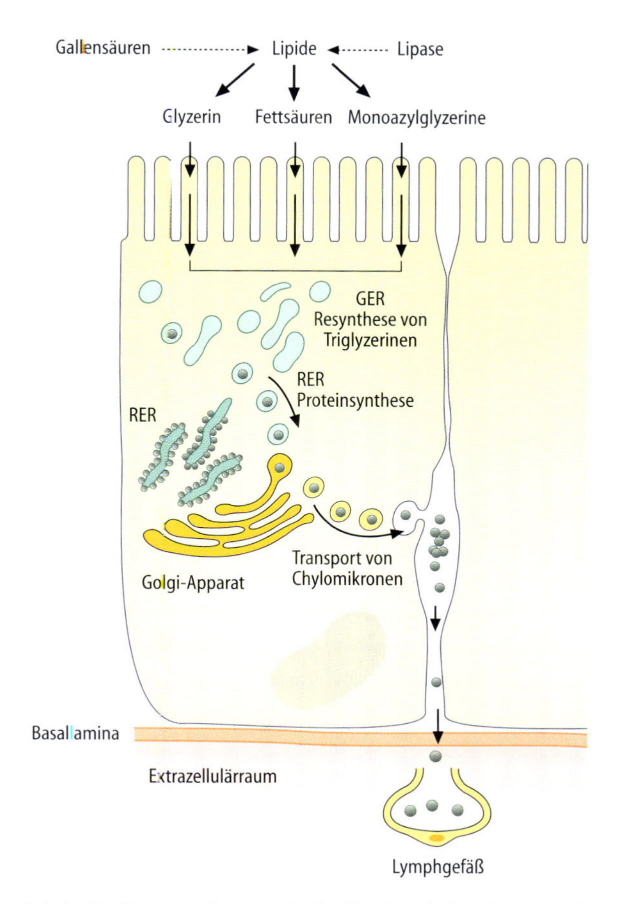

Abb. 14.23. Schema zur Fettresorption im Dünndarm. Im Darmlumen bewirken Lipasen die Hydrolyse der Lipide, die mit Hilfe der Gallensäuren emulgiert wurden. Die Hydrolyseprodukte werden von den Enterozyten aufgenommen. Im glatten endoplasmatischen Retikulum (*GER*) erfolgt die Resynthese zu Triazylglyzerinen und Phospholipiden, die mit Apolipoproteinen, gebildet im rauhen endoplasmatischen Retikulum (*RER*), zu Chylomikronen vereinigt werden. Sie werden im Golgi-Apparat verpackt und wandern in Vesikeln zur basolateralen Zelloberfläche, wo sie durch Exozytose abgegeben werden. Dadurch kommen die Chylomikronen in den Extrazellulärraum. Dort werden sie überwiegend in die Lymphgefäße aufgenommen. (Aus Junqueira et al. 1996)

der Sekretion von Immunglobulinen im Rahmen der mukosalen Immunabwehr (Kap. 14.11) statt.

Schleimbildende ***Becherzellen*** (Abb. 14.18, 14.19, 3.22 und 3.24) zwischen den resorbierenden Zellen des Epithels sorgen für den Schutz der Oberfläche und das Gleiten des Speisebreis.

Blutgefäße verzweigen sich in der Submukosa und versorgen die Lamina propria sowie das Epithel der Krypten und Zotten (Abb. 14.25). Das Blut der Kapillaren mündet in Venolen, dann in die Venen und schließlich in die V. portae. Resorbierte Aminosäuren und Kohlenhydrate werden auf diesem Weg der Leber zugeführt.

Daneben existieren ***Lymphgefäße***, die blind im Zentrum der Zotten beginnen und sich in der Lamina propria vereinen. Sie verlassen mit den Blutgefäßen die Darmwand und leiten ihren Inhalt über den Ductus thoracicus (Milchbrustgang) dem venösen Kreislauf zu. Diesen Weg nehmen hauptsächlich Triazylglyzerine, die im Darmlumen zunächst durch Gallensäuren emulgiert und durch die Pankreaslipasen gespalten werden (Abb. 14.23 und 14.24). Danach können sie von den Enterozyten resorbiert werden. Aus neu synthetisierten Triglyzeriden und Proteinen werden von den Enterozyten hauptsächlich Chylomikronen (neben den very low density Lipoproteinen) gebildet (s. Kap. 5). Etwa 90 % der zur Emulgierung verwendeten Gallensäuren werden im Ileum rückresorbiert und damit wieder verwendet. Im so genannten enterohepatischen Kreislauf werden die resorbierten Gallensäuren über die Vena portae der Leber zugeführt und erneut sezerniert. Die Funktion der Ansammlungen von Lymphozyten in der Lamina propria der Dünndarmschleimhaut und der Lymphfollikel ist bei der Darstellung des mukosalen Immunsystems beschrieben (Kap. 14.11).

14.8 Dickdarm

Übersicht▸ Die Muscularis des Dickdarms (Kolon) besteht, wie die der anderen Abschnitte des Magen-Darm-Kanals, aus longitudinalen und zirkulären Anteilen. Die longitudinale Schicht bildet drei dicke Bänder, die ***Taeniae coli*** genannt werden. Dazwischen finden sich Vorwölbungen der Dickdarmwand ***(Haustren)***, die durch die Ringmuskulatur regelmäßig segmentiert werden (Plicae semilunares). In der Serosa ist Fettgewebe in Form von ***Appendices epiploicae*** zu finden (Abb. 14.26).

Dickdarmschleimhaut▸ Die Schleimhaut (Mukosa) des Dickdarms enthält wenig Falten (mit Ausnahme des Rektums) und keine Zotten. Das besondere Kennzeichen der Schleimhaut sind dicht nebeneinander stehende, unverzweigte, etwa 0,5 mm tiefe ***Krypten*** (Glandulae intestinales). In den Krypten finden sich viele ***Becherzellen*** (Abb. 24.16) und resorbierende Mukosazellen ***(Enterozyten)*** (Abb. 14.27, 14.28 und 24.9), und, im Vergleich zu anderen Regionen, nur eine kleine Zahl von enteroendokrinen Zellen. Der von den Becherzellen produzierte Schleim macht die intestinale Oberfläche

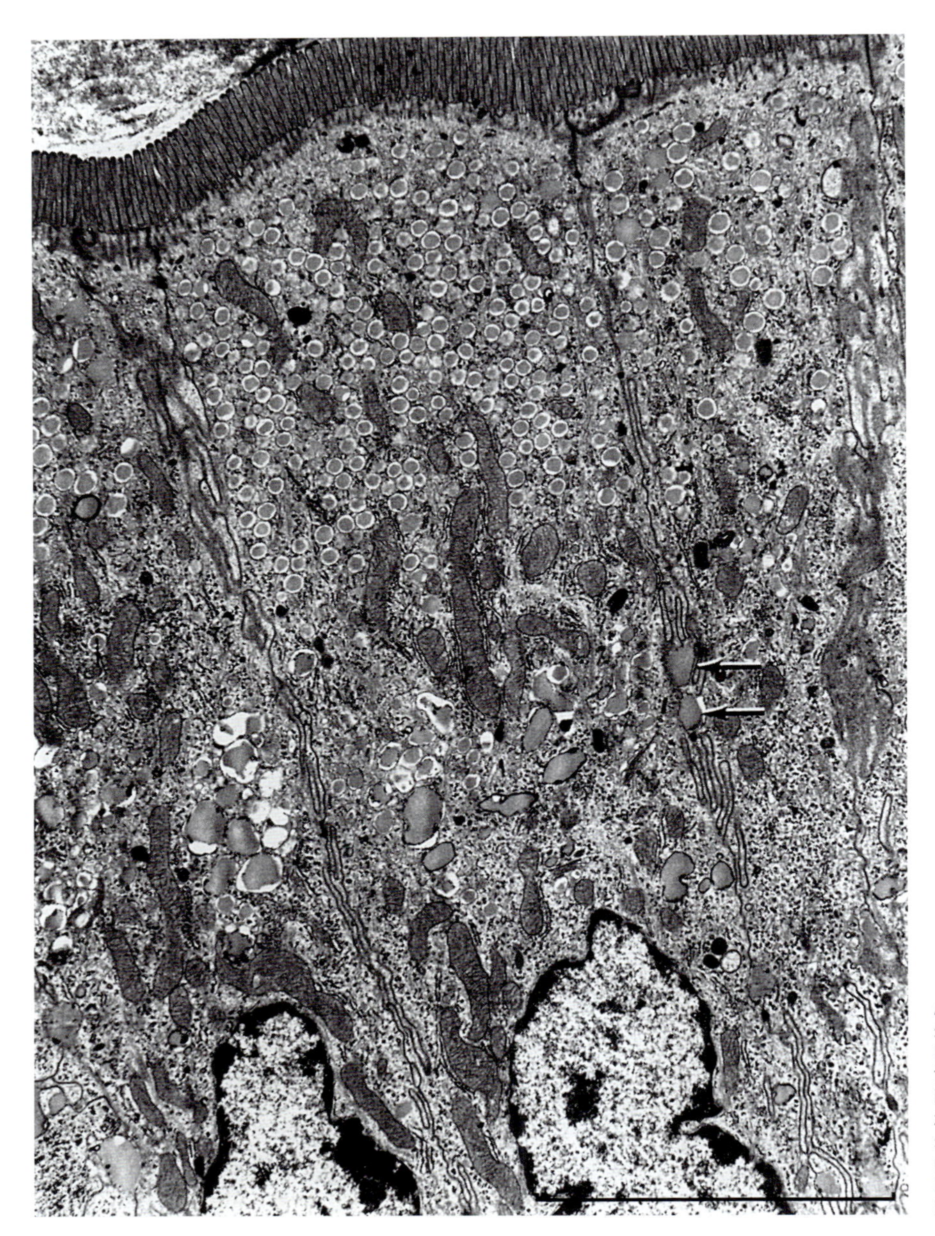

Abb. 14.24. Elektronenmikroskopisches Bild eines Enterozyten des Dünndarms beim Lipidtransport. Auffällig ist die Ansammlung von Lipiden in Vesikeln. Diese Vesikel verschmelzen kernnah untereinander und schleusen ihren Inhalt (Chylomikronen) über die basolaterale Zellmembran aus (*Pfeile*). Balken = 10 μm. (Aus Junqueira et al. 1998)

gleitfähig. Die resorbierenden Zellen sind hochprismatisch und haben kurze irreguläre Mikrovilli (Abb. 14.29 und 14.36). Im Dickdarm wird hauptsächlich das noch im Speisebrei vorhandene Wasser resorbiert. Die Resorption von Wasser erfolgt passiv und ist an den aktiven Transport von Natrium über die basolaterale Oberfläche (Abb. 14.29) der Epithelzellen gekoppelt. Die Lamina propria ist reich an lymphatischen Zellen und an Follikeln, die häufig bis in die Submukosa reichen. Im unteren Bereich des Rektums bildet die Schleimhaut longitudinale Falten. Etwa 2 cm vor der Öffnung des Anus geht die Schleimhaut in ein mehrschichtiges Plattenepithel über. In dieser Gegend enthält die Lamina propria einen Schwellkörper der von arteriellem Blut gespeist wird und dessen knotenförmige Erweiterungen als Hämorrhoiden bezeichnet werden.

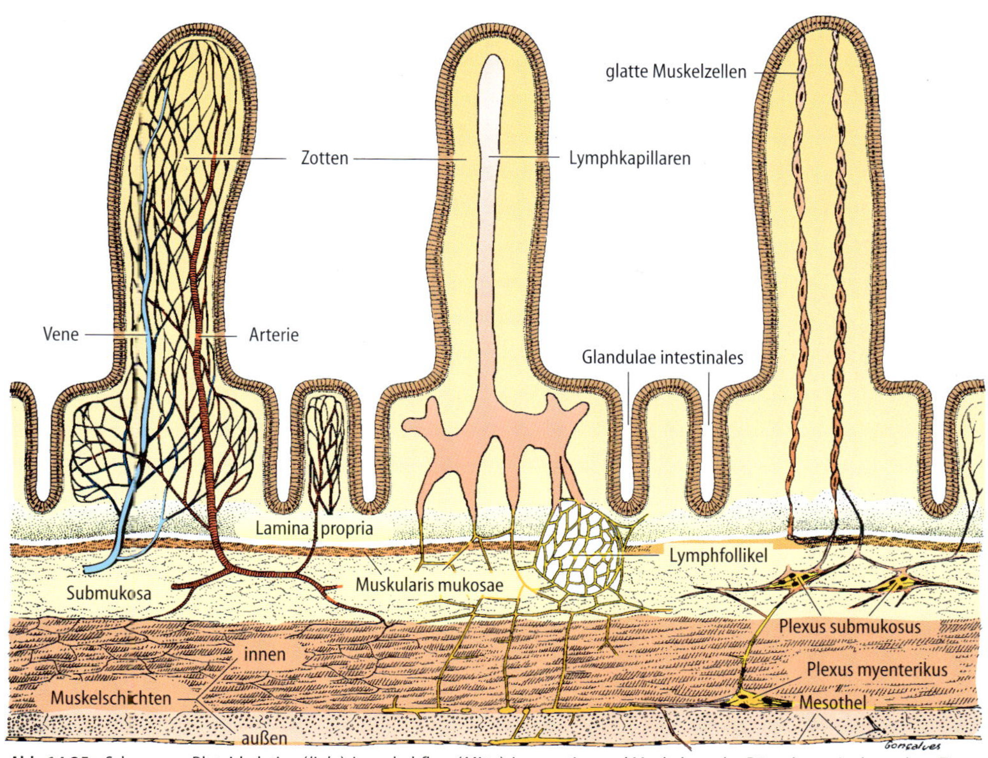

Abb. 14.25. Schema zur Blutzirkulation (*links*), Lymphabfluss (*Mitte*), Innervation und Muskulatur des Dünndarms. In der *rechten* Zotte sind glatte Muskelzellen und die Plexus des enterischen Nervensystems (Steuerung von Verdauung, Resorption und Peristaltik) dargestellt. (Aus Junqueira et al. 1996)

Klinik Etwa 90 % der malignen Tumoren des Verdauungssystems entstehen aus den Epithelzellen der Schleimhaut.

Der ***Wurmfortsatz (Appendix vermiformis)*** ist eine unmittelbare Fortsetzung des Blinddarms. Er zeichnet sich durch zahlreiche ***Lymphfollikel*** aus. Das Epithel ist ähnlich dem des Dickdarms, wobei die Krypten jedoch kürzer sind (Abb. 14.30).

Klinik Da der Wurmfortsatz blind endet wird ihr Inhalt nicht häufig erneuert. Daher können hier Entzündungen (Appendicitis) entstehen. Wenn sich die Wand der Appendix entzündet, besteht die Gefahr eines Durchbruchs in die Bauchhöhle und einer Peritonitis.

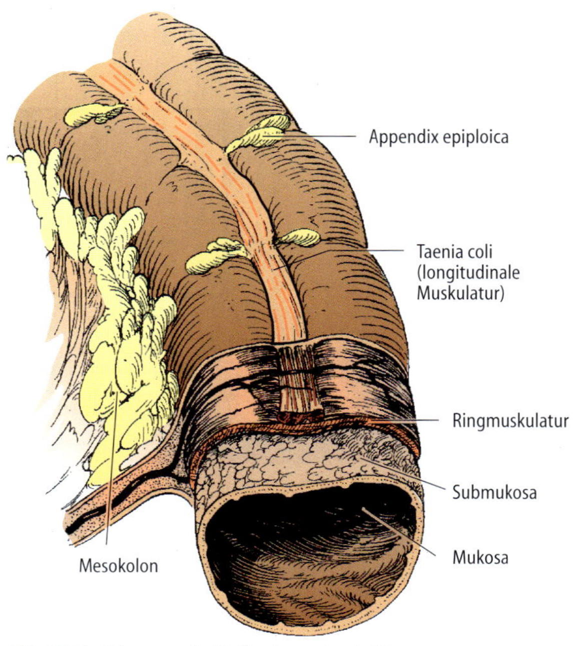

Abb. 14.26. Kolonquerschnitt. (Aus Junqueira et al.)

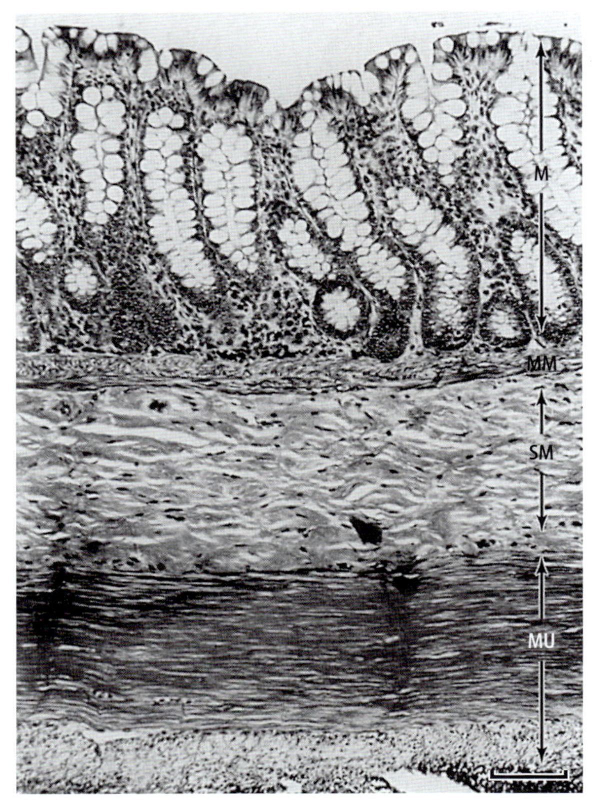

Abb. 14.27. Ein Längsschnitt zeigt die Schichtenstruktur des Kolons. Auffällig ist das Fehlen von Zotten. *M* Mukosa, *MM* Muskularis muksae, *SM* Submukosa, *MU* Muskularis (HE-Färbung). Balken = 100 μm. (Aus Junqueira et al. 1998)

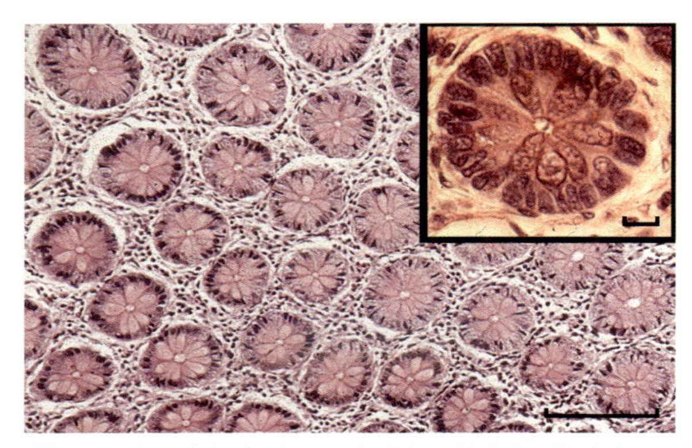

Abb. 14.28. Querschnitt der Krypten des Kolonepithels. Der Einschub zeigt eine Vergrößerung. Balken = 100 μm; im Ausschnitt = 10 μm

14.9 Allgemeiner Aufbau des Verdauungstrakts

Die Wände der verschiedenen Abschnitte des Verdauungskanals haben ein gemeinsames Bauprinzip. Sie sind jedoch den jeweiligen Anforderungen angepasst und besitzen typische regionale Unterschiede (s. unten). In der Regel besteht die Wand des Verdauungskanals aus vier Schichten, die oft kurz als Mukosa (Schleimhaut), Submukosa, Muskularis und Serosa bezeichnet werden (Abb. 14.31).

Schleimhaut (Tunica mucosa)▸ Diese Schicht besteht auf der luminalen Seite aus Epithel ***(Lamina epithelialis mucosae)*** und aus lockerem Bindegewebe ***(Lamina propria mucosae)***, das neben Blut- und Lymphgefäßen auch Drüsen, glatte Muskelzellen und lymphatische Zellen enthalten kann. Darunter befindet sich die ***Lamina muscularis mucosae***, eine Schicht von glatter Muskulatur, die die Mukosa morphologisch von der Submukosa abgrenzt. Das Epithel der Mukosa des Gastrointestinaltrakts stellt eine selektive Barriere zwischen dem Körper und dem Inhalt des Verdauungskanals dar. Die verschiedenen Zellen des Mukosaepithels fügen der Nahrung Schleim und Verdauungssäfte zu oder resorbieren Nahrungsstoffe und Wasser. Andere Zellen produzieren Hormone, die an der Steuerung von Verdauung und Resorption beteiligt sind. Die Lamina muscularis mucosae erlaubt eine von der Peristaltik des Darmrohrs unabhängige Bewegung der Mukosa und damit einen guten Kontakt mit dem Speisebrei.

Tela submucosa▸ In dieser bindegewebigen Verschiebeschicht befinden sich zahlreiche Blut- und Lymphgefäße und ein Anteil des enterischen Nervensystems (Kap. 14.12), Plexus submucosus (Meissner) genannt, der an der Steuerung der Funktion der Mukosa beteiligt ist. In Ösophagus und Duodenum finden sich hier auch charakteristische Drüsenpakete.

Tunica muscularis▸ Die Muskularis ist aus zwei Schichten glatter Muskulatur aufgebaut. Die Muskelzellen der inneren Schicht sind zirkulär angeordnet (Stratum circulare), die der äußeren longitudinal (Stratum longitudinale). Dazwischen befindet sich ein zweiter Teil des enterischen Nervensystems (Kap. 14.12), der Plexus myentericus (Auerbach), der unter anderem Tonus und Rhythmus der Kontraktionen der Muskularis (Peristaltik) reguliert. Die Muskularis sorgt damit für die

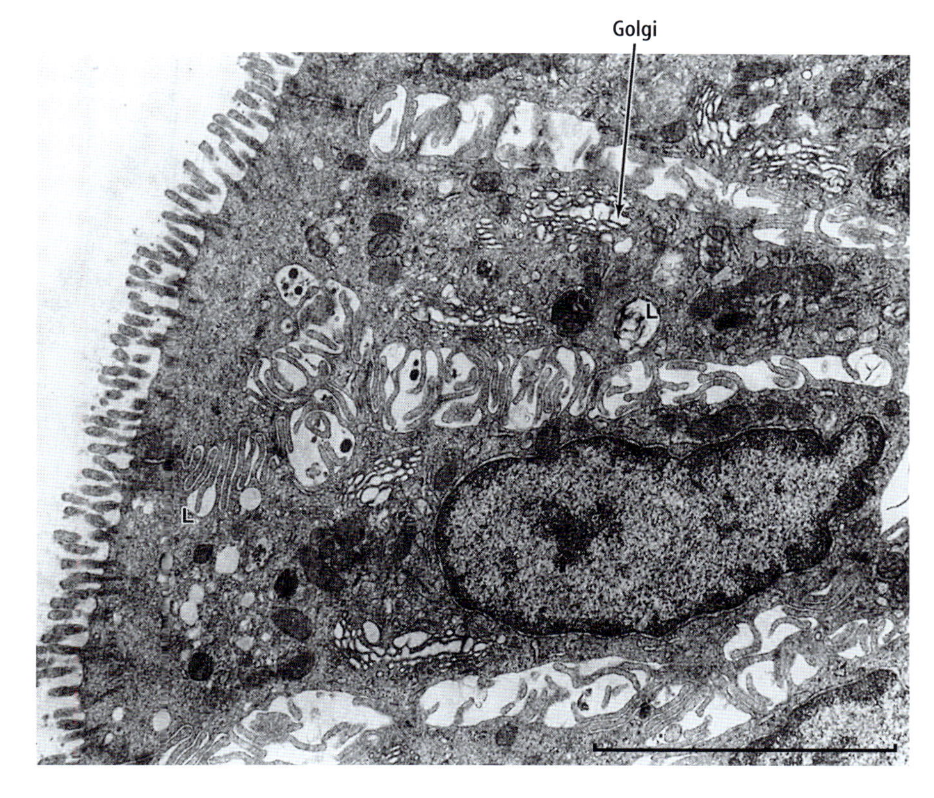

Abb. 14.29. Elektronenmikroskopisches Bild von Enterozyten des Kolons. Zu beachten sind die Mikrovilli an der apikalen Oberfläche, der gut entwickelte Golgi-Komplex sowie aufgeweitete interzelluläre Spalten mit verzahnten Membranausstülpungen der basolateralen Zelloberflächen. Balken = 10 μm. (Aus Junqueira et al. 1998)

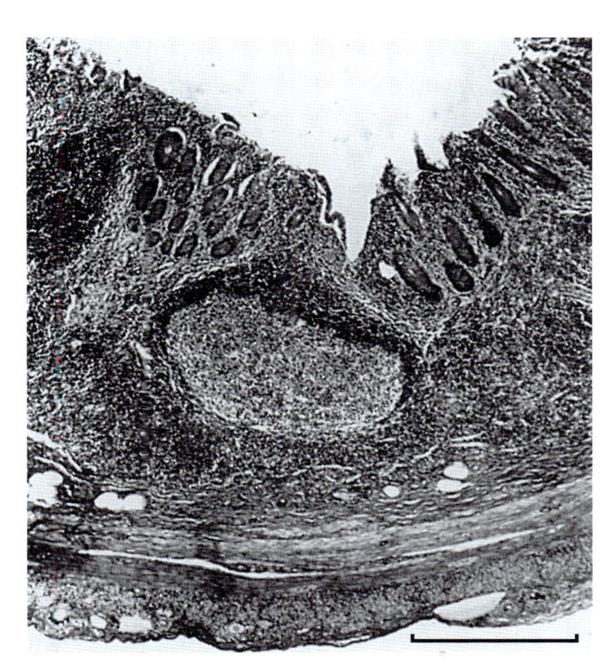

Abb. 14.30. Wand des Wurmfortsatzes. Zu sehen sind ein Lymphfollikel und die Schichten der Wand. Balken = 1 mm. (Aus Junqueira et al. 1998)

Durchmischung des Speisebreis und dessen Transport im Verdauungstrakt.

Tunica serosa► Diese dünne Schicht aus lockerem Bindegewebe trägt ein einschichtiges Plattenepithel (Mesothel). Sie ist reich an Blut- und Lymphgefäßen sowie Fettgewebe. Die Darmschlingen erhalten durch die Serosa eine glatte Oberfläche, die ihre Beweglichkeit erleichtert.

Klinik

Verwachsungen nach Entzündungen (Peritonitis) können zur Einschränkung der Beweglichkeit und erheblichen Beschwerden führen.

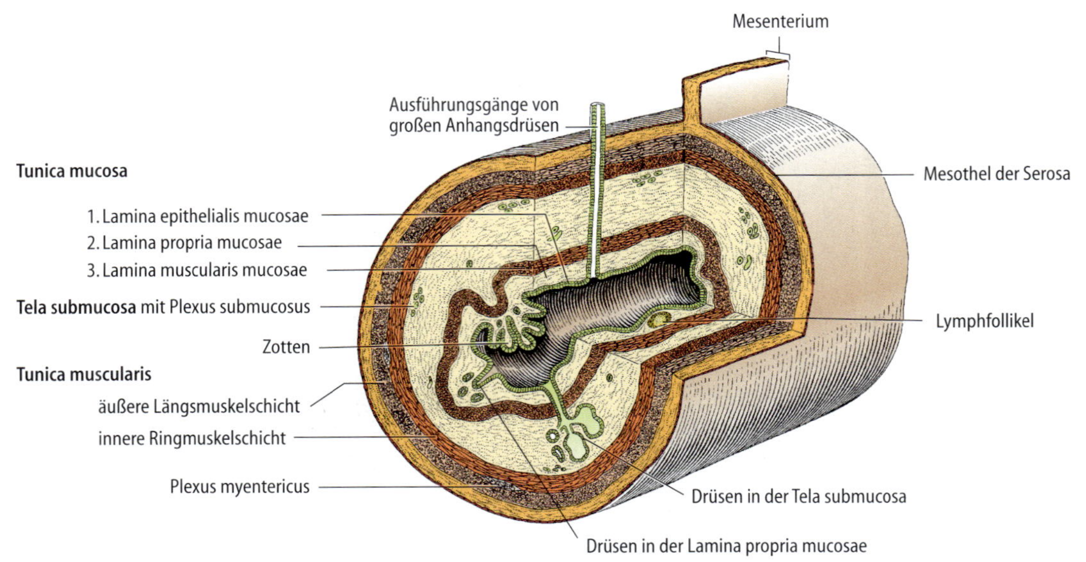

Abb. 14.31. Aufbau des Verdauungskanals. (Nach Junqueira et al. 1996)

14.10 Regeneration der Schleimhaut

Im Dünndarm findet die Proliferation der Zellen des Oberflächenepithels in den basalen Anteilen der Krypten statt (Abb. 14.32). Die aus den Stammzellen hervorgegangenen Zellen wandern in Richtung Zotten und differenzieren sich schließlich in Becherzellen und resorbierende Enterozyten. Innerhalb weniger Tage werden die Zellen des Zottenepithels abgestoßen und ersetzt.

Klinik Die Darmschleimhaut ist bei einer zytostatischen Tumortherapie stets mitbetroffen. Symptome sind zum Teil blutige Durchfälle und Nahrungsmittel unverträglichkeit.

In der Magenschleimhaut geht (anders als in anderen Darmregionen wie Dünndarm und Kolon) die Regeneration von Stammzellen im Bereich des Halses der Magendrüsen aus. Die schleimbildenden Zellen wandern in die Magengrübchen und das oberflächenbildende Epithel, wo sie nach 4–7 Tagen abgestoßen werden. Andere Zellen der Halsregion differenzieren sich in Beleg-, Haupt-, ECL- und enteroendokrine Zellen der Magendrüsen, die viel langsamer ersetzt werden (Abb. 14.32).

Klinik Die Heilung von Magengeschwüren geht von den Stammzellen im Mündungsbereich der Magendrüsen aus.

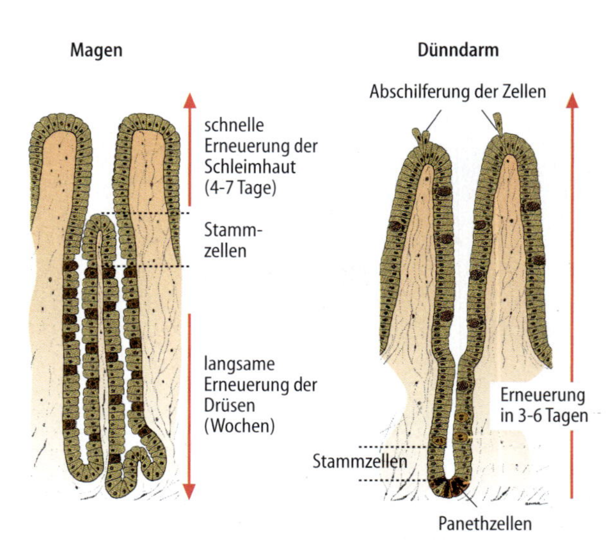

Abb. 14.32. Regeneration des Oberflächenepithels und der Drüsen in Magen und Dünndarm. Zu beachten ist die unterschiedliche Lage der Stammzellen. (Nach Junqueira et al. 1998)

14.11 Mukosales Immunsystem

Mit der Nahrung werden auch Krankheitserreger aufgenommen. Zu deren Abwehr besitzt der Verdauungskanal ein eigenes Immunsystem, das den Körper schützt. Der Gastrointestinaltrakt beherbergt die weitaus meisten ***Lymphozyten*** im Körper. Sie sind in der Schleimhaut (Mukosa) ***diffus verteilt*** bzw. in ***Lymphfollikeln*** oder Ansammlungen von Lymphfollikeln (den ***Peyer-Plaques*** des Dünndarms und in den Tonsillen s. Kap. 13.8) angeordnet (Abb. 14.33). Das Epithel der Schleimhaut über den Lymphfollikeln enthält ***M-Zellen (microfold-Zellen)***, die zur Transzytose befähigt sind (Abb. 14.34 und 14.35). Fremdantigene, Viren und Bakterien im Speisebrei können von den M-Zellen aufgenommen und ***Antigen präsentierenden Zellen*** (s. Kap. 13) zugänglich gemacht werden, die sich mit Lymphozyten in basalen Taschen der M-Zelle und darunter liegenden Lymphfollikeln befinden. In den Keimzentren der Follikel wandeln sich Lymphozyten in proliferierende ***Lymphoblasten*** um. Sie verteilen sich diffus in der Lamina propria der Schleimhaut und bilden dort, ausdifferenziert zu ***Plasmazellen***, dimere ***Antikörper der Immunglobulinklasse A*** (IgAs). Diese werden über einen Rezeptor auf der basolateralen Seite der Epithelzellen der Mukosa aufgenommen und in das intestinale Lumen sezerniert (Abb. 14.34). Dabei bleibt ein Teil des Rezeptors (die sekretorische Komponente) mit dem IgA verknüpft, der das Immunglobulin vor proteolytischem Abbau im Darm schützt. Da oral aufgenommene Antigene und pathogene Mikroorganismen durch spezifische IgAs gebunden und vernetzt werden, wird deren Eindringen in den Körper verhindert und ihr Abtransport mit Schleim und Speisebrei gefördert. In den Epithelien der Atemwege werden auf ganz ähnliche Weise die mit der Atemluft aufgenommenen Antigene bekämpft. Auch andere Körpersekrete wie Milch, Speichel, Tränen und Ausscheidungen des Respirations- und Urogenitaltrakts enthalten IgA. D.h. neben oberflächenbildenden Epithelien sind auch Drüsenepithelien in der Lage, IgA aus der Lamina propria aufzunehmen und auf der apikalen Seite freizusetzen. Neben der geschilderten humoralen Immunantwort spielt das mukosale Immunsystem auch eine große Rolle für die zelluläre Immunität.

Zusätzlich zu einer mukosalen Immunantwort wird durch die orale Aufnahme von Antigenen (Partikel, pathogene Mikroorganismen etc.) auch eine – allerdings schwächere – systemische Immunantwort induziert. Diese spielt unter anderem bei der oralen Immunisierung (= Schluckimpfung) eine Rolle (s. auch Kap. 13).

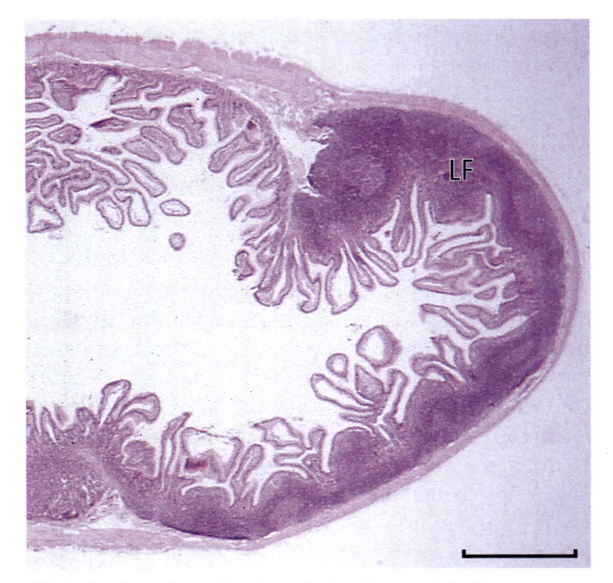

Abb. 14.33. Querschnitt Dünndarm. Zu beachten sind die Ansammlungen von Lymphfollikeln (*LF*) in Form von Peyer-Plaques. Balken = 1 mm

14.12 Enterisches Nervensystem

Übersicht▸ Das enterische Nervensystem (ENS) besteht insgesamt aus etwa 100 Millionen Neuronen, einer Anzahl, die der des Rückenmarks vergleichbar ist. Das enterische Nervensystem besteht aus Ganglien und den sie verbindenden Nervenfasern, die in Form zweier ausgedehnter Geflechte (Plexus) in die Wand des Gastrointestinaltrakts eingelagert sind. Der ***Plexus myentericus*** (Auerbach-Plexus) liegt zwischen der Längs- und der Ringmuskulatur der Tunica muscularis und innerviert hauptsächlich die Muskulatur motorisch. Wie der Name schon nahe legt, liegt der ***Plexus submucosus*** (Meissner-Plexus) in der Tela submucosa unterhalb der Muskularis mukosae (Übersicht in Abb. 14.31 und 14.25).

Zwischen dem enterischen Nervensystem und der glatten Muskulatur befindet sich ein Netzwerk von verzweigten und durch Gap Junctions gekoppelten Zellen, deren exakte Natur noch unbekannt ist. Diese ***intersti-***

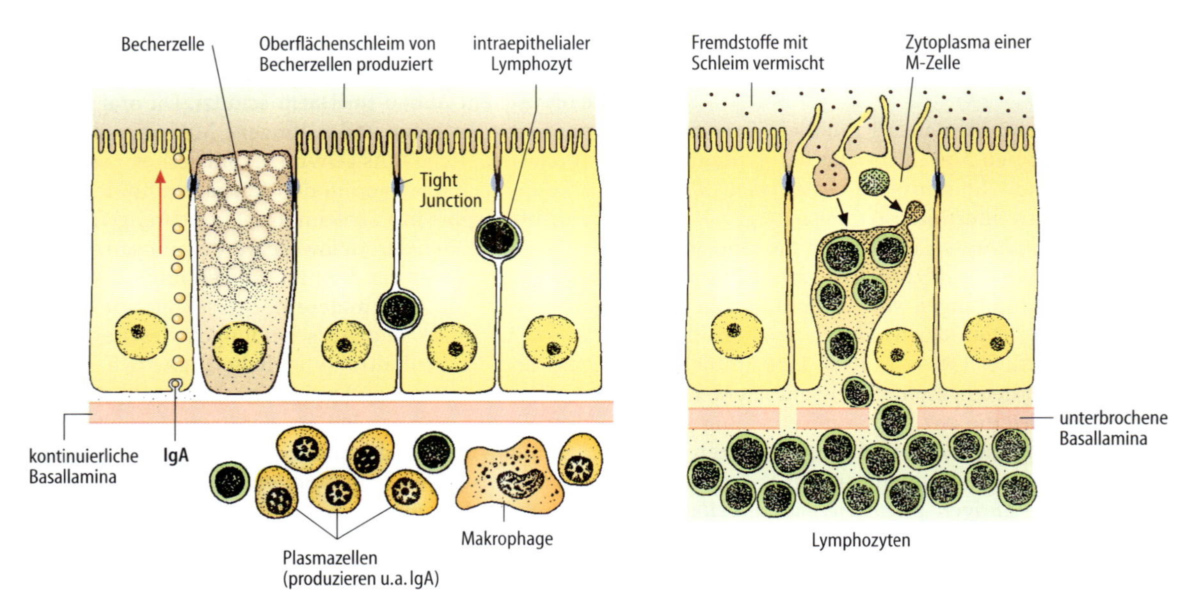

Abb. 14.34. Darstellung des Immunsystems der Darmschleimhaut. *Rechts* das Epithel über einem Lymphfollikel, *links* die Produktion von IgA und dessen Transzytose in das Darmlumen. (Modifiziert nach Junqueira et al. 1998)

tiellen Zellen werden nach ihrem Entdecker ***Cajal*** bezeichnet. Sie sind für die Signalübertragung von den Motoneuronen auf die glatten Muskelzellen verantwortlich, die wahrscheinlich über Gap Junctions oder den Transmitter Stickstoffmonoxid erfolgt. In bestimmten Abschnitten des Gastrointestinaltrakts haben diese Zellen auch Schrittmacherfunktion für die Motilität der Darmmuskulatur.

Exzitatorische Neurone des enterischen Nervensystems, die die glatte Muskulatur des Gastrointestinaltrakts beeinflussen, benutzen als Transmitter neben Azetylcholin auch Tachykinine (eine Gruppe nah verwandter Peptide, die Substanz P, Neurokinin A und B, sowie Neuropeptid K einschließen). VIP (vasoaktives intestinales Peptid) und Stickstoffmonoxid (NO) wirken als Überträgerstoffe von hemmenden Motoneuronen. VIP stimuliert außerdem über den Plexus submucosus die Resorption und Sekretion durch Enterozyten bzw. exokrine Zellen der Schleimhaut.

Klinik

Bei der ***Achalasie*** kommt es zur mangelhaften Öffnung der unteren Ösophagusenge. Grund dafür ist ein lokaler Verlust (oder eine Dysfunktion) der hemmenden Neurone des Plexus myentericus, der normalerweise VIP oder NO freisetzt und ein Überwiegen der cholinergen exzitatorischen Innervation. Lokale Injektion von Botulinum Neurotoxin A, das die Azetylcholinfreisetzung hemmt (s. dazu Kap. 8: Synaptische Signalübertragung), hat sich bei der Achalasie als effektive Therapie erwiesen. Bei der Pylorusstenose der Säuglinge (Kap. 14.6) liegt offensichtlich ein Mangel an NO-Synthetase in den Neuronen vor, die die zirkuläre Muskelschicht versorgen.

Modulation▸ Das enterische Nervensystem ist autonom und wird durch das ***parasympathische und sympathische Nervensystem*** lediglich moduliert (s. Kap. 8). Der Parasympathikus übt auf das Verdauungssystem einen fördernden, der Sympathikus einen hemmenden Einfluss aus. Die Ursprungsneurone des Sympathikus liegen im Seitenhorn des thorakalen Rückenmarks. Nach Umschaltung in den prävertebralen Ganglien (Abb. 8.32) werden im Verdauungstrakt hauptsächlich die Sphinkteren adrenerg stimuliert. Parasympathisch wird das Verdauungssystem hauptsächlich (d. h.

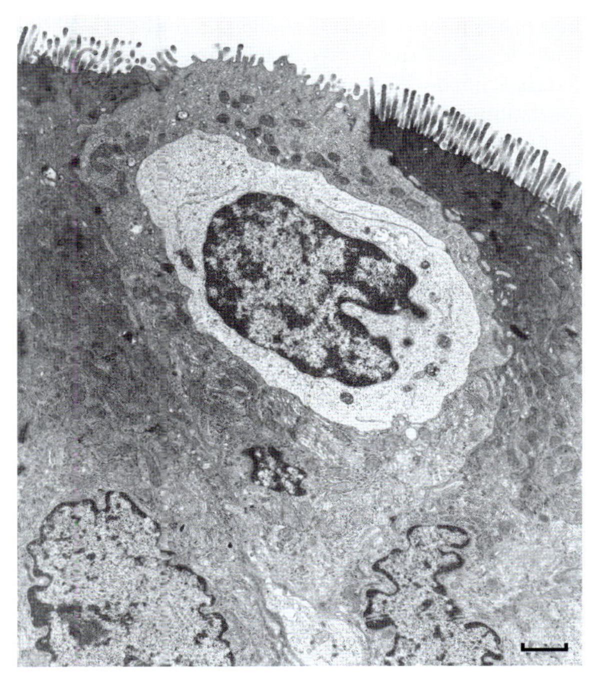

Abb. 14.35. M-Zelle des humanen Wurmfortsatzes. Die Oberfläche der M-Zelle weist im Vergleich zu den benachbarten Enterozyten kleinere und kürzere Mikrovilli auf. Ein Lymphozyt (helles Zytoplasma) ist von einer M-Zelle umgeben, deren angeschnittener Zellkern befindet sich im basalen Abschnitt. Balken = 1 μm. (Abbildung von T. Kucharzik, Münster)

vom Ösophagus bis fast zur linken Kolonflexur, sog. Cannon-Böhm-Punkt) durch den N. vagus moduliert. Außer in den Speicheldrüsen befinden sich im übrigen Gastrointestinaltrakt keine parasympathischen Ganglien (Abb. 8–32). Vielmehr innerviert der N. vagus cholinerg Neurone des enterischen Nervensystems, die über Interneurone die Motoneurone bzw. Sekretomotoneurone des enterischen Nervensystems steuern.

Klinik

Wie das gesamte periphere Nervensystem stammen die Nervenzellen des enterischen Nervensystems von Neuralleistenzellen ab. Bei der Hirschsprung-Erkrankung ***(Megacolon congenitum)*** fehlen in einigen Darmabschnitten die Nervenzellen des enterischen Nervensystems, da sie nicht von der Neuralleiste in die Darmanlage wandern konnten. Die dieser Erkrankung zugrundeliegenden Gendefekte sind bekannt. An dem nicht innervierten Abschitt kommt es zu einer Engstellung des Darmes, und oberhalb davon, in Folge des Staus, zu einer starken Auftreibung des Darmes, die durch den lateinischen Namen dieser Erkrankung treffend beschrieben ist.

Bei der Infektion mit Trypanosoma cruzi ***(Chagas-Krankheit)*** werden die gesamten Plexus des enterischen Nervensystems inaktiviert. Störungen der Peristaltik und Dilatationen in verschiedenen Bereichen des Darms sind die Folgen.

Tabelle 14.1. Die wichtigsten Hormone des enteroendokrinen Systems, deren Herkunft und hauptsächliche Wirkungen.

Hormon (Zelle)	Zellverteilung	Wirkung	Zielzelle
Histamin (ECL-Zellen)	Korpus/Fundus des Magens	stimuliert Sekretion der Magensäure	Belegzelle
Gastrin (G-Zellen)	Pylorusregion des Magens	stimuliert Sekretion von Histamin	ECL-Zelle
Cholezystokinin (I-Zellen)	Dünndarm	stimuliert Sekretion von Pankreasenzymen, Pepsinogen und Kontraktion der Gallenblase	Azinuszelle des Pankreas, Hauptzelle des Magens und glatte Muskulatur der Gallenblase
Sekretin (S-Zellen)	Dünndarm	stimuliert Sekretion von Pankreassaft und Pepsinogen	Epithelzelle der Schaltstücke des Pankreas und Hauptzelle des Magens
Serotonin (EC-Zellen)	Dünndarm und Dickdarm	Motilitätserhöhung	Neurone des ENS, glatte Muskulatur
Somatostatin (D-Zellen)	alle Regionen	hemmt andere endokrine Zellen	andere enteroendokrine Zellen

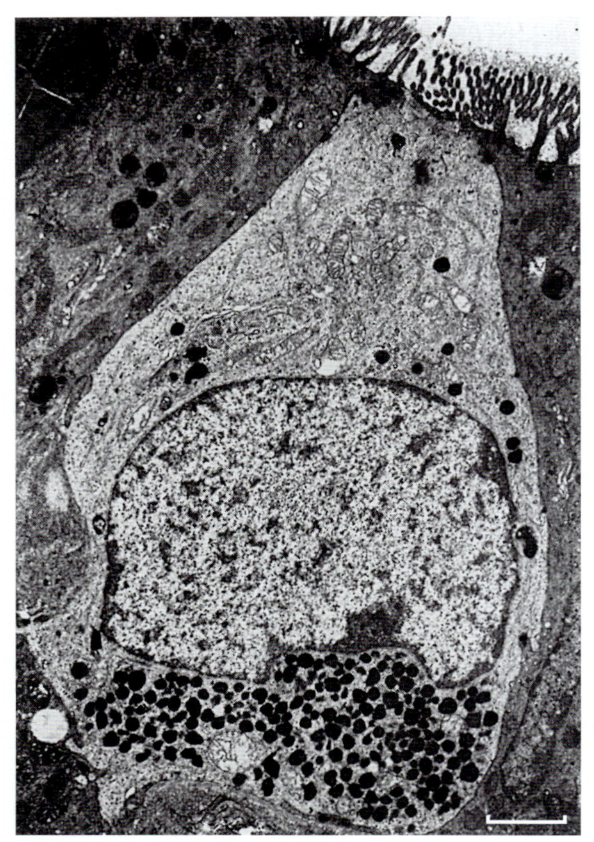

Abb. 14.36. Enteroendokrine Zelle vom offenen Typ in der Schleimhaut des Duodenums. Zu beachten sind die basal gelegenen Granula. Balken = 1 μm. (Aus Junqueira et al. 1998)

14.13 Enteroendokrines System

Die Epithelien im gesamten Gastrointestinaltrakt enthalten eine Vielzahl von verschiedenen endokrinen Zellen, die zum enteroendokrinen System zusammengefasst werden. Sie sind ein Teil des diffusen (neuro)endokrinen Systems, das näher im Kapitel 3.4.2 beschrieben wird. In der Tabelle 14.1 sind die wichtigsten Hormone des enteroendokrinen Systems, deren hauptsächliche Wirkungen und deren Verteilung im Verdauungstrakt zusammengefasst.

Es gibt ***zwei Grundtypen von enteroendokrinen Zellen*** im Verdauungstrakt: Die Zellen des ***offenen Typs***, die das Lumen des Organs erreichen und an dieser Seite Mikrovilli aufweisen (Abb. 14.36), und die des ***geschlossenen Typs,*** bei denen die Zelle das Lumen nicht erreicht (Abb. 14.11). Der Inhalt des Magen-Darm-Trakts beeinflusst über die Mikrovilli die Zellen des offenen Typs und steuert die Freisetzung der basal in Granula gespeicherten Hormone. Beispiele dafür sind die G-Zellen der Pylorusregion, sowie die Sekretin und Cholezystokinin sezernierenden Zellen des Dünndarms. Die im gesamten Gastrointestinaltrakt vorkommenden enterochromaffinen (EC) Zellen können vom geschlossenen und vom offenen Typ sein. Sie steuern die Peristaltik und die Resorption von Flüssigkeit.

Klinik

Von den Serotonin sezerniernden EC-Zellen leiten sich Tumoren ab, die als ***Karzinoide*** bezeichnet werden.

Die Histamin sezernierenden ECL-Zellen des Magens sind vom geschlossenen Typ. Die Wirkungen der Enterohormone Histamin, Gastrin, Somatostatin, Cholezystokinin und Sekretin bei der Steuerung der Magen- und Pankreasfunktion (Kap. 14.6 und 15.2) sind medizinisch von großer Bedeutung. Somatostatin ist auch ein wichtiger Hemmstoff der Sekretion in den Pankreasinseln und der Adenohypophyse (s. Kap. 19.2 und 20.3).

Drüsen des Verdauungstrakts

15.1	Speicheldrüsen	274
15.2	Bauchspeicheldrüse	276
15.3	Leber	278
15.4	Extrahepatische Gallenwege	284
15.5	Gallenblase	285

Einleitung

Zu den großen Anhangsdrüsen des Verdauungstrakts gehören die Speicheldrüsen, das Pankreas und die Leber mit den abführenden Gallenwegen. Die Speicheldrüsen haben die Aufgabe, in der Mundhöhle die Speisen feucht und gleitfähig zu machen, die Verdauung der Kohlenhydrate einzuleiten und Substanzen zu sezernieren, wie Immunglobuline (IgA), Lysozym und Laktoferrin. Die Hauptfunktion des Pankreas ist die Produktion von Verdauungsenzymen und bikarbonatreicher Flüssigkeit sowie die Bereitstellung der Hormone Insulin, Glukagon und Somatostatin (s. Kap. 20). Die Leber spielt eine große Rolle im Lipid-, Kohlenhydrat- und Proteinstoffwechsel sowie beim Umsatz von vielen toxischen Substanzen und Arzneimitteln. Außerdem stellt die Leber die meisten Proteine des Blutplasmas her einschließlich der Gerinnungsfaktoren, Albumin u. v. a. Ein weiteres wichtiges Produkt der Leber ist die Galle, die im Dünndarm zur Emulgierung der Nahrungsfette benötigt wird. Die Gallenblase resorbiert Wasser aus der Gallenflüssigkeit und speichert die Galle in konzentrierter Form.

15.1 Speicheldrüsen

Aufbau▸ Viele kleine Drüsen in der Schleimhaut des Mundes produzieren vor allem Schleim und Speichel. Außer diesen gibt es drei Paare von großen Speicheldrüsen, Glandula parotidea, submandibularis und sublingualis genannt. Die großen Speicheldrüsen sind von einer bindegewebigen Kapsel umgeben, die reich an Kollagenfasern ist. Von dieser Kapsel aus gehen Septen in die Tiefe und teilen die Drüse in ***Läppchen*** ein. Blutgefäße und Nerven verzweigen sich ebenfalls in den Septen und umspinnen schließlich ***Endstücke*** und ***Ausführungsgänge*** der Läppchen.

Die Läppchen bestehen hauptsächlich aus Endstücken mit zwei verschiedenen Arten von sezernierenden Zellen, die als ***serös*** und ***mukös*** bezeichnet werden (Abb. 15.1 und 15.2). Die Drüsenzellen haben eine kubische Form und sitzen der Basallamina auf. Eine Gruppe von serösen Zellen ist in der Regel zu einem ***Azinus*** (beerenförmig) zusammengefasst mit einem engen Lumen, in welches das Sekret abgegeben wird (Abb. 15.1). Muköse Zellen sind oft in Form von Tubuli organisiert. Das muköse Sekretionsprodukt

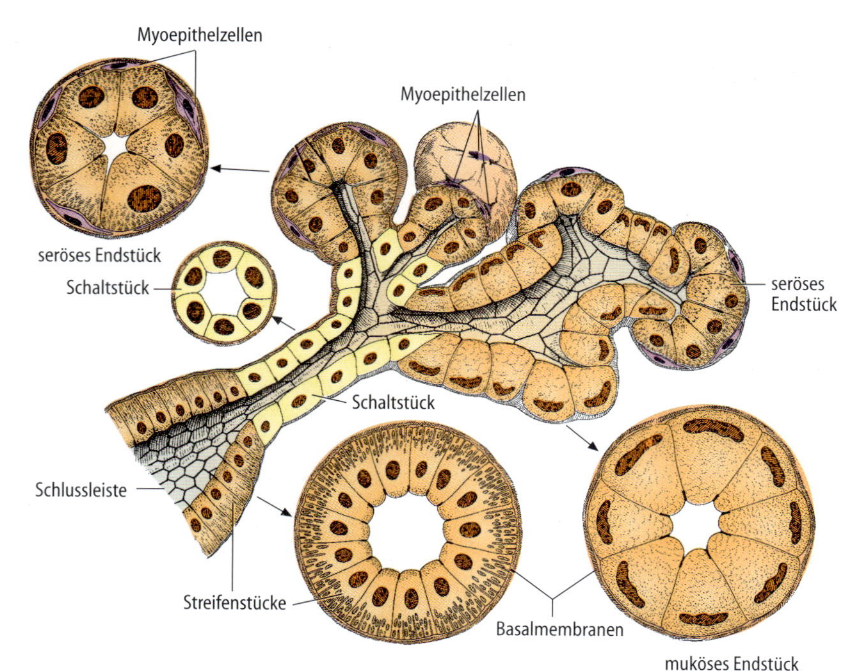

Abb. 15.1. Schematische Darstellung der Glandula submandibularis. Die serösen Endstücke besitzen runde, zentral gelegene Zellkerne und die der mukösen abgeplattete, basal gelegene Zellkerne. Die kurzen Schaltstücke bestehen aus isoprismatischen Epithelzellen, während die Streifenstücke aus hochprismatischen Zellen aufgebaut sind, die Charakteristika von ionentransportierenden Zellen zeigen: basale Einfaltungen mit dazwischen gehäuft vorkommenden Mitochondrien. (Aus Junqueira et al. 1996)

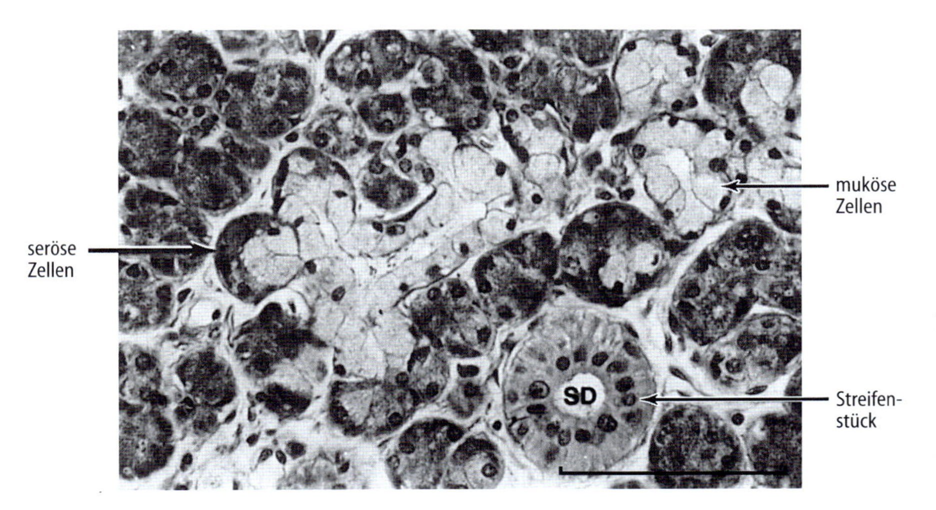

Abb. 15.2. Schnitt durch eine Glandula submandibularis mit serösen und mukösen Endstücken. Ein seröser Halbmond umschließt (*links*) kappenartig die tubulusförmig angeordneten (*hellen*) mukösen Zellen. *Rechts unten* erkennt man ein Streifenstück (*SD*). Balken = 100 µm. (Aus Junqueira et al. 1998)

(Schleim) ist in den Zellen in großen, wenig elektronendichten Vesikeln abgepackt, die den Zellkörper fast vollständig ausfüllen und dem ovalen Kern nur wenig Platz an der Basis der Zelle lassen. In serösen Zellen dagegen finden sich kleinere, elektronendichte Sekretvesikel und ein runder, zentral gelegener Zellkern. Seröse und muköse Zellen der Drüsen entstehen während der Entwicklung aus Zellen des Oberflächenepithels (s. auch Kap. 3, Abb. 3.18).

Sekrete der Speicheldrüsen▸ Speicheldrüsen produzieren Proteoglykane und – hauptsächlich in den mukösen Zellen – Glykoproteine, um den Speisebrei gleitfähig zu machen. Daneben enthält Speichel Lysozym, das die Wand von Bakterien hydrolytisch angreifen kann und Laktoferrin, das eine bakteriostatische Wirkung besitzt. Es bindet nämlich Eisenionen, die Bakterien zum Aufbau ihrer Zytochrome benötigen. Außerdem stellen Speicheldrüsen Amylase zur Verdauung der Kohlenhydrate bereit (s. Kap. 14.1). Die Zusammensetzung des Speichels wird durch das autonome Nervensystem reguliert. Parasympathische Stimulation der Speicheldrüsen führt (ähnlich wie im Pankreas, s. unten) normalerweise zu einem wasserreichen Speichel, der an Elektrolyten Na^+, K^+, Cl^- und HCO_3^- enthält. Über den Sympathikus wird die Produktion kleiner Mengen viskösen Speichels angeregt.

Glandula submandibularis▸ Diese Drüse besteht hauptsächlich aus serösen und wenigen mukösen Endstücken (Abb. 15.1, 15.2 und 15.3). Die Glandula submandibularis sezerniert neben Amylase Schleim. Manchmal sind die Endstücke wie folgt angeordnet: die mukösen Zellen bilden Tubuli, an deren Enden befinden sich Kappen von serösen Zellen, die als seröse (von Ebner-) Halbmonde bezeichnet werden. Myoepitheliale Zellen, die sich innerhalb der Basallamina der Endstücke und der Ausführungsgänge befinden, beschleunigen durch Kontraktion den Speichelfluss (Abb. 15.1 und 3.24). Die Endstücke von serösen und mukösen Drüsen werden durch die so genannten ***Schaltstücke***, kurze Röhren, die von einem flachen kubischen Epithel ausgekleidet werden, zusammengefasst. Mehrere dieser Schaltstücke münden in ***Streifenstücke***. Die lichtmikroskopisch erkennbaren Streifen innerhalb der Zellen bestehen aus Einfaltungen der basalen Plasmamembran zwischen denen sich zahlreiche, bis zu 5 µm lange Mitochondrien parallel anordnen. Streifenstücke sind charakteristisch für Ionen transportierende Zellen und werden daher bei der Niere genauer beschrieben (s. Kap. 18.1.2). Die Streifenstücke münden in interlobulär gelegene ***Ausführungsgänge***. Schließlich nimmt ein Hauptausführungsgang den Speichel auf und führt ihn der Mundhöhle zu.

Glandula parotidea▸ In der Ohrspeicheldrüse (Parotis) finden sich nur seröse Endstücke. Das Gangsystem ist gut entwickelt und besitzt einen einzigen Ausführungsgang. Die Sekretgranula in den Zellen der Endstücke enthalten hauptsächlich Amylase. Im Bindegewebe der Parotis finden sich auch viele Lymphozyten und Plasmazellen, die Immunglobuline der Klasse A abgeben. Sie werden durch die Drüsenzellen (wie in Kap. 14.11 beschrieben) in den Speichel transportiert. Die Immunglobuline dienen in der Mundhöhle zur Abwehr von Krankheitserregern.

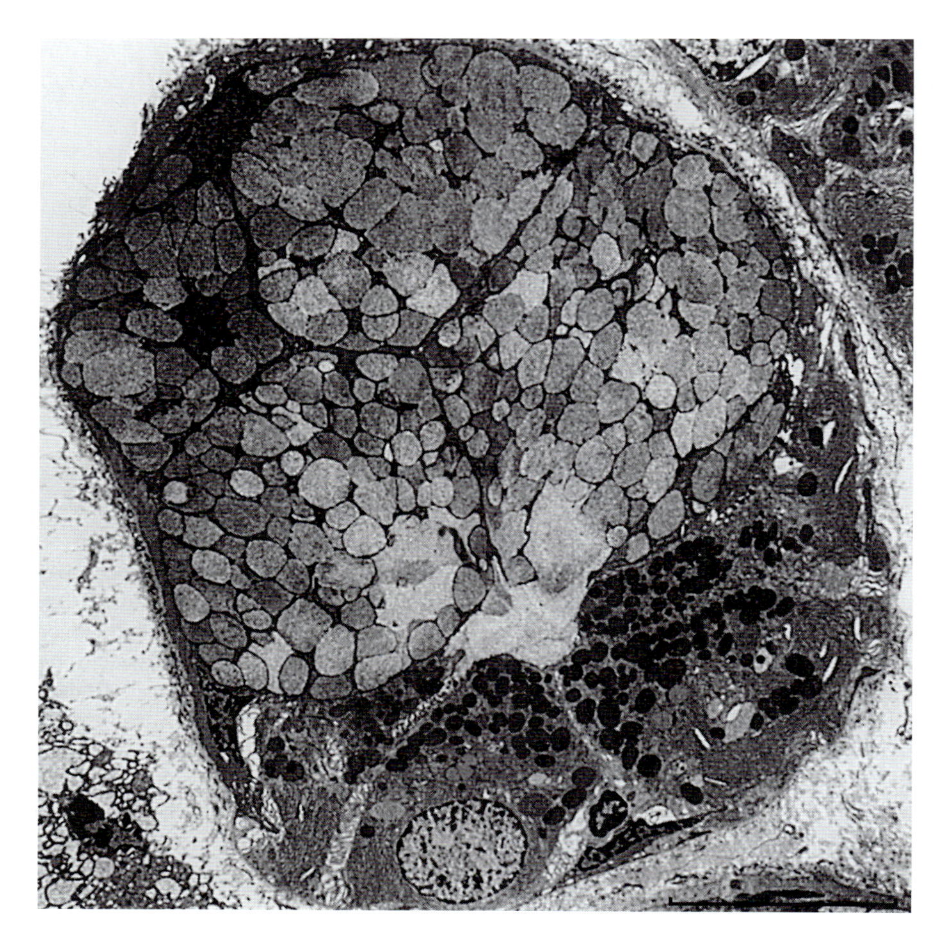

Abb. 15.3. Ein gemischtes Endstück einer menschlichen Glandula submandibularis. Seröse (*unterer Bildteil*) und muköse Zellen (*oberer Bildteil*) können anhand ihrer Sekretgranula unterschieden werden. Balken = 10 μm. (Aus Junqueira et al. 1998)

Glandula sublingualis▸ Die Glandula sublingualis unterscheidet sich von der Glandula submandibularis durch einen höheren Anteil an mukösen Drüsenzellen. Im Gegensatz zu den anderen großen speicheldrüsen wird das überwiegend muköse Sekret über ca. 15 kurze (nur wenige mm lange) Ausführungsgänge in die Mundhöhle abgegeben.

15.2 Bauchspeicheldrüse

Aufbau▸ Die Bauchspeicheldrüse (Pankreas) wiegt etwa 80 g und ist von einer dünnen Kapsel aus Bindegewebe bedeckt. Bindegewebige Septen unterteilen die Drüse in Läppchen. Die Azini sind von einer Basallamina umgeben. Darunter befindet sich ein zartes Geflecht retikulärer Fasern und ein dichtes Netzwerk von Kapillaren.

Das Pankreas ist sowohl eine ***exokrine*** als auch eine ***endokrine Drüse***, die einerseits ***Verdauungsenzyme*** und andererseits ***Hormone*** produziert. Die inaktive Vorstufe der Enzyme (Proenzyme) werden vom exokrinen Anteil gespeichert und freigesetzt. Die Hormone werden dagegen von Zellgruppen synthetisiert, die als ***Pankreasinseln*** oder ***Langerhans-Inseln*** bezeichnet werden (s. Kap. 20.3). Der exokrine Anteil der Drüse (Abb. 15.4) ist ähnlich wie die Parotis aufgebaut. Er besitzt keine Streifenstücke. Ein charakteristisches Merkmal des exokrinen Pankreas sind die zentroazinären Zellen. Sie gehören zu den Schaltstücken, die bis in das Zentrum der Azini reichen (Abb. 15.5 und 15.6).

Die serösen Zellen des exokrinen Pankreas sind polarisiert (Abb. 15.5 und 15.6). Das endoplasmatische Retikulum ist basal gelegen und die Sekretgranula (Zymogengranula) befinden sich im apikalen Anteil (Abb. 3.20 und 3.21). Ihr Inhalt (hauptsächlich inakti-

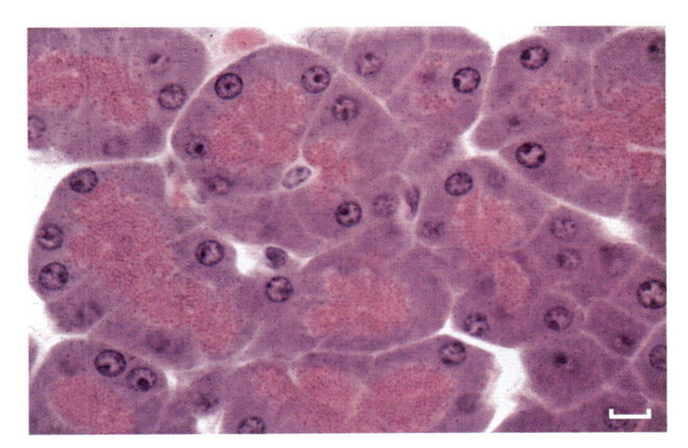

Abb. 15.4. Exokriner Anteil des Pankreas. Die azinösen Endstücke zeigen deutlich eine basale Basophilie (Anhäufung von rauhem endoplasmatischen Retikulum) und apikal eine Azidophilie (hervorgerufen durch die Sekretgranula) (HE-Färbung). Balken = 10 µm

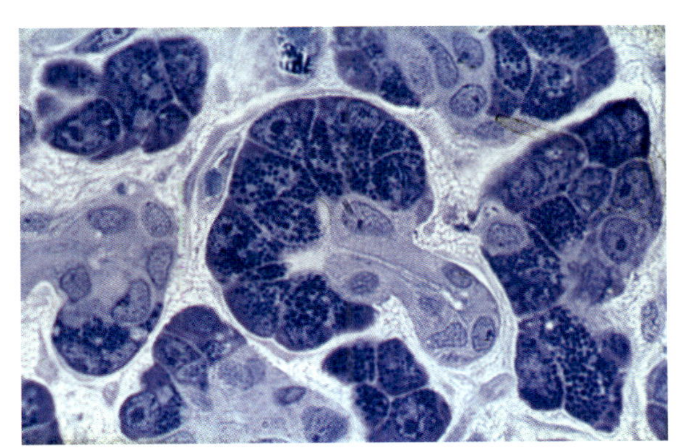

Abb. 15.5. Endstück im exokrinen Pankreas. Die Zellen der Schaltstücke reichen häufig bis in das Zentrum der Azini und werden daher als zentroazinäre Zellen bezeichnet. Gefärbter Semidünnschnitt. (Dietrich Grube, Hannover)

ve Vorstufen der Verdauungsenzyme = Proenzyme) wird nach Stimulation (s. unten) durch Exozytose in das Azinuslumen freigesetzt (Abb. 15.6).

Außer Wasser und Bikarbonat sezerniert das exokrine Pankreas hauptsächlich Enzyme und Proenzyme zur Spaltung von Eiweiß, Kohlenhydraten, Fetten und Nukleinsäuren (Tabelle 15.1). Die Proenzyme werden nach der Freisetzung, zum Teil erst im Dünndarm, aktiviert.

Steuerung▸ Die Freisetzung der Proenzyme wird durch die Hormone Sekretin und Cholezystokinin aus den enteroendokrinen Zellen der Dünndarmschleimhaut (s. Kap. 14.13) und über den N. vagus gesteuert. ***Sekretin*** löst die Freisetzung einer bikarbonatreichen und kaum Enzyme enthaltenden Flüssigkeit aus. Sie

Tabelle 15.1. Die wichtigsten Enzyme des Pankreas

Enzym bzw. Proenzym	Substrat
Trypsin(ogen) Chymotrypsin(ogen)	Proteine mit bestimmten Sequenzmerkmalen
(Pro)carboxypeptidase	spaltet am Carboxylende
(Pro)elastase	Elastin und andere Proteine des Bindegewebes
Triglyzeridlipase	Triazylglyzerine
Phospholipase A_2	Phospholipide
Ribonuklease	RNA
Desoxyribonuklease	DNA
Amylase	Kohlenhydrate

wird wahrscheinlich auch von dem Epithel der Schaltstücke gebildet und nicht nur von den Azinuszellen der Endstücke. Sie dient der Neutralisation des sauren Chymus, so dass die Enzyme des Pankreas bei ihrem optimalen neutralen pH wirken können. ***Cholezystokinin*** dagegen stimuliert hauptsächlich die Exozytose der Zymogengranula der Azinuszellen. Beide Hormone zusammen führen zur Freisetzung einer bikarbonatreichen und enzymreichen Flüssigkeit. Sekretin und Cholezystokinin werden von enteroendokrinen Zellen vom offenen Typ sezerniert und gespeichert (s. Kap. 14). Die Ausschüttung von Sekretin in das Blut wird im Duodenum durch einen sauren Chymus (pH<4.5) stimuliert. Die Abgabe von Cholezystokinin wird ebenfalls durch sauren Chymus und außerdem durch Fettsäuren und Aminosäuren ausgelöst.

Klinik

Bei der ***Pankreatitis*** unterscheidet man eine akute von einer chronischen Form. Die Ursache der akuten Pankreatitis ist nicht genau geklärt, jedoch sind Alkoholabusus, Gallensteine und Arzneimittel als auslösende Faktoren bekannt. Symptome einer akuten Pankreatitis sind neben Oberbauchschmerzen der Nachweis eines erhöhten Spiegels an Amylase, Lipase und Trypsin im Blut. Dies deutet auf eine Autolyse des Pankreas hin. Die chronische Pankreatitis kann als immer wiederkehrende Schübe einer akuten Entzündung verstanden werden. Ursachen dafür sind die gleichen wie bei der akuten Pankreatitis.

Mehr als 90 % der ***Pankreaskarzinome*** sind Adenokarzinome der Pankreasgänge, die verbleibenen Tumoren des Pankreas sind Inselzelltumoren (so genannte Insulinome, Glukagonome oder Somatostatinome).

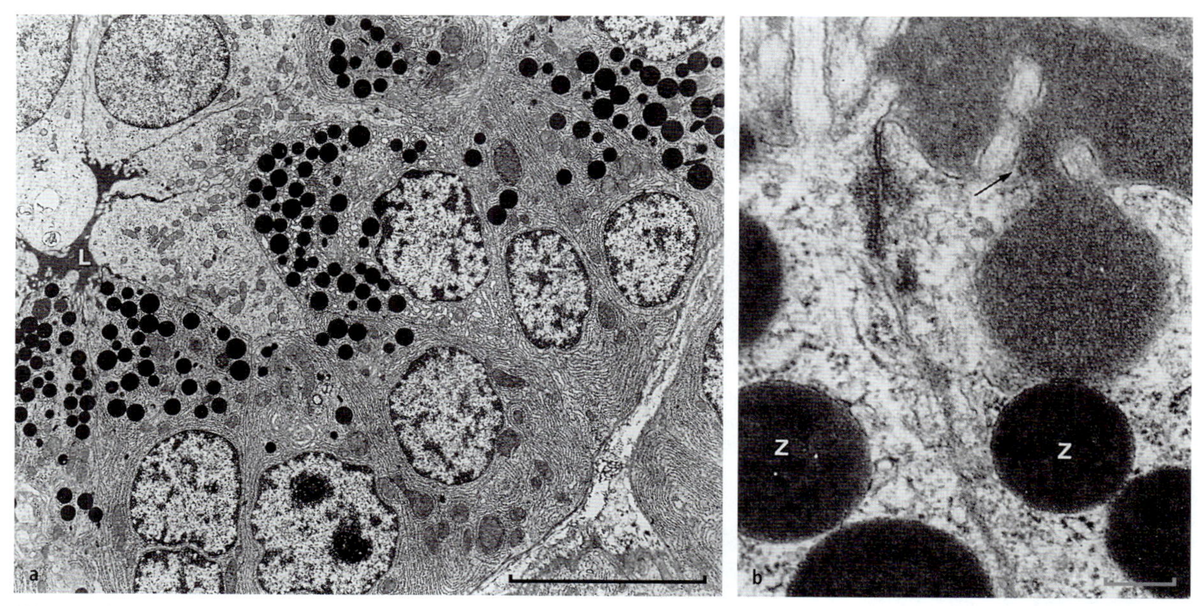

Abb. 15.6 a, b. Exokrines Pankreas. **a** Elektronenmikroskopische Aufnahme eines Azinus mit (*hellen*) zentroazinären Zellen, die Kontakt zum Lumen (*L*) haben. **b** Zymogengranula (*Z*) und Exozytose eines Granulums (*Pfeil*). Balken **a** = 10 µm; **b** = 0,1 µm. (Aus Junqueira et al. 1996)

15.3 Leber

Übersicht▸ Die Leber ist ein zentrales Stoffwechselorgan, in dem die im Verdauungstrakt resorbierten Nahrungsstoffe umgesetzt, zum Teil gespeichert und über die Blutbahn für andere Organe bereitgestellt werden. Die Leber ist mit einem Gewicht von etwa 1,5 kg die größte Drüse des Menschen und befindet sich im Oberbauch unter dem Zwerchfell. 70–80 % des der Leber zugeführten Blutes kommen aus der Pfortader (V. portae, nährstoffreiches, O_2-armes Blut), der Rest aus der Leberarterie (A. hepatica propria, nährstoffarmes, O_2-reiches Blut). Alle im Darm resorbierten Stoffe erreichen die Leber durch die Pfortader mit Ausnahme der Chylomikronen, die hauptsächlich über Lymphgefäße und den Ductus thoracicus in die V. subclavia und damit in den systemischen Kreislauf gelangen. Chylomikronen enthalten vor allem resorbierte Triazylglyzerine der Nahrung (s. Kap. 14.7). Das von der Leber abfließende Blut gelangt über die Lebervenen in die Vena cava inferior. Die Leber befindet sich somit in einer zentralen Position für die Aufnahme, den Metabolismus und die Anhäufung von Stoffwechselprodukten sowie deren Verteilung über die Blutbahn. Die exokrine Ausscheidung von Stoffen aus der Leber findet über die Galle statt, ein Vorgang, der auch für die Verdauung der Lipide von großer Bedeutung ist (s. Kap. 15.5 und 14.7).

Die Leber ist von einer dünnen bindegewebigen Kapsel (Glisson-Kapsel) umgeben, die im Bereich der Leberpforte (Porta hepatis) verstärkt ist. Hier treten Pfortader, Leberarterie und Nerven ein sowie Gallenwege und Lymphgefäße aus. Die sich in der Leber verzweigenden Gefäße und Gänge sind von Bindegewebe umgeben. Sie reichen bis an die Leberläppchen.

Leberläppchen▸ Das Leberläppchen besitzt einen Durchmesser von etwa 1 mm. Im Leberläppchen sind die Hepatozyten in Form von radialen, sich verzweigenden Platten angeordnet. (Abb. 15.7, 15.8 und 15.10). Wo drei oder mehrere Leberläppchen zusammenstoßen, befinden sich die ***Periportalfelder***, die auch Glisson-Trias genannt werden. Sie enthalten neben Lymphgefäßen und Nervenfasern eine ***Venole*** (einen Zweig der Pfortader), eine ***Arteriole*** (einen Zweig der Leberarterie) und einen ***Gallengang*** (einen Teil des Gallengangsystems). Die Venole hat normalerweise den größten Durchmesser dieser Strukturen. Der Gallengang, von kubischem Epithel ausgekleidet, nimmt Gallenflüssigkeit der Parenchymzellen (Hepatozyten) auf und führt sie im Ductus choledochus dem Duodenum zu.

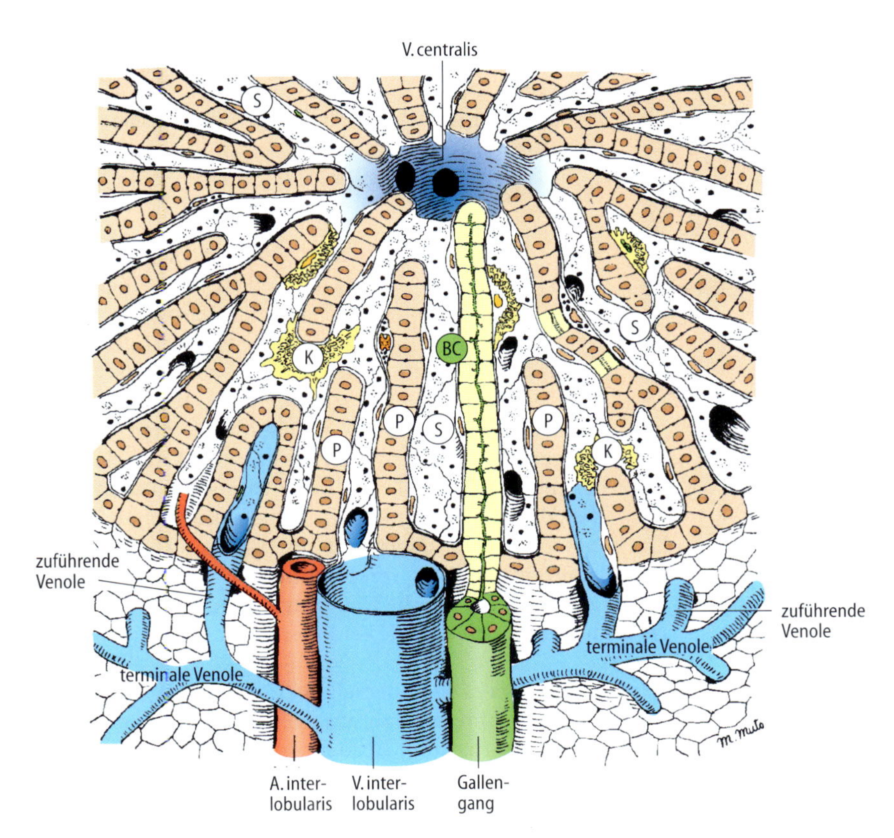

Abb. 15.7. Dreidimensionale Darstellung eines Leberläppchens mit der V. centralis im Zentrum und einem periportalen Feld in der unteren Bildmitte. Dazwischen sind zu erkennen: *S* Sinusoide, *K* Kupfferzellen, *P* Leberzellplatten, *BC* interzelluläre Gallenkapillaren. (Nach Junqueira et al. 1996)

Zwischen den Hepatozyten der Läppchen finden sich die so genannten ***Sinusoide***, die in der Peripherie von zwei verschiedenen Gefäßen gespeist werden, den Venolen die aus Verzweigungen der Pfortader und den Arteriolen, die aus der Leberarterie hervorgehen. Sie laufen auf das Läppchenzentrum zu und münden dort in die ***V. centralis*** ein (Abb. 15.7 und 15.8). Bei den Sinusoiden handelt es sich um weite Kapillaren (Durchmesser 10–30 µm) vom diskontinuierlichen Typ (s. Kap. 10.6 und Abb. 10.18) mit gefensterten Endothelzellen. Die Fenster (Durchmesser etwa 100 nm) bilden charakteristische Gruppen und erscheinen im Elektronenmikroskop wie ein Sieb (Abb. 15.9).

Unter dem Endothel der Sinusoide befindet sich der ***Disse- Raum***, in den die Mikrovilli der Hepatozyten hineinragen (Abb. 15.9 und 15.11). Blutplasma kann aus den Sinusoiden durch die Endothelfenster in den Disse-Raum gelangen und so mit der Oberfläche der Hepatozyten in Kontakt treten. Makromoleküle wie Lipoproteine, Albumin oder Fibrinogen werden über den Disse-Raum von der Leberzelle in das Blut abgegeben. Andere Stoffe wie Glukose werden je nach Stoffwechselsituation entweder von den Hepatozyten aufgenommen oder freigesetzt. Den Endothelzellen der Sinusoide sitzen auf der luminalen Seite stellenweise ***Makrophagen*** – die ***Kupffer-Zellen*** – auf, die u. a. am Abbau von gealterten Blutzellen beteiligt sind. Im Disse-Raum finden sich auch einzelne spezielle Zellen, die bei der Speicherung und dem Stoffwechsel von Vitamin A eine Rolle spielen, so genannte Vitamin-A-Speicherzellen.

In der Peripherie der Leberläppchen wird am Beginn der Sinusoide arterielles Blut mit Blut aus der Vena portae gemischt (Abb. 15.7). Dadurch erhalten die Hepatozyten Sauerstoff und Nahrungsstoffe. Im Zentrum der Leberläppchen wird das in seiner Zusammensetzung veränderte Blut in den Zentralvenen gesammelt und über Läppchenvenen und die Venae hepaticae in die Vena cava inferior transportiert. Dieser Blutfluss durch das Leberläppchen hat zur Folge, dass Sauerstoff und im Gastrointestinaltrakt resorbierte Substanzen zuerst mit den peripheren Zellen in Kontakt kommen und dann mit den Hepatozyten im Zentrum des Leberläppchens. Dadurch können die peri-

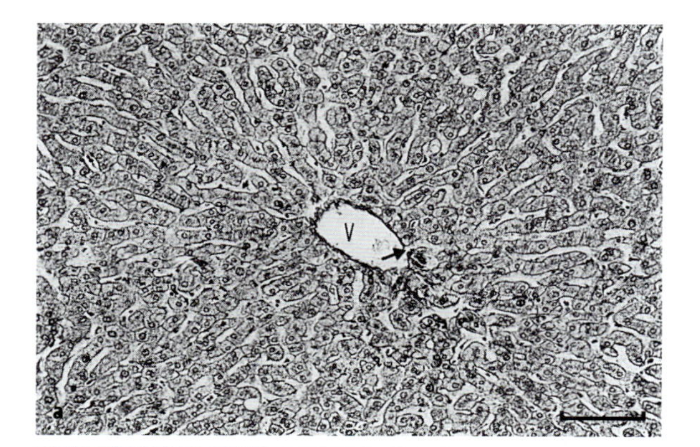

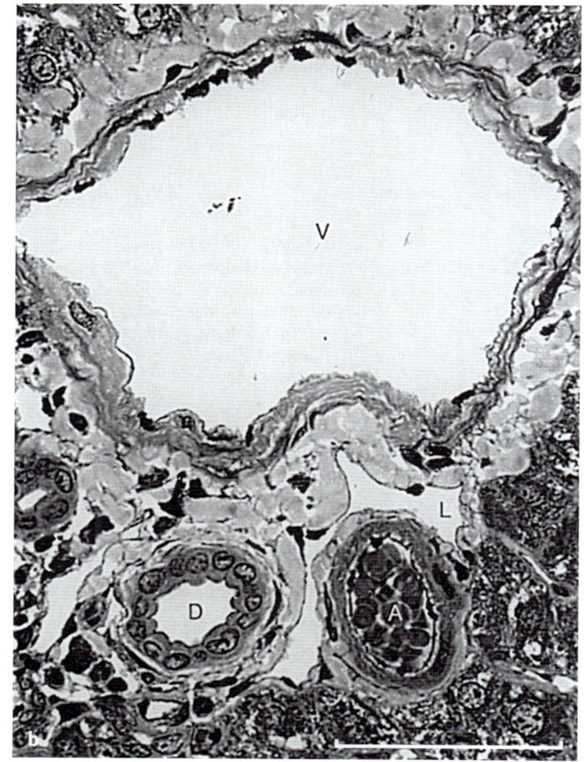

Abb. 15.8 a, b. Details des Leberläppchens. **a** Anastomosierende Leberzellplatten laufen auf eine Zentralvene (*V*) zu. Zwischen den Leberzellen liegen die Sinusoide, die in die V. centralis münden (*Pfeil*). (Aus Schiebler 1996) **b** Ein periportales Feld mit seinen charakteristischen Strukturen: Venole (*V*), Arteriole (*A*) sowie ein Gallengang (D). Auch ein Lymphgefäß (*L*) ist getroffen. Balken **a**/**b** = 100 μm. (Aus Junqueira et al. 1998)

pheren Hepatozyten mit dem vorhandenen Sauerstoff Fettsäuren und Glukose oxidativ abbauen. Die Hepatozyten im Läppchenzentrum führen dagegen bevorzugt anaerobe Glykolyse durch.

Klinik

Bei Ischämie oder Schäden durch toxische Substanzen werden daher in der Regel die Zellen im Bereich des Zentrums der Läppchen geschädigt.

Die oben beschriebenen ***klassischen Leberläppchen*** teilen die Leber in Gebiete ein, die einen gemeinsamen Blutabfluss über die Zentralvene besitzen (Abb. 15.10). Eine andere Sicht fasst Gebiete zusammen, die einen gemeinsamen Gallenabfluss besitzen. Das so definierte ***Portalläppchen*** reicht bis zu den Zentralvenen (Abb. 15.10). Betrachtet man die Versorgungsgebiete der Venolen und Arteriolen als Grundeinheit der Leber, dann ist so der ***Leberazinus*** (Abb. 15.10) definiert. In diesem kann man Zonen unterscheiden, die zuerst mit sauerstoff- und nährstoffreichem Blut versorgt werden (Zone I). In der Zone III erhalten die Hepatozyten Blut, welches bereits in den Zonen I und II verändert wurde.

Leberzelle► Die Leberzellen ***(Hepatozyten)*** haben einen Durchmesser von etwa 20–30 μm. Sie unterscheiden sich strukturell, histochemisch und biochemisch je nachdem, ob sie im Leberläppchen näher dem periportalen Feld oder der Zentralvene gelegen sind.

Die Leberzelle besitzt einen oder zwei runde Kerne, die typische Nukleoli enthalten. Manche Zellkerne sind polyploid und deshalb größer als normale Zellkerne. Die Leberzelle besitzt ein ausgeprägtes ***glattes und rauhes endoplasmatisches Retikulum*** (Abb. 15.11 und 15.12). Im rauhen endoplasmatischen Retikulum wird eine Vielzahl von Proteinen (mehr als 80 % der Proteine des Blutplasmas) gebildet. Im glatten endoplasmatischen Retikulum können körpereigene (z. B. Steroide) oder Fremdstoffe (z. B. Arzneimittel) ***hydroxyliert, methyliert, sulfatiert und glukuronidiert*** und somit inaktiviert bzw. ausscheidbar gemacht werden. Einige dieser Stoffe können eine Zunahme an endoplasmatischem Retikulum und der darauf angeordneten Enzyme induzieren und somit die Leberzelle geänderten Anforderungen anpassen. Endogene Stoffe wie das hydrophobe ***Bilirubin***, das beim Abbau des Hämoglobins entsteht, werden im glatten endoplasmatischen Retikulum durch die Glukuronyltransferase mit Glukuronsäure verbunden (konjugiert) und damit wasserlöslich und ausscheidbar gemacht. Das Produkt Bilirubindiglukuronid wird mit der Galle ausgeschieden.

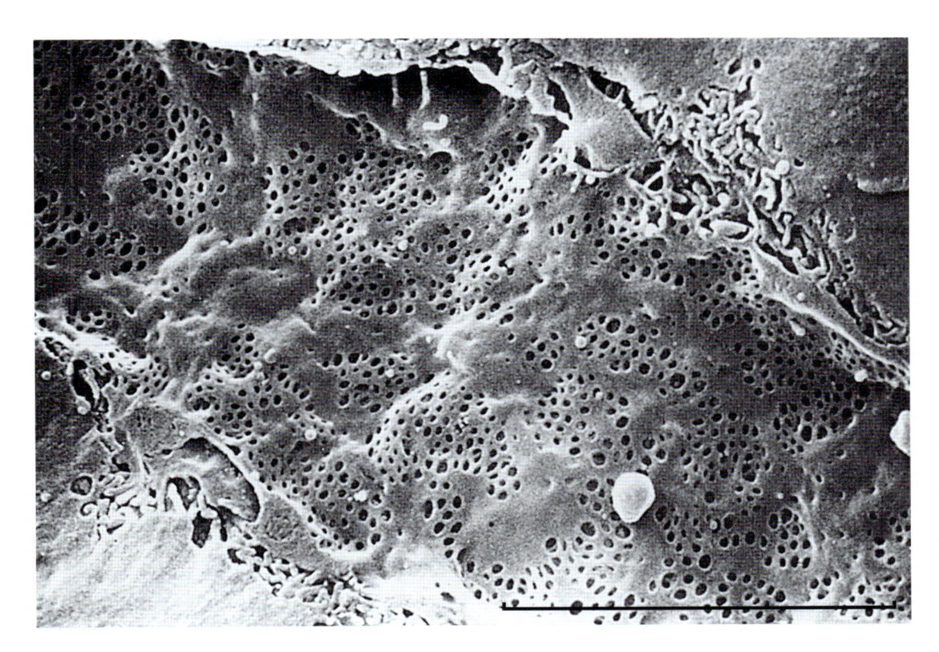

Abb. 15.9. Rasterelektronenmikroskopische Aufnahme des Endothels eines Sinusoids einer Rattenleber. Man kann die charakteristisch gruppierten Fenestrationen erkennen sowie die Mikrovilli der Hepatozyten, die in den Disse-Raum hineinragen (*oben rechts*). Balken = 10 μm. (Aus Junqueira et al. 1998)

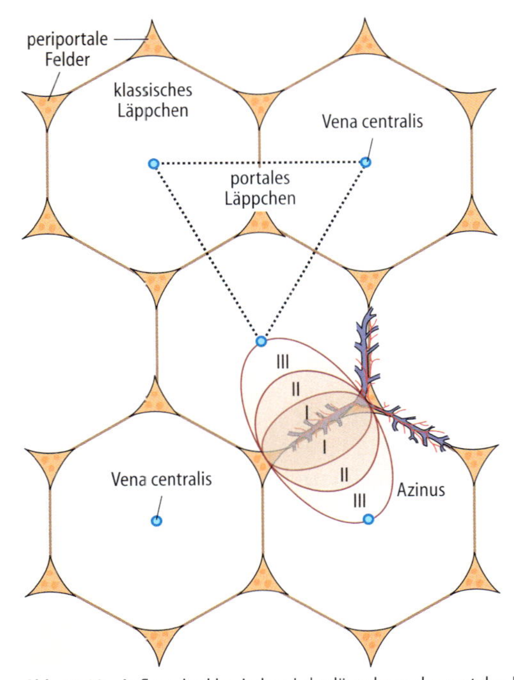

Abb. 15.10. Aufbau des klassischen Leberläppchens, des portalen Läppchens und der Leberazini. Das klassische Läppchen hat eine V. centralis im Mittelpunkt und wird von Linien begrenzt, die die periportalen Felder verbinden (*ausgezogene Linien*). Die portalen Läppchen beziehen sich auf das Entsorgungsgebiet des Gallengangs eines periportalden Feldes. Es wird von Linien begrenzt, die die Vv. centrales miteinander verbinden (*unterbrochene Linie im oberen Bilddrittel*). Zu einem Leberazinus gehört das Gebiet, das von einem terminalen Gefäßbündel versorgt wird. Das Lebergewebe in der Umgebung einer terminalen Gefäßachse gliedert sich in die Zonen I, II und III. (Aus Junqueira et al. 1996)

Klinik

Ist die Konjugation von Bilirubin in der Leber gestört, dann lagert es sich in der Haut, den Konjunktiven und im übrigen Körpergewebe ***(Gelbsucht = Ikterus)*** ab. Bei Neugeborenen kann eine Gelbsucht z. B. dann auftreten, wenn die Glukuronyltransferase des glatten endoplasmatischen Retikulums der Hepatozyten noch in zu geringer Menge vorhanden ist. Nichtkonjugiertes Bilirubin lagert sich dann infolge seiner hydrophoben Natur auch in bestimmten Kerngebieten des ZNS ab und führt zur Beeinträchtigung der Steuerung lebenswichtiger Funktionen der Neugeborenen. Andere Ursachen einer Gelbsucht gehen auf eine Störung der Bildung von Bilirubindiglukuronid bei einer Schädigung der Hepatozyten infolge von Leberentzündungen (Hepatitiden) oder auf einen Rückstau von Galle bei Gallensteinen zurück.

In den Hepatozyten wird nach einer Mahlzeit ***Glykogen*** als Depot für Glukose abgelagert. Glykogen ist im Elektronenmikroskop in Form von elektronendichten Körnchen im Zytoplasma zu erkennen (Abb. 15.12 und 1.22). Beim Hungern wird das Leberglykogen abgebaut und in Form von Glukose zur Konstanthaltung des Blutzuckerspiegels abgegeben. Auch aus Aminosäuren und Laktat kann in der Leber Glukose aufgebaut werden. Diesen Vorgang nennt man Glukoneogenese. Der dabei freiwerdende Stickstoff wird in Harnstoff umgewandelt und über Blut und Niere ausgeschieden. Jede

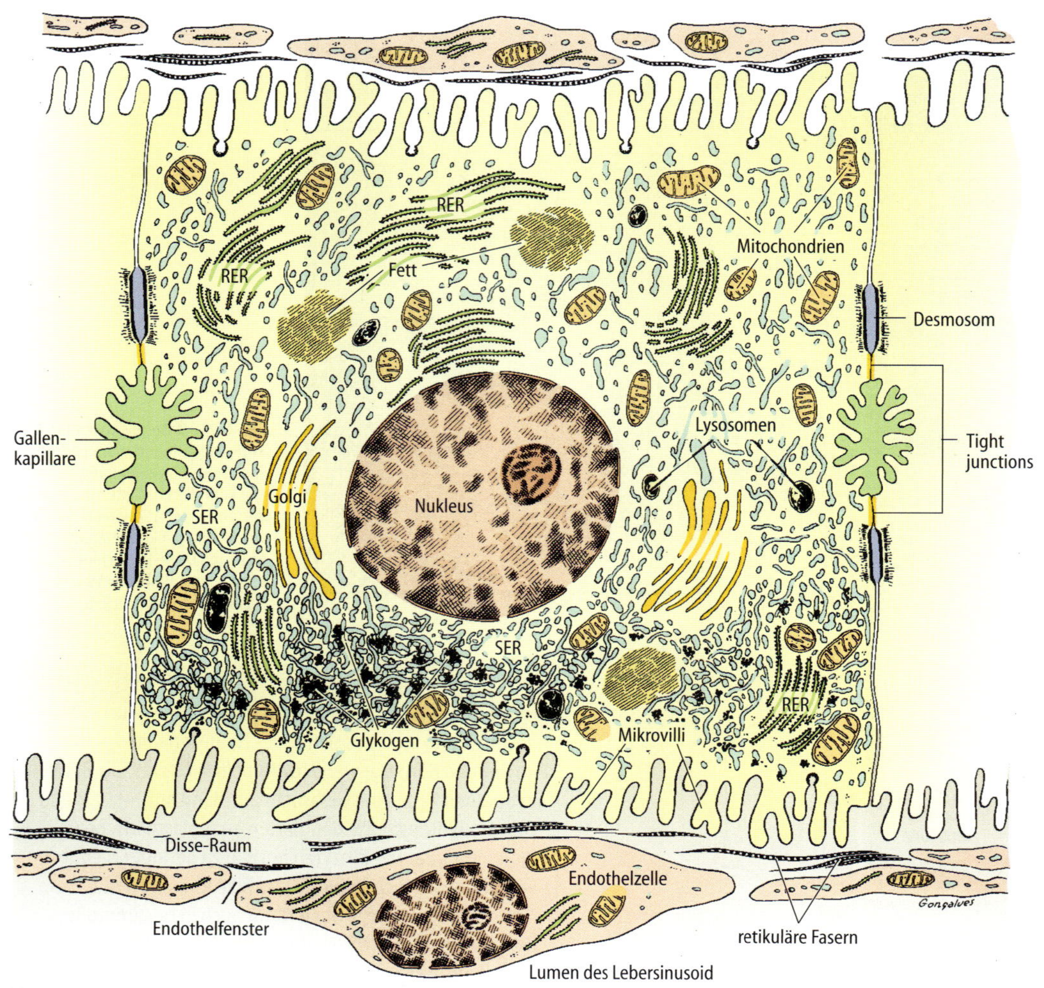

Abb. 15.11. Zeichnung der Ultrastruktur eines Hepatozyten. *RER* rauhes endoplasmatisches Retikulum, *SER* glattes endoplasmatisches Retikulum. (Aus Junqueira et al. 1996)

Leberzelle enthält auch etwa 2000 ***Mitochondrien, Lysosomen***, einen deutlich ausgeprägten ***Golgi-Komplex*** und ***sekretorische Vesikel***, die Albumin, VLDL (very low density Lipoproteine), Fibrinogen und viele andere Proteine, enthalten. Im Gegensatz zu anderen Drüsen akkumulieren die sekretorischen Vesikel in Hepatozyten nicht. Vielmehr wird deren Inhalt sofort nach der Biosynthese ‚konstitutiv' durch Exozytose in den Disse-Raum abgegeben.

Jede Leberzelle besitzt verschiedene Oberflächen: Den Bezirk der Plasmamembran, der an den Disse-Raum grenzt (der so genannte Blutpol der Zelle, der Mikrovilli trägt), den Bezirk, der an die Gallenkapillaren grenzt (Gallenpol, s. unten) und die relativ glatten Oberflächen zwischen benachbarten Hepatozyten. Zur Abgrenzung der verschiedenen Membrandomänen dienen Tight Junctions, untereinander sind die Hepatozyten über Gap Junctions gekoppelt.

Gallenbildung▸ Benachbarte Hepatozyten umschließen jeweils einen röhrenförmigen Hohlraum. Dadurch entstehen die ***Gallenkapillaren*** von ca. 1–2 μm Durchmesser. Die Plasmamembranen der angrenzenden Hepatozyten stülpen kurze Mikrovilli in diese Kapillaren vor und dichten sie durch Tight Junctions ab (Abb. 15.11, 15.13 und 15.14). Die Gallenkapillaren münden in der Gegend der Periportalfelder in die ***Gallengänge*** ein (Abb. 15.15). Die Galle strömt im Leber-

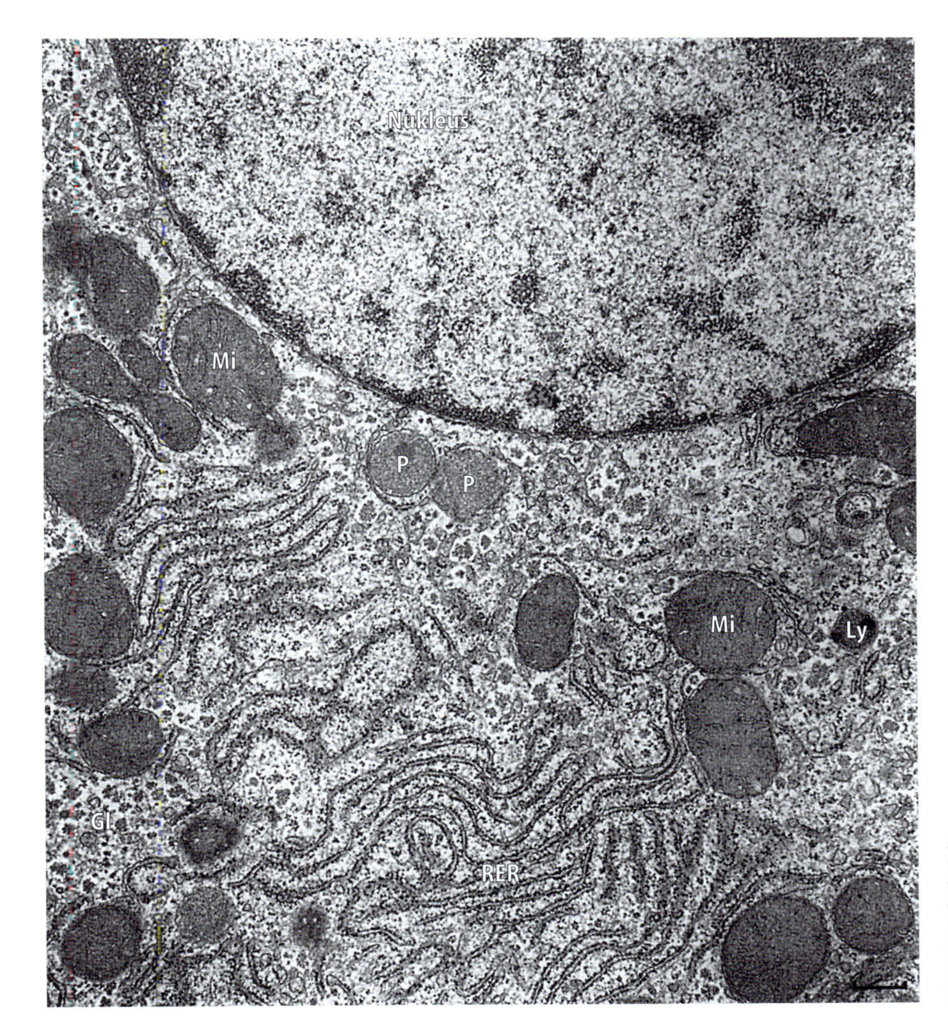

Abb. 15.12. Elektronenmikroskopisches Bild eines Hepatozyten. Im Zytoplasma unterhalb des Zellkerns befinden sich Mitochondrien (*Mi*), rauhes endoplasmatisches Retikulum (*RER*), Glykogen (*Gl*) Lysosomen (*Ly*) und Peroxisomen (*P*). Balken = 1 µm. (Aus Junqueira et al. 1998)

läppchen genau umgekehrt wie das Blut, das heißt, vom Zentrum zur Peripherie (Abb. 15.10 und 15.15). Die Gallengänge tragen ein kubisches Epithel (Abb. 15.8 und 15.15). Sie vereinigen sich zum rechten und linken ***Ductus hepaticus***, die schließlich die Leber verlassen.

Die Bildung der Galle ist eine typische exokrine Funktion der Hepatozyten. Neben Gallensäure enthält die Gallenflüssigkeit Phospholipide, Cholesterin und Bilirubindiglukuronid. Etwa 90 % der Gallensäuren werden im Dünndarm rückresorbiert und zur Leber zurückgeführt (enterohepatischer Kreislauf). In der Leber können Gallensäuren aus Cholesterin synthetisiert werden. Anschließend werden sie durch Konjugation mit Glyzin oder Taurin wasserlöslich gemacht. Gallensäuren haben eine wichtige Funktion bei der Emulgierung der Fette im Verdauungstrakt, deren hydrolytischen Spaltung bzw. Resorption (s. Kap. 14.17). Bilirubin entsteht aus Hämoglobin, das beim Abbau von Erythrozyten in den Kupffer-Zellen der Leber frei wird. Nach Glukuronidierung in den Hepatozyten erfolgt die Ausscheidung mit der Galle.

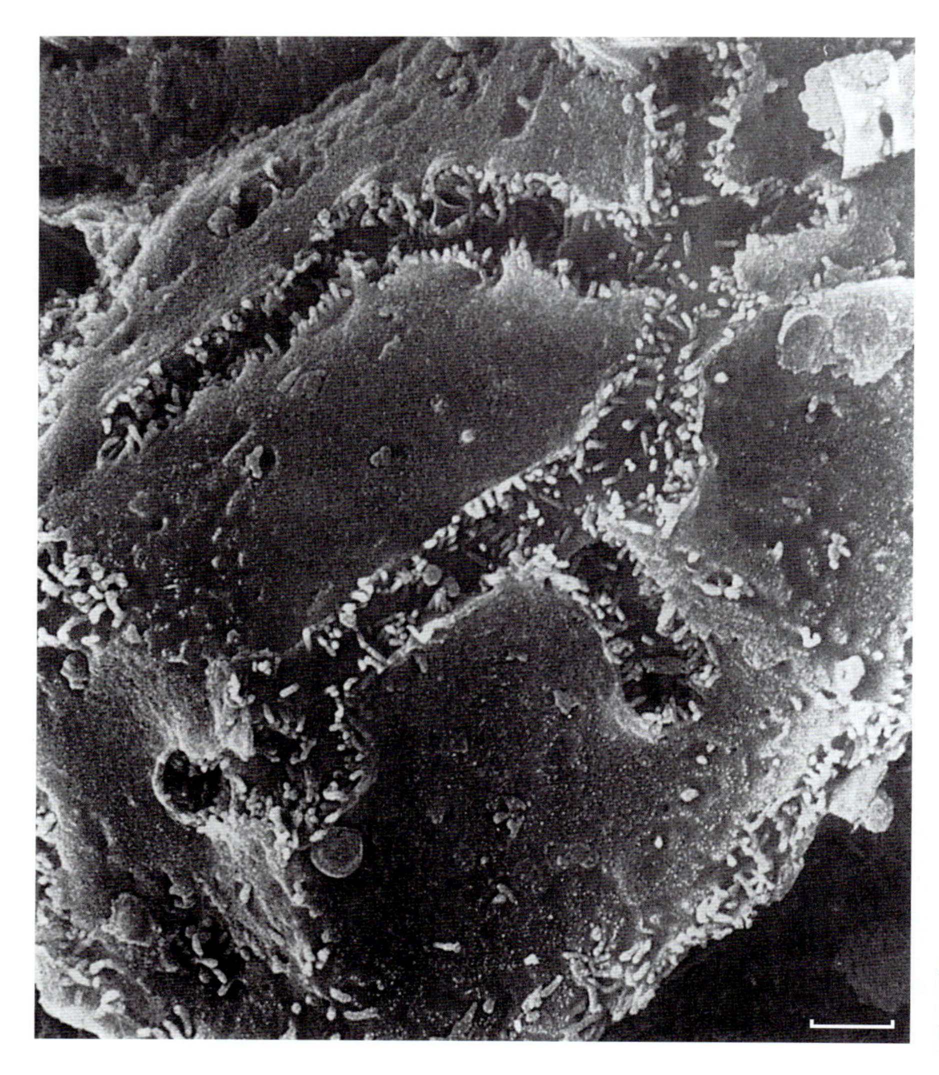

Abb. 15.13. Im Bereich der Gallenkapillaren ist die Oberfläche der Hepatozyten mit Mikrovilli besetzt. Balken = 1 μm. (Aus Junqueira et al. 1998)

Klinik Die Mitoserate der Hepatozyten ist beim Erwachsenen verhältnismäßig gering. Wenn Zellen z. B. bei einer ***Hepatitis*** zugrundegehen, wird Leberparenchym durch Bindegewebe ersetzt. Ein damit einhergehender Umbau und die Ausbildung charakteristischer Parenchyminseln wird als ***Leberzirrhose*** bezeichnet. Insbesondere Infektionen mit Hepatitis B- und Hepatitis C-Viren gehen häufig einem ***Leberkarzinom*** voraus. Karzinome der Leber können außer von den Hepatozyten auch von den epithelialen Zellen der Gallengänge ihren Ausgang nehmen.

15.4 Extrahepatische Gallenwege

Die von den Hepatozyten gebildete Galle fließt über Gallenkapillaren und -gänge, den Ductus hepaticus und den Ductus choledochus zum Duodenum. Zwischen den beiden Ducti mündet über den Ductus cysticus die Gallenblase ein. Die extrahepatischen Gallenwege sind von einem Zylinderepithel ausgekleidet, ihre Lamina propria ist dünn und von glatter Muskulatur umgeben. Sie wird in der Nähe der Einmündung zum Duodenum dicker und bildet dort einen Sphinkter (= Schließmuskel), der den Gallenfluss reguliert.

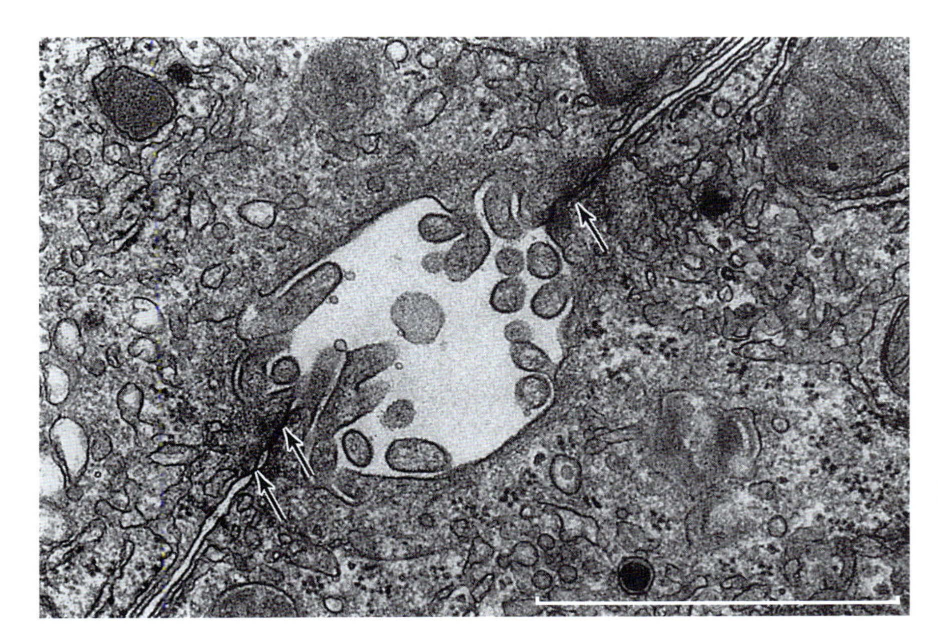

Abb. 15.14. Elektronenmikroskopisches Bild einer Gallenkapillare mit Mikrovilli in einer Rattenleber. Die *Pfeile* deuten auf Haftkomplexe, die das Lumen vom übrigen Extrazellulärraum abgrenzen. Balken = 1 μm. (Aus Junqueira et al. 1998)

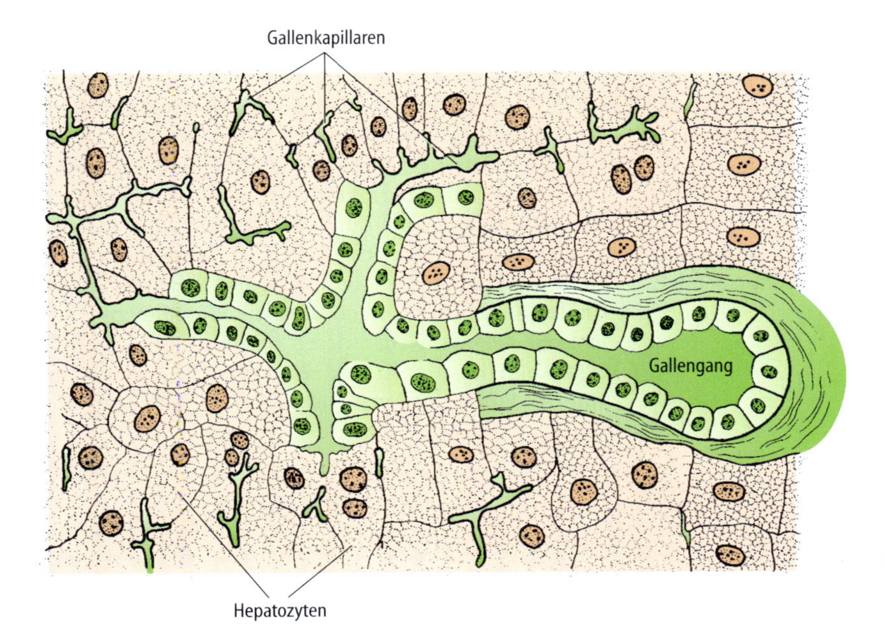

Abb. 15.15. Übergang von Gallenkapillaren in einen von kubischem Epithel begrenzten Gallengang im periportalen Feld. (Aus Junqueira et al. 1996)

15.5 Gallenblase

Aufbau▸ Die Gallenblase ist ein birnenförmiges Hohlorgan, das sich unter der viszeralen Oberfläche des rechten Leberlappens befindet. Sie kann etwa 30–50 ml Galle speichern. Bei geschlossenem Sphinkter (s. oben) fließt die von der Leber produzierte Galle in die Gallenblase und wird dort eingedickt. Ein Zylinderepithel bildet die Oberfläche der Schleimhaut der Gallenblase. Außer der Schleimhaut besteht die Wand aus glatter Muskulatur. Die Gallenblase ist teilweise von Serosa bedeckt (Abb. 15.16 und 15.17).

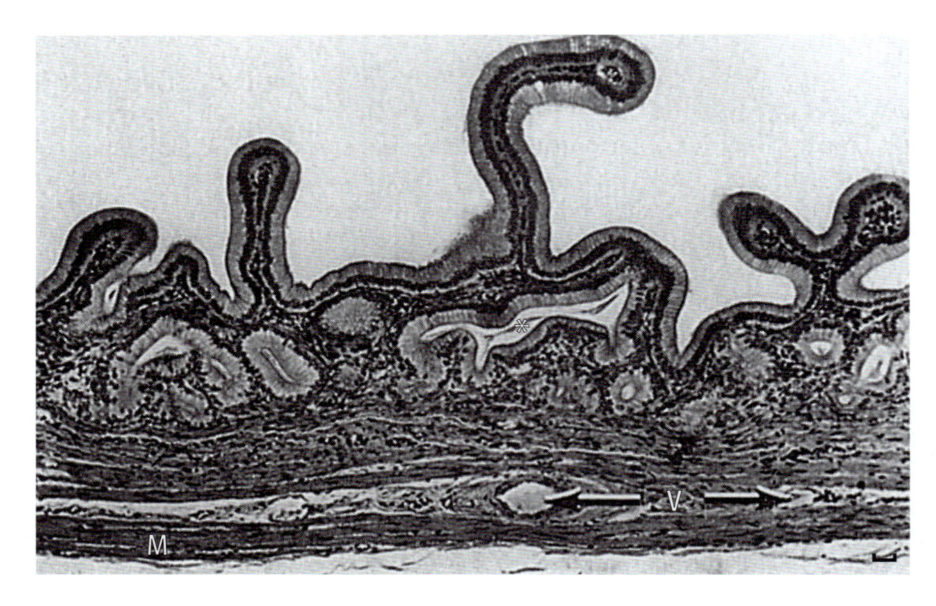

Abb. 15.16. Schnitt durch die Gallenblase. Die Mukosa trägt ein einschichtiges hochprismatisches Epithel und zeigt die charakteristischen ‚Tunnel' (*). *M* glatte Muskulatur, *V* Blutgefäße (HE-Färbung). Balken = 100 μm. (Aus Junqueira et al. 1998)

Besonders bei einer leeren Gallenblase fallen die vielen Falten der Schleimhaut auf. Die Epithelzellen der Oberfläche sind reich an Mitochondrien (Abb. 15.17). Auf der basolateralen Seite der Zellen des Schleimhautepithels befinden sich Mikrovilli, die in die interzellulären Räume zwischen den Zellen hineinragen. Die Zellen besitzen außerdem an ihrer apikalen Oberfläche Mikrovilli. Am Beginn des Ductus cysticus können viele Einsenkungen des Epithels in die Lamina propria beobachtet werden, die tubuloazinöse Drüsen mit weitem Lumen bilden. Deren Zellen produzieren hauptsächlich den Schleim der Gallenflüssigkeit.

Funktion▸ Die Hauptfunktion der Gallenblase ist die Eindickung der von der Leber produzierten Galle. Dies geschieht durch den Entzug von Wasser, das bei der Resorption von Na^+ den Ionen passiv folgt. Bei Bedarf wird die eingedickte Galle ins Duodenum abgegeben. Im Dünndarm wird sie zur Emulgierung der Nahrungsfette benötigt, die deren Spaltung und Aufnahme vorausgeht. Die Kontraktion der glatten Muskulatur der Gallenblase wird durch ***Cholezystokinin*** aus der Dünndarmschleimhaut gesteuert. Hauptsächlich Fettstoffe im Dünndarm stimulieren die Freisetzung von Cholezystokinin, das dann über die Blutbahn zur Gallenblase gelangt. Neben deren Kontraktion löst Cholzystokinin im Magen und Pankreas die Freisetzung von Verdauungsenzymen aus (s. Kap. 15.2, 14.6 und 14.13).

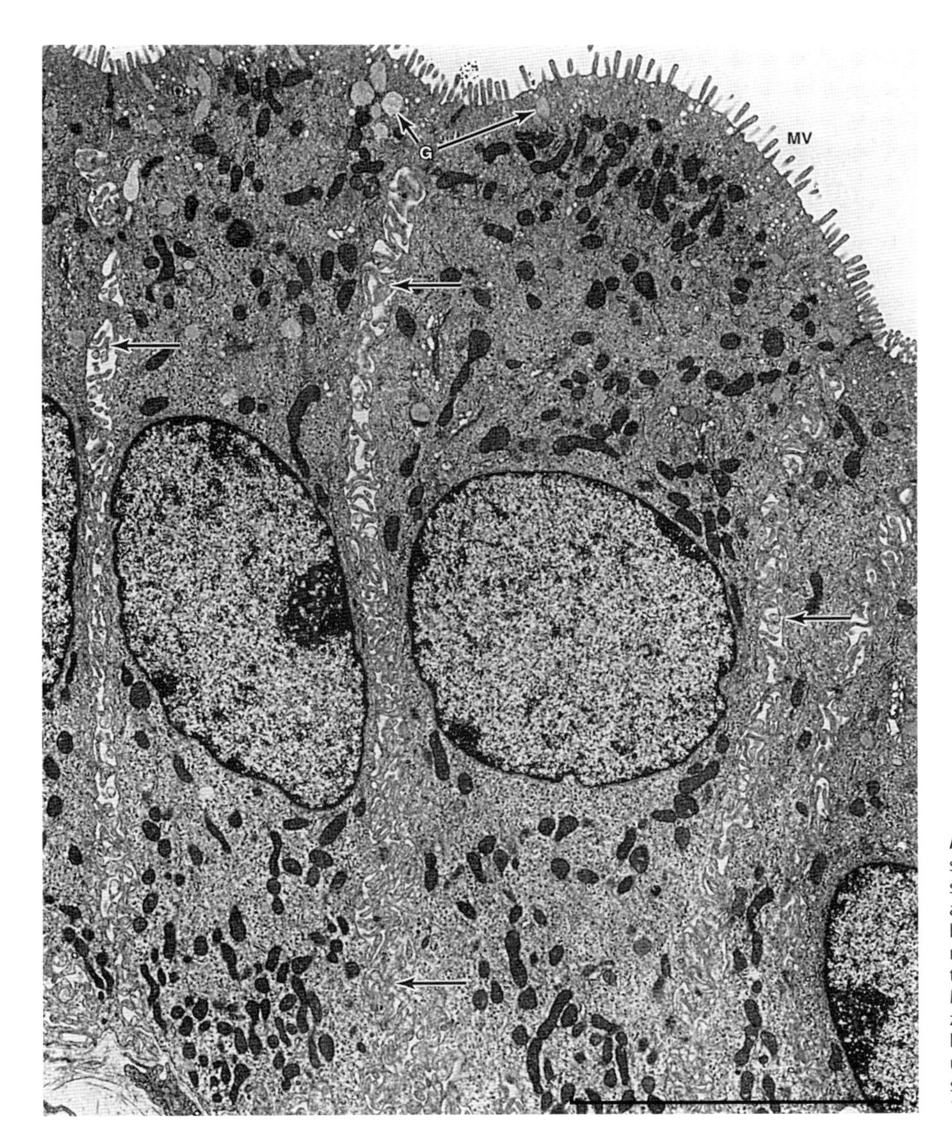

Abb. 15.17. Elektronenmikroskopisches Bild des Epithels der Gallenblase (Taube). Die Epithelzellen tragen apikal Mikrovilli, unter der Zellmembran finden sich schleimgefüllte Granula (*G*). Die Pfeile deuten auf die Interzellulärspalten, in die ebenfalls Mikrovilli hineinragen. Um die Galle zu konzentrieren, pumpen diese Zellen NaCl aus dem Lumen in das darunter gelegene Bindegewebe, Wasser folgt passiv nach. Balken = 10 μm. (Aus Junqueira et al. 1998)

Atmungsorgane 16

16.1	Wandbau der luftleitenden Atemwege	290
16.2	Nase und Nasennebenhöhlen	295
16.3	Larynx	297
16.4	Trachea	297
16.5	Bronchien	298
16.6	Alveolen	303
16.7	Blutgefäße der Lunge	309
16.8	Lymphgefäße der Lunge	309
16.9	Pleura	309

Atmungsorgane

Einleitung

Die Atmungsorgane dienen dem ***Gasaustausch***, d. h. der Ausscheidung des gasförmigen Stoffwechselendprodukts Kohlendioxid sowie der Aufnahme von Sauerstoff. Dadurch, dass Kohlendioxid in den Körperflüssigkeiten als Kohlensäure gelöst zur Ansäuerung beiträgt, regeln die Atmungsorgane zusammen mit den Nieren auch den ***Säure-Basen-Haushalt***. Der Gasaustausch findet in den ***respiratorischen Abschnitten*** der Atmungsorgane statt, den ***Alveolen*** der Lunge, in denen Blut und Luft nur durch eine ca. 1 µm dicke Schicht getrennt sind. Den Transport der Luft in den Atemwegen zu den Alveolen bezeichnet man als ***Ventilation***. Sie wird durch die ***Atemmechanik*** bewirkt, die eine gemeinsame Funktion des Thorax und des Zwerchfells ist. Vor dem Gasaustausch muss die normale uns umgebende Luft angefeuchtet, erwärmt und von Staub und Keimen gereinigt werden. Die ***Aufbereitung der Luft*** findet in den ***luftleitenden Abschnitten*** der Atmungsorgane statt. Diese lassen sich wiederum in die ***oberen*** (Nase, Pharynx) ***und unteren*** (Larynx, Trachea, Bronchialbaum) ***Atemwege*** gliedern. Die Grenze zwischen den oberen und den unteren Atemwegen, die auch klinisch relevant ist, bildet der Kehlkopfeingang.

Klinik

Eine Infektion der oberen Atemwege (Schnupfen und Halsentzündung) muss nicht notwendigerweise auf die unteren Atemwege (Bronchitis) übergreifen.

16.1 Wandbau der luftleitenden Atemwege

Übersicht▸ Die Wand der luftleitenden Atemwege lässt sich in drei Schichten gliedern:

- ***Tunica mucosa***, bestehend aus Lamina epithelialis und Lamina propria,
- ***Tunica fibromusculocartilaginea***,
- ***Tunica adventitia***.

Diese Gliederung trifft genau genommen nur für den Bronchialbaum mit der Trachea zu, jedoch finden sich wesentliche Elemente auch in den oberen Atemwegen (Abb. 16.1). Die Lamina epithelialis der Tunica mucosa, die vom so genannten ***respiratorischen Epithel*** gebildet wird, und die mukösen und serösen Drüsen der darunter liegenden Schichten dienen der Anfeuchtung und Reinigung der Atemluft. Das dichte Gefäßnetz in der ***Lamina propria*** der Tunica mucosa, dessen Durchblutung außerordentlich variabel ist, sorgt neben der Ernährung der Wand der Luftleiter vor allem für die Anwärmung der Atemluft. Die ***glatte Muskulatur*** in der Tunica fibromusculocartilaginea des Bronchialbaums ist überwiegend zirkulär angeordnet und kann über den Durchmesser der Luftwege die Luftverteilung regulieren. ***Knorpel*** in den äußeren Abschnitten der Luftleiter haben Stützfunktion und verhindern den Kollaps ihrer Lumina. Die Knorpel liegen als hufeisenförmige, unvollständige Ringe, Platten oder Spangen vor. ***Elastische Fasern*** in der Wand der luftleitenden Abschnitte, aber auch der respiratorischen Einheiten der Alveolen, erlauben die Anpassung von Bronchialbaum und Lungenparenchym an die mit der Ventilation wechselnden Volumina. Der Anteil der elastischen Fasern nimmt zu den kleineren Einheiten und zu den Alveolen hin stetig zu.

Respiratorisches Epithel▸ Die Bezeichnung respiratorisches Epithel ist insofern irreführend, als über dieses Epithel kein nennenswerter Gasaustausch stattfindet, vielmehr liegt seine hauptsächliche Funktion in der Reinigung und Anfeuchtung der Atemluft. Das respiratorische Epithel ist ein ***mehrreihiges Flimmerepithel*** mit Becherzellen (Abb. 16.1 und 16.2). Alle Zellen stehen mit der typischerweise auffallend dicken ***Basalmembran*** (mehrere µm) in Verbindung. Das Epithel kann bis zu sechs verschiedene Zelltypen enthalten:

- ***Kinozilien tragende Zellen,***
- ***Becherzellen,***
- ***Epithelzellen mit Mikrovilli,***
- ***Sinneszellen,***
- ***endokrine Zellen,***
- ***Basalzellen.***

Das respiratorische Epithel besitzt in den verschiedenen Abschnitten des Bronchialbaums ***charakteristische Unterschiede*** (Tabelle 16.1). Die Trachea ist mit einem relativ hohen, mehrreihigen Zylinderepithel ausgekleidet. Entlang des Bronchialbaums nehmen die Höhe des Epithels und seine Reihigkeit ab, bis in den Bronchioli

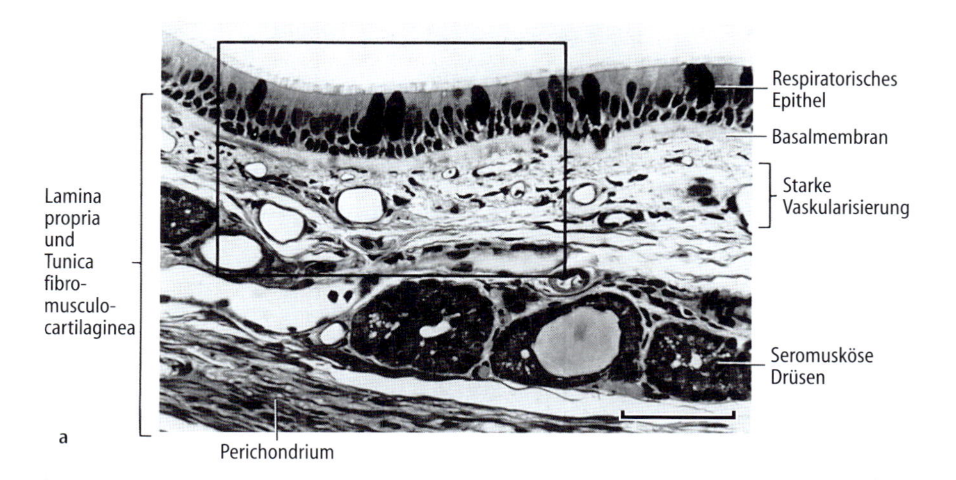

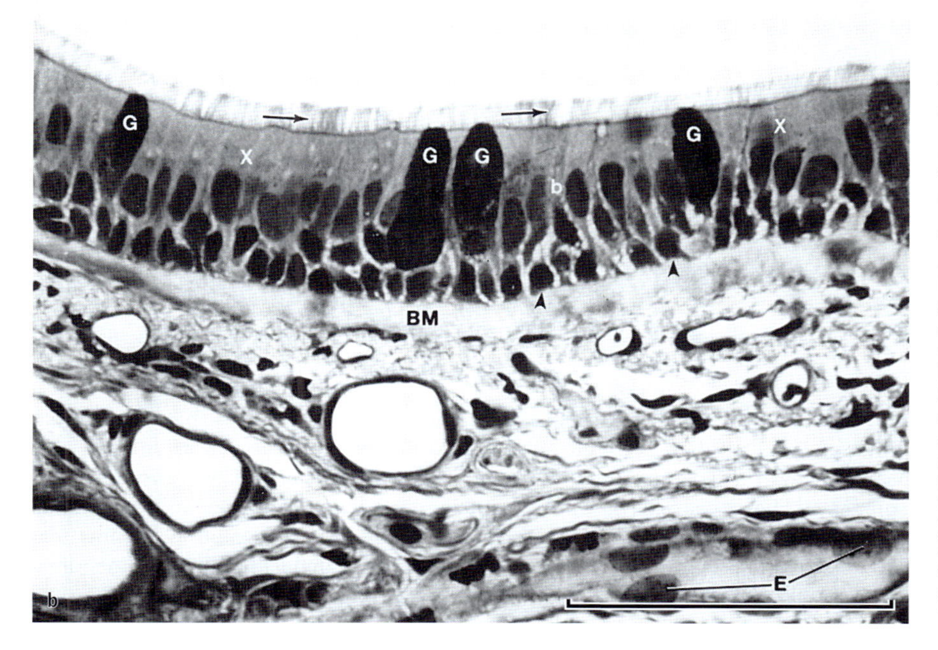

Abb. 16.1 a, b. Innere Schichten der Trachea eines Affen. **a** Bereits in dieser Vergrößerung fällt die dicke Basalmembran unter dem typischen respiratorischen Epithel auf. Darunter liegt die stark vaskularisierte Lamina propria mit Glandulae tracheales, die ohne scharfe Grenze in die Tunica fibromusculocartilaginea übergeht. Von letzterer ist nur das Perichondrium der Knorpelspangen sichtbar. **b** Vergrößerter Ausschnitt aus **a**. Deutlich sind die Kinozilien (*Pfeile*) der Flimmerzellen (*X*) zu erkennen, zwischen denen Becherzellen (*G*) und vereinzelt hochprismatische Zellen ohne Zilien (*b*) liegen. Die *Pfeilspitzen* markieren Basalzellen, *BM* die Basalmembran. Bei den Gefäßen im lockeren Bindegewebe der Lamina propria handelt es sich um Kapillaren und Venolen. *E* markiert Endothelzellkerne einer tangential angeschnittenen Venole. Balken **a/b** = 100 μm. (Aus Junqueira et al. 1996)

terminales lediglich ein einschichtiges, hochprismatisches Flimmerepithel vorliegt. In den folgenden Bronchioli respiratorii flacht das Epithel weiter ab. Nicht nur Form und Reihigkeit, sondern auch der Anteil der verschiedenen Zelltypen des respiratorischen Epithels ist unterschiedlich: Die Kinozilien tragenden Flimmerzellen, die in der Trachea noch etwa 60 % der Zellen des respiratorischen Epithels ausmachen, stellen in den kleinen Bronchien und Bronchiolen nur etwa 15–20 % der Zellen. Die Becherzellen, die etwa ein Fünftel der Flimmerzellen betragen, nehmen gleichfalls ab und fehlen ab den Bronchioli terminales völlig. Dies bedeutet, dass die Zilien tragenden Zellen weiter in die Aufzweigungen des Bronchialbaums hineinreichen als die schleimbildenden Becherzellen. Offenbar wird dadurch einer Ansammlung von Schleim in den Bronchiolen und kleinen Bronchien vorgebeugt.

Kinozilien tragende Zellen, die in den oberen Atemwegen, in der Trachea und in den Bronchien die häufigste Zellart darstellen, sind in der Regel hochprismatisch (Abb. 16.1 und 16.2). Jede Zelle trägt ungefähr 200–300 Zilien und dazwischen Mikrovilli (Abb. 3.15,

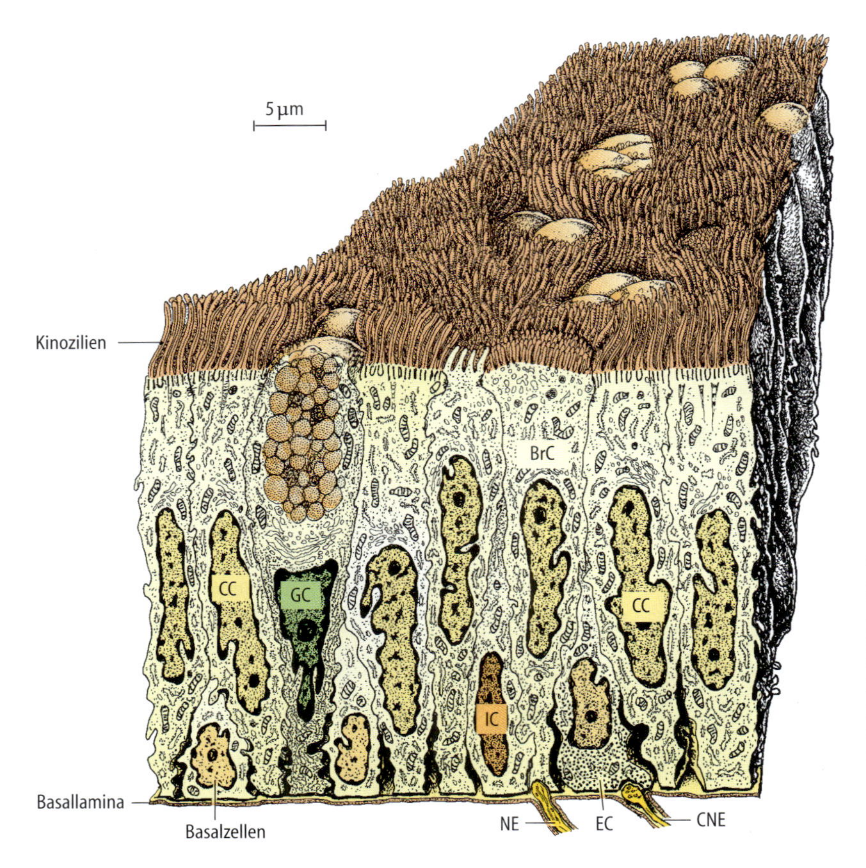

Abb. 16.2. Zeichnung des respiratorischen Epithels der Trachea. Man erkennt Kinozilien tragende Flimmerzellen (*CC*), schleimsezernierende Becherzellen (*GC*), Basalzellen, intermediäre Zellen (*IC*, vermutlich in Differenzierung von Basalzelle zu einer der hochprismatischen Zelltypen begriffen), mikrovillitragende Sinneszelle (*BrC*), die basal eine Verbindung mit einem afferenten Nervenfortsatz (*NE*) bildet, eine endokrine Zelle (*EC*) mit Sekretgranula und Synapse eines cholinergen, efferenten Nerven (CNE) sowie die Basallamina. (Modifiziert nach Krstić 1997)

16.3 und 16.4). Die Kinozilien sind in einem Basalkörperchen verankert. In ihrem Inneren enthalten die Kinozilien neun Mikrotubuluspaare, die zwei eigenständige Mikrotubuli in der Mitte umgeben. Dieses charakteristische ***9 + 2-Muster*** findet man auch in den Schwänzen von Spermatozoen (s. Kap. 3.3.3 und Kap. 21.1.1). Dieses Arrangement von Mikrotubuli dient zusammen mit anderen Proteinen wie dem Dynein dazu, aus chemischer Energie durch Hydrolyse von ATP mechanische Energie zu gewinnen. Das ATP wird von den im Apex der Zellen zahlreich vorhandenen Mitochondrien (Abb. 16.3) durch oxidative Phosphorylierung gewonnen. Durch den Zilienschlag, der mit einer Frequenz von etwa 12–15 Schlägen pro Sekunde erfolgt, wird die ‚Schleimtapete' auf dem Endothel in Richtung Oropharynx transportiert. In den oberen Atemwegen ist durch den Zilienschlag der Schleimfluss nach innen und im Bronchialbaum nach oben gerichtet, was dazu führt, dass der Schleim mit den anhaftenden Schmutzpartikeln und Keimen vom Pharynx aus verschluckt oder ausgehustet werden kann. Der Zilienschlag besteht aus einer initialen langsamen Verbiegung der Zilien nach stromauf, wobei sich ihre Spitzen etwas aus dem Schleim zurückziehen. Das anschließende Zurückschnellen mit dem Einbohren von den Zilienspitzen in den Schleim führt zum Transport des Schleims. Dabei erreicht die Schleimtapete eine Fließgeschwindigkeit von etwa 200 µm pro Sekunde.

Becherzellen stellen die zweithäufigste Zellpopulation des respiratorischen Epithels dar (Abb. 16.1 und 16.2), sie sind im Detail in Kapitel 3 beschrieben. Apikal enthalten sie Vesikel, deren polysaccharidhaltiges Sekret wesentlich zur Viskosität der Schleimtapete auf der Oberfläche des respiratorischen Epithels beiträgt. Dieser Schleim fungiert als ‚Nassfilter', auf dessen Oberfläche sich Stäube, Mikroben und gasförmige Bestandteile der Atemluft niederschlagen. Vor allem in den oberen Atemwegen, aber auch in der Trachea und den großen Bronchien werden wesentliche Anteile dieses Schleims von den unter der Tunica mucosa gelegenen mukösen und serösen Drüsen gebildet. Die Dicke des Schleimfilms beträgt in der Trachea etwa 10 µm.

Tabelle 16.1. Wandbau in den verschiedenen Abschnitten der Luftwege (Aus Junqueira et al. 1996)

	Nasenhöhlen	Nasopharynx	Larynx	Trachea	Bronchi		Bronchioli		
					groß	klein	Bronchioli	terminales	respiratorii
Epithel	——— mehrreihiges hochprismatisches Flimmerepithel ———							einschichtiges hochprismatisches Flimmerepithel	einschichtiges kubisches kinozilienfreies Epithel
Becherzellen	viele	viele	viele	viele	vorhanden	wenige	einzelne	keine	
Drüsen	viele	viele	viele	vorhanden	vorhanden	wenige	keine		
Knorpel			überwiegend hyalin, z. T. elastisch	C-förmige Spangen	Platten	Platten und einzelne Stücke	keine		
glatte Muskulatur	keine (aber Skelettmuskulatur)		keine	verbindet Enden der Knorpelstangen	Zum Teil ringförmig, überwiegend sich kreuzende Spiralbündel				
elastische Fasern	keine	vorhanden	vorhanden	sehr viele	sehr viele	sehr viele	sehr viele	sehr viele	sehr viele

Klinik

Das der Reinhaltung der Atemluft und der Atemwege dienende System wird auch als ***mukoziliare Clearance*** bezeichnet. Es leuchtet ein, dass es sowohl durch Veränderungen der Zilienfunktion als auch durch Veränderungen der Konsistenz des Schleimes gestört werden kann. So liegt z. B. beim ***Karthagener-Syndrom*** (Kap. 3.3.3) ein Defekt am Dynein vor, der zu einer Unbeweglichkeit der Zilien und Geisseln führt. Daraus resultieren chronische Infekte der Atmungsorgane und Sterilität (infolge Unbeweglichkeit der Spermien). Eine relativ häufige Mutation (1 : 1500 Geburten) betrifft das Gen für den ‚cystic fibrosis transmembrane conductance regulator' (CFTR) und führt zur Störung von Chloridkanälen in sekretorischen Epithelien. Als Folge davon sind die Sekrete vieler Drüsen zu zäh und verstopfen die Ausführungsgänge, was im Pankreas (s. Kap. 15.2) zur zystischen Degeneration führt. Die Ansammlung von zähem Schleim in den Bronchien behindert die normale Belüftung der Alveolen und bietet einen Nährboden für Bakterien. Die von dieser **Mukoviszidose** (engl. cystic fibrosis) genannten Krankheit Betroffenen leiden an rezidivierenden Bronchopneumonien. **Rauchen** führt durch eine Verlangsamung des Zilienschlags zu einem verlangsamten Fluss der Schleimtapete. Die chronische Reizung des respiratorischen Epithels löst eine Zunahme der Becherzellen aus mit der Folge einer gesteigerten Zähigkeit des Bronchialschleims. Dadurch wird die Geschwindigkeit der Schleimtapete weiter herabgesetzt. Im Tabakrauch enthaltene reizende und karzinogene Stoffe wirken länger auf das Bronchialepithel ein, was im Sinne eines Circulus vitiosus zu einer chronischen Entzündung (**Bronchitis**) und gegebenenfalls zur malignen Entartung von Bronchialepithelzellen (**Bronchialkarzinom**) führt.

Die ***Mikrovilli tragenden Zellen,*** die gleichfalls hochprismatisch sind, scheinen eine heterogene Zellpopulation dazustellen. Einige dieser Zellen haben an ihrer Basis Kontakt mit afferenten Nervenendigungen (Abb. 16.2) und werden daher als ***Sinneszellen*** an-

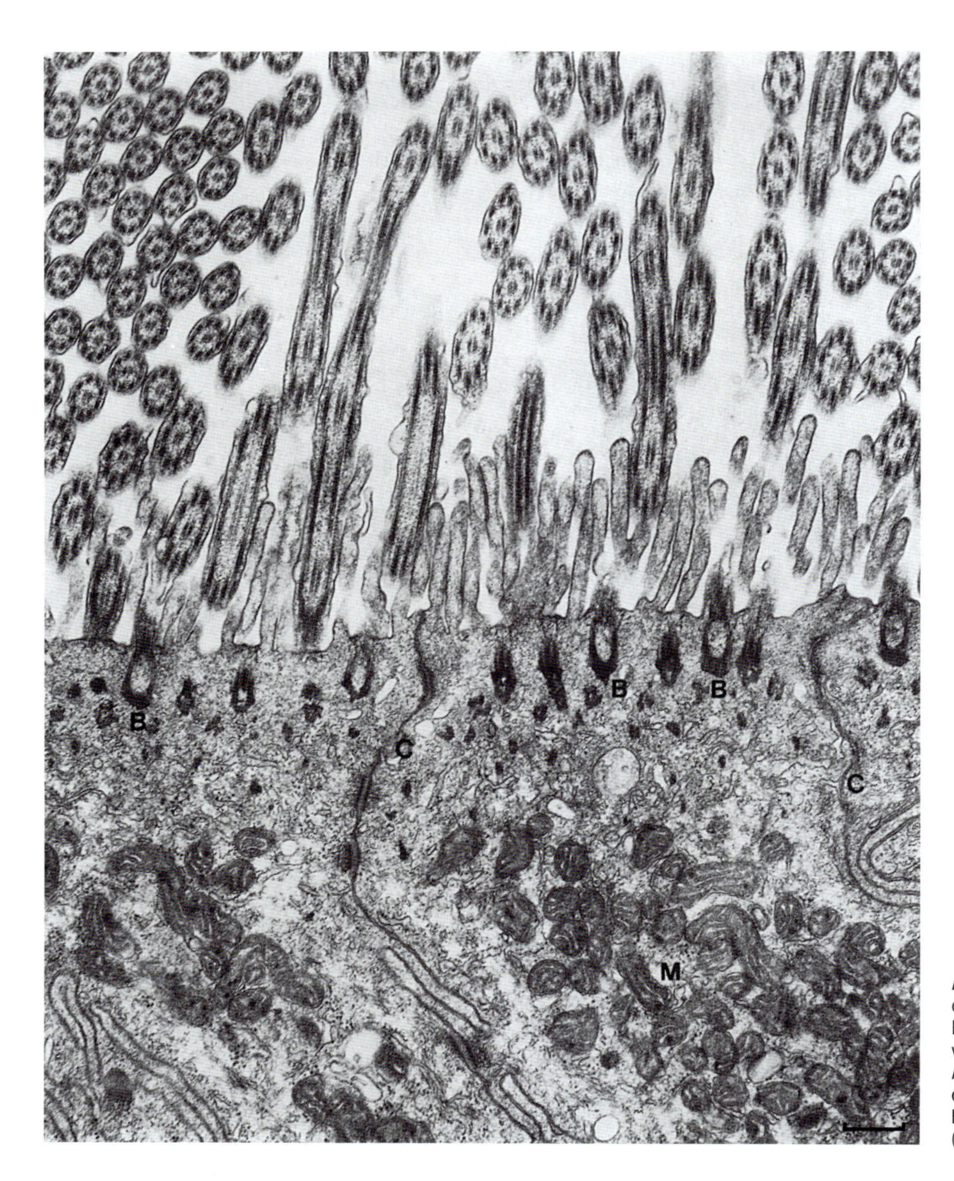

Abb. 16.3. Zilien und apikale Anteile der Zellen des respiratorischen Epithels. Die Mikrotubuli nehmen von den Basalkörperchen (*B*) ihren Ausgang. Die zahlreichen Mitochondrien dienen der ATP-Produktion zur Bewegung der Zilien. Balken = 1 μm. (Aus Junqueira et al. 1996)

gesehen, die unter anderem für die Auslösung des Nies- und Hustenreflexes verantwortlich sind. Andere dieser Zellen sind wahrscheinlich wenig differenzierte Vorläufer von Becherzellen oder Zilien tragenden Zellen.

Die undifferenzierten rundlichen ***Basalzellen*** (Abb. 16.1 und 16.2), die nie die Oberfläche des Epithels erreichen, teilen sich häufig und differenzieren sich zu anderen Zellen des respiratorischen Epithels.

Gleichfalls auf der Basalmembran aufsitzend und von rundlicher Gestalt sind die ***endokrinen Zellen*** (Abb. 16.2). Mit ihrem hellen Zytoplasma und den zahlreichen Bombesin, Kalzitonin, Substanz P u. a. enthaltenden Sekretgranula bilden sie mit den entsprechenden Zellen der Mukosa des Gastrointestinal- und des Urogenitaltrakts das disseminierte ***neuroendokrine System*** (s. Kap. 3.4.2 und 14.13). Über die parakrine Wirkung der basal sezernierten Inhaltsstoffe der Sekretgranula auf die benachbarten Zellen ist wenig bekannt.

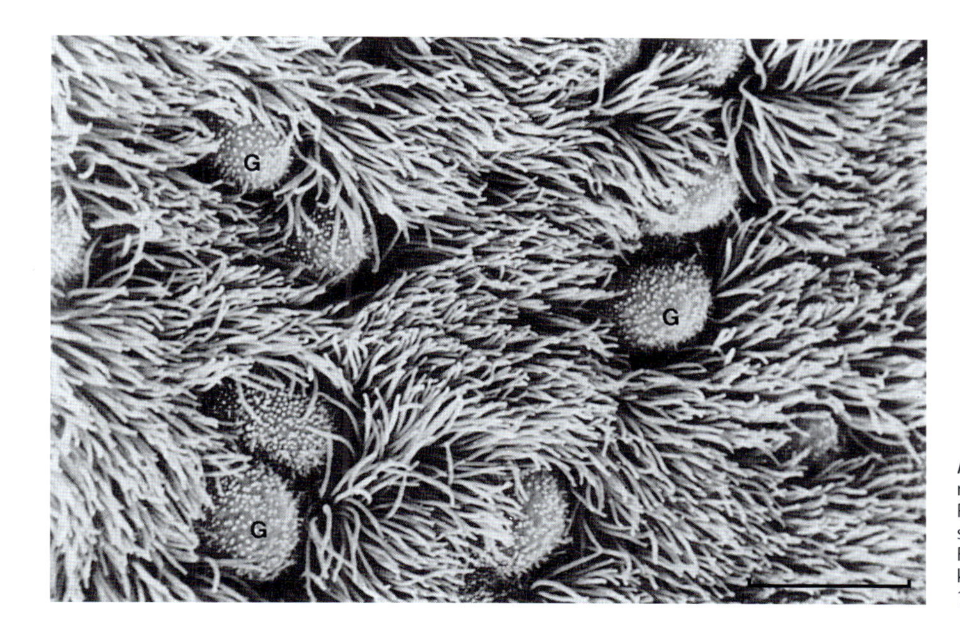

Abb. 16.4. Die Oberfläche der respiratorischen Schleimhaut im Rasterelektronenmikroskop. Ausschnitt aus einem Bereich in dem Flimmerzellen überwiegen, *G* markiert die Becherzellen. Balken = 10 μm. (Aus Junqueira et al. 1996)

Lamina propria▸ Die Lamina propria der Tunica mucosa der Atemwege (Abb. 16.1) besteht aus einem lockeren retikulären Bindegewebe, das neben Fibroblasten reichlich Zellen der Abwehr, wie Makrophagen, Granulozyten, Lymphozyten und Plasmazellen enthält. Dies verwundert nicht, da der Respirationstrakt in seiner gesamten Länge ein Ort der intensiven Auseinandersetzung des Organismus mit der Umwelt ist. Daneben fällt der Reichtum der Lamina propria an Blutgefäßen, vor allem Kapillaren und Venolen auf.

16.2 Nase und Nasennebenhöhlen

Nase▸ Der größte Teil der beiden Nasenhöhlen ist als innere Nase in den Gesichtsschädel integriert. Die aus dem Gesicht vorspringende äußere Nase verfügt über ein teils knöchernes, größtenteils aber knorpeliges Skelett, das gemeinsam mit Anteilen der mimischen Muskulatur den Kollaps der Nase bei Inspiration verhindert. Im Inneren der Nase unterscheiden wir das ***Vestibulum nasi*** von der eigentlichen ***Cavitas nasi***. Der äußerste, hinter den Nasenlöchern gelegene Abschnitt der Nase ist das erweiterte Vestibulum. Es ist zum größten Teil wie die Gesichtshaut von einem mehrschichtigen verhornten Plattenepithel mit Talg- und Schweißdrüsen ausgekleidet. Daneben wachsen in der Haut des Vestibulums zahlreiche dicke Haare, die ***Vibrissae***, die dazu dienen, größere Staubpartikel aus der Atemluft zu filtern. Im hinteren Teil des Vestibulums verliert das Epithel seine Hornschicht und geht in ein mehrschichtiges hochprismatisches Epithel und schließlich in das typische respiratorische Epithel über, welches den größten Teil der Nasenhöhle auskleidet.

Die durch ein teils knöchernes, teils knorpeliges Septum getrennten Nasenhöhlen sind durch die ***Nasenmuscheln*** (Conchae nasales) weiter unterteilt. Die Nasenmuscheln, die ein knöchernes Skelett haben, springen von den seitlichen Wänden der Nasenhöhlen hervor, wobei ihre freien Enden nach unten umgebogen sind. Durch die drei Nasenmuscheln werden die Nasenhöhlen in drei Nasengänge, einen oberen, mittleren und unteren Nasengang, gegliedert. Diese Konstruktion dient zum einen der Laminarisierung des Luftstroms, was zu einer Verminderung des Luftwiderstandes bei der Atmung führt. In erster Linie aber vergrößern die Conchae nasales die Oberfläche der Nasenhöhle und steigern so deren Wirksamkeit bei der Aufbereitung der Atemluft. Dabei wirken die Nasenmuscheln wie die Rippen eines Heizkörpers. Die Lamina propria in der Nasenschleimhaut enthält ausgedehnte ***venöse Plexus*** (Abb. 16.5), deren Durchblutung analog den venösen Genitalschwellkörpern stark variabel ist und reguliert wird. Daneben befinden sich in der Lamina propria zahlreiche Lymphfollikel und einzeln liegende Abwehrzellen. Die darunter liegenden Schichten enthalten dicht gepackte, überwiegend muköse Drüsen, die mit

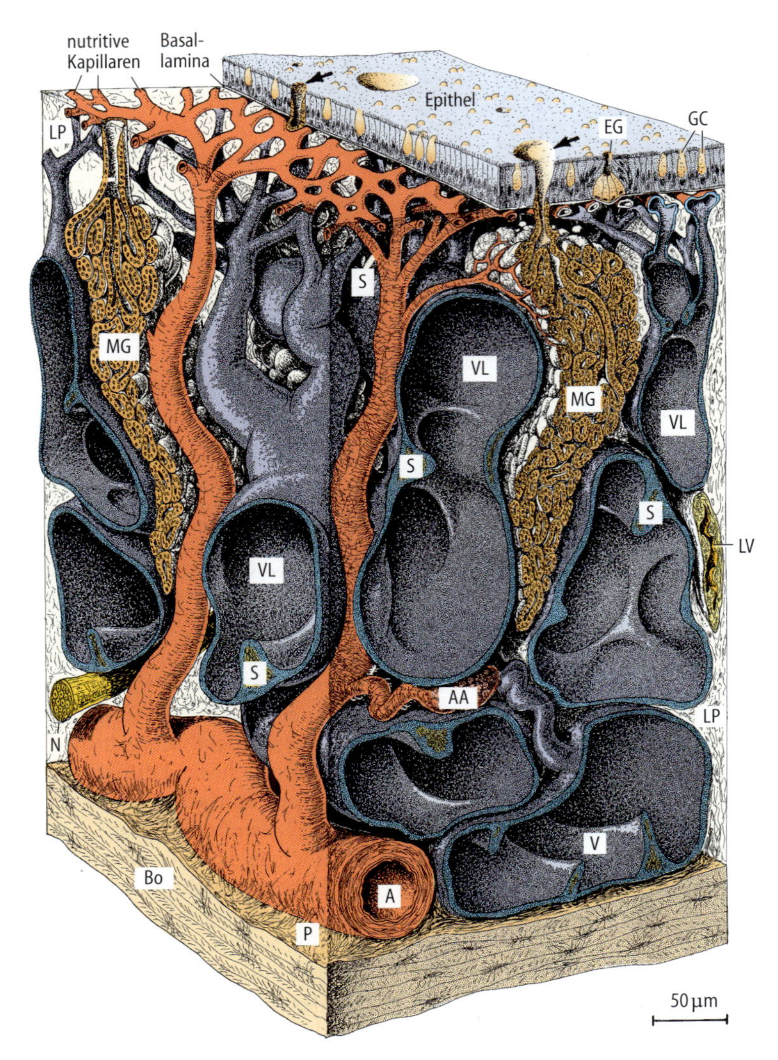

Abb. 16.5. Schleimhaut der Nase in einer dreidimensionalen Darstellung. Das Bild wird von den in gefülltem Zustand wiedergegebenen venösen Plexus (*VL*) der Lamina propria (*LP*) dominiert. Gespeist werden diese aus Arterien (*A*), welche ihr Blut unter Umgehung der Plexus über arteriovenöse Anastomosen (*AA*) direkt in abführende Venen (*V*) abgeben können. Der Füllungszustand der Plexus wird daneben noch von Intimapolstern (*S*) mit Sphinkterfunktion geregelt. Zwischen Arterien und venösen Plexus liegt ein Netz aus nutritiven Kapillaren. *MG* bezeichnet die seromukösen Glandulae nasales, deren Ausführungsgänge auf dem respiratorischen Epithel münden, das in der Nase durch so genannte endoepitheliale Drüsen (*EG*) aus mehreren Becherzellen (*GC*) gekennzeichnet ist. *BL* Basallamina, *Bo* Knochen des Nasenskeletts mit Periost (*P*), *LV* Lymphgefäß. (Aus Krstić 1997)

kurzen Ausführungsgängen auf der Schleimhaut münden, die so genannten ***Glandulae nasales***.

Klinik Bei einer Schädigung des Epithels durch Viren und Bakterien oder nach Kontakt mit einem Allergen kommt es zu einer entzündlichen Reaktion der Nasenschleimhaut mit einer Hypersekretion von Becherzellen und Glandulae nasales und einer Schwellung der subepithelialen Schichten, teils durch Füllung der venösen Schwellkörper, teils durch Ödembildung. Das Resultat ist ein ***Schnupfen*** mit ‚laufender' und verstopfter Nase.

Neben der Aufbereitung der Atemluft dient die Nase auch als Sensor für gasförmige Stoffe. Die Regio olfactoria befindet sich im Bereich des Daches der Nasenhöhle und der oberen Nasenmuschel. Das ***olfaktorische Epithel*** (s. Kap. 23.5) unterscheidet sich vom umgebenden respiratorischen durch das Fehlen von Becherzellen und dem rein serösen Charakter der darunter liegenden so genannten Bowman-Spüldrüsen. Bei ruhiger Inspiration wird die Regio olfactoria nicht direkt angeströmt. Lediglich beim „Schnüffeln" kommt es durch die Bildung von Luftwirbeln bei kurzer stossweiser Inspiration zur massiven Beströmung der Geruchsrezeptoren.

Über die Choanen steht die Nasenhöhle mit dem ***Nasopharynx*** in Verbindung. Der unmittelbar unter der Schädelbasis liegende oberste, auch Epipharynx genannte Teil des Pharynx besitzt ein respiratorisches Epithel, das auch die kraniale Fläche des weichen Gaumens überzieht. Am Rachendach befindet sich als Abwehrorgan die unpaare ***Tonsilla pharyngea***, die zum Waldeyer-Rachenring gehört (s. Kap. 13.8).

Nasennebenhöhlen ▸ Die Nasennebenhöhlen (Sinus paranasales) sind luftgefüllte Hohlräume im Os maxillare, Os frontale, Os ethmoidale und Os sphenoidale, die über Gänge mit der Haupthöhle verbunden sind. Sie entwickeln sich erst in der Postnatalzeit und erreichen ihre endgültige Ausdehnung nach Abschluss der Pubertät. Die Tunica mucosa der Nasennebenhöhlen besteht aus einem respiratorischen Epithel mit wenig Becherzellen. Die Lamina propria, die wenige Drüsen enthält, ist mit dem darunter liegenden Periost fest verbunden. Der Flimmerschlag der Kinozilien tragenden Zellen transportiert den Schleim über die Verbindungsgänge in die Nasenhöhle.

Klinik

Bei einer Entzündung der Nasenschleimhaut können durch Schwellung diese Verbindungsgänge verschlossen werden. Das in den Höhlen gestaute Sekret ist ein idealer Nährboden für Bakterien, die eine eitrige ***Sinusitis*** hervorrufen können.

16.3 Larynx

Luft- und Speiseweg trennen sich vor dem Kehlkopf oder Larynx. Der Kehlkopf besitzt ein Knorpelskelett, dessen größere Knorpel (Cartilago thyroidea, cricoidea und der größte Teil der Cartilagines arytaenoideae) aus hyalinem Knorpel bestehen, der im Alter zur Verkalkung neigt. Die Epiglottis und die kleineren Knorpel wie Cartilago cuneiformis und corniculata sowie die Spitzen der Cartilagines arytaenoideae sind elastisch. Die meisten Knorpel sind über Bänder miteinander verbunden und durch die quer gestreiften Kehlkopfmuskeln gegeneinander beweglich. Diese Muskeln sind Abkömmlinge der Branchialmuskulatur und werden von Ästen des Nervus vagus innerviert. Die Funktion des beweglichen Kehlkopfskeletts liegt neben der Stabilisierung der Wand vor allem in der Lautbildung.

Die ***Epiglottis*** (Kehldeckel), die von der Rückseite des kranialen Abschnitts des Schildknorpels nach dorsokranial vorspringt, verschließt, wenn der Kehlkopf beim Schluckakt höher tritt, den Eingang des Kehlkopfes unvollständig. Man unterscheidet an der Epiglottis eine linguale und eine laryngeale Oberfläche. Die linguale Oberfläche und der Apex der Epiglottis sind von einem mehrschichtigen unverhornten Plattenepithel überzogen. Auf der laryngealen Seite geht dieses Epithel in respiratorisches Epithel über. Daneben finden sich gemischte muköse und seröse Drüsen im submukösen Gewebe, bzw. in den Löchern des elastischen Epiglottisknorpels.

Unterhalb der Epiglottis bildet die Mukosa zwei paarige Falten, die das Lumen des Larynx einengen. Das obere Paar sind die ***Plicae vestibulares*** (falsche Stimmlippen), die mit respiratorischem Epithel überzogen sind und reichlich seromuköse Drüsen im submukösen Bindegewebe aufweisen. Kaudal davon liegen die in geschlossener Stellung sagittal positionierten ***Plicae vocales*** (echte Stimmbänder). Sie sind von einem mehrschichtigen unverhornten Plattenepithel überzogen, das stellenweise verhornt sein kann. In den Stimmbändern verlaufen massive Bündel aus parallelen elastischen Fasern, welche als Ligamenta vocalia bezeichnet werden. Parallel zu diesen verlaufen Skelettmuskelbündel, die Musculi vocales, welche die Spannung der Stimmbänder regulieren.

Klinik

Das lockere Bindegewebe der Lamina propria unter dem respiratorischen Epithel kann vor allem im Bereich des Eingangs des Kehlkopfs und der Plicae vestibulares im Rahmen allergischer Reaktionen so stark anschwellen, dass es zu einer lebensbedrohlichen Einengung des Atemweges kommt ***(Glottisödem)***.

16.4 Trachea

Die mit dem Ringknorpel des Larynx verbundene Trachea hat eine Länge von 10–12 cm. Sie teilt sich im Mediastinum in zwei ***Bronchi principales*** (Hauptbronchien), die die beiden Lungen mit Luft versorgen. Die Trachea weist den für den Bronchialbaum typischen, eingangs erwähnten dreischichtigen Wandbau auf (Abb. 16.6).

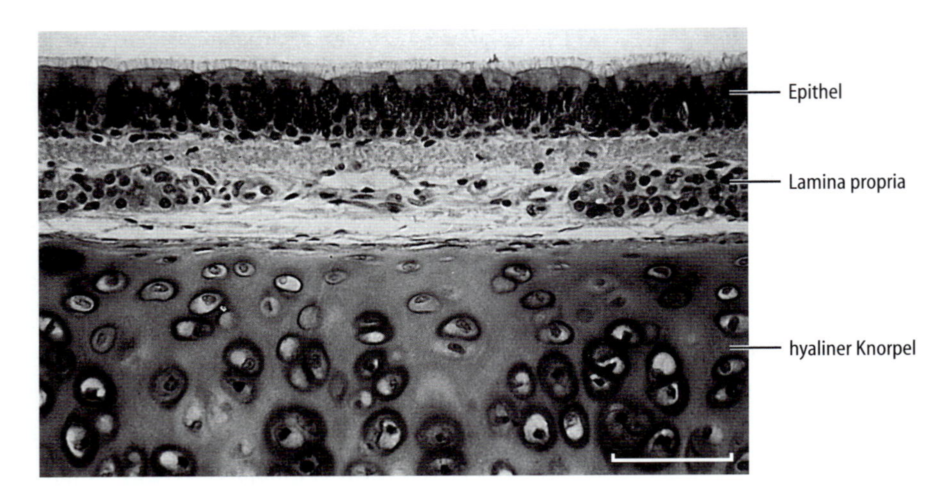

Abb. 16.6. Knorpel, Lamina propria und respiratorisches Epithel der Trachea des Hundes. Die helle Linie unter dem Epithel markiert die hier im Lichtmikroskop sichtbare typische, dicke Basalmembran (HE-Färbung). Balken = 100 μm. (Nach Junqueira et al. 1998)

Die ***Tunica mucosa*** verfügt über ein ***respiratorisches Epithel***. In der ***Lamina propria*** findet man neben zahlreichen Blutgefäßen elastische Fasernetze und seromuköse ***Glandulae tracheales*** und ihre Ausführungsgänge (Abb. 16.1). In der ***Tunica fibromusculocartilaginea*** liegen die für die Trachealwand charakteristischen 16–20 hufeisenförmigen Spangen aus Hyalinknorpel. Sie stabilisieren das Lumen der Trachea gegen Kollaps und Überdehnung. Die Knorpelspangen sind scherengitterartig durch Bindegewebszüge, die reichlich Kollagen und elastische Fasern enthalten, miteinander verbunden. Sie werden zusammen als Ligamenta annularia bezeichnet. Diese Konstruktion erlaubt Schwankungen in der Länge der Trachea von 2–3 cm, wie sie durch die Anhebung des Kehlkopfs mitsamt dem kranialen Tracheaende beim Schluckakt notwendig sind. Der Wandabschnitt zwischen den offenen Enden der hufeisenförmigen Trachealknorpel wird als Paries membranaceus bezeichnet. Er enthält Bündel glatter Muskelzellen, die zwischen den freien Enden der Knorpelspangen aufgespannt sind und als Musculus trachealis bezeichnet werden.

16.5 Bronchien

Die an der Grenze zwischen vorderem und hinterem Mediastinum gelegene Trachea teilt sich in zwei ***Bronchi principales*** (Hauptbronchien)(Tabelle 16.2), die am Hilum in die Lungen eintreten. Daneben treten am Hilum Arterien, Venen, Lymphgefäße und vegetative Nerven in die Lunge. Diese Strukturen sind in ein relativ dichtes Bindegewebe gebettet und bilden die ***Lungenwurzel***. Nach kurzem dorsolateralem Verlauf in den Lungen teilen sich die Hauptbronchien rechts in drei und links in zwei ***Bronchi lobares*** (Lappenbronchien), welche jeweils einen Lungenlappen belüften. Die Lappenbronchien teilen sich ihrerseits in ***Bronchi segmentales*** (Segmentbronchien). Nach weiteren 6–9 Teilungsschritten verlieren die immer kleiner werdenden Bronchien den Knorpel in ihrer Wand und werden als ***Bronchioli*** bezeichnet. Die Bronchioli versorgen die ***Lobuli*** der Lunge, von denen es einige Zehntausend gibt. Jeder Bronchiolus teilt sich dann noch etwa drei- bis viermal, so dass etwa 6–10 ***Bronchioli terminales*** entstehen, welche die ***Azini*** der Lunge versorgen, wo-

Tabelle 16.2. Verzweigungen des Bronchialbaums und die von den verschiedenen Bronchien versorgten Lungenanteile. Links ist eine Schemazeichnung des Bronchialbaums, die darauf folgende Spalte gibt die Teilungsgeneration an, in der Mitte die Bezeichnung der Bronchien, ganz rechts die versorgten Paraenchymbezirke der Lunge. Die dicke Querlinie markiert den Übergang von den rein luftleitenden Abschnitten zu den am Gasaustausch beteiligten

Generation	Bronchien	Versorgter Bezirk
0	Trachea	Lungen
1	Bronchus principalis	Lungenflügel
2	Bronchus lobaris	Lappen
3	Bronchus segmentalis	Segment
4	Bronchus subsegmentalis	Subsegment
9–13	Bronchiolus	Lobulus
15–17	Bronchiolus terminalis	Azinus
18–21	Bronchiolus respiratorius	
21–25	Ductus alveolaris	
	Sacculus alveolaris	

von es etwa eine Viertelmillion gibt. Die Bronchioli terminales sind die letzten rein luftleitenden Abschnitte des Bronchialbaums. Die darauf folgenden ***Bronchioli respiratorii*** sind dadurch gekennzeichnet, dass in ihrer Wand zunächst vereinzelt, nach peripher hin immer häufiger einzelne Alveolen münden. Die Bronchioli respiratorii, von denen es einige Millionen gibt, teilen sich noch drei- bis viermal in Bronchioli respiratorii 1.–3. Ordnung, um dann in die ***Ductus alveolares*** überzugehen, in denen zwischen den Alveolenmündungen keine Bronchiolenwandabschnitte mehr liegen. Die Ductus alveolares können sich ebenfalls noch einige Male zu den dann blind endenden ***Sacculi alveolares*** verzweigen. Durch diese sukzessiven Verzweigungen kommt es zur Bildung von insgesamt etwa 300–400 Millionen Alveolen in beiden Lungen mit einer gesamten inneren Oberfläche von etwa 140 m^2.

Die Lappen sind durch die bis zum Hilum einschneidenden und von ***Pleura pulmonalis*** überzogenen Interlobärspalten fast vollständig getrennt. Die nächst kleineren Einheiten, die Lungensegmente, sind ebenfalls durch dünne Bindegewebssepten voneinander noch abgrenzbar, was für die Segmentresektion in der Thoraxchirurgie von Bedeutung ist. Die dann folgenden kleineren Parenchymeinheiten sind nur noch unvollständig von Bindegewebe begrenzt. Dies gilt vor allem für die Lungenlobuli, welche die Form von Pyramiden haben, deren Spitze gegen das Hilum gerichtet ist. Am deutlichsten sind die unmittelbar subpleural gelegenen Lobuli abgegrenzt, deren bindegewebige Begrenzungen durch die Ansammlung von Staubpartikeln in dort liegenden Makrophagen sich als dunkles Netz an der Lungenoberfläche abzeichnen.

Wandbau▸ Der Bau der größeren Bronchien gleicht noch weitgehend dem der Trachea. Jedoch liegt eine andere Anordnung der Bronchialknorpel und der glatten Muskulatur in der ***Tunica fibromusculocartilaginea*** vor (👁 Abb. 16.7 und 16.8). So haben die hyalinen Knorpel die Form von Platten und Stückchen, die aber im Gegensatz zur Trachea das Lumen allseitig umgeben. Der funktionell bedeutsamste Unterschied liegt darin, dass die überwiegend zirkulär angeordnete glatte Bronchialmuskulatur innerhalb des knorpeligen Skeletts liegt und so das Lumen der Bronchien regulieren bzw. bei kleineren Bronchien und Bronchiolen gänzlich verschließen kann. Die postmortale Kontraktion dieser Muskeln ist für das sternförmige Lumen der Bronchien und Bronchiolen in histologischen Präparaten verantwortlich. Die Lamina propria enthält neben zahlreichen Gefäßen vor allen in den größeren Bronchien seromuköse Drüsen, die ***Glandulae bronchiales***. Daneben finden sich im retikulären Bindegewebe der Lamina propria reichlich Abwehrzellen sowie Lymphfollikel. An den Verzweigungen der größeren Bronchien findet man Gruppen von Lymphfollikeln, in die das darüber liegende respiratorische Epithel in Form von kleinen Krypten eingesenkt ist. In diesen Krypten kommt es zu einer Auflockerung des Epithels mit der Durchwanderung von Lymphozyten und Granulozyten, so dass tonsillenähnliche Strukturen vorliegen, die zum mukosalen Immunsystem gehören (s. Kap. 13.8 und 14.8).

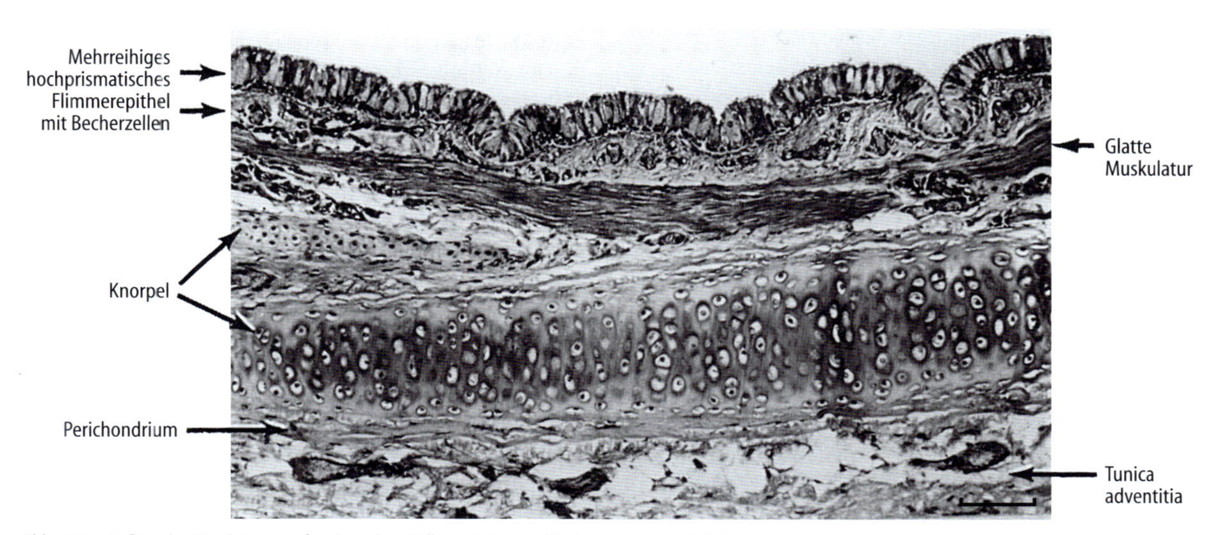

Abb. 16.7. Aufbau der Wand eines großen Bronchus. Balken = 100 μm. (Nach Junqueira et al. 1996)

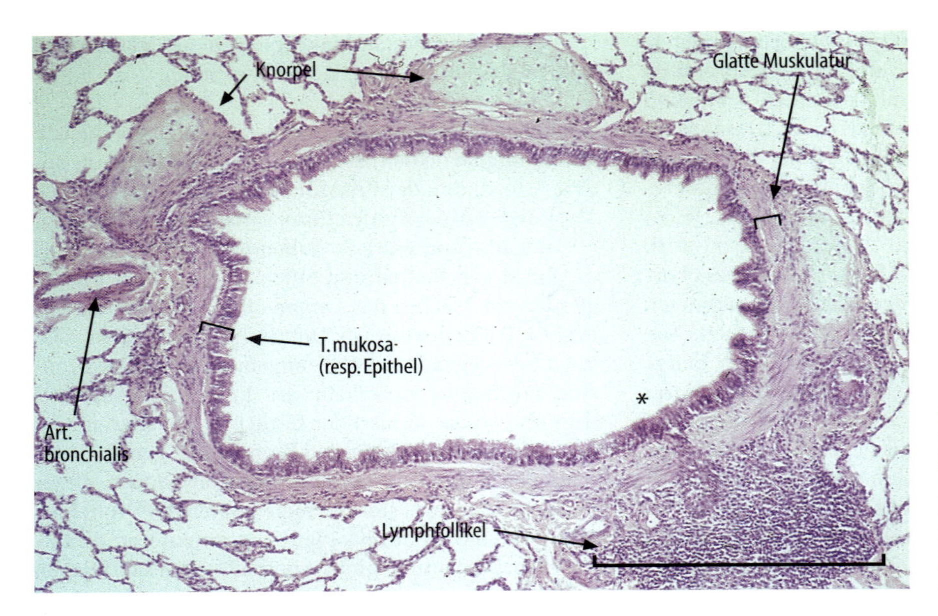

Abb. 16.8. Wandschichten des Bronchus eines Pavians. Es fällt auf, dass zwischen respiratorischem Epithel und Muskelschicht kaum Bindegewebe der Lamina propria vorhanden ist. * markiert eine kryptenähnliche Einsenkung des Epitels in das lymphatische Gewebe (HE-Färbung). Balken = 1 mm

Die ***Tunica adventitia*** der Bronchien und Bronchiolen enthält neben den Vasa privata der Lunge, den ***Arteriae bronchiales***, auch ***vegetative Nervengeflechte*** zur Innervation von Drüsen und Muskulatur. Dabei bewirken die parasympathischen Anteile der vegetativen Nerven, die vom Nervus vagus stammen, die Kontraktion der Bronchialmuskulatur, die sympathischen eine Relaxation.

Klinik

Beim allergischen ***Asthma bronchiale*** infolge einer Reaktion auf Allergene in der Atemluft (Pollen, Hausstaubmilben, etc.) liegt eine entzündliche Reaktion im Bereich des subepithelialen Bindegewebes mit Hyperämie der Kapillaren und massiver Ödembildung und dadurch Verdickung der Schleimhaut vor. Des Weiteren kommt es zu einer Hypersekretion aus den Becherzellen und den Glandulae bronchiales sowie zu einer Konstriktion der Bronchialmuskulatur, die im Laufe von Jahren bei dieser Erkrankung hypertrophiert. Die Folge ist eine Einengung des Bronchuslumens mit erheblichen Atembeschwerden, vor allem bei der Expiration. Die bronchokonstriktorische Wirkung der Rami bronchiales des Nervus vagus erklärt, dass Asthmaanfälle gehäuft in den frühen Morgenstunden auftreten, in denen der Organismus unter einem relativ hohen Parasympathikotonus bzw. geringen Sympathikotonus steht. Dementsprechend gibt man bei der Therapie des Asthma bronchiale neben entzündungshemmenden Glukokortikoiden, schleimlösende Medikamente und Sympathikomimetika ($\beta 2$ Agonisten, Abb. 9.23), um das Bronchuslumen zu erweitern.

Bronchioli▸ Enthält die Wand eines Luftleiters keine Knorpelstücke mehr, so spricht man von Bronchioli, die im Allgemeinen einen Durchmesser von unter 1 mm haben (Abb. 16.9). Sie sind auch durch das Fehlen von Drüsen in ihrer Wand gekennzeichnet (Tabelle 16.1). In den proximalen Bronchioli findet man noch vereinzelt Becherzellen im respiratorischen Epithel, die aber in den Bronchioli terminales vollständig fehlen (Abb. 16.10). Das mehrreihige hochprismatische Flimmerepithel nimmt an Höhe ab. Zu den Bronchioli respiratorii hin wird das Epithel kubisch und die Kinozilien tragenden Zellen verlieren sich allmählich. Dagegen ist die Muskelschicht in den Wänden der Bronchiolen durchaus ausgeprägt. Eine Besonderheit des Epithels der Bronchioli terminales sind die ***Clara-Zellen***, welche kubisch bis hochprismatisch sind. Sie besitzen einen auffallenden Golgi-Apparat und Sekretgranula im apikalen Abschnitt der Zelle, die unter anderem Proteoglykane enthalten. Es wird spekuliert, dass die Clara-Zellen am Abbau des Surfactant (s. unten) beteiligt sind. Es würde in der Tat Sinn machen, das Surfactant aus dem Bronchialschleim zu entfernen, da die Herabsetzung der Oberflächenspannung in den Bronchien und Bronchiolen die Gefahr der Schaumbildung beinhaltet.

Daneben enthalten die Bronchiolen ***neuroepitheliale Körperchen*** (s. Kap. 23.3) Hierbei handelt es sich um Chemorezeptoren zur Überwachung der Atemgaszusammensetzung.

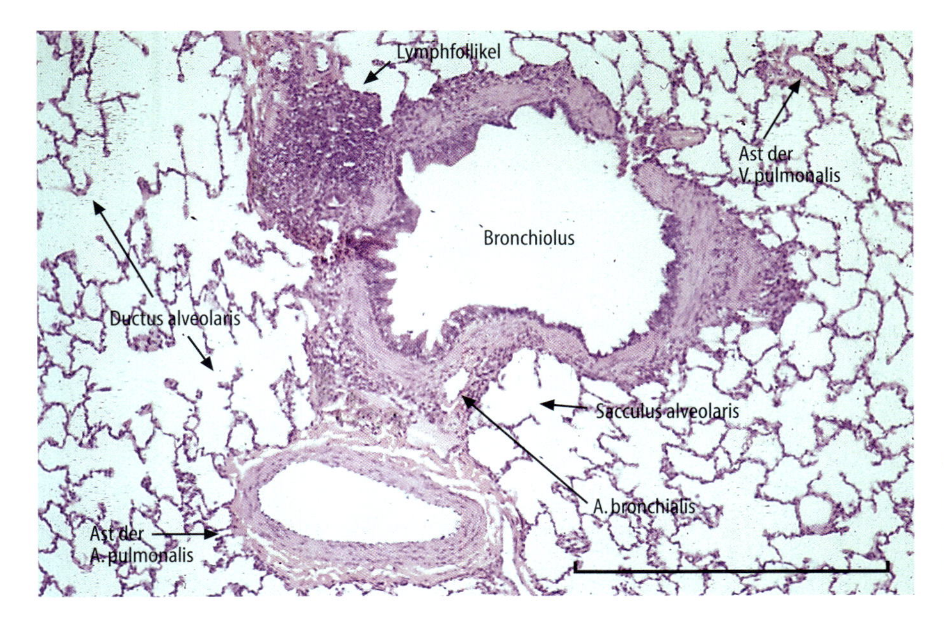

Abb. 16.9. Größerer Bronchiolus eines Pavians mit begleitendem Ast der Lungenarterie. Hyaliner Knorpel und Drüsen fehlen in der Wand, die von der (überwiegend) zirkulären Muskelschicht dominiert wird (HE-Färbung). Balken = 1 mm

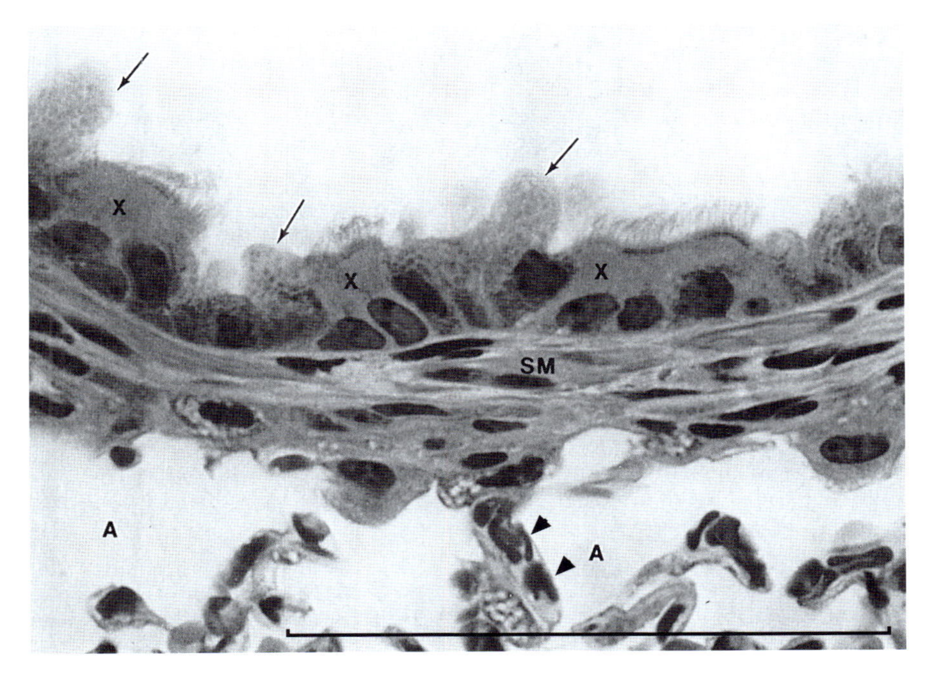

Abb. 16.10. Bronchiolus terminalis einer Maus. Das Epithel zeigt kubische Flimmerzellen (*X*) und große Clara-Zellen (*Pfeile*). Da kaum Bindegewebe in der Lamina propria vorhanden ist, liegen die glatten Muskelzellen (*SM*) unmittelbar unter dem Epithel. *A* zeigt Lumina benachbarter Alveolen, die *Pfeilspitzen* eine Kapillare eines Alveolarseptums mit Erythrozyten. Balken = 100 µm. (Nach Junqueira et al. 1996)

Bronchioli respiratorii▸ Die aus einem Bronchiolus terminalis hervorgehenden Bronchioli respiratorii, die sich selbst wieder 3–4-mal aufzweigen können, sind dadurch gekennzeichnet, dass in ihre Wand nach peripher zunehmend einzelne Alveolen münden (Abb. 16.11). Zwischen den Alveolenmündungen ist die Wand der Bronchioli respiratorii von einem Zilien tragenden kubischen Epithel ausgekleidet. Bindegewebe ist in der Lamina propria kaum noch vorhanden, dagegen sind die darunter liegende Muskelschicht und die elastischen Fasernetze ausgeprägt.

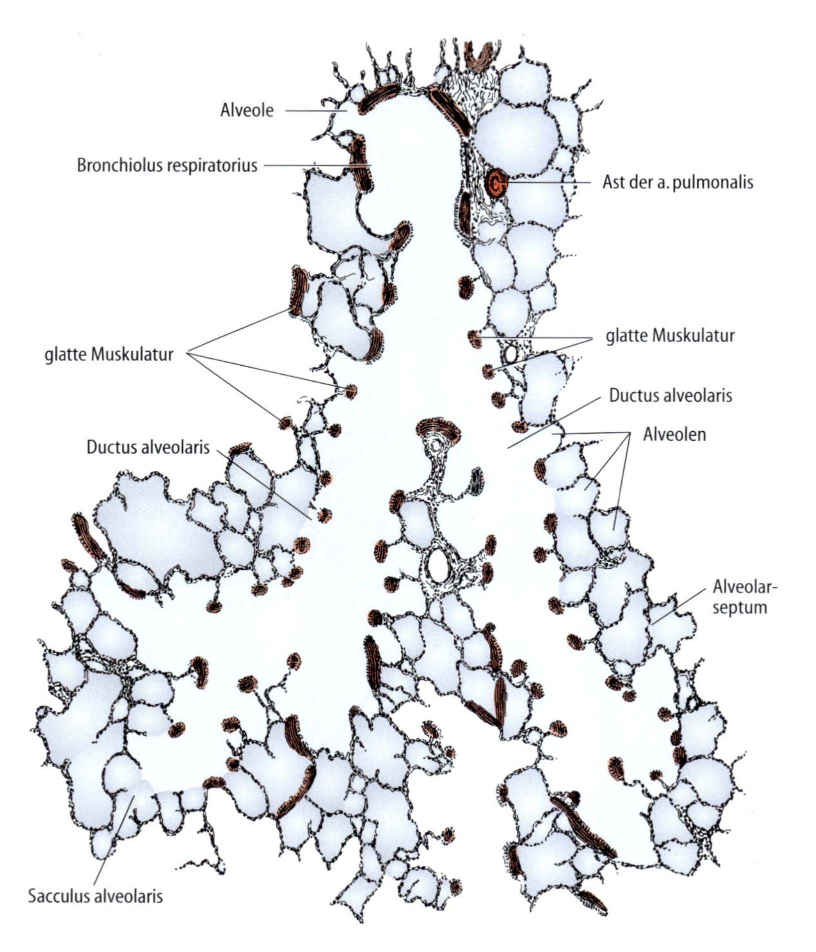

Abb. 16.11. Aufzweigung eines Bronchiolus respiratorius in Ductus und Sacculi alveolares in schematischer Darstellung. Balken = 1 mm. (Nach Junqueira et al. 1998)

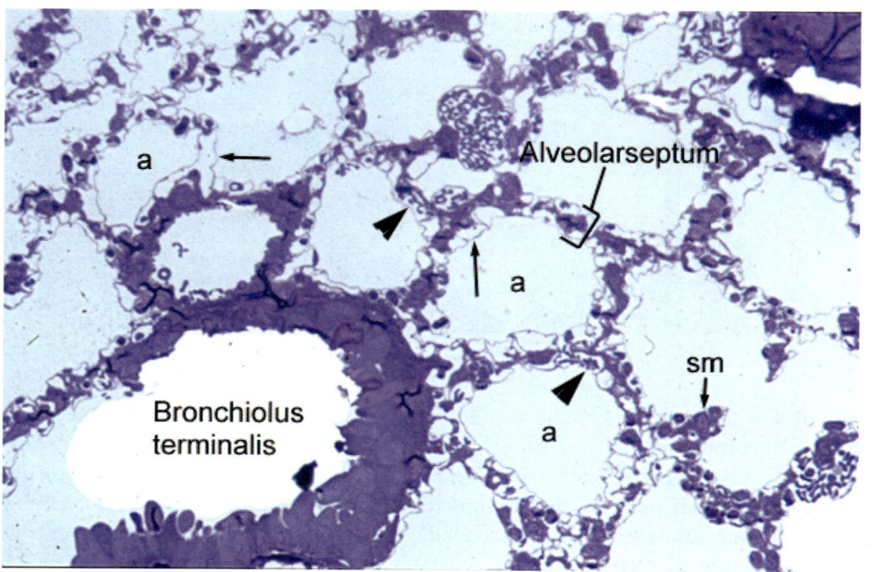

Abb. 16.12. Ausschnitt der Lunge einer Maus. Der angeschnittene Bronchiolus terminalis geht *links unten* in einen Bronchiolus respiratorius über. Dieser Schnitt demonstriert, dass die Alveolarsepten zum größten Teil von Kapillaren eingenommen werden. *a* bezeichnet Alveolarlumina, *sm* quergeschnittene glatte Muskelzellen an der Mündung einer Alveole, die *Pfeile* weisen auf leere Kapillaren, die *Pfeilspitzen* auf Kapillaren mit Erythrozyten im Lumen (Semidünnschnitt gefärbt mit Methylenblau)

16.6 Alveolen

Sobald die Wand des Bronchiolus respiratorius nicht mehr nachweisbar ist, weil eine Alveole neben der anderen in das Lumen mündet, spricht man von einem ***Ductus alveolaris*** (Abb. 16.11). Ductus alveolares weisen allerdings noch zirkuläre glatte Muskelbündel auf, die die Alveolarsepten, da wo sie an das Lumen des Ductus münden, verdicken. Die blinden Enden der Ductus alveolares, in die von allen Seiten her Alveolen münden, bezeichnet man als ***Sacculi alveolares***.

Die ***Alveolen***, von denen die beiden Lungen eines Erwachsenen insgesamt 300–400 Millionen enthalten, haben einen Durchmesser von rund 200–300 μm, sind also mit dem bloßen Auge gerade noch sichtbar. Meistens werden sie kugelig wie Trauben dargestellt, die am Stiel des Bronchiolus respiratorius hängen. Wären die Alveolen kugelig, so würde die menschliche Lunge sehr viel mehr Bindegewebe in den Zwickeln zwischen den aneinander grenzenden Kugeln besitzen. Tatsächlich handelt es sich bei den Alveolen um benachbarte Polyeder (Abb. 16.12, 16.13 und 16.14). Diese Form garantiert, dass in den Lungen ein Maximum an Gasaustauschfläche bei einem Minimum an Gewebeaufwand erreicht wird. Die Wände zwischen den Alveolen, die ***Alveolarsepten***, sind zwischen 5 und 8 μm dick. Häufig enthalten die Alveolarsepten auch eine oder mehrere ***Alveolarporen***, die benachbarte Alveolen miteinander verbinden. Sie können den Luftdruck benachbarter Alveolen ausgleichen oder kollaterale Belüftung ermöglichen, wenn Bronchiolen verschlossen sind. Häufig werden die ***Kapillaren*** der Alveolarsepten fälschlich als Netzwerk von röhrenförmigen Kapillaren dargestellt. In Wirklichkeit handelt es sich um irregulär geformte, mit Endothel ausgekleidete Hohlräume, die bis zu 90 % eines Alveolarseptums ausmachen (Abb. 16.12 und 16.13). Diese Kapillararchitektur ist dafür verantwortlich, dass trotz des engen Lumens von 5–8 μm der Durchblutungswiderstand der Lungenkapillaren extrem niedrig ist. Dadurch reicht zur Perfusion der Lungen ein Mitteldruck in der Lungenarterie von weniger als 20 mmHg aus. Das erklärt die dünne Wand der Lungenarterien und des rechten Ventrikels. Die spezielle Architektur der Alveolenkapillaren ist auch dafür verantwortlich, dass mehr als die Hälfte der inneren Oberfläche der Lunge von 140 m^2, nämlich 70–100 m^2, für den Gasaustausch zur Verfügung steht.

In Alveolarsepten grenzen die luftgefüllten Räume der Alveolen an das Blut. Der Gasaustausch findet über die so genannte ***Blut-Luft-Schranke*** statt (Abb. 16.15 und 16.16). Sie besteht aus drei Schichten: den ***Alveolardeckzellen***, die auch als ***Pneumozyten Typ I*** bezeichnet werden, den ***Endothelzellen*** der Alveolenkapillaren und den im Bereich der Blut-Luft-Schranke verschmolzenen Basallaminae von Alveolardeckzellen und Endothelien. Die Dicke der Blut-Luft-Schranke schwankt zwischen 0,1 und 1,5 μm. Der zwischen den Kapillaren verbleibende Raum der Alveolarsepten enthält ein Netzwerk von retikulären und elastischen Fasern. Die elastischen Fasern erlauben die beträchtlichen Volumenschwankungen der einzelnen Alveolen und der Lunge bei der Ein- und Ausatmung. Neben Fasern findet man im ***Interstitium*** der Alveolarsepten Fibroblasten, Leukozyten, Mastzellen und Makrophagen in großer Zahl.

Die dünn ausgezogenen, platten ***Endothelzellen*** der Kapillaren sind vom kontinuierlichen Typ (s. Kap. 10.6). Abgesehen von der Region der Zelle, die den Kern und die meisten Zellorganellen enthält, sind sie zwischen 25 und 100 nm dick. In den dünn ausgezogenen Bereichen fallen zahlreiche Transzytosevesikel auf. Die Endothelzellen machen etwa 30 % der Zellen der Alveolarsepten aus.

Die platten ***Pneumozyten Typ I***, die ***Alveolardeckzellen***, stellen nur 8 % der Zellen der Alveolarsepten, bedecken aber mehr als 90 % der inneren Oberfläche der Alveolen. Sie haben im Mittel Durchmesser von bis zu 70 μm und sind in den meisten Bereichen dünner als 100 nm. Ihre Zellorganellen, wie z. B. Golgi-Apparat, endoplasmatisches Retikulum und Mitochondrien, befinden sich in Kernnähe. Im übrigen Zytoplasma befinden sich viele Transzytosevesikel.

Klinik

Kommt es bei einem Versagen des linken Ventrikels des Herzens zu einem Rückstau von Blut in den Lungenkreislauf mit einer Erhöhung des Druckes in den Alveolenkapillaren, der normalerweise um 10 mm Hg beträgt, so kann daraus ein massiver Übertritt von Blutplasma ins Alveolarlumen mit der Bildung eines **Lungenödems** resultieren. Ein Lungenödem beinhaltet eine massive Beeinträchtigung des Gasaustauschs und ist ein akut lebensbedrohlicher Zustand.

An den Rändern sind die Alveolardeckzellen über Tight Junctions und Desmosomen miteinander und den ***Pneumozyten Typ II***, die auch als ***Nischenzellen*** bezeichnet werden, zu einem Epithelverband zusammengeschlossen. Die Pneumozyten Typ II sind relativ kleine, kubische bis rundliche Zellen von ungefähr 10 μm

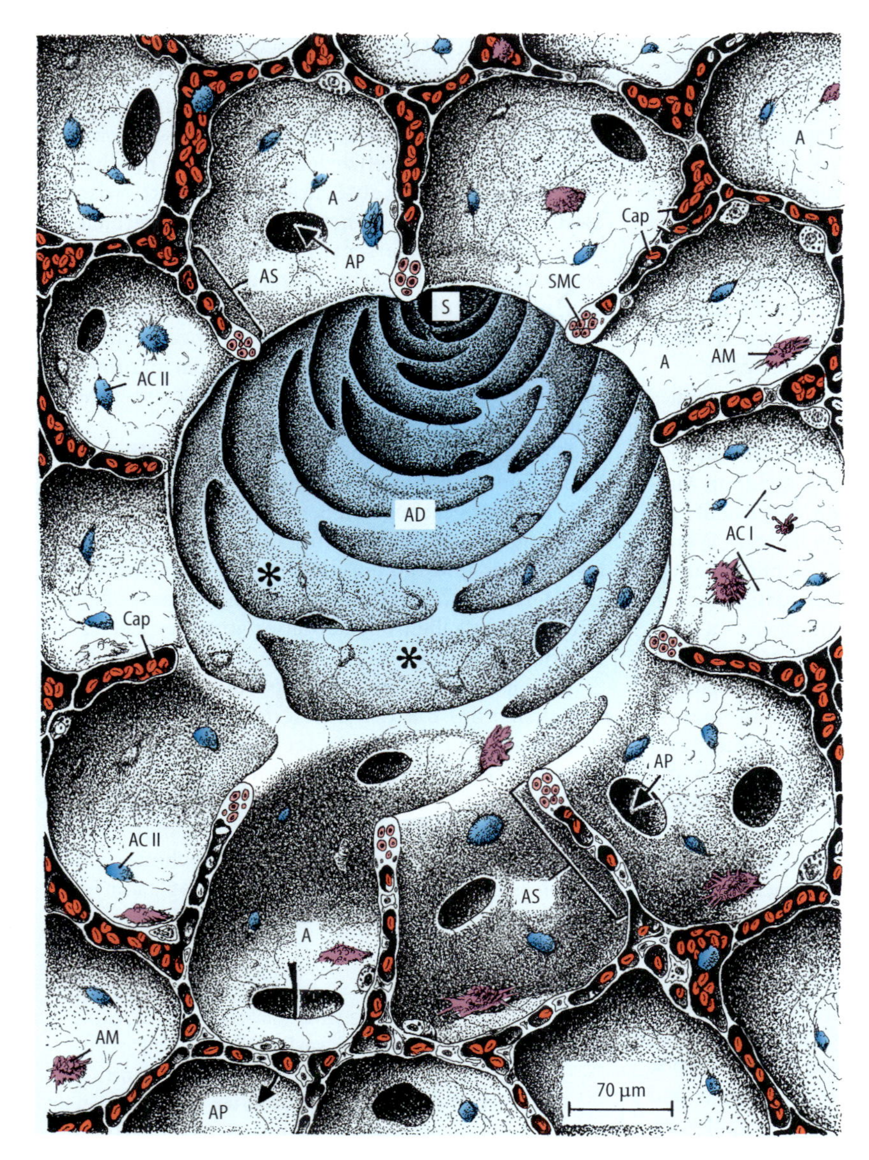

Abb. 16.13. Zeichnung eines Ductus alveolaris (*AD*), der im Hintergrund in einem Sacculus alveolaris (*S*) endet. Mit * sind zwei der zahlreichen Mündungen von Alveolen (*A*) bezeichnet. Wie in Abb. 16.12 sind die Alveolarsepten (*AS*) an der Mündung in den Ductus durch Einlagerung glatter Muskulatur (*SMC*) verdickt. Die Alveolarsepten sind stellenweise von Poren (*AP*) durchbrochen. In den Kapillaren (Cap) sind Erythrozyten dargestellt. An der Oberfläche der Alveolen erkennt man die Zellgrenzen der flächig ausgebreiteten Pneumozyten vom Typ I (*AC I*) zwischen denen die kleinen Typ II Pneumozyten (*AC II*) liegen. *AM* bezeichnet die zahlreichen Alveolarmakrophagen auf dem Alveolarepithel. (Aus Krstić 1997)

Durchmesser (Abb. 16.17). Sie bedecken lediglich 10 % der Alveolaroberfläche, obwohl sie doppelt so häufig wie die Pneumozyten Typ I sind (16 % der Zellen des Alveolarseptums). Im Elektronenmikroskop fallen Nischenzellen neben Mikrovilli an ihrer apikalen Oberfläche durch die typischen Kennzeichen von sezernierenden Zellen auf (Abb. 16.18 und 16.19). Die Sekretvesikel enthalten dichtgepackte Membranstapel, die zur Bezeichnung ***multilamelläre Körperchen*** geführt haben. Sie enthalten reichlich Phospholipide und Proteoglykane, die für das schaumige Aussehen des Zytoplasmas im Lichtmikroskop verantwortlich sind.

Der Inhalt der Sekretvesikel wird ständig sezerniert und breitet sich auf der gesamten Oberfläche der Alveolen aus. Das Sekret wird als ***Surfactant*** bezeichnet. Die Funktion des Surfactant besteht darin, ähnlich wie Seifen, die Spannung des Flüssigkeitsfilms auf der Oberfläche der die Alveolen auskleidenden Zellen herabzusetzen. Dadurch, dass die Grenzflächenspannung zwischen Wasser und Luft auf der gesamten Oberfläche

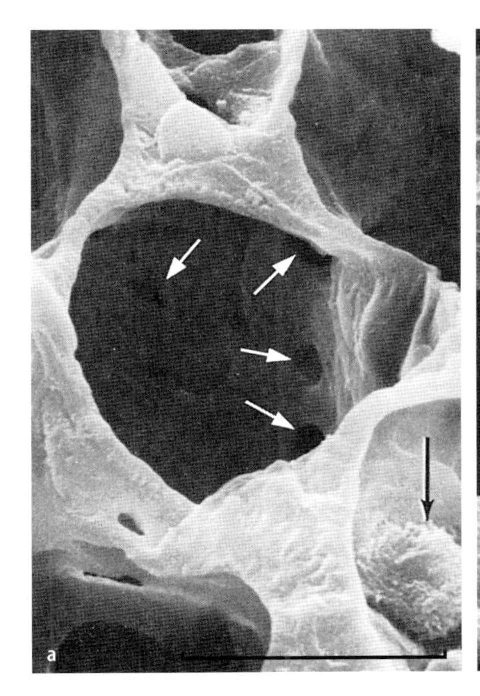

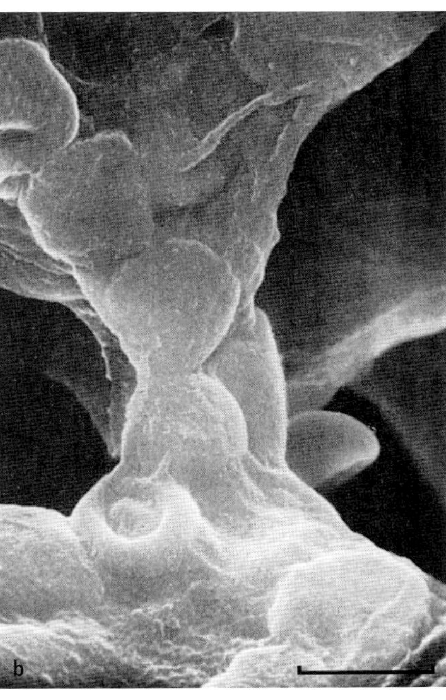

Abb. 16.14 a, b. Darstellung der Alveolen in der Lunge einer Maus im Rasterelektronenmikroskop. **a** Alveolen mit Poren in den Alveolarsepten (*Pfeile*). Der *schwarze Pfeil* zeigt auf einen Alveolarmakrophagen. **b** In der dünnen Alveolarwand sind Erythrozyten innerhalb der Kapillaren erkennbar. Balken **a** = 100 μm; **b** = 10 μm. (Aus Junqueira et al. 1996)

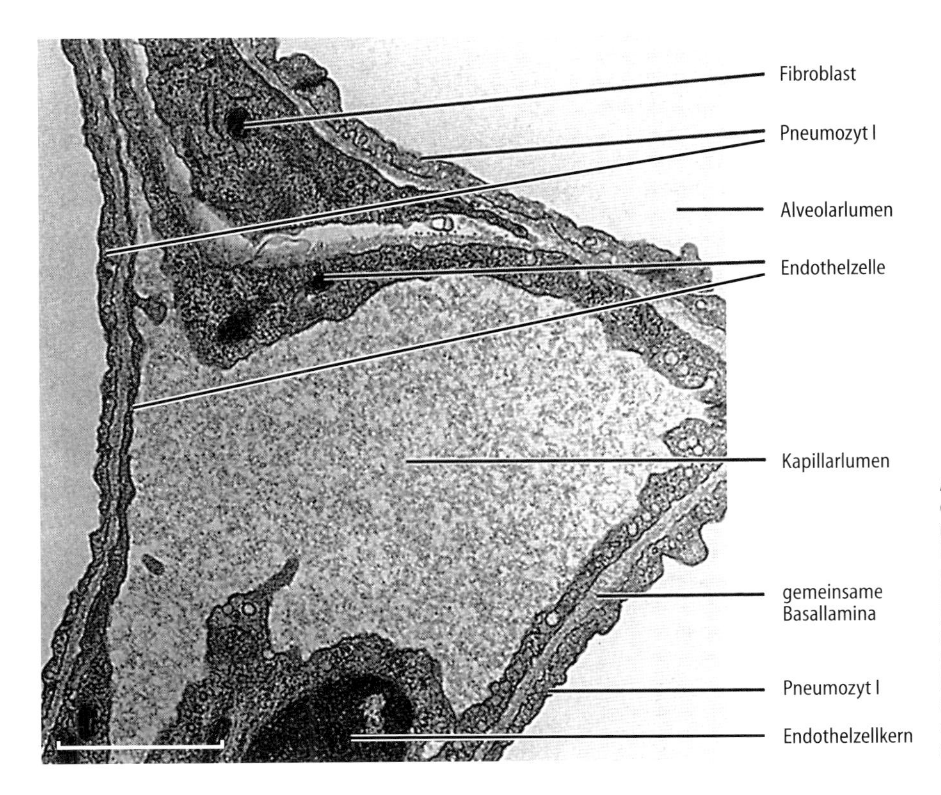

Abb. 16.15. Alveolarseptum in einer elektronenmikroskopischen Aufnahme. Das flockige Material im Kapillarlumen entspricht ausgefällten Plasmaproteinen und fehlt in den Alveolarlumina beiderseits des Septums. Man sieht, dass die aus zwei platten Epithelzellen und einer gemeinsamen Basallamina bestehende Diffusionsbarriere zwischen Blut und Luft über weite Abschnitte nur etwa 100 nm dick ist. Balken = 1 μm. (Nach Junqueira et al. 1998)

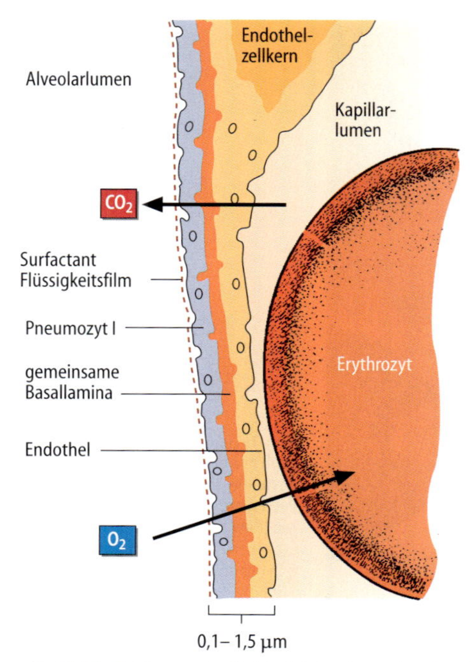

Abb. 16.16. Zeichnung der Blut-Luft-Schranke in den Alveolarsepten. (Nach Junqueira et al. 1998)

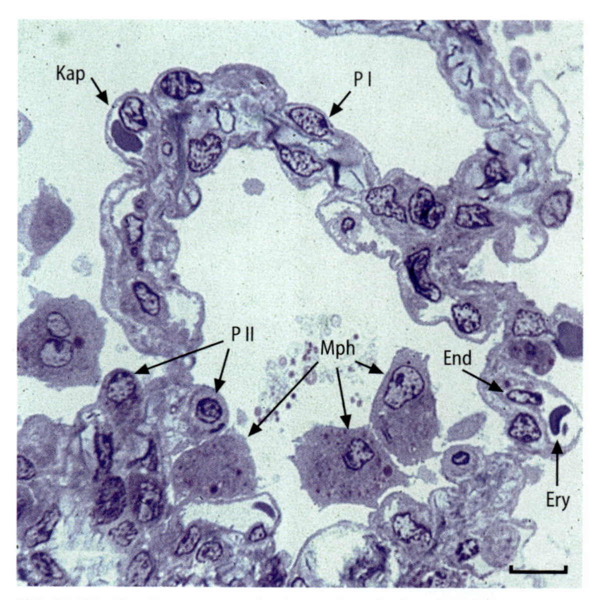

Abb. 16.17. Alveolarsepten aus der Lunge eines Pavians. Es ist eine unmittelbar subpleural gelegene Alveole angeschnitten, was man am faserreichen Bindegewebe der Pleura visceralis am *unteren Bildrand* erkennt. Die Kapillaren der Alveolarsepten sind teilweise kollabiert, bzw. es sind nur Hohlräume zu erkennen. Am *oberen Bildrand* ist eine Kapillare mit Endothelzellkern (*End*) und Erythrozyten (*Ery*) zu sehen, ein ähnlicher Anschnitt einer Kapillare ist mit Kap bezeichnet. *P I* bezeichnet den Zellkern einer Alveolardeckzelle, *P II* die kleinen kugeligen Pneumozyten II. Die drei großen mit *Mph* bezeichneten Zellen sind Makrophagen, die typischerweise den Pneumozyten des Typs I oder II aufsitzen (Semidünnschnitt, Methylenblau). Balken = 10 µm

der Alveolen, nämlich 140 m², wirksam wird, ergeben sich in der Summe ganz beachtliche Kräfte, die bei der Inspiration, die eine Vergrößerung der Alveolenfläche beinhaltet, überwunden werden müssen. So liegt die Bedeutung des Surfactant unter anderem in der Herabsetzung der Arbeit, die von der Atemmuskulatur geleistet werden muss. Daneben verhindert das Surfactant den Kollaps von Alveolen bei der Expiration. Obwohl Surfactant in den Alveolen die Grenzflächenspannung zur Luft auf etwa 1/10 reduziert, entfällt ca. die Hälfte der von der Atemmuskulatur bei der Inspiration aufzubringenden Arbeit auf die Überwindung der Grenzflächenspannung zwischen Alveolenflüssigkeit und Luft. Die andere Hälfte ist erforderlich, um die elastischen Elemente vor allem in den Alveolarsepten zu dehnen sowie Widerstände bei der Verformung des Thorax zu überwinden.

Klinik

Pneumozyten Typ II bilden erst ab der 23. Entwicklungswoche Surfactant. Bis zur 32. Woche ist jedoch die Surfactantsekretion noch so gering, dass vor diesem Zeitpunkt zur Welt gekommene Frühgeborene infolge Nichtentfaltung ***(Atelektase)*** von vielen Alveolen an Atemnot leiden. Therapeutisch werden seit etwa 10 Jahren surfactantähnliche Phospholipidgemische eingesetzt, bzw. die Surfactantsynthese durch Gabe von Glukokortikoiden angeregt.

Das im alveolaren Flüssigkeitsfilm enthaltene Surfactant unterliegt einem ständigen Umsatz. Die Pneumozyten Typ I, die Makrophagen und auch die Pneumozyten Typ II nehmen ständig einen Teil der surfactanthaltigen Alveolarflüssigkeit über Pinozytose auf. Ein weiterer Teil der Alveolarflüssigkeit gelangt in die Bronchioli respiratorii und wird dort von den Zilien tragenden Zellen in den ganzen Bronchialbaum transportiert. Neben ihrer sekretorischen Aktivität stellen die Pneumozyten Typ II eine Reservepopulation dar,

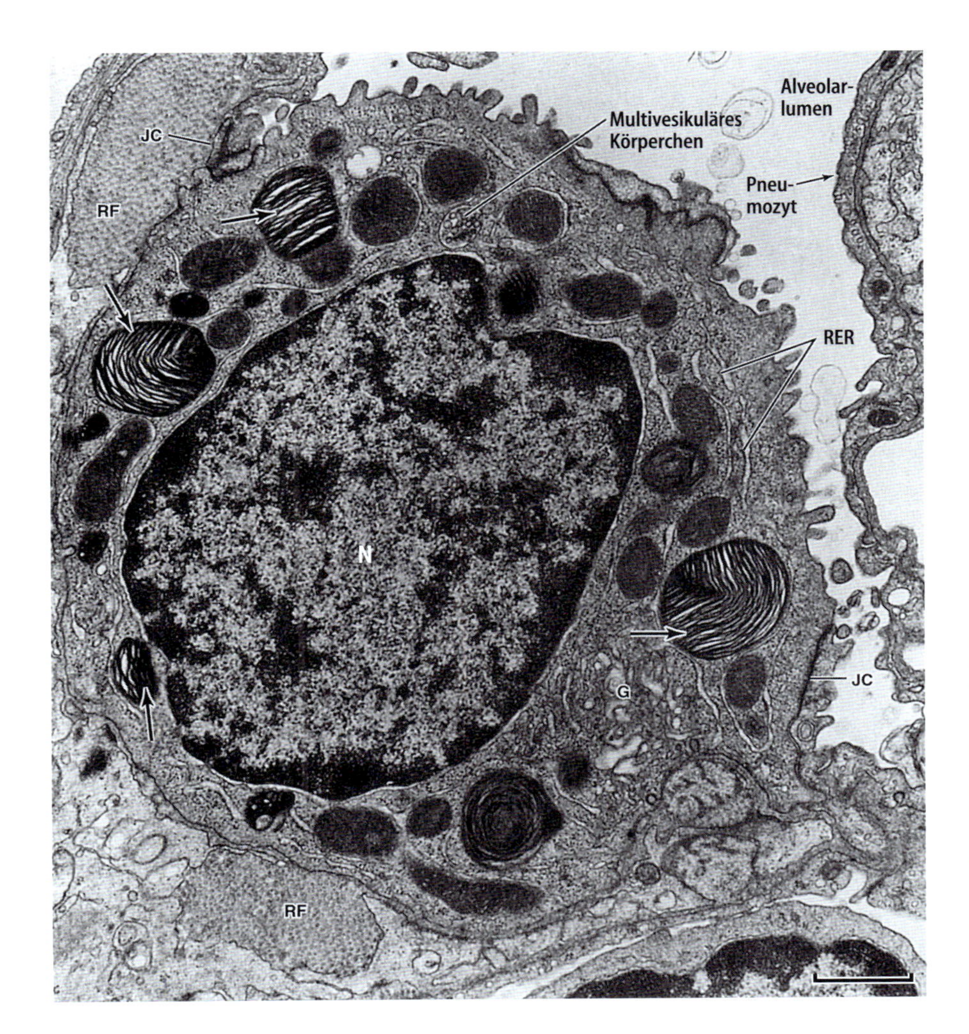

Abb. 16.18. Pneumozyt Typ II (Nischenzelle) dargestellt im Elektronenmikroskop. Die unbeschrifteten *Pfeile* weisen auf multilamelläre Körperchen, die Surfactant enthalten. Neben dem Zellkern (*N*) erkennt man rauhes endoplasmatisches Retikulum (*RER*), Golgiapparat (*G*) und multivesikuläre Organellen. Am *rechten Bildrand* sieht man, dass die Nischenzellen mit den Alveolardeckzellen (Typ I) über Tight Junctions (*JC*) zum Alveolarepithel zusammengeschlossen sind. Am *linken Bildrand* sind retikuläre Fasern (*RF*) des Interstitiums des Alveolarseptums angeschnitten. Balken = 1 µm. (Nach Junqueira et al. 1996)

die sich zu Pneumozyten Typ I differenzieren können und diese im Rahmen des normalen Zellumsatzes oder nach Schädigungen ergänzen.

Die ***Alveolarmakrophagen*** stammen wie die übrigen Mitglieder des Systems der mononukleären Phagozyten von den Monozyten des Blutes ab, die ihrerseits im Knochenmark gebildet werden (s. Kap. 11.3.5 und 12.7). Es handelt sich hierbei um relativ große Zellen bis zu 40 µm Durchmesser (Abb. 16.17), die im Gegensatz zu den Pneumozyten vom Typ I und II nicht auf der alveolären Basallamina sitzen, sondern luftseitig auf den Pneumozyten selbst. Pro Alveole findet man bis zu 50 Makrophagen. Ihre Aufgabe ist es, in der Atemluft enthaltene Keime und Schwebestäube, die der mukoziliaren Clearance entgangen sind, aus dem Flüssigkeitsfilm auf der Alveolenoberfläche durch Phagozytose zu entfernen. Dementsprechend fallen sie bereits im Lichtmikroskop durch feine, dunkle, granuläre Einschlüsse in ihrem Zytoplasma auf. Dadurch und durch ihre Größe lassen sie sich auch im Lichtmikroskop ohne weiteres von den Pneumozyten Typ II unterscheiden. Nach Erfüllung ihrer Abwehraufgabe können sie den Alveolarraum auf zwei Wegen verlassen: Zum einen können sie sich von den darunter liegenden Alveolardeckzellen lösen und über den Bronchialschleim die Lunge verlassen. Der andere Weg besteht darin, dass sie zwischen den Alveolarzellen ins Interstitium der Alveolarsepten auswandern und über die Lymphgefäße abtransportiert werden.

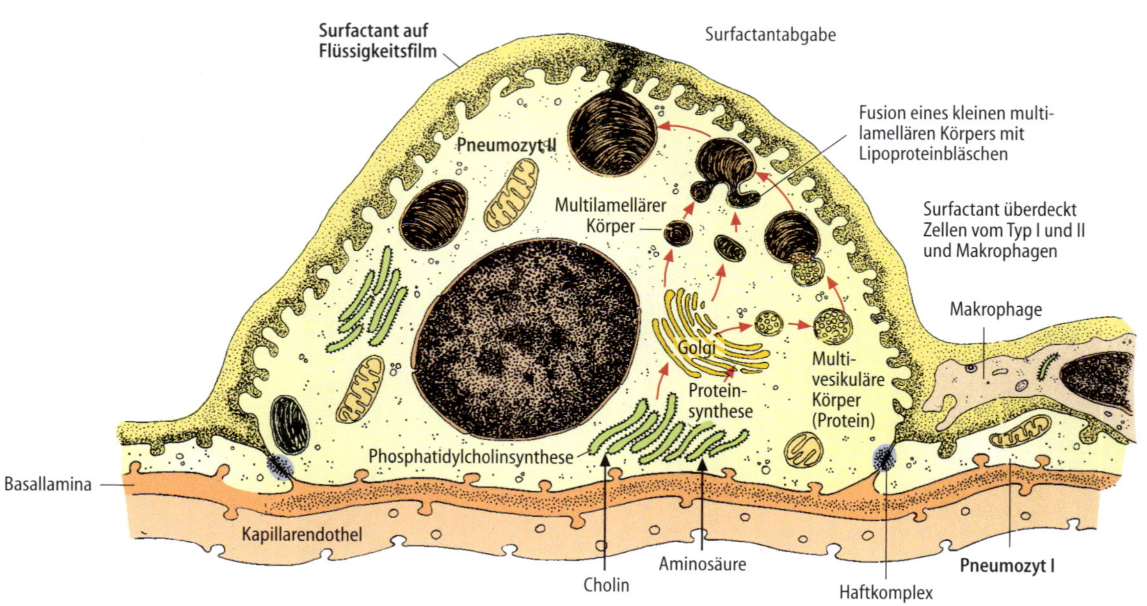

Abb. 16.19. Zeichnung eines Pneumozyten vom Typ II (Nischenzelle). (Nach Junqueira et al. 1996)

Klinik Bei Herzklappenfehlern, vor allem bei Mitralstenosen, kommt es durch den Rückstau des Blutes über den linken Vorhof und die Lungenvenen häufig zu einem Übertritt von roten Blutkörperchen ins Alveolarlumen. Diese Erythrozyten werden von den Alveolarmakrophagen phagozytiert und in Phagolysosomen abgebaut, wobei das Eisen des Hämoglobins im Hämosiderin, einem endogenen Pigment, im Zytoplasma dieser Makrophagen verbleibt. Hämosiderin kann über eine histochemische Färbung in den mit dem Sputum abgehusteten Alveolarmakrophagen nachgewiesen werden. Diese bezeichnet man dann als ***Herzfehlerzellen***. Mit Ruß oder Kohlestaubpartikeln beladene Makrophagen, die die Alveolen über das Interstitium der Alveolarsepten und die Lymphbahnen verlassen haben, bleiben in den regionären Lymphknoten der Lunge am Hilum hängen und können diese völlig schwarz verfärben, was als ***Lymphknotenanthrakose*** bezeichnet wird.

Die interstitiellen Fibroblasten der Alveolarsepten (Abb. 16.15) bilden Kollagenfasern der Typen I und III, die elastischen Fasern und die Glykosaminoglykane der Matrix.

Klinik Kommt es zu einer vermehrten Produktion von Kollagen I in den Alveolarsepten, so nimmt die für die Atmung so wichtige Verformbarkeit der Lunge ab, man spricht dann vom Krankheitsbild der ***Lungenfibrose***, die man als ***restriktive*** Lungenfunktionsstörung bezeichnet. Dagegen haben ***obstruktive*** Lungenfunktionsstörungen, wie z. B. chronische Bronchitis und Asthma bronchiale, ihre Ursache in einer Behinderung der Luftströmung im Bronchialbaum. Obwohl obstruktive Lungenfunktionsstörungen primär eine Erkrankung des Bronchialbaumes darstellen, können sie bei längerem (Jahre bis Jahrzehnte) Bestehen auch die alveolokapillären Einheiten als Orte des Gasaustausches schädigen. Offensichtlich führt der mit einem erhöhten Ausatmungswiderstand im Bronchialbaum einhergehende Anstieg des Luftdrucks in den Alveolen zu einer Schädigung der Alveolarsepten, die teilweise abgebaut werden. Es entstehen so an Stelle der vielen kleinen, 200–300 μm messenden Alveolen, Hohlräume von bis zu 1 cm Durchmesser, so genannte Emphysemblasen. Die Verminderung der Alveolarsepten beim ***Lungenemphysem*** führt zu einer Verringerung der inneren Oberfläche der Lunge und damit zu einer Verringerung der Gasaustauschfläche mit der Konsequenz einer respiratorischen Insuffizienz. Außerdem wird bei einer Verringerung der Alveolarsepten auch der gesamte Kapillarquerschnitt der Lunge stark verkleinert. Dies führt zu einem Anstieg des Durchblutungswiderstands mit einer nachfolgenden Belastung des rechten Ventrikels ***(Cor pulmonale)***.

16.7 Blutgefäße der Lunge

Das Blutgefäßsystem in der Lunge lässt sich in zwei funktionell unterschiedliche Abschnitte gliedern. Die Bronchialgefäße, die ***Vasa privata***, gehören zum Körperkreislauf. Die Pulmonalgefäße, die ***Vasa publica***, bilden den Lungenkreislauf (s. Kap. 10). Da der Lungenkreislauf zum Körperkreislauf in Serie geschaltet ist, strömt das gesamte Herzminutenvolumen auch durch Lungenarterien, Kapillaren und Lungenvenen. Das Gewebe der Alveolarsepten wird vom Blut der Alveolenkapillaren mit Nährstoffen versorgt, bzw. gibt seine Stoffwechselendprodukte in sie ab. Die Bronchialgefäße dagegen dienen der Ernährung der Wand des Bronchialbaumes bis zum Beginn der Bronchioli respiratorii. Im Gegensatz zu den Arteriae pulmonales enthalten die ***Arteriae bronchiales***, die zum Körperkreislauf gehören, sauerstoffreiches arterielles Blut. Es dient der Ernährung der Wände von Bronchien und Bronchiolen. Wandbau und Blutdruck in den Arterien und Arteriolen des Bronchialgefäßsystems, das im Übrigen nur von etwa 1% des Herzminutenvolumens durchströmt wird, entsprechen den Arterien des Körperkreislaufs. Der Abfluss des Blutes aus dem Bronchialgefäßsystem geschieht über peribronchiale Venennetze, die etwa die Hälfte des zurückströmenden venösen Blutes in die Vena azygos, bzw. hemiazygos leiten, die andere Hälfte gelangt über venovenöse Anastomosen in die Venae pulmonales. Diese geringfügige Beimischung von desoxigeniertem, venösem Blut zum sauerstoffreichen Blut der Venae pulmonales ist einer der Gründe dafür, dass in den Arterien des Körperkreislaufs der Sauerstoffsättigungsgrad stets weniger als 100 % beträgt (Abb. 10.1.).

Infolge des geringen Blutdrucks (25 mmHg systolisch, 10 mmHg diastolisch) haben die ***Pulmonalarterien*** deutlich dünnere Wände als die entsprechenden Arterien des Körperkreislaufs. Die Wand der Lungenarterien unterscheidet sich von der Venenwand vor allem durch die klare Gliederung in Intima, Media und Adventitia (s. Kap. 10.4) und die deutlich sichtbare Membrana elastica interna. Die Äste der Arteria pulmonalis verzweigen sich mit dem Bronchialbaum, so dass jedem Bronchus bzw. Bronchiolus ein entsprechender Ast der Lungenarterie zuzuordnen ist (Abb. 16.20, 16.9 und 16.11). Dementsprechend ziehen die arteriellen Lungengefäße ins Zentrum der von ihnen versorgten respiratorischen Einheiten. Dagegen verlaufen die ***Venae pulmonales*** in der Peripherie der respiratorischen Einheiten und erhalten Blut von benachbarten respiratorischen Einheiten.

16.8 Lymphgefäße der Lunge

Man unterscheidet ein ***tiefes*** und ein ***oberflächliches Lymphgefäßnetz***, die beide in die Lymphknoten am Lungenhilum münden. Das oberflächliche Netz drainiert vor allem die subpleural gelegenen Abschnitte der Lunge und befindet sich unmittelbar unter der Pleura visceralis im Bereich der angedeuteten Septen zwischen den Lungenlobuli. Die Lymphkapillaren des tiefen Lymphgefäßnetzes beginnen im Bereich der Bronchioli respiratorii und erreichen das Lungenhilum auf zwei Wegen. Man unterscheidet Lymphgefäße, die mit den Bronchien und Lungenarterien zum Hilum ziehen und Lymphgefäße, die entlang der Venen im Bereich der Septen zwischen den Lobuli und den größeren respiratorischen Einheiten verlaufen.

16.9 Pleura

Analog zum Herzen und dem Darm wird die Lunge von einer serösen Haut, der ***Pleura visceralis***, überzogen, die am Hilum in die ***Pleura parietalis*** übergeht. Die Pleura parietalis überzieht die Innenseite der Pleurahöhlen. Sowohl Pleura parietalis als auch Pleura visceralis bestehen aus einem einschichtigen, platten Epithel, aus mesothelialen Zellen, die von einer dünnen Bindegewebsschicht unterlagert werden. Die elastischen Fasern der Pleura visceralis gehen kontinuierlich in die der subpleural gelegenen Alveolarsepten über. Die Funktion der Pleura liegt in der Verminderung der Reibung zwischen Lunge und Thoraxwand bei den Atembewegungen. Normalerweise befindet sich zwischen den beiden Pleurablättern lediglich ein kapillärer Spalt mit wenig Flüssigkeit. Dadurch kann bei der inspiratorischen Erweiterung des Thoraxvolumens auch die Lunge erweitert und Luft über den Bronchialbaum in die Alveolen gesaugt werden.

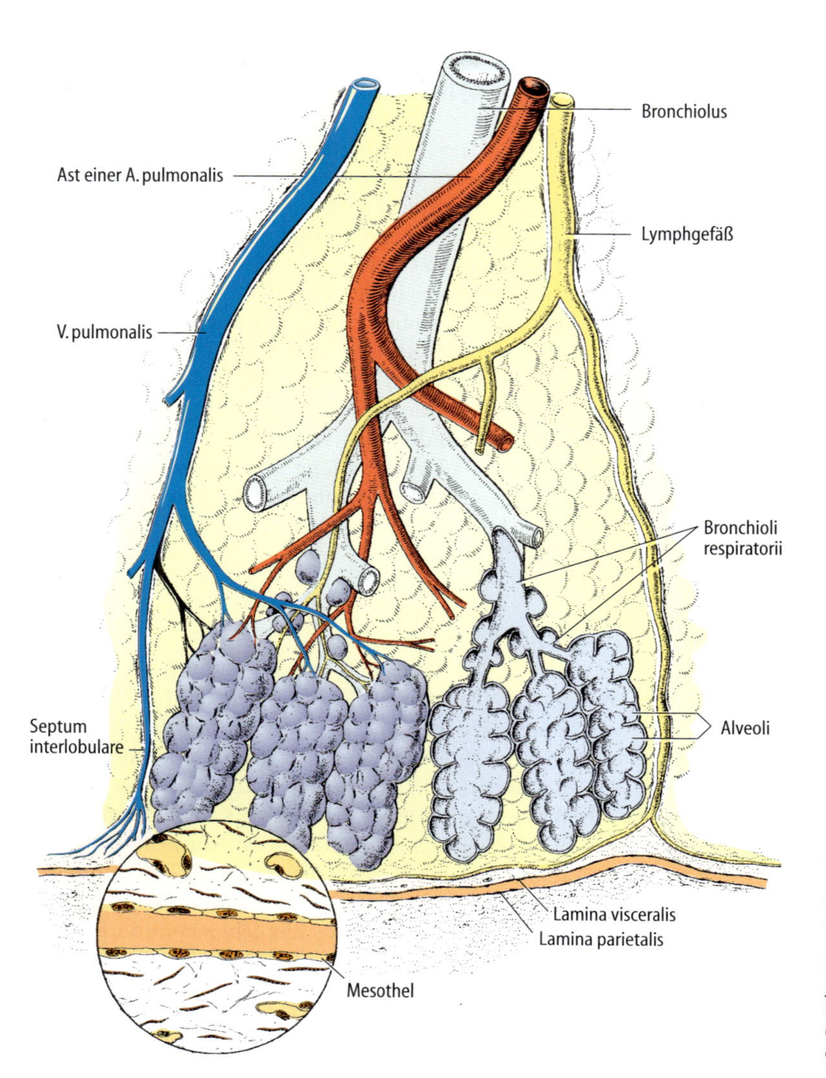

Abb. 16.20. Blut- und Lymphgefäße in einem Lungenläppchen. Die Proportionen von Gefäßen und Bronchi sind nicht berücksichtigt. Die im Septum interlobulare gezeichneten Lymphgefässe (*rechts*) und die Äste der V. pulmonalis (*links*) laufen in Wirklichkeit nebeneinander in jedem Septum. Die Äste der A. pulmonalis verlaufen jedoch mit dem Bronchialbaum. *Unten links* ist bei stärkerer Vergrößerung ein Ausschnitt aus der Pleura mit oberflächlichem Mesothel dargestellt. (Aus Junqueira et al. 1996)

Klinik

Kommt es infolge einer Verletzung zu einer Öffnung des Pleuraspalts nach außen, bzw. durch einen Riss in der Lungenoberfläche zu einer Verbindung mit dem Bronchialbaum, so kollabiert die Lunge und bei einer inspiratorischen Volumenerweiterung des Thorax wird Luft lediglich in den Pleuraspalt gesaugt. Man spricht dann von einem ***Pneumothorax***, der lebensbedrohlich ist.

Infektionen im Bereich des Lungenparenchyms, wie sie z. B. bei einer Bronchopneumonie vorliegen, greifen relativ häufig auf die Pleura über (Pleuritis, ***Rippenfellentzündung***). Dabei kommt es zu einer Exsudation von Blutplasma und Abwehrzellen in den Pleuraspalt. Als Folge hiervon kann es zur fibrinösen Verklebung der beiden Pleurablätter kommen, die im weiteren Verlauf bindegewebig organisiert werden können, so dass am Ende beide Pleurablätter über Bindegewebsstränge miteinander verwachsen sind. Nahezu alle Menschen haben im höheren Alter solche Verwachsungen.

17 Haut

17.1	**Epidermis (Oberhaut)**	**312**
17.1.1	Keratinozyten – Schichtung	313
17.1.2	Melanozyten – Pigment	316
17.1.3	Langerhans-Zellen – Immunabwehr	317
17.1.4	Merkel-Zellen – Mechanosensoren	318
17.2	**Dermis**	**318**
17.3	**Hypodermis**	**319**
17.4	**Anhangsgebilde der Haut**	**320**
17.4.1	Haare	320
17.4.2	Nägel	322
17.4.3	Drüsen	322
17.5	**Gefäße und Nerven der Haut**	**323**

Einleitung

Die Haut *(Kutis)* dehnt sich beim erwachsenen Menschen auf einer Fläche von 1,2–2,3 m² aus. Sie besteht aus zwei Schichten, der *Epidermis (Oberhaut)*, einer epithelialen Schicht ektodermalen Ursprungs und der *Dermis (Lederhaut)*, einer bindegewebigen Schicht mesodermalen Ursprungs (Abb. 17.1). Zu den Hautanhangsgebilden zählen Haare, Nägel, Talg- und Schweißdrüsen. Unter der Dermis liegt die *Hypodermis (Unterhaut)*, auch *Subkutis* genannt, ein lockeres Bindegewebe, das Ansammlungen von Fettzellen enthält (Panniculus adiposus). Die Hypodermis, die nicht der Haut zugerechnet wird, verbindet die Haut locker mit dem darunter liegenden Gewebe.

Man unterscheidet zwischen ***‚dünner' (behaarter) Haut*** und ***‚dicker' (unbehaarter) Haut.*** Die dünne Haut kommt überwiegend am Körper vor, die dicke Haut an den Handinnenflächen und Fußsohlen (Abb. 17.2 und 17.3). Die Bezeichnungen ‚dick' und ‚dünn' beziehen sich auf die Dicke der Epidermis. Sie misst bei der dünnen Haut 75–150 μm und bei der dicken 400–600 μm. Die Verzahnungen zwischen Epidermis und Dermis können bei der dünnen Haut schwach ausgebildet sein oder aus Leisten und Rillen (dicke Haut) bestehen.

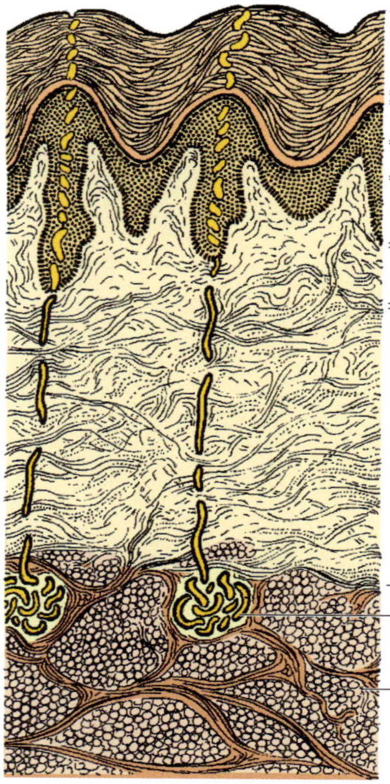

Abb. 17.1. Die Schichten der Haut mit der Angabe der Schichtenfolge (Aus Junqueira et al. 1996)

Die Gesamtdicke der Haut wird wesentlich von der Dermis bestimmt und variiert je nach Lage zwischen 1,5 mm und 4 mm.

Bei genauer Betrachtung wird sichtbar, dass die dünne Haut durch feine Furchen, in deren Schnittpunkten die Haarfollikel liegen, in kleine Felder eingeteilt wird. Sie wird daher auch als ***Felderhaut*** bezeichnet. In der dicken Haut bilden Leisten und Rillen ganz unterschiedliche Muster, daher die Bezeichnung ***Leistenhaut.*** Die Muster (Schleifen, Bogen, Windungen) sind bei jedem Menschen verschieden. Als Fingerabdrücke spielen sie eine wichtige Rolle auf juristischem, medizinischem und anthropologischem Gebiet.

Funktionen▶ Die Aufgaben der Haut sind vielfältig: Die äußere Schicht der Haut (im Wesentlichen die Hornschicht) verhindert die Austrocknung und das Eindringen körperfremder Substanzen. Die Haut bietet auch Schutz vor mechanischen Verletzungen und Chemikalien. Das Pigment Melanin schützt vor ultravioletter Strahlung. Die Haut steht in ständigem Kontakt mit der Umgebung und besitzt Sensoren für den Tastsinn, aber auch für Temperatur und Schmerz (s. Kap. 23). Schweißdrüsen, Blutgefäße und Fettgewebe dienen der Wärmeregulation. Die Haut bietet auch immunologischen Schutz, da sie Antigen präsentierende Langerhans-Zellen und Lymphozyten enthält. Unter dem Einfluss von Sonnenlicht wird von der Epidermis Vitamin D3 synthetisiert.

17.1 Epidermis (Oberhaut)

Die Epidermis besteht aus einem verhornten, mehrschichtigen Plattenepithel, das hauptsächlich aus ***Keratinozyten*** aufgebaut ist. Sie enthält aber auch – allerdings in geringerer Anzahl – ***Melanozyten, Langerhans-Zellen und Merkel-Zellen*** (s. unten).

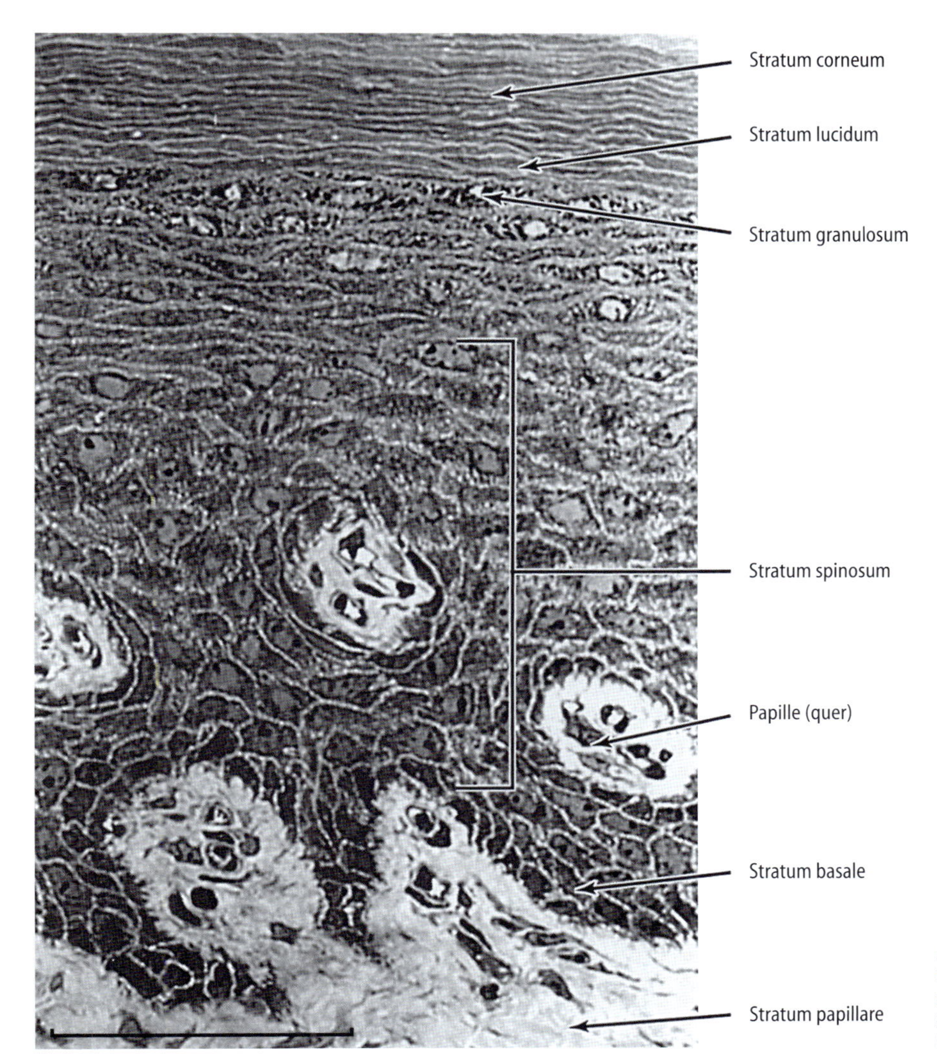

Abb. 17.2. Epidermis der dicken Haut der menschlichen Fußsohle verzahnt mit stark ausgeprägter Papillarschicht der Dermis. Balken = 100 μm. (Nach Junqueira et al. 1998)

17.1.1 Keratinozyten – Schichtung

Die verhornenden Epithelzellen werden ***Keratinozyten*** genannt. Ihre Zahl bleibt im Epithel normalerweise gleich, weil sich Proliferation, Differenzierung und Apoptose die Waage halten.

Die Keratinozyten sind in der Epidermis so angeordnet, dass fünf Schichten unterschieden werden können: Stratum basale, Stratum spinosum, Stratum granulosum, Stratum lucidum und Stratum corneum.

▶ **Stratum basale.** Im Stratum basale sitzt eine Schicht basophiler Keratinozyten der Basallamina auf (Abb. 17.2), mit der sie über Hemidesmosomen verbunden sind (Abb. 3.1 und 3.2). Das Stratum basale enthält die Stammzellen der Epidermis und die sich weiter differenzierenden Keratinozyten, die sich beide häufig teilen. Da Zellteilungen gelegentlich auch in den darüberliegenden unteren Schichten des Stratum spinosum (s. unten) stattfinden, werden Stratum basale und Stratum spinosum zusammen manchmal als Stratum germinativum bezeichnet. Etwa 4% der Zellen der Epidermis befinden sich in der S-Phase des Zellzyklus, in dem die DNA Synthese stattfindet (s. Kap. 2.4). Durch die rege Proliferation der Keratinozyten erneuert sich, je nach Alter, Körperregion und anderen Faktoren, die menschliche Epidermis alle 15–30 Tage.

Die Zellen der Basalschicht beginnen bereits mit der Synthese der Keratinfilamente (= Tonofilamente). Sie sind in den Keratinozyten die auffälligsten Komponenten des Zellskeletts und gehören infolge ihres Durchmessers von ca. 10 nm zu den intermediären Filamenten (s. Kap. 3.3.2). Die Keratinfilamente sind aus Keratinen aufgebaut, einer Familie von 30 verschiedenen Proteinen mit einer Molekülmasse zwischen 40 und 70 kDa. Keratine besitzen helikale Domänen, die coiled-coil Verbindungen eingehen können (s. auch Aufbau von Myosin II in Kap. 9.1). Dadurch entstehen zunächst Dimere, die sich versetzt zueinander zu Tetrameren anordnen. Aus diesen Untereinheiten bilden sich schließlich die Filamente mit einem Durchmesser von ca. 10 nm. Ihre im Lichtmikroskop sichtbaren Bündel werden als Tonofibrillen bezeichnet. Die Zusammensetzung der Keratinfilamente ändert sich mit der Differenzierung der Epidermiszellen. Basalzellen enthalten Polypeptide mit einem niedrigeren, differenziertere Zellen synthetisieren Polypeptide mit einem höheren Molekulargewicht. Bei der Verlagerung der Zellen nach oben erhöht sich die Anzahl der Filamente solange, bis sie schließlich die Hälfte des Gesamtproteins im Stratum corneum (Hornschicht) darstellen.

Klinik Abnormalitäten der dermal-epidermalen Verbindung (s. Kap. 3.1) können zu Erkrankungen führen, die durch Blasenbildung gekennzeichnet ist (Pemphigoid Gruppe). Dabei treten Autoantikörper gegen Ankerfibrillen, Hemidesmosomen und Komponenten der Basallamina auf.

▶ **Stratum spinosum.** Das Stratum spinosum (Stachelzellschicht) besteht aus kubischen oder leicht abgeflachten Zellen mit einem zentralen Zellkern (Abb. 17.2). Das stachelige Aussehen der Zellen beruht auf der Schrumpfung des Epithels bei der Fixierung und Entwässerung für die Histologie, wobei die Zellen untereinander über die zahlreichen Desmosomen (s. Kap. 3.3.2) verbunden bleiben (Abb. 17.2, 17.3 und 17.4). In die Desmosomen strahlen Keratinfilamente ein (Abb. 3.11, 17.4). Keratinfilamente und Desmosomen sorgen für den Zusammenhalt der Zellen untereinander und schützen vor Abschilferung. Daher besitzt die Epidermis an Stellen, die Reibung und Druck ausgesetzt sind (z. B. Fußsohlen), eine dickere Stachelzellenschicht mit vielen Keratinfilamenten und Desmosomen.

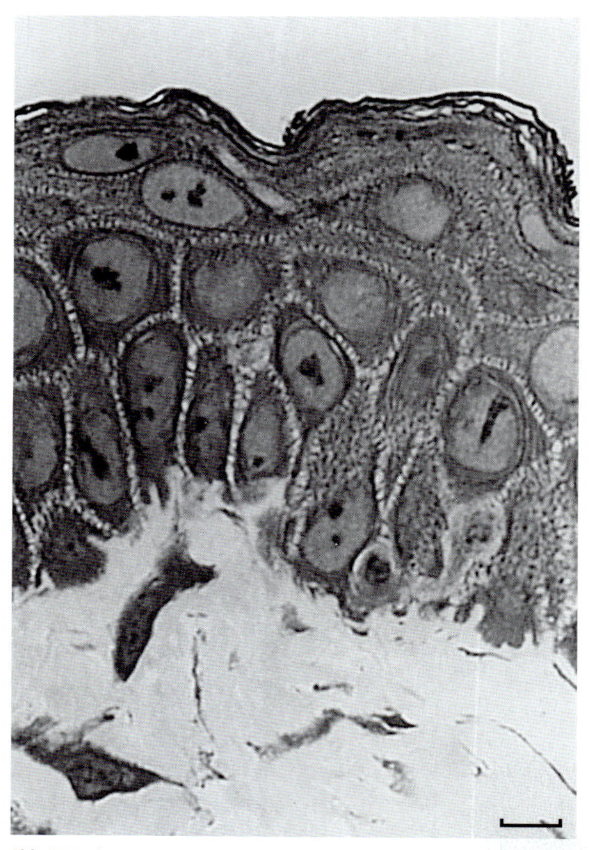

Abb. 17.3. Dünne menschliche Haut. Die Epidermis enthält nur wenige Zelllagen und ist nur von einer dünnen Hornschicht bedeckt. Balken = 10 μm. (Aus Junqueira et al. 1998)

Klinik Eine Hautkrankheit, die mit Blasenbildung einhergeht (Pemphigus vulgaris), wird durch den Verlust von interzellulären Verbindungen zwischen den Keratinozyten hervorgerufen. Kennzeichnend sind hier Autoantikörper gegen Desmogleine und Plakoglobin bzw. Bestandteile der Desmosomen.

▶ **Stratum granulosum.** Das Stratum granulosum (Körnerschicht) ist Schauplatz umfangreicher Differenzierungsvorgänge. Die Zellen werden platt, Zellkerne und Zellorganellen verschwinden und lipid-

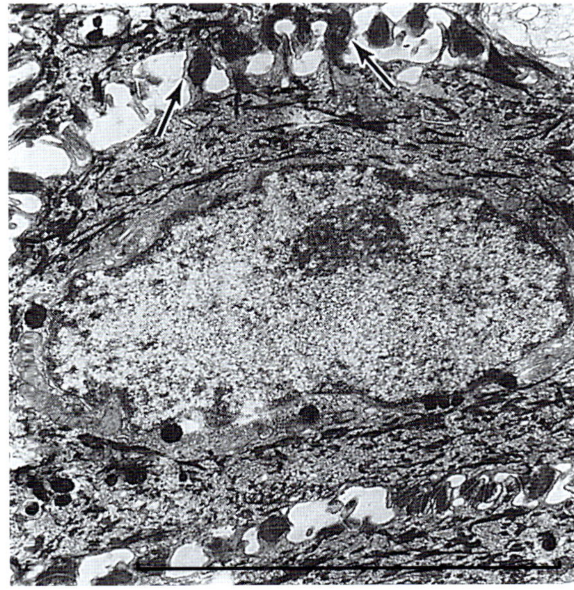

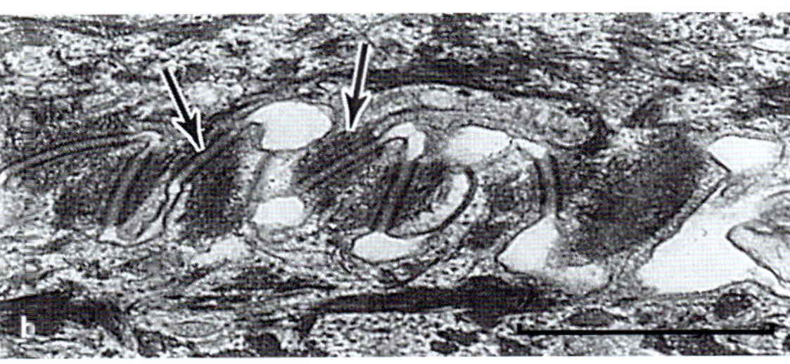

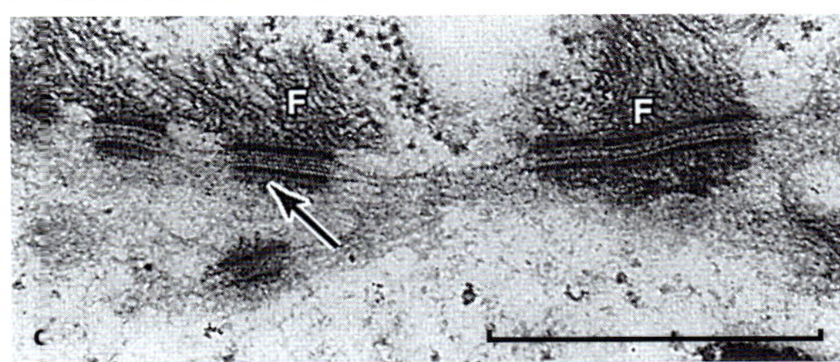

Abb. 17.4 a–c. Elektronenmikroskopische Aufnahme des Stratum spinosum der menschlichen Haut. **a** Keratinozyten im Stratum spinosum mit Melaningranula und Bündeln von Tonofibrillen (s. Vergrößerungen in **b** und **c**). Die *Pfeile* zeigen auf Fortsätze, die Desmosomen enthalten. **b, c** Desmosomen und Tonofilamente (*F*) in Zellverbindungen zwischen Keratinozyten. Balken a = 10 µm, Balken b/c = 1 µm. (Nach Junqueira et al. 1998)

haltige Kittsubstanzen sowie Vorstufen des Keratins werden gebildet. Insgesamt besteht das Stratum granulosum aus 1–3 Schichten abgeflachter, polygonaler Zellen, die mit ***Keratohyalingranula*** gefüllt sind. Diese membranlosen Granula bestehen hauptsächlich aus Keratinfilamenten und dem histidinreichen Protein Filaggrin, das an der hier stattfindenden Vernetzung der Keratinfilamente über Disulfidbindungen beteiligt ist. Elektronenmikroskopisch fällt eine weitere charakteristische Struktur in den Zellen des Stratum granulosum auf: membranumschlossene ***Lamellengranula*** (Durchmesser 0,1–0,3 µm), die Lipide enthalten. Diese Granula verschmelzen mit der Zellmembran und schütten ihren Inhalt in die Interzellulärräume des Stratum granulosum aus. Die Lipide erfüllen die Funktion einer Barriere und versiegeln die Haut gegen eindringende Fremdkörper und Wasser. Außerdem enthalten die Keratinozyten reichlich Melanosomen (s. unten).

- **Stratum lucidum.** Das Stratum lucidum kommt hauptsächlich in dicker Haut vor (Abb. 17.1 und 17.2). Die Schicht ist sehr dünn und enthält vorwiegend das dichtgepackte Material der Keratohyalinkörperchen, das in eine elektronendichte Matrix eingebettet ist. Dazwischen sind Reste von Desmosomen zu erkennen.
- **Stratum corneum.** Im Stratum corneum (Hornschicht) bleiben von den Keratinozyten nur noch flache Hüllen (Bestandteile der Plasmamembran) und das verbackene Material der Keratohyalingranula übrig. Zwischen diesen Stapeln der Zellreste befinden sich als Kittsubstanz die Lipide der Lamellengranula, ebenfalls ein Produkt der Keratinozyten (Abb. 17.2 und 17.3).

Diese Beschreibung der Epidermis bezieht sich auf Gebiete, in denen sie sehr dick ist, wie z. B. an den Fußsohlen. In dünner Haut sind das Stratum granulosum und das Stratum lucidum weniger gut entwickelt und die Hornschicht kann sehr dünn sein (Abb. 17.2 und 17.3).

Klinik

Bei der weit verbreiteten Hautkrankheit ***Psoriasis (Schuppenflechte)*** ist die Zellproliferation im Stratum basale und Stratum spinosum erhöht. Die dabei ablaufende überstürzte Verhornung äußert sich dadurch, dass das Stratum granulosum fehlt und Zellkerne im Stratum corneum auftreten. Dies führt zu einer schnelleren Erneuerung der Epidermis (7 Tage statt 15–30 Tage).

17.1.2 Melanozyten – Pigment

Die Hautfarbe wird von mehreren Faktoren bestimmt, u. a. von der Menge an Melanin, Karotin und der Dichte der Blutgefäße. ***Melanin*** ist ein dunkelbraunes Pigment, das von den Melanozyten produziert wird (Abb. 17.5 und 17.6). Melanozyten befinden sich in der Epidermis zwischen den Zellen der Basalschicht, in den Haarfollikeln und vereinzelt auch in der Dermis. Die Melanozyten stammen von der Neuralleiste ab (s. Kap. 8.1). Sie haben abgerundete Zellkörper, von denen lange Fortsätze ausgehen, die zwischen den Zellen der Basal- und Stachelzellschicht verlaufen und in Vertiefungen dieser Zellen enden. Elektronenmikroskopisch kann man in den Zellen die ***Melanosomen*** (Melanin enthaltende Vesikel), zahlreiche kleine Mitochondrien, einen gut entwickelten Golgi-Komplex sowie rauhes endoplasmatisches Retikulum erkennen. Zwischen den Melanozyten und den angrenzenden Keratinozyten finden sich keine Desmosomen. Sie sind lediglich mit der Basallamina durch Hemidesmosomen verbunden.

Melanin wird in den Melanozyten synthetisiert, dabei spielt das Enzym ***Tyrosinase*** eine wichtige Rolle. Es wandelt zunächst Tyrosin in 3,4-Dihydroxyphenylalanin (Dopa) und dann in Dopachinon um. Aus Dopachinon entsteht über eine Reihe von Zwischenstufen Melanin. Die Tyrosinase wird an Ribosomen des endoplasmatischen Retikulums synthetisiert und, nachdem sie den Golgi-Apparat passiert hat, in Prämelanosomen gespeichert (Abb. 17.7). Hier beginnt die Biosynthese des Melanins, das in den Vesikeln abgelagert wird. Die reifen Melanosomen sind vollständig mit Melanin gefüllt und oval. Sie sind ca. 1 μm lang und haben einen Durchmesser von 0,4 μm. Reife Melanosomen sind lichtmikroskopisch gut zu erkennen. Sobald sie gebildet sind, wandern sie zu den Spitzen der Melanozytenfortsätze, werden dort freigesetzt und von den umgebenden Keratinozyten aufgenommen (Abb. 17.4, 17.5 und 17.6).

In den Keratinozyten sammelt sich das Melanin in Vesikeln oberhalb des Zellkerns und schützt ihn so vor den schädlichen Wirkungen des Sonnenlichts. Innerhalb der Keratinozyten fusionieren die Melaningranula mit Lysosomen, die Melanin abbauen. Deshalb ist in den oberen Epithelzellen nur noch wenig Melanin vorhanden. Bei der Steuerung der Pigmentierung der Haut spielen folgende Vorgänge eine wichtige Rolle: die Biosynthese des Melanins in den Melanozyten, die Aufnahme und der teilweise Abbau des Pigments in den Keratinozyten. Bei ***Bräunung der Haut*** nach Sonneneinstrahlung (ultraviolettes Licht mit einer Wellenlänge von 290–400 nm) werden all diese Vorgänge gesteigert, sodass die Zahl der Melanosomen zuerst in den Melanozyten und anschließend der Gehalt an Melanin in den Keratinozyten zunimmt. Außerdem kann die Pigmentierung der Haut hormonell, durch das Melanozyten stimulierende Hormon, gesteigert werden (s. unten).

Melanozyten können sichtbar gemacht werden, indem man Epidermisfragmente mit Dopa (3,4-Dihydroxyphenylalanin) inkubiert. Es wird innerhalb der Melanozyten in dunkelbraune Melaninablagerungen umgewandelt (s. oben). Mit dieser Methode kann die Anzahl der Melanozyten in der Epidermis bestimmt werden. Untersuchungen zeigen, dass Melanozyten nicht zufällig zwischen den Keratinozyten verteilt sind, sondern nach einem fest gefügten Verteilungsmuster. Beim Menschen ist das Verhältnis von Melanozyten zu Keratinozyten im Stratum basale konstant innerhalb einer Körperregion. Dazu ein Beispiel: ca. 1000 Melanozyten/mm^2 findet man in den Hüftregionen und ca. 2000 Melanozyten/mm^2 in der Haut des Skrotums. Die Zahl der Melanozyten pro Gebiet ist unabhängig von Geschlecht und Rasse. Die Unterschiede in der Hautfarbe sind hauptsächlich auf die Zahl der Melaningranula in den Keratinozyten zurückzuführen.

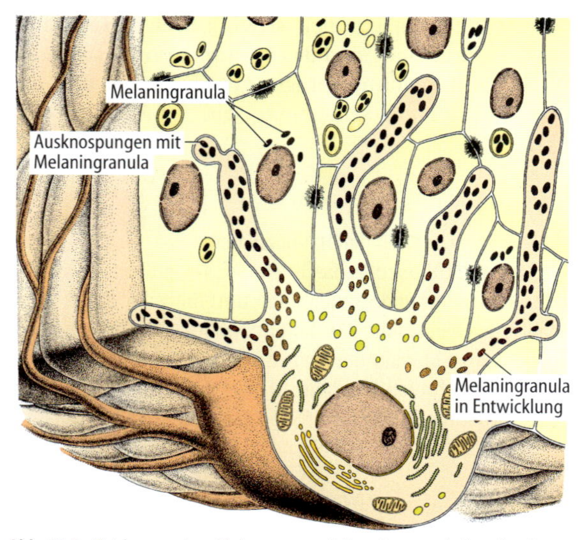

Abb. 17.5. Zeichnung eines Melanozyten mit Fortsätzen zwischen den Keratinozyten der Epidermis. Die Melaningranula werden im Zellkörper des Melanozyten gebildet und wandern in die Fortsätze, von denen sie an Keratinozyten abgegeben werden. (Aus Junqueira et al. 1996)

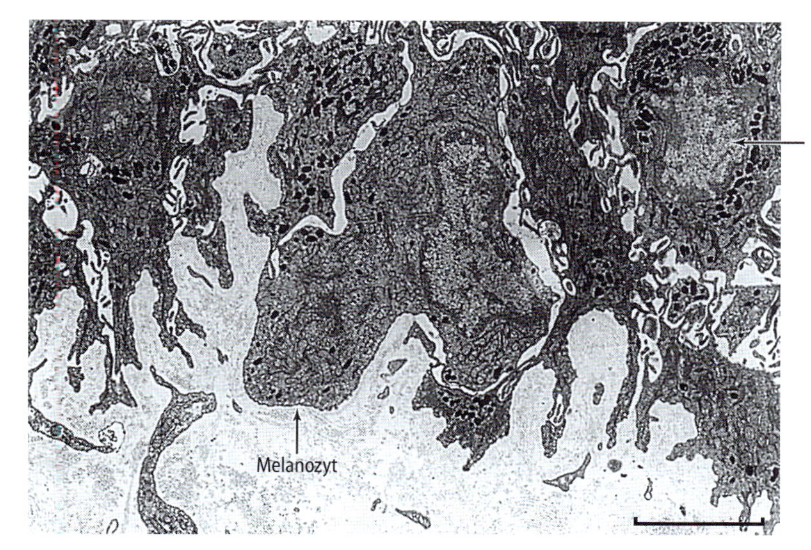

Abb. 17.6. Melanozyten und Keratinozyten in der menschlichen Haut. Der Keratinozyt enthält mehr Melaningranula als der Melanozyt. Balken = 10 μm. (Aus Junqueira et al. 1998)

Klinik Ein mangelhafte Freisetzung von Kortisol durch die Nebennierenrinde führt zu einer Überproduktion von ACTH und damit von Melanozyten stimulierendem Hormon (s. Kap. 20.4.1). Dadurch wird die Hautpigmentierung gesteigert. Diese Hyperpigmentierung der Haut kommt bei der ***Addison-Erkrankung*** vor, die durch eine Dysfunktion der Nebennieren verursacht wird.

Beim ***Albinismus***, einer erblichen Erkrankung, sind die Melanozyten nicht in der Lage, Melanin zu synthetisieren. Hervorgerufen wird dieser Defekt durch einen Mangel an Tyrosinase oder die Unfähigkeit der Zellen, Tyrosin aufzunehmen. Dadurch kann die Haut nicht durch Melanin vor Sonnenstrahlung geschützt werden und es kommt häufiger zu Krebserkrankungen, die sich von den Keratinozyten des Stratum basale oder des Stratum spinosum ableiten (s. unten).

Die Degeneration und das Verschwinden von Melanozyten in bestimmten Hautgebieten führt zu einer Depigmentierung der Haut *(Vitiligo)*.

Hauttumoren▸ Ein Drittel aller malignen Tumoren entsteht in der Haut. Hauttumoren kommen gehäuft bei hellhäutigen Menschen vor, die in Gebieten mit starker Sonneneinstrahlung leben. Die meisten dieser Tuoren (90 %) leiten sich von der Epidermis ab, und zwar von den Basalzellen, den Zellen des Stratum spinosum und den Melanozyten. Sie werden daher als Basaliome, Plattenepithelkarzinome (Spinaliome) und Melanome bezeichnet. Das ***Basaliom*** ist der häufigste Tumor der Haut. Es wächst invasiv, metastasiert jedoch nicht, ganz im Gegensatz zu den selteneren ***Spinaliomen***. Basaliome und Spinaliome können relativ leicht diagnostiziert und exzidiert werden und verlaufen in den seltensten Fällen tödlich. Das ***Melanom*** ist ein invasiv wachsender Tumor, der früh metastasiert und daher besonders bösartig ist. Melanomzellen durchdringen die Basallamina, gelangen in die Dermis und von dort in die Blut- und Lymphgefäße, über die sie sich schließlich im ganzen Körper verbreiten. Der prozentuale Anteil der Melanome unter den malignen Tumoren beträgt 1–3 %.

17.1.3 Langerhans-Zellen – Immunabwehr

Langerhans-Zellen sind sternförmig, besitzen lange Fortsätze (sie werden daher als dendritische Zellen bezeichnet) und liegen vorwiegend im Stratum spinosum der Epidermis. Ihr Anteil an den Epidermiszellen beträgt 2–8 % (im Mittel etwa 450/mm²). Langerhans-Zellen sind Makrophagen und stammen aus dem Knochenmark. Sie prozessieren, wie die anderen professionellen Antigen präsentierenden Zellen, Antigene und präsentieren sie T-Lymphozyten (s. Kap. 13.2.3). Die Langerhans-Zellen spielen daher eine bedeutende Rolle bei immunologischen Hautreaktionen.

Auf Grund ihrer Fläche und exponierten Lage hat die Haut ständigen Kontakt zu vielen Antigenen. Nach Aufnahme eines Antigens durch die Langerhans-Zellen

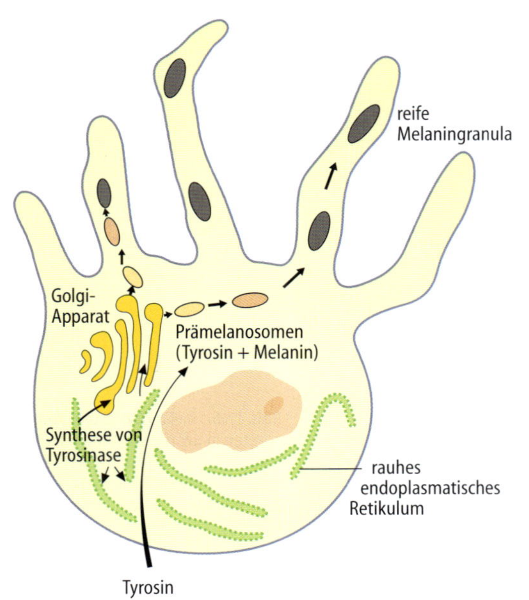

Abb. 17.7. Schema der Melaninbildung in Melanozyten. Das Enzym Tyrosinase wird im rauhen endoplasmatischen Retikulum synthetisiert und im Golgi-Apparat abgepackt. Es erscheint zunächst in den Prämelanosomen. Die Reifung der Melaningranula geht mit der gesteigerten Bildung von Melanin einher. Reife Melaningranula wandern in die Fortsätze und werden von dort an umgebende Keratinozyten abgegeben. (Nach Junqueira et al. 1996)

der Epidermis wandern diese Zellen in die regionalen Lymphknoten aus (s. Kap. 13.5). Dort präsentieren sie Antigen-Fragmente naiven T-Lymphozyten, die sich dann zu T-Helferzellen entwickeln. Entsprechend dem sezernierten Zytokinprofil werden T-Helferzellen vom Typ 1 (T_H1, z. B. Interferon-γ) und vom Typ 2 (T_H2, z. B. Interleukin-4) unterschieden (s. Kap. 13.3).

Klinik

T_H2 Zellen spielen bei den allergischen (atopischen) Erkrankungen eine wichtige Rolle (s. unten). T_H1-Zellen sind beim Kontaktekzem und bei Infektionen der Haut von Bedeutung.

Allergien sind Krankheiten des Immunsystems. Dazu gehören Allergien gegen Nahrungsstoffe, Asthma Bronchiale (s. Kap. 16.5), allergische Rhinitis und Konjunktivitis sowie Ekzeme. Allergene werden in der Regel von ortsständigen Antigen präsentierenden Zellen T-Lymphozyten präsentiert, die als T_H2-Zellen die Produktion von IgE durch B-Zellen stimulieren. Gleichzeitig kommt es zur Proliferation von eosinophilen Granulozyten (s. Kap. 13.2.2 und Abb. 13.2). Mastzellen und eosinophile Granulozyten sind an der folgenden Entzündung (s. Kap. 4.5) in Darm, Haut, Nase oder Bronchien maßgeblich beteiligt.

17.1.4 Merkel-Zellen – Mechanosensoren

Merkel-Zellen kommen vor allem in der dicken Haut der Handinnenflächen und Fußsohlen vor. Sie besitzen kleine, elektronendichte Granula in ihrem Zytoplasma. An der Basis der Merkel-Zellen liegen Nervenendigungen. Diese Zellen dienen in der Epidermis als Mechanorezeptoren und werden dem diffusen neuroendokrinen System zugeordnet. Die Merkel-Zellen werden zusammen mit den weiteren Mechanosensoren der Haut in Kapitel 23.1 beschrieben.

17.2 Dermis

Die Dermis besteht aus Bindegewebe, das die Epidermis unterstützt und mit dem darunter liegenden Gewebe (Hypodermis) verbindet. Die Dermis besitzt viele Papillen, die sich mit den Zapfen oder Leisten der Epidermis verzahnen (Abb. 17.2). Hautstellen, die stärker mechanisch beansprucht werden, haben sehr viele Papillen, welche die dermal-epidermale Verbindung verstärken. Die Basallamina zwischen den Papillen der Dermis und dem Stratum basale der Epidermis (s. Kap. 3.1) folgt den Verzahnungen zwischen den beiden Schichten.

In der Dermis kann man zwei nicht scharf voneinander abgegrenzte Schichten unterscheiden: das Stratum papillare und das tieferliegende Stratum reticulare. Das dünne ***Stratum papillare*** besteht aus lockerem Bindegewebe, Fibroblasten und freien Zellen des Bindegewebes wie Mastzellen und Makrophagen. Durch das Stratum papillare ziehen spezielle Kollagenfibrillen, die als Ankerfibrillen (Abb. 3.1 und 3.2) bezeichnet werden. Sie verbinden die Dermis mit der Basallamina, der Grundlage der Epidermis.

Das ***Stratum reticulare*** ist dicker und aus unregelmäßigem straffem Bindegewebe zusammengesetzt, welches vor allem Kollagen des Typs I enthält (s. Kap. 4). Es besitzt mehr Fasern und weniger Zellen als die Papillarschicht. Vornehmlich sind die Fasern parallel zur Hautoberfläche ausgerichtet. Von den Glykanen kommt hauptsächlich Dermatansulfat vor. Die Elastizität der Haut wird durch die elastischen Fasern verursacht. Die Dermis enthält ein Netzwerk aus elastischen Fasern (s. Kap. 4.2), die in der retikulären Schicht dicker sind (Abb. 17.8). Aus dieser Region steigen Fasern auf, die immer dünner werden und schließlich an der Basallamina enden. Dabei verlieren sie allmählich

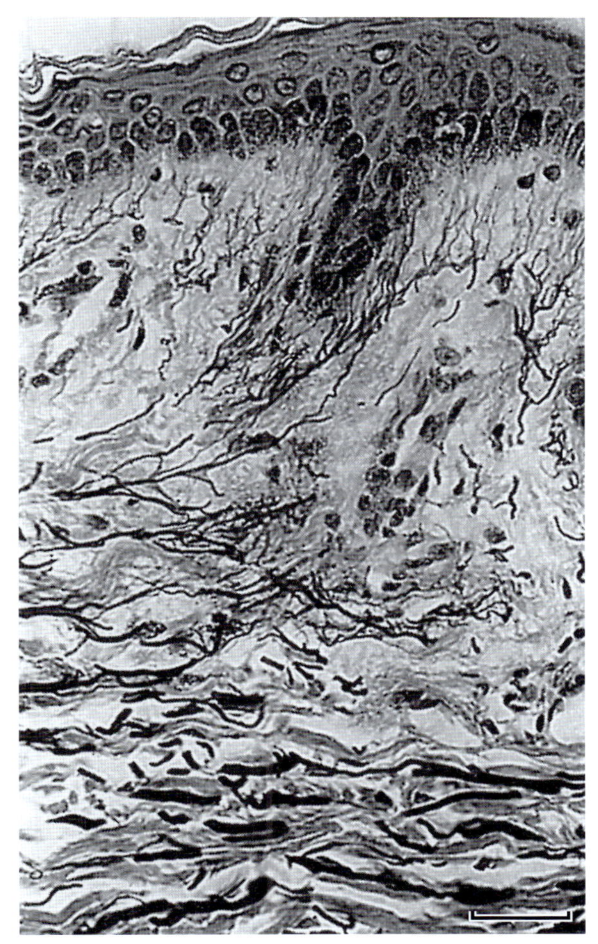

Abb. 17.8. Verteilung der elastischen Fasern in der menschlichen Haut. Die Dicke der hier speziell angefärbten elastischen Fasern in der Dermis nimmt bei Annäherung an die Epidermis ab. (Aus Junqueira et al. 1998)

ihre amorphen Elastinanteile, so dass nur noch die mikrofibrillären Anteile bis zur Basallamina reichen. Auf Grund der hohen Elastizität der Haut ist gewährleistet, dass sie sich bei Ödemen, Gewichtsschwankungen oder in der Schwangerschaft dem Körperumfang anpasst.

Mit fortschreitendem Alter werden die Kollagenfasern dicker und die Kollagensynthese nimmt ab. Der Elastingehalt menschlicher Haut erhöht sich um das 5-fache vom Fetalstadium bis zum erwachsenen Menschen. Im Alter wird die Haut immer unelastischer und faltiger. Ursächlich dafür sind vermehrte Querverbindungen der Kollagenfasern und Degeneration elastischer Fasern als Folge übermäßiger UV-Bestrahlung.

Klinik

Beim ***Ehlers-Danlos-Syndrom*** (s. Kap. 4.1), das durch eine gestörte Kollagensynthese verursacht wird, sind sowohl Haut als auch Bänder extrem dehnbar.

Die Dermis ist reichlich von Blut- und Lymphgefäßen durchzogen. Einige Hautgebiete weisen arteriovenöse Anastomosen auf, in denen das Blut direkt von den Arterien zu den Venen fließen kann. Diese ‚Shunts' spielen eine große Rolle bei der Temperaturregulation.

Klinik

Das ***Erysipel*** ist eine häufige, akute Infektion der Haut durch β-hämolysierende Streptokokken, die sich entlang der Lymphgefäße ausbreitet.

Die Dermis enthält außerdem Haarfollikel, Schweiß- und Talgdrüsen (s. unten). Sie besitzt auch ein weit verzweigtes Netzwerk sensibler und vegetativer Nerven. In der oberen Dermis sind sie vorwiegend marklos, in der tieferen Dermis dagegen markhaltig. Die sensiblen Nervenenden bilden freie Nervenendigungen, umgeben die Haarfollikel und versorgen Merkel-Zellen sowie die Meissner-Tastkörperchen (s. Kap. 23.1).

17.3 Hypodermis

Die Unterhaut (Hypodermis, Subkutis) besteht aus lockerem Bindegewebe, das die Haut mit den darunter liegenden Organen verbindet. Sie reicht bis zur oberflächlichen Körperfaszie. Die Unterhaut erlaubt die unterschiedlich gute Beweglichkeit der Haut und enthält läppchenartig aufgebautes Fettgewebe (s. Kap. 5), dessen Menge je nach Körpergebiet und Ernährungszustand variiert. Außerdem finden sich hier als Sinnesorgane die Pacini-Körperchen (s. Kap. 23.1).

17.4 Anhangsgebilde der Haut

17.4.1 Haare

Haare sind verlängerte, keratinisierte Strukturen, die aus Einstülpungen des epidermalen Epithels hervorgehen. Ihre Farbe, Dicke und Verteilung unterscheiden sich je nach Rasse, Alter, Geschlecht und Körperregion. Haare fehlen nur an wenigen Körperstellen (Handfläche, Fußsohle, Lippen, Glans penis, Klitoris und Labia minora). Ungefähr 600 Haare/cm^2 wachsen im Gesicht und ca. 60 Haare/cm^2 am restlichen Körper. Haare wachsen sehr unregelmäßig, Wachstums- und Ruhephasen wechseln sich ab. Dabei spielt auch die Körperregion eine Rolle: Die Wachstumsperioden der Kopfhaare können Jahre andauern, oft unterbrochen von Ruheperioden, die Monate dauern können. Das Haarwachstum in unterschiedlichen Körperregionen wie Kopf, Gesicht und Genitalregion wird stark von Geschlechtshormonen beeinflusst – vor allem von Androgenen – aber auch von Nebennieren- und Schilddrüsenhormonen.

Jedes Haar geht aus einer Einstülpung der Epidermis hervor, dem ***Haarfollikel*** (Abb. 17.9, 17.10 und 17.11). Er besitzt eine terminale Erweiterung, den ***Haarbulbus***. An der Basis des Haarbulbus ist eine ***Papille*** eingestülpt, die viele Kapillaren enthält. Sie ist für die Ernährung der Haarfollikel lebensnotwendig. Ein Haarfollikel stirbt ab, wenn der Blutstrom abbricht oder die Papille zu Grunde geht. Die Epidermiszellen, welche die Papillen bedecken, bilden die ***Haarwurzel***, ihre Schicht setzt sich in den Haarschaft fort. Sie wird als ***äußere Wurzelscheide*** bezeichnet.

Während der Wachstumsperioden teilen sich die Zellen des Stratum basale regelmäßig und differenzieren sich zu spezifischen Zelltypen. In dickem Haar produzieren die Zellen über der Spitze der Haarpapille große, vakuolisierte und schwach verhornte Zellen, welche das ***Mark (Medulla)*** des Haars bilden (Abb. 17.9). Weiter außen liegende Zellen der Haarwurzel vermehren und differenzieren sich zu stark verhornten, dicht liegenden spindelförmigen Zellen, welche die ***Haarrinde (Kortex)*** bilden. Noch weiter außen liegende Bulbuszellen bilden die ***Kutikula*** des Haares. Die Bulbuszellen sind etwa bis zur Mitte des Bulbus kubisch, werden dann größer und säulenartig. Weiter oben flachen sie zu einer Schicht senkrecht stehender Hornschuppen ab und bedecken die Haarrinde. Von allen Zelltypen des Haarfollikels differenzieren sich die Kutikulazellen zuletzt.

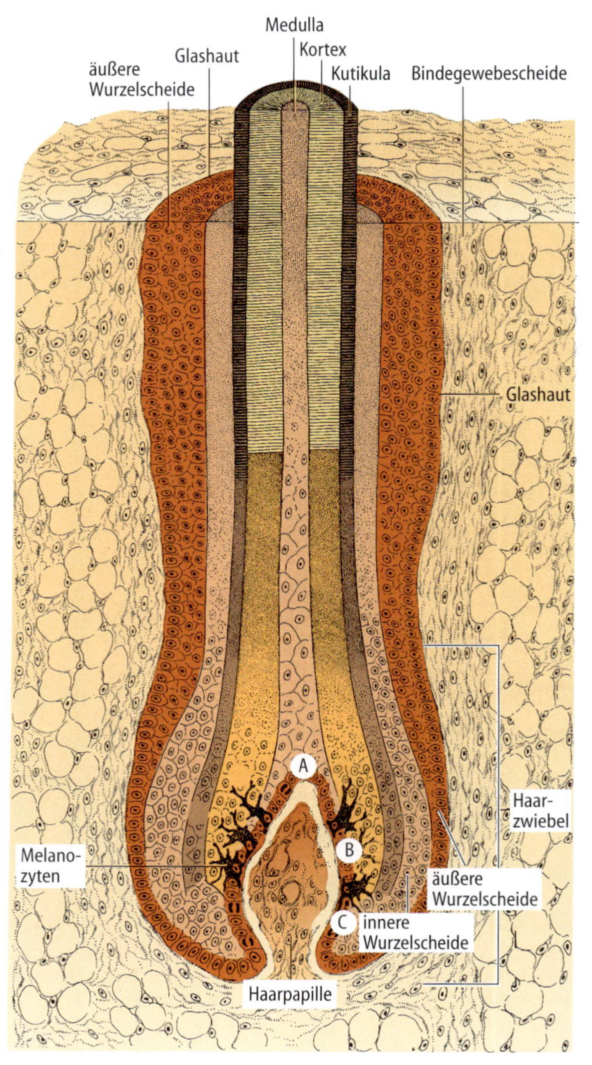

Abb. 17.9. Zeichnung einer Haarwurzel. In die Haarwurzel (Bulbus pili) ist eine Papille eingestülpt. Diese ist von Epithel bedeckt, das im *Abschnitt A* die Vorstufen der Medulla, im *Abschnitt B* die des Kortex und im *Abschnitt C* Zellen enthält, die die Kutikula bilden. Außen gelegene Epithelzellen entwickeln sich zu der inneren und äußeren Wurzelscheide. Die Zellen der äußeren Wurzelscheide setzen sich in die Epidermis fort. Umgeben ist die Haarwurzel von einer bindegewebigen Wurzelscheide (Haarbalg). (Aus Junqueira et al. 1996)

Aus den Zellen der äußeren Wurzelscheide entwickeln sich die der ***inneren Wurzelscheide***, die den Anfangsteil des Haarschafts umgibt. Die innere Wurzelscheide verschwindet auf Höhe der Talgdrüsen. Die äußere Wurzelscheide ist mit Epidermiszellen besetzt und verfügt auch – nahe der Oberfläche – über alle Schichten der Epidermis. Nahe der Papille ist sie dün-

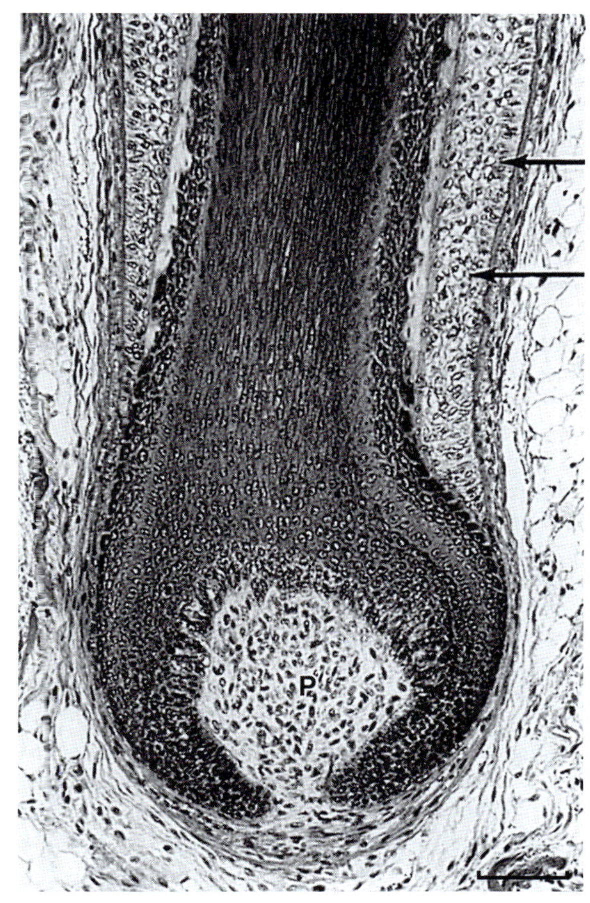

Abb. 17.10. Haarwurzel aus einer menschlichen Lippe. Die Papille (*P*) und äußere Wurzelscheide (*Pfeile*) sind markiert (HE-Färbung). Balken = 100 µm. (Aus Junqueira et al. 1998)

ner und besteht aus Zellen, die denen des Stratum germinativum entsprechen.

Der Haarfollikel ist von der Dermis durch eine nichtzelluläre hyaline Schicht, die ***Glashaut*** (Abb. 17.9) getrennt, die durch Verdickung der Basallamina entsteht. Die Dermis, die den Follikel umgibt, ist sehr dicht und bildet eine spezielle Bindegewebescheide. Bündel von glatten Muskelzellen, die ***Mm. arrectores pili*** sind mit dieser Scheide verbunden und verknüpfen sie mit der Papillarschicht der Dermis. Die Mm. arrectores pili sind schräg zur Hautfläche angeordnet. Wenn sie kontrahieren, richtet sich der Haarschaft senkrecht auf. Gleichzeitig ziehen die Muskeln die Haut dort etwas ein, wo sie an ihr befestigt sind, und es kommt zur ‚Gänsehaut'

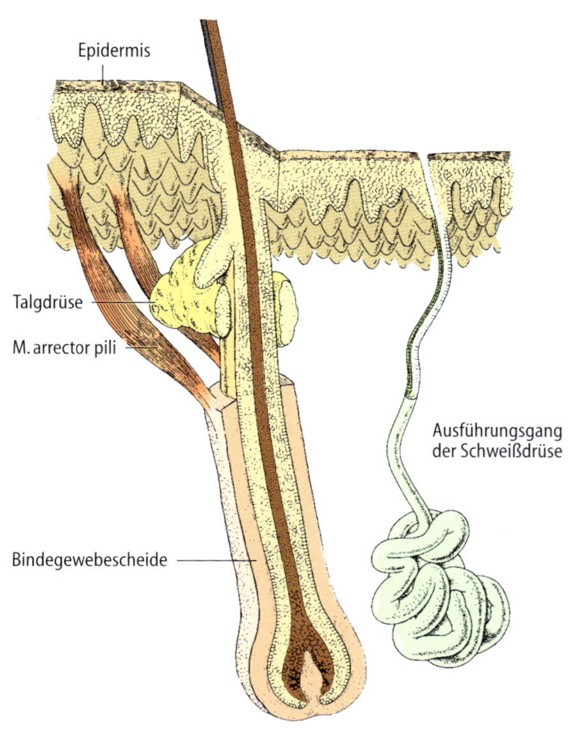

Abb. 17.11. Zeichnung der Haut mit Haarfollikel, M. arrector pili, Talg- und Schweißdrüse. Der M. arrector pili ist am Stratum papillare der Haut und an der Bindegewebsscheide des Haarfollikels befestigt. (Aus Junqueira et al. 1996)

Die ***Haarfarbe*** wird durch die Aktivität der Melanozyten bestimmt, die zwischen der Papille und den Epithelzellen der Haarwurzel liegen. Die Melanozyten produzieren Melanin, das, ähnlich wie in der Epidermis (s. oben) in den Mark- und Rindenzellen des Haarschafts eingelagert ist (Abb. 17.9). Melaninverlust zeigt sich durch graues Haar. Eumelanin ist ein dunkelbraunes Pigment, dessen Menge die Haarfarbe bestimmt. Das in roten Haaren vorherrschende Pigment wird als ‚Phäomelanin' bezeichnet.

Obwohl sich die Keratinisierung in der Epidermis und dem Haar ähneln, gibt es doch einige Unterschiede:

- Die Oberfläche der Epidermis besteht aus Schichten abgestorbener Zellen mit relativ weichem Keratin. Die Hornschuppen werden regelmäßig abgestoßen. Beim Haar besteht die Oberfläche aus hartem Keratin und ist kompakt.
- In der Epidermis geschieht die Verhornung gleichmäßig und überall, beim Haar dagegen nur in der Haarwurzel. Die Zellen der Haarpapille haben eine

induzierende Wirkung auf die sie umgebenden Epithelzellen und fördern ihre Proliferation und Differenzierung. Schäden an der Haarpapille führen deshalb zum Haarausfall.

- In der Epidermis differenzieren sich alle Zellen gleichartig und bilden schließlich die Hornschichten. Die Zellen in der Haarwurzel differenzieren sich zu sehr verschiedenen Zelltypen, die sich in ihrer Ultrastruktur und Funktion sowie ihren histochemischen Eigenschaften unterscheiden. Die mitotische Aktivität der Haarfollikel wird von Androgenen beeinflusst.

17.4.2 Nägel

Nägel bestehen aus verhornten Epithelzellen an der dorsalen Oberfläche der Endphalangen (Abb. 17.12). Der proximale Teil des Nagels wird Nagelwurzel genannt. Das epitheliale Gewebe, das die Nagelwurzel umgibt, bildet auch das Eponychium (Nagelhäutchen). Die Nagelplatte, die dem Stratum corneum der Haut entspricht, befindet sich in einem Epidermisbett, das als Nagelbett bezeichnet wird. Das Nagelbett besteht nur aus dem Stratum basale und Stratum spinosum. Das Nagelplattenepithel entsteht aus der Nagelmatrix, deren proximales Ende weit in die Nagelwurzel hineinreicht. Die Zellen der Matrix teilen sich, bewegen sich nach distal, verhornen schließlich und bilden den proximalen Teil der Nagelplatte. Die Nagelplatte bewegt sich dann vorwärts über das Nagelbett, das nicht an der Nagelbildung beteiligt ist. Das distale Ende der Nagelplatte ragt dann über das Nagelbett hinaus und kann abgeschnitten werden. Die beinahe transparente Nagelplatte und das dünne Epithel des Nagelbetts lassen die Gefäße durchschimmern. Dies erlaubt es, den Sauerstoffgehalt bzw. Hämoglobingehalt des Blutes abzuschätzen und mikroskopisch die Mikrozirkulation zu untersuchen.

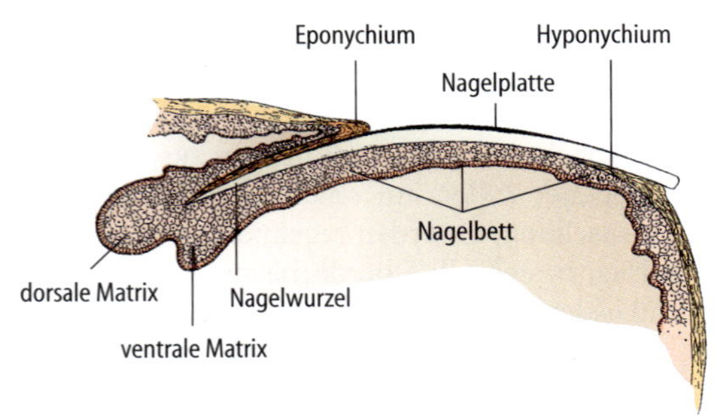

Abb. 17.12. Aufbau des menschlichen Nagels. (Aus Junqueira et al. 1996)

17.4.3 Drüsen

Talgdrüsen▸ Die Talgdrüsen (s. Kap. 3.4.2) kommen an fast allen Stellen des Körpers vor. Etwa 100 Talgdrüsen/cm² sind in der Dermis über den Körper verteilt, wobei Gesicht, Stirn und Kopfhaut sowie Brustbereich und Rücken dichter besiedelt sind (etwa 400–900/cm²). Talgdrüsen kommen jedoch nicht in der unbehaarten Haut der Handflächen und Fußsohlen vor. Es sind traubenförmige Drüsen mit mehreren Azini, die in der Regel über einen gemeinsamen kurzen Ausführungsgang in den oberen Teil eines Haarfollikels münden (Abb. 17.11). In Körperteilen wie Glans penis, Glans clitoridis und den Lippen, mündet der Ausführungsgang direkt auf die Epidermisoberfläche. Die Azini bestehen aus einer basalen Schicht undifferenzierter, abgeflachter Epitelzellen, die einer Basalmembran aufliegen. Diese Zellen proliferieren und differenzieren sich, wobei sie die Azini mit abgerundeten Zellen auffüllen (Abb. 17.13). Nach und nach schrumpfen die Zellkerne, die Organellen gehen unter und gleichzeitig füllen sich die Zellen mit Fetttropfen. Schließlich platzen die Zellen und werden als Sekret der Talgdrüse, das Sebum, ausgeschüttet und an die Hautoberfläche befördert.

Talgdrüsen zählen zu den holokrinen Drüsen (s. Kap. 3.4.2). Im Sekret findet man hauptsächlich eine komplexe Mischung aus Fetten, wie z. B. Triglyzerine, Wachse, Squalene, Cholesterin und deren Ester. Das Sebum dient der Einfettung der Haut und der Haare. Es hat auch schwach antibakterielle und antimykotische Eigenschaften. Die Talgdrüsen werden in der Pubertät aktiv und werden größtenteils hormonell gesteuert, bei Männern von Testosteron, bei Frauen von einer Kombination aus den Hormonen des Eierstocks und den Androgenen der Nebennieren. Das Sebum wird kontinuierlich sezerniert.

Klinik

Bei Sekretionsstörungen, die die Talgdrüsen verstopfen und entzünden, kann ***Akne*** entstehen. Akne tritt vorwiegend in der Pubertät dort auf, wo viele Talgdrüsen vorkommen (s. oben).

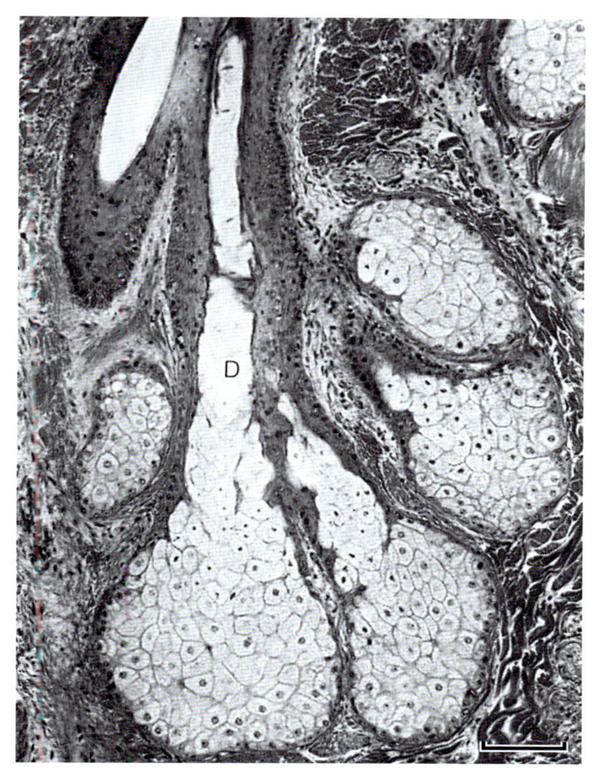

Abb. 17.13. Talgdrüsen, die häufig in der Tiefe der Haartrichter münden. Sie bestehen aus verschiedenen Anteilen und zeigen das typische Bild der holokrinen Sekretion. Die charakteristische Lokalisation der Talgdrüsen ist in Abb. 17.11 dargestellt. *D* Ausführungsgang (HE-Färbung). Balken = 100 μm. (Aus Junqueira et al. 1996)

Schweißdrüsen▸ Schweißdrüsen kommen fast überall in der Haut vor, von einigen Körperregionen, wie z. B. der Glans penis, abgesehen. Die Schweißdrüsen sind einfache, gewundene tubuläre Drüsen, deren Ausführungsgänge auf die Hautoberfläche münden. Ihre Ausführungsgänge sind unverzweigt und dünner (ca. 0,4 mm) als der sekretorische Teil (Abb. 17.14), der in der Dermis liegt. Die Schweißdrüsen sind von Myoepithelzellen umgeben (s. Kap. 3.4.2), die durch Kontraktion dazu beitragen, dass Sekret abgegeben wird. In dem sekretorischen Teil der Schweißdrüsen kann man zwei Zellarten unterscheiden: ***Dunkle Zellen*** (muköse Zellen) haben eine pyramidenförmige Gestalt und besitzen in ihrem apikalen Zytoplasma viele Sekretgranula, die Glykoproteine enthalten. ***Helle Zellen*** haben dagegen keine Sekretgranula. Ihr basales Plasmalemma besitzt viele Einstülpungen, die charakteristisch für Zellen sind, die am transepithelialen Salz- und Flüssigkeitstransport beteiligt sind. Die Ausführungsgänge der Drüsen sind von geschichtetem, kubischem Epithel ausgekleidet (Abb. 17.14). Das von den Schweißdrüsen ausgeschiedene Sekret ist wässrig und enthält kaum Protein. Seine wichtigsten Bestandteile sind Wasser, Natriumchlorid, Harnstoff, Ammoniak und Harnsäure. Der Natriumgehalt beträgt 20–60 mMol/l und ist damit deutlich niedriger als der des Bluts (144 mMol/l). Die in den Ausführungsgängen angesiedelten Zellen sorgen für die Natriumabsorption. Die Flüssigkeit in den Hohlräumen des sekretorischen Teils der Drüse ist ein Ultrafiltrat des Blutplasmas. Die Filtration erfolgt in einem Kapillarnetzwerk, das die Drüsenregion jeder Schweißdrüse umgibt. Nach Austritt auf die Hautoberfläche verdunstet der Schweiß und kühlt die Haut.

Apokrine Drüsen▸ Zusätzlich zu den Schweißdrüsen befinden sich in den Achseln, Perimamillar- und Anogenitalregionen apokrine Drüsen (s. Kap. 3.4.2). Sie sind bedeutend größer (3–5 mm Durchmesser) als die Schweißdrüsen. Sie liegen in der Dermis und Hypodermis und ihre Ausführungsgänge münden in Haarfollikel. Diese Drüsen produzieren ein Sekret, das zunächst geruchlos ist, dann aber auf Grund bakterieller Zersetzung einen deutlichen Geruch annimmt. Sie werden daher auch als Duftdrüsen bezeichnet. Apokrine Drüsen werden durch adrenerge Nervenendungen innerviert, wohingegen die Schweißdrüsen cholinerg innerviert werden.

17.5 Gefäße und Nerven der Haut

Die Epidermis besitzt keine Gefäße. Die Arterien, die die Haut versorgen, bilden zwei Geflechte. Das eine Geflecht befindet sich zwischen den papillären und retikulären Schichten der Dermis, das andere zwischen der Dermis und der Hypodermis. Dünne Verästelungen ziehen von diesen Geflechten weg bis zu Papillen. Jede Papille hat einen aufsteigenden arteriellen Ast und einen absteigenden venösen Ast. Die Venen sind in drei Geflechten angeordnet, davon sind zwei genauso wie die arteriellen Gefäße angeordnet und ein Geflecht befindet sich in der Mitte der Dermis. Arteriovenöse Anastomosen (s. Kap. 10.3) kommen sehr häufig in der Haut vor. Lymphatische Gefäße beginnen blind in den Dermispapillen und konvergieren, um wie bei den arteriellen Gefäßen beschrieben, zwei Geflechte zu bilden.

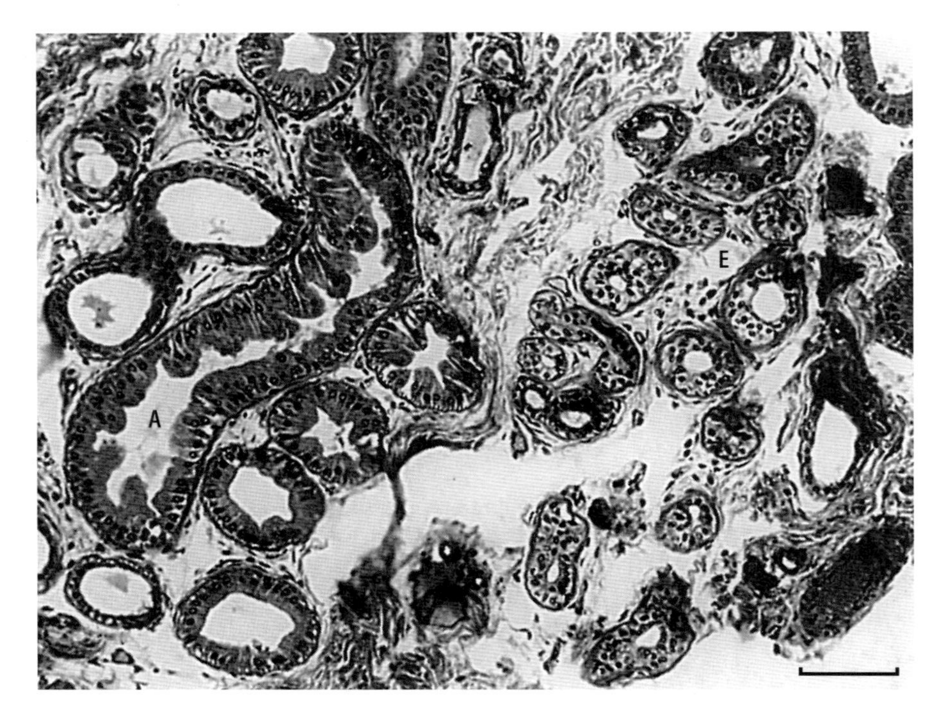

Abb. 17.14. Apokrine Drüsen (*A*) und Schweißdrüsen (*E*) in der Achselhaut. Balken = 100 μm. (Aus Junqueira et al. 1998)

Eine der wichtigsten Funktionen der Haut besteht darin, Reize aus der Umwelt aufzunehmen. Dazu sind in der Epidermis außer freien Nervenendigungen auch Nervenendigungen vorhanden, die zusätzliche Zellen oder eine Kapsel besitzen (s. Kap. 23.1). Dabei handelt es sich um Rezeptoren (Sensoren), die in der Epidermis vorkommen (Merkel-Zellen), im Stratum Papillare der Dermis (Meissner-Körperchen) und der Hypodermis (Pacini-Körperchen). Auch die Haarfollikel sind von einem dichten Netz von Nerven umgeben, die wichtig für die Verarbeitung von taktilen Reizen sind.

Harnorgane 18

18.1	**Niere**	**326**
18.1.1	Glomerulus – Filtration	327
18.1.2	Tubulussystem – Resorption und Exkretion	331
18.1.3	Sammelrohre	339
18.1.4	Die Niere als endokrines Organ	340
18.1.5	Blutgefäßsystem der Niere	341
18.2	**Ableitende Harnwege**	**343**
18.2.1	Nierenbecken, Ureter, Harnblase	343
18.2.2	Urethra	346

Einleitung

Von den Endprodukten des Stoffwechsels wird Kohlendioxid hauptsächlich durch die Lungen abgesondert, während Stickstoff haltige Metabolite, Säure (H^+) und manche Fremdstoffe (z. B. Pharmaka) über die ***Nieren*** (Renes) ausgeschieden werden. Über die fein abgestimmte Ausscheidung von Wasser und Elektrolyten reguliert die Niere den ***Wasser-, Mineral- und Säure-Basenhaushalt***.

Das Blutplasma ist ein Teil der Extrazellulärflüssigkeit und steht über die Wand der Kapillaren mit ihr im Austausch (s. Kap. 10.6). Ein Teil der von den Zellen mit ihren Abfallprodukten belasteten Extrazellulärflüssigkeit wird mit dem Blut zu den Nieren transportiert und dort vorläufig als Primärharn ausgeschieden. In den Nieren werden selektiv alle für den Organismus brauchbaren Substanzen wie Zucker, Aminosäuren, der größte Teil der Elektrolyte und des Wassers wieder zurückgenommen. Die Abfallprodukte werden in einer vergleichsweise geringen Menge Wasser gelöst als Endharn definitiv ausgeschieden.

Zu den ***ableitenden Harnwegen*** gehören ***Ureter***, ***Blase***, und ***Urethra***. Sie dienen der Abgabe der mit Abfallprodukten angereicherten Flüssigkeit, dem ***Urin***, an die Außenwelt, wobei der Harnblase die Funktion eines Zwischenreservoirs zukommt, das es erlaubt, den Abgabevorgang der ***Miktion*** auf wenige, kurze Zeitabschnitte zu beschränken.

18.1 Niere

Übersicht▸ Die ***Nephrone*** stellen die Funktionseinheiten des Nierenparenchyms dar. Nephrone setzen sich aus zwei verschiedenen Funktionsbereichen zusammen, den ***Glomeruli***, in denen ein Filtrat des Blutplasmas gebildet und in die nachgeschalteten ***Tubuli*** abgegeben wird, in denen die Rücknahme der für den Organismus wertvollen Substanzen stattfindet. Über die Ausscheidung von Kochsalz sowie ihre Rolle bei der Bildung des kreislaufaktiven Hormons ***Angiotensin II*** beeinflusst die Niere den Blutdruck (s. Kap. 9.3 und 10.1), über die Ausscheidung von Kalzium und Phosphat die Mineralisierung des Knochens (s. Kap. 7.1). Schließlich sezerniert die Niere als endokrines Organ ***Erythropoetin***, das die Bildung roter Blutkörperchen im Knochenmark stimuliert (s. Kap. 12.4).

Aufbau▸ Die Nieren sind paarige Organe, die im Retroperitonealraum umgeben von Fettgewebe liegen und zusammen etwa 300 g wiegen. Die Nieren sind bohnenförmig und haben auf der medialen Seite eine große zentrale Einziehung, das ***Hilum renale*** (Abb. 18.1). Vom Hilum treten Nerven und Arterien in den Sinus renalis ein, Venen, Lymphgefäße und der Urether aus. Der Urether nimmt den Harn aus dem Nierenbecken, ***Pelvis renalis*** auf. Seine Verzweigungen, die Nierenkelche ***(Kalizes)***, sammeln den von den Papillen der Markpyramiden ablaufenden Harn. Die Niere ist von einer Organkapsel, ***Capsula fibrosa***, aus straffem, geflechtartigen Bindegewebe überzogen.

a

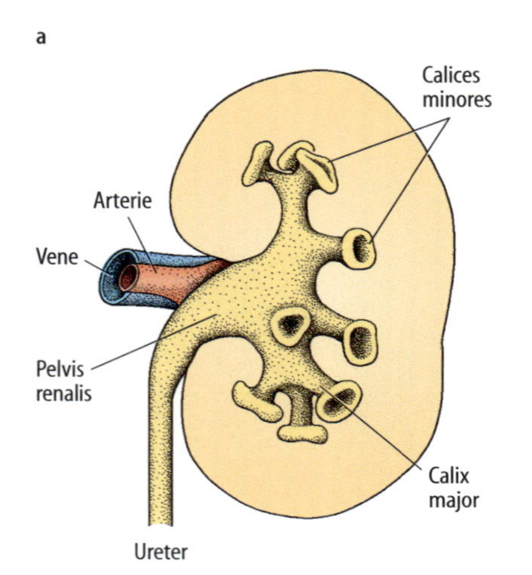

b

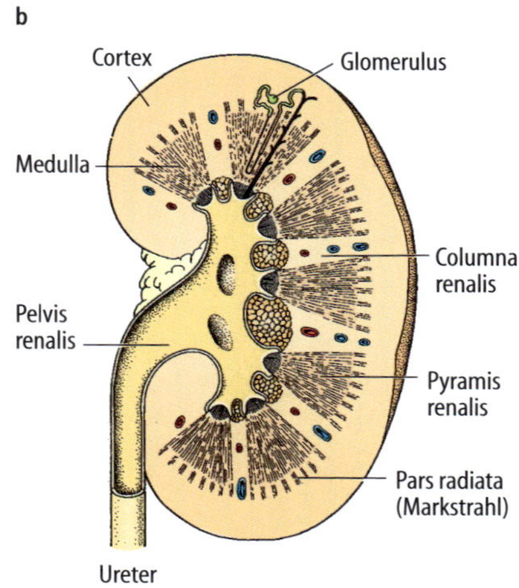

Abb. 18.1 a, b. Aufbau der Niere. **a** Darstellung des Nierenbeckens. **b** Schema der Nierengliederung. (Aus Junqueira et al. 1996)

Schon mit bloßem Auge kann man an der aufgeschnittenen Niere zwei Bereiche des Parenchyms unterscheiden (Abb. 18.1):

- die dunklere Rinde, ***Kortex*** und
- das hellere, gestreift aussehende Mark, die ***Medulla***.

Die menschliche Niere enthält 8–18 konische ***Markpyramiden***, die mit ihrer abgerundeten Spitze, der ***Papilla renalis***, in die Kelche des Nierenbeckens ragen. An der Oberfläche der Papillen befinden sich 10–20 Öffnungen der ***Ductus papillares***, den Endstrecken der Sammelrohre, von denen der Endharn in die Kelche des Nierenbeckens läuft. Die Markpyramiden erreichen mit ihren Basen nicht die Oberfläche des Nierenparenchyms. Von der Basis jeder Markpyramide dringen 400–500 ***Markstrahlen*** in das benachbarte Rindengewebe ein. Die Markstrahlen bestehen aus Bündeln von parallel verlaufenden Sammelrohren und geraden Tubulusabschnitten. Das Rindengewebe, welches die Markpyramiden seitlich umgibt und neben den Papillen den Nierensinus erreicht, wird als ***Columnae renales*** (Bertini-Säulen) bezeichnet. Eine Markpyramide mit dem umgebenden Rindengewebe, welches den Harn über die Papille ins Nierenbecken abgibt, bildet einen Nierenlappen, ***Lobus renalis***. Die Anteile des Rindenparenchyms, die den Harn in einen Markstrahl abgeben, werden als Markstrahlläppchen oder ***Lobulus corticalis*** bezeichnet.

Jede Niere besteht aus ein bis anderthalb Millionen ***Nephronen*** (Abb. 18.2), die ihrerseits aus dem ***Glomerulus*** (Kap. 18.1.1) und einem nachgeschalteten ***Tubulus*** (Kap 18.1.2) bestehen. Etwa 8–10 Nephrone münden in ein kortikales ***Sammelrohr*** (Kap. 18.1.3). Die Sammelrohre unterscheiden sich bezüglich ihrer entwicklungsgeschichtlichen Herkunft von den Nephronen. Sie entstammen Verzweigungen der Ureterknospe, die Nephrone dagegen dem mesodermalen Nierenblastem. Sammelrohre dienen wie die Nierentubuli der Bildung des Endharns aus dem ***Glomerulusfiltrat***.

18.1.1 Glomerulus – Filtration

Die ***Nierenkörperchen (Corpusculum renale)*** haben einen Durchmesser von ca. 200 μm und bestehen aus einem Kapillarknäuel, dem ***Glomerulus*** (wird häufig als Synonym für das ganze Nierenkörperchen benutzt), welches von der ***Bowman-Kapsel*** umgeben ist (Abb. 18.3). Die Bowman-Kapsel besteht aus einem einschichtig platten Epithel auf einer Basallamina, und geht am ***Gefäßpol*** kontinuierlich in die perikapillären Zellen des Glomerulus über; am gegenüber liegenden ***Harnpol*** geht das Kapselepithel in das Epithel des proximalen Tubulus über. In den Raum zwischen Bowman-Kapsel und Oberfläche der Kapillarschlingen, dem ***Kapselraum***, wird über die Wand der Glomeruluskapillaren der Primärharn filtriert. Ein ähnlicher Filtrationsvorgang findet in den meisten Kapillaren des Organismus statt, (s. Kap. 10.6). Er ist allerdings den funktionellen Erfordernissen der Niere entsprechend gesteigert. So werden pro Tag ca. 180 l ***Primärharn*** aus den Kapillaren des Glomerulus in den Kapselraum filtriert. Das heißt, die gesamte ***Extrazellulärflüssigkeit*** des Organismus wird ca. 10-mal am Tag vorläufig ausgeschieden. Diese extreme Filtratmenge wird durch drei Faktoren gewährleistet:

- Die Nieren werden sehr stark durchblutet; ca. 20 % des Herzminutenvolumens, also 1–1,2 l/min strömen durch die beiden Organe, die weniger als 0,5 % des Körpergewichts ausmachen.
- Der Blutdruck in den filtrierenden Glomeruluskapillaren beträgt ca. 50 mmHg gegenüber 20–30 mmHg in nutritiven Kapillaren.
- Die Filtrationsfläche ist durch Schlingenbildung der Glomeruluskapillaren vergrößert.

Der hohe Blutdruck in den Glomeruluskapillaren bedingt, dass in der Niere ein ***arterielles Portalsystem*** vorliegt, d. h. in der Niere sind zwei Kapillargebiete hintereinander geschaltet. Am Gefäßpol des Glomerulus verzweigt sich eine ***afferente Arteriole*** in zwei aufeinander folgenden Teilungsschritten in ca. 20–30 ***Kapillarschlingen***, die noch Queranastomosen aufweisen. Die Enden der Kapillarschlingen vereinigen sich am Gefäßpol zu einer ***efferenten Arteriole***, die sich im Folgenden in ein Netzwerk aus ***nutritiven Kapillaren***, das die Nierentubuli umgibt, verzweigt.

Ultrastruktur des glomerulären Filters▸ Die Wand der ‚Hochdruckkapillaren' des Glomerulus besteht analog zu den Kapillaren anderer Organe aus Endothel, Basallamina und perikapillären Zellen (Abb. 18.4). Die ***Endothelzellen*** sind sehr dünn und fenestriert. Die Fenestrationen liegen sehr dicht, so dass das Endothel das Aussehen von Siebplatten hat (Abb. 18.5 und 18.6). Die Endothelfenster haben einen Durchmesser von 70–90 nm und besitzen kein Diaphragma.

Die darunter liegende ***Basallamina*** (s. Kap. 3.1) ist mit ca. 200 nm relativ dick (Abb. 18.5, 18.6 und 18.7).

Die Glomeruluskapillaren sind auf ihrer Außenseite dicht von perikapillären Zellen, den ***Podozyten***, besetzt,

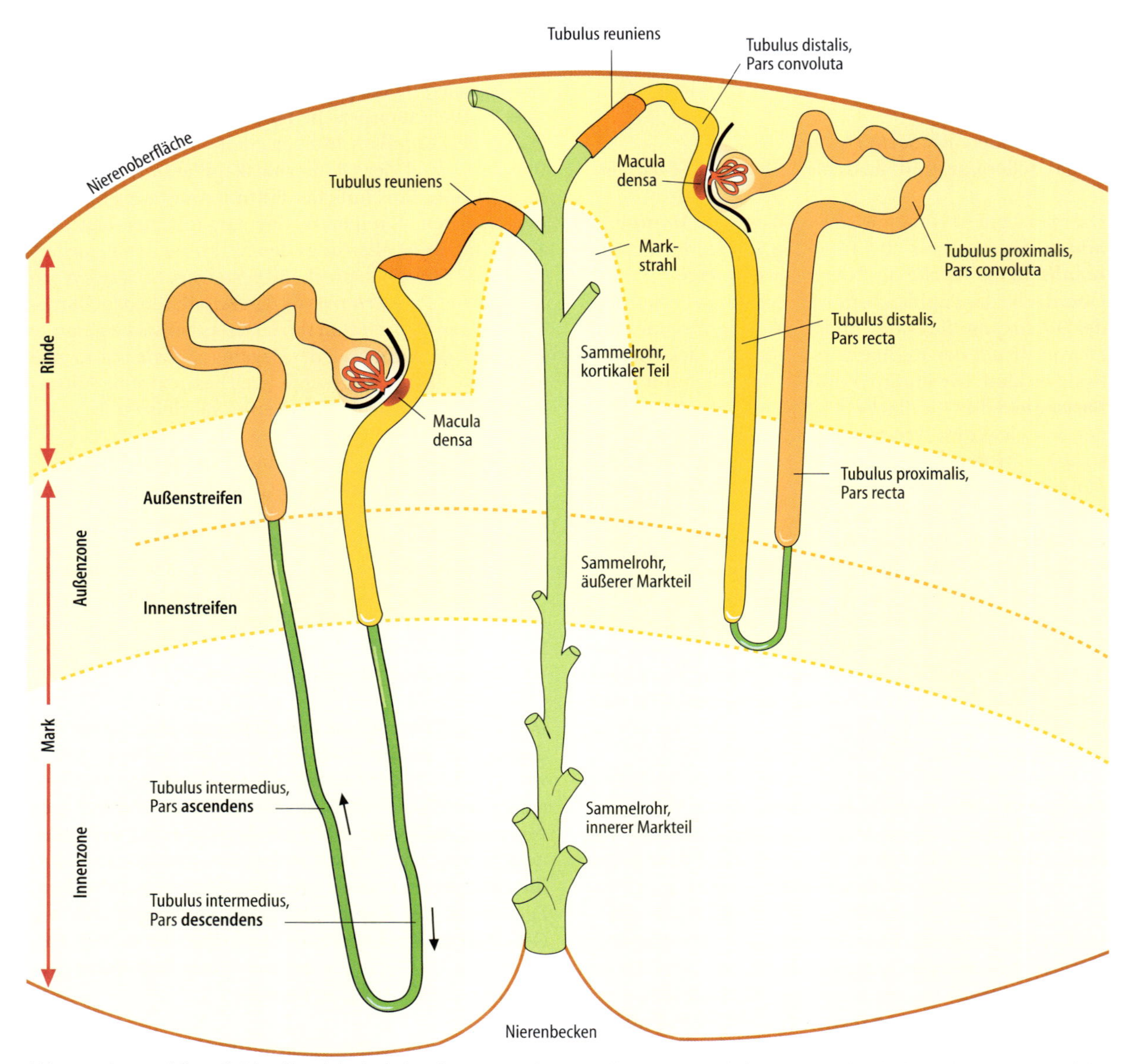

Abb. 18.2. Juxtamedulläres (*links*) und kortikales (*rechts*) Nephron mit jeweils langer, bzw. kurzer Henle-Schleife in einer schematischen Darstellung. Die Grenzen von Mark und Rinde, bzw. die der Zonen des Marks sind gestrichelt eingezeichnet. Das Sammelrohr und die geraden Abschnitte des proximalen und distalen Tubulus des kortikalen Nephrons liegen in einem Markstrahl, der gleichfalls durch eine gestrichelte Linie abgegrenzt ist. (Nach Junqueira et al. 1996)

die große, ovale Zellkerne mit feindispersem Chromatin besitzen (Abb. 18.5, 18.6 und 18.8). Sie sind wie die anliegenden Endothelzellen an der Bildung der Basallamina beteiligt. Die Podozyten werden auch als viszerales Blatt der Bowman-Kapsel bezeichnet. Von den Zellkörpern der Podozyten gehen mehrere Fortsätze aus, die die Glomeruluskapillaren umgreifen. Von diesen Fortsätzen erstrecken sich nach beiden Seiten kurze Fortsätze, die wie die Zähne eines Kamms ineinander greifen. Diese liegen der Basallamina mit Verbreiterungen auf, weswegen sie auch als Füßchen bezeichnet werden. Zwischen den Fortsätzen entstehen gezackte, etwa 25 nm breite ***Filtrationsschlitze***. Diese sind von einem nur 6 nm dicken Schlitzkomplex verschlossen, der als Verbindung zwischen den Glykokalizes benachbarter Füßchen aufgefasst werden kann und wie diese stark ne-

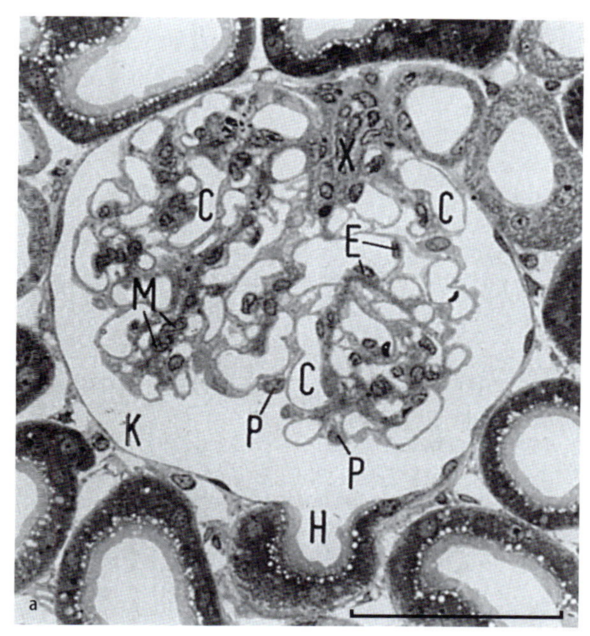

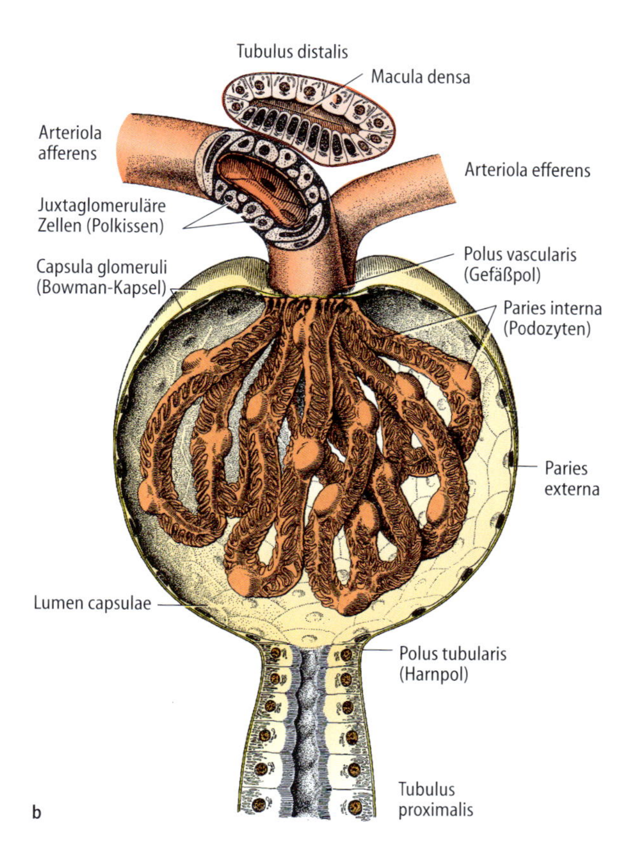

Abb 18.3 a, b. Aufbau des Glomerulus. **a** Der juxtaglomeruläre Apparat (*X*) markiert den Gefäßpol. Gegenüber der mit *H* gekennzeichnete Harnpol, an dem das platte Epithel der Bowman-Kapsel abrupt in das kubische Hauptstückepithel übergeht. *C* Glomeruluskapillaren, *E* Kapillarendothelien, *K* Bowman-Kapselraum, *M* Mesangiumzellen, *P* Podozyten (Semidünnschnitt). Balken = 100 µm. **b** Zeichnung eines Glomerulus in annähernd gleicher Vergrößerung. (Modifiziert nach Junqueira et al. 1996)

gativ geladen ist. Die Podozytenfortsätze besitzen reichlich kontraktile Filamente. Daher nimmt man an, dass sie einen Einfluss auf die Durchblutung und/oder die Durchlässigkeit des glomerulären Filters haben.

Funktion des glomerulären Filters ▸ Der glomeruläre Filter erscheint frei permeabel für Moleküle bis zu einem Molekulargewicht von 5000 Da, was einem Moleküldurchmesser von etwa 2,5 nm entspricht. Für größere Moleküle erscheint der Filter zunehmend schlechter durchlässig, bis ab einem Molekulargewicht von 70 000 Da, entsprechend einem Moleküldurchmesser von 8 nm, keine Filtration mehr erfolgt. Dabei können negativ geladene Moleküle den Filter schlechter durchdringen als positiv geladene. Als kritische Filterstrukturen fungieren die Basallamina und der Schlitzkomplex zwischen den Podozytenfüßchen, wogegen die Endothelzellen mit ihren 70 nm großen Fenestrationen lediglich Blutzellen zurückhalten. Wasser wird mit den darin gelösten Ionen, Zuckern und Aminosäuren sowie allen organischen Molekülen bis zur Größe von Oligopeptiden (z. B. Insulin) frei filtriert. Die überwiegend negativ geladenen Plasmaproteine, deren Molekulargewicht im Allgemeinen 65 000 Da (Albumin = 69 000 Da) übersteigt, können die Filtrationsbarriere nur zu einem verschwindend geringen Anteil von weniger als 0,1 % überwinden. Letztlich ist der Primärharn fast genauso wie das Blutplasma, bzw. die Extrazellulärflüssigkeit der übrigen Kompartimente zusammengesetzt, außer dass Eiweiß nur in Spuren vorhanden ist.

Klinik

Bei Nierenerkrankungen, die die Glomeruli betreffen, den ***Glomerulopathien,*** sind infolge der Störung des Filters die Ausscheidung von Eiweiß ***(Proteinurie)*** und Blutzellen ***(Hämaturie)*** Leitbefunde.

Mesangium ▸ Der Raum zwischen den Kapillarschlingen des Glomerulus wird von einem Gewebe ausgefüllt, das in Anlehnung an das Mesenterium zwischen den Darmschlingen als Mesangium bezeichnet wird (Abb. 18.9 und 18.10). Die Basallamina des Ge-

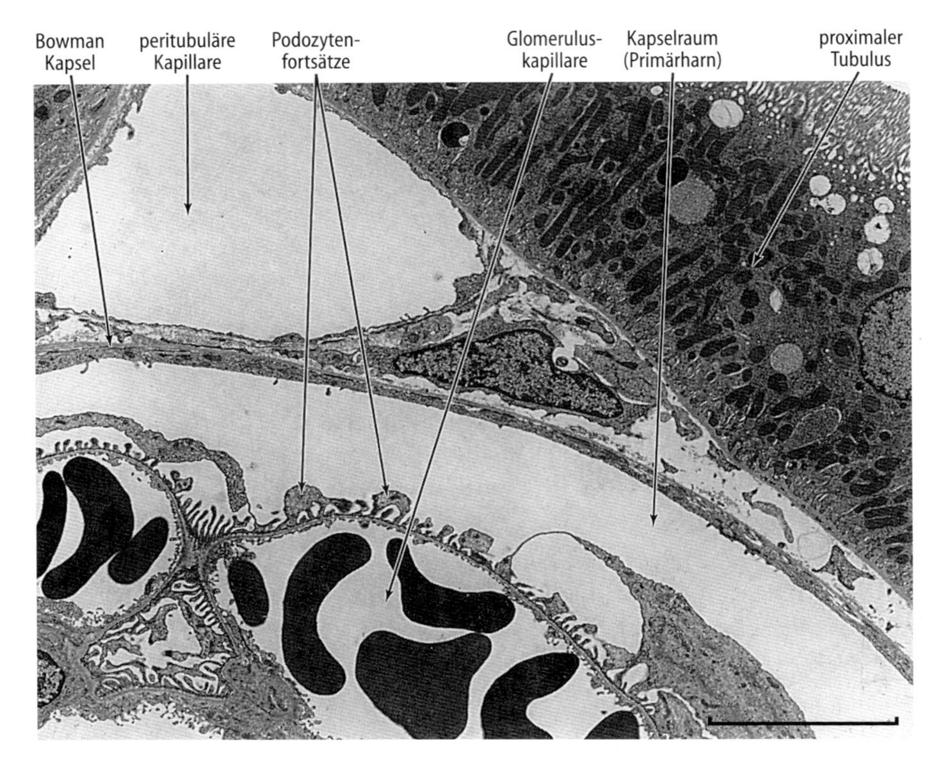

Abb. 18.4. Peripherie eines Glomerulus im Elektronenmikroskop. *Links unten* zwei Anschnitte von Glomeruluskapillaren mit Erythrozyten im Lumen und Podozytenfortsätzen, *rechts oben* über der Bowman-Kapsel eine Zelle eines proximalen Tubulus, charakterisiert durch hohe Mitochondriendichte. Bei der Zelle zwischen Bowman-Kapsel und proximalem Tubulus dürfte es sich um einen peritubulären Fibroblasten handeln. Balken = 10 μm. (Nach Junqueira et al. 1998)

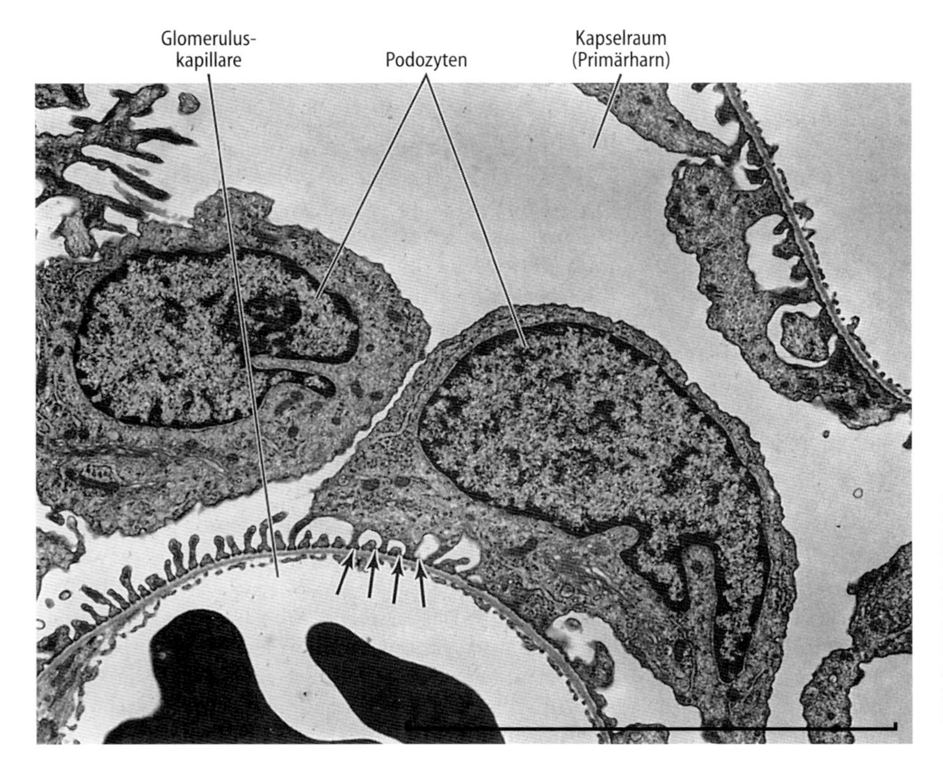

Abb. 18.5. Der glomeruläre Filter in einem elektronenmikroskopischen Bild. In den Kapillaren sind zwei Erythrozyten angeschnitten. Die Fenestrationen des Endothels sind erkennbar. Die Ultrastruktur der Podozyten, mit den interdigitierenden sekundären Zellfortsätzen und den dazwischen liegenden Filtrationschlitzen (*Pfeile*) ist deutlich zu sehen. Balken = 10 μm. (Nach Junqueira et al. 1998)

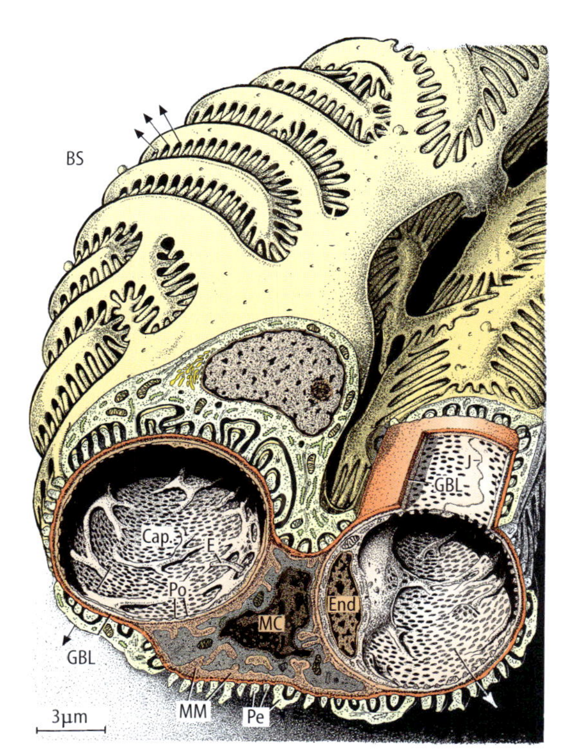

Abb. 18.6. Zeichnung einer glomerulären Kapillarschlinge. Podozyten (*Pe*) bilden Filtrationsschlitze durch ihre kammartig ineinander greifenden Fortsätze. *Pfeile* geben die Flussrichtung des Filtrats an. Zwischen Podozyten und dem Endothel (*End*) der Kapillaren (*Cap*) befindet sich die Basallamina (*GBL*), während auf der mesangialen Seite unter dem Endothel die mesangiale Matrix (*MM*) liegt, in der die Mesangiumzellen (*MC*) eingebettet sind. *E* bezeichnet den ins Gefäßlumen protudierenden Fortsatz einer Mesangiumzelle. Endothelzellen sind über Tight Junctions (*J*) verfugt, deren Fenestrationen (*Po*) bilden Siebplatten. (Nach Krstić 1997)

fäßendothels und der Podozyten umschliesst auch das Mesangium, so dass es vom Kapillarlumen lediglich durch das für Blutplasma permeable Endothel getrennt ist. Fortsätze der ***Mesangiumzellen*** erreichen zwischen den Endothelzellen das Kapillarlumen. Einige der Mesangiumzellen wurden als Makrophagen identifiziert, die auf Grund der fehlenden Basallamina ungehinderten Kontakt mit makromolekularen Substanzen des Blutplasmas haben, was ihre Mitwirkung bei immunologischen Prozessen plausibel erscheinen lässt. Darüber hinaus wird diskutiert, dass sie mit ihrer Phagozytosefunktion Makromoleküle beseitigen, die im Basallaminafilter hängen geblieben sind und so zur Regeneration des glomerulären Filters beitragen. Durch ihren Gehalt an kontraktilen Proteinen sollen Mesangiumzellen die glomerulären Kapillarschlingen gegen den nach außen wirkenden hydrostatischen Druck stabilisieren. Auffallend ist ferner ihre Vielfalt an Rezeptoren für vasoaktive Hormone, wie z. B. Angiotensin II, Endothelin, Thromboxan und Vasopressin.

18.1.2 Tubulussystem – Resorption und Exkretion

Dem Tubulussystem obliegt die Aufgabe etwa 99 % des filtrierten Wassers und einen ähnlichen Anteil des darin gelösten Kochsalzes sowie sämtliche Zucker, Aminosäuren und Proteine des Primärharns wieder aufzunehmen und harnpflichtige Substanzen, vor allem stickstoffhaltige Abfallprodukte des Stoffwechsels in 1–1,5 l täglichem Endharn konzentriert auszuscheiden. Das Ausmaß der tubulären Resorptionsleistung ist offensichtlich, wenn man sich vor Augen führt, dass pro Tag ca. 180 l Wasser, 1,5 kg Kochsalz (NaCl), 160 g Glukose, 50 g Aminosäuren und vieles mehr wieder aufgenommen wird.

Prinzipien der tubulären Reabsorption▸ Viele der in den letzten 30 Jahren aufgeklärten Reabsorptionsmechanismen gelten auch für andere transportierende Epithelien (s. Kap. 3.2, 3.4 und 14.7). Dabei unterscheidet man ***primär aktive Transportmechanismen***, so genannte Pumpen, welche unter Hydrolyse von ATP, Ionen (Na^+, K^+, Ca^{++}, H^+) über eine Zellmembran entgegen einem Konzentrationsgradienten, also bergauf transportieren können. Davon sind im ganzen Organismus nur fünf bekannt, wovon allein vier in den Nierentubuli vorkommen. Durch diese Ionenpumpen, vor allem die Na^+-K^+-ATPase, werden Natrium-, bzw. Kaliumgradienten aufgebaut, die eine Energieform darstellen, die man ausnutzen kann, um ***sekundär aktive Transportprozesse*** anzutreiben (Abb. 18.11 und Kap. 1.1.1). Der von der Na^+-K^+-ATPase aufgebaute und erhaltene Natriumgradient von extra- nach intrazellulär kann zum Na^+-Glukose-Symport in der apikalen Zellmembran des proximalen Tubulus genutzt werden, um Glukose entgegen einem Gradienten von der Tubulusflüssigkeit in die Zelle zu befördern. Damit die Glukose aus der Tubuluszelle ins Blut gelangen kann, reicht es aus, wenn in der basolateralen Zellmembran ein ***passiver Transportmechanismus***, ein so genannter Carrier für Glukose ist, welcher Bewegungen nur entlang eines Konzentrationsgradienten, also bergab gestattet (s. Kap. 1.1.1). Der Natriumgradient kann auch dazu benutzt werden, um ***tubuläre Exkretionsprozesse*** anzutreiben. So wird durch den Na^+-H^+-Antiport der Urin angesäuert. Durch die Kombination von sekundär aktiven Transportmechanismen und passiven Kanälen bzw. Carriern

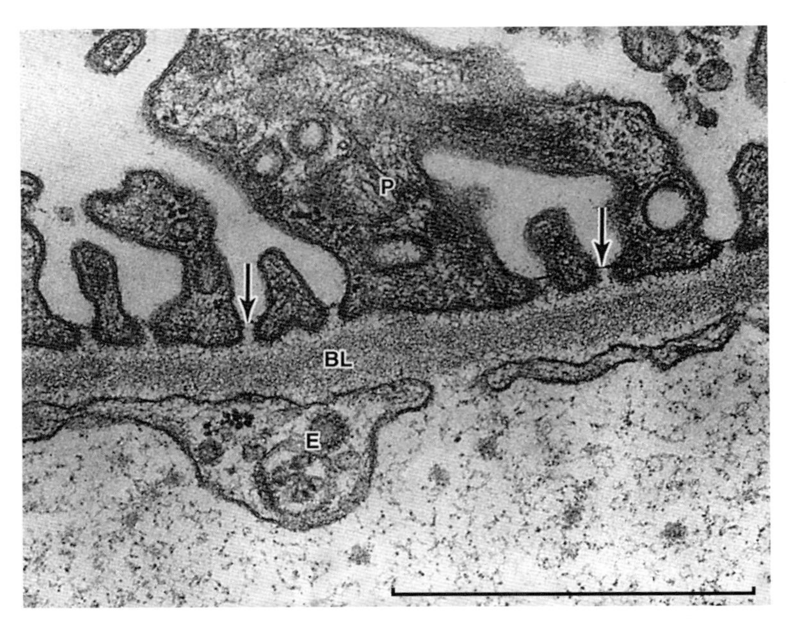

Abb. 18.7. Der glomeruläre Filter in einer stark vergrößerten elektronenmiroskopischen Aufnahme. *Unten* ist, begrenzt von fenestriertem Endothel (*E*) die Kapillare, *oben* die Podozytenfüßchen (*P*) mit dem durch *Pfeile* markierten Schlitzkomplex über den Filtrationsschlitzen. Dazwischen liegt die Basallamina (*BL*). Man beachte, dass das graue flockige Material, welches ausgefällten Plasmaproteinen entspricht, nur im Kapillarlumen, nicht dagegen im Bowman-Kapselraum vorliegt. Balken = 1 μm. (Nach Junqueira et al. 1998)

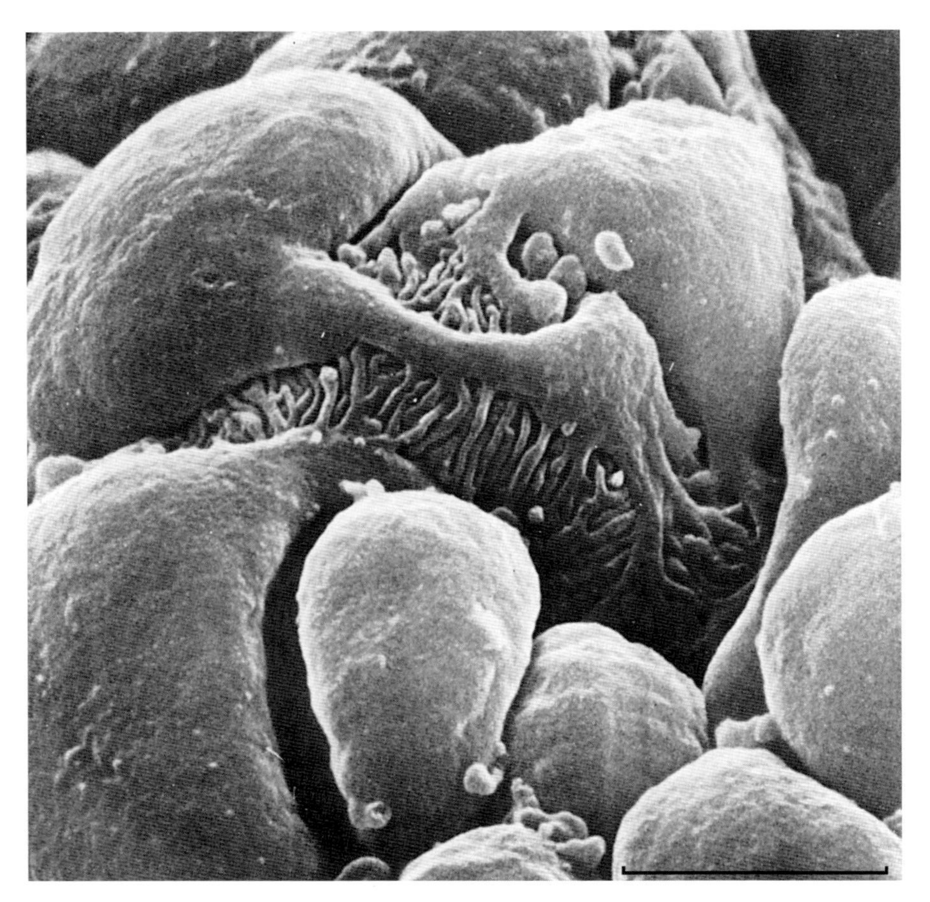

Abb. 18.8. Podozyten eines Glomerulus einer neugeborenen Ratte. Die großen Vorwölbungen gehören zu den Kernbezirken der Podozyten. Von hier gehen Fortsätze aus, die mit anderen Podozyten kammartige Strukturen bilden (Rasterelektronenmikroskopische Aufnahme). Balken = 10 μm. (Aus Junqueira et al. 1996)

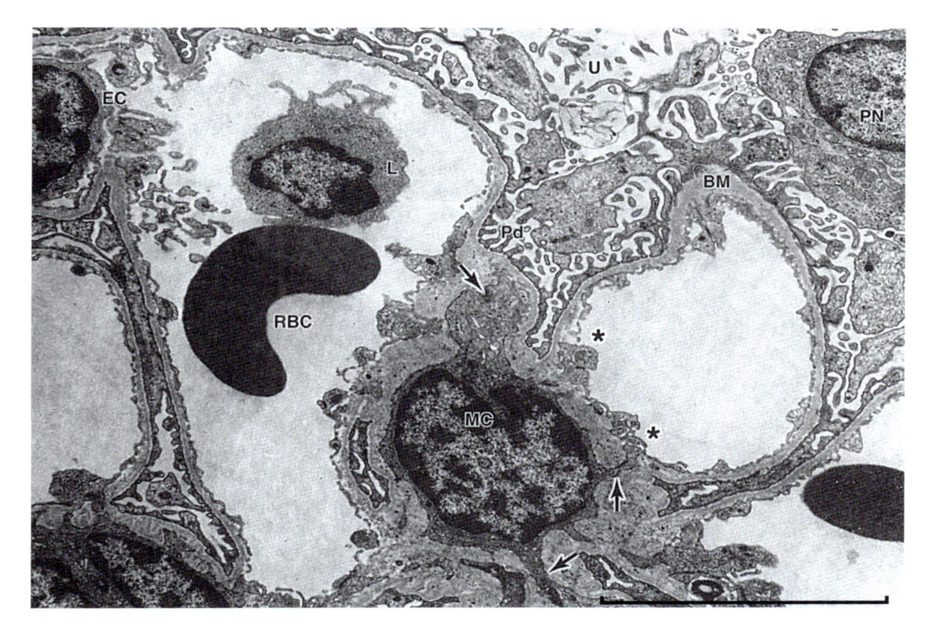

Abb. 18.9. Mesangiumzelle einer glomerulären Kapillarschlinge im Elektronenmikroskop. Die Mesangiumzelle (*MC*) ist in eine amorphe Matrix eingebettet, ihre Fortsätze erreichen an den mit Sternchen markierten Stellen zwischen den Endothelzellen das Kapillarlumen, dort ist die Basallamina (*BM*) unterbrochen. *U* markiert den Bowman-Kapselraum, *PN* den Zellkern eines Podozyten, *Pd* die Podozytenfüßchen, *EC* eine Endothelzelle, *RBC* und *L* jeweils einen Erythro-, bzw. Leukozyten. Balken = 10 μm. (Aus Junqueira et al. 1998)

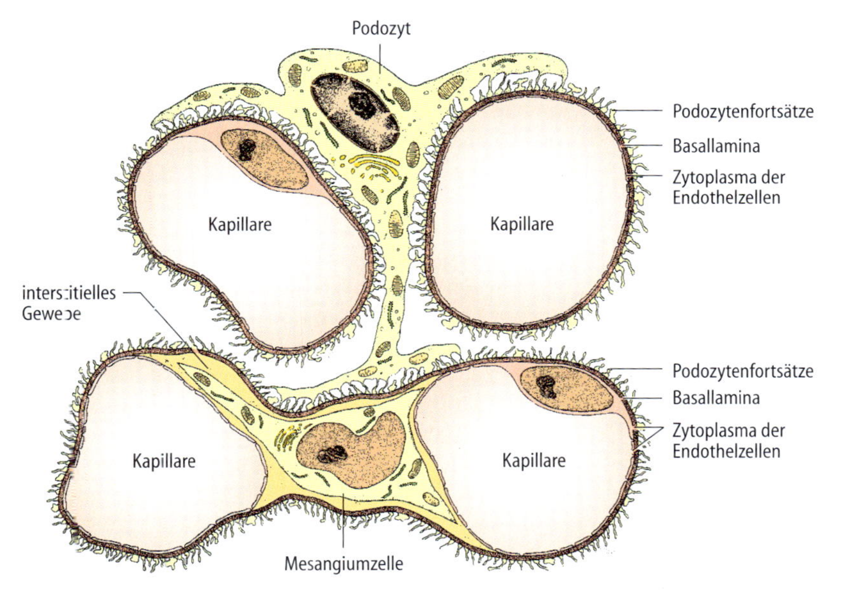

Abb. 18.10. Podozyt, Mesangiumzelle und Kapillaranschnitte eines Glomerulus. Die Mesangiumzelle befindet sich jeweils zwischen zwei Kapillaranschnitten und wird von der Basallamina der Kapillaren mit eingeschlossen. (Nach Junqueira et al. 1996)

mit der Na^+-K^+-ATPase werden im Nierentubulussystem unter optimaler Energieausnutzung eine Vielzahl von Substanzen resorbiert bzw. ausgeschieden.

Gliederung des Tubulussystems▸ Die Bezeichnung der Tubulusabschnitte ist durch eine überbordende und konkurrierende Nomenklatur gekennzeichnet, die teilweise auf die unterschiedlichen Techniken von morphologischer und physiologischer Forschung zurückzuführen ist (Abb. 18.2 und 18.12).

- ***Proximaler Tubulus***, Hauptstück, Tubulus proximalis, dessen größter Teil in geknäuelter Form als
- proximales Konvolut, Pars convoluta, im Rindengewebe der Niere vorliegt.
- Die Pars recta stellt den kurzen, geraden Teil dar, der sich bereits in den Markpyramiden an der Basis befindet. Sie stellt mit den folgenden Tubulusabschnitten, einschliesslich der Pars recta des distalen Tubulus, die ***Henle-Schleife*** dar.

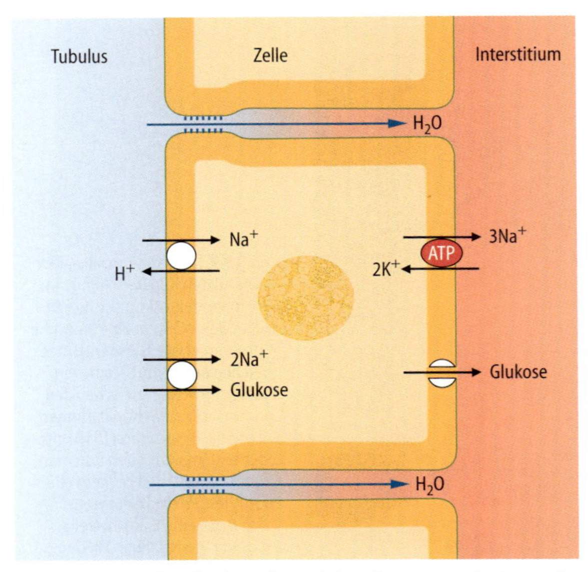

Abb. 18.11. Exemplarische Darstellung einiger Transportmechanismen des proximalen Tubulus. Dargestellt ist die Resorption von Natrium, des quantitativ bedeutendsten Kations, von Glukose sowie die Exkretion von Protonen. Mit Hilfe der Na^+-K^+-ATPase im basolateralen Abschnitt des Plasmalemms wird ein Natriumgradient aufgebaut. Dieser treibt den Na^+-Glukose-Symport und den Na^+-H^+-Antiport an. Letzterer dient der Ausscheidung von Säure. Ein (passiver) Carrier ermöglicht den Übertritt von aufgenommener Glukose ins Interstitium und damit ins Blut. Wasser folgt den resorbierten Substanzen über ‚leaky' Tight Junctions zwischen den Tubulusepithelien

- *Intermediärer Tubulus*, Überleitungsstück, Tubulus intermedius, bestehend aus:
- Pars descendens, dünner absteigender Teil der Henle-Schleife,
- Pars ascendens, dünner aufsteigender Teil der Henle-Schleife, welcher nicht bei allen Nephronen vorhanden ist. Alle Abschnitte des intermediären Tubulus verlaufen in gestreckter Form in den Markpyramiden.
- *Distaler Tubulus*, Mittelstück, Tubulus distalis. Die
- Pars recta, welche den dicken, aufsteigenden Schenkel der Henle-Schleife darstellt, befindet sich zur Gänze in den Markpyramiden. Sie geht nach distal in die
- Pars convoluta oder das distale Konvolut über, welches neben der Pars convoluta des proximalen Tubulus im Kortex zu finden ist.
- Der *Verbindungstubulus*, Verbindungsstück, Tubulus reuniens stellt eine Verbindung zu dem
- *Sammelrohr*, Tubulus colligens, dar. Die Sammelrohre untergliedern sich in
- kortikale Sammelrohre, welche in den Markstrahlen in der Rinde liegen und
- medulläre Sammelrohre in den eigentlichen Markpyramiden. Durch sukzessive Vereinigung der medullären Sammelrohre entstehen letztlich die
- Ductus papillares als die Endstrecken des Tubulussystems. Alle Sammelrohre weisen einen gestreckten Verlauf auf.

Wie aus Abb. 18.2 ersichtlich ist, bedingen die auf annähernd gleichen Höhen liegenden Abschnitte der Henle-Schleifen die lupenmikroskopische Zonierung der Markpyramiden.

Proximaler Tubulus, Hauptstück▸ Der proximale Tubulus entsteht am Harnpol des Glomerulus durch einen kontinuierlichen Übergang aus dem Plattenepithel der Bowman-Kapsel (Abb. 18.3). Der proximale Tubulus ist beträchtlich länger als der distale. Daher findet man im kortikalen Parenchym wesentlich mehr Anschnitte von proximalen als von distalen Tubuli. Lichtmikroskopisch besteht die Wand des proximalen Tubulus aus einem einschichtig kubisch bis hochprismatischen Epithel aus relativ großen Zellen (Kantenlänge bis zu 25 µm) (Abb. 18.13). Die Zellen weisen große, runde euchromatinreiche Kerne auf. Das Zytoplasma ist azidophil mit einer basalen Streifung und einem apikalen Bürstensaum. Ebenfalls apikal findet man in der Zelle relativ große ***Endozytosevesikel.*** Ultrastrukturell entsprechen dem Bürstensaum ca. 1 µm lange, dichtstehende ***Mikrovilli,*** wovon jede Zelle rund 6000 besitzt (Abb. 18.14 und 18.15). Die ***basale Streifung*** kommt durch zahlreiche, parallelstehende große Mitochondrien zu Stande, zwischen denen das basale Plasmalemm nach innen gefaltet ist. Die im elektronenmikroskopischen Schnittbild sichtbaren Einfaltungen entsprechen der Kontur von basalen Zellfortsätzen, die mit Hemidesmosomen auf der Basallamina verankert sind. Durch die Verschränkung der basalen Zellfortsätze benachbarter Tubuluszellen sind lichtmikroskopisch keine Zellgrenzen erkennbar. Letztlich stellen basale Zellfortsätze und Mikrovilli eine enorme Vergrößerung sowohl der basalen als auch der apikalen Zellmembran dar, wie sie auch für andere resorbierende Epithelien typisch ist (z. B. in den Streifenstücken der Speicheldrüsen, s. Kap. 15.1).

In den basolateralen Einfaltungen des Plasmalemms lassen sich die Na^+-K^+-ATPase sowie zahlreiche Carrierproteine und Ionenkanäle für passive und primär, bzw. sekundär aktive Transportmechanismen (s. oben) nachweisen. Der große Energiebedarf, der dicht in die Plasmalemmeinfaltungen eingelagerten Ionenpumpen wird durch die in unmittelbarer Nähe befindlichen Mitochondrien gedeckt. Über die vorstehend skizzierten Transportmechanismen werden Kationen wie Natrium,

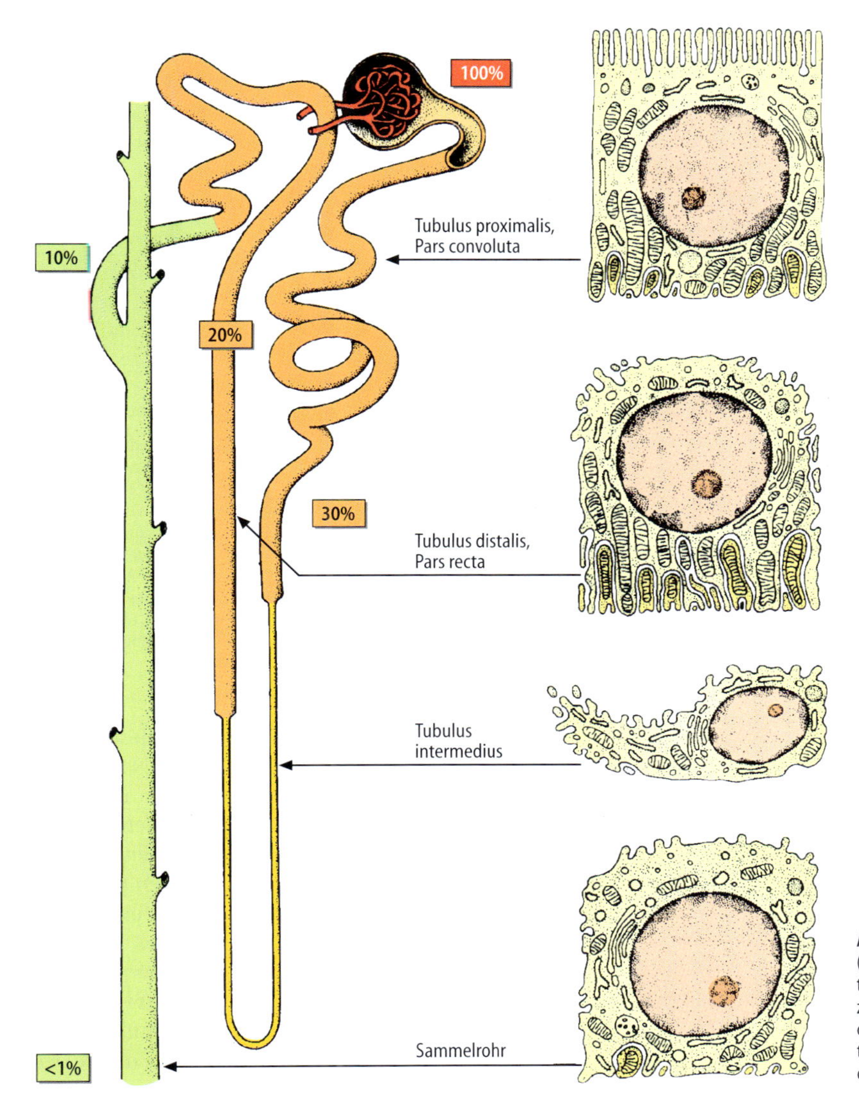

Abb. 18.12. Schematische Darstellung eines (juxtamedullären) Nephrons, die die Ultrastruktur der Tubulusepithelien wiedergibt. Die Prozentangaben zeigen an, wie viel vom ursprünglichen Primärharnvolumen an welchen Abschnitten des Nephrons noch verblieben ist. (Nach Junqueira et al. 1996)

Kalium, Kalzium und Magnesium sowie Anionen wie Phosphat, Sulfat, Bikarbonat, Chlorid und organische Anionen sowie Aminosäuren und Zucker resorbiert. Obwohl im Primärharn Proteine nur in minimaler Konzentration vorkommen (10–50 mg/l) bedingt dies bei der gewaltigen Filtratmenge eine tägliche Proteinfiltration von 2–10 g. Sie werden über die Endozytosevesikel resorbiert, die mit den ebenfalls im Zellapex gehäuft vorkommenden Lysosomen fusionieren. Durch Abbau der Proteine zu Aminosäuren werden diese wieder für den Organismus verfügbar. Durch die Transporte kommt es zu einer deutlichen Erhöhung der Konzentration von gelösten Substanzen zwischen den basalen Zellfortsätzen und im angrenzenden ***Interstitium***, was zu einer Erhöhung des osmotischen Drucks führt, so dass Wasser passiv aus dem Tubuluslumen nachströmt. Dies geschieht im proximalen Tubulus überwiegend parazellulär, was durch so genannte ‚Leaky Tight Junctions' also undichte Zellfugen sehr erleichtert wird.

Im proximalen Tubulus werden Wasserstoffionen im Austausch gegen Natrium (Abb. 18.11) abgegeben. Außerdem werden niedrigmolekulare organische Substanzen wie Harnsäure, aber auch Medikamente wie Penizillin in die Tubulusflüssigkeit sezerniert. Die überragende Bedeutung des proximalen Tubulus als dem Nephronabschnitt mit der größten Resorptionsleistung

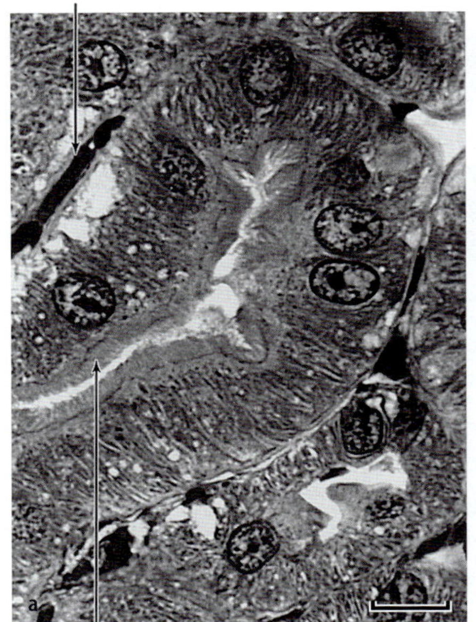

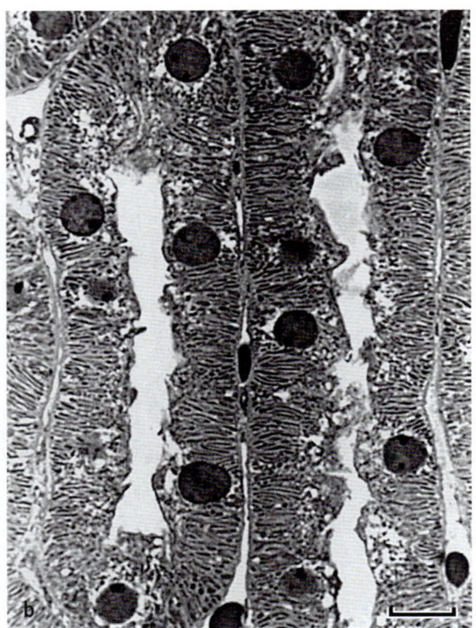

Abb. 18.13 a, b. Aufbau des **a** proximalen und **b** distalen Tubulus. Auffällig ist die geringere Größe der Zellen des distalen Tubulus sowie das Fehlen eines Bürstensaums. Die länglichen, dunklen Strukturen in den Tubulusepithelien beider Abbildungen entsprechen den zahlreichen Mitochondrien (Abb. 18.14). Balken a/b = 10 μm. (Nach Junqueira et al. 1998)

und dem größten Energieverbrauch wird dadurch belegt, dass am Ende des proximalen Tubulus ca. 70 % des Volumens des Primärharns und ein ähnlicher Anteil des Natriums (zusammen mit den Anionen Chlorid und Bikarbonat) resorbiert sind (Abb. 18.12). Glukose, Aminosäuren und Proteine, für die es in den folgenden Tubulusabschnitten keine Transportmechanismen gibt, werden vollständig vom proximalen Tubulus resorbiert. Wird die begrenzte Resorptionskapazität des proximalen Tubulus für diese Substanzen überschritten, so erscheinen sie im Endharn.

Klinik

Bei einer erhöhten Durchlässigkeit des glomerulären Filters, z. B. bei einer ***Glomerulonephritis***, kommt es zur Proteinurie. Steigt während hyperglykämischer Phasen eines ***Diabetes mellitus*** der Blutzuckerspiegel über das Doppelte der Norm, so gelangt auch Glukose in die distalen Nephronabschnitte. Dort behindert sie infolge ihres Wasserbindungsvermögens (osmotische Aktivität) die Wasserrückresorption und führt zu einer gesteigerten Urinausscheidung (Polyurie). Diese wurde von Ärzten früherer Jahrhunderte auf Grund der Geschmacksprobe als Diabetes mellitus (d. h. ‚süßer Durchfluss') im Gegensatz zum ‚geschmacklosen Durchfluss', dem Diabetes insipidus (s. unten) bezeichnet.

Intermediärer Tubulus, Überleitungsstück▸ Dieser bildet die geraden Tubulusanteile, die bei einigen Nephronen bis in die Papillenregion absteigen und parallel dazu wieder zur Grenze zwischen Innen- und Außenzone der Markpyramiden zurückkehren. In der Außenzone der Markpyramiden gehen die ca. 60 μm dicken gestreckten Anteile des proximalen Tubulus abrupt in den nur 12–15 μm dicken intermediären Tubulus über. Trotz des ausgeprägten Dickenunterschiedes zwischen proximalem und intermediärem Tubulus, sind ihre Lumina annähernd gleich, da die intermediären Tubuli von einem Plattenepithel gebildet werden (Abb. 18.16). Das Zytoplasma dieser platten Zellen ist organellenarm.

Die Abgrenzung von den im inneren Nierenmark gleichfalls schleifenförmig verlaufenden Blutkapillaren ist nicht ganz einfach. Allerdings sind die Zellkerne der Kapillaren flacher und von dichterer Chromatinstruktur. Das Zytoplasma der intermediären Tubuli ist dagegen relativ dicker und last but not least übertreffen sie mit ihrem Durchmesser deutlich die Kapillaren.

Distaler Tubulus, Mittelstück▸ Die aufsteigenden Abschnitte der intermediären Tubuli gehen an der Grenze zwischen Innen- und Außenzone übergangslos in die Pars recta des distalen Tubulus über, welche dann die Markpyramiden verlassen und als ***distales Konvolut*** im Rindengewebe verlaufen, das durch ein Nebeneinander

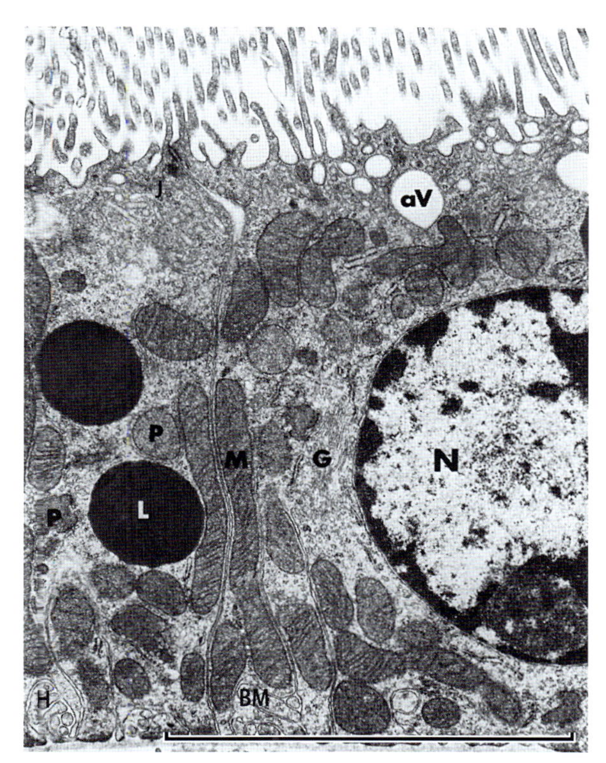

Abb. 18.14. Zwei Zellen des proximalen Tubulus. Von der *rechten Zelle* ist der große, euchromatinreiche Kern (*N*) mit Nukleolus teilweise getroffen. Beide Zellen sind mit interdigitierenden Füßchen über Hemidesmosomen (*H*) mit der Basalmembran (*BM*) verbunden. Auffällig die großen, dicht stehenden Mitochondrien (*M*). Des Weiteren sind Golgi-Apparat (*G*), Lysosomen (*L*) und Peroxisomen (*P*) erkennbar. Apikal dichter Besatz mit Mikrovilli, Resorptionsvakuolen (*aV*) und Tight Junction (*J*). Balken = 10 μm. (Nach Junqueira et al. 1996)

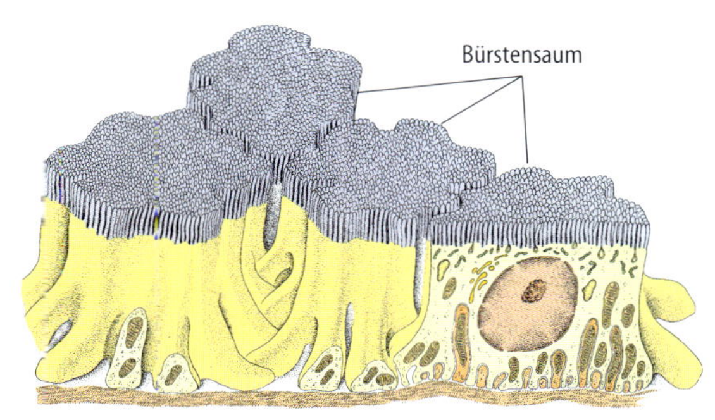

Abb. 18.15. Zeichnung der Epithelzellen des proximalen Tubulus zur Veranschaulichung des basalen Zellfortsätze. (Aus Junqueira et al. 1996)

von Anschnitten von proximalen und distalen Tubuli gekennzeichnet ist. In mit HE gefärbten Schnitten sind die Zellen des distalen Tubulus etwas kleiner als die des proximalen und heller (Abb. 18.13). Die Zellgrenzen sind im Allgemeinen erkennbar, Bürstensaum und En-

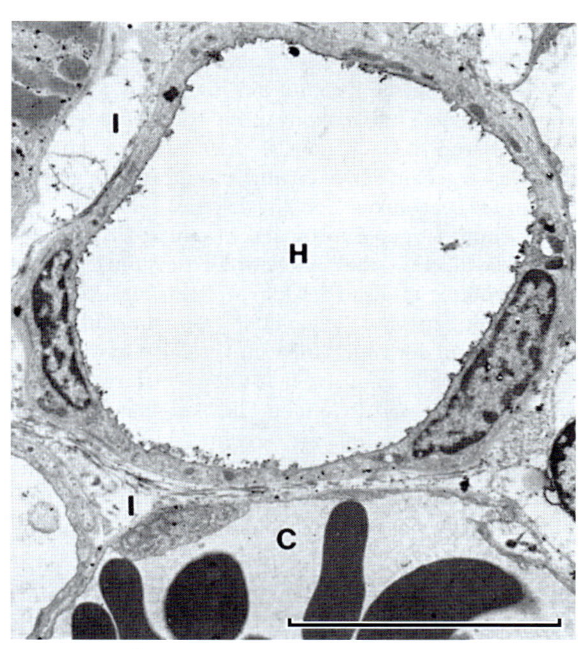

Abb. 18.16. Ein Überleitungsstück (*H*), der dünne Teil der Henle-Schleife in einer elektronenmikroskopischen Aufnahme. Das flache Epithel ist jedoch deutlich höher als das Endothel der *unten* im Bild mit Erythrozyten angeschnittenen peritubulären Kapillare (*C*). Im Interstitium (*I*) sind Kollagenfibrillen zu sehen. Balken = 10 μm. (Aus Junqueira et al. 1996)

dozytosevesikel fehlen. Im Elektronenmikroskop sieht man apikal spärliche Mikrovilli. Ebenfalls deutlich unterschiedlich zum proximalen Tubulus sind die ausgeprägten ***Tight Junctions***. Der ***basalen Streifung*** entsprechen wie beim proximalen Tubulus basale Zellfortsätze mit Na^+-K^+-ATPase in der Zellmembran und zahlreichen dichtstehenden Mitochondrien, was für eine ausgeprägte Transportleistung der Zellen spricht. Funktionell bestehen Unterschiede zwischen der Pars recta und der Pars convoluta des distalen Tubulus, die im Zusammenhang mit der Funktion der Henle-Schleife stehen (s. unten).

Funktion der Henle-Schleife▸ Nach der Länge der Schleifen unterscheidet man zwei Typen von Nephronen (Abb. 18.2): die ***juxtamedullären Nephrone*** haben lange Henle-Schleifen, die ***kortikalen Nephrone*** kurze.

Es ist bekannt, dass Wüstentiere, die einen konzentrierten Harn ausscheiden, ausschliesslich juxtamedulläre Nephrone mit langen Henle-Schleifen besitzen, im Wasser lebende Säugetiere, die einen dünnen Harn ausscheiden, nur kortikale. Beim Menschen beträgt der Anteil an juxtamedullären Nephronen ca. 15 %. Offensichtlich liegt die Funktion der Henle-Schleifen im Sparen von Wasser, d.h. der Konzentration der auszuscheidenden Substanzen auf ein minimales Endharnvolumen. Die Endharnkonzentration ist bei einigen Wüstentieren so hoch, dass sie nicht trinken müssen; der Wassergehalt der Nahrung, bzw. das Oxidationswasser (s. Lehrbücher der Physiologie) reicht aus, um die harnpflichtigen Substanzen in einem Urin auszuscheiden, dessen Gehalt an gelösten Substanzen bis zu 20-fach höher ist, als in der Extrazellulärflüssigkeit (ca. 5000–6000 mosm/l gegenüber 300 mosm/l). Der Mensch ist in der Lage, einen im Vergleich zur übrigen Extrazellulärflüssigkeit 4-fach konzentrierten Harn (1200 mosm/l) auszuscheiden. Die Fähigkeit des Tubulussystems der Nieren mit begrenzt leistungsfähigen Transportmechanismen dermaßen hohe osmotische Gradienten aufzubauen, ist an das ***Gegenstrommultiplikatorprinzip*** gebunden (Abb. 18.17).

Hierzu müssen folgende Bedingungen erfüllt sein:

- Im aufsteigenden Schenkel der Henle-Schleife (Pars recta des distalen Tubulus) pumpen die Zellen Natriumchlorid (Na^+ aktiv, Cl^- geht passiv mit) in das Interstitium. Dies geschieht im dicken, aufsteigenden Teil des distalen Tubulus, der reich an Mitochondrien und Na^+-K^+-ATPase ist. Das Wasser kann dem Natriumchlorid nicht folgen, da der aufsteigende Schenkel der Henle-Schleife infolge der ausgeprägten Tight Junctions wasserundurchlässig ist.
- Der absteigende Schenkel ist dagegen für Wasser und Natriumchlorid durchlässig. Dies gilt sowohl für die Pars recta des proximalen Tubulus als auch den absteigenden intermediären Tubulus.

Da der absteigende Schenkel frei durchlässig für Wasser und Natriumchlorid ist, gleichen sich die Natriumkonzentrationen und die Osmolarität des Interstitiums, das zwischen den dichtgepackten Tubuli einen nur geringen Raum einnimmt, an. Dadurch kommt es im absteigenden Schenkel der Henle-Schleife zu einer Reduktion des Primärharns um weitere 10 % auf ca. 20 % des Ausgangsvolumens. Letztlich resultiert aus diesen Prozessen im absteigenden Schenkel eine höhere Konzentration gelöster Teilchen (Hyperosmolarität) als in der Extrazellulärflüssigkeit des übrigen Organismus (Isoosmolarität). Im aufsteigenden Schenkel der Henle-

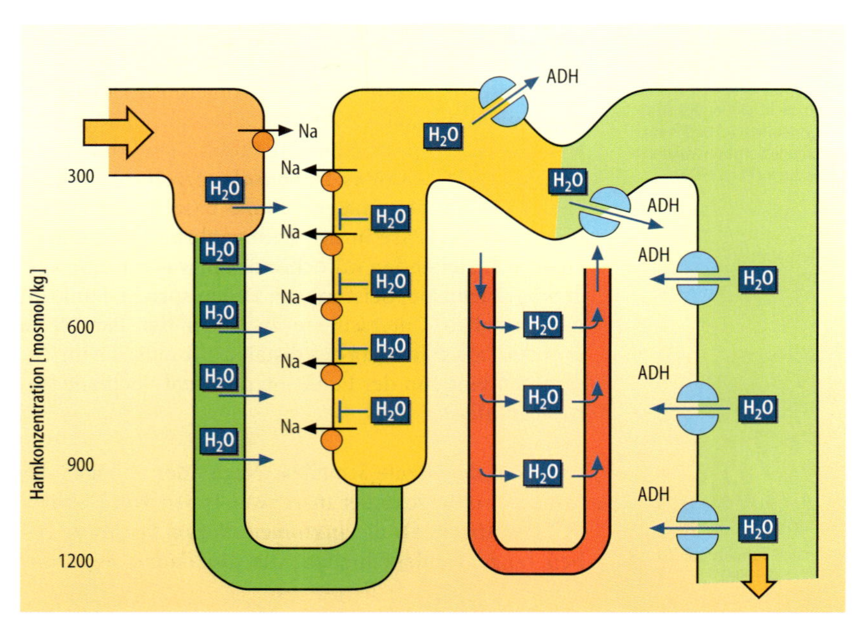

Abb. 18.17. Die Harnkonzentrierung im Nierenmark in einer stark vereinfachten Darstellung. Im *gelb* dargestellten aufsteigenden Teil der Henle-Schleife (Pars recta des distalen Tubulus) wird NaCl ins Interstitium gepumpt, Wasser kann wegen der dichten Tight Junctions nicht folgen. Somit wird das Interstitium hyperton und zieht Wasser aus dem absteigenden Teil der Schleife (Intermediärer Tubulus, dunkelgrün) wodurch die Tubulusflüssigkeit umso hypertoner wird je weiter sie ins Mark strömt. Das Gleiche gilt für das Interstitium, dessen Osmolarität am *linken Bildrand* in osmol/kg angegeben wird. Im *ganz rechts* dargestellten Sammelrohr gelangt Wasser durch Kanäle, die unter ADH-Kontrolle stehen, aus der Tubulusflüssigkeit ins hypertone Interstitium. Die zwischen Sammelrohr und Henle-Schleife eingezeichnete Kapillarschleife der vasa recta verhindert über Kurzschlussströme von Wasser vom absteigenden ins aufsteigende vas rectum, dass der osmotische Gradient im Interstitium ausgewaschen wird

Schleife liegt dagegen eine geringere Osmolarität (Hypoosmolarität) vor. Diese durch direkte Messungen der Tubulusflüssigkeit erhärtete Tatsache hat dazu geführt, dass die Pars recta des distalen Tubulus auch als ‚diluting segment' bezeichnet wird. Durch das Gegenstromprinzip ist es möglich, einen durch die Leistungsfähigkeit von Ionenpumpen begrenzten Gradienten zu vervielfachen (Abb. 18.17), so dass beim Menschen im Bereich der Papillen des Nierenmarks die Osmolarität bis zum 4-fachen höher liegt als in den übrigen Interstitien. In den folgenden Tubulussegmenten wird der osmotische Gradient zwischen Tubulusflüssigkeit und Interstitium dazu benutzt, passiv Wasser zu reabsorbieren und damit den Urin zu konzentrieren.

Klinik Hemmt man die Natriumchlorid-Resporption in der Pars recta des distalen Tubulus durch so genannte Schleifendiuretika wie z. B. Furosemid, so wird der Gegenstrommultiplikator außer Kraft gesetzt und es resultiert eine massive Harnausscheidung *(Diurese)* durch die fehlende Konzentrierung des Urins im distalen Tubulus und den Sammelrohren.

Die Natriumchlorid-Resorption im dicken Teil des aufsteigenden Schenkels hat im Verein mit ihrer Wasserundurchlässigkeit dazu geführt, dass am Ende der Henle-Schleife eine verdünnte, hypotone Tubulusflüssigkeit in die Pars convoluta des distalen Tubulus gelangt. Die Pars convoluta des distalen Tubulus ist im Gegensatz zur Pars recta in Anwesenheit von antidiuretischem Hormon (s. unten) wasserdurchlässig, so dass aus der anfangs hypotonen Flüssigkeit Wasser ins isotone Interstitium strömt. Darüber hinaus wird dort unter Kontrolle von Aldosteron (s. Kap. 20.4.1) weiterhin aktiv Natriumchlorid resorbiert und Kalium in den Tubulus hinein abgegeben. Außerdem wird der Urin weiter durch Sekretion von H^+-Ionen angesäuert. Am Übergang vom distalen Tubulus in die Sammelrohre sind noch etwa 10 %, d. h. 18 l des Primärharnvolumens übrig.

18.1.3 Sammelrohre

Die Funktionen der Sammelrohre sind die Feinregulierung des Wasser- und Ionenhaushalts sowie die des Säure-Basenhaushalts. Der zwischen distalem Tubulus und Sammelrohr geschaltete ***Verbindungstubulus*** ist durch ein heterogenes Epithel gekennzeichnet. Neben typischen Mittelstückzellen enthält er bereits Sammelrohrzellen.

Die kortikalen Sammelrohre haben einen Durchmesser von ca. 40 µm, ihr Epithel ist kubisch, die Zellgrenzen sind deutlich erkennbar (Abb. 18.18). In den Markpyramiden bilden die Sammelrohre durch etwa acht konsekutive Vereinigungsschritte die Ductus papillares mit einem Durchmesser von 200 µm, die auf der Nierenpapille in die Kelche des Nierenbeckens münden. In dem Maße wie der Durchmesser der Sammelrohre zunimmt, wandelt sich ihr Epithel von kubisch nach hochprismatisch. Den größeren Teil des Sammelrohrepithels stellen die licht- wie elektronenmikroskopisch hell erscheinenden ***Hauptzellen***, welche für die Resorption von Natrium und Wasser zuständig sind. Die dunklen, mitochondrienreicheren ***Schalt- oder Zwischenzellen*** lassen sich mit zytochemischen Methoden in den Säure (H^+) sezernierenden Typ A und den Bikarbonat (Base) sezernierenden Typ B untergliedern.

Wie im distalen Konvolut ist die Wasserpermeabilität der Sammelrohre hormonell reguliert. Steigt infolge Wassermangels der osmotische Druck der Extrazellulärflüssigkeit des Körpers an, so wird von ***osmorezeptiven Neuronen*** im ventralen Hypothalamus zum einen über kortikale Projektionen Durstgefühl ausgelöst. Zum anderen werden in den Nuclei supraopticus und paraventricularis im Hypothalamus Nervenzellen angeregt, aus ihren in den Hypophysenhinterlappen ziehenden Fortsätzen ***antidiuretisches Hormon (ADH)*** freizusetzen (s. Kap. 19.1). ADH bewirkt an den Hauptzellen der Sammelrohre den Einbau von Membranvesikeln, die in hoher Dichte Wasserkanäle des Typs ***Aquaporin 2*** enthalten, in die apikale Zellmembran. Dadurch werden während der Passage durch das zunehmend hypertone Interstitium des Nierenmarks durch den osmotischen Gradienten der Tubulusflüssigkeit passiv große Mengen Wasser entzogen, so dass das Volumen des Endharns weniger als 0,5 % des Primärharns betragen kann. Die ausgeprägten und wasserdichten Tight Junctions der Sammelrohrepithelien verhindern, dass Wasser zwischen den Zellen (parazellulär) ins Interstitium gelangt, so dass dieser Prozess vollständig durch ADH kontrolliert wird.

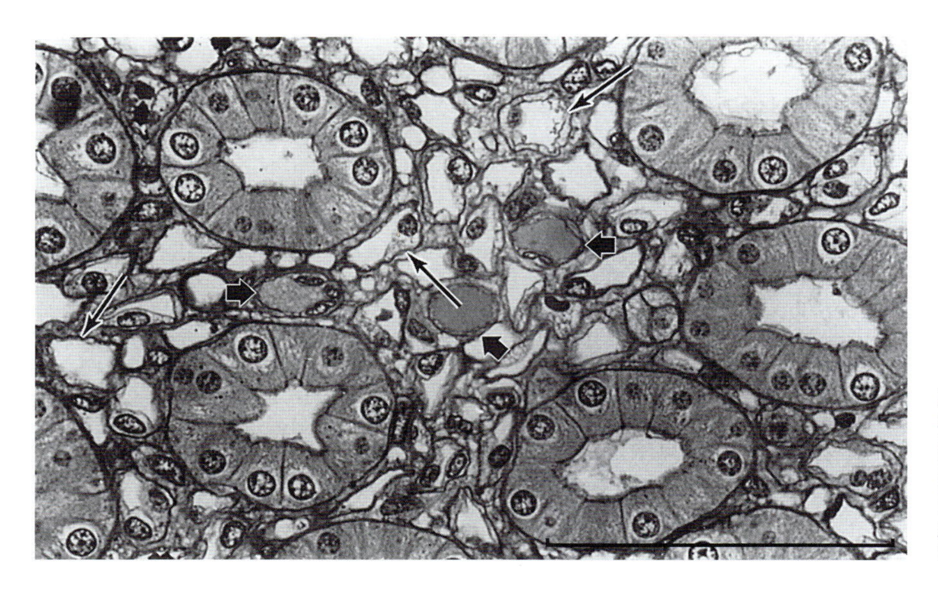

Abb. 18.18. Mark einer Rattenniere. Zwischen den Sammelrohren mit kubisch bis hochprismatischem Epithel befinden sich vasa recta mit flachen Endothelkernen (*dicke Pfeile*) und Überleitungsstücke mit rundlichen Zellkernen (*dünne Pfeile*). Balken = 100 μm. (Aus Junqueira et al. 1998)

Klinik

Bei einem Mangel an ADH (s. Kap 19.1), wie er z. B. bei Zerstörung des Hypophysenhinterlappens durch einen Tumor oder einen Abriss des Hypophysenstiels vorkommen kann, wird durch das wasserdichte Sammelrohrepithel die Endharnkonzentrierung verhindert. Dieses als ***Diabetes insipidus*** bezeichnete Krankheitsbild ist durch die Ausscheidung großer Mengen eines verdünnten Urins (bis zu 20 l pro Tag) gekennzeichnet. Diese gewaltigen Wasserverluste müssen von den Patienten durch Trinken ebenso großer Wassermengen ausgeglichen werden. Die Therapie besteht in der Substitution von antidiuretischem Hormon.

18.1.4 Die Niere als endokrines Organ

Juxtaglomerulärer Apparat▸ Die Pars convoluta des distalen Tubulus jedes Nephrons kehrt zu dem Glomerulus zurück, dessen verändertes Filtrat er transportiert. Hierbei legt sich der distale Tubulus eng an die afferente Arteriole an (Abb. 18.19). An der Kontaktstelle sind die Epithelzellen des distalen Tubulus hochprismatisch und schmal, so dass die Zellkerne sehr eng beieinander liegen. Dieser Bereich fällt im HE-gefärbten Schnitt schon in schwacher Vergrößerung als dunkler Bezirk auf und wird als ***Macula densa*** bezeichnet. In der Media der afferenten Arteriole liegen im Kontakt zur Macula densa modifizierte glatte Muskelzellen, die ***juxtaglomerulären Zellen***. Sie haben ovale, locker strukturierte Zellkerne und ihr Zytoplasma zeichnet sich durch die dichte Packung von reninhaltigen Sekretgranula aus. Ebenfalls zum juxtaglomerulären Apparat gehören die ***extraglomerulären Mesangiumzellen***, welche den konusförmigen Raum zwischen afferenter und efferenter Arteriole bzw. Macula densa ausfüllen. Sie bilden einerseits Gap Junctions mit der Membran der juxtaglomerulären Zellen der afferenten Arteriole und andererseits mit den Mesangiumzellen des Glomerulus.

Eine der Hauptfunktionen des juxtaglomerulären Apparates scheint die Regulation der glomerulären Filtration zu sein. Wie die übrigen Zellen des distalen Konvoluts sind die Zellen der Macula densa typische ionentransportierende Epithelien. An Stelle des Interstitiums, in das die übrigen Tubulusepithelien Ionen und Wasser transportieren, liegt unter der Macula densa das extraglomeruläre Mesangium mit seinem Kontakt zu den reninhaltigen Zellen der Arteriola afferens. Des Weiteren befinden sich im juxtaglomerulären Apparat Barorezeptoren, welche vermutlich in den reninsezernierenden juxtaglomerulären Zellen selbst zu sehen sind. Sie reagieren auf den Blutdruck in der afferenten Arteriole. Neben einer Reihe von Mediatoren und Medikamenten wirken vor allem ein Blutdruckabfall in der afferenten Arteriole und/oder eine zu niedrige Natriumchloridmenge im distalen Tubulus als Auslöser für die Sekretion von ***Renin***. Renin ist eine Protease, die aus dem Protein Angiotensinogen des Blutplasmas das De-

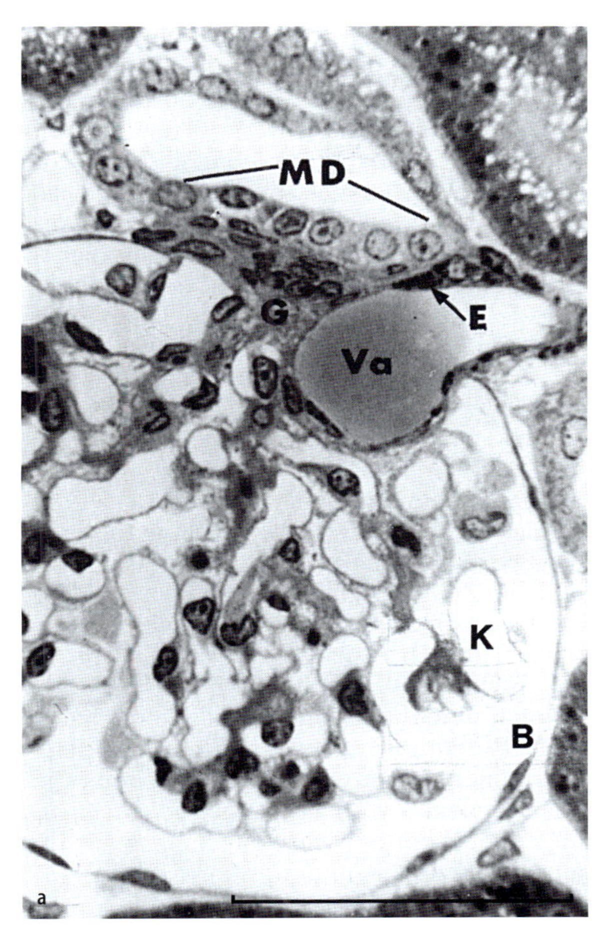

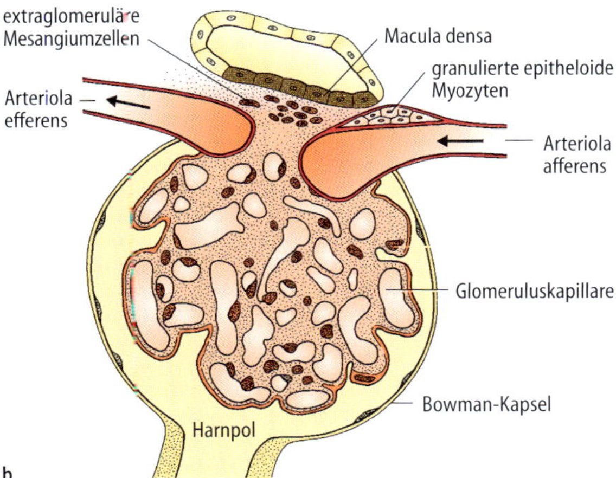

Abb. 18.19 a, b. Glomerulus mit juxtaglomerulärem Apparat **a** im Semidünnschnitt und **b** mit dazu passendem Schema. Balken = 100 μm. (Aus Junqueira et al. 1996)

kapeptid Angiotensin I abspaltet. Angiotensin I wird an der Oberfläche vor allem der Endothelzellen in Lungenkapillaren zu ***Angiotensin II***, einem Oktapeptid gespalten, welches auf die glatte Muskulatur der Media der Arterien kontraktionsauslösend wirkt. Dadurch kommt es zu einer systemischen Blutdrucksteigerung (s. Kap. 9.3 und Kap. 10.1), durch die offenbar eine ausreichende glomeruläre Filtration aufrechterhalten werden soll. Dem gleichen Zweck dient die Wirkung von Angiotensin II auf die Nebennierenrinde, wo es zu einer Stimulation der Aldosteronsekretion (s. Kap. 20.4.1) kommt. Aldosteron stimuliert die Natriumresorption in den Nierentubuli und wirkt über eine Expansion der Extrazellulärflüssigkeit indirekt blutdrucksteigernd.

Klinik

Dem so genannten ***Goldblatt-Hochdruck*** liegt eine Aktivierung des Renin-Angiotensin-Systems als Folge einer Verengung einer der beiden Nierenhauptarterien mit einem zu niedrigen Blutdruck in den nachgeschalteten Arteriolae afferentes zu Grunde.

Neben einer Reihe von überwiegend an der Niere selbst wirksamen Hormonen und Mediatoren ist die Niere der Bildungsort für ***Erythropoetin***, welches im Knochenmark die Proliferation und Differenzierung der Vorläuferzellen der roten Blutkörperchen stimuliert (s. Kap. 12.4). Erythropoetin wird vermutlich von den Fibroblasten des peritubulären Interstitiums zwischen den proximalen Tubuli gebildet. Als Auslöser für eine gesteigerte Erythropoetinsekretion gilt eine Sauerstoffmangelversorgung der Gewebe, wobei die Epithelien der proximalen Tubuli auf Grund ihrer hohen Transportleistung besonders anfällig sind.

Klinik

Eines der Hauptsymptome ***chronischer Nierenerkrankungen*** mit Verlust von funktionsfähigem Parenchym ist eine durch Erythropoetinmangel ausgelöste Anämie, die sich in Blässe manifestiert.

18.1.5 Blutgefäßsystem der Niere

Die ***A. renalis*** verzweigt sich am Hilum in einen vorderen und einen hinteren Ast, wovon insgesamt fünf ***Aa. segmentales*** hervorgehen, vier davon aus dem vorde-

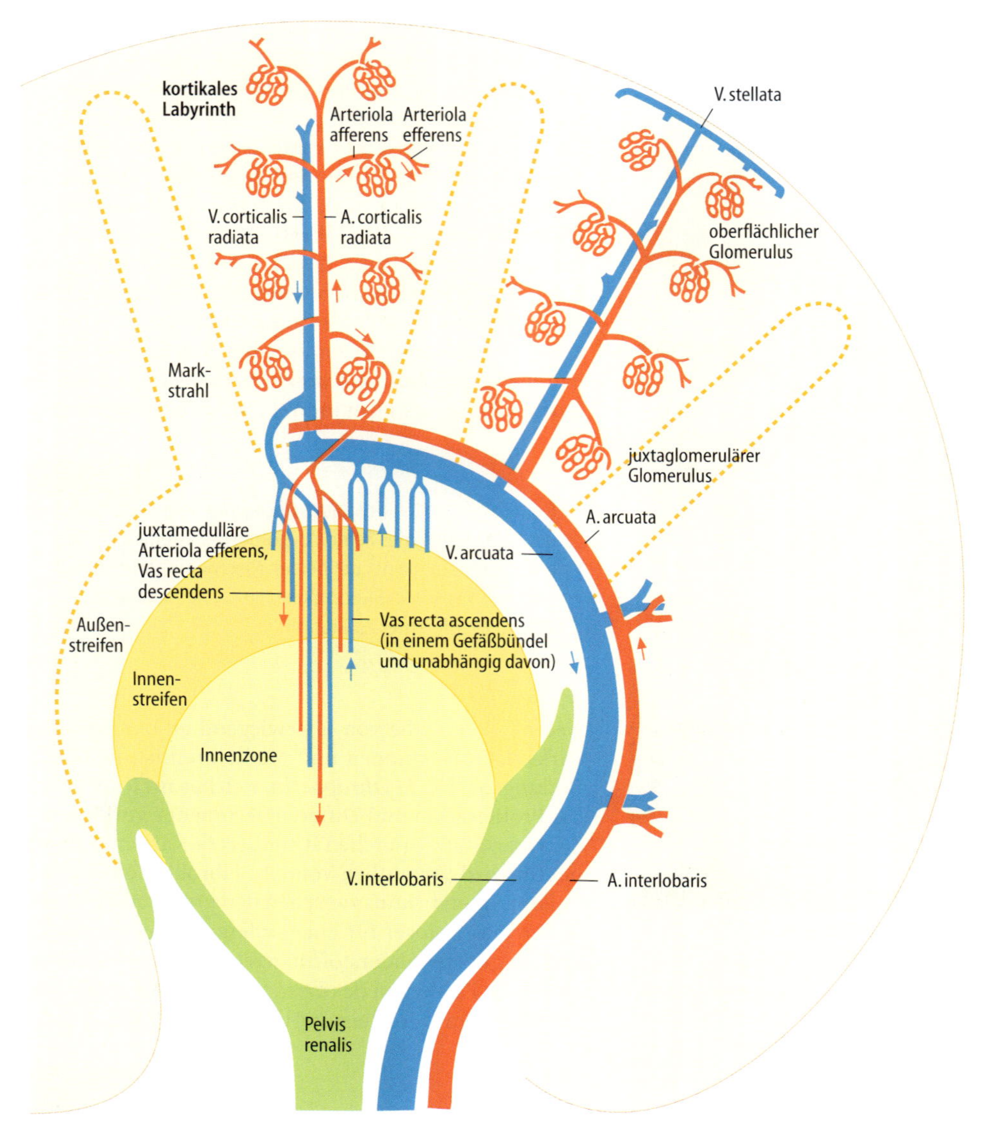

Abb. 18.20. Gefäßarchitektur der Niere im Schema. Nicht berücksichtigt sind die peritubulären Kapillaren des Kortex. (Nach Junqueira et al. 1996)

ren Ast, einer aus dem hinteren Ast. Im Sinus renalis verzweigen sich die Segmentarterien in ***Aa. interlobares***, die zwischen den Markpyramiden ins Nierengewebe eindringen (Abb. 18.20). An der Basis der Markpyramiden verzweigen sich die Interlobärarterien in rechtwinklig abgehende ***Aa. arcuatae***, die an der Rinden-Mark-Grenze etwa bis zur Mitte der Pyramidenbasis ziehen, ohne mit der Arteria arcuata aus der benachbarten Interlobärarterie zu anastomosieren. Von den Aa. arcuatae zweigen wiederum rechtwinklig nach außen in den Kortex hinein die ***Aa. corticales radiatae*** oder Aa. interlobulares ab, von denen einige wenige als Aa. perforantes mit den Arterien der bindegewebigen Nierenkapsel anastomosieren. Mit Ausnahme dieser Arteriae perforantes sind sämtliche Äste der Arteria renalis Endarterien (s. Kap. 10.2.3).

Klinik Die Architektur der arteriellen Versorgung der Niere führt beim Verschluss eines der vorgenannten Gefäße stets zu einem als ***Niereninfarkt*** bezeichneten Gewebsuntergang, wobei in der Regel durch die Anastomosen der Arteriae perforantes ein schmaler subkapsulärer Parenchymsaum überlebt.

Die Aa. corticales radiatae liegen an der Peripherie der Parenchymläppchen, die aus einem Markstrahl und dem angrenzenden Rindengewebe bestehen (s. oben). Von ihnen zweigen zahlreiche ***Arteriolae afferentes*** ab, die Glomeruli versorgen. Die aus den glomerulären Kapillarknäueln hervorgehenden ***Arteriolae efferentes*** verzweigen sich zum Netzwerk der ***peritubulären Kapillaren***, die zum einen den Sauerstoff- und Nährstoffbedarf der resorbierenden Tubulusepithelien decken, zum anderen die großen Mengen an resorbierten Substanzen und Wasser abtransportieren. Ihrer Bauweise nach sind sie Kapillaren vom fenestrierten Typ, wie sie typischerweise in resorbierenden Organen vorkommen (s. Kap. 10.6). Aus den Aa. efferentes der juxtamedullären Nephrone werden lange, gerade ***Vasa recta*** genannte Kapillaren gespeist, welche parallel zu den Henle-Schleifen und Sammelrohren zur Papille absteigen und ebenso wieder zur Mark-Rindengrenze aufsteigen. Diese den Henle-Schleifen analoge Kapillararchitektur sorgt dafür, dass der für die Wasserrückresorption wichtige hohe osmotische Druck im Interstitium des Nierenmarks nicht ausgewaschen wird. Ohnehin gelangen nur 8 % der Nierendurchblutung ins Mark und nur 1 % in die Innenzone des Marks. Die Schleifenkonstruktion der Vasa recta sorgt dafür, dass Substanzen, die in der Papille, dem Umkehrbereich der Kapillarschleifen dem Blut entzogen werden (wie z. B. Wasser oder Sauerstoff) über Kurzschlussdiffusion bereits vorher vom ab- ins aufsteigende Vas rectum gelangen, das Nierenmark also umgehen. Umgekehrt diffundieren die im Nierenmark angereicherten osmotisch aktiven Substanzen wie z. B. Harnstoff vom auf- ins absteigende Vas rectum, rezirkulieren also im Nierenmark (***Gegenstromdiffusion***, Abb. 18.17, s. Lehrbücher der Physiologie).

Die peritubulären Kapillaren und die aufsteigenden Vasa recta münden in Vv. corticales radiatae, letztere teilweise auch direkt in die Vv. arcuatae. Der venöse Abfluss der Nieren ***(Vv. corticales radiatae, arcuatae, interlobares, segmentales, renales)*** verläuft parallel zu den Arterien mit der Ausnahme, dass die Vv. arcuatae untereinander anastomosieren. Im Bereich des äußeren Kortex konvergieren die Venolen zu den so genannten ***Vv. stellatae***, die in die Interlobularvenen drainieren.

18.2 Ableitende Harnwege

Die ableitenden Harnwege werden gebildet von

- ***Pelvis renalis***, dem Nierenbecken,
- ***Ureter***, dem Harnleiter,
- ***Vesica urinaria***, der Harnblase und
- ***Urethra***, der Harnröhre

18.2.1 Nierenbecken, Ureter, Harnblase

Nierenbecken, Ureter und Harnblase haben prinzipiell den gleichen Wandbau, wobei die Wandstärke dieser Hohlorgane von proximal nach distal zunimmt.

Die Wand der ableitenden Harnwege besteht aus
- ***Tunica mucosa*** mit Übergangsepithel und Lamina propria,
- ***Tunica muscularis*** und
- ***Tunica adventitia***.

Die ***Lamina epithelialis*** der Mukosa von Ureter und Harnblase besteht aus dem für diese Organe typischen ***Übergangsepithel*** (Abb. 18.21, 18.22 und Kap. 3.4.1). Es beginnt am Übergang von den Nierenpapillen zu den Nierenkelchen und reicht in den proximalen Teil der Urethra hinein. Seine Funktion liegt darin, eine Barriere zwischen dem sauren und hypertonen Harn und dem darunter liegenden Gewebe zu bilden. Außerdem muss es sich an die wechselnden Füllungszustände der Harnblase anpassen. Das Übergangsepithel der Harnblase besteht in dem entleerten und damit entspannten Zustand aus fünf bis sechs Zellschichten. Die Zellen sind polygonal, wobei die Kern-Plasma-Relation von apikal nach basal zunimmt. Die Zellen der oberflächlichen Schicht wölben sich im entspannten Zustand ins Lumen hinein vor und sind größer als die der darunter liegenden Schichten. Sie haben häufig zwei Zellkerne oder polyploide locker strukturierte Zellkerne.

Wird die Harnblase prall gefüllt (bis 1 l) und die Wand stark gedehnt, so wird das Epithel flacher und die Zahl der Schichten nimmt bis auf drei ab. Dabei kommt es auch zu einer Verformung vor allem der oberflächlichen Zellen, die sich abplatten. Diese morphologischen Veränderungen gelten, wenn auch in et-

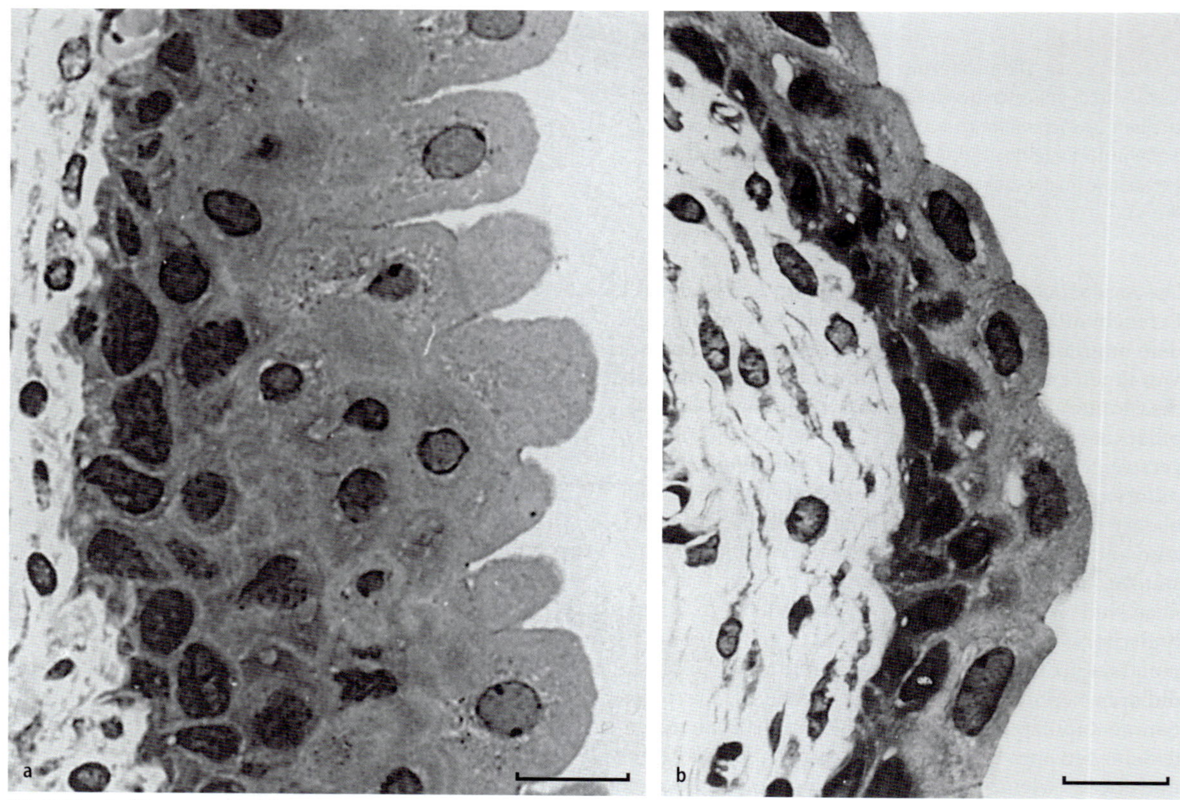

Abb. 18.21 a, b. Übergangsepithel der Harnblase in **a** entspanntem (leere Blase) und **b** gedehntem (volle Blase) Zustand (Semidünnschnitte). Man beachte die unterschiedlichen Höhen und Zellformen des Epithels. Balken **a/b** = 10 μm. (Nach Junqueira et al. 1995)

was geringerem Ausmaß, auch für das Übergangsepithel des Ureters, das bei den peristaltischen Bewegungen gleichfalls wechselnd gedehnt und entspannt wird. Das Lumen des Ureters ist in entspanntem Zustand sternförmig.

Charakteristisch für das lichtmikroskopische Bild des Übergangsepithels ist die ***Krusta*** der oberflächlichen Deckzellen. Als Krusta bezeichnet man die intensiv azidophil angefärbte apikale Zone des Zytoplasmas. Elektronenmikroskopisch entspricht dem eine Massierung von Zytoskelettfilamenten unter der apikalen Zellmembran. Im entspannten Zustand fallen an den rundlich bis hochprismatischen Deckzellen zahlreiche Vesikel im apikalen Zytoplasma auf. Diese stellen ein Reservoir an Zellmembran dar, das bei der Formänderung zu platten Zellen ins apikale Plasmalemm eingebaut wird und so eine Oberflächenvergrößerung der Deckzellen in kürzester Zeit ermöglicht.

Auch die darunter liegende ***Lamina propria*** ist an unterschiedliche Dehnungszustände der Wand der ableitenden Harnwege angepasst (Abb. 18.23). Sie besteht aus einem lockeren Bindegewebe, in das zahlreiche elastische Fasern eingelagert sind. Diese sind für das sternförmige Lumen des entspannten Ureters bzw. für die Schleimhautfalten in der entleerten Blase verantwortlich.

Die glatten Muskelbündel (Abb. 9.20) der ***Tunica muscularis***, der Nierenkelche, des Nierenbeckens und des Ureters sind in Spiralen unterschiedlicher Steigung angeordnet, die am Übergang der Kelche in das Nierenbecken und am Übergang in den Harnleiter sphinkterartig verdickt sind. Im proximalen Ureter lässt sich eine Zweischichtung in ein Stratum longitudinale internum und einem Stratum circulare außen erkennen. Der distale Ureter weist auch eine äußere längs verlaufende Muskelschicht, das Stratum longitudinale externum auf. Beim schrägen Durchtritt des Ureters durch die Harnblasenwand verschwindet die mittlere Zirkulärschicht. Die Funktion der Muskularis des Nierenbeckens und des Ureters liegt im peristaltischen Trans-

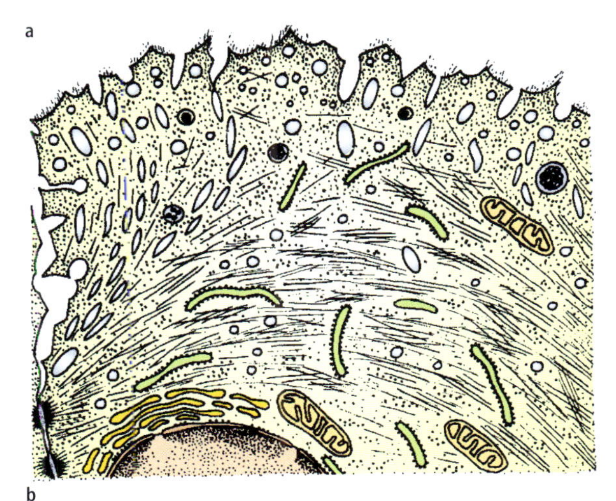

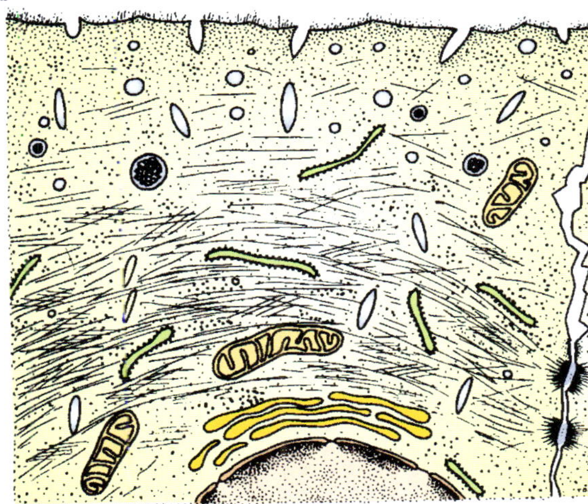

Abb. 18.22 a, b. Apikaler Anteil einer Deckzelle im Übergangsepithel der Harnblase in **a** entspanntem und **b** gedehntem Zustand in einer Zeichnung von elektronenmikroskopischen Detailaufnahmen. Auffallend ist das ausgeprägte Zytoskelett und die Abnahme der apikalen Membranvesikel von a nach b durch Einbau in die Zellmembran zur Oberflächenvergrößerung. (Aus Junqueira et al. 1998)

port des Urins in die Harnblase, der auch entgegen der Schwerkraft erfolgt. Die Muskularis der Harnblasenwand ist in Abhängigkeit vom Füllungszustand verschieden dick. Eine klare Dreischichtung ist vor allem im Bereich des Blasenhalses am Übergang in die Urethra zu erkennen.

Die ***Tunica adventitia*** verbindet als äußerste Schicht die ableitenden Harnwege mit ihrer Umgebung und enthält Blut- und Lymphgefäße sowie afferente und efferente vegetative Nerven. Letztere bilden einen dichten Plexus mit zahlreichen eingelagerten kleinen Ganglien.

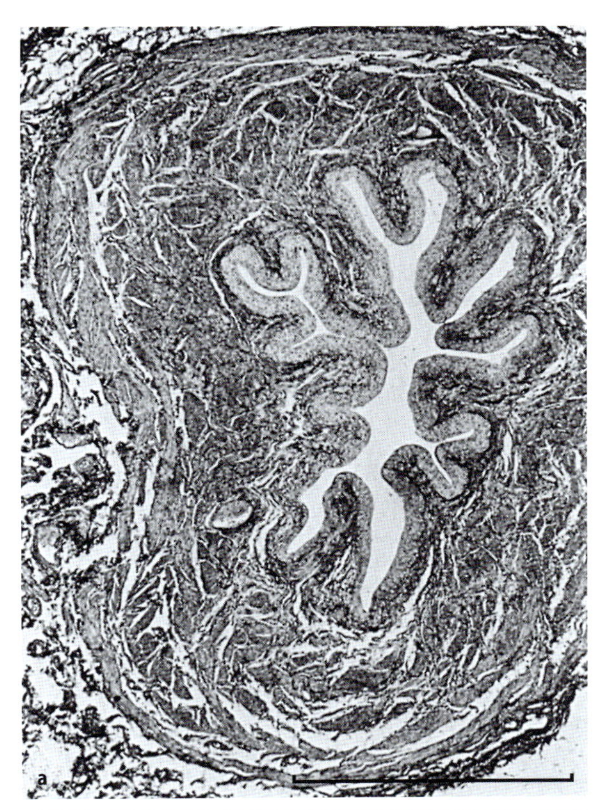

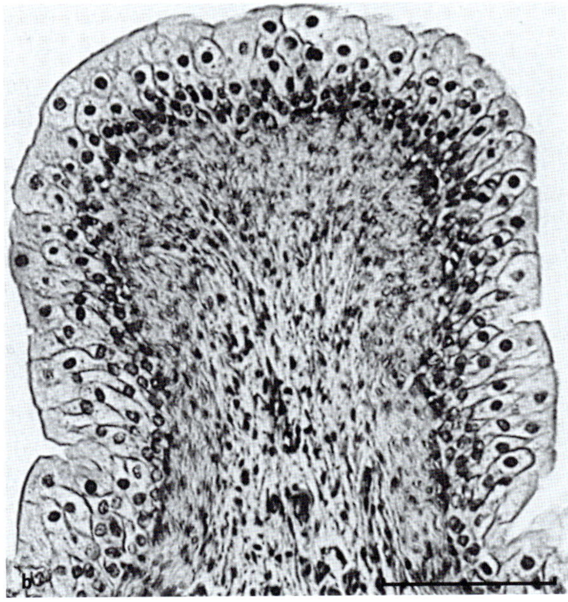

Abb. 18.23 a, b. Ureter. **a** Querschnitt bei niedriger Vergrößerung. Zu erkennen sind die drei Schichten der Wand : Tunica mucosa, muscularis und adventitia. Balken = 1 mm. **b** Übergangsepithel mit Krusta in entspanntem Zustand mit darunter liegender Lamina propria (van Gieson Färbung). Balken = 100 μm. (Aus Junqueira et al. 1996)

18.2.2 Urethra

Die Harnröhre dient der temporären Ableitung des Harns nach außen. Beim Mann dient sie zugleich der Leitung des Samens bei der Ejakulation.

Männliche Urethra▸ Sie ist ca. 20–25 cm lang und gliedert sich in die Pars prostatica, die Pars membranacea und die Pars spongiosa. Die ***Pars prostatica*** als erster Abschnitt der Harnröhre nach der Harnblase wird noch von Übergangsepithel ausgekleidet. Sie ist 3–4 cm lang und von der Prostata umgeben (s. Kap. 21.3). Von dorsal wölbt sich in ihr Lumen der Colliculus seminalis vor, auf dem in der medianen als blind endender Gang der Utriculus prostaticus, ein Rudiment der embryonalen Uterusanlage mündet. An den Seiten des Colliculus seminalis münden die beiden Ductus ejaculatorii, welche die Endstrecken der Ductus deferentes darstellen. Daneben münden in die Pars prostatica zahlreiche Ausführungsgänge der Prostata (s. Kap. 21.3).

Als ***Pars membranacea*** bezeichnet man den Teil der Urethra, der für etwa 1 cm Länge den Beckenboden (M. transversus perineii profundus) durchbohrt. Er ist wie der folgende Teil der ***Pars spongiosa*** von einem mehrreihigen, stellenweise auch mehrschichtigen hochprismatischen Epithel ausgekleidet. Das in der ***Fossa navicularis*** einer Erweiterung der Harnröhre an der Mündung auf der Penisspitze in ein mehrschichtiges unverhorntes Plattenepithel übergeht. Auf der ganzen Länge der Urethra, vor allem im distalen Abschnitt der Pars spongiosa münden kleine Schleimdrüsen, die ***Glandulae urethrales*** (Littré).

Weibliche Urethra▸ Die weibliche Urethra ist 4–5 cm lang und von ihrem proximalen Abschnitt unmittelbar nach der Harnblase noch von Übergangsepithel ausgekleidet, auf ihrer längsten Strecke jedoch von mehrschichtigem unverhorntem Plattenepithel, das Areale von mehrreihigem hochprismatischem Epithel enthalten kann. In ihrem Mittelabschnitt durchbohrt sie den Beckenboden. Auch in sie münden Glandulae urethrales.

19.1 Neurohypophyse 350
19.2 Adenohypophyse 351
19.2.1 Hormone der azidophilen Zellen 352
19.2.2 Hormone der basophilen Zellen 354

Hypothalamus und Hypophyse

Einleitung

Nervensystem und endokrines System steuern und integrieren die Funktionen der verschiedenen Gewebe und Organe des Körpers. Während endokrine Drüsen Hormone als Botenstoffe in den Kreislauf bzw. in das umgebende Gewebe abgeben, bedient sich das Nervensystem der synaptischen Signalübertragung von Zelle zu Zelle (s. Kap. 8). Die an der Synapse freigesetzten Neurotransmitter haben in der Regel kurzfristige Wirkungen, Hormoneinflüsse dauern dagegen länger an.

Die meisten Hormone sind Proteine, Peptide oder Steroide. Andere leiten sich von aromatischen Aminosäuren ab (Adrenalin, Noradrenalin und Schilddrüsenhormone). Hormone gelangen über den Blutweg zu ihren Zielorganen (= *endokrine Wirkung*), wobei manche an Plasmaproteine gebunden sind. Außerdem können Hormone direkt benachbarte Zellen beeinflussen (= *parakrine Wirkung*) und auf die sezernierende Zelle selbst zurückwirken (= *autokrine Wirkung*).

Übersicht▸ Hypothalamus und Hypophyse stellen ein wichtiges übergeordnetes Steuersystem des Endokriniums dar. Im Hypothalamus, einer Region des Zwischenhirns, werden von Nervenzellen ***Steuerhormone*** gebildet, die die Freisetzung von Hormonen aus endokrinen Zellen der nachgeordneten Adenohypophyse regulieren (Abb. 19.1 und 19.2). Solche speziellen Nervenzellen sind besonders geeignet, zwischen dem Nervensystem und dem endokrinen System zu vermitteln, weil sie einerseits als Nervenzellen synaptische Signale empfangen und andererseits als endokrine Zellen an ihren Axonterminalen Hormone ins Blut abgeben können (‚neuro-endokrine' Zellen). Auch die ***Neurohormone*** Oxytozin und das Vasopressin(= antidiuretisches Hormon, ADH, auch als Antidiuretin bezeichnet) werden im Hypothalamus von Nervenzellen synthetisiert und in der ***Neurohypophyse*** in die Blutbahn abgegeben (s. unten).

Bei den hypothalamischen ***Steuerhormonen*** kann man so genannte ***Releasing-Hormone***, die die Freisetzung der Hormone der Adenohypophyse bewirken, und ***Inhibiting-Hormone***, die dies unterbinden, unterscheiden (Abb. 19.3). Die ***Hormone der Adenohypophyse*** wiederum regulieren das Körperwachstum und die Milchsekretion (s. Kap. 22) und stimulieren als so genannte ***glandotrope Hormone*** nachgeordnete periphere endokrine Drüsen wie die Gonaden (s. Kap. 21 und 22), die Nebennieren und die Schilddrüse (s. Kap. 20).

Es gibt jedoch auch endokrine Zellen, die nicht vom hypothalamo-hypophysären System gesteuert werden. Bekannte Beispiele dafür sind die parafollikulären Zellen der Schilddrüse, die endokrinen Zellen der Nebenschilddrüsen, der Pankreasinseln (s. Kap. 20), der Darmschleimhaut (s. Kap. 14.13), der Niere (s. Kap. 18.1.4) und der Plazenta (s. Kap. 22.6). Auch die Freisetzung der Hormone des Herzens (ANF, s. Kap. 9.2) und des Fettgewebes (Leptin, s. Kap. 5.1) ist offenbar unabhängig von Hypothalamus und Hypophyse. Die Zellen endokriner Drüsen werden auch durch das autonome Nervensystem (s. Kap. 8.6) beeinflusst.

Aufbau▸ Die ***Hypophyse*** des Menschen wiegt 0,5–1,0 g und liegt im so genannten ***Türkensattel (Sella turcica)*** des Keilbeins (Os sphenoidale). Sie ist mit dem Hypothalamus (einem Teil des Zwischenhirns) über den Hypophysenstiel und dessen Gefäße verbunden (Abb. 19.1, 19.2 und 19.4).

Die Hypophyse besteht aus einem vorderen (Adenohypophyse) und einem hinteren Anteil (Neurohypophyse oder Pars nervosa). Die kleinere ***Neurohypophyse***, ein Bestandteil des ZNS, setzt sich über das ***Infundibulum*** (lat. Trichter) bis zur ***Eminentia mediana***, am Übergang in den Hypothalamus, fort (Abb. 19.2). Die ***Adenohypophyse*** gliedert sich in ***Vorderlappen (Pars distalis)***, die ***Pars intermedia*** (sie grenzt an die Neurohypophyse), und die **Pars tuberalis**, die sich um das Infundibulum legt (Abb. 19.1 und 19.2).

In verschiedenen Kerngebieten des ***Hypothalamus*** werden die ***Steuerhormone*** und die ***Neurohormone*** in den Perikaryen von Neuronen synthetisiert. Anschließend werden sie axonal zur Eminentia mediana oder zur Neurohypophyse transportiert, wo sie jeweils in perivaskulären Endigungen gespeichert werden. In der Neurohypophyse werden in diesen Endigungen die Neurohormone Oxytozin und Vasopressin (ADH) gespeichert und bei Bedarf in den systemischen Kreislauf abgegeben (Abb. 19.1 und 19.2).

Die in der Eminentia mediana freigesetzten Steuerhormone gelangen zuerst in einen primären Kapillarplexus, der von der A. hypophysialis superior gespeist wird (Abb. 19.2). Die hieraus hervorgehenden Venen umhüllen den Hypophysenstiel und kapillarisieren sich ein zweites Mal in der Adenohypophyse (sekundärer Kapillarplexus). Dieses ***hypophysiale Portalsystem***

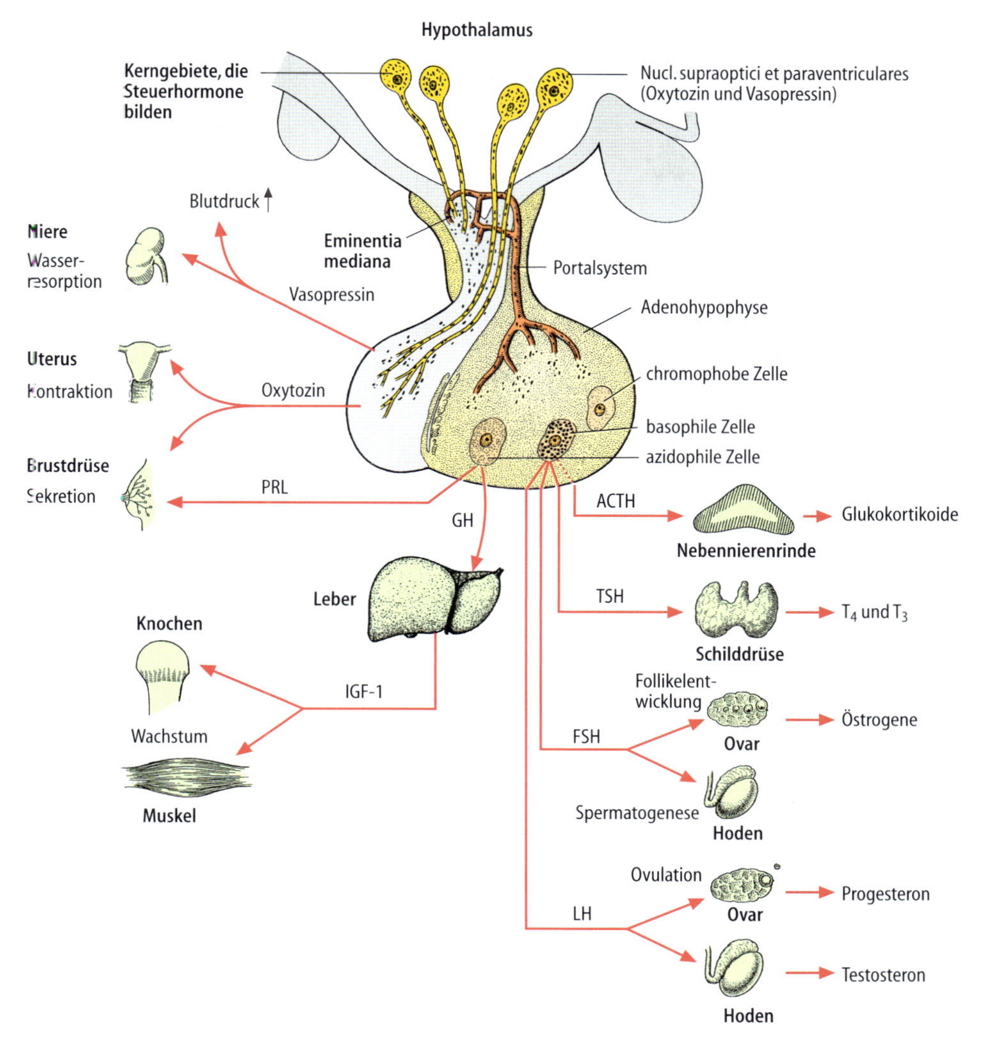

Abb. 19.1. Wirkung von Hypothalamus und Hypophyse auf Zielorgane (*links*) und untergeordnete endokrine Drüsen (*rechts*). (Modifiziert nach Junqueira et al. 1996)

transportiert die Steuerhormone von der Eminentia mediana zu den Zellen der Adenohypophyse, wo sie die Freisetzung der dort gespeicherten Hormone steuern. Die A. hypophysialis inferior, die wie die A. hypophysialis superior von der A. carotis interna gespeist wird, versorgt hauptsächlich die Neurohypophyse. Das venöse Blut, das die Hormone von Neuro- und Adenohypophyse enthält, gelangt über den ***Sinus cavernosus*** in den Kreislauf (Abb. 19.2).

Entwicklung▸ Während der Embryogenese entwickelt sich die Adenohypophyse aus dem Ektoderm der Mundhöhle. Das Epithel stülpt sich als Rathke-Tasche nach kranial aus. Gleichzeitig wächst die Anlage der Neurohypophyse als Ausbuchtung des Zwischenhirns am Boden des dritten Ventrikels nach kaudal, um schließlich mit der Anlage der Adenohypophyse zu verschmelzen (Abb. 19.5).

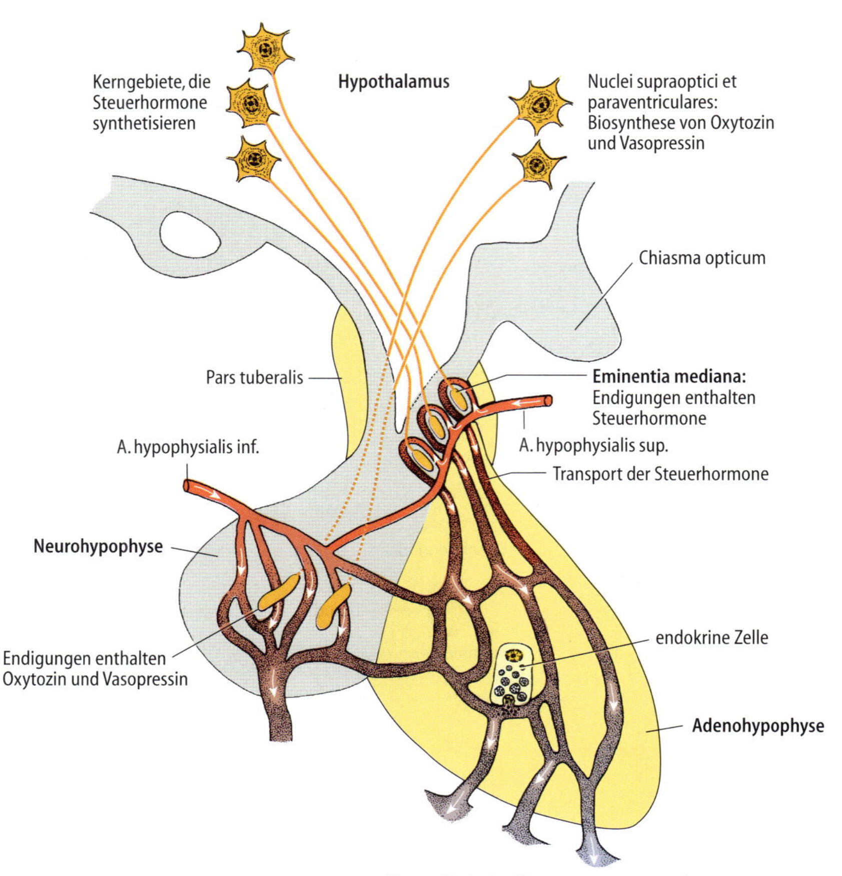

Abb. 19.2. Steuerhormone und Neurohormone in Hypothalamus und Hypophyse. Die im Hypothalamus synthetisierten Steuerhormone und Neurohormone werden axonal zur Neurohypophyse oder zur Eminentia mediana transportiert und dort in Nervenendigungen gespeichert. Daraus erfolgt die Freisetzung entweder in den systemischen Kreislauf oder in das hypophysäre Portalsystem. (Nach Junqueira et al. 1998)

19.1 Neurohypophyse

Oxytozin und ***Vasopressin*** (= antidiuretisches Hormon, ADH, auch Antidiuretin genannt) werden in den Perikaryen großer (daher magnozellulär genannter) Neurone des Hypothalamus (hauptsächlich in den Nuclei supraoptici und paraventriculares) als Prohormone synthetisiert (Abb. 19.1 und 19.2). Sie werden in Vesikeln abgepackt und mit einer Geschwindigkeit von etwa 2–3 mm pro Stunde axonal zu den perivaskulären Endigungen in der Neurohypophyse transportiert. Auf dem Weg dorthin werden die Prohormone in die jeweiligen langkettigen Neurophysine und die eigentlichen Hormone Oxytozin und Vasopressin (zyklische Nonapeptide) gespalten.

Die Freisetzung von Vasopressin (ADH) wird über hypothalamische Osmorezeptoren gesteuert. Bei einer Erhöhung der Osmolarität des Blutes antworten die Neurone mit einer erhöhten Frequenz von Aktionspotenzialen die an den Axonterminalen in der Neurohypophyse den Einstrom von Kalzium und damit die Exozytose von Vasopressin (ADH) auslösen (Abb. 19.6).

Vasopressin (ADH) hat folgende Wirkungen im Körper: Über V_2-Rezeptoren wird die Wasserrückresorption in der Niere erhöht (s. Kap. 18.1.3). Dieser Effekt wird bei Vasopressinmangel deutlich, bei dem große Mengen eines hypotonen Harns ausgeschieden werden (Diabetes insipidus centralis). Vasopressin (ADH) wirkt außerdem über V_1-Rezeptoren auf die glatte Muskulatur der Gefäße (Erhöhung des Blutdrucks, s. Kap. 9.3) und die Hepatozyten (Glykogenabbau).

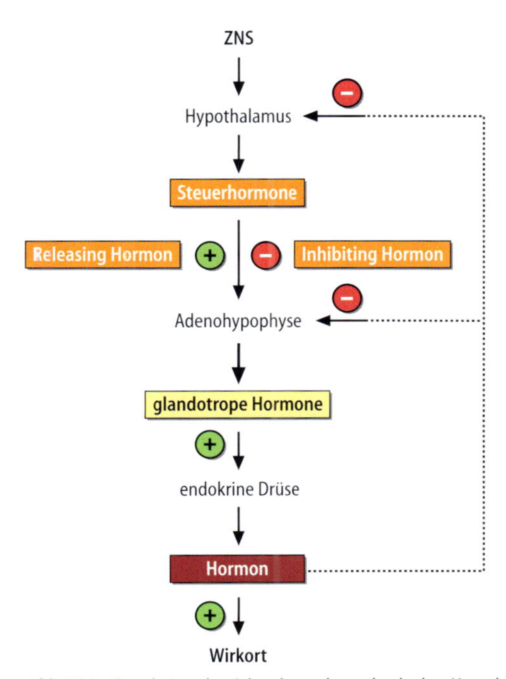

Abb. 19.3. Regulation der Adenohypophyse durch den Hypothalamus und die Hormone der endokrinen Drüsen. Hypothalamische Steuerhormone beeinflussen die Adenohypophyse, die über glandotrope Hormone periphere endokrine Drüsen aktiviert. Deren Hormone hemmen in der Regel die Freisetzung von Steuerhormonen und von glandotropen Hormonen. Dieser Vorgang wird als negative Rückkopplung (feedback) bezeichnet

Die Wirkung von ***Oxytozin*** betrifft hauptsächlich die glatte Muskulatur des Uterus. Es stimuliert dessen Kontraktionen während der Geburt (s. Kap. 22.3). Außerdem fördert Oxytozin über die Kontraktion der myoepithelialen Zellen der Brustdrüse die Milchfreisetzung (s. Kap. 22.7).

19.2 Adenohypophyse

Die Adenohypophyse besteht hauptsächlich aus ***chromophilen*** (gr. *chroma*, Farbe + *philein*, lieben) endokrinen Zellen, die von einem dichten Netzwerk von Kapillaren umsponnen werden (Abb. 19.4). Dabei können dem Färbeverhalten nach ***azidophile*** Zellen (sie produzieren entweder Wachstumshormon oder Prolaktin) von ***basophilen*** Zellen unterschieden werden (Abb. 19.4). Letztere steuern die Gonaden, die Schilddrüse und die Nebennierenrinde. Ihre Hormone werden daher als glandotrope Hormone bezeichnet. Außerdem gibt es ***chromophobe*** (gr. *Chroma*, Farbe + *phobos*, Furcht) Zellen, bei denen es sich wahrscheinlich um Vorläufer von azidophilen oder basophilen Zellen handelt. Die Zellarten der Adenohypophyse produzieren in der Regel jeweils nur ein Hormon, nach dem sie auch benannt werden, und speichern es in Sekretgranula (Vesikel mit elektronendichtem Kern, engl. Granules oder dense core vesicles). Als Beispiel dafür ist eine somatotrope Zelle in Abb. 19.7 gezeigt. Ein Sonderfall sind die gonadotropen Zellen, die zwei Hormone, nämlich FSH und LH, innerhalb der gleichen Zelle enthalten. Eine Übersicht über die Zelltypen der Adenohypophyse, deren Hormone sowie ihre Funktion geben Tabelle 19.1 und 19.2 und Abb. 19.1.

Steuerung▸ Die Aktivität der endokrinen Zellen der Adenohypophyse wird auf vielfältige Weise beeinflusst. Hauptsächlich geschieht dies durch ***hypothalamische Steuerhormone***. Diese werden von den axonalen Endigungen hypothalamischer Neurone im Bereich der Eminentia mediana freigesetzt (Abb. 19.8, Tabelle 19.1 und 19.2) und über das Portalsystem zu ihrer Zielzelle in der Adenohypophyse transportiert (Abb. 19.1 und 19.2). Die meisten dieser Hormone haben einen stimulierenden Effekt und werden daher als ***Releasing-Hormone*** bezeichnet. Beispielsweise löst das Releasing-Hormon Somatotropin die Freisetzung von

Tabelle 19.1. Azidophile Zellen der Adenohypophyse

Zelltyp	Hormon	Hauptwirkung	Hypothalamisches Releasing-Hormon	Hypothalamisches Inhibiting-Hormon
Somatotrope Zellen	Wachstumshormon (Somatotropin, STH), engl. growth hormone (GH)	reguliert das Körperwachstum über IGF-1 aus der Leber	Somatotropin Releasing-Hormon (SRH), engl. GHRH	Somatostatin
Mammotrope Zellen	Prolaktin	fördert die Milchsekretion	Prolaktin Releasing-Hormone sind TRH und VIP	Dopamin

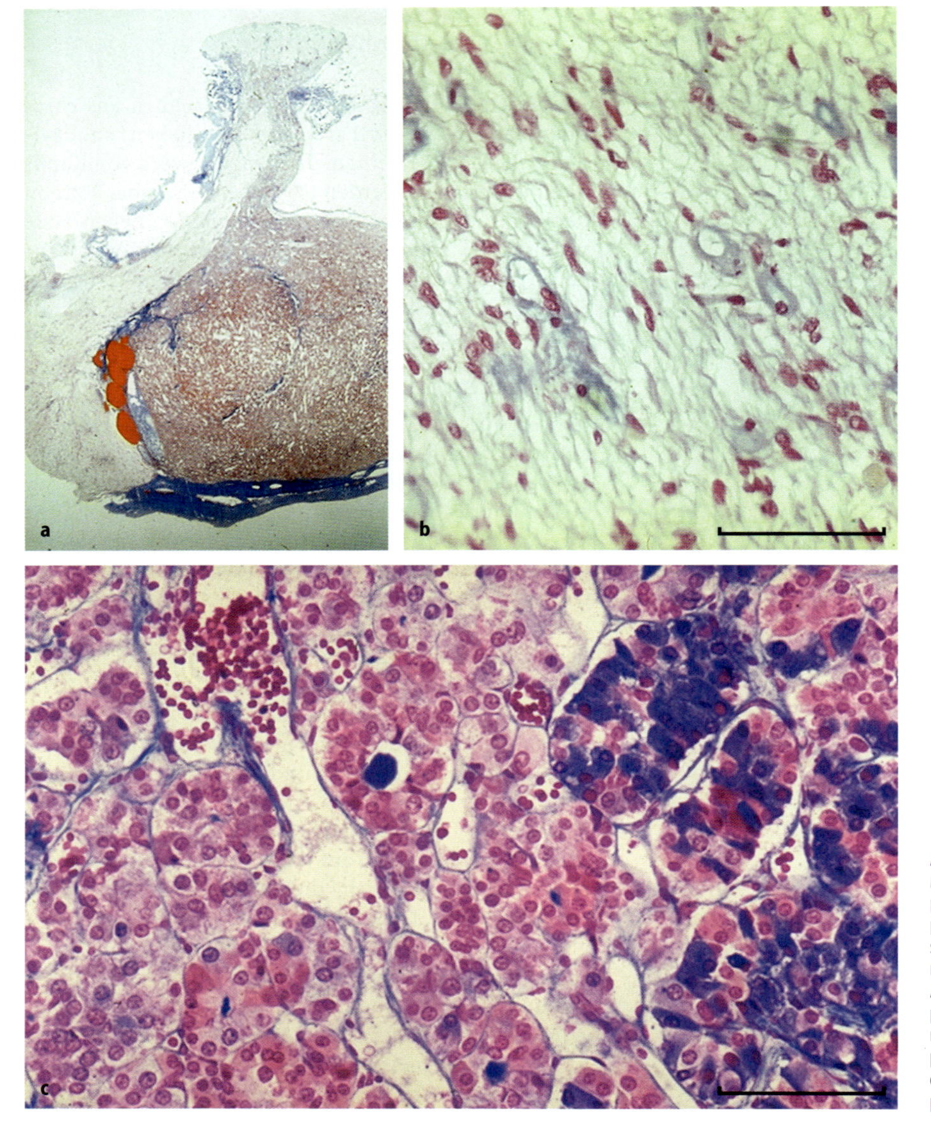

Abb. 19.4 a–c. Die Hypophyse des Menschen. **a** *Links* die Neurohypophyse, *rechts* die größere Adenohypophyse. **b** In der Neurohypophyse sind bei stärkerer Vergrößerung Kerne von Pituizyten zu sehen. **c** Die Adenohypophyse enthält chromophobe und chromophile Zellen, die nach ihrem Färbeverhalten als basophil oder azidophil bezeichnet werden. Balken **b**/**c** = 100 μm. (Kurspräparat Universität Ulm)

Wachstumshormon aus. Die mammotropen Zellen reagieren auf mehrere Releasing-Hormone wie TRH, welches auch auf die thyrotropen Zellen wirkt und VIP (vasoaktives intestinales Polypeptid). Die azidophilen Zellen der Hypophyse werden jedoch auch durch hypothalamische Steuerhormone gehemmt. Somatostatin wirkt dabei auf die somatotropen, Dopamin auf die mammotropen Zellen als ***Inhibiting-Hormon.*** Die Freisetzung von allen Hormonen der Adenohypophyse kann durch GABA gehemmt werden.

19.2.1 Hormone der azidophilen Zellen

Wachstumshormon und Prolaktin▸ Diese beiden Hormone sind in ihrer Sequenz sehr ähnlich. Sie sind während der Evolution aus einer gemeinsamen Vorstufe entstanden. Wachstumshormon wirkt nicht direkt auf Körperzellen. Vielmehr steigert es das Wachstum über den insulinähnlichen Wachstumsfaktor 1 (engl. insulin-like growth factor 1, IGF-1, früher als Somatomedin bezeichnet). IGF-1 wird in vielen Organen gebildet. Quantitativ ist das

Tabelle 19.2. Basophile Zellen der Adenohypophyse

Zelltyp	Hormon	Hauptwirkungen	Hypothalamisches Releasing-Hormon
Gonadotrope Zellen	Follikel stimulierendes Hormon (FSH) und luteinisierendes Hormon (LH)	FSH: fördert Follikelwachstum und Östrogenfreisetzung bei der Frau sowie die Spermatogenese beim Mann LH: fördert Follikelreifung und die Progesteronsekretion bei der Frau und stimuliert die Testosteronfreisetzung beim Mann	Gonadotropin Releasing-Hormon (GnRH)
Thyrotrope Zellen	Thyrotropin (Thyroidea stimulierendes Hormon, TSH)	stimuliert Produktion und Freisetzung der Schilddrüsenhormone (T4 und T3)	Thyrotropin Releasing-Hormon (TRH)
Kortikotrope Zellen	Kortikotropin (Adrenokortikotropes Hormon, ACTH)	stimuliert Sekretion der Glukokortikoide durch die Nebennierenrinde	Kortikotropin Releasing-Hormon (CRH) Vasopression (ADH), Oxytozin

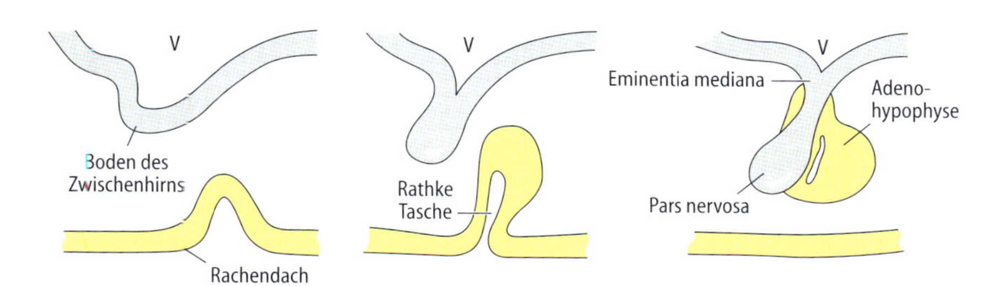

Abb. 19.5. Entwicklung von Adenohypophyse und Neurohypophyse. Das Ektoderm des Rachendachs und seine Abkömmlinge sind gelb, der Boden des Zwischenhirns und die sich daraus entwickelnden Strukturen grau dargestellt. *V* Dritter Ventrikel. (Nach Junqueira et al. 1996)

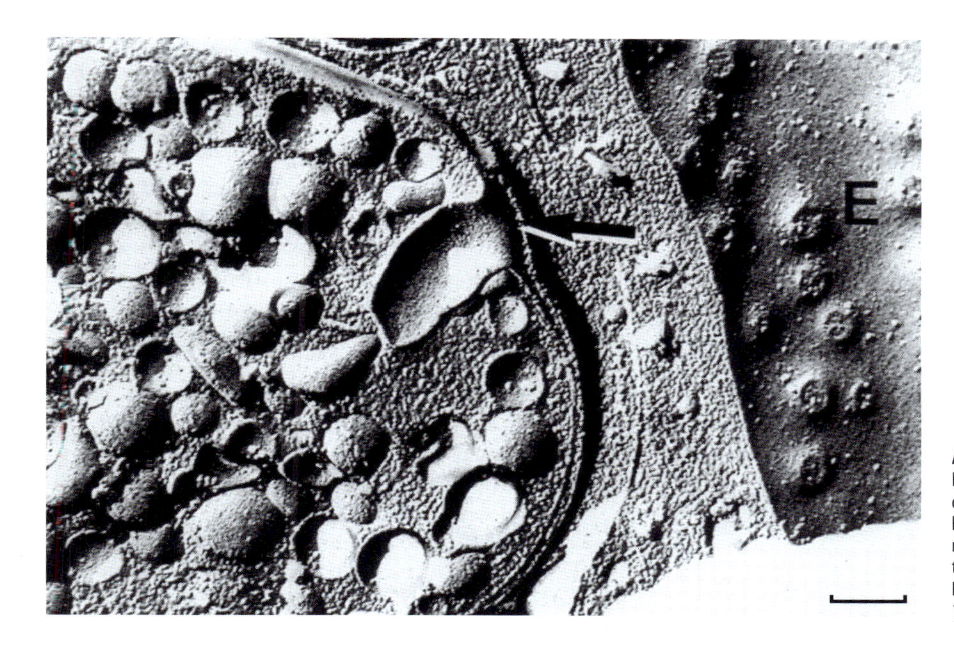

Abb. 19.6. Eine mit Vesikeln gefüllte Endigung einer Neurohypophyse, dargestellt mit Hilfe des Gefrierbruchverfahrens. An der mit *Pfeil* markierten Stelle findet eine Exozytose statt. *E* Endothel einer Kapillare. Balken = 0,1 µm. (Aus Gratzl et al. 1977)

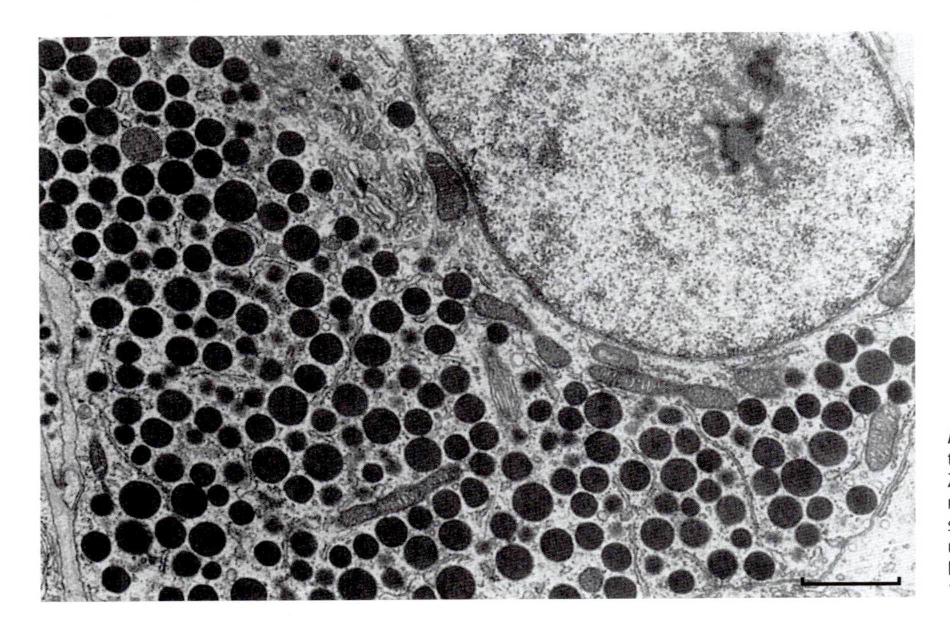

Abb. 19.7. Ausschnitt einer somatotropen Zelle der Adenohypophyse. Zu sehen sind zahlreiche Sekretgranula, lang gestreckte Mitochondrien sowie endoplasmatisches Retikulum und ein Golgi-Apparat in Kernnähe. Balken = 1 μm. (Aus Junqueira et al. 1998)

IGF-1 der Leber von größter Bedeutung. IGF-1 und Insulin weisen ebenso wie ihre Rezeptoren strukturelle Ähnlichkeiten auf. Während Insulin jedoch in den Kohlenhydrat-, Eiweiß- und Fettstoffwechsel eingreift (s. Kap. 20.3), steuert IGF-1 das Wachstum. Dies wirkt sich hauptsächlich im Bereich der Epiphysenfuge und bei der Muskelbildung aus (Abb. 19.1). Prolaktin stimuliert hauptsächlich die Entwicklung der Brustdrüse und die Milchsekretion (s. Kap. 22.7).

Klinik

Mangel an Wachstumshormon während der Entwicklung führt folglich zu ***Minderwuchs*** und ein Überschuss zu ***Riesenwuchs***. Beim Erwachsenen vergrößern sich bei einem Wachstumshormon bildenden Hypophysentumor die inneren Organe ***(Splanchnomegalie)***, die Knochen werden durch apositionelles Wachstum dicker, die Enden von Fingern, Zehen und Kinn beginnen wieder zu wachsen ***(Akromegalie)***. Im Blut ist der Spiegel an Wachstumshormon und IGF-1 erhöht.

Eine erhöhte Freisetzung von Prolaktin bei einem ***Prolaktinom*** (dem häufigsten Hypophysentumor) löst unter anderem Galaktorrhoe und Gynäkomastie aus. Da Prolaktin die Ausschüttung von Gonadotropin Releasing-Hormon hemmt, kommt es außerdem zur Amenorrhoe. Bei der Therapie eines Prolaktinoms kann ein Agonist von Dopamin, dem natürlichen Hemmer der Prolaktinsekretion (s. Tabelle 19.1), eingesetzt werden.

19.2.2 Hormone der basophilen Zellen

Die kortikotropen, die gonadotropen und die thyrotropen Zellen der Adenohypophyse (Tabelle 19.2) sind basophil. Sie sezernieren die ***glandotropen Hormone***, die die Hormonsekretion der Nebennierenrinde (s. Kap. 20.4), der Schilddrüse (s. Kap. 20.1) und der Gonaden (s. Kap. 21.1 und 22.1) stimulieren. Die Hormone dieser unterschiedlichen Drüsen hemmen in der Regel die Freisetzung der Steuerhormone in der Eminentia mediana und der zugehörigen Hormone in der Adenohypophyse (Abb. 19.3). Dieser Vorgang wird als ***negative Rückkopplung (feedback)*** bezeichnet. Durch diesen Mechanismus wird der Blutspiegel der jeweiligen Hormone der übergeordneten Adenohypophyse und dem Hypothalamus gemeldet und den Bedürfnissen des Körpers angepasst (Abb. 19.3).

Kortikotrope Zellen▸ Das die Nebenniere stimulierende ***ACTH (adrenokortikotropes Hormon = Kortikotropin)*** besteht aus 39 Aminosäuren und wird in den kortikotropen Zellen zunächst als Teil der Vorstufe ***Proopiomelanokortin (POMC)*** synthetisiert. Die Vorstufe wird beim Menschen in mindestens drei Bruchstücke zerlegt (s. Lehrbücher der Biochemie). Dadurch wird aus dem Zentrum des Moleküls ACTH frei. Aus den verbleibenden Fragmenten können Melanozyten stimulierendes Hormon, das das Fettgewebe steuernde li-

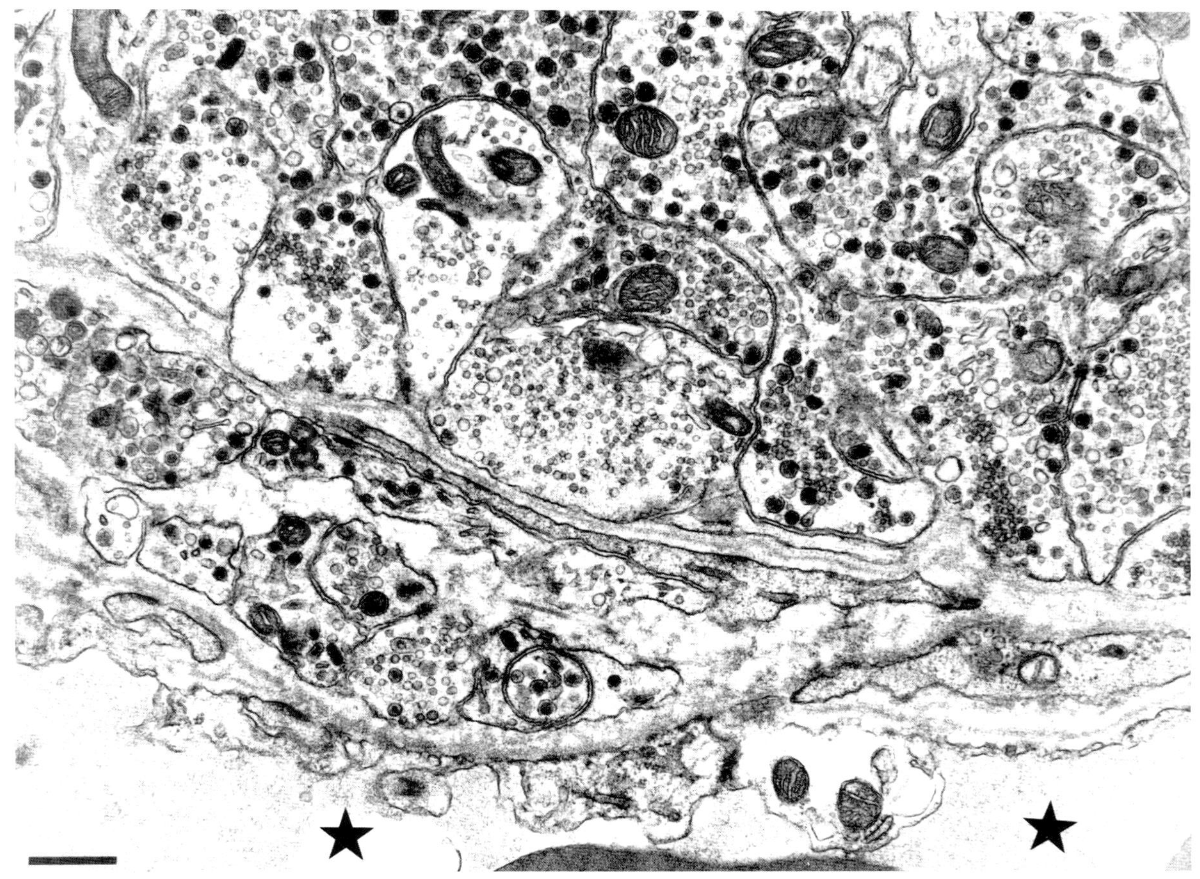

Abb. 19.8. Elektronenmikroskopisches Bild der Eminentia mediana. Steuerhormone werden bei Bedarf in der Nähe von Kapillaren (*Sterne*) freigesetzt. Sie sind in den dunkel dargestellten Sekretgranula der Nervenendigungen gespeichert. Balken = 500 nm. (Peter Redecker, Hannover)

potrope Hormon (LPH) und endogene Opioide gebildet werden. Die Sekretion von ACTH aus den kortikotropen Zellen der Adenohypophyse wird durch das hypothalamische ***Kortikotropin Releasing-Hormon (CRH)***, aber auch durch Vasopressin (ADH) und Oxytozin, stimuliert. Die Wirkung von ACTH auf die Nebennierenrinde ist in Kapitel 20.4 beschrieben.

Thyrotrope Zellen▸ Diese Zellen werden durch das hypothalamische ***Thyrotropin Releasing-Hormon (TRH)***, ein modifiziertes Tripeptid, stimuliert. Sie regen mit dem ***thyrotropen Hormon (TSH = Thyotropin, Thyroidea stimulierendes Hormon)*** die Schilddrüse zur Produktion und Freisetzung der Schilddrüsenhormone an (s. Kap. 20.1).

Gonadotrope Zellen▸ Diese Zellen unterscheiden sich von den anderen endokrinen Zellen der Adenohypophyse: Sie speichern zwei Hormone, nämlich das Hormon ***LH (luteinisierendes Hormon)*** und ***FSH (Follikel stimulierendes Hormon)***. Die Freisetzung beider Hormone wird nur durch ein einziges hypothalamisches Steuerhormon, das Gonadotropin Releasing-Hormon (GnRH), gesteuert. FSH fördert bei der Frau Follikelwachstum und Östrogenfreisetzung und beim Mann die Spermatogenese. LH fördert bei der Frau Follikelreifung und die Progesteronsekretion und stimuliert beim Mann die Testosteronfreisetzung (s. Tab. 19.2, näheres in Kap. 21.1 und 22.1).

20 Schilddrüse, Nebenschilddrüse, Pankreasinseln, Nebenniere und Epiphyse

20.1	**Schilddrüse**	**358**
20.2	**Nebenschilddrüsen**	**362**
20.3	**Pankreasinseln**	**364**
20.4	**Nebennieren**	**366**
20.4.1	Nebennierenrinde	367
20.4.2	Nebennierenmark	372
20.5	**Epiphyse**	**374**

Schilddrüse, Nebenschilddrüse, Pankreasinseln, Nebenniere und Epiphyse

Einleitung

Die Hypophyse ist das zentrale Steuerorgan des Endokriniums (s. Kap. 19). Über glandotrope Hormone steuert die Hypophyse auch untergeordnete endokrine Drüsen wie die Schilddrüse, die Nebenniere und die Gonaden. Ansammlungen von endokrinen Zellen wie die parafollikulären Zellen in der Schilddrüse, die Hauptzellen in den Nebenschilddrüsen, die endokrinen Zellen der Pankreasinseln und das Nebennierenmark werden nicht durch die Hypophyse kontrolliert. Dies gilt auch für die Epiphyse, die den Tag-Nacht-Rhythmus steuert.

20.1 Schilddrüse

Entwicklung▸ Die Schilddrüse *(Glandula thyroidea)* wiegt etwa 30 g. Sie entwickelt sich aus dem Epithel im Bereich des Zungengrunds. Als Relikt der von dort ausgehenden Ausstülpung bleibt das so genannte Foramen caecum übrig (Abb. 14.1). Die Anlage der Schilddrüse wandert nach kaudal und befindet sich schließlich in Form von rechtem und linkem Lappen neben und unterhalb des Kehlkopfes, bedeckt von den unteren Zungenbeinmuskeln (Abb. 20.1 und 20.2). Die beiden Lappen der Schilddrüse sind etwa in Höhe des 3. Trachealknorpels durch den Isthmus verbunden. Dieser besitzt häufig noch einen rudimentären, kranial liegenden unpaaren Anteil, den Lobus pyramidalis (Abb. 20.1). In die Anlage der Schilddrüse wandern aus der 5. Schlundtasche Zellen ein, die sich später in Kalzitonin sezernierende Zellen (s. unten) umwandeln. An der Rückseite der Anlage lagern sich meist in vier Bezirken Zellen aus der 3. und 4. Schlundtasche an, aus denen sich die Parathormon freisetzenden Nebenschilddrüsen entwickeln (Kap. 20.2).

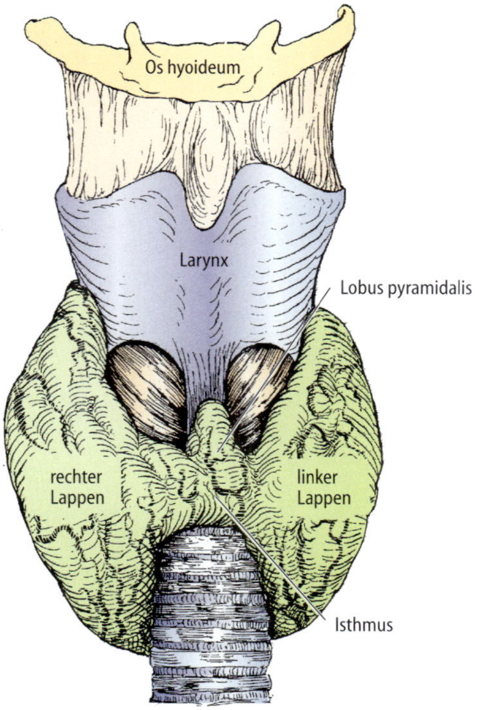

Os hyoideum
Larynx
Lobus pyramidalis
rechter Lappen
linker Lappen
Isthmus

Abb. 20.1. Menschliche Schilddrüse in Nachbarschaft zu Trachea und Larynx. (Nach Junqueira et al. 1996)

Aufbau▸ Die Schilddrüse ist hauptsächlich aus ***Follikeln*** aufgebaut, die jeweils aus einem Hohlraum bestehen, der von einem einschichtigen Epithel ausgekleidet ist. Je nach Funktionszustand ist das Follikelepithel platt bis hochprismatisch (Abb. 20.3 und 20.4). In den Hohlräumen der Follikel wird das von den Epithelzellen gebildete Thyroglobulin in Form eines ***Kolloids*** gespeichert. ***Thyroglobulin***, ein Glykoprotein mit einem Molekulargewicht von etwa 330 000, ist eine Vor-

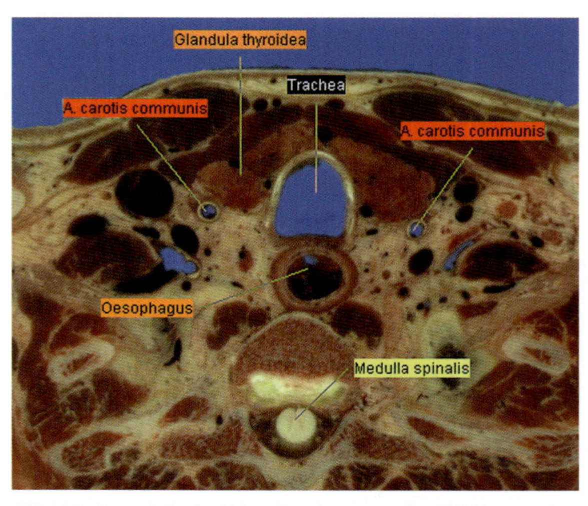

Abb. 20.2. Querschnitt des Halses. Zu erkennen ist die Schilddrüse in ihrer Nachbarschaft zur A. carotis communis und Trachea. (Aus Bulling et al. Body Explorer 2.0 2000)

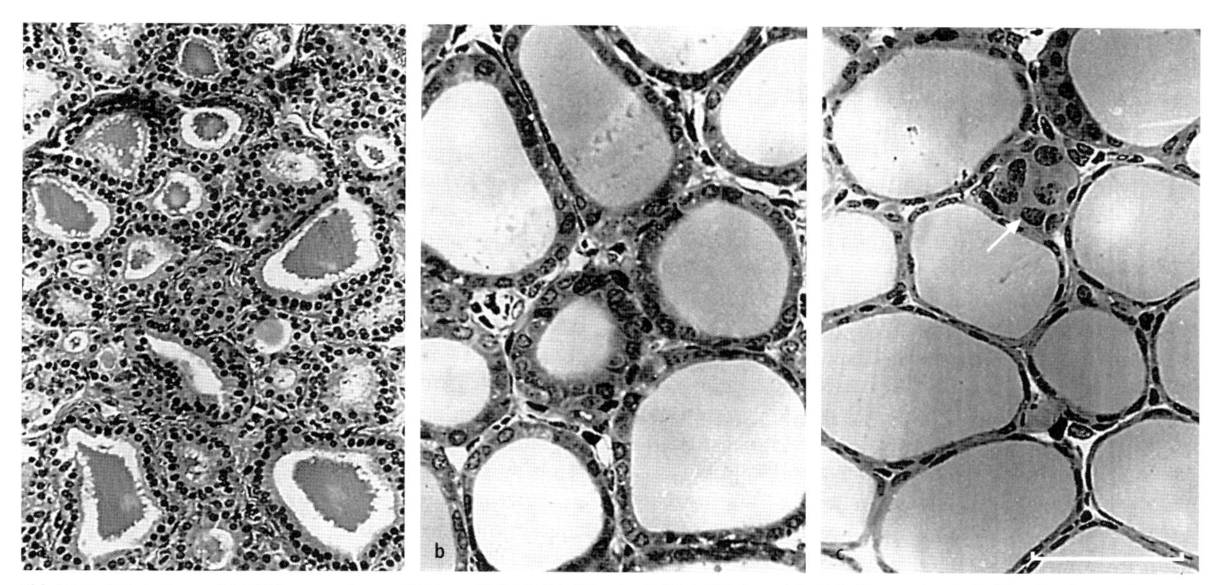

Abb. 20.3. Histologie von Schilddrüsengewebe verschiedener Aktivität. Die Höhe des Follikelepithels und die Kolloidmenge ist ein Maß für die Aktivität der Drüse. Im *rechten Schnitt* sind Kalzitonin produzierende parafollikuläre Zellen zu sehen (*Pfeil*). Balken = 100 μm. (Nach Junqueira et al. 1998)

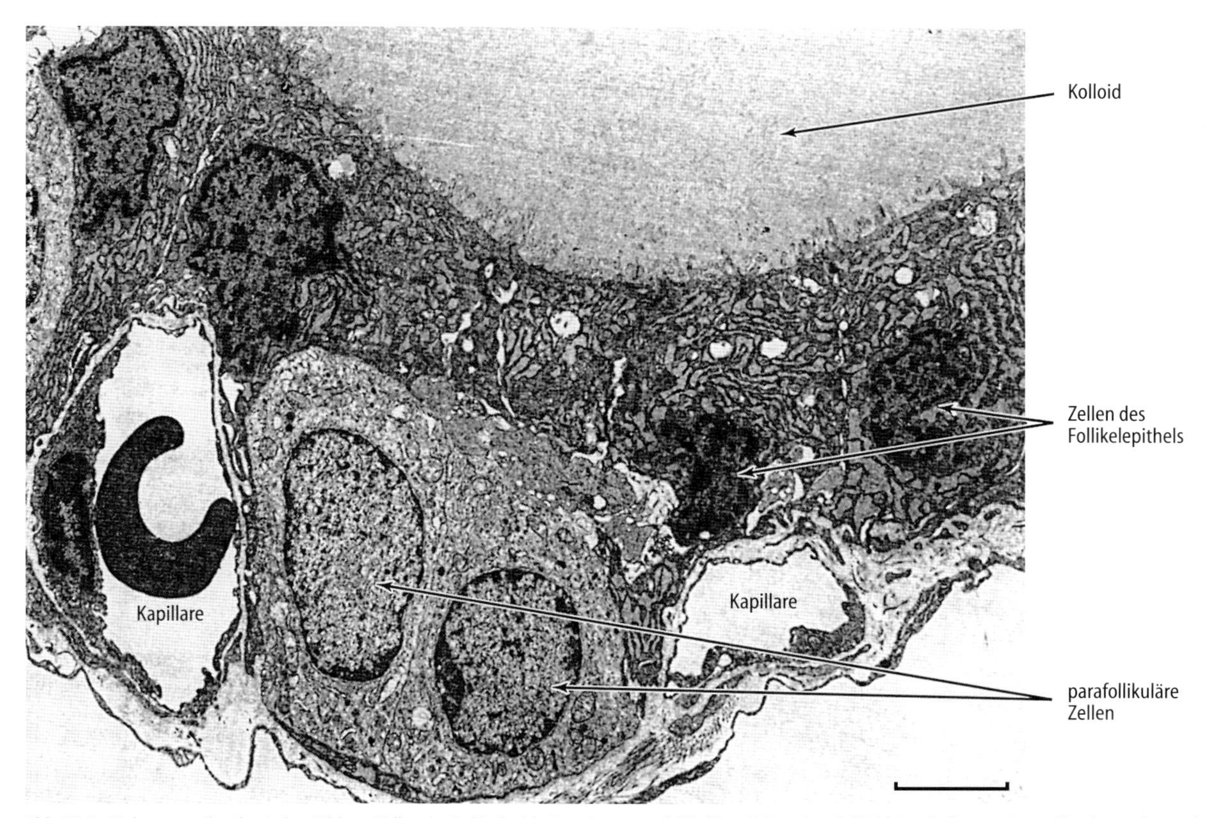

Abb. 20.4. Elektronenmikroskopisches Bild von Zellen des Follikelepithels und von parafollikulären Zellen einer Schilddrüse. Balken = 10 μm. (Aus Junqueira et al. 1998)

stufe und Speicherform der Schilddrüsenhormone. Bei Bedarf werden daraus von den Epithelzellen hydrolytisch die Schilddrüsenhormone ***Thyroxin** (T_4) und **Trijodthyronin** (T_3)* freigesetzt und in den Blutkreislauf abgegeben (s. unten). Die Epithelzellen sitzen einer Basallamina auf und tragen apikal Mikrovilli. Zwischen den Follikeln der Schilddrüse befindet sich ein dichtes Netzwerk von Kapillaren (Abb. 20.4), das aus den Aa. thyroidea superior und inferior gespeist wird. Wie in anderen endokrinen Drüsen sind die Endothelzellen der Kapillaren fenestriert. Zahlreiche Endigungen des autonomen Nervensystems deuten darauf hin, dass die Funktion der Schilddrüse auch neuronal beeinflusst wird. Die größte Bedeutung bei der Regulation der Schilddrüsenfunktion kommt jedoch dem ***Thyrotropin*** (TSH) zu, welches von der Adenohypophyse sezerniert wird (s. dazu auch Kap. 19 und unten).

Synthese von Thyroglobulin▸ Die Biosynthese des Thyroglobulins erfolgt in den Zellen des Follikelepithels in mehreren Schritten (Abb. 20.5). Zuerst wird im gut ausgebildeten rauhen endoplasmatischen Retikulum eine Vorstufe des Thyroglobulins synthetisiert und posttranslational modifiziert. Nach Passage durch den Golgi-Apparat wird es apikal in die Hohlräume der Follikel sezerniert und dort abgelagert. Zuvor werden die Tyrosinreste des Thyroglobulins mit Hilfe der Thyroperoxidase jodiert. Das dazu benötigte Jod wird in Form von Jodid von den Follikelzellen mit Hilfe eines Na^+-Jodid-Symporters aufgenommen. Schließlich folgt die Dimerisierung der jodierten Tyrosinreste zu Thyronin (s. Lehrbücher der Biochemie).

Freisetzung von Schilddrüsenhormonen▸ Wird die Schilddrüse durch Thyrotropin (TSH) aus der Adenohypophyse (s. Kap. 19) stimuliert, dann nehmen die Epithelzellen der Schilddrüse vermehrt Thyroglobulin aus dem Follikel durch Endozytose auf (Abb. 20.5). Nach Fusion der endozytotischen Vesikel mit Lysosomen werden die Peptidbindungen zwischen den jodierten Thyroninresten und dem Thyroglobulin hydrolytisch gespalten. Dadurch wird hauptsächlich T_3 frei. T_4 wird dagegen bereits in den Follikeln durch von den Epithelzellen sezernierte Proteasen vom Thyroglobulin abgespalten. Beide Hormone werden dann auf der basolateralen Seite der Zellen in die Kapillaren abgegeben.

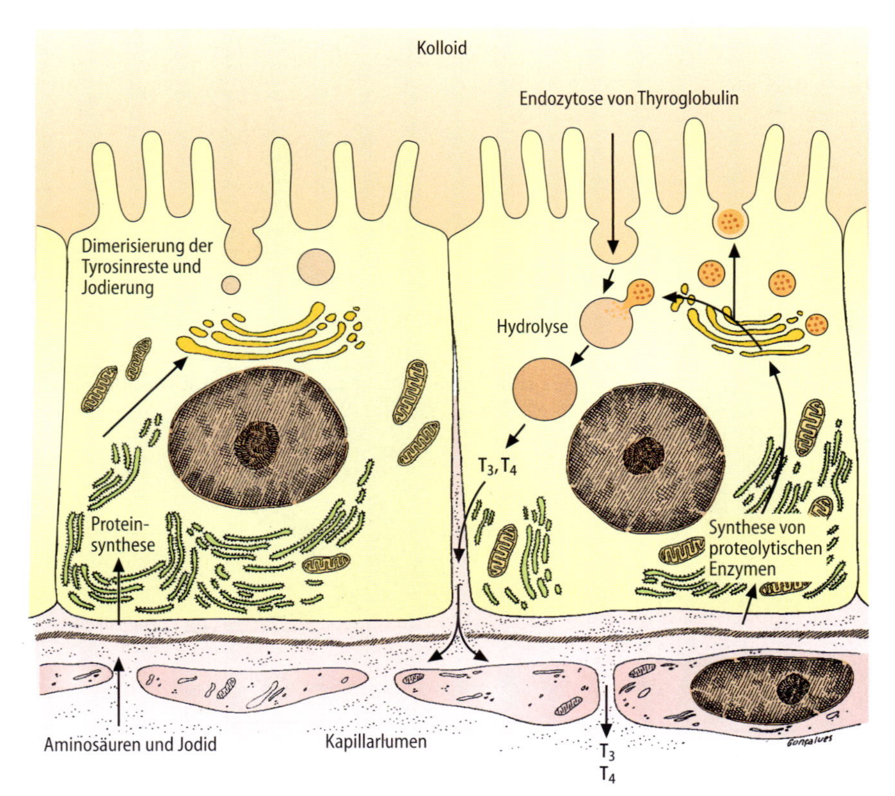

Abb. 20.5. Bildung der Schilddrüsenhormone T_3 und T_4. Synthese und Jodierung von Thyroglobulin sowie dessen extrazelluläre Speicherung als Kolloid (*links*). *Rechts* ist die Endozytose und Hydrolyse von Thyroglobulin dargestellt. Beide Vorgänge spielen sich in vivo in jeder Follikelepithelzelle ab. (Modifiziert nach Junqueira et al. 1996)

Neben der geschilderten Umwandlung von Thyroglobulin in die Schilddrüsenhormone wird durch TSH auch die Biosynthese von Thyroglobulin in der Follikelepithelzelle angeregt. Daher ist verständlich, dass durch die Stimulation die Höhe der Epithelzellen zu- und die Kolloidmenge in den Follikeln abnimmt (Abb. 20.3). Die freigesetzten Schilddrüsenhormone hemmen die Hormonfreisetzung (s. nächster Absatz) und bewirken umgekehrt eine Abnahme der Epithelhöhe.

Regulation der Freisetzung von T3 und T4▸ In Abb. 20.6 wird die stimulierende Wirkung von Thyrotropin Releasing-Hormon (TRH) auf die Adenohypophyse dargestellt, die über TSH die Schilddrüse zur Produktion der Schilddrüsenhormone anregt. Letztere wirken im Sinne einer negativen Rückkopplung (feedback) der Freisetzung von TSH und TRH in den höheren Zentren entgegen. Ähnliche Rückkopplungen finden bei der Steuerung der Gonaden und der Nebennierenrinde statt (Abb. 19.3).

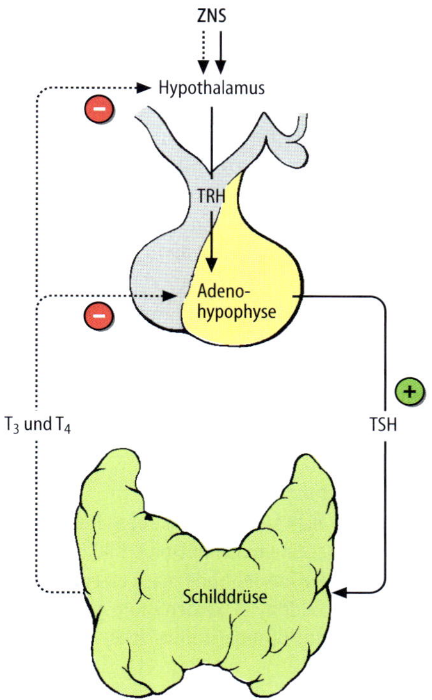

Abb. 20.6. Steuerung der Schilddrüsenfunktion. Thyrotropin Releasing-Hormon (*TRH*) des Hypothalamus setzt die Sekretion von Thyrotropin (*TSH*) in Hypophysenvorderlappen in Gang. *TSH* stimuliert Synthese und Abgabe der Hormone (*T_4* und *T_3*) durch die Schilddrüse. Die Schilddrüsenhormone wirken einerseits auf periphere Gewebe, sie regulieren andererseits die Abgabe von *TRH* und *TSH* durch Hypothalamus und Hypophysenvorderlappen durch negative Rückkopplung. Außerdem wird die Tätigkeit der TRH-bildenden Neurone des Hypothalamus zentralnervös beeinflusst. (Nach Junqueira et al. 1996)

Klinik

Bei Jodmangel vergrößert sich die Schilddrüse ***(Kropf, Struma)***. Dabei sind die Plasmakonzentrationen von T_3 und T_4 häufig etwas erniedrigt und die von TSH und TRH infolge des teilweisen Wegfalls der hemmenden Wirkung im vorher beschriebenen Regelkreis erhöht. Eine dauernde Erhöhung von TSH führt zu einer oft ungleichmäßigen Hyperplasie des Schilddrüsengewebes. Daher befinden sich in einer vergrößerten Schilddrüse sowohl aktive (so genannte heiße, d. h. bei der Szintigrafie mit Radiojod dargestellte) als auch inaktive (kalte) Bezirke. Häufig ist es schwierig, kalte Knoten von Schilddrüsentumoren abzugrenzen. Mehr als 90 % der malignen ***Schilddrüsentumoren*** gehen vom Follikelepithel aus und nur etwa 5 % von den parafollikulären C-Zellen (s. unten).

Wirkung der Schilddrüsenhormone▸ Die Rezeptoren für Schilddrüsenhormone liegen im Zellkern und wirken als Transkriptionsfaktoren. Sie bilden mit den Rezeptoren für Gluko- und Mineralokortikoide, Östrogene, Progesteron und Vitamin D_3 eine Familie. Nach Bindung von Schilddrüsenhormon an den Rezeptor im Kern können bestimmte Gene zur Biosynthese von Zellbestandteilen genutzt werden, die für das Wachstum von Geweben, die Entwicklung des Gehirns und nahezu alle Stoffwechselwege und Organfunktionen von Bedeutung sind.

Klinik

Beim Mangel an Schilddrüsenhormon ***(Hypothyreose)*** in der Fetalperiode kommt es daher zum so genannten Kretinismus (Minderwuchs und Schwachsinn), in der Kindheit zu Wachstumsstörungen und beim Erwachsenen zur Hypothermie und zur Wassereinlagerung (Myxödem). Im Gegensatz dazu führt eine Überproduktion von Schilddrüsenhormonen ***(Hyperthyreose)*** zu einem erhöhten Grundumsatz mit Schwitzen und Gewichtsabnahme. Weitere Symptome der Stimulation von Organen und Systemen durch Schilddrüsenhormone bei der Hyperthyreose sind häufige, weiche Stühle, Herzjagen, Haarausfall, Zittrigkeit und Nervosität.

C-Zellen der Schilddrüse▸ Ein weiterer Zelltyp, die *parafollikulären* oder ***C-Zellen***, kommt in Gruppen zwischen den Follikeln sowie zwischen den Epithelzellen der Follikel der Schilddrüse vor (Abb. 20.3, 20.4 und 20.7). Sie speichern und sezernieren ***Kalzitonin***, ein Peptidhormon, das abnorme Erhöhungen der Blutspiegel von Kalzium und Phosphat verhindert. Das Hormon vermindert die Reabsorption von Kalzium in der Niere und steigert den Einbau von Kalzium und Phosphat in den Knochen, da es die Aktivität der Osteoklasten hemmt (s. Kap. 7.1 und 7.8.2). Die Sekretion von Kalzitonin wird durch eine Erhöhung der Kalziumkonzentration im Blut ausgelöst. Damit gilt Kalzitonin als Antagonist von Parathormon aus der Nebenschilddrüse (s. unten).

Klinik

Die Bedeutung von Kalzitonin beim erwachsenen Menschen ist nicht klar. Denn bei Überschuss oder Mangel an Kalzitonin (z. B. bei einem medullären Schilddrüsenkarzinom, das von den C-Zellen ausgeht, oder nach einer Entfernung der gesamten Schilddrüse) werden kaum größere Änderungen des Kalzium- und Phosphatstoffwechsels beobachtet.

20.2 Nebenschilddrüsen

Die Nebenschilddrüsen ***(Glandulae parathyroideae, Epithelkörperchen)*** sind vier kleine Drüsen, die zusammen etwa 0,4 g wiegen. Sie finden sich auf der Rückseite der Schilddrüse (Abb. 20.8) und sind mit der Schilddrüse von einer gemeinsamen Kapsel umgeben.

Klinik

Bei der Entfernung der Schilddrüse besteht aufgrund der engen räumlichen Beziehung die Gefahr, dass die Nebenschilddrüsen mit beseitigt werden (Folgen, s. unten).

Das Parenchym der Nebenschilddrüsen besteht hauptsächlich aus zwei Zellarten, den Hauptzellen und den oxyphilen Zellen (Abb. 20.9). Die ***Hauptzellen*** enthalten viele Sekretgranula, in denen ***Parathormon*** gespeichert wird. Die Funktion der ***oxyphilen Zellen***, die größer als die Hauptzellen und reich an Mitochondrien sind, ist unbekannt. Im Alter wird das Parenchym zunehmend durch Fettzellen ersetzt, so dass diese bei alten Menschen etwa 50 % der Drüse ausmachen.

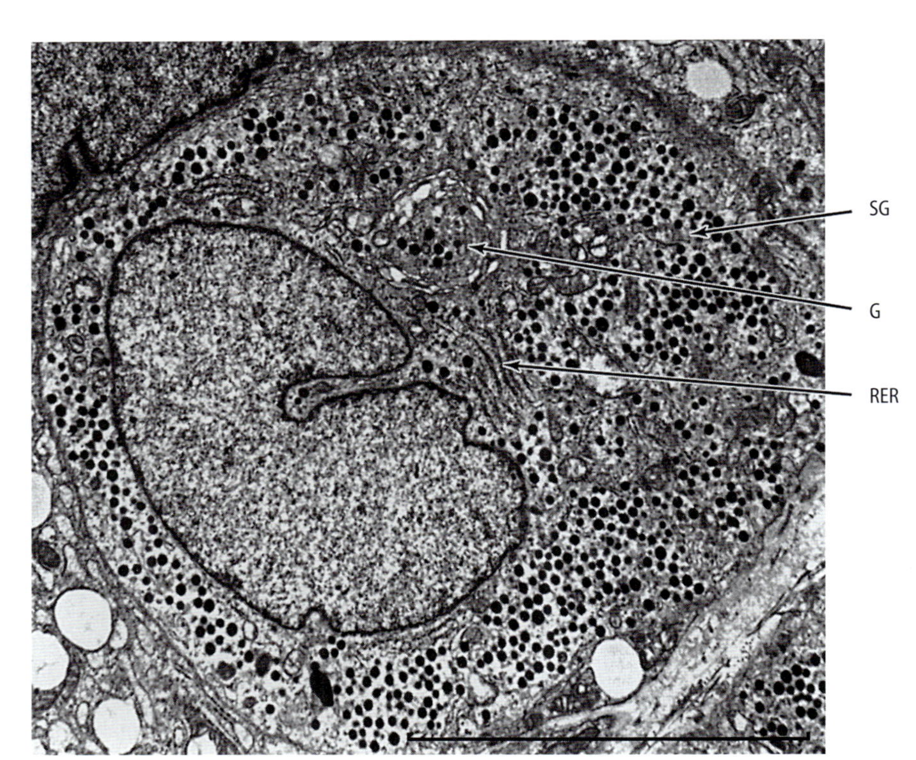

Abb. 20.7. Elektronenmikroskopische Aufnahme einer Kalzitonin bildenden parafollikulären Zelle der Schilddrüse. Eine Vielzahl von Sekretgranula (*SG*), eine Golgi-Region (*G*) und rauhes endoplasmatisches Retikulum (*RER*) sind erkennbar. Balken = 10 μm. (Aus Junqueira et al. 1998)

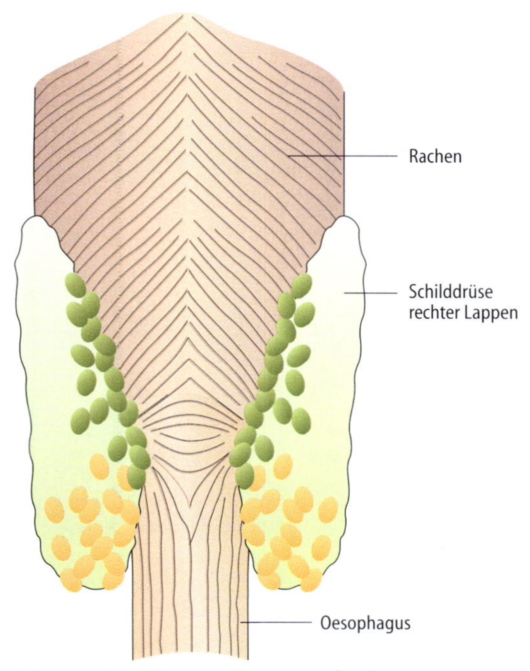

Abb. 20.8. Die Schilddrüse mit Rachen und Ösophagus von dorsal. Die Variabilität der Lage der oberen und unteren Nebenschilddrüsen (Epithelkörperchen) ist farbig dargestellt. (Modifiziert nach Rohen 1997)

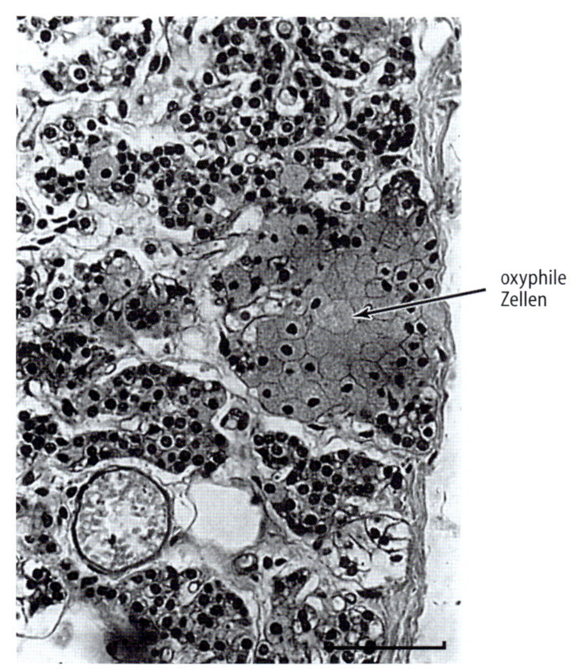

Abb. 20.9. Ausschnitt aus der Nebenschilddrüse. Außer den Hauptzellen ist eine Gruppe von großen oxyphilen Zellen (*Pfeil*) zu sehen. Balken = 100 μm. (Aus Junqueira et al. 1998)

Wirkung von Parathormon▸ Parathormon ist ein Gegenspieler von Kalzitonin (s. oben) und verhindert, dass der Kalziumspiegel im Serum unter physiologische Konzentrationen abfällt. Das geschieht dadurch, dass Parathormon die Reabsorption von Kalzium in der Niere und den Knochenabbau durch Osteoklasten fördert, so dass Kalzium frei wird (s. Kap. 7.8.2). Eine weitere Wirkung von Parathormon wird über Vitamin D_3 vermittelt, das die Kalziumresorption im Darm stimuliert. In der Niere wirkt Parathormon außerdem synergistisch mit Kalzitonin und verhindert einen Anstieg der Phosphatkonzentration im Serum, indem es die tubuläre Sekretion von Phosphat erhöht.

Aus den beschriebenen Funktionen von Parathormon lassen sich die Folgen einer Überfunktion der Nebenschilddrüsen ableiten.

Klinik

Bei einer Überfunktion der Nebenschilddrüse ***(Hyperparathyroidismus)*** ist der Phosphatspiegel im Blut erniedrigt und der von Kalzium erhöht. Dadurch kann es zu pathologischen Ablagerungen von Kalzium in verschiedenen Organen (wie z. B. in der Niere) kommen. Bei Mangel an Parathormon (***Hypoparathyroidismus***, z. B. nach einer iatrogenen Entfernung der Nebenschilddrüsen) steigt die Konzentration von Phosphat im Blut an, die von Kalzium fällt ab. Die Hypokalzämie führt zu einer gesteigerten Erregbarkeit von Nerven, Herz und Muskeln. In Extremfällen kann es zu Konvulsionen und epileptiformen Krämpfen kommen, die in der Summe als Tetanie bezeichnet werden. Gabe von Vitamin D_3 und Zufuhr von Kalzium dienen der Therapie des Hypoparathyroidismus.

20.3 Pankreasinseln

Entwicklung▸ Die Pankreasinseln entstehen während der Entwicklung aus den Vorläuferzellen, die aus dem Epithel des Gangsystems des exokrinen Pankreas hervorgehen. Dabei verlieren sie den Anschluss zum Mutterepithel und verteilen sich in der gesamten Bauchspeicheldrüse (vgl. Abb. 3.18).

Aufbau▸ Die Pankreasinseln ***(Langerhans-Inseln)*** sind Ansammlungen von endokrinen Zellen, die in den exokrinen Teil des Pankreas eingebettet sind. Jede der etwa 1 Million Inseln mit einem Durchmesser von 100–200 µm besteht aus mehreren hundert endokrinen Zellen. Sie wiegen beim Erwachsenen insgesamt 1–2 g (Abb. 20.10). Die Hormone werden in den Pankreasinseln in ein dichtes Netzwerk von fenestrierten Kapillaren abgegeben. Zwischen den endokrinen Zellen befinden sich Endigungen autonomer Nervenfasern.

Vier verschiedene Typen von endokrinen Zellen können in den Inseln unterschieden werden. Die ***A-Zellen*** speichern und sezernieren ***Glukagon***, die ***B-Zellen Insulin***, die ***D-Zellen Somatostatin*** und die ***PP-Zellen*** das ***pankreatische Polypeptid***. Die B-Zellen sind am häufigsten (Abb. 20.11). Sie speichern Insulin in Vesi-

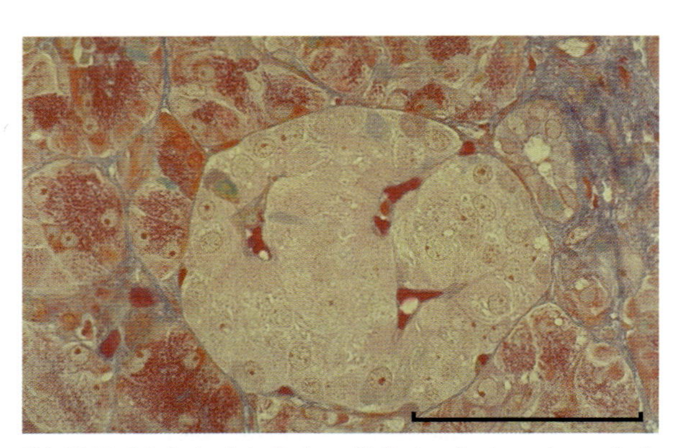

Abb. 20.10. Schnitt durch das Pankreas. Die Pankreasinseln werden von Kapillaren durchzogen. Die hellen Zellen bilden die verschiedenen Hormone. Die Insel ist von exokrinen Azinuszellen umgeben. Balken = 100 µm. (Dietrich Grube, Hannover)

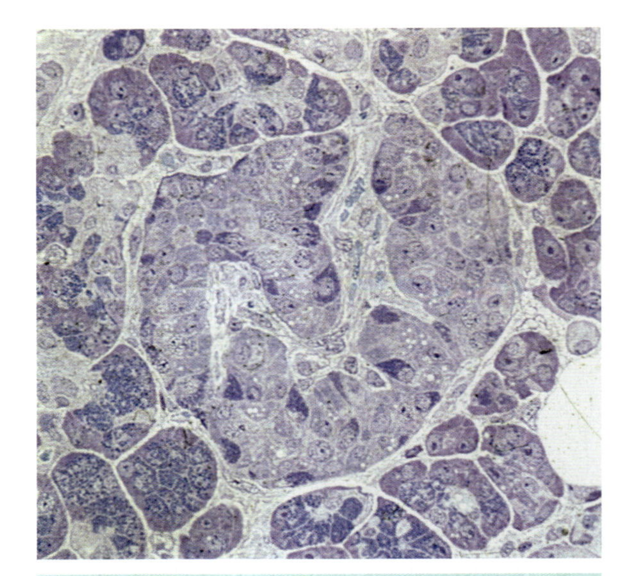

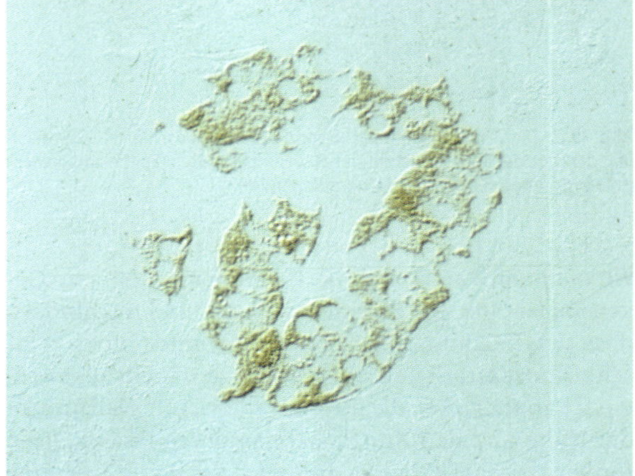

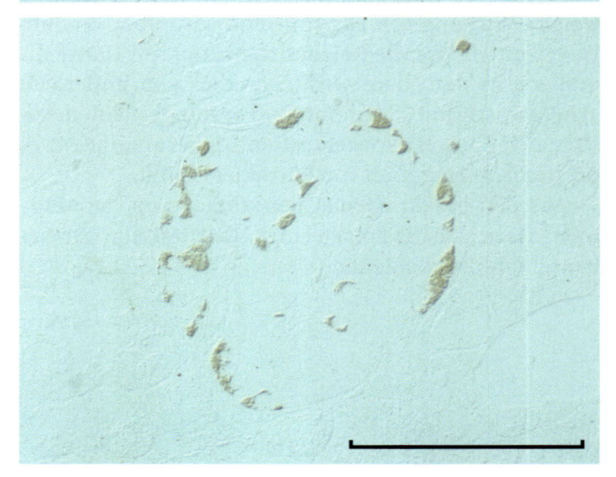

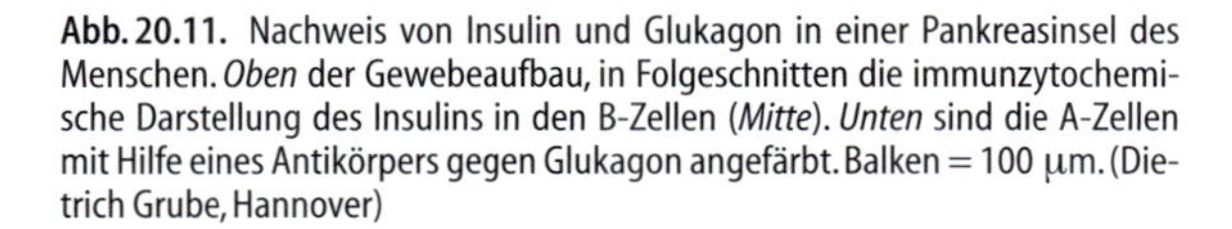

Abb. 20.11. Nachweis von Insulin und Glukagon in einer Pankreasinsel des Menschen. *Oben* der Gewebeaufbau, in Folgeschnitten die immunzytochemische Darstellung des Insulins in den B-Zellen (*Mitte*). *Unten* sind die A-Zellen mit Hilfe eines Antikörpers gegen Glukagon angefärbt. Balken = 100 µm. (Dietrich Grube, Hannover)

keln (Sekretgranula) mit elektronendichtem Kern, der charakteristischerweise von einem hellen Hof umgeben ist (Abb. 20.12 und 20.13). Die A-Zellen sind am zweithäufigsten in den Inseln vertreten (Tabelle 20.1). Insulin aus den B-Zellen und Glukagon aus den A-Zellen sind Antagonisten bei der Regulation des Glukosestoffwechsels. Beide Hormone greifen jedoch auch in den Fett- und Eiweißstoffwechsel ein. Die Freisetzung von Insulin und Glukagon wird durch Somatostatin aus den D-Zellen auf parakrine Weise gehemmt. Die Bedeutung der PP-Zellen ist nicht genau bekannt. Ihr Produkt, das pankreatische Polypeptid, hemmt die Sekretion des exokrinen Pankreas und die Motilität von Magen und Darm.

Freisetzung und Wirkung von Insulin► Glukose ist der wichtigste Stimulator der Insulinfreisetzung. Sie wird in den B-Zellen abgebaut, wobei der ATP-Spiegel ansteigt. Letzteres schließt Kaliumkanäle der Plasmamembran, es kommt zur Depolarisation und zum Einstrom von Kalzium, welches die Exozytose von Insulin auslöst (Abb. 20.14). Insulin besitzt anabole Wirkungen und fördert die Speicherung von Kohlenhydraten, Fett und Eiweiß in Leber, Skelettmuskel und Fettgewebe. Die Parenchymzellen dieser Gewebe besitzen Rezeptoren für Insulin. Ein wichtiger Schritt der Insulinwirkung beinhaltet die Steigerung der Glukoseaufnahme in diese Zellen, die von Glukosetransportern durchgeführt wird.

Klinik

Die häufige ***Zuckerkrankheit (Diabetes mellitus)*** beruht auf einem Insulinmangel des Körpers. Beim unbehandelten Insulinmangel kommt es zur Hyperglykämie und zu vielfältigen Störungen des Kohlenhydrat-, Fett- und Eiweißstoffwechsels. Der Stoffwechsel entgleist, es kommt durch Anhäufung von Azetessigsäure (so genannten Ketonkörpern) zu einer metabolischen Azidose, die bis zum diabetischen Koma führen kann.

Man kann zwei Hauptformen des Diabetes unterscheiden. Beim ***Typ 1*** des Diabetes, der hauptsächlich junge Menschen betrifft, werden bei genetisch disponierten Menschen die B-Zellen durch das körpereigene Immunsystem (T-Lymphozyten) zerstört. Zur Vermeidung der oben genannten Stoffwechseländerungen muss Insulin durch tägliche Injektionen ersetzt und eine spezielle Diät eingehalten werden. Bei einer Überdosierung mit Insulin besteht die Gefahr einer Hypoglykämie bis zum hypoglykämischen Koma.

Beim Diabetes vom ***Typ 2*** besteht eine Insulinresistenz (d. h. eine verminderte Ansprache der Gewebe auf Insulin) und eine gestörte Insulinsekretion. Zur Therapie werden anfänglich eine Verminderung des Körpergewichts und vermehrte

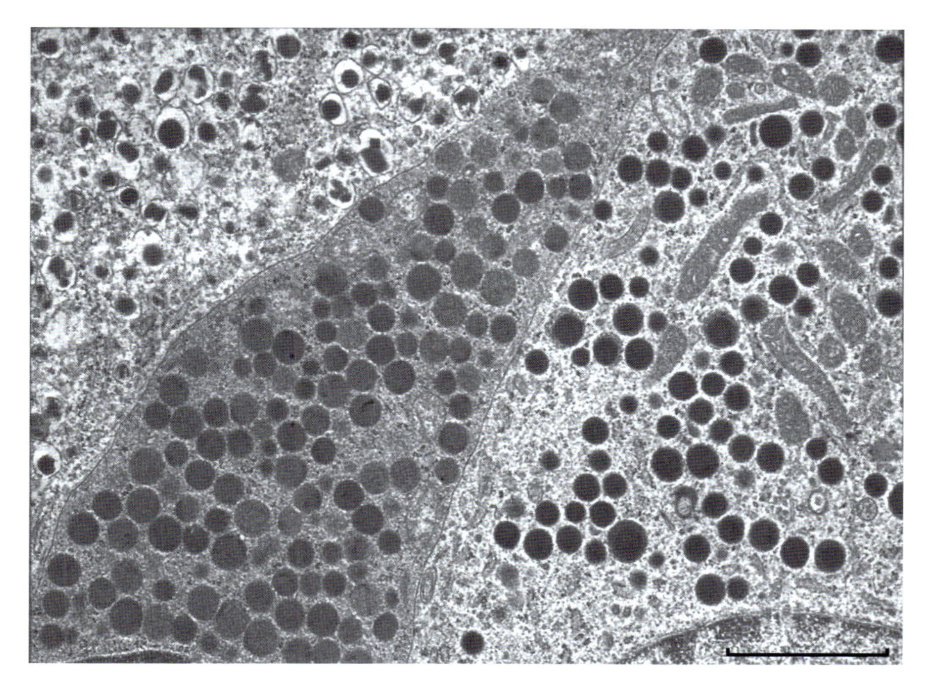

Abb. 20.12. Ultrastruktur der A-, B- und D-Zellen in einer Pankreasinsel des Menschen. Vor allem die Sekretgranula unterscheiden sich. *Links oben* ist eine B-Zelle, *rechts* eine A-Zelle und in der *Mitte* eine D-Zelle angeschnitten. Balken = 1 μm. (Dietrich Grube, Hannover)

körperliche Betätigung angestrebt sowie orale Antidiabetika eingesetzt. Dazu gehören Sulfonylharnstoffderivate, die den oben beschriebenen Kaliumkanal der B-Zelle schließen und so die Insulinsekretion stimulieren.

Die meisten Folgekrankheiten der unzureichend behandelten Zuckerkrankheit sind auf Schäden kleiner Gefäße ***(Mikroangiopathien)*** zurückzuführen, und zwar hauptsächlich in der Netzhaut, dem Gehirn, der Niere und dem Herz. Sie können durch eine gute Einstellung des Zuckerkranken durch Diät, mit oralen Antidiabetika und Insulin vermieden werden.

Seltene Tumoren der Pankreasinseln gehen hauptsächlich von B- und A-Zellen aus, sie werden folglich als ***Insulinome*** und ***Glukagonome*** bezeichnet.

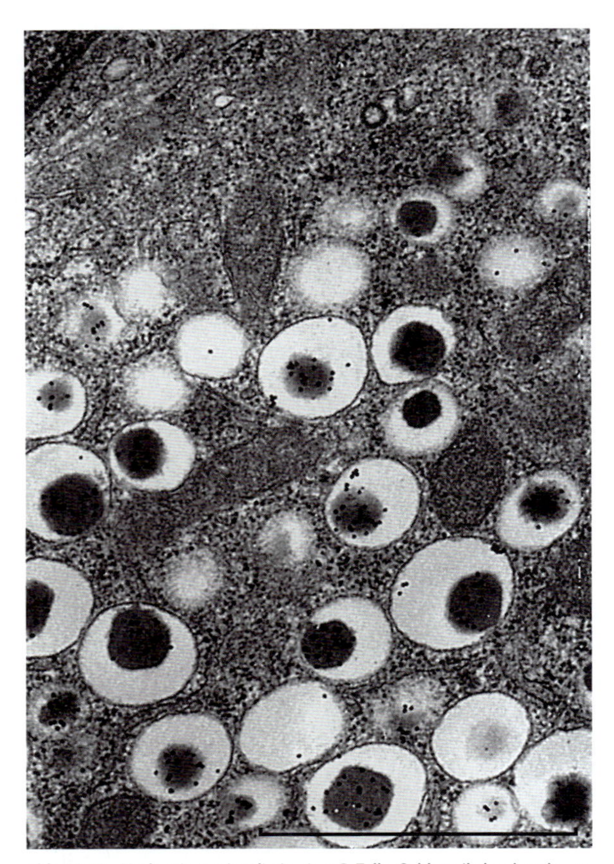

Abb. 20.13. Nachweis von Insulin in einer B-Zelle. Goldpartikel, gebunden an einen Insulin-Antikörper, kennzeichnen die Insulinspeicher. Insulin befindet sich hauptsächlich im elektronendichten Kern der Speichervesikel (Granula), der von einer hellen Zone (Halo) und der anschließenden Membran umgeben ist. Balken = 1 μm. (Aus Junqueira et al. 1998)

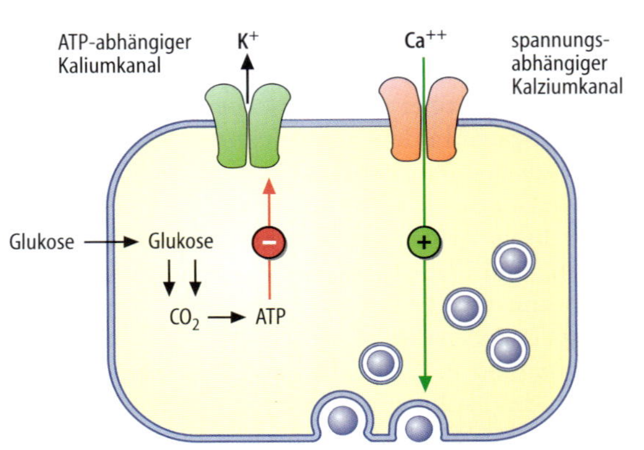

Abb. 20.14. Mechanismus der durch Glukose induzierten Insulinsekretion der B-Zelle. (Modifiziert nach Löffler u. Petrides 1998)

Tabelle 20.1. Zelltypen der Pankreasinseln

Typ	Anteil	Hormon	Funktion des Hormons
A	ca. 20 %	Glukagon	fördert Glykogenolyse und Lipolyse in verschiedenen Geweben und erhöht den Glukosespiegel im Blut
B	ca. 70 %	Insulin	fördert Glykogen- und Lipidaufbau und vermindert den Glukosespiegel im Blut
D	<5 %	Somatostatin	hemmt parakrin die Sekretion der anderen Hormone der Inseln
PP	selten	Pankreatisches Polypeptid	hemmt das exokrine Pankreas und die Motilität von Magen und Darm

20.4 Nebennieren

Aufbau▶ Die Nebennieren befinden sich über den oberen Polen der beiden Nieren und sind in Fettgewebe eingebettet. Sie wiegen zusammen etwa 8–10 g, jedoch hängt das Gewicht sehr vom Alter und dem physiologischen Zustand des Individuums ab. Die Nebennieren sind von einer kräftigen bindegewebigen Kapsel umgeben. Die Drüsen bestehen aus der gelblichen ***Rinde*** (etwa 90 % des Gewichts) und dem rötlich-braunen ***Mark***.

Die beiden Anteile der Nebenniere haben verschiedenen embryologischen Ursprung, verschiedene Funktionen und einen unterschiedlichen Aufbau. Die Rinde entsteht aus dem Mesoderm, das Mark aus der Neuralleiste (s. Kap. 8.1), von der unter anderem auch die sym-

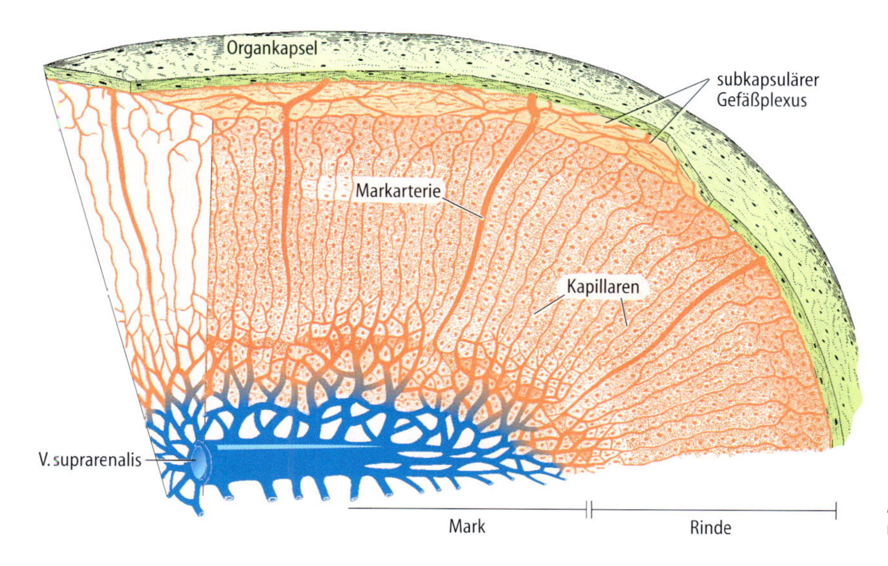

Abb. 20.15. Gefäßversorgung der Nebenniere. (Nach Junqueira et al. 1996)

pathischen Ganglien abstammen. Die endokrinen Zellen der Rinde und des Marks bilden wie andere endokrine Zellen Stränge aus, die von Kapillaren umgeben sind (Abb. 20.15).

Die Nebennieren werden mit hoher Variationsbreite von drei Arterien (aus der Bauchaorta, den Nieren- und unteren Zwerchfellarterien) versorgt, die an verschiedenen Orten in die Drüse eindringen. Mehrere Zweige dieser Arterien bilden einen subkapsulären Plexus, aus dem die Rinde und das Mark durch eigenständige Äste versorgt werden (Abb. 20.15). Die Kapillaren des Marks und der Rinde münden in die Nebennierenvenen ein. Das Endothel des venösen Schenkels des Blutgefäßsystems der Nebenniere ist reich an Fenestrationen. Durch den besonderen Verlauf der Gefäße gelangen Glukokortikoide aus der Rinde mit dem venösen Blut in das Mark. Sie induzieren beispielsweise in den adrenergen Zellen des Nebennierenmarks die spezifische N-Methyltransferase, die für die Biosynthese von Adrenalin aus Noradrenalin benötigt wird.

20.4.1 Nebennierenrinde

Dem Erscheinungsbild und der Anordnung der Zellen nach kann die Nebennierenrinde in drei verschiedene Zonen gegliedert werden (Abb. 20.16 und 20.17). Diese werden von außen nach innen als Zona glomerulosa, Zona fasciculata und Zona reticularis bezeichnet, die 15, 65 und 7% des Volumens der Nebennieren einnehmen. Der Rest entfällt auf das Nebennierenmark. Die Schicht unter der bindegewebigen Kapsel wird ***Zona glomerulosa*** genannt, weil die Zellen dort knäuelähnlich gruppiert sind. Die nächste Zellschicht wird als ***Zona fasciculata*** bezeichnet, da die Zellen in dieser Schicht radiär in Bündeln angeordnet sind. Im Unterschied zu den endokrinen Zellen der Zona glomerulosa sind die der Zona fasciculata mit einer Vielzahl von Lipidtröpfchen im Zytoplasma ausgestattet. Die ***Zona reticularis*** ist die innerste Schicht der Nebennierenrinde. Sie befindet sich zwischen der Zona fasciculata und dem Nebennierenmark. Hier sind die Zellen in irregulären anastomosierenden Strängen angeordnet. Die Zellen sind kleiner als die in den anderen beiden Schichten und enthalten häufig Einschlüsse von Lipofuszin.

Die Zellen der Nebennierenrinde speichern ihre Sekretionsprodukte, die lipidlöslichen Steroidhormone, nicht wie peptiderge endokrine Zellen, sondern setzen sie unmittelbar nach der Biosynthese durch Diffusion frei. Die Ultrastruktur der Steroide bildenden und sezernierenden Zellen ist in Abb. 20.18 dargestellt. Sie ist der von anderen Steroide sezernierenden Zellen (Abb 21.11), die in Kapitel 3.4.2 beschrieben wurden, sehr ähnlich.

Funktion und Biosynthese der Hormone der Nebennierenrinde▸ Die Nebennierenrinde stellt zwei Gruppen von Hormonen her, die nach ihren Hauptwirkungen als ***Glukokortikoide*** und ***Mineralokortikoide*** bezeichnet werden (Abb. 20.17). In der Zona glomerulosa wird das Mineralokortikoid Aldosteron gebildet, das in der Niere und anderen Organen den Kalium-, Natrium- und Wasserhaushalt steuert (s. unten). Die Zonae fasci-

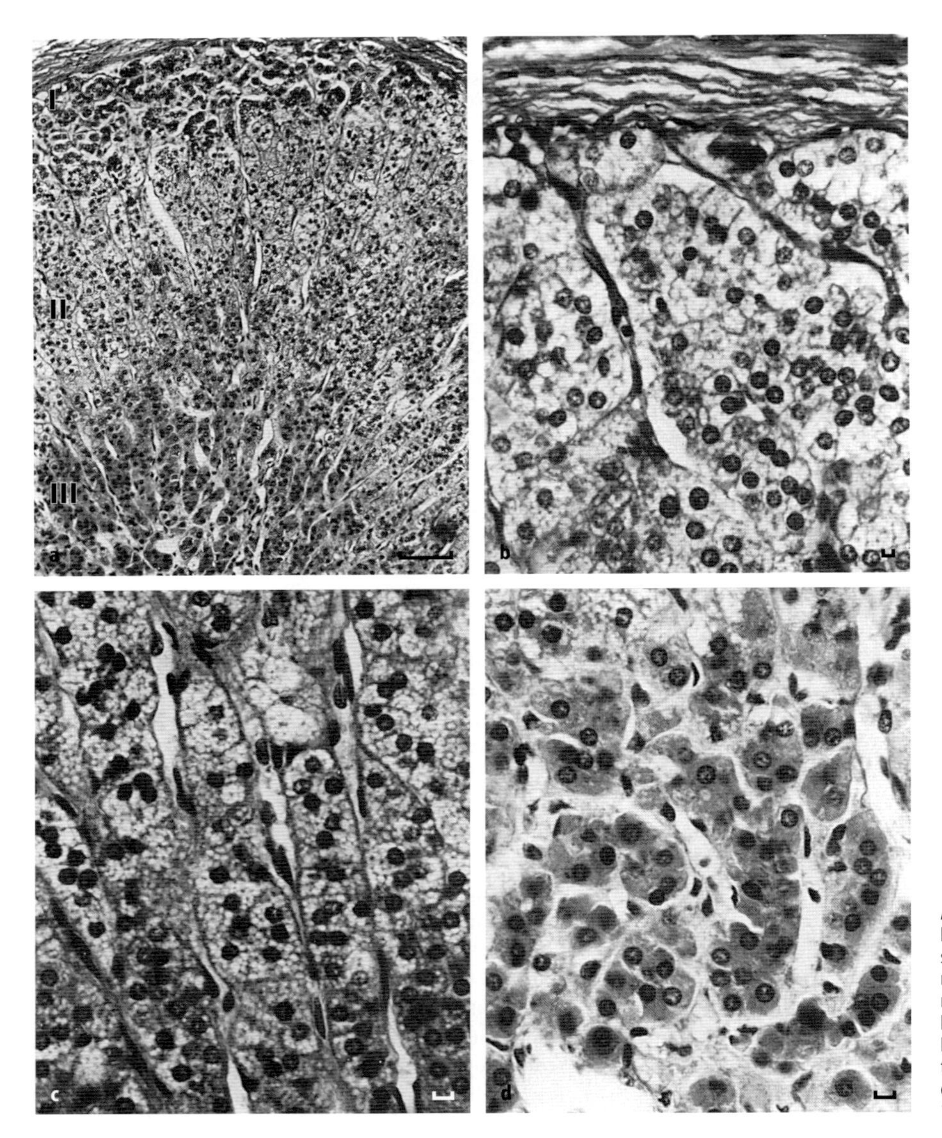

Abb. 20.16 a–d. Histologie der Nebennierenrinde. **a** Übersicht bei schwacher Vergrößerung. *I* Zona glomerulosa, *II* Zona fasciculata, *III* Zona reticularis. Balken = 100 μm. **b** Nebennierenkapsel und Zona glomerulosa. **c** Zona fasciculata. **d** Zona recticularis (HE-Färbung). Balken **b**/**c**/**d** = 10 μm. (NachJunqueira et al. 1996)

culata und reticularis sezernieren hauptsächlich Kortisol, ein Glukokortikoid, das an der Regulation des Kohlenhydrat-, Protein- und Fettstoffwechsels beteiligt ist. Sie produzieren außerdem kleine Mengen an Mineralokortikoiden und Androgenen.

Die ***Biosynthese*** der Steroidhormone in der Nebennierenrinde ist kompartimentiert und findet im ***glatten endoplasmatischen Retikulum*** sowie in den ***Mitochondrien*** statt. Ausgangsstoff ist Cholesterin, das hauptsächlich mit Lipoproteinen aus dem Blut aufgenommen, und zunächst intrazellulär in Tröpfchen gespeichert wird. Die Seitenkette von Cholesterin wird in den Mitochondrien verkürzt und das entstehende Pregnenolon zum endoplasmatischen Retikulum transportiert, in dem durch mehrere biochemische Modifikationen (s. Lehrbücher der Biochemie) 11-Desoxykortisol gebildet wird. Dieses wird in den Mitochondrien zu Kortisol hydroxyliert. Bei der Biosynthese von Aldosteron in der Zona glomerulosa wird in Mitochondrien hergestelltes Pregnenolon im endoplasmatischen Retikulum zuerst in Progesteron und dann in 11-Desoxykortikosteron umgewandelt. Daraus kann ein einziges mitochondriales Enzym in drei verschiedenen Schritten Aldosteron herstellen. Die letzten

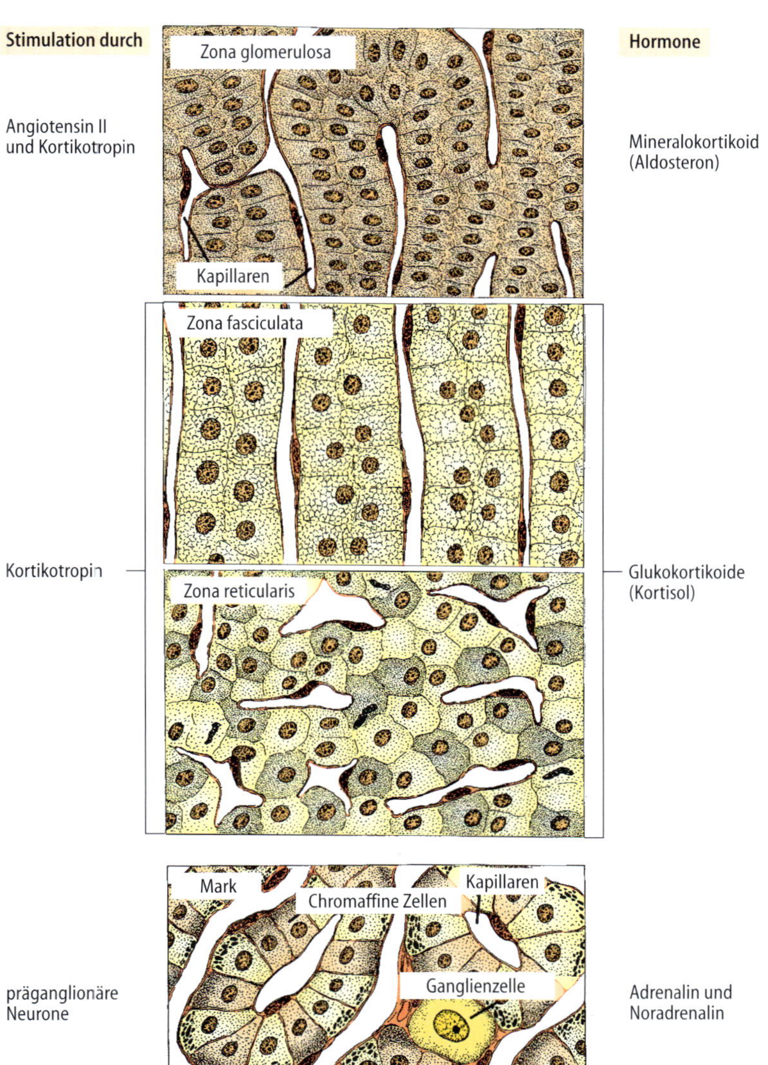

Abb. 20.17. Aufbau und Funktion der Nebenniere. *Links* die Wirkungen auf die Nebenniere, *rechts* die hauptsächlichen Nebennierenhormone. (Modifiziert nach Junqueira et al. 1996)

Reaktionsschritte der Biosynthese von Mineralo- und Glukokortikoiden finden also jeweils in den Mitochondrien statt. Die Hormone verlassen auf noch unbekanntem Weg Mitochondrien und die endokrinen Zellen.

Wirkungen der Glukokortikoide und Mineralokortikoide▸ Die ***Glukokortikoide*** steuern wie andere Steroidhormone und die Schilddrüsenhormone im Zellkern der Zielzelle über Transkriptionsfaktoren die Expression verschiedener Gene. Dadurch werden Enzyme des Kohlenhydrat-, Protein- und Lipidstoffwechsels induziert. So fördern Glukokortikoide ***in der Leber anabole Reaktionen***, die Aufnahme von Fettsäuren, Aminosäuren und Glyzerin, die Glukoneogenese und Glykogenbildung. ***In anderen Organen*** jedoch (z. B. in Muskel- und Fettgewebe) bewirken die Glukokortikoide die gegenteiligen Prozesse, also ***katabole Reaktionen***, so dass Glykogen-, Protein- und Lipidabbau zunehmen und die Glukoseaufnahme vermindert wird.

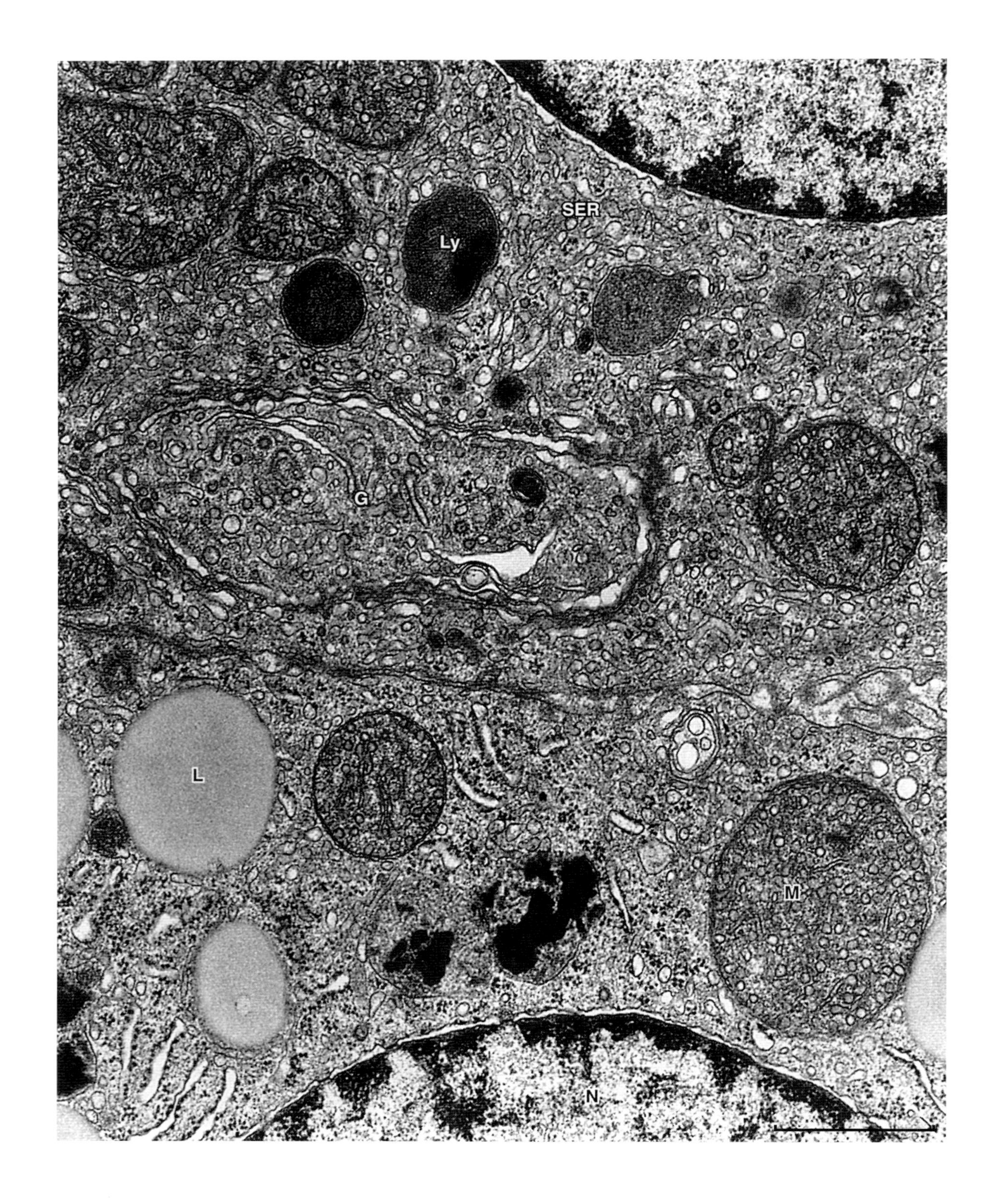
SER
Ly
G
L
M
N

Abb. 20.18. Feinbau von zwei Steroide sezernierenden Zellen aus der Zona fasciculata der menschlichen Nebennierenrinde. Die Fetttröpfchen (*L*) enthalten Cholesterinester. *M* Charakteristische Mitochondrien vom Tubulus-Typ, *SER* tubulöses glattes endoplasmatisches Retikulum, *N* Nukleus, *G* Golgi-Komplex, *L* Lysosomen. Balken = 1 μm. (Aus Junqueira et al. 1998)

Klinik Einige Wirkungen von Glukokortikoiden werden erst bei einer krankhaften Überproduktion oder bei der Therapie mit Glukokortikoiden bzw. deren Agonisten deutlich. Dazu gehören Immunsuppression, Hemmung von Proliferation und Entzündung, Magengeschwüre, Erhöhung des Augeninnendrucks und schlechte Wundheilung.

Auch das ***Mineralokortikoid*** Aldosteron wirkt über einen intrazellulären Rezeptor, der die Transkription von Genen verstärkt, die den Transport von Na^+ aus der Zelle steigern. Hierbei handelt es sich hauptsächlich um die Na^+-K^+-ATPase (s. Kap. 1.1.1) in den distalen Tubuli und den Sammelrohren der Niere (s. Kap. 18.1.3), aber auch in Darmschleimhaut, Speichel- und Schweißdrüsen.

Klinik Eine krankhaft vermehrte Produktion von Mineralokortikoiden (s. unten) resultiert folglich in einem gesteigerten Transport von Na^+ in den extrazellulären Raum, einem vergrößerten extrazellulären Volumen und Gewichtszunahme. Außerdem erhöhen sich Plasmavolumen und Blutdruck. Im Tubulusepithel der Nieren wird das vermehrte intrazelluläre K^+ ausgeschieden, was zur Hypokaliämie führt.

Steuerung der Nebennierenrinde▸ Wie andere endokrine Drüsen (Schilddrüse und Gonaden, s. Kap. 19.2.2) wird auch die Funktion der Zonae fasciculata und reticularis der Nebennierenrinde durch ein hypothalamisches Steuerhormon (Kortikotropin Releasing-Hormon, CRH) und die Sekretion eines Hormons aus der Adenohypophyse (adrenokortikotropes Hormon, ACTH, Kortikotropin) reguliert (Abb. 20.19). ACTH der kortikotropen Zellen stimuliert die Synthese und die Sekretion der Gluko- und Mineralokortikoide wahrscheinlich über die Steigerung der mitochondrialen Umwandlung von Cholesterin in Pregnenolon. Das sezernierte Kortisol hemmt rückwirkend in der Hypophyse die Transkription von POMC und die Freisetzung von ACTH sowie die von CRH in der Eminentia

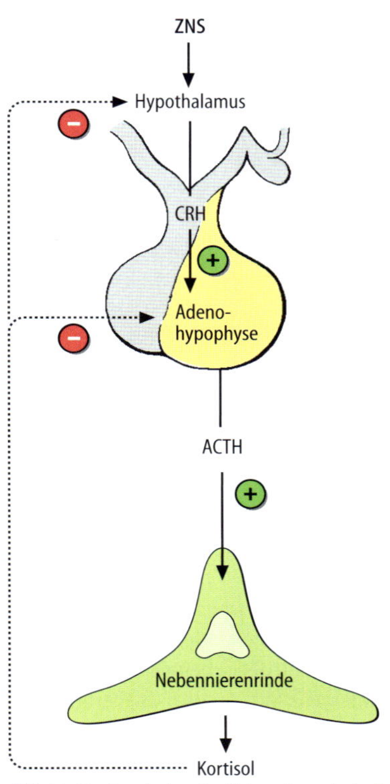

Abb. 20.19. Regulation der Nebennierenrinde. Der Hypothalamus stimuliert mit CRH die Adenohypophyse, die mit ACTH die Nebennierenrinde zur Hormonfreisetzung anregt. Deren hauptsächliches Produkt beeinflusst den Stoffwechsel von Leber, Muskel und Fettgewebe. Kortisol hemmt seinerseits die Freisetzung hypothalamischer und hypophysärer Hormone. (Nach Junqueira et al. 1998)

mediana. Wichtigster Stimulator der Aldosteronproduktion in der Zona glomerulosa ist nicht ACTH, sondern Angiotensin II (s. dazu Kap. 18.1.4).

Fetale Nebennierenrinde▸ Beim Neugeborenen ist die Nebennierenrinde proportional größer als beim Erwachsenen. Der Grund dafür ist eine zusätzliche Schicht zwischen dem Nebennierenmark und der noch dünnen permanenten Rinde, die als ***fetaler Kortex*** bezeichnet wird. Nach der Geburt bildet er sich zurück und der permanente Kortex entwickelt und differenziert sich in die oben beschriebenen drei Schichten. Die Hauptfunktion des fetalen Kortex ist die Sekretion sulfatierter Androgene, die in der Plazenta zu Androgenen und Östrogenen umgebaut und in die mütterliche Zirkulation abgegeben werden.

Klinik Die Krankheiten der Nebennierenrinde können sowohl zu einer Über- als auch zu einer Unterfunktion führen. Eine Vermehrung der Glukokortikoide mit entsprechenden Erscheinungen wird als ***Cushing-Syndrom*** bezeichnet. Es ist durch Stammfettsucht, Hautveränderungen, Hyperglykämie und Bluthochdruck (eine Folge der gleichzeitig erhöhten Mineralokortikoide) gekennzeichnet. Dazu kommen bei der Frau Symptome wie Hirsutismus und Amenorrhoe, ausgelöst durch eine ebenfalls erhöhte Produktion von Androgenen. Etwa 2/3 der nicht auf eine therapeutische Hormongabe hervorgerufenen Fälle sind auf ein Hypophysenadenom mit vermehrter ACTH-Produktion zurückzuführen. Auch eine ektope ACTH-Quelle (häufig ein kleinzelliges Lungenkarzinom) kann ein Cushing-Syndrom verursachen.

Eine Überfunktion der Zona glomerulosa (das vergleichsweise seltene ***Conn-Syndrom***) führt zu Bluthochdruck und Hypokaliämie.

Nebenniereninsuffizienz wird als ***Morbus Addison*** bezeichnet, der entweder auf Tuberkulose oder in 80 % der Fälle auf einer lymphozytären Infiltration der Nebennierenrinde im Rahmen einer Autoimmunerkrankung (‚Adrenalitis') beruht. Die Symptome dieser Krankheit zeigen, dass dabei alle Schichten der Nebennierenrinde betroffen sind, und es zu einer Abnahme von Mineralo- und Glukokortikoiden kommt.

20.4.2 Nebennierenmark

Aufbau und Entwicklung▸ Im Nebennierenmark sind Gruppen und Stränge von endokrinen Parenchymzellen in retikuläres Bindegewebe eingebettet (Abb. 20.20). Ein Netzwerk von fenestrierten Kapillaren umspinnt die Zellen. Die meisten endokrinen Zellen (etwa 80 %) des Nebennierenmarks produzieren das Hormon ***Adrenalin***, der Rest ***Noradrenalin***. Die Expression des für die Biosynthese von Adrenalin aus Noradrenalin notwendigen Enzyms (N-Methyltransferase) wird von Glukokortikoiden der Nebennierenrinde gesteuert (Kap. 20.4.1). Auf Grund ihres Färbeverhaltens werden die Zellen des Nebennierenmarks auch als chromaffine Zellen bezeichnet. Beide Zellarten stammen wie die sympathischen postganglionären Neurone von gemeinsamen Vorläuferzellen, den Sympathogonien ab, die aus der Neuralleiste eingewandert sind (s. Kap. 8.1). Die endokrinen Zellen bilden während der Entwicklung jedoch keine Fortsätze (Axone und Dendriten) aus. Die Differenzierung von noradrenergen zu adrenergen Zellen steht unter der Kontrolle von adrenokortikalem Kortisol (näheres s. oben bei der Beschreibung der Blutversorgung der Nebenniere).

Speicherung und Sekretion der Katecholamine▸ Adrenalin und Noradrenalin, zusammen mit Dopamin als Ka-

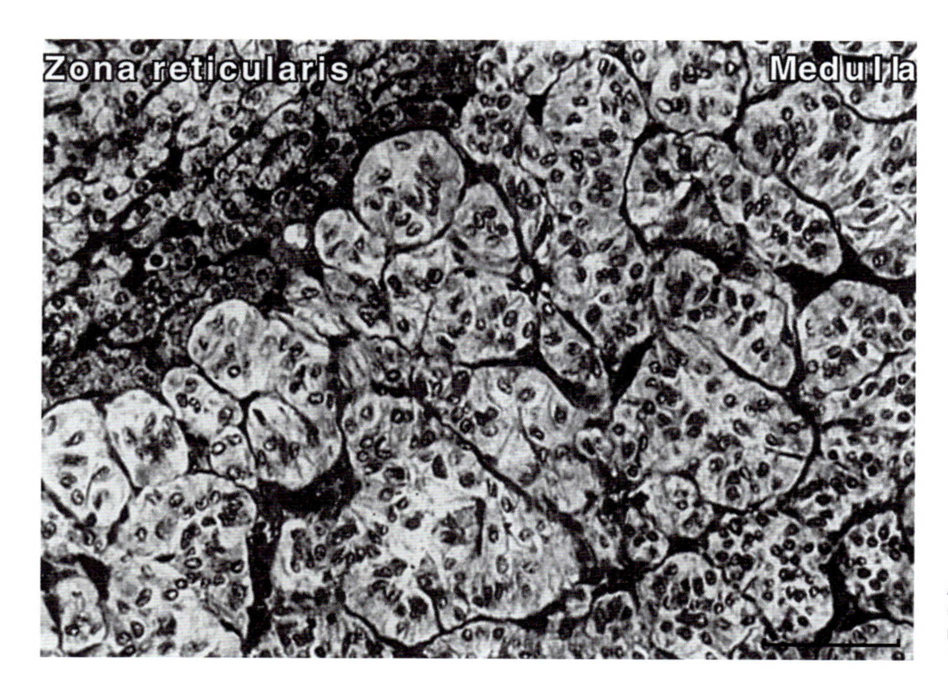

Abb. 20.20. Das Nebennierenmark (Medulla) und die angrenzende Zona reticularis (HE-Färbung). Balken = 100 μm. (Aus Junqueira et al. 1998)

techolamine bezeichnet, werden in den endokrinen Zellen des Nebennierenmarks in typischen elektronendichten Granula mit einem Durchmesser von 0,1–0,3 μm gespeichert. Sie enthalten außerdem ATP, verschiedene Opioide und Proteine, die als (Chromo-)Granine bezeichnet werden. Außerdem ist in den Granula das Enzym Dopamin-β-Hydroxylase vorhanden, das Dopamin in Noradrenalin umwandelt. Analog zu den sympathischen postganglionären Neuronen werden die Zellen des Nebennierenmarks von cholinergen, präganglionären sympathischen Neuronen innerviert. Nach der Freisetzung von Azetylcholin aus deren Endigungen, z. B. bei Stress oder ähnlichen Vorgängen werden die Hormone durch Exozytose freigesetzt.

Wirkungen der Katecholamine▸ Zielzellen der Katecholamine (Adrenalin und Noradrenalin) besitzen verschiedene Rezeptoren (α- und β-Adrenorezeptoren), über die der cAMP-Spiegel verändert oder der intrazelluläre Kalziumspiegel erhöht wird (s. dazu auch Kap. 1). Durch Katecholamine wird der Abbau von Glykogen und Fett stimuliert und damit werden im Stoffwechsel verwertbare Energielieferanten bereitgestellt. Außerdem werden durch Katecholamine typische kardiovaskuläre Wirkungen ausgelöst, die zu einer Erhöhung der Herzfrequenz, einer peripheren Vasokonstriktion in Haut und Eingeweiden und damit zu einer Erhöhung des Blutdrucks führen. Auch die glatte Muskulatur der Bronchien, des Uterus und des Gastrointestinaltrakts und der Blase kann durch Katecholamine reguliert werden. Die vielfältigen Wirkungen der Katecholamine im Körper sind in Abb. 20.21 zusammengefasst. Die kardiovaskulären und Stoffwechselwirkungen der Katecholamine führen zu einer Anpassung oder Vorbereitung des Organismus auf physische Leistungen im Zusammenhang von ‚Kampf oder Flucht' bzw. Stress.

Ansammlungen von Katecholamine sezernierenden Zellen kommen als so genanntes extraadrenales, chromaffines Gewebe beim Fetus im retroperitonealen Raum vor. Sie werden als Paraganglien bezeichnet und bilden sich zum Teil nach der Geburt zurück.

Klinik

Das Vorhandensein von Paraganglien erklärt, dass nur 5/6 der Tumoren der endokrinen Zellen des Nebennierenmarks, die ***Phäochromozytome***, in der Nebenniere gefunden werden, 1/6 jedoch außerhalb. Klinische Zeichen eines Phäochromozytoms sind dauerhaft oder krisenhaft erhöhter Blutdruck, der zu einem Schlaganfall führen kann.

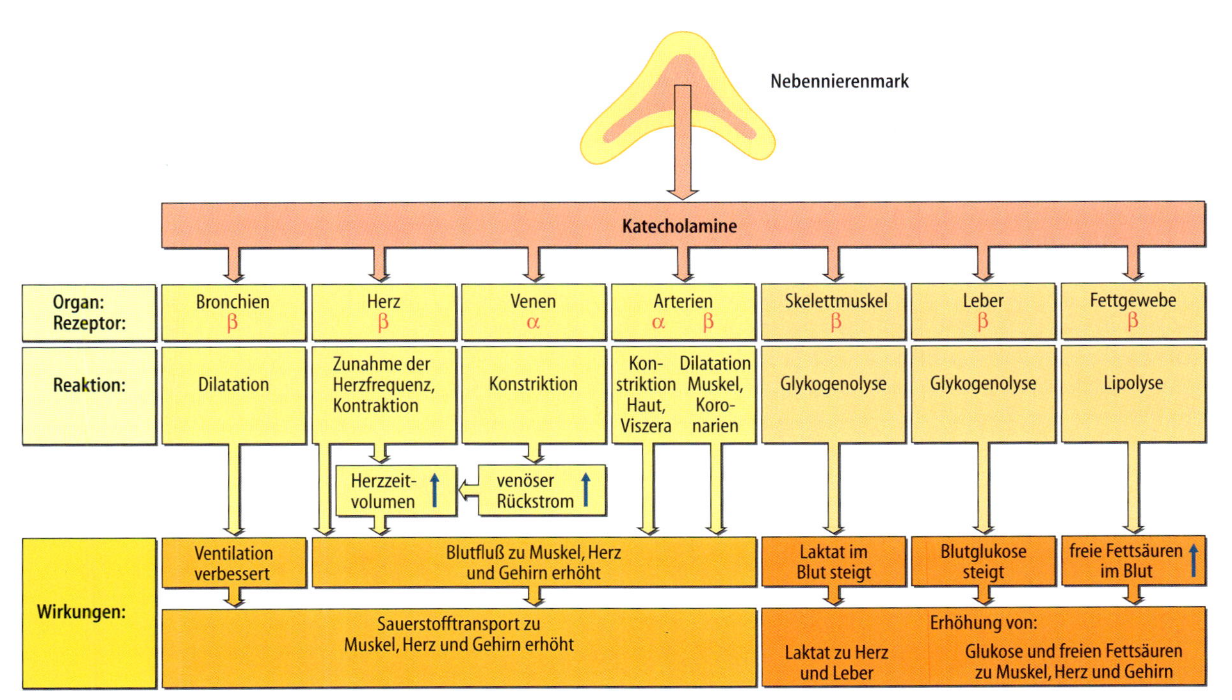

Abb. 20.21. Wirkung der Katecholamine auf verschiedene Organe. (Aus Schmidt et al. 2000)

20.5 Epiphyse

Aufbau▸ Die Epiphyse ***(Epiphysis cerebri)*** wird wegen ihrer Form, die an einen Pinienzapfen erinnert, auch als ***Corpus pineale*** bezeichnet. Beim Erwachsenen wiegt sie etwa 120 mg. Die Epiphyse ist Teil des Epithalamus und gehört damit dem Dienzephalon an, aus dem sie während der Ontogenese als Ausstülpung hervorgeht. Sie liegt zwischen den beiden Colliculi rostrales des Mittelhirns.

Klinik

Kalkablagerungen im Corpus pineale (Hirnsand oder Acervulus genannt) dienen Radiologen auf Grund ihrer medialen Lage als wichtige Orientierungshilfe. Bei Verlagerung auf eine Seite können sie schon im einfachen Röntgenbild des Schädels auf einen raumfordernden Prozess hinweisen.

Die Epiphyse ist von Pia mater bedeckt, von der aus Bindegewebssepten, die Blutgefäße und unmyelinisierte Nervenfasern führen, in das Innere des Pinealgewebes eindringen. Dort bilden sich Zellstränge und follikelartig angeordnete unregelmäßige Läppchen. Eine Bluthirnschranke (s. Kap. 8) besteht in der Epiphyse wie in allen zirkumventrikulären Organen des Gehirns nicht. Die Drüse selbst setzt sich aus Pinealozyten und Gliazellen zusammen. Die Gliazellen des Corpus pineale besitzen einen länglichen Kern, und sind dadurch von den Pinealozyten unterscheidbar. Die Pinealozyten haben ein leicht basophiles Zytoplasma und einen großen unregelmäßigen oder gelappten Kern, sowie scharf abgrenzbare Nukleoli. Nach Silberimprägnation erscheinen die Pinealozyten lang und verzweigt und erreichen mit ihren füßchenartigen Endigungen die vaskularisierten Bindegewebssepten. Diese Zellen produzieren hauptsächlich Melatonin und geben es in die Blutbahn ab. Die Epiphyse wird daher als neuroendokrine Drüse bezeichnet.

Innervierung der Epiphyse▸ Der Nucleus suprachiasmaticus, ein Kerngebiet im Bereich des Hypothalamus, gibt als endogener Oszillator (‚biologische Uhr') einen Rhythmus vor, der mit dem tatsächlichen Tag-Nacht-Rhythmus über den Lichteinfall ins Auge (und dadurch ausgelöste Nervenimpulse) synchronisiert wird. Dieser Rhythmus wird über Nervenfasern dem Nucleus paraventricularis des Hypothalamus mitgeteilt, der über direkte zentrale Bahnen, hauptsächlich aber über das sympathische Nervensystem nachts die Biosynthese von Melatonin aktiviert. Zur Steuerung über das sympathische Nervensystem ziehen Fasern aus dem Nucleus paraventricularis zu den Kerngebieten im Seitenhorn des thorakalen Rückenmarks, die präganglionäre sympathische Nervenfasern zum Ganglion cervicale superius entlassen. Von dort aus ziehen postganglionäre marklose Nervenfasern zur Epiphyse. Deren Axone enden zwischen den Pinealozyten oder bilden dort Varikositäten. Sie setzen in der Dunkelperiode Noradrenalin frei.

Funktion▸ Noradrenalin führt in den Pinealozyten über 1-Rezeptoren zur Erhöhung des intrazellulären cAMP-Spiegels, welcher über mehrere Zwischenschritte die Aktivität der Serotonin-N-Azetyltransferase stimuliert. Über dieses Enzym wird die Biosynthese von ***Melatonin*** reguliert. Das neugebildete Melatonin wird während der Nacht von den Pinealozyten in das Blut abgegeben und teilt dem Organismus die Länge der Dunkelperiode mit. Bei Amphibien bewirkt Melatonin die Aufhellung der Haut in der Dunkelheit, bei vielen Säugetieren steuert Melatonin das von der Jahreszeit abhängige Fortpflanzungsverhalten (über Veränderungen der GnRH und LH/FSH-Freisetzung aus dem Hypothalamus bzw. der Hypophyse, s. Kap. 19,21 und 22). Die einzige beim Menschen bis jetzt wissenschaftlich nachgewiesene Funktion von Melatonin ist eine Wirkung auf den endogenen Oszillator im Nucleus suprachiasmaticus und somit eine Beeinflussung nachgeschalteter rhythmischer Vorgänge im Körper.

Klinik

Melatonin kann zur Behandlung von Schlafstörungen bei Schichtarbeit, Blindheit und ‚Jetlag' eingesetzt werden.

21.1	**Hoden**	**376**
21.1.1	Spermatogenese	379
21.1.2	Androgensynthese	386
21.1.3	Regulation der Hodenfunktion	386
21.2	**Samenwege**	**387**
21.3	**Akzessorische Geschlechtsdrüsen**	**388**
21.3.1	Prostata	388
21.3.2	Vesiculae seminales	389
21.3.3	Glandulae bulbourethrales	390
21.4	**Penis**	**390**

Männliche Geschlechtsorgane

Einleitung

Die männlichen ***Geschlechtsorgane*** bestehen aus den paarigen ***Hoden (Testes)***, den ***Samenwegen***, den ***akzessorischen Geschlechtsdrüsen*** und dem ***Penis*** (Abb. 21.1). Im Hoden werden die männlichen Geschlechtshormone und Samenzellen gebildet. Die Samenzellen können über die Samenwege den Hoden verlassen. Dazu gehören die im Hoden lokalisierten ***Tubuli recti***, das ***Rete testis*** und die ***Ductuli efferentes***, sowie der extratestikulär gelegene ***Nebenhoden (Epididymis)*** und der ***Samenleiter (Ductus deferens)***. Bei der Ejakulation werden den Samenzellen Sekrete aus den akzessorischen Geschlechtsdrüsen beigemischt. Die akzessorischen Geschlechtsdrüsen sind die ***Vorsteherdrüse (Prostata)***, die paarigen ***Bläschendrüsen (Vesiculae seminales)*** und die paarigen ***Glandulae bulbourethrales (Cowper-Drüsen)***.

21.1 Hoden

Die Hoden haben beim Erwachsenen eine zweifache Funktion im Dienste der Fortpflanzung, nämlich die Produktion von Geschlechtshormonen einerseits (endokrine Aufgabe) und die Bereitstellung von Spermatozoen, den Samenzellen, andererseits.

Entwicklung▶ Die Bildung der männlichen Geschlechtshormone (Androgene) mit ihrem Hauptvertreter Testosteron beginnt schon während der fetalen Entwicklung und ist zu diesem Zeitpunkt für die Differenzierung des männlichen Geschlechtsapparates wichtig. Die Hoden entwickeln sich retroperitoneal. Sie verlagern sich im Laufe der fetalen Entwicklung nach unten, wandern dabei durch den Leistenkanal und treten etwa zum Zeitpunkt der Geburt in das Skrotum (Hodensack) ein. Dieser ***Deszensus*** erklärt den Aufbau der Hodenhüllen, die sich von den Strukturen der Bauchwand ableiten. Erwähnt seien hier nur die ***Tunica vaginalis testis***, die den Peritonealblättern entspricht und jeden Hoden vorne und seitlich umgibt. Zwischen dem parietalen, äußeren ***(Periorchium)*** und dem visceralen, inneren Blatt ***(Epiorchium)***, entsteht ein kapillärer Verschiebespalt, der zunächst noch mit der Peritonealhöhle kommuniziert. Diese Verbindung obliteriert später während der Entwicklung. (Abb. 21.1).

Klinik

Eine Ansammlung von Flüssigkeit im Spalt zwischen den vom Bauchfell abgeleiteten Blättern Epiorchium und Periorchium bezeichnet man als *Hydrozele*.

Blutversorgung▶ Die Gefäße des Hodens machen mit dem Hoden den Deszensus mit: Die Arteria testicularis entspringt aus der Bauchaorta, verzweigt sich, bevor sie die Hodenkapsel durchdringt und bildet im Hoden ein kapilläres Netzwerk aus. Das venöse Blut sammelt sich in mehreren Venen, die zusammen den Plexus pampiniformis bilden und die Äste der A. testicularis umgeben. Letztlich mündet das venöse Blut des rechten Hodens in die V. cava inferior und das des linken Hodens in die V. renalis. Die Lymphgefäße münden in die retroperitonealen primären Lymphknoten. Für eine normale Differenzierung der männlichen Keimzellen (Spermatogenese) muss die Temperatur der Hoden etwa 2 °C unter der normalen Körpertemperatur liegen. Es bestehen zwei hauptsächliche Mechanismen der ***Temperaturregulation***: Neben der Lage der Hoden außerhalb der Bauchhöhle im Skrotum wird das zufließende arterielle Blut im Sinne einer Rücklaufkühlung durch das kühlere Blut in den venösen Gefäßknäueln (Plexus pampiniformis) abgekühlt. Außerdem sind auch die Tätigkeit des M. cremaster und die Schweißabsonderung der Skrotalhaut, die mit einem Hautmuskel (Tunica dartos) ausgestattet ist, von gewisser Bedeutung für die Temperaturregulation.

Klinik

Unterbleibt ein Deszensus der Hoden verhindert die erhöhte Temperatur eine normale Spermatogenese, was in der Regel zur Infertilität führt ***(Kryptorchismus)***. Da die Produktion von Testosteron dadurch nicht beeinträchtigt wird, sind Männer mit kryptorchen Hoden zwar steril, weisen aber dennoch einen männlichen Phänotypus auf.

Venöse Abflussstörungen treten meist linksseitig auf und führen zur ***Varikozele***, krampfaderähnlichen Erweiterungen der Hodenvenen. Auch dadurch entsteht eine erhöhte Hodentemperatur, die häufig mit eingeschränkter Fruchtbarkeit verbunden ist.

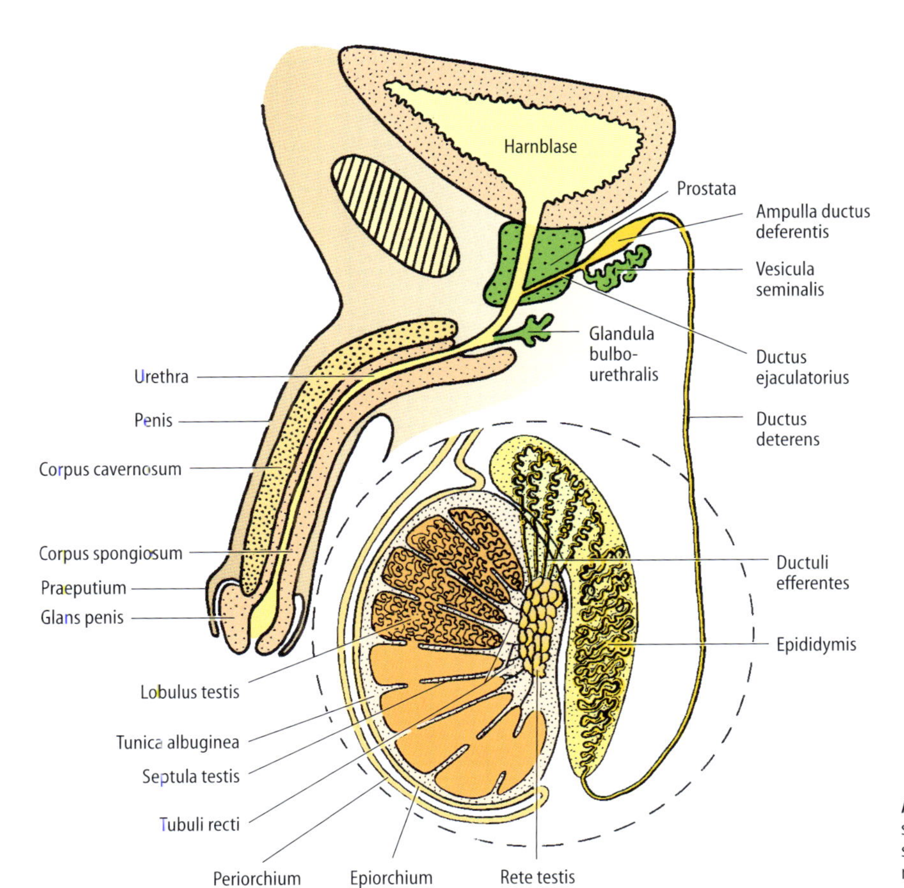

Abb. 21.1. Schema der männlichen Geschlechtsorgane. Hoden und Nebenhoden sind vergrößert dargestellt. (Nach Junqueira et al. 1996)

Aufbau▸ Jeder Hoden besitzt eine derbe Kapsel aus straffem Bindegewebe, die ***Tunica albuginea***, von der Bindegewebssepten ausgehen, die den Hoden in etwa 250 ***Läppchen (Lobuli testes)*** unterteilen. In jedem Läppchen liegen 1–4 stark geknäuelte ***Hodenkanälchen (Samenkanälchen, Tubuli seminiferi contorti)***. Diese sind von lockerem interstitiellem Bindegewebe eingefasst, das die ***Leydig-Zellen*** (s. unten), zahlreiche Blut- und Lymphgefäße sowie Nerven enthält. Die Tubuli seminiferi, das ‚tubuläre Kompartiment', einerseits und die im ‚interstitiellen Kompartiment' liegenden Leydig-Zellen andererseits sind wichtig für die bereits erwähnte duale Funktion des Hodens: In den Tubuli seminiferi werden die Samenzellen gebildet, während die Leydig-Zellen die Androgene synthetisieren (Abb. 21.2).

Die Hodenkanälchen sind röhrenartig aufgebaut und haben im geschlechtsreifen Hoden je einen Durchmesser von ca. 150–250 µm. Sie besitzen ein Lumen und sind je ca. 30–70 cm lang. Wie der Name Tubuli seminiferi contorti sagt, bilden diese Kanälchen stark gewundene Schleifen, die in der Regel zwei Enden besitzen und über diese in die Tubuli recti und dann in das Rete testis münden, den Beginn der Samenwege (s. unten). Die Tubuli seminiferi beherbergen das kompliziert aufgebaute Keimepithel, die Produktionsstätte der Samenzellen. Dieses ist durch eine gut abgrenzbare Basallamina von den wandbildenden Zellen der Tubuli getrennt. An die Basallamina schließen sich mehrere Lagen stark abgeplatteter kontraktiler Zellen an, die glatten Muskelzellen ähneln. Im Keimepithel selber sind zwei Zelltypen zu unterscheiden: die ***Sertoli-Zellen*** und die ***Keimzellen*** (Abb. 21.3 und 21.4). Beide Zelltypen sind morphologisch und funktionell eng miteinander verbunden. Die Sertoli-Zellen dienen als ‚Ammenzellen' der Keimzellen, umschließen diese fast vollständig und kontrollieren deren Proliferation und Differenzierung. Da jede Sertoli-Zelle auf Grund ihrer

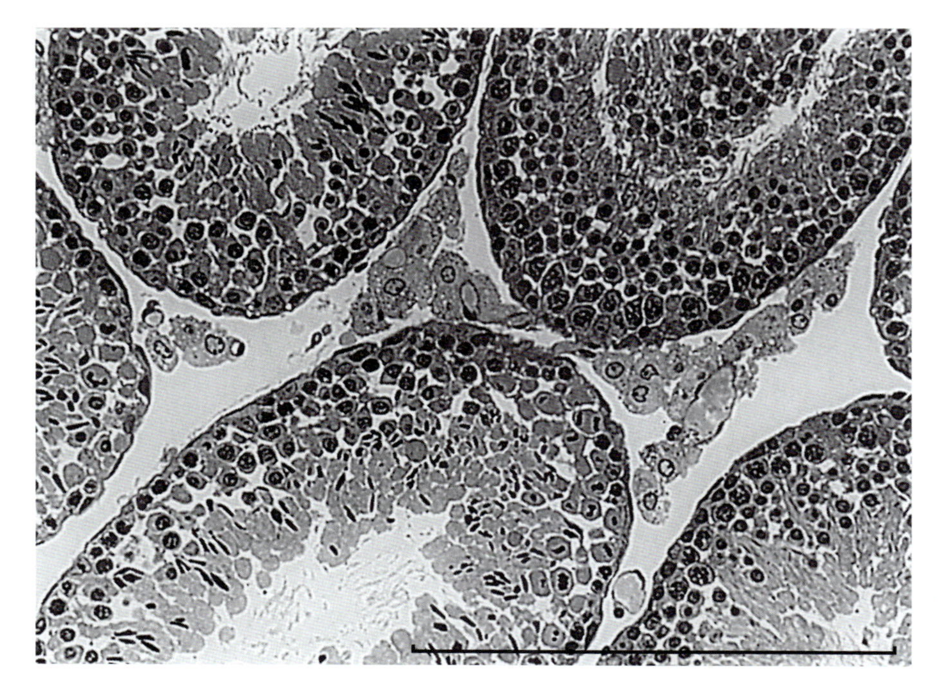

Abb. 21.2. Rattenhoden mit Anschnitten von Hodentubuli und interstitiellen Leydigzellen. Balken = 100 μm. (Aus Junqueira et al. 1998)

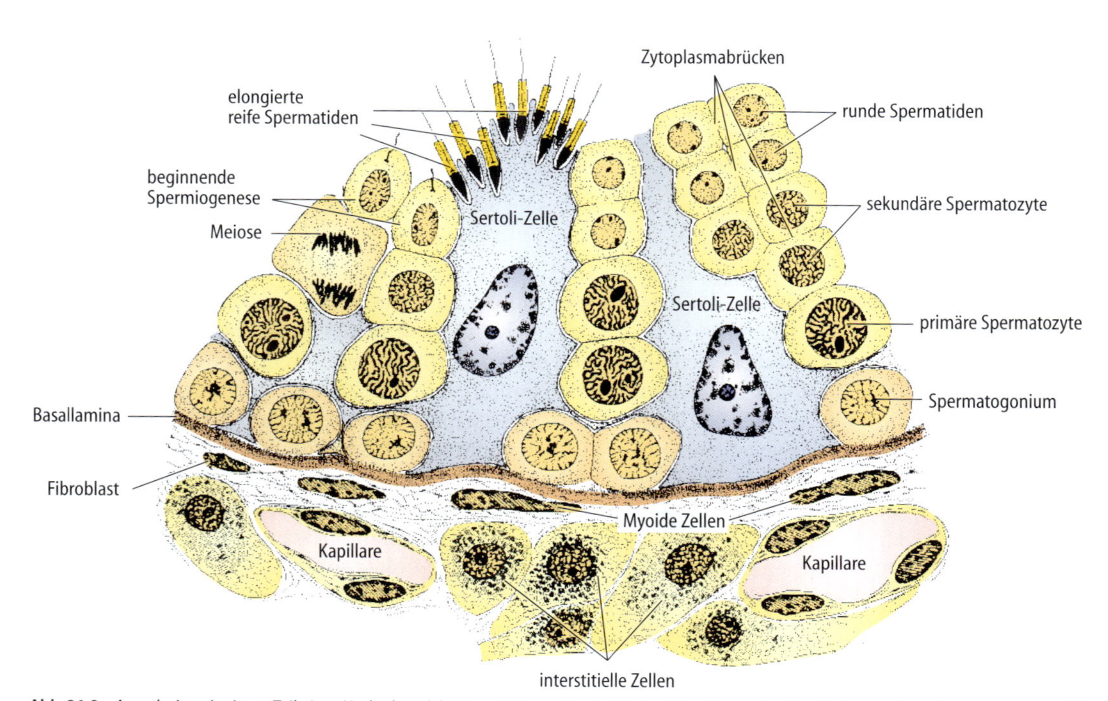

Abb. 21.3. Ausschnitt mit einem Teil eines Hodenkanälchens und einem Anschnitt des Interstitiums. Die im Bindegewebe gelegenen Lymphgefäße sind nicht dargestellt. (Aus Junqueira et al. 1998)

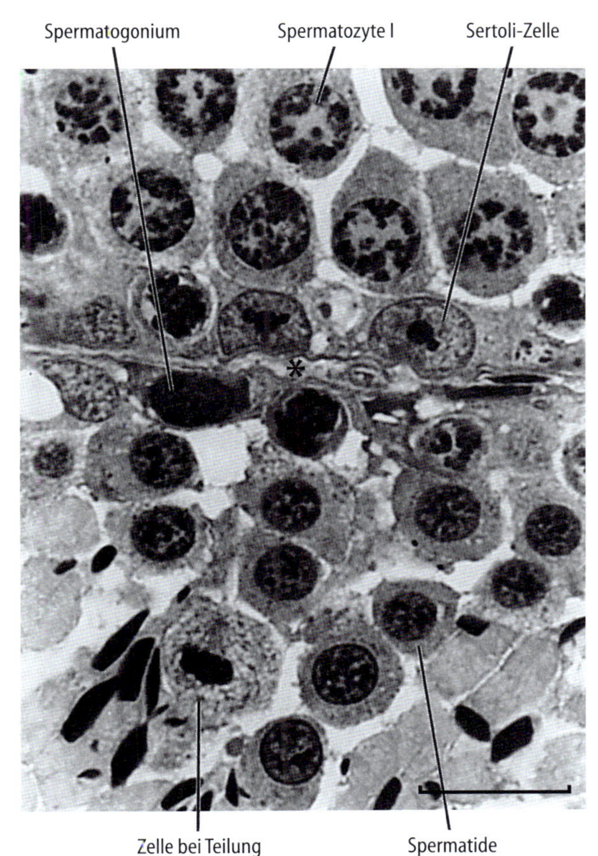

Abb. 21.4. Zwei angeschnittene Hodenkanälchen zwischen denen sich interstitielles Bindegewebe (*Stern*) befindet. Es sind primäre Spermatozyten, Sertolizellen und verschiedene Stadien der Spermiogenese zu erkennen. Balken = 10 µm. (Aus Junqueira et al. 1998)

Größe diese Aufgaben nur für eine bestimmte Anzahl von Keimzellen übernehmen kann, determiniert die Zahl der Sertoli-Zellen auch die Zahl an Keimzellen und damit die maximale Samenzellproduktion.

21.1.1 Spermatogenese

Die Spermatogenese kann in drei Teilphasen untergliedert werden.

- Die ***Spermatozytogenese*** (gr. *Sperma*, Samen + *kytos*, Zelle + *genesis*, Produktion), während der durch mitotische Teilung von Spermatogonien die ***primären Spermatozyten*** entstehen.
- Die ***Meiose***, bei der die Spermatozyten zwei meiotische Teilungen durchlaufen und somit die Zahl der Chromosomen der entstehenden ***Spermatiden*** halbiert wird.
- Die ***Spermiogenese***, die einen Zelldifferenzierungsprozess darstellt, bei dem aus runden Spermatiden elongierte ***Spermatozoen***, die Samenzellen, werden.

Spermatozytogenese▸ Die Spermatozytogenese beginnt nahe der Basallamina. Da sie ständig abläuft, verdrängen die unreiferen Stadien die höher differenzierten hin zum Lumen des Hodenkanälchens, in welches die fertigen Spermatozoen letztlich abgegeben werden (Abb. 21.3 und 21.4). Unmittelbar der Basallamina aufsitzend finden sich die am wenigsten differenzierten Keimzellen, die ***Spermatogonien***. Sie entstehen aus Vorläuferzellen, die sich erst nach Erreichen der sexuellen Reife zu teilen beginnen. Im erwachsenen Hoden existieren zwei Arten von Spermatogonien: ***Reservezellen***, die nicht proliferieren, und die eigentlichen ***Vorläuferzellen***, aus denen sich durch weitere ständige Zellteilung primäre Spermatozyten entwickeln.

Meiose▸ Die ***primären Spermatozyten*** sind die größten Keimzellen im Keimepithel und fallen durch ein prägnantes Muster von Eu- und Heterochromatin ihres Kerns auf (Abb. 21.4). Sie beginnen schon kurz nach ihrer Bildung mit der Prophase der ***ersten meiotischen Teilung***. Zu diesem Zeitpunkt besitzen diese Zellen noch ihren vollen diploiden Chromosomensatz, nämlich 46 (44+XY), und die vierfache DNA-Menge (4 N). Die Prophase dieser Teilung dauert mit etwa 22 Tagen sehr lange. Daher besteht eine große Wahrscheinlichkeit, dass man derartige Zellen in histologischen Schnitten antrifft. Außerdem kann dabei das so genannte ‚crossing over' zwischen mütterlichen und väterlichen homologen Chromosomen stattfinden, das Gelegenheit zum Austausch genetischer Information bietet. Diese Prophase wird durch charakteristische Veränderungen des Kernchromatins und der Chromosomen weiter unterteilt in Leptotän, Zygotän, Pachytän, Diplotän und Diakinese. An die Prophase schließen sich Metaphase und Anaphase der ersten Meiose an, in der sich die Schwesterchromosomen an den Polen der Zellen ansammeln. Aus der ersten meiotischen Teilung resultieren nun kleinere Zellen, die ***sekundären Spermatozyten*** (Abb. 21.3), die nur noch 23 Chromosomen aufweisen (22+X oder 22+Y; Meiose I = Halbierung des Chromosomensatzes).

Die sekundären Spermatozyten sind selten in Schnitten zu finden, da sie nur für die Dauer von Stunden in dieser Entwicklungsphase verweilen und rasch die ***zweite meiotische Teilung*** beginnen. Bei der Teilung der sekundären Spermatozyten werden die Chromatiden getrennt (Meiose II = Trennung der Chromatiden). Da keine S-Phase mit Synthese von DNA zwischen der ersten und zweiten Reifeteilung erfolgt, entstehen so Spermatiden mit haploidem (= halbem) Chromosomensatz und einfacher DNA-Menge (1 N). Es ist wichtig festzuhalten, dass die meiotischen Teilungen die Zahl der bei der Teilung sichtbaren Chromosomen der Keimzellen halbieren. Dies gilt auch für die weiblichen Keimzellen, die Oozyten. Nach einer Befruchtung wird wieder die normale diploide Chromosomenzahl erreicht. Die meiotischen Teilungen bewirken, dass die Zahl der Chromosomen für eine jeweilige Spezies konstant gehalten wird.

Spermiogenese▸ Die wie oben dargestellt gebildeten ***Spermatiden*** sind rund, klein (ca. 7–8 µm im Durchmesser) und liegen im Hodenkanälchen lumennah (Abb. 21.3). Sie durchlaufen die ***Spermiogenese***, eine Zelldifferenzierung, bei der sich das Akrosom (gr. *akron*, das Äußerste + *soma*, Körper) bildet, der Kern seine Form verändert, sich eine Geißel ausbildet und nicht mehr benötigtes Zytoplasma abgeschnürt wird. Am Ende dieses Vorgangs steht die reife, wenngleich unbewegliche Samenzelle, das ***Spermatozoon***, das dann in das Lumen der Tubuli seminiferi abgegeben wird (= Spermiation, Abb. 21.3, 21.4, 21.5, 21.6 und 21.7).

Die hydrolytischen Enzyme des Akrosoms werden im rauhen endoplasmatischen Retikulum gebildet und im Golgi-Komplex modifiziert. Die zunächst entstehenden ***proakrosomalen Granula*** vereinigen sich dann zu einem einzigen ***akrosomalen Vesikel*** (Abb. 21.6). Das Zentriol, von dem später die Bildung der ***Geißel*** ausgeht, befindet sich dabei bereits auf der gegenüberliegenden Seite des akrosomalen Vesikels, das sich kappenförmig über den langsam dichter werdenden Nukleus ausbreitet und von nun an als das ***Akrosom*** bezeichnet wird. Es enthält verschiedene hydrolytische Enzyme, z. B. Hyaluronidase, Neuraminidase, Arylsulfatase, saure Phosphatase und Akrosin, eine Protease mit trypsinähnlicher Aktivität, und stellt somit ein besonders spezialisiertes Lysosom dar. Diese Enzyme werden vor der Befruchtung freigesetzt ***(Akrosomenreaktion)*** und ermöglichen das Durchdringen der Corona radiata und der Zona pellucida einer Eizelle (s. Kap. 22.1.1). Der Pol der Zelle, welcher das Akrosom enthält, wendet sich nun zur Basallamina des Keimepithels hin. In der Endphase der Spermiogenese fällt

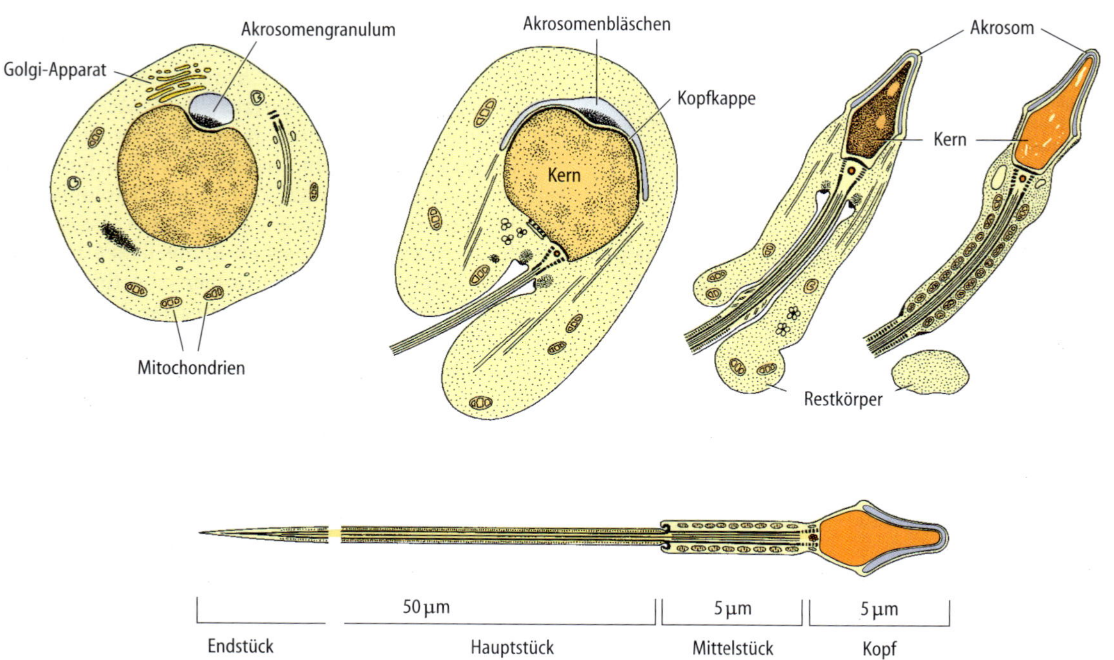

Abb. 21.5. Die wesentlichen Veränderungen von Spermatiden während der Spermiogenese sind *oben* dargestellt. *Unten*: Struktur eines Spermatozoons. Der Kopf besteht hauptsächlich aus dem kondensierten Kernchromatin. Die restlichen Bestandteile dienen der Fortbewegung. (Aus Junqueira et al. 1996)

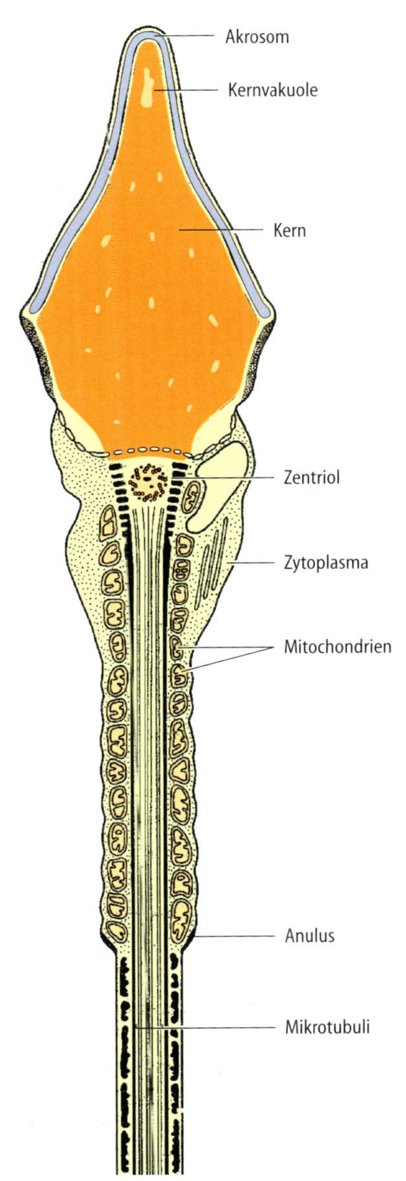

Abb. 21.6. Aufbau eines Spermatozoons. Das zentral gelegene kondensierte Kernchromatin wird kappenförmig vom Akrosom umgeben. Das Mittelstück enthält viele Mitochondrien. Im Zentrum der Geißel befinden sich Mikrotubuli in der typischen 9 + 2-Anordnung. (Nach Junqueira et al. 1996)

die deutliche Kondensierung und Gestaltveränderung (Elongierung) des Kerns auf (Abb. 21.3, 21.4, 21.5, 21.6 und 21.7). Verschiedene nukleäre Proteine, die nur in den Keimzellen vorkommen, beteiligen sich an der extremen Kondensierung des Chromatins. Von einem der Zentriolen ausgehend wächst gleichzeitig die Geißel in Richtung des Lumens. Dabei ordnen sich die Mitochondrien im proximalen Teil der Geißel an. Überschüssiges Zytoplasma der so differenzierten Zelle (das Residualkörperchen) wird abgeschnürt und von den Sertoli-Zellen phagozytiert (Abb. 21.3 und 21.9). Daraufhin können die Spermatozoen in das Lumen der Hodenkanälchen abgegeben werden. Reife Spermatozoen sind in Abb. 21.5 und 21.6 dargestellt.

Eine Besonderheit der Spermatogenese besteht darin, dass sich die Tochterzellen während der verschiedenen Teilungen nicht komplett voneinander trennen, sondern durch Zytoplasmabrücken miteinander verbunden bleiben. Dieses Prinzip ist in Abb. 21.7 und 21.8 verdeutlicht. Es entstehen so zusammenhängende Zellklone oder Synzytien der sich entwickelnden Keimzellen. Die Interzellularbrücken erlauben z. B. die metabolische Kommunikation zwischen den verschiedenen Entwicklungsstadien eines derartigen Klons.

Es werden nach Eintritt der Geschlechtsreife ständig Samenzellen produziert. Dabei läuft die Spermatogenese in unterschiedlichen Tubulusabschnitten asynchron ab. Aus experimentellen Studien weiß man, dass es insgesamt etwas mehr als zwei Monate dauert, bis aus proliferierenden Spermatogonien letztlich Spermatozoen gebildet und abgegeben werden. Die einzelnen Stadien der Keimzellentwicklung und -differenzierung haben aber, wie erwähnt, eine unterschiedliche Dauer (22 Tage oder nur Stunden). Daher wird verständlich, dass zwar alle Stadien in einem histologischen Schnitt des Hodens zu finden sind, ihre Häufigkeit aber je nach Stadiendauer stark variiert. Je nach Anschnitt eines Tubulus findet man vorwiegend Spermatozoen und Spermatogonien, während in anderen vor allem runde Spermatiden und Spermatogonien sichtbar sind (Abb. 21.2).

Spermatozoon▸ Am reifen menschlichen ***Spermatozoon*** (Synonyme: Samenzelle, Spermium, Samenfaden), das etwa 60–65 µm lang ist, lassen sich ***Kopf (Caput)*** und ***Schwanz (Flagellum)*** unterscheiden. Der Schwanz lässt sich unterteilen in ein kurzes ***Halsstück***, ein ca. 5 µm langes ***Mittelstück***, ein ca. 50 µm langes ***Hauptstück*** und ein kurzes, ca. 5 µm langes ***Endstück*** (Abb. 21.5 und 21.6).

Der Kopf selbst ist ca. 4–5 µm lang, hat einen Durchmesser von ca. 2–3 µm und ist abgeplattet. Zwei wichtige Anteile sind zu erkennen: das Akrosom, das die vorderen zwei Drittel des Kopfes bedeckt, und der Kern. Den Spermienschwanz durchzieht als gemeinsame Struktur ein zentral gelegener Achsenfaden (Axonema), der aus einem typischen Arrangement von Mikrotubuli (9 × 2 + 2) besteht (s. Kap. 3.3.3) mit denen sich das Spermium

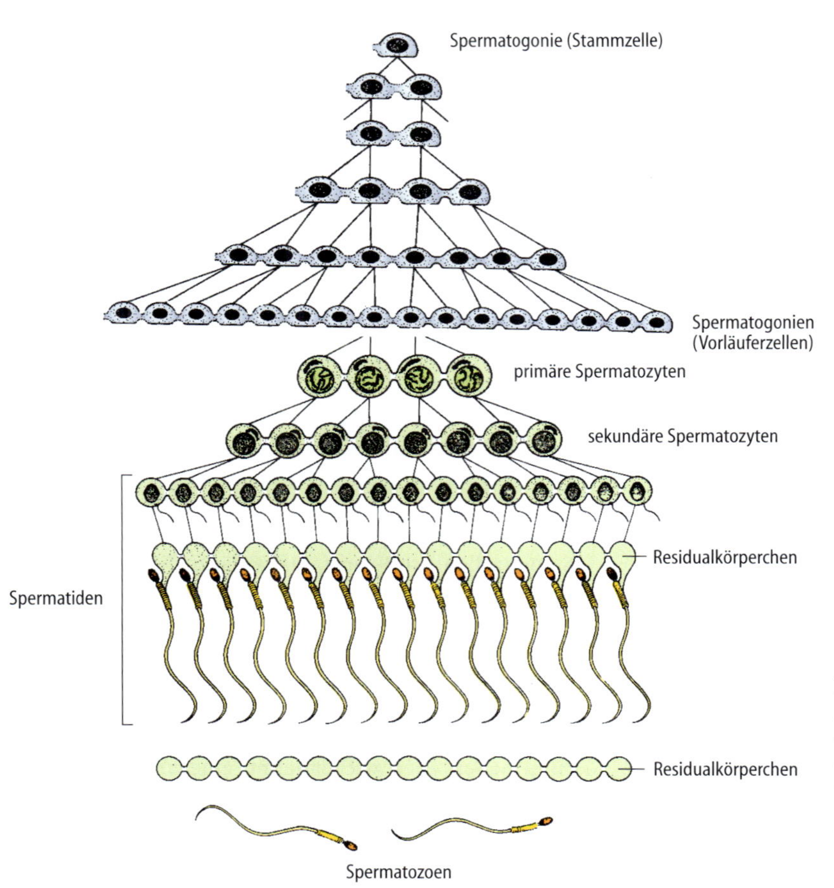

Abb. 21.7. Das Synzytium der Keimzellen im Schema. Nur aus den Stammzellen entstehen durch Teilung einzelne Tochterzellen. Hat einmal die Differenzierung begonnen, so bleiben alle Zellen, die während der nachfolgenden Teilungen entstehen, über Zytoplasmabrücken verbunden. Erst die Spermatozoen stellen nach der Abschnürung der Residualkörperchen wieder einzelne Individuen dar. (Nach Junqueira et al. 1998)

fortbewegen kann. Allerdings sind die Spermatozoen, die sich in Hoden und Nebenhoden befinden, noch unbeweglich. Erst die Beimischung von Sekreten der akzessorischen Geschlechtsdrüsen zu den Spermatozoen bei der Ejakulation führt dazu, dass Spermien wirklich funktionsfähig werden und sich bewegen. Die Bewegung selbst ist das Ergebnis der Interaktion zwischen Mikrotubuli, dem Energieträger ATP und dem Motorprotein ***Dynein*** sowie weiteren Komponenten.

Klinik

Die Produktion von Spermatozoen beginnt zur Zeit der Pubertät und kann bis ins hohe Alter andauern. Ein männliches Klimakterium (Klimakterium virile), das mit dem weiblichen Klimakterium zu vergleichen wäre, gibt es somit nicht. Dennoch finden sich mit zunehmendem Lebensalter regressive Veränderungen im Keimepithel, die sich z. B. in einem vermehrten Auftreten fehlgebildeter Keimzellen äußern können. Auch die Testosteronbildung kann zurückgehen. Es gibt Hinweise dafür, dass ein Alter des Vaters von über 45 Jahren das statistische Risiko einer Fehlbildung eines Kindes für Chromosomenanomalien erhöht (z. B. für Trisomie 21, s. Kap. 2.4). Die Spermatogenese ist insgesamt sehr anfällig für eine Reihe von Noxen. Unterernährung, Alkoholkonsum und verschiedene Medikamente, besonders Zytostatika, beeinflussen die Spermienproduktion. Schädigend sind auch Röntgenstrahlung und Kadmiumsalze.

Zur Abklärung einer ***Unfruchtbarkeit*** bei Paaren mit Kinderwunsch werden eine Spermaanalyse und ein Spermiogramm erstellt. Unter standardisierten Bedingungen der Ejakulatgewinnung durch Masturbation werden neben biochemischen Parametern (pH, Fruktosegehalt, saure Phosphatase, Akrosin, Karnitin u. a.), welche vorwiegend Aufschluss über den Funktionszustand der akzessorischen Geschlechtsdrüsen geben, die Anzahl der ejakulierten

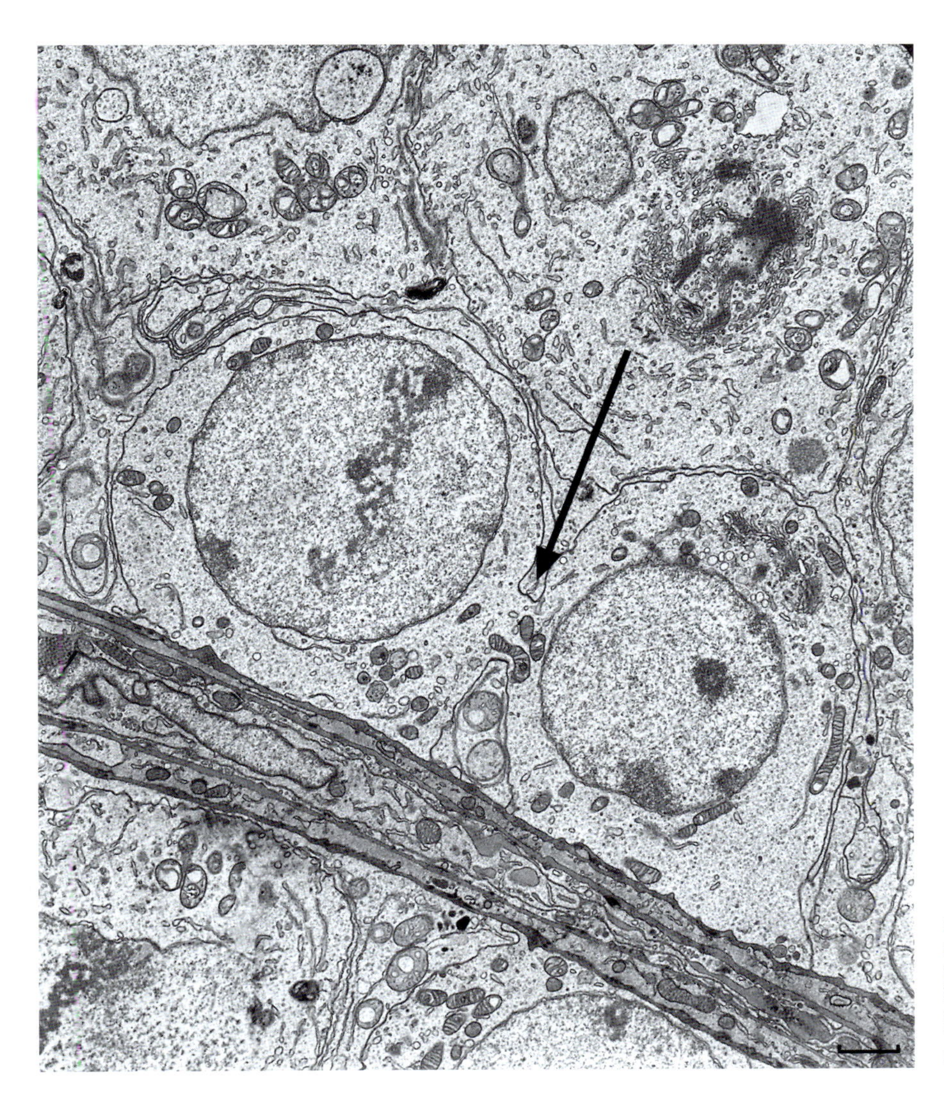

Abb. 21.8. Elektronenmikroskopische Aufnahme von zwei Spermatogonien der Maus, die über eine zytoplasmatische Brücke (*Pfeil*) miteinander in Verbindung stehen. Balken = 1 µm. (Lonnie D. Russell, Carbondale, IL)

Spermien (normal: 200–300 Millionen), deren Motilität und Morphologie untersucht. Abweichungen von den Normwerten sind nicht zwangsläufig mit Infertilität verbunden, solange keine ***Azoospermie*** (= Fehlen aller Spermien im Ejakulat) vorliegt. Spermien können bei tiefen Temperaturen aufbewahrt werden, ohne ihre Befruchtungsfähigkeit zu verlieren (Spermienbanken). Sie können nach Jahren noch für Inseminationen (z. B. In-Vitro-Fertilisation) eingesetzt werden.

Das ***,Immotile Cilia Syndrome'*** zeichnet sich unter anderem dadurch aus, dass Spermien nicht oder nur wenig beweglich sind, was zur Infertilität von betroffenen Männern führt. Der Grund ist ein Mangel an Dynein oder anderen Proteinen, die für die Geißelbeweglichkeit verantwortlich sind. Meist kommt es auch zu chronischen Atemwegsinfekten (s. Kap. 16.1) und Sinusititen, da auch die Zilien des respiratorischen Epithels unbeweglich sind. Beim Karthagener-Syndrom (s. Kap. 3.3.3), einem Sonderfall des ,Immotile Cilia Syndrome', kommt es zusätzlich zum Situs inversus.

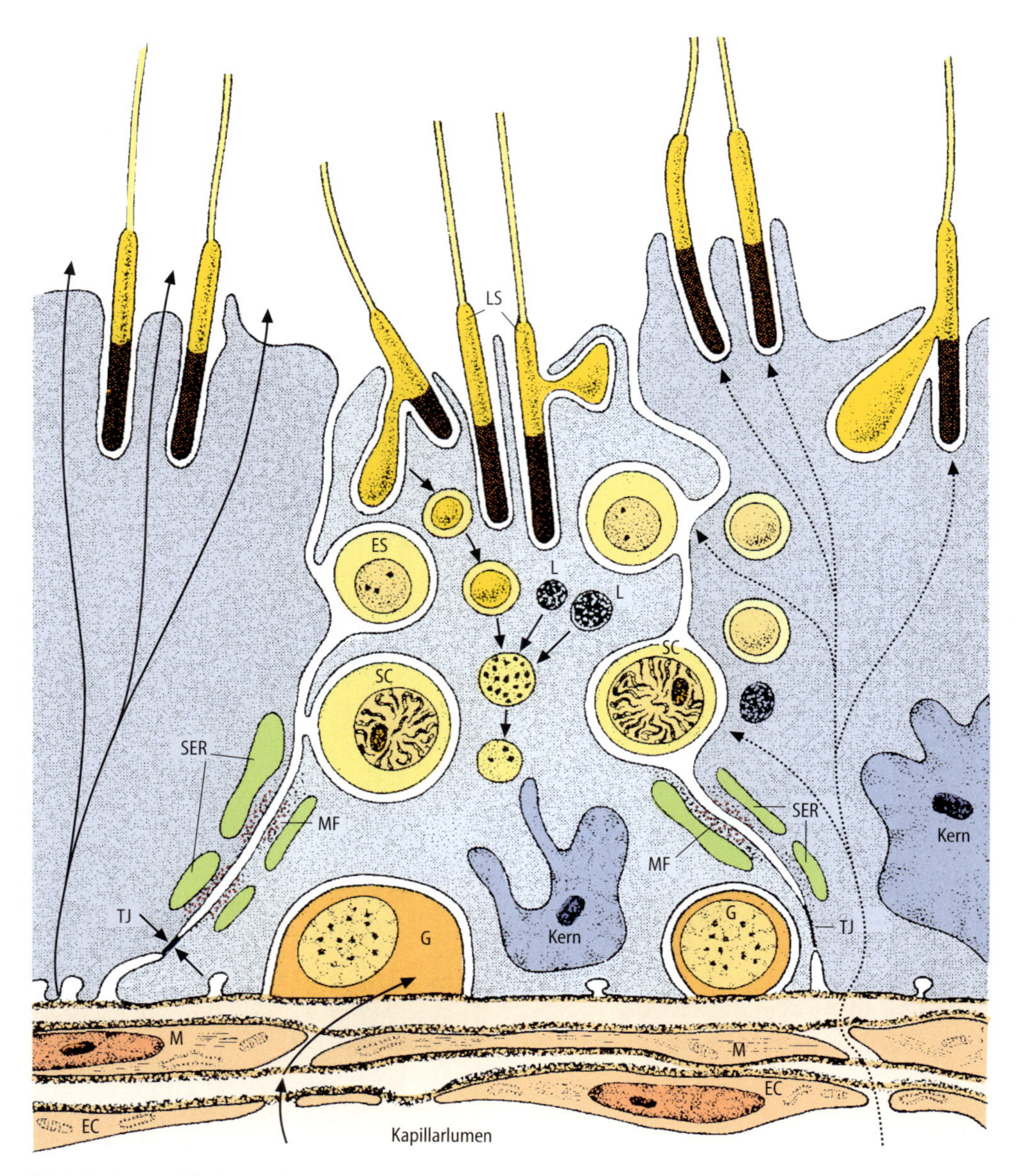

Abb. 21.9. Lage und Funktionen der Sertoli-Zellen. Benachbarte Sertoli-Zellen sind u. a. über Tight Junctions (*TJ*) verbunden, die die Blut-Hoden-Schranke bilden und die Tubuli seminiferi in ein basales und ein adluminales Kompartiment teilen. Oberhalb der Tight Junctions liegen zirkulär angeordnete Mikrofilamente (*MF*) und glattes ER (*SER*). *Pfeile* in der *linken* Sertoli-Zelle weisen auf die Sekretion von tubulärer Flüssigkeit hin. In der *mittleren Zelle* ist die Phagozytose von Residualkörpern, die bei der Spermiogenese entstehen, und deren Verdauung durch Lysosomen (*L*) wiedergegeben. In der *rechten Zelle* ist der Transport von Stoffen vom Extrazellulärraum zu Spermatozyten (*SC*), frühen (*ES*) und späten (*LS*) Spermatiden und Spermatozoen dargestellt. Es ist zu beachten, dass der gesamte Stofftransport vom basalen Kompartiment zum Tubuluslumen und zu Keimzellen durch das Zytoplasma der Sertolizelle erfolgt. *EC* Endothelzellen, *M* myoide Zellen, *G* Spermatogonien. (Nach Junqueira et al. 1996)

Sertoli-Zellen▸ Die Sertoli-Zellen (genannt nach dem Erstbeschreiber, dem Italiener Enrico Sertoli) sind die größten Zellen des Keimepithels. Sie sind polare, längliche Zellen (70 μm oder größer), deren komplexe Gestalt durch die enge Verbindung mit den Keimzellen lichtmikroskopisch nicht erkennbar ist. Allerdings kann der längliche euchromatinreiche Kern dieser Zellen, der Einfaltungen und einen auffälligen Nukleolus aufweist, ohne weiteres ausgemacht werden. Sertoli-Zellen sitzen der Basallamina auf und erstrecken sich durch das ganze Keimepithel bis zum Lumen der Hodenkanälchen. Ultrastrukturell sind glattes endoplasmatisches Retikulum und auffällige Lysosomen nachzuweisen. Benachbarte Sertoli-Zellen sind miteinander durch Gap Junctions verbunden. Andererseits bilden zwischen benachbarten Sertolizellen ebenfalls vorhandene Tight Junctions eine wichtige Barriere für Produkte aus dem Blut. Zwar ist das gesamte Keimepithel avaskulär, da die Blutgefäße an der Basallamina der Tubuli enden, dennoch können Stoffe aus dem Blut durch Diffusion an die basal im Tubulus gelegenen Zellen gelangen.

Durch die Tight Junctions zwischen den Sertoli-Zellen entsteht die eigentliche funktionelle ***Blut-Hoden-Schranke***, die ein ***basales*** von einem ***adluminalen Kompartiment*** im Keimepithel trennt (Abb. 21.9 und 21.10). Alle Zellen, die unterhalb dieser Schranke liegen, befinden sich im basalen Tubuluskompartiment, alle Stadien der Keimentwicklung, die oberhalb dieser Blut-Hoden-Schranke liegen, werden dem luminalen Tubuluskompartiment zugeordnet. Demnach sind die Frühphasen der Spermatogenese (Spermatogonien und das präleptotene Stadium der primären Spermatozyten) im basalen Kompartiment zu finden, während alle weiteren und demnach weiter entwickelten Keimzellen im luminalen Kompartiment vorkommen. Diese müssen also die Schranke in Laufe der Entwicklung passieren. Alle Keimzellen liegen dabei in den Taschen der Sertoli-Zellen, was den Ausdruck „Ammenzelle" verständlich macht. Die Blut-Hoden-Schranke hat eine besondere Funktion. Sie schützt zum einen die sich differenzierenden Keimzellen gegen schädigende Stoffe, die mit dem Blut in die Hoden gelangen. Zum anderen aber verhindert sie, dass körpereigene Immunzellen im Sinne einer Autoimmunreaktion die Keimzellen angreifen. Im Zuge der Spermatogenese kommt es nämlich zum Auftreten von spezifischen Proteinen, die, falls keine Blut-Hoden-Schranke vorläge, als fremd erkannt und zu einer Immunantwort führen würden. Dies erklärt sich daraus, dass die Spermatogenese erst mit der Pubertät beginnt, zu einem Zeitpunkt, an dem das körpereigene Immunsystem aber schon lange differenziert ist.

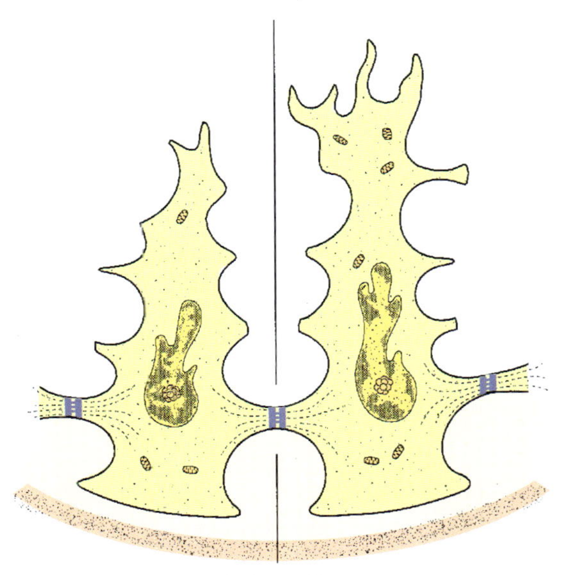

Abb. 21.10. Schema zur Blut-Hodenschranke. Die Tight Junctions mit denen benachbarte Sertolizellen verbunden sind lassen im Tubulus ein adluminales und ein basales Kompartiment entstehen. (Aus Junqueira et al. 1998)

Eine wichtige Aufgabe der Sertoli-Zellen neben der Bildung der Blut-Hoden-Schranke ist die ***Phagozytose der Residualkörperchen*** (s. oben). Darüber hinaus geben Sertoli-Zellen ständig ***Sekrete*** in die Hodenkanälchen ab, die wichtig für den Abtransport der noch unbeweglichen Spermien sind. Sertoli-Zellen besitzen Rezeptoren für das Follikel stimulierende Hormon (FSH) der Adenohypophyse, welches der wichtigste Regulator der vielfältigen Funktionen der Sertoli-Zellen ist. Ein Beispiel ist die Anregung zur Sekretion des Androgen bindenden Proteins (ABP). Durch ABP wird das männliche Sexualhormon Testosteron im Tubulus angereichert, wo es an der Steuerung der Spermatogenese beteiligt ist. Sertoli-Zellen sind auch in der Lage, die FSH-Sekretion in der Hypophyse zu hemmen, indem sie das Peptidhormon ***Inhibin*** sezernieren, das wiederum die FSH-Sekretion der gonadotropen Zellen der Adenohypophyse unterbindet (Abb. 21.12). Vor allem während der Embryonalentwicklung ist die Bereitstellung eines weiteren Glykoproteins der Sertoli-Zellen wichtig. Der ***Müller Inhibiting Factor (MIF)*** ist ein Hormon, das beim männlichen Fetus die Rückbildung der Müller-Gänge steuert.

Klinik

Sertoli-Zellen können sich beim Erwachsenen nicht mehr teilen. Sie sind anders als die proliferierenden Keimzellen in der Lage, auch einer Röntgenbestrahlung oder schweren Infektionen und Unterernährung zu trotzen und sind daher auch nach einer Exposition mit derartigen Noxen noch im Hodentubulus anzutreffen, wenn die empfindlichen Keimzellen (Ausnahme: ruhende Reservezellen) verschwunden sind.

21.1.2 Androgensynthese

Zwischen den Tubuli seminiferi befindet sich das Interstitium, das lockeres Bindegewebe, Nerven, Blut- und Lymphgefäße sowie vereinzelt Mastzellen und Makrophagen enthält. Die wichtigsten Zellen sind dort die ***Leydig-Zellen*** vor (benannt nach dem Deutschen Franz von Leydig), die für die Synthese des männlichen Sexualhormons ***Testosteron*** verantwortlich sind. Diese großen in Gruppen auftretenden Zellen fallen dadurch auf, dass sie entweder rund oder polygonal sind, einen zentralen Kern und ein in der Regel eosinophiles Zytoplasma mit vielen kleinen Lipidtropfen aufweisen. Ultrastrukturell weisen sie die typischen Kennzeichen der Steroide bildenden Zellen (viel glattes endoplasmatisches Retikulum, Mitochondrien vom tubulären Typ und Lipidspeicher, Abb. 20.18 und 21.11) auf. Ihr Hauptprodukt Testosteron ist verantwortlich für die Entwicklung der sekundären männlichen Geschlechtsmerkmale im Zuge der sexuellen Reife, für die Ausbildung des männlichen Phänotyps bei der Fetalentwicklung und für die Steuerung der Spermatogenese (s. oben).

Die Biosynthese des Hormons geht vom Cholesterin aus. Sie findet z. T. in Mitochondrien, z. T. aber auch im glatten endoplasmatischen Retikulum statt. Sowohl die Aktivität wie auch die Zahl der Leydig-Zellen wird hormonell geregelt. So stimuliert plazentares Gonadotropin (hCG) aus dem mütterlichen Kreislauf embryonale Leydig-Zellen bereits während der Fetalzeit zur Androgenproduktion. Ohne diese Zellen und ohne die Produktion von Androgenen können sich die männlichen Genitalien nicht ausbilden. Ab etwa dem 4. Gestationsmonat bilden sich diese Zellen zurück. Sie ruhen während der Kindheit und beginnen erst während der Pubertät aktiv zu werden und Testosteron zu produzieren. Die Testosteronproduktion wird dann von der Adenohypophyse durch das freigesetzte luteinisierende Hormon (LH) gesteuert (s. Kap. 19.2.2). Testosteron hemmt im Sinne einer negativen Rückkopplung die Freisetzung von LH und FSH, indem es vorwiegend auf die Gonadotropin Releasing-Hormon (GnRH) produzierenden Neurone des Hypothalamus wirkt.

21.1.3 Regulation der Hodenfunktion

Die Hoden sind sowohl endokrin (Testosteronproduktion) als auch – wenngleich nicht im klassischen Sinne – ‚exokrin' aktive Organe (Bildung der Samenzellen). Um eine normale Funktion der Hoden und somit die Fortpflanzung zu gewährleisten, ist eine engmaschige Regulation, z. B. durch Steuerhormone, wichtig. Das LH des Hypophysenvorderlappens stimuliert dabei die Funktion der Leydig-Zellen, vor allem die Testosteronproduktion, FSH steuert die Funktion der Sertoli-Zellen (s. Kap. 19.2.2). Testosteron hat eine Fernwirkung (= endokrin) und eine Nahwirkung (= parakrin): Es erreicht über den Blutkreislauf seine Zielzellen in an-

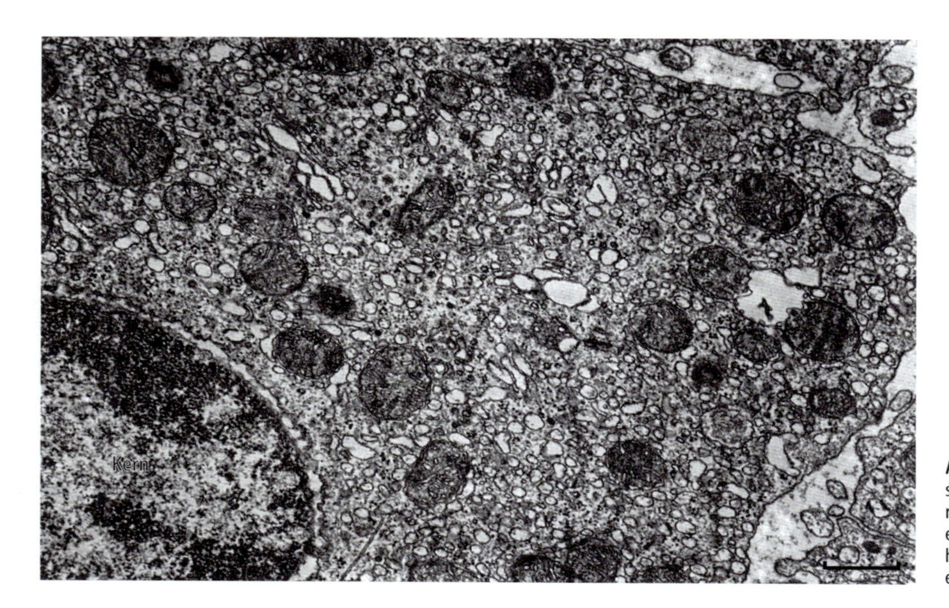

Abb. 21.11. Elektronenmikroskopisches Bild einer Leydig-Zelle, die reichlich Mitochondrien und glattes endoplasmatisches Retikulum enthält. Balken = 1 µm. (Aus Junqueira et al. 1998)

deren Körperregionen (z. B. akzessorische Geschlechtdrüsen, Haarfollikel, Knochenmark, Skelettmuskulatur, Knochen, Gehirn, etc.). Wichtig ist die parakrine Wirkung des Testosterons in unmittelbarer Umgebung seiner Bildung auf die Spermatogenese in den Hodenkanälchen. Dort wird es mittels ABP (= Androgen bindendes Protein) angereichert (Abb. 21.12).

Klinik

Bei der Suche nach einem ***männlichen Kontrazeptivum*** werden derzeit u. a. Androgene erprobt: Testosteronderivate hemmen die Bildung von LH und FSH, und damit die Funktionen von Leydig-Zellen (d. h., es vermindert hauptsächlich die intratestikuläre, endogene Testosteronkonzentration), die Sertoli-Zellen und die Spermatogenese. Das exogene Androgen, das im Blut zirkuliert, kompensiert aber die niedrigen Spiegel des endogenen Testosterons, so dass die Vielzahl der anderen endokrin vermittelten Testosteronwirkungen, inklusive der Libido, nicht beeinflusst werden. Synthetisch hergestellte Androgenderivate wirken u. a. auch als Anabolika und werden von Sportlern als unerlaubte Dopingmittel zum Muskelaufbau verwendet, wobei oft als unerwünschter Nebeneffekt die Spermatogenese beeinträchtigt ist.

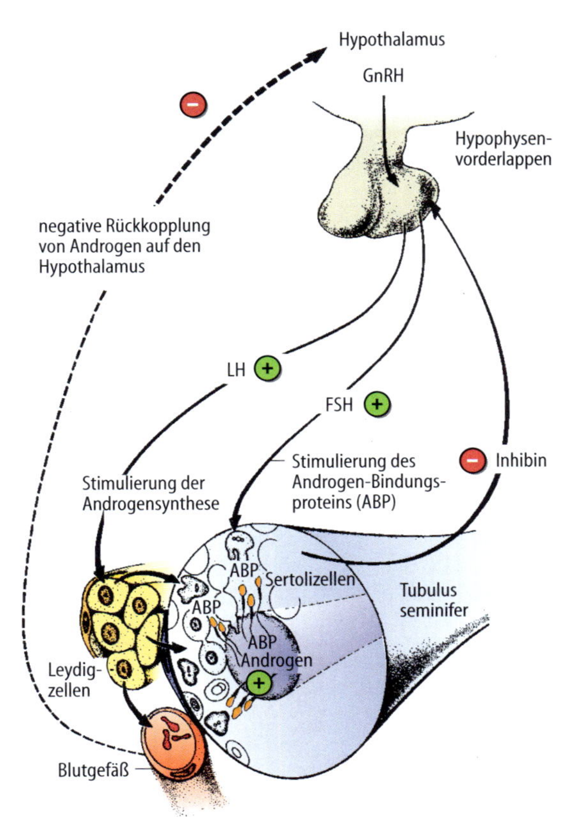

Abb. 21.12. Vereinfachtes Schema zur endokrinen Regulation der Hodentätigkeit. Luteinisierendes Hormon (*LH*) wirkt auf die Leydig-Zellen und Follikel-stimulierendes Hormon (*FSH*) auf die Sertolizellen. Das testikuläre Hormon Inhibin (*I*) hemmt die Freisetzung von FSH und LH in der Adenohypophyse, Androgene hemmen die Freisetzung von GnRH im Hypothalamus. *ABP* Androgen bindendes Protein. (Aus Junqueira et al. 1996)

21.2 Samenwege

Die Hodenkanälchen münden über die Tubuli recti in das noch intratestikulär gelegene Rete testis. Von dort führen Ductuli efferentes zum extratestikulär gelegenen Nebenhoden (Epididymis), der als Speicher für die ständig produzierten Samenzellen dient (Abb. 21.1). Bei der Ejakulation werden diese dann aus dem Nebenhoden in den Samenleiter (Ductus deferens) transportiert. Sekrete der großen akzessorischen Geschlechtsdrüsen werden den Samenzellen beigemischt.

Die sehr kurzen ***Tubuli recti*** sind zunächst nur von Sertoli-Zellen, anschließend von kubischen Epithelzellen ausgekleidet. Dieser Epitheltyp findet sich auch in den verzweigten Gängen des anschließenden Rete testis. Durch Einbau dieser Gänge in das Bindegewebe des Mediastinum testis, der dorsal verdickten Tunica albuginea, werden die Lumina dieser Gänge offen gehalten. Über etwa 10–20 Verbindungsgänge, ***Ductuli efferentes***, die mit z. T. zilientragenden kubischen Epithelien ausgekleidet sind, steht das Rete mit dem Nebenhoden in Verbindung (Abb. 21.13). Der Wechsel zwischen Zilien tragenden Epithelien, die in Richtung Nebenhoden schlagen und nicht-zilientragenden Epithelien, die Sekrete der Sertoli-Zellen teilweise resorbieren, bedingt das unruhige histologische Erscheinungsbild. Die Epithelien sitzen auf einer Basallamina, unter der eine zirkulär angeordnete Lage von glatten Muskelzellen verläuft, die ebenfalls am Transport der Samenzellen in den ***Nebenhoden (Epididymis)*** beteiligt sind. Der Nebenhoden besteht aus einem unverzweigten Gang von 4–20 m Gesamtlänge, der aber vielfach gewunden verläuft und von einem gefäß- und nervenführenden Bindegewebsstrumpf eingefasst ist. Makroskopisch sind Kopf, Körper und Schwanzteil auszumachen. Der Binnenaufbau besteht aus einem mehrreihigen hochprismatischen Epithel, dessen Zellen sehr lange verzweigte Mikrovili, die so genannten Stereozilien, als Oberflächendifferenzierung besitzen (Abb. 21.14). Phago-

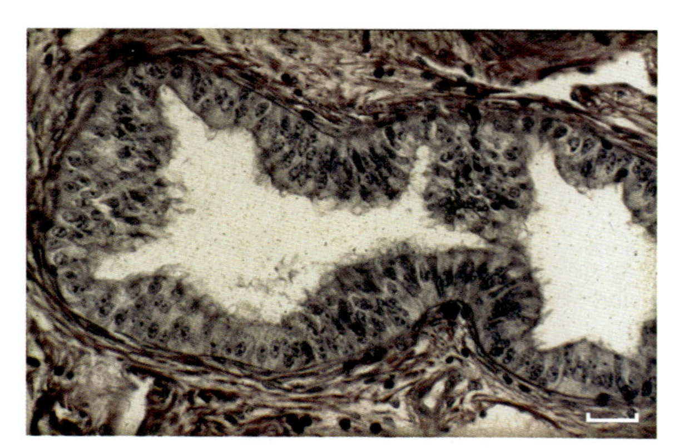

Abb. 21.13. Schnitt durch einen Ductus efferens mit Kinozilien tragendem Epithel (HE-Färbung). Balken = 10 µm. (Kurspräparat Universität Ulm)

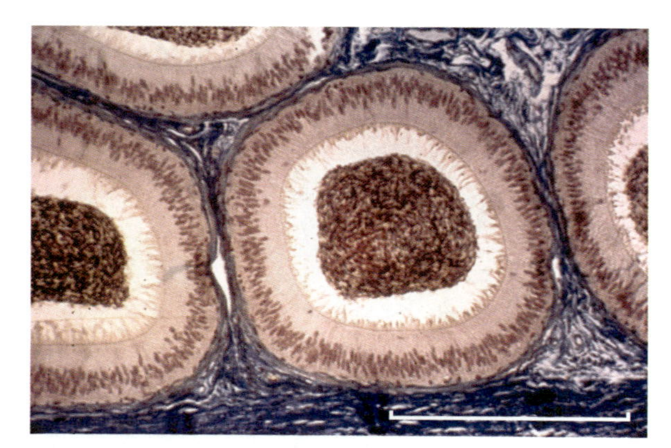

Abb. 21.14. Querschnitt durch den Nebenhoden. Der Ductus epididymidis, der ein mehrreihiges Epithel mit Stereozilien besitzt, ist mehrfach getroffen und enthält Spermatozoen (Azan-Färbung). Balken = 100 µm. (Kurspräparat Universität Ulm)

zytose (Flüssigkeit aus den Hodenkanälchen) aber auch Sekretion (weitgehend unbekannte Proteine) sind Aufgaben dieses Epithels. Die Oberflächen der im Nebenhoden gelegenen Samenzellen werden dadurch biochemisch modifiziert. Das Epithel sitzt einer Basallamina auf und die Wand des Nebenhodengangs wird von glatten Muskelzellen gebildet, deren peristaltische Kontraktionen den Transport der Spermien bewirken.

Der ***Samenleiter***, der ***Ductus*** (Vas) ***deferens***, schließt sich an den Schwanzteil des Nebenhodens an und mündet im Bereich der Prostata in die Harnröhre. Sein Aufbau ist gekennzeichnet durch ein enges Lumen und eine dicke, wandbildende glatte Muskelschicht, bestehend aus innen gelegenen longitudinalen Muskelzellverbänden, woran sich eine zirkulär orientierte Lage und dann wieder eine longitudinale Lage von Muskelzellen anschließen. In histologischen Präparaten werden viele Nervenfasern sichtbar, die die glatten Muskelzellen innervieren und die Kontraktion des Samenleiters koordinieren. Das auskleidende hochprismatische Epithel trägt Stereozilien und ist ähnlich wie im Nebenhoden mehrreihig (Abb. 21.15). Vor der Mündung in die Urethra erweitert sich der Samenleiter zur ***Ampulle***, in der das Epithel Falten bildet. Das Segment, welches durch die Prostata zieht (***Ductus ejaculatorius***) besitzt keine wandbildende Muskulatur.

Klinik

Der Samenleiter liegt zusammen mit den Hodengefäßen und Nerven im Samenstrang und ist durch das Skrotum gut zu tasten. Eine Unterbrechung (Vasektomie) in diesem Verlauf ist eine relativ einfache operative Maßnahme zur ***männlichen Sterilisierung***.

21.3 Akzessorische Geschlechtsdrüsen

Die fünf akzessorischen Geschlechtsdrüsen sind die Vorsteherdrüse (Prostata), die paarigen Bläschendrüsen (Vesiculae seminales) und die paarigen Glandulae bulbourethrales (Cowper-Drüsen). Sie sind Androgen abhängige Organe, die sich erst nach Eintritt der Pubertät voll ausbilden und funktionsfähig werden.

21.3.1 Prostata

In der Prostata werden 30–50 tubuloalveoläre Einzeldrüsen mit mehrreihigem Epithel von einer Bindegewebskapsel zusammengefasst, die viele glatte Muskelzellen enthält (Abb. 21.16). Von der Kapsel ausgehend unterteilen Septen, ebenfalls sehr reich an glatten Muskelzellen, das Innere des Organs. Das seröse Sekret jeder Drüse entleert sich bei der Ejakulation über einen kurzen Gang in die Urethra. Es enthält unter anderem proteolytische Enzyme, saure Phosphatase und Zitronensäure. Kleine ***Prostatasteine (Corpora amylaceae)*** sind verkalkte Konkremente, die Glykoproteine enthalten. Sie kommen mit zunehmendem Alter gehäuft in den Prostatadrüsen vor.

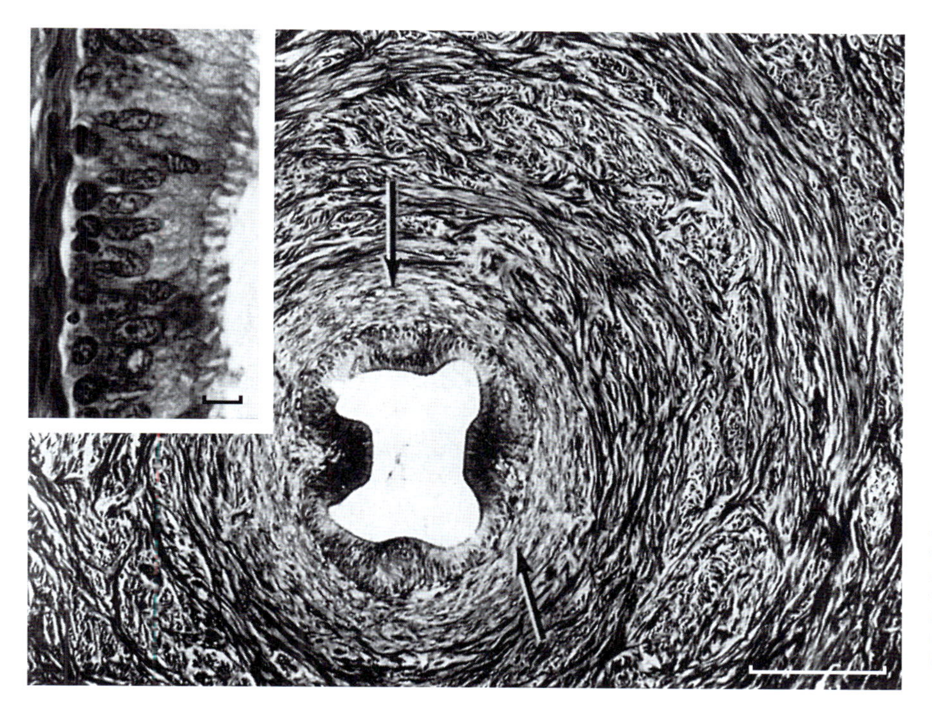

Abb. 21.15. Ductus deferens, der eine dicke, dreischichtig aufgebaute Muskelwand erkennen lässt. Unter dem Epithel mit sternförmigem Lumen befindet sich eine dünne Lamina propria (*Pfeile*) (HE-Färbung). Balken = 100 µm; im Ausschnitt = 10 µm. (Aus Junqueira et al. 1998)

Klinik In Bezug zur Urethra lässt sich eine klinisch relevante Zonierung der Prostata vornehmen: Zuinnerst liegt eine ***zentrale Zone*** um die Urethra (etwa 25 % des Volumens). Zwischen dieser und der großen ***peripher gelegenen Zone***, die ca. 70 % ausmacht, liegt eine ***Übergangszone***, von der die benigne Prostatahyperplasie meist ihren Ausgang nimmt. Sie kommt bei ca. 50 % aller Männer ab dem 50. Lebensjahr vor. Eine Obstruktion des Harnabflusses ist eine häufige Folge.

In der peripheren Zone entstehen bevorzugt maligne Adenokarzinome im Drüsenepithel. Das ***Prostatakarzinom*** ist die zweithäufigste Krebserkrankung bei Männern. Sein Wachstum ist in der Regel androgenabhängig. Vor allem Dihydrotestosteron (DHT), ein stark wirksamer, physiologischer Testosteronmetabolit, der in der Prostata vom Enzym 5-α-Reduktase gebildet wird, spielt eine wichtige Rolle. Die wachsenden Karzinome in der Außenzone der Prostata führen meist nicht zu Beschwerden beim Wasserlassen. Derartige Tumoren sind aber durch eine rektale digitale und sonografische Untersuchung diagnostizierbar. Hinweise liefern auch erhöhte Blutspiegel des Prostata-spezifischen Antigens (PSA), einer Protease, deren normale Funktion die Verflüssigung des Ejakulates ist. Da diese Tumoren androgenabhängig wachsen, ist die Entfernung der Hoden und/oder die medikamentöse Unterdrückung der Androgenbildung ein Teil der Therapie.

21.3.2 Vesiculae seminales

Die Vesiculae seminales (Bläschendrüsen, oft fälschlicherweise auch als Samenbläschen benannt, obwohl sie keine Samenzellen enthalten) weisen als Kernstück einen vielfach gefalteten Gang auf (Abb. 21.17), der von mehrreihigem hochprismatischen Epithel begrenzt ist. In die Wand sind elastische Fasern und glatte Muskel-

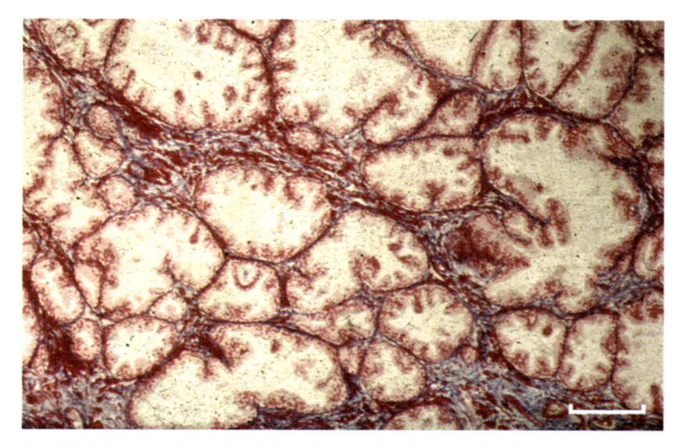

Abb. 21.16. Schnitt durch die tubuloalveoläre Prostata. Im Bindegewebe zwischen den Tubuli kommen zahlreiche glatte Muskelzellen vor (Azan-Färbung). Balken = 100 µm. (Kurspräparat Universität München)

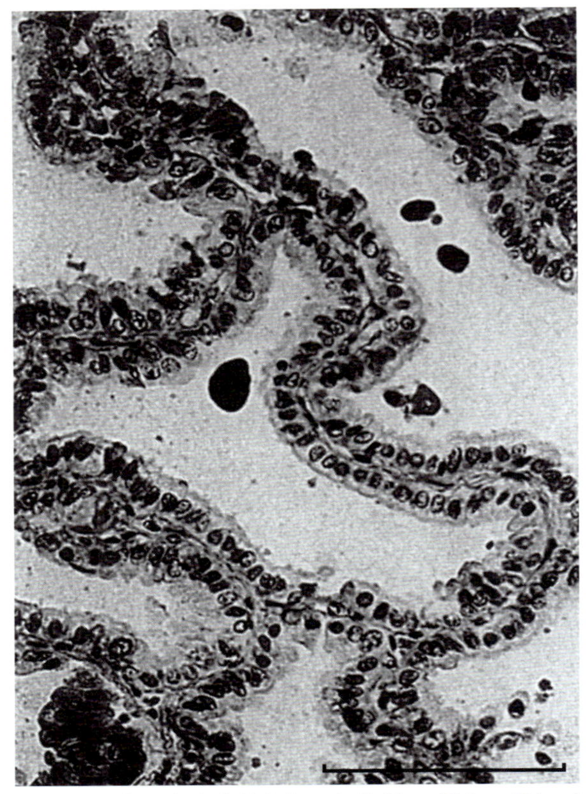

Abb. 21.17. Schnitt durch die Vesicula seminalis (Mason-Trichrom-Färbung) Balken = 100 µm. (Aus Junqueira et al. 1998)

zellen eingelagert. Die Epithelien sezernieren unter dem Einfluss von Testosteron ein Gemisch aus Substanzen (z. B. Fruktose, verschiedene Proteine, Prostaglandine, etc.), die bei der Ejakulation dem Ejakulat beigemischt werden und die Spermien aktivieren. Dieses Sekret stellt mit bis zu 70 % die Hauptmenge des Ejakulates. Vor allem die ***Fruktose*** ist ein wichtiger Energielieferant für die Bewegung der ejakulierten Spermien.

21.3.3 Glandulae bulbourethrales

Die paarigen Glandulae bulbourethrales (Cowper-Drüsen) stellen 3–5 mm große, tubuloalveoläre Drüsen dar, deren einfache kubische Epithelien ein muköses Sekret bilden, das als Gleitmittel beim Koitus dient.

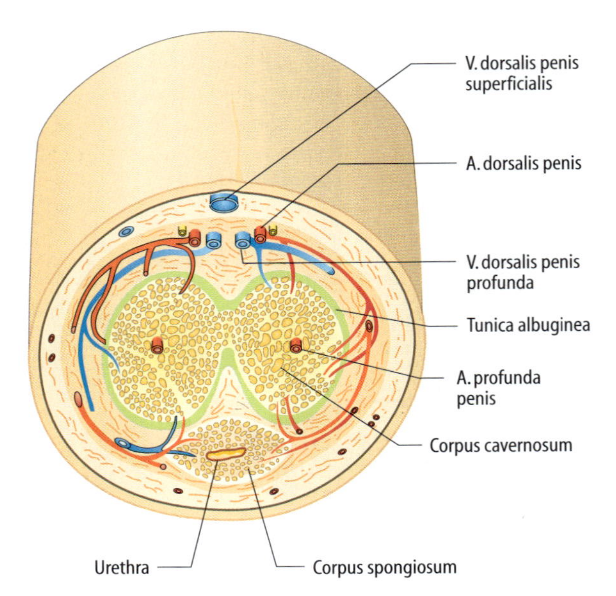

Abb. 21.18. Gezeichneter Querschnitt durch den Penis. (Nach Junqueira et al. 1998)

21.4 Penis

Der Aufbau des Penis (Abb. 21.18) lässt drei zylindrische Strukturen erkennen: Die paarigen ***Corpora cavernosa*** liegen dorsal und sind von einer derben Bindegewebshülle (***Tunica albuginea***) umgeben, die wichtig für die Erektion ist (s. unten). Ventral liegt das ***Corpus spongiosum*** um die Urethra, dem eine vergleichbare bindegewebige Ummantelung fehlt und an dessen Ende sich die ***Eichel, Glans penis***, ausbildet. Hier mündet die Urethra, die den Penis durchzieht und als Harn- und Samenröhre dient. In die Urethra, anfangs ausgekleidet von mehrschichtigem Zylinderepithel, das in mehrschichtiges unverhorntes Plattenepithel übergeht, münden schleimproduzierende kleine Drüsen (Littré-Drüsen). Der Haut des Penis fehlt weitgehend eine Unterhaut, sie enthält allerdings viele sensible Nervenendigungen. Um die Eichel bildet die ***Vorhaut (Praeputium)*** eine retraktile Hautduplikatur, die Talgdrüsen enthält.

Die Corpora cavernosa sind aus mit Endothel ausgekleideten venösen Räumen zusammengesetzt, die von bindegewebigen Trabekeln unterteilt werden. Bei deren Füllung mit Blut, die durch parasympathischen Einfluss und Freisetzung von NO, das auf die Gefäße wirkt, gesteuert wird, bietet die Tunica albuginea dem

Druck des Blutes Widerstand, so dass es zur Versteifung, der Erektion, des Penis kommt. Die Urethra, eingebettet in den venösen Schwellkörper des Corpus Spongiosum, wird dabei wenig komprimiert und somit die Passage des Ejakulates (Samenzellen und Sekrete der akzessorischen Drüsen) nicht behindert.

Klinik

Neurologische, psychologische oder pharmakologische Ursachen können zur Unfähigkeit eine Erektion zu erreichen und somit zur ***Impotenz*** führen.

22.1	**Ovar (Eierstock)**	**395**
22.1.1	Follikelbildung	396
22.1.2	Follikelatresie	400
22.1.3	Ovulation	401
22.1.4	Bildung des Corpus luteum (Gelbkörper)	402
22.2	**Tuba uterina (Eileiter)**	**403**
22.3	**Uterus (Gebärmutter)**	**404**
22.3.1	Menstruationszyklus – ovarieller Zyklus	407
22.4	**Vagina (Scheide)**	**408**
22.5	**Äußeres Genitale**	**409**
22.6	**Schwangerschaft**	**410**
22.7	**Glandula mammaria (Brustdrüse)**	**415**

Weibliche Geschlechtsorgane

Einleitung

Die reproduktive Phase im Leben einer Frau beginnt mit der *Menarche*, der ersten Regelblutung, die meist um das 12. Lebensjahr auftritt. Vorher (ab etwa dem 8. Lebensjahr) fangen die infantilen weiblichen Geschlechtsorgane an zu wachsen und unter dem zunehmenden Einfluss der weiblichen Geschlechtshormone bilden sich in dieser Zeit der *Pubertät* die *sekundären Geschlechtsmerkmale* (Brustentwicklung, Schambehaarung, weibliche Proportionen) aus. Die reproduktive Lebensphase der Frau ist gekennzeichnet durch die in etwa monatlichem Rhythmus auftretenden Regelblutungen *(Menstruationen)*, die von den Eierstöcken gesteuert werden. Zwischen dem 40. und 50. Lebensjahr, während einer mehrjährigen Übergangsphase *(Klimakterium)*, werden die Menstruationen unregelmäßig und hören schließlich auf *(Menopause)*. In der Zeit danach bildet sich der Reproduktionstrakt langsam zurück.

Die weiblichen Geschlechtsorgane (Abb. 22.1) sind die paarigen ***Eierstöcke (Ovarien)***, die paarigen ***Eileiter (Tubae uterinae)***, die ***Gebärmutter (Uterus)***, die ***Scheide (Vagina)*** und die ***äußeren Geschlechtsorgane (Vulva)***, sie bestehen aus den ***Labien*** und der ***Klitoris***.

In der reproduktiven Phase des Lebens verändert sich der gesamte weibliche Reproduktionstrakt in einem etwa monatlichen Rhythmus (**Zyklus**), der durch die Spiegel der im Blut zirkulierenden weiblichen Sexualhormone Östradiol und Progesteron vorgegeben wird. Gesteuert wird dieser Rhythmus durch die pulsatile Freisetzung des Gonadotropin Releasing-Hormones, GnRH, aus bestimmten Neuronen des Hypothalamus (s. Kap. 19.2.2 und Abb. 22.2). GnRH wiederum bewirkt eine zyklische Freisetzung der Gonadotropine aus dem Hypophysenvorderlappen. Diese Gonadotropine, FSH und LH, wirken auf das Ovar. Dort regen sie die Bildung und Freisetzung der weiblichen Sexualhormone Östrogen und Progesteron an und steuern so die Reifung von Follikeln, die Ovulation und die Funktion des Gelbkörpers ***(ovarieller Zyklus)***. Durch die Wirkungen der Sexualhormone auf die Uterusschleimhaut ist der ovarielle Zyklus eng mit einem zyklischen Auf- und Abbau der Uterusschleimhaut verbunden ***(Menstruationszyklus)***.

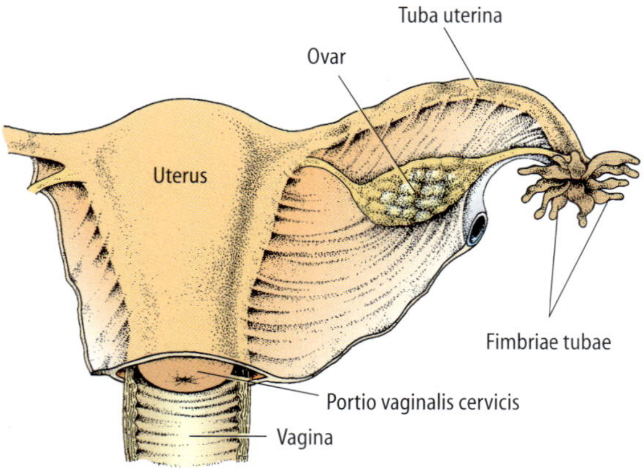

Abb. 22.1. Aufbau der inneren weiblichen Geschlechtsorgane. (Aus Junqueira et al. 1996)

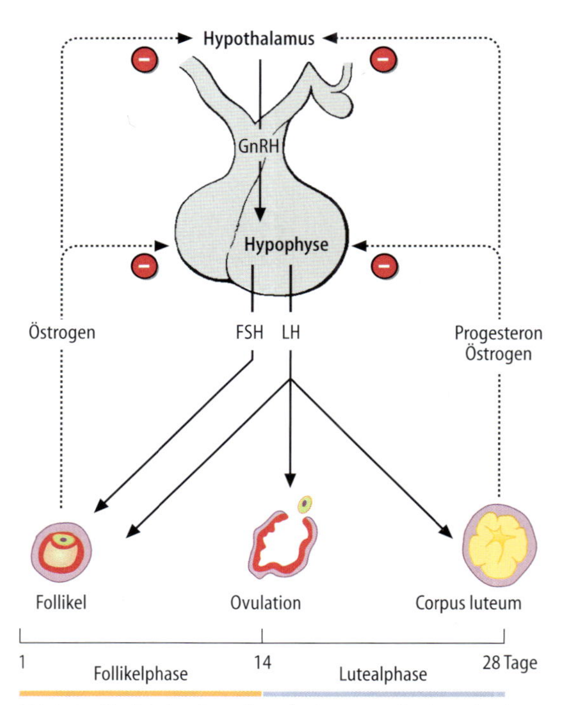

Abb. 22.2. Vereinfachte Darstellung der Steuerung des Ovars. *Durchgezogene Linien und Pfeile* weisen auf eine Stimulation, *unterbrochene Linien und Pfeile* auf eine Hemmung (negative Rückkopplung) hin. Östrogene stimulieren nach längerer Einwirkung die Hypothalamus-Hypophysenachse (positive Rückkopplung) so dass die Ovulation eintreten kann. *GnRH* Gonadotropin-Releasing Hormon, *FSH* Follikel Stimulierendes Hormon, *LH* Luteinisierendes Hormon. (Nach Junqueira et al. 1998)

22.1 Ovar (Eierstock)

Der ***Eierstock (das Ovar)*** ist homolog zum Hoden und entwickelt sich wie dieser aus der indifferenten Gonadenanlage. Wie der Hoden erfüllt auch das Ovar eine zweifache Aufgabe im Dienste der Fortpflanzung, nämlich die ***Produktion von Sexualhormonen*** (endokrine Funktion) und die ***Bereitstellung von Keimzellen***, den Eizellen (Abb. 22.3).

Das Ovar ist ein etwa mandelförmiges Organ, dessen Größe auf Grund ständiger Umbauvorgänge bei der geschlechtsreifen Frau starken zyklischen Veränderungen unterliegt. Seine Oberfläche ist von einem kubischen bis platten Epithel bedeckt, dem fälschlich als Keimepithel bezeichneten ***Oberflächenepithel***, das kontinuierlich in das Peritonealepithel übergeht. Darunter liegt eine derbe Bindegewebskapsel (Tunica albuginea). Im Ovar lassen sich Rindenanteil und Mark nur unscharf unterscheiden. Im ***Mark*** dominieren Blutgefäße und Bindegewebe, in der ***Rinde*** überwiegen die ovariellen Follikel mit den Eizellen, die diesem Organ den Namen geben. Der Begriff ***,ovarieller Follikel'*** bezeichnet allgemein die Eizelle und ihre zellulären Hüllen (s. unten).

Klinik

Vom Oberflächenepithel des Ovars nehmen die meisten ***ovariellen Karzinome*** ihren Ausgang. Da diese meist erst sehr spät erkannt werden und sich früh in der Peritonealhöhle ausbreiten, ist deren Prognose in der Regel ungünstig.

Entwicklung der Eizellen ▸ Die Vorläufer der reifen Eizellen sind primitive ***Oogonien***, die während der embryonalen Entwicklung aus den Entoderm des Dottersackes in das Ovar einwandern. Sie sind homolog zu den Vorläuferzellen der Spermatogonien im Hoden. Sie teilen sich und ihre Zahl erreicht bis zum 5. Fetalmonat etwa 3 Millionen pro Ovar. Eine weitere Proliferation findet nun aber nicht mehr statt. Stattdessen beginnen zwischen dem 3. und 7. Embryonalmonat diese Oogonien mit der ***1. Reifeteilung***, verharren aber in der Prophase. Sie werden nun als ***primäre Oozyten*** bezeichnet. Die meisten Oozyten durchlaufen die 1. Reifeteilung nie vollständig. Nur die primäre Oozyte des sprungreifen Follikels vollendet sie unmittelbar vor der Ovulation und entwickelt sich zur sekundären Oozyte unter Ausbildung eines Polkörperchens (s. unten). Während der restlichen Fetalentwicklung und postnatal bis zum Eintritt der Geschlechtsreife gehen die meisten der Oozyten zu Grunde. Es überleben nur etwa 200 000 pro Ovar. In der etwa 30–40 Jahre dauernden reproduktiven Phase einer Frau werden davon nur etwa 450 bei Ovulationen freigesetzt. Alle anderen gehen zu Grunde.

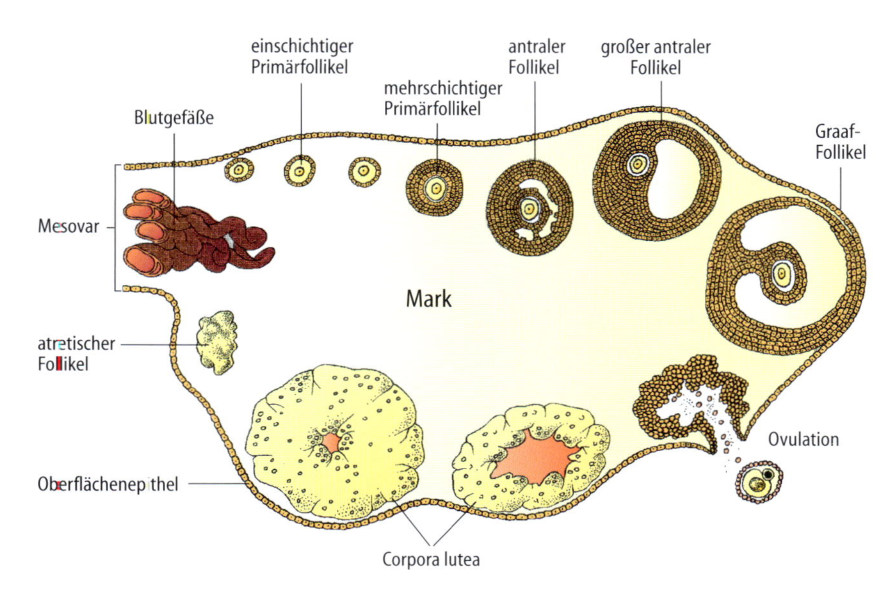

Abb. 22.3. Die wichtigsten ovariellen Strukturen und ihre Veränderungen im Verlauf des Menstruationszyklus. (Nach Junqueira et al. 1996)

22.1.1 Follikelbildung

Primäre Oozyten besitzen eine zelluläre Hülle aus einer Lage von flachen ***Follikelepithelzellen***, die zum umgebenden bindegewebigen Stroma eine Basallamina ausbilden. Diese Struktur wird als ein ***Primordialfollikel*** bezeichnet (Abb. 22.4 und 22.5). Die Oozyte der Primordialfollikel ist rund und misst etwa 25 μm im Durchmesser. Die Chromosomen haben sich teilweise kondensiert. Primordialfollikel stellen Reservefollikel dar, die oft Jahrzehnte in einer Ruhephase verharren. Aus diesem Pool werden aber ständig Follikel rekrutiert, die auf nicht bekannte Reize hin anfangen zu wachsen und sich weiter zu differenzieren (Abb. 22.5).

Gonadotropin unabhängiges Follikelwachstum▸ Das Wachstum der Follikel beginnt unabhängig davon, ob

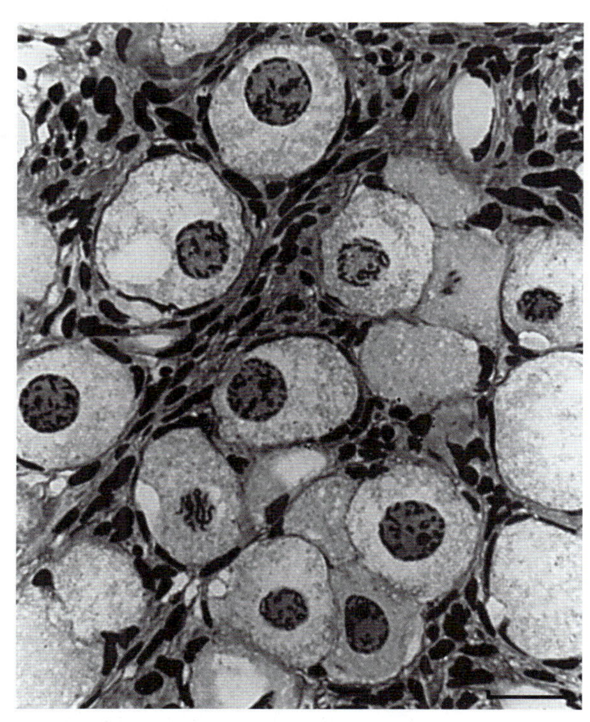

Abb. 22.4. Die gezeigten Oozyten im Bereich der Rinde des Ovars werden von einer Schicht von platten Zellen umgeben und bilden so Primordialfollikel. Chromosomen in den Oozyten sind deswegen zu erkennen, weil die primären Oozyten in der Metaphase der Meiose I arretiert sind. Balken = 10 μm. (Aus Junqueira et al. 1998)

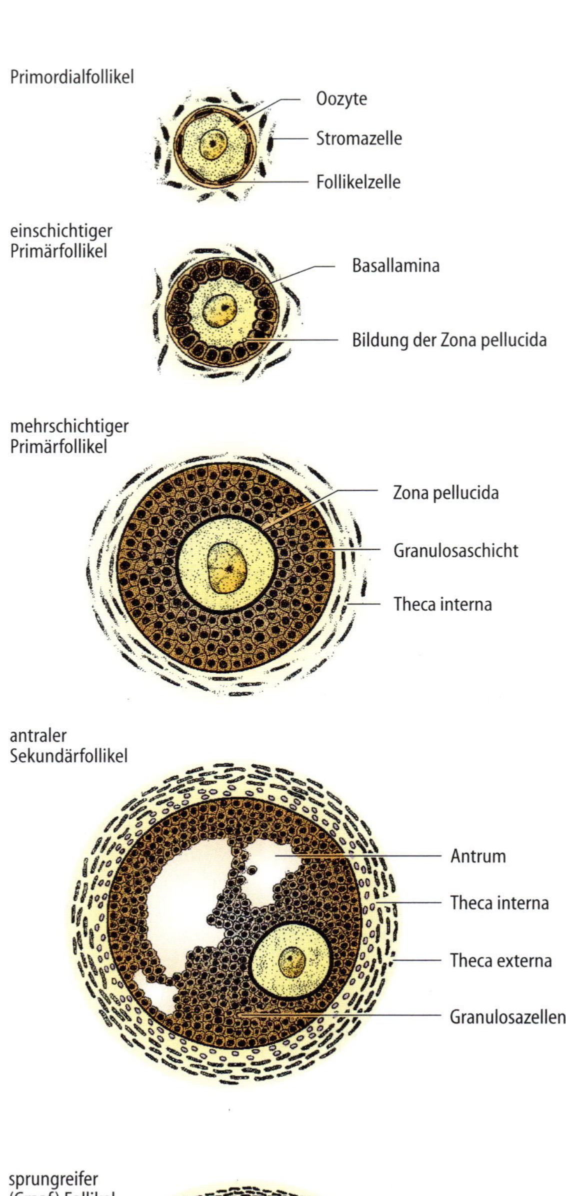

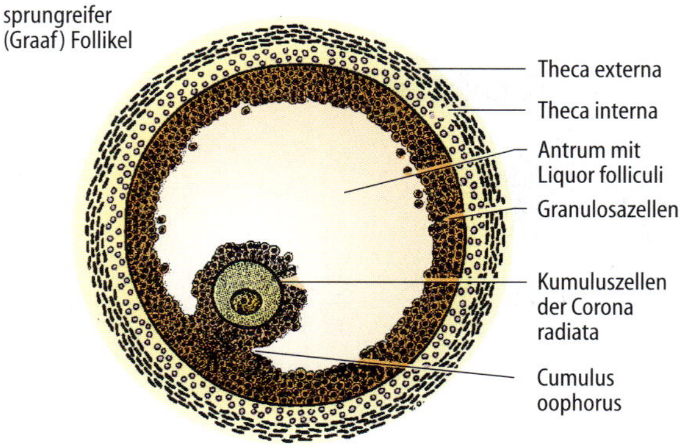

Abb. 22.5. Schema der verschiedenen Stadien der Follikel. (Aus Junqueira et al. 1998)

die Hypophyse gonadotrope Hormone bildet. Dabei vergrößern sich die primäre Oozyte und die sie umgebenden Zellen. Der Durchmesser der Eizelle erreicht dabei etwa 125–150 μm, Mitochondrien und Zellorganellen vermehren sich und der Kern wird größer. Die anfangs noch flachen Follikelepithelzellen teilen sich und bilden um die Oozyte eine Lage von kubischen Zellen. Ein derartiger Follikel wird am besten als ***unilaminärer oder einschichtiger Primärfollikel*** bezeichnet. Weitere mitotische Teilungen der Follikelepithelzellen führen dazu, dass sich ein mehrschichtiger Zellverband um die Eizelle ausbildet. Diese Zellen werden nun als ***Granulosa***, der Follikel insgesamt als ***multilaminärer* oder *mehrschichtiger Primärfollikel*** bezeichnet. Die Granulosazellen kommunizieren untereinander und mit der Eizelle durch Gap Junctions (s. Kap. 3.2). Ausläufer der Eizelle durchziehen die ***Zona pellucida***, eine dicke Schicht aus verschiedenen Glykoproteinen, die sich zwischen der Eizelle und der innersten Schicht der Granulosazellen aus verschiedenen Glykoproteinen bildet. Die Zona pellucida ist bei den unilaminären Primärfollikeln schon sichtbar, wird aber bei weiter differenzierten Follikeln deutlicher (Abb. 22.5, 22.6, 22.7 und 22.8).

Klinik

Man vermutet, dass in der Zona pellucida bestimmte Proteine (wie z. B. ZP3, hier steht ZP für Zona pellucida) dafür verantwortlich sind, dass es zu einer spezifischen Bindung von Spermien an die Eizelle bei der Befruchtung kommt ('Spermienrezeptor').

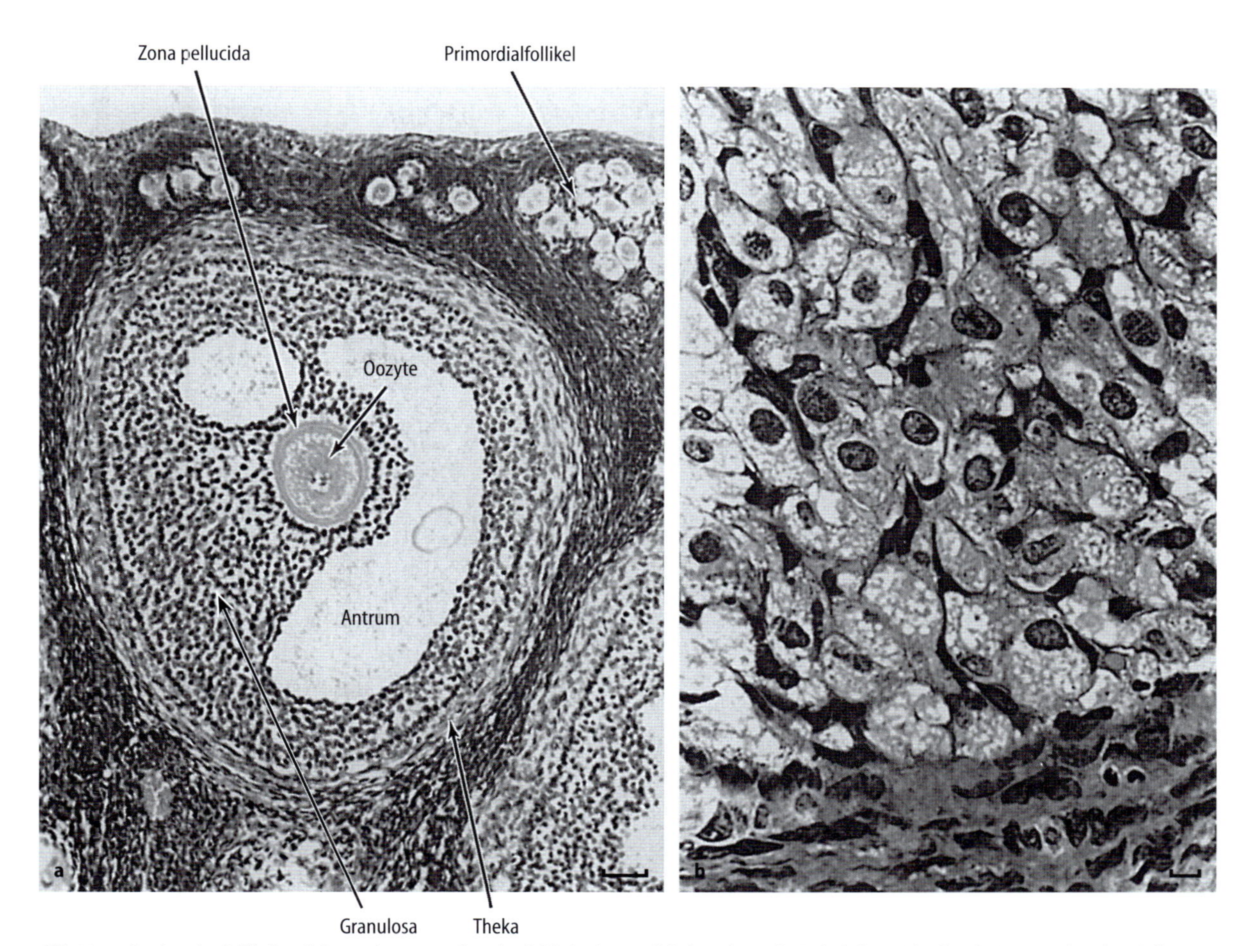

Abb. 22.6 a, b. Antraler Follikel und Corpus luteum. **a** Antraler Follikel mit Oozyte, Zona pellucida, Granulosazellen und umgebende Thekazellen. Balken = 100 μm. **b** Ausschnitt aus dem Corpus luteum. Viele kleine Blutgefäße (von denen die Endothelien, nicht aber die Lumina erkennbar sind) umgeben die großen Lutealzellen. Am *unteren Bildrand* ist außerdem ovarielles Stroma zu erkennen. Balken = 10 μm. (Aus Junqueira et al. 1998)

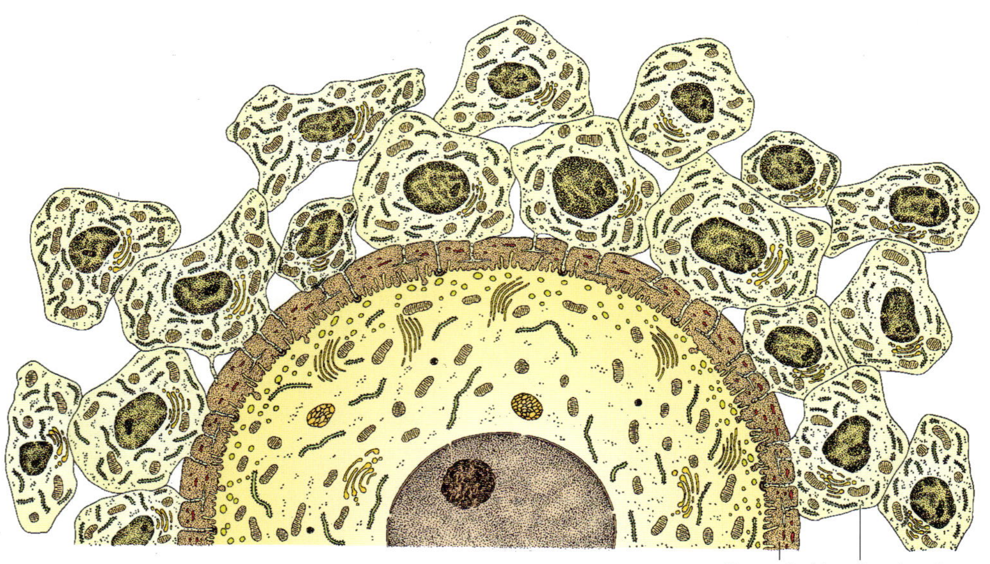

Abb. 22.7. Oozyte, Zona pellucida und Kumuluszellen. Zu beachten ist, dass die Zona pellucida von Ausläufern der Kumuluszellen durchdrungen wird, die untereinander mit der Oozyte und den Kumuluszellen Gap Junctions ausbilden. (Aus Junqueira et al. 1996)

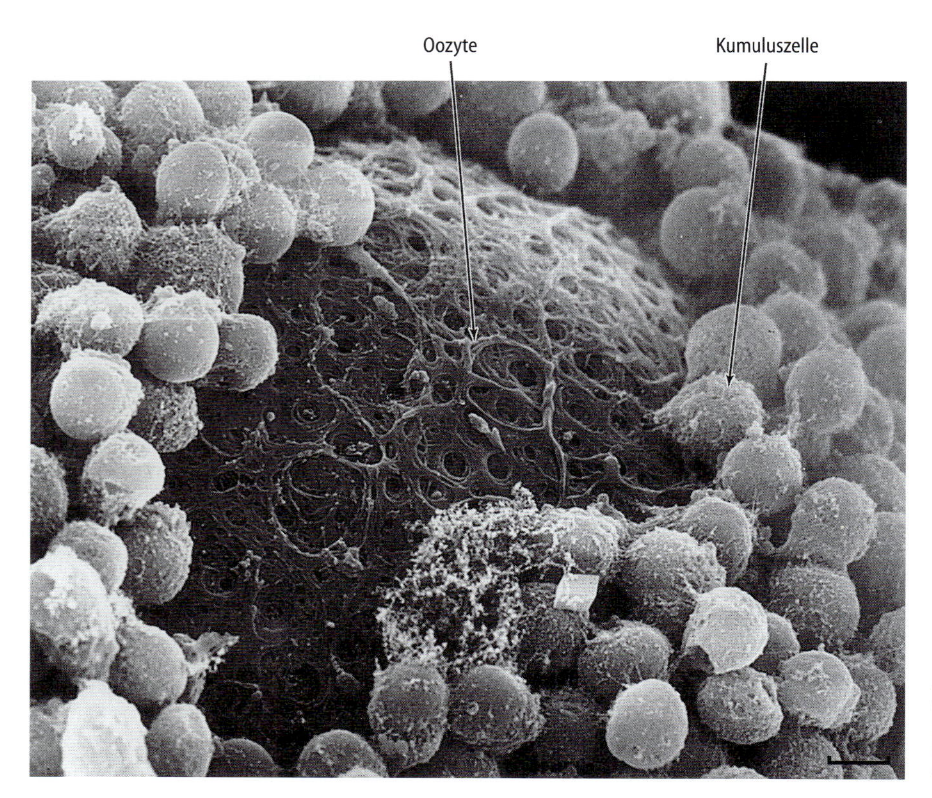

Abb. 22.8. Zona pellucida auf der Oberfläche der Oozyte und die Kumuluszellen im Rasterelektronenmikroskop. Balken = 10 μm. (Aus Junqueira et al. 1998)

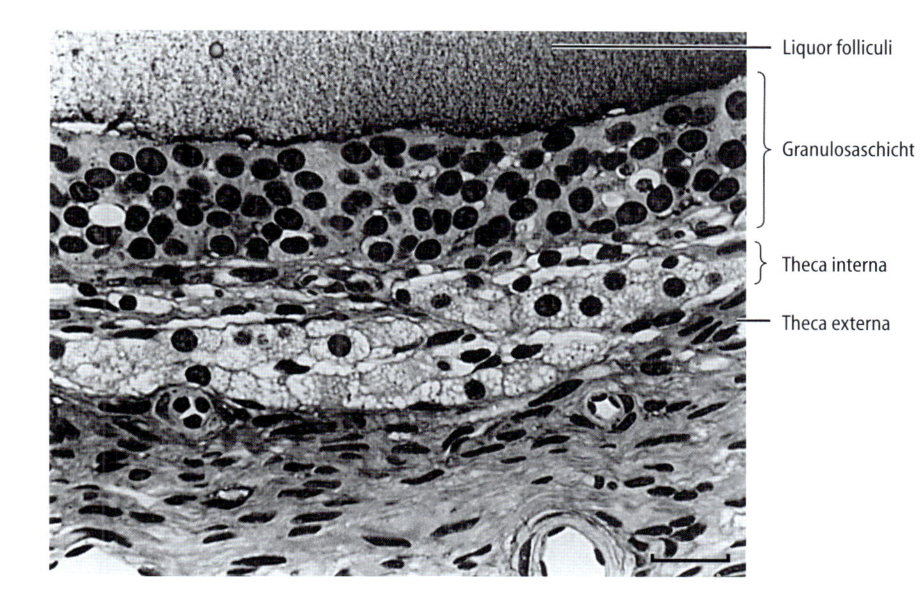

Abb. 22.9. Aufbau der Wand eines großen antralen Follikels. An das mit Liqour folliculi gefüllte Antrum grenzt die Schicht der Granulosazellen. Diese ist durch eine hier nicht sichtbare Basallamina von der Thekaschicht getrennt. Zu unterscheiden sind in der Theka die Schicht der endokrin aktiven Theka interna-Zellen (sie produzieren Androgene) von der Schicht, die aus den Fibroblasten ähnlichen Theka externa-Zellen besteht. Balken = 10 μm. (Aus Junqueira et al. 1998)

Im Zuge des Follikelwachstums im bindegewebigen Stroma differenzieren sich Zellen, die dem Follikel unmittelbar anliegen, zur ***Theca folliculi***. Zunächst ordnet sich ein mehr oder weniger zirkulärer Zellverband um die Granulosazellen an. Diese Zellen differenzieren sich weiter, in einen inneren Anteil ***(Theca interna)*** und in einen äußeren Anteil (***Theca externa,*** Abb. 22.9). Die Grenzen zwischen diesen Schichten und zwischen der Theka externa und dem umgebenden Gewebe sind morphologisch nicht scharf zu ziehen, sondern sind funktioneller Art. Die Zellen der Theca externa behalten ihren bindegewebigen Charakter, während die Zellen der Theca interna sich zu endokrinen Zellen differenzieren. Sie besitzen alle morphologischen und biochemischen Eigenheiten von Steroidhormone produzierenden Zellen (glattes endoplasmatisches Retikulum, Mitochondrien vom tubulären Typ, Fetttröpfchen, Enzyme der Steroidsynthese, s. Kap. 3.4.2). Sie synthetisieren aus Cholesterin Vorstufen von Östrogen (vorwiegend Androgene). Diese diffundieren über die Basallamina zu den Granulosazellen des Follikels, in denen sie dann zu Östradiol aromatisiert werden. Theca interna und Granulosa arbeiten also bei der Biosynthese von Östradiol zusammen (Abb. 22.10). Wie alle endokrinen Gewebe ist auch die Theca interna reich mit Blutgefäßen versorgt, sie enden allerdings alle an der Basallamina, die den Follikel umgibt. Der Follikel ist avaskulär, so dass Oozyte und Granulosazellen auf die Versorgung durch Diffusion angewiesen sind.

Wichtig ist festzuhalten, dass sich aus Primordialfollikeln unabhängig vom Zyklus und von der hormonellen Situation im Körper der erwachsenen Frau ständig uni- und multilaminäre Primärfollikel entwickeln. Diese Follikel wachsen unabhängig von Gonadotropinen, da sie noch keine Gonadotropinrezeptoren besitzen. Welche Faktoren dieses Wachstum steuern, ist nicht genau bekannt. Die gebildeten uni- und multilaminären Follikel werden wieder abgebaut (Kap. 22.1.2).

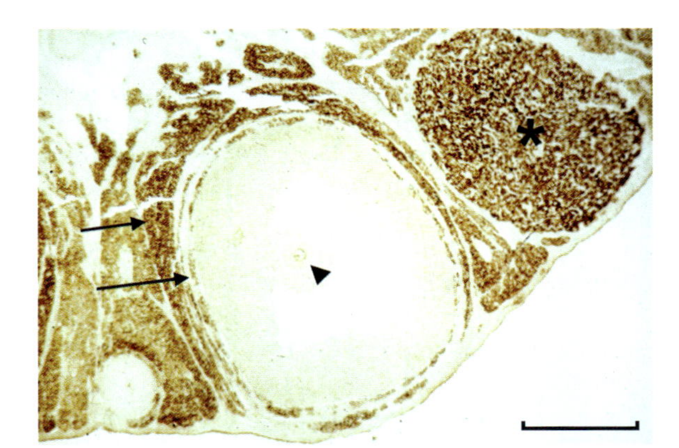

Abb. 22.10. Steroidsynthese im Ovar. Immunhistochemischer Nachweis des Schrittmacherenzyms (side-chain-cleavage enzyme) der Steroidbildung im Rattenovar. Die Braunfärbung zeigt die Anwesenheit des Enzyms in Zellen des Gelbkörpers (*) und in Thekazellen sowie in interstitiellen Zellen (*Pfeile*) auf. Die Granulosazellen des antralen und präantralen Follikels (*unten links*) um die Eizelle (*Pfeilspitze*) sind nicht gefärbt. Sie können jedoch aus den Vorstufen, bereitgestellt durch die angefärbten Zellen, Östrogen produzieren. Balken = 1 mm. (Artur Mayerhofer, München)

Klinik Das beschriebene Gonadotropin unabhängige Wachstum von Follikeln wird nicht durch die Einnahme von oralen Kontrazeptiva, d. h. ‚der Pille', beeinflusst, welche die Bildung von Gonadotropinen, FSH und LH, unterdrückt.

Gonadotropin abhängiges Follikelwachstum▸ Das anschließende Wachstum der Follikel erfolgt nur in Anwesenheit von Gonadotropinen und ist im Mikroskop dadurch erkennbar, dass sich Liquor folliculi in der Granulosa bildet (Abb. 22.5 und 22.8). Dieser ist ein Plasmafiltrat, das Steroidhormone, Proteine, die diese binden, und weitere Sekretionsprodukte enthält. Zunächst erscheinen Spalten in der Granulosa, die sich später zum flüssigkeitsgefüllten Antrum, einer Höhle im Follikel verbinden. Es entsteht so der ***antrale Sekundärfollikel***. Am Rand dieser Höhle befindet sich die Oozyte umgeben von einem Kranz von Granulosazellen (Corona radiata). Diese sind über eine Brücke aus Granulosazellen ***(Eihügel, Cumulus oophorus)*** mit der wandständigen Granulosa verbunden. Die Eizelle selbst erreicht ca. 200 µm im Durchmesser und wächst ab diesem Stadium nicht mehr. Im Mikroskop nicht zu erkennen ist die eigentliche Ursache für die Bildung des antralen Follikels. Er entsteht nur, wenn die Granulosazellen Rezeptoren für FSH ausgebildet haben und die Hypophyse das Hormon FSH zur Verfügung stellt (Abb. 22.2 und Kap. 19.2.2). Dies geschieht vorwiegend in der ersten Phase des Menstruationszyklus. Über die Faktoren, welche für die Induktion der FSH-Rezeptoren verantwortlich sind, ist wenig bekannt. FSH wirkt allgemein trophisch auf die Granulosazellen und steigert die Produktion von Östradiol. Östradiol gelangt in den Blutkreislauf und hat vielfältige endokrine Wirkungen im Körper. Es beeinflusst unter anderem Scheide und Schleimhaut des Uterus (Kap. 22.4 und 22.3.1) den Stoffwechsel (wie z. B. den der Lipide), die Haut, das Nervensystem, etc.

Klinik Östrogene wirken auf den Lipidstoffwechsel und haben eine kardioprotektive Wirkung. Daraus erklärt sich, dass Herz-Kreislauferkrankungen bei Frauen vor der Menopause seltener vorkommen als bei Männern.

Unter steigendem FSH-Spiegel wächst der antrale Follikel weiter heran. Weitere Mitosen in der Granulosa und eine Vergrößerung des Follikelantrums erfolgen. Der ***reife antrale Follikel (Graaf-Follikel)*** erreicht vor der Ovulation bis zu 2,5 cm im Durchmesser und ist sowohl makroskopisch als durchscheinendes, prall mit Liquor folliculi gefülltes Bläschen, wie auch mit sonografischen Methoden gut zu erkennen. Die Oozyte und die sie umgebende Zellschicht der Granulosazellen im Cumulus oophorus hängen nur noch an einer schmalen Brücke mit dem übrigen Granulosaverband zusammen. Erst vor der Ovulation wird diese Brücke unterbrochen und Oozyte und Corona radiata aus dem Follikel freigesetzt. Die Corona radiata bleibt auch bei der Befruchtung und der anfänglichen Passage durch den Eileiter erhalten (Abb. 22.7 und 22.8).

22.1.2 Follikelatresie

Wie schon erwähnt, durchlaufen im Laufe des Lebens etwa 450 Follikel den skizzierten Weg vom Primordialfollikel hin zum sprungreifen Graaf-Follikel, wobei meist nur eine Eizelle pro Zyklus ovuliert. Alle anderen beginnen zwar das Follikelwachstum, durchlaufen es aber nur teilweise. Follikel jeden Entwicklungsstadiums gehen zu Grunde. Dieser Prozess, ursprünglich als ***Follikelatresie*** beschrieben, ist ein komplex gesteuerter ‚physiologischer Selbstmord' der Follikel. Dieser programmierte Zelltod, ***Apoptose*** (s. Kap. 2.5), betrifft sowohl Granulosazellen wie auch die Oozyte. Erkennbar sind atretische Follikel im Mikroskop z. B. an der Ablösung von Granulosazellen von der Basallamina und der Fragmentierung von Kernen (Abb. 22.11). Reste der Zona pellucida finden sich oft noch lange im Stroma und weisen auf abgelaufene Follikelatresien hin (Abb. 22.12). Wichtig ist, dass dieser Zelltod im Gegensatz zur Nekrose keine Entzündungsreaktion hervorruft.

Eine weitere Konsequenz der Follikelatresie ist die Bildung von ***interstitiellen Drüsenzellen***, dem ***Thekaorgan***. Während die Granulosazellen bei der Atresie zu Grunde gehen, überleben die Zellen der Theca interna der größeren Follikel und bilden Inseln von Steroide produzierenden Zellen im Stroma (Abb. 22.10). Da sie LH-Rezeptoren besitzen, werden sie durch das LH der Hypophyse stimuliert und sind eine Quelle von Androgenen. Diese wiederum dienen z. T. als Vorstufe für die Östrogenproduktion der Granulosazellen oder gelangen in die Blutbahn.

Anmerkung▸ Im Gegensatz zur international üblichen Definition der Follikel, die hier verwendet wird, sind

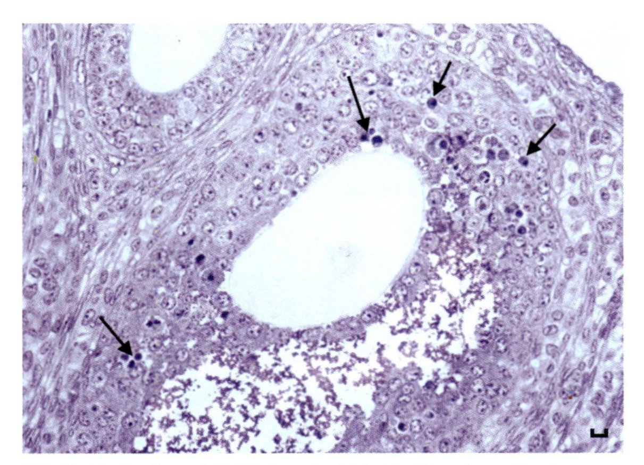

Abb. 22.11. Beginnende Follikelatresie. Zahlreiche Granulosazellen des antralen Follikels zeigen apoptotische Veränderungen ihres Kerns (*Pfeile*) (Methylenblaufärbung, Mäuseovar). Balken = 10 µm. (Artur Mayerhofer, München)

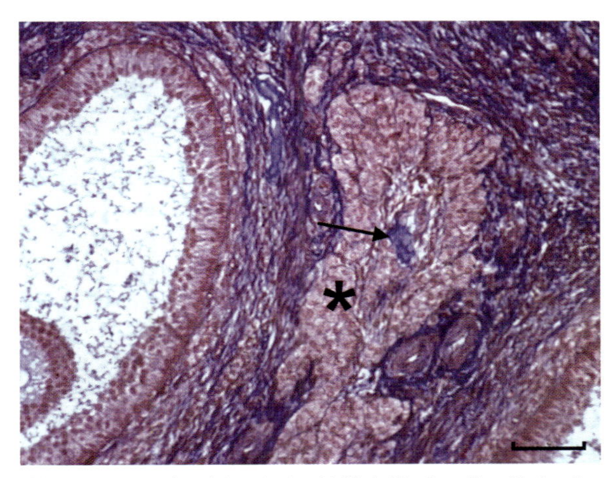

Abb. 22.12. Zustand nach Atresie eines Follikels. Die ehemaligen Thekazellen sind hypertrophiert und bilden interstitielle Drüsenzellen (*). Von der Oozyte ist ein Rest der Zona pellucida noch zu erkennen (*Pfeil*) (Azan-Färbung, Katzenovar). Balken = 100 µm. (Artur Mayerhofer, München)

im deutschen Sprachgebrauch etwas andere Bezeichnungen für die wachsenden Follikel eingeführt: Während die Definition des Primordialfollikels sich in beiden Nomenklaturen nicht unterscheidet, wird in deutschen Büchern der einschichtige Primärfollikel als Primärfollikel bezeichnet. Für den mehrschichtigen Primärfollikel wird die Bezeichnung Sekundärfollikel verwendet, für den antralen Sekundärfollikel wird der Begriff des Tertiärfollikels gebraucht. In diesem Text werden die international üblichen Definitionen vorgezogen. Sie sind beschreibender und implizieren auch Funktionszusammenhänge: Wie erwähnt ist das Wachstum vom Primordialfollikel hin zum (präantralen, mehrschichtigen) Primärfollikel unabhängig von Gonadotropinen. Das weitere Wachstum ab dem antralen Sekundärfollikel wird dagegen von den Hypophysenhormonen gesteuert.

22.1.3 Ovulation

Bei der Ovulation kommt es zur ***Ruptur*** des reifen Follikels und zur Freisetzung des Follikelinhaltes (Liquor folliculi, Oozyte mit Corona radiata) in die Bauchhöhle. Die Oozyte umgeben von der Corona radiata wird vom Eileiter aufgefangen.

Typischerweise erfolgt die Ovulation etwa am 14. Tag in einem 28-tägigen Menstruationszyklus. Auslösend wirken sprunghaft erhöhte Spiegel von LH (Abb. 22.2). Sie sind eine Konsequenz der hohen Östrogenwerte, die der sprungreife Follikel produziert und die im Sinne eines positiven Feedbacks wirken Dieser positive Feedback unterscheidet sich von dem negativen Feedback aller anderen peripheren Hormone auf die Hypothalamus-Hypophysenachse (s. Kap. 19.2.2). Der LH Puls führt zu einem raschen Anstieg der Durchblutung im Ovar, zu einer erhöhten Durchlässigkeit der Kapillaren mit der Folge eines interstitiellen Ödems und zur Freisetzung von Mediatoren (Prostaglandine, Histamin), Kollagenasen und Proteasen. Abbau von Bindegewebe um den Follikel einerseits und gesteigerter Druck in der antralen Flüssigkeit anderseits führen zur Follikelruptur. Als ***Stigma*** bezeichnet man die unmittelbar präovulatorisch auftretende Abblassung an der Stelle der bevorstehenden Ovulation.

Die Aufnahme der ovulierten Eizelle erfolgt in dem mit Fimbrien ausgestatteten trichterähnlichen Teil des Eileiters. Im ***Eileiter*** erfolgt typischerweise auch die ***Befruchtung***. Eine befruchtete Eizelle, nun als ***Zygote*** bezeichnet, beginnt eine Reise in den Uterus. Wird die Eizelle nicht innerhalb von etwa 24 Stunden nach der Ovulation befruchtet, so geht sie zu Grunde und wird phagozytiert.

Klinik

Die Ruptur des Follikels und die Freisetzung von Follikelflüssigkeit und Eizelle mit anhaftender Corona radiata in den Bauchraum wird von einigen Frauen als schmerzhaftes Ziehen empfunden (‚Mittelschmerz').

Aus der kurzen Lebensspanne von Spermien im weiblichen Genitaltrakt (1–3 Tage) und der unbefruchteten Eizelle (maximal 24 Stunden) erklärt sich, dass die fruchtbaren Tage im Zyklus der Frau, also die Phase, in der sie schwanger werden kann, theoretisch um den Zeitpunkt der Ovulation angesiedelt sind. Neuere Untersuchungen deuten allerdings darauf hin, dass die größte Wahrscheinlichkeit einer Empfängnis bei Geschlechtsverkehr etwa 1–2 Tage vor und unmittelbar am Tage der Ovulation besteht. Nach der Ovulation sinkt die Chance einer Befruchtung stark ab.

Alle Follikelstadien vom Primordialfollikel bis zum Graaf-Follikel enthalten ***primäre Oozyten***, d.h. Keimzellen, die homolog zu den primären Spermatozyten des Hodens sind und die erste Reifeteilung durchlaufen. Erst kurz vor der Ovulation (nach einer sprunghaften Erhöhung des LH) wird die Meiose I beendet und die Chromosomen verteilen sich auf zwei Tochterzellen, den so entstehenden ***sekundären Oozyten***. Diese sind allerdings in ihrer Zytoplasmaausstattung und Größe höchst ungleich: Während eine sekundäre Oozyte fast das gesamte Zytoplasma behält, wird die andere zu einem zellulären Rudiment aus Kern und Zytoplasmasaum, zum ersten ***Polkörperchen***. Kaum ist der erste Polkörper sichtbar, beginnen die sekundären Oozyten bereits mit der Meiose II. Diese stoppt in der Metaphase und wird nur vollständig durchlaufen, wenn es zur Befruchtung kommt. Dann bilden sich weitere Polkörperchen aus.

22.1.4 Bildung des Corpus luteum (Gelbkörper)

Nach der Ovulation gehen die Granulosazellen und die Zellen der Theca interna des ehemaligen Follikels nicht zu Grunde, sondern differenzieren sich und bilden die Grundlage eines temporären, endokrin hochaktiven Gewebes, des ***Gelbkörpers, Corpus luteum*** (Abb. 22.3 und 22.13). Durch den Kollaps des ‚leeren' Follikels werfen sich die Follikelwandzellen in Falten und es kommt zu Einblutungen in das ehemalige Follikelantrum *(Corpus rubrum)*. Bei den anschließenden Umbauvorgängen wandern Bindegewebszellen ein und gleichzeitig bilden sich Blutgefäße, ein Vorgang der als ***physiologische Angiogenese*** (s. Kap. 10.6) bezeichnet wird. Damit entsteht aus dem nicht vaskularisierten Follikel ein hochgradig durchblutetes Gewebe mit einem dichten Netz von Blutgefäßen.

Klinik

Im Gegensatz zu solchen physiologischen Angiogenesevorgängen kommt es beim Wachstum von soliden Tumoren zur pathologischen Angiogenese.

Die Granulosazellen selbst hypertrophieren und werden als ***große (Granulosa-) Lutealzellen*** bezeichnet. Sie messen 20–35 μm im Durchmesser und ‚luteinisieren', d.h. sie produzieren nun hauptsächlich das Steroidhormon **Progesteron**. Sie haben alle Kennzeichen von Steroide bildenden Zellen (viel glattes endoplasmatisches Retikulum, Mitochondrien vom tubulären Typ und reichlich Fetttröpfchen, s. Kap. 3.4.2). Die Thekazellen differenzieren sich in die etwas ***kleineren Lutealzellen***, den ***Thekalutealzellen*** (etwa 15 μm im Durchmesser). Sie liegen entsprechend ihrer Abstammung in der Regel in der Peripherie des Gelbkörpers oder sind entlang der Falten zu finden (Abb. 22.13). LH ist das allgemein trophische Signal für das Corpus luteum. LH stimuliert insbesondere die Produktion von Progesteron, aber auch die von anderen Steroiden, wie Androgenen und Östradiol. An dieser Steroidbildung sind die großen und kleinen Lutealzellen beteiligt, die beide Rezeptoren für LH besitzen.

Progesteron wirkt trophisch auf die Uterusschleimhaut, die nun für eine Einnistung (Nidation) eines Embryos vorbereitet wird. Trotz der hohen Progesteronwerte, wird eine Hemmung der Freisetzung von LH aus der Hypophyse beim Primaten nicht beobachtet. Es ändert sich lediglich der Modus der Freisetzung (Frequenz und Amplitude). Der Grund für die auf etwa 10–14 Tage begrenzte Lebenspanne eines Corpus luteums (***Corpus luteum menstruationis***, falls es nicht zur Schwangerschaft kommt) ist bis heute nicht klar. Man weiß jedoch, dass das Corpus luteum mit zunehmender Dauer schlechter auf das zirkulierende LH reagiert und als Konsequenz die Progesteronproduktion zurückgeht. In der zweiten Hälfte des Menstruationszyklus bildet sich daher der Gelbkörper zunächst funktionell (Einstellen der Progesteronsynthese) und dann auch morphologisch zurück. Die Mechanismen dieser

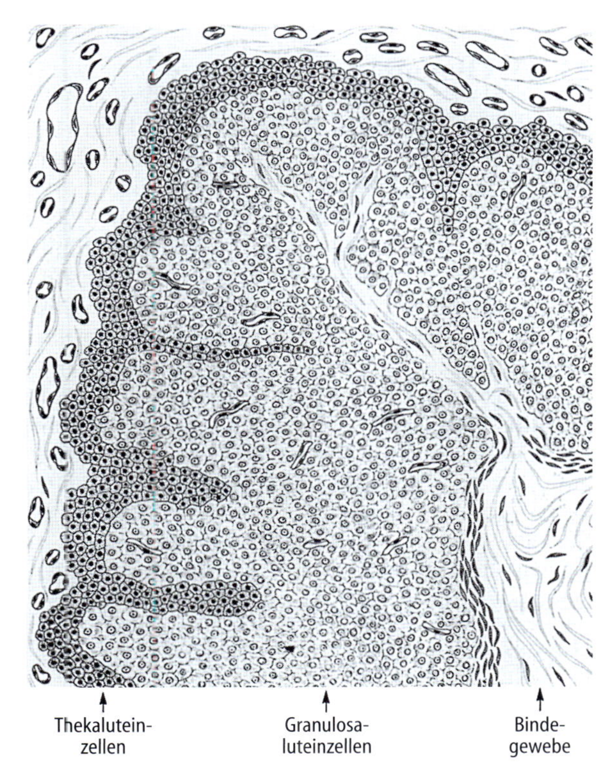

Abb. 22.13. Teil des Corpus luteum. Die Granulosalutealzellen stammen von Granulosazellen ab und sind größer und heller als die Thekalutealzellen, die sich von der Theka interna ableiten. (Aus Junqueira et al. 1996)

degenerativen Vorgänge sind bis heute nur unzureichend geklärt. Es kann sich letztlich eine bindgewebige Narbe bilden, das ***Corpus albicans***, welches noch lange im Ovar nachweisbar ist.

Falls es aber zur Schwangerschaft kommt, bildet die Plazenta ein dem LH eng verwandtes Glykoprotein, das ***humane Choriongonadotropin (hCG)***, das wie LH an den LH-Rezeptor der Lutealzellen bindet und ihn aktiviert. Dadurch wächst das Corpus luteum bis zu einer Größe von 5 cm im Durchmesser heran und persistiert während der gesamten Schwangerschaft ***(Corpus luteum graviditatis)***. Seine Progesteronproduktion ist besonders in den ersten drei Gestationsmonaten für den Erhalt der Schwangerschaft wichtig. Anschließend wird Progesteron von der Plazenta bereitgestellt (Kap. 22.6). Die Zellen des Corpus luteum graviditatis produzieren neben Progesteron auch Peptidhormone, wie z. B. das ***Relaxin***, von welchem man annimmt, dass es den Reproduktionstrakt auf die Geburt vorbereitet indem es bindegewebige Strukturen auflockert.

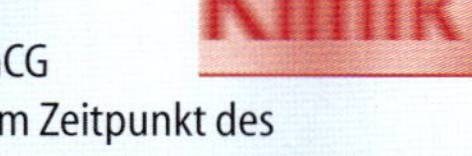

Der Nachweis einer Unterheit des hCG Moleküls (β-hCG) im Urin ist ein zum Zeitpunkt des Ausbleibens der Menstuation leicht durchführbarer und sehr spezifischer Nachweis einer bestehenden Schwangerschaft.

22.2 Tuba uterina (Eileiter)

Der Eileiter ist ein flexibler etwa 12 cm langer muskulärer Schlauch (Abb. 22.1). Mit einem Ende ist er mit dem Tubenwinkel des Uterus verwachsen und mündet in die Höhle der Gebärmutter. Das andere freie Ende ist etwas erweitert ***(Ampulla)***, besitzt fingerartige Fransen ***(Fimbrien)*** und kommuniziert mit der freien Bauchhöhle. Die Funktionen des Eileiters bestehen darin, die ovulierte Eizelle einzufangen und die Zygote zum Uterus zu befördern. Um die Zeit der Ovulation führt der Eileiter aktive Bewegungen durch und die Fimbrien nehmen Kontakt mit dem Ovar auf. Die präovulatorisch gesteigerte Durchblutung im Eileiter erhöht seine Steifigkeit und erklärt mit, warum sich die Tube dem Ovar anlagert.

Aufbau▶ Der Wandbau des Eileiters ist dreischichtig: Man findet eine Mukosa, eine Muskelschicht und eine Serosa, die dem Bauchfell entspricht. Die Mukosa wirft longitudinale Falten auf, die besonders in der Ampulle (Abb. 22.14) ausgeprägt sind. Im Eileiterlumen herrscht das ideale Milieu sowohl für eine Befruchtung, die typischerweise in der Ampulle stattfindet, wie auch für das Überleben des frühen Embryos. In Querschnitten erscheinen diese Falten als Labyrinth. In den Abschnitten, die näher am Uterus liegen, sind diese Falten kleiner und sie verschwinden im intramuralen uterinen Teil der Tube fast ganz. Das ***einschichtige hochprismatische Epithel*** besteht aus zwei Zelltypen. Einer ist mit Kinozilien ausgestattet, während der andere sekretorisch ist (Abb. 22.15 und 22.16). Die Kinozilien schlagen in Richtung des Uterus und dadurch entsteht eine gerichtete Bewegung des Flüssigkeitsfilms der die Oberfläche bedeckt. Die Flüssigkeit ist das Produkt des sekretorischen Epithelzelltyps, der zwischen dem Kinozilien tragenden Typ eingelagert vorkommt. Sie hat Schutz- und Ernährungsfunktion für die ovulierte Eizelle. Außerdem induziert der Kontakt mit dieser Flüssigkeit die für die Befruchtung notwendige Aktivierung der Spermien (Kapazitation). Für den Trans-

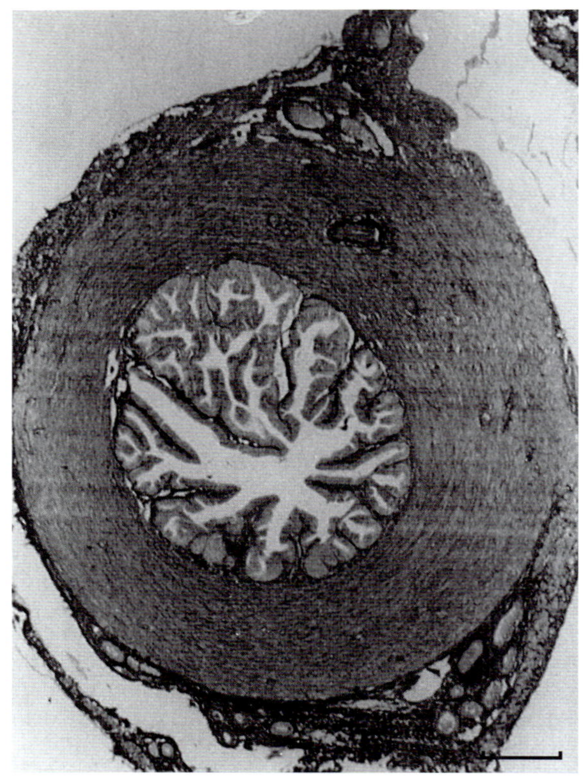

Abb. 22.14. Querschnitt durch den Eileiter. Balken = 1 mm. (Aus Junqueira et al. 1998)

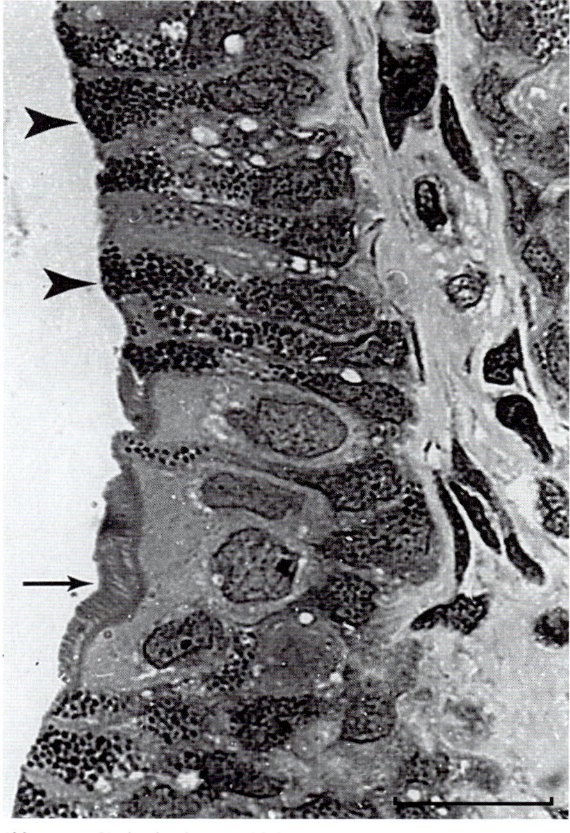

Abb. 22.15. Die beiden hauptsächlich vorkommenden Zelltypen im Epithel des Eileiters sind Zellen mit Zilien (*Pfeil*) und sekretorisch aktive Zellen (*Pfeilspitzen*). Balken = 10 μm. (Aus Junqueira et al. 1998)

port der Eizelle oder der Zygote spielt neben dieser Flüssigkeit vorwiegend die Kontraktion der Muskelschicht eine Rolle. An die Lamina propria der Schleimhaut schließt sich eine innere zirkuläre oder spiralige Schicht gefolgt von einer äußeren longitudinalen ***Muskelschicht*** und der ***Serosa*** an.

Klinik

Entzündungen des Eileiters sind eine häufige Ursache von Fertilitätsstörungen. Gelangt eine Oozyte bei verklebten Eileitern nicht in den Eileiter, kann es zur ***Bauchhöhlenschwangerschaft*** kommen.

22.3 Uterus (Gebärmutter)

Der ***Uterus*** ist ein birnenförmiges Hohlorgan, das in drei Anteile untergliedert werden kann. Der größte Anteil ist der ***Korpus***, an den sich oben der ***Fundus*** und unten die ***Zervix*** (Gebärmutterhals) anschließen (Abb. 22.1). Die Zervix ragt in die Vagina. Die Gebärmutter ist der Ort in dem der Embryo und dann der Fetus heranwächst (‚Fruchthalter'). Am Ende der Schwangerschaft ist der Uterus der Motor der Geburt und treibt durch Kontraktionen den Fetus aus.

Aufbau▸ Die Wand des Uterus besteht aus drei Schichten. Je nach Abschnitt finden sich außen eine ***Serosa*** aus Bindegewebe und Mesothel (in Fundus und Korpus), bzw. eine äußere bindegewebige Adventitia (unterer Korpus und Zervix). Daran schließt sich eine dicke

Abb. 22.16. Die luminale Oberfläche des Eileiters, dargestellt mit dem Rasterelektronenmikroskop. Die sekretorische Zelle (*im Zentrum des Bildes*) besitzt kurze Mikrovilli. Sie wird von Zilien tragenden Zellen umgeben. Balken = 1 μm. (Aus Junqueira et al. 1998)

Schicht glatter Muskelzellen an, das ***Myometrium***, gefolgt vom ***Endometrium***, der Schleimhaut, die die Uterushöhle (Cavitas uteri) auskleidet.

Myometrium▸ Bündel glatter Muskelzellschichten bilden zusammen das Myometrium. Anhand der Hauptverlaufsrichtungen der Bündel lassen sich wenngleich nur schwer, weitere Schichtungen erkennen, wie z. B. vorwiegend längsverlaufende Schichten innen und außen. Während der Schwangerschaft hypertrophieren die glatten Muskelzellen, d. h. ihre Größe nimmt um ein Vielfaches zu. Daneben nimmt auch durch Hyperplasie die Zahl der glatten Muskelzellen zu. Diese Veränderungen sind reversibel, denn nach dem Ende der Schwangerschaft degenerieren die glatten Muskelzellen.

Klinik Die glatten Muskelzellen sind miteinander durch Gap Junctions verbunden (s. Kap. 3.2). Diese Zell-Zell-Kommunikation nimmt im Verlauf der Schwangerschaft zu und ist die Grundlage für die teilweise durch Oxytozin gesteuerte (s. Kap. 19.1) koordinierte Kontraktion des Uterus bei den ***Geburtswehen***.

Myome sind meist gutartige Tumoren, die im Myometrium entstehen.

Endometrium▸ Die Schleimhaut des Uterus setzt sich aus Endothel und Lamina propria mit tubulösen Drüsen zusammen (Abb. 22.17 und 22.18). In den unteren Bereichen, in denen das Endometrium eng mit dem Myometrium verzahnt ist, können diese Drüsen auch Verzweigungen aufweisen. Im Deckepithel kommen sowohl Zilien tragende wie auch sezernierende Zellen vor. In den Drüsen herrschen, vor allem in der zweiten Hälfte des Zyklus, sezernierende Zellen vor.

Aus funktionellen Gründen wird das Endometrium in zwei Anteile untergliedert: Die größere (Lamina) ***Funktionalis*** macht zyklische Veränderungen mit und wird bei der Menstruation abgestossen. Die darunter gelegene schmälere Schicht, die (Lamina) ***Basalis*** dagegen unterliegt diesen zyklischen Veränderungen nicht. Von den Drüsen in der Basalis erfolgt durch Proliferation der Wiederaufbau der Schleimhaut nach der Menstruation. Dabei wächst das Epithel aus den Drüsen über das durch die Menstruation exponierte Bindegewebe und schließt die entstandene Wundfläche. Bogenförmig verlaufende Gebärmutterarterien, Aa. arcuatae, finden sich hauptsächlich in der mittleren Schicht des Myometriums. Von ihnen zweigen gerade verlaufende Arterien zur Basalis und Spiralarterien zur Funktionalis ab. Die letzteren Gefäße sind daher wie die gesamte Funktionalis zyklischen Veränderungen unterworfen:

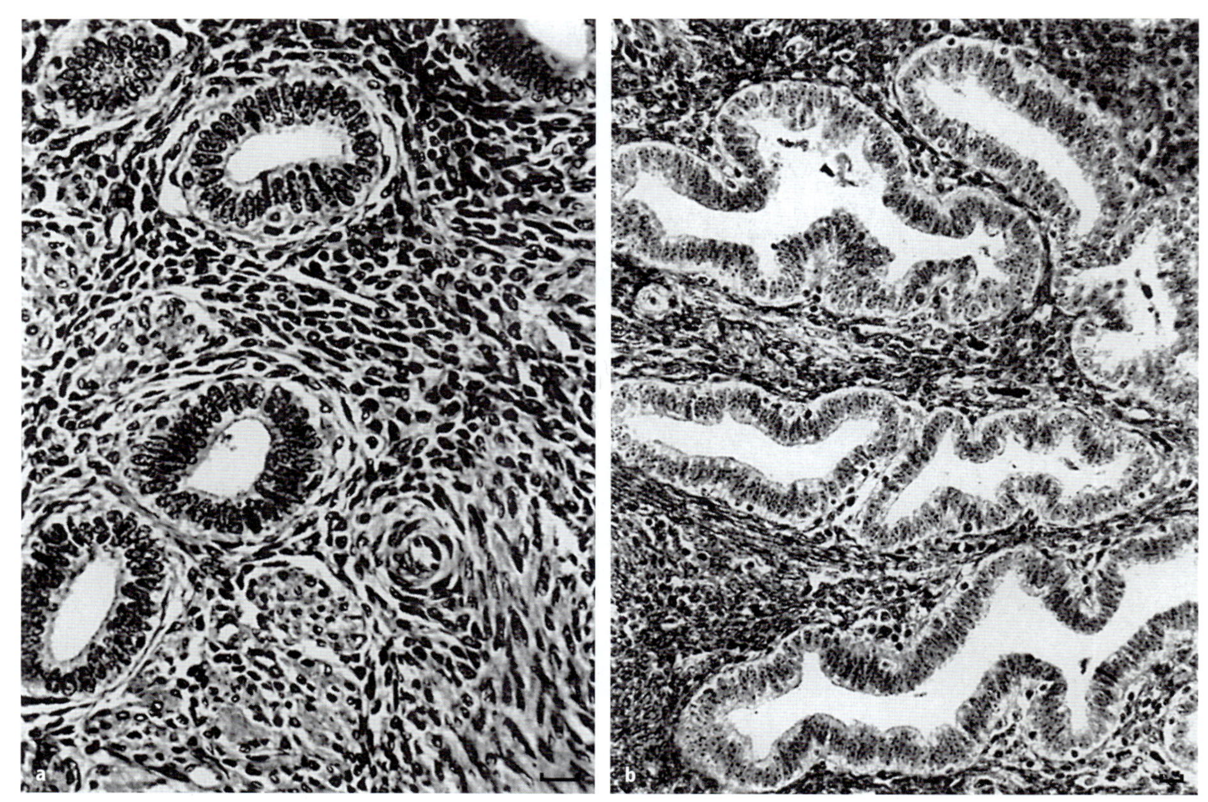

Abb. 22.17 a, b. Vergleich der Histologie des Endometriums **a** aus der proliferativen Phase mit dem **b** aus der sekretorischen Phase. Balken **a/b** = 10 μm. (Aus Junqueira et al. 1998)

Da sie im Zuge der Menstruation zu Grunde gehen, werden sie nach der Menstruation neu aufgebaut ***(physiologische Angiogenese)***.

Klinik Vom Endometrium können bösartige Tumoren ihren Ausgang nehmen. Diese ***Endometriumkarzinome*** verursachen oft als erstes Zeichen eine vaginale Blutung. Eine Abrasio, bei der Endometrium ausgekratzt wird, ist ein häufiger Eingriff in der Gynäkologie.

Zervix▸ Der untere Teil des Uterus, der Hals oder Zervix, wird vom Zervikalkanal durchzogen unterscheidet sich histologisch vom restlichen Uterus. Das Myometrium besteht hier meist aus straffem Bindegewebe (85 %), und glatte Muskelanteile treten in den Hintergrund. Der Anteil der Zervix, der in die Vagina ragt (***Portio***, Abb. 22.1), ist von einem mehrschichtigen Plattenepithel überzogen. Dies geht an der Öffnung des Zervikalkanals ***(äußerer Muttermund)*** in ein schleimsezernierendes einfaches hochprismatisches Epithel über. Schleimbildende verzweigte Drüsen durchziehen die Mukosa. Die Mukosa wird nicht bei der Menstruation abgestoßen und es sind nur kleine strukturelle Veränderungen im Zyklus nachweisbar. Dagegen ändert sich aber die Menge und die Qualität des zervikalen Schleims unter dem Einfluss von Östrogenen und Gestagenen.

Um den Zeitraum der Ovulation ist dieser Schleimpfropf unter dem Einfluss von Östrogenen besonders dünnflüssig und lässt sich zu langen Fäden ziehen (‚Spinnbarkeit'). Nur unter diesen Bedingungen können Spermien, aber auch pathogene Keime diese Barriere überwinden und in den Uterus gelangen. Unter dem Mikroskop trocknet dieser Schleim und bildet Strukturen, die an Farnblätter erinnern (‚Farnblattphänomen'). Unter dem Einfluss von Progesteron nach der Ovulation und in der Schwangerschaft ist der

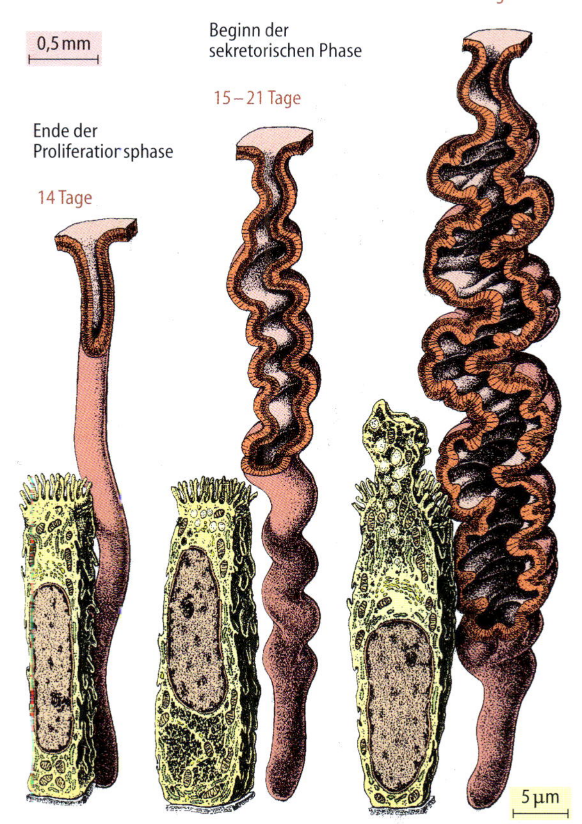

Abb. 22.18. Veränderung der Endometriumdrüsen (*rot*) und der Epithelzellen (*gelb*) während des Menstruationszyklus. In der Proliferationsphase stellen sich die Drüsen als gerade verlaufende Schläuche dar, deren Zellen sekretorisch nicht aktiv sind. In der frühen sekretorischen Phase bildet sich ein Glykogenspeicher an typischer Stelle (retronukleär) und die Drüsen zeichnen sich insgesamt durch einen gewundenen ‚sägezahnähnlichen' Verlauf aus. In der späteren Sekretionsphase finden sich in den apikalen Polen der Drüsenepithelien Hinweise auf deren sekretorische Aktivität. (Aus Junqueira et al. 1998)

Schleim viskös (nicht spinnbar), ein ‚Farnblattphänomen' ist nicht nachweisbar.

Der Epithelwechsel am äußeren Muttermund ist eine Unruhezone: Einwanderungen des Plattenepithels können zum Beispiel die Öffnungen von Drüsen verlegen und lassen Zysten entstehen (Ovula Nabothi). Andererseits kann Epithel des Zervikalkanals nach außen wandern und dort eine Ektopie bilden.

Das häufig vorkommende ***Zervixkarzinom*** entsteht meistens aus dem mehrschichtigen Plattenepithel. Bei der gynäkologischen Untersuchung lassen sich Abstriche von der Portiooberfläche und aus dem Zervikalkanal entnehmen. Die dabei gewonnenen Zellen werden auf einem Objektträger ausgestrichen, nach Papanicolaou gefärbt und zytologisch beurteilt. Die Methode dient zum Screening auf Vor- und Frühstufen eines Zervixkarzinoms.

22.3.1 Menstruationszyklus – ovarieller Zyklus

Der etwa monatliche Zyklus, den das Ovar unter der Steuerung durch die Hypophysenhormone FSH und LH durchläuft (Abb. 22.2), führt im Blut zu rhythmisch wechselnden Spiegeln von Steroidhormonen. Die ovariellen Hormone, Östrogen und Progesteron, steuern Veränderungen im Endometrium, die u. a. auch zur Menstruation führen. Auf diese Weise sind ovarieller Zyklus und endometrialer Menstruationszyklus aneinander gekoppelt.

Aus rein praktischen, leicht nachvollziehbaren Gründen legt man den Beginn des Zyklus des Endometriums auf den Tag fest, an dem die vaginale, menstruelle Blutung eintritt. Mit der Blutung aus den rupturierten Gefäßen werden auch die abgestorbenen zellulären Anteile der Funktionalis ausgeschieden. Die Menstruation selbst dauert meist mehrere Tage (Menstruationsphase), an die sich dann die Proliferationsphase anschließt. Sie endet mit der Ovulation, die mit einem hormonellen Umschwung einhergeht.

Proliferationsphase – Follikelphase ▸ Nach dem Ende der Menstruation erfolgt die Regeneration der Funktionalis aus den Drüsenstümpfen der Basalis. Verantwortlich ist hierfür v. a. der zunehmende Blutspiegel von Östrogenen, die aus den größer werdenden Follikeln des Ovars stammen. Die Follikelphase des Ovars geht also zeitgleich einher mit der Proliferationsphase des Endometriums. Mitosen von Zellen kennzeichnen diese Phase histologisch: Sowohl Drüsenepithelien wie auch Oberflächenepithelien und Bindegwebszellen im Stroma teilen sich und bauen so das Endometrium wieder zu einer Dicke von 2–3 mm auf (Abb. 22.17 und 22.18). Am Ende dieser Phase durchziehen gestreckt verlaufende Drüsen die Funktionalis, Spiralarterien haben sich neu gebildet.

Sekretionsphase – Lutealphase▸ Nach der Ovulation, in der lutealen Phase des ovariellen Zyklus, sezerniert das Corpus luteum Progesteron und dies regt die schon durch Östrogeneinfluss herangereiften Uterusdrüsen zur Sekretion von Glykoproteinen an. Diese Produkte sind vermutlich für die Ernährung des frühen Embryos vor der Nidation wichtig. Im mikroskopischen Präparat erkennt man nun gewundene, im Schnitt sägezahnartig aussehende Drüsen. Die Drüsenepithelien haben am Anfang dieser Phase eine charakteristische retronukleäre Glykogenvakuole, die später nicht mehr nachweisbar ist (Abb.en 22.17 und 22.18). Durch die zunehmende Sekretion von Glykoproteinen erweitern sich anschließend die Lumina der Drüsen. Die Dicke des Endometriums erreicht als Konsequenz dieser Vorgänge und wegen eines auftretenden interstitiellen Ödems eine Dicke von etwa 5 mm. Zellmitosen in der Funktionalis werden kaum noch gefunden. Die Spiralarterien wachsen bis in die oberflächlichsten Schichten der Funktionalis. Da auch Uteruskontraktionen unter Progesteroneinfluss stark gehemmt sind, wird alles für eine Implantation eines Embryos vorbereitet.

Menstruationsphase▸ Falls es nicht zur Befruchtung und Einnistung in das Endometrium kommt, fehlt auch das hormonelle Signal des Embryos, hCG, das letztlich für das weitere Überleben der hochdifferenzierten Funktionalis entscheidend ist. Dieses Signal wirkt wie LH stimulierend auf die Progesteronproduktion des Gelbkörpers. Ist es vorhanden, wird weiterhin Progesteron produziert und die Funktionalis persistiert. Fehlt es, dann reichen die LH-Spiegel nicht aus, um den Gelbkörper noch genügend zur Progesteronbildung anzuregen. Das vom Progesteron abhängige hochdifferenzierte Endometrium degeneriert auf Grund einer Ischämie. Es resultiert eine Nekrose der Funktionalis, sie löst sich ab und aus rupturierten Gefäßen blutet es.

Klinik

Da der Uterus über die Tuben mit der Bauchhöhle in Verbindung steht, kann es zu einem retrograden Menstruationsfluss kommen, bei der Endometriumzellen in den Peritonealraum gelangen und sich dort einnisten können. Da diese versprengten Zellen im Prinzip wie die Uterusschleimhaut auf die Sexualhormone mit den beschriebenen Veränderungen reagieren, entsteht eine peritoneale Reizung, ***Endometriose***.

Orale Ovulationshemmer (‚die Pille') enthalten meist Derivate von Östrogenen und Gestagenen. Sie unterdrücken die endogene Produktion von FSH und LH und damit das gonadotropin abhängige Wachstum von Follikeln, die Ovulation und die Ausbildung eines Gelbkörpers und damit den ovariellen Zyklus. Es kann somit keine Befruchtung und keine Schwangerschaft eintreten. Ein modifizierter Menstruationszyklus allerdings findet statt, da die Steroidabkömmlinge in der ‚Pille', wie die natürlichen Sexualsteroide, das Endometrium steuern.

Die Abb. 22.19 gibt einen Überblick über verschiedene Funktionsstadien von Uterusschleimhaut und Vaginalepithel in Beziehung zur hormonellen Regulation durch Hypothalamus, Hypophyse und Ovar.

22.4 Vagina (Scheide)

Die Scheide ist ein 8–12 cm langes, elastisches Rohr und hat einen dreischichtigen Wandbau, aus einer Mukosa, einer Muskelschicht und einer Adventitia. Die Mukosa der Vagina besitzt allerdings keine Drüsen und das Sekret, das sich in der Scheide findet stammt entweder aus dem Gebärmutterhals oder ist ein Transsudat aus den subepithelialen Gefäßen. Das Epithel selbst ist mehrschichtiges, normalerweise nicht verhorntes Plattenepithel und ist insgesamt etwa 150–200 μm dick. Das Epithel wird durch Östrogene gesteuert. So kommt es z. B. unter Einfluss von Östrogen zur Synthese und zur Speicherung von Glykogen. Im Scheidenlumen finden sich ***Döderlein-Bakterien***, die Milchsäure produzieren. Das so entstandene saure Milieu stellt einen wichtigen Schutz gegen Infektionen dar. In der Lamina propria der Mukosa finden sich viele elastische Fasern. Auffällig sind die zahlreich anzutreffenden Immunzellen (Lymphozyten und neutrophile Granulozyten), die zu bestimmten Phasen im Zyklus auch durch das Epithel in das Scheidenlumen wandern. Die zahlrei-

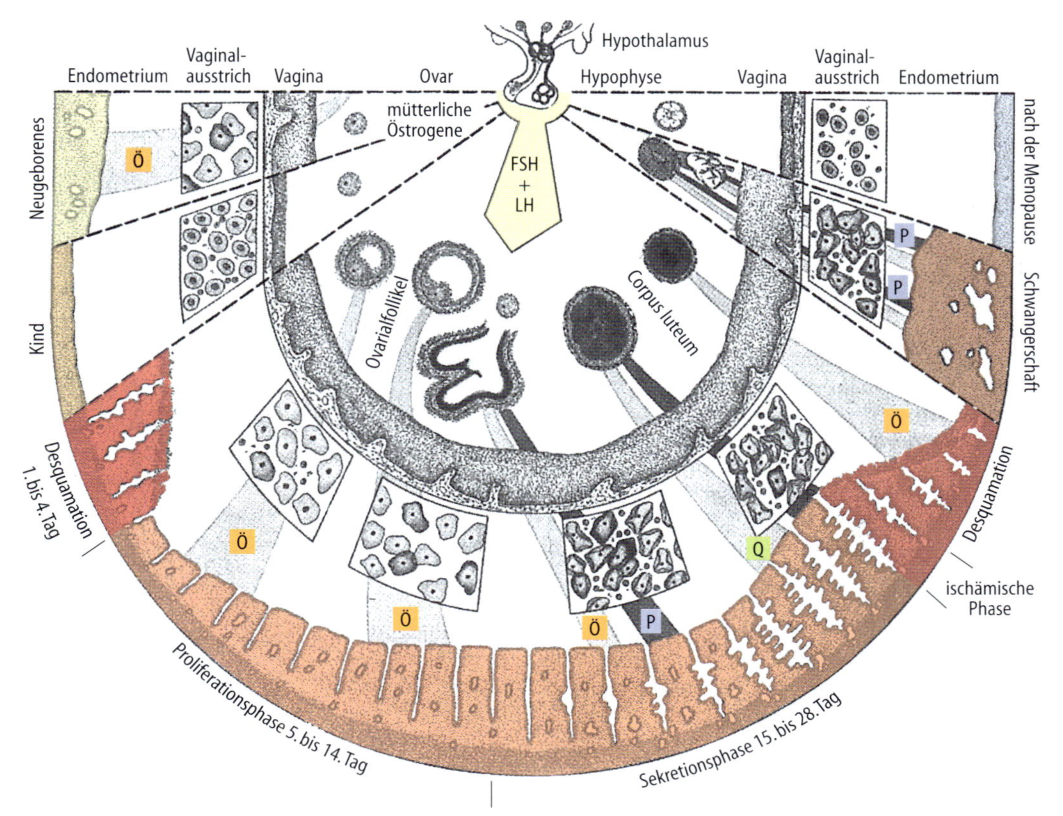

Abb. 22.19. Zusammenhänge zwischen ovariellem Zyklus, Menstruationszyklus und Schwangerschaft sowie Vorgänge vor Eintritt der Geschlechtsreife und im Alter. *FSH* Follikel Stimulierendes Hormon, *LH* Luteinisierendes Hormon. (Aus Junqueira et al. 1996)

chen kleinen Blutgefäße in der Lamina propria sind verantwortlich für das Scheidensekret, das vor allem bei sexueller Erregung als Transsudat in das Lumen gelangt. In der Muskelschicht, Muskularis, finden sich hauptsächlich longitudinal angeordnete Bündel von glatten Muskelzellen, zirkulär verlaufende Bündel liegen unter der Mukosa. Die Adventitia ist sehr reich an elastischen Fasern, die letztlich für die enorme Dehnbarkeit der Scheide verantwortlich sind.

Klinik

In Scheidenabstrichen sind abgeschilferte Epithelien und Leukozyten, je nach Zyklusphase nachweisbar. Aus dem Aussehen der Zellen des Oberflächenepithels lassen sich Rückschlüsse auf den hormonellen Status ziehen.

22.5 Äußeres Genitale

Die äußeren Geschlechtsteile, die Vulva, bestehen aus der ***Klitoris***, den ***großen*** und den ***kleinen Schamlippen*** (Labia majora pudendi, Labia minora pudendi). Die kleinen Labien umschließen das Vestibulum vaginae. Dort münden neben der Urethra auch Drüsen. Die größeren dieser Drüsen sind die paarigen ***Bartholini-Drüsen***, Glandulae vestibulares majores, sie entsprechen den Bulbourethraldrüsen des Mannes. Wie die zahlreichen kleineren Glandulae vestibulares minores produzieren diese tubuloalveloären Drüsen Schleim, der vorwiegend als Gleitmittel beim Koitus dient.

Klitoris und Penis sind homologe Strukturen und ähnlich aufgebaut. So enthält die Klitoris zwei kleine Corpora cavernosa clitoridis, die in einer rudimentären Glans clitoridis und einem Präputium enden. Die gesamte Klitoris ist von unverhorntem Plattenepithel bedeckt. Die kleinen Labien sind Hautfalten, die sich um einen Bindegewebssockel mit vielen elastischen Anteilen bilden. Das mehrschichtige Plattenepithel ist leicht verhornt. Talg- und Schweißdrüsen kommen vor. Die Bindegewebsanteile der großen Labien enthalten Fettgewebe und ein Geflecht glatter Muskelzellen. Die äußere Oberfläche dieser Hautfalten ist von verhorntem Plattenepithel bedeckt, das Haare, Talg-, Duft-, und Schweißdrüsen aufweist. Die innere Oberfläche ist haarlos und gleicht der Oberfläche der kleinen Labien.

Das gesamte äußere Genitale, besonders die Klitoris, ist reichlich mit Tastkörperchen ausgestattet, wie z. B. Meissner- und Pacini-Körperchen (s. Kap. 23.1), die für die Auslösung der sexuellen Erregung wichtig sind (erogene Zonen).

Klinik

Moderne Methoden der Reproduktionsmedizin ermöglichen, z. B. bei undurchlässigen Eileitern, die in vitro-Befruchtung von Eizellen mit durch Masturbation gewonnenen Spermien ***(In Vitro-Fertilisation, IVF)***. Eine andere, aufwändigere Methode ist die Injektion eines einzelnen Spermiums oder einer unreifen Vorstufe direkt in die Eizelle. Die männlichen Keimzellen werden zu diesem Zweck operativ aus einem Tubulus seminiferus oder dem Nebenhoden entnommen. Die Eizelle wird jeweils durch Punktion eines sprungreifen Follikels gewonnen. Diese ***ICSI-Methode (intracytoplasmatic sperm injection)*** ermöglicht auch bei einer Azoospermie oder bei unbeweglichen Spermien die Erfüllung eines Kinderwunsches. Längerfristige Erfahrungen über mögliche gesundheitliche Risiken und Spätfolgen dieser Methode für die Nachkommen fehlen.

22.6 Schwangerschaft

Eine Schwangerschaft geht mit weit reichenden Umstellungen und Anpassungen im gesamten Körper der Frau einher. Hier sollen nur die Vorgänge bei

- der Befruchtung,
- der frühen embryonalen Entwicklung,
- der Implantation

sowie der Aufbau der Plazenta kurz behandelt werden.

Befruchtung▸ Die Befruchtung findet in der Regel im Eileiter statt (Kap. 22.2). Hier treffen sich Eizelle und ein durch das Milieu des weiblichen Genitaltraktes nun befruchtungsfähiges ‚kapazitiertes' Spermium (s. Kap. 21.1.1). Bei der ***‚Akrosomenreaktion'*** fusionieren die innere und äußere Akrosomenmembran und Inhaltstoffe des Akrosoms werden freigesetzt. Dieses nun aktivierte Spermium ist in der Lage, die Kumuluszelllage um die Eizelle zu durchdringen, wobei u. a. die enzymatische Aktivität der akrosomalen Hyaluronidase wichtig ist. Über Glykoproteine (so genannte Zona pellucida-(ZP)-Proteine) erfolgt dann die spezifische Anlagerung des Spermiums an die Zona pellucida und anschließend der vermutlich enzymatische Verdau eines Teiles dieser Schicht (s. Kap. 21.1.1). Nun kann das Spermium über ein Spermienprotein (Fertilin) an die Plasmamembran der Eizelle binden und die Verschmelzung initiieren.

Bei der Verschmelzung fusionieren die Plasmamembranen des Spermiums und der Eizelle. Dadurch gelangt die kondensierte Erbinformation des Spermienkopfes in das Zytoplasma der Eizelle und wird dort schließlich als männlicher Vorkern sichtbar. Die Fusion löst eine Erhöhung der intrazellulären Kalziumkonzentration aus. Dies führt zur Exozytose von in der Peripherie der Eizelle gelegenen kortikalen Granula. Sie enthalten noch weitgehend unbekannte Inhaltstoffe mit Proteaseaktivität. Dadurch werden die ZP-Proteine chemisch so verändert, dass diese Schicht für weitere Spermien nun unpenetrierbar wird (Polyspermieblock). Kalzium führt weiterhin dazu, dass die 2. Reifeteilung der Eizelle abgeschlossen wird und sich so der weibliche Vorkern und die 2. Polkörperchen ausbilden. Kalzium ist vermutlich auch beteiligt an der nun folgenden Verschmelzung der männlichen und weiblichen Vorkerne und der Initiation der ersten Mitose der ***Zygote*** (= befruchtete Eizelle).

Frühe Entwicklung▸ Durch weitere mitotische Teilungen (Furchungsteilungen) bildet sich dann ein Zellhaufen, die ***Morula***. Diese kompakte Zellmasse wird aus einzelnen ***Blastomeren*** aufgebaut, den zellulären Abkömmlingen aus den ersten mitotischen Teilungen der Zygote. Die Morula wird noch von der Zona pellucida bedeckt und entspricht in der Größe in etwa der befruchteten Eizelle. Die Vorgänge in dieser Entwicklungsphase werden durch Gene gesteuert, deren Trankription schon im Laufe der Oogenese erfolgte und deren mRNA in der Eizelle gespeichert vorliegt. In der Morula entwickelt sich nun eine durch Flüssigkeit gefüllte Höhle *(Blastozyste)*. In diesem Hohlkörper lassen sich peripher angeordnete Blastomere erkennen, die den Trophoblasten bilden und Blastomere, die sich nach innen in die Höhlung ausbreiten (‚inner cell mass'). Aus letzteren, dem ***Embryoblasten***, entwickeln sich die Keimblätter und der Körper des Embryos (s. Lehrbücher der Embryologie). Als Blastozyste erreicht der Embryo am 4.–5. Tag nach der Ovulation den Uterus, wo er noch etwa 2–3 Tage im Lumen nachweisbar ist, bevor er sich in die Uterusschleimhaut einnistet. In dieser Zeit sichern zunächst die Sekretionsprodukte der Tube und dann die der Uterusschleimhaut die Ernährung des frühen Embryos.

Implantation► Der Einnistung, ***Nidation***, geht die Auflösung der Zona pellucida voraus. Somit erhalten die Trophoblastenzellen nun die Gelegenheit sich zu vermehren und ungehindert mit dem Endometrium zelluläre Kontakte aufzunehmen. Sie binden daran und penetrieren dann zunächst das Schleimhautepithel und dann das darunter liegende Gewebe. Dieser Vorgang ist nicht gut verstanden, aber lokal produzierte ***Zytokine***, wie z. B. ***LIF*** (Leukemia inhibitory factor) spielen bei dieser Implantation vermutlich eine entscheidende Rolle. Diese interstitielle Implantation beginnt etwa sieben Tage nach Ovulation und ist bis zum 9. Tag abgeschlossen. Sie kann nur erfolgen, wenn das Endometrium die für die sekretorische Phase typischen Veränderungen aufweist.

Klinik Die Wirkung der so genannten ‚Pille danach' (Morning-after pill) beruht auf einer Hemmung der Nidation durch Störung der Synchronisation der Entwicklung der Blastozyste und der Uterusschleimhaut. Zur Kontrazeption verwendete intrauterine Pessare (‚die Spirale') verhindern u. a. auch die Einnistung eines Embryos. Die Vorgänge bei der Einnistung des Embryos in das Endometrium ähneln in vielen Aspekten einer Metastasierung von Krebszellen, und beruhen vermutlich auf ähnlichen zellulären Prinzipien. Die Gründe dafür, dass der implantierte, genetisch fremde Embryo/Fetus nicht vom mütterlichen Immunsystem angegriffen wird, sind nicht bekannt.

Während der Implantation differenziert sich der ***Trophoblast*** in den ***Synzytiotrophoblast*** und in den ***Zytotrophoblast*** (Abb. 22.21 und 22.22). Die Zellen des Zytotrophoblasten liegen unterhalb der Schicht des Synzytiotrophoblasten. Letztere stellen ein echtes Synzytium dar und entstehen durch Fusion der Zellen des Zytotrophoblasten. Der Synzytiotrophoblast besitzt viele unregelmäßig geformte Mikrovilli und pinozytotische Vesikel, über die vermutlich Stoffe aus der mütterlichen Zirkulation aufgenommen werden. Im Zytoplasma des Synzytiotrophoblasten finden sich gut ausgeprägte Organellen (rauhes und glattes endoplasmatisches Retikulum, Golgi-Komplexe und viele Mitochondrien) und Fetttröpfchen, die Cholesterol enthalten. Diese ultrastrukturellen Charakteristika korrelieren mit der endokrinen Funktion dieses Synzytiums: Es kann Glykoproteinhormone wie das dem LH ähnliche hCG (humanes Choriongonadotropin), Proteinhormone wie plazentares Laktogen (entspricht in der Wirkung dem hypophysären Prolaktin), sowie die Sexualsteroide Progesteron und Östrogene bilden. Wichtig ist, dass schon der frühe Embryo hCG bilden kann, das in den mütterlichen Kreislauf gelangt und wie LH die Progesteronbildung des Gelbkörpers weiter steigert. Später, etwa ab dem 2. Schwangerschaftsdrittel wird die Progesteronproduktion vorwiegend von der Plazenta übernommen.

Plazenta► Durch proteolytische Aktivität entstehen um die Synzytiotrophoblastanteile extrazytoplasmatische Höhlen, die zunehmend größer werden, mit einander in Verbindung treten und Lakunen ausbilden (den späteren intervillösen Raum, Abb. 22.20). In diese Lakunen blutet es aus arteriellen Gefäße ein, da diese zusammen mit venösen Gefäße bei diesen Vorgängen rupturieren. Das Blut folgt den Druckverhältnissen und fließt über die venösen Gefäße ab. Ab jetzt erfolgt die Ernährung des Keims hämatotroph, d. h. durch das mütterliche Blut. Die Ausbildung der extravasalen Durchblutung der Lakunen ist ein wichtiger Schritt bei der Ausbildung der ***hämochorialen Plazenta***.

Im ***Endometrium*** sind während der Implantation typische Veränderungen zu beobachten (Dezidualisierung, das Endometrium der Schwangerschaft wird insgesamt als ***Decidua graviditatis*** bezeichnet): Stromazellen vergrößern sich, lagern Glykogen und Fett ein und heißen nun Deziduazellen. Insgesamt sind drei Anteile der ***Dezidua*** zu unterscheiden: Die ***Decidua basalis*** liegt zwischen dem Embryo und dem Myometrium, die ***Decidua capsularis*** zwischen Embryo und Uteruslumen und als ***Decidua parietalis*** wird die restliche Dezidua bezeichnet (Abb. 22.20 und 22.21). Trophoblastanteile, die an die Decidua capsularis grenzen, wachsen wegen der schlechten Ernährungssituation nur wenig. Anders ist die Situation beim Trophoblast, der an das Myometrium grenzt. Durch dessen gute

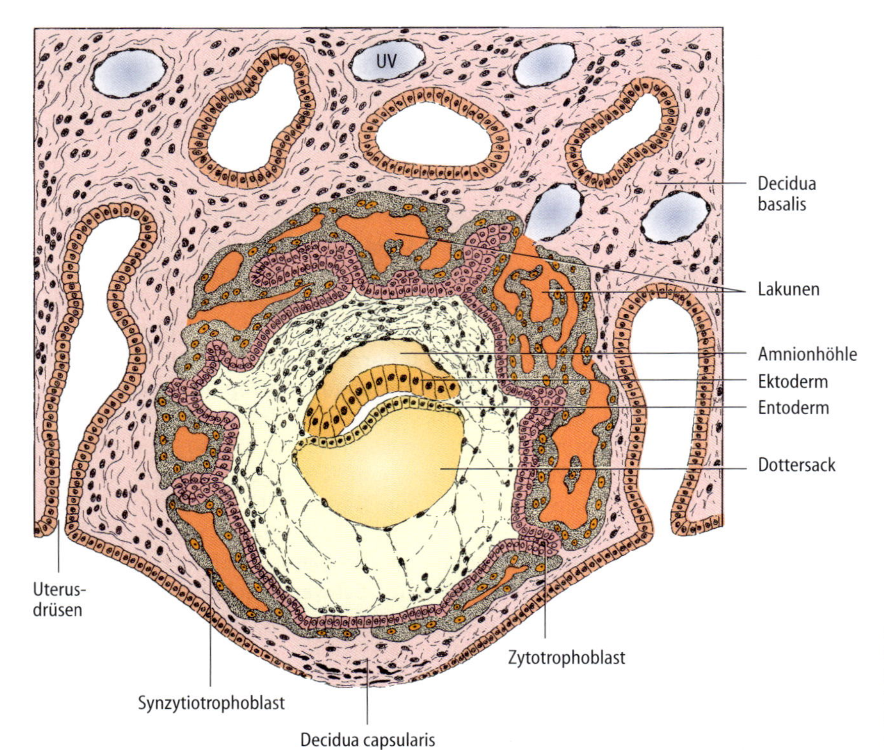

Abb. 22.20. Aufbau eines menschlichen Embryos nach der Implantation (12. Tag) im Endometrium, das nun als Dezidua bezeichnet wird. Aus Gefäßen (*UV*) der Gebärmutter strömt Blut in die Lakunen. (Aus Junqueira et al. 1998)

Durchblutung wächst dieser Anteil rasch. Aus diesem Anteil wachsen die ***Primärzotten*** aus, die nur aus Zytotrophoblast und Synzytiotrophblast bestehen. Während dieser Entwicklungsphase entsteht noch bevor ein intraembryonales Mesenchym ausgebildet wird, ein extraembryonales Mesenchym und beteiligt sich an der Bildung der Plazenta. Aus dem extraembryonalen Mesenchym und dem Trophoblast entsteht das ***Chorion***. Der Decidua capsularis anliegend entwickelt es sich nur wenig, ***Chorion laeve***, aber der Decidua basalis anliegend wächst es stark und bildet das ***Chorion frondosum***. Es ist aus Synzytiotrophblast, Zytotrophoblast und extraembryonalem Mesenchym aufgebaut.

Durch das Einwandern von Mesenchym in die Primärzotten entstehen nun die ***Sekundärzotten*** (Abb. 22.22). Im Zottenmesenchym bilden sich Blutgefäße (Vaskulogenese). Sie finden Anschluss an den beginnenden Blutkreislauf im Embryo und sind eine Grundlage für den Transport von Stoffen zwischen mütterlichem und kindlichem Blut.

Es bildet sich nun an der Implantionsstelle die ***hämochoriale Plazenta***, der Mutterkuchen. Die Plazenta ist ein temporäres Organ und allein verantwortlich für die Ernährung und den gesamten Stoffaustausch (Ernährung, Atemgase, Abfallprodukte des Stoffwechsels) zwischen der Mutter und dem heranwachsenden Kind. Sie besteht aus einem kindlichen (Chorion) und einem mütterlichen Anteil (Decidua basalis). Damit ist es das einzige Organ des Körpers, das aus den Zellen zweier verschiedener Individuen zusammengesetzt wird.

Der ***kindliche Anteil der Plazenta*** ist das Chorion, das aus einer ***Chorionplatte*** besteht von der die bereits erwähnten Sekundärzotten entspringen. Sie besitzen einen Bindegewebssockel, der von extraembryonalem Mesenchym abstammt und sind vom ***Synzytiotrophoblast*** und ***Zytotrophoblast*** bedeckt (Abb. 22.23). Der Synzytiotrophoblast ist bis zum Ende der Schwangerschaft nachweisbar, nicht aber der Zytotrophoblast. Er ist in der zweiten Schwangerschaftshälfte nicht mehr sichtbar, da er in den stark wachsenden Synzytiotrophoblast inkorporiert wird. Chorionzotten kommen entweder als ***freie Zotten*** vor oder sie sind an der Decidua basalis verankert ***(Haftzotten)***. Der Aufbau ist in beiden Fällen gleich. Die Zotten baden im mütterlichen Blut der Lakunen des intervillösen Raumes und ihre Oberflächen stellen die Austauschfläche aller Stoffe zwischen mütterlichem und kindlichem Organismus dar.

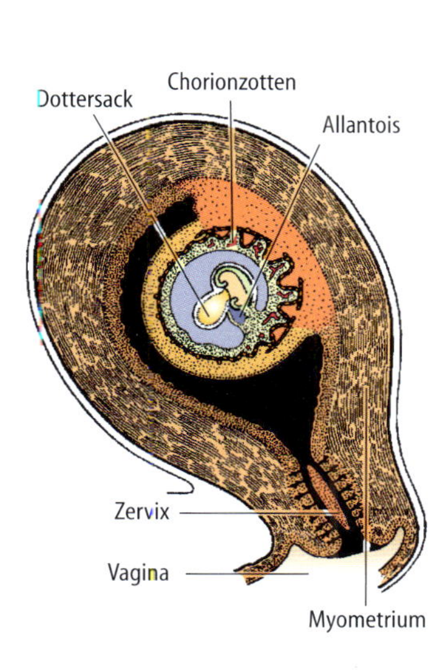

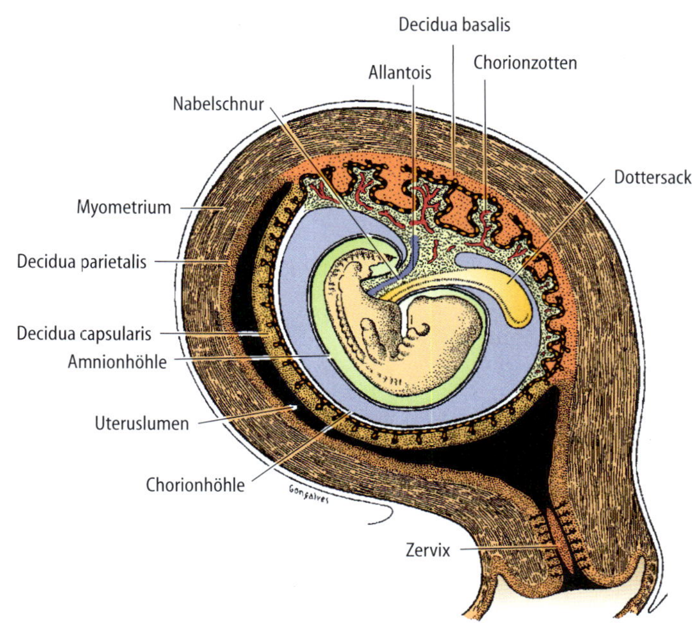

Abb. 22.21. Entwicklung des Embryos und der Plazenta. (Aus Junqueira et al. 1996)

Im ***mütterlichen Anteil der Plazenta***, der ***Decidua basalis***, verlaufen die arteriellen Gefäße, die in die Lakunen münden und die venösen Gefäße, die das Blut aus den Lakunen aufnehmen. Mütterliches und kindliches Blut sind in aller Regel immer getrennt und vermischen sich nicht. Allerdings wird gegen Ende der Schwangerschaft, wenn der Zytotrophoblast verschwunden ist, die ***Plazentarschranke*** durchlässiger: Sie besteht dann nur noch aus Synzytiotrophoblast, Bindegewebe, Basallamina und Endothel der Kapillaren und es besteht die Möglichkeit, dass Blutzellen sie durchdringen.

Klinik Im Laufe der Schwangerschaft, vor allem aber bei der Geburt kann es zum Übertritt von fetalen Blutzellen in den mütterlichen Kreislauf kommen. Bei unterschiedlichen Blutgruppen von Mutter und Kind ist dann die Bildung von Antikörpern der Mutter gegen die kindlichen Blutgruppenantigene möglich.

Am Ende der Schwangerschaft hat die Plazenta die Form einer Scheibe, von der die Nabelschnur entspringt, welche durch die darin verlaufenden Gefäße die Verbindung zwischen dem mütterlichen und kindlichen Kreislauf herstellt. Das kindliche sauerstoffarme Blut erreicht die Plazenta über die paarigen Nabelarterien, die sich verzweigen und letztlich die kapillären Gefäße der Chorionzotten bilden. In diese wird Sauerstoff aus dem Mischblut der Lakunen aufgenommen, während Kohlendioxid abgegeben wird. Für die effektive Aufnahme ist das fetale Hämoglobin, das eine hohe Sauerstoffbindungskapazität aufweist, wichtig. Dieses Blut gelangt über die sich bildende Nabelvene zurück zum Fetus. Wie erwähnt trennt die Plazentarschranke mütterliches vom kindlichen Blut. Diese Schranke ist jedoch permeabel für verschiedene Stoffe, die für die Ernährung wichtig sind. So werden neben den Blutgasen (O_2, CO_2), Wasser, Elektrolyte, Kohlenhydrate, Lipide, Proteine, Vitamine, Hormone, Stoffwechselabbauprodukte sowie verschiedene Drogen und Medikamente ausgetauscht.

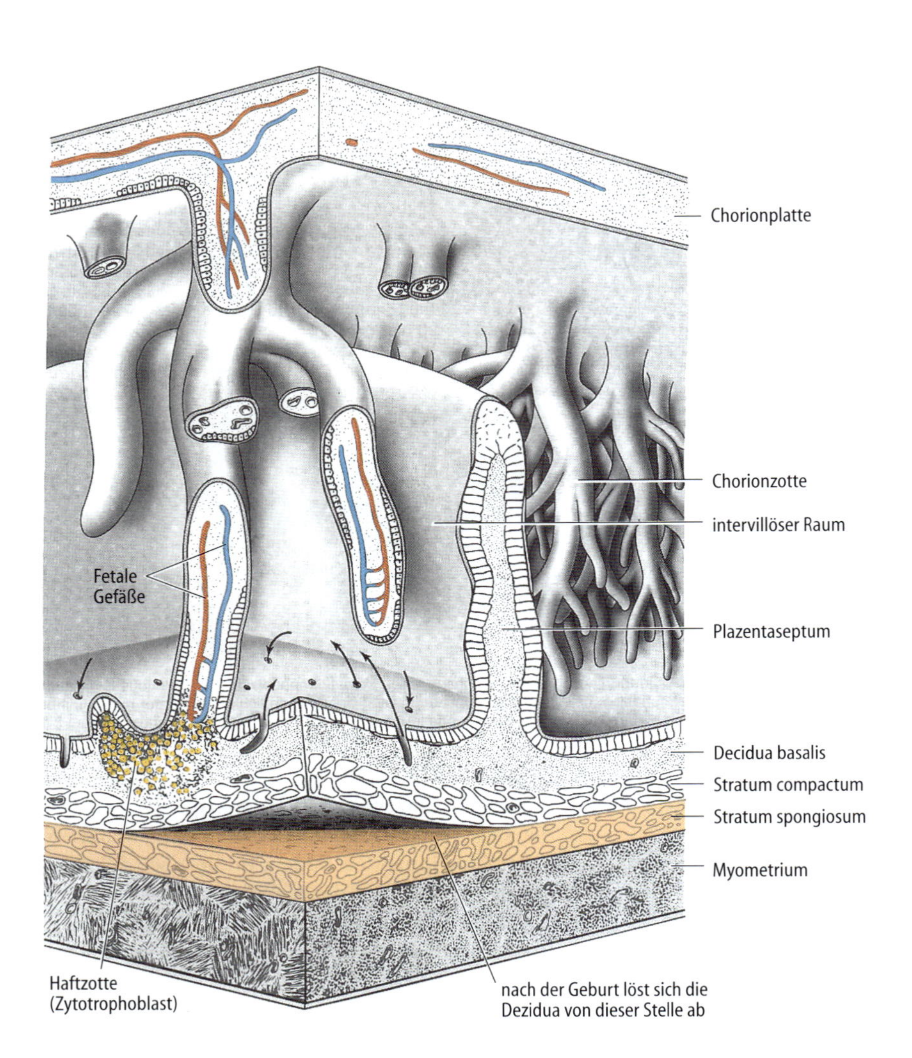

Abb. 22.22. Schematischer Aufbau der Plazenta. *Pfeile* weisen auf den Blutfluss von mütterlichen arteriellen Gefäßen in die intervillösen Räume und zurück in mütterliche venöse Gefäße hin. (Aus Junqueira et al. 1998)

Klinik Viele Medikamente, aber auch Alkohol, können die Plazentarschranke durchdringen und möglicherweise zu einer Schädigung des heranwachsenden Kindes führen.

Auch Immunglobuline der IgG-Klasse gelangen von der Mutter in den Feten (s. Kap. 13.2.1). Dieser erhält dadurch eine passive Immunisierung gegen Krankheiten, gegen die die Mutter Antikörper besitzt. Allerdings können die größeren Antikörper der IgM-Klasse, die bei akuten Infekten zuerst gebildet werden, nicht durch die Plazentarschranke gelangen, der Fet ist daher nicht gegen akute Infekte der Mutter geschützt. So können verschiedene Erreger, z. B. das Röteln-Virus, die Plazentarschranke durchwandern, den Embryo oder Feten infizieren und zu schweren Schädigungen bei der Entwicklung führen.

Die Plazenta ist wie bereits erwähnt darüber hinaus ein wichtiges endokrines Organ und der Synzytiotrophoblast produziert etwa ab dem dritten Gestationsmonat große Mengen Progesteron, das die Schwangerschaft erhält. Ab diesem Zeitpunkt ist die ovarielle Progesteronproduktion des Gelbkörpers nicht mehr für den Erhalt der Schwangerschaft essenziell.

Von der Plazenta gebildetes hCG dient der Schwangerschaftsdiagnostik.

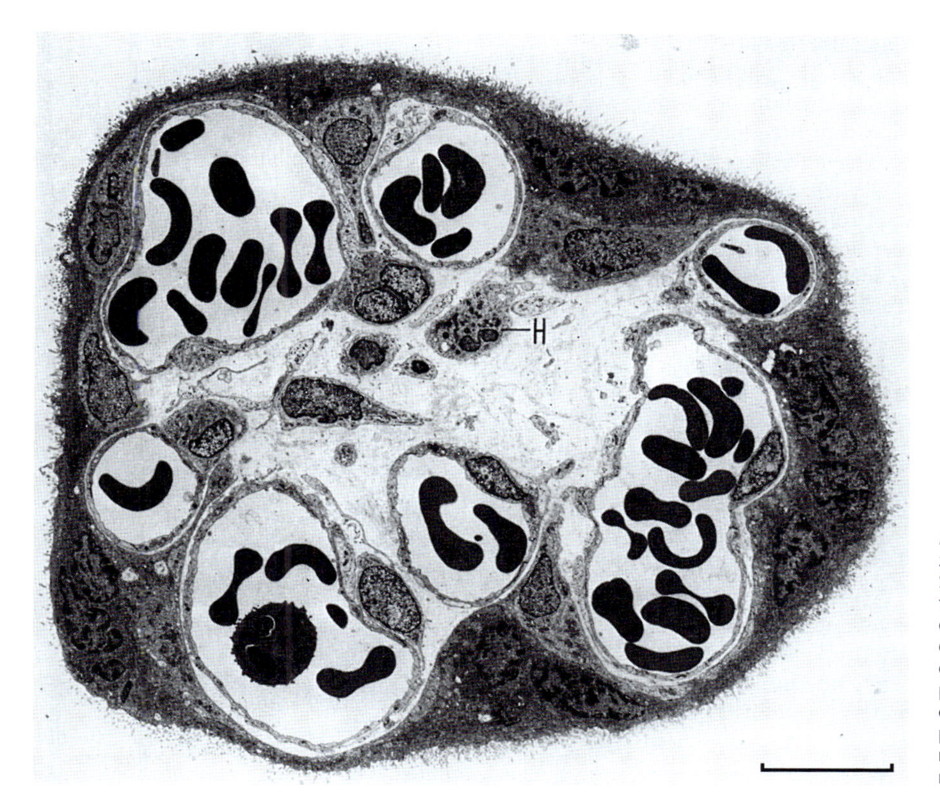

Abb. 22.23. Plazentazotte aus der zweiten Schwangerschaftshälfte. Der Synzytiotrophoblast bildet eine kontinuierliche Grenzschicht und wird an einigen Stellen von darunter liegenden helleren Zytotrophoblastzellen ergänzt. In den angeschnittenen Kapillaren sind fetale Erythrozyten und ein Leukozyt, dazwischen ein Makrophage (*H* Hofbauerzelle) zu erkennen. Balken = 10 µm. (Nach Junqueira et al. 1996)

22.7 Glandula mammaria (Brustdrüse)

Jede der paarigen Brüste *(Mammae)* besteht aus 15–25 Läppchen aus tubuloalveolären Drüsen, deren Funktion darin besteht, Milch für das neugeborene Kind zu sezernieren (Abb. 22.24, 22.25, 22.26, 22.27 und 22.28). Die einzelnen Läppchen liegen in der Subkutis und sind dort voneinander durch Bindegewebe und Fettgewebe getrennt. Sie besitzen je einen eigenen 2–4,5 cm langen Ausführungsgang (***Ductus lactifer***, *pl.* ***Ductus lactiferi***), der über eine Erweiterung (***Sinus lactifer, Milchsäckchen***) auf der ***Brustwarze (Papilla mammae)*** mündet. Die Histologie der Brustdrüse variiert sehr stark mit dem Geschlecht – beim Mann sind diese Drüsen nur rudimentär ausgebildet – dem Alter und dem hormonellen Status.

Klinik

Neugeborene beiderlei Geschlechts weisen eine vorübergehende Aktivierung und Vergrößerung der Brustdrüsen auf, die vor allem auf die hohen Östrogenspiegel in utero zurückzuführen ist, denen der Fet ausgesetzt war.

Beim Eintritt in die Pubertät wachsen beim Mädchen die Ductus lactiferi und die Sinus lactiferi unter dem Einfluss von ovariellen Östrogenen, außerdem wird Fettgewebe und kollagenes Bindegewebe um die sich nun verzweigenden Drüsengänge angelagert. Dies führt zu einer Vergrößerung der gesamten Brust, die sich vom Brustkorb abhebt, es kommt aber auch zu einer Vergrößerung der Brustwarze ***(Thelarche).*** Beim Knaben unterbleiben diese Veränderungen.

Klinik

Nach Tanner lassen sich verschiedene Pubertätsstadien u. a. anhand der Größe und Form der Brust einteilen.

Die ***Brustwarze, Papilla mammae***, der geschlechtsreifen Frau ist pigmentiert und hat je nach Typus (blond bzw. schwarzhaarig) eine rosa, hellbraune oder bis dunkelbraune Farbe. Sie ist von mehrschichtigem, verhornten Plattenepithel bedeckt. Darunter liegt Bindegewebe mit vielen glatten Muskelzellen. Auf z. B. taktile Reize beim Saugen kann sich die Papille aufrichten und so ein Saugen an der Brust erst ermöglichen. Die Brustwarze umgibt der ebenfalls stärker pigmentierten Warzenhof, ***Areola mammae***, in dem freie Talgdrüsen, Schweißdrüsen, feine Härchen und apokrine ***Glandulae areolae*** vorkommen.

Klinik

Brustwarze und Areola, weisen eine sehr starke sensible Innervation auf und zählen wie die äußeren Geschlechtsorgane zu den erogenen Zonen des Körpers.

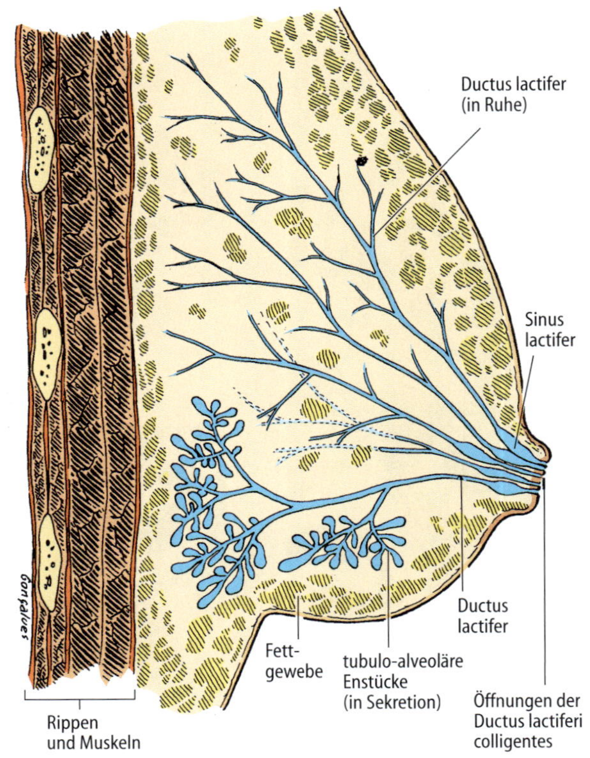

Abb. 22.24. Drüsen und Gangsystem der weiblichen Brust. (Aus Junqueira et al. 1996)

Das Epithel der Papillenspitze geht über in das der Sinus lactiferi. In den sich anschließenden Ausführungsgängen (***Ductus lactifer colligens*** und ***Ductus lactifer***) wechselt das Epithel zu zweireihigem, kubischen bis hochprismatischen Typ. Eine Lage von kubischem Epithel kleidet die sekretorisch aktiven Endbereiche der Ductus lactiferi und die Alveolen aus. Um diese

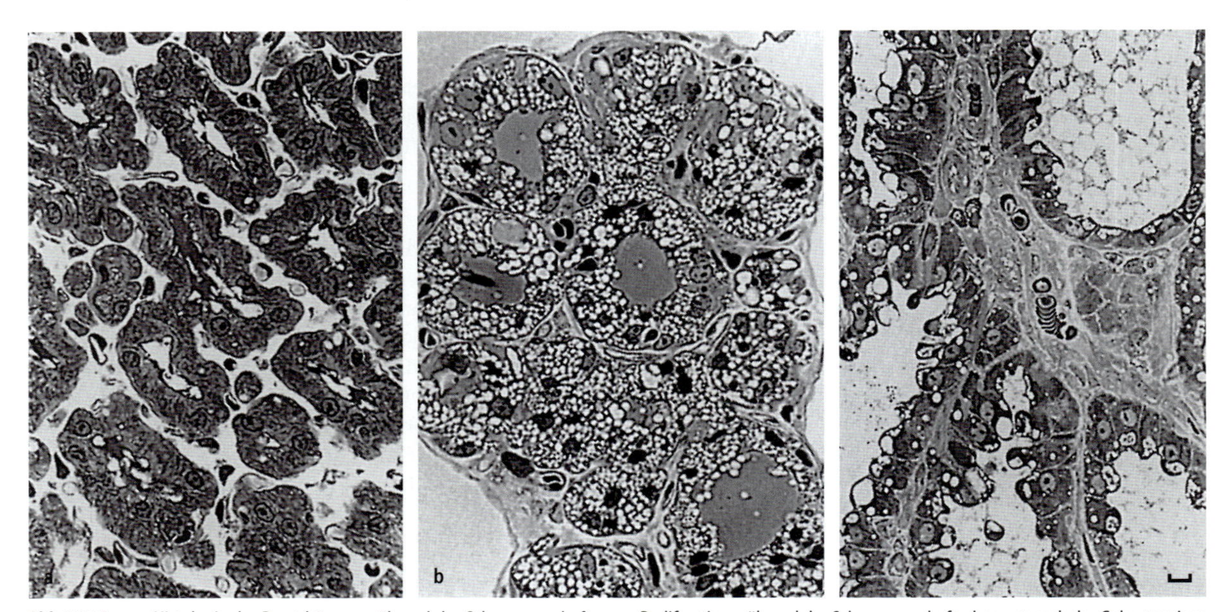

Abb. 22.25 a–c. Histologie der Brustdrüse **a** während der Schwangerschaft, **b** vor der Geburt und **c** während der Stillperiode. Die Vorbereitung auf eine sekretorische Aktivität beginnt bereits vor der Geburt, nach einer Phase der Proliferation während der Schwangerschaft, aber erst nach der Geburt weisen die großen Lumina der Alveolen auf eine tatsächliche Produktion und Ausschleusung von Muttermilch hin. Balken = 10 μm. (Aus Junqueira et al. 1998)

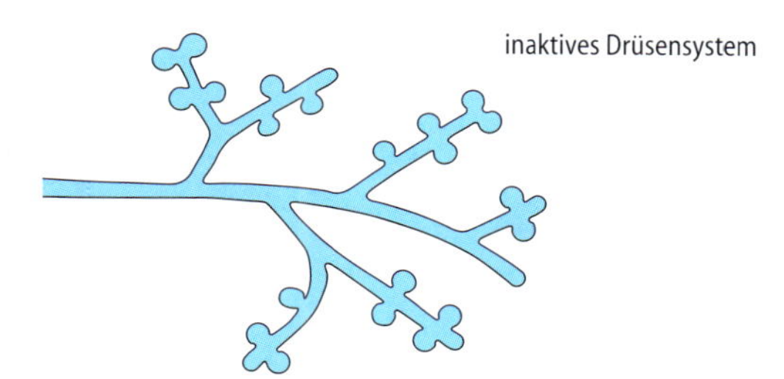

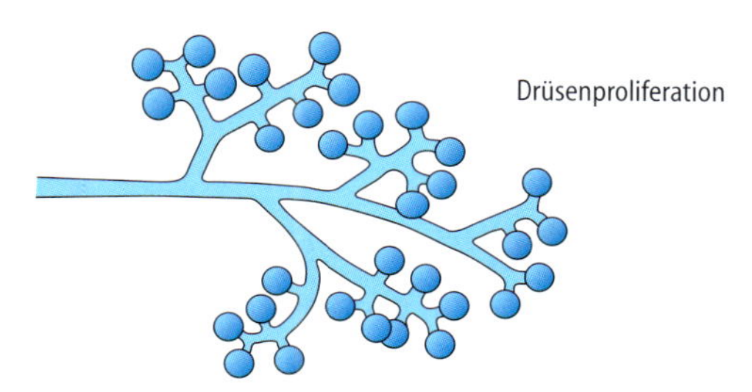

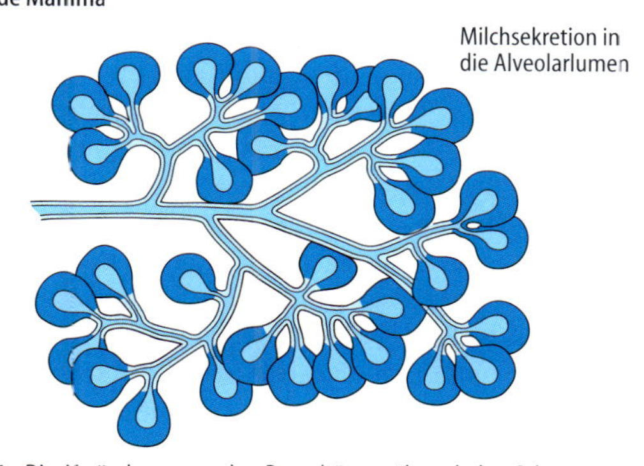

Abb. 22.26. Die Veränderungen der Brustdrüse während der Schwangerschaft. Kleine Veränderungen der Brustdrüsen während des Menstruationszyklus sind durch die wechselnden Sexualhormonspiegel bedingt und sind hier nicht wiedergegeben. Nach Ende der Stillperiode bildet sich die Brustdrüse zurück. (Aus Junqueira et al. 1998)

Endabschnitte lagern sich viele myoepitheliale Zellen (Kap. 3.4.2) an, die eine wichtige Rolle beim Vorgang der Laktation übernehmen (s. unten).

Während des Menstruationszyklus verändert sich die Histologie der Brüstdrüse bedingt durch die schwankenden Sexualhormonspiegel in geringem Umfang. Hohe Östrogenspiegel vor der Ovulation führen z. B. zu Mitosen im Epithel der Gänge, prämenstruell kommt es zu Flüssigkeitseinlagerung im Bindewebe und zur Vergrößerung der Brüste.

Klinik

Nach Einsetzen der Menstruation erlaubt die nun weiche Konsistenz der Brüste am besten eine Untersuchung durch die Frau selbst oder durch den Arzt.

Während der Schwangerschaft kommt es zur Vergrößerung der Brüste, bedingt durch das massive Wachstum und der Neubildung des sekretorischen Teils, der Alveolen und Tubuli und der verstärkten Verzweigung der Ductus lactiferi (Abb. 22.24 und 22.25). Die Alveolarzellen enthalten nun zunehmend Fetttröpfchen und sekretorische Vesikel mit Milchproteinen. Das Wachstum der Brustdrüse während der Schwangerschaft wird durch verschiedene hormonelle Signale (Östrogen, Progesteron, Prolaktin und plazentares Laktogen) stimuliert, die synergistisch wirksam werden.

Laktation▸ Die Drüsenepithelien produzieren die Milch, die sich in den Lumina von Alveolen und Ausführungsgängen staut und dann über die Papillenspitze abgegeben wird. In den Zellen der Endstücke sind am apikalen Pol Tröpfchen unterschiedlicher Größe sichtbar, die hauptsächlich aus Neutralfetten bestehen (Abb. 22.25 und 22.27). Sie werden durch Abschnürung zusammen mit etwas Zytoplasma und der Plasmamembran der Zelle ausgeschleust (***apokrine Sekretion***, s. Kap. 3.4.2). Die Fetttröpfchen des Milchfetts rufen die weißliche Farbe der Milch hervor. Zusätzlich liegen in der Zelle viele kleinere Granula vor, die durch eine Membran begrenzt sind und Kaseine und andere Milchproteine (z. B. α-Lactalbumin, Lysozym, Laktoferrin) enthalten. Sie werden durch ***Exozytose*** freigesetzt. Der Fettanteil der Muttermilch beträgt etwa 4 %, der Proteinanteil in der Muttermilch etwa 1,5 %. Zusätzlich kommen etwa 7 % Laktose (Milchzucker) vor. Im Bindegewebe um die Alveolen finden sich vor allem gegen Ende der Schwangerschaft Lymphozyten und viele Plasmazellen. Plasmazellen sezernieren Immunglobuline (IgA, s. Kap. 13.2.1). Diese wandern durch das Epithel (s. Kap. 14.11) und gelangen so in die Milch und werden an den Säugling abgegeben ***(passive Immunisierung gestillter Kinder)***.

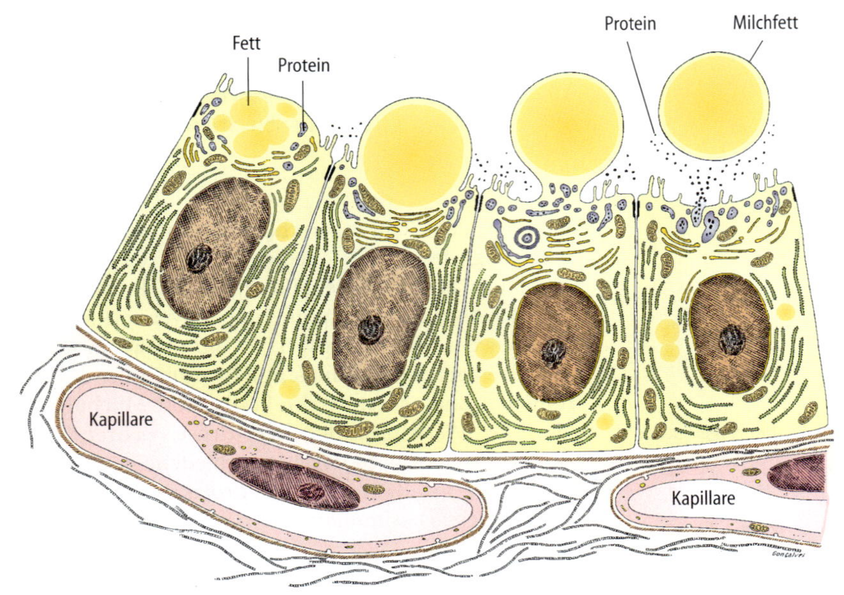

Abb. 22.27. Exozytose von Protein und apokrine Sekretion von Milchfett in der Brustdrüse. (Nach Junqueira et al. 1996)

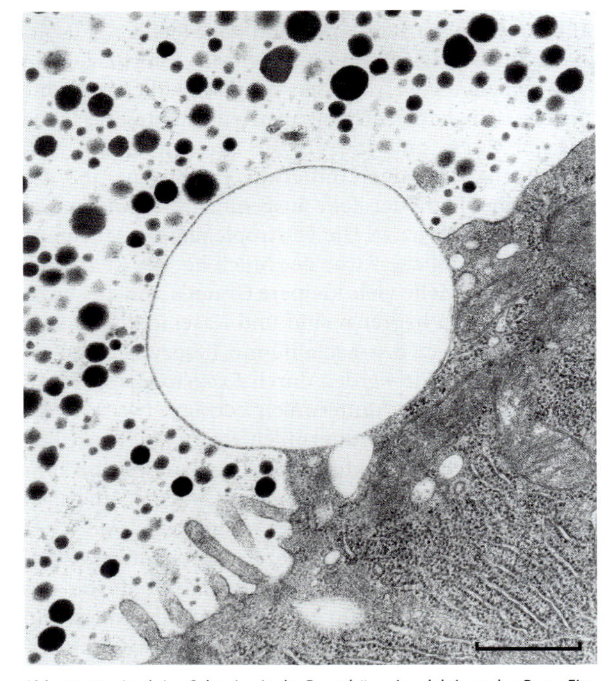

Abb. 22.28. Apokrine Sekretion in der Brustdrüse einer laktierenden Ratte. Ein Saum aus Zytoplasma und die Plasmamembran umgibt noch einen sich abschnürenden Fetttropfen. Das Fett ist, methodisch bedingt, herausgelöst und nicht zu sehen. Zu erkennen sind zahlreiche elektronendichte Kaseingranula, die sich bereits im Alveolenlumen befinden. Balken = 1 μm. (Ulrich Welsch, München)

Klinik

Die Vormilch, das ***Kolostrum***, die schon ab Mitte der Schwangerschaft und bis zum 4. Wochenbettstag gebildet wird, ist reicher an Proteinen und Mineralien, enthält aber weniger Fett als die reife Milch, die erst ab etwa dem 15. Wochenbettstag sezerniert wird. Außerdem ist der Gehalt an Ig A in der Vormilch höher als in der reifen Milch.

Für die Milchabgabe spielt das Hormon ***Oxytozin***, das im Hypohysenhinterlappen freigesetzt wird, eine wichtige Rolle. Es wirkt auf Rezeptoren der myoepithelialen Zellen, die die Alveolen und Gänge umgeben. Diese Zellen kontrahieren sich und komprimieren dadurch Alveolen und Gangsystem, welche dadurch entleert werden. Initiiert wird die Oxytozin-Freisetzung und die resultierende Milchfreisetzung entweder durch taktile Reize an der Brustwarze oder allein durch den visuellen und akustischen Reiz des schreienden, hungrigen Säuglings. Das Saugen an der Brustwarze unterhält die Oxytozinfreisetzung. Dieser reflexartige Vorgang kann durch negative psychische Einflüsse und Emotionen gestört werden.

Mit dem Abstillen bildet sich die Brustdrüse wieder zurück. Davon betroffen ist vorwiegend das Drüsenepithel der Alveolen, das sich während der Schwangerschaft stark entwickelt hat. Es degeneriert und einwandernde Makrophagen räumen den zellulären Debris ab.

Mit der Menopause erhält die weibliche Brustdrüse keine ausreichende Stimulation durch ovarielle trophisch wirksame Sexualhormone mehr. Dadurch kommt es zur Verkleinerung, der Brustdrüse und zur Atrophie des sekretorischen Anteils ***(senile Involution)***.

Klinik

Etwa 10 % aller Frauen in der westlichen Welt erkranken im Laufe ihres Lebens an bösartigen Tumoren der Brust. ***Karzinome der Brust*** stammen meist vom Epithel der Ausführungsgänge ab. Dieser maligne Tumortyp wurde nach WHO-Angaben im Jahr 1996 weltweit an fast 1 Million Frauen diagnostiziert und ist die häufigste Krebserkrankung der Frau überhaupt. Aufklärung über richtige Selbstuntersuchung, sowie moderne diagnostische Methoden wie Sonografie und Mammografien sind für die Früherkennung wichtig. Früherkennung und neuere, die Brust erhaltende Operationstechniken in Kombination mit Chemotherapie oder Bestrahlung haben die Lebensqualität und Prognose dieser Erkrankung in den letzten Jahren verbessert. Da Formen dieser Erkrankung familiär gehäuft vorkommen, oft in Kombination mit einem ovariellen Karzinom, wird nach Gendefekten als den Verursachern geforscht. Bekannt ist bisher, dass Mutationen in den so genannten BRCA 1 und 2 Genen oft bei Frauen mit Karzinomen der Brust und des Ovars auftreten. Erste Studien weisen aber darauf hin, dass nicht in jedem Fall der Nachweis einer Mutation in diesen Genen auch zu einer tatsächlichen Erkrankung führt.

Sinnesorgane 23

23.1	Mechanosensoren	422
23.2	Schmerz und Temperatur	425
23.3	Chemosensoren für Sauerstoff, Kohlendioxid und Protonen	426
23.4	Geschmack	426
23.5	Geruch	428
23.6	Sehen	428
23.7	Gehör und Gleichgewicht	440

Sinnesorgane

Einleitung Informationen über die Umwelt und den eigenen Körper werden über Sinnesorgane aufgenommen und dem Zentralnervensystem (ZNS) zugeleitet. In den Sinnesorganen befinden sich ***Rezeptoren***, besser ***Sensoren*** genannt, in denen verschiedene Reize (Berührung, Druck, Schmerz, Temperatur, Licht, Schall usw.) in elektrische Signale (Aktionspotenziale) umgewandelt werden, die dann über sensible (= sensorische) Nervenfasern dem ZNS zugeführt werden. Die ***Mechanosensoren*** befinden sich hauptsächlich in der Haut, im Innenohr, in der Wand innerer Organe, in Muskeln und Sehnen. ***Chemosensoren*** analysieren die Zusammensetzung von Blut, Atemluft und Speisen. Die eigentlichen Sinnesorgane dienen dem Schmecken, Riechen, Sehen, Hören und dem Halten des Gleichgewichts.

23.1 Mechanosensoren

Berührung, Schwerkraft, Beschleunigung und Druck werden von ***Mechanosensoren*** wahrgenommen. In der Haut dienen hauptsächlich die Pacini-Körperchen der Subkutis, die Meissner-Körperchen der Dermis und die Merkel-Zellen der Epidermis als Mechanosensoren (Abb. 23.1). Besonders zahlreich sind sie im Bereich der Fingerkuppen und der Haarfollikel. Daher ist die Berührung der Haare besonders gut fühlbar.

Die Funktion der großen ***Pacini-Körperchen*** in der Subkutis ist am Besten bekannt (Abb. 23.1, 23.2 und 23.3). Sie dienen hauptsächlich der Wahrnehmung von Vibrationen, d.h. schnellen Druckänderungen. In ihrem Zentrum befindet sich ein Dendritenende, das zwei Reihen von etwa 1500 kurzen Fortsätzen (Dornen, Spines) besitzt. Der Dendrit ist zwiebelschalenartig von Gliazellen und außen von einer Schicht von Peri-

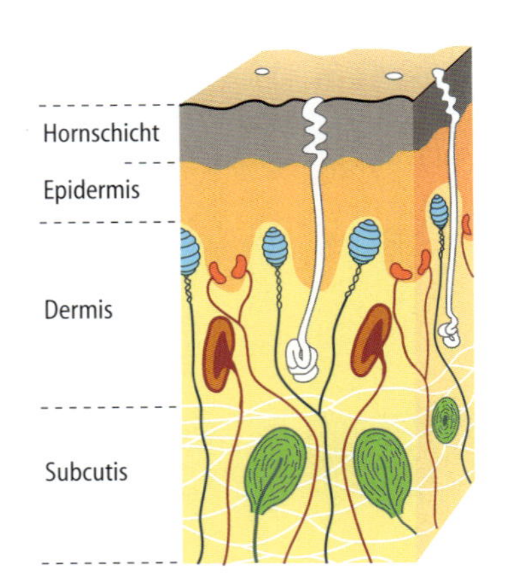

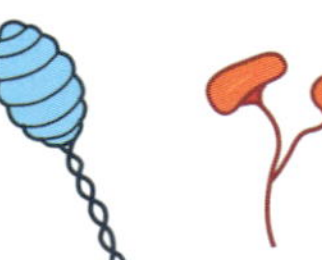

Abb. 23.1. Verteilung der Mechanosensoren in der Haut. (Aus Schmidt et al. 2000)

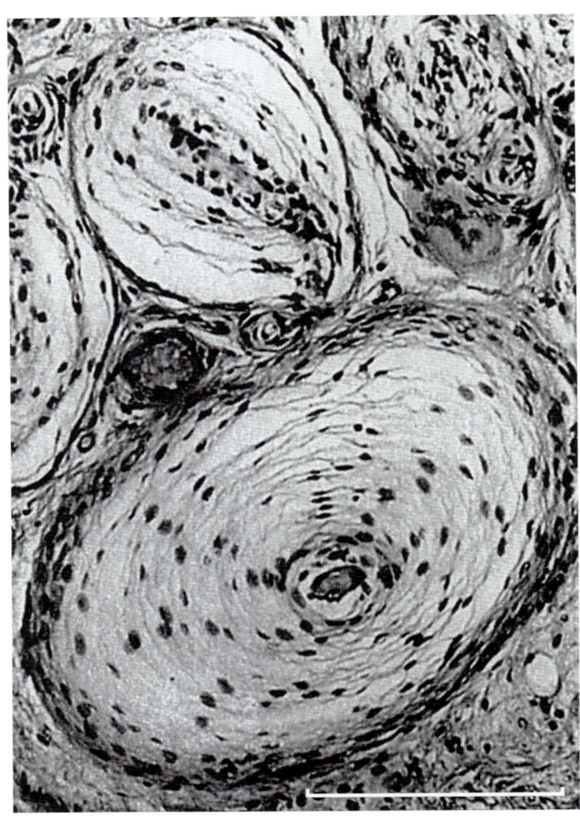

Abb. 23.2. Quer und schräg angeschnittene Pacini-Körperchen des Menschen. Die zwiebelschalenartig angeordneten Gliazellen umgeben den zentralen Dendriten (HE-Färbung). Balken = 100 μm. (Aus Junqueira et al. 1998)

neuralzellen umgeben. Daher werden sie auch als Lamellenkörperchen bezeichnet. Der Dendrit im Zentrum des Pacini-Körperchens besitzt durch mechanische Reize aktivierbare Kanäle, deren Öffnung zu einem Kationeneinstrom und damit zu einer kurzzeitigen Depolarisation führt. Dies löst ein Aktionspotenzial aus, das weitergeleitet wird. Der Dendrit, er gehört zu einem sensiblen Neuron eines Spinalganglions, geht beim Verlassen des Pacini-Körperchens in ein myelinisiertes Axon über, welches die Aktionspotenziale schnell zum Rückenmark leitet (s. Kap. 8.2).

Die ***Meissner-Körperchen*** befinden sich in der Papillarschicht der Dermis (Abb. 23.1). Sie sind durch kurze Kollagenfasern mit der Basallamina verbunden (Abb. 23.4 und 23.5). Sie bestehen aus einem mäanderartig aufgeknäuelten Dendriten, umgeben von lamellenartigen Fortsätzen von Gliazellen. Beim Austritt aus dem Meissner-Körperchen erhält der Nervenfortsatz eine Myelinscheide und wird daher als Axon be-

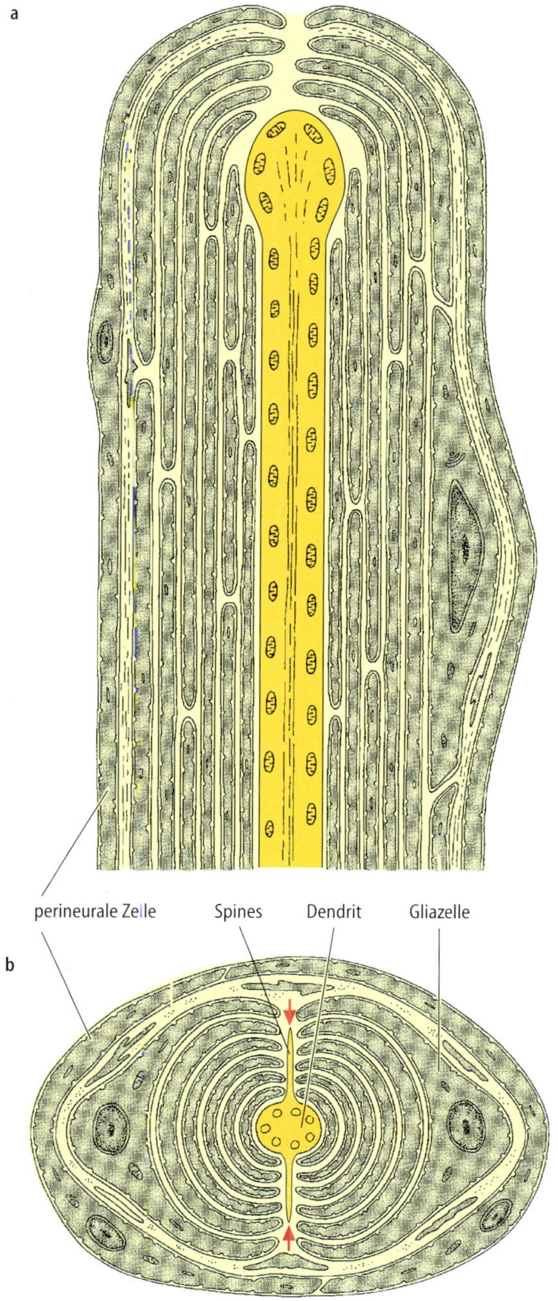

a

perineurale Zelle
Spines
Dendrit
Gliazelle

b

Abb. 23.3 a, b. Zeichnung eines Pacini-Körperchens im **a** Längs- und **b** Querschnitt. In den mit *Pfeilen* markierten Spalten befinden sich am Dendritenende je eine Reihe von etwa 1500 kurzen Fortsätzen (Spines). (Nach Junqueira et al. 1996)

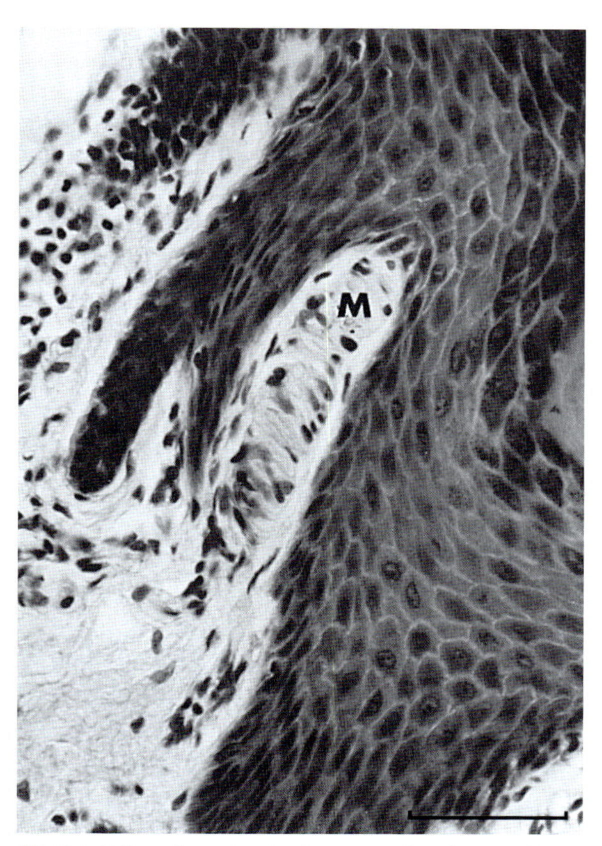

Abb. 23.4. Meissner-Körperchen im Stratum papillare der menschlichen Haut. Balken = 100 μm. (Aus Junqueira et al. 1996)

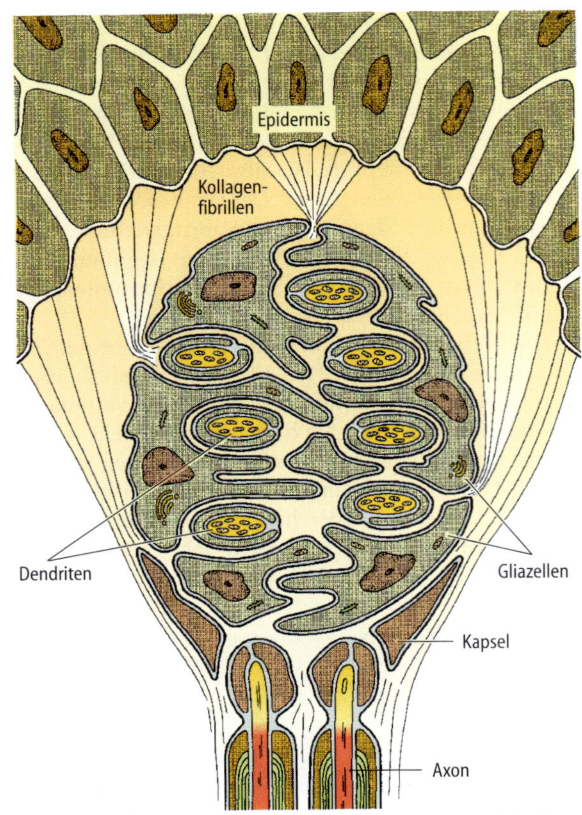

Abb. 23.5. Aufbau der Meissner-Körperchen. (Nach Junqueira et al. 1996)

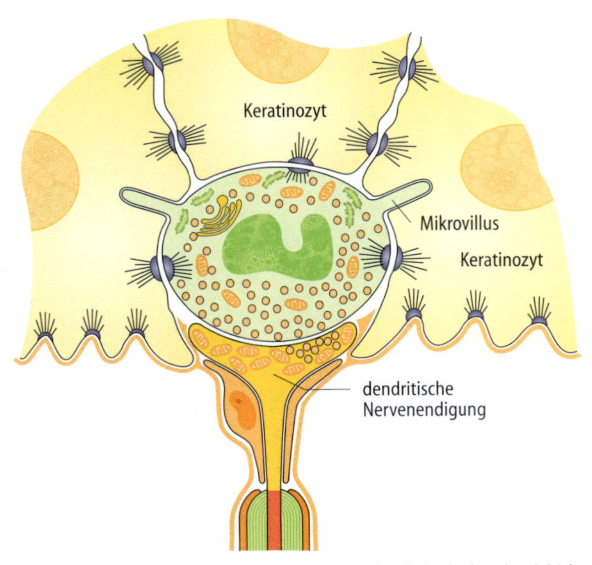

Abb. 23.6. Struktur und Innervation einer Merkel-Zelle in der basalen Schicht der Epidermis. (Aus Fujita et al. 1988)

zeichnet. Eine Kapsel (eine Fortsetzung des Perineuriums) existiert nur im basalen Bereich des Körperchens. Wahrscheinlich erfolgt die Umwandlung des Berührungsreizes in Aktionspotenziale und deren Weiterleitung ganz ähnlich wie bei den Pacini-Körperchen. In der Dermis befinden sich außerdem ***Ruffini-Körperchen***, die ähnlich wie die unten beschriebenen Sehnenorgane mit Kollagenfasern in Verbindung stehen.

Zusätzlich zu den bisher beschriebenen Mechanosensoren der Dermis und Subkutis besitzt die Epidermis Sensorzellen, die ihre Signale an Dendriten sensibler Neurone weitergeben. Sie werden als ***Merkel-Zellen*** bezeichnet und finden sich in Gruppen in der basalen Schicht der Epidermis (s. Kap. 17.1, Abb. 23.1 und 23.6). Mikrovilli der Merkel-Zellen erstrecken sich in die benachbarten Keratinozyten, mit denen sie durch Desmosomen verbunden sind. In den Merkel-Zellen finden sich charakteristische Sekretgranula, die, neben einem noch unbekannten Transmitter, verschiedene Neuropeptide enthalten. Bei mechanischer Reizung der Merkel-Zellen wird der Inhalt der Sekretgranula im Bereich der Kontaktzone mit einem Dendritenende freigesetzt. Nach dem Durchtritt durch die Basallamina erhält der Nervenfortsatz eine Myelinscheide und wird dann als Axon bezeichnet.

Die ***Muskelspindeln*** (Abb. 23.7) gehören zu den Propriorezeptoren (lat. *proprius*, eigen). Sie sind parallel zu den Fasern der sie umgebenden Skelettmuskulatur angeordnet. Sie messen Länge und Längenänderung der sie umgebenden Skelettmuskelfasern, mit denen sie durch Bindegewebe verbunden sind. Die Muskelspindeln (Länge 2–12 mm, Durchmesser etwa 0,2 mm) enthalten etwa zehn spezielle Muskelfasern, die so genannten intrafusalen Fasern, die von einer Kapsel umgeben sind. Die Kapsel ist perineuriumartig organisiert und steht mit dem Perineurium der eintretenden Nervenfasern in Verbindung. Man kann zwei verschiedene Arten von intrafusalen Fasern unterscheiden. Die Kernsackfasern (jeweils 1–2) im Zentrum der Muskelspindeln werden so bezeichnet, weil deren Zellkerne in der verdickten Mitte der Fasern angehäuft sind. Sie sind von etwa 8–10 Kernkettenfasern umgeben, bei denen die Zellkerne über die ganze Länge der Fasern zu finden sind. Jede Spindel wird afferent von einer etwas dickeren und einer etwas dünneren Nervenfaser versorgt. Deren Dendritenendigungen auf den intrafusalen Fasern sind entweder spiralförmig oder ‚blütendoldenförmig' ausgeprägt. Außerdem besitzen die intrafusalen Fasern eine efferente cholinerge Innervation durch γ-Motoneurone über die bei willkürlichen Muskelbewegungen die Spindeln genauso stimuliert wer-

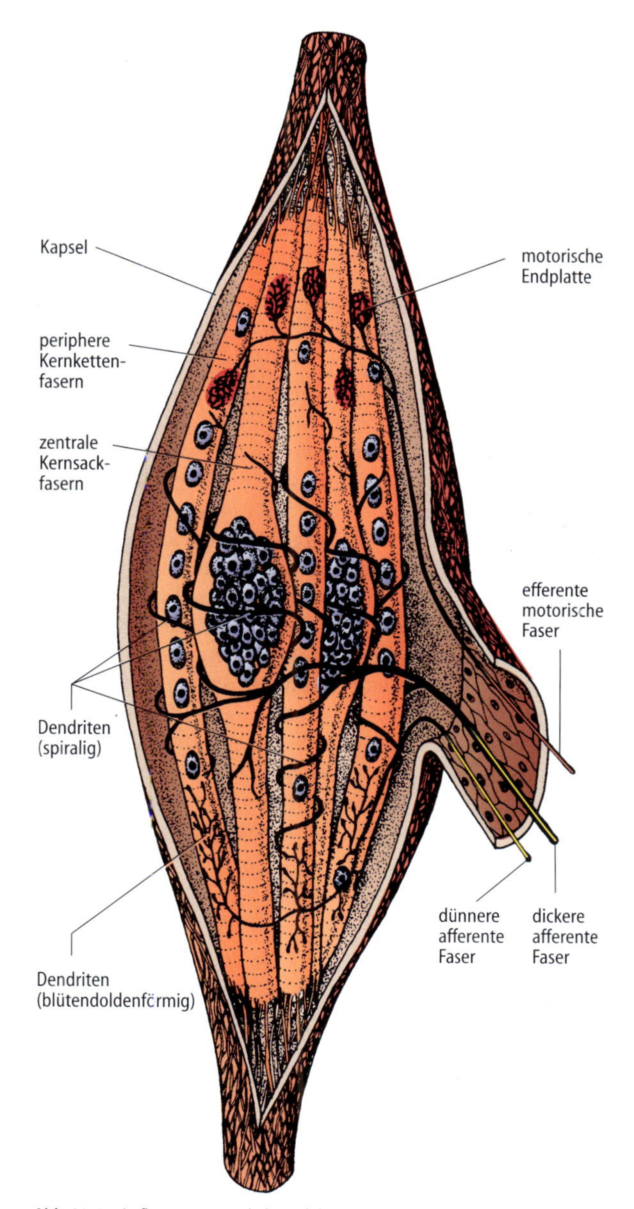

Abb. 23.7. Aufbau einer Muskelspindel. Die zentralen Kernsackfasern im Zentrum sind von den peripheren Kernkettenfasern umgeben. Die Kapsel ist eine Fortsetzung des Perineurium des versorgenden Nervs, der dickere und dünnere afferente Fasern und eine efferente motorische Faser enthält. Sie ziehen zu motorischen Endplatten. Dendritische Endigungen der afferenten Fasern auf den intrafusalen Fasern sind entweder spiralig oder blütendoldenförmig ausgeprägt. (Aus Junqueira et al. 1996)

den wie die umgebenden Muskelfasern über α-Motoneurone. Dadurch wird die normale Muskelkontraktion nicht als Reiz registriert. Bei einer passiven Längenänderung des Muskels (z. B. bei einer Reflexprüfung) werden die intrafusalen Fasern der Muskelspindeln gedehnt. Die mit den Fasern verbundenen Dendritenenden werden dadurch mechanisch gereizt, sie depolarisieren und bilden Aktionspotenziale. Die Dendriten gehen nach dem Austritt aus den Muskelspindeln in myelinisierte Axone über, die die Aktionspotenziale zum Rückenmark weiterleiten.

Auch beim Übergang vom Muskel zur Sehne befinden sich ähnliche Sensoren, die als ***Sehnenorgane*** (oft versehen mit dem Namen ihres Entdeckers Golgi) bezeichnet werden. Sie messen ebenfalls die Spannung und zusätzlich deren Änderungen. Im Zentrum der Sehnenorgane findet sich eine Kollagenfaser, die ganz ähnlich wie die intrafusalen Fasern der Muskelspindeln, von dendritischen Nervenendigungen und einer Kapsel umgeben sind. Sehnenorgane und Muskelspindeln informieren über die gerade vom Körper eingenommene Haltung oder Bewegung. Diese Sensoren sind die Propriorezeptoren bei der unwillkürlich ablaufenden Steuerung der Körperbewegung.

Klinik

Bei der Überprüfung der ***Reflexe*** (z. B. des Patellarsehnenreflexes) geben die Propriorezeptoren der beteiligten Muskeln und Sehnen die Information über die sensiblen Afferenzen an das Rückenmark weiter. Die nachgeschalteten efferenten Motoneurone des Reflexbogens aktivieren die Muskulatur (vgl. Abb. 8.26).

23.2 Schmerz und Temperatur

Diese Empfindungen werden hauptsächlich durch ***freie Nervenendigungen*** in der Haut, der Muskulatur und in der Wand von inneren Organen aufgenommen. Die dort befindlichen Sensoren, die Nozirezeptoren (lat. *noxa*, Schaden), werden durch kräftige mechanische Reize, aber auch durch starke Erwärmung und Abkühlung gereizt. Erreicht die Erregung die Großhirnrinde, kommt es zur Wahrnehmung des Schmerzes. Im Zentralnervensystem wird ständig die Schmerzempfindlichkeit reguliert. In diese Vorgänge greifen die zentral wirksamen Analgetika ein. Nozirezeptoren, die Sensoren für akute und chronische

Schmerzen im peripheren Nervensystem, werden nicht nur mechanisch und thermisch erregt, sondern auch durch Schmerzmediatoren. Dabei handelt es sich um Peptide wie Bradykinin, Amine wie Histamin, Prostaglandine, Leukotriene und Interleukin-1, d.h. um Substanzen, die bei Entzündungsvorgängen (s. Kap. 4.5) freigesetzt werden.

Klinik Zahlreiche Medikamente hemmen die Entstehung, Freisetzung oder Wirkung von Schmerzmediatoren. Sie werden als peripher wirkende ***Analgetika*** bezeichnet. Das Analgetikum Azetylsalizylsäure hemmt beispielsweise die Zyklooxygenase, ein Enzym der Prostaglandinbiosynthese.

23.3 Chemosensoren für Sauerstoff, Kohlendioxid und Protonen

Die ***neuroepithelialen Körperchen*** (Abb. 23.8) der Lunge dienen der Kontrolle der Atemgase. Der arterielle pO_2, pCO_2 und pH werden durch die ***Glomusorgane*** (Abb. 23.9 und 24.15) analysiert. Diese befinden sich in der Karotisgabel (Glomus caroticum) bzw. am Aortenbogen (Glomus aorticum). In den neuroepithelialen Körperchen und den Glomusorganen finden sich chromaffine Zellen, die als Sensoren dienen. Diese schütten bei Änderung des pO_2, pCO_2, bzw. pH den Transmitter Dopamin aus, der afferente Nervenfasern erregt. Zu den Chemorezeptoren werden auch die hypothalamischen Osmorezeptoren gezählt, die die Freisetzung von Vasopressin (ADH) steuern (s. Kap. 19).

23.4 Geschmack

Die Geschmacksqualitäten süß, sauer, bitter, salzig, wässrig (chloridarm) und umami (Glutamat enthaltende Gewürze, die in der fernöstlichen Küche verwendet werden) können von den Sinneszellen der etwa 2000 Geschmacksknospen unterschieden werden (Abb. 23.10 und 23.11). Außer auf der Zunge kommen sie in geringerer Zahl im weichen Gaumen und im Rachen vor. Die ***Geschmacksknospen*** sind auf der Zunge in das Epithel der Papillae vallatae, fungiformes und foliatae eingebettet (Verteilung der Papillen der Zunge s. Kap. 14.2). Die verschiedenen Geschmacksqualitäten lassen sich jedoch nicht auf verschiedene Gebiete der Zunge festlegen. Beispielsweise wird der Eindruck süß am stärksten an der Zungenspitze empfunden, etwas schwächer jedoch auch am Zungengrund. Die Empfindung bitter ist andererseits am Zungengrund am stärksten ausgeprägt, wird je-

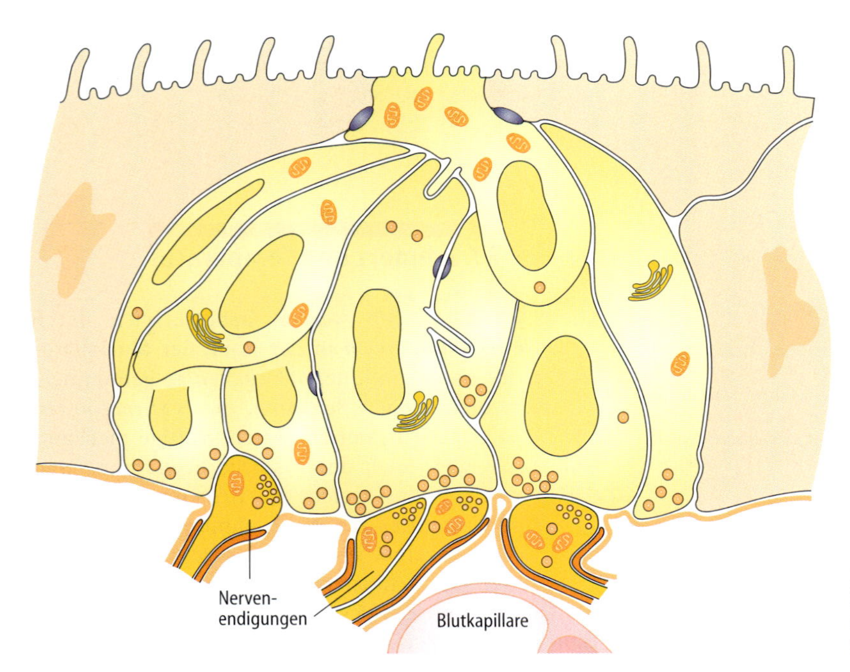

Abb. 23.8. Aufbau eines neuroepithelialen Körperchens. *Oben* der Kontakt zur Luft, *unten* dendritische Nervenendigungen und eine Blutkapillare. (Aus Fujita et al. 1998)

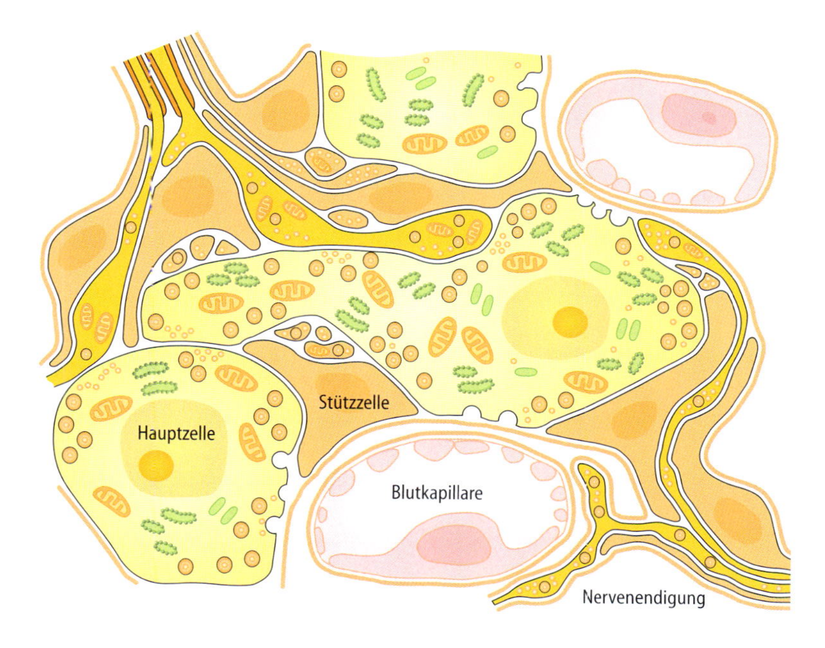

Abb. 23.9. Aufbau eines Glomusorgans. (Aus Fujita et al. 1998)

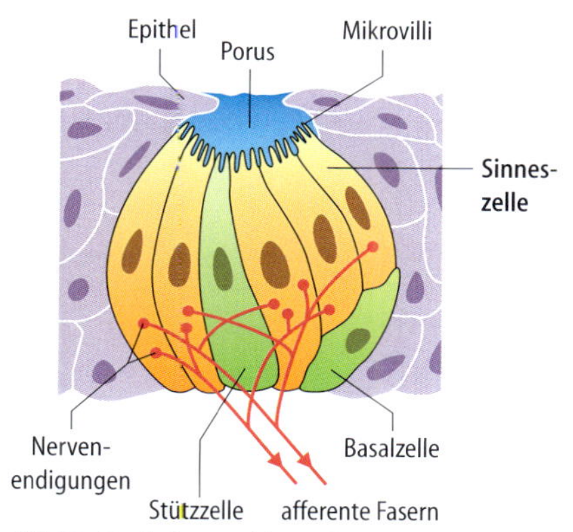

Abb. 23.10. Aufbau und Innervierung einer Geschmacksknospe. Neben den Sinneszellen sind Stütz- und Basalzellen sowie die afferenten Fasern und deren dendritische Nervenendigungen dargestellt. (Aus Schmidt et al. 2000)

doch auch an den Seiten der Zunge und an der Zungenspitze wahrgenommen.

Innerhalb der Geschmacksknospen lassen sich Sinneszellen von Stützzellen und Basalzellen unterscheiden. Aus letzteren werden die Sinneszellen erneuert, deren Lebensdauer nur etwa eine Woche beträgt. Die Mikrovilli der Sinnes- und Stützzellen sind gegenüber der Epitheloberfläche etwas versenkt, so dass ein mit Flüssigkeit gefüllter Raum entsteht, in den die Mikrovilli der Sinneszellen hineinragen. Dieser Anteil der

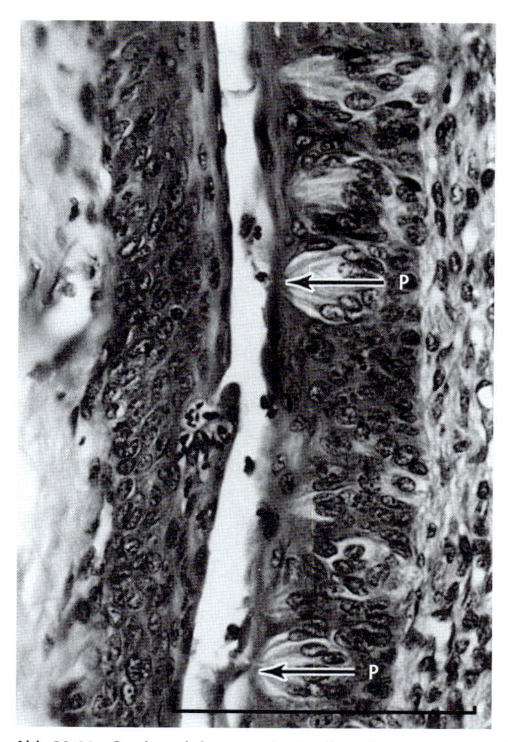

Abb. 23.11. Geschmacksknospen der Papillae vallatae der Zunge, eingebettet in das Epithel. *P* Geschmackspore (HE-Färbung). Balken = 100 µm. (Aus Junqueira et al 1998)

Geschmacksknospen wird als Geschmackspore bezeichnet (Abb. 23.10; 23.11). Geschmacksstoffe werden durch Rezeptoren im Bereich der Mikrovilli der Sinneszellen gebunden. Nachgeschaltete intrazelluläre Signalwege führen zu einer Depolarisation der Zelle, gefolgt von einer Erhöhung des intrazellulären Kalziumspiegels und der Freisetzung von Transmittern durch die Sinneszellen. Dendritische Endigungen von drei verschiedenen Hirnnerven nehmen auf der basolateralen Seite der Sinneszellen das Signal auf und leiten es zentral weiter.

23.5 Geruch

Die Zellen des Geruchssinns befinden sich in der Riechschleimhaut, d.h. zwei etwa 2,5 cm^2 großen Bereichen im Dach der Nasenhöhlen. Ähnlich wie bei den Geschmacksknospen kann man im Riechepithel drei Zellarten unterscheiden. Stützzellen besitzen auf ihrer freien Oberfläche Mikrovilli. Sie tauchen wie die Stereozilien der Sinneszellen in das schleimige Sekret der Bowman-Drüsen ein, das die Riechschleimhaut bedeckt (Abb. 23.12). Die Stereozilien der Sinneszellen enthalten eine Vielzahl von Rezeptoren für Duftstoffe. Nach der Bindung eines Duftstoffes wird in der Sinneszelle entweder cAMP oder IP3 gebildet, die Ionenkanäle aktivieren. Es kommt zur Depolarisation und der Ausbildung von Aktionspotenzialen, die über die Axone der Sinneszellen zum ZNS weitergeleitet werden. Die Riechzellen besitzen eine Lebensdauer von nur etwa einem Monat. Sie werden durch neue Sinneszellen, die sich aus den Basalzellen (Abb. 23.12) differenzieren, ersetzt. Die Sinneszellen der Riechschleimhaut sind die einzigen Nervenzellen des erwachsenen Menschen, die sich regelmäßig teilen. Zur Unterscheidung von den oben beschriebenen (sekundären) Sinneszellen der Geschmacksknospen, die keine basalen Axone besitzen, werden sie auch als primäre Sinneszellen bezeichnet.

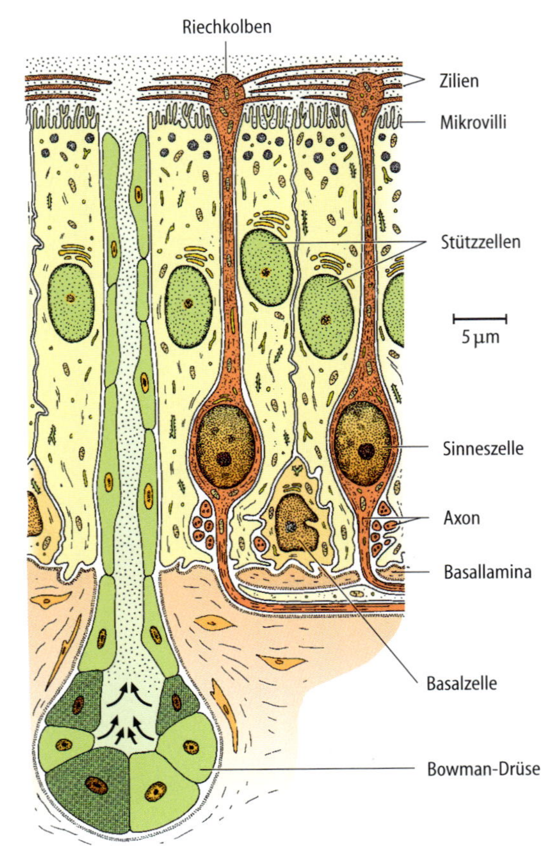

Abb. 23.12. Aufbau der Riechschleimhaut. Die Riechschleimhaut weist drei Zelltypen auf: Sinneszellen, Basalzellen und Stützzellen. Außerdem ist eine Bowman-Drüse dargestellt. (Aus Junqueira et al. 1996)

23.6 Sehen

Aufbau des Auges▸ Im Auge werden Lichtsignale in elektrische Signale umgewandelt, deren Analyse im ZNS uns ein bewegliches, farbiges, dreidimensionales Bild der Umgebung gibt.

Die Wand des Auges (Abb. 23.13) besteht aus drei konzentrischen *Schichten (Tunicae)*. Die äußere, feste Hülle des Augapfels wird als ***Sklera (Lederhaut)*** bezeichnet. Sie geht vorn am Limbus in die durchsichtige ***Cornea (Hornhaut)*** über. Die mittlere Schicht besteht aus der ***Choroidea (Aderhaut)***, dem ***Corpus ciliare (Ziliarkörper)*** und der als Blende wirkenden ***Iris (Regenbogenhaut)***. Die Linse des Auges wird mit Hilfe der ***Zonulafasern (Zonula ciliaris)*** am Ziliarkörper befestigt (Abb. 23.13). Die lichtempfindliche ***Retina (Netzhaut)*** bildet die innerste Schicht, die aus Nervengewebe und dem Pigmentepithel besteht. Die in der Retina erzeugten elektrischen Signale werden über den ***N. opticus (Sehnerv)*** dem ZNS zugeleitet. Das Innere des Auges wird fast vollständig vom durchsichtigen ***Glaskörper*** ausgefüllt. Davon ausgenommen sind die ***vordere Augenkammer*** (zwischen Linse, Iris und Cornea) und die ***hintere Augenkammer*** (zwischen Linse, Iris, Ziliar- und Glaskörper), die das zirkulierende ***Kammerwasser***

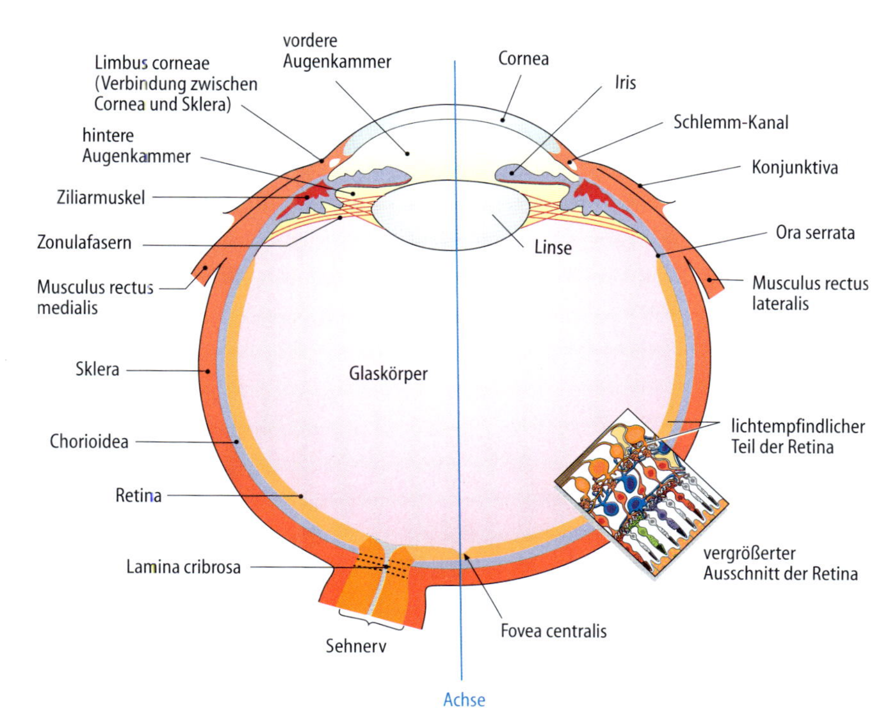

Abb. 23.13. Horizontalschnitt durch den rechten Augapfel. Die *Pfeile* in den vorderen und hinteren Kammern geben die Richtung an, in die das Kammerwasser fließt. (Aus Lang 2000)

enthalten. Der Glaskörper ist ein durchsichtiges Gel, das zu 99 % aus Wasser besteht und neben wenig Kollagen hauptsächlich hydratisierte Glykane mit der Hauptkomponente Hyaluronsäure enthält.

Cornea und Sklera▸ Die äußerste Schicht des Auges (auch als ***Tunica fibrosa*** bezeichnet) besteht aus der Cornea und Sklera.

Das vordere Sechstel, die ***Cornea (Hornhaut)***, ist durchsichtig und gefäßlos. In ihrem Querschnitt kann man drei Schichten unterscheiden: das Epithel, das Stroma und das Endothel (Abb. 23.14). Das ***Epithel*** der Hornhaut ist ein mehrschichtiges unverhorntes Plattenepithel, das schnell regeneriert (häufige Mitosen). Seine oberflächlichen Zellen bilden Mikrovilli, die von der Tränenflüssigkeit bedeckt werden (Abb. 23.14 und 23.15). Der Lidschlag und eine ausreichende Tränenproduktion schützen die Hornhaut vor den Folgen einer Austrocknung. Das Hornhautepithel geht in das der gefäßreichen ***Bindehaut (Konjunktiva)*** über, ein Ort häufiger Entzündungen. Das ***Stroma*** der Cornea wird auf der Epithel- und der Endothelseite durch eine etwa 10 µm dicke Schicht begrenzt, die hauptsächlich aus Kollagenfasern aufgebaut ist (Abb. 23.14 und 23.15). Die Schicht unter dem Epithel wird als Bowman-Membran, die Schicht unter dem Endothel als Descemet-Membran bezeichnet. Das Stroma selbst besteht aus vielen Lagen parallel angeordneter, sich überkreuzender Kollagenfasern mit dazwischen liegenden Fibroblasten (Abb. 23.15), eingebettet in eine glykoprotein- und chondroitinsulfatreiche Grundsubstanz.

Das ***Endothel*** ist einschichtig und sorgt zusammen mit dem Epithel für die Aufrechterhaltung der Durchsichtigkeit der Cornea.

Die Fovea centralis ist der Ort des schärfsten Sehens, der Austritt des Sehnervs unterbricht die Retina (blinder Fleck).

Klinik

Nach Verletzungen oder Entzündungen wird die regelmäßig aufgebaute Cornea durch undurchsichtiges Narbengewebe ersetzt. Bei starker Behinderung kann eine Transplantation durchgeführt werden, zu der sich die gefäßlose Hornhaut besonders eignet. Die Cornea ist infolge einer Vielzahl sensibler Nervenendigungen sehr empfindlich, weshalb Fremdkörper sofort wahrgenommen werden.

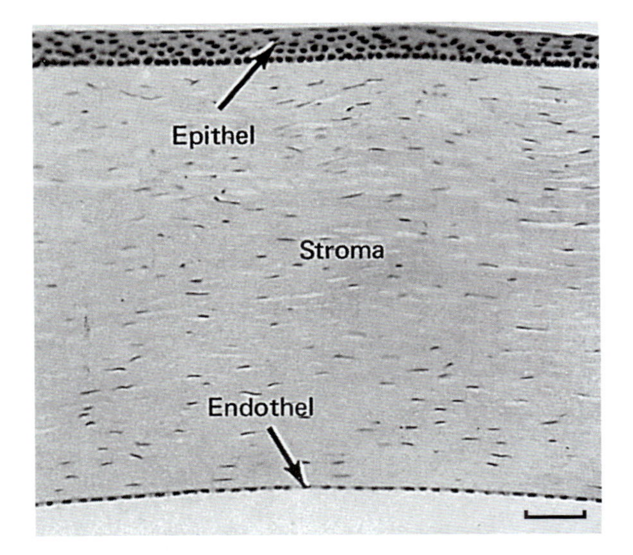

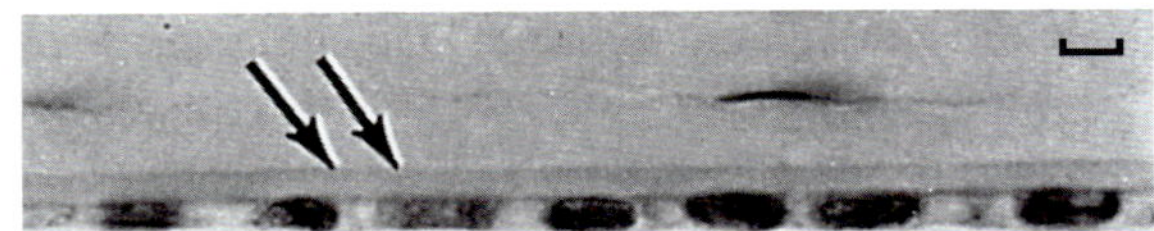

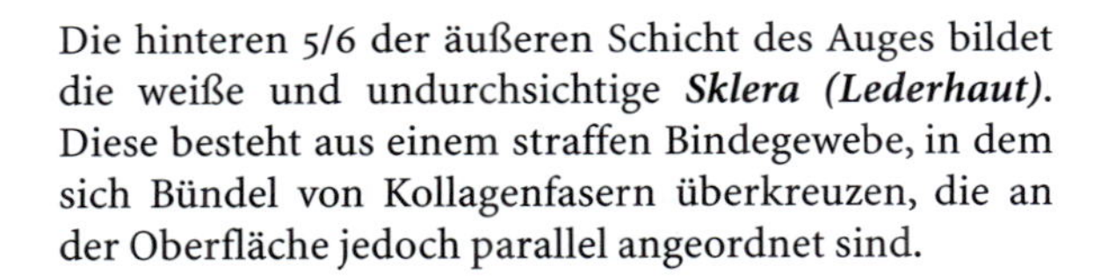

Abb. 23.14. Übersicht über den Aufbau der Cornea (*oben*). Das hintere Epithel der Cornea und die Descemet-Membran (*Pfeile*) sind unten stärker vergrößert dargestellt. Balken *oben* = 100 μm; *unten* = 10 μm. (Nach Junqueira et al. 1996)

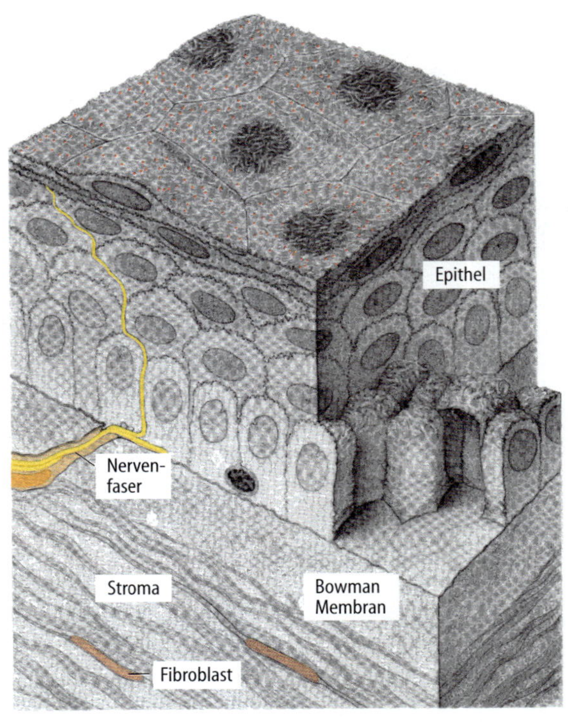

Abb. 23.15. Zeichnung des vorderen Teils der Cornea. Die Nervenfaser reicht mit ihren Ausläufern bis in die oberste Schicht des Mikrovilli tragenden Plattenepithels. Deshalb können schon kleine Defekte (z. B. hervorgerufen durch Fremdkörper) starke Schmerzen verursachen. (Nach Junqueira et al. 1996)

Die hinteren 5/6 der äußeren Schicht des Auges bildet die weiße und undurchsichtige ***Sklera (Lederhaut)***. Diese besteht aus einem straffen Bindegewebe, in dem sich Bündel von Kollagenfasern überkreuzen, die an der Oberfläche jedoch parallel angeordnet sind.

Aderhaut, Ziliarkörper und Regenbogenhaut▸ Die mittlere Schicht der Wand des Augapfels wird als ***Uvea*** oder ***Tunica vasculosa*** bezeichnet. Sie besteht aus der Aderhaut (Choroidea), dem Ziliarkörper (Corpus ciliare) und der Regenbogenhaut (Iris).

Die ***Choroidea (Aderhaut)*** ist aus einem besonders stark vaskularisierten, lockeren Bindegewebe aufgebaut, das zahlreiche Melanozyten enthält, die für die typische dunkle Farbe verantwortlich sind (👁 Abb. 23.20). Die Aderhaut spielt eine wichtige Rolle bei der Ernährung der Netzhaut, an deren Pigmentepithelschicht ihre Kapillaren angrenzen. Die Bruch-Membran, ein Netzwerk von elastischen und kollagenen Fasern, trennt Choroidea und Retina (👁 Abb. 23.20) Sie erstreckt sich zwischen Ora serrata und Papilla nervi optici(= Austrittsort des Sehnerven) und wird auf der einen Seite von der Basallamina der Kapillaren der Aderhaut, auf der anderen Seite von der Basallamina des Pigmentepithels bedeckt.

Der ***Ziliarkörper (Corpus ciliare)*** ist eine Fortsetzung der Choroidea nach vorne, die ringförmig die Linse umgibt (👁 Abb. 23.13). Er setzt sich hauptsächlich aus lockerem Bindegewebe mit zahlreichen Melanozyten und dem ***Ziliarmuskel (M. ciliaris)*** zusammen. Dieser besteht aus glatten Muskelfasern, deren Kontraktion eine Entspannung der Zonulafasern und damit eine stärkere Krümmung der Linse erlaubt (Nahakkomodation). Der Ziliarkörper besitzt fingerförmige Ausstülpungen, die ***Ziliarfortsätze (Processus ciliares)*** genannt werden. Dazwischen entspringen die ***Zonulafasern***, die an der Linsenkapsel inserieren (👁 Abb. 23.16 und 23.17). Der Ziliarkörper und seine Fortsätze sind von zwei Zelllagen umgeben: einer oberflächenbildenden Schicht unpigmentierter Zellen sowie darunter liegenden pigmentierten Melanozyten (👁 Abb. 23.16). Die unpigmentierten, oberflächenbildenden Zellen besitzen zahlreiche basale Faltungen,

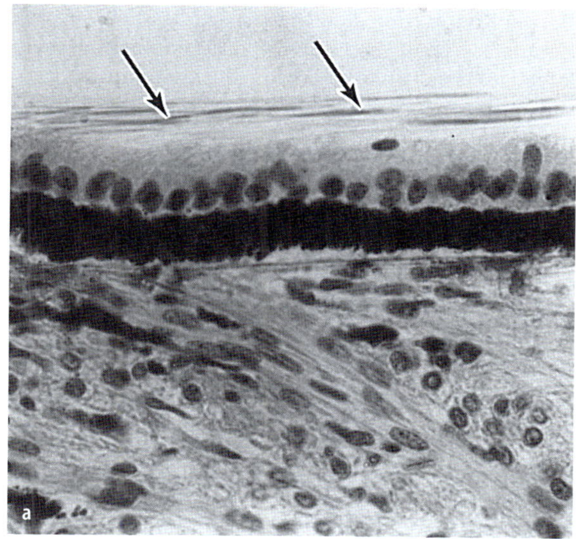

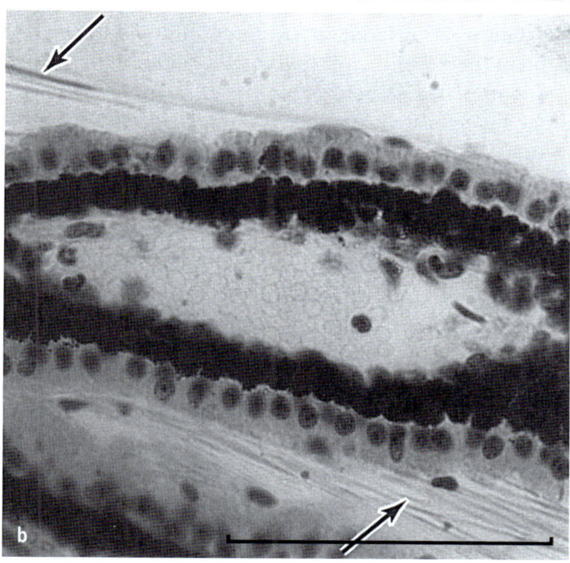

Abb. 23.16 a, b. Der Ziliarkörper besitzt eine zweischichtige Oberfläche. **a** Die oberflächenbildenden Zellen bilden das Kammerwasser, die darunter liegende Schicht besteht aus Melanozyten. **b** Die Fortsätze des Ziliarkörpers sind von Zonulafasern umgeben (*Pfeile* in **a** und **b**) (HE-Färbung). Balken = 100 µm. (Aus Junqueira et al. 1998)

wie sie für Ionen transportierende Zellen charakteristisch sind. Sie bilden das ***Kammerwasser***, das sie in die hintere Augenkammer abgeben. Das Kammerwasser dient unter anderem der Ernährung des Linsenepithels und Hornhautendothels. Durch die Pupille erreicht das Kammerwasser die vordere Augenkammer, wo es im so genannten Kammerwinkel (gebildet von Cornea und

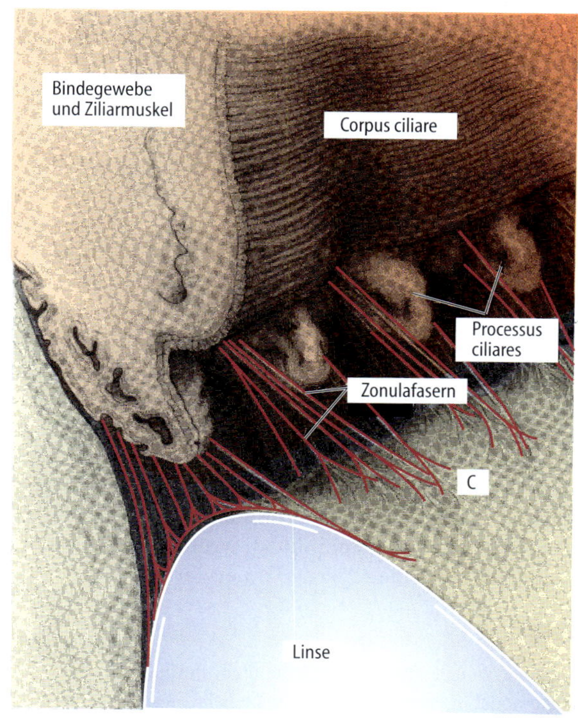

Abb. 23.17. Zonulafasern zwischen Ziliarkörper und Linse. Die Zonulafasern bilden Bündel, die zwischen den Ziliarfortsätzen verlaufen. Die Zonulafasern setzen jeweils an umschriebenen Stellen (*C*) der Linse an. (Nach Junqueira et al. 1996)

Iris) in ein Netzwerk von Hohlräumen (das Trabekelwerk) abfließt und schließlich den ringförmigen ***Schlemm-Kanal*** (Abb. 23.13) erreicht, der von Endothel ausgekleidet ist. Dieser steht mit kleinen Venen der Sklera in Verbindung, über die das Kammerwasser abfließen kann. Normalerweise, wenn sich Produktion und Abfluss des Kammerwassers die Waage halten, liegt der Augeninnendruck bei 1,3–2,7 kPa (10–20 mmHg).

Klinik

Eine Erhöhung des Augeninnendrucks führt zum ***Glaukom (grüner Star)***, der die Blutversorgung der Retina beeinträchtigt (s. unten). Er kann entweder akut auftreten oder im Rahmen einer langzeitigen Erhöhung des Augeninnendrucks zu typischen Gesichtsfeldausfällen und unbehandelt zur Erblindung führen.

Wie das Corpus ciliare ist auch die ***Iris (Regenbogenhaut)*** eine Fortsetzung der Aderhaut. Sie bedeckt teilweise die Linse und lässt eine runde Öffnung, die ***Pupille***, frei (Abb. 23.13 und 23.28). Auf der Hinterfläche der Iris setzt sich das Epithel und die Pigmentschicht des Ziliarkörpers fort. Die Iris besteht aus lockerem Bindegewebe in das Melanozyten und Bündel glatter Muskelzellen eingelagert sind. Die Menge an Pigment in der Iris ist für die Farbe der Augen entscheidend. Bei praktisch pigmentlosen Albinos sind die Augen auf Grund der Gefäße des Augenhintergrunds rot, während die Augenfarbe bei schwacher Pigmentierung blau und bei stärkerer braun erscheint. Die ringförmig am Rand der Pupille angeordneten Bündel glatter Muskelzellen wirken bei Kontraktion verengend und werden als ***M. sphincter pupillae*** bezeichnet. Die spiralig verlaufenden Bündel des ***M. dilatator pupillae*** werden, im Gegensatz zur parasympathischen Innervation (über den N. oculomotorius) des Sphinkters, sympathisch (über das Ganglion cervicale superius) innerviert.

Klinik

Bei starkem Lichteinfall (und bei Nahakkomodation) verengt sich die Pupille, bei schwachem (und bei Fernakkomodation) wird sie erweitert. Grundlage dafür sind der so genannte ***Pupillenreflex*** (= Lichtreflex) und der ***Akkomodationsreflex***. Ihre Überprüfung dient der Funktionsprüfung von Retina und der an der Steuerung der Irismuskeln beteiligten Nervenverbindungen. Zur Beurteilung des ***Augenhintergrunds*** werden die Pupillen durch Medikamente weitgestellt. Dazu werden Sympathikomimetika, oder Stoffe, die eine hemmende Wirkung auf den Parasympathikus haben, in das Auge eingeträufelt. Da bei der Erweiterung der Pupille der Kammerwinkel enger und damit der Abfluss des Kammerwassers erschwert wird, ist eine Pupillenerweiterung bei Patienten mit grünem Star kontraindiziert.

Linse▸ Die bikonvexe Linse ist durch eine hohe Elastizität gekennzeichnet. Sie wird von der Linsenkapsel umgeben, in der die Zonulafasern inserieren (Abb. 23.13 und 23.17). Unter der Kapsel befindet sich ein einschichtiges Epithel, das nur auf der vorderen Oberfläche der Linse auftritt. Die Epithelzellen am Äquator der Linse bilden Linsenfasern. Das sind Fortsätze langer Zellen, die mit speziellen Proteinen, den so genannten Kristallinen, angefüllt sind. Sie sind der Hauptbestandteil der Linse. Neben der Cornea trägt die veränderbare Brechkraft der Linse dazu bei, ein umgekehrtes Bild der Umwelt auf der Retina abzubilden. Bei der Kontraktion des Ziliarmuskels lässt der Zug der Zonulafasern auf die Linse nach, sie nimmt eine mehr kugelige Gestalt an und ihre Brechkraft nimmt zu.

Klinik

Kurzsichtigkeit (Myopie) tritt auf, wenn der Augapfel im Vergleich zur Brechkraft des Auges relativ zu lang, ***Weitsichtigkeit*** (Übersichtigkeit = ***Hypermetropie***), wenn der Augapfel relativ zu kurz ist. Die Formänderung der Linse beruht auf ihrer Elastizität, die jedoch im Alter stark abnimmt, was zur ***Altersweitsichtigkeit (Presbyopie)*** führt und zum Lesen eine Brille (mit Sammellinsen) erforderlich macht. Neben Hornhautnarben (s. oben) können ***Linsentrübungen (= Katarakt, grauer Star)*** die Güte der Abbildung auf der Netzhaut beeinträchtigen. Sie treten im Alter, insbesondere beim Diabetes häufig auf.

Netzhaut▸ Die Netzhaut ***(Retina)*** bildet die innerste Schicht der Wand des Augapfels. Deren ***Pars optica*** (vom Eintritt des Sehnerven bis zur Ora serrata) besteht aus neuralen Anteilen, nämlich der lichtempfindlichen Schicht, den afferenten Neuronen und dem Pigmentepithel. Die ***Pars caeca*** der Retina (von Ora serrata bis zur Rückseite der Iris) enthält nur Pigmentepithel (Abb. 23.13 und 23.18). Die Retina entsteht während der ***Entwicklung*** aus einer Abschnürung des Dienzephalons, dem optischen Bläschen. Sie ist also ein Gehirnteil, was in Aufbau und Funktion der Retina zum Ausdruck kommt. Bei der Annäherung an die Linsenplakode, eine Verdickung des Ektoderms, stülpt es sich ein, wobei die innere Wand zur eigentlichen lichtempfindlichen Schicht und die äußere Wand zum Pigmentepithel wird (Abb. 23.19).

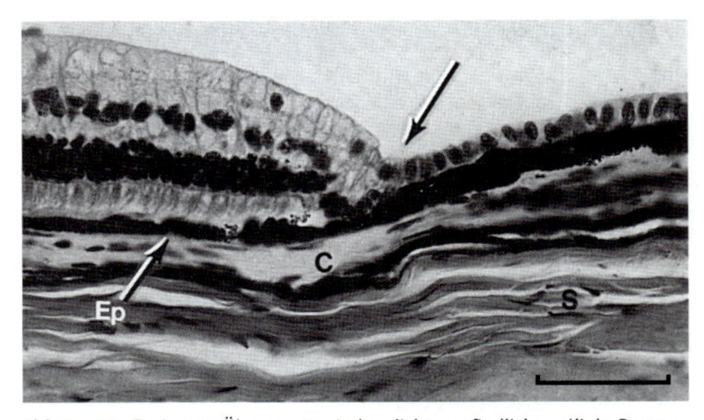

Abb. 23.18. Retina am Übergang zwischen lichtempfindlichem (*links*, Pars optica) und blindem (*rechts*, Pars caeca) Anteil (*Pfeil* auf der 'Ora serrata'). *Ep* Pigmentepithel, *C* Choroidea, *S* Sclera (HE-Färbung). Balken = 10 μm. (Aus Junqueira et al. 1996)

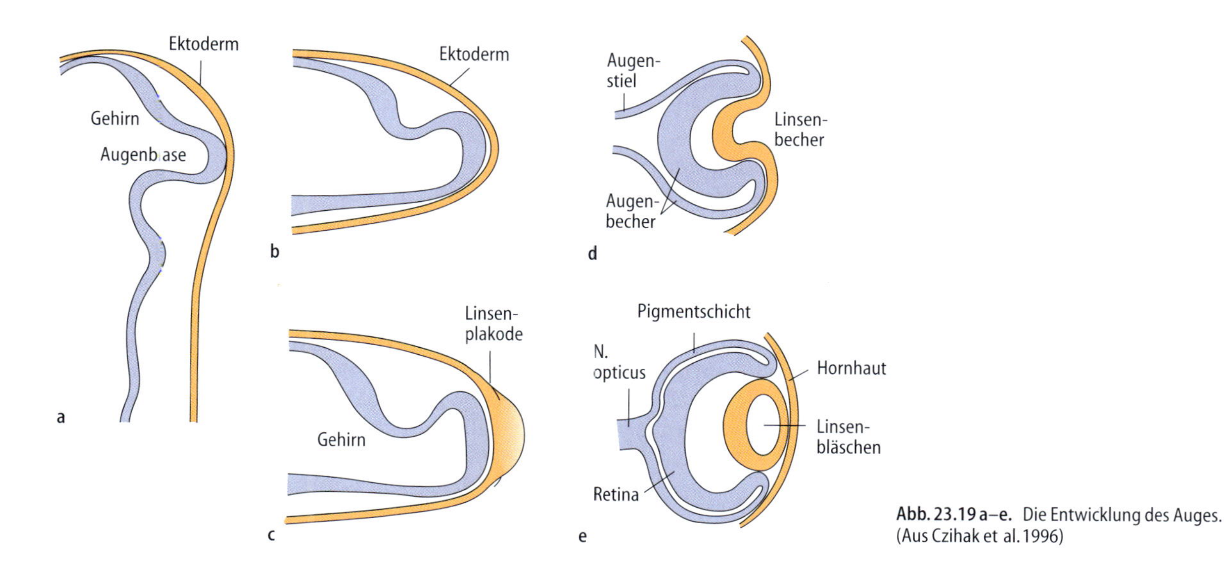

Abb. 23.19 a–e. Die Entwicklung des Auges. (Aus Czihak et al. 1996)

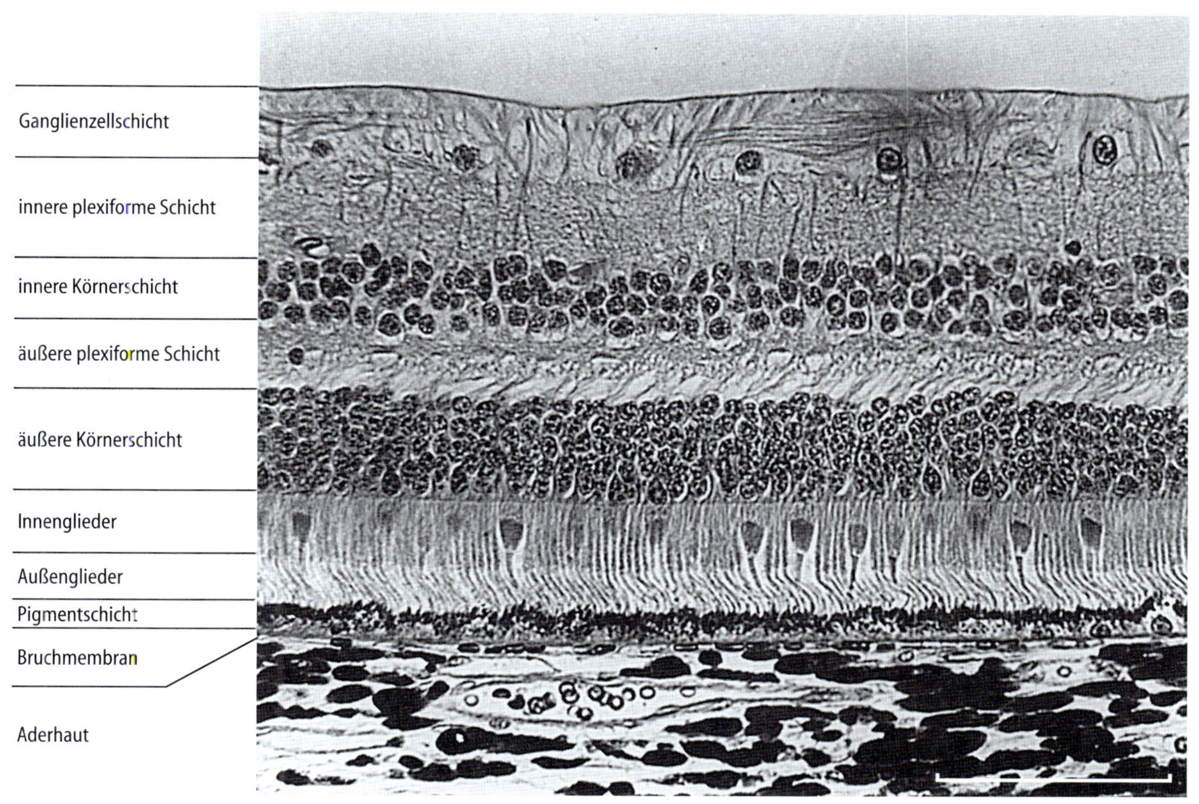

Abb. 23.20. Schnitt durch die Retina eines Affen. Sie besteht hauptsächlich aus drei Schichten, die die Fotorezeptoren, die bipolaren Zellen und die Ganglienzellen enthalten. Die innere Körnerschicht enthält die Perikaryen der bipolaren Zellen, die äußere Körnerschicht die Zellkerne der Stäbchen- und Zapfenzellen. Balken = 100 μm. (Aus Junqueira et al. 1998)

Das ***Pigmentepithel*** der Retina ist fest mit der Bruch-Membran (s. oben) verbunden (Abb. 23.20). Basal besitzen die Melanozyten des Pigmentepithels Einstülpungen, wie sie von ionentransportierenden Zellen bekannt sind (Abb. 23.21 und 23.22). Im Zytoplasma der Melanozyten befindet sich ein gut ausgeprägtes glattes endoplasmatisches Retikulum, in dem wahrscheinlich die für den Sehvorgang wichtigen Ester von Retinal gebildet werden. Apikal befinden sich zahlreiche Fortsätze, die Melanosomen enthalten und die Außenglieder der Fotorezeptoren einhüllen. Die Melaninbiosynthese ist bei den Melanozyten der Haut in Kap. 17.1 beschrieben. Im apikalen Anteil der Zellen befinden sich auch zahlreiche Phagosomen, in denen die Spitzen der Außenglieder der Fotorezeptoren abgebaut werden (Abb. 23.22 und 23.23).

Klinik

Zwischen den Fotorezeptoren und den Pigmentzellen bestehen keine festen Verbindungen, so dass es an dieser Stelle leicht zur Ablösung der neuralen Anteile der Retina kommen kann. Ein Fortschreiten einer solchen ***Netzhautablösung (Ablatio retinae)*** kann in der Frühphase durch umstellende Koagulation der Bereiche mit Hilfe eines Lasers verhindert werden.

Lichtaufnahme und neuronale Verschaltung▸ Zwei verschiedene Arten von fotosensitiven Zellen, die ***Stäbchen und Zapfen*** (Abb. 23.13, 23.20, 23.21, 23.24 und 23.25), paradoxerweise auf der lichtabgewandten Seite der Retina liegend, nehmen den Lichtreiz auf. Die Sinneszellen wandeln ihn in ein chemisches Signal und geben es an die ***bipolaren Neurone*** weiter. Diese geben die Signale der Stäbchen direkt an die ***Ganglienzellen*** weiter, während die der Zapfen zuerst auf die ***amakrinen Zellen*** (s. unten) und dann auf die ***Ganglienzellen*** übertragen werden (Abb. 23.20 und 23.21). Die Axone der Ganglienzellen leiten die Signale im Sehnerv zum ZNS weiter. Die Synapsen zwischen bipolaren Zellen und Ganglienzellen befinden sich in einer Schicht, die als ***innere plexiforme Schicht*** bezeichnet wird, während die Synapsen zwischen Rezeptorzellen und bipolaren Neuronen in der ***äußeren plexiformen Schicht*** liegen. Auch die Perikaryen der Zellen der Retina sind in Schichten angeordnet so dass der regelmäßige Aufbau der Retina leicht im Lichtmikroskop erkennbar ist (Abb. 23.20 und 23.21).

Stäbchen▸ Die ***Außenglieder*** der Stäbchen können als lichtempfindliche Dendriten aufgefasst werden, deren Signale über einen nur kurzen axonalen Fortsatz durch die so genannten Bandsynapsen (auch Ribbonsynapsen genannt) auf die bipolaren Neurone weitergegeben

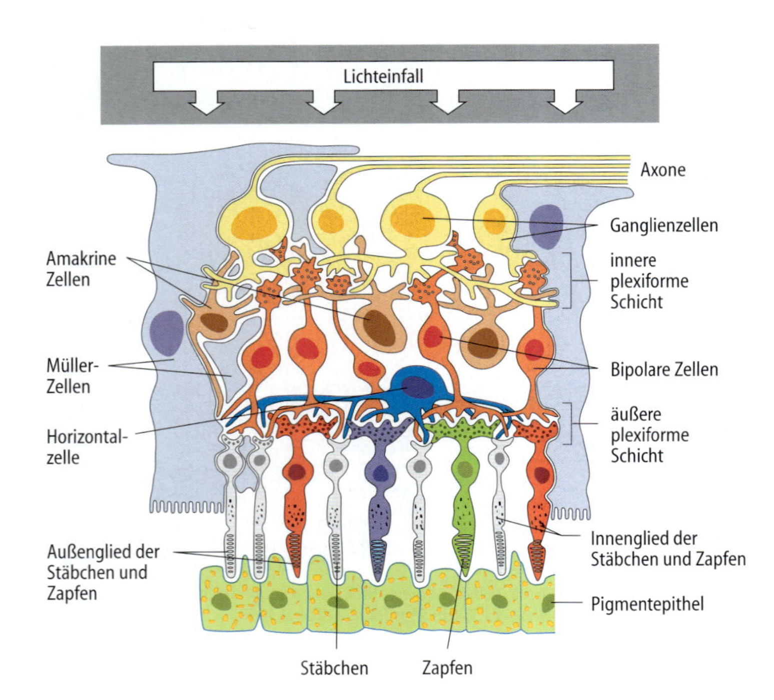

Abb. 23.21. Schematische Darstellung der Retinaschichten. Die Stäbchen und Zapfen nehmen den Lichtreiz auf und geben ihre Signale an die bipolaren Neurone und Ganglienzellen weiter. Die Richtung des einfallenden Lichtes ist durch *Pfeile* dargestellt. (Aus Junqueira et al. 1996)

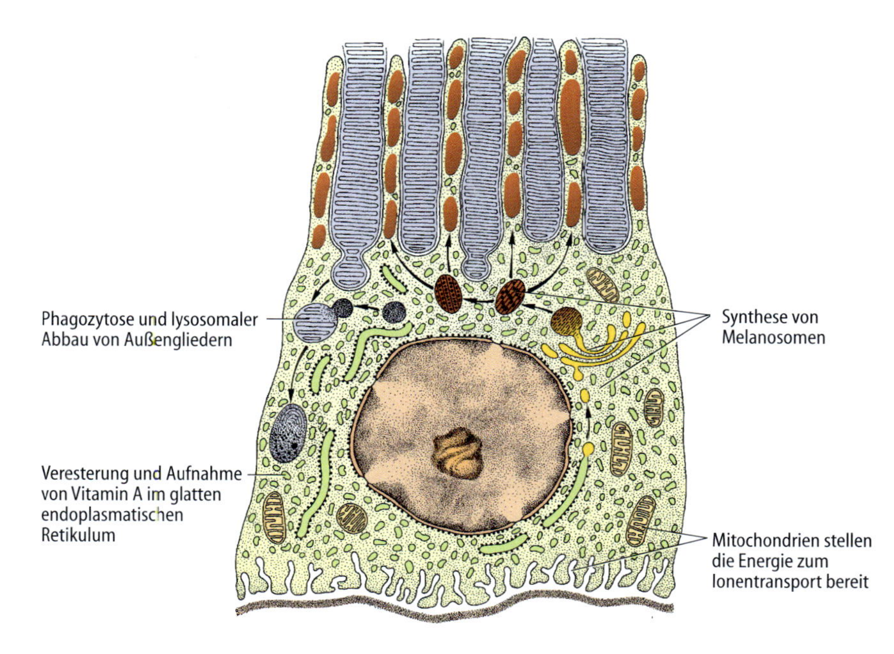

Abb. 23.22. Zelle des Pigmentepithels in Kontakt mit den Sinneszellen. Die apikalen Anteile der Pigmentzellen besitzen Fortsätze, die sich zwischen den lichtempfindlichen Außengliedern der Stäbchen ausstrecken. Auf der *rechten Seite* sind die zellulären Strukturen dargestellt, die an der Bildung der Melanosomen beteiligt sind, *links* die Lysosomen, die am Abbau der Außenglieder der Stäbchen beteiligt sind. Weitere Funktionen der Zelle sind der Ionentransport im Bereich der basalen Einfaltungen der Plasmamembran und die Bildung von Estern des Vitamin A im glatten endoplasmatischen Retikulum. (Aus Junqueira et al. 1998)

werden (Abb. 23.21 und 23.24). Die Außenglieder von Stäbchen und Zapfen enthalten Membranstapel mit dem Sehfarbstoff und sind über eine schmale Brücke, die ein Basalkörperchen und Mikrotubuli enthält, mit den ***Innengliedern*** verbunden (Abb. 23.24 und 23.25). Hier finden sich zahlreiche Ribosomen, hauptsächlich zur Biosynthese des Sehfarbstoffs, und Mitochondrien zur Energiegewinnung.

Die in der Dunkelheit stattfindende kontinuierliche Neurotransmitterfreisetzung durch die Sinneszellen (eine Folge des niedrigen Membranpotenzials) wird durch Lichtreize vermindert. Der ***Sehfarbstoff*** in den Außengliedern der etwa 120 Mio. Stäbchen heißt ***Rhodopsin*** und ist aus dem Glykoprotein Opsin und dem Chromophor 11-cis-Retinal zusammengesetzt, dessen Absorptionsmaximum bei 500 nm liegt. Durch Lichtenergie wird Retinal in die all-trans Form umgewandelt. Das Rhodopsin zerfällt letztlich in Metarhodopsin II, welches Transducin (ein G-protein) aktiviert, das wiederum die Hydrolyse von cGMP steuert. Dadurch schließen sich Natrium- und Kalziumkanäle in der Stäbchenmembran, es kommt zur Hyperpolarisation und zur Hemmung der Freisetzung von Glutamat an den Bandsynapsen.

Zapfen▸ Die Zapfen (etwa 6 Mio. pro Retina) sind ähnlich wie die Stäbchen aufgebaut (Abb. 23.20, 23.21 und 23.24). Außerdem finden in den Zapfen ähnliche Vorgänge wie in den Stäbchen statt. Zwischen die Zapfen und die bipolaren Zellen sind jedoch die amakrinen Zellen geschaltet. Der Sehfarbstoff in den Zapfen ist im Glykoprotein so verändert, dass er entweder rotes, grünes oder blaues Licht absorbieren kann. Daher können wir mit den Zapfen, im Gegensatz zu den Stäbchen, Licht verschiedener spektraler Zusammensetzung und damit Farben unterscheiden. Allerdings werden dazu größere Lichtintensitäten benötigt, so dass bei schwachem Licht (Dämmerung) kein Farbsehen möglich ist. In der ***Fovea centralis*** (Abb. 23.13) der Retina, dem Ort des schärfsten Sehens, finden sich hauptsächlich Zapfen. Daher kann dieser Bereich in der Dämmerung nicht genutzt werden.

Signalverarbeitung in der Retina▸ In den ***Stäbchen*** und ***Zapfen*** wird das Bild der Umwelt in ein elektrisches Signal umgewandelt. Durch die Verschaltungen der Nervenzellen in der Retina wird dieses verarbeitet und von den Ganglienzellen wird das Bild nach unterschiedlichen Mustermerkmalen aufgetrennt. Die Signale der 1,5 Mio Ganglienzellen werden über ihre gebündelten Axone, die als Nervus opticus das Auge verlassen, dem Gehirn zugeleitet. Dort werden sie im ***visuellen Kortex***, dem Sehgehirn, weiter verarbeitet, mit Gedächtnisinhalten verglichen und schließlich bewusst wahrgenommen.

Bei der Signalverarbeitung in der Retina spielen im Bereich der äußeren plexiformen Schicht ***Horizontalzellen*** eine hemmende Rolle, (Abb. 23.21) indem sie

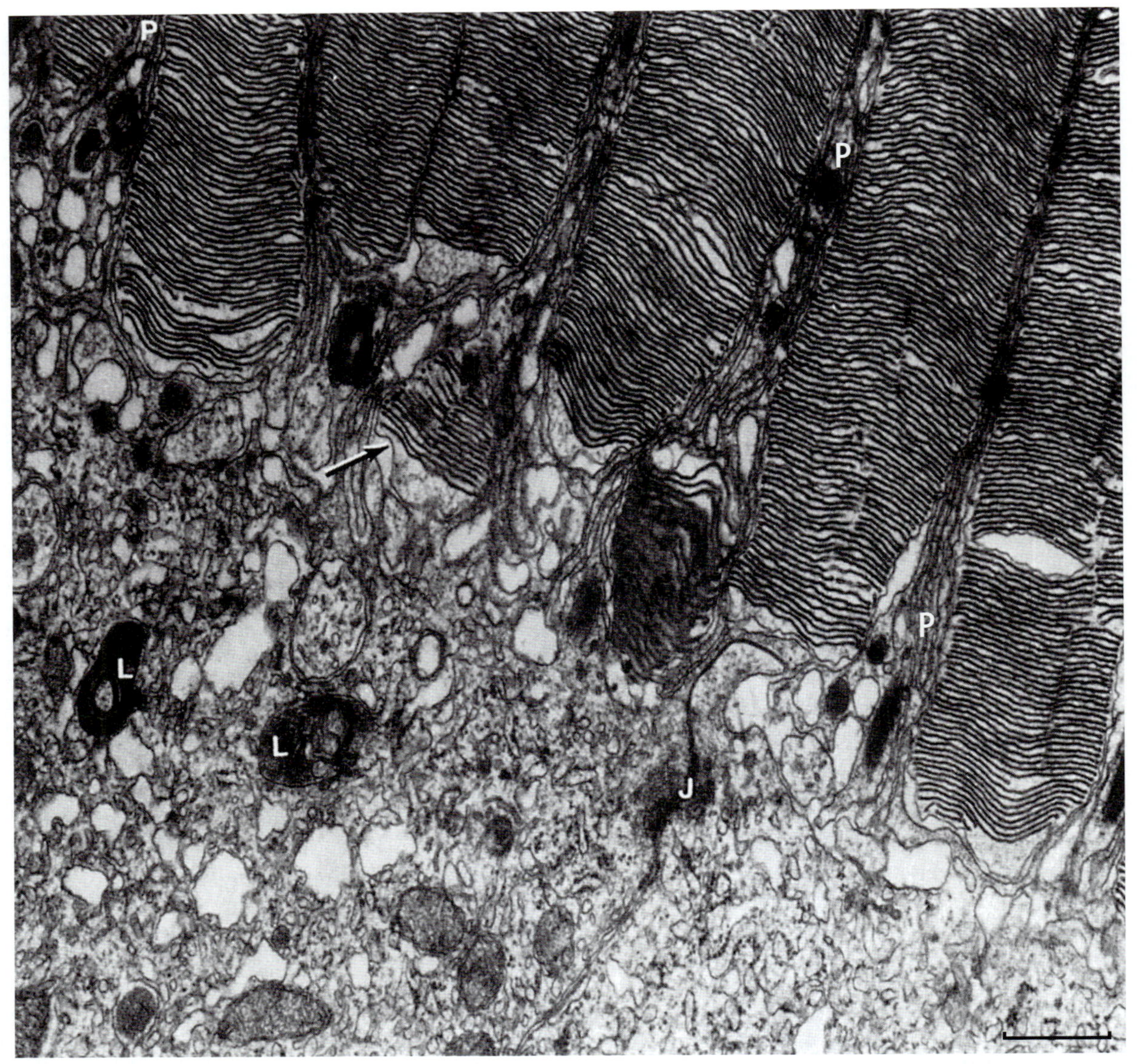

Abb. 23.23. Elektronenmikroskopische Aufnahme der Grenze zwischen der lichtempfindlichen Schicht und der pigmentierten Schicht der Retina. Im *unteren Teil* des Bildes sind apikale Teile von zwei Zellen des Pigmentepithels zu sehen, deren Plasmamembranen durch Junctions (*J*) verbunden sind. Zwischen den Außengliedern der Stäbchen befinden sich Fortsätze der Zellen des Pigmentepithels (*P*), die Melanosomen enthalten. Die großen Vakuolen, die Membranstapel enthalten, stammen von den Spitzen der Zapfen (*Pfeil*). Lysosomen (*L*) enthalten Reste der Membranstapel (vgl. Zeichnung Abb. 23.22). Balken = 1 µm. (Aus Junqueira et al. 1998)

die synaptischen Verbindungen zwischen Fotorezeptorzellen und bipolaren Zellen beeinflussen. In ähnlicher Weise wirken ***amakrine Zellen*** im Bereich der inneren plexiformen Schicht (Abb. 23.21), die insbesondere an der Weiterleitung der Signale aus den Zapfen beteiligt sind (s. oben). Eine besondere Art von Stützzellen, die ***Müller-Zellen*** (Abb. 23.21 und 23.26), gehören zur Neuroglia und durchziehen die Retina von der Seite der Endglieder bis zu den Ganglienzellen. Sie haben Kontakt zu den Nervenzellen und deren Fortsätzen (Abb. 23.26). Den Müller-Zellen werden Funktionen bei der Aufrechterhaltung der Ionengradienten an der Oberfläche der Nervenzellen zugeschrieben.

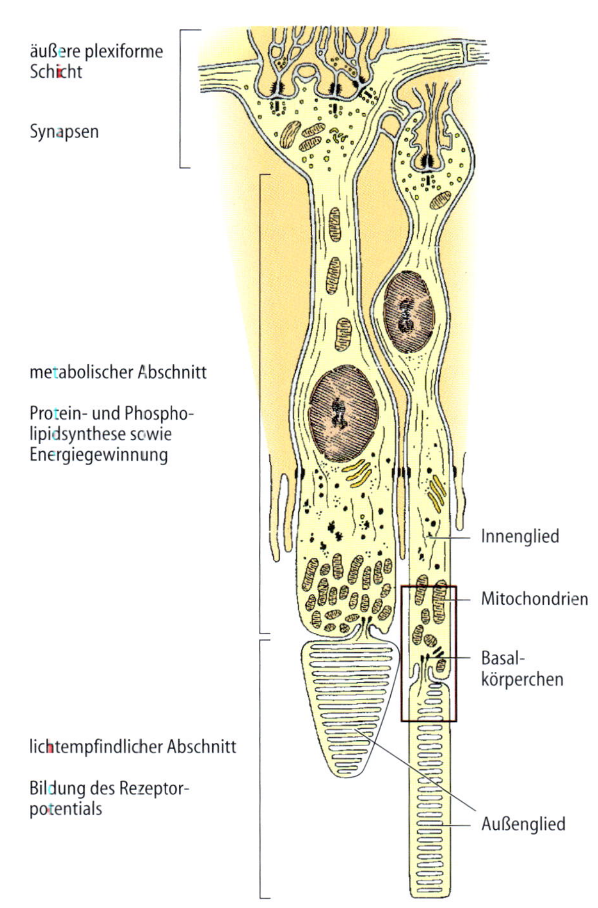

Abb. 23.24. Ultrastruktur von Stäbchen (*rechts*) und Zapfen (*links*). Das *umrahmte Gebiet* ist als elektronenmikroskopische Aufnahme in Abb. 23.25 wiedergegeben. (Aus Junqueira et al. 1996)

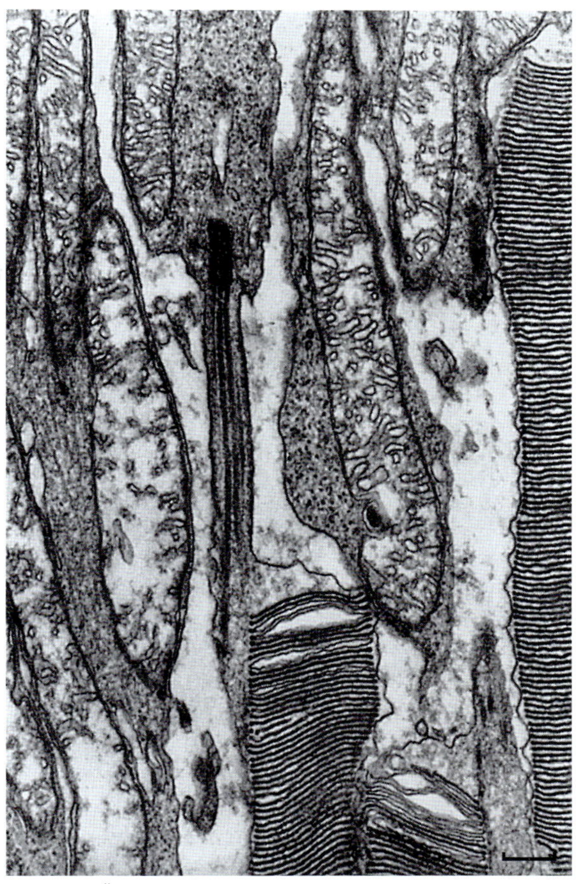

Abb. 23.25. Übergangszone zwischen inneren und äußeren Gliedern der Fotorezeptorzellen in der Retina. Die lichtempfindliche Region besteht aus flachen Membranstapeln. Zahlreiche Mitochondrien in den Innengliedern stellen ATP bereit. Außerdem ist ein Basalkörper zu sehen, von dem Mikrotubuli ausgehen. Balken = 1 μm. (Aus Junqueira et al. 1998)

Es gibt Ganglienzellen, die auf Farbe, Kontrast, Bewegung und auf andere Merkmale eines Bildes reagieren. Diese Bildmerkmale werden parallel an unterschiedliche Gehirnareale weitergegeben und wieder zu einer einheitlichen und bewussten Wahrnehmung vereint.

Blutversorgung der Retina▸ Die Retina besitzt eine zweifache Blutversorgung. Die ***Aderhaut*** versorgt über Diffusion die äußeren Anteile einschließlich des anliegenden Pigmentepithels und die Außenglieder der Fotorezeptorzellen, während die übrige neurale Retina hauptsächlich über die ***A. centralis retinae*** versorgt wird.

Klinik

Mit Hilfe der ***Augenspiegelung*** können Veränderungen der Gefäße bei Hypertonie, Arteriosklerose und Diabetes mellitus festgestellt werden. Auch Netzhautablösung, Zeichen eines erhöhtens Hirndrucks (Stauungspapille) und Pigmentstörungen sind dabei erkennbar. Der ***grüne Star (Glaukom)*** ist auf eine Erhöhung des Augeninnendrucks als Folge einer Störung des Gleichgewichts zwischen Kammerwasserproduktion und -ableitung zurückzuführen (s. oben). Die Druckerhöhung mindert die Blutversorgung der neuralen Retina. Die Axone der Ganglienzellen gehen zu Grunde. Dies führt zu Gesichtsfeldausfällen und schließlich zur Erblindung.

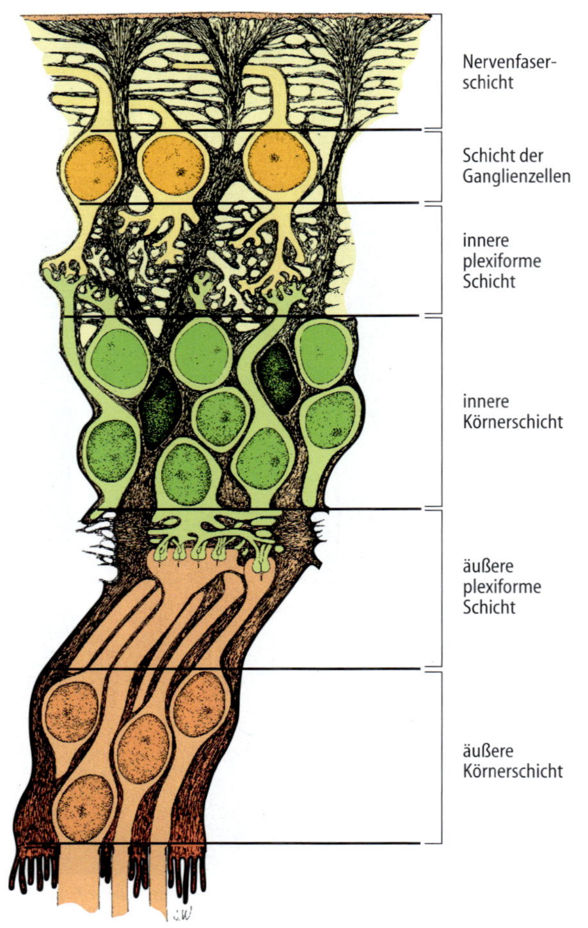

Abb. 23.26. Zeichnung der Müller-Stützzellen, Sinneszellen und Nervenzellen in der Pars optica der Retina. Die Müller-Zellen (*dunkle fibrillenreiche Zellen*) umschließen und stützen die Nervenzellen und Nervenzellfortsätze der Retina. (Nach Junqueira et al. 1996)

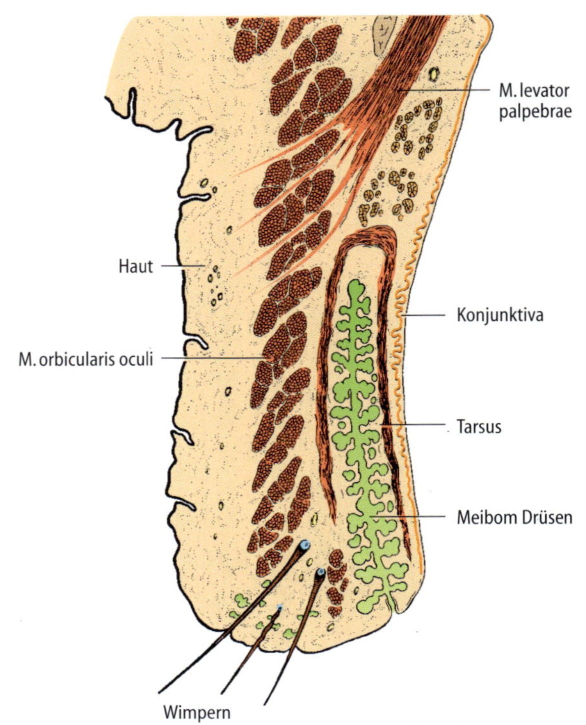

Abb. 23.27. Aufbau des Augenlids. (Aus Junqueira et al. 1996)

Anhangsorgane des Auges► Die ***Bindehaut (Konjunktiva)*** ist eine dünne und transparente Schleimhaut, die den vorderen Anteil des Auges bis zur Cornea bedeckt und im Fornix auf die Innenfläche der Augenlider übergeht (Abb. 23.13, 23.14 und 23.27). Das mehrschichtige unverhornte Plattenepithel der Bindehaut im Bereich des Bulbus geht im Fornix in ein mehr hochprismatisches Epithel mit einzelnen Becherzellen über. Darunter befinden sich viele Gefäße, deren Erweiterungen bei Entzündungen auffallen. Die ***Augenlider*** (Abb. 23.27) sind bewegliche Hautfalten, die dem Schutz der Augen dienen. Sie können, hauptsächlich mit dem ***M. orbicularis oculi***, geschlossen und dem ***M. levator palpebrae*** geöffnet werden. Die Augenlider besitzen eine elastische Haut und reichlich lockeres Bindegewebe in der Subkutis, weshalb sie (z. B. bei Entzündungen oder Weinen) stark anschwellen können. In den Lidern finden sich drei Arten von Drüsen: ***Meibom-, Moll- und Zeis-Drüsen.*** Die Meibomdrüsen sind längliche Talgdrüsen, die sich im ***Tarsus (Lidplatte)***, einer dichten Faserplatte, befinden und keine Verbindung zu den Haarfollikeln haben (Abb. 23.27). Ihr Sekret bildet eine ölige Schicht auf der Oberfläche des Tränenfilms und beugt somit einer schnellen Verdunstung der Tränenflüssigkeit vor. Zeis-Drüsen sind kleinere, modifizierte Talgdrüsen, die mit den Follikeln der Wimpern in Verbindung stehen und die Moll-Drüsen sind Schweißdrüsen.

Klinik

Trocknet das holokrine Sekret der Meibomdrüsen ein, dann wölbt das aufgestaute Sekret die Drüsenregion kugelförmig vor und es entsteht eine chronische Entzündung ***(Hagelkorn)***. Wird es durch Staphylokokken infiziert, dann kann auch eine hochakute eitrige Entzündung ***(Gerstenkorn)*** entstehen.

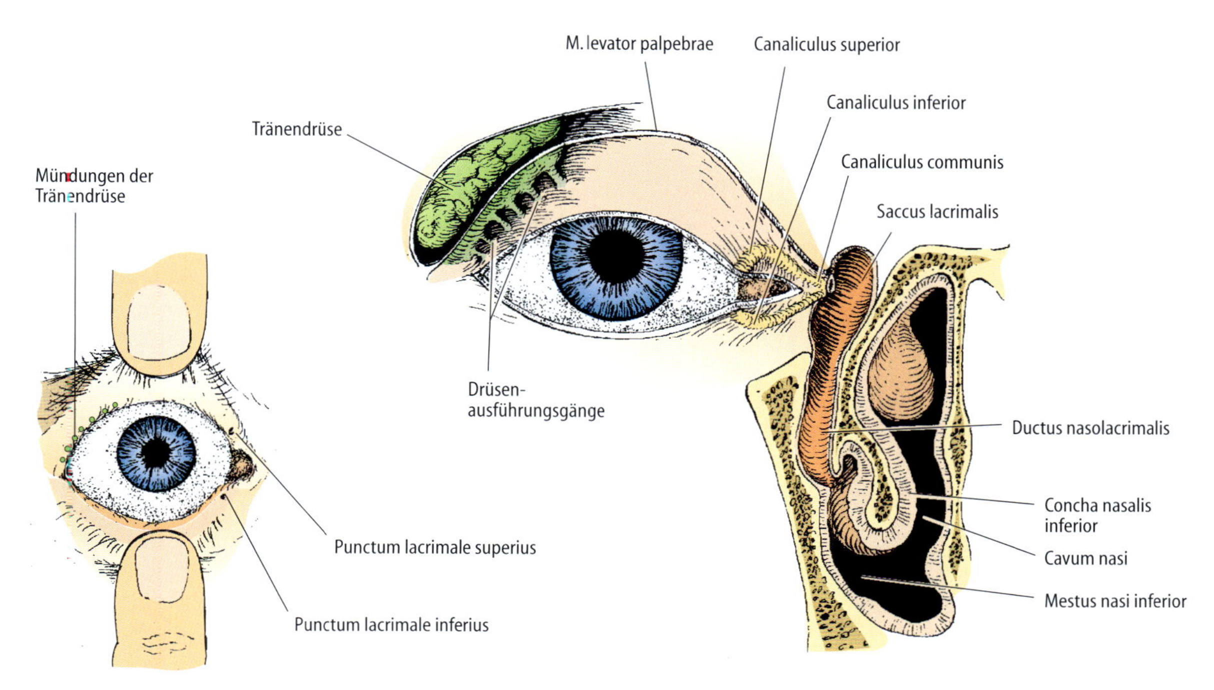

Abb. 23.28. Produktion und Abfluss der Tränen. (Aus Junqueira et al. 1996)

Der ***Tränenapparat*** besteht aus Tränendrüse, Tränenkanälchen, Tränensack und Ductus nasolacrimalis (Abb. 23.28). Die ***Tränendrüse*** (***Glandula lacrimalis***, Abb. 23.28 und 23.29) produziert die Tränenflüssigkeit und befindet sich im vorderen oberen temporalen Anteil der Orbita. Sie besteht aus mehreren Lappen, die ihr Sekret über 6–12 Ausführungsgänge im Bereich der oberen Fornix conjunctivae auf die Cornea abgeben. Die Azini der Tränendrüse setzen sich aus serösen Zellen zusammen, die viele Sekretgranula enthalten. Gut entwickelte Myoepithelzellen (s. Kap. 3.4.2) umgeben die sezernierenden Anteile der Tränendrüse.

Die Tränenflüssigkeit fließt über Cornea und Konjunktiva und befeuchtet deren Oberflächen. Sie fließt über die Puncta lacrimalia (Abb. 23.28), runden Öffnungen mit einem Durchmesser von ca. 0,5 mm, die sich medial auf oberem und unterem Lidrand finden, in die ***Tränenkanälchen (Canaliculi lacrimales)*** ab. Diese haben einen Durchmesser von etwa 1 mm und eine Länge von 8 mm und sind von einem mehrschichtigen Plattenepithel ausgekleidet. Bevor sie in den Tränensack münden, vereinen sie sich sehr variabel zu einem gemeinsamen Endstück (Canaliculus communis). Der ***Tränensack*** (Saccus lacrimalis) ist ein erweiterter Anteil der ableitenden Tränenwege, der sich in der knöchernen Fossa sacci lacrimalis befindet und sich nach unten in den ***Ductus nasolacrimalis*** fortsetzt. Dieser mündet unter der unteren Nasenmuschel (Concha nasalis inferior) in den unteren Nasengang (Meatus nasi inferior) (Abb. 23.28). Sowohl der Tränensack als auch der Ductus nasolacrimalis sind von mehrreihigem Flimmerepithel ausgekleidet.

Die Hauptaufgabe der Tränenflüssigkeit ist die Befeuchtung und Ernährung des Hornhautepithels. Tränen enthalten außerdem Komponenten der körpereigenen Abwehr wie Antikörper (IgA) (vgl. Kap. 13.2.1 und 14.11)und Lysozym.

Klinik

Mangel oder unphysiologische Zusammensetzung der Tränenflüssigkeit führen zum Syndrom des trockenen Auges.

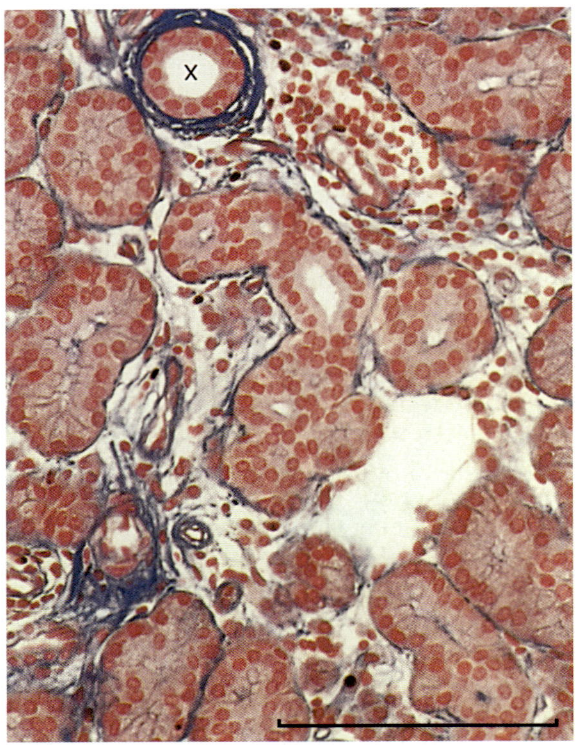

Abb. 23.29. Schnitt durch eine menschliche Tränendrüse. *Oben* ist ein Ausführungsgang angeschnitten (*X*) (HE-Färbung). Balken = 100 µm. (Aus Junqueira et al. 1996)

23.7 Gehör und Gleichgewicht

Aufbau▸ Das Hör- und Gleichgewichtsorgan lässt sich entwicklungsgeschichtlich und funktionell in drei Teile einteilen: Das ***äußere Ohr***, bestehend aus Ohrmuschel und äußerem Gehörgang, reicht bis zum Trommelfell. Dahinter beginnt das ***Mittelohr***, das die Gehörknöchelchen enthält. Die Ohrmuschel führt den eintreffenden Schall über den Gehörgang zum Trommelfell, dieses gerät dadurch in Schwingung und leitet die Schallenergie über die Kette der Gehörknöchelchen (Hammer, Amboss, Steigbügel) in die Flüssigkeitsräume des ***Innenohres*** weiter. Dort werden in der Hörschnecke (Cochlea) die mechanischen Schwingungen in elektrische Signale umgewandelt und über den Hörnerven (N. cochlearis) an das Gehirn weitergeleitet. Zum Innenohr gehört auch das Vestibularorgan, das zur Aufrechterhaltung des Gleichgewichtes und der Orientierung im Raum dient (Abb. 23.30).

Äußeres Ohr▸ Das äußere Ohr besteht aus der ***Ohrmuschel (Auricula)*** und dem ***äußeren Gehörgang (Meatus acusticus externus)***. Der äußere Gehörgang wird in einen lateralen knorpeligen und einen medialen knöchernen Anteil unterteilt. Der Knorpel des lateralen Anteils gehört zur Ohrmuschel und ist mit kräftiger Haut mit Haarbälgen und Schweißdrüsen ausgestattet.

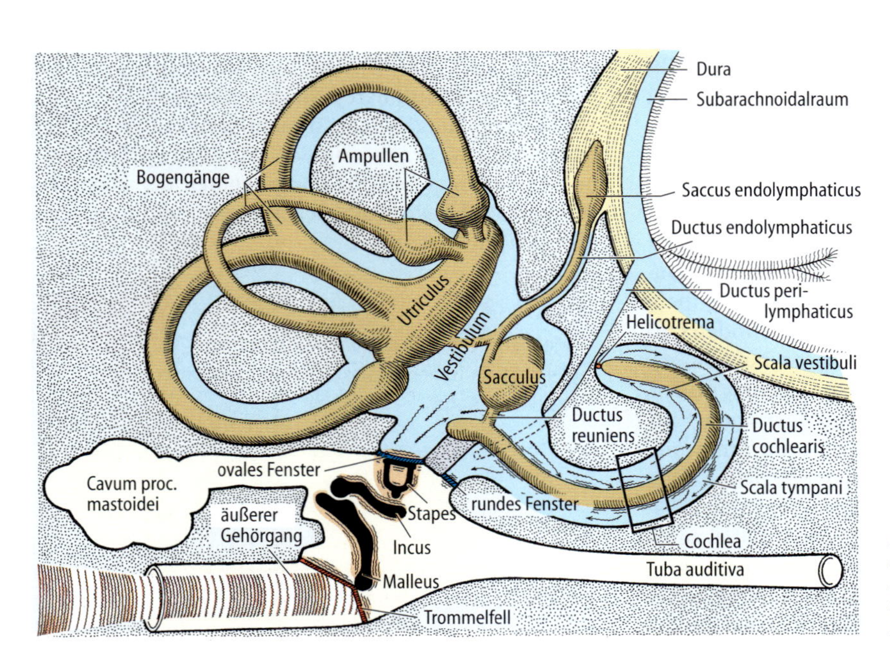

Abb. 23.30. Das Hör- und Gleichgewichtsorgan. Bezeichnet sind die Strukturen im äußeren, mittleren und inneren Ohr. Das eingezeichnete Rechteck entspricht der Abb. 23.31. (Aus Junqueira et al. 1996)

Im Bereich des knöchernen Anteils ist die Haut sehr dünn und unverschieblich mit der darunter liegenden Knochenhaut (Periost) verbunden. Im medialen Bereich des äußeren Gehörganges finden sich auch apokrine Drüsen, die Ohrenschmalz (Zerumen) produzieren, das die Haut des Gehörgangs schützt und antibiotische Eigenschaften hat. An der sensiblen Versorgung von Ohrmuschel und äußerem Gehörgang ist unter anderem ein Ast des N. vagus beteiligt.

Klinik Durch Reizung des N. vagus kann es beim Entfernen von Zerumen zu Hustenreiz und Kreislaufreaktionen kommen. Entzündungen im knöchernen Anteil des äußeren Gehörgangs, häufig bei Diabetikern, sind sehr schmerzhaft.

Trommelfell▸ Beim Erwachsenen liegt etwa 3 cm hinter dem Eingang des Gehörgangs das ***Trommelfell***. Es ist bei Neugeborenen und Kleinkindern nur schwer einsehbar, da in dieser Wachstumsphase der Gehörgang noch stark nach vorne gekrümmt ist. Ab dem 3. Lebensjahr wird der äußere Gehörgang ein weitgehend gerades Rohr, an dessen Ende man durch Ziehen der Ohrmuschel nach hinten oben etwa 2/3 des Trommelfells beurteilen kann. Das Trommelfell ist oval in seiner Form. Der vertikale Durchmesser entlang der Achse des Hammergriffs beträgt 8,5 bis 10 mm, der horizontale Durchmesser 8–9 mm. Das Trommelfell besteht aus drei Schichten, der Epidermisschicht (Stratum epidermale), der Faserschicht (Stratum fibrosum) und der dem Mittelohr zugewandten Schleimhautbedeckung (Stratum mucosae). Das Stratum epidermale des Trommelfells ist eine Fortsetzung des mehrschichtigen verhornten Plattenepithels des äußeren Gehörganges. Das Stratum fibrosum fehlt im Bereich der Pars flaccida (oder Shrapnell-Membran), einer kleinen dreieckförmigen Region vor dem Hammergriff. Hier können kleine Druckschwankungen zwischen der Luft im Mittelohr und dem äußeren Gehörgang ohne Mitbewegung des übrigen Trommelfells ausgeglichen werden.

Trifft Schall auf das Trommelfell, dann bewegt sich auch das erste ***Gehörknöchelchen***, der ***Hammer (Malleus)***, der mit seinem langen Griff (Umbo) in das Trommelfell eingebettet ist. Der Hammer ragt mit seinem Körper in den Kuppelraum des Mittelohrs und nimmt dort eine gelenkähnliche Verbindung mit dem ***Amboss (Incus)*** auf, der wiederum die Verbindung zum ***Steigbügel (Stapes)*** herstellt (Abb. 23.30). Die drei Gehörknöchelchen übertragen zusammen die Schwingungen des Trommelfells auf das ***ovale Fenster***, wo diese auf eine Flüssigkeit, die Perilymphe, weitergegeben werden. Im Mittelohr wirken zwei Muskeln, der ***M. tensor tympani*** und der ***M. stapedius***. Der M. tensor tympani inseriert am Hammerknie, der M. stapedius inseriert am Steigbügelkopf. Er verhindert reflektorisch ab einer bestimmten Lautstärke zu starke und damit innenohrschädigende Auslenkungen der Steigbügelfußplatte. Das gilt allerdings nur für die tiefen und mittleren Frequenzen, während die hohen Frequenzen auch bei angespanntem Steigbügel ungehindert zum Innenohr gelangen. Der Stapediusreflex ist zu langsam und auch ermüdbar, um bei einem plötzlichen Knall von mehr als 105 dB für das Innenohr einen wirksamen Schutz darzustellen. Die Reflexschwelle beträgt beim gesunden Menschen 60 dB. Ab dieser Lautstärke kommt es zu einer rhythmischen Kontraktion des M. stapedius und damit zu Zuckungen des Trommelfells.

Klinik Die Zuckungen des Trommelfells lassen sich mittels bestimmter Apparaturen (‚***Impedanzmessung***') registrieren und dienen der Diagnose von Mittel- und Innenohrerkrankungen. Der ***Stapediusreflex*** kann in der Regel eine lärmbedingte Zerstörung von Haarzellen des Innenohres (Knalltrauma, Lärmtrauma) nicht verhindern.

Mittelohr▸ Die Gehörknöchelchen befinden sich in der ***Paukenhöhle***, die mit ihrem Inhalt als Mittelohr bezeichnet wird. Das Mittelohr ist ein luftgefüllter Raum, der nach dorsal mit den luftgefüllten Knochenhohlräumen des Warzenfortsatzes (Warzenfortsatzzellen) in Verbindung steht. Die Schleimhaut der Paukenhöhle ist infolge der komplizierten Entwicklung uneinheitlich: Ein ein- bis mehrschichtiges unverhorntes Plattenepithel geht im Bereich der Einmündung der ***Ohrtrompete (Tuba auditiva, Eustachio-Röhre)*** in ein respiratorisches Epithel über. Die Tube stellt einen Verbindungskanal zwischen Rachenraum und Mittelohr her, der ebenfalls von einem respiratorischen Epithel ausgekleidet ist. Dessen Flimmerschlag transportiert bei Entzündungen des Mittelohrs vermehrt anfallenden Schleim in den Nasenrachenraum. Der dem Nasenrachenraum nächstgelegene Anteil der Ohrtrompete ist von Knorpel umgeben. Die Anordnung der Gaumen- und Pharynxmuskulatur erlaubt es, beim Schlucken oder Gähnen die Ohrtrompete für kurze Zeit zu öffnen. Dieser Druckausgleich ist für eine ungehinderte Funktion der Mittelohrstrukturen (Trommelfell und damit verbundene Kette der Gehörknöchelchen) erforderlich. Jedoch bildet die Tuba auditiva auch einen Weg für die Fortleitung von Infektionen aus dem Nasopharynx zum Mittelohr.

Klinik *Mittelohrentzündungen* sind nicht nur schmerzhaft, sondern auch gefährlich, da das Dach des Mittelohrs an die mittlere Schädelgrube grenzt und somit die Gefahr einer Hirnhautentzündung besteht. Da das Mittelohr mit den Warzenfortsatzzellen in Verbindung steht, ist bei Entzündungen des Mittelohrs auch eine Fortleitung bis zum Mastoid und den angrenzenden Sinus sigmodeus möglich (Gefahr der Sinusthrombose). Die nahe Nachbarschaft des Kanals des N. facialis zum Mittelohr birgt bei Entzündungen des Mittelohrs die Gefahr von Fazialislähmungen. Obwohl die Chorda tympani frei durch das Mittelohr zieht, kommt es bei einer Mittelohrentzündung selten zu Geschmacksstörungen.

Innenohr▸ Die Schallenergie wird durch die Fußplatte des Steigbügels am ***ovalen Fenster*** auf die ***Perilymphe*** des Innenohrs weitergegeben (Abb. 23.30). Hinter dem ovalen Fenster befindet sich im Innenohr der so genannte Schneckenvorhof ***(Vestibulum)***, wo sich auch wesentliche Anteile des Gleichgewichtsapparates (Sacculus und Utriculus) befinden und die **Hörschnecke (Cochlea)** beginnt. Außerdem beginnen hier die Bogengänge (s. unten). Die ***Scala vestibuli*** der Cochlea steht über das Helikotrema mit der ***Scala tympani*** und dem runden Fenster in Verbindung. Auf Grund dieser Verhältnisse führt jede Bewegung des Steigbügels am ovalen Fenster zu einer entsprechenden Bewegung am ***runden Fenster***, das an der Schneckenbasis von einer dünnen Membran bedeckt ist.

Klinik Entzündungen des Mittelohrs können über das runde Fenster auf das Innenohr übertreten und über eine eitrige *Labyrinthitis* zur Ertaubung führen.

Bei bestimmten Erkrankungen der Steigbügelfußplatte (z. B. *Otosklerose*) wird der Steigbügel in das ovale Fenster eingemauert, so dass eine Schallübertragung zum Innenohr nicht mehr möglich ist.

Das cochleovestibuläre Organ enthält die Sinneszellen für das Hören und den Gleichgewichtssinn. Die Sinneszellen des Hörorgans besitzen Härchen (Stereozilien) in unterschiedlicher, aber charakteristischer Anzahl. Durch Abscherung der Stereozilien in Richtung der größeren Stereozilien öffnen sich Ionenkanäle, die zu einer Depolarisation der Sinneszellen führen. Durch Abscherung der Stereozilien in die entgegengesetzte Richtung schließen die Ionenkanäle.

Im cochleovestibulären System befinden sich zwei Flüssigkeitskompartimente, nämlich das der Perilymphe und, umgeben von jenem, die Endolymphe. Die ***Endolymphe*** kommt bezüglich ihres Kaliumgehalts dem intrazellulären Milieu gleich, während die ***Perilymphe*** der extrazellulären Flüssigkeit und damit dem Blutserum ähnlich ist. Die Endolymphe wird von einem speziellen Epithelstreifen unter der lateralen Wand des Endolymphschlauches (Stria vascularis) gebildet (Abb. 23.31). Die Perilymphe hingegen stammt im Wesentlichen aus dem Liquor cerebrospinalis, der über einen Verbindungskanal, den Ductus perilymphaticus, zum Innenohr gelangt, und einem Ultrafiltrat aus den wandständigen Kapillaren des Perilymphraumes.

Im Bereich der Hörschnecke wird der Endolymphraum durch die ***Membrana vestibuli (Reissner-Membran)*** vom Perilymphraum der Scala vestibuli abgetrennt und von Perilymphe der Scala tympani durch die Schlussleisten des Sinnesepithels das der ***Basilarmembran*** aufsitzt (Abb. 23.31). Das Sinnesepithel, das aus Stützzellen und Sinneszellen besteht wird auch als ***Corti-Organ*** bezeichnet. Dort sind beim Menschen drei bis vier Reihen von ***äußeren Haarzellen*** und eine Reihe von ***inneren Haarzellen*** umgeben von Stützzellen angeordnet (Abb. 23.31 und 23.32). Medial zur Reihe der inneren Haarzellen wiederum befindet sich ein Epithelwulst mit sekretorischen Zellen ***(Interdentalzellen)***, die zusammen mit den Stützzellen die ***Membrana tectoria*** bilden. Diese erstreckt sich bis über die äußeren Haarzellen und verbindet sich mit deren Stereozilien. Hingegen haben die kürzeren Stereozilien der inneren Haarzellen keinen Kontakt mit der Membrana tectoria.

Das menschliche Corti-Organ enthält etwa 12 000 äußere Haarzellen und 3500 innere Haarzellen. Durch die Schallübertragung über das äußere Ohr und das Mittelohr entsteht im Innenohr die so genannte Wanderwelle, die an verschiedenen Orten, je nach Frequenzspektrum des Tones bzw. des Geräusches zu einer Erregung der Sinneszellen führt. Bei geringen Pegeln (<60 dB SPL = sound pressure level, Schalldruckpegel) kommt es dabei zu einer Bewegung der Stereozilien der äußeren Haarzellen und damit zu deren Depolarisation und Kontraktion, wodurch die Wanderwelle verstärkt wird. Bei höheren Pegeln werden die Stereozilien der in-

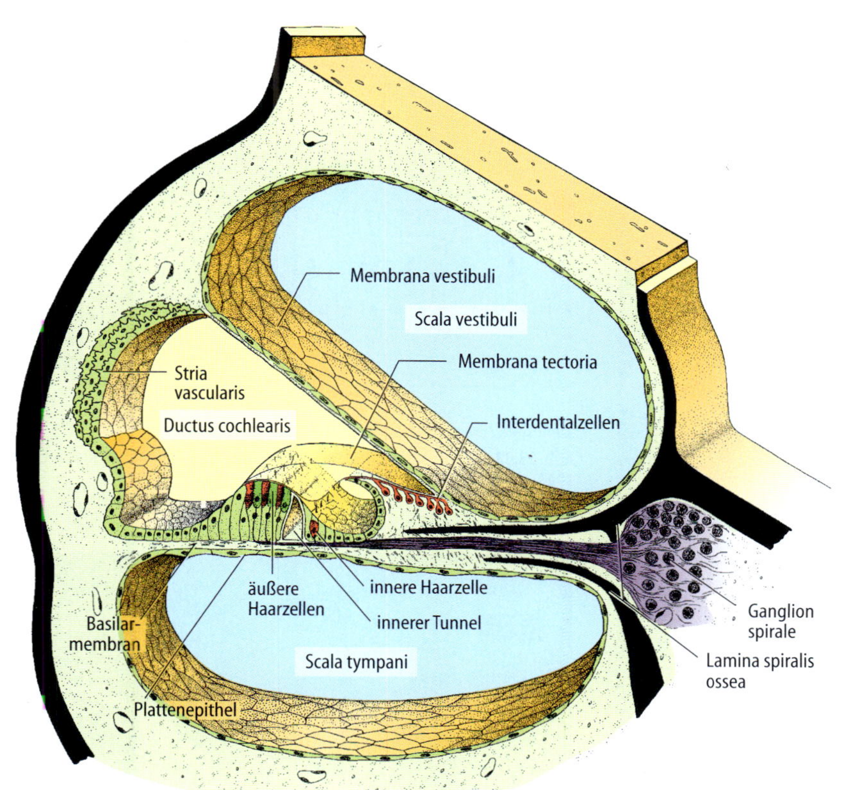

Abb. 23.31. Aufbau der Cochlea. (Aus Junqueira et al. 1996)

neren Haarzellen auch ohne Verstärkung durch die äußeren Haarzellen abgeschert und ihre dehnungsaktivierbaren Kanäle geöffnet. Die nachfolgende Depolarisation der inneren Haarzellen führt zur Öffnung von spannungsabhängigen Kalziumkanälen, zum Kalziumeinstrom und zur Freisetzung von Glutamat aus Vesikeln im Bereich der Basis der Haarzellen. So erfolgt die Signalübertragung auf die Dendriten der bipolaren Nervenzellen des N. cochlearis, deren Perikaryen im Ganglion spirale der Cochlea liegen (Abb. 23.31). Etwa 90 % der Ganglienzellen sind mit den inneren Haarzellen und nur 10 % mit den äußeren Haarzellen verbunden. Die Sinneszellen der basalen Schneckenwindung dienen der Wandlung hoher Frequenzen und die Sinneszellen im Bereich des Helikotremas der tiefer Frequenzen.

Klinik Lärm, bestimmte Antibiotika (Aminoglykoside), Diuretika oder Chininderivate können die Funktion der Haarzellen zeitweilig oder für immer zerstören und so zur Innenohrschwerhörigkeit führen.

Die ***Gleichgewichtsorgane*** (Abb. 23.30) des Innenohres reagieren auf lineare (Sacculus und Utriculus) und Winkelbeschleunigung (Bogengänge).

Klinik Die Funktionsstörung einer dieser als Vestibularorgane bezeichneten paarig angelegten Strukturen bewirkt ***Schwindel*** und Gangunsicherheit. Alle Sinnesanteile des Vestibularorgans stehen sowohl mit der Tiefensensorik wie auch mit den Augenmuskelkernen in Verbindung. Orientierung im Raum ist nur sicher möglich, wenn Tiefensensorik, optische Information und rechtes wie linkes Gleichgewichtsorgan seitengleich funktionsfähig sind.

Gleichgewichtsstörungen treten bei Ausfall eines der beiden Vestibularapparate auf und werden durch die überschießende Reaktion des noch verbleibenden gesunden Ohrs hervorgerufen.

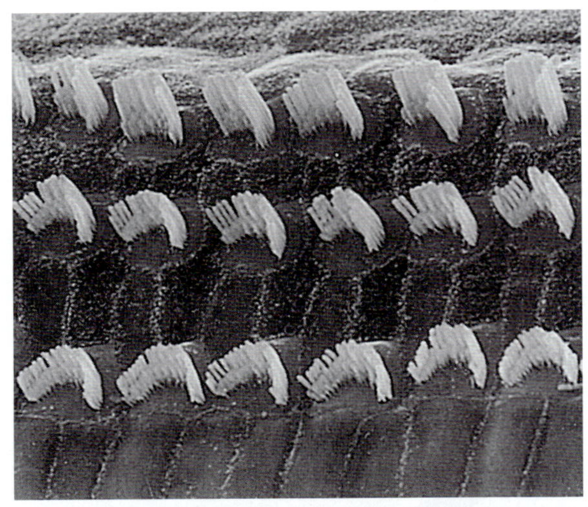

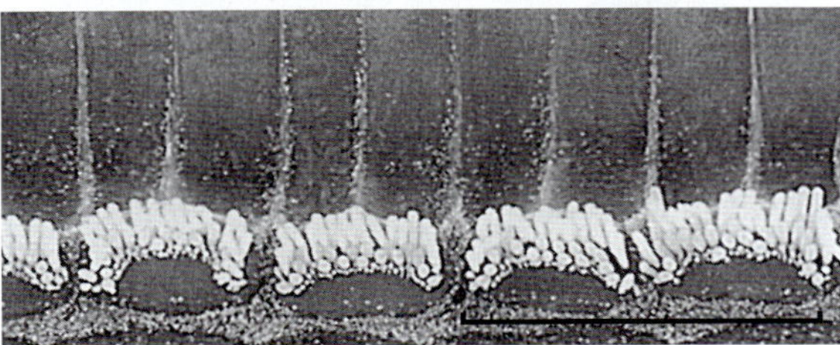

Abb. 23.32. Darstellung der inneren (*unten*) und äußeren (*oben*) Haarzellen im Rasterelektronenmikroskop. Balken = 10 μm. (Aus Junqueira et al. 1998)

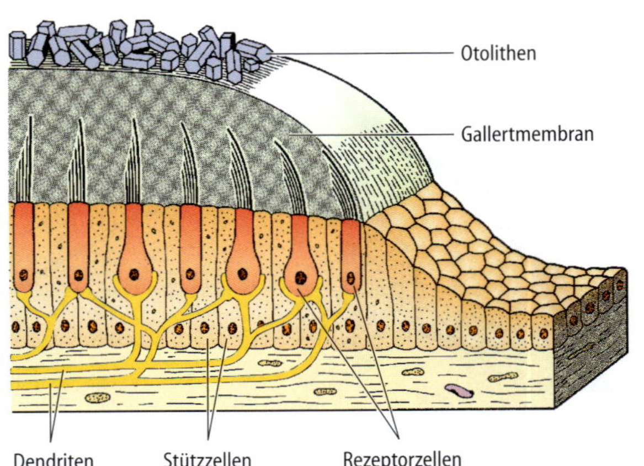

Abb. 23.33. Schematische Darstellung einer Makula. (Aus Junqueira et al. 1996)

Im ***Sacculus*** und ***Utriculus*** (Abb. 23.30) eines jeden Innenohrs befinden sich Bereiche, die so genannten Makulaorgane, die neben Haarzellen auch Stützzellen enthalten. Die Haarzellen sind ganz ähnlich wie die Sinneszellen der Cochlea aufgebaut und ihre Stereozilien ragen in eine gallertige Schicht hinein, die an ihrer Oberfläche Kristalle aus Kalziumkarbonat trägt, die so genannten Otolithen (Abb. 23.33 und 23.34). Die Makula des Sacculus steht beim stehenden Menschen ungefähr senkrecht, so dass durch die Schwerkraft die Stereozilien der Sinneszellen nach unten gebogen werden. Die waagerechte Anordnung der Macula utriculi führt bei aufrechter Kopfhaltung zu keiner Reizung der Stereozilien. Neben der Schwerkraft können natürlich auch andere lineare Beschleunigungen eine Kraft auf die Stereozilien der Makulaorgane ausüben und so über die Position im Raum orientieren.

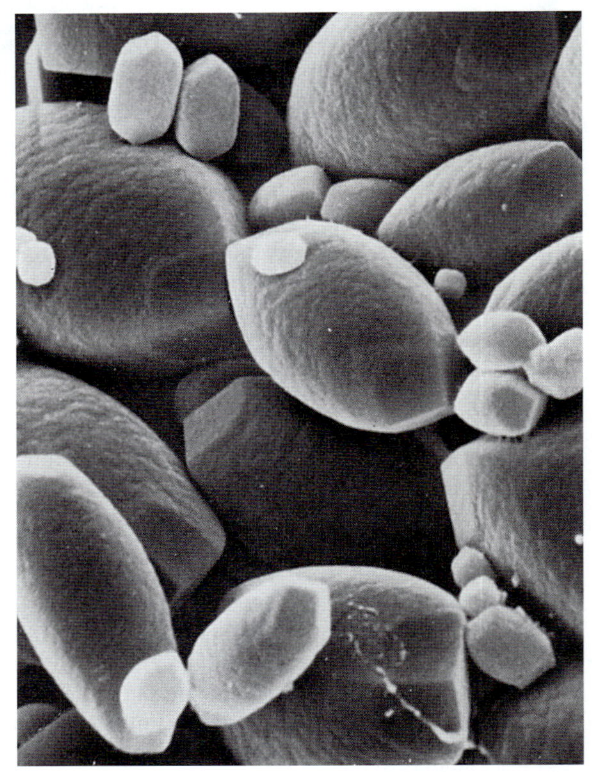

Abb. 23.34. Darstellung der Oberfläche einer Makula einer Taube mit Otolithen im Rasterelektronenmikroskop. (Aus Junqueira et al. 1996)

Klinik Bei bestimmten degenerativen oder posttraumatischen Erkrankungen des Vestibularorgans können die Otolithen von ihrer Position abrutschen und somit kurzfristigen, aber schweren Schwindel auslösen. Mit Hilfe von physikalischen Übungen gelingt es jedoch zuverlässig, diese Otolithen wieder regelrecht anzuordnen und die Betroffenen von ihren Beschwerden zu heilen.

Je ein horizontaler, hinterer und vorderer ***Bogengang*** (Abb. 23.30), etwa im rechten Winkel zueinander stehend, dient der Wahrnehmung von Winkelbeschleunigungen. Die knöchernen Hohlräume der Bogengänge im Felsenbein enthalten in ihrem Zentrum den Endolymphschlauch, der allseits von Perilymphe umgeben ist. Im Bereich der Kreuzungsstellen der Bogengänge finden sich Erweiterungen des Endolymphschlauches, die man als ***Ampullen*** bezeichnet. Auch hier befindet sich jeweils ein Sinnesepithelwulst mit Haarzellen und Stützzellen (Abb. 23.35). Die Stereozilien der Haarzellen tragen an ihrer Oberfläche eine gallertige Masse, die ***Cupula***, die den Bogengang teilweise verschließt. Bei Bewegungen des Körpers folgt die Endolymphe der Bogengänge Drehbewegungen langsamer als die knöchernen Wände der Bogengänge. Durch diese Verzögerung werden die Cupula und damit die Stereozilien der Haarzellen ausgelenkt. Beim Kopfschütteln, das ein ‚nein' ausdrücken soll, werden hauptsächlich die Haarzellen der horizontalen Bogengänge gereizt. Ähnliche Vorgänge, wie bei den Haarzellen der Cochlea beschrieben, führen dann zur Freisetzung von Glutamat an der Basis der Haarzellen. An den Dendriten der afferenten Nervenfasern bewirkt Glutamat die Öffnung von Ionenkanälen und die Bildung von Aktionspotenzialen, die über den N. vestibularis zum Zentralnervensystem weitergeleitet werden.

Der ***Saccus endolymphaticus*** ist ein etwa 1,5 cm langer mit Endolymphe gefüllter Blindsack, der in der Dura der mittleren Schädelgrube an der hinteren Felsenbeinkante endet (Abb. 23.30). Er stellt einen mit Endolymphe ausgefüllten Blindsack dar, der mit dem Endolymphraum des Sacculus oder des Utriculus über den Ductus endolymphaticus in Verbindung steht. Die Aufgabe des Saccus endolymphaticus ist einmal das Ausschleusen von Wasser aus dem Endolymphraum, zum anderen dient er wie bestimmte Bereiche der Schleimhäute des oberen Respirationstraktes und des Gastrointestinaltraktes der körpereigenen Abwehr (s. Kap. 13.2, 14.11 und 16). Man bezeichnet den Saccus en-

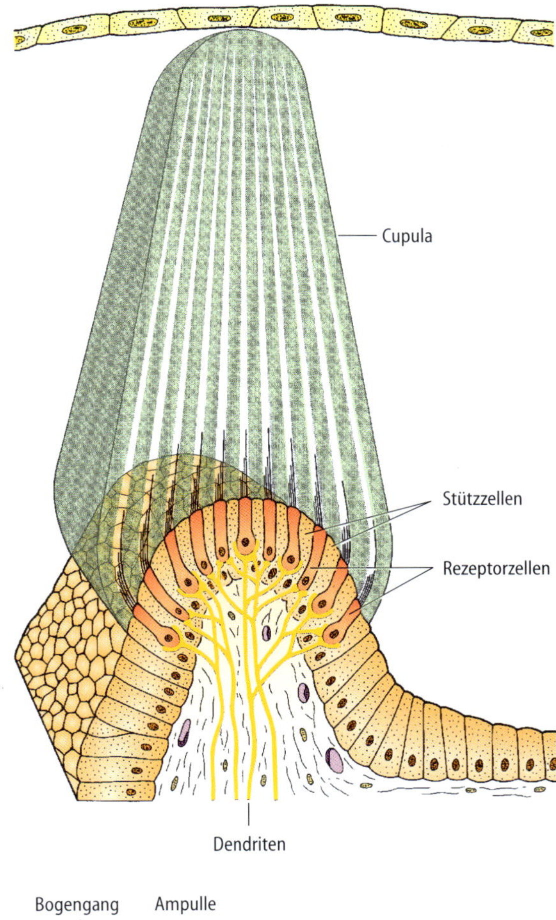

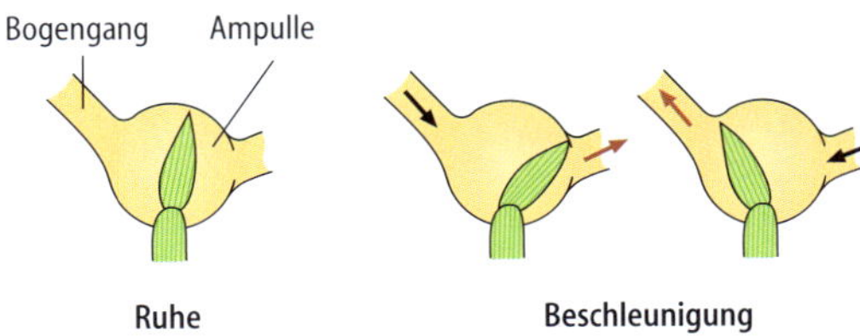

Abb. 23.35. Aufbau einer Crista ampullaris. *Unten* sind die Bewegungen der Cupula einer Crista ampullaris während einer Drehbeschleunigung dargestellt. Die *Pfeile* geben die Richtung der Flüssigkeitsbewegung an. (Aus Junqueira et al. 1996)

dolymphaticus daher auch als die ‚Tonsille' des Innenohres. Häufige Entzündungen des Saccus endolymphaticus führen zu einer Fibrose dieses Organs, wodurch es zu einer Störung der Rückresorption der Endolymphe kommt und damit zu einer Störung der Flüssigkeitshomöostase des Innenohres.

Klinik Bei einer Resorptionsstörung des Saccus endolymphaticus entsteht eine pathologische Flüssigkeitsansammlung in den Endolymphräumen des Innenohres ***(endolymphatischer Hydrops)*** mit Innenohrschwerhörigkeit und Schwindel (Ursache der ***Menière-Erkrankung***).

Methoden 24

24.1	Lichtmikroskopie	448
24.2	Elektronenmikroskopie	452
24.3	Vorbereitung von Geweben und Zellen für mikroskopische Untersuchungen	454
24.4	Histochemie und Zytochemie	456
24.5	Spezielle Verfahren	460

Einleitung

In der Histologie und der Zytologie werden auf Grund der Dimension der untersuchten Strukturen häufig mikroskopische Verfahren eingesetzt. Gekoppelt mit biochemischen, immunologischen und molekularbiologischen Verfahren dienen sie dazu, die Struktur und Funktion von Geweben und Zellen zu studieren. Durch diesen interdisziplinären Ansatz ist es möglich Struktur, molekulare Zusammensetzung und Funktion der verschiedenen Bestandteile des Körpers zu erforschen und herauszufinden, wie sie zusammenwirken.

Eine typische menschliche Zelle hat einen Durchmesser von etwa 10–20 Mikrometern (1 $\mu m = 10^{-6}$ m) und ist damit ungefähr fünf Mal kleiner, als das kleinste Objekt, das das nackte menschliche Auge noch erkennen kann. So stellte man erst mit den im frühen 19. Jahrhundert verfügbaren Lichtmikroskopen fest, dass alle pflanzlichen, tierischen und menschlichen Gewebe aus Zellen bestehen. Der Einsatz von Farbstoffen am Ende des 19. Jahrhunderts erlaubte es verschiedene Zellen zu unterscheiden. Nach Erfindung des Elektronenmikroskops in den frühen 40 er Jahren des 20. Jahrhunderts war es möglich, in die subzellulären Dimension vorzudringen.

Die Licht-, Phasenkonstrast-, Polarisations-, Fluoreszenz- und konfokale Mikroskopie basiert auf der Interaktion von Fotonen mit Gewebekomponenten und/oder an sie gebundenen Farbstoffen. Die Elektronenmikroskopie nutzt die Interaktion von Elektronen mit Gewebekomponenten und dort angereicherten Schwermetallen.

24.1 Lichtmikroskopie

Mit dem ***Lichtmikroskop*** werden gefärbte Proben normalerweise im Durchlicht betrachtet. Das Mikroskop ist aus mechanischen und optischen Teilen zusammengesetzt (Abb. 24.1). Die optischen Komponenten bestehen aus drei Linsensystemen: Kondensor, Objektiv und Okular. Die Zentrierung dieser Bausteine auf eine optische Achse nennt man ‚köhlern'. Der ***Kondensor*** sammelt und fokussiert das Licht zu einem Lichtkonus, der das zu beobachtende Objekt beleuchtet. Die Linsen des ***Objektivs*** vergrößern und projizieren das beleuchtete Objektbild in Richtung der Linsen des ***Okulars***. Diese vergrößern dieses Bild zusätzlich und projizieren es auf die Netzhaut des Betrachters oder einen Film. Die Gesamtvergrößerung errechnet sich aus der Multiplikation der Vergrößerungsleistung von Objektiv- und Okularlinsen.

Die Qualität eines mikroskopischen Bildes – seine Klarheit und der Detailreichtum – hängt vom ***Auflösungsvermögen*** ab, das wiederum hauptsächlich von der Qualität der Objektivlinsen bestimmt wird. Das Auflösungsvermögen wird durch die Numerische Apertur (NA) beschrieben, die auf dem Objektiv eingraviert ist. Sie kann aus dem Öffnungswinkel, mit dem das Licht aufgenommen wird, und dem Brechungsindex n des Mediums zwischen Objekt und Frontlinse des Objektives berechnet werden: $NA = n * \sin\alpha$ (α ist der halbe Öffnungswinkel). Je größer die Numerische

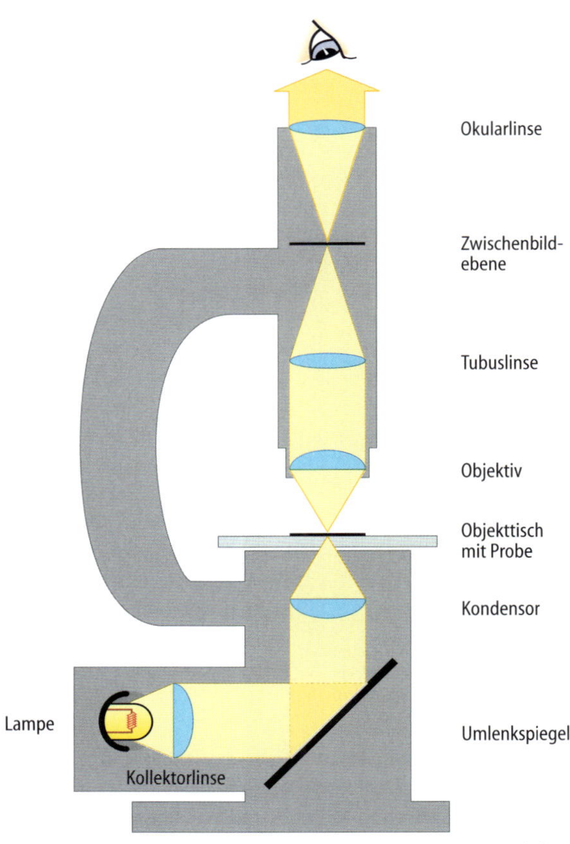

Abb. 24.1. Schematische Darstellung des Strahlengangs in einem einfachen Lichtmikroskop

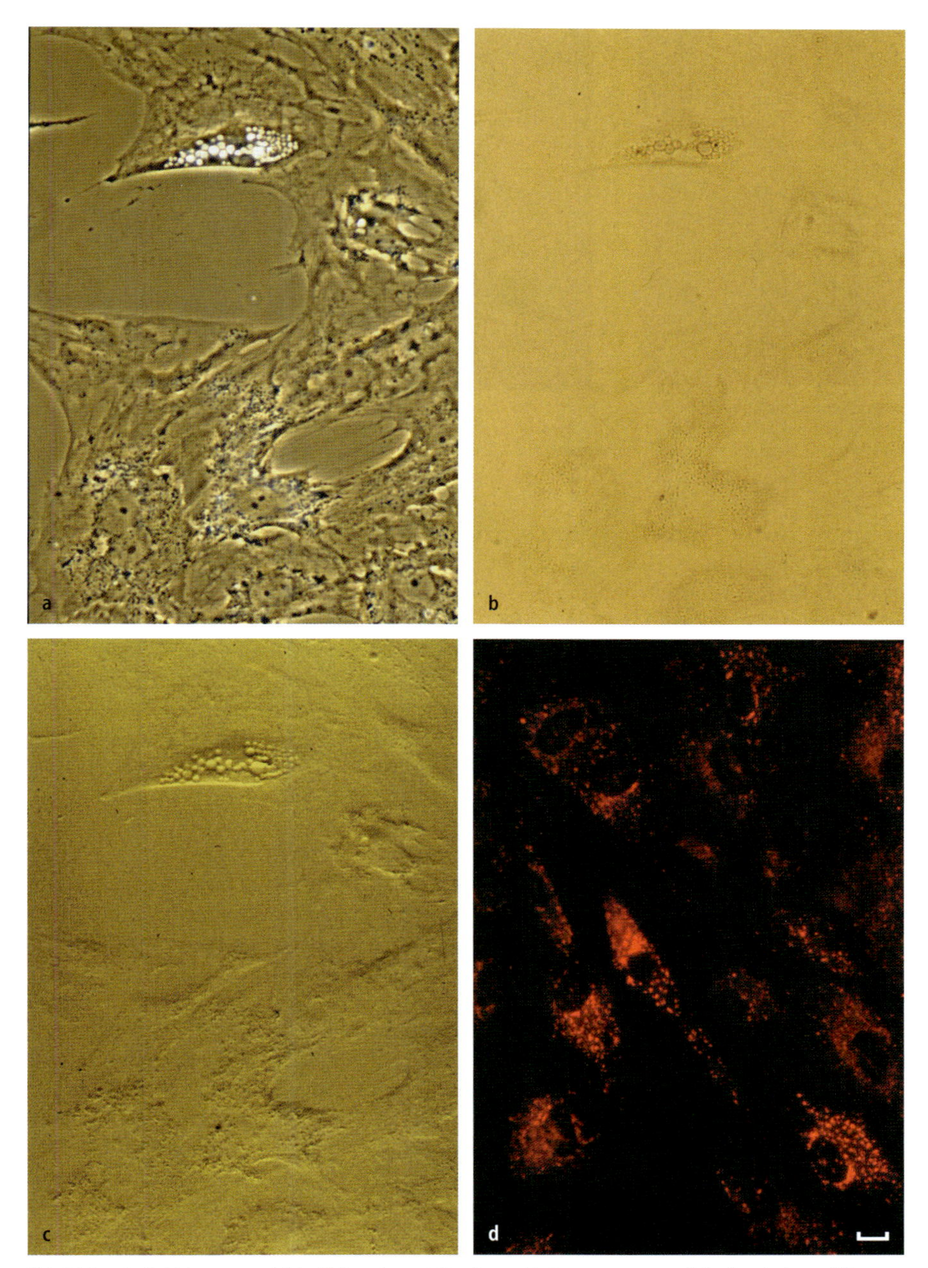

Abb. 24.2 a–d. Kultivierte menschliche Zellen, dargestellt mit verschiedenen lichtmikroskopischen Techniken. **a** Phasenkontrastmikroskopie. **b** Durchlicht-Hellfeld-Mikroskopie. **c** Differential-Interferenzkontrast-Mikroskopie (Nomarski-Technik): Lipidreiche Vakuolen im Zellinneren leuchten und erscheinen reliefartig erhaben. **d** Fluoreszenzmikroskopie: Die Lysosomen sind mit einem Farbstoff markiert, der sich in diesen Organellen anreichert. **a**, **b** und **c** zeigen denselben Objektausschnitt. Balken = 10 μm. (Armin Reininger)

Apertur, umso besser ist das Auflösungsvermögen. Durch Verwendung von Immersionsöl zwischen Objekt und Objektiv wird der Brechungsindex verändert und es können höhere Numerische Aperturen erzielt werden. Die Numerische Apertur bestimmt neben dem Auflösungsvermögen auch die Lichtaufnahme und die Schärfentiefe. Die Okularlinsen vergrößern nur das vom Objektiv erhaltene Bild nach, ohne die Auflösung

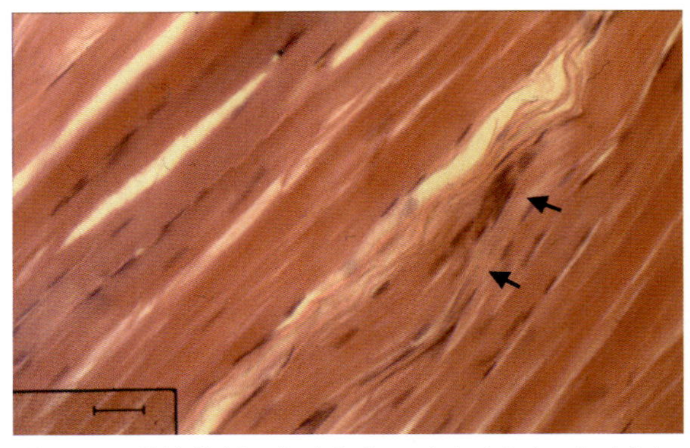

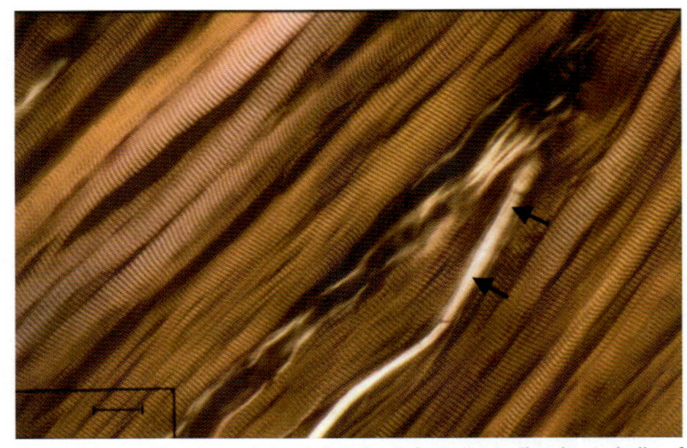

Abb. 24.3. Hellfeld- (*links*) und polarisationsoptische Aufnahme (*rechts*) desselben Gewebeausschnitts. Die quergestreiften Skelettmuskelfasern sind aufgrund ihrer Ultrastruktur optisch doppelbrechend, d. h. sie drehen das polarisierte Licht und leuchten dadurch bei der Polarisationsmikroskopie hell auf (rötlich-orange). Neben den Muskelfasern leuchten auch die Kollagenfasern, die wegen ihrer Feinstruktur ebenfalls doppelbrechend sind. Balken = 20 μm

zu verbessern. Als Auflösung wird die kleinste Entfernung zwischen zwei Objekten bezeichnet, die noch als getrennt erkannt werden. Sie ist vom Betrachtungsabstand abhängig und man gibt daher sinnvollerweise den Sehwinkel an. Das unbewaffnete gesunde menschliche Auge kann einen Winkel von ca. 1–4 Winkelminuten unterscheiden, das entspricht bei einem Betrachtungsabstand von 250 mm einem Objektabstand von etwa 75–300 μm. Die lichtmikroskopische Auflösung zweier im Objekt nahe beieinander liegender Einzelheiten, d. h. ihre getrennte Wiedergabe, ist nur möglich, wenn ihr Abstand d zwischen den Grenzen l/2NA und l/NA liegt (l bezeichnet die Wellenlänge des Lichtes). Das heißt, dass bei einer Numerischen Apertur von 1,40 und einer Wellenlänge von 550 nm (= 0,55 μm) ein Objektabstand d von 0,20–0,39 μm aufgelöst wird. Das ist etwa ein Faktor 1000 mehr als mit dem unbewaffneten menschlichen Auge.

Ungefärbte biologische Proben sind gewöhnlich annähernd durchsichtig und es ist schwer Details zu erkennen, da alle Anteile der Probe eine ähnliche optische Dichte besitzen. Bei der ***Phasenkontrastmikroskopie*** erhält man jedoch sichtbare Bilder solcher Objekte (Abb. 24.2a und b). Sie ist für Schichtdicken bis etwa 10 μm gut geeignet. Das Prinzip der Phasenkontrastmikroskopie beruht auf der Tatsache, dass das Licht seine Geschwindigkeit und Schwingungsrichtung ändert, wenn es zelluläre und extrazelluläre Strukturen mit verschiedenen Brechungsindizes passiert. Mit einem speziellen Linsensystem wird diese geringe Veränderung in einen optischen Kontrast umgewandelt, so dass Strukturen abhängig von ihren Brechungsindizes hell oder dunkel erscheinen. Das Differenzialinterferenzkontrast-Verfahren (DIC, Nomarski) ist ebenfalls bei durchsichtigen Objekten bis zu einer Schichtdicke von 100 μm einsetzbar. Das DIC-Verfahren setzt Strahlengangs- und Absorptionsunterschiede in Kontrast- und/oder Farbänderungen um, wodurch reliefartige, farbige Bilder entstehen, die einen scheinbaren dreidimensionalen Eindruck vermitteln (wie in Abb. 24.2c gezeigt). Beide Techniken werden für die Mikroskopie lebender Zellen, Gewebe, Bakterien, Pollen, Pilze, Sporen u. a. m. eingesetzt, bei denen eine Anfärbung nicht erwünscht bzw. aus Zeitgründen oder vom Aufwand her nicht möglich ist.

Die ***Polarisationsmikroskopie*** dient dazu, im Gewebe hochgeordnete Strukturen nachzuweisen. Wenn weißes Licht einen Polarisationsfilter passiert, schwingt es nach Austritt aus dem Filter nur noch in einer Richtung. Wird im Mikroskop ein zweiter Polarisationsfilter oberhalb des Ersten platziert, löschen sich die Schwingungsrichtungen aus und es tritt kein Licht mehr durch, wenn die Hauptachse des ersten Filters senkrecht zur Achse des zweiten Filters steht. Befinden sich jedoch zwischen diesen beiden gekreuzten Polarisationsfiltern Gewebestrukturen, die orientierte Moleküle (wie z. B. Zellulose, Kollagen, Mikrotubuli und Mikrofilamente) enthalten, dann drehen diese die Schwingungsrichtung des Lichtes, die durch den ersten Filter (Polarisator) vorgegeben ist. Das so in seiner Schwingungsrichtung gedrehte Licht wird nicht mehr von dem zweiten Filter (Analysator) ausgelöscht und die Strukturen erscheinen dadurch hell vor dunklem Hintergrund. Die Fähigkeit, die Schwingungsrichtung polarisierten Lichtes zu drehen, wird Doppelbrechung (Anisotropie) genannt. Die Polarisationsmikroskopie wird bei der Untersuchung kristalliner Substanzen (z. B. von Harnkristallen) und von Geweben, die orien-

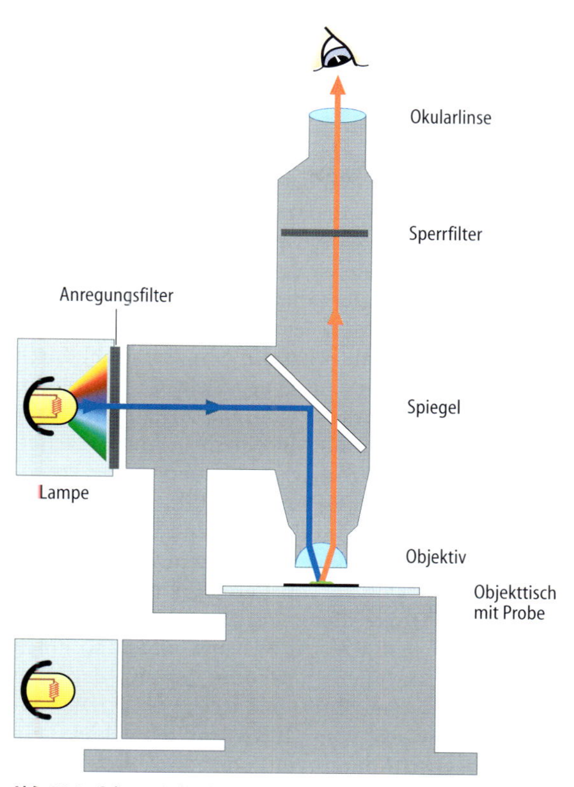

Abb. 24.4. Schematische Darstellung des Strahlengangs in einem Fluoreszenzmikroskop. Aus dem Licht der Lampe wird mit dem Anregungsfilter ein bestimmter Wellenlängenbereich ausgewählt, der das Objekt beleuchtet und zur Fluoreszenz anregt. Beleuchtet wird im Auflicht über einen halbdurchlässigen Spiegel. Das beleuchtete Objekt emittiert langwelligeres Licht, das den Spiegel und einen Sperrfilter (für unspezifische und damit unerwünschte Wellenlängen) passiert

tierte Moleküle enthalten (z. B. Skelettmuskulatur oder Bindegewebe), eingesetzt (Abb. 24.3).

Fluoreszierende Stoffe absorbieren Licht einer bestimmten Wellenlänge und emittieren dann Licht mit einer längeren Wellenlänge. Im ***Fluoreszenzmikroskop*** werden Gewebeschnitte oder Zellen normalerweise mit Licht bestrahlt, von dessen Spektrum durch einen Anregungsfilter nur ein bestimmter Wellenlängenbereich durchgelassen wird (Abb. 24.4). Befinden sich im Schnitt Stoffe, die durch dieses Licht angeregt werden, dann emittieren sie Licht, d. h. sie fluoreszieren. Mit Sperrfiltern wird unspezifisches und damit unerwünschtes Licht ausgeblendet. Die fluoreszierenden Substanzen leuchten dann vor dunklem Hintergrund auf (Abb. 24.2 d). Da das Licht von allen angeregten Strukturen auch außerhalb der Fokusebene emittiert wird, ist die Untersuchung meist auf Gewebeschichtdicken bis zu 10 µm begrenzt.

Einige normale Bestandteile von Zellen, z. B. Vitamin A, Vitamin B2, Katecholamine und Porphyrine fluoreszieren selbst. Mit zugesetzten Farbstoffen wie Akridinorange, das Komplexe mit DNA und RNA bildet und in Lysosomen und Sekretgranula aufgenommen wird, können Nukleinsäuren und Zellorganellen mit saurem Inhalt dargestellt werden. Die Entwicklung von so genannten Fluoreszenzsonden (Substanzen, die spezifisch mit Zellkomponenten reagieren) hat zum Aufbau hochsensitiver Messmethoden für verschiedene Substanzen innerhalb von Zellen geführt (Abb. 24.2 d). Andere fluoreszierende Verbindungen werden an Antikörper gebunden und werden bei der Immunzytochemie zur Lokalisation von Antigenen eingesetzt (z. B. Fluoreszin, Rhodamin, Cy3).

Die ***konfokale Laser Scanning Mikroskopie*** (LSM) ist vom Prinzip her eine Art Fluoreszenzmikroskopie, die als Lichtquelle einen Laser verwendet. Laserlicht ist monochromatisch (eine Wellenlänge) wodurch die Fluoreszenz der Proben optimal angeregt werden kann, ohne andere Strukturen unspezifisch zum Leuchten zu bringen. Der Laserstrahl wird über eine erste Lochblende (pinhole) gebündelt und über das Objektiv in einem sehr kleinen Lichtpunkt im Objekt konzentriert. Durch ein bewegliches Bauteil im Strahlengang kann der Lichtpunkt in einer Ebene rasterförmig (scanning) über die Probe geführt werden. Das emittierte Licht wird nach einer zweiten Lochblende durch einen Detektor (Fotomultiplier) aufgenommen, verstärkt und über einen Computer weiterverarbeitet. Der Fokus im Objekt liegt konfokal zu den Lochblenden nach dem Laser und vor dem Detektor. Sie wirken als ‚Raumfilter', die nur das konfokale Licht passieren lassen, während Licht aus allen anderen, nicht fokussierten Ebenen ausgeblendet wird (Abb. 24.5). Es ist auch möglich, über den Fokus in verschiedene Gewebetiefen einzudringen und so Signale aus verschiedenen Schichten zu erhalten. Dadurch können die Strukturen in verschiedenen Tiefen betrachtet werden, d. h. das Objekt wird optisch ‚geschnitten'. Die einzelnen abgetasteten Schichten (optische Schnitte) können im Computer zu einem dreidimensionalen Bild rekonstruiert werden. Die LSM ist auch bei lebenden Geweben und Zellen einsetzbar. Außerdem können bei entsprechender Ausstattung mehrere fluoreszierende Stoffe gleichzeitig analysiert werden.

Bei der ***Fotometrie*** von Zellen wird die Absorption von endogenen Farbstoffen (Cytochromen) oder von zugesetzten Farbstoffen (Substrate von Enzymen, Indikatoren für Protonen oder Ionen) bei bestimmten Wellenlängen oder über den ganzen Wellenlängenbereich

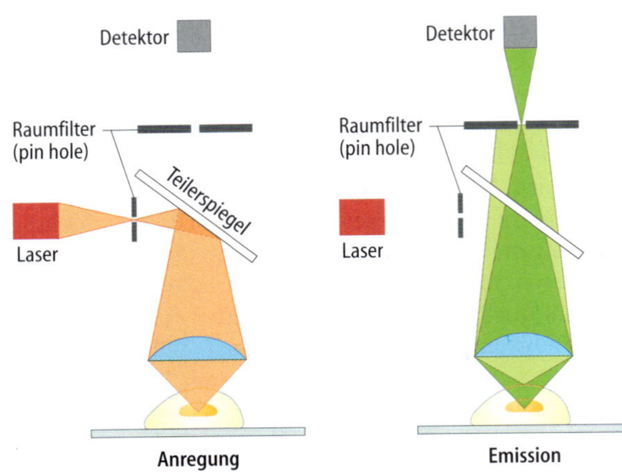

Abb. 24.5. Prinzip der konfokalen Laser Scanning Mikroskopie (LSM). Zur Anregung wird monochromatisches Laserlicht (nur eine Wellenlänge) verwendet, das durch eine Lochblende (pinhole) auf eine punktförmige Lichtquelle reduziert wird. Über einen halbdurchlässigen Spiegel wird das Licht umgelenkt und durch das Objektiv in der Probe fokussiert. Mit demselben Objektiv wird das Bild aufgenommen und auf eine weitere Lochblende (pinhole) projiziert. Dabei wirkt die Lochblende als Raumfilter, so dass nur Licht aus einem kleinen Volumen der Fokusebene zum Detektor gelangt. Licht aus anderen Ebenen (*schraffiert* dargestellt) passiert die Blende nicht und stört deshalb nicht die Betrachtung

(Spektrum) gemessen. Bei der ***Fluorometrie*** werden in ähnlicher Weise fluoreszierende Verbindungen analysiert. Mit diesen Methoden können Menge und Art von verschiedenen Stoffen in Zellen bestimmt werden.

24.2 Elektronenmikroskopie

Die ***Transmissions***- und die ***Rasterelektronenmikroskopie*** basieren beide auf der Interaktion von Elektronen mit Gewebekomponenten und zugesetzten Schwermetallen. Die Elektronenmikroskopie ist ein bildgebendes Verfahren mit einer hohen Auflösung bis in den Nanometerbereich (1 nm=10^{-9} m). Elektronenmikroskope funktionieren nach dem Prinzip, dass ein Elektronenstrahl durch elektromagnetische Felder ganz ähnlich abgelenkt wird wie ein Lichtstrahl durch Glaslinsen (Abb. 24.6). Die Elektronen werden durch Erhitzung eines Metalldrahtes (Kathode) oder durch magnetische Felder in einem Vakuum erzeugt. Die emittierten Elektronen werden dann einer Potenzialdifferenz von etwa 60–100 kV (Kilovolt) zwischen der Kathode und der Anode ausgesetzt. Die Anode ist eine Metallplatte mit einer kleinen zentralen Öffnung. Die Elektronen werden von der Kathode zur Anode beschleunigt. Einige dieser Partikel treten durch die zentrale Öffnung in der Anode und bilden so einen konstanten Elektronenstrom oder -strahl, der vom Kondensor auf das Objekt fokussiert wird. Die Objektivlinsen liefern vom durchstrahlten Objekt ein Bild). Dieses wird durch eine oder zwei Projektionslinsen weiter vergrößert und schließlich auf einen

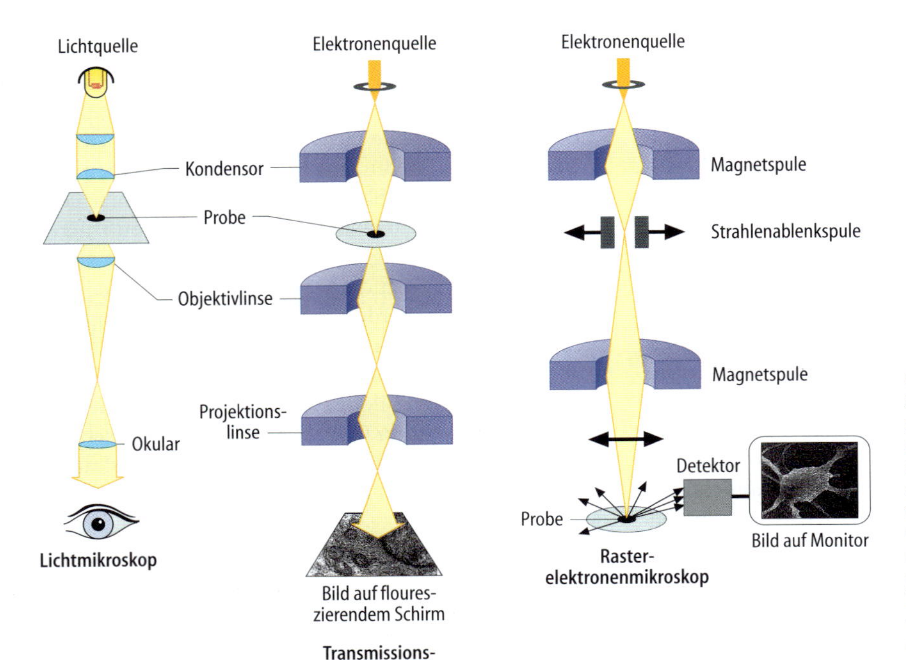

Abb. 24.6. Vergleich von Aufbau und Strahlengang im Lichtmikroskop, Transmissionselektronenmikroskop und Rasterelektronenmikroskop. Als Strahlenquelle dient eine Lampe bzw. eine Elektronenquelle aus Kathode und Anode. Die Funktion der Glaslinsen des Lichtmikroskops wird im Elektronenmikroskop durch Magnetspulen erreicht. Im Elektronenmikroskop befindet sich die Probe im Vakuum. Im Rasterelektronenmikroskop wird der Elektronenstrahl rasterartig über die Probe bewegt und das Bild aus dem detektierten Streulicht rekonstruiert

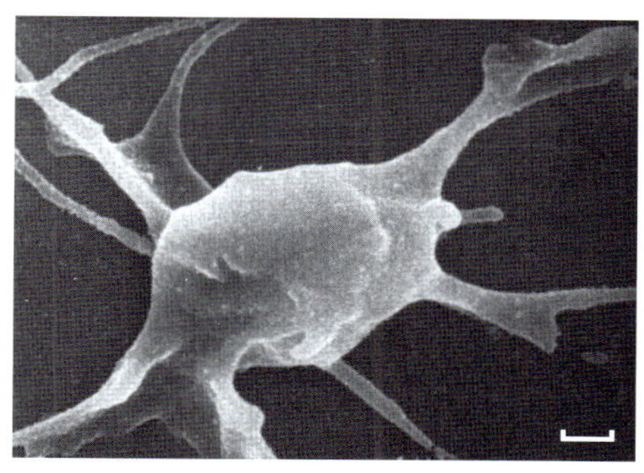

Abb. 24.7. Die rasterelektronenmikroskopische (REM) Aufnahme eines aktivierten Thrombozyten liefert einen plastischen Eindruck. Balken = 1 μm

fluoreszierenden Schirm oder einen Film projiziert (Abb. 24.6).

Bei der ***Transmissionselektronenmikroskopie*** wird das Objekt vom Elektronenstrom durchstrahlt. Für dieses Verfahren sind sehr dünne Schnitte (Dicke 0,03–0,06 μm) erforderlich. Dazu wird das Gewebe in Epoxidharz eingebettet. Die so erhaltenen Blöcke sind so hart, dass sie nur mit Glas- oder Diamantmessern geschnitten werden können. Da der Elektronenstrahl kein Glas (z. B. eines Objektträgers) durchdringen kann, werden die extrem dünnen Schnitte auf kleine Metallnetzchen aufgebracht. Im Mikroskop können dann die Teile des Schnittes betrachtet werden, die sich im Bereich der Löcher des Netzchens befinden.

Die ***Rasterelektronenmikroskopie*** erlaubt eine pseudo-dreidimensionale Bildbetrachtung der Oberflächen von Zellen, Geweben und Organen (Abb. 24.6 und 24.7). Der sehr eng gebündelte Elektronenstrahl wird sequenziell von Punkt zu Punkt über die zu untersuchende Oberfläche geführt (Raster). An jedem Punkt reagiert der primäre Elektronenstrahl mit einer dünnen Metallschicht, die zuvor auf die Probe aufgedampft wurde und die reflektierte oder emittierte Elektronen produziert. Die Schwankungen im Elektronensignal werden von einem Detektor aufgefangen, der die Helligkeit einer Kathodenstrahlröhre moduliert. Der Elektronenstrahl in der Kathodenröhre wird synchron mit dem primären Elektronenstrahl des Mikroskops bewegt (gerastert). Die resultierenden Abbildungen lassen die Objekte plastisch erscheinen.

Gefrierbruch und Gefrierätzung sind zwei Verfahren zur Darstellung des Inneren und der Oberfläche von Membranen von Zellen oder deren Organellen. Ohne vorherige Fixierung und Einbettung werden die Proben bei der Temperatur flüssigen Stickstoffs (−196 °C) schnell eingefroren und dann mit einem Messer gebrochen. Der Bruchspalt verläuft oft durch die hydrophobe Mitte der Membranen, wodurch deren Inneres sichtbar wird (Abb. 24.8 und 1.5). Die Bruchflächen werden mit Metall bedampft, das organische Material danach entfernt und die Metallabdrücke mit dem Elektronenmikroskop betrachtet. Bei der Gefrierätzung wird vor dem Bedampfen noch durch Sublimation im Vakuum das Eis in der Umgebung der Zellstrukturen entfernt (‚geätzt'). So können zusätzlich die Oberflächen von Membranen freigelegt werden. Es entsteht ein Reliefbild, das die Zellstrukturen und -organellen mit ungewöhnlicher Klarheit zeigt (Abb. 24.9).

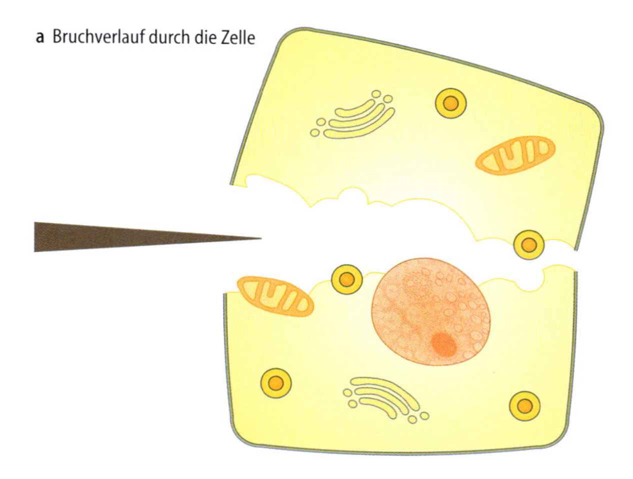

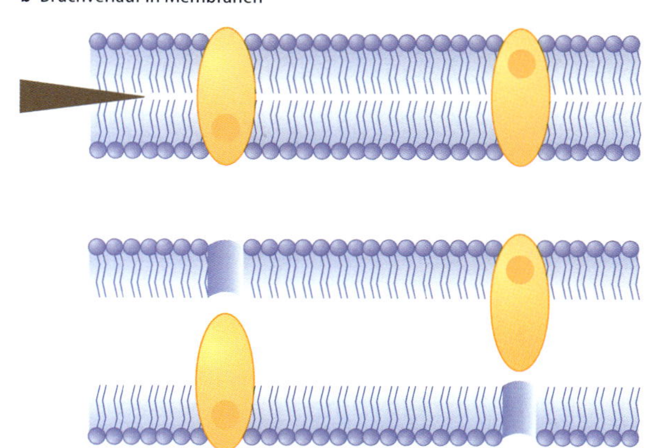

Abb. 24.8 a, b. Schematische Darstellung des Gefrierbruchverfahrens. **a** Der Bruch durch eine Zelle erfolgt bevorzugt in Membranen. **b** Durch das Aufbrechen wird die Membran halbiert. Die beiden freigelegten inneren Membranflächen werden mit Metall bedampft und können anschließend im Elektronenmikroskop betrachtet werden

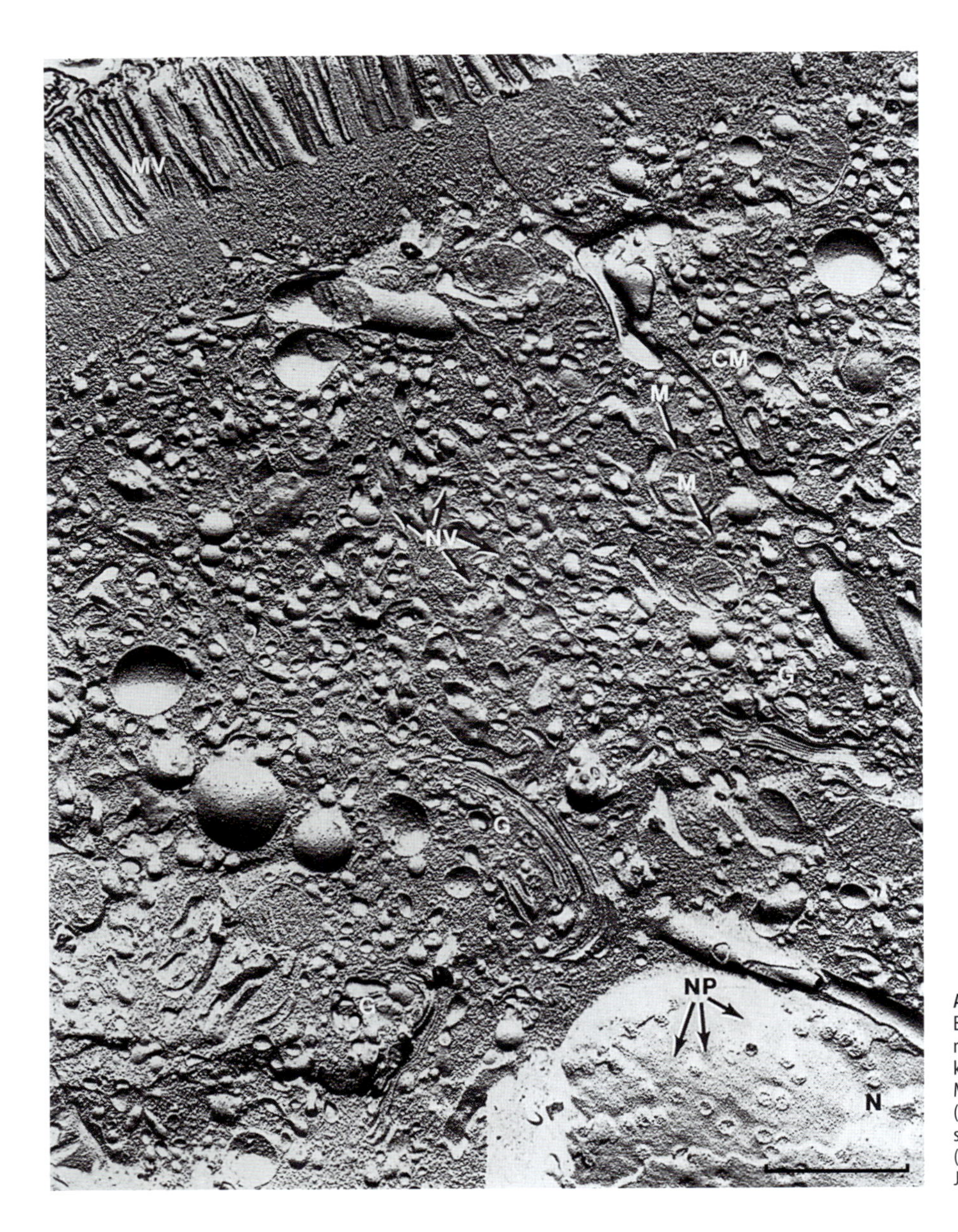

Abb. 24.9. Gefrierbruch einer Epithelzelle aus dem Dünndarm einer Maus. Zu erkennen sind die Mikrovilli (*MV*), die Zellmembran (*CM*), Mitochondrien (*M*), Golgi-Apparat (*G*), Zellkern (*N*) und verschiedene Vesikel (*NV*). Außerdem sind Kernporen (*NP*) zu sehen. Balken = 1 μm. (Aus Junqueira et al. 1996)

24.3 Vorbereitung von Geweben und Zellen für mikroskopische Untersuchungen

Nur selten sind Gewebeschichten so dünn und durchsichtig (wie z. B. die Hornhaut des Auges, das Mesenterium kleiner Tiere oder die Fingernägel), dass sie am Lebenden mit dem Mikroskop betrachtet werden können. Die meisten Gewebeproben sind zu dick für eine Untersuchung mit dem Lichtmikroskop. Daher werden mit besonderen Schneideinstrumenten, den Mikrotomen zuerst dünne, durchscheinende Scheiben (oft als Schnitte bezeichnet) mit einer Dicke von 0,5–20 μm angefertigt. Um diese dauerhaft haltbar zu machen, muss das Gewebe vor dem Schneiden chemisch fixiert werden. Auch nach der Fixierung sind die Gewebe aber noch zu weich und empfindlich, so dass sie vor dem Schneiden in ein stützendes Medium eingebettet werden müssen (s. unten).

Fixierung▸ Gewebebestandteile können durch eigene Enzyme (Autolyse) oder Bakterien abgebaut werden. Daher werden frische Gewebe nach der Entnahme zuerst chemisch fixiert. Dazu werden sie üblicherweise in Agenzien, die Proteine denaturieren oder vernetzen, eingetaucht oder damit perfundiert. Durch solche ‚Fixativa' sollen die morphologischen und molekularen Charakteristika möglichst gut erhalten werden. Zu den gebräuchlichsten Fixativa gehören Aldehyde wie Formaldehyd und Glutaraldehyd, die mit den Aminogruppen (NH_2) der Proteine reagieren. Häufig sind die chemischen Reaktionen, die bei der Fixierung ablaufen, nicht genau bekannt.

Die höhere Auflösung durch das Elektronenmikroskop erfordert eine größere Sorgfalt bei der Fixation, um ultrastrukturelle Details besser zu erhalten. Nach der Fixation mit Aldehyden wird eine weitere Fixierung mit Osmiumtetroxid vorgenommen, das sich im Bereich der hydrophilen Kopfgruppen der Lipide, aber auch an Proteinen anreichert (s. Kap. 1). Dadurch entsteht die typische trilaminare Struktur der Membranen in der das ungefärbte Innere der Membranen von zwei dunklen Schichten umgeben ist (👁 Abb. 1.5).

Einbettung▸ Vor der Herstellung der dünnen Schnitte mit dem Mikrotom werden die fixierten Gewebeproben in flüssigem Paraffin oder Kunststoffharzen eingebettet. Nach deren Aushärten verleihen sie dem Gewebe eine Konsistenz, die das Schneiden ermöglicht. Paraffin wird routinemäßig für die Lichtmikroskopie, Harze werden sowohl für die Licht- als auch für die Elektronenmikroskopie verwendet.

Bei der Einbettung muss das Gewebe zuerst ***entwässert*** werden. Dazu wird die Probe in Alkohol, angewandt in aufsteigenden Konzentrationen (üblicherweise von 50 % bis 100 % Äthanol), eingelegt. Dann wird die Gewebeprobe in ein ***organisches Lösungsmittel*** getaucht, das sich mit dem Einbettmedium mischt. Bei der Paraffineinbettung dient Xylol als Lösungsmittel. Nachdem das Gewebe vom Lösungsmittel durchdrungen ist, wird es in einem Wärmeschrank bei 58–60 °C in geschmolzenes Paraffin eingebracht. Dabei verdampft das Lösungsmittel und wird ***durch flüssiges Paraffin ersetzt.*** Zur Einbettung in Kunstharz werden die Gewebe ebenfalls in Äthanol entwässert und anschließend mit einem Lösungsmittel für das Kunstharz infiltriert. Auch hier wird das Lösungsmittel später durch eine flüssige Kunstharzlösung ersetzt. Die Kunstharze polymerisieren durch Bestrahlung mit UV-Licht oder die Zugabe von chemischen Radikalen und vernetzen dadurch. Der von der Polymerisation produzierten Wärme wirkt man durch Kühlen der Probe entgegen.

Von den Paraffin- oder Harzblöcken, in denen das Gewebe nun eingebettet ist, werden mit dem Stahl-, Glas-, oder Diamantmesser des Mikrotoms dünne Scheiben ***abgeschnitten.*** Die normale Schichtdicke beträgt dabei 5–20 μm, bei den so genannten Semidünnschnitten 0,5–2,0 μm und bei Ultradünnschnitten für die Elektronenmikroskopie 0,03–0,1 μm. Die Schnitte werden für die Lichtmikroskopie auf Glasobjektträger, für die Elektronenmikroskopie auf Metallnetzchen aufgebracht.

Ein unerwünschter Effekt ist die Herauslösung von Gewebelipiden bei der Immersion in Lösungsmitteln wie z. B. Xylol und Äthanol. Um den Verlust der Lipide zu vermeiden, wurden Gefriermikrotrome entwickelt, in denen die Gewebe ohne weitere Vorbehandlung durch das Einfrieren bei niedrigen Temperaturen die nötige Festigkeit zum Schneiden erhalten. Da Gefriermikrotome oder Kryostaten die schnelle Herstellung von Schnitten ohne die oben beschriebene langwierige Einbettprozedur erlauben, werden sie in Krankenhäusern zur schnellen Untersuchung während Operationen eingesetzt. Gefrierschnitte sind auch zur Untersuchung empfindlicher Enzyme durch Immunzytochemie und für die in situ Hybridisierung geeignet.

Färbung▸ Da die Schnitte der meisten Gewebe farblos sind, wurden Färbemethoden entwickelt, die es erlauben die verschiedenen Gewebekomponenten zu unterscheiden. Die meisten der eingesetzten Farbstoffe verhalten sich wie basische oder saure Stoffe und gehen Ionenbindungen mit den Komponenten des Gewebes ein. Verbinden sie sich bevorzugt mit basischen Farbstoffen, werden sie basophil genannt, Gewebskomponenten mit einer Affinität für saure Farbstoffe nennt man azidophil.

Beispiele für ***basische Farbstoffe*** sind Toluidinblau und Methylenblau. Auch Hämatoxilin verhält sich wie ein basischer Farbstoff, d. h. es färbt basophile Gewebekomponenten wie Nukleinsäuren, Glykane und saure Glykoproteine auf Grund ihrer Säurereste. ***Saure Farbstoffe*** (z. B. Orange-G, Eosin, saures Fuchsin) färben die azidophilen Komponenten von Geweben, wie z. B. Mitochondrien, Sekretgranula und Kollagen. Häufig wird die Kombination von Hämatoxilin und Eosin (HE) eingesetzt. Hämatoxilin färbt den Zellkern und andere saure Strukturen (wie z. B. RNA-reiche Anteile des Zytoplasmas) blau. Im Gegensatz dazu färbt Eosin das Zytoplasma rot und Kollagen rosa. Obwohl sie für die Darstellung der verschiedenen Gewebekomponenten nützlich sind, liefern die Farbstoffe üblicherweise keine genauen Erkenntnisse über die chemische Natur des untersuchten Gewebes.

Bei der Untersuchung und Interpretation von gefärbten Gewebeschnitten ***im Lichtmikroskop*** gilt es zu bedenken, dass deren Bestandteile durch Schrumpfung beträchtlich verzerrt sein können. Die Schrumpfung wird hauptsächlich durch die Fixierung, Entwässerung und die Hitzebehandlung (60 °C) bei der Paraffineinbettung hervorgerufen und kann bei der Einbettung in Kunstharz teilweise verhindert werden. Als Folge des Schrumpfungsprozesses kommt es oft zu optisch leeren Räumen zwischen Zellen und anderen Gewebekomponenten, die Artefakte darstellen. Außerdem vermitteln Schnitte ein zweidimensionales Bild, während die Originalstrukturen dreidimensional sind. Um eine Organarchitektur zu verstehen, ist es deshalb notwendig, Schnitte aus verschiedenen Ebenen zu untersuchen und entsprechende Schlussfolgerungen zu ziehen (Abb. 24.10). Eine weitere Schwierigkeit bei der Beurteilung mikroskopischer Präparate ist die Tatsache, dass bei einem Präparat nicht alle Gewebekomponenten unterschiedlich und spezifisch angefärbt werden können. Es müssen deshalb verschiedene Präparationen mit unterschiedlichen und sich ergänzenden Methoden angefärbt und untersucht werden, bevor man zu einer zutreffenden Vorstellung der Zusammensetzung und Struktur eines Gewebes kommen kann.

Der Kontrast im ***Elektronenmikroskop*** ist von der Atomzahl der in der Probe vorliegenden Atome abhängig: Je höher die Atomzahl, umso mehr Elektronen werden gestreut und umso höher ist der Kontrast. Biologische Moleküle bestehen aus Atomen mit sehr niedriger Atomzahl, nämlich hauptsächlich Kohlenstoff, Sauerstoff, Stickstoff und Wasserstoff. Um sie sichtbar zu machen, werden sie gewöhnlich noch mit Salzen schwerer Metalle wie z. B. Blei oder Uran imprägniert.

24.4 Histochemie und Zytochemie

Der chemische Nachweis von Stoffen in Geweben oder Zellen wird als Histochemie und Zytochemie bezeichnet. Dabei werden üblicherweise gefärbte oder elektronendichte (Schwermetalle enthaltende) Produkte erzeugt, die unlöslich sind und sich am Ort ihrer Bildung

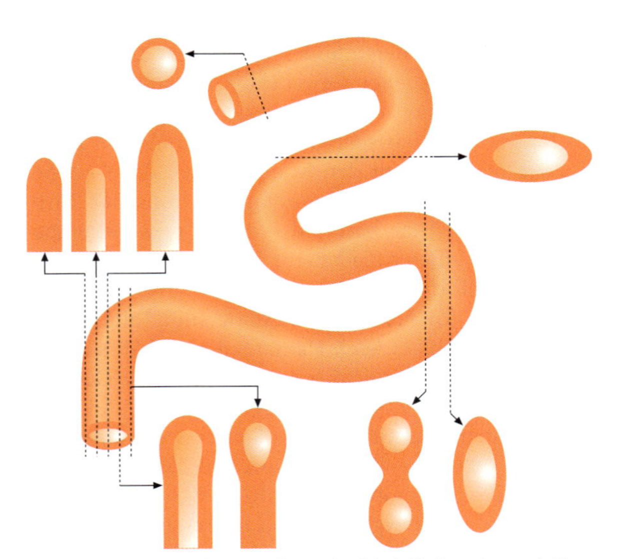

Abb. 24.10. Schematische Darstellung der Schnittflächen einer tubulären Struktur. Die *gestrichelten Linien* geben die jeweilige Schnittebene an. (Aus Junqueira et al. 1996)

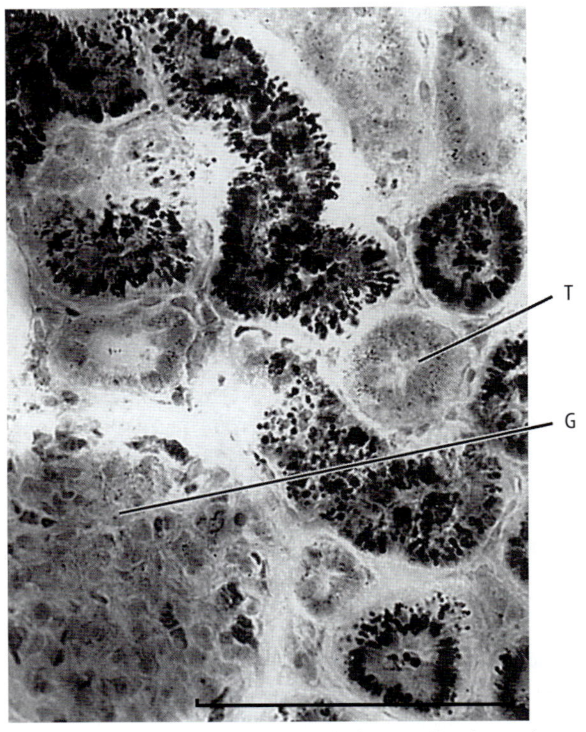

Abb. 24.11. Schnitt einer Rattenniere, bei der die saure Phosphatase dargestellt wurde. *Intensiv gefärbt* ist das Konvolut des proximalen Tubulus. Die Zellen anderer Tubulusanschnitte (*T*) und der Glomeruli (*G*) sind nur schwach gefärbt. Balken = 100 μm. (Aus Junqueira et al. 1998)

niederschlagen. Deren Verteilung und Zuordnung zu Strukturen von Geweben und Zellen erfolgt im Licht- oder Elektronenmikroskop (Abb. 24.11, 24.12 und 24.14).

Die Zusammensetzung von Zellen oder isolierten Zellorganellen kann durch chromatografische Verfahren analysiert werden. Zur Trennung der Stoffe können Träger verschiedener Porosität und Ladung oder Antigen-Antikörperreaktionen eingesetzt werden. Dabei kommen die Verteilungs-, Ionenaustausch-, Gelfiltrations-, Affinitäts- oder Hochdruck-Flüssigkeits-Chromatografie (HPLC) zum Einsatz. Häufig werden Proteine auch durch Gelelektrophorese getrennt. Danach werden die Proteine mit Antikörpern identifiziert (‚Western Blotting' oder ‚Immunoblotting') oder sequenziert. Die Sequenzen der Proteine werden heute überwiegend aus der Nukleotidsequenz ihrer Gene bestimmt. Die Sequenzierung von DNA ist nach Amplifizierung mit der Polymerase-Kettenreaktion (PCR) heutzutage ein gängiges Verfahren.

Zur Lokalisation von Proteinen in Zellen und Geweben wird die ***Immunhisto- und Immunzytochemie*** eingesetzt. Dazu werden markierte, das heißt mit dem Mikroskop nachweisbare, ***Antikörper*** (Immunglobuline) benötigt. Diese sind in der Regel mit fluoreszierenden Farbstoffen, Enzymen oder Goldpartikeln gekoppelt. Beispiele für den immunzytochemischen Nachweis von Protein sind in Abb. 24.13, 24.14, 24.15, 24.16, 20.13 und 22.10 gezeigt. Der mit einem Enzym (Peroxidase oder alkalische Phosphatase) gekoppelte Antikörper kann nach Bindung im Gewebe mit einer enzymatischen Reaktion, die einen farbigen, schwer löslichen und/oder elektronendichten Niederschlag im Gewebeschnitt hervorruft, nachgewiesen werden (Abb. 24.15). Meistens werden die markierten Antikörper nicht direkt mit einem Gewebeschnitt inkubiert, sondern es wird zweistufig nach der so genannten indirekten Methode vorgegangen. Dabei wird ein Gewebeschnitt, der das gesuchte Antigen enthalten soll, zuerst mit einem spezifischen unmarkierten Antikörper (primärer Antikörper) inkubiert. Dann wird ein markierter Antikörper (sekundärer Antikörper) hinzugefügt, der gegen den ersten Antikörper gerichtet ist und somit den Antigen-Antikörper-Komplex nachweist.

Die indirekte Methode besitzt mehrere Vorteile: Erstens brauchen dabei nicht, wie bei der direkten Methode, die oft nur in geringer Menge vorhandenen spezifischen Antikörper markiert zu werden. Zweitens

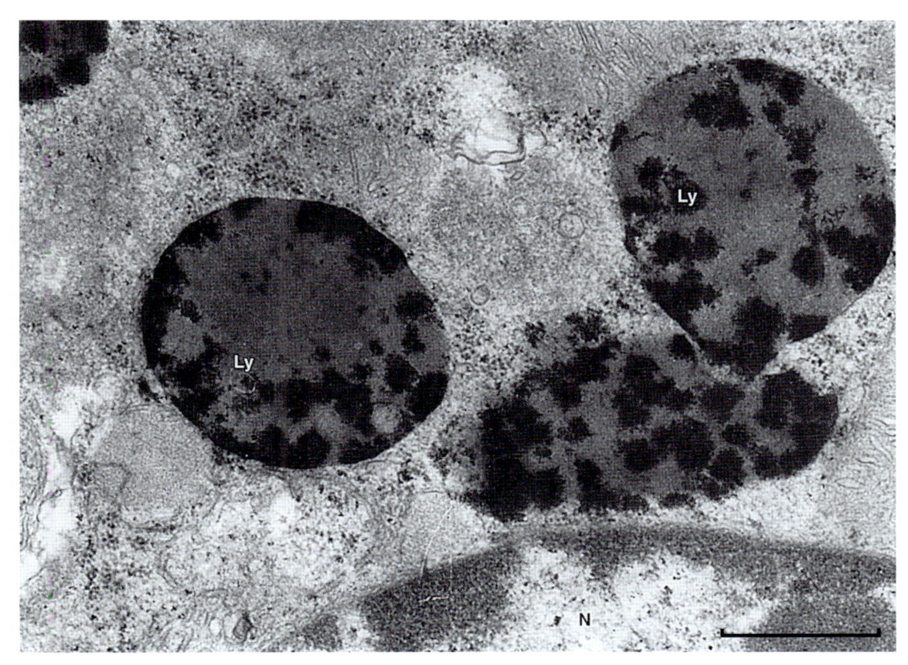

Abb. 24.12. Elektronenmikroskopische Aufnahme einer Rattennierenzelle, in der die saure Phosphatase dargestellt ist. Die drei dunklen, runden Strukturen oberhalb des Zellkerns (*N*) sind Lysosomen (*Ly*). Das dichte heterogene Präzipitat innerhalb der Lysosomen ist Bleiphosphat, durch das die Elektronen gestreut werden. Die Information über die Ultrastruktur in diesem elektronenmikroskopischen Bild entspricht der lichtmikroskopischen Information in Abb. 24.11. Vergleiche auch Abb. 24.2 d, in der die Lysosomen mit einer Fluoreszenztechnik dargestellt sind. Balken = 1 µm. (Aus Junqueira et al. 1998)

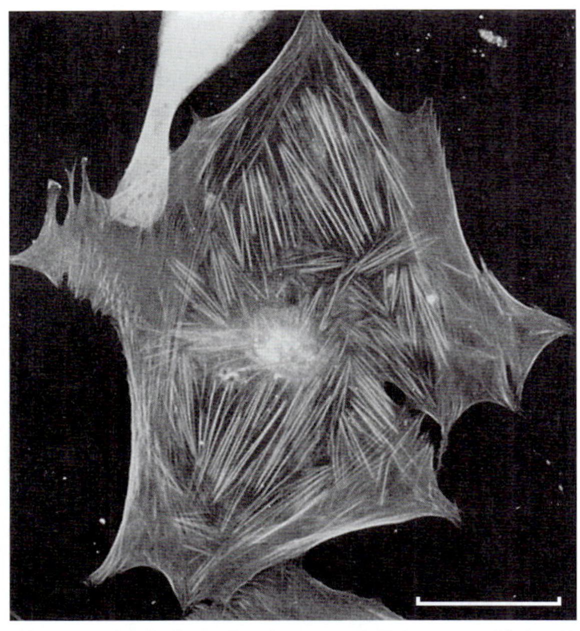

Abb. 24.13. Aktinfibrillen im Zytoplasma eines kultivierten menschlichen Fibroblasten. Die Fibrillen sind aus Aggregaten von Aktinfilamenten zusammengesetzt, die mit einem fluoreszierenden Antikörper markiert wurden. Die restlichen Zellstrukturen bleiben bei dieser Methode unsichtbar. Balken = 10 μm. (Aus Junqueira et al. 1998)

wird durch die ‚Sandwichtechnik', bei der an die primären Antikörper mehrere sekundäre binden, eine verstärkte Markierung erreicht. Eine weitere Verstärkung erfolgt durch die enzymatische Reaktion der Peroxidase bzw. Alkalischen Phosphatase.

Lektine sind hauptsächlich aus Pflanzen isolierte Proteine, die mit hoher Affinität und Spezifität an die Kohlenhydrate von Zelloberflächen, Mitochondrien und anderen Strukturen binden. Die verschiedenen Lektine binden an spezifische Sequenzen von Glykoproteinen, Proteoglykanen und Glykolipiden der Zelloberflächen und werden häufig zur Charakterisierung von Membranmolekülen eingesetzt, die spezifische Sequenzen von Zuckerresten enthalten. Lektine werden üblicherweise mit Peroxidase markiert und so im Schnitt nachgewiesen. Glykoproteine wie das in der Schilddrüse vorkommende Thyroglobulin und Gonadotropine in der Hypophyse (s. Kap. 19 und 20) haben einen hohen Proteinanteil. Andere Glykoproteine mit einem niedrigen Proteingehalt wie die Schleimstoffe der Becherzellen und Proteoglykane sind auf Grund ihres hohen Gehaltes an Carboxyl- und Sulfatgruppen stark anionisch. Sie können deshalb mit Alzianblau angefärbt werden (Abb. 24.16).

Ganz ähnlich wie bei der Immunzytochemie können auch in Geweben und Zellen natürlicherweise vorhandene (endogene) ***Enzyme*** nachgewiesen werden.

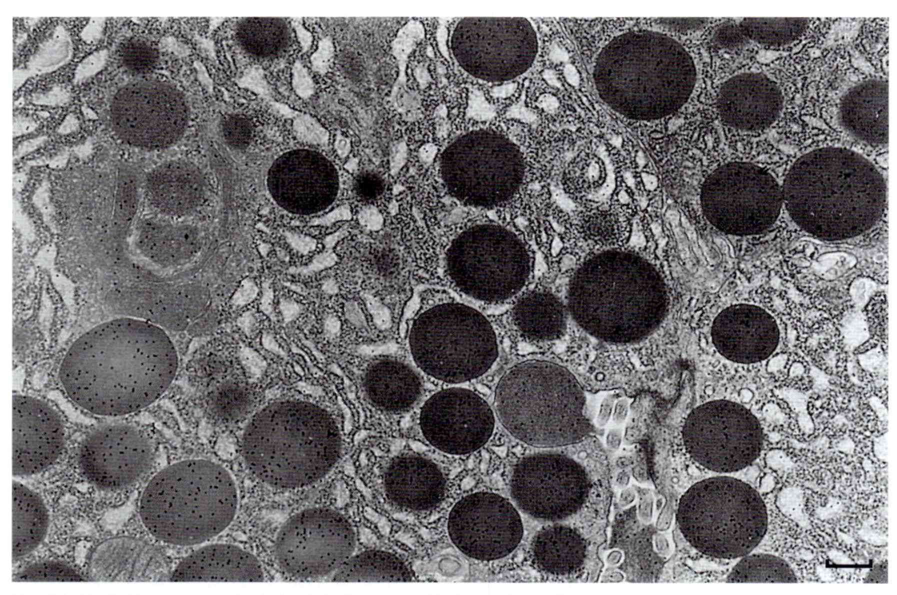

Abb. 24.14. Elektronenmikroskopische Aufnahme einer Pankreasazinuszelle. Dieser Ultradünnschnitt wurde mit einem goldbeladenen Antikörper gegen Amylase inkubiert. Die Goldpartikel erscheinen als kleine schwarze, einzeln liegende Punkte im Inneren der reifen Sekretgranula. Balken = 0,1 μm. (Aus Junqueira et al. 1998)

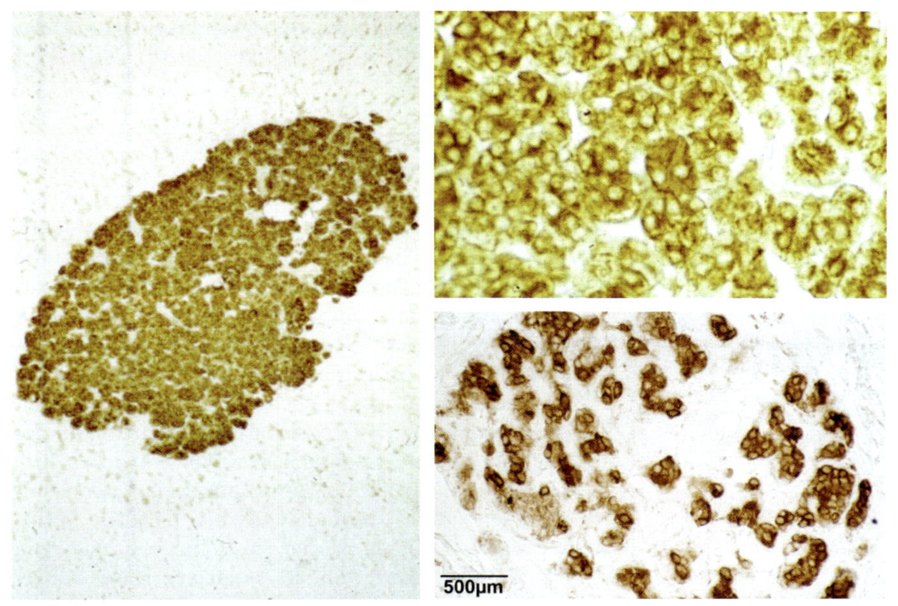

Abb. 24.15. Spezifische immunzytochemische Lokalisation der Tyrosinhydroxylase im Nebennierenmark der Ratte (*links*). *Rechts oben* eine Vergrößerung, die zeigt, dass das Enzym in jeder endokrinen Zelle des Nebennierenmarks vorkommt. Darunter sind die Dopamin produzierenden Zellen im Glomusorgan der Ratte mit Hilfe des gleichen Verfahrens dargestellt

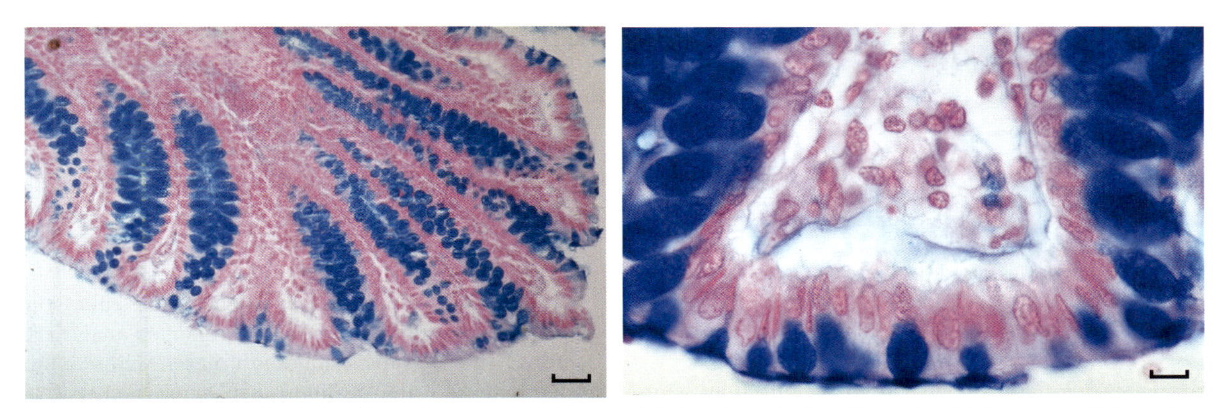

Abb. 24.16. Kolonschleimhaut, die mit Alzianblau und Kernechtrot gefärbt wurde. Die Becherzellen sind aufgrund ihres hohen Gehaltes an sauren Glykoproteinen besonders intensiv blau gefärbt. Balken *links* = 100 µm; *rechts* = 10 µm

Die Peroxidase kann zum Nachweis der Peroxisomen, die Enzymaktivität der sauren Phosphatase zur Identifizierung von Osteoklasten oder zum Nachweis von Lysosomen herangezogen werden (Abb. 24.11 und 24.12). Dabei wird das freigesetzte Phosphat als Bleiniederschlag nachgewiesen. Die verschiedenen im Körper existierenden Dehydrogenasen können anhand ihrer Substrate unterschieden werden. So kann z. B. aus der Anwesenheit der Sukzinatdehydrogenase, einem Schlüsselenzym im Zitronensäure-Zyklus, der in den Mitochondrien abläuft, auf die Häufigkeit der Mitochondrien in bestimmten Fasern der Skelettmuskulatur geschlossen werden (Abb. 24.17).

Der Nachweis von spezifischer ***DNA*** und ***RNA*** kann durch Hybridisierung einer komplementären Nukleinsäure an die im Schnitt vorhandenen DNA- oder RNA-Moleküle erfolgen ***(in situ-Hybridisierung)***. Ein Beispiel für diese Technik ist in Abb. 24.18 gezeigt. Die Hybridisierung dient dem Nachweis spezifischer Sequenzen von DNA (beispielsweise der Zuordnung von Genen zu Chromosomenabschnitten) oder RNA (z. B. Nachweis von transkribierter mRNA). Sie beruht auf

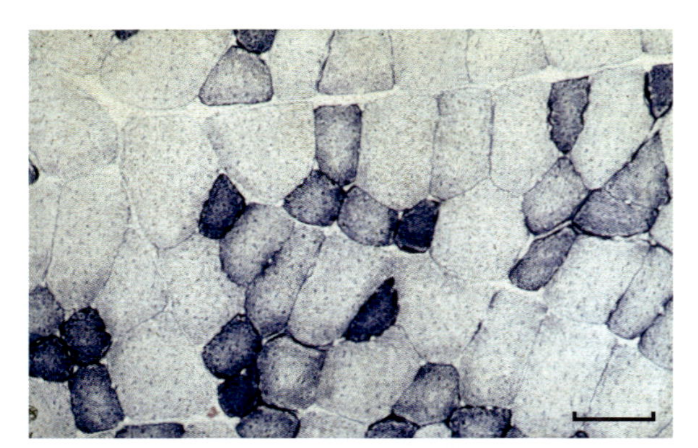

Abb. 24.17. Querschnitt durch einen Skelettmuskel vom Kaninchen, in dem histochemisch das mitochondriale Enzym Sukzinatdehydrogenase dargestellt ist. Je mehr Mitochondrien in der einzelnen Faser vorhanden sind, umso intensiver ist die Anfärbung. Dadurch können Muskelfasertypen mit verschiedenen Leistungen unterschieden werden (s. dazu Kap. 9.1). Balken = 100 μm

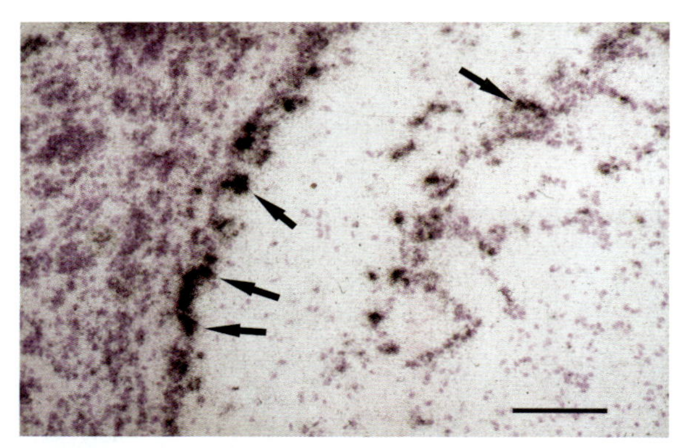

Abb. 24.18. Autoradiografische in situ-Hybridisierung. Die mit *Pfeilen* markierten Zellen des Bulbus olfactorius enthalten eine spezifische mRNA, die mittels einer radioaktiv markierten Sonde (cRNA) sichtbar gemacht wurde. Balken = 100 μm

der Fähigkeit, dass Nukleinsäuren spezifisch an komplementäre Stränge von Nukleinsäuren binden. Dazu werden im Labor definierte DNA Sequenzen, so genannte Sonden hergestellt, die entweder radioaktiv oder nichtradioaktiv mit Biotin bzw. Digoxigenin markiert sind. Die radioaktiv markierten Sonden können im Anschluss durch Autoradiografie (s. unten) detektiert werden, die mit Biotin markierten Sonden durch ihre hohe Affinität für Avidin. Letzteres wird mit Peroxidase oder alkalischer Phosphatase gekoppelt, die im Gewebeschnitt wie bei der Immunzytochemie beschrieben nachgewiesen werden können. Digoxigenin markierte Sonden können durch Antikörper gegen diesen Stoff nachgewiesen werden. Die in situ-Hybridisierung ist hochspezifisch und wird in der Forschung, klinischen Diagnostik und forensischen Medizin angewandt.

24.5 Spezielle Verfahren

Die ***Autoradiografie*** erlaubt die Lokalisation radioaktiver Substanzen in Geweben. Bei der Autoradiografie werden lebende Tiere, Gewebe, Zellen oder Schnitte zuvor mit radioaktiven Substanzen behandelt. Bei der in situ-Hybridisierung (s. oben) sind dies z. B. komplementäre RNA Abschnitte. Die Gewebeschnitte werden anschließend mit fotografischen Emulsionen bedeckt. Nach verschiedenen Expositionszeiten wird dann die Emulsion wie ein fotografischer Film entwickelt. Die Silberbromidkristalle der Emulsion reagieren dabei als Mikrodetektoren der Radioaktivität. Trifft die Strahlung auf die Kristalle, werden sie zu kleinen schwarzen Granula elementaren Silbers reduziert. Diese Silbergranula zeigen somit, dass in ihrer unmittelbaren Nähe in den Gewebestrukturen Radioaktivität existierte (Abb. 24.18). Die so erhaltenen Proben können sowohl im Licht- als auch mit dem Elektronenmikroskop betrachtet werden.

Durch die Autoradiografie ist es möglich, Daten über die Abfolge von Vorgängen im Gewebe zu erhalten. So kann z. B. der Weg einer radioaktiv markierten Aminosäure in einer Zelle verfolgt und Ort und zeitlicher Verlauf der Proteinbiosynthese untersucht werden. Da die Anzahl der gebildeten Silbergranula porportional zur Radioaktivität ist, können zusätzlich quantitative Angaben gemacht werden.

In ***Zell- und Gewebekultur*** können eine Fülle von zell- und molekularbiologischen Vorgängen analysiert werden. Zum Beispiel können mit dieser Methode die Zellteilung und die Chromosomen menschlicher Zellen untersucht werden. Für die Bestimmung des menschlichen Karyotyps (der Zahl und Morphologie der Chromosomen eines Individuums) werden Blutlymphozyten oder Hautfibroblasten kultiviert. Während der Teilung dieser Zellen können Anomalien in der Zahl und Morphologie der Chromosomen analysiert werden. Auf diese Weise sind zahlreiche genetisch bedingte Erkrankungen diagnostizierbar (s. Kap. 2).

Um Zellkulturen herzustellen, werden Organe zuerst mechanisch zerkleinert und Zellen durch enzymatische Vorbehandlung, z. B. durch Trypsin oder Kollagenase, aus ihrem ursprünglichen Zellverband herausgelöst. Nach dieser Isolierung der Zellen können sie entweder in Suspension oder ausgebreitet in einer Schale kultiviert werden. Der Boden der Kulturschalen wird oft mit extrazellulären Matrixkomponenten wie z. B. Kollagen und Laminin beschichtet, um die Anheftung der Zellen zu erleichtern. Am Boden der Kulturschalen wachsen die Zellen entweder als Einzelzellschicht oder sie wachsen mehrschichtig übereinander. Als Nährlösungen werden für kultivierte Zellen Salzlösungen benutzt, die in ihrer Zusammensetzung der extrazellulären Flüssigkeit entsprechen, angereichert mit Aminosäuren, Glukose und anderen chemisch definierten Substanzen. Häufig werden noch Wachstumsfaktoren, Hormone und Serum zugesetzt.

Durch die Zugabe von Hormonen und Wachstumsfaktoren, wird die Überlebensrate von Zellen in Kultur (= in vitro) deutlich erhöht. Die meisten aus normalen Geweben erhaltenen Zellen haben eine begrenzte, genetisch programmierte Lebensdauer. Durch gewisse

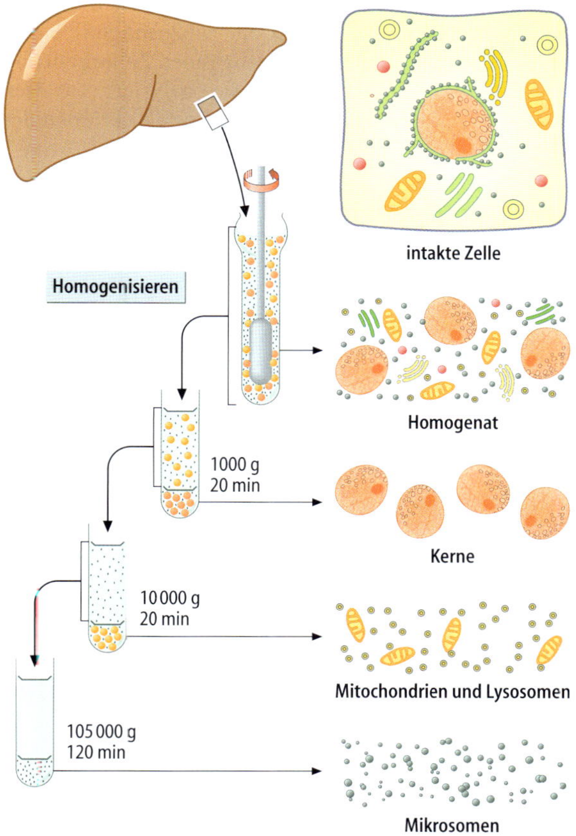

Abb. 24.19. Isolierung von Zellbestandteilen durch differentielle Zentrifugation. Die Zeichnungen auf der *rechten Seite* zeigen die nach Zentrifugation am Boden des jeweiligen Röhrchens sedimentierten Zellorganellen. Die Zentrifugationszeit und Beschleunigung (angegeben in g) sind für jeden Zentrifugationsvorgang angegeben. Zuerst werden kleine Organfragmente mit einem Homogenisator zerkleinert. Ein rotierender Stempel aus Glas oder Kunststoff bricht die Zellmembranen auf und setzt so die zellulären Komponenten frei. Durch Zentrifugation mit niedriger g-Zahl erhält man ein Sediment der dichteren Partikel (Zellkerne). Durch Wiederholung dieses Schrittes bei jeweils steigender Zentrifugalkraft ist es möglich, einzelne Fraktionen von Zellorganellen zu isolieren. So erhält man zuerst eine Fraktion, die Mitochondrien und Lysosomen enthält und dann die Mikrosomen (hauptsächlich vesikulierte Membranen des rauhen und glatten endoplasmatischen Retikulums). (Nach Junqueira et al. 1998)

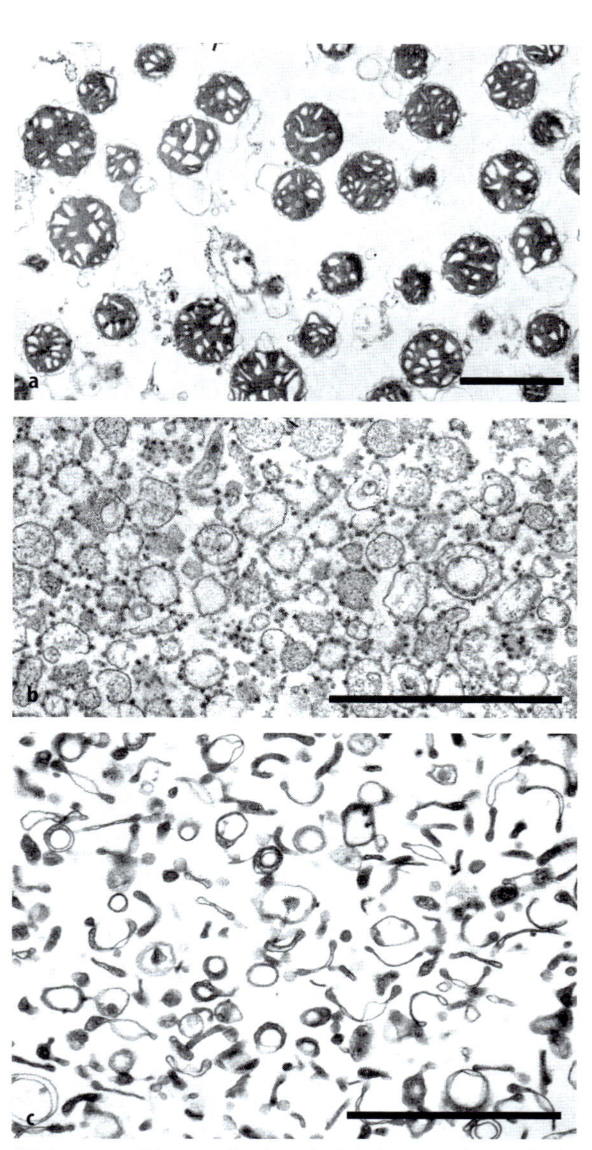

Abb. 24.20 a–c. Elektronenmikroskopische Aufnahmen von drei verschiedenen Zellfraktionen. **a** Mitochondrienfraktion (aus Leighton et al 1968), **b** Mikrosomenfraktion (aus Meldolesi et al. 1971), **c** Golgifraktion (aus Redman et al. 1975). Balken = 1 μm

Veränderungen können die Zellen jedoch unsterblich gemacht werden (hauptsächlich im Zusammenhang mit Onkogenen, s. auch Kap. 2.4). Dieser Prozess wird ***Transformation*** genannt, der der erste Schritt bei der Umwandlung einer normalen Zelle in eine Krebszelle sein könnte.

Zellkulturen werden auch für die Untersuchung des Stoffwechsels von normalen Zellen und von Krebszellen eingesetzt. Diese Technik ist außerdem für das Studium von Parasiten nützlich, die nur innerhalb oder zusammen mit Zellen wachsen, z. B. Viren, Mykoplasmen und einige Protozoen.

Zellfraktionierung► Es ist oft notwendig Zellorganellen wie Mitochondrien, Lysosomen, Sekretgranula zur genaueren Untersuchung zu isolieren. Dazu müssen die Zellen zunächst durch Homogenisierung aufgebrochen und eine Suspension der Zellkomponenten hergestellt werden. Diese wird dann verschiedenen Zentrifugationskräften ausgesetzt (Abb. 24.19). Bei der ***Zellfraktionierung*** werden Zentrifugationskräfte dazu benutzt die Organellen zu trennen. Die zur Sedimentation eines Teilchens notwendige Kraft (häufig angegeben als Produkt der Erdbeschleunigung und der Zentrifugationszeit) hängt von Größe und Form der Organellen und der Dichte und Viskosität des Mediums ab. Durch mehrere aufeinander folgende Zentrifugationen (so genannte differenzielle Zentrifugation) können aus einem Zellhomogenat Organellen isoliert werden. Oft ist es notwendig die so erhaltenen Fraktionen von Zellkomponenten durch Zentrifugation in Medien verschiedener Dichte (Zucker- oder Salzlösungen) weiter zu reinigen. Die Reinheit der erhaltenen Zellorganellen kann im Elektronenmikroskop analysiert (Abb. 24.20) und die Zusammensetzung und Funktionen der Organellen kann in vitro untersucht werden.

Quellenverzeichnis

Abbildungs-Nr.:	Quelle:
1.1, 1.14, 2.15, 3.6, 3.7, 3.13, 3.16–3.19, 3.22, 3.23, 4.1 a, 4.3, 4.4, 4.9, 4.11, 4.14, 4.15, 4.17, 4.21, 6.2, 6.6, 7.2, 7.7, 7.9–7.13, 7.15, 7.16, 8.2–8.4, 8.13, 8.17, 8.19–8.23, 8.26, 8.30–8.33, 9.1, 9.2, 9.13–9.15, 9.17, 9.20, 9.21, 10.1, 10.3, 10.4, 10.15–10.19, 10.21, 10.23, 10.29, 11.1, 11.8, 11.10, 12.1, 12.7, 13.3, 13.6, 13.7, 13.11–13.13, 13.17–13.21, 13.24, 13.25, 14.1–14.3, 14.8, 14.9, 14.12, 14.13, 14.16–14.18, 14.21, 14.22, 14.23, 14.25, 14.26, 14.31, 15.1, 15.5–15.7, 15.8 a, 15.10, 15.11, 15.15, 16.1, 16.3, 16.4, 16.7, 16.10, 16.14, 16.18–16.20, 17.1, 17.5, 17.7, 17.9, 17.11–17.13, 18.1–18.3, 18.8, 18.10, 18.12, 18.14–18.16, 18.19, 18.20, 18.23, 19.1, 19.5, 20.1, 20.5, 20.6, 20.15–20.17, 21.1, 21.5, 21.6, 21.9, 21.12, 22.1, 22.3, 22.7, 22.13, 22.19, 22.21, 22.23, 22.24, 22.27, 23.1, 23.3–23.5, 23.7, 23.12–23.15, 23.17, 23.18, 23.21, 23.24, 23.26–23.31, 23.33–23.35, 24.9, 24.10 Tabelle 16.1	Junqueira LC, Carneiro J, (1996) Histologie, hrsg von Schiebler TH, 4. Aufl. Springer, Berlin Heidelberg New York Tokyo
1.3, 1.8, 1.12, 1.23–1.25, 2.3–2.5, 2.9, 3 b, 4.2, 4.12, 9,5, 9.7, 9.8, 9.10, 20.14	Löffler G, Petrides PE (1998) Biochemie und Pathobiochemie. 6. Aufl. Springer, Berlin Heidelberg New York Tokyo
1.4, 10.2, 13.4, 20.21, 23.10	Schmidt RF, Thews G, Lang F (2000) Physiologie des Menschen, 28. Aufl. Springer, Berlin Heidelberg New York Tokyo

1.5	Orci L, Perrelet (1975) Freeze-Etch Histology. Springer, Berlin Heidelberg New York
1.7	Dudel J, Menzel R, Schmidt RF (2001) Neurowissenschaft. Vom Molekül zur Kognition. Springer, Berlin Heidelberg New York Tokyo
1.9	Unwin N (1993) Nicotinic acetylcholine receptor at 9 a Ang-ström resolution. Journal of Molecular Biology. Vol 229, pp 1101–1124
1.11, 1.13, 1.15–1.22, 2.1, 2.2, 2.6, 2.7, 2.10, 2.12, 2.13, 3.1, 3.4, 3.5, 3.8–3.11, 3.14, 3.15, 3.20, 3.21, 3.24, 4.5–4.8, 4.10, 4.13, 4.16, 4.22, 4.23, 5.1, 5.3, 5.4, 5.6, 6.1, 6.3–6.5, 6.7–6.10, 7.1, 7.3–7.6, 7.8, 7.14, 8.1, 8.7–8.11, 8.14–8.16, 8.18, 8.25, 8.29, 9.3, 9.4, 9.9, 9.11, 9.12, 9.16, 9.18, 9.19, 9.22, 10.8, 10.10, 10.13, 10.27, 10.28, 11.2, 11.4, 11.7, 11.9, 11.11–11.14, 12.6, 12.8–12.10, 13.8, 13.10, 13.14–13.16, 13.22. 13.23, 14.4–14.7, 14.19, 14.20, 14.21, 14.24, 14.27, 14.29, 14.30, 14.32, 14.34, 14.36, 15.2, 15.3, 15.8 b, 15.9, 15.12–15.14, 15.16, 15.17, 16.6, 16.11, 16.15, 16.16, 17.2–17.4, 17.6, 17.8, 17.10, 17.14, 18.4, 18.5, 18.7, 18.9, 18.13, 18.18, 18.22, 19.2, 19.7, 20.3, 20.4, 20.7, 20.9, 20.13, 20.18–20.20, 21.2–21.4, 21.7, 21.10, 21.11, 21.15, 21.17, 21.18, 22.2, 22.4–22.6, 22.8, 22.9, 22.14–22.18, 22.20, 22.22, 22.25, 22.26, 23.2, 23.11, 23.16, 23.20, 23.22, 23.23, 23.25, 23.32, 24.11–24.14, 24.19, 24.20	Junqueira LC, Carneiro J, Kelley RO (1998) Basic histology, 8th edn. Appleton & Lange, Stamford Connecticut
2.14, 23.19	Czihak G, Langer H, Ziegler H (1996) Biologie, 6. Aufl. Springer, Berlin Heidelberg New York Tokyo
3.2, 3.12	Fritsch P (1998) Dermatologie und Venerologie. Springer, Berlin Heidelberg New York Tokyo
3.3	Alberts B, Jaenicke L (Hrsg)(1995) Molekularbiologie der Zelle, 3. Aufl.

8.5, 18.21 Tabelle 13.1	Junqueira LC, Carneiro J, Kelley RO (1995) Basic histology, 7th edn. Appleton & Lange, Stamford Connecticut
8.6	Palay SL, Palay VC (1974) Cerebellar Cortex. Springer, Berlin Heidelberg New York
8.24	Brodal P (1998) The central nervous system. Structure and function, 2nd. Oxford University Press, New York
8.27	Bloom-Fawcett (1994)
10.11, 10.20, 10.22, 10.24, 10.26, 12.2, 12.4, 16.2, 16.5, 16.13, 18.6	Krstić RV (1997) Human Microscopic Anatomy. Springer, Berlin Heidelberg New York Tokyo
11.6	Bauer C, Wuillemin W (1996) Blood, plasma proteins, coagulation. Fibrinoysis and thrombocyte function. In: Greger R Windhorst U (Hrsg) Comprehensive human physiology. Springer, Berlin Heidelberg New York Tokyo, pp 1651–1677
11.17	Wurzinger LJ (1990) Histophysiology of the circulating platelet. Springer, Berlin Heidelberg New York Tokyo
13.9	Janeway CA, Travers P, Walport M, Capra (1999) Immunibiology, 4th ed. Elsevier, Amsterdam New York
19.6	Gratzl M, et al. (1997) Biochim. Biophys. Acta 470, pp 45–57
20.2	Bulling A, Castrop F, Agneskirchner J, Rumitz M, Ovtscharoff W, Wurzinger LJ, Gratzl M (2000) Body Explorer 2.0. Springer, Berlin Heidelberg New York Tokyo
20.8	Rohen JW (1997) Topographische Anatomie. 8. Aufl. Schattauer, Stuttgart New York, p 227

23.6, 23.8, 23.9	Fujita T, Kanno T, Kobayashi S (1988) The paraneuron. Springer, Berlin Heidelberg New York Tokyo
23.13	Lang F (2000) Basiswissen Physiologie, Springer Berlin Heidelberg New York Tokyo
24.20 a–c	**a** Leighton L, et al. (1968) The large-scale separation of peroxysomes, mitochondria, and lysosomes from the livers of rats injected with triton WR-1339. J. Cell Biol. 37, 482–512; **b** Meldolesi J, et al. (1971) Composition of cellular membranes in the pancreas of the guinea pig. J. Cell Biol. 49, 130–149; **c** Redman CM, et al. (1975) Colchicine inhibition of plasma protein release from rat hepatocytes. J. Cell Biol. 66, 42–59

Sachverzeichnis

A

ableitende Harnwege 343, 344
- Harnblase 343
- Nierenbecken 343
- Übergangsepithel 343, 344

Achalasie, Therapie 270
ACTH (adrenokortikotropes Hormon, Kortikotropin) 355, 371
adaptive Immunabwehr (auch spez. oder erworbene) 191, 202, 227–232
- Antikörper 228–238
- B-Lymphozyten 227–230
- humorale Immunabwehr 227
- T-Lymphozyten 230
- T-Zellrezeptor 231
- zelluläre Immunabwehr 227

Addison-Erkrankung, Hyperpigmentierung 317
Adenohypophyse 348–351
- azidophile Zellen 351
- basophile Zellen 351
- chromophobe Zellen 351
- Pars intermedia 348
- Pars tuberalis 348
- Vorderlappen (Pars distalis) 348

Adenokarzinome 54
Aderhaut (Choroidea) 430
Adhäsionsmoleküle 72, 213, 217
- Cadherine 40
- Immunglobulin-ähnliche 41, 199
- Integrine 40, 65, 199, 208
- Selektine 41, 184, 198

Adrenalin 372
Agranulozytose 199
AIDS 203
Akne 322
Akrosomenreaktion 410
Aktin 29, 41, 42, 146, 160
akzessorische Geschlechtsdrüsen 387, 390
Albinismus 317
Aldosteron 339
Allergen 296
- Antigen Präsentation 318

Allergie 318
- gegen Nahrungsstoffe 318
- Glottisödem 298
- IgE 318
- Konjunktivitis 318
- Mastzellen 318
- Proliferation von eosinophilen Granulozyten 318
- Rhinitis 318
- T_H2-Zellen 318

Alveolarmakrophagen 307
- Herzfehlerzellen 308

Alveolen 303–308
- Deckzellen 303–307
- Ductus alveolaris 303, 304
- Endothel 303 (s. auch Endothel)
- Interstitium 303, 307
- Kapillaren 303–306, 308, 309 (s. auch Kapillaren)
- Makrophagen 66, 203, 221, 307 (s. auch Makrophagen)
- Nischenzellen 303, 304, 306–308
- Poren 303–305
- Sacculi alveolares 303, 304
- Septen 303–306, 308

Alzheimer Erkrankung 140
Anabolika 161, 387
Analgetika 426
Anämie 192, 194, 221, 257, 341
Anastomosen, arteriovenöse 172, 178
- Brücken- 172
- Glomus- 172

Androgene, Spermatogenese 387
Aneurysma 172
angeborene Immunabwehr 199, 226
- Makrophagen 191, 226
- nat.Killerzellen (NK-Zellen) 191, 226
- neutrophile Granulozyten 191, 226

Angina pectoris 160, 171
Angiogenese 402–406
- Corpus luteum 402
- Endometrium 406
- physiologische 73, 185, 402, 405, 406

Angiotensin 184, 326, 340, 341 (s. auch juxtaglomerulärer Apparat)
antidiuretisches Hormon (ADH), Vasopressin 160, 339, 340, 350
Antigen Präsentation 231
- Antigenprozessierung 231
- B-Lymphozyten 231
- dendritische Zellen 231
- Epithelzellen des Thymus 231
- Langerhans-Zellen der Haut 231
- Makrophagen 231
- MHC-Moleküle (HLA Moleküle) 231
- mononukleäres Phagozyten System 231
- T-Zellrezeptor 231

Antigene 202, 203, 228
- antigene Determinanten 228

Antikörper 228–230 (s. auch Immunglobuline)
- monoklonale 229

apokrine Sekretion 52, 323, 416, 417, 418, 441
Apoptose 32–34, 102, 196, 230, 236, 313, 400
- Ablauf 33
- bei Follikelatresie 400
- Caspasen 34
- Definition 32

Appendicitis, Peritonitis 265
APUDOME 54
APUD-Zellen, (amin precursor uptake and decarboxylation) 53
Arterien 167–170
- Aneurysma 172
- Atherosklerose 170–173
- elastische 167, 168
- Endarterie 171
- muskuläre 168–170
- Netzarterie 171

Arteriolen 170–172, 178
– präkapilläre Sphinkter 178
Arteriosklerose 437
Asthma bronchiale 69, 300, 308, 318
Astrozyten 122, 123
– Blut-Hirn-Schranke 122
– fibröse 122
– protoplasmatische 122
– Stoffwechsel 123
– Zytokine 123
Atemwege 290–303
– Aufbau 290
– Drüsen 290, 292
– elastische Fasern 290, 306 (s. auch elastische Fasern)
– Funktion 290–293
– glatte Muskulatur 290, 298–303 (s. auch glatte Muskulatur)
– Knorpel 290, 297–300
– Lamina propria 290, 295, 296, 298, 299
– obere 290, 292, 295, 296
– respiratorisches Epithel 290, 296–298, 299
– Tunica adventitia 290
– Tunica fibromusculocartilaginea 290, 298, 299
– Tunica mucosa 290–295
– untere 290, 292, 297–302
Atherosklerose 170
Atmungsorgane 290–310
– Gasaustausch 290
– Säure-Basen-Haushalt 290
Auge 428–440
– Aufbau 428
– Choroidea (Aderhaut) 428, 430
– Cornea (Hornhaut) 429
– Corpus ciliare (Ziliarkörper) 428, 430
– Glaskörper 428
– hintere Augenkammer 428
– Iris (Regenbogenhaut) 428, 432
– Kammerwasser 428
– M. dilatator pupillae 432
– M. levator palpebrae 438
– M. orbicularis oculi 438
– M. sphincter pupillae 432
– Pigmentepithel 434
– Retina (Netzhaut) 428, 432–435
– Sklera (Lederhaut) 428–430
– vordere Augenkammer 428
– Zonulafasern (Zonula ciliaris) 428, 432
äußere Geschlechtsorgane (Vulva) 394, 409, 410
äußerer Gehörgang (Meatus acusticus externus) 440
äußeres Ohr 440
Autoimmunerkrankungen 226
Autoradiografie 460
Axon 113, 114, 116–120
– Aktinfilamente 114
– Aktionspotenzial 108, 117
– anterograder Transport 114
– Axolemma 113
– Axonhügel 113
– Axoplasma 114
– Dynein 114
– Initialsegment 114
– Kinesin 114
– Kollaterale 114
– Membranpotenzial 116, 117
– Myelinisierung 119
– Myosin I und V 114
– Neurofibrillen 114
– Neurofilamente 114
– Neurotubuli 114
– retrograder Transport 114
– unmyelinisiert 120
Azoospermie 382

B

bakterieller Infekt 70–73, 196, 199
Bandscheiben (Disci intervertebrales) 90
– Anulus fibrosus 90
– Nukleus pulposus 90
– Vorfall (Prolaps) 90
Barr Körperchen (drum stick) 28, 195
Basallamina 36, 37
– Kapillaren 179
– Lamina densa 36
– Lamina lucida 36
– Lamina reticularis 36
Basalmembran 37
basophile Granulozyten 201
Bauchspeicheldrüse (Pankreas) 276, 277
– Cholezystokinin 260, 272, 273, 276
– Langerhans-Inseln 276, 364, 365
– Sekretin 260, 272, 273, 276
– Steuerung 260, 272, 273, 276
– Verdauungsenzyme 276
Befruchtung 401, 410
– Akrosomenreaktion 410
– in vitro fertilisation (IVF) 410
– intrazytoplasmatic sperm injection (ICSI) 410
– Zygote 410
Belegzellen 256, 257
– intrinsischer Faktor 257
– Salzsäurefreisetzung 256, 257
– Steuerung 256, 257
Bindegewebe 36, 57–75
– embryonales 74
– extrazelluläre Matrix 58, 65
– Fasern 58–65
– Fibroblasten (Fibrozyten) 66
– freie Zellen 66–70
– lockeres 75
– Makrophagen 66
– Mesoderm 58
– retikuläres 62, 74, 135
– straffes 75
– Zellen 58, 65–70
Bindehaut (Konjunctiva) 438
Biologische Membranen 2
Bläschendrüsen (Vesiculae seminales) 376
Blastomeren 410
Blastozyste 411
Blut 189–209
Blutausstrich 190
Blutbildung (Hämatopoese) 212–223
– Blasten 215, 216
– intrauterine 212
– intrauterine, hepatolienale Phase 212
– intrauterine, medulläre Phase 212
– intrauterine, megaloblastische Phase 212
– Knochenmark 214
– Makrophagen 213, 219
– Stammzellpool 214
– Teilungs- und Reifungspool 216
Blutdruck 160, 167, 340, 341
Blutfunktionen 165, 190, 191
– Homöostase 191
– Immunabwehr 191
– Sauerstofftransport 165
– Transport 190, 191
Blutgefässe 164–177
– Innervation 167–169
– nutritive 164, 173, 177
– Vasa vasorum 166, 168, 169
– Wandbau 165
Blut-Hirn-Schranke 134, 183
Blut-Hoden-Schranke 385
Blut-Luft-Schranke 303, 306
Blut-Thymus-Schranke 237
Blutplasma 190–192
– Albumin 191

- Blutgerinnung 191, 192, 208
- Chlorid 3
- Fibrinogen 190, 191, 208
- Immunglobuline 191, 202, 228–230
- Kationen 3
- kolloidosmotischer Druck 191
- Komplementsystem 71, 72, 191, 227
- Proteine 190, 191

Blutplättchen (Thrombozyten) 205–209, 221–223
- ∝-Granula 205–208
- Blutstillung (Hämostase) 205–208
- dense bodies 205–208
- dense tubular system 205
- Fibrinogen 208
- Formwandel 208
- Funktion 205–209
- Hemmstoffe 209
- marginales Mikrotubulusbündel 205
- offenes kanalikuläres System 205
- primäre Lysosomen 205
- Thromben 208
- von Willebrand-Faktor 208

Blutserum 192
Blutstillung (Hämostase) 191, 192, 205–208
- hämostatischer Pfropf 207, 208
- plasmatische Gerinnung 191, 192, 208

B-Lymphozyten 202, 221, 227–230
- „naive“ (immunkompetente) 221, 227, 228
- Bildung 221, 227
- Effektorzellen 232
- Gedächtniszellen 228
- Immunoblasten 227, 232
- Plasmazellen 227
- Verteilung in Milz und Lymphknoten 238, 241, 244

Bogengänge 445
Boten RNA (messenger RNA, mRNA) 22
braunes Fettgewebe (multivakuoläres) 81, 82
- Thermogenin 82
- Mitochondrien 82

Bronchialkarzinom 293
Bronchien 290, 299, 300–302
- Arteriae bronchiales 300
- Bronchi lobares 299
- Bronchi principales 299
- Bronchi segmentales 299
- Epithel 290
- Glandulae bronchiales 299
- lymphatisches Gewebe (MALT) 299, 300
- Tunica adventitia 300
- Tunica fibromusculocartilaginea 299
- Tunica mucosa 299
- vegetative (autonome) Innervation 300

Bronchioli 299–301
- Clara-Zellen 301
- Epithel 291
- neuroepitheliale Körperchen 301, 426
- respiratorii 299, 301
- terminales 299

Bronchitis 290, 293, 308
Brustdrüse (Glandula mammaria) 410, 415–419
- Ductus lactifer colligens 416
- Ductus lactiferi 415
- Sinus lactifer (Milchsäckchen) 415
- senile Involution 419
- Thelarche 415
- Untersuchung 417
- Entwicklung 410

Brustwarze (Areola mammae) 415, 416
- erogene Zone 416
- Glandulae areolae Brustwarze 416
- Papilla mammae 415, 416

B-Zellrezeptor 228

C

Chemosensoren, Kohlendioxid 426
- Protonen 426
- Sauerstoff 426

Chondrone 86
Chondrozyten 85, 86
- isogene 86

Chromatiden 28
Chromatin 22–24
- Desoxyribonukleinsäure 22
- DNA-Doppelhelix 22
- Euchromatin 24
- Heterochromatin 24
- Histone 24

Chromosomen 20, 28–30
- Analyse 30
- Autosomen 29
- Gonosom (Geschlechtschromosom) 29
- pränatale Diagnostik 31
- Trisomie 21 (Down Syndrom) 31, 382
- Y Chromosom 28

Conn-Syndrom 372
Cornea (Hornhaut) 429
- Endothel 429
- Epithel 429
- Innervation 429
- Stroma 429
- Transplantation 429

Corpus albicans 403
Corpus luteum (Gelbkörper) 402, 403
- graviditatis 403
- menstruationis 402

Corpus rubrum 402
Cushing-Syndrom 372

D

Darmschleimhaut, Regeneration 268
- zytostatische Therapie 268

Dendrit 112, 113
Dermis 318
- Gefäße und Nerven
- Stratum papillare 318
- Stratum reticulare 318

Desmosomen 43, 134, 314
Desoxyribonukleinsäure (DNA) 22
Desoxyribonukleinsäure, Transkription 22, 23
Diabetes insipidus 340, 350
Diabetes mellitus (Zuckerkrankheit) 365, 366, 437
- Glukosurie mit Polyurie 336
- Hämoglobin Glykosylierung 194
- Therapie 365, 366
- Typ 1 365, 366
- Typ 2 365, 366

Dickdarm 263
- Appendices epiploicae 263
- Haustren 263
- maligne Tumoren 265
- Taeniae coli 263

Dickdarmschleimhaut 263
- Becherzellen 263
- Enterozyten 263
- Krypten 263

Differenzialblutbild 195
Differenzierung 36
diffuses neuroendokrines System (DNES) 53, 272, 294
distaler Tubulus (Mittelstück) 334–340 (s. auch Tight Junctions)
- Funktion 337–339
- Struktur 336, 337

Diurese 339
Drüsen 438
auch exokrine Drüsen) (s. auch endokrine Drüsen)
- Entwicklung 49, 50

Ductus nasolacrimalis 439
Ductus papillaris 339
Dünndarm 259–263
Dünndarm, Blutgefäße 263
Dünndarm, Falten 259

Dünndarm, Lymphgefäße 263
Dünndarmschleimhaut 259, 260
– entero-endokrine Zellen 260
– Enterozyten 260
– Ersatzzellen 260
– Krypten (Glandulae intestinales) 260
– Paneth-Körnerzellen 260
– Resorption 260
– Stammzellen 260
– Zotten (Villi intestinales) 259
Dynein 46, 382

E

Ehlers-Danlos Syndrom 63, 319
Eierstöcke (Ovarien) 394, 395–403
(s. auch Ovulation)
– Bereitstellung v. Keimzellen 395, 401, 402
– Follikel 395, 396–402
– Mark 395
– Oberflächenepithel 395
– Produktion v. Sexualhormonen 395, 399, 403
– Rinde 395
Eihügel, Cumulus oophorus (Kumuluszellen) 398, 399
Eileiter 401–404
Eileiter (Tuba uterina) 402, 403
– Ampulla 403
– Entzündungen 404
– Fertilitätsstörungen 404
– hochprismatisches Epithel 403
– Muskelschicht 404
– Serosa 404
Einbettung 455
Ekzem, T_H1-Zellen 318
elastische Fasern 63–65, 89, 165, 167–169, 290, 319
– Elastin 63
– Fibrillin 63
– Marfan-Syndrom 64
elastischer Knorpel 89
Elektronenmikroskop 456
– Raster- 453
– Transmissions- 452
Elektronenmikroskopie, Dünnschnitte 5, 452
Elektronenmikroskopie, Gefrierbruchverfahren 5, 453
Embryoblast 411
Eminentia mediana 348
endokrine Drüsen 53–55, 348–355, 358–374, 386, 387, 396–400
endokrine Drüsen, Steroidhormone 55, 367–371, 386, 387, 396–400
Endolymphe 442
Endometriose 408
Endometrium 405–411
– Angiogenese 406
– Decidua basalis 411
– Decidua capsularis 411
– Decidua graviditatis 411
– Decidua parietalis 411
– Lamina basalis 405
– Lamina functionalis 405
Endoplasmatisches Retikulum 9, 10
– glattes 9, 370, 386
– Glukose-6-Phosphatase 9
– Glukuronidierung 9
– Glykogenspeicherkrankheit 10
– Glykosylierung 9
– Hydroxylierung 9
– Proteinbiosynthese 9
– rauhes (RER) 9
– Ribosomen 9
– Signalpeptidase 9
– Signalsequenz 9
– Sulfatierung 9
– Synthese der Phospholipide 9
– Translation 9
– Transport von Kalzium 9
– Zisternen 9
Endost 92, 96
Endothel 178, 198
– Angiogenese 73, 185
– Barrierefunktion 183, 184
– Blutgerinnung 185, 209
– Blut-Hirn-Schranke 183
– Blut-Luft-Schranke 303, 306
– embryonale Endothelzellen 212
– Entzündung 184
– intermediäre Filamente („stress fibres") 179
– Lipoproteinlipase 80, 184
– metabolische Funktionen 184
– Permeabilität 183, 184
– Produktion der Basallamina 184
– Regulation des Tonus der Mediamuskulatur 184
– Struktur 178
– Weibel-Palade-Körperchen 184
Endozytose 11, 118
enterisches Nervensystem 269, 294–271
– Erkrankungen 271
– interstitielle Zellen (Cajal) 269, 270
– Plexus myentericus 269
– Plexus submucosus 269
Entero-endokrines System 272, 273
– EC Zellen (Serotonin) 272, 273
– ECL Zellen (Histamin) 273
– Gastrin 273
– Karzinoide 273
– Tumoren 273
– Zellen des geschlossenen Typs 272, 273
– Zellen des offenen Typs 272, 273
Enterozyten, Mikrovilli 260
Entwicklung des Nervensystems 109
– Neuralleiste 109
– Neuralplatte 109
– Neuralrinne 109
– Neuralrohr 109
– Zentralnervensystem 109
Entzündung 70–73, 184, 191
– Angiogenese 73, 185
– Antigen Präsentation 68, 73, 231, 232
– Blutsenkungsgeschwindigkeit 190
– eosinophile Granulozyten 73
– Erwärmung (calor) 70
– Granulationsgewebe 73
– körpereigene Abwehr 70
– lockeres Bindegewebe 70
– Makrophagen 72, 203
– Mastzellen 70
– Mediatoren 70, 71, 184
– Narbe 73
– neutrophile Granulozyten 72
– Permeabilitätssteigerung 72
– Phagozytose 72
– Plasmazellen 70, 73, 202, 221, 227, 228
– Schmerz (dolor) 70, 425, 426
– Schwellung (tumor) 70
– Symptome 70
– vermehrte Durchblutung 70
– Zellschädigung 70
eosinophile Granulozyten 199–201
– Funktion 200, 201
– major basic protein 200
Eosinophilie 200
Ependym 123
Epidermis (Oberhaut) 312–318
– Keratinozyten 313–315
– Langerhans-Zellen 318
– Melanozyten 315
– Merkel-Zellen 318, 424
– Stratum basale 313
– Stratum corneum 314
– Stratum granulosum 314
– Stratum lucidum 314
– Stratum spinosum 314

– Pemphigus vulgaris, Autoantikörper gegen Desmosomen 314
Epiphyse 374, 375
– Aufbau 374
– Funktion 375
– Innervierung 374
Epiphysenfuge (oder -platte) 102
– Blasenknorpel 102
– hypertrophe Knorpelzone 102
– Proliferationszone 102
– Reservezone 102
– Säulenknorpel 102
– verkalkte Knorpelzone 102
– Verknöcherungszone 102
Epithel 47–54
– einreihig 48, 259, 260, 262
– einschichtig 47
– hochprismatisch 48, 254, 258, 260, 264, 285, 290–293
– kubisch (isoprismatisch) 47, 334, 339, 358
– mehrreihig 48, 290–295
– mehrschichtig 48, 49
Epithelgewebe 36–55
Epitheliale Drüsen 49–53
Erektion 391
Erysipel 319
Erythropoese 217–219, 326
– azidophile Erythroblasten 217
– basophile Erythroblasten 217
– Erythroblasteninseln 219
– polychromatische Erythroblasten 217
– Proerythroblasten 217
– Retikulozyt 219
– rote Blutkörperchen (Erythrozyten) 219
Erythropoetin (EPO) 217, 326, 341 (s. auch hämatopoetische Wachstumsfaktoren)
Erythrozyten 192–194, 217–219
– (s. auch Plasmamembran)
– Blutgruppenantigene 192
– Durchmesser 192
– hypochrome Anämie 194, 221
– Membranproteine 192, 193
– Polyzythämie 192
– Sichelzellen 194
– Sphärozytose 194, 240, 244
– Verformung in Kapillaren 178, 192, 193
– Zellskelett 193, 194
exokrine Drüsen 50–53, 274–277
– alveoläre Endstücke 52, 417
– Ausführungsgänge 53
– azinöse 51, 274–277
– Endstücke 51, 274–277
– Meibom- 438
– Moll- 438
– myoepitheliale Zellen 52
– seröse und muköse Endstücke 52, 274–277
– Streifenstücke 53
– Verdauungstrakt 74–287
– Zeis 438
Exozytose 10, 11, 118,
– Endozytose 118
– Kalziumionen 117
– konstitutiv 10
– merokrine Sekretion 52
Extrazellulärflüssigkeit 3, 190, 191 (s. auch Lymphproduktion)

F

Farbstoffe, basische und saure 455
Färbung 455
Faserknorpel 89, 90
Fettgewebe 77–82
– Baufett 80
– Energiespeicher 78
– Fettleibigkeit (Adipositas) 81
– Fettzellen (Adipozyten) 78
– Funktion 79–81
– Lipoproteinlipase 80, 184
– multivakuoläres (braunes) 81, 82
– Siegelringzelle 79
– Speicherfett 80
– Stoffwechsel 80, 82
– Tumoren 82
– univakuoläres (weißes) 78–81
– Wärmeisolierung 78
Fetttröpfchen 19, 78–81, 368, 418
Fibrin 191
Fimbrien 403
Fixierung 455
Fluoreszenzmikroskop 450
Fluorometrie 452
Follikelatresie 400, 401
– Apoptose 400
Fotometrie 452
Fotorezeptoren 434
– Außenglieder 434
– Innenglieder 435
Frakturheilung 104
– Geflechtknochen 104
– Kallus 104
freie Immunzellen 226
FSH (Follikel stimulierendes Hormon) 355, 386, 387, 394, 400, 407, 408

G

Gallenblase 285, 286
– Aufbau 285, 286
– Cholezystokinin 286
– Funktion 286
Ganglien 108, 136
Gap Junctions (Nexus) 39, 119, 123, 128, 134, 155, 158, 167, 177, 184
Gastritis (Magenschleimhautentzündung), Helicobacter pylori 258
Gaumen 248
Gebärmutter (Uterus) 394, 404–407
– äußerer Muttermund 406
– Corpus 404
– Endometrium 405, 406
– Fundus 404
– Myometrium 405
– Portio 406
– Serosa 404
– Zervix 404, 406, 407
Geflechtknochen 97, 100
Gefrierätzung 453
Gefrierbruchverfahren 453
Gegenstromdiffusion 343
Gegenstrommultiplikator 338, 339
Gehirn 108, 128–131
Gehör und Gleichgewicht 440–446
Gehörknöchelchen 441
– Amboss (Incus) 441
– Hammer 441
– Steigbügel (Stapes) 441
Geißeln, 9 + 2 Muster 46, 292, 381
– Dynein 46
– Nexine 46
– Unbeweglichkeit 383
Gelbsucht (Ikterus) 281
Gelenk 87–89
– Membrana fibrosa 88
– Membrana synovialis 88
– Synovialflüssigkeit 87
Gelenkknorpel 87, 88, 102
Gene 23
– Exons 22
– Introns 22
Genom 23
Geruch 428
Geschlechtsorgane, weibliche 394–419
Geschmack 249, 426, 427
Geschmacksknospen 249, 426, 427,
Gewebekultur 460
GFAP, saures gliales fibrilläres Protein 121
glandotrope Hormone 348, 354

Glandulae bulbourethrales (Cowper-Drüsen) 376, 390
Glandulae vestibulares majores (Bartholini-Drüsen) 409
Glandulae vestibulares minores 409
glatte Muskulatur 158–161, 165, 167, 169, 170, 173, 174, 254, 259, 266, 290, 298–303, 344, 345, 388, 404, 405, 432
– Aktin- und Myosinfilamente 158–160
– Aufgaben 158
– Calmodulin 160
– dense bodies 158
– Funktion 158
– Gap Junctions 158, 167
– Hyperplasie und Hypertrophie 161
– Kalziumkanäle 160
– kontraktiler Apparat 158
– Kontraktion und Relaxation 160
– Rezeptoren 160
Glaukom (grüner Star) 431, 437
Gleichgewichtsorgan 443, 444
– Sacculus 444
– Schwindel 443
– Utriculus 444
Gliazellen 108, 119–127
– Astrozyten 121–123
– Mikroglia- 127
– Oligodendrozyten 119–121
– Schwann-Zellen 119–121
glomerulärer Filter, Basallamina 327–333 (s. auch Basallamina)
– Endothel 327, 329–333
– Endothel (s. auch Endothel)
– Filtrationsschlitze 328–333
– Funktion 329
– Podozyten 327–333
Glomerulonephritis, Proteinurie 329, 336
Glomerulus 326–333, 340, 343
– afferente Arteriole 327, 340, 342, 343
– Bowman-Kapsel 327, 329, 330
– efferente Arteriole 327, 342, 343
– Gefäßpol 327, 329
– Harnpol 327, 329
– Kapillaren 327, 329–331, 343 (s. auch Kapillaren)
– Mesangium 329–331, 333
– Portalsystem 327
Glomerulusfiltrat (Primärharn) 327, 335, 336, 338, 339
Glomusorgane 426
Glukagon 364
Glukagonome 366
Glukokortikoide 367, 369, 371
– Wirkungen 369, 371
Glykogen 19, 148, 152, 157, 283
Glykolyse 154, 194, 196, 280
Golgi-Apparat 10–13
– Abspaltung von Kohlenhydraten 10
– Diktyosomen 10
– Funktionen 10
– Glykosylierung 10
– NEM-sensitiver Faktor (NSF) 10
– Phosphorylierung 10
– SNAP, soluble NSF acceptor protein 10, 117
– SNAREs (SNAP-Rezeptoren) 10, 117
– Sortierung 10
– Sulfatierung 10
– Transportvesikel 10
Gonadotrope Zellen 355
Granulopoese 219–212
– Granulozyten 221
– Linksverschiebung 221
– Metamyelozyt 221
– Myeloblast 219
– Myelozyten 221
– Promyelozyt 221
– segmentkernige Granulozyten 221
Granulozyten 195–201 (s. auch basophile Granulozyten) (s. auch eosinophile Granulozyten) (s. auch neutrophile Granulozyten)
– basophile 201
– eosinophile 70, 199–201
– neutrophile 70, 195–198
Grosshirn 128–131
Grosshirnrinde (Cortex) 128–131
– Areale 128
– äussere Körnerzellschicht 131
– äussere Pyramidenzellschicht 131
– Funktionseinheiten 130
– innere Körnerzellschicht 131
– innere Pyramidenzellschicht 131
– Molekularschicht 131
– Säulen (Kolumnen) 130
– Schichten 130
Grundsubstanz 65
– Fibronektin 65
– Glykane 65
– Glykoproteine 65
– Laminin 65
– Proteoglykane 65

H

Haare 320–322
– äußere Wurzelscheide 320
– Bulbus 320
– Cuticula 320
– Farbe 321
– Follikel 320
– Glashaut 321
– innere Wurzelscheide 320
– Mark (Medulla) 320
– musculi arrectores pili 321, 158–162
– Papille 320
– Rinde (Kortex) 320
– Wurzel 320
Harnblase (Vesica urinaria) 343–345
– Schleimhaut 343–345
– Tunica adventitia 345
– Tunica muscularis 344, 345
Haarzellen 442, 443
Hämatokrit 190
hämatopoetische Wachstumsfaktoren 72, 213, 214, 216, 217
– Erythropoetin (EPO) 217, 326, 341, 326, 341
– Interleukine 217
– Kolonie stimulierende Faktoren 217
– Thrombopoetin (TPO) 217
– Zytokine 216
Hämaturie 329
Hämoglobin (Hb) 192, 194, 218, 219
– Diabetes 194, 365–366
– Funktion 192
– Kohlenmonoxid 194
– Mutationen 194
hämorrhagische Diathese 208
Hämozytoblast 202, 214
Harnorgane 326–346
– ableitende Harnwege 343–346
– Nieren 326–343
– Übergangsepithel 48, 49, 343–344
– Urethra 346
– Wasser-, Mineral- und Säure-Basenhaushalt 326
Hauptzellen, Pepsinogensekretion 258
Haut (Cutis) 312–324
– ‚dicke' (unbehaarte) 312
– ‚dünne' (behaarte) 312
– Dermis (Lederhaut) 312, 318, 319

- Epidermis (Oberhaut) 312–318
- Felderhaut 312
- Funktionen 312
- Hypodermis (Unterhaut), Subcutis 312, 319
- Leistenhaut 312

Hauttumoren 317–318
- Basaliome 317
- Melanome 318
- Plattenepithelkarzinome (Spinaliome) 317

Havers-Kanal 97
Hemidesmosomen 43
Henle-Schleife, Funktion 337–339
Hepatitis 284
Hepatozyten 180
Herz 174–177
- Atrioventrikularknoten 177
- Aufbau 174, 175
- Endokard 174, 175
- Epikard 174, 175
- His-Bündel 177
- Klappen 175
- Myokard 155–158, 174
- Perikard 175
- Purkinje-Fasern 177
- Reizbildungs- und -leitungssystem 175
- Sinusknoten 175
- Skelett 176
- vegetatives Nervensystem 177

Herzinfarkt 161, 172
Herzinnervation 177
- parasympathisch 177
- Plexus cardiacus 175
- sympathisch 177

Herzinsuffizienz, Na^+-K^+-ATPase 4
Herzklappen, Sehnenfäden 175
Herzmuskulatur 155–158
- atrialer natriuretischer Faktor (ANF) 157
- Desmosomen 155
- Diaden 156
- endokrine Funktion 157
- Energiebereitstellung 156
- Gap Junctions 155
- Glanzstreifen 155
- kontraktiler Apparat 155
- Mitochondrien 156
- Regeneration 161
- Zellverbindungen 155
- Zonulae adhaerentes 155

Herzrhythmusstörungen 177
Hirnhäute (Meningen) 133, 134
- Arachnoidea 133
- Dura mater 133
- epiduraler Raum 133
- epidurales Hämatom 133
- Leptomeninx 133
- Pia mater 133, 134
- Subarachnoidalblutungen 133
- subarachnoidaler Raum 133
- subdurales Hämatom 133
- Subduralspalt 133

Histochemie 456
Hoden (Testes) 376–388
- Aufbau 377
- Blutversorgung 376
- Descensus 376
- Ductuli efferentes 376
- Entwicklung 376
- Epiorchium 376
- Hodenkanälchen (Samenkanälchen, T. contorti) 377
- Keimzellen 377
- Läppchen (Lobuli testes) 377
- Leydig-Zellen 377, 386, 387
- Periorchium 376
- Rete testis 376
- Sertoli-Zellen 377, 384–387
- Spermatogenese 377, 379–385
- Temperaturregulation 376
- Tubuli recti 376
- Tunica albuginea 377

Hodenfunktion, Regulation 386, 387
holokrine Sekretion 52, 53, 323
Hormonwirkung 53, 257, 348, 365
- autokrin 53, 348
- endokrin 53, 348
- parakrin 53, 257, 348, 365

humanes Choriongonadotropin (hCG) 403
hyaliner Knorpel
- Chondronektin 85
- extrazelluläre Matrix 85
- Glykoproteine 85
- interterritoriale Substanz 85
- Kollagen II 85
- Proteoglykane 85
- territoriale Substanz 85

Hydrocephalus 135
Hydrozele 376
Hypercholesterinämie, familiäre 80
Hyperlipidämie, Arteriosklerose und Herzinfarkt 80
Hyperparathyroidismus 363
Hypertonie (Bluthochdruck) 167, 341, 437
Hypodermis 319
Hypophyse 348–355
- Adeno- 348, 351–355
- Entwicklung 349
- Neuro- 348, 350

Hypophysentumor, Prolaktinom 354
Hypothalamus 351, 352
- Inhibiting-Hormone 352
- Releasing-Hormone 351
- Steuerhormone 351

I

Immunglobuline (Ig) 228–230
- Fab-Fragmente 229
- Fc-Fragmente 229
- IgA 229, 269, 417, 418
- IgD 230
- IgE 69, 70, 230
- IgG 229
- IgM 229
- Komplementsystem 71, 72, 191, 227, 230
- Rekombination 229
- somatische Hypermutation 229
- variable Anteile 229

Immunhistochemie 457
Immunität
- adaptive (erworbene) 191, 202, 227
- angeborene 191, 203, 226

Immunsystem 226–246
- mukosales 269

Immunzytochemie 457
Implantation (Nidation) 411
- Zytokine 411
- intrauterine Pessare (Spirale) 411
- Pille danach (Morning-after pill) 411

Impotenz 391
in situ Hybridisierung 459
in vitro Fertilisation (IVF) 383, 410
Infertilität (Unfruchtbarkeit) 47, 293, 376, 382–383, 387
Infundibulum 348
Inhibiting-Hormon 348, 352
Innenohr 440, 442
- äußere Haarzellen 442
- Basilarmembran 442
- Corti-Organ 442
- Endolymphe 442
- innere Haarzellen 442
- Membrana tectoria 442
- Membrana vestibuli (Reissner-Membran) 442
- ovales Fenster 442
- Perilymphe 442
- rundes Fenster 441
- Scala tympani 442
- Scala vestibuli 442

Insulin 364
- Freisetzung 365
- Wirkung 365
Insulinom 366
Interleukine 217, 232
Intermediäre Filamente 43, 44, 112, 114, 121, 314
- Desmosomen 43, 314
- Diagnostik 44, 234
- Filamente der Glia 44, 121
- Hemidesmosomen 43
- Neurofilamente 44
- Zytokeratine 44, 234
intermediärer Tubulus (Überleitungsstück) 334–338
Interstitium (interstitieller Raum) 185, 334, 338, 339
intracytoplasmatic sperm injection (ICSI) 410
intrazelluläre Rezeptoren 6

J

Juxtaglomerulärer Apparat 340, 341
- extraglomeruläre Mesangiumzellen 340
- Macula densa 340
- Renin-Angiotensin-System 341

K

Kalzitonin 105, 362
Kammerwasser 431
Kanäle
- ionotrope 8
- Kalium 6, 117, 365, 366
- Kalzium 6, 117, 160
- Liganden 7
- Natrium 6, 117, 120
- zyklische Nukleotide gesteuerte 6, 428, 435
Kapillaren 177–185
- Architektur 177
- Basallamina 179
- diskontinuierliche 180, 182, 183
- Durchblutung 178
- Endothel 178
- fenestrierte 180–182
- Funktion 177
- kontinuierliche 179–181
- Perizyten 179
- sinusoide 177, 180, 182, 213
- Wandbau 178, 179
Karies 250
Karthagener Syndrom 47, 293, 383
Karzinom
- Endometrium 406
- Leber 284
- Magen 258, 259
- Mamma 419
- ovarielles 395
- Pankreas 277
- Schilddrüse 361
- Zervix uteri 407
Katecholamine 372, 373
- Sekretion 373
- Speicherung 372
- Wirkungen 373
Kinetochoren 28
Kinozilien 46
- 9 + 2 Muster 46
- Basalkörperchen (Kinetosom) 46, 292
- Dynein 46, 293
- Flimmerepithel 46, 48, 290–295, 403
- Nexine 46
- Spermien 381
Kleinhirn 128
- Funktion 128
- Körnerzellschicht 128
- Molekularschicht 128
- Moosfasern 128
- Purkinje-Zellen 128
- Rinde 128
Klimakterium 394
- virile 382
Klitoris 394, 409
Knalltrauma (Lärmtrauma) 441
Knochen 92–106
- Diaphyse 97
- Epiphyse 97
- Kalziumspeicher 105
- Knochenmatrix 92, 94, 95
- Plastizität 104
- Stütz- und Schutzfunktion 104
- Tumoren 106
- Verkalkung (Mineralisierung) 92, 93
- Wachstum, 99–102, 103, 105, 106, 354, 361
Knochenentwicklung 99–103
Knochenmark 213, 214
- Biopsie 213
- gelbes 97, 213
- Hämatopoese 213
- Retikulumzellen 66, 213
- (s. auch Makrophagen)
- rotes 97, 213, 214
- Sinus 213 (s.auch Kapillaren, sinusoide)
- Stroma 213, 219
Knochenmatrix
- Hydroxyapatit 94
- Kollagen I 95
Knorpel 84–90
- appositionelles Wachstum 87
- Arthrose 89
- Chondroklasten 84
- Chondrozyten 84
- Degeneration 89
- Diarthrosen 87
- elastischer 84, 89
- Entwicklung 87
- Faserknorpel 84, 89
- Gelenkknorpel 87
- hyaliner 84–89, 100–102
- interstitielles Wachstum 87
- Perichondrium 84, 86
- Regeneration 89
- Synarthrosen 87
- Synchondrosen 87
- Tumoren 87
- Wachstum 87
Kollagen 58–63
- Biosynthese 59
- Ehlers-Danlos Syndrom 63
- Faserbündel 61
- Hydroxylierung 61
- Kollagen I 59, 61
- Kollagen II 59, 85
- Kollagen III 59, 62
- Kollagen IV 36, 59
- Kollagenfibrillen 61
- Osteogenesis imperfecta 59
- Prokollagen 59
- Querstreifung 61, 450
- Registerpeptide 59
- Telopeptide 59
- Tripelhelix 59
- Tropokollagen 58
- Tropokollagen 61
- Typen 59
- Vitamin C Mangel 61
kontraktiler Ring 29
Koronararterien 175
Kortex, visueller 435
kortikotrope Zellen 354, 371
Kortikotropin (adrenokortikotropes Hormon, ACTH) 355, 371
Kortikotropin Releasing-Hormon (CRH) 355
Krampfadern, Varizen 173
Krebs 32 (s. auch Karzinom)
Kreislaufsystem
- funktionelle Gliederung 164, 165
- Hochdrucksystem 165
- Niederdrucksystem 165
- Übersicht 164
Kurzsichtigkeit (Myopie) 432

L

Laktation 417
- apokrine Sekretion 417
- Exozytose 417
- myoepitheliale Zellen 418
- Oxytozin 418
- passive Immunisierung 417

Lamellenknochen 97–99
– Generallamellen 98
– Schaltlamellen 98
– Substantia compacta 97
– Substantia spongiosa 97
– Volkmann-Kanal 97
– Zement 97
Langerhans-Zellen 318
Larynx 297
– Epiglottis (Kehldeckel) 297
– Plicae vestibulares 298
– Plicae vocales 298
Laser Scanning Mikroskop, konfokales 451
Leber 278–284
– Ductus hepaticus 283
Leberläppchen 278
– Azinus 280
– Disse-Raum 279
– Gallengang 278, 282
– Hepatozyten 279
– klassisches 280
– Kupffer-Zellen (Makrophagen) 66, 203, 221, 279
– Periportalfelder 278
– Portalläppchen 280
– Schädigung 280
– Sinusoide 279
– Zentralvene 279
Leberzelle (Hepatozyt) 280–282
– Gallenbildung 282
– Gallenkapillaren 282
– glattes endoplasmatisches Retikulum 280
– Glukuronidierung von Bilirubin 280
– Glykogen 281
– Golgi-Komplex 282
– Mitochondrien 282
– rauhes endoplasmatisches Retikulum 280
– sekretorische Vesikel 282
– Stoffwechsel 280
Leberzirrhose 284
Leukämie 221
– Splenomegalie 244
Leukogramm 195
Leukozyten 194–205
– altersabhängige Konzentration im Blut 194, 198
– mononukleäre 195
– segmentkernige (polymorphkernige) 198
– Verformung in Kapillaren 178
Leydig-Zellen 386
– Androgensynthese 386
– LH Rezeptoren 386
LH (luteinisierendes Hormon) 355, 386, 387, 394, 401, 402, 407, 408
Lichtmikroskop 448, 456
– Auflösungsvermögen 448
– Kondensor 448
– Objektiv 448
– Okular 448
Ligamenta annularia 298
Linse 432
Linsentrübung (Katarakt, grauer Star) 432
Lipidmembran (bilayer) 2
Lipoproteine 80
– Chylomikronen 80
– HDL (high density) 80
– LDL (low density) 80
– VLDL (very low density) 80
Liposomen 2
Lunge 299–309
– Arteriae bronchiales 309
– Azinus 299
– Blutgefäße 309
– Gasaustauschfläche 303
– innere Oberfläche 299
– Lobulus 299
– Lymphgefäße 309
– Pulmonalarterien 309
– Vasa privata 309
– Vasa publica 309
– Venae pulmonales 309
Lungenarterien (Aa. Pulmonales) 303, 309, 310
– Blutdruck 303
– Verlauf 309, 310
Lungenemphysem (Cor pulmonale) 308
Lungenfibrose 308
Lungenödem 304
Lutealzellen 402
– große (Granulosa-) 402
– kleine (Theka-) 402
lymphatische Organe 226, 237–240
– Knochenmark 226
– Lymphknoten 226, 237–240
– Milz 226, 240–245
– periphere 226
– Thymus 226, 233–237
– zentrale 226
Lymphe, Produktion 185
Lymphfollikel 226, 245, 246, 265, 269, 237–240, 240–245
– Immunoblasten 239
– Keimzentren 239
– Peyer-Plaques 245, 269
– Plasmazellen 239
– primäre 245
– sekundäre 245
Lymphgefäße 185–187
– Aufbau 185
Lymphkapillaren 185
Lymphknoten 237–240
– äußerer Kortex (B-Zellen) 238
– Hilus 237
– innere Kortex (T-Lymphozyten) 238
– Kapsel 237
– Lymphfollikel 238
– Lymphfollikel 238
– Lymphknotenanthrakose 308
– Makrophagen 238
– Mark (Medulla) 238
– Marksinus 238
– Markstränge (B-Lymphozyten) 238
– Metastasen 186, 239
– regionale 237, 239
– Retikulumzellen 238
– Rinde (Kortex) 238
– subkapsulärer Sinus 238
Lymphografie 186
Lymphokine 232
Lymphopoese 221
– immunkompetente B-oder T-Lymphozyten 221, 226, 227
– Lymphoblasten 221
– Prolymphozyten 221
Lymphozyten 201–203, 227–232
– adaptive (erworbene) Immunabwehr 202, 227–232
– B-Lymphozyten 202, 227–230
– dendritische Zellen 238
– Funktion 238, 239
– homing 239, 240
– humorale Abwehr 202, 227
– natürliche Killer-Zellen 191, 203, 226
– Plasmazellen 202, 227
– Rezirkulation 239, 240
– T-Lymphozyten 203, 230–232
Lysosomen 13–16 (s. auch Proteasom)
– Autophagosomen 15
– Endosomen 13
– hydrolytische Enzyme 13
– Mannose-6-Phosphat-Rezeptor 13
– pH 13
– Phagolysosomen 15, 199
– Phagosomen 15, 199
– primäre 13, 196, 205, 199
– protonenpumpende V-ATPase 13
– sekundäre 14
– Speicherkrankheiten 15

M

Magen 254–258
– Corpus 254–258
– Falten 254–258
– Fundus 254–258
– Oberflächenepithel 254
– Pars cardiaca 254–258
– Pylorusregion 254–258
– Schleimhaut 254
– Sphinkter des Pylorus 254

Magendrüsen 256–258
- Belegzellen 256, 257
- Hauptzellen 258
- Nebenzellen 257
Magengeschwür 258, 268
- Stammzellen 268
- Therapie 258
- Zollinger-Ellison-Syndrom 258
Magenschleimhaut, Magengrübchen (Foveolae gastricae) 254
Makrophagen 66–69, 88, 94, 127, 203, 221, 231, 234, 238, 244, 279, 307, 318
- Antigen Präsentation 68, 231, 232
- Chemotaxis 68
- Eigenschaften 66
- Lysosomen 68
- Phagosomen 68
- Phagozytose 68
Mammakarzinom 419
- BRCA 1 und 2 Gen 419
- Epithel der Ausführungsgänge 419
- Gendefekte 419
- Häufigkeit 419
- Therapie 419
Männliche Geschlechtsorgane 376–391
Marker
- epitheliale 44, 234
- neuroendokrine 53
Mastzellen 69, 70
- Heparin 69
- Histamin 69
- Leukotriene 70
- neutrale Proteasen 69
Mechanosensoren 423–425
- Meissner-Körperchen 423
- Merkel-Zellen 424
- Muskelspindeln 424
- Pacini-Körperchen 422
- Ruffini-Körperchen 424
- Sehnenorgane 425
Megaloblasten 212
Meiose 379, 380
- erste meiotische Teilung 379
- primäre Spermatozyten 379
- sekundäre Spermatozyten 380
- Spermatiden 380, 381
- zweite meiotische Teilung 380
Meissner-Körperchen 423
Melanozyten 316, 317
- Bräunung der Haut 316
- Melanin 316
- Melanosomen 316
- Tyrosinase 316
Melatonin 375
Menarche 394
Menopause 394
Menstruation 394, 407, 408
Merkel-Zellen 424
- Mechanosensoren 318, 424
Metarteriolen 170, 178
MHC-Moleküle (major histocompatibility complex) 230, 231
- Histokompatibilitätsantigene (Transplantationsantigene) 232
- Polymorphismus 231
- Transplantation 232
Mikrofilamente (Aktinfilamente) 41–43
- apikales Netzwerk (terminal web) 42
- fokale Kontakte 42
- Mikrovilli 42
- Phalloidin 42
- Stereozilien 42
- Zonulae adhaerentes (adhering junctions) 42
- Zytochalasine 42
Mikroglia
- AIDS 127
- mononukleäres Phagozytenystem (MPS) 66, 127, 203, 231
Mikrotubuli 44–47, 112, 114, 121, 291, 293,
- α- und β-Tubulin 44
- Aufbau 44, 45
- Colchicin 45
- Motorproteine (Kinesine bzw. Dyneine) 45
- Organellentransport 45, 114
- sliding filament theory 45
- Vinblastin 45
- Vincristin 45
Mikrovilli 42
Mikrozirkulation 164, 170, 172, 177
Milch
- Immunglobulin A 417, 418
- passive Immunisierung 417
Milz 240–245
- Abbau von Erythrozyten 244
- Antigen präsentierende Zellen 240
- Blutzirkulation 240
- Immunabwehr 244
- Kapsel 240
- Leukämie 244
- Lymphozyten 240
- Makrophagen 240
- Milzstränge 240
- periarterioläre lymphatische Scheide (PALS) 241
- Pinselarterien 241
- retikuläres Bindegewebe 240
- rote Pulpa 240
- Sinusoide 241
- Trabekel 240
- Trabekelarterien 241
- trabekuläre Venen 243
- Venen der roten Pulpa 245
- weiße Pulpa 234, 240, 244
- Zentralarterien 241
Mineralokortikoide 367
- Wirkungen 371
Mitochondrien 17–19
- ATP Synthese 18
- Funktionen 17–18
- Protonengradient 18
- Zytochrome 18
Mitose 27–30
- Anaphase 28
- Interphase 27
- Metaphase 28
- Prometaphase 28
- Prophase 27
- Telophase 28
- Zellteilung 27–30
Mittelohr 440, 441
- Entzündungen 442
- M. stapedius 441
- M. tensor tympani 441
Mizellen 2
mononukleäres Phagozytensystem (MPS) 66, 203, 231
Monopoese 221
- Monoblast 221
- Promonozyt 221
Monozyten 203–205
- angeborenes Abwehrsystem 191, 204
- Phagozytose 204
- System der mononukleären Phagozyten (MPS), 66, 203, 221
Morbus Addison 372
Morbus Parkinson 140
Morula 410
Motorische Einheit 151
motorische Endplatte 150
- Azetylcholin 150
- neuromuskuläre Endplatte 150
- synaptischer Spalt 150
mukosales Immunsystem 269
- Antigen-präsentierende Zellen 269
- Immunoglobulin A 269
- Lymphfollikel 269
- Lymphozyten 269
- orale Immunisierung (Schluckimpfung) 269
- Peyer-Plaques 269
Mukoviszidose (zystische Fibrose) 293
Multiple Sklerose 119
Mundhöhle 248
- Lippen 248
Musculus trachealis 298
Muskelatrophie 161

Muskeldystrophie, Mutationen 147
Muskelgewebe 143–161
- glatte Muskulatur 158–162
- Herzmuskulatur 155–158
- Skelettmuskulatur 144–155
Muskelkater 154
Muskelpumpe 173
Muskelspindeln 424
Myelin 119–121
- multiple Sklerose 119
- Oligodendrozyten 119–121
- Schwann-Zellen 119–121
Myoglobin 148, 194
Myome 405
Myometrium 405
- Gap Junctions 405
- Geburtswehen 405
- glatte Muskelzellen 405
- Oxytozin 405
Myosin 29, 42, 147, 160
M-Zellen (microfold-Zellen) 269

N

Nägel 322
Nase 295–297
- Glandulae nasales 296
- Glandulae nasales, (s. auch Exokrine Drüsen)
- Höhle (Cavitas nasi) 296
- Muscheln 296
- olfaktorisches Epithel 296, 428
- venöse Plexus 296
- Vestibulum nasi 296
- Vibrissae 296
Nasennebenhöhlen, Entzündung 296
Nasenschleimhaut, Entzündung 296
Nebenhoden (Epididymis) 376, 387
Nebennieren 358, 366–374
- Aufbau 366
- Mark 366, 372, 373
- Rinde 367–372
Nebennierenmark 366, 372, 373
- Aufbau 372
- Entwicklung 109, 372
- Tumoren 373
Nebennierenrinde 367–372
- Entwicklung 366
- fetale 371
- Krankheiten 372
- Steuerung 371
- Zona glomerulosa 367
- Zona fasciculata 367
- Zona reticularis 367
Nebenschilddrüse 358, 363
- Hauptzellen 362
- oxyphile Zellen 362
- Parathormon 105, 363
negative Rückkopplung (feedback) 351, 354, 361, 371
Nekrose 33
Neoplasma 32
Nephron 326, 327
- Glomerulus 326–339
- Sammelrohr 339
- Tubulus 326, 331–339
- juxtamedulläres 328, 337, 343
- kortikales 328, 337
Nervenendigungen, freie 425
Nervenfasern 108, 135, 136 (s. auch Axon, unmyelinisiert)
- marklose 167
Nervengewebe 107–141
- graue Substanz 111, 128
- weiße Substanz 111, 128
Nervensystem 127–141
- autonomes 137, 138, 167, 169
- Degeneration 139, 140
- enterisches 139, 269–271
- Nervus vagus 177
- parasympathisches 139, 177
- peripheres 135–137
- Regeneration 139, 140
- sympathisches 139, 177
- Tumoren 141
- vegetatives 137, 138, 167, 169 (s. auch Nervensystem, autonomes)
- zentrales 127–135
Nervenzellen (Neurone) 108–114
- afferente 110
- Aktionspotenzial 108
- Aufbau 109, 110
- Axon 110, 113, 114
- bipolare 110
- Dendriten 110, 112, 113
- efferente 110
- Erregbarkeit 108
- Interneurone 111
- Motoneurone 110
- multipolare 110
- Projektionsneurone 111
- pseudounipolare 110
- terminale Arborisation 110
- Zellkörper (Perikaryon) 110, 112
Nervenzellkörper (Perikaryon) 112
- Golgi-Komplexe 112
- Nissl-Schollen 112
- Nukleolus 112
- rauhes ER 112
- Ribosomen 112
Netzhaut (Retina) 432–437
- Ablösung (Ablatio retinae) 434, 437
- amakrine Zellen 434, 436
- äußere plexiforme Schicht 434
- bipolare Neurone 434
- Blutversorgung 437
- Entwicklung 432
- Fovea centralis 435
- Ganglienzellen 434
- Horizontalzellen 435
- innere plexiforme Schicht 434
- Müller-Zellen 436
- Pars caeca 432
- Pars optica 432
Neuralleiste, abstammende Zellen 109, 252, 270, 315, 366
neuroepitheliale Körperchen 426
Neurohormone 348
Neurohypophyse 348, 350
Neuropeptide 115
Neuropil 119
Neurotransmitter 108
- Azetylcholin 139
- Noradrenalin 139, 167
- Rezeptoren 115, 118
Neutropenie 199
neutrophile Granulozyten 195–199, 219–221 (s. auch Adhäsionsmoleküle) (s. auch Apoptose) (s. auch Lysosomen)
- amöboide Beweglichkeit 198
- Apoptose 32, 196
- Barr-Körperchen (drum stick) 28, 195
- Chemotaxis 198
- Eigenschaften 198
- Eiter 199
- Emigration 198
- Funktion 196
- Knochenmarkspool 196
- Lebensdauer 196
- Lysosomen 198
- marginaler Pool 196
- Phagozytose 198, 199
- primäre Lysosomen 196
- spezifische Granula 196
- Verweildauer im Blut 196
- Zelladhäsionsmoleküle 198, 199
- zirkulierender Pool 196
Niere 326–343
- Aufbau 326, 327
- Capsula fibrosa 326
- Columnae renales 327
- Ductus papillares 327, 339
- Glomeruli 326–339
- Hilum renale 326
- Kalizes 326

Niere
- Kortex (Rinde) 327, 328, 333
- Lobulus corticalis 327
- Lobus renalis 327
- Markpyramiden 327, 328, 333, 334, 339
- Markstrahlen 327
- Medulla (Mark) 327, 328, 333, 334, 339
- Nephrone 326, 327
- Papilla 327, 339
- Pelvis renalis (Nierenbecken) 326
- sinus renalis 326
- Tubuli 326, 331–339
Nierenblutgefässe 341–343
- Arteriolae efferentes 343
- A. renalis 341
- Aa. arcuatae 342
- Aa. corticales radiatae 342
- Aa. interlobares 342
- Aa. segmentales 341
- peritubuläre (nutritive) Kapillaren 327, 330, 343
- Vasa recta 343
- Venen 343
Niereninfarkt 343
Nierenkörperchen (Corpusculum renale) 327 (s. auch Glomerulus)
Noradrenalin 372
Nukleosomen 24

O

Ödem
- bei Albuminmangel 191
- durch Lymphstau 186
- entzündliches 70, 71, 184, 296, 300
- Glottisödem 298
- Lungenödem 304
Ohrmuschel (Auricula) 440
Ohrtrompete (Tuba auditiva, Eustachio-Röhre) 441
Oligodendrozyten, Myelin 119–121
Oogonien 395
- 1. Reifeteilung 395
Oozyten 402
- Meiose 402
- Polkörperchen 402
- primäre 395, 402
- sekundäre 402
orthostatischer Kollaps 174
Osmolarität, Extrazellulärflüssigkeit 338, 339
Ösophagus, untere Enge 270
Ossifikation 99–103
- desmale oder direkte 99
- enchondrale oder indirekte 99
- Knochenmanschette 100
Ossifikationskerne 100, 101, 103
Osteoblasten 92, 93, 105
- alkalische Phosphatase 93
- Östrogene 105
- Parathormon 105
- Vitamin D3 105
- Wachstumsfaktoren 105
- Zytokine 105
Osteoid 93
Osteoklasten 92, 94
- „clear zone" 94
- „ruffled border" 94
- Kalzitonin 105
- mononukleäres Phagozytensystem (MPS) 66, 94, 203, 231
- Resorptionslakune 94
Osteon (Havers-System) 97
Osteoporose 105
Osteozyten 92, 93, 94
- Gap Junctions 93
ovarieller Follikel 396–399
- antraler Sekundärfollikel 399
- Bildung 396
- Epithel 396
- Gap Junctions 397
- Gonadotropin-abhängiges Wachstum 399
- Gonadotropin-unabhängiges Wachstum 396–399
- Graaf-Follikel 399
- Granulosazellen 397
- Hormonbildung 399
- Primärfollikel 397
- Primordialfollikel 396
- reifer antraler Follikel 399
- Theka 399
- Theka externa 399
- Theka interna 399
- Thekazellen 399
ovarieller Zyklus 407
Ovulation (Eisprung) 401, 402
- Follikelruptur 401
Ovulationshemmer („die Pille") 408
Oxytozin 351, 405, 418

P

Pacini-Körperchen 422
Pankreasinseln 358, 364–366
- Aufbau 364
- A-Zellen 364
- B-Zellen 364
- D-Zellen 364
- Entwicklung 364
- PP-Zellen 364
pankreatisches Polypeptid 364
Pankreatitis 277
Parathormon 363
- Mangel 363
- Wirkung 105, 363
Parodontitis 252
Parodontium (Periodontium) 251
- Alveolarknochen 251
- parodontale Fasern 251
- Plastizität 251
- Zahnfleisch (Gingiva) 251, 252
- Zement 251
Parodontose 252
Pemphigoid, Autoantikörper gegen Desmosomen 314
Penis 390, 391
- Corpora cavernosa 390
- Corpus spongiosum 390
- Eichel (Glans penis) 390
- Tunica albuginea 390
- Vorhaut (Praeputium) 391
Perikarditis 175
Perilymphe 442
Periost 92, 95
Periphere Ganglien 136
- autonome 136
- sensible 136
- Spinalganglien 136
Periphere Nerven 135, 136
- Endoneurium 135
- Epineurium 135
- gemischte Nerven 136
- motorische Nerven 136
- Perineurium 135
- sensible Nerven 136
Peritonitis 267
perivaskulärer Raum 134
Perizyten 179
Peroxisomen 17, 283
- Fettsäureabbau 17
- Funktionen 17
- H_2O_2-Bildung 17
- Oxidation von Substraten 17
- Zellweger Syndrom 17
Phagozytose 11, 66, 68, 72, 199, 297, 204
Phäochromozytom 373
Pharynx 290
- Naso-(Epi-)pharynx 296
Phasenkontrastmikroskop 450
Pinozytose, 11
Plasmamembran 3–9
- aktiver Transport 4, 331, 334
- Ionengradienten 3, 331, 334
- ionotrope Kanäle 8
- Kanäle 6–9
- metabotrope Rezeptoren 8
- Na^+-K^+-ATPase 4, 331, 334, 338
- Natrium- und Kalziumkanäle 6
- Passiver Transport 4, 331

- Rezeptoren 5, 6
- Signalverarbeitung 5, 6
- Transportvorgänge 3–5
- zykl. Nukleotide gesteuerte Kanäle 6, 435

Plasmaproteine 180
Plasmazellen 70, 202, 221, 227, 228
Plattenepithel 47, 48, 165, 175, 178, 180, 183, 185, 253, 264, 313–315
- einschichtig 47, 165, 175, 178, 180, 183, 185
- mehrschichtig unverhornt 48, 253, 264,
- mehrschichtig verhornt 48, 313–315

Plazenta 411–413
- Chorion 412
- Chorion frondosum 412
- Chorion laeve 412
- Chorionplatte 412
- freie Zotten 412
- Haftzotten 412
- hämochoriale 411, 412
- humanes Choriongonadotropin (hCG) 414
- kindlicher Anteil 412
- mütterlicher Anteil 413
- Primärzotten 412
- Sekundärzotten 412

Plazentarschranke 413, 414
- Alkohol 414
- Immunglobuline der IgG-Klasse 414
- Immunglobuline der IGM-Klasse 414
- Medikamente 414
- Röteln-Virus 414

Pleura 299, 309
- parietalis 309
- visceralis (pulmonalis) 299, 309

Pleuritis, Rippenfellentzündung 310
Pneumothorax 310
Pneumozyten Typ I (Alveolardeckzellen) 303–307
Pneumozyten Typ II (Nischenzellen) 303, 304, 306–308
Polarisationsmikroskop 450
Portalsystem, hypophysiales 348
Progesteron 402, 403
Prolaktin 354, 417
Proliferation 27, 31, 32
- Cycline 31
- Kanzerogene 32
- Onkogene 31
- Onkoproteine 31
- Tumorsupressoren 31
- Wachstumsfaktoren (growth factors) 31
- Wachstumssuppressoren 31

Proliferationsphase, Follikelphase 407
Proopiomelanokortin (POMC) 355
Prostata 376, 388, 389
- Hyperplasie 389
- Karzinom 389
- Steine (Corpora amylaceae) 388
- Untersuchung 389
- Zonen 389

Proteasom 19, 231
Proteinbiosynthese, Ribosomen 19
Proteinbiosynthese, SRP (signal recognition particle) 10, 19
Proteinurie 329
proximaler Tubulus (Hauptstück) 334–338, 341
- Funktion 334–336, 338 (s. auch Mikrovilli) (s. auch Streifenstücke)
- Struktur 334, 335

Psoriasis (Schuppenflechte), Proliferation 314
Pubertät 394
Pupille 432
Pupillenreflex (Lichtreflex), Akkomodationsreflex 432
Pylorusdrüsen, Gastrin 258
Pylorusstenose 254, 270

R

Rachen (Pharynx) 253, 292
Rachitis 105
Rauchen 293
Reflexe 425
Regenbogenhaut (Iris) 430
Regio olfactoria 296, 428
Reizbildungs- und -leitungssystem 175
Relaxin 403
Releasing-Hormone 348
Respiratorisches Epithel (mehrr.Flimmerepithel) 48, 290–298, 301
- Basalzellen 294
- Becherzellen 292, 293
- endokrine Zellen 294
- Kinozilien tragende Zellen 291–293
- Lamina propria 290, 291, 295–299, 301
- mukoziliare Clearance 293
- Sinneszellen 294

Retikulinfasern 52, 135
Rezeptoren
- α-Adreno- 167
- β-Adreno- 167
- Glutamat 115, 118, 123, 128
- Hormone 361, 365, 369, 373
- ionotrope (Kanäle) 118
- metabotrope 8, 118
- Neurotransmitter 5, 115, 118

Ribonukleinsäure (RNA) 22
rote Pulpa 240, 244
- Funktion 244
- Bildung von Lymphozyten 244

Rückenmark 108, 131, 132
- Hinterhörner 131
- motorische Fasern 131
- Muskeldehnungsreflexe 131
- sensible Fasern 131
- Vorderhörner 131
- Zentralkanal 131

Ruffini-Körperchen 424

S

Saccus endolymphaticus 445
Samenleiter (Ductus deferens) 376, 388
Samenwege 387, 388
- Ductuli efferentes 387
- Tubuli recti 387

Sammelrohr 334, 339, 340
- Aquaporin 339
- Diabetes insipidus 340
- Hauptzellen 339
- Schalt- oder Zwischenzellen 339

Sarkomer 146–149
- Aktin 146
- Myosin II 147
- Nebulin 146
- Titin 147
- Tropomyosin 146
- Troponin 146

Schamlippen
- kleine 394, 409, 410
- Schamlippen, große 394, 409, 410

Scheide (Vagina) 394, 408, 409
Schilddrüse 358–362
- Aufbau 358
- Entwicklung 358
- Follikel 358
- Freisetzung von Hormonen 360
- Hyperplasie 361
- Jodmangel 361
- Kolloid 358
- Kropf (Struma) 361
- parafollikuläre C-Zellen 362
- Regulation der Hormonfreisetzung 355, 361
- Thyroglobulin 360
- Thyrotropin 355, 360
- Thyroxin (T_4) 360
- Trijodthyronin (T_3) 360

Schilddrüsenhormone 361
- Mangel (Hypothyreose) 361
- Überproduktion (Hyperthyreose) 361
- Wirkung 361
Schlemm-Kanal 431
Schmerz 425
Schmerzmediatoren 426
Schnupfen 296
Schnürringe (Ranvier-Schnürringe) 120
- Na+ Kanäle 120
- saltatorische Erregungsausbreitung 121
Schwangerschaft, Blutgruppenunverträglichkeit 413
Schwangerschaftsdiagnostik 414
Schwangerschaftsnachweis 403
Schwann-Zellen, Myelin 119–121
Schweißdrüsen 323
Second messenger, 5, 6, 117, 118, 149, 160, 365, 435
- cAMP 5, 374
- cGMP 6, 435
- Kalzium 5, 117, 118, 149, 160
Sehen 428–440
Sehfarbstoff (Rhodopsin) 435
Sehnenorgane 425
Sekretgranula 351
Sekretionsphase, Lutealphase 408
sekundäre Geschlechtsmerkmale 394, 410
Sensoren 422
- Chemo- 426–428
- Mechano- 422–424
Sertoli-Zellen 384, 385, 386, 387
- androgen bindendes Protein 385
- Blut-Hoden-Schranke 385
- FSH Rezeptoren 385
- Inhibin 385
- Müller-Inhibiting Factor (MIF) 385
- Phagozytose der Residualkörperchen 385
- Proliferation 385
- Sekrete 385
Sharpey-Fasern 95
Signalverarbeitung 5, 6, 160, 209, 374, 428, 435
- Adenylatzyklase 5, 160, 374, 428
- Ca^{2+}/Calmodulin-aktivierte Kinasen 6, 160
- G-Proteine 5, 160, 435
- Guanylatzyklase 6, 435
- Phosphodiesterase 5, 435
- Phospholipase A2 6, 70, 209
- Phospholipase C 6
- Proteinkinasen 6
- Transkriptionsfaktoren 6
Sinnesorgane 422–446
Sinus cavernosus 349
Skelettmuskulatur 144–155
- Azidose 154
- A-Banden 145
- Endomysium 145
- Energiegewinnung 148, 152
- Epimysium 145
- Fasertypen 154
- Glykogen 148
- H-Bande 146
- I-Banden 145
- Innervation 150
- Kontraktionsmechanismus 149
- Lebensmittelvergiftungen 151
- M-Linie 146
- Muskelfasern 144, 145
- Muskelspindel 146, 424
- Myasthenia gravis 151
- Myofibrille 145
- Myoglobin 148
- Perimysium 145
- Regeneration 161
- Sarkomer 145
- sarkoplasmatisches Retikulum 149
- Satellitenzellen 161
- Steuerung der Kontraktion 149, 150
- transversale Tubuli 150
- Triade 150
- Z-Linie 145
Somatostatin 364
Speicheldrüsen 248, 245
- Ausführungsgänge 274
- Endstücke 274
- Glandula parotidea 275
- Glandula sublingualis 276
- Glandula submandibularis 275
- Läppchen 274
- Schaltstücke 275
- Streifenstücke 275
Speiseröhre (Ösophagus) 253, 254
Sperma, Analyse 382, 382
Spermatiden 379–381
Spermatogenese 379–385
- Meiose 379, 380
- Spermatozytogenese 379
- Spermiogenese 379–381
- Störungen 382
Spermatozoen 380–383
- Akrosom (Akrosomenreaktion) 380, 381
- Endstück 380, 381
- Geißel 380
- Halsstück 380, 381
- Hauptstück 380, 381
- Kopf (Caput) 380, 381
- Mittelstück 380, 381
- Schwanz (Flagellum) 380, 381
Spermatozytogenese 379
- primäre Spermatozyten 379
- Reservezellen 379
- Spermatogonien 379
- Vorläuferzellen 379
Spermiogenese 379–383
- Spermatozoen 379–383
Spermiogramm 383, 382
Stäbchen 434–435
Stammzellen des Knochenmarks, 214, 215
- CD34+ 216
- lymphatische 214
- multipotente 214
- myeloische 214
- pluripotente 214
- uni- oder bipotente (Progenitorzellen) 214, 215
Stereozilien 42
Sterilisierung, Vasektomie 388
Steuerhormone 348
Stratum granulosum, Keratohyalingranula 314, 234
Stratum granulosum, Lamellengranula 314
Streifenstücke 53, 275, 334, 335, 336
Stroma 70, 75, 194, 196
Surfactant 301, 306
- Atelektase 306
- Atemarbeit 306
Symport 4, 360
Synapse 108, 114–116
Synapse à distance 167 (s. auch Synapse)
- axo-axonale Synapse 115
- axodendritische Synapse 115
- axosomatische Synapse 115
- chemische 119
- Depolarisation 118
- elektrische 119
- Exozytose 115
- exzitatorische (erregende) 118
- Granula 115
- Hyperpolarisation 118
- inhibitorische (hemmende) 118
- Medikamente 118
- Neurotoxine 118
- Neurotransmitter 115
- postsynaptisches Element 115
- präsynaptisches Element 110, 115
- second messenger 118
- synaptische Vesikel 115
- synaptischer Spalt 115
Synzytiotrophoblast 411, 412
- Progesteron 414

T

Talgdrüsen, 50–53, 322
Tarsus (Lidplatte) 438
Testosteron 386
T_H1-Helferzellen 230
T_H2-Helferzellen 230
– AIDS 230
– Allergie 318
Thekaorgan, interstitielle Drüsenzellen 400
Thrombopoese 221–223
– Megakaryoblasten 221
– Megakaryozyten 221
Thrombose 170, 208
Thymus 233–237
– Blut-Thymus-Schranke 237
– dendritische Zellen
– Entwicklung 234
– epitheliale Retikulumzelle 234
– Hassall-Körperchen 234
– Hormone 237
– Läppchen (Lobuli) 233
– Lappen (Lobi) 233
– Makrophagen 234
– Mark (Medulla) 233
– Rinde (Kortex) 233
– Vaskularisation 237
Thyrotrope Zellen 355
Thyrotropin Releasing-Hormon (TRH) 355
Thyrotropin (Thyroidea stimulierendes Hormon, TSH) 355, 360, 361
Thyroxin (T_4) 360
Tight Junctions (Zonulae occludentes) 38, 179, 337
T-Lymphozyten 230–236
– „naive" 233
– Apoptose 230, 236
– Bildung 221, 235
– Differenzierung 234, 235
– Effektorzellen 232
– Gedächtnis-T-Zellen 230
– Immunoblasten 232
– inflammatorische T-Zellen 230
– Lymphknoten 233
– MHC-Restriktion 235, 236
– Milz 233
– negative Selektion 235, 236
– Null-Zellen 203
– positive Selektion 235, 236
– regulatorische T-Zellen 230
– Reifung 235, 236
– Selbsttoleranz 235, 236
– T-Helferzellen vom Typ 1 (T_H1-Zellen) 230
– T-Helferzellen vom Typ 2 (T_H2-Zellen) 230
– Thymus 233
– T-Zell-Rezeptor 230
– Verteilung in Milz und Lymphknoten 238, 241, 244
– zytotoxische T-Zellen (Killerzellen) 203, 230
Tonsillen 245, 246, 248
– Tonsilla pharyngea 246, 296
– Tonsilla lingualis 246
– Tonsillae palatina 245
Trachea 298
– Glandulae tracheales 298
– respiratorisches Epithel 298 (s. auch resp. Epithel)
– Tunica fibromusculocartilaginea 298
– Tunica mucosa 298
Tränendrüse (Glandula lacrimalis) 439
Tränenkanälchen (Canaliculi lacrimales) 439
Tränensack 439
Transkriptionseinheit 23
Transplantation 232
Transportvorgänge 3–5
Transzytose, 11
– Kapillarendothel 184
Trijodthyronin (T_3) 360
Trommelfell 441
Trophoblast 411
Tubulus 334–339
– distaler (Mittelstück) 334–340
– Henle-Schleife 333, 337–339
– intermediärer (Überleitungsstück) 334–338
– proximaler (Hauptstück) 333, 334–336, 338, 341
– reuniens (Verbindungstubulus) 334, 335, 339
– Transportmechanismen 331, 334 (s. auch Transportvorgänge)
Tumoren 32
– Basallamina 37
– epitheliale 36
– Gliome (Astrozytome bzw. Oligodendrogliome) 141
– hämatopoetische 36, 216
– Haut 317, 318
– Inselzellen des Pankreas 277
– Medulloblastome 141
– Schwannome 141
Tunica adventitia 166
– Vasa vasorum 166, 168, 169
Tunica intima 165–170 (s. auch elastische Fasern) (s. auch Endothel)
– Endothel 165
– Membrana (Lamina) elastica interna 165, 168–170
– Stratum subendotheliale 165, 168–170
Tunica media 165, 168 (s. auch elastische Fasern) (s. auch glatte Muskulatur)
– Lamina elastica externa
Türkensattel (Sella turcica) 348
T-Zell-Rezeptor 230

U

Übergangsepithel 48, 49, 343, 344
– Crusta 49, 343, 344
Ureter 326, 343–345
– Schleimhaut 343–345
– Tunica adventitia 345
– Tunica muscularis 344, 345
Urethra 346
– Glandulae urethrales 346
– männliche 346
– Schleimhaut 346
– weibliche 346
Urin (Endharn) 326, 338, 339

V

Vagina (Scheide) 408, 409
– Abstriche 409
– Döderlein-Bakterien 408
– Epithel 408
Varikozele 376
Vasopressin, antidiuretisches Hormon (ADH) 160, 339, 340, 350
Venen 173–174
– große 174
– Kapazitätsgefäße 173
– kleine und mittelgroße 173
– Venenklappen 173
Venolen 173, 178
– postkapilläre 173, 178
– Sammel- 173
Verdauungstrakt 248–237, 274–287
– Aufbau 266
– Lamina muscularis mucosae 266
– Schleimhaut (Tunica mucosa) 266
– Tela submucosa 266
– Tunica muscularis 266
– Tunica serosa 267
Verkalkung des Knochens 93

Verkalkung des Knochens
- alkalische Phosphatase 93
- Osteocalcin 93
- Osteopontin 93
Vesiculae seminales (Bläschendrüsen) 389, 390
Vitiligo, Depigmentierung der Haut 317
von Willebrandfaktor 184, 208
Vormilch (Kolostrum) 418

W

Wachstumsfaktoren 31 (s. auch hämatopoetische Wachstumsfaktoren)
Wachstumshormon 351, 354
- Akromegalie 105, 354
- IGF-1 354
- Knochenwachstum 103, 105, 354
- Minderwuchs 354
- Riesenwuchs 354
- Splanchnomegalie 354
weiße Pulpa 244
- dendritische Zellen 244
- Makrophagen 244
- Marginalzone 244
weißes Fettgewebe (univakuoläres) 78–81
- Leptin 81
Weitsichtigkeit (Übersichtigkeit, Hypermetropie) 432
Windkessel-Funktion 168
Wurmfortsatz (Appendix vermiformis) 265

Z

Zähne 249–253
- Adamantoblasten (= Ameloblasten) 251, 253
- Dentin 250
- Halteapparat (Parodontium) 251
- Krone 249
- Milch- (Ersatz-) 253
- Odontoblasten 250
- permanente (bleibende) 253
- Pulpahöhle 250
- Schmelz (Enamelum) 249
- Wurzeln 249
- Zement 249
Zahnentwicklung 252
- Adamantoblasten 252
- Milchzähne 252
- Odontoblasten 252
- Schmelzepithel 252
- Schmelzorgane 252
- Zahnknospen 252
- Zahnleiste 252
- Zementoblasten 252
Zapfen 435, 436
Zellfraktionierung 462
Zellkern (Nukleus) 2, 22–34
- Chromatin 22–24
- Hülle 22, 25, 26
- Kern-Plasma-Relation 22
- Lamina 25
- Matrix 22
- Nukleolus (Kernkörperchen) 22, 25
- perinukleäre Zisterne 25
- Poren 27
Zellkultur 460
Zellorganellen 2
Zellskelett 19, 41–47
- intermediäre Filamente 43, 44, 112, 114, 121, 314
- Mikrofilamente (Aktinfilamente) 41–43
- Mikrotubuli 44–47, 112, 114
Zellverbindungen 38–41
- Gap Junctions (Nexus) 39, 119, 123, 128, 134, 155, 158, 167, 177, 184
- Tight Junctions (Z. occludentes) 38, 179, 337
Zellzyklus 27–30
- Interphase 27
- Mitose 27–30
Zentriolen 28, 45
Zentromere 28
Zerebrospinalflüssigkeit, 134
Zerebrospinalflüssigkeit (Liquor) 134, 135
- Bildung 134
- Plexus choroideus 134
- Resorption 135
Zervix uteri 406, 407
- Abstrich 407
- Sekret 406
Ziliarfortsätze (Processus ciliares) 430
Ziliarkörper (Corpus ciliare) 430
Ziliarmuskel (M. ciliaris) 430
Zona fasciculata 367
Zona glomerulosa 367
Zona pellucida, „Spermienrezeptor“ 397
Zona reticularis 367
Zonulae adhaerentes (Adhering Junctions) 42
Zonulafasern 430
Zunge 249
Zyklus, Menstruationszyklus 394, 407, 408
Zyklus, ovarieller 394, 407, 408
Zytochemie 456
Zytokine 31, 73, 216, 232
Zytokinese 29
Zytoplasma 2
Zytosol 2
zytotoxische Killerzellen, Perforine 230
Zytotrophoblast 411, 412

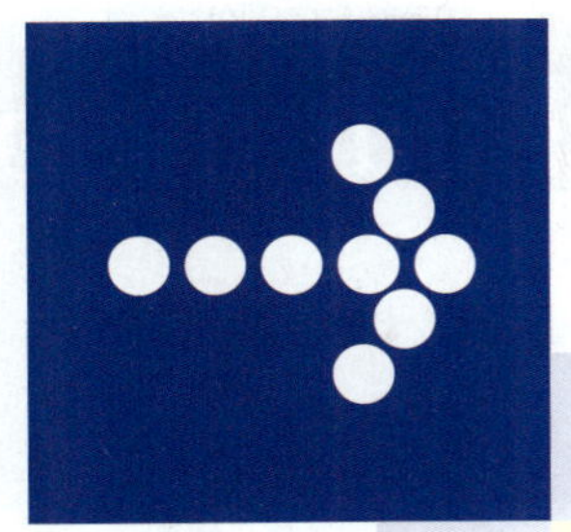